U0378249

面向新工科专业建设计算机系列教材

# 离散数学基础

周晓聪　乔海燕　◎编著

清华大学出版社
北　京

## 内容简介

本书根据作者多年离散数学教学实践经验编写而成，从描述离散数学模型的需要出发，讲解有关逻辑语言、集合语言、算法语言、图论语言和代数语言的基础知识，培养学生运用这些离散数学语言和包括关系思维、逻辑思维、计算思维、量化思维和递归思维在内的思维方式建立离散数学模型的初步能力，并逐步树立离散化、模块化、层次化、公理化和系统化的计算机专业意识。全书共分 11 章，包括基础知识、命题逻辑、一阶逻辑、证明方法、集合、关系、函数、计数与组合、图与树和代数系统等基础知识。

本书与计算机专业课程，特别是计算机程序设计课程紧密结合，知识体系严谨，结构清晰，内容精练，并与高校本科低年级学生水平相适应。本书提供了大量例题与习题，并且许多例题以【问题】的形式出现，除给出参考【解答】或【证明】外，通常在解答前有【分析】部分介绍求解问题的思路和切入点，在解答后有【讨论】部分补充解答的一些注意事项以及可能的启发。习题部分提供了不少程序设计的题目，完成这些编程题目对学习离散数学会有很大帮助。

本书可作为高等院校计算机相关专业本科一、二年级"离散数学"类课程的教材或离散数学相关课程的参考书，也可供从事计算机专业相关工作的科研人员、工程技术人员及其他有关人员参考。



**图书在版编目（CIP）数据**

离散数学基础/周晓聪，乔海燕编著. —北京：清华大学出版社，2021.5（2022.3重印）
面向新工科专业建设计算机系列教材
ISBN 978-7-302-57667-9

Ⅰ. ①离… Ⅱ. ①周… ②乔… Ⅲ. ①离散数学-高等学校-教材 Ⅳ. ①O158

中国版本图书馆 CIP 数据核字(2021)第 039547 号

责任编辑：白立军
封面设计：刘 乾
责任校对：焦丽丽
责任印制：刘海龙

出版发行：清华大学出版社
网 址：http://www.tup.com.cn，http://www.wqbook.com
地 址：北京清华大学学研大厦 A 座 邮 编：100084
社 总 机：010-83470000 邮 购：010-83470235
投稿与读者服务：010-62776969，c-service@tup.tsinghua.edu.cn
质 量 反 馈：010-62772015，zhiliang@tup.tsinghua.edu.cn
课 件 下 载：http://www.tup.com.cn，010-83470236
印 装：三河市龙大印装有限公司
经 销：全国新华书店
开 本：185mm×260mm 印 张：31 字 数：714 千字
版 次：2021 年 5 月第 1 版 印 次：2022 年 3 月第 3 次印刷
定 价：79.80 元

产品编号：084710-01

# 出版说明

## 一、系列教材背景

人类已经进入智能时代，云计算、大数据、物联网、人工智能、机器人、量子计算等是这个时代最重要的技术热点。为了适应和满足时代发展对人才培养的需要，2017 年 2 月以来，教育部积极推进新工科建设，先后形成了“复旦共识”“天大行动”“北京指南”，并发布了《教育部高等教育司关于开展新工科研究与实践的通知》《教育部办公厅关于推荐新工科研究与实践项目的通知》，全力探索形成领跑全球工程教育的中国模式、中国经验，助力高等教育强国建设。新工科有两个内涵：一是新的工科专业；二是传统工科专业的新需求。新工科建设将促进一批新专业的发展，这批新专业有的是依托于现有计算机类专业派生、扩展而成的，有的是多个专业有机整合而成的。由计算机类专业派生、扩展形成的新工科专业有计算机科学与技术、软件工程、网络工程、物联网工程、信息管理与信息系统、数据科学与大数据技术等。由计算机类学科交叉融合形成的新工科专业有网络空间安全、人工智能、机器人工程、数字媒体技术、智能科学与技术等。

在新工科建设的“九个一批”中，明确提出“建设一批体现产业和技术最新发展的新课程”“建设一批产业急需的新兴工科专业”。新课程和新专业的持续建设，都需要以适应新工科教育的教材作为支撑。由于各个专业之间的课程相互交叉，但是又不能相互包含，所以在选题方向上，既考虑由计算机类专业派生、扩展形成的新工科专业的选题，又考虑由计算机类专业交叉融合形成的新工科专业的选题，特别是网络空间安全专业、智能科学与技术专业的选题。基于此，清华大学出版社计划出版“面向新工科专业建设计算机系列教材”。

## 二、教材定位

教材使用对象为“211 工程”高校或同等水平及以上高校计算机类

专业及相关专业学生。

## 三、教材编写原则

(1) 借鉴 *Computer Science Curricula* 2013 (以下简称 CS2013)。CS2013 的核心知识领域包括算法与复杂度、体系结构与组织、计算科学、离散结构、图形学与可视化、人机交互、信息保障与安全、信息管理、智能系统、网络与通信、操作系统、基于平台的开发、并行与分布式计算、程序设计语言、软件开发基础、软件工程、系统基础、社会问题与专业实践等内容。

(2) 处理好理论与技能培养的关系，注重理论与实践相结合，加强对学生思维方式的训练和计算思维的培养。计算机专业学生能力的培养特别强调理论学习、计算思维培养和实践训练。本系列教材以“重视理论，加强计算思维培养，突出案例和实践应用”为主要目标。

(3) 为便于教学，在纸质教材的基础上，融合多种形式的教学辅助材料。每本教材可以有主教材、教师用书、习题解答、实验指导等。特别是在数字资源建设方面，可以结合当前出版融合的趋势，做好立体化教材建设，可考虑加上微课、微视频、二维码、MOOC 等扩展资源。

## 四、教材特点

### 1. 满足新工科专业建设的需要

系列教材涵盖计算机科学与技术、软件工程、物联网工程、数据科学与大数据技术、网络空间安全、人工智能等专业的课程。

### 2. 案例体现传统工科专业的新需求

编写时，以案例驱动，任务引导，特别是有一些新应用场景的案例。

### 3. 循序渐进，内容全面

讲解基础知识和实用案例时，由简单到复杂，循序渐进，系统讲解。

### 4. 资源丰富，立体化建设

除了教学课件外，还可以提供教学大纲、教学计划、微视频等扩展资源，以方便教学。

## 五、优先出版

### 1. 精品课程配套教材

主要包括国家级或省级的精品课程和精品资源共享课的配套教材。

### 2. 传统优秀改版教材

对于已经出版、得到市场认可的优秀教材，由于新技术的发展，计划给图书配上新的教学形式、教学资源的改版教材。

### 3. 前沿技术与热点教材

反映计算机前沿和当前热点的相关教材，例如云计算、大数据、人工智能、物联网、网络空间安全等方面的教材。

## 六、联系方式

联系人：白立军
联系电话：010-83470179
联系和投稿邮箱：bailj@tup.tsinghua.edu.cn

“面向新工科专业建设计算机系列教材”编委会
2019 年 6 月

# 系列教材编委会

## 计算机科学与技术专业核心教材体系建设——建议使用时间

| 课程系列 | 基础系列 | 电类系列 | 程序系列 | 系统系列 | 应用系列 | 选修系列 |
|---|---|---|---|---|---|---|
| 四年级下 | | | | | | |
| 四年级上 | | | 软件工程综合实践 | 计算机体系结构 | 计算机图形学 | 机器学习<br>物联网导论<br>大数据分析技术<br>数字图像技术 |
| 三年级下 | | | 软件工程<br>编译原理 | | 人工智能导论<br>数据库原理与技术<br>嵌入式系统 | |
| 三年级上 | | | 算法设计与分析 | 计算机网络 | | |
| 二年级下 | | | 数据结构 | 计算机系统综合实践 | | |
| 二年级上 | 离散数学(下) | 数字逻辑设计<br>数字逻辑设计实验 | 面向对象程序设计<br>程序设计实践 | 操作系统 | | |
| 一年级下 | 离散数学(上)<br>信息安全导论 | 电子技术基础 | 计算机程序设计 | 计算机原理 | | |
| 一年级上 | 大学计算机基础 | | | | | |

# FOREWORD
# 前言

离散数学 (discrete mathematics) 是以可枚举 (enumerable) 的数量或形状作为研究对象的数学分支。这里可枚举的含义是指离散数学研究的对象与对象之间有清晰明确的界限，从而可以一一罗列出来，或者用数学语言说，可枚举的对象与若干自然数可以有一一对应的关系。当前现有的计算机只能处理可枚举的信息，因此离散数学在计算机科学中有着广泛的应用。

“离散数学基础”课程是计算机专业学生的核心基础课程，提供包括逻辑 (logic)、集合 (set)、算法 (algorithm)、图论 (graph theory) 和代数 (algebra) 在内的数学语言描述可枚举的数学对象，使得人们在利用计算机求解问题时可建立合适的数学模型并对其进行分析。

编写新工科建设背景下计算机专业的离散数学教材，应注重离散数学在利用计算机求解问题时的应用。建立离散模型通常是利用计算机求解问题的第一步。因此，我们认为“离散数学基础”课程的核心目标应该是培养学生具备初步的离散建模能力。在这种课程目标的指导下，与传统的离散数学教材不同，我们力图将逻辑、集合、算法、图论和代数的相关知识从离散模型描述语言的角度进行阐述，重点将它们作为表达和交流的工具，基于描述离散模型的需要，讨论这些语言的核心词汇和核心问题。

在这些语言中，逻辑语言主要用于描述模型的性质和约束，其核心词汇是“命题”和“真值”，核心问题是如何确定命题的真值以及命题之间的真值关系；集合语言用于描述模型的元素与结构，核心词汇是“集合”“函数”与“关系”，核心问题是如何确定集合的元素以及不同集合之间元素的对应关系；算法语言用于描述模型的行为和实现，核心词汇是“指令”“输入”和“输出”，核心问题是如何利用顺序、分支和循环三种结构组合一些基本操作，即基本指令，描述如何从输入得到期望的输出；图论语言可用于可视化地描述模型结构，核心词汇是“顶点”“边”和“关联”，核心问题是满足条件的顶点、边或子图的搜索与构造；代数语言可用于描述模型的结构与约束，核心词汇是“运算”“代数”和

"同态"，核心问题是利用基本运算刻画代数的性质以及代数之间的关系。

在进行离散数学建模时，人们还运用关系思维、逻辑思维、计算思维、量化思维和递归思维等去组织和运用离散数学语言，找到建模的切入点，并使得自己的思考更为周密、严谨。关系思维引导人们建模时去分析事物之间的关键关系；逻辑思维强调对模型性质与约束应使用严谨的逻辑语言表达，并考查模型元素之间的逻辑关系；计算思维强调关注模型的可实现性；量化思维强调关注模型的规模以及模型动态行为的效率；递归思维引导人们关注模型在结构或行为方面的自相似性，思考如何将大规模的模型结构或行为归结为小规模的模型结构或行为。

为构建有利于计算机自动实现的"好"模型，人们在离散建模时应具备离散化、模块化、层次化、公理化和系统化的计算机专业意识。离散化意识使得人们在建模时思考如何将复杂问题进行分解，并清晰地罗列和枚举模型的元素、结构、行为和约束；模块化意识使得人们在建模时思考模型元素间关系的紧密程度，尽量将要考虑的范围局部化，从而更好地把握住复杂的问题；层次化意识告诉人们在对复杂问题进行分解时应逐步求精和细化，形成不同的抽象层次；公理化意识引导人们在繁杂的模型元素、结构、行为或约束中找到最基本的构件，利用基本的构件和一些通用的规则去构造和描述复杂的模型元素、结构、行为或约束；系统化意识引导人们将模型的元素、结构、行为或约束从某种角度进行系统化思考，形成有机的整体，从而做到不遗漏、不重复，使得模型能在某种程度上全面地刻画要解决的问题。

本书作为"离散数学基础"课程的教材，从描述离散数学模型的需要出发，给出有关逻辑语言、集合语言、算法语言、图论语言和代数语言的基础知识，培养学生运用这些离散数学语言和包括关系思维、逻辑思维、计算思维、量化思维和递归思维在内的思维方式建立离散数学模型的初步能力，并逐步树立离散化、模块化、层次化、公理化和系统化的计算机专业意识。本书的核心内容是关于逻辑、集合、算法、图论和代数 5 种离散数学语言的基础知识，引导读者运用这些离散数学语言表达要利用计算机进行求解的问题。图 1 给出了本书章节内容的整体框架结构。

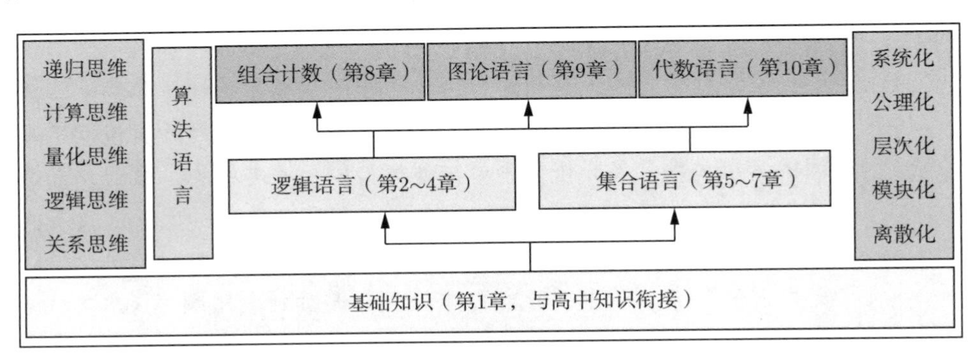


图 1　本书章节内容的整体框架结构

第 1 章"基础知识"介绍有关逻辑语言、集合语言、图论语言、代数语言和算法语言的基础知识。这些基础知识大部分在中学学习中已经接触过，是对高中数学知识的衔接。这一章介绍这些离散数学语言的基本概念，并尽早地引入集合的归纳定义法、图的基本概念、代数运算的基本概念以及算法的描述方法和算法的递归调用。这些内容在后面的章节中到处出现，是学习后面内容的准备，后面要学习的内容则是这一章内容的拓展与深入。

第 2 章“命题逻辑”、第 3 章“一阶逻辑”和第 4 章“证明方法”属于逻辑语言的深入介绍。逻辑语言使用命题描述事物的性质和事物之间的关系，核心的问题是确定命题的真值以及命题真值之间的关系，包括逻辑等值和逻辑推理关系。第 2 章学习命题逻辑的基本概念、命题逻辑公式的语法和真值确定、命题逻辑公式的等值演算和基于命题逻辑公式的推理系统。第 3 章介绍有关一阶逻辑的基本概念、一阶逻辑公式的语法和真值确定、一阶逻辑公式的等值演算和基于一阶逻辑公式的推理。第 4 章介绍基本的证明方法，包括直接证明与间接证明、分情况证明、构造性与非构造性存在证明、数学归纳法、集合的归纳定义与结构归纳法。通过第 4 章的学习，读者不仅可熟悉基本的数学证明方法和思路，提高自己的数学证明能力，而且可进一步体会逻辑语言的严谨性。

第 5 章“集合”、第 6 章“关系”和第 7 章“函数”属于集合语言的深入介绍。集合语言是现代数学的基本语言，使用集合、关系、函数等描述所要研究的数学对象以及它们之间的联系。第 5 章介绍集合的基本概念、集合运算、集合等式和子集关系证明。第 6 章介绍关系的基本概念、关系的运算、关系的性质、关系的闭包，以及两种特殊的关系——等价关系和偏序关系。第 7 章介绍函数的基本概念、函数的性质和函数的运算，并介绍集合等势、有穷集和无穷集、可数集和不可数集的基础知识，讨论函数的增长及其在算法效率分析方面的应用和一些关于算法复杂度的基础知识。

逻辑语言和集合语言是学习组合计数、图论语言和代数语言的基础。第 8 章“计数与组合”介绍基本的组合计数原理、排列与组合、二项式定理及二项式系数恒等式的证明、递推关系的构建与线性递推关系式的求解。第 2~4 章，特别是第 4 章的证明体现逻辑思维的运用，而第 5~7 章，特别是第 6 章的关系和第 7 章的函数体现关系思维，第 8 章展示量化思维的运用，不仅讨论集合元素的计数，而且进一步讨论算法效率的分析，特别是递归算法和分治算法的效率分析。

第 9 章“图与树”对图论语言做比较深入的介绍，在总结图和树的基本概念的基础上，对图的连通性、图的遍历、树的遍历，以及带权图的顶点间最短距离、最优二叉树、图的最小生成树等做更多的讨论，并对一些特殊的图，包括平面图、欧拉图、哈密顿图做简单的介绍。

第 10 章“代数系统”对代数语言做比较深入的介绍，在定义运算及其性质的基础上，介绍代数系统的基本概念、代数的构造（子代数、同余关系和商代数）、代数同态和同构，并介绍代数系统的例子，包括群、格与布尔代数的一些基础知识。

第 11 章“结束语”总结全书的内容，介绍可以进一步学习的离散数学相关知识，并给出一些推荐阅读的参考文献。

本书没有单列一章介绍算法的相关内容，但第 1 章的“基础知识”有一节专门介绍算法语言的基础知识，包括算法的基本概念和基本特点，结合例子给出了如何使用结构化自然语言描述算法的顺序结构、选择结构和循环结构，以及算法调用的方法，并尽早引入了递归调用和递归算法的概念。计算机专业的学生在学习离散数学时应注意思考如何利用计算机辅助求解离散数学的问题，因此算法语言的使用和计算思维、递归思维的运用应该贯穿对逻辑、集合、图论和代数的学习，相关的章节也会给出许多算法的例子。另外，第 7 章对函数的介绍会讨论函数的增长及其在算法效率分析中的应用，第 8 章的“计数与组合”会介绍递推关系式及其在算法效率分析中的应用。

不少离散数学教材有关于数论的基础知识，我们没有单列一章介绍有关数论，但不少内容，包括简单的算法例子、数学问题的证明、计数与组合中都有涉及整数性质的例子。这些例子会给出一些重要的数论基础知识，包括最大公因数及其欧几里得算法、素数及素数的无穷性、两整数最大公因数的贝祖定理 (Bézout’s Theorem) 等。

本书每章的定义、定理和例子都分别按章跨节编号。我们只将能够严格使用数学语言定义，并且对于“离散数学基础”课程学习非常重要的概念作为定义，定义的正文使用楷体以与其他正文区别，其中被定义的概念使用黑体。定理、引理和推论都沿用定理的编号，给出每章最重要的结论。我们精心挑选每一知识模块所需的定义和定理，使得它们能形成一个相对完整的整体，但不至于有太多、太散的概念和结论需要读者记忆和学习。

我们将例子进一步分为例子和问题，所以例子和问题进行了统一编号，一起按章跨节编号。例子主要用于进一步解释定义给出的概念或定理给出的结论，问题则偏向定义和定理的应用，给出的问题在形式上与这一章的习题及运用离散数学要求解的实际问题相同，并且除给出参考的【解答】或【证明】外，通常在解答前有【分析】部分介绍求解问题的思路和切入点，在解答后有【讨论】部分补充解答的一些注意事项以及可能的启发。因此，不少问题也适合用于翻转课堂教学模式中在学生自学章节主要内容之后进行的讨论式教学。

本书每一章除给出大量例子和问题外，还给出了“本章小结”，总结这一章的主要概念、主要结论，以及学习这一章之后读者应该了解、熟悉的概念和应该能求解的问题。每章的习题在这章的最后一节给出，其中大部分习题用于巩固学习的内容，与这章中给出的问题十分类似，但也给出了一些扩展性的、有一定难度的习题，供基础好的读者练习，其中标记星号“*”的习题是推荐的习题，可作为课后作业布置给学生完成。经过登记和验证的课程任课教师，可以通过邮箱 bailj@tup.tsinghua.edu.cn 获得习题的参考答案。

本书只假定学生有中学数学知识，如果已经接触过矩阵的基础知识，以及使用某门程序设计语言编写过计算机程序则更好。本书可作为高等院校计算机相关专业本科一、二年级 72～108 学时的“离散数学基础”课程的教材，或者作为离散数学相关课程的参考书，也可供从事计算机专业相关工作的科研人员、工程技术人员及其他有关人员参考。表 1 给出了参考的课程学习计划和学时建议，其中列 ① 针对周学时为 4 学时（总学时为 72 学时①）的课程，列 ② 针对周学时为 6 学时（总学时为 108 学时①）的课程（每学期上课周数设为 18 周），任课教师可根据情况选用。本书对应表中列出的每个教学单元的起始点给出了二维码，扫描该二维码可获得该教学单元的课件和视频讲解等教学资源。

表 1 课程学习计划和学时建议

| 序号 | 教学单元 | 主要内容 | 选讲或略讲内容 | ① | ② |
|---|---|---|---|---|---|
| 1 | 第 1 章 | 基础知识：逻辑语言、集合语言、算法语言 | 1.3 图论语言<br>1.4 代数语言 | 3 | 4 |
| 2 | 2.1 节、2.2 节、2.3 节 | 命题逻辑的基本概念、命题逻辑公式的语法和语义 | 2.2.2 命题逻辑公式的语法性质 | 2 | 3 |
| 3 | 2.4 节 | 命题逻辑的等值演算 | 2.4.3 命题逻辑公式的范式 | 2 | 3 |
| 4 | 2.5 节 | 命题逻辑的推理理论 | 2.5.3 构造验证推理有效性的论证 | 2 | 3 |
| 5 | 2.6 节 | 命题逻辑的应用 | 2.6.3 算法性质的逻辑分析 | 2 | 3 |
| 6 | 3.1 节、3.2 节、3.3 节 | 一阶逻辑的基本概念、一阶逻辑公式的语法和语义 | 3.3.1 一阶逻辑公式的解释 | 3 | 4 |
| 7 | 3.4 节 | 一阶逻辑的等值演算 | 3.4.3 一阶逻辑的前束范式 | 2 | 3 |
| 8 | 3.5 节 | 一阶逻辑的推理理论 | 3.5.2 量词公式的推理规则 | 2 | 4 |
| 9 | 3.6 节 | 一阶逻辑的应用 | 3.6.3 算法性质的逻辑分析 | 2 | 3 |
| 10 | 4.1 节、4.2 节 | 直接证明、间接证明、分情况证明、存在性证明 | 4.2.4 基本证明策略 | 3 | 4 |
| 11 | 4.3 节 | 数学归纳法、良序原理、归纳定义、结构归纳法、递归算法、归纳证明 | 4.3.1 数学归纳法与良序原理<br>4.3.3 递归算法与归纳证明 | 3 | 4 |
| 12 | 5.1 节、5.2 节 | 集合的基本概念、集合运算 | 5.1.3 文氏图与成员关系表<br>5.2.5 集合运算的算法 | 3 | 3 |
| 13 | 5.3 节 | 集合等式 | | 2 | 3 |
| 14 | 6.1 节 | 关系的定义、关系的表示、关系的运算 | | 2 | 3 |
| 15 | 6.2 节 | 关系的性质 | 6.2.4 关系性质与关系运算 | 2 | 3 |
| 16 | 6.3 节 | 关系的闭包 | | 2 | 4 |
| 17 | 6.4 节 | 特殊关系举例 | | 2 | 3 |
| 18 | 7.1 节 | 函数的基本概念、性质和函数运算 | 7.1.3 函数运算与函数的性质 | 2 | 3 |
| 19 | 7.2 节 | 集合等势、无穷集、可数集 | 7.2.2 有穷集与无穷集 | 2 | 3 |
| 20 | 7.3 节 | 函数的增长、算法效率分析 | 7.3.3 算法复杂度基础知识 | 2 | 3 |
| 21 | 8.1 节 | 加法原理、乘法原理、容斥原理、鸽笼原理 | 8.1.3 鸽笼原理 | 3 | 4 |

① 表 1 中列 ① 和列 ② 分别留 2 学时和 3 学时的机动时间。

(续表 1)

| 序号 | 教学单元 | 主要内容 | 选讲或略讲内容 | ① | ② |
|---|---|---|---|---|---|
| 22 | 8.2.1 节、8.2.2 节 | 排列与组合、二项式定理、组合等式 | | 2 | 4 |
| 23 | 8.2.3 节、8.2.4 节、8.2.5 节 | 允许重复的排列与组合、容斥原理及其应用、排列与组合的生成算法 | 8.2.5 排列与组合的生成算法 | 3 | 4 |
| 24 | 8.3 节 | 递推关系式及其求解、分治算法与递推关系式 | | 2 | 4 |
| 25 | 9.1 节 | 图的基本概念、图的连通性、图的表示、无向图的遍历 | 9.1.4 无向图的遍历 | 2 | 3 |
| 26 | 9.2 节 | 树的基础知识 | | 2 | 3 |
| 27 | 9.3 节 | 带权图及其应用 | | 2 | 4 |
| 28 | 9.4 节 | 平面图、欧拉图、哈密顿图 | | 2 | 3 |
| 29 | 10.1 节、10.2 节 | 运算及其性质、代数及同态 | 10.2.2 同余关系与商代数 | 3 | 4 |
| 30 | 10.3 节 | 群、子群、陪集、正规子群、商群 | 10.3.2 群元素的阶<br>10.3.5 群同态 | 2 | 3 |
| 31 | 10.4 节 | 格与布尔代数 | 10.4.2 分配格与有界格 | 2 | 3 |
| | | **总学时数** | | 70 | 105 |

在本书的编写过程中，参考了许多国内外同类教材，得到了许多领导和老师的支持，在此对这些教材的编者以及支持我们的领导和老师表示衷心的感谢。教材于 2020 年 2—7 月在中山大学数据科学与计算机学院计算机大类四个教学班进行了试用，非常感谢参与的老师和学生在试用过程中提出的许多宝贵意见和建议。这里还要特别感谢清华大学出版社的编辑，特别是白立军老师，没有他们的耐心和支持，本书不可能得以出版。

在新工科建设背景下，基于培养计算机专业学生离散建模能力，编写一本与计算机专业其他课程，特别是与程序设计课程内容紧密结合的离散数学教材是我们努力尝试的方向，但限于编者的水平，不一定能达到预期的目标。书中可能存在不少的疏漏和不妥之处，恳请广大读者批评指正。

作　者

2020 年 7 月

# CONTENTS
# 目录

第1章

# 基 础 知 识

“离散数学基础”课程学习包括逻辑、集合、算法、图论和代数等在内的离散数学语言，这些语言可用于描述离散的、可枚举的数学对象。根据我国目前最新的《高中数学标准》(本书编写时最新版本《高中数学标准（2017 年版)》于 2018 年 1 月颁布实施)，这些数学语言的许多基础知识已经出现在高中数学课本中。本章简要介绍有关逻辑、集合、算法、图论和代数的基础知识，既是高中数学一些相关知识的总结，也是学习后面离散数学知识的基础。读者将会看到，“离散数学基础”课程要学习的内容主要是这些基础知识的拓展与深化。

Basic (1)

Basic (2)

Basic (3)

Basic (4)

## 1.1　逻辑语言

在编写计算机程序时，经常要根据某个条件对数据做不同的处理，在程序中用于表示条件的表达式就是逻辑语言的公式。例如，编写一个判断一个年份是否闰年的程序，需要使用逻辑公式表示怎样的年份是闰年。基于百科知识，我们知道，一个年份是闰年当且仅当它能被 400 整除，或者它能被 4 整除且不能被 100 整除。

在逻辑语言中，像“2020 年是闰年”“2020 能被 4 整除且不能被 100 整除”这种句子称为**命题** (proposition)，因为它们是对某个事物进行判断的陈述句，有真假值，例如句子“2020 年是闰年”的判断为真，而句子“2019 年是闰年”的判断为假。命题的真假值统称为**真值** (truth value)。

句子“2020 年是闰年”与“2020 能被 4 整除且不能被 100 整除”不一样，前者被称为**原子命题** (atomic proposition)，或者说是**简单命题** (simple proposition)；而后者是**复合命题** (compound proposition)，因为它包含“2020 能被 4 整除”和“2020 不能被 100 整除”这两个原子命题，用“且”将它们联结在一起。在逻辑中，将像“且”这种词语称为 **逻辑联结词**。

为更简洁地表达命题和更精确地研究命题的真值，命题逻辑使用数学符号表达命题，得到的数学表达式称为**逻辑公式**。通常使用 $p$、$q$ 等小写字母表示原子命题，使用符号 $\wedge, \vee, \neg, \rightarrow$ 和 $\leftrightarrow$ 表示自然语言命题中的不同逻辑联结词，分别给出命题的逻辑与、逻辑或、逻辑非、逻辑蕴涵和逻辑双蕴涵，人们将这些符号称为**逻辑运算符**。

（1）命题 $p$ 和 $q$ 的**逻辑与** (logic and) 记为 $p \wedge q$，读成“$p$ 与 $q$”。当且仅当 $p$ 和 $q$ 的真值都为真时，$p \wedge q$ 的真值为真。

（2）命题 $p$ 和 $q$ 的**逻辑或** (logic or) 记为 $p \vee q$，读成“$p$ 或 $q$”。当且仅当 $p$ 和 $q$ 至少有一个的真值为真时，$p \vee q$ 的真值为真。

（3）命题 $p$ 的**逻辑否定** (logic negation) 记为 $\neg p$，读成“非 $p$”。当且仅当 $p$ 的真值为假时，$\neg p$ 的真值为真。

（4）命题 $p$ 和 $q$ 的**逻辑蕴涵** (logic implication) 记为 $p \to q$，读成“$p$ 蕴涵 $q$”。当且仅当 $p$ 的真值为真且 $q$ 的真值为假时，$p \to q$ 的真值为假。

（5）命题 $p$ 和 $q$ 的**逻辑双蕴涵** (logic bi-implication) 记为 $p \leftrightarrow q$，读成“$p$ 双蕴涵 $q$”或“$p$ 等价 $q$”。当且仅当 $p$ 和 $q$ 的真值相同时，$p \leftrightarrow q$ 的真值为真。

这里解释一下逻辑蕴涵公式 $p \to q$ 的真值。在逻辑学研究中，人们在确定 $p$ 蕴涵 $q$ 的真值时，强调的是当 $p$ 的真值为真而 $q$ 的真值为假时，$p$ 蕴涵 $q$ 的真值不能为真，或者说只在 $p$ 为真而 $q$ 为假时 $p$ 蕴涵 $q$ 的真值为假。这一点可能与人们日常生活中对蕴涵的使用有差别。在日常生活中，人们对 $p$ 蕴涵 $q$ 更强调的是当 $p$ 为真时，$q$ 也为真，因此可能对当 $p$ 为假时，整个蕴涵式 $p$ 蕴涵 $q$ 总为真会觉得有些难以理解。第 2 章讨论自然语言命题的符号化时会对逻辑蕴涵公式的真值做更详细的讨论。

**例子 1.1** 在自然语言中，复合命题及其逻辑联结词有一些常见的表达方式，这里以汉语为例。

（1）汉语常用“而且”“且”表示逻辑与，例如“2016 年是闰年而且 2020 年也是闰年”是真值为真的逻辑与命题，而“2016 年是闰年而且 2018 年也是闰年”是真值为假的逻辑与命题。

（2）汉语常用“或者”“或”表示逻辑或，例如，“2016 年是闰年或者 2018 年是闰年”是真值为真的逻辑或命题，而“2017 年是闰年或者 2018 年是闰年”是真值为假的逻辑或命题。

（3）汉语常用“并非”表示逻辑否定，例如，“并非 2017 年是闰年”是逻辑否定命题，真值为真。当然汉语中通常更简单地说“2017 年不是闰年”，这同样是逻辑否定命题。

（4）汉语常用“如果……则……”表示逻辑蕴涵，例如，“如果 2016 年是闰年，则 2017 年不是闰年”是逻辑蕴涵命题，真值为真，而逻辑蕴涵命题“如果 2017 年是闰年，则 2016 年不是闰年”的真值也为真，因为命题“2017 年是闰年”的真值为假，这整个逻辑蕴涵命题的真值就为真。

（5）汉语常用“……当且仅当……”表示逻辑双蕴涵，例如，“2016 年是闰年当且仅当 2017 年不是闰年”是逻辑双蕴涵命题，真值为真。

由于逻辑蕴涵命题与逻辑推理关系密切，因此自然语言存在很多方式表达逻辑蕴涵命题。汉语中除“如果 $p$ 则 $q$”句式外，还常用“只要 $p$ 就 $q$”“$q$，如果 $p$”“当 $p$ 时

$q$”等表达 $p$ 蕴涵 $q$。这些句式通常强调的是当 $p$ 成立（真值为真）时，$q$ 也成立，也即强调 $p$ 是 $q$ 的**充分条件** (sufficient condition)。汉语中的“只有 $q$ 才 $p$”“$p$，仅当 $q$”等句式也表达逻辑中的 $p$ 蕴涵 $q$，但强调的是当 $q$ 不成立时，$p$ 也不成立，也即强调 $q$ 是 $p$ 的**必要条件** (necessary condition)。

**例子 1.2** 充分条件和必要条件的表达。

（1）“如果一个年份是 400 的倍数，则它是闰年”表达“年份是 400 的倍数”是“它是闰年”的充分条件，表达的是“年份是 400 的倍数”逻辑蕴涵“它是闰年”。

（2）“只要一个年份是 400 的倍数，它就是闰年”同样表达“年份是 400 的倍数”是“它是闰年”的充分条件。

（3）“只有一个年份是 4 的倍数，它才是闰年”表达“年份是 4 的倍数”是“它是闰年”的必要条件，实际上表达的是“它是闰年”逻辑蕴涵“年份是 4 的倍数”。

（4）“一个年份是闰年仅当它是 4 的倍数”同样表达“它是 4 的倍数”是“一个年份是闰年”的必要条件。

因为逻辑蕴涵命题可用于充分条件和必要条件的表达，因此也称为**条件命题** (conditional proposition)。逻辑双蕴涵既表达充分条件也表达必要条件，即表示两个命题互为充要条件，因此也称为**双条件命题** (bi-conditional proposition)，或逻辑等价命题。逻辑双蕴涵命题常用于数学定义，例如，命题“一个大于 1 的正整数是质数当且仅当它的因子只有 1 和它自己”定义什么是质数。

需要指出的是，数学中也经常只用逻辑蕴涵命题给出概念的定义，例如可能这样定义：“如果一个大于 1 的正整数的因子只有 1 和它自己，则称该正整数为质数。”在这种定义中，虽然用的是逻辑蕴涵命题的形式，但实际上表达的是逻辑双蕴涵命题“正整数是质数当且仅当它的因子只有 1 和它自己”。这是一种特殊语境下的习惯用法。

回到前面闰年的例子，我们说“一个年份是闰年当且仅当它能被 400 整除，或者能被 4 整除且不能被 100 整除”，这时不是对某个具体的年份，例如 2020 年进行判断，而是对所有的年份这一类事物进行判断，在逻辑中将这称为**量化命题**。

逻辑主要研究两种量词，**存在量词** (existential quantifier) 用于断定一类事物中存在某些事物具有某个性质或关系，而**全称量词** (universal quantifier) 用于断定一类事物的所有事物具有某个性质或关系。例如，“有的年份是闰年”是存在量化命题，“有的……”是存在量词最常见的汉语表达方式，而“所有闰年年份是 4 的倍数”“任意闰年年份是 4 的倍数”是全称量化命题，“所有……”“任意……”是全称量词最常见的汉语表达方式。全称量化命题也经常省略量词，例如，命题“一个年份是闰年当且仅当……”实际上是“任意一个年份是闰年当且仅当……”的省略，因此是全称量化命题。

为符号化量化命题，使用变量 $x, y, z$ 表示量化命题所断定的一类事物中某个不确定的个体，$P(x)$ 表示量化命题所断定的性质或关系，$\exists$ 表示存在量词，$\forall$ 表示全称量词，从而得到表示量化命题的逻辑公式。

**例子 1.3** 量化命题的逻辑公式表示。使用 $x$ 表示某个年份，$P(x)$ 表示“年份 $x$ 是闰年”，$Q(x)$ 表示“年份 $x$ 是 4 的倍数”。

（1）存在量化命题“有的年份是闰年”的具体含义是，“存在年份 $x$，$x$ 是闰年”，因此用逻辑公式可表示为 $\exists xP(x)$。

（2）全称量化命题“所有闰年年份是 4 的倍数”的具体含义是，“对所有年份 $x$，如果 $x$ 是闰年，则 $x$ 是 4 的倍数”，因此用逻辑公式可表示为 $\forall x(P(x) \to Q(x))$。

量化命题，特别是包含多个量词的量化命题的含义通常比较复杂，第 3 章将对如何使用逻辑公式表达自然语言量化命题做更详细的讨论。对于存在量化命题，当且仅当所断定事物类有个体（即具体的单个事物）满足所断定的性质时该存在量化命题为真，例如，命题“有的年份是闰年”的真值为真，因为确实存在像 2016 年这样的年份是闰年。对于全称量化命题，当且仅当所断定事物类的所有个体都满足所断定的性质时该全称量化命题为真，例如，命题“所有闰年年份是 4 的倍数”的真值为真，而命题“所有 4 的倍数的年份是闰年”的真值为假。

这里简单介绍了逻辑语言的基础知识，包括命题、逻辑联结词、存在量词和全称量词，以及命题的数学符号表达，即逻辑公式。第 2 章和第 3 章将对逻辑公式的构成规则（语法）、真值确定方法（语义）以及逻辑公式间的真值关系（逻辑等值与逻辑推理）做更严谨与深入的介绍。

**问题 1.4**[①] 如何用逻辑公式表达一个年份 year 是闰年？

**【分析】** 一个年份是闰年当且仅当它被 400 整除，或者它被 4 整除且不被 100 整除。可以简单地将“年份被 400 整除”“年份被 4 整除”和“年份被 100 整除”看作原子命题，“年份被 400 整除”与“年份被 4 整除且不被 100 整除”之间是逻辑或关系，而“年份被 4 整除”与“年份不被 100 整除”之间是逻辑与关系，从而使用命题逻辑公式表达这个命题。

**【解答】** 若令 $p$ 表示“年份 year 被 400 整除”，$q$ 表示“年份 year 被 4 整除”，$r$ 表示“年份 year 被 100 整除”，则表达年份 year 是闰年的逻辑公式是

$$p \lor (q \land \neg r)$$

进一步，在数学上可用运算 % 表示求模，即 $x\%y$ 表示 $x$ 整除 $y$ 的余数，$x$ 整除 $y$ 可表示为 $x\%y == 0$（这里像 C++、Java 语言一样使用“==”表示相等关系），从而表达年份 year 是闰年的逻辑公式可更清楚地表达为[②]

$$(\text{year} \ \% \ 400 \ == \ 0) \lor ((\text{year} \ \% \ 4 \ == \ 0) \land \neg(\text{year} \ \% \ 100 \ == \ 0))$$

**【讨论】** 实际上，这里年份 year 可以是任意的年份，如果用 $x$ 表示，则得到例子 1.3 中表示“$x$ 是闰年”的公式 $P(x)$ 的更精细的数学定义，即 $P(x)$ 为真当且仅当

① 本书将例子进一步分为例子和问题，它们一起按章跨节编号，后同。

② 程序设计语言中只能使用可打印字符（例如 ASCII 码字符）表示逻辑与、逻辑或、逻辑非，但在逻辑语言中更喜欢使用 $\land, \lor, \neg$ 表示。

$(x \% 400 == 0) \vee ((x \% 4 == 0) \wedge \neg(x \% 100 == 0))$。

## 1.2 集合语言

集合语言是现代数学的基本语言，使用集合、函数、关系等描述所要研究的数学对象及它们之间的对应情况。集合 (set) 是现代数学的基本概念，当要将一些数学对象作为一个总体进行研究时，称这个总体为一个集合，这个总体中的数学对象称为该集合的元素 (element)。给定一个集合，它的元素是明确的，即对于所有要研究的对象而言，它要么属于这个集合，要么不属于这个集合，二者必居其一。

通常用大写字母 $A, B, C$ 等表示集合，用小写字母 $a, b, c$ 等表示集合的元素。如果 $a$ 是集合 $A$ 的元素，则记为 $a \in A$，读为“$a$ 属于 $A$”。如果 $a$ 不是集合 $A$ 的元素，则可用 $a \notin A$ 表示，读为“$a$ 不属于 $A$”。

集合的元素不重复，且没有顺序。集合由它的元素确定，只要两个集合有相同的元素，就是相等的集合。用集合语言严格定义就是，说集合 $A$ 等于集合 $B$，记为 $A = B$，如果对任意元素 $x$，$x \in A$ 蕴涵 $x \in B$，而且 $x \in B$ 蕴涵 $x \in A$，用逻辑公式可表示为

$$\forall x((x \in A \to x \in B) \wedge (x \in B \to x \in A))$$

也就是说，只要集合 $A$ 的元素都属于 $B$ 且集合 $B$ 的元素也都属于 $A$，就称集合 $A$ 等于集合 $B$，不管这两个集合是用什么方式给出或用什么名字命名。如果只是集合 $A$ 的元素都属于集合 $B$，则称集合 $A$ 是集合 $B$ 的**子集** (subset)，记为 $A \subseteq B$，读为“$A$ 包含于 $B$”或“$B$ 包含 $A$”。用逻辑公式可将 $A \subseteq B$ 定义为

$$\forall x(x \in A \to x \in B)$$

约定有一个**空集** (empty set)，记为 $\varnothing$，它没有任何元素，即对任意元素 $x$，都有 $x \notin \varnothing$。

集合由它的元素确定，因此可通过罗列集合的元素给出一个集合，例如集合 $A = \{1, 2, 3, 4, 5\}$。像这样将集合的元素逐一罗列，并且使用左右花括号括起来给出一个集合的方法称为**元素枚举法**。元素枚举法只适用于元素比较少的集合，对于元素比较多，甚至有无穷多个元素的集合，需要使用**性质概括法**给出。性质概括法就是通过概括属于集合的元素的共同性质的方式给出一个集合。设概括集合元素 $x$ 要满足的性质记为 $P(x)$，则给出集合 $A$ 的性质概括法具有下面的形式：

$$A = \{x \mid P(x)\}$$

其含义是，对任意 $x$，$x \in A$ 当且仅当 $P(x)$ 为真。例如，集合 $A = \{1, 2, 3, 4, 5\}$ 也可用性质概括法给出：

$$A = \{x \mid x \text{ 是正整数且小于或等于 } 5\}$$

在使用性质概括法时，常常是断定某个大的集合 $B$ 的元素满足某个共同性质从而给出一个小的集合 $A$。这时的形式为

$$A = \{x \in B \mid P(x)\}$$

其含义是，对任意 $B$ 的元素 $x$，$x \in A$ 当且仅当 $P(x)$ 为真。一些常用的数集通常作为这样的大集合，因此人们用专门的字母对这些数集进行命名。下面是后面会用到的一些数集以及它们的名字，我们用特殊的字体表示。

（1）全体非负整数构成的集合称为自然数集（或非负整数集），记为 $\mathbb{N}$。

（2）全体整数构成的集合称为整数集，记为 $\mathbb{Z}$。

（3）全体正整数构成的集合称为正整数集，记为 $\mathbb{Z}^+$。

（4）全体有理数构成的集合称为有理数集，记为 $\mathbb{Q}$。

（5）全体实数构成的集合称为实数集，记为 $\mathbb{R}$。

例如，集合 $A = \{1, 2, 3, 4, 5\}$ 的元素都是正整数，可更简洁地用下面的方式给出：

$$A = \{x \in \mathbb{Z}^+ \mid x \leqslant 5\}$$

集合的元素没有顺序，因此集合 $\{a, b\} = \{b, a\}$。将两个元素 $a$ 和 $b$ 有顺序地放在一起构成**有序对** (ordered pair) 或称为 **2 元组** (2-tuple)，记为 $\langle a, b\rangle$。对于有序对，当 $a \neq b$ 时，$\langle a, b\rangle \neq \langle b, a\rangle$。$n$ 个元素 $a_1, a_2, \cdots, a_n$ 有顺序地放在一起构成 **$n$ 元组** ($n$-tuple)，记为 $\langle a_1, a_2, \cdots, a_n\rangle$。

集合 $A$ 到 $B$ 的**笛卡儿积** (Cartesian product)，记为 $A \times B$，读为“集合 $A$ 乘以 $B$”，是所有第一个元素来自 $A$，第二个元素来自 $B$ 的有序对构成的集合，即

$$A \times B = \{\langle a, b\rangle \mid a \in A \ \wedge \ b \in B\}$$

$n$ 个集合 $A_1, A_2, \cdots, A_n$ 的笛卡儿积，记为 $A_1 \times A_2 \times \cdots \times A_n$，是所有形如 $\langle a_1, a_2, \cdots, a_n\rangle$ 的 $n$ 元组的集合，这里第 $i$ 个元素 $a_i$ 来自集合 $A_i$，即有

$$A_1 \times A_2 \times \cdots \times A_n = \{\langle a_1, a_2, \cdots, a_n\rangle \mid a_1 \in A_1 \ \wedge \ a_2 \in A_2 \ \wedge \ \cdots \ \wedge a_n \in A_n\}$$

如果 $A_1 = A_2 = \cdots = A_n$，则通常将 $A \times A \times \cdots \times A$（$n$ 个 $A$ 的笛卡儿积）简记为 $A^n$。

**例子 1.5** 设集合 $A = \{1, 2, 3\}$，$B = \{a, b\}$，则：

$$\begin{aligned}
A \times B &= \{\langle 1, a\rangle, \langle 1, b\rangle, \langle 2, a\rangle, \langle 2, b\rangle, \langle 3, a\rangle, \langle 3, b\rangle\} \\
B \times A &= \{\langle a, 1\rangle, \langle a, 2\rangle, \langle a, 3\rangle, \langle b, 1\rangle, \langle b, 2\rangle, \langle b, 3\rangle\} \\
A \times A &= \{\langle 1, 1\rangle, \langle 1, 2\rangle, \langle 1, 3\rangle, \langle 2, 1\rangle, \langle 2, 2\rangle, \langle 2, 3\rangle, \langle 3, 1\rangle, \langle 3, 2\rangle, \langle 3, 3\rangle\} \\
B \times B &= \{\langle a, a\rangle, \langle a, b\rangle, \langle b, a\rangle, \langle b, b\rangle\}
\end{aligned}$$

除集合等基本概念外，关系和函数等概念也是离散数学中集合语言的重要组成部分。简单地说，**二元关系** (binary relation) 是一些有序对的集合。**集合 $A$ 到 $B$ 的一个二**

元关系就是 $A$ 和 $B$ 的笛卡儿积 $A\times B$ 的一个子集。$n$ **元关系** ($n$-ary relation) 是一些 $n$ 元组的集合。集合 $A_1, A_2, \cdots, A_n$ 之间的一个 $n$ 元关系是笛卡儿积集 $A_1\times A_2\times\cdots\times A_n$ 的一个子集。如果 $R\subseteq A\times A$，则称 $R$ 为 $A$ **上**的二元关系。如果 $R\subseteq A^n$，则称 $R$ 为 $A$ 上的 $n$ 元关系。

直观地说，集合 $A$ 到 $B$ 的一个二元关系就是将 $A$ 的一些元素和 $B$ 的一些元素有顺序地放在一起，或者说是将 $A$ 的元素与 $B$ 的元素形成某种对应 (correspondence)。可以说，关系是集合元素之间某种对应的数学描述。

现实世界存在许多关系，例如人与人之间的同学关系、朋友关系等。计算机程序中也存在许多关系，例如面向对象程序中类与类之间的继承关系、子程序（函数或方法）之间的调用关系等。上面提到的逻辑公式之间的等值关系，集合之间的子集关系（或包含关系），以及数的大小关系等都是数学中常见的关系。下面给出两个例子，通过枚举有序对给出关系的定义。

**例子 1.6**　设 $a, b$ 是两个整数且 $a\neq 0$，说 $a$ 是 $b$ 的一个**因子** (divisor)，如果存在整数 $c$，使得 $b=ac$，这时也称 $b$ 是 $a$ 的一个**倍数** (multiple)，记为 $a\mid b$。约定 0 不是任何整数的因子，但 0 是任意整数的倍数。显然，因子关系或倍数关系是整数集上的二元关系。特别地，考虑正整数子集 $A=\{1,2,3,6\}$，那么其中整数间的因子关系是下面的有序对集合：

$$\{\ \langle 1,1\rangle, \langle 1,2\rangle, \langle 1,3\rangle, \langle 1,6\rangle, \langle 2,2\rangle, \langle 2,6\rangle, \langle 3,3\rangle, \langle 3,6\rangle, \langle 6,6\rangle\ \}$$

顺便提一下，$a$ 是 $b$ 的因子也意味着 $b$ 整除 $a$ 的余数是 0，在计算机程序中通常像问题 1.4那样使用求模运算 % 表示，即使用 $b\%a == 0$ 表示 $a\mid b$。另外，在数学教材中，也常用 mod 表示求模运算。

**例子 1.7**　设集合 $L=\{$C, C++, C#, Java, JavaScript, Objective-C, PHP, Python, Ruby$\}$ 是 9 种常见的程序设计语言构成的集合，$Y=\{1972, 1983, 1991, 1994, 1995, 2000\}$ 是一些年份构成的集合。可定义集合 $Y$ 和 $L$ 之间的关系 $R\subseteq Y\times L$：

$$R = \{\ \langle 1972, \texttt{C}\rangle, \langle 1983, \texttt{C++}\rangle, \langle 1983, \texttt{Objective-C}\rangle, \langle 1991, \texttt{Python}\rangle, \langle 1994, \texttt{PHP}\rangle, \langle 1995, \texttt{Java}\rangle, \langle 1995, \texttt{JavaScript}\rangle, \langle 1995, \texttt{Ruby}\rangle, \langle 2000, \texttt{C\#}\rangle\ \}$$

二元关系 $R$ 给出了 $Y$ 中的年份与它所诞生的 $L$ 中的程序设计语言之间的对应。

函数在中学数学中就是核心概念之一。对集合 $A$ 的任意元素 $x$，按照某种对应 $f$，在集合 $B$ 都有唯一确定的 $y$ 与 $x$ 对应，则称对应 $f$ 是集合 $A$ 到 $B$ 的函数，记为 $f: A\to B$。集合 $A$ 称为函数 $f$ 的**定义域** (domain)，所有函数值构成的集合 $\mathbf{ran}(f)=\{f(x)\mid x\in A\}$，称为函数 $f$ 的**值域** (range)。函数 $f$ 的值域是集合 $B$ 的子集，在一般情况下，没有要求 $B$ 的每个元素一定是 $A$ 的某个元素的函数值。在离散数学中，集合 $B$ 称为函数 $f$ 的**陪域** (codomain)。

可以看到，函数给出的也是集合元素之间的对应，因此函数是特殊的关系：集合 $A$ 到 $B$ 的函数有且有唯一的 $B$ 的元素与集合 $A$ 的每个元素对应，而集合 $A$ 到 $B$ 的关系则没有这样的限制。例子 1.7的关系 $R$，一个年份（例如 1983）可能对应多个程序设计语言（例如有 C++ 和 Objective-C）。但反之则每种程序设计语言有唯一的诞生年份，因此可定义函数 $f: L \to Y$：

$$f = \{ \langle \texttt{C}, 1972\rangle, \langle \texttt{C++}, 1983\rangle, \langle \texttt{Objective-C}, 1983\rangle, \langle \texttt{Python}, 1991\rangle, \langle \texttt{PHP}, 1994\rangle, \langle \texttt{Java}, 1995\rangle, \langle \texttt{JavaScript}, 1995\rangle, \langle \texttt{Ruby}, 1995\rangle, \langle \texttt{C\#}, 2000\rangle \}$$

与中学数学主要讨论数集之间的函数不同，离散数学研究更一般的集合之间的函数，因此可能不能用简单的数学表达式，例如 $g(x) = x^2 + 1$ 这样定义一个函数，而更倾向于使用离散化思维方式，像上面通过枚举函数 $f$ 的有序对来定义一个函数。

总之，集合 $A$ 到 $B$ 的**函数** (function)$f: A \to B$ 也是集合 $A$ 到 $B$ 的关系，即笛卡儿积 $A \times B$ 的子集，且对 $A$ 的任意元素 $x$，有且有唯一的 $B$ 的元素 $y$ 构成的有序对 $\langle x, y\rangle$ 属于 $f$。因为对应每个 $x$ 的 $y$ 是唯一的，所以通常将 $y$ 直接写为 $f(x)$，并可通过给出 $y = f(x)$ 这样的等式，或直接给出计算 $f(x)$ 的表达式来定义函数。更一般地，集合 $A_1, A_2, \cdots, A_n$ 到集合 $B$ 的 $n$ 元函数 $f: A_1 \times A_2 \times \cdots \times A_n \to B$ 是 $n+1$ 元关系，且满足对任意的 $x_1 \in A_1, x_2 \in A_2, \cdots, x_n \in A_n$ 有且有唯一的 $y \in B$ 使得 $\langle x_1, x_2, \cdots, x_n, y\rangle \in f$。

至此介绍了集合语言的基本概念，包括集合、关系和函数，以及集合相等、集合子集、集合的笛卡儿积等相关概念，并讨论了定义集合的元素枚举法和性质概括法。元素枚举法体现了离散化思维，将集合的元素逐一罗列，适用于元素比较少的集合。性质概括法使用命题概括集合元素的共同特征，可用于定义元素很多甚至无穷多的集合。

本节的最后讨论定义集合的归纳法，这种方法通过给出从基本元素构造更多元素的规则定义一个集合，可适用于定义无穷集合，特别是很难用简单命题概括元素共同特征的无穷集合。下面使用例子说明集合的归纳定义法。

**例子 1.8** 使用归纳法定义集合 $O$。

（1）**归纳基** (basic step)：正整数 $1 \in O$。

（2）**归纳步** (inductive step)：如果正整数 $n$ 属于集合 $O$，则 $n+2$ 也属于集合 $O$，这里 $+$ 是整数加法。

（3）**最小化**：集合 $O$ 的每个元素要么是归纳基给出的基本元素，要么由基本元素通过有限次实施归纳步的规则得到。

这里归纳基给出了集合 $O$ 的基本元素，即正整数 1；而归纳步则给出了一个规则，从集合 $O$ 的已有元素构造更多元素，例如根据这个规则可得到 $3 \in O, 5 \in O$ 等。

归纳定义的最小化声明用于保证所定义集合的元素的明确性，即可确定任意的元素是属于还是不属于所定义的集合。例如，对于集合 $O$，有 $3 \in O$，但 $4 \notin O$，因为 4 不是归纳基给出的基本元素，所以根据最小化声明，它只能由归纳步的规则构造，也即只有当 $2 \in O$ 时才有 $4 \in O$，而只有当 $0 \in O$ 才有 $2 \in O$，但 0 不是正整数，因此有 $2 \notin O$，从而也有 $4 \notin O$ 等。

一般地说，要判断一个元素是否属于一个归纳定义的集合不是容易的事情，因此要一下子从整体上把握归纳定义的集合到底是什么可能也不容易。但归纳定义集合的方法对于计算机求解问题特别有用，因为计算机处理一个数据集合，通常也不是将这个数据集合作为一个整体处理，而是对其中的数据一个一个地进行处理，这时不需要一下子拥有整个数据集合，而只要存在规则（更准确地说，算法）能将数据集合的每个数据构造出来即可。对于上面归纳定义的集合 $O$，也许不容易整体上了解它到底是什么集合（当然这个归纳定义比较简单，很容易得到 $O$ 实际是正奇数集），但不难根据上述归纳定义将集合 $O$ 的元素逐一构造出来。

最小化声明对于每个归纳定义的集合都是一样的，即声明归纳定义集合的每个元素要么是基本元素，要么是由基本元素有限次实施归纳步给出的规则构造得到。因此，当使用归纳法定义一个集合时通常不明确地给出最小化声明。下面给出一个不是数集的归纳定义例子，读者可注意到归纳定义的归纳基给出的基本元素可有多个元素，归纳步给出的构造规则也可有多个规则。

**例子 1.9** 使用归纳法定义一些二进制串构成的集合 $H$。

（1）**归纳基**：$0 \in H, 1 \in H$。

（2）**归纳步**：如果 $u \in H$，则 $0u0 \in H$，$1u1 \in H$。

这里将 $0,1$ 看作字符串，但没有用单引号或双引号。归纳基给出了 $H$ 的两个基本元素，归纳步实际上给出了两个构造规则，即当 $u$ 是 $H$ 中的串时，$0u0$ 是 $H$ 的串，$1u1$ 也是 $H$ 中的串。这里 $0u0$ 表示将两个 0 分别放在串 $u$ 的两头。根据上述归纳定义，如 $000, 111, 010, 101, 10101, 01010$ 等都是 $H$ 中的串。

## 1.3 图论语言

图论 (graph theory) 是现代数学的重要分支，以顶点和连接顶点的边构成的图形为研究对象。图论对事物及事物之间的联系有丰富的建模手段，在自然科学和社会科学许多领域都有广泛应用。

**例子 1.10** 图论研究的起源之一是 18 世纪数学家欧拉 (Leonhard Euler, 1707—1783) 对“哥尼斯堡七桥问题”的研究。据说在 18 世纪中叶，哥尼斯堡 (Königsberg，现在是俄罗斯的加里宁格勒）的普雷格尔河 (Pregel River) 将这个城市分为 $A, B, C, D$ 四个区域，它们之间有七座桥相连，如图 1.1(a) 所示。城里的居民有一个疑问：是否能不重复地走遍七座桥而回到出发点？

欧拉将哥尼斯堡的 4 个部分抽象为 4 个顶点，而连接它们的桥抽象为边，得到如图 1.1(b) 所示的图，从而将问题建模为图论的问题，即这个图是否存在包含所有边一次且仅一次的回路？这是使用图论建模实际应用问题的第一个经典实例。后来人们将包含所有边一次且仅一次的回路的图称为欧拉图，在第 9 章对一个图是欧拉图的充要条件有进一步的介绍。

图论语言的核心是使用顶点和连接顶点的边表达事物及事物之间的各种联系，例如欧拉使用顶点表示哥尼斯堡的 4 个部分，边表示连接它们的桥。简单地说，**图** (graph) 包括一个 **顶点集** (vertex set) 和一个**边集** (edge set)，且边集的每个元素（即每条边）都与顶点集的两个元素（即两个顶点）相关联。顶点是事物的抽象，可用 $u$, $v$ 等符号或事物的名称标记。边是事物间某种关联的抽象，可用 $e_1, e_2$ 等符号或其他名称标记。

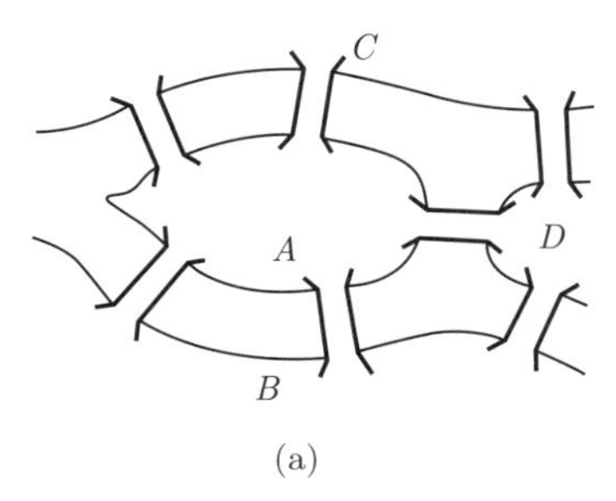

(a)

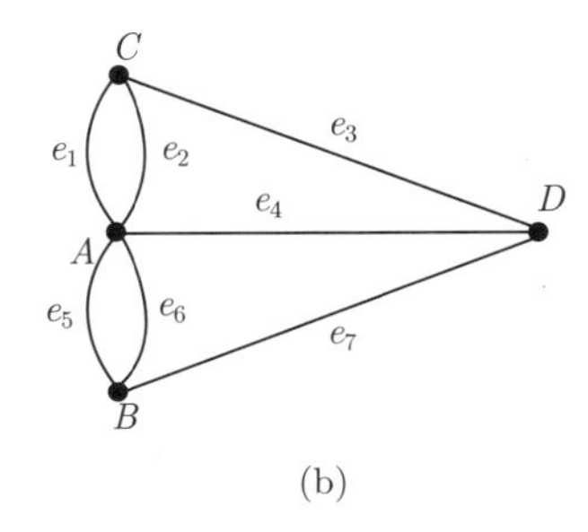

(b)

图 1.1　哥尼斯堡七桥问题

图的边可以有方向，即从某个顶点到某个顶点，前者称为起始顶点，后者称为终止顶点。如果图的每条边都有方向，则称为**有向图** (directed graph)。如果图的边都没有方向，则称为**无向图** (undirected graph, 或简单地，graph)。无向图的边的两个顶点称为这条边的两个端点。

对于图，首先关心的一个问题是，任意给定两个顶点，是否可通过图的边可达，或者说这两个顶点间是否存在一条通路 (path)？例如哥尼斯堡七桥问题中，人们希望从城市的一个区域（即顶点）经过所有的桥（即边）回到这个区域。

无向图 $G$ 的一条**通路** (path)$\Gamma = v_0e_1v_1e_2\cdots e_nv_n$ 是顶点和边的交替序列，且对任意 $1 \leqslant i \leqslant n$，$v_{i-1}$ 和 $v_i$ 是边 $e_i$ 的两个端点。称 $v_0$ 和 $v_n$ 是通路 $\Gamma$ 的两个端点，称 $\Gamma$ 为 $v_0$ 和 $v_n$ 之间的通路。$\Gamma$ 的长度是其中边的条数 $n$。若 $v_0 = v_n$，则称 $\Gamma$ 是以 $v_0$ 为端点的**回路** (circuit)。例如，图 1.1 的一条以 $A$ 为端点的回路是 $Ae_1Ce_3De_7Be_5A$。对于有向图，人们通常研究的是有向通路。顶点 $v_0$ 到 $v_n$ 的**有向通路**$\Gamma$ 是顶点和边的交替序列 $v_0e_1v_1e_2\cdots\ e_nv_n$，且前一条边 $e_{i-1}$ 的终止顶点 $v_i$ 是后一条边 $e_i$ 的起始顶点，也即有向通路 $\Gamma$ 中有向边的方向都要一致。

任意两个顶点之间都有通路的无向图称为**连通图**，图 1.1 给出的无向图是连通图。任意两个顶点之间有且仅有一条通路的无向图是**无向树** (undirected tree)，或直接称为**树**。19 世纪中叶，英国数学家凯莱 (Arthur Cayley，1821—1895) 利用树研究化合物饱和烃 $C_nH_{2n+2}$ 的同分异构物的结构，这是图论中对树的最早研究之一。例如图 1.2 是 $C_4H_{10}$ 的两种同分异构物。

这种任意两个顶点之间有且仅有一条通路的无向图之所以称为树，是因为它总是可画成类似日常生活中一棵树的形状（但图论中习惯将树画成倒立形状）：以任意顶点作为根，画在最上层（第 0 层），与它有边关联的顶点画在第 1 层，与这些顶点有边关联的顶点再画在第 2 层，等等。例如，图 1.3 将图 1.2 的两种同分异构物画成了树的形状。实际上，可选择任意一个顶点作为根而得到不同的画法，我们只是分别给出了其中一种画法。

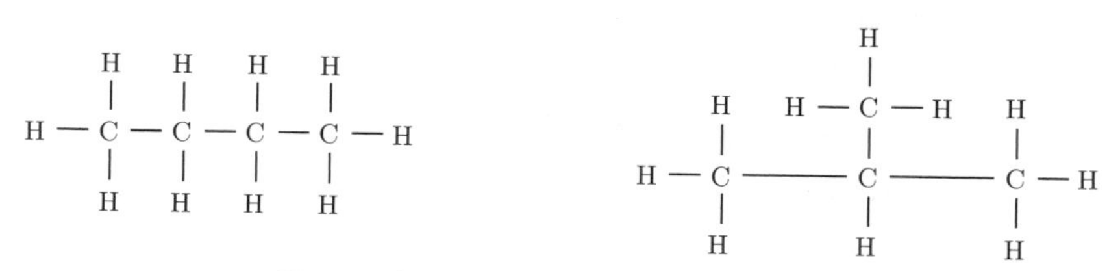

图 1.2 饱和烃 $C_4H_{10}$ 的两种同分异构物

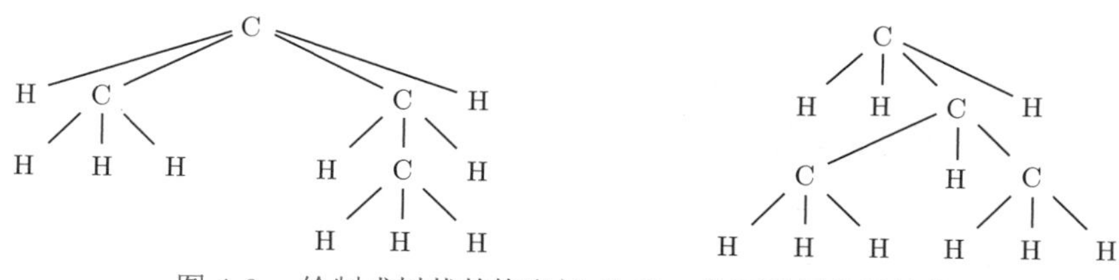

图 1.3 绘制成树状的饱和烃 $C_4H_{10}$ 的两种同分异构物

如果一个有向图，在不考虑边的方向时是无向树，且存在一个顶点到任意其他顶点都有且仅有唯一的有向通路，则称为**根树** (rooted tree)，这个到其他顶点都有唯一有向通路的顶点是这棵根树的**根** (root)。根树中的顶点也称为**节点** (node)。对于根树的一条有向边，起始顶点 $u$ 称为终止顶点 $v$ 的父亲节点，而 $v$ 称为 $u$ 的儿子节点。如果从顶点 $u$ 到 $v$ 存在有向通路，则称 $u$ 是 $v$ 的祖先节点而 $v$ 是 $u$ 的后代节点。如果 $u$ 和 $v$ 有共同的父亲节点，则称 $u$ 和 $v$ 是兄弟节点。

一棵根树中，有儿子节点的顶点称为内部节点 (internal node)，没有儿子节点的顶点称为叶子 (leaf) 节点。如果根树中每个内部节点都至多有 $m$ 个儿子节点，则称为**$m$ 元树**。例如，图 1.3 两棵树都是四元树。二元树 (binary tree) 又称为**二叉树**。

根树也总可画成类似日常生活中一棵树的（倒立）形状。将根画在第 0 层，它的儿子画在第 1 层，儿子的儿子画在第 2 层等等，这时根树的有向边总是以上层顶点为起始顶点，下层顶点为终止顶点，因此也通常省略边的方向，画成如图 1.3 的树的形状。

图 1.2 给出的树是无向图，因此更准确地说，是**无向树**。画成如图 1.3 的树的形状后，这两棵无向树也可看作是根树，最上面的顶点是根，每条边的方向都是上面的顶点指向下面的顶点，即上面顶点是父亲节点而下面顶点是儿子节点。因此，简单地说，每一棵无向树都可看作是根树。实际上，对于图论中的树，人们最常研究和使用的是根树。

根树也可用于给出归纳定义集合中元素构造过程的示意图，即说明元素如何由归纳基的基本元素和归纳步的规则构造得到。

**例子 1.11** 图 1.4 的两棵根树给出了例子 1.9 归纳定义的集合 $H$ 的部分二进制串的构造示意图。左边的根树以 0 为根，根据 $H$ 的归纳定义的归纳步可分别构造得到串 000 和 101，将它们分别作为 0 这个串的两个儿子顶点。对于每个内部顶点，如果它代

表串 $u$，则根据归纳步构造得到的 $0u0$ 串作为它的左儿子，而构造得到的 $1u1$ 串作为右儿子。归纳基的两个基本元素 0 和 1 分别作为两棵根树的根。

因为归纳定义 $H$ 的归纳步有两个规则，因此每个内部顶点都有两个儿子顶点，即这两棵根树都是二叉树。对于每个顶点表示的串，根到它的通路给出了这个串的构造过程，通路的长度给出了使用归纳步规则的次数。

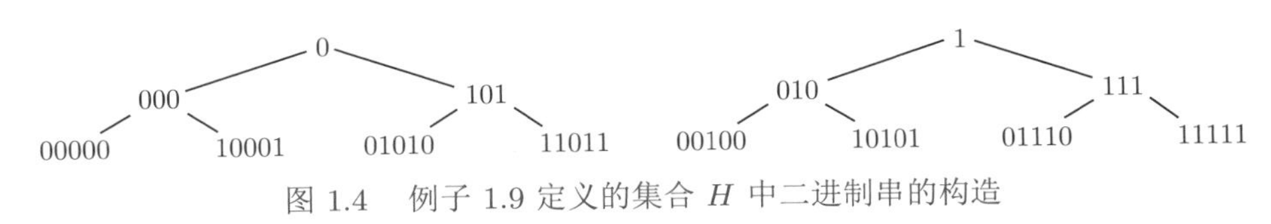


图 1.4 例子 1.9 定义的集合 $H$ 中二进制串的构造

通过图 1.4 很容易看到，使用 0 次归纳步规则（即不使用归纳步规则）得到 2 个串（即归纳基给出的两个基本元素），使用 1 次归纳步规则得到 4 个串，使用 2 次归纳步规则得到 8 个串等等。图 1.4 只是给出了部分二进制串的构造，显然还可以继续，使用 $n$ 次归纳步规则可得到 $2^{n+1}$ 个串。

与集合语言的关系仅使用有序对表示两个元素（事物）间的关联不同，图的顶点和边可以有标记，而且都可以有附加结构，例如可赋予图的顶点有不同大小、不同颜色，甚至更多属性，也可赋予图的边有不同权重、不同颜色，以及更多属性，从而丰富对事物及事物关联关系的表达。

**例子 1.12** 图 1.5 的顶点是中国的部分城市，边是两个城市之间的某条自驾路线，边上标记的数值是以千米记的该自驾路线的大约里程，这种数值称为边的**权** (weight)，边被赋权的图称为**带权图** (weighted graph)。在实际应用中，经常使用带权图建模道路交通、网络通路及相关问题。例如，对于图 1.5，人们也许希望找一条以图中某些城市为经停点的从广州到沈阳的最短自驾路线，或者找一条从广州出发，经过所有城市一次且仅一次然后回到广州的最短路线。前者是将在第 9 章介绍的带权图两顶点之间最短通路问题，后者是最小带权哈密顿回路问题，也称为旅行商问题。

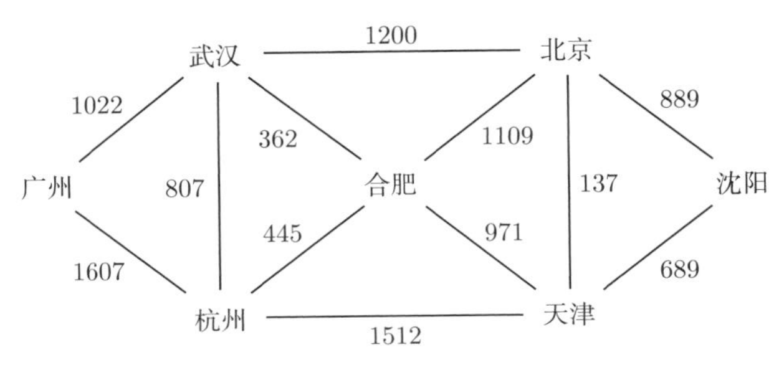


图 1.5 中国部分城市和可能的自驾路线里程图

这里介绍了图论语言的基本概念，包括无向图、有向图、图的通路、连通图、无向树、根树、二叉树等。在第 9 章将对图论语言做更深入的介绍，包括一个图是欧拉图的充要条件，带权图两个顶点之间的最短通路等。

## 1.4　代数语言

代数是从小学到中学一直在学习的内容，其核心是**运算** (operation)。小学通常学习自然数运算、整数运算，中学则要学习有理数运算、实数运算乃至多项式符号运算。在代数中关注的运算通常是某个集合的运算，这种运算是这个集合上具有特殊形式的函数。

具体来说，集合 $A$ 的 $n$ 元运算是 $A^n$ 到 $A$ 的函数 $f: A^n \to A$，对 $A$ 的任意 $n$ 个元素 $a_1, a_2, \cdots, a_n$，运算的结果 $f(a_1, a_2, \cdots, a_n)$ 仍属于集合 $A$，这在代数中称为运算的**封闭性** (closed property)。运算要具有封闭性，因此减法是整数集的运算，但严格地说不是自然数集的运算。

最常见的运算是二元运算，例如实数集的加、减、乘、除运算都是二元运算。集合 $A$ 的二元运算是形如 $f: A \times A \to A$ 的函数。通常不使用 $f(a,b)$ 表示元素 $a,b$ 的运算结果，而使用符号（非字母）表示运算，例如 $+, -, \times, \div$ 分别表示数集的加、减、乘、除运算等，并将运算结果记为 $a+b, a \times b$ 等，甚至对乘法还通常省略运算符号而直接记为 $ab$。

代数语言的核心之一是表达运算性质的一些术语，最常见的包括交换律、结合律、分配律、单位元、零元、逆元。设 $\star$ 是集合 $A$ 的二元运算。若对 $A$ 的任意元素 $x,y$ 有 $x \star y = y \star x$，则称运算 $\star$ 满足**交换律** (commutative law)。实数集的加法、乘法运算都满足交换律，但减法、除法运算不满足交换律。

若对 $A$ 的任意元素 $x,y,z$ 有 $(x \star\ y) \star\ z = x \star\ (y \star\ z)$，则称运算 $\star$ 满足**结合律** (associative law)，这使得可将表达式 $(x \star\ y) \star\ z$ 和 $x \star\ (y \star\ z)$ 的圆括号省略掉而直接写成 $x \star y \star z$。实数集的加法、乘法运算都满足结合律，$a+(b+c)$ 和 $a+(b+c)$ 都直接写成 $a+b+c$，$a(bc)$ 和 $(ab)c$ 都直接写成 $abc$，但减法、除法运算不满足结合律，例如，$a-(b-c)$ 不能写成 $a-b-c$。

集合 $A$ 的一个元素 $a$ 称为运算 $\star$ 的**单位元** (identity element)，如果对 $A$ 的任意元素 $x$ 都有 $x \star a = x$ 且 $a \star x = x$。单位元也称为**幺元**。例如，0 是实数集加法运算的单位元，1 是实数集乘法运算的单位元。实数集的减法、除法运算不存在单位元。集合 $A$ 的一个元素 $a$ 称为运算 $\star$ 的**零元** (zero element)，如果对 $A$ 的任意元素 $x$ 都有 $x \star a = a$ 且 $a \star x = a$。例如，0 是实数集乘法运算的零元。实数集的加法、减法、除法运算不存在零元。

设运算 $\star$ 有单位元 $e$。对集合 $A$ 的任意元素 $a$，若存在元素 $b$ 使得 $a \star b = e$ 且 $b \star a = e$，则称 $b$ 是 $a$ 关于运算 $\star$ 的**逆元** (inverse element)。例如，实数 $a$ 关于加法运算的逆元是 $-a$，当 $a \neq 0$ 时，实数 $a$ 关于乘法运算的逆元是 $1/a$，但 0 关于乘法运算没有逆元。

设 $\bullet$ 也是集合 $A$ 的运算，如果对 $A$ 的任意元素 $x,y,z$ 都有 $x \star (y \bullet z) = (x \star y) \bullet (x \star z)$ 且 $(y \bullet z) \star x = (y \star x) \bullet (z \star x)$，则称运算 $\star$ 对 $\bullet$ 有**分配律** (distributive law)。例如，实数集的乘法运算对加法运算满足分配律，也即对任意的实数 $x,y,z$ 有 $x(y+z) = xy + xz$，但加法对乘法没有分配律。

注意，上面给出单位元、零元、逆元和分配律时都给出了两个公式，因为没有假定运算 $\star$ 和 $\bullet$ 满足交换律。如果运算满足交换律，则只需其中（任意）一个公式即可。例如，由于实数集上的加法、乘法运算都满足交换律，因此只需给出公式 $x(y+z)=xy+xz$ 就足以说明乘法对加法的分配律。

这里介绍了代数语言的基础知识，包括运算、运算可能满足的交换律、结合律、分配律等性质，以及运算可能存在的特殊元素，如单位元、零元以及元素的逆元。后面可看到，在讨论逻辑、集合、函数、关系时经常会用到运算及其满足的性质。最后给出一个例子作为介绍代数语言的结束。

**例子 1.13** 例子 1.6 给出了整数集上的因子或说倍数关系，这里继续相关的讨论。给定两个整数 $a,b$，如果整数 $d$ 既是 $a$ 的因子，又是 $b$ 的因子，则称 $d$ 是它们的公因子。两个整数 $a,b$ 的所有公因子中最大的整数称为它们的 **最大公因数** (greatest common divisor)，也称为最大公约数，记为 $\gcd(a,b)$，在上下文明确时直接记为 $(a,b)$。约定 $(0,0)=0$，这样对任意的两个整数，都有最大公因数，也即 $\gcd(-,-)$ 是整数集上的运算。显然它满足交换律，且可证明它也满足结合律，也即有

$$\gcd(a,\gcd(b,c))=\gcd(\gcd(a,b),c)$$

根据例子 1.6 的约定，0 是任何整数的倍数，对任意整数 $a$，有 $\gcd(a,0)=a$，因此 0 是运算 $\gcd(-,-)$ 的单位元。任何整数都是 1 的倍数，对任意整数 $a$，有 $\gcd(a,1)=1$，因此 1 是运算 $\gcd(-,-)$ 的零元。只有当 $a,b$ 都是 0 时，$\gcd(a,b)=0$，因此任意非零整数关于运算 $\gcd(-,-)$ 都没有逆元。

类似地，可定义最小公倍数。给定两个正整数 $a,b$，说正整数 $m$ 是它们的公倍数，如果 $m$ 既是 $a$ 的倍数又是 $b$ 的倍数。两个正整数 $a,b$ 的所有公倍数中最小的正整数称为它们的**最小公倍数** (least common multiple)，记为 $\mathrm{lcm}(a,b)$。由于只有在正整数范围内才能讨论最小，因此最小公倍数定义在正整数集上。

可证明最小公倍数作为正整数集的运算也满足交换律和结合律，且若将最大公因数也作为正整数集的运算（需要在同一集合上讨论多个运算的性质），不仅最大公因数对最小公倍数运算有分配律，而且最小公倍数对最大公因数运算也有分配律，即有：对任意正整数 $a,b,c$，

$$\begin{aligned}\gcd(a,\mathrm{lcm}(b,c)) &= \mathrm{lcm}(\gcd(a,b),\gcd(a,c))\\ \mathrm{lcm}(a,\gcd(b,c)) &= \gcd(\mathrm{lcm}(a,b),\mathrm{lcm}(a,c))\end{aligned}$$

这两个等式的证明需用到数论的一些知识，留给有兴趣的读者作为练习。

## 1.5 算法语言

算法不仅是计算机科学的重要基础，也是现代数学及其应用的重要组成部分。算法一词最初的含义就是指使用阿拉伯数字执行算术运算的过程，后来扩展为指解决某一类

问题的明确和有限的步骤 (step)。准确地说，**算法** (algorithm) 是一些明确的步骤的有限序列，人或机器通过执行这些步骤可求解某一类问题。这里的关键词是**明确** (definite) 和**有限** (finite)。

（1）算法的每个步骤必须是明确的，也即必须是精确定义的 (precisely defined)，不仅人可以理解和执行，计算机也可理解和执行，且每个步骤都可在有限时间内执行完毕。

（2）算法的步骤个数有限，也即算法经过有限步骤的执行后应该终止并产生输出。

除此之外，算法还应具有**通用性** (generality)，即算法用于解决某一类问题，而非某一个特定问题，因此算法还必须有**输入**和**输出**，即算法的步骤序列可以针对这一类问题的不同情况（作为不同的输入数据）执行而产生不同的输出，而不是只能处理针对某一个具体输入数据的特定问题。

这里所说的算法语言是指算法的表达方法，也即如何给出一个算法。简单地说，给出算法是给出一些基本步骤或根据一些规则组合而成的一些复合步骤（或说表达这些步骤的语句）的有限序列。基本步骤需要人们对算法要求解的问题进行分析而提炼出来，而将基本步骤组合成复合步骤的规则主要有三种。

（1）**顺序结构** (sequential structure)：算法的一个或多个步骤按照书写的顺序依次执行。

（2）**选择结构** (selective structure)：算法包含条件，执行时根据是否满足该条件而选择执行不同的步骤。

（3）**循环结构** (loop structure)：算法的一个或多个步骤在满足某条件时不断重复执行。

因此，描述一个算法就是在给出算法的输入和输出的基础上，利用这三种基本结构通过组合基本步骤而给出算法的步骤序列。下面是一个描述简单算法的例子。

**例子 1.14** 算法 1.1（Algorithm 1.1，正文中用的是中文“算法”，后同）用于判断一个年份是否闰年。虽然这个算法只有一个步骤，但是使用了选择结构，将一个条件判断和两个输出组合为一个复合步骤。输出“Yes”和输出“No”这两个步骤都很简单、明确，但是算法中的条件判断是否足够明确可能不同的人有不同判断，因为正如问题 1.4 所分析的那样，它是个有些复杂的复合命题。

**Algorithm 1.1: 判断一个年份是否闰年**

**输入:** 年份 year

**输出:** 如果 year 是闰年返回“Yes”，否则返回“No”

1 **if** (year 是 400 的倍数，或是 4 的倍数且不是 100 的倍数 ) **then** **return** “Yes” **else** **return** “No”;

因此，算法步骤的明确性是一个相对比较主观的性质，计算机科学倡导使用“自顶向下、逐步求精”的思维方式对算法步骤进行分解和细化，尽量使得每个算法步骤足够简单，从而更为明确。算法 1.2 给出了另一个判断年份是否闰年的算法，其中的条件判断更为简单、明确，因为每个条件都是原子命题。

**Algorithm 1.2:** 判断一个年份是否闰年的细化算法

**输入:** 年份 year

**输出:** 如果 year 是闰年返回 "Yes", 否则返回 "No"

1 **if** (year 是 400 的倍数 ) **then** 返回 "Yes" ;
2 **if** (year 是 100 的倍数 ) **then** 返回 "No" ;
3 **if** (year 是 4 的倍数 ) **then** 返回 "Yes" **else** 返回 "No";

读者可能会产生疑问，算法 1.2 与算法 1.1 产生相同的输出吗？回答这个问题需要对逻辑语言，特别是逻辑公式的等值有更多了解，第 2 章讨论命题逻辑应用时会给出这个问题的分析与解答。

**例子 1.15** 考虑一个需要使用循环结构的算法例子。例子 1.14 的算法需要判断一个整数是否另外一个整数的倍数，并且将这种条件判断作为基本步骤。但在某些情况下，例如使用的是不提供求模运算的程序设计语言，我们需要一个算法判断整数 $b$ 是否整数 $a$ 的倍数。

根据例子 1.6，如果存在整数 $c$ 使得 $b = ac$，则整数 $b$ 是非零整数 $a$ 的倍数。自然地，我们可尝试寻找这样的 $c$，从 0 开始，检查 $0, 1 \cdot a, 2 \cdot a, \cdots$ 是否等于 $b$（这里 $\cdot$ 表示乘法）。当 $a > 0$ 且 $b \geqslant 0$ 时，只要检查到当 $k \cdot a \geqslant b$ 时就可终止算法。当 $a < 0$ 或 $b \leqslant 0$ 时，应该基于它们的绝对值进行检查。根据这些分析得到算法 1.3。

**Algorithm 1.3:** 判断一个整数是否另一整数的倍数

**输入:** 整数 $a$ 和整数 $b$

**输出:** 如果整数 $b$ 是整数 $a$ 的倍数返回 "真", 否则返回 "假"

1 **if** ($a$ 等于 0) **then return** "假" ;
2 令 $x$ 和 $y$ 分别等于 $a$ 和 $b$ 的绝对值，且令 $c$ 等于 0;
3 **while** ($c$ 小于 $y$) **do** 令 $c$ 等于 $c$ 加上 $x$;
4 **if** ($c$ 等于 $y$) **then return** "真" **else return** "假" ;

算法 1.3 的第 3 行给出了一个循环结构。循环结构使得我们不需要用乘法计算 0 倍、1 倍、2 倍 $x$，而只要每循环一次加一次 $x$ 即可。很容易将上述自然语言描述的算法转换成程序流程图，如图 1.6 所示，其中增加了表示算法开始和结束的顶点，并使用了特殊形状的顶点以示区分，对于条件判断和一般的处理步骤也用了不同形状的顶点，边上的标记 "是" 和 "否" 则用于分别说明条件是否满足时算法执行的方向。

算法 1.3 的基本步骤包括求整数的绝对值、比较两个数的大小、整数相加以及返回 "真" "假" 值，这些步骤都足够简单，所以整个算法的步骤都非常明确。但由于循环结构的存在，算法是否满足有限性则需要仔细论证。由于 $a$ 不等于 0，$x$ 等于 $a$ 的绝对值，总是正整数，因此算法的第 3 行使得 $c$ 不断增加，最后总是会大于 $y$，因此上述算法的第 3 行只会执行有限次，特别地，由于 $x \geqslant 1$，因此这步骤最多执行 $y$ 次，整个算法满足有限性。

上面的几个例子给出了我们描述算法的基本方式，即使用结构化的自然语言描述算法。

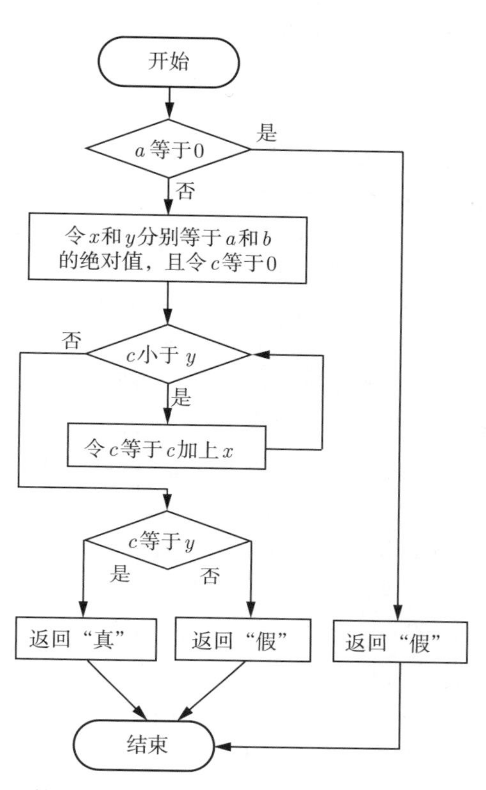


图 1.6 算法 1.3 判断整数 $b$ 是否整数 $a$ 的倍数的流程图

（1）对于选择结构，主要使用“if (条件) then ⋯ else ⋯ end”的形式进行描述，可以只有 then 分支而没有 else 分支，这时则为“if (条件) then ⋯ end”。如果一个分支只有一个步骤，则不换行并省略 end；如果有多个步骤则采用换行缩进的方式，并使用 end 标明整个分支结构的范围。

（2）对于循环结构，主要使用“while (条件) do ⋯ end”的形式描述，其中 do 和 end 之间的步骤称为循环体。如果循环体只有一个步骤则不换行并省略 end，如果有多个步骤则采用换行缩进的方式，并使用 end 标明循环体的范围。有时也使用“for (条件) do ⋯ end”的形式给出一个循环结构，这时其中的“条件”通常是指定一个整数的值的范围，例如，“$i$ 从 1 到 $n$”，或者指定一个集合或序列中的所有元素，例如，“关系 $R$ 的每个有序对”，表示对范围内的每个整数，或者集合、序列的每个元素按照一定的顺序分别执行一次循环体。

（3）使用汉语“返回”，或英语关键字 return 给出算法返回的内容作为算法的输出，执行这个步骤之后算法终止，不再执行后面的步骤。

除约定使用 if, while, for 等黑体表示的关键字表达算法的控制结构外，算法的基本操作，包括赋值、算术运算、逻辑运算、关系运算、条件判断，甚至子算法（子模块）的调用等都可灵活地使用自然语言描述。在“离散数学”课程中，也无须对算法所处理的数据的结构做比较清楚的说明，只要能将算法的基本思路，也即利用上述三种控制结构将算法主要步骤的执行过程表达清楚即可。

不过，在给出一个算法后，通常还应该思考算法的明确性和有限性。

（1）考察算法的明确性则是要思考算法的每个步骤是否都有清晰、明确的定义，清楚算法有哪些基本步骤，每个基本步骤是否足够简单，是否需要对它做进一步的分解、细化等。对算法基本步骤的分解细化使得算法的描述可以模块化、层次化。算法 1.3 作为子算法（子模块）可用于例子 1.14 中的两个算法，例如算法 1.2 的第 1 行就可写成：

**if** (以 400 和 year 为输入执行算法 1.3 的结果返回“真”) **then return** “Yes”;

子模块的使用使得算法设计者可将不同的细节放在不同调用层次的算法考虑，从而将问题的复杂性离散化、局部化、层次化，更有效地求解复杂问题。

（2）算法的有限性，或者说算法的可终止性证明与算法的正确性以及算法的效率密切相关，第 3 章讨论一阶逻辑的应用时会简单介绍如何利用循环不变式分析算法的正确性，而第 7 章在给出刻画函数增长情况的记号后会介绍算法效率分析的基础知识。

一个算法不仅可以调用其他算法，也可以调用自己，这在计算机科学中称为递归调用 (recursive call)，存在直接或间接调用自己的步骤的算法称为递归算法 (recursive algorithm)。归纳定义的集合常常与递归算法有密切的联系，下面是一个简单的例子。

**例子 1.16** 例子 1.9 归纳定义了一个二进制串构成的集合 $H$，基本元素是串 0 和 1，构造规则是，当 $v \in H$ 时有 $0v0 \in H$ 且 $1v1 \in H$。集合的元素应该是明确的，对于 $H$ 而言，应该有明确的方法确定一个二进制串是否属于 $H$。

算法 1.4 给出了判断一个二进制串是否属于 $H$ 的算法，它也对应 $H$ 的归纳定义。

（1）算法第 1 行对应归纳基，检查待判断的串是否基本元素 0 或 1。

（2）算法第 2 行对应归纳步，检查待判断的串是否具有 $1v1$ 或 $0v0$ 的形式：如果不是，则 $u \notin H$；如果是，则问题归结为 $v$ 是否属于 $H$，因此可以用 $v$ 作为输入递归调用算法 1.4。

---

**Algorithm 1.4: 判断一个二进制串是否属于例子 1.9 定义的集合 $H$**

---

**输入:** 二进制串 $u$

**输出:** 如果 $u$ 属于 $H$ 返回“是”，否则返回“否”

1 **if** ($u$ 是串 0 或串 1) **then return** “是”;

2 **if** ($u$ 具有 $1v1$ 或 $0v0$ 的形式 ) **then** 返回以 $v$ 为输入执行本算法的结果 **else reture** “否”;

---

按照归纳定义的最小化声明，$H$ 的每个串要么是基本元素 0 或 1，要么具有形式 $1v1$ 或 $0v0$（这里 $v$ 不能是空串），因此算法 1.4 是正确的，而且在第 2 行中以 $v$ 为输入递归调用该算法时，$v$ 的长度总比 $u$ 短，也即每次在第 2 行递归调用算法时待判断的串会越来越短，最终其长度会为 1，因此算法最终会终止（注意，11 和 00 这两个串不被认为具有 $1v1$ 或 $0v0$ 的形式）。

**例子 1.17** 最后考虑计算两个非负整数的最大公因数的算法。根据最大公因数的定义，对于非负整数 $a$ 和 $b$，它们的最大公因数 $\gcd(a,b)$ 小于或等于 $a$ 且小于或等于 $b$，也即小于或等于 $a$ 和 $b$ 两个非负整数的小者。因此，一个自然的想法是从两个非负整数的小者开始进行搜索，检查每个数是否这两个非负整数的公因数，直到 1。

算法 1.5 是根据该想法设计的计算最大公因数的朴素算法，其中第 2 行用于处理 $a=0$ 或 $b=0$ 的情况，第 4 行将倍数判断看作基本步骤，当然也可调用算法 1.3，第 1 行将给出两个数的小者看作基本步骤，如果需要细化，则可细化为：“ if ($a$ 小于或等于 $b$) then 令 $d$ 等于 $a$ else 令 $d$ 等于 $b$ ”，这时的基本步骤是判断两个数的大小。

由于第 2 行之后 $d$ 是正整数，且在第 5 行 $d$ 不断减 1，最后 $d$ 总会等于 1，因此上述算法会终止。但上述算法的效率比较低，每次减 1 搜索公因数比较慢。

**Algorithm 1.5: 计算两个非负整数的最大公因数 gcd(−, −) 的朴素算法**

**输入:** 两个非负整数 $a$ 和 $b$

**输出:** 返回 $\gcd(a,b)$

```
1 令 d 是 a 和 b 的小者;
2 if (d 等于 0) then 返回 a 和 b 的大者;
3 while (d 大于或等于 1) do
4 |   if (a 是 d 的倍数而且 b 是 d 的倍数 ) then 返回 d;
5 |   令 d 等于 d 减 1
6 end
```

成书于公元 1 世纪左右的中国古代著名数学专著《九章算术》给出了称为“更相减损术”的计算两个整数的最大公因数的方法，其基本的思想是将大数减小数，然后将差与小数比较，并继续以大数减小数，直到所得的两个数相等为止，最后得到的数就是最初两个数的最大公因数。例如计算 45 和 117 的最大公因数的过程如下：

$$117-45 = 72 \qquad 72-45 = 27 \qquad 45-27 = 18 \qquad 27-18 = 9 \qquad 18-9=9$$

做 5 次减法就得到了两个相等的数 9，因此 9 就是 45 和 117 的最大公因数，显然比从 45 开始每次减 1 搜索公因数高效得多。

成书于公元前 4 世纪左右的欧几里得的《几何原本》给出了一个称为“辗转相除法”的计算两个整数的最大公因数的方法，不是不断相减而是不断相除：将大数除以小数，然后比较余数和小数，并继续大数除以小数得余数，直到余数为 0，这时的除数就是最初两个数的最大公因数。例如计算 45 和 117 的最大公因数的过程如下：

$$117 = 45\cdot 2+27 \qquad 45 = 27\cdot 1+18 \qquad 27 = 18\cdot 1+9 \qquad 18 = 9\cdot 2+0$$

用更数学化的语言来说，设 $a \leqslant b$，“更相减损术”是利用 $\gcd(a,b) = \gcd(b-a, a)$ 计算 $\gcd(a,b)$，而“辗转相除法”是利用 $\gcd(a,b) = \gcd(b\%a, a)$ 进行计算。不难证明，对任意正整数 $d$，$d$ 是 $a, b$ 的公因数当且仅当 $d$ 是 $b-a$ 和 $a$ 的公因数，因此“更相减

损术”是正确的，而注意到 $b\%a$ 实质上是在保证非负的情况下 $b$ 减去了尽可能多的 $a$（即 $b\%a = b - a \cdot q$），不难得到“辗转相除法”也是正确的。

“辗转相除法”称为欧几里得算法，是世界上最早的算法。算法 1.6 给出了它的描述。注意，在算法描述中使用了类似 C++ 语言的注释风格给出一些必要的注释。要分析这个算法的效率，也即算法的第 3 行和第 4 行到底会执行多少次不是容易的事情，在介绍函数的增长及算法效率分析基础知识后，读者可尝试自行对这个算法的效率进行分析。

**Algorithm 1.6: 计算两个非负整数的最大公因数 gcd(−, −) 的欧几里得算法**

**输入:** 两个非负整数 $a$ 和 $b$

**输出:** 返回 $\gcd(a, b)$

```
1 令 x 是 a 和 b 的小者，y 是 a 和 b 的大者;
2 while (x 大于 0) do
3 |   令 r 等于 y 整除 x 的余数;
4 |   令 y 等于 x，而 x 等于 r;
5 end
6 return y     // 当循环终止时 y 是最后一次的除数，因此是 a 和 b 的最大公因数
```

## 1.6 本章小结

本章介绍了有关逻辑语言、集合语言、图论语言、代数语言和算法语言的基础知识，作为后面进一步学习这些离散数学语言的知识准备。

逻辑语言使用命题描述事物具有的性质或事物之间的关系，最基本的命题称为原子命题，通过逻辑与、逻辑或、逻辑非、逻辑蕴涵、逻辑双蕴涵等逻辑联结词可构成复合命题以描述复杂性质和关系，通过量词可得到量化命题以更准确地描述事物类存在某些个体或所有个体具有的性质和关系。

学习逻辑语言，除要掌握如何使用原子命题、逻辑联结词、量词表达事物的性质与关系外，还要掌握如何确定命题的真值，以及命题之间的真值关系，包括逻辑等值关系和逻辑推理关系，并通过逻辑语言的学习提高自己的逻辑推理能力和数学证明能力。第 2~4 章会对逻辑语言及其应用做更深入的介绍。

集合语言是现代数学的基本语言，使用集合、函数、关系等描述所要研究的数学对象及它们之间的对应情况。本章介绍了集合、元素、属于、子集、集合相等、空集、有序对、笛卡儿积、关系、函数、函数的定义域和陪域等基础知识，也讨论了定义集合的方法，包括元素枚举法、性质概括法和归纳定义法。这些基础知识有助理解第 2 章和第 3 章中逻辑公式语法、语义以及推理系统的严谨定义，第 4 章的证明方法会对归纳定义和归纳证明做更深入的讨论。第 5~7 章会对集合语言做更深入的介绍。

图论语言的核心是使用顶点和连接顶点的边表达事物及事物之间的各种联系，并且顶点和边都可以进行标记、附加结构来丰富对事物之间联系的表达。本章介绍了无向

图、有向图、简单图、图的通路、连通图、无向树、根树、二叉树等图论语言的基础知识，在描述逻辑公式的语法、算法的执行流程、关系的图表示、关系闭包时会用到一些图论语言的基本知识。第 9 章会对图和树及其基本算法做更多的讨论。

代数语言的核心是运算，小学到中学数学的主要内容之一就是学习数集上的各种运算，逻辑运算、集合运算、函数运算、关系运算也是离散数学课程学习的主要内容之一。本章介绍了运算的定义、运算的封闭性、运算的性质以及运算的一些特殊元素。第 10 章将对代数语言做更多的介绍，包括代数基本概念、代数的构造（子代数、同余关系和商代数）、代数同态和同构，并简单介绍代数系统的例子，包括群、格与布尔代数。

算法是计算机科学的重要基础，本章介绍了算法的基本概念和基本特点，结合例子给出了使用结构化自然语言描述算法的顺序结构、选择结构和循环结构，以及描述算法调用（包括递归调用）的方法。后面没有单独的章节介绍算法，但算法语言的使用会贯穿对逻辑、集合和图论语言的学习，相关章节将会给出更多的算法例子。第 7 章在介绍函数基础知识后，会给出函数的增长及其在算法效率分析中的应用等算法效率分析基础知识，第 8 章的计数与组合将会介绍递推关系式及其在算法效率分析中的应用。

## 1.7 习题

**练习 1.1** 用原子命题符号 $p, q, r$ 等及逻辑运算符号 $\wedge, \vee, \neg, \rightarrow, \leftrightarrow$ 构成的逻辑公式表达下面命题。

（1）C++ 语言好用，而且 C++ 程序好理解。

（2）C++ 语言好用，或者 Java 语言好用。

（3）C++ 语言好用，但是 C++ 程序不好理解。

（4）如果 C++ 语言好用，则 C++ 程序好理解。

（5）C++ 程序好理解当且仅当 C++ 语言好用。

（6）当 C++ 语言好用时，Java 语言也好用。

**练习 * 1.2** 一个年份是闰年当且仅当它能被 400 整除，或者它能 4 整除但不能被 100 整除，根据这个常识，使用逻辑公式表达下面的命题，并确定它的真值。

（1）一个年份或者是闰年或者不是闰年。

（2）一个年份或者是闰年或者不能被 4 整除。

（3）如果一个年份是 400 的倍数，则它是闰年。

（4）只要一个年份是 400 的倍数，则它是闰年。

（5）只有一个年份是 4 的倍数，它才是闰年。

（6）一个年份是闰年当且仅当它是 4 的倍数。

**练习 1.3** 使用 $D(x,y)$ 表示 $x$ 是 $y$ 的因子，这样可用 $D(2,4)$ 表示 2 是 4 的因子，以及 $D(x,4)$ 表示 $x$ 是 4 的因子等。利用 $D(x,y)$ 和逻辑运算符表示下面的句子。

（1）3 是 6, 9, 15 的公因子。

（2）2 和 3 是 $x$ 的因子，但 4 不是 $x$ 的因子。

（3）如果 400 是 $x$ 的因子，则 100 也是 $x$ 的因子。

（4）2 和 3 是 $x$ 的因子当且仅当 6 是 $x$ 的因子。

**练习 1.4** 在使用元素枚举法给出一个集合时，当容易看出所枚举的集合元素的规律时可使用省略号，例如 $\{1,2,\cdots,9\}$ 表示从 1 到 9 的自然数构成的集合。观察下面集合所枚举元素的规律，然后使用性质概括法给出该集合。

（1）$A=\{0,2,4,\cdots,18,20\}$。

（2）$B=\{1,4,9,16,25,36,49,\cdots\}$。

（3）$C=\{1,2,4,8,16,32,64,\cdots\}$。

（4）$D=\{1,5,9,13,17,21,\cdots\}$。

**练习 * 1.5** 一个大于 1 的整数如果只有 1 和它自己是它的因子则称为**质数**（prime，也翻译成素数）。如果一个整数是 2 的倍数，则称为偶数，否则称为奇数。

（1）设 $P=\{x\in\mathbb{Z}^+ \mid x$ 是质数且小于 $10\}$，使用元素枚举法给出集合 $P$。

（2）设 $Q=\{x\in\mathbb{Z}^+ \mid x$ 是奇数且小于 $9\}$，使用元素枚举法给出集合 $Q$。

（3）是否有 $Q\in P$？是否有 $Q\subseteq P$？是否有 $P\in Q$？是否有 $P\subseteq Q$？

（4）分别确定（i）“每个质数都是奇数”；（ii）“每个奇数是质数”；（iii）“有的奇数是质数”和（iv）“有的奇数不是质数”这 4 个命题的真值。

**练习 1.6** 设 $D=\{1,2,3,4\}$。

（1）计算 $Q=D\times D$。

（2）在 $Q$ 上定义关系 $R$，对任意 $a,b,c,d\in D$，$\langle a,b\rangle$ 和 $\langle c,d\rangle$ 有关系 $R$，当且仅当 $a\cdot d=b\cdot c$（这里 $\cdot$ 是整数乘法），即

$$\langle\langle a,b\rangle,\langle c,d\rangle\rangle\in R \quad \text{当且仅当} \quad a\cdot d=b\cdot c$$

使用元素枚举法给出关系 $R$。

**练习 * 1.7** 归纳定义集合 $A$。

（1）**归纳基**：$3\in A$ 且 $5\in A$。

（2）**归纳步**：如果 $a\in A$ 和 $b\in A$，则 $a+b\in A$，这里 $+$ 是整数加法。

给出至多使用 4 次归纳步的构造规则就能构造出的 $A$ 的元素，并判断整数 17 是否属于 $A$，如果属于则给出构造过程，如果不属于则说明理由。

**练习 1.8** 分别给出下面集合的一种归纳定义方法。

（1）集合 $A=\{x\in\mathbb{Z}^+ \mid x$ 是偶数$\}$。

（2）集合 $B=\{x\in\mathbb{Z}^+ \mid \exists k\in\mathbb{N}, x=2^k\}$（注意，这个集合也可更简单地写为 $B=\{2^k \mid k\in\mathbb{N}\}$）。

**练习 * 1.9** 画出以集合 $V=\{1,2,3,6,12,24,36,60,120\}$ 中的整数为顶点的有向图，使得 $a$ 到 $b$ 有有向边当且仅当（i）$a\neq b$；（ii）$b$ 是 $a$ 的倍数；而且（iii）不存在 $V$ 中不等于 $a$ 也不等于 $b$ 的整数 $c$ 使得 $b$ 是 $c$ 的倍数且 $c$ 是 $a$ 的倍数。

**练习 1.10** 画出欧几里得算法（算法 1.6）的流程图。

**练习 1.11**　对任意两个整数 $a,b$，定义 $a\star b=a+b-a\cdot b$，这里 $+,-,\cdot$ 分别是整数集上的加法、减法和乘法运算。

（1）运算 $\star$ 是否对正整数集封闭？即对任意两个正整数 $a,b$ 是否有 $a\star b$ 也是正整数？

（2）运算 $\star$ 作为整数集 $\mathbb{Z}$ 上的运算，是否满足交换律？

（3）运算 $\star$ 作为整数集 $\mathbb{Z}$ 上的运算，是否有单位元？是否有零元？

**练习 1.12**　设 $A$ 上的二元运算 $\star$ 满足**幂等律** (idempotent law)，如果对任意的 $a\in A$ 有 $a\star a=a$。举出两个满足幂等律的运算例子。

**练习 * 1.13**　可以证明，对任意两个整数 $a,b$，设 $a\neq 0$，则存在唯一的两个整数 $q,r$ 使得 $b=aq+r$，其中 $0\leqslant r<|a|$。实际上，这就是整数 $b$ 整除 $a$ 的数学定义。$q$ 称为 $b$ 整除 $a$ 的商，记为 $b\div a$。$r$ 称为 $b$ 整除 $a$ 的余数，也称为 $b$ 模 $a$ 的结果，记为 $b \bmod a$ 或 $b\,\%\,a$。给出一个算法，以两个正整数 $a,b$ 为输入，输出 $b\,\%\,a$。

**练习 1.14**　设 $a,b$ 是整数且 $0\leqslant a\leqslant b$，证明 $d$ 是 $a$ 和 $b$ 的公因数当且仅当 $d$ 是 $a$ 和 $b-a$ 的公因数。

**练习 1.15**　设 $a,b$ 是整数且 $0\leqslant a\leqslant b$，欧几里得算法利用等式 $\gcd(a,b)=\gcd(b\%a,a)$ 计算 $a$ 和 $b$ 的最大公因数，这表明可使用递归调用进行计算，即当 $0<a\leqslant b$ 时通过计算 $\gcd(b\%a,a)$ 得到 $\gcd(a,b)$，而当 $a=0$ 时有 $\gcd(a,b)=b$。根据这些给出计算两个非负整数 $a$ 和 $b$ 的最大公因数的递归算法。

# 第2章

# 命题逻辑

命题之间的真值关系是逻辑研究的基本问题。为研究这个问题，逻辑使用逻辑公式符号化命题。因此，掌握和运用逻辑语言首先需要了解：① 逻辑公式的构成方法；② 逻辑公式真值的确定；③ 逻辑公式间的真值关系，包括逻辑等值关系和逻辑推理关系。

我们分命题逻辑和一阶逻辑介绍逻辑语言。命题逻辑使用逻辑联结词将简单命题组合成复合命题，主要考察复合命题与简单命题之间的真值关系。一阶逻辑通过引入量词对简单命题进行细分，从而更精细地描述量化命题间的真值关系。量化命题通过量词对一类事物的性质或几类事物之间的关系进行判断。

本章讨论命题逻辑，包括命题逻辑的基本概念、命题逻辑公式的构成方法、命题逻辑公式的真值确定、命题逻辑公式的等值演算和基于命题逻辑公式的推理。

## 2.1 命题逻辑的基本概念

### 2.1.1 命题与真值

**命题** (proposition) 是具有真假值的陈述句，要么为真，要么为假，二者必居其一。疑问句、感叹句、祈使句等不是命题。有一些陈述句不具有真假值，也不是命题逻辑所研究的命题，这包括以下几种。

（1）含有通常意义上认为是变量的句子。例如句子“$x$ 是 4 的倍数”不是命题逻辑研究的命题，因为 $x$ 是通常意义上的变量，是不确定的事物。只有当确定 $x$ 是某一类事物中的具体个体，或者对 $x$ 使用量词进行量化之后才得到命题。例如，确定 $x$ 是整数 10，则得到命题“整数 10 是 4 的倍数”，或使用存在量词量化，则得到量化命题“存在整数 $x$，$x$ 是 4 的倍数”。

（2）被认为是悖论 (paradox) 的句子。例如著名的说谎者悖论：“我说的这句话是假的”，当我说的这句话就是指引号内的这句话本身时，这个句子没有真值。因为如果说这句话是真的，但这句话本身断定自己是假的，如果说这句话是假的；则这句话断定自己是假的又是真的了。这类悖论的关键在于自我指称。还存在其他形形色色的悖论，悖论的出现和研究推动了数学基础和逻辑的研究，有兴趣的读者可进一步参考有关文献（如文献 [1] 的第 7 章）。

命题的真假值统称为**真值** (truth value)。注意，真值包含两个值：一个为真 (true)，一个为假 (false)。通常使用 **0** 或 **F** 表示假，**1** 或 **T** 表示真，也即，真值是具有 2 个元素的集合 $\{\mathbf{0},\mathbf{1}\}$，或 $\{\mathbf{F},\mathbf{T}\}$。后面使用 $\mathbf{2}=\{\mathbf{0},\mathbf{1}\}$ 表示真值集合，因为真值的逻辑运算确实与二进制数据的运算关系密切。

### 2.1.2 原子命题与复合命题

命题按照句式的复杂程度分为原子命题和复合命题。在命题逻辑中，**原子命题** (atomic proposition) 被看作一个整体，不再进行分解。从形式上看，原子命题只对事物的一个性质，或者几个事物之间的一个关系进行判断，其中不包含逻辑联结词。例如，“我喜欢 C++ 语言”和“C++ 程序好理解”都是原子命题。原子命题又称为简单命题。

在命题逻辑中，认为原子命题不可再分解成更简单的命题。例如，原子命题“C++ 程序好理解”再分解为“C++ 程序”和“好理解”，则这两者都不是命题，因为它们不是陈述句，只是两个词语。后面会看到，一阶逻辑则对原子命题做进一步分解，例如原子命题“C++ 程序好理解”分解为“C++ 程序”和“好理解”，前者是个体，后者是谓词。

**复合命题** (compound proposition) 是这样的命题：一是它可分解出更简单的命题作为**子命题** (sub-proposition)；二是它的真值由其子命题的真值唯一确定。例如下面的命题是复合命题。

（1）我喜欢 C++ 语言，而且我喜欢 Java 语言。

（2）如果C++ 程序好理解，那么我喜欢 C++ 语言。

这些命题都含有子命题（上面用下画线给出），整个命题的真值由它的子命题唯一确定。那么是怎样确定的呢？这由复合命题中将子命题联系起来的**逻辑联结词** (logic connectives) 决定。上面例子中，没有加下画线的词语，像“而且”“如果……那么……”就是逻辑联结词。

命题逻辑需要研究确定命题真值的方法，原子命题的真值由它是否符合客观实际或是否符合人们的认知确定，复合命题的真值则由原子命题的真值和逻辑联结词的性质决定。逻辑使用**命题变量符号**，如 $p,q,r$ 等表示原子命题，并假定命题变量符号可代表任意的具体命题。逻辑使用**逻辑运算符**，如 $\neg,\wedge$ 等表示逻辑联结词，将命题符号化为由命题变量符号和逻辑运算符按合适规则构成的符号串，这种符号串称为**命题逻辑公式** (propositional logic formula)。我们有时直接说逻辑公式或公式，在本章都是指命题逻辑公式。

PropLogic-Basic(1)

## 2.2 命题逻辑公式的语法

PropLogic-Basic(2)

命题逻辑公式的**语法** (syntax) 就是利用命题变量符号和逻辑运算符形成命题逻辑公式的规则。给出命题逻辑公式的语法实际上就是给出所有公式构成的集合的归纳定义。本节先给出公式集的归纳定义，然后探讨一些命题逻辑公式作为符号串的一些性质，最后基于这些性质给出判断一个符号串是否命题逻辑公式的一个算法。这样的算法是利用计算机自动计算公式真值的基础。

### 2.2.1 命题逻辑公式的定义

从计算机处理信息的角度看，语言就是一些字符串的集合，其中每个字符串称为一个句子，由字符按照一定的规则构成，而句子的每个字符都来自某个给定的字符集。例如，汉语语言的主要字符是汉字和标点符号，形成句子的规则包括句子需要有主语、谓语等。同样地，逻辑语言是一些逻辑公式的集合，每个逻辑公式由给定符号集的符号按照一定规则构成。逻辑语言的归纳定义严格地给出了逻辑公式的构成规则。

本节讨论命题逻辑公式的归纳定义。为此假定有一个命题变量符号集 **Var**，它的每个元素称为**命题变量** (propositional variable)，通常使用小写字母 $p, q, r$ 等表示。直观地，可认为 **Var** 是当人们使用逻辑语言描述和求解某个应用问题时所需的原子命题构成的集合。为研究方便，使用字母 $p, q, r$ 等或 $p_0, p_1, p_2$ 等这样的符号命名，或说符号化这些原子命题。

为使用归纳法严格定义命题逻辑公式（准确地说，定义所有命题逻辑公式构成的集合），先确定命题逻辑公式的符号集 (symbol set)，即哪些符号可以合法地出现在命题逻辑公式中。

**定义 2.1** 给定命题变量符号集 **Var**，**命题逻辑公式的符号集**包括 **Var** 的每个元素，以及 5 个逻辑运算符 $\neg, \wedge, \vee, \rightarrow, \leftrightarrow$ 和左右圆括号 (, ) 这两个辅助符号。**Var** 的每个元素称为命题变量，约定只使用小写字母，或小写字母加下标表示。

基于命题逻辑公式的符号集，每个命题逻辑公式是来自该符号集的符号按照一定规则构成的符号串。下面给出的命题逻辑公式归纳定义的归纳基和归纳步，就是这里所说的规则。

**定义 2.2** 给定命题变量符号集 **Var**，所有**命题逻辑公式**构成的集合，记为 $\mathcal{F}_{\mathbf{Var}}$，归纳定义如下。

（1）**归纳基**：每个命题变量都是命题逻辑公式。

（2）**归纳步**：(i) 如果 $A$ 是命题逻辑公式，则 $(\neg A)$ 也是命题逻辑公式；(ii) 如果 $A$ 和 $B$ 是命题逻辑公式，则 $(A \wedge B)$, $(A \vee B)$, $(A \rightarrow B)$ 和 $(A \leftrightarrow B)$ 都是命题逻辑公式。

注意，定义 2.2 的归纳步一共给出了 5 种构造命题逻辑公式的规则，其中的 (ii) 是 4 种规则的简写，即实际上包括：① 若 $A$ 和 $B$ 是命题逻辑公式，则 $(A \wedge B)$ 是命题逻辑公式；② 若 $A$ 和 $B$ 是命题逻辑公式，则 $(A \vee B)$ 是命题逻辑公式等 4 种规则。

按照归纳定义的最小化声明，任何一个命题逻辑公式 $A$，它具有且只具有 6 种可能的形式。

（1）$A$ 是某个命题变量 $p$，这时也称 $A$ 为**原子公式** (atomic formula)。

（2）$A$ 具有形式 $(\neg B)$，这时称 $A$ 为**否定式** (negation)，更准确地，称 $A$ 为 $B$ 的否定，读成“非 $B$”。

（3）$A$ 具有形式 $(B \wedge C)$，这时称 $A$ 为**合取式** (conjunction)，更准确地，称 $A$ 为 $B$ 和 $C$ 的合取，或通俗地称 $A$ 为 $B$ 和 $C$ 的逻辑与，读成“$B$ 与 $C$”。

（4）$A$ 具有形式 $(B \vee C)$，这时称 $A$ 为**析取式** (disjunction)，更准确地，称 $A$ 为 $B$ 和 $C$ 的析取，或通俗地称 $A$ 为 $B$ 和 $C$ 的逻辑或，读成“$B$ 或 $C$”。

（5）$A$ 具有形式 $(B \to C)$，这时称 $A$ 为**蕴涵式** (implication)，或通俗地称为**条件式** (conditional formula)，更准确地，称 $A$ 为 $B$ 对 $C$ 的蕴涵，读成“$B$ 蕴涵 $C$”，其中 $B$ 称为（整个蕴涵式）$A$ 的 **前件** (antecedent) 或**前提** (premise)，$C$ 称为 $A$ 的**后件** (consequence) 或**结论** (conclusion)。

（6）$A$ 具有形式 $(B \leftrightarrow C)$，这时称 $A$ 为**双蕴涵式** (bi-implication)，或通俗地称为**双条件式** (bi-conditional formula)，更准确地，称 $A$ 为 $B$ 和 $C$ 的双蕴涵，读成“$B$ 双蕴涵 $C$”。

**例子 2.1**　归纳定义的集合的元素按照明确的规则构造，因此可以借助计算机生成。下面就是借助计算机随机生成的一些命题逻辑公式的例子（为方便讨论，按照从短到长的顺序列出这些公式）。

（1）$(p \to s)$　　（2）$(t \leftrightarrow q)$

（3）$((p \wedge (\neg s)) \wedge (\neg s))$　　（4）$((\neg(\neg r)) \to (\neg(q \vee p)))$

（5）$((r \to (q \leftrightarrow s)) \vee (q \leftrightarrow s))$　　（6）$(((p \vee p) \leftrightarrow (p \wedge s)) \to (p \wedge s))$

（7）$(((\neg(\neg p)) \to (t \vee s)) \wedge (s \leftrightarrow r))$　　（8）$(\neg(((q \vee r) \leftrightarrow (t \wedge s)) \leftrightarrow (t \wedge s)))$

（9）$((((\neg t) \vee (r \wedge r)) \to (\neg s)) \leftrightarrow (\neg(r \wedge r)))$（10）$((((\neg p) \leftrightarrow (s \wedge q)) \vee (s \leftrightarrow r)) \to (s \wedge q))$

显然公式（1）是蕴涵式，而公式（2）是双蕴涵式。仔细观察其他公式不难得到：① 公式（8）是否定式；② 公式（3）、（7）是合取式；③ 公式（5）是析取式；④ 公式（4）、（6）、（10）是蕴涵式；⑤ 公式（9）是双蕴涵式，是公式 $(((\neg t) \vee (r \wedge r)) \to (\neg s))$ 和 $(\neg(r \wedge r))$ 的双蕴涵，而公式（10）的前件是公式 $(((\neg p) \leftrightarrow (s \wedge q)) \vee (s \leftrightarrow r))$，后件是公式 $(s \wedge q)$。

每个公式的构造可使用一棵二叉树表示。例如，公式（7）的构造可使用图 2.1 所示的二叉树表示，叶子节点（方形节点）都是归纳基给出的命题变量，圆形节点都用逻辑运算符标记，代表归纳步构造时使用的逻辑运算符。根节点是合取运算符，表示整个公式是一个合取式，根的左儿子是蕴涵运算符，右儿子是双蕴涵运算符，因此整个公式是一个蕴涵式和一个双蕴涵式的合取等等。

公式的这种二叉树表示称为公式的**抽象语法树** (abstract syntax tree，AST)。这里“抽象”的意思是指这样的二叉树给出了构造公式的关键信息，而忽略了一些细节。例如，不再需要使用圆括号就可清楚地表达公式的结构，包括如下。

（1）可容易地判断一个公式是什么类型，是否定式、合取式还是析取式等。公式的类型由最后一步构造公式所使用的逻辑运算符决定，即由抽象语法树的根节点对应的逻辑运算符决定。

（2）可容易地给出每一步都是用哪些公式进行构造的。在抽象语法树中，每个内部节点为根的树对应的公式，是由它的儿子节点为根的树对应的公式所构造。

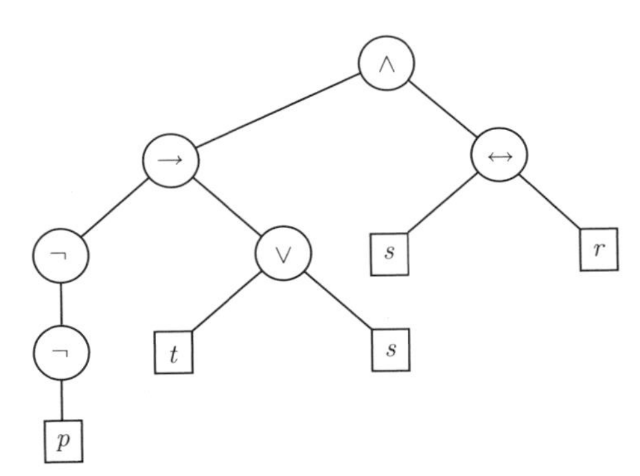


图 2.1 公式 $(((\neg(\neg p)) \to (t \vee s)) \wedge (s \leftrightarrow r))$ 的构造过程

**定义 2.3** 将构造命题逻辑公式 $A$ 的过程中用到的公式称为 $A$ 的**子公式** (subformula)。为方便起见，约定公式 $A$ 本身也是 $A$ 的子公式。因此具体来说，基于公式 $A$ 的归纳定义，$A$ 的子公式定义如下。

（1）若 $A$ 是命题变量 $p$，则 $A$ 的子公式只有 $p$。

（2）若 $A$ 具有形式 $(\neg B)$，则 $A$ 的子公式包括 $A$ 自己，以及 $B$ 的所有子公式。

（3）若 $A$ 具有形式 $(B \oplus C)$，这里 $\oplus$ 代表 $\wedge, \vee, \to$ 或 $\leftrightarrow$，则 $A$ 的子公式包括 $A$ 自己，以及 $B$ 和 $C$ 的所有子公式。

从抽象语法树角度看，公式 $A$ 的每个子公式对应公式 $A$ 的抽象语法树的一棵子树。这里一棵树的子树的含义是指这个棵树的一个节点及其所有后代节点而构成的树。

**例子 2.2** 命题逻辑公式 $(((\neg(\neg p)) \to (t \vee s)) \wedge (s \leftrightarrow r))$ 的子公式包括以下公式。

（1）公式 $(((\neg(\neg p)) \to (t \vee s)) \wedge (s \leftrightarrow r))$ 自己，对应图 2.1的整棵抽象语法树。

（2）公式 $((\neg(\neg p)) \to (t \vee s))$，对应图 2.1 左边以 $\to$ 为根的子树。

（3）公式 $(\neg(\neg p)), (\neg p), p, t \vee s, t, s$，这些公式也都是 $((\neg(\neg p)) \to (t \vee s))$ 的子公式，读者很容易确定它们在图 2.1 中分别对应的子树。

（4）公式 $(s \leftrightarrow r)$，对应图 2.1 右边以 $\leftrightarrow$ 为根的子树，以及公式 $s$ 和 $r$，它们都是 $(s \leftrightarrow r)$ 的子公式。

### 2.2.2 命题逻辑公式的语法性质

由例子 2.1 可以看到，对于复杂的公式利用抽象语法树可更容易地判断公式的结构，包括公式的类型以及公式的子公式等。本节给出一个算法构造公式的抽象语法树。为此先研究命题逻辑公式的语法性质，即命题逻辑公式作为符号串的一些性质。

**引理 2.1** 任意命题逻辑公式包含的左圆括号数等于右圆括号数，且等于公式的逻辑运算符数。

**证明** 根据命题逻辑公式的归纳定义，对任意命题逻辑公式 $A$，它具有且仅具有下面 6 种形式之一：① $A$ 是命题变量；② $A$ 是 $(\neg B)$；③～⑥ $A$ 是 $(B \oplus C)$，这里 $\oplus$ 分别代表 $\wedge, \vee, \to$ 和 $\leftrightarrow$。因此，可以分这 6 种情况讨论。

（1）如果公式 $A$ 是命题变量 $p$，显然它没有左右圆括号，也没有逻辑运算符，因此待证引理成立。

（2）如果公式 $A$ 具有形式 $(\neg B)$，那么只要假定公式 $B$ 的左右圆括号数都等于逻辑运算符数，则公式 $A$ 也有这个性质，因为公式 $A$ 比公式 $B$ 刚好多一个左圆括号、一个右圆括号和一个逻辑运算符 $\neg$。而公式 $B$ 具有且仅具有上面所说的 6 种形式，因此也会落在这里讨论的情况之一，所以只要能说明，$B$ 的左右圆括号数等于逻辑运算符可推出 $A$ 的左右圆括号数也等于逻辑运算符数，那么待证引理就对所有公式成立。

（3）类似地，如果公式 $A$ 具有形式 $(B \oplus C)$，这里 $\oplus$ 是 $\wedge, \vee, \rightarrow$ 或 $\leftrightarrow$，只要假定公式 $B$ 和 $C$ 的左右圆括号数都等于逻辑运算符数，那么显然公式 $A$ 也具有这个性质。

综上，任意命题逻辑公式的左右圆括号数都等于其中的逻辑运算符数，即待证引理成立。

□

上面证明引理 2.1的方法称为**结构归纳法**，即要证明一个性质对任意命题逻辑公式成立，只要证明两点：① 这个性质原子公式，即命题变量成立；② 在假定这个性质对公式 $B, C$ 成立的情况下，能推出这个性质对公式 $(\neg B), (B \wedge C), (B \vee C), (B \rightarrow C)$ 和 $(B \leftrightarrow C)$ 也成立。

直观地看，要考察公式 $A = (((\neg(\neg p)) \rightarrow (t \vee s)) \wedge (s \leftrightarrow r))$ 的左右圆括号数是否都等于其中的逻辑运算符，只要考察公式 $B = ((\neg(\neg p)) \rightarrow (t \vee s))$ 和公式 $C = (s \leftrightarrow r)$ 是否有这个性质，因为公式 $A$ 具有 $(B \wedge C)$ 的形式，而要考察公式 $B$ 是否具有这个性质，又只要考察公式 $D = (\neg(\neg p))$ 和 $E = (t \vee s)$ 是否具有这个性质等等，一直到所考察的公式是命题变量（即原子公式）。

**引理 2.2**　如果一个命题逻辑公式不是命题变量，则作为符号串存在且仅存在一个位置满足：① 这个位置的字符是逻辑运算符；② 它左边的子符号串以左圆括号开头，且其中左圆括号恰比右圆括号多一个，而它右边的子符号串以右圆括号结束，且其中右圆括号恰比左圆括号多一个。

**证明**　当一个命题逻辑公式 $A$ 不是命题变量时，则具有 $(\neg B)$ 或 $(B \oplus C)$ 的形式。因此，显然构造 $A$ 的最后的逻辑运算符所在的位置满足引理所说的性质。至于这样的位置只有一个，是因为 $B$ 和 $C$ 都是命题逻辑公式，根据引理 2.1，$B$ 和 $C$ 包含的左右圆括号相等，因此对于 $B$ 和 $C$ 中的任何一个位置，它左边的 $B$ 或 $C$ 的子符号串左圆括号数都大于右圆括号数，而右边的 $B$ 或 $C$ 的子符号串的左圆括号数都小于右圆括号数，所以对于整个公式 $A$ 而言，$B$ 和 $C$ 中的任何一个位置都不可能使得左边的子符号串的左圆括号恰比右圆括号多一个，且右边的子符号串的右圆括号恰比左圆括号多一个。　□

引理 2.2 给出了判断一个符号串是否命题逻辑公式的方法：扫描符号串找到满足该引理所说的位置，在这个位置将整个符号串分为左子串和右子串，再针对左子串去掉开头的左圆括号剩下的子串，以及右子串去掉结尾右圆括号剩下的子串，递归判定这两个子串是否命题逻辑公式，直到整个符号串不存在这样的位置，则判断整个符号串是否命题变量。如果在整个过程的某一步没有找到这样的位置且整个符号串又不是命题变量，或者得到的左右子串不是分别以左右圆括号开头/结尾，则整个符号串不是命题逻辑公式。

算法 2.1 基于上述想法，并稍加改造用于构造一个命题逻辑公式的抽象语法树。当一个包含命题变量、逻辑运算符和左右圆括号的符号串是合法的命题逻辑公式时则构造它的抽象语法树，否则返回一棵空树。这里空树是指不含有任何顶点的图。实际上空树只是一个标记，表示输入的符号串不是合法的命题逻辑公式。

**Algorithm 2.1: 构造一个命题逻辑公式的抽象语法树**

**输入:** 包含命题变量、逻辑运算符和左右圆括号的符号串 $A$

**输出:** 如果 $A$ 是命题逻辑公式则返回它的抽象语法树，其根节点为 $R$，否则返回一棵空树

```
1  从左至右扫描 A，并分别计算左右圆括号数，寻找左圆括号数恰好比右圆括号数多 1 个时
     的逻辑运算符位置;
2  if （存在这样位置的逻辑运算符）then
3  |   根据该逻辑运算符将整个串 A 分成左右两个子串（两个子串都不含该逻辑运算符）;
4  |   if （左子串不以左圆括号开头或者右子串不以右圆括号结束）then 返回空树;
5  |   if （该逻辑运算符是否定）then
6  |   |   if （左子串不是只有左圆括号或者右子串只含有右圆括号）then 返回空树;
7  |   |   令 C 是右子串去掉结尾的右圆括号之后的串;
8  |   |   if （以 C 为输入执行本算法返回的是空树）then 返回空树 else 设返回的树的根
     |   |     节点是 T;
9  |   |   新建一个代表该逻辑运算符的节点 R，R 的右儿子节点为 T，返回以 R 为根节点
     |   |     的树;
10 |   else
11 |   |   if （左子串只含有左圆括号或右子串只含有右圆括号）then 返回空树;
12 |   |   令 B 为左子串去掉开头的左圆括号之后的串，C 为右子串去掉结尾的右圆括号之
     |   |     后的串;
13 |   |   if （以 B 为输入执行本算法返回的是空树）then 返回空树 else 设返回的树的根
     |   |     节点是 S;
14 |   |   if （以 C 为输入执行本算法返回的是空树）then 返回空树 else 设返回的树的根
     |   |     节点是 T;
15 |   |   新建一个代表该逻辑运算符的节点 R，R 的左儿子为 S，右儿子为 T，返回以 R 为
     |   |     根的树;
16 |   end
17 else
18 |   if （整个串 A 是命题变量）then 新建代表命题变量 A 的节点 R，返回以 R 为根的
   |     单节点树 else 返回空树;
19 end
```

算法 2.1 由于要考虑符号串可能不是命题逻辑公式，逻辑否定是一元运算但其他 4 个逻辑运算符是二元运算等细节问题，因此显得有点长，但基本思想仍很简单。

引理 2.2 给出了一个符号串是命题逻辑公式的必要条件，即存在引理中所给出性质

的位置，而且这个位置是唯一的，因此算法只要从左到右扫描输入的符号串，找到第一个左圆括号数恰好比右圆括号数多 1 个的逻辑运算符位置即可，然后以这个位置的逻辑运算符为根节点构建抽象语法树，它的左右儿子（对于逻辑否定运算则只有右儿子）节点则来自对左右子串的递归处理。

例如，对符号串 $(((\neg(\neg p)) \to (t \vee s)) \wedge (s \leftrightarrow r))$，从左到右计算左右圆括号数，左圆括号数比右圆括号数多 1 的逻辑运算符位置是 $\wedge$ 所在位置，因此这个公式的抽象语法树根节点是该逻辑运算符，然后递归地处理左边的子串 $((\neg(\neg p)) \to (t \vee s))$ 和右边的子串 $(s \leftrightarrow r)$ 即可。

对于是命题逻辑公式的符号串，左圆括号数恰好比右圆括号数多一个的逻辑运算符位置存在且唯一，递归地运用这个性质，使得算法 2.1 可正确地为命题逻辑公式构建抽象语法树，而对于任何不符合预想情况的符号串都可判定为不是命题逻辑公式。

### 2.2.3　命题逻辑公式的简写

定义 2.2 的归纳步给出的规则都严格地使用了圆括号构造命题逻辑公式，使得我们可证明引理 2.2，从而有简单的算法构建公式的抽象语法树。但圆括号的严格使用使得人们在书写和理解命题逻辑公式时非常不方便。圆括号的作用本质上说是区分每个命题变量到底参与哪个逻辑运算符的运算，例如，对于公式 $p \to q \to r$，不用圆括号就不清楚 $q$ 是参与前一个逻辑蕴涵运算还是参与后一个逻辑蕴涵运算。

为了少使用圆括号也能清楚地区分每个命题变量所参与的逻辑运算，从而降低书写公式的复杂度，人们规定逻辑运算符的优先级和结合性。

（1）运算符的优先级用于，当一个命题变量处在两个不同的运算符中间时，规定该命题变量是参与优先级高的逻辑运算。**逻辑运算符的优先级从高到低的顺序是** $\neg, \wedge, \vee, \to, \leftrightarrow$，即 $\neg$ 的优先级最高，而 $\leftrightarrow$ 的优先级最低。因此对于符号串 $\neg p \wedge q \vee r$，$p$ 参与的是 $\neg$，而 $q$ 参与的是 $\wedge$，即该符号串被认为是公式 $(((\neg p) \wedge q) \vee r)$ 的简写。

（2）运算符的结合性用于，当一个命题变量处在两个相同的二元运算符中间时，规定从左至右结合的运算符，该命题变量参与左边的运算符，而从右至左结合的运算符，该命题变量则参与右边的运算符。我们规定 **$\wedge$，$\vee$ 和 $\leftrightarrow$ 是从左至右结合，而 $\to$ 是从右至左结合**。因此 $p \wedge q \wedge r$ 是公式 $((p \wedge q) \wedge r)$ 的简写，而 $p \to q \to r$ 是公式 $(p \to (q \to r))$ 的简写。

基于逻辑运算符 $\neg, \wedge, \vee, \to, \leftrightarrow$ 的优先级和结合性可以对命题逻辑公式进行简写。但怎样简写命题逻辑公式没有明确的指南可遵循，基本的原则是简写后的公式要与原公式有相同的语法结构，而且其中出现的左右圆括号必须配对。后面会在尽量表达清楚公式语法结构的前提下减少命题逻辑公式中的圆括号，例如，最外层的圆括号总是被省略。

对于简写形式的命题逻辑公式，构建其抽象语法树需要更加精致的算法。有关程序设计语言编译原理的课程会给出一个称为“算符优先分析法”的算法，它利用运算符之间的优先级和结合性判断一个符号串是否符合语法的公式并构造其抽象语法树。对这个算法的讨论超出了本书的范围。读者可使用添加圆括号的方法判断一个符号串是否一个命题逻辑公式的简写，理解它的语法结构，并构造它的抽象语法树。

## 2.3 命题逻辑公式的语义

这里所说的命题逻辑公式的**语义** (semantic) 是指如何确定命题逻辑公式的真值，更准确地说，是在给定命题变量的真值的基础上如何确定命题逻辑公式的真值。本节先基于命题逻辑公式的语法结构严格定义其真值的计算方法，然后介绍如何构造命题逻辑公式的真值表，即给出公式中命题变量所有可能的真值取值情况下公式的真值情况，最后介绍一些与命题逻辑公式语义相关的一些概念，这些概念是进一步讨论命题逻辑公式之间等值关系和推理关系的基础。

### 2.3.1 命题逻辑公式的真值定义

直观地说，命题逻辑公式的语义是该公式的含义，即它表达了应用领域问题的什么性质，但使用命题逻辑公式表达应用领域问题性质的最终目的是考察性质是否成立，因此说考察命题逻辑公式的语义就是研究如何确定命题逻辑公式的真值。

复合命题的真值由它包含的原子命题的真值以及逻辑联结词决定，但原子命题的真值由客观事实或人们的认知决定，逻辑不研究客观事实和人们的认知，因此逻辑是在假定已知原子命题真值的基础上，通过研究逻辑联结词的性质确定复合命题的真值。也就是说，是在给定命题变量的真值的基础上，确定命题逻辑公式的真值，由此人们引入真值赋值函数。

**定义 2.4** 给定命题变量集 $\mathbf{Var}$，它的一个**真值赋值函数** (truth value assignment) 是从 $\mathbf{Var}$ 到真值集 $\mathbf{2}=\{\mathbf{0},\mathbf{1}\}$ 的一个函数 $\sigma:\mathbf{Var}\to\mathbf{2}$。

命题逻辑公式的语法定义基于给定的命题变量集 $\mathbf{Var}$，命题逻辑公式的语义定义则基于该命题变量集的一个真值赋值函数 $\sigma:\mathbf{Var}\to\mathbf{2}$，也即在确定命题变量的真值的基础上定义公式的真值。

**定义 2.5** 给定命题变量集 $\mathbf{Var}$ 的一个真值赋值函数 $\sigma:\mathbf{Var}\to\mathbf{2}$，命题逻辑公式 $A\in\mathcal{F}_{\mathbf{Var}}$ 在 $\sigma$ 下的真值，记为$\sigma(A)$，根据 $A$ 的语法结构定义如下。

（1）如果 $A$ 是命题变量 $p\in\mathbf{Var}$，则 $\sigma(A)=\sigma(p)$。

（2）如果 $A$ 具有形式 $(\neg B)$，则 $\sigma(A)=\mathbf{1}$ 当且仅当 $\sigma(B)=\mathbf{0}$。

（3）如果 $A$ 具有形式 $(B\wedge C)$，则 $\sigma(A)=\mathbf{1}$ 当且仅当 $\sigma(B)=\mathbf{1}$ 且 $\sigma(C)=\mathbf{1}$。

（4）如果 $A$ 具有形式 $(B\vee C)$，则 $\sigma(A)=\mathbf{0}$ 当且仅当 $\sigma(B)=\mathbf{0}$ 且 $\sigma(C)=\mathbf{0}$。

（5）如果 $A$ 具有形式 $(B\to C)$，则 $\sigma(A)=\mathbf{0}$ 当且仅当 $\sigma(B)=\mathbf{1}$ 且 $\sigma(C)=\mathbf{0}$。

（6）如果 $A$ 具有形式 $(B\leftrightarrow C)$，则 $\sigma(A)=\mathbf{1}$ 当且仅当 $\sigma(B)=\sigma(C)$。

注意，$\sigma(A)$ 的值要么是 $\mathbf{1}$ 要么是 $\mathbf{0}$，因此确定了 $\sigma(A)$ 何时等于 $\mathbf{1}$ 也就确定了它何时等于 $\mathbf{0}$，反之亦然。

如果命题逻辑公式 $A$ 在 $\sigma$ 下的真值 $\sigma(A)$ 等于 $\mathbf{1}$，则称 $\sigma$ 是公式 $A$ 的**成真赋值**

(true assignment)，并通俗地称公式 $A$ 在 $\sigma$ 下为真，否则称 $\sigma$ 是公式 $A$ 的**成假赋值** (false assignment)，并通俗地称公式 $A$ 在 $\sigma$ 下为假。

**例子 2.3** 给定 $\mathbf{Var} = \{p, q, r, s, t\}$，及它的一个真值赋值函数 $\sigma : \mathbf{Var} \to \mathbf{2}$，定义为：

$$\sigma(p) = \mathbf{0} \qquad \sigma(q) = \mathbf{1} \qquad \sigma(r) = \mathbf{0} \qquad \sigma(s) = \mathbf{1} \qquad \sigma(t) = \mathbf{0}$$

记 $A = (\neg(\neg p) \to (t \vee s)) \wedge (s \leftrightarrow r)$，则根据定义 2.5，$\sigma(A)$ 的计算过程如下（注意，公式 $A$ 及下面引入的 $B, C, D$ 等它的子公式都采用了简写形式，即省略了一些冗余的圆括号）。

（1）公式 $A$ 具有形式 $(B \wedge C)$，这里 $B = \neg(\neg p) \to (t \vee s)$，$C = s \leftrightarrow r$，因此 $\sigma(A) = \mathbf{1}$ 当且仅当 $\sigma(B) = \mathbf{1}$ 且 $\sigma(C) = \mathbf{1}$。

（2）公式 $B$ 具有形式 $(D \to E)$，这里 $D = \neg(\neg p)$，$E = t \vee s$，因此 $\sigma(B) = \mathbf{0}$ 当且仅当 $\sigma(D) = \mathbf{1}$ 且 $\sigma(E) = \mathbf{0}$。

（3）公式 $D$ 具有形式 $\neg F$，这里 $F = \neg p$，因此 $\sigma(D) = \mathbf{1}$ 当且仅当 $\sigma(F) = \mathbf{0}$。而 $\sigma(F) = \mathbf{1}$ 当且仅当 $\sigma(p) = \mathbf{0}$，而根据 $\sigma$ 的定义，有 $\sigma(p) = \mathbf{0}$，因此 $\sigma(F) = \mathbf{1}$，因此 $\sigma(D) = \mathbf{0}$。

（4）对于公式 $E = t \vee s$，$\sigma(E) = \mathbf{0}$ 当且仅当 $\sigma(t) = \mathbf{0}$ 且 $\sigma(s) = \mathbf{0}$，但根据 $\sigma$ 的定义，$\sigma(s) = \mathbf{1}$，因此 $\sigma(E) = \mathbf{1}$。

（5）由 $\sigma(D) = \mathbf{0}, \sigma(E) = \mathbf{1}$，而 $\sigma(B) = \mathbf{0}$ 当且仅当 $\sigma(D) = \mathbf{1}$ 且 $\sigma(E) = \mathbf{0}$，因此 $\sigma(B) = \mathbf{1}$。

（6）对于公式 $C = s \leftrightarrow r$，$\sigma(C) = \mathbf{1}$ 当且仅当 $\sigma(s) = \sigma(r)$，根据 $\sigma$ 的定义，$\sigma(s) = \mathbf{1}, \sigma(r) = \mathbf{0}$，因此 $\sigma(C) = \mathbf{0}$。

（7）由 $\sigma(B) = \mathbf{1}, \sigma(C) = \mathbf{0}$，而 $\sigma(A) = \mathbf{1}$ 当且仅当 $\sigma(B) = \mathbf{1}$ 且 $\sigma(C) = \mathbf{1}$，最后得到 $\sigma(A) = \mathbf{0}$。

对照公式 $A = (\neg(\neg p) \to (t \vee s)) \wedge (s \leftrightarrow r)$ 的抽象语法树，可更容易理解 $\sigma(A)$ 的计算过程。图 2.2 是 $A$ 的抽象语法树。可看到，为计算 $A$ 的真值，先要计算左右子树对应的子公式（即上面引入的公式 $B$ 和 $C$）的真值，而要计算公式 $B$ 的真值又要计算它的左右子树对应的子公式（即上面引入的公式 $D$ 和 $E$）的真值等，直到叶子节点的命题变量，它的真值由真值赋值函数 $\sigma$ 确定，从而由 $\sigma(p)$ 的值可得到 $\neg p$ 的真值，然后可得到 $D = \neg(\neg p)$ 的真值，一路往上回溯，最后得到 $A$ 的真值。

因此，一个命题逻辑公式的真值计算过程是后序遍历其抽象语法树的过程，即由叶子顶点的命题变量的真值得到它父亲节点对应公式的真值，然后再得到上一层内部顶点对应公式的真值等，一直到根对应的公式，即整个公式的真值。算法 2.2 给出了后序遍历抽象语法树计算公式真值的过程。

使用文字描述命题逻辑公式真值的计算过程通常会显得冗长、凌乱，可用表 2.1 更简洁地给出计算公式 $A = (\neg(\neg p) \to (t \vee s)) \wedge (s \leftrightarrow r)$ 的真值的过程。表 2.1 的第 1 行第 1 列先给出公式包含的命题变量，然后根据公式的语法结构，依次给出待计算真值的子公式，每一列只需考虑一个逻辑运算符的真值计算。

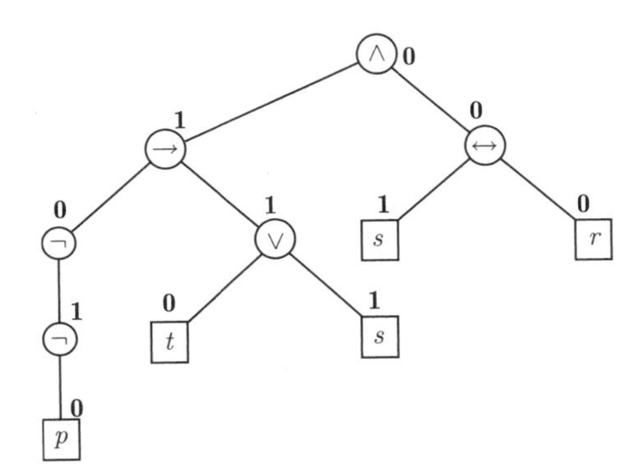


图 2.2　公式 $(\neg(\neg p) \to (t \vee s)) \wedge (s \leftrightarrow r)$ 的抽象语法树

**Algorithm 2.2: 基于一个命题逻辑公式的抽象语法树计算其真值**

**输入:** 命题逻辑公式 $A$ 的抽象语法树，根节点为 $R$，以及真值赋值函数 $\sigma$

**输出:** 命题逻辑公式 $A$ 在 $\sigma$ 下的真值 $\sigma(A)$

```
1  if ( 抽象语法树根节点 R 对应的是命题变量 ) then
2  |  设 R 对应的命题变量是 p，则返回 σ(p)
3  else
4  |  if ( 根节点 R 对应的是逻辑否定运算符 ) then
5  |  |  设根节点 R 的右儿子为 T，以 T 为根的子树对应的子公式为 B;
6  |  |  以 T 为根的子树及 σ 为输入执行本算法得到子公式 B 的真值 σ(B);
7  |  |  if (σ(B) 等于 1) then 返回 0 作为 σ(A) 的值 else 返回 1 作为 σ(A) 的值;
8  |  else
9  |  |  设根节点 R 的左儿子为 S，以 S 为根的子树对应的子公式为 B;
10 |  |  以 S 为根的子树及 σ 为输入执行本算法得到子公式 B 的真值 σ(B);
11 |  |  设根节点 R 的右儿子为 T，以 T 为根的子树对应的子公式为 C;
12 |  |  以 T 为根的子树及 σ 为输入执行本算法得到子公式 C 的真值 σ(C);
13 |  |  根据定义 2.5 以及根节点 R 对应的逻辑运算符，利用 σ(B) 和 σ(C) 确定 σ(A) 的
   |  |    值并返回;
14 |  end
15 end
```

例如，表 2.1 先给出子公式 $\neg\, p$，然后给出 $\neg(\neg\, p)$，在计算出 $\neg\, p$ 的真值后，计算 $\neg(\neg\, p)$ 的真值只要再考虑一次逻辑否定运算符的计算。而在给出子公式 $B$ 这一列之前，还先给出了子公式 $t \vee s$，这样计算公式 $B = \neg(\neg p) \to (t \vee s)$ 的真值时只要再考虑一次逻辑蕴涵运算即可。

因此，这种表格给出了后序遍历公式 $A$ 的抽象语法树计算真值的过程，而不是只给出公式 $A$ 的真值，即给出了为计算公式 $A$ 的真值需要计算的所有子公式，并对任意一列的公式，它的子公式也都已经列在它的左边，这一列公式的真值只需利用它左边列的公式的真值再多做一次逻辑运算即可得到。这样做的好处是可在熟悉公式语法结构基础上，计算真值时每次只需考虑一个逻辑运算符，让思考局部化、模块化，不容易出错，且可根据逻辑运算符的特点快速正确地构造公式的真值表。

表 2.1 公式 $A = (\neg(\neg p) \to (t \vee s)) \wedge (s \leftrightarrow r)$ 的一次真值计算过程

| $p$ | $r$ | $s$ | $t$ | $\neg p$ | $\neg(\neg p)$ | $t \vee s$ | $B$ | $s \leftrightarrow r$ | $A$ |
|---|---|---|---|---|---|---|---|---|---|
| **0** | **0** | **1** | **0** | **1** | **0** | **1** | **1** | **0** | **0** |

### 2.3.2 命题逻辑公式的真值表

很多时候我们不仅关心一个命题逻辑公式在一个真值赋值函数下的真值，而且还关心这个公式在任意真值赋值函数下的真值。命题逻辑公式的**真值表** (truth table) 以表格形式给出公式在任意真值赋值函数下的真值。

通过例子 2.3 可以看到，命题逻辑公式的真值只与它包含的命题变量的真值有关，对于这个例子中的公式 $A = (\neg(\neg p) \to (t \vee s)) \wedge (s \leftrightarrow r)$，虽然命题变量集 $\mathbf{Var} = \{p, q, r, s, t\}$，真值赋值函数 $\sigma$ 也给出了 $\sigma(q)$ 的值，但公式 $A$ 的真值与命题变量 $q$ 的真值无关。在使用表格给出公式 $A$ 的真值计算过程时，也不需要给出对应命题变量 $q$ 的列。

因此，构造一个命题逻辑公式的真值表，只要考虑这个公式所包含的命题变量。如果一个公式包含 $n$ 个命题变量，则对这 $n$ 个命题变量可能的不同真值赋值函数有 $2^n$ 个。真值表的每一行都表示这个公式在一个真值赋值函数下的真值计算，因此含有 $n$ 个命题变量的公式的真值表有 $2^n$ 行。对于真值表的列，我们建议，在列出对应 $n$ 个命题变量的列之后，给出这个公式的所有子公式，每个子公式占一列，每一列只考虑一个逻辑运算符的计算。

**例子 2.4** 构造公式 $A = (\neg(\neg p) \to (t \vee s)) \wedge (s \leftrightarrow r)$ 的真值表如表 2.2所示。公式 $A$ 包括 4 个命题变量 $p, r, s, t$，不同的真值赋值函数共 16 个，因此它的真值表总共有 16+1 行，第一行给出命题变量以及子公式，第二行开始每行对应一个真值赋值函数对这 4 个命题变量的赋值，且行的顺序按照 $\mathbf{0000}, \mathbf{0001}, \mathbf{0010}, \cdots, \mathbf{1111}$，即自然数 0~15 的二进制编码从小到大排列。

表 2.2 的前 4 列按照字母顺序给出了公式 $A$ 包含的 4 个命题变量，后面的列给出了计算公式 $A$ 的真值过程中需要计算的子公式，按照每列考虑一个逻辑运算符，能够依次计算的顺序从左至右排列，最后一列给出公式 $A$ 的真值。

严格地说，构造一个命题逻辑公式的真值表只需要命题变量的列和给出这个公式本身的真值的列即可，这也是许多教材给出的真值表形式。但在不给出子公式的情况下，真值表的构造只能是按行构造，即每次计算一个真值赋值函数下的真值，这种方式适合调用算法 2.2 由计算机自动完成。人工按行构造真值表则计算会比较复杂，因此我们推荐详细给出要计算的子公式，每次考察一个逻辑运算符，并且利用逻辑运算符的特点逐列构造真值表。

表 2.2 公式 $A=(\neg(\neg p)\to(t\vee s))\wedge(s\leftrightarrow r)$ 的真值表

| $p$ | $r$ | $s$ | $t$ | $\neg p$ | $\neg(\neg p)$ | $t\vee s$ | $(\neg(\neg p)\to(t\vee s))$ | $s\leftrightarrow r$ | $(\neg(\neg p)\to(t\vee s))\wedge(s\leftrightarrow r)$ |
|---|---|---|---|---|---|---|---|---|---|
| **0** | **0** | **0** | **0** | **1** | **0** | **0** | **1** | **1** | **1** |
| **0** | **0** | **0** | **1** | **1** | **0** | **1** | **1** | **1** | **1** |
| **0** | **0** | **1** | **0** | **1** | **0** | **1** | **1** | **0** | **0** |
| **0** | **0** | **1** | **1** | **1** | **0** | **1** | **1** | **0** | **0** |
| **0** | **1** | **0** | **0** | **1** | **0** | **0** | **1** | **0** | **0** |
| **0** | **1** | **0** | **1** | **1** | **0** | **1** | **1** | **0** | **0** |
| **0** | **1** | **1** | **0** | **1** | **0** | **1** | **1** | **1** | **1** |
| **0** | **1** | **1** | **1** | **1** | **0** | **1** | **1** | **1** | **1** |
| **1** | **0** | **0** | **0** | **0** | **1** | **0** | **0** | **1** | **0** |
| **1** | **0** | **0** | **1** | **0** | **1** | **1** | **1** | **1** | **1** |
| **1** | **0** | **1** | **0** | **0** | **1** | **1** | **1** | **0** | **0** |
| **1** | **0** | **1** | **1** | **0** | **1** | **1** | **1** | **0** | **0** |
| **1** | **1** | **0** | **0** | **0** | **1** | **0** | **0** | **0** | **0** |
| **1** | **1** | **0** | **1** | **0** | **1** | **1** | **1** | **0** | **0** |
| **1** | **1** | **1** | **0** | **0** | **1** | **1** | **1** | **1** | **1** |
| **1** | **1** | **1** | **1** | **0** | **1** | **1** | **1** | **1** | **1** |

根据定义 2.5，可使用真值表形式给出 5 个逻辑运算符的真值表，如表 2.3 所示。在逐列构造真值表时，根据表 2.3 所展示的逻辑运算符的真值计算特点，可根据已经计算的子公式的真值列快速地确定当前列公式的真值。例如，由于当 $A$ 的真值为假时，蕴涵式 $A\to B$ 的真值为真，而当 $A$ 的真值为真时，$A\to B$ 的真值等于 $B$ 的真值。因此，若当前列要计算公式 $A\to B$ 的真值，则可先在这一列对应子公式 $A$ 的真值为假的行直接写 **1**，然后其他行写上等于对应行的子公式 $B$ 的真值。在当前列要计算的公式是合取式 $A\wedge B$ 和析取式 $A\vee B$ 的真值时，也可先基于 $A$ 这一列的真值确定整个合取式或析取式的一些行的真值，然后再基于 $B$ 这一列的真值确定剩下行的真值。

表 2.3 逻辑运算符 $\neg,\wedge,\vee,\to,\leftrightarrow$ 的真值表

| $A$ | $B$ | $\neg A$ | $A\wedge B$ | $A\vee B$ | $A\to B$ | $A\leftrightarrow B$ |
|---|---|---|---|---|---|---|
| **0** | **0** | **1** | **0** | **0** | **1** | **1** |
| **0** | **1** | **1** | **0** | **1** | **1** | **0** |
| **1** | **0** | **0** | **0** | **1** | **0** | **0** |
| **1** | **1** | **0** | **1** | **1** | **1** | **1** |

像这样每次只考虑一个逻辑运算符，且充分利用逻辑运算符的真值计算特点，先根据一个子公式确定当前列公式的一些行的真值，再根据另一个子公式确定当前列公式剩下行真值的真值表构造方式，可使得计算局部化，是一种模块化思维方式，不仅可提高构造真值表的效率且不容易出错。

对于逻辑运算符的真值计算，需要重点关注逻辑蕴涵运算符的特点：公式 $p\to q$ 只有当 $p$ 为真而 $q$ 为假时才为假，特别地，当前件 $p$ 为假时，整个蕴涵式 $p\to q$ 总是为真。这可能与一些人的直觉相悖，因为日常生活中在使用逻辑蕴涵命题时，人们往往强调的是前件真后件也真的这种情况。例如，当人们说“如果你努力学习，你就会取得好成绩”强调的是“你要努力学习”，这样“你就会取得好成绩”，至于“你不努力学习”时会怎样不是这句话关注的重点。

因此，逻辑蕴涵式是自然语言中条件命题的一种抽象，两者并不完全等同。读者需要注意逻辑蕴涵式的特点，当前件为假时，整个蕴涵式为真。可这样强化对这种情况的记忆：假定我们接受前件真、后件真，整个蕴涵式为真，也接受前件真、后件假，整个蕴涵式为假这两种情形，那么剩下前件 $p$ 为假、后件 $q$ 为真为假的两种情况，这时整个蕴涵式的真值情况有 4 种可能，如表 2.4 的后 4 列所示。可看到，第 3 列的真值情况与逻辑与 $p\wedge q$ 相同，第 4 列的真值情况则与 $q$ 相同，第 5 列的真值情况与逻辑双蕴涵 $p\leftrightarrow q$ 相同，因此只有最后一列适合用于定义逻辑蕴涵的真值。

**表 2.4　逻辑蕴涵式的真值情况**

| $p$ | $q$ | $p\to q?$ | $p\to q?$ | $p\to q?$ | $p\to q?$ |
|---|---|---|---|---|---|
| **0** | **0** | **0** | **0** | **1** | **1** |
| **0** | **1** | **0** | **1** | **0** | **1** |
| **1** | **0** | **0** | **0** | **0** | **0** |
| **1** | **1** | **1** | **1** | **1** | **1** |

实际上，数学证明需要逻辑蕴涵式的这种语义：前件为假时整个逻辑蕴涵式为真。例如要证明“若一个自然数是奇数，则它的平方也是奇数”，我们只需要考虑一个自然数是奇数的情况。因为当一个自然数不是奇数时，这个逻辑蕴涵命题的前件为假，整个命题的真值就为真。这在数学上称整个命题平凡为真，从而在证明中通常不明确给出逻辑蕴涵命题前件为假的情况。

### 2.3.3　命题逻辑公式的分类

命题逻辑公式从语法形式上可以分为否定式、合取式、析取式、蕴涵式和双蕴涵式，但更需要关注的是从语义角度，即从命题逻辑公式的真值情况进行分类。

**定义 2.6**　设 $A$ 是一个命题逻辑公式。

（1）若对任意 $\sigma:\mathbf{Var}\to\mathbf{2}$ 都有 $\sigma(A)=\mathbf{1}$，则称 $A$ 为 **永真式** (tautology)，或说是**重言式**。

（2）若对任意 $\sigma:\mathbf{Var}\to\mathbf{2}$ 都有 $\sigma(A)=\mathbf{0}$，则称 $A$ 为**矛盾式** (contradiction)，或说是**永假式**。

（3）若 $A$ 不是矛盾式，则称为**可满足的** (satisfiable)。

（4）若 $A$ 既不是永真式也不是矛盾式，则称为**偶然式** (contingency)，也称为**非永真的可满足式**。

永真式是最为重要的一类命题逻辑公式，后面对于命题逻辑公式之间逻辑等值和逻辑推理关系的研究本质上是研究各种形式的永真式。根据命题逻辑公式真值的定义有下面的引理。

**引理 2.3** 一个命题逻辑公式是矛盾式当且仅当它的否定是永真式，即公式 $A$ 是矛盾式当且仅当 $\neg A$ 是永真式。

**例子 2.5** 根据命题逻辑公式真值的定义（即定义 2.5），容易看到下面的公式都是永真式。

（1）$\neg p \vee p$ （2）$\neg(\neg p \wedge p)$ （3）$p \to p$ （4）$p \leftrightarrow p$

（1）称为**排中律**，即对任意真值赋值函数，$p$ 和 $\neg p$ 有且仅有一个为真，因此 $\neg p \vee p$ 是永真式。（2）表明 $\neg p \wedge p$ 是矛盾式，这个公式称为**矛盾律**，即对任意真值赋值函数，$p$ 和 $\neg p$ 不可能同时为真。

判断一个命题逻辑公式是否永真式的基本方法是构造该公式的真值表，下面通过对问题 2.6 的求解展示真值表的构造方法以及公式语义类型的判定。

**问题 2.6** 判定下面公式的类型，即判断公式是永真式、矛盾式还是偶然式。注意，除非特别说明，后面提到命题逻辑公式的类型时，都是指它的语义类型，即是永真式、矛盾式还是偶然式。

（1）$p \wedge (\neg s) \wedge (\neg s)$ （2）$\neg(\neg r) \to (\neg(q \vee p))$

（3）$((p \vee p) \leftrightarrow (p \wedge s)) \to (p \wedge s)$ （4）$(r \to (q \leftrightarrow s)) \vee (q \leftrightarrow s)$

**【解答】** 分别构造每个公式的真值表，如果最后一列（即整个公式）的真值都为 **1**，则该公式为永真式；如果都为 **0**，则为矛盾式；既有 **1** 又有 **0** 则为偶然式。

（1）公式 $p \wedge (\neg s) \wedge (\neg s)$ 的真值表如表 2.5 所示，因此它是偶然式。

表 2.5 公式 $p \wedge (\neg s) \wedge (\neg s)$ 的真值表

| $p$ | $s$ | $\neg s$ | $p \wedge (\neg s)$ | $p \wedge (\neg s) \wedge (\neg s)$ |
|---|---|---|---|---|
| **0** | **0** | **1** | **0** | **0** |
| **0** | **1** | **0** | **0** | **0** |
| **1** | **0** | **1** | **1** | **1** |
| **1** | **1** | **0** | **0** | **0** |

(2) 公式 $\neg(\neg r) \to (\neg(q \vee p))$ 的真值表如表 2.6 所示，因此它是偶然式。

(3) 公式 $((p \vee p) \leftrightarrow (p \wedge s)) \to (p \wedge s)$ 的真值表如表 2.7 所示，因此它是偶然式。

(4) 公式 $(r \to (q \leftrightarrow s)) \vee (q \leftrightarrow s)$ 的真值表如表 2.8 所示，因此它是偶然式。

**【讨论】**（1）上述 4 个公式都是例子 2.1 给出的由计算机随机生成的公式。显然，随机生成的公式是永真式或矛盾式的机会比较少，因此上面 4 个公式都是偶然式。下面在讨论命题逻辑公式的等值演算和推理时将会遇到很多永真式。

(2) 这里进一步展示了公式真值表的构造。在真值表中列出命题变量时总是按照字母顺序。注意到真值赋值函数对命题变量的赋值可看作二进制编码，我们总是按照二进制编码从小到大的顺序在真值表每一行给出对命题变量的赋值，两个命题变量时从 **00, 01, 10** 到 **11**，三个命题变量时从 **000, 001, 010**, $\cdots$ 一直到 **111**。固定命题变量的顺序以及真值表行的真值赋值顺序有助于提高逐列计算子公式真值的速度。

表 2.6　公式 $\neg(\neg r) \to (\neg(q \vee p))$ 的真值表

| $p$ | $q$ | $r$ | $\neg r$ | $\neg(\neg r)$ | $q \vee p$ | $\neg(q \vee p)$ | $\neg(\neg r) \to (\neg(q \vee p))$ |
|---|---|---|---|---|---|---|---|
| **0** | **0** | **0** | **1** | **0** | **0** | **1** | **1** |
| **0** | **0** | **1** | **0** | **1** | **0** | **1** | **1** |
| **0** | **1** | **0** | **1** | **0** | **1** | **0** | **1** |
| **0** | **1** | **1** | **0** | **1** | **1** | **0** | **0** |
| **1** | **0** | **0** | **1** | **0** | **1** | **0** | **1** |
| **1** | **0** | **1** | **0** | **1** | **1** | **0** | **0** |
| **1** | **1** | **0** | **1** | **0** | **1** | **0** | **1** |
| **1** | **1** | **1** | **0** | **1** | **1** | **0** | **0** |

表 2.7　公式 $((p \vee p) \leftrightarrow (p \wedge s)) \to (p \wedge s)$ 的真值表

| $p$ | $s$ | $p \vee p$ | $p \wedge s$ | $(p \vee p) \leftrightarrow (p \wedge s)$ | $((p \vee p) \leftrightarrow (p \wedge s)) \to (p \wedge s)$ |
|---|---|---|---|---|---|
| **0** | **0** | **0** | **0** | **1** | **0** |
| **0** | **1** | **0** | **0** | **1** | **0** |
| **1** | **0** | **1** | **0** | **0** | **1** |
| **1** | **1** | **1** | **1** | **1** | **1** |

表 2.8　公式 $(r \to (q \leftrightarrow s)) \vee (q \leftrightarrow s)$ 的真值表

| $q$ | $r$ | $s$ | $q \leftrightarrow s$ | $r \to (q \leftrightarrow s)$ | $(r \to (q \leftrightarrow s)) \vee (q \leftrightarrow s)$ |
|---|---|---|---|---|---|
| **0** | **0** | **0** | **1** | **1** | **1** |
| **0** | **0** | **1** | **0** | **1** | **1** |
| **0** | **1** | **0** | **1** | **1** | **1** |
| **0** | **1** | **1** | **0** | **0** | **0** |
| **1** | **0** | **0** | **0** | **1** | **1** |
| **1** | **0** | **1** | **1** | **1** | **1** |
| **1** | **1** | **0** | **0** | **0** | **0** |
| **1** | **1** | **1** | **1** | **1** | **1** |

下面定理给出了永真式的一个重要性质。这个性质使得在通过构造真值表验证一些基本的永真式后可得到更多的永真式，这是后面进行命题逻辑等值演算和命题逻辑推理有效性验证的基础。

**定理 2.4**　设命题逻辑公式 $A$ 是永真式，$p$ 是在 $A$ 中出现的一个命题变量，则使用任意的命题逻辑公式 $B$ **替换** (substitution)$A$ 中出现的**所有**$p$，得到的公式 $A'$ 也是永真式。

**证明** 简单地说，对任意的真值赋值函数 $\sigma$，因为 $A$ 是永真式，即无论 $\sigma(p)$ 的值是什么都有 $\sigma(A)=\mathbf{1}$。因此，对于使用任意公式 $B$ 替换 $A$ 中的所有 $p$ 后得到的公式 $A'$，将 $A'$ 的子公式 $B$ 看作一个整体，则无论 $\sigma(B)$ 的值是什么也都有 $\sigma(A')=\mathbf{1}$，因此 $A'$ 也是永真式。 □

使用公式 $B$ 替换 $A$ 中命题变量 $p$ 的所有出现而得到的公式通常记为 $A[B/p]$。定理 2.4 的严格证明需要先归纳定义 $A[B/p]$，然后再使用反证法。具体证明留作练习，下面的例子是定理 2.4 的简单应用。

**例子 2.7** 由 $\neg p\vee p$ 是永真式，可得到 $\neg(p\wedge q)\vee(p\wedge q)$ 是永真式，后者是使用 $p\wedge q$ 替换 $\neg p\vee p$ 的所有 $p$ 得到的公式，进一步可得到 $\neg((p\to q)\wedge q)\vee((p\to q)\wedge q)$ 也是永真式。

## 2.4 命题逻辑的等值演算

命题逻辑的等值演算是判断两个命题逻辑公式是否逻辑等值的基本方法。两个公式逻辑等值就是这两个公式在所有情况下都有相同的真值，即在任意真值赋值函数下有相同的真值。人们经常利用两个公式逻辑等值而简化对事物性质或关系的表达，从而对事物性质有更好的理解与分析。

PropLogic-Equivalence(1)

本节先给出逻辑等值的定义，然后讨论判断两个命题逻辑公式逻辑等值的方法，重点是等值演算，最后介绍命题逻辑公式的范式。范式是具有某种固定形式的命题逻辑公式，通过范式可更容易地判断公式的真值以及两个公式是否逻辑等值。

PropLogic-Equivalence(2)

### 2.4.1 命题逻辑公式的逻辑等值

**定义 2.7** 如果对任意的真值赋值函数 $\sigma:\mathbf{Var}\to\mathbf{2}$，命题逻辑公式 $A$ 和 $B$ 在 $\sigma$ 下的真值都相同，即都有 $\sigma(A)=\sigma(B)$，则称 $A$ 和 $B$ **逻辑等值** (logically equivalent)，简称**等值**，记为 $A\equiv B$。通常也称 $A\equiv B$ 为**逻辑等值式**（注意逻辑等值式不是命题逻辑公式）。

**例子 2.8** 命题逻辑公式 $p\to q$ 与 $\neg p\vee q$ 等值，因为对任意的真值赋值函数 $\sigma$，$\sigma(p\to q)=\mathbf{0}$ 当且仅当 $\sigma(p)=\mathbf{1}$ 且 $\sigma(q)=\mathbf{0}$，显然这时也有 $\sigma(\neg p\vee q)=\mathbf{0}$。而 $\sigma(\neg p\vee q)=\mathbf{0}$ 当且仅当 $\sigma(\neg p)=\mathbf{0}$ 且 $\sigma(q)=\mathbf{0}$，即 $\sigma(p)=\mathbf{1}$ 且 $\sigma(q)=\mathbf{0}$，显然这时也有 $\sigma(p\to q)=\mathbf{0}$。因此，对任意真值赋值函数 $\sigma$，$\sigma(p\to q)=\mathbf{0}$ 当且仅当 $\sigma(\neg p\vee q)=\mathbf{0}$，即这两个公式逻辑等值。

**例子 2.9** 根据命题逻辑公式真值的定义，即类似例子 2.8 的方法，容易得到下面的逻辑等值式。

（1）$(p\vee q)\equiv(q\vee p)$ （2）$(p\vee(q\vee r))\equiv((p\vee q)\vee r)$ （3）$(p\vee p)\equiv p$

（4）$(p\wedge q)\equiv(q\wedge p)$ （5）$(p\wedge(q\wedge r))\equiv((p\wedge q)\wedge r)$ （6）$(p\wedge p)\equiv p$

注意，这里 $(p\vee q)\equiv(q\vee p)$ 是断言 $(p\vee q)$ 和 $(q\vee p)$ 逻辑等值，$\equiv$ 不属于构成命题逻辑公式的符号集，因此 $(p\vee q)\equiv(q\vee p)$ 这个符号串整体不是命题逻辑公式。

如果将逻辑等值的两个公式看作“同一类公式”，那么从代数运算性质的角度看，(1) 表明逻辑或运算满足交换律，(2) 表明逻辑或运算满足结合律，(4) 和 (5) 分别表明逻辑与运算满足交换律和结合律。具有 (3)、(6) 这种性质的运算称为满足**幂等律** (idempotent law)。

利用命题逻辑公式真值的定义以及逻辑等值的定义只适合证明简单的逻辑等值式。验证两个命题逻辑公式是否逻辑等值的基本方法是构造这两个公式的真值表，然后比较它们在所有真值赋值函数下的真值是否相同。或者说，要验证公式 $A$ 是否与 $B$ 逻辑等值，只需构造公式 $(A \leftrightarrow B)$ 的真值表，检查其是否永真式即可，因为根据逻辑等值和双蕴涵运算符的真值计算，可得到下面的引理。

**引理 2.5** 命题逻辑公式 $A$ 与 $B$ 逻辑等值当且仅当公式 $(A \leftrightarrow B)$ 是永真式，也即 $A \equiv B$ 当且仅当公式 $(A \leftrightarrow B)$ 是永真式。 □

**例子 2.10** 表 2.9 表明有下面两个逻辑等值式，它们通常被称为**德摩根律** ((De Morgan's law)。

$$\neg(p \vee q) \equiv (\neg p) \wedge (\neg q) \qquad\qquad \neg(p \wedge q) \equiv (\neg p) \vee (\neg q)$$

表 2.9 的 $A = \neg(p \vee q) \leftrightarrow (\neg p) \wedge (\neg q)$，$B = \neg(p \wedge q) \leftrightarrow (\neg p) \vee (\neg q)$，可看到公式 $A$ 和 $B$ 都是永真式。

表 2.9 验证两个德摩根律的真值表

| $p$ | $q$ | $\neg p$ | $\neg q$ | $p \vee q$ | $\neg(p \vee q)$ | $(\neg p) \wedge (\neg q)$ | $A$ | $p \wedge q$ | $\neg(p \wedge q)$ | $(\neg p) \vee (\neg q)$ | $B$ |
|---|---|---|---|---|---|---|---|---|---|---|---|
| 0 | 0 | 1 | 1 | 0 | 1 | 1 | 1 | 0 | 1 | 1 | 1 |
| 0 | 1 | 1 | 0 | 1 | 0 | 0 | 1 | 0 | 1 | 1 | 1 |
| 1 | 0 | 0 | 1 | 1 | 0 | 0 | 1 | 0 | 1 | 1 | 1 |
| 1 | 1 | 0 | 0 | 1 | 0 | 0 | 1 | 1 | 0 | 0 | 1 |

### 2.4.2 基本逻辑等值式

人工构造真值表的方法只适用于最多含有 3~4 个命题变量的公式，即使利用计算机程序构造真值表，随着公式中含有的命题变量增多，计算时间也呈指数级增加而实际上不再可行，因此需要构造真值表以外的方法判定两个命题逻辑公式是否等值。

等值演算是另一种重要的验证逻辑等值式的方法，它从一些基本的逻辑等值式出发，通过等值子公式置换的方式对公式进行演算变形，从而验证两个公式是否逻辑等值。表 2.10 给出了常用的基本**逻辑等值式模式**。对于这个表，需要说明几点。

(1) 表 2.10 中给出的是基本逻辑等值式模式，不是具体的逻辑等值式，其中的字母 $A, B, C$ 要用任意的命题逻辑公式替换才得到具体的逻辑等值式，因此被称为模式 (template)，替换得到的具体逻辑等值式称为它的**实例**。这里的替换要用一个命题逻辑公式替换逻辑等值式模式中一个字母的所有出现。表中出现的 **1** 代表任意的永真式（例如 $\neg p \vee p$），而 **0** 代表任意的矛盾式（例如 $\neg p \wedge p$）。

（2）逻辑等值式模式的使用基于定理 2.4 给出的永真式的重要性质，即用任意公式替换永真式中的命题变量得到的仍是永真式。表 2.10 中给出的逻辑等值式模式都是用字母 $A, B, C$ 代表的任意公式替换简单的逻辑等值式而得到。例如，对于交换律 $A \wedge B \equiv B \wedge A$ 是分别使用 $A$ 和 $B$ 替换逻辑等值式 $p \wedge q \equiv q \wedge p$ 中的 $p$ 和 $q$ 得到。表中给出的逻辑等值式模式所基于的具体逻辑等值式都可通过构造真值表的方法进行验证，例子 2.10 验证了德摩根律。

表 2.10　命题逻辑公式的基本逻辑等值式模式

| 名　称 | 逻辑等值式模式 | |
|---|---|---|
| 同一律 | $A \wedge \mathbf{1} \equiv A$ | $A \vee \mathbf{0} \equiv A$ |
| 零律 | $A \wedge \mathbf{0} \equiv \mathbf{0}$ | $A \vee \mathbf{1} \equiv \mathbf{1}$ |
| 矛盾律 | $A \wedge (\neg A) \equiv \mathbf{0}$ | |
| 排中律 | $A \vee (\neg A) \equiv \mathbf{1}$ | |
| 双重否定律 | $\neg(\neg A) \equiv A$ | |
| 幂等律 | $A \wedge A \equiv A$ | $A \vee A \equiv A$ |
| 交换律 | $A \wedge B \equiv B \wedge A$ | $A \vee B \equiv B \vee A$ |
| 结合律 | $(A \wedge (B \wedge C)) \equiv ((A \wedge B) \wedge C)$ | $(A \vee (B \vee C)) \equiv ((A \vee B) \vee C)$ |
| 分配律 | $A \wedge (B \vee C) \equiv (A \wedge B) \vee (A \wedge C)$ | $A \vee (B \wedge C) \equiv (A \vee B) \wedge (A \vee C)$ |
| 吸收律 | $A \wedge (A \vee B) \equiv A$ | $A \vee (A \wedge B) \equiv A$ |
| 德摩根律 | $\neg(A \wedge B) \equiv (\neg A) \vee (\neg B)$ | $\neg(A \vee B) \equiv (\neg A) \wedge (\neg B)$ |
| 蕴涵等值式 | $A \rightarrow B \equiv \neg A \vee B$ | |
| 双蕴涵等值式 | $A \leftrightarrow B \equiv (A \rightarrow B) \wedge (B \rightarrow A)$ | |

(3) 表 2.10 给出的逻辑等值式模式主要与合取和析取相关。同一律 (identity law) 表明永真式是合取的单位元，矛盾式是析取的单位元。零律 (zero law) 表明矛盾式是合取的零元，而永真式是析取的零元。矛盾律和排中律表明 $\neg A$ 和 $A$ 恰有一个为真、一个为假。吸收律 (absorption law) 是数集上的运算不具备的性质，不少读者在碰到 $A \wedge (A \vee B)$ 这种形式的公式时可能更容易想到分配律而不是吸收律，因此需要特别留意吸收律的使用。蕴涵等值式和双蕴涵等值式可将包含逻辑蕴涵和逻辑双蕴涵运算符的命题逻辑公式转换为等值的只含否定、合取和析取运算符的公式后再进行等值演算。

**定理 2.6**　设命题逻辑公式 $B$ 是公式 $A$ 的子公式，且公式 $B$ 与公式 $B'$ 逻辑等值。假若使用 $B'$ 置换 (replace) 公式 $A$ 的一处或多处子公式 $B$ 得到的公式是 $A'$，则 $A'$ 与 $A$ 也逻辑等值。 □

**例子 2.11**　可针对公式 $A$ 的语法结构进行归纳，从而证明定理 2.6，详细证明留给有兴趣的读者作为练习。这里用一个简单例子说明定理 2.6的含义。设公式 $A = p \rightarrow (q \rightarrow r)$，公式 $B = q \rightarrow r$ 是公式 $A$ 的子公式。根据蕴涵等值式有 $q \rightarrow r \equiv \neg q \vee r$，即令 $B' = \neg q \vee r$，则有 $B \equiv B'$，使用 $B'$ 置换 $A$ 的子公式 $B$，就得到 $A' = p \rightarrow (\neg q \vee r)$，定理 2.6 断定有逻辑等值式 $A \equiv A'$。

使用与公式 $B$ 等值的公式 $B'$ 置换公式 $A$ 的子公式 $B$ 可以置换 $A$ 中一处 $B$ 的出

现，也可置换 $A$ 中几处 $B$ 的出现，例如，对 $A=(p\to q)\to(p\to q)$，可用逻辑等值式 $p\to q\equiv\neg p\vee q$ 变换为 $A'=(\neg p\vee q)\to(p\to q)$，也可变换为 $A''=(\neg p\vee q)\to(\neg p\vee q)$，公式 $A$ 既与 $A'$ 逻辑等值，也与 $A''$ 逻辑等值。

根据逻辑等值的定义，不难证明，对任意公式 $A,B,C$，若 $A\equiv B$，则 $B\equiv A$；以及逻辑等值有**传递性** (transitivity)，即若 $A\equiv B$ 且 $B\equiv C$，则 $A\equiv C$。根据传递性，基于定理 2.6，利用基本等值式模式的实例，为验证逻辑等值式 $A\equiv B$，只要将 $A$ 变换为与它等值的 $A'$，再变换为 $A''$ 等，一直到变换为 $B$，或从 $B$ 等值变换到 $A$，或将 $A$ 和 $B$ 都等值变换为 $C$。这样的等值变换过程就称为**等值演算**。

**问题 2.12** 使用等值演算证明下面的逻辑等值式。

（1）$(p\to q)\wedge(p\to r)\equiv p\to(q\wedge r)$ （2）$(p\to q)\vee(p\to r)\equiv p\to(q\vee r)$

（3）$(p\to r)\wedge(q\to r)\equiv(p\vee q)\to r$ （4）$(p\to r)\vee(q\to r)\equiv(p\wedge q)\to r$

**【分析】**对于含有蕴涵运算的命题逻辑公式，可先考虑使用蕴涵等值式将其变换为只含逻辑与、逻辑或和逻辑否定的公式，再利用其他基本逻辑等值式进行等值演算。

**【解答】**分别使用下面的等值演算证明这些逻辑等值式。

$$
\begin{aligned}
(1)\ (p\to q)\wedge(p\to r) &\equiv (\neg p\vee q)\wedge(\neg p\vee r) && \text{// 蕴涵等值式}\\
&\equiv \neg p\vee(q\wedge r) && \text{// 分配律}\\
&\equiv p\to(q\wedge r) && \text{// 蕴涵等值式}\\
(2)\ (p\to q)\vee(p\to r) &\equiv (\neg p\vee q)\vee(\neg p\vee r) && \text{// 蕴涵等值式}\\
&\equiv (\neg p\vee\neg p)\vee(q\vee r) && \text{// 交换律、结合律}\\
&\equiv \neg p\vee(q\vee r) && \text{// 幂等律}\\
&\equiv p\to(q\vee r) && \text{// 蕴涵等值式}\\
(3)\ (p\to r)\wedge(q\to r) &\equiv (\neg p\vee r)\wedge(\neg q\vee r) && \text{// 蕴涵等值式}\\
&\equiv (\neg p\wedge\neg q)\vee r && \text{// 分配律}\\
&\equiv \neg(p\vee q)\vee r && \text{// 德摩根律}\\
&\equiv (p\vee q)\to r && \text{// 蕴涵等值式}\\
(4)\ (p\to r)\vee(q\to r) &\equiv (\neg p\vee r)\vee(\neg q\vee r) && \text{// 蕴涵等值式}\\
&\equiv (\neg p\vee\neg q)\vee(r\vee r) && \text{// 交换律、结合律}\\
&\equiv (\neg p\vee\neg q)\vee r && \text{// 幂等律}\\
&\equiv \neg(p\wedge q)\vee r && \text{// 德摩根律}\\
&\equiv (p\wedge q)\to r && \text{// 蕴涵等值式}
\end{aligned}
$$

**【讨论】**（1）这里给出了使用等值演算证明逻辑等值式的基本形式，我们建议等值变换的每一步尽量只利用一个基本逻辑等值式模式，特别是蕴涵等值式、双蕴涵等值式、分配律、吸收律和德摩根律最好是单独使用，并且在变换的过程中写清楚使用了哪个基本逻辑等值式模式。

（2）这 4 个逻辑等值式给出蕴涵运算符的基本性质，可认为是逻辑蕴涵对合取或析取的分配律，但要注意当蕴涵的前件不同时，对蕴涵分配要将合取变成析取，将析取变成合取，即 $(p\wedge q)\to r$ 与 $(p\to r)\vee(q\to r)$ 逻辑等值，$(p\vee q)\to r$ 与 $(p\to r)\wedge(q\to r)$ 逻辑等值，这两个逻辑等值式的证明都要用到德摩根律。

### 2.4.3 命题逻辑公式的范式

使用等值演算证明逻辑等值式时，常用的一个思路是将公式变换为与它逻辑等值的范式，因为范式是一种相对标准的形式，更容易判断和比较。

**定义 2.8** 称一个命题逻辑公式是**析取范式** (disjunctive normal form) 公式，如果它是一个或多个合取式的析取，且其中的合取式都是一个或多个文字 (literal) 的合取，这里的**文字**是指命题变量或命题变量的否定。这种一个或多个文字的合取的公式称为**简单合取式**。

称一个命题逻辑公式是**合取范式** (conjunctive normal form) 公式，如果它是一个或多个析取式的合取，且其中的析取式都是一个或多个文字的析取。这种一个或多个文字的析取的公式称为**简单析取式**。

**例子 2.13** （1）公式 $p$ 和 $\neg p$ 都是文字。单个的文字可以看作是一个简单合取式或一个简单析取式，单个的简单合取式可看作是析取范式，单个的简单析取式也可看作是合取范式，因此 $p$ 和 $\neg p$ 都既是析取范式也是合取范式。

（2）公式 $p\wedge\neg q$ 是文字 $p$ 和 $\neg q$ 构成的简单合取式，单个简单合取式可看作是析取范式，因此这个公式是析取范式。当然它也是合取范式，因为它是两个被看作简单析取式的文字 $p$ 和 $\neg q$ 的合取。

（3）公式 $(p\wedge\neg q)\vee(q\wedge\neg r)$ 是析取范式，它是两个简单合取式的析取。显然，这个公式不是合取范式。

（4）公式 $(p\wedge\neg q)\wedge(q\vee\neg r)$ 不是析取范式，它不是合取式的析取，但它是一个合取范式，是 $p$，$\neg q$ 和 $q\vee\neg r$ 这些简单析取式的合取，其中前两个简单析取式都只有一个文字。

（5）公式 $\neg(p\wedge\neg q)\vee(q\wedge r)$ 不是析取范式，它虽然是两个公式的析取，但前一公式不是一个合取式，而是一个否定式。显然这个公式也不是合取式。无论是析取范式还是合取范式，**否定运算符只能在文字中出现，即只能出现在命题变量之前**。

每个命题逻辑公式都有与它逻辑等值的析取范式。对可能含有运算符 $\neg,\wedge,\vee,\to,\leftrightarrow$ 的命题逻辑公式，可先通过蕴涵等值式和双蕴涵等值式转换为不含 $\to$ 和 $\leftrightarrow$ 的公式，然后使用德摩根律将所有否定运算符移到命题变量的前面，最后使用分配律将合取运算符放到括号里的文字之间，而析取运算符放到括号外的合取式之间就可得到与原公式等值的析取范式。

类似地，每个命题逻辑公式也都有与它逻辑等值的合取范式。求与一个公式逻辑等值的合取范式也是先消除否定、合取、析取之外的逻辑运算符，然后使用德摩根律和分配律。

**问题 2.14** 求与公式 $\neg(p \to q) \wedge ((\neg q) \leftrightarrow r)$ 逻辑等值的析取范式和合取范式。

【解答】使用下面的等值演算求与该公式逻辑等值的析取范式和合取范式。

$$
\begin{aligned}
\neg(p \to q) \wedge ((\neg q) \leftrightarrow r) &\equiv \neg(p \to q) \wedge ((\neg q \to r) \wedge (r \to \neg q)) && \text{// 双蕴涵等值式} \\
&\equiv \neg(\neg p \vee q) \wedge ((\neg(\neg q) \vee r) \wedge (\neg r \vee \neg q)) && \text{// 蕴涵等值式} \\
&\equiv (\neg(\neg p) \wedge \neg q) \wedge (\neg(\neg q) \vee r) \wedge (\neg r \vee \neg q) && \text{// 德摩根律} \\
&\equiv (p \wedge \neg q) \wedge (q \vee r) \wedge (\neg r \vee \neg q) && \text{// 双重否定律}
\end{aligned}
$$

公式 $p \wedge \neg q \wedge (q \vee r) \wedge (\neg r \vee \neg q)$ 就是合取范式。为得到析取范式，继续使用分配律：

$$
\begin{aligned}
& p \wedge \neg q \wedge (q \vee r) \wedge (\neg r \vee \neg q) \\
\equiv\ & ((p \wedge \neg q \wedge q) \vee (p \wedge \neg q \wedge r)) \wedge (\neg r \vee \neg q) && \text{// 分配律} \\
\equiv\ & (p \wedge \neg q \wedge r) \wedge (\neg r \vee \neg q) && \text{// 矛盾律、零律、同一律} \\
\equiv\ & (p \wedge \neg q \wedge r \wedge \neg r) \vee (p \wedge \neg q \wedge r \wedge \neg q) && \text{// 分配律} \\
\equiv\ & (p \wedge \neg q \wedge r \wedge \neg q) && \text{// 矛盾律、零律、同一律} \\
\equiv\ & p \wedge \neg q \wedge r && \text{// 交换律、幂等律}
\end{aligned}
$$

最后得到的 $p \wedge \neg q \wedge r$ 是析取范式，实际上，它也是一个合取范式。

可以看到，析取范式和合取范式都具有相对简单的形式，因此容易比较和判断两个析取范式或两个合取范式是否逻辑等值。析取范式和合取范式也容易确定真值，因为一个析取范式的真值为假当且仅当它的每个简单合取式的真值都为假，而一个合取范式的真值为真当且仅当它的每个简单析取式的真值都为真。范式中的简单析取式和简单合取式都是文字的析取或文字的合取，相对容易确定它们的真值。

由问题 2.14 的解答可看到，与一个公式逻辑等值的析取范式或合取范式可能有多个。通过对析取范式（合取范式）的形式做进一步约束可得到主析取范式（主合取范式）。我们将看到，与一个公式逻辑等值的主析取范式或主合取范式都是唯一的。

**定义 2.9** 若含有 $n$ 个命题变量的合取式恰好是 $n$ 个文字的合取，且每个文字对应不同的命题变量，即每个文字恰好是一个命题变量或它的否定当中的一个，则该合取式称为**极小项** (minterm)。含有 $n$ 个命题变量的**主析取范式** (principal disjunctive normal form) 公式是零个或多个极小项的析取。

**例子 2.15** （1）含有一个命题变量 $p$ 的极小项只有 $p$ 和 $\neg p$。

（2）含有两个命题变量 $p, q$ 的极小项只有 $(\neg p \wedge \neg q), (\neg p \wedge q), (p \wedge \neg q), (p \wedge q)$ 4 个。

（3）含有 3 个命题变量 $p, q, r$ 的极小项只有 8 个：

$$
\begin{array}{cccc}
(\neg p \wedge \neg q \wedge \neg r) & (\neg p \wedge \neg q \wedge r) & (\neg p \wedge q \wedge \neg r) & (\neg p \wedge q \wedge r) \\
(p \wedge \neg q \wedge \neg r) & (p \wedge \neg q \wedge r) & (p \wedge q \wedge \neg r) & (p \wedge q \wedge r)
\end{array}
$$

固定 $n$ 个命题变量的排列顺序（例如按字母顺序），$2^n$ 个极小项可使用长度为 $n$ 的二进制数字串进行编码：如果一个极小项含有第 $i$ 个命题变量本身则该极小项的第 $i$ 位编码为 1，如果含有第 $i$ 个命题变量的否定则其第 $i$ 位编码为 0。这样 $2^n$ 个极小项刚好与 0~$2^n-1$ 这 $2^n$ 个自然数的二进制表示一一对应，并分别使用 $m_0, m_1, \cdots, m_{2^n-1}$ 命名。

**例子 2.16** 对含有 3 个命题变量 $p, q, r$ 的极小项，固定命题变量的顺序为 $p, q, r$，则 8 个极小项的编码如表 2.11 所示。

表 2.11 8 个极小项的编码

| 名称 | 编码 | 极小项 | 名称 | 编码 | 极小项 |
|---|---|---|---|---|---|
| $m_0$ | 000 | $(\neg p \wedge \neg q \wedge \neg r)$ | $m_4$ | 100 | $(p \wedge \neg q \wedge \neg r)$ |
| $m_1$ | 001 | $(\neg p \wedge \neg q \wedge r)$ | $m_5$ | 101 | $(p \wedge \neg q \wedge r)$ |
| $m_2$ | 010 | $(\neg p \wedge q \wedge \neg r)$ | $m_6$ | 110 | $(p \wedge q \wedge \neg r)$ |
| $m_3$ | 011 | $(\neg p \wedge q \wedge r)$ | $m_7$ | 111 | $(p \wedge q \wedge r)$ |

极小项的编码恰好是使得这个极小项的真值为真的唯一的真值赋值方式，例如对于极小项 $m_3 : (\neg p \wedge q \wedge r)$，只有当命题变量 $p$ 赋值为 **0**，$q$ 和 $r$ 都赋值为 **1** 时，它的真值才为 **1**，对 $p, q, r$ 的其他真值赋值方式，这个极小项的真值都是 **0**。

基于极小项的特点，在一个公式的真值表中选取使得该公式的真值为 **1** 的那些命题变量的真值赋值方式，也即该公式的成真赋值，它们对应编码的极小项的析取就是与该公式等值的主析取范式。因此，可利用真值表求与一个公式逻辑等值的主析取范式。注意，矛盾式没有成真赋值，因此它的主析取范式不含有任何极小项，我们特别地使用 **0** 表示矛盾式的主析取范式。

**定义 2.10** 若含有 $n$ 个命题变量的析取式恰好是 $n$ 个文字的析取，且每个文字对应不同的命题变量，则这个析取式称为**极大项** (maxterm)。含有 $n$ 个命题变量的**主合取范式** (principal conjunctive normal form) 公式是零个或多个极大项的合取。

极大项用使得它的真值为假的唯一真值赋值方式进行编码：若含有第 $i$ 个命题变量本身则它的第 $i$ 位编码为 0，含有第 $i$ 个命题变量的否定则它的第 $i$ 位编码为 1。极大项使用 $M_0, M_1, \cdots, M_{2^n-1}$ 命名。这样，与一个公式逻辑等值的主合取范式由使得该公式的真值为 **0** 的那些命题变量的真值赋值方式所对应编码的极大项组成。永真式没有成假赋值，因此它的主合取范式不含有任何极大项，我们特别地使用 **1** 表示永真式的主合取范式。

**问题 2.17** 利用真值表求与公式 $\neg(p \to q) \wedge ((\neg q) \leftrightarrow r)$ 逻辑等值的主析取范式和主合取范式。

**【解答】** 构造公式 $A = \neg(p \to q) \wedge ((\neg q) \leftrightarrow r)$ 的真值表，如表 2.12 所示。

公式 $A$ 的成真赋值只有一种：$p, q, r$ 分别赋值为 101。因此，与公式 $A$ 逻辑等值的主析取范式只包含编码为 101 的极小项 $m_5$，即 $p \wedge \neg q \wedge r$。

公式 $A$ 的成假赋值所对应的极大项编码为 000, 001, 010, 011, 100, 110, 111，从而

与公式 $A$ 逻辑等值的主合取范式是 $M_0 \wedge M_1 \wedge M_2 \wedge M_3 \wedge M_4 \wedge M_6 \wedge M_7$，也即

$$(p\vee q\vee r)\wedge(p\vee q\vee\neg r)\wedge(p\vee\neg q\vee r)\wedge(p\vee\neg q\vee\neg r)$$
$$\wedge(\neg p\vee q\vee r)\wedge(\neg p\vee\neg q\vee r)\wedge(\neg p\vee\neg q\vee\neg r)$$

表 2.12　公式 $A=\neg(p\to q)\wedge((\neg q)\leftrightarrow r)$ 的真值表

| $p$ | $q$ | $r$ | $(p\to q)$ | $\neg(p\to q)$ | $\neg q$ | $((\neg q)\leftrightarrow r)$ | $A$ |
|---|---|---|---|---|---|---|---|
| 0 | 0 | 0 | 1 | 0 | 1 | 0 | 0 |
| 0 | 0 | 1 | 1 | 0 | 1 | 1 | 0 |
| 0 | 1 | 0 | 1 | 0 | 0 | 1 | 0 |
| 0 | 1 | 1 | 1 | 0 | 0 | 0 | 0 |
| 1 | 0 | 0 | 0 | 1 | 1 | 0 | 0 |
| 1 | 0 | 1 | 0 | 1 | 1 | 1 | 1 |
| 1 | 1 | 0 | 1 | 0 | 0 | 1 | 0 |
| 1 | 1 | 1 | 1 | 0 | 0 | 0 | 0 |

**【讨论】** 因为一个公式的真值表中，该公式的真值为 **1** 的行与真值为 **0** 的行是互补的，因此与一个公式逻辑等值的主析取范式的极小项编码和与它逻辑等值的主合取范式的极大项编码也有互补性，即与一个含 $n$ 个命题变量的公式逻辑等值的主析取范式的极小项编码和主合取范式的极大项编码不会重复，且它们合起来是 $0\sim2^n-1$ 的所有自然数。例如，假设一个公式 $A$ 含有 3 个命题变量，与它逻辑等值的主析取范式是 $m_0\vee m_3\vee m_7$，则与它逻辑等值的主合取范式必然是 $M_1\wedge M_2\wedge M_4\wedge M_5\wedge M_6$。

可以说，与一个公式逻辑等值的主析取范式和主合取范式是该公式的真值表的另一种表达形式。因此，如果固定极小项/极大项中命题变量的顺序（例如按字母顺序），也固定主析取范式/主合取范式中极小项/极大项的顺序（例如按编码从小到大顺序），则与一个公式逻辑等值的主析取范式/主合取范式是唯一的。

**问题 2.18**　利用等值演算求与公式 $A=(p\to q)\wedge(r\to s)$ 逻辑等值的主析取范式和主合取范式。

**【分析】** 公式包含的命题变量比较多时，列真值表计算量比较大，利用等值演算可能更简便。基于等值演算，可求与一个公式逻辑等值的析取范式（或合取范式，看哪种范式更容易得到），然后将该析取范式（合取范式）的每个合取分支（析取分支）扩展成（可能多个的）极小项（极大项），这时可直接基于极小项（极大项）的编码规则进行扩展，从而快捷地得到主析取范式（主合取范式）。

例如，设公式包含 $p,q,r,s$ 4 个命题变量，析取分支 $p\vee q$ 要扩展为极大项，就是要将 $r$ 和 $s$ 也包含进来，这需要使用下面的等值演算：

$$p\vee q\ \equiv(p\vee q)\vee(r\wedge\neg r)\ \equiv\ (p\vee q\vee r)\wedge(p\vee q\vee\neg r)$$
$$p\vee q\vee r\ \equiv(p\vee q\vee r)\vee(s\wedge\neg s)\ \equiv\ (p\vee q\vee r\vee s)\wedge(p\vee q\vee r\vee\neg s)$$
$$p\vee q\vee\neg r\ \equiv(p\vee q\vee\neg r)\vee(s\wedge\neg s)\ \equiv\ (p\vee q\vee\neg r\vee s)\wedge(p\vee q\vee\neg r\vee\neg s)$$

可看到 $p \vee q$ 扩展后得到的 4 个极大项是 $(p \vee q \vee r \vee s), (p \vee q \vee r \vee \neg s), (p \vee q \vee \neg r \vee s)$ 和 $(p \vee q \vee \neg r \vee \neg s)$，其编码分别是 $0000, 0001, 0010, 0011$，也即具有 $00--$ 的形式，其中前面的 00 对应 $p \vee q$，而后面的 $--$ 代表在 $p \vee q$ 中不出现的 $r$ 和 $s$ 都可以取 0 或 1，或者说将这两个位置取遍 0 和 1 的值，即 $00, 01, 10, 11$，就得到 $p \vee q$ 能扩展得到的所有极大项的编码。

类似地，将合取分支扩展为极小项也可基于极小项的编码进行，从而简化公式含多个命题变量时主析取范式的求解。这种编码的扩展甚至可通过编写计算机程序实现，从而由析取范式自动地得到主析取范式，由合取范式自动地得到主合取范式。

**【解答】** 容易得到与公式 $A = (p \to q) \wedge (r \to s)$ 逻辑等值的一个合取范式 $(\neg p \vee q) \wedge (\neg r \vee s)$。这个合取范式有两个析取分支 $(\neg p \vee q)$ 和 $(\neg r \vee s)$，基于极大项的编码规则对它们分别进行扩展，然后汇总并删除冗余的极大项则得到主合取范式。

固定命题变量的顺序为 $p, q, r, s$，根据极大项的编码规则，析取式 $\neg p \vee q$ 扩展得到的极大项的编码是 $10--$ 这种形式，其中的 1 是 $\neg p$ 的编码，0 是 $q$ 的编码，空白 $--$ 代表 $r, s$ 的编码，扩展得到的极大项应取遍 $r, s$ 的所有可能值。因此析取式 $\neg p \vee q$ 扩展得到的极大项的编码应包括 $1000, 1001, 1010, 1011$，也即极大项 $M_8, M_9, M_{10}$ 和 $M_{11}$。

同理，析取式 $\neg r \vee s$ 扩展得到的极大项的编码是 $--10$ 这种形式，其中 1 是 $\neg r$ 的编码，而 0 是 $s$ 的编码，空白 $--$ 取遍 $p, q$ 的所有可能编码，因此它扩展得到的极大项编码包括 0010,0110,1010,1110，也即 $M_2, M_6, M_{10}$ 和 $M_{14}$。

合并这两个析取式扩展得到的极大项，删除重复的 $M_{10}$ 中的一个则得到与公式 $A$ 逻辑等值的主合取范式：$M_2 \wedge M_6 \wedge M_8 \wedge M_9 \wedge M_{10} \wedge M_{11} \wedge M_{14}$，根据主析取范式与主合取范式之间的编码互补性，可得到与公式 $A$ 逻辑等值的主析取范式为

$$m_0 \vee m_1 \vee m_3 \vee m_4 \vee m_5 \vee m_7 \vee m_{12} \vee m_{13} \vee m_{15}$$

**【讨论】** 不难理解公式 $\neg p \vee q$ 与 $M_8 \wedge M_9 \wedge M_{10} \wedge M_{11}$ 逻辑等值：$\neg p \vee q$ 的真值为 **0**，当且仅当 $p$ 的真值为 **1** 且 $q$ 的真值为 **0**；而 $M_8 \wedge M_9 \wedge M_{10} \wedge M_{11}$ 的真值为 **0**，当且仅当 $M_8, M_9, M_{10}, M_{11}$ 当中至少有一个的真值为 **0**。可以看到，$M_8, M_9, M_{10}, M_{11}$ 中任何一个真值为 **0** 的必要条件是 $p$ 的真值为 **1** 且 $q$ 的真值为 **0**。当 $p$ 为 **1** 且 $q$ 为 **0** 时，无论 $r, s$ 赋任何值时，必然使得 $M_8, M_9, M_{10}, M_{11}$ 其中一个的真值为 **0**。因此，$M_8, M_9, M_{10}, M_{11}$ 至少一个真值为 **0** 的充要条件也是 $p$ 为 **1** 且 $q$ 为 **0**。通过这里的讨论，读者应该可以进一步理解上述扩展方法的正确性。

PropLogic-Reasoning(1)

## 2.5 命题逻辑的推理理论

PropLogic-Reasoning(2)

使用逻辑语言表达和分析推理是逻辑研究的主要任务。简单地说，推理是从一组作为前提的命题得到一个作为结论的命题的过程。如果这个过程能保证当所有前提都为真时得到的结论也必然为真，则称推理是有效的。

为了能够形式化，乃至使用计算机自动地验证和构造有效的推理，逻辑的推理理论给出一组形式化的推理规则，只要按照规则构造出推理的一个命题序列，就能保证推理的有效性。基于推理规则构造的验证推理有效性的命题序列称为推理的证明或论证，而一组形式化的推理规则构成了一个推理系统。

本节首先定义推理及推理的有效性，然后介绍命题逻辑的一个自然推理系统，探讨在这个推理系统中如何构造推理的论证以验证推理的有效性。这个推理系统被称为自然的，是因为其中的推理规则是人们生活中和数学证明中常用推理方法的逻辑语言表达，构造验证推理有效性的论证也与数学证明类似，从前提出发，使用推理规则进行推演以得到结论。

### 2.5.1　推理的有效性

**推理** (reasoning) 是从一组作为前提 (premise) 的命题得到一个作为结论 (conclusion) 的命题的过程。对于命题逻辑，假设作为前提的一组命题使用命题逻辑公式 $A_1, A_2, \cdots, A_n$ 表示，结论使用命题逻辑公式 $B$ 表示，则可将从前提 $A_1, A_2, \cdots, A_n$ 推出结论 $B$ 的推理记为 $A_1, A_2, \cdots, A_n \Longrightarrow B$。注意，$\Longrightarrow$ 不是命题逻辑公式中的符号，只是用于分隔推理的前提和结论。

**定义 2.11**　*称推理 $A_1, A_2, \cdots, A_n \Longrightarrow B$ 是***有效的** *(valid)，若 $(A_1 \wedge A_2 \wedge \cdots \wedge A_n) \to B$ 是永真式。*

注意，$(A_1 \wedge A_2 \wedge \cdots \wedge A_n) \to B$ 是永真式意味着，对任意真值赋值函数，若对任意 $1 \leqslant i \leqslant n$ 有 $\sigma(A_i) = \mathbf{1}$，则也有 $\sigma(B) = \mathbf{1}$。通俗地说，有效推理是保真的，即若所有前提为真，则结论也为真。

但是，推理的有效性并不保证结论是真的，因为有效的推理没有要求所有的前提都必须为真。同样，结论不为真的推理未必不是有效的。有效推理的保真是针对从前提得到结论这个过程，从真的前提必然得到真的结论，或者说不会出现前提为真而结论为假这种情况，但前提和结论本身是否为真是另外一回事，与推理是否有效没有关系。

这里基于永真式定义推理的有效性，因此验证一个命题逻辑公式是否永真式的方法，例如构造真值表法、等值演算法都可用于验证推理的有效性。

**例子 2.19**　从前提"如果 1900 年是 4 的倍数则 1900 年是闰年"和"1900 年是 4 的倍数"推出结论"1900 年是闰年"的推理是有效的。如果使用命题变量 $p$ 表示"1900 年是 4 的倍数"，$q$ 表示"1900 年是闰年"，则这个推理的前提可用命题逻辑公式 $p \to q$ 和 $p$ 表示，结论是命题逻辑公式 $q$，整个推理可记为 $p \to q, p \Longrightarrow q$。可用下面的等值演算验证 $((p \to q) \wedge p) \to q$ 是永真式。

$$
\begin{aligned}
((p \to q) \wedge p) \to q &\equiv ((\neg p \vee q) \wedge p) \to q && // \text{ 蕴涵等值式} \\
&\equiv ((\neg p \wedge p) \vee (q \wedge p)) \to q && // \text{ 分配律} \\
&\equiv (\mathbf{0} \vee (q \wedge p)) \to q && // \text{ 矛盾律} \\
&\equiv (q \wedge p) \to q && // \text{ 同一律}
\end{aligned}
$$

$$\equiv \neg(q \wedge p) \vee q \qquad // \text{蕴涵等值式}$$
$$\equiv \neg q \vee \neg p \vee q \qquad // \text{德摩根律}$$
$$\equiv \neg p \vee (\neg q \vee q) \equiv \neg p \vee \mathbf{1} \equiv \mathbf{1} \qquad // \text{排中律、零律}$$

上面的等值演算表明 $((p \to q) \wedge p) \to q$ 与任意的永真式逻辑等值，因此它也是永真式。这表明上面的推理是有效的，但根据常识，上面推理的结论“1900 年是闰年”不为真。有效的推理没有得到为真的结论，是因为前提“如果 1900 年是 4 的倍数则 1900 年是闰年”不为真。

### 2.5.2 命题逻辑的自然推理系统

构造真值表法和等值演算法都可用于验证推理的有效性，然而推理通常涉及很多原子命题，这时构造真值表效率太低，而等值演算法基于的基本逻辑等值式关注的是逻辑运算的交换性、结合性、分配性等代数性质，与人们日常生活和数学证明中使用的推理方法没有密切关系，对人们构造和分析有效推理缺乏指导意义。

命题逻辑的自然推理系统基于不同的思路验证推理的有效性。

（1）不只考虑前提和结论，而是像人们证明复杂数学问题一样引入中间结论，将复杂推理分解为简单推理的序列，通过验证每个简单推理的有效性得到整个复杂推理的有效性。这是一种模块化思维方式，将复杂问题分解为几个简单问题，通过相对独立地解决简单问题而解决整个复杂问题。

（2）运用公理化思维方式，基于人们日常生活和数学证明中常用的推理方法，找出一些最常用，或者最基本的有效推理作为推理规则，复杂的推理可分解为这些推理规则的实例的序列。用推理规则的有效性保证整个复杂推理的有效性，从而将验证复杂推理的有效性归结为如何构造一个推理规则实例的序列。我们将这样的序列称为验证推理有效性的证明或论证。

可以说，这些思路使得自然推理系统向使用计算机自动验证和构造有效的推理迈进了一步。下面先使用例子说明日常生活中的推理怎样抽象为推理模式，即推理规则，并解释什么是推理规则的实例，然后给出一组推理规则，这一组规则构成了人们所说的一个自然推理系统，最后定义验证推理有效性的论证，2.5.3 节讨论如何构造论证。

**例子 2.20** 由例子 2.19 看到 $p \to q, p \Longrightarrow q$ 是有效推理，因为 $((p \to q)\wedge p) \to q$ 是永真式。根据永真式的性质（定理 2.4），对任意命题逻辑公式 $A$ 和 $B$，$((A \to B)\wedge A) \to B$ 都是永真式，从而可将 $A \to B, A \Longrightarrow B$ 作为一种推理模式，即推理规则，表示对任意的命题逻辑公式 $A$ 和 $B$，由前提 $A \to B$ 和 $A$ 得到结论 $B$ 的推理都是有效的。

推理规则的一个**实例** (instance) 是分别使用具体的命题逻辑公式替换推理规则中的每个字母的**所有出现**后得到的推理。$p \to q, p \Longrightarrow q$ 是推理规则 $A \to B, A \Longrightarrow B$ 的一个实例，$p \to (q \to r), p \Longrightarrow q \to r$ 也是它的一个实例，其中使用 $p$ 替换推理规则中字母 $A$ 的所有出现，使用 $q \to r$ 替换推理规则中字母 $B$ 的所有出现。

**定义 2.12** 命题逻辑的自然推理系统 $\mathcal{N}$ 包含下面的推理规则。

（1）**假言推理** (modus ponens) 规则，或称为**分离规则**：$A \to B, A \Longrightarrow B$。

（2）**假言易位** (modus tollens) 规则，或称为**拒取式**规则：$A \to B, \neg B \Longrightarrow \neg A$。

（3）**合取** (conjunction) 规则：$A, B \Longrightarrow A \wedge B$。

（4）**化简** (simplification) 规则：$A \wedge B \Longrightarrow A$。

（5）**附加** (addition) 规则：$A \Longrightarrow A \vee B$。

（6）**析取三段论** (disjunction syllogism) 规则：$\neg A, A \vee B \Longrightarrow B$。

（7）**等值置换** (equivalent replacement) 规则：对于表 2.10 给出的每个基本逻辑等值式模式 $A \equiv B$，都有规则 $A \Longrightarrow B$ 和 $B \Longrightarrow A$。

假言推理和假言易位规则是前提包含蕴涵式时常用推理方法的抽象，假言推理通过肯定蕴涵式的前件得到蕴涵式的后件，假言易位通过否定蕴涵式的后件得到蕴涵式前件的否定。例如，以蕴涵命题“如果一个年份是闰年则它是 4 的倍数”为前提，肯定其前件，即再加上命题“一个年份是闰年”为前提，则得到结论“它（这个年份）是 4 的倍数”。而否定其后件，即再加上命题“它（一个年份）不是 4 的倍数”为前提，则得到“这个年份不是闰年”的结论。

合取规则的含义是一个或多个（有限个）前提可看作一个前提，化简规则表明前提是合取式时，它的每个合取分支都可用作中间结论做后续的推理。这两个规则表明多个前提之间的逻辑关系是合取关系，有效的推理是当所有前提为真时才保证结论为真。

析取三段论是日常常用的“排除法”推理的抽象，通俗地说，当已知前提可分为各种情况时，排除其中一些情况就可得到剩下的情况。例如，当有前提“我喜欢 C++ 语言或者我喜欢 Java 语言”时，再加上前提“我不喜欢 C++ 语言”，即排除了一种情况，那么就可得到结论“我喜欢 Java 语言”。

等值置换规则表明每个基本逻辑等值式都可导出两个推理规则。我们将等值置换规则限制在只由基本逻辑等值式导出推理规则，而不是任意逻辑等值式都可导出一个推理规则，因为公理化的思维方式希望使用尽量少的、最基本的推理作为推理规则。

不难看到，自然推理系统 $\mathcal{N}$ 的每个推理规则都是有效的，即它的任意实例都是有效的推理，因为可仿照例子 2.20验证上面每个推理规则的有效性。需要说明的是，选择不同的推理规则可定义不同的推理系统，对于推理规则的选择以及不同逻辑推理系统的讨论超出了“离散数学基础”课程的范围，有兴趣的读者可参考数理逻辑相关的教材，例如文献 [2] 或 [3]。这里主要讨论在自然推理系统 $\mathcal{N}$ 中如何构造验证推理有效性的论证，这可帮助人们写出逻辑更严谨的数学证明。

**定义 2.13** 验证推理 $A_1, A_2, \cdots, A_n \Longrightarrow B$ 有效性的**论证** (argument) 或说**证明** (proof) [1]，是一个以结论公式 $B$ 结束的公式序列：

$$\begin{array}{ll} (1) & B_1 \\ (2) & B_2 \\ & \vdots \end{array}$$

① 本书主要使用“论证”一词，因为“证明”已经广泛使用于各种场合。

$$(m) \qquad B_m = B$$

且满足：对任意的 $1 \leqslant i \leqslant m$，

（1）公式 $B_i$ 是推理的前提之一，即存在 $1 \leqslant j \leqslant n$，使得 $B_i$ 就是 $A_j$；**或者**，

（2）存在 $1 \leqslant j_1, j_2, \cdots, j_k < i$，使得 $B_{j_1}, B_{j_2}, \cdots, B_{j_k} \Longrightarrow B_i$ 是定义 2.12 给出的某个推理规则的实例。这时通俗地说 $B_i$ 是由（排在它前面的公式）$B_{j_1}, B_{j_2}, \cdots, B_{j_k}$（通过这个规则）得到的。

**例子 2.21** 下面是验证推理 $p \to q, q \to r, p \Longrightarrow r$ 有效性的论证，通过它说明定义 2.13的含义。

| | |
|---|---|
| (1) $p$ | // 前提 |
| (2) $p \to q$ | // 前提 |
| (3) $q$ | // (1), (2) 假言推理 |
| (4) $q \to r$ | // 前提 |
| (5) $r$ | // (3), (4) 假言推理 |

可看到，(1), (2), (4) 给出的公式就是待验证推理的前提中的公式，而 (3) 给出的公式 $q$ 是一个中间结论，存在 (1) 和 (2) 给出的公式 $p$ 和 $p \to q$ 使得 $p \to q, p \Longrightarrow q$ 是假言推理规则 $A \to B, A \Longrightarrow B$ 的实例。因此，可通俗地说，(3) 给出的公式是 (1) 和 (2) 给出的公式通过假言推理规则得到的。(5) 给出的公式 $r$ 是推理的结论，存在 (3) 和 (4) 给出的公式 $q$ 和 $q \to r$ 使得 $q \to r, q \Longrightarrow r$ 是假言推理规则 $A \to B, A \Longrightarrow B$ 的实例，这时是用公式 $q$ 替换规则中的字母 $A$，公式 $r$ 替换规则中的字母 $B$。

在给出验证推理有效性的论证时，我们推荐对序列中的公式进行编号，并使用类似 C++ 语言行尾注释的形式给出每个公式满足的条件：要么标记为前提，要么写出这一行的公式由排在它前面的哪些编号的公式通过哪个规则得到。例如，在例子 2.21 的论证中，第 (3) 行尾部给出的注释表明，(3) 给出的公式是由 (1) 和 (2) 给出的公式通过假言推理规则得到。在写这种注释时，读者应该确认自己清楚推理规则使用的正确性，即这些编号的公式与当前行公式确实是所说推理规则的实例，能确定是用怎样的公式替换推理规则中的字母的所有出现而得到该实例。

**定理 2.7** 如果推理 $A_1, A_2, \cdots, A_n \Longrightarrow B$ 存在满足定义 2.13 的论证，则它是有效的推理。

**证明** 设论证的公式序列是 $B_1, B_2, \cdots, B_m = B$，可证明对任意的 $1 \leqslant i \leqslant m$，都有

$$H_i = (A_1 \wedge A_2 \wedge \cdots \wedge A_n) \to B_i$$

是永真式。这是因为，对任意真值赋值函数 $\sigma$，若 $\sigma(A_1 \wedge A_2 \wedge \cdots \wedge A_n) = \mathbf{0}$，则显然 $\sigma(H_i) = \mathbf{1}$。而若 $\sigma(A_1 \wedge A_2 \wedge \cdots \wedge A_n) = \mathbf{1}$，即对任意的 $1 \leqslant j \leqslant n$ 有 $\sigma(A_i) = \mathbf{1}$，则：

（1）若 $B_i$ 是公式 $A_j, 1 \leqslant j \leqslant n$，则 $\sigma(B_i) = \sigma(A_j) = \mathbf{1}$，从而 $\sigma(H_i) = \mathbf{1}$。

（2）若存在 $1 \leqslant j_1, j_2, \cdots, j_k < i$，使得 $B_{j_1}, B_{j_2}, \cdots, B_{j_k} \Longrightarrow B_i$ 是某个推理规则的实例，则由推理规则的有效性有 $(B_{j_1} \wedge B_{j_2} \wedge \cdots B_{j_k}) \rightarrow B_i$ 是永真式。由于 $j_1, j_2, \cdots, j_k < i$，根据这里的证明可得到已经有 $H_{j_1}, H_{j_2}, \cdots, H_{j_k}$ 是永真式，从而当 $\sigma(A_1 \wedge A_2 \wedge \cdots \wedge A_n) = \mathbf{1}$ 时有

$$\sigma(B_{j_1}) = \sigma(B_{j_2}) = \cdots = \sigma(B_{j_k}) = \mathbf{1}$$

而 $(B_{j_1} \wedge B_{j_2} \wedge \cdots B_{j_k}) \rightarrow B_i$ 也是永真式，因此也有 $\sigma(B_i) = \mathbf{1}$，从而 $\sigma(H_i) = \mathbf{1}$。

综上就表明对任意的 $1 \leqslant i \leqslant m$，$H_i$ 是永真式，从而对于 $i = m$，即 $(A_1 \wedge A_2 \wedge \cdots \wedge A_n) \rightarrow B$ 是永真式，也即 $A_1, A_2, \cdots, A_n \Longrightarrow B$ 是有效的推理。 □

定理 2.7 的证明实质上是一个归纳证明，其中 (2) 是在假定 $H_{j_1}, H_{j_2}, \cdots, H_{j_k}$ 是永真式的情况下，证明 $H_i$ 也是永真式。简单地，以例子 2.21 中验证推理 $p \rightarrow q, q \rightarrow r, p \Longrightarrow r$ 有效性的论证为例，可验证下面的公式都是永真式：

（1）$((p \rightarrow q) \wedge (q \rightarrow r) \wedge p) \rightarrow p$

（2）$((p \rightarrow q) \wedge (q \rightarrow r) \wedge p) \rightarrow (p \rightarrow q)$

（3）$((p \rightarrow q) \wedge (q \rightarrow r) \wedge p) \rightarrow q$

（4）$((p \rightarrow q) \wedge (q \rightarrow r) \wedge p) \rightarrow (q \rightarrow r)$

（5）$((p \rightarrow q) \wedge (q \rightarrow r) \wedge p) \rightarrow r$

特别地，定理 2.7 的证明表明，可通过（1）、（2）给出的公式是永真式，以及假言推理规则表明 $((p \rightarrow q) \wedge p) \rightarrow q$ 是永真式而得到（3）给出的公式也是永真式，然后再基于（3）、（4）给出的公式是永真式，得到（5）中的公式也是永真式，从而得到要验证的推理 $p \rightarrow q, q \rightarrow r, p \Longrightarrow r$ 的有效性。

因此，与使用真值表或等值演算验证推理有效性不同，构造论证的方法有以下特点。

（1）推理规则模块化了常用的有效推理供人们重复使用，从而提高了验证推理有效性的效率。可以看到，例子 2.21 给出的论证比使用真值表或等值演算直接验证 $((p \rightarrow q) \wedge (q \rightarrow r) \wedge p) \rightarrow r$ 是永真式要简单高效。

（2）构造论证时引入的中间结论使得前提和结论之间的推理关系更为明确，每一步的推理都是使用简单的基本推理规则。这更符合人们日常推理和数学证明的思维方式，更容易理解和使用。从某种意义上说，人们直观地认为某个数学证明比另一个数学证明逻辑更清楚、更容易理解往往就是因为前者给出的中间推理步骤更多，命题与命题之间的推理关系更简单、更基本。

（3）与等值演算相比，构造的论证是否正确（即是否满足定义 2.13 给出的条件）更适合使用计算机自动证明，因为公理化的思维方式让人们使用比基本逻辑等值式更少的基本推理规则，使用具体公式替换规则中字母的所有出现也比等值演算的子公式置换步骤更为明确。也就是说，从计算思维的角度看，设计算法验证论证的正确性比设计算法验证等值演算的正确性更为容易。实际上，设计算法自动地构造论证也比设计算法自动地构造等值演算相对容易。这是我们说自然推理系统向使用计算机自动验证和构造有效

的推理迈进了一大步的主要原因。有兴趣的读者可尝试基于前面给出的构造公式抽象语法树和计算公式真值的算法（算法 2.1 和算法 2.2）开发验证甚至构造验证推理有效性的论证的软件系统。

### 2.5.3 构造验证推理有效性的论证

定理 2.7 的证明也预示着验证推理有效性的论证的构造从某种程度上是归纳构造，以前提作为叶子，以推理规则作为构造规则得到一些中间结论，然后再基于推理规则得到另外的中间结论，一直到待验证推理的结论。这也提示我们在思考如何构造这种论证时可采用从推理结论开始进行分析的方法，即要得到这个结论需要采用什么推理规则、引入什么中间结论等，一直到中间结论都可由推理前提得到。

例如，对于例子 2.21 要验证的推理 $p \to q, q \to r, p \Longrightarrow r$，如何得到结论 $r$ 呢？观察前提，只有公式 $q \to r$ 中有子公式 $r$，因此肯定需要用到这个前提，而在规则中只有假言推理规则和假言易位规则的前提有蕴涵式，但假言易位规则需要的另一个前提是否定式。注意，**只能使用具体的公式替换规则中的字母，不能替换规则中的子公式**，所以这时适用的只有假言推理规则。而要由公式 $q \to r$ 利用假言推理规则得到 $r$，还需要中间结论 $q$，这提示应继续思考如何得到 $q$，一直到无须引入中间结论。

这个构造论证的思考过程可用图 2.3 的树表示。可看到，例子 2.21 给出的论证可对这棵树顶点上的公式做广义后序遍历得到。这里广义后序遍历的意思是，遍历树的顶点时只要保证在所有以儿子顶点为根的子树遍历后才遍历父亲顶点即可。

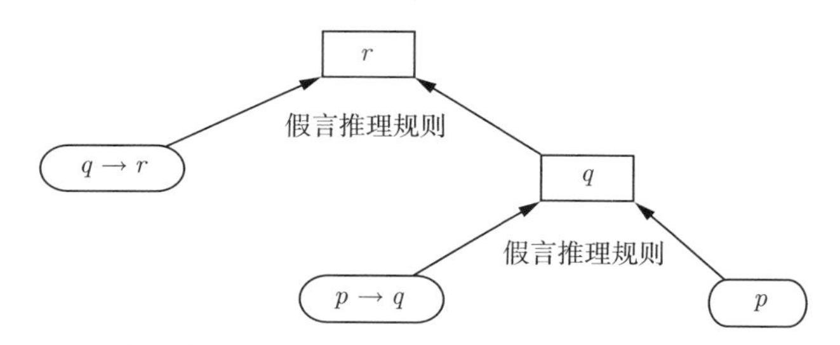


图 2.3 验证推理 $p \to q, q \to r, p \Longrightarrow r$ 有效性论证的构造过程

**问题 2.22** 构造论证验证推理 $q \to p,\ q \leftrightarrow s,\ s \leftrightarrow t,\ t \wedge r \Longrightarrow p \wedge q$ 的有效性。

**【分析】**待验证推理的结论是合取式，因此最后应使用合取规则，也即最后应是下面的序列（**其中公式前面的问号表示这些公式的编号待定，因为这里是从后往前思考论证的构造**）。

$$
\begin{array}{lll}
(?) & p & \\
(?) & q & \\
(?) & p \wedge q & // \text{ 前两个公式使用合取规则}
\end{array}
$$

如何得到公式 $p$？可看到前提有公式 $q \to p$，因此根据假言推理规则，可有如下的公式序列。

(?) $q$
(?) $q \to p$ // 前提
(?) $p$ // 前两个公式使用假言推理规则
(?) $p \wedge q$ // 合取规则

如何得到公式 $q$？看到 $q$ 还出现在前提公式 $q \leftrightarrow s$ 中，根据双蕴涵等值式导出的推理规则，这可得到 $q \to s$ 和 $s \to q$，显然需要后面一个公式再利用假言推理规则得到 $q$，从而得到公式序列。

(?) $s$
(?) $q \leftrightarrow s$ // 前提
(?) $s \to q$ // 上一个公式等值置换规则得到
(?) $q$ // 假言推理
(?) $q \to p$ // 前提
(?) $p$ // 假言推理
(?) $p \wedge q$ // 合取规则

现在问题变成如何得到 $s$，同样看到 $s$ 还出现在 $s \leftrightarrow t$ 中，这可得到 $t \to s$，而由化简规则从前提 $t \wedge r$ 可得到 $t$。这样就可得到所需要的论证。

**【解答】** 下面的论证可验证推理 $q \to p$, $q \leftrightarrow s$, $s \leftrightarrow t$, $t \wedge r \Longrightarrow p \wedge q$ 的有效性。

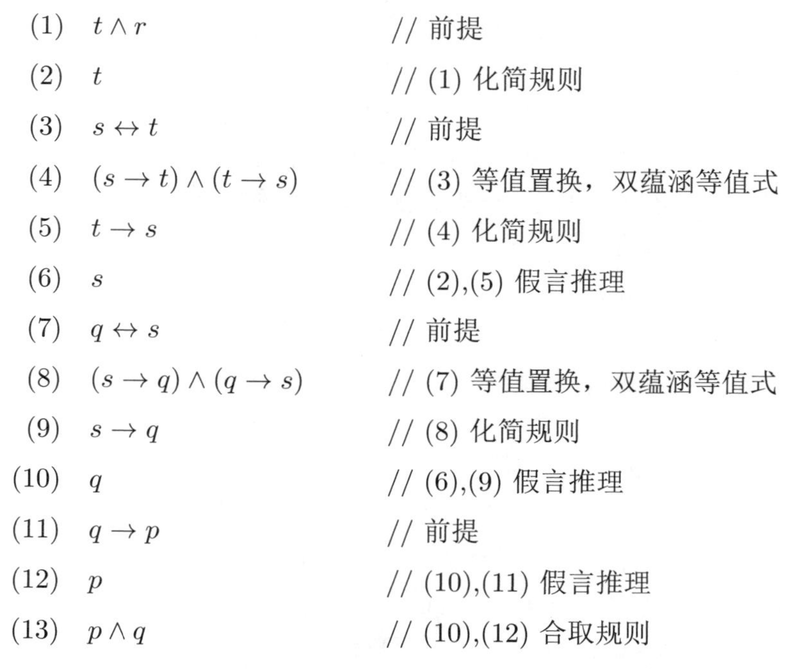

(1) $t \wedge r$ // 前提
(2) $t$ // (1) 化简规则
(3) $s \leftrightarrow t$ // 前提
(4) $(s \to t) \wedge (t \to s)$ // (3) 等值置换，双蕴涵等值式
(5) $t \to s$ // (4) 化简规则
(6) $s$ // (2),(5) 假言推理
(7) $q \leftrightarrow s$ // 前提
(8) $(s \to q) \wedge (q \to s)$ // (7) 等值置换，双蕴涵等值式
(9) $s \to q$ // (8) 化简规则
(10) $q$ // (6),(9) 假言推理
(11) $q \to p$ // 前提
(12) $p$ // (10),(11) 假言推理
(13) $p \wedge q$ // (10),(12) 合取规则

**【讨论】** (1) 这个推理涉及 5 个命题变量，显然用真值表或等值演算计算量都会比较大。

(2) 从待验证推理的结论开始进行分析，引入中间结论，一直到前提的思路对于构造论证非常有效，但这要求对推理规则及如何得到推理规则的实例要比较熟练。

(3) 当前提有双蕴涵公式时需要使用双蕴涵等值式导出的推理规则，即 $A \leftrightarrow B \Longrightarrow (A \rightarrow B) \wedge (B \rightarrow A)$，这时通常还要使用化简规则得到其中一个合取分支进行后续的论证构造。所以可进一步将 $A \leftrightarrow B \Longrightarrow A \rightarrow B$ 和 $A \leftrightarrow B \Longrightarrow B \rightarrow A$ 作为基本的推理规则，称之为**双蕴涵推理**规则。

实际上，根据永真式的性质（定理 2.4），任何一个已经验证为有效的推理都可泛化为一个推理模式作为**派生规则**用于以后的论证构造。这与数学证明中引用已有的引理、定理，编写计算机程序时调用已有的子程序、子模块的想法相同，只是在推理系统构造论证时，为保证系统的简洁性，我们遵循公理化的思想使用尽量少的推理模式作为推理规则。

(4) 在用到等值置换规则时，我们会在行尾注释中给出所基于的基本等值式。我们受限地使用等值置换规则，只会使用双蕴涵等值式、双重否定律、交换律这几个基本等值式导出的推理规则，而且只会针对论证的公式序列的某个公式整体进行置换，不会针对一个公式的子公式进行等值置换。

熟悉程序设计或算法设计的读者应该能体会到允许对子公式进行等值置换将使得自动验证论证正确性的算法更难设计，因为在一般的情况下，要确定是对公式的哪个子公式以及使用了什么基本等值式进行等值置换，比确定整个公式进行了怎样的等值置换会更为困难。

细心的读者可能会注意到，假言推理和假言易位规则可用于利用前提中的蕴涵式得到（中间）结论，化简规则可用于利用前提中的合取式，析取三段论可用于利用前提中的析取式，合取规则可用于得到是合取式的结论，附加规则可用于得到是析取式的结论。但定义 2.12 没有一个规则的结论是蕴涵式。那么当待验证推理的结论是蕴涵式时，怎样构造验证其有效性的论证呢？这就需要使用**附加前提法**构造论证。下面定理给出了使用这种论证构造方法的基础。

**定理 2.8** 对任意公式 $A_1, A_2, \cdots, A_n, B, C$，推理 $A_1, A_2, \cdots, A_n \Longrightarrow B \rightarrow C$ 是有效的当且仅当推理 $A_1, A_2, \cdots, A_n, B \Longrightarrow C$ 是有效的。

**证明** 根据推理有效性的定义，只要证明 $(A_1 \wedge \cdots \wedge A_n) \rightarrow (B \rightarrow C)$ 是永真式当且仅当 $(A_1 \wedge \cdots \wedge A_n \wedge B) \rightarrow C$ 是永真式即可。记 $A = A_1 \wedge \cdots \wedge A_n$，即只要证明 $A \rightarrow (B \rightarrow C)$ 是永真式当且仅当 $(A \wedge B) \rightarrow C$ 是永真式即可，即只要证明有等值式模式 $A \rightarrow (B \rightarrow C) \equiv (A \wedge B) \rightarrow C$ 即可，这不难通过真值表或等值演算验证等值式 $p \rightarrow (q \rightarrow r) \equiv (p \wedge q) \rightarrow r$ 而得到。 □

因此要验证形如 $A_1, A_2, \cdots, A_n \Longrightarrow B \rightarrow C$ 推理的有效性，只需验证推理 $A_1, A_2, \cdots, A_n, B \Longrightarrow C$ 的有效性，也即可将 $B$ 作为额外的前提与 $A_1, A_2, \cdots, A_n$ 这些前提公式一起得到 $C$。所以，我们使用如下形式的公式序列作为验证 $A_1, A_2, \cdots, A_n \Longrightarrow B \rightarrow C$ 推理有效性的论证。

| | | |
|---|---|---|
| (1) | $B$ | // 附加前提 |
| ⋮ | | // 验证推理 $A_1, A_2, \cdots, A_n, B \Longrightarrow C$ 有效性的公式序列 |
| $(k)$ | $C$ | // 这个公式序列必须以公式 $C$ 结束 |
| $(k+1)$ | $B \to C$ | // (1), $(k)$ 附加前提法 |

人们将这种构造论证的方法称为**附加前提法**。

**例子 2.23** 下面的论证可验证推理 $p \to q, q \to r \Longrightarrow p \to r$ 的有效性。

| | | |
|---|---|---|
| (1) | $p$ | // 附加前提 |
| (2) | $p \to q$ | // 前提 |
| (3) | $q$ | // (1), (2) 假言推理 |
| (4) | $q \to r$ | // 前提 |
| (5) | $r$ | // (3), (4) 假言推理 |
| (6) | $p \to r$ | // (1), (5) 附加前提法 |

这个论证与例子 2.21 几乎相同，除了将 $p$ 作为附加前提，而最后一步 (6) 使用附加前提法将附加的前提 $p$ 消除后转为结论的前件。由这个有效的推理可导出被称为**假言三段论**的推理规则：$A \to B, B \to C \Longrightarrow A \to C$。

**问题 2.24** 构造论证验证推理 $p \to (q \to s), \neg r \vee p, q \Longrightarrow r \to s$ 的有效性。

**【分析】**待验证推理的结论是蕴涵式 $r \to s$，因此应使用附加前提法将其前件 $r$ 作为附加前提一起得到 $s$。由附加前提 $r$ 和 $\neg r \vee p$ 使用析取三段论规则就得到 $p$，然后再根据 $p \to (q \to s)$ 可得到 $q \to s$，前提中又有 $q$，这样就可以得到 $s$。

**【解答】**可使用如下论证验证题中给出推理的有效性。

| | | |
|---|---|---|
| (1) | $r$ | // 附加前提 |
| (2) | $\neg r \vee p$ | // 前提 |
| (3) | $p$ | // (1),(2) 析取三段论 |
| (4) | $p \to (q \to s)$ | // 前提 |
| (5) | $q \to s$ | // (3),(4) 假言推理 |
| (6) | $q$ | // 前提 |
| (7) | $s$ | // (5),(6) 假言推理 |
| (8) | $r \to s$ | // (1),(7) 附加前提法 |

**【讨论】**(1) 在引入附加前提后，读者需要注意论证中 (1)~(7) 给出的公式不再只是由待验证推理的前提能得到的公式，而是待验证推理的前提再加上附加前提才能得到。更准确地，从有效推理对应永真式的角度说，例如，对于上述论证中 (2) 给出的公式

$\neg r \vee p$，**不是断定下面的蕴涵式是永真式：**

$$(p \rightarrow (q \rightarrow s)\ \wedge\ (r \vee p)\ \wedge q)\ \rightarrow \neg r \vee p$$

**而是断定下面的蕴涵式是永真式**（注意它的前件是推理本身的前提和附加前提一起构成的合取式）：

$$(p \rightarrow (q \rightarrow s)\ \wedge\ (r \vee p)\ \wedge\ q\ \wedge\ r) \rightarrow \neg r \vee p$$

从引入附加前提开始，到消除附加前提之前，即上述论证的 (1)~(7)，给出的公式都要包含附加前提 $r$ 才能对应永真式。当在 (8) 消除附加前提后，这一步以及后续可能的步骤给出的公式才在没有附加前提的情况下就能得到。

简单地说，在使用附加前提法后，论证的公式序列中的每个公式可能是由不同前提得到。读者需要知道每个公式实际上是由哪些前提得到才能确保论证的正确性。

(2) 细心的读者可能注意到析取三段论规则的形式是 $\neg A, A \vee B \Longrightarrow B$，而上面从 (1),(2) 利用析取三段论规则得到 (3) 是推理 $r, \neg r \vee p \Longrightarrow p$。严格地说，这个推理不是析取三段论规则的实例，因为使用 $\neg r$ 替换规则中的字母 $A$，公式 $p$ 替换规则中的字母 $B$，得到的实例是推理 $\neg(\neg r), \neg r \vee p \Longrightarrow p$。不过不难看到，只要多用一次由双重否定律导出的等值置换规则 $A \Longrightarrow \neg(\neg A)$ 就可从前提 $r$ 得到 $\neg(\neg r)$，也就是说，上述论证中的 (1)~(3) 很容易写成更严格的形式如下。

| | | |
|---|---|---|
| (1) | $r$ | // 附加前提 |
| (1′) | $\neg(\neg r)$ | // (1) 的等值置换，双重否定律 |
| (2) | $\neg r \vee p$ | // 前提 |
| (3) | $p$ | // (1′),(2) 析取三段论 |

析取三段论的本质是排除法，否定一些析取分支，从而肯定剩下的分支。由于可自然地认为 $A$ 和 $\neg A$ 互为否定，所以我们将 $A, \neg A \vee B \Longrightarrow B$ 也看作是析取三段论规则，从而省去双重否定律的使用。

类似地，对于假言易位规则，其本质是否定蕴涵式的后件得到蕴涵式前件的否定，所以我们不仅将 $A \rightarrow B, \neg B \Longrightarrow \neg A$ 看作是假言易位规则，也将 $A \rightarrow \neg B, B \Longrightarrow \neg A$，$\neg A \rightarrow \neg B, B \Longrightarrow A$，以及 $\neg A \rightarrow B, \neg B \Longrightarrow A$ 都看作是假言易位规则。

除附加前提法是一种常用的构造论证的方法外，反证法也是一种常用的构造论证的方法。当待验证推理的结论是蕴涵式时需要使用附加前提法构造论证，而当待验证推理的结论是否定式时，反证法通常是首选方法。下面定理是使用反证法构造论证的基础。

**定理 2.9** 对任意的公式 $A_1, A_2, \cdots, A_n, B$，推理 $A_1, A_2, \cdots, A_n \Longrightarrow \neg B$ 是有效的当且仅当存在公式 $C$ 使得推理 $A_1, A_2, \cdots, A_n, B \Longrightarrow C \wedge \neg C$ 是有效的。

**证明** 记 $A = A_1 \wedge A_2 \wedge \cdots \wedge A_n$，只需要证明 $A \rightarrow \neg B$ 是永真式当且仅当存在公式 $C$ 使得 $(A \wedge B) \rightarrow (C \wedge \neg C)$ 是永真式。实际上，$C \wedge \neg C$ 是矛盾式，因此

$A \wedge B \to (C \wedge \neg C)$ 是永真式当且仅当 $A \wedge B$ 是矛盾式，即当且仅当 $\neg(A \wedge B)$ 是永真式。因此只要验证有逻辑等值式模式 $A \to \neg B \equiv \neg(A \wedge B)$ 即可，而这可通过使用真值表或等值演算验证逻辑等值式 $(p \to \neg q) \equiv \neg(p \wedge q)$ 可得。 □

因此，要验证形如 $A_1, A_2, \cdots, A_n \Longrightarrow \neg B$ 的推理的有效性，只要将 $B$ 作为附加的前提得到一个公式 $C$ 及它的否定 $\neg C$，也即通俗地说得到一个矛盾即可。这正是日常推理中反证法的基本思想：要证明前提能得到一个结论，只要假定结论不成立然后推出一个矛盾即可。具体来说，在使用反证法构造验证推理 $A_1, A_2, \cdots, A_n \Longrightarrow \neg B$ 有效性的论证时给出如下形式的公式序列。

| | | |
|---|---|---|
| (1) | $B$ | // 附加前提 |
| $\vdots$ | | |
| $(k)$ | $C$ | |
| $\vdots$ | | |
| $(j)$ | $\neg C$ | |
| $\vdots$ | | |
| $(m)$ | $\neg B$ | // (1), $(k)$, $(j)$ 反证法 |

同样在引入附加前提 $B$ 之后，(1)~$(m)$ 的公式（包括 (1) 但不包括 $(m)$ 给出的公式）都是由推理的前提 $A_1, A_2, \cdots, A_n$ 以及附加前提 $B$ 能得到的中间结论，在 $(m)$ 步使用反证法就消除了附加前提 $B$，这一步及其后续的步骤给出的公式就是由前提 $A_1, A_2, \cdots, A_n$ 能得到的公式了。

**例子 2.25**　下面的论证可验证由德摩根律导出的推理 $\neg p \vee \neg q \Longrightarrow \neg(p \wedge q)$ 的有效性。

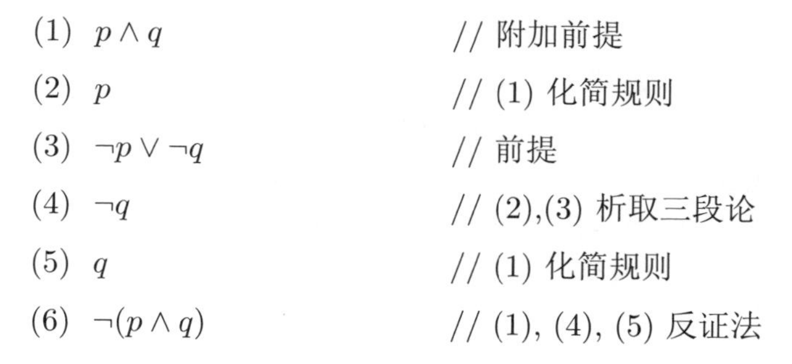

| | | |
|---|---|---|
| (1) | $p \wedge q$ | // 附加前提 |
| (2) | $p$ | // (1) 化简规则 |
| (3) | $\neg p \vee \neg q$ | // 前提 |
| (4) | $\neg q$ | // (2),(3) 析取三段论 |
| (5) | $q$ | // (1) 化简规则 |
| (6) | $\neg(p \wedge q)$ | // (1), (4), (5) 反证法 |

例子 2.25 表明这里讨论的自然推理系统给出的规则不是最基本的，特别在允许使用等值置换规则的情况下，一些规则对应的有效推理可用其他规则构造论证进行验证。例如，蕴涵等值式可导出规则 $A \to B \Longrightarrow \neg A \vee B$，进一步可利用析取三段论规则验证推理 $p \to q, \neg q \Longrightarrow \neg p$ 的有效性。

| | | |
|---|---|---|
| (1) | $p \to q$ | // 前提 |
| (2) | $\neg p \vee q$ | // (1) 等值置换，蕴涵等值式 |

(3) $\neg q$ // 前提

(4) $\neg p$ // (2),(3) 析取三段论

从而根据永真式的性质（定理 2.4）用代表任意公式的字母 $A$ 替换其中的 $p$，字母 $B$ 替换其中的 $q$，就从这里验证的有效推理 $p \to q, \neg q \Longrightarrow \neg p$ 得到假言易位规则 $A \to B, \neg B \Longrightarrow \neg A$，也就是说，假言易位规则可看作是蕴涵等值式和析取三段论规则派生出来的规则。

实际上，这里讨论的自然推理系统给出的规则和构造论证所用的附加前提法和反证法是在日常推理和数学证明中常用的推理方法的抽象，我们没有探讨逻辑推理中最基本的规则应该是哪些。更多关于推理规则及推理系统的知识，读者可学习更高级的“数理逻辑”课程。

## 2.6 命题逻辑的应用

逻辑语言被人们广泛使用，可看到，我们在前面也频繁使用逻辑语言，特别是在陈述定义、引理和定理时，“如果……则……”“……当且仅当……”等逻辑联结词必不可少。逻辑公式是精确的、符号化的逻辑语言，只有将自然语言陈述的命题转换为逻辑公式，才能更好地利用等值演算和推理系统分析命题与命题之间的真值关系。

PropLogic-Application(1)

本节先讨论将自然语言命题转换为命题逻辑公式的一些注意事项，然后介绍命题逻辑的等值演算和推理系统在符号化分析日常逻辑问题以及在分析算法或程序性质方面的一些应用。

PropLogic-Application(2)

### 2.6.1 自然语言命题的符号化

自然语言命题转换为逻辑公式的过程也称为自然语言命题的符号化，本节讨论如何将自然语言命题转换为命题逻辑公式。命题逻辑公式由命题变量和逻辑运算符构成，命题变量对应原子命题，而逻辑运算符是逻辑联结词的抽象。因此，使用命题逻辑公式符号化自然语言命题的关键在于提炼其中的原子命题以及表达子命题之间关系的逻辑联结词。具体来说，自然语言给出的句子可通过下面的步骤符号化为命题逻辑公式。

（1）判定句子是否命题逻辑所研究的命题，排除不是陈述句的句子，以及不具有真值的句子。

（2）找出句子包含的原子命题。这时要根据自然语言的相关常识分析句子的主语和谓语，有时还要显式给出句子中可能省略的主语。简单地说，如果句子只有一个主语和一个谓语，则是原子命题，否则是复合命题，其中某个主语及相应的谓语是整个命题的一个子命题。

（3）将句子中不同的原子命题用不同的命题变量符号表示。整个句子中同样的原子命题可能会多次出现，要使用相同的命题变量表示一个原子命题的多次出现。

（4）分析句子的联结词所表达的逻辑含义，确定句子的整体结构，以及各子命题之

间的逻辑关系。然后使用合适的逻辑运算符符号化句子中的联结词，并根据句子的结构，写出表示整个复合命题的命题逻辑公式。

在这些步骤中，分析句子中子命题之间的逻辑关系可能是自然语言命题符号化的难点。读者应该了解自然语言中一些常见联结词的逻辑含义及其对应的命题逻辑运算符，对于复杂命题，可使用命题变量替换其中的原子命题，使得句子只剩下命题变量和联结词，这样就可更好地分析句子的结构以及子命题之间的逻辑关系。

下面通过对一些问题的分析和求解说明如何根据上面给出的步骤符号化自然语言命题，并总结一些常见联结词所对应的命题逻辑运算符。

**问题 2.26**　判断下列句子哪些是命题？哪些是原子命题？哪些是复合命题？

（1）程序设计是计算机专业学生的必修课程。

（2）诞生于 1995 年的 JavaScript 语言是一种脚本语言。

（3）$2x + y > 10$。

（4）为什么计算机专业学生都喜欢编写程序？

（5）请大家上课不要低头看手机！

（6）小张与小李是要好的朋友。

（7）小张与小李都喜欢上网。

（8）我正在说假话。

（9）种瓜得瓜。

（10）郑州位于北京和广州之间。

**【分析】**判断句子是否命题，首先要看它是否陈述句，其次看它是否具有真值，通常带有公认的是变量的句子没有真值，被认为是悖论的句子也不是命题。判断命题是原子命题和复合命题通常比较简单，但要注意像“与”“和”这样的词语不一定具有逻辑与的含义，而可能只是表示事物之间的关系，因而不是复合命题而是原子命题。

**【解答】**

（1）是命题，而且是简单命题。

（2）是命题，而且是简单命题。通常不将这个命题复杂化，例如认为它包含“JavaScript 语言诞生于 1995 年”“JavaScript 语言是一种脚本语言”等，因为“诞生于 1995 年”只是用于修饰后面的“JavaScript 语言”。

（3）不是命题，因为其中含有变量 $x, y$，从而不具有确定的真值。

（4）不是命题，因为是一个疑问句，而不是陈述句。

（5）不是命题，因为是一个祈使句，而不是陈述句。

（6）是命题，而且是简单命题。它不能分解为“小张是要好的朋友”和“小李是要好的朋友”，这是表示事物之间关系的简单命题。

（7）是命题，而且是复合命题，通常将这个句子理解为包含“小张喜欢上网”和“小李喜欢上网”两个子命题。

（8）不是命题，这也是悖论，与“我正在写的句子是假的”相同，都是说谎者型的语义悖论。

（9）是命题，而且是复合命题，因为其实际表达的意思是：“如果我们种瓜，那么我们得瓜”。

（10）是命题，而且是简单命题，同样这是表示事物间关系（具体说是位置关系）的简单命题。

通常，只涉及否定、合取和析取运算的命题符号化相对简单，因为自然语言与这些运算符对应的联结词的词语意思都比较清楚。下面的问题给出了有关这三类联结词的符号化。

**问题 2.27** 将下面的自然语言命题在命题逻辑中符号化。

（1）我们在学好离散数学的同时，还应学好其他学科。

（2）虽然 C++ 程序设计语言好用，但是 C++ 程序不好理解。

（3）这个软件要么是 C++ 语言编写的，要么是 Java 语言编写的，二者必居其一。

（4）班里同学要么不懂 C++ 语言，要么不懂 Java 语言。

（5）班里同学不懂 C++ 语言或 Java 语言。

**【解答】**（1）句子包含两个原子命题（下面括号中按句意给出了原本省略的词语）：

$p$：我们（应）学好离散数学　　　　$q$：（我们）应学好其他学科

联结词“在……的同时，还……”表明是同时给出两个判断，应使用合取运算符将命题符号化为 $p \wedge q$。

（2）句子包含两个原子命题：

$p$：C++ 程序设计语言好用　　　　$q$：C++ 程序不好理解

联结词“虽然……但是……”同样表明应该使用合取运算符，因此命题符号化为 $p \wedge q$。

（3）句子包含两个原子命题：

$p$：（这个软件）是 C++ 语言编写的　　　　$q$：（这个软件）是 Java 语言编写的

根据联结词“要么……要么……”，以及句中的强调“二者必居其一”，我们应将句意理解为“要么这个软件是 C++ 语言编写而不是 Java 语言编写，要么这个软件是 Java 语言编写而不是 C++ 语言编写”，从而将整个命题符号化为：

$$(p \wedge \neg q) \vee (q \wedge \neg p)$$

（4）句子包含两个原子命题：

$p$：（班里同学）懂 C++ 语言　　　　$q$：（班里同学）懂 Java 语言

联结词“要么……要么……”表达的是逻辑或，整个命题符号化为 $\neg p \vee \neg q$。

（5）句子包含的原子命题与（4）相同：

$p$：（班里同学）懂 C++ 语言　　　　$q$：（班里同学）懂 Java 语言

这个句子的句意应理解为“并非班里同学懂 C++ 语言或 Java 语言”，也即是“并非 $(p$ 或 $q)$”的形式，应该符号化为：

$$\neg(p \vee q)$$

根据德摩根律，这个公式与 $\neg p \wedge \neg q$ 逻辑等值，也即该句子的句意实际上是“班里同学既不懂 C++ 语言，又不懂 Java 语言”。

**【讨论】**（1）上面（1）和（2）给出的句子是对若干事物及其性质同时存在做出判断，这种判断在逻辑学称为**联言判断**，典型的联结词是“并且”，典型句式是“$p$ 并且 $q$”，符号化为命题逻辑公式 $p \wedge q$。

（2）对于上面（2）给出的句子，若提取原子命题“$p$：C++ 程序设计语言好用”和“$r$：C++ 程序好理解”，而将整个命题符号化为 $p \wedge \neg r$ 也是完全正确的。但在遇到带否定意味的命题时，特别是像“……不是……”这样的句式时，例如，“2 不是无理数”，将整个命题看作原子命题也可以，因为这时否定是直接否定在原子命题上，都是容易理解的命题，在讨论范式时都将其归为文字。

我们认为只在下面几种情况才必须使用否定运算符符号化：① 句子是像“并非……”这样特别强调其否定含义的句式；② 整个句子还含有相同但不带否定意味的子命题，例如句子同时包含“2 不是无理数”和“2 是无理数”这两个子命题；③ 否定一个复合命题而非原子命题，例如上面（5）给出的句子“班里同学不懂 C++ 语言或 Java 语言”。上面对于（4）给出的句子使用“$p$：（班里同学）懂 C++ 语言”作为原子命题，是因为我们一起考虑了（5）给出的句子中的原子命题情况。

（3）上面（3）和（4）给出的句子是对若干事物及其性质至少有一个存在所做出的判断，这种判断在逻辑学称为**选言判断**，典型联结词是“或者”，典型句式是“$p$ 或者 $q$”，符号化为命题逻辑公式 $p \vee q$。

选言判断分相容选言判断和不相容选言判断。相容判断是至少有一个子命题为真的判断，而不相容判断是恰好有一个子命题为真的判断。逻辑上通常将“要么……要么……”作为不相容判断的典型句式，并且使用专门的逻辑运算符，例如 $\oplus$ 表示，并称为“异或”运算符。

但在本书中，为简便起见，我们不引入异或运算符，并认为只有在句子使用了类似“二者必居其一”这种强调形式时才作为不相容判断，并使用 $(p \wedge \neg q) \vee (q \wedge \neg p)$ 这种形式的公式进行符号化。而对于一般的“要么……要么……”这种句子，简单地使用析取运算符符号化即可。

（4）通过上面句子（5）的符号化可看到，无论对于自然语言表达的命题，还是逻辑公式，当否定不是在原子命题（命题变量）前时，整个公式比较难理解。所以，我们

建议，特别是在程序中写选择结构或循环结构的条件表达式时，否定应只对原子命题进行否定。例如，在 C++ 程序或 Java 程序中，应避免写像“!((a>b)&&(c>b))”这种条件表达式，而应写成“(a<=b)||(c<=b)”①。

表 2.13 总结了自然语言命题中表达否定、合取和析取三个逻辑运算符的常用逻辑联结词及典型句式，供读者参考。

表 2.13　合取和析取联结词的典型句式

| 典型句式 | 符号化 |
| --- | --- |
| 并非 $p$；不是 $p$；$p$ 是不对的 | $\neg p$ |
| 不仅 $p$ 而且 $q$；既 $p$ 又 $q$；虽然 $p$ 但是 $q$；$p$ 与 $q$；$p$ 和 $q$；$p$ 而 $q$；$p$ 并且 $q$ | $p \wedge q$ |
| 或者 $p$ 或者 $q$；要么 $p$ 要么 $q$；也许 $p$ 也许 $q$；可能 $p$ 可能 $q$；$p$ 或 $q$ | $p \vee q$ |
| $p$ 或 $q$ 二者必居其一；$p$ 或 $q$ 二者不可兼得；只能是 $p$ 或 $q$ 之一 | $(p \wedge \neg q) \vee (q \wedge \neg p)$ |

自然语言表示条件或因果关系的词语更为丰富，而且不同词语表示不同条件，有的表示充分条件，有的表示必要条件，读者需要仔细分析。

**问题 2.28**　将下面的自然语言命题在命题逻辑中符号化。

（1）软件如果经过了测试，就可以发布。

（2）软件只要经过了测试，就可以发布。

（3）软件一旦经过了测试，就可以发布。

（4）软件只有经过了测试，才可以发布。

（5）软件没有经过测试，就不可以发布。

（6）软件不可以发布，除非它经过了测试。

（7）除非软件经过了测试，否则它不可以发布。

**【解答】**不难看到，所有句子都只包含两个原子命题：

$p$：软件经过了测试　　　　　　$q$：（软件）可以发布

下面的符号化都使用这两个原子命题。

（1）“如果 $p$ 就 $q$”是典型的表达充分条件的句式，这个句子表示“软件经过了测试”是“（软件）可以发布”的充分条件，因此符号化为 $p \rightarrow q$。

（2）“只要 $p$ 就 $q$”也是表达充分条件的句式，因此这个句子也符号化为 $p \rightarrow q$。

（3）“一旦 $p$ 就 $q$”表达的也是充分条件，这个句子也符号化为 $p \rightarrow q$。

（4）“只有 $p$ 才 $q$”是典型的表达必要条件的句式，这个句子表示“软件经过了测试”是“（软件）可以发布”的必要条件，也即当“（软件）可以发布”时就意味着“软件经过了测试”，因此符号化为 $q \rightarrow p$。

① 在 C++ 程序或 Java 程序中，&& 表示逻辑与，|| 表示逻辑或，! 表示逻辑否定。

（5）“没有 $p$（就）不 $q$”表达的也是必要条件，表示 $p$ 是 $q$ 的必要条件，或者等价地说，“没有 $p$”是“不 $q$”的充分条件，因此符号化为 $\neg p \to \neg q$。使用真值表或等值演算，不难得到

$$(\neg p \to \neg q) \equiv (q \to p)$$

（6）“不 $q$，除非 $p$”也表达 $p$ 是 $q$ 的必要条件，“除非”相当于“只有”或“若不”，只是通常与否定的句式连用。“不 $q$，除非 $p$”相当于“只有 $p$，才 $q$”，或“若不 $p$，就不 $q$”，因此“软件不可以发布，除非它经过了测试”相当于“只有它（软件）经过了测试，软件才可以发布”，因此也符号化为 $q \to p$；或者说相当于“如果（软件）不经过测试，则它不可以发布”，从而符号化为 $\neg p \to \neg q$。这两种方式符号化得到的是两个逻辑等值的公式。

（7）“除非 $p$，否则非 $q$”也表达 $p$ 是 $q$ 的必要条件，相当于“只有 $p$，才不非 $q$”，因此也符号化为 $q \to p$。

**【讨论】**（1）表达充分条件的句式“如果 $p$ 就 $q$”强调的是有 $p$ 就有 $q$，对于没有 $p$ 时，$q$ 会怎样没有断定。表达必要条件的句式“只有 $p$ 才 $q$”强调的是没有 $p$ 就没有 $q$，对于有 $p$ 时，$q$ 会怎样没有断定。虽然从逻辑等值的角度有等值式 $(\neg p \to \neg q) \equiv (q \to p)$，也即“没有 $p$ 就没有 $q$”逻辑等值于“有 $q$ 就有 $p$”，但在日常生活中，说 $p$ 是 $q$ 的充分条件或必要条件时，往往 $p$ 发生的时间比 $q$ 早，例如，测试软件要比发布软件要早。但是在命题逻辑中无法表达这种隐含的联系，也就是说，$p \to q$ 是自然语言命题“如果 $p$ 则 $q$”的抽象，但不等同于这个自然命题。抽象就意味着去掉了自然语言所表达的一些含义。

（2）表达充分条件的判断和表达必要条件的判断在逻辑学中都称为**假言判断**，因此将与蕴涵有关的推理规则称为假言推理规则、假言易位规则。

（3）如果原命题是“如果 $p$ 就 $q$”，那么命题“如果 $q$ 就 $p$”，或者说“只有 $p$ 才 $q$”是原命题的**逆命题** (converse proposition)。用逻辑公式表示就是说 $q \to p$ 是 $p \to q$ 的逆命题。而“没有 $p$ 就没有 $q$”是原命题的**否命题** (inverse)，即 $\neg p \to \neg q$ 是 $p \to q$ 的否命题。最后 $\neg q \to \neg p$ 是 $p \to q$ 的**逆否命题** (contrapositive)，也即“没有 $q$ 就没有 $p$”是“如果 $p$ 就 $q$”的逆否命题。原命题与它的逆否命题逻辑等值。原命题的逆命题不与原命题逻辑等值，而是与原命题的否命题逻辑等值。

（4）蕴涵联结词常用于表达双蕴涵的含义，特别是在数学定义中，例如这样定义因子：“$a$ 是 $b$ 的因子，如果存在 $c$ 使得 $b = ac$”。实际上，在日常生活中也会有类似的现象，特别是在使用“除非”这种带强调意义的联结词表达的蕴涵命题中。例如，“今天我上街，除非天下雨”可能不仅表达了“天不下雨，我就上街”，还可能包含“天下雨，我就不上街”的意思，即“天下雨”是“我不上街”的充分必要条件。这正是自然语言模糊和带歧义的地方，遇到这种情况，我们建议以现代汉语中将“除非”解释为“只有”为依据，表达的是“天下雨”是“我不上街”的必要条件。数学定义中使用蕴涵命题表达双蕴涵含义则作为特殊语境下的特殊表达方式。

表 2.14 总结了自然语言命题中表达逻辑蕴涵和逻辑双蕴涵的常用逻辑联结词及典型句式，供读者参考。

表 2.14 逻辑蕴涵和逻辑双蕴涵联结词的典型句式

| 典 型 句 式 | 符号化 |
| --- | --- |
| 如果 $p$ 那么 $q$；如果 $p$ 则 $q$；有 $p$ 就有 $q$；一旦 $p$ 就 $q$；假若 $p$ 就 $q$；只要 $p$ 就 $q$；$p$ 蕴涵 $q$；$p$ 意味着 $q$；$p$ 是 $q$ 的充分条件 | $p \to q$ |
| 只有 $p$ 才 $q$；除非 $p$ 才 $q$；$p$ 是 $q$ 的必要条件 | $q \to p$ |
| 除非 $p$ 否则 $q$（相当于：只有 $p$，才不 $q$） | $\neg q \to p$ |
| $p$ 除非 $q$（相当于：只有 $q$，才不 $p$） | $\neg p \to q$ |
| 不 $p$ 不 $q$；没有 $p$ 没有 $q$ | $\neg p \to \neg q$ |
| 因为 $p$ 所以 $q$（表示 $p$ 是 $q$ 的原因） | $p \to q$ |
| $p$ 当且仅当 $q$；$p$ 的充要条件是 $q$；$p$ 等价于 $q$；如果 $p$ 就 $q$，反之亦然 | $p \leftrightarrow q$ |

涉及双蕴涵联结词的自然语言命题符号化通常比较简单，这里不再给出例子。下面给出几个综合多个逻辑联结词的自然语言命题符号化例子。

**问题 2.29** 将下面的自然语言命题符号化（来自于文献 [4]，有修改）。

（1）如果恐怖分子的要求能在规定期限内满足，则全体人质就能获释；否则，恐怖分子就要伤害人质，除非特种部队能实施有效的营救。

（2）如果小张在孩子落水的现场但没有参加营救，那么，或者他看到了孩子落水却假装没有看见，或者他确实不会游泳。

（3）如果光强调团结，不强调斗争，或者光强调斗争，不强调团结，就不能达到既弄清思想又团结同志的目的。

**【分析】**对于这些复杂句子的符号化，应该：① 通读句子，找出不同的原子命题以命题变量表示；② 根据联结词的逻辑含义，分析句子的结构，确定各子命题之间的逻辑关系；③ 符号化各子命题，并根据句子的结构，使用合适的逻辑运算符联结各子命题。

**【解答】**（1）读一遍句子，可发现其中包含的原子命题有：

$p$：恐怖分子的要求能在规定期限内满足　　$q$：全体人质能获释

$r$：恐怖分子伤害人质　　$s$：特种部队能实施有效的营救

根据句子结构，“否则”前面是一部分，后面是另一部分，前面应符号化为 $p \to q$，后面部分的含义是：“只有特种部队实施有效的营救，恐怖分子才不能伤害人质”，应符号化为 $\neg r \to s$。而“否则”是否定 $p$，表示“如果非 $p$，则……”，整个句子的结构是：“如果 $p$，则 $q$；如果非 $p$，则 $r$ 除非 $s$”。因此，整个句子应符号化为：

$$(p \to q) \land (\neg p \to (\neg r \to s))$$

(2) 读一遍句子，可发现其中包含的原子命题有：

$p$: 小张在孩子落水的现场　　$q$ :（小张）没有参加营救

$r$ :（小张）看到了孩子落水　　$s$ :（小张）假装没有看见（孩子落水）

$t$ :（小张）确实不会游泳

整个句子的结构是："如果 $p$ 但 $q$，那么，或者 $r$ 却 $s$，或者 $t$"。注意，这里表示转折的"但""却"都应该使用合取联结词符号化。从而整个句子应符号化为：

$$(p \wedge q) \rightarrow ((r \wedge s) \vee t)$$

这里没有使用否定联结词符号化"（小张）没有参加营救"以及"（小张）确实不会游泳"，因为否定的是原子命题。当然，若使用 $u$ 表示"（小张）参加营救"，$v$ 表示"（小张）会游泳"，整个句子符号化为 $(p \wedge \neg u) \rightarrow ((r \wedge s) \vee \neg v)$ 也是完全正确的。

（3）读一遍句子，可发现其中包含的原子命题有：

$p$ :（我们）强调团结　　$q$ :（我们）强调斗争

$r$ :（我们）达到弄清思想（的目的）　　$s$ :（我们达到）团结同志的目的

整个句子的结构是："如果光 $p$，不 $q$，或者光 $q$，不 $p$，就不能既 $r$ 又 $s$"，因此整个句子应符号化为：

$$((p \wedge \neg q) \vee (q \wedge \neg p)) \rightarrow \neg (r \wedge s)$$

这里"（我们）强调团结"和"（我们）强调斗争"都同时出现了含义相反的同类命题，因此原子命题应使用肯定形式的命题，并使用否定联结词符号化其否定形式的命题。"就不能"中的"不能"否定的是一个复合命题，也必须引入否定联结词。

**【讨论】**这里我们在解答时，使用命题变量替换了原来句子中的原子命题，只剩下联结词和命题变量，使得整个句子的结构更为清晰，从而更容易分析子命题之间的逻辑关系。

### 2.6.2 普通逻辑问题的符号化分析

逻辑作为一门学科按其历史发展阶段和类型可分为传统逻辑和现代逻辑，从古希腊学者亚里士多德 (Aristotle, 384 B.C.—322 B.C.) 建立第一个演绎逻辑系统到 17 世纪末德国哲学家莱布尼茨 (Leibniz, 1646—1716) 提出用数学方法处理演绎逻辑从而诞生数理逻辑之前的逻辑学称为传统逻辑，数理逻辑诞生以来的逻辑学称为现代逻辑（参见文献 [5]）。

传统逻辑主要使用自然语言研究思维规律，是人们日常生活和数学证明所使用的推理方法的概括和提炼。离散数学课程学习的命题逻辑和一阶逻辑属于数理逻辑的入门知识，使用符号化的逻辑公式表示命题及其真值关系。我们将在传统逻辑中用自然语言分析和求解的问题称为普通逻辑问题，将使用逻辑公式符号化地分析和求解一些普通逻辑问题，作为“离散数学”课程学习的数理逻辑入门知识的基本应用，从而使得学习者可更好地理解和运用这些知识①。

这里主要讨论三类普通逻辑问题：第一类问题给出一些条件，寻找是否存在满足这些条件的情况或方案；第二类问题给出从一些前提得到一个结论的推理，验证推理的有效性；第三类问题给出一些前提，探讨从这些前提出发通过有效的推理可以得到怎样的结论。通常第一类问题使用等值演算求解，第二类、第三类问题使用推理理论求解。下面三个问题的求解分别说明如何利用前面的命题逻辑等值演算和命题逻辑推理理论知识求解这三类普通逻辑问题。

**问题 2.30** 学校要从程序设计竞赛集训队赵、钱、孙、李、周五人中挑选若干人组队参加下次的国际程序设计竞赛，经过考察他们平时的组队配合情况，发现：

（1）如果赵去，则钱和孙至少也要去一人。

（2）孙和李两人中至多去一人。

（3）周和钱两人有且只有一人参加。

（4）若李不去，则赵也不去。

请给出一种组队方案。进一步，给出所有可能的方案以便进一步根据其他情况选择最优方案。

**【分析】**如果只要给出一种组队方案，很自然地可以使用假设法。例如，假设赵去，则根据条件 (1)，钱和孙至少也要去一人，则可继续假设钱去，这样也满足了条件 (3)，而条件 (2) 说孙和李至多去一人，也是满足的，最后对于条件 (4)，若李不去则赵也不去逻辑等值于若赵去，则李也去，因此得到李也要去，这样就得到一种组队方案，则由赵、钱、李三人组队参赛。

但要找到所有可能的方案，则不能依赖假设法，必须将问题进一步符号化，以便更严谨和完整地分析。不难看到这四个条件中的原子命题都是“……去参加竞赛”，因此可分别使用 $p, q, r, s, t$ 表示原子命题“赵/钱/孙/李/周去参加竞赛”。找出所有可能的组队方案实际上就是要找出对这五个命题变量的真值赋值，使得上面四个条件同时为真。

**【解答】**设命题变量 $p, q, r, s, t$ 分别表示原子命题“赵/钱/孙/李/周去参加竞赛”，则题中给出的四个条件可符号化为如下。

（1）“如果赵去，则钱和孙至少也要去一人”符号化为 $p \to q \vee r$。注意“钱和孙至少要去一人”逻辑等值于“钱去或孙去”。

（2）“孙和李两人中至多去一人”逻辑等值于“不能孙和李都去”，因此符号化为 $\neg(r \wedge s)$。

（3）“周和钱两人有且只有一人参加”逻辑等值于“周去或钱去，二者必居其一”，因此符号化为 $(q \wedge \neg t) \vee (t \wedge \neg q)$。

（4）“若李不去，则赵也不去”符号化为 $\neg s \to \neg p$。

① 不少高校会将“普通逻辑”作为一门主要讲授传统逻辑知识的通识课程。

给出一种组队方案相当于求以下命题逻辑公式的一个成真赋值，而给出所有组队方案则是求以下公式的所有成真赋值：

$$(p \to q \vee r) \wedge (\neg(r \wedge s)) \wedge ((q \wedge \neg t) \vee (t \wedge \neg q)) \wedge (\neg s \to \neg p)$$

可以使用真值表或等值演算给出公式的所有成真赋值，但这有五个命题变量，因此真值表的构造过于复杂，可类似问题 2.18的求解，基于编码展开求公式的主范式从而得到所有成真赋值。

由于给出的四个条件要同时满足，即它们是合取关系，因此我们求上述公式的主合取范式。先将每个条件变换为逻辑等值的简单析取式，或者是简单析取式的合取。

(1) $p \to (q \vee r) \equiv \neg p \vee q \vee r$ // 蕴涵等值式

(2) $\neg(r \wedge s) \equiv \neg r \vee \neg s$ // 德摩根律

(3) $(q \wedge \neg t) \vee (t \wedge \neg q) \equiv (q \vee t) \wedge (\neg q \vee \neg t)$ // 分配律

(4) $\neg s \to \neg p \equiv s \vee \neg p$ // 蕴涵等值式、双重否定律

这样一共得到五个简单析取式，将它们分别基于编码扩展为极大项。

（1）$\neg p \vee q \vee r$ 的编码为 $100--$，扩展得到的极大项为 $M_{16}, M_{17}, M_{18}, M_{19}$。

（2）$\neg r \vee \neg s$ 的编码为 $--11-$，扩展得到的极大项为 $M_6, M_7, M_{14}, M_{15}, M_{22}, M_{23}, M_{30}, M_{31}$。

（3）$q \vee t$ 的编码为 $-0--0$，扩展得到的极大项为 $M_0, M_2, M_4, M_6, M_{16}, M_{18}, M_{20}, M_{22}$；以及 $\neg q \vee \neg t$ 的编码为 $-1--1$，扩展得到的极大项为 $M_9, M_{11}, M_{13}, M_{15}, M_{25}, M_{27}, M_{29}, M_{31}$。

（4）$\neg p \vee s$ 的编码为 $1--0-$，扩展得到的极大项为 $M_{16}, M_{17}, M_{20}, M_{21}, M_{24}, M_{25}, M_{28}, M_{29}$。

因此上述公式的主合取范式包括的极大项有 $M_0, M_2, M_4, M_6, M_7, M_9, M_{11}$， $M_{13} \sim M_{25}$，以及 $M_{27} \sim M_{31}$，从而上述公式的主析取范式为：

$$m_1 \vee m_3 \vee m_5 \vee m_8 \vee m_{10} \vee m_{12} \vee m_{26}$$

因此，所有可能的组队方案有 7 种，例如上面给出的赵、钱、李三人组队参赛对应极小项 $p \wedge q \wedge \neg r \wedge s \wedge \neg t$，即 $m_{26}$，而极小项 $m_{12}$ 的编码是 01100，即公式 $\neg p \wedge q \wedge r \wedge \neg s \wedge \neg t$，即钱、孙二人组队参加。读者可给出其他五种方案的具体参赛人员，并验证是否满足题中给出的四个条件。

**【讨论】**（1）约束某个方案或说某个问题的解的一些条件组合称为**规范** (specification)，对于约束求解问题的计算机软硬件系统的条件称为计算机软硬件系统的规范。说规范是**一致的** (consistent)，如果它对应的逻辑公式是可满足的。

例如，对于上面的问题，组队应该满足的四个条件就是组队方案的规范，这些规范是一致的，因为对应的命题逻辑公式有成真赋值，即是可满足式。如果规范对应的逻辑

公式是矛盾式，则规范不是一致的，也即满足规范的解或方案不存在，或说不可能构造满足不一致规范的计算机硬件或软件系统。

（2）上述解答稍微有点复杂，因为有五个原子命题。不过得到每个条件对应的简单析取式后，由简单析取式扩展为极大项，然后得到整个公式的主合取范式和主析取范式的方法虽然烦琐，但很明确、很固定。读者可容易地编写计算机程序辅助自己完成从简单析取式（的合取）扩展得到主合取范式和主析取范式的步骤，从而减少自己的人工求解工作量。

**问题 2.31** 有人使用下面的推理论证超人不存在，请验证它是否有效。

如果超人不能阻止邪恶，他就不是万能的；如果超人不愿意阻止邪恶，那么他就不是仁慈的。只有当超人或者不愿意或者不能阻止邪恶时，邪恶才能存在。如果超人存在，那么他既是万能的也是仁慈的。邪恶是存在的。所以，超人并不存在。

**【分析】**验证一个使用自然语言给出的推理是否有效，需要先将它的前提和结论进行符号化。通常来说，自然语言推理中“因此”“所以”等词语之前给出的句子都是前提，而之后的句子则是结论。不难看到，这个推理包含许多原子命题，因此使用真值表或等值演算进行验证不是十分合适，应该基于自然推理系统的推理规则构造论证验证上述推理的有效性。

**【解答】**通过通读上面的推理，可发现它包含下面的原子命题。

| | | |
|---|---|---|
| $p$：超人能阻止邪恶 | $q$：超人愿意阻止邪恶 | $r$：超人是万能的 |
| $s$：超人是仁慈的 | $t$：存在邪恶 | $w$：超人存在 |

上述推理的前提包括：

（1）“如果超人不能阻止邪恶，他就不是万能的”符号化为 $\neg p \to \neg r$。

（2）“如果超人不愿意阻止邪恶，那么他就不是仁慈的”符号化为 $\neg q \to \neg s$。

（3）“只有当超人或者不愿意或者不能够阻止邪恶时，邪恶才能存在”符号化为 $t \to (\neg p \vee \neg q)$。

（4）“邪恶是存在的”符号化为 $t$。

（5）“如果超人存在，那么他既是万能的也是仁慈的”符号化为 $w \to (r \wedge s)$。

而上述推理的结论是 $\neg w$，因此要验证的推理形式是：

$$\neg p \to \neg r,\ \neg q \to \neg s,\ t \to (\neg p \vee \neg q),\ t,\ w \to (r \wedge s) \Longrightarrow \neg w$$

推理的结论是否定式，因此使用反证法构造论证：

| | |
|---|---|
| (1) $w$ | // 附加前提 |
| (2) $w \to (r \wedge s)$ | // 前提 |
| (3) $r \wedge s$ | // (1),(2) 假言推理 |
| (4) $r$ | // (3) 化简规则 |

(5) $\neg p \to \neg r$　　// 前提

(6) $p$　　// (4),(5) 假言易位

(7) $t$　　// 前提

(8) $t \to (\neg p \vee \neg q)$　　// 前提

(9) $\neg p \vee \neg q$　　// (7),(8) 假言推理

(10) $\neg q$　　// (6),(9) 析取三段论

(11) $s$　　// (3) 合取消除

(12) $\neg q \to \neg s$　　// 前提

(13) $q$　　// (11),(12) 假言易位

(14) $\neg w$　　// (1),(10),(13) 反证法

因此题中给出的推理是有效的。

**【讨论】** 反证法的关键是在引入附加前提之后得到矛盾，也就是说，既得到一个公式，又得到这个公式的否定。上面的论证在引入附加前提 $w$ 之后，既得到 $q$ 又得到 $\neg q$，从而由反证法可得到 $\neg w$。但实际上，在引入附加前提 $w$ 之后，也可得到 $p$ 和 $\neg p$，或者 $s$ 和 $\neg s$ 作为矛盾，读者不妨自己尝试。实际上，在自然推理系统中，验证一个推理有效性的论证可以有多个，这使得很难设计算法实现论证的计算机自动构造，而编写计算机程序验证一个公式序列是否论证则相对容易一些。

**问题 2.32**　在一个案件的调查过程中，警察询问了甲、乙、丙、丁四位证人，从这四位证人的问话中，警察能确定：如果甲说的是真话，则乙说的也是真话；乙和丙说的不可能都是真话；丙和丁说的不可能都不是真话；如果丁说的是真话，则乙说的不是真话。请问从这些情况中，警察能得到什么结论？谁说的是真话？谁说的不是真话？

**【分析】** 此类问题给出了一些前提，没有具体的结论，但一般仍然是基于推理系统的推理规则考察能得到怎样的结论。为此我们将前提使用逻辑公式进行符号化，然后检查可以使用怎样的推理规则以得到一些结论。

**【解答】** 根据警察确定的事实，可分别将“甲说的是真话”“乙说的是真话”“丙说的是真话”“丁说的是真话”作为原子命题，分别用命题变量 $p, q, r, s$ 表示，那么警察确定的事实可符号化为：

（1）“如果甲说的是真话，则乙说的也是真话”符号化为 $p \to q$。

（2）“乙和丙说的不可能都是真话”符号化为 $\neg(q \wedge r)$，逻辑等值于 $\neg q \vee \neg r$。

（3）“丙和丁说的不可能都不是真话”符号化为 $\neg(\neg r \wedge \neg s)$，逻辑等值于 $r \vee s$。

（4）“如果丁说的是真话，则乙说的不是真话”符号化为 $s \to \neg q$。

由于所需的结论是应该谁说的是真话，谁说的不是真话，又前提中有公式 $p \to q$，所以引入 $p$ 作为附加前提，看能否得到矛盾，如果得到矛盾，则由反证法，可得到 $\neg p$。

因此，构造下面的论证：

$$
\begin{array}{lll}
(1) & p & // \text{附加前提} \\
(2) & p \to q & // \text{前提} \\
(3) & q & // (1), (2) \text{假言推理} \\
(4) & s \to \neg q & // \text{前提} \\
(5) & \neg s & // (3),(4) \text{假言易位} \\
(6) & r \vee s & // \text{前提} \\
(7) & r & // (5),(6) \text{析取三段论} \\
(8) & \neg q \vee \neg r & // \text{前提} \\
(9) & \neg r & // (3), (8) \text{析取三段论} \\
(10) & \neg p & // (1), (7), (9) \text{反证法}
\end{array}
$$

也即根据警察能确定的事实，可得到 $\neg p$，即甲说的不是真话。仔细考察上面的论证，发现矛盾实际上在得到 $q$ 之后才发现，因此可得到如果将 $q$ 作为附加前提引入也会得到矛盾。因此，也可得到结论 $\neg q$，即乙说的也不是真话。对于 $r$，不难看到，无论以 $r$ 或 $\neg r$ 作为附加前提引入，都不会得到矛盾。同样，无论以 $s$ 或 $\neg s$ 作为附加前提引入，也不会得到矛盾，因此无法确定丙和丁说的是真话还是假话，目前能得到的结论只是 $r \vee s$，即丙和丁至少有一个人说的是真话。

综上，根据警察目前能确定的事实，能得到的结论有 $\neg p, \neg q$ 和 $r \vee s$，即甲和乙说的都不是真话，而丙和丁至少有一个说的是真话。

**【讨论】**(1) 由于结论通常都是确定前提中的原子命题是否为真，因此这一类的问题也可以像求解问题 2.30 那样使用等值演算，即将给定的前提也看作是规范，求解满足该规范的成真赋值，从而得到每个原子命题是否为真。例如，对于这里的问题，求解下面公式的成真赋值：

$$(\neg p \vee q) \wedge (\neg q \vee \neg r) \wedge (r \vee s) \wedge (\neg s \vee \neg q)$$

通过基于编码的扩展，不难得到与这个公式逻辑等值的主合取范式包含除 $M_1$, $M_2$ 和 $M_3$ 之外的所有极大项，也即与之逻辑等值的主析取范式是 $m_1 \vee m_2 \vee m_3$。命题变量 $p, q, r, s$ 的真值赋值分别是 0001, 0010, 0011，因此也可得到甲和乙说的都不是真话，而丙和丁至少有一个说真话的结论。

(2) 等值演算或真值表求解普通逻辑问题可以考察原子命题的所有可能真值赋值情况，但是人工计算量比较大。利用自然推理系统求解接近人们求解问题的思路，比较自然、简便，但是只能构造有效推理的论证，当不能构造论证时，就不能非常严谨地求解问题，例如对于这一问题，无论引入 $s$ 还是 $\neg\ s$ 都不能构造得到矛盾的论证，也即我们很难严谨地得到结论 $s$ 或 $\neg s$，因为很难严谨地证明一定不能构造从已知前提得到结论 $s$ 或 $\neg s$ 的论证。

简单地说，在基于自然推理系统求解问题时，对于一个推理，如果构造出了验证其有效性的论证，那么可以肯定它是有效的推理，但如果没有构造出论证，那么并不能肯定它就不是有效的推理。

最后需要指出的是，本节讨论的普通逻辑问题都容易提取原子命题，而且提取的原子命题不多，这类问题适合使用命题逻辑公式对问题进行符号化，然后利用真值表、等值演算或推理理论进行求解。

有更多逻辑问题，例如一些说谎者和说真话者的逻辑谜题 [6, 7]，以及各种属性的配对问题 [7] 等由于条件很多，并依赖于一些常识，很难提取原子命题，或者提取的原子命题太多，这时过于符号化的讨论都比较困难，更适合像数学证明那样省略很多前提、省略很多中间步骤式的逻辑推理。

由于这里希望读者重点学习的是逻辑语言的符号化严谨表示，即逻辑公式及相关问题，所以不讨论逻辑在这些复杂问题求解方面的应用，有兴趣的读者可参阅相关文献（例如文献 [7]）。

### 2.6.3　算法性质的逻辑分析

程序或算法的选择结构包含分支条件，循环结构包含循环条件，程序或算法根据这些条件为真或为假而执行不同的语句或步骤。因此，程序或算法中的条件就是具有真假值的命题，程序设计语言中的条件表达式就是逻辑公式，对程序或算法某些性质的分析必然用到有关逻辑公式的知识。这里用一个简单的例子说明命题逻辑在算法性质分析中的应用。

**问题 2.33**　第 1 章给出了两个判断某年份是否闰年的算法，其中算法 1.1 只有一个步骤：

**if**（year 是 400 的倍数，或是 4 的倍数且不是 100 的倍数）**then** 返回“Yes” **else** 返回“No”

而算法 1.2 有三个步骤：

**if**（year 是 400 的倍数）**then** 返回“Yes”
**if**（year 是 100 的倍数）**then** 返回“No”
**if**（year 是 4 的倍数）**then** 返回“Yes” **else** 返回“No”

这两个算法对同一个年份 year 是否产生相同的输出？

**【分析】**对于这两个算法而言，对于一个年份 year，产生相同的输出就是指它们不仅**在相同的情况下返回“Yes”，而且也在相同的情况下返回“No”**。为此我们提取算法的选择结构中包含的原子命题，并根据算法的执行过程，包括返回语句的含义进行分析。

**【解答】**这两个算法的选择结构中包含以下原子命题。

$p$：year是 400 的倍数　　$q$：year是 4 的倍数　　$r$：year是 100 的倍数

算法 1.1 返回 “Yes” 当且仅当命题逻辑公式 $p \vee (q \wedge \neg r)$ 的真值为真，而算法 1.2 在两种情况下返回 “Yes”。

（1）一种情况下是在第一个步骤，当 `year` 是 400 的倍数时，即当 $p$ 为真时。

（2）另一种情况下是在第三个步骤，根据算法返回语句的含义，要执行到第三个步骤，必须第一个步骤和第二个步骤中选择结构的条件都为假，也即是在 $\neg p$ 为真且 $\neg r$ 为真的情况下才执行第三个步骤，而第三个步骤在 `year` 是 4 的倍数，也即 $q$ 为真时才返回 “Yes”，因此这种情况是在 $\neg p \wedge \neg r \wedge q$ 为真时才返回 “Yes”。

这两种情况是**逻辑或**关系，因此算法 1.2 返回 “Yes” 当且仅当下面的逻辑公式的真值为真：

$$p \vee (\neg p \wedge \neg r \wedge q)$$

根据命题逻辑的等值演算有：

$$\begin{aligned} p \vee (\neg p \wedge \neg r \wedge q) &\equiv (p \vee (\neg p)) \wedge (p \vee (q \wedge \neg r) && \text{// 分配律、交换律} \\ &\equiv p \vee (q \wedge \neg r) && \text{// 排中律、同一律} \end{aligned}$$

这表明这两个算法在相同的情况下返回 “Yes”。

根据算法选择结构的执行，算法 1.1 返回 “No” 当且仅当下面的逻辑公式的真值为真：

$$\neg(p \vee (q \wedge \neg r))$$

而算法 1.2 返回 “No” 也有两种情况。

（1）在第二个步骤当 `year` 是 100 的倍数时，注意到第二个步骤是在第一个步骤的条件为假时才执行，因此这种情况是当 $\neg p$ 为真且 $r$ 为真时才返回 “No”，也即是当 $\neg p \wedge r$ 为真时返回 “No”。

（2）在第三个步骤当 `year` 是 4 的倍数为假时，注意到这个步骤是在 $\neg p$ 为真且 $\neg r$ 为真的情况下才执行，因此这种情况是在 $\neg p \wedge \neg r \wedge \neg q$ 为真时才返回返回 “No”。

这两种情况同样是逻辑或关系，因此算法 1.2 返回 “No” 当且仅当下面的逻辑公式的真值为真：

$$(\neg p \wedge r) \vee (\neg p \wedge \neg r \wedge \neg q)$$

根据命题逻辑的等值演算有：

$$\begin{aligned} \neg(p \vee (q \wedge \neg r)) &\equiv \neg p \wedge \neg(q \wedge \neg r) && \text{// 德摩根律} \\ &\equiv \neg p \wedge (\neg q \vee r) && \text{// 德摩根律、双重否定律} \\ (\neg p \wedge r) \vee (\neg p \wedge \neg r \wedge \neg q) &\equiv \neg p \wedge (r \vee (\neg r \wedge \neg q)) && \text{// 分配律} \\ &\equiv \neg p \wedge ((r \vee \neg r) \wedge (r \vee \neg q)) && \text{// 分配律} \\ &\equiv \neg p \wedge (\neg q \vee r) && \text{// 排中律、同一律、交换律} \end{aligned}$$

这表明这两个算法也在相同的情况下返回 “No”。综上，这两个算法有相同的输出结果。

【讨论】(1) 通过这个简单的例子，读者应该初步理解如何确定程序或算法在怎样的条件下才会执行某个语句，特别是当选择结构或循环结构中包含返回语句立即终止算法的操作时，或者包含类似 C++、Java 程序的 `break`、`continue` 控制结构时更需要明确语句的执行条件。例如，对上面的例子，读者应该清楚算法 1.2 在有返回语句的情况下，第二个步骤、第三个步骤的执行条件。

(2) 证明两个算法或程序具有相同功能，或者将算法或程序变换为具有相同功能的算法或程序不是容易的事情。将算法或程序条件表达式的原子命题进行提取，并使用逻辑公式符号化有助于理解程序或算法执行某个步骤或语句的条件，使得我们对程序的功能有更好的理解，从而为优化程序结构提供一些帮助。算法 1.2 可认为是算法 1.1 的优化，因为它的每个步骤的条件都更为简单，但其正确性需要建立在对一个年份是闰年的条件有更好理解的基础上。命题逻辑的等值演算有助于人们探讨不同的条件是否逻辑等值。

## 2.7 本章小结

本章主要学习命题逻辑语言的符号化表示——命题逻辑公式的语法（构成规则）、语义（真值的确定），以及命题逻辑公式之间两种最重要的真值关系，即逻辑等值和推理关系。命题逻辑的等值演算用于确定两个命题逻辑公式是否逻辑等值。命题逻辑的自然推理系统给出基本的推理规则构造论证，以验证从一组前提得到一个结论的推理的有效性。命题逻辑的等值演算和自然推理系统都运用了模块化、公理化的思维，即找到最基本的逻辑等值式、最基本的推理规则，重用基本的逻辑等值式或基本的推理规则去构造复杂逻辑等值式和验证复杂推理的有效性。

本章要掌握的基本概念包括原子命题、复合命题、命题逻辑公式的成真赋值和成假赋值、永真式、矛盾式、偶然式、逻辑等值、推理的有效性、验证推理有效性的论证。需要熟悉的重要结果是永真式的性质（定理 2.4)，即永真式中的命题变量用任意公式替换得到的公式还是永真式，而逻辑公式等值、推理的有效性都基于永真式进行定义。

通过本章的学习，读者要能够判断一个句子是否命题，是原子命题还是复合命题，能够将自然语言命题符号化为命题逻辑公式，能够构造命题逻辑公式的真值表，判断命题逻辑公式是否永真式、矛盾式还是偶然式，能够利用真值表或等值演算证明两个逻辑公式逻辑等值，能够利用真值表或等值演算得到与一个逻辑公式等值的主析取范式和主合取范式，能够符号化自然语言给出的推理，并构造论证验证推理的有效性。

## 2.8 习题

**练习 * 2.1** 判断下列句子哪些是命题？哪些不是命题？对于是命题的句子，说明是原子命题还是复合命题。

（1）离散数学是计算机专业的必修课。

（2）$y > 10$。

（3）中山大学是地处粤港澳大湾区的一所大学。

（4）计算机能思考吗？

（5）课堂上请不要讲小话！

（6）2 是质数当且仅当三角形有三条边。

（7）北京既举办过夏季奥运会，又举办过冬季奥运会。

（8）班上同学或者熟悉 C++ 语言，或者熟悉 Java 语言。

**练习 2.2** 画出下面每个公式的抽象语法树。

（1）$((\neg(\neg r)) \to (\neg(q \vee p)))$

（2）$((r \to (q \leftrightarrow s)) \vee (q \leftrightarrow s))$

（3）$(((p \vee p) \leftrightarrow (p \wedge s)) \to (p \wedge s))$

（4）$(\neg(((q \vee r) \leftrightarrow (t \wedge s)) \leftrightarrow (t \wedge s)))$

（5）$((((\neg t) \vee (r \wedge r)) \to (\neg s)) \leftrightarrow (\neg(r \wedge r)))$

（6）$((((\neg p) \leftrightarrow (s \wedge q)) \vee (s \leftrightarrow r)) \to (s \wedge q))$

**练习 * 2.3** 分别列出下面每个公式的所有子公式。

（1）$((((\neg t) \vee (r \wedge r)) \to (\neg s)) \leftrightarrow (\neg(r \wedge r)))$

（2）$((((\neg p) \leftrightarrow (s \wedge q)) \vee (s \leftrightarrow r)) \to (s \wedge q))$

（3）$(p \to q \wedge r) \wedge (\neg p \to (\neg q \wedge \neg r))$

（4）$(p \to (q \to r)) \leftrightarrow ((p \wedge q) \to r)$

**练习 * 2.4** 设命题变量集 $\mathbf{Var} = \{p, q, r, s, t\}$，真值赋值函数 $\sigma : \mathbf{Var} \to \mathbf{2}$ 定义如下：

$$\sigma(p) = \mathbf{0} \qquad \sigma(q) = \mathbf{1} \qquad \sigma(r) = \mathbf{0} \qquad \sigma(s) = \mathbf{1} \qquad \sigma(t) = \mathbf{1}$$

分别给出下面公式在真值赋值函数 $\sigma$ 下的真值。

（1）$((((q \vee t) \wedge (\neg(p \vee s))) \vee (s \vee t)) \wedge t)$

（2）$((((t \wedge p) \leftrightarrow (q \wedge r)) \wedge (s \vee t)) \to (q \wedge r))$

**练习 2.5** 将使用公式 $B$ 替换 $A$ 中的所有命题变量 $p$ 得到的公式记为 $A[B/p]$，这可根据公式 $A$ 的结构进行归纳定义。填写下面有关这个归纳定义的空。

（1）**归纳基**：如果公式 $A$ 就是命题变量 $p$，则 $A[B/p]$ 的结果是 $B$，也即 $p[B/p] = B$；如果公式 $A$ 是命题变量 $q$，这里 $q \neq p$，则 $A[B/p]$ 的结果是 ____________，也即 $q[B/p] =$ ____________。

（2）**归纳步**：如果公式 $A$ 是公式 $(\neg C)$，则 $A[B/p]$ 的结果是 $(\neg C[B/p])$，也即 $(\neg C)[B/p] = (\neg C[B/p])$；如果公式 $A$ 是公式 $(C \oplus D)$，这里 $\oplus$ 代表 $\wedge, \vee, \to$ 或 $\leftrightarrow$，则 $A[B/p]$ 的结果是 ____________，也即 $(C \oplus D)[B/p] =$ ____________。

**练习 2.6** 给定命题变量集 $\mathbf{Var}$ 和真值赋值函数 $\sigma : \mathbf{Var} \to \mathbf{2}$。对于命题变量 $p \in$

$\mathbf{Var}$，以及 $t \in \mathbf{2}$，定义真值赋值函数 $\sigma[p \mapsto t] : \mathbf{Var} \to \mathbf{2}$ 为：对任意命题变量 $q \in \mathbf{Var}$，

$$\sigma[p \mapsto t](q) = \begin{cases} t & \text{如果 } q = p \\ \sigma(q) & \text{如果 } q \neq p \end{cases}$$

直观地，$\sigma[p \mapsto t]$ 除了将命题变量 $p$ 赋值为 $t$ 之外，对其他命题变量的赋值与 $\sigma$ 相同。

（1）证明：对任意公式 $A$ 和 $B$，$\sigma(A[B/p]) = \sigma[p \mapsto \sigma(B)](A)$。直观地，使用公式 $B$ 替换公式 $A$ 中 $p$ 的所有出现得到的公式 $A[B/p]$ 在真值赋值函数 $\sigma$ 下的真值等于公式 $A$ 在真值赋值函数 $\sigma[p \mapsto \sigma(B)]$ 下的真值（提示：基于 $A[B/p]$ 的归纳定义对 $A$ 的结构进行归纳证明）。

（2）根据（1），使用反证法证明如果 $A$ 是永真式，$p$ 是命题变量，则对于任意的公式 $B$，$A[B/p]$ 也是永真式（这就严格地证明了定理 2.4）。

**练习 2.7**　证明下面的公式是永真式：

（1）$(\neg q \wedge (p \to q)) \to \neg p$　　（2）$((p \vee q) \wedge \neg p) \to q$

**练习 * 2.8**　构造下面公式的真值表，并判断它的类型，即是永真式、矛盾式还是偶然式。

（1）$\neg(r \to \neg q) \vee (p \wedge \neg r)$　　（2）$(\neg p \to q) \vee (q \wedge \neg r)$

（3）$(p \to q \wedge r) \wedge (\neg p \to (\neg q \wedge \neg r))$　　（4）$(p \to (q \to r)) \leftrightarrow ((p \wedge q) \to r)$

**练习 2.9**　判断下面公式的类型，即是永真式、矛盾式还是偶然式。

（1）$\neg(r \to \neg q) \vee (p \to \neg r)$　　（2）$(\neg p \vee \neg q) \to (p \leftrightarrow \neg q)$

（3）$(p \to q) \wedge (\neg p \to \neg q)$　　（4）$(p \to q \to r) \to (p \to q) \vee (q \to r)$

**练习 2.10**　定义联结词“异或 $(\bar{\vee})$”为：$p \bar{\vee} q$ 为真当且仅当 $p$ 和 $q$ 的真值不同，请根据此定义，使用列真值表的方法证明下列等值式：

（1）$(p \bar{\vee} q) \bar{\vee} r \equiv p \bar{\vee} (q \bar{\vee} r)$

（2）$p \wedge (q \bar{\vee} r) \equiv (p \wedge q) \bar{\vee} (p \wedge r)$

**练习 2.11**　设公式 $A$ 与 $A'$ 逻辑等值，$B$ 与 $B'$ 逻辑等值。证明：(1) $(\neg A) \equiv (\neg A')$；(2) $A \wedge B \equiv A' \wedge B', A \vee B \equiv A' \vee B', A \to B \equiv A' \to B'$ 以及 $A \leftrightarrow B \equiv A' \leftrightarrow B'$。

**练习 2.12**　使用命题逻辑的等值演算证明下面的逻辑等值式。

（1）$\neg(r \vee (q \wedge (\neg r \to \neg p))) \equiv \neg r \wedge (p \vee \neg q)$

（2）$\neg(p \vee \neg q) \to (q \to r) \equiv q \to (p \vee r)$

（3）$(\neg p \wedge (\neg q \wedge r)) \vee (q \wedge r) \vee (p \wedge r) \equiv r$

（4）$(p \to (q \to p)) \equiv (\neg p \to (p \to \neg q))$

**练习 * 2.13**　证明下面的逻辑等值式。

（1）$(p \vee q) \wedge (q \vee r) \wedge (r \vee p) \equiv (p \wedge q) \vee (q \wedge r) \vee (r \wedge p)$

（2）$\neg(p \wedge q) \to (p \to (\neg p \vee q)) \equiv \neg p \vee q$

（3）$(p \wedge q) \vee (\neg p \wedge r) \vee (q \wedge r) \equiv (p \wedge q) \vee (\neg p \wedge r)$

（4）$p \leftrightarrow (q \leftrightarrow r) \equiv (p \leftrightarrow q) \leftrightarrow r$

**练习 2.14** 判定公式 $p \to (q \to r)$ 是否与 $\neg(p \wedge q) \vee r$ 逻辑等值，并给出证明。

**练习 2.15** 判定公式 $(p \vee q) \leftrightarrow (p \vee r)$ 是否与 $p \vee (q \leftrightarrow r)$ 逻辑等值，并给出证明。

**练习 2.16** 使用命题逻辑的等值演算求分别与下面公式逻辑等值的主析取范式和主合取范式。

（1）$p \to (\neg q \wedge \neg r)$　　（2）$((p \vee q) \to r) \to q$

（3）$(\neg p \wedge q) \to r$　　（4）$p \to ((q \wedge r) \to s)$

**练习 2.17** 使用列真值表的方法求分别与下面公式逻辑等值的主析取范式和主合取范式。

（1）$(p \to (q \wedge r)) \wedge (\neg p \to (\neg q \wedge \neg r))$　　（2）$(\neg p \to \neg q) \vee r$

（3）$(\neg p \to q) \to (\neg q \vee p)$　　（4）$(\neg p \vee \neg q) \to (p \leftrightarrow \neg q)$

**练习 * 2.18** 求分别与下面公式逻辑等值的主析取范式和主合取范式。

（1）$(q \vee \neg p) \to r$　　（2）$(p \to (q \wedge r)) \leftrightarrow ((p \vee q) \to r)$

（3）$(p \wedge \neg r) \vee (s \wedge p)$　　（4）$((p \vee \neg q) \to r) \leftrightarrow q$

**练习 * 2.19** 构造验证下面推理有效性的论证。

（1）$p \to q,\ (\neg q \vee r) \wedge \neg r,\ \neg(\neg p \wedge s) \implies \neg s$

（2）$p \to (q \to r), (q \wedge s) \to t, \neg u \to (s \wedge \neg t) \implies p \to (q \to u)$

（3）$p \to q,\ r \to s,\ \neg q \vee t,\ \neg s \vee w,\ \neg(t \wedge w), p \to r \implies \neg p$

（4）$\neg(p \to q) \to \neg(r \vee s),\ (q \to p) \vee \neg r,\ r \implies p \leftrightarrow q$

（5）$s \to \neg q, s \vee p, \neg p \leftrightarrow q \implies p$

（6）$p \to (q \vee r), s \to \neg r, p \wedge s \implies q$

（7）$\neg(p \wedge q),\ q \vee r,\ \neg r \implies \neg p$

（8）$p \to (q \to r), r \to \neg r, s \to p, t \to q \implies s \to \neg t$

**练习 2.20** 指出下列句子中的原子命题，并依次用 $p, q, r$ 表示，然后将整个句子符号化。

（1）这台计算机虽然配置很好，但是很贵，我没有钱购买。

（2）我和小刘是很好的朋友。

（3）小周只有上数学课，才认真听。

（4）小周只要上数学课，就认真听。

（5）除非是上数学课，否则小周不会认真听。

（6）两个三角形全等当且仅当其对应的边都相等。

**练习 * 2.21** 指出下列句子中的原子命题，并依次用 $p, q, r$ 表示，然后将整个句子符号化。

（1）若 $a$ 和 $b$ 是奇数，则 $a+b$ 是偶数。

（2）只有在正整数 $n \leqslant 2$ 时，不定方程 $x^n + y^n = z^n$ 才有正整数解。

（3）两矩阵相等当且仅当其对应的元素分别相等。

（4）这苹果虽然甜，但我不打算买。

（5）除非我接到正式邀请，否则我不去参加圣诞晚会。

（6）我和小王是同学。

（7）尽管她学习成绩不太好，但她的动手能力很强。

（8）我的手机没电了，借你的手机用了一下。

**练习 * 2.22**　使用命题变量 $p$：“小李修离散数学”、$q$：“小李可以毕业”、$r$：“小李可以找工作”、$s$：“小李读完这本书”符号化下面的语句。

（1）如果小李不修离散数学，则他不可以毕业。

（2）如果小李不可以毕业，则他不可以找工作。

（3）如果小李读完这本书，则他可以找工作。

（4）小李没有修离散数学但是他读完了这本书。

说上述语句是**一致的** (consistent)，如果存在对其中命题变量（即 $p,q,r,s$）的真值赋值，使得上述语句（符号化得到的命题）的真值都为真。试判断上述语句是否一致，并说明理由。

**练习 2.23**　写出命题“如果你努力尝试，那么你会成功”的逆命题、逆否命题和否命题。

**练习 * 2.24**　已知 $p,q,r,s$ 4 人有且仅有两人参加围棋比赛，但必须满足下列四项条件。

（1）$p$ 和 $q$ 仅一人参加。

（2）若 $r$ 参加，则 $s$ 也参加。

（3）$q$ 和 $s$ 至多参加一人。

（4）若 $s$ 不参加，则 $p$ 也不参加。

使用命题逻辑的等值演算求解应派哪两个人参加。

**练习 2.25**　4 个代表队甲、乙、丙和丁进行比赛，观众 A,B 和 C 对比赛的胜负问题进行猜测：A 说“甲只能取第三，丙是冠军”；B 说“丙只能取第二，乙是第三”；C 说“丁取第二，甲是第一”。比赛结束后，对照真正的名次，发现他们都只猜对了一半，请问比赛名次到底是怎样的？

**练习 2.26**　某勘探队有 3 名队员，有一天取得一块矿样，三人的判断如下。（1）甲说：这不是铁，也不是铜；（2）乙说：这不是铁，是锡；（3）丙说：这不是锡，是铁。经实验鉴定后发现，其中一人两个判断都正确，一人判断对一半，另外一人全错了。试根据以上信息，判断矿样到底是铜、铁还是锡？

**练习 * 2.27**　判断下面的推理是否有效。如果是有效的推理，将它符号化，并给出论证加以验证；如果不是有效的推理，给出理由。

（1）李娟是数学专业或计算机专业学生；如果李娟不懂离散数学，那么她不是数学专业学生；如果李娟懂离散数学，那么她很聪明；李娟不是计算机专业学生。因此，李娟很聪明。

（2）如果今天是星期二，那么我有一次计算方法测验或物理测验。如果物理老师生病，那么没有物理测验。今天是星期二并且物理老师生病。所以，我有一次计算方法测验。

（3）只要张三曾到过受害者房间且 11 点前没有离开，则张三犯了谋杀罪。张三曾到过受害者房间。如果张三在 11 点前离开，则看门人会看见他。看门人没看见他。所以，张三犯了谋杀罪。

**练习 2.28** 一公安人员审查一件盗窃案，得到如下事实：（1）张平或王磊盗窃了机房的计算机一台；（2）若张平盗窃了计算机，则作案时间不可能发生在午夜之前；（3）若王磊的证词正确，则午夜时机房里的灯未灭；（4）若王磊的证词不正确，则作案时间发生在午夜之前；（5）午夜时光机房灯灭了。判断盗窃计算机的是张平还是王磊。

**练习 2.29** 设：① $p$：小王来；② $q$：小张来；③ $s$：小李来；④ $r$：小赵来。符号化下面的推理，并构造论证验证其有效性。

如果小王来，则小张和小李中恰好有一人来。如果小张来，则小赵就不来。所以，如果小赵来了，但小李没来，则小王也没来。

**练习 2.30** 收集有关悖论的相关知识，写成小论文并给全班同学做有关悖论知识的讲座。

**练习 2.31** 收集更多的逻辑谜题及其解答，写成小论文并给全班同学做有关逻辑谜题的讲座。

**练习 2.32** 编写一个计算机程序，基于算法 2.1 构造符合定义 2.2 的命题逻辑公式的抽象语法树（提示：自己确定如何输入和输出逻辑运算符）。

**练习 2.33** 编写一个计算机程序，基于算法 2.2 构造符合定义 2.2 的命题逻辑公式的真值表（提示：自己确定如何输入和输出逻辑运算符）。

**练习 2.34** 编写一个计算机程序，在构造命题逻辑公式抽象语法树的基础上，验证一个为证明两个公式逻辑等值的等值演算过程是否正确，即检查该等值演算过程中使用了怎样的子公式置换，以及使用的基本等值式是否正确。假定所给的等值演算过程中出现的公式都严格符合定义 2.2，且只用到表 2.10 所给的基本等值式。

**练习 2.35** 编写一个计算机程序，给定一个析取范式形式的命题逻辑公式，将其扩展成等值的主析取范式，只需输出该主析取范式包含的所有极小项的编码即可。类似地，给定一个合取范式形式的命题逻辑公式，输出与其逻辑等值的主合取范式包含的所有极大项的编码。

**练习 2.36** 编写一个计算机程序，在构造命题逻辑公式抽象语法树的基础上，检查一个为验证某个推理的有效性而构造的论证是否正确，即检查论证中的每个公式是使用前面哪些公式通过怎样的基本推理规则得到，使用公式替换推理规则的字母是否正确。假定论证中的每个公式都具有定义 2.2 给出的严格使用圆括号的形式，且只用到基本推理规则，在做等值置换时只用到基本等值式。

第3章

# 一 阶 逻 辑

命题不仅可能对单个具体事物的性质或几个具体事物之间的关系做出判断，也可能对一类事物的性质或几类事物之间的关系做出判断。例如，命题“张三是计算机专业学生”是对单个人“张三”的性质的判断，而命题“计算机专业学生要学习离散数学”是对“计算机专业学生”这一类人的性质的判断。

PredLogic-Basic(1)

PredLogic-Basic(2)

命题逻辑只研究复合命题与其子命题之间的真值关系，即逻辑运算符的性质，不能分析一类事物与单个具体事物之间的联系。例如，从“计算机专业学生要学习离散数学”和“张三是计算机专业学生”这两个命题，人们很容易得到“张三要学习离散数学”这个结论，但在命题逻辑中，这三个命题都是独立的原子命题，只能分别使用命题变量 $p, q, r$ 表示，而 $(p \wedge q) \rightarrow r$ 不是命题逻辑的永真式，也即由于无法表达像“张三”这个具体个体与一类个体“计算机专业学生”之间的联系，在命题逻辑中无法分析一些人们广为接受的推理的有效性。

PredLogic-Basic(3)

PredLogic-Basic(4)

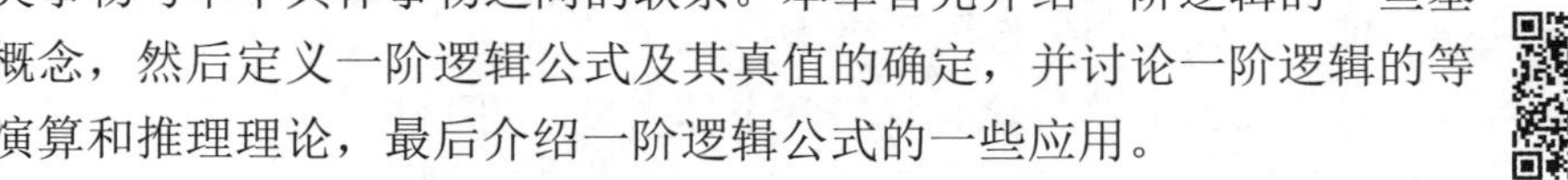

**一阶逻辑** (first-order logic) 对原子命题的结构进行细分，以便表达一类事物与单个具体事物之间的联系。本章首先介绍一阶逻辑的一些基本概念，然后定义一阶逻辑公式及其真值的确定，并讨论一阶逻辑的等值演算和推理理论，最后介绍一阶逻辑公式的一些应用。

PredLogic-Basic(5)

## 3.1 一阶逻辑的基本概念

命题是具有真值的陈述句，是对事物是否具有某种性质或事物之间是否具有某种关系的判断。一阶逻辑对原子命题的结构进行细分，将原子命题要判断的事物称为**个体** (individual)，而原子命题中给出的性质或关系称为**谓词** (predicate)。例如，命题“张三是计算机专业学生”中的“张三”是个体，而“……是计算机专业学生”是谓词。

谓词总是要作用于个体，例如，“……是计算机专业学生”中的省略号就是代表谓词要作用的个体。我们使用“$x$ 是计算机专业学生”这种更数学化的句式给出谓词，其中 $x$ 代表某个不确定的个体，在一阶逻辑中称为**个体变量** (individual variable)。我们使用大写字母 $P, Q, R$ 等作用在一个或多个个体变量的形式符号化谓词，例如用 $P(x)$ 表示“$x$ 是计算机专业学生”，用 $Q(x,y)$ 表示“$x$ 和 $y$ 是同学”等。这里 $P(x)$ 是一元谓词，只作用于一个个体，而 $Q(x,y)$ 是二元谓词，作用于两个个体，表示这两个个体之间的关系。能作用的个体数目称为谓词的**元数** (arity)。一元谓词表达个体性质，而二元或更多元谓词表达二个或多个个体之间的关系。

我们使用 $a,b,c$ 等小写字母表示具体的个体，称为**个体常量** (individual constant)。当原子命题是对单个具体事物的性质或几个具体事物间的关系进行判断时，用个体常量表示其中的具体事物，用谓词表示其中的性质和关系，从而将这类命题进行符号化。例如，对原子命题“张三是计算机专业学生”，使用个体常量 $a$ 表示“张三”，谓词 $P(x)$ 表示“$x$ 是计算机专业学生”，从而这个命题符号化为 $P(a)$。对原子命题“张三和李四是同学”，分别使用个体常量 $a$ 和 $b$ 表示“张三”和“李四”，谓词 $Q(x,y)$ 表示“$x$ 和 $y$ 是同学”，从而这个命题符号化为 $Q(a,b)$。

当原子命题是对一类事物的性质或几类事物间的关系进行判断时，人们通常是对一类事物的所有个体或某些个体的性质或参与的关系进行判断。例如命题“计算机专业学生要学习离散数学”是“所有计算机专业学生要学习离散数学”的省略形式，是对“计算机专业学生”这一类人员中所有个体进行判断，而命题“有的计算机专业学生选修数理逻辑”是对“计算机专业学生”这一类人员中某些个体进行判断。

人们将这种命题称为**量化命题** (quantification proposition)，命题中像“所有”“有的”这种修饰事物类的词语称为**量词** (quantifier)。表达事物类的所有个体都具有某种性质或参与某种关系的量词称为**全称量词** (universal quantifier)，在符号化命题时用 $\forall$ 表示；而表达事物类的某些个体具有某种性质或参与某种关系的量词称为**存在量词** (existential quantifier)，用 $\exists$ 表示。用到全称量词的量化命题称为**全称命题**，而用到存在量词的量化命题称为**存在命题**。

量化命题的符号化必须用到个体变量，用于表示某一类事物中某个不确定的个体。个体变量所表示的不确定个体所属的事物类称为该个体变量的**论域** (domain)。例如，对于命题“计算机专业学生要学习离散数学”，可用谓词 $H(x)$ 表示“$x$ 要学习离散数学”，使用个体变量 $x$ 表示“计算机专业学生”这一类人员中某个不确定的个体，即 $x$ 的论域是所有“计算机专业学生”构成的集合，整个命题符号化为 $\forall x H(x)$，读作“对所有 $x$，$H(x)$”，或更准确地读作“对所有计算机专业学生 $x$，$H(x)$”，因为 $x$ 的论域是“计算机专业学生”。

量化命题的符号化需要先确定其中出现的个体变量的论域，不同的论域可能有不同的符号化形式。例如，对于命题“计算机专业学生要学习离散数学”，个体变量 $x$ 的论域也可以是任意包含所有“计算机专业学生”的集合，例如，所有“学生”的集合。这时需要为命题中的事物类，即“计算机专业学生”也引入谓词，这种谓词称为**特征谓词** (characteristic predicate)。仍用 $P(x)$ 表示“$x$ 是计算机专业学生”，当 $x$ 的论域是所有“学生”的集合时，整个命题应细化理解为“对所有学生 $x$，若 $x$ 是计算机专业学生，则 $x$ 要学习离散数学”，从而符号化为 $\forall x(P(x) \to H(x))$。

这里给出了一阶逻辑的基本概念，包括个体、谓词、个体常量、个体变量、全称量词、存在量词、论域和特征谓词。后面介绍一阶逻辑应用时，将在定义一阶逻辑公式语法和语义的基础上更深入地讨论自然语言命题在一阶逻辑中的符号化。

最后要指出的是，一阶逻辑是**一阶谓词逻辑** (first-order predicate logic) 的简称。一阶谓词是指只作用于个体变量的谓词。一阶逻辑不引入可以作用于谓词、函数或者公式的高阶谓词，也不使用取值范围为某类谓词、函数或者公式的谓词变量、函数变量或公式变量等，一阶逻辑的量词也只能作用于个体变量，而不能作用于谓词、函数或公式。例如，“说 $x$ 和 $y$ 是相同的事物，如果对任意性质 $P$，$x$ 具有性质 $P$ 当且仅当 $y$ 具有性质 $P$”就是典型的非一阶逻辑的命题，这里“对任意性质 $P$”就是量词作用于谓词，而非作用于个体变量。

## 3.2　一阶逻辑公式的语法

一阶逻辑公式的语法比命题逻辑公式的语法复杂，首先要将一阶逻辑公式中可以出现的符号分为逻辑符号和非逻辑符号，非逻辑符号由应用一阶逻辑公式的应用领域决定，而逻辑符号与应用领域无关，一阶逻辑本质上是研究逻辑符号，特别是量词的性质。给定非逻辑符号集，先定义一阶逻辑公式中的项，然后再定义一阶逻辑公式。项没有真值，是对个体的符号化，谓词作用于项才是一阶逻辑的原子公式，原子公式通过逻辑运算符和量词按照一定的规则构成一阶逻辑公式。

本节先讨论一阶逻辑公式的符号集，然后定义一阶逻辑公式中的项和一阶逻辑公式，最后讨论一些与一阶逻辑公式语法相关的概念，主要包括量词的辖域、个体变量的约束出现和自由出现、一阶逻辑公式的约束变量和自由变量等。

### 3.2.1　一阶逻辑公式的符号

命题逻辑公式中允许出现的符号包括命题变量符号、逻辑运算符以及圆括号。一阶逻辑公式中允许出现的符号更为复杂，分为**逻辑符号**和**非逻辑符号**。

一阶逻辑公式中出现的逻辑符号包括：① 个体变量符号，使用小写字母 $x, y, z$ 等表示个体变量，记所有个体变量符号构成的集合为 $V$；② 逻辑运算符号，包括否定 $\neg$、逻辑与 $\wedge$、逻辑或 $\vee$、逻辑蕴涵 $\rightarrow$ 和逻辑双蕴涵 $\leftrightarrow$；③ 量词符号，包括全称量词 $\forall$ 和存在量词 $\exists$；④ 辅助符号，包括圆括号 ( 和 )，以及逗号。

一阶逻辑公式中出现的非逻辑符号包括：① 个体常量符号，使用小写字母 $a, b, c$ 等表示个体常量；② 函数符号，使用小写字母 $f, g, h$ 等表示函数，每个函数都有一个元数信息，表明该函数是几元函数；③ 谓词符号，使用大写字母 $F, G, H$ 等表示谓词，每个谓词都有一个元数信息，表明该谓词是几元谓词。

将一阶逻辑公式中可以出现的符号分为逻辑符号和非逻辑符号是因为非逻辑符号与一阶逻辑的具体应用领域相关，例如应用一阶逻辑公式研究整数的性质，可以使用 $0, 1$ 等作为个体常量符号，$+, -, \times, \div$ 等作为函数符号，$\geqslant, \leqslant, =$ 等作为谓词符号，而研究集合的性质，可以使用空集作为常量符号，集合并、交等运算作为函数符号，而子集关系、集合相等作为谓词符号。非逻辑符号由应用领域抽象而得到，在确定一阶逻辑公式的真值时也必须基于应用领域先给出非逻辑符号的解释。因此，区分一阶逻辑公式中的逻辑符号和非逻辑符号有助于读者更好地应用一阶逻辑。

一阶逻辑本身只研究与逻辑符号，特别是与量词符号有关的性质，因此本章总是假定有一个非逻辑符号集，记为 $\mathcal{L}$，其中的个体常量使用小写字母 $a, b, c$ 等表示，函数符号使用 $f, g, h$ 等表示，谓词符号使用 $F, G, H$ 等表示，读者从上下文很容易区别这些符号。一阶逻辑公式在给定的非逻辑符号集 $\mathcal{L}$，以及个体变量集 $V$ 的基础上定义。非逻辑符号集 $\mathcal{L}$ 可以没有个体常量符号和函数符号，但至少要有一个谓词符号。

### 3.2.2 一阶逻辑公式的定义

**定义 3.1** 给定非逻辑符号集 $\mathcal{L}$ 和个体变量集 $V$，一阶逻辑公式中的**项** (term) 归纳定义如下。

(1) **归纳基**：$\mathcal{L}$ 的任意个体常量 $c$ 都是项；$V$ 的任意个体变量 $x$ 也是项。

(2) **归纳步**：对 $\mathcal{L}$ 的任意 $n$ 元函数 $f$，如果 $t_1, t_2, \cdots, t_n$ 是项，则 $f(t_1, t_2, \cdots, t_n)$ 也是项。

直观地说，一阶逻辑公式中的项就是通过函数构造的复杂个体。例如，设 $0, 1$ 是非逻辑符号集 $\mathcal{L}$ 中的个体常量，$+$ 是二元函数，$x, y$ 是个体变量，则 $+(x, y), +(+(x, 0), 1)$ 等是项，当函数是运算符时我们用更熟悉的中缀方式表示，即写成 $(x + y), ((x + 0) + 1)$ 这种形式的表达式。由于在应用领域中广泛存在函数与运算，因此一阶逻辑公式引入函数符号，用基于个体常量和个体变量构造项作为对应用领域中函数或运算表达式的符号化。

**定义 3.2** 给定非逻辑符号集 $\mathcal{L}$ 和个体变量集 $V$，**一阶逻辑公式** (first-order logic formula) 归纳定义如下。

(1) **归纳基**：对 $\mathcal{L}$ 的任意 $n$ 元谓词 $F$，如果 $t_1, t_2, \cdots, t_n$ 是项，则 $F(t_1, t_2, \cdots, t_n)$ 是公式，并称为一阶逻辑的**原子公式**。

(2) **归纳步**：① 如果 $A$ 是一阶逻辑公式，则 $(\neg A)$ 是一阶逻辑公式；② 如果 $A, B$ 是一阶逻辑公式，则 $(A \wedge B), (A \vee B), (A \to B)$ 和 $(A \leftrightarrow B)$ 是一阶逻辑公式；③ 如果 $A$ 是一阶逻辑公式，$x$ 是个体变量，则 $\forall x A$ 和 $\exists x A$ 是一阶逻辑公式。

将 $(\neg A), (A \wedge B), (A \vee B), (A \to B)$ 和 $(A \leftrightarrow B)$ 分别称为否定式、合取式、析取式、蕴涵式和双蕴涵式，而将 $\forall x A$ 称为全称量词公式，$\exists x A$ 称为存在量词公式。

后面有时将一阶逻辑公式简称为**一阶公式**，或者直接称公式，因为在没有特别说明的情况下，本章说的公式都是指一阶逻辑公式。注意，上述定义要求非逻辑符号集 $\mathcal{L}$ 至少有一个谓词符号（否则不能构造出原子公式，更不能构造出其他一阶公式）。

**例子 3.1** 设非逻辑符号集 $\mathcal{L}$ 有一元谓词 $F$ 和二元谓词符号 $G, H$，个体变量集 $V$ 有个体变量 $x, y, z$，则下面是一阶逻辑公式的例子。

(1) $\forall x(F(x) \to \exists y G(x, y))$

（2）$\forall x F(x) \land \exists y(F(y) \land \forall z H(y,z))$

（3）$(\forall x(F(x) \land H(x,y)) \to \exists x(G(x,y) \to (\neg \exists y H(x,y))))$

（4）$\exists x((G(x,y) \lor (\neg(\exists y F(y) \land H(x,y)))) \land \forall z \exists y(F(z) \leftrightarrow H(z,y)))$

与命题逻辑公式类似，对于复杂的一阶逻辑公式，根据定义 3.2 画出公式的抽象语法树更容易看清楚它的语法结构。图 3.1 是上面（3）给出的一阶公式的抽象语法树，可以看到它是一个逻辑蕴涵式，前件是由全称量词 $\forall x$ 构造的子公式 $\forall x A$，其中 $A$ 是一个合取式，而后件是由存在量词 $\exists x$ 构造的子公式 $\exists x B$，其中 $B$ 是一个逻辑蕴涵式。

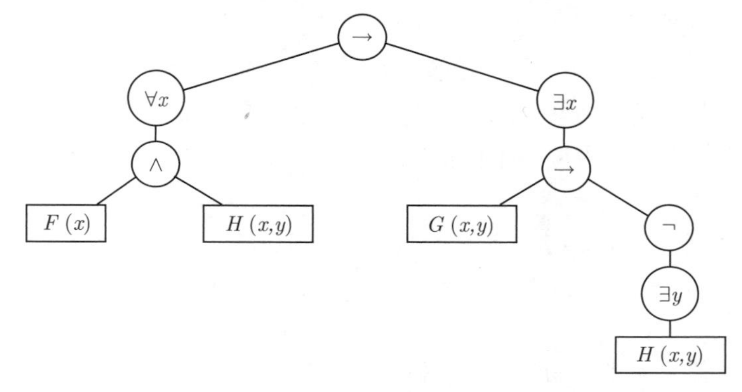


图 3.1 公式 $(\forall x(F(x) \land H(x,y)) \to \exists x(G(x,y) \to (\neg \exists y H(x,y))))$ 的抽象语法树

注意，在给出一阶公式的抽象语法时，叶子节点是原子公式，不再给出原子公式的语法构造（即不再给出原子公式是怎样由谓词作用于项而得到）。我们将量词及其约束的个体变量一起作为一阶公式的一种构造方式，标记抽象语法树的内部节点，例如上面（3）给出的一阶公式的逻辑蕴涵前件是由 $\forall x$ 构造的子公式，而后件是由 $\exists x$ 构造的子公式。

图 3.2 是上面（4）给出的一阶公式的抽象语法树，它最后由存在量词 $\exists x$ 构造，具有 $\exists x A$ 的形式，其中 $A$ 是一个合取式 $(B \land C)$，其中 $B$ 是一个析取式，而 $C$ 是一个全称量词公式 $\forall z D$，这里 $D$ 又是一个存在量词公式等。

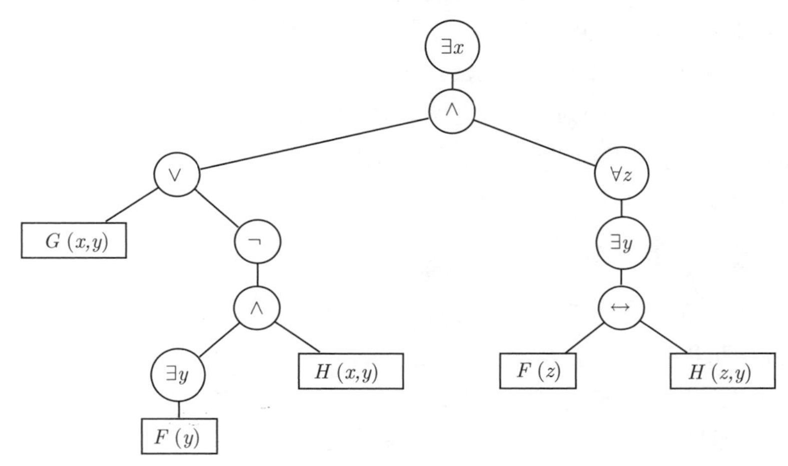


图 3.2 公式 $\exists x((G(x,y) \lor (\neg(\exists y F(y) \land H(x,y)))) \land \forall z \exists y(F(z) \leftrightarrow H(z,y)))$ 的抽象语法树

我们选了例子 3.1的（3）和（4）给出的两个比较复杂的公式说明一阶公式的语法结构和抽象语法树，（1）和（2）给出的公式语法结构比较简单，读者可自己练习画出它们的抽象语法树。在实际应用中，下面例子的一阶公式可能更为常见。

**例子 3.2** 设非逻辑符号集 $\mathcal{L}$ 有个体常量符号 $0, 1$，有二元函数符号 $+$ 和 $*$，以及二元谓词符号 $\leqslant, =$，个体变量集 $V$ 有个体变量 $x, y$，则下面是一阶逻辑公式的例子。

（1）$\forall x((0 \leqslant x) \to \exists y(x = y * y))$ （2）$\forall x \exists y(x \leqslant y)$

（3）$(\exists x \forall y(x + y = y) \wedge \forall x \exists y(x * y = 1))$ （4）$\exists x \forall y(x \leqslant y)$

这里将项和原子公式都写成了更为熟悉的中缀表示形式，也即原子公式 $0 \leqslant x$ 严格地说应该是 $\leqslant (0, x)$，而项 $y * y$ 严格地说应该是 $*(y, y)$，等等。

基于一阶逻辑公式的抽象语法树，我们可清楚地看到每个公式包含哪些子公式，因为这个公式的抽象语法树的每棵子树都对应它的一个子公式。具体来说，可如下定义一阶逻辑公式的子公式。

**定义 3.3** 一阶逻辑公式 $A$ 的**子公式** (sub-formula) 按如下方式归纳定义。

（1）若公式 $A$ 是原子公式 $F(t_1, t_2, \cdots, t_n)$，则它的子公式只有它自己，即只有 $F(t_1, t_2, \cdots, t_n)$。

（2）若公式 $A$ 是公式 $(\neg B)$，则它的子公式包含 $A$，以及 $B$ 的所有子公式。

（3）若公式 $A$ 是公式 $(B \oplus C)$，这里 $\oplus$ 代表 $\wedge, \vee, \to$ 或 $\leftrightarrow$，则它的子公式包括 $A$，以及 $B$ 和 $C$ 的所有子公式。

（4）若公式 $A$ 是公式 $\forall x B$ 或 $\exists x B$，则它的子公式包括 $A$，以及 $B$ 的所有子公式。

**例子 3.3** （1）公式 $\forall x \exists y(x \leqslant y)$ 的子公式除它自己外还有：$\exists y(x \leqslant y)$ 和 $x \leqslant y$。

（2）公式 $(\exists x \forall y(x+y = y) \wedge \forall x \exists y(x*y = 1)$ 的子公式除它自己外还有 $\exists x \forall y(x+y = y), \forall x \exists y(x * y = 1), \forall y(x + y = y), \exists y(x * y = 1), x + y = y, x * y = 1$。

通过规定优先级和组合性可省略一阶公式中的一些圆括号。通常规定量词的优先级最高，然后是否定、合取、析取、蕴涵和双蕴涵运算符，因此公式 $\forall x F(x) \wedge G(x, y)$ **不是**$\forall x(F(x) \wedge G(x, y))$。蕴涵从右至左结合，而合取、析取和双蕴涵都是从左至右结合。注意，使用量词构造公式时，我们采用简单的形式 $\forall x A$ 和 $\exists x A$，而不是 $(\forall x A)$ 和 $(\exists x A)$，也不是 $\forall x(A)$ 和 $\exists x(A)$，这意味着：① 当最后一步是使用量词构造公式时，最外层总是不再加圆括号；② 对于公式 $\forall x A$ 或 $\exists x A$，如果 $A$ 是原子公式或量词公式时，量词与 $A$ 之间也不再使用圆括号。由于一阶公式的语法结构可能比较复杂，因此需要仔细使用圆括号以清楚展示公式结构，并保证左右圆括号配对使用。

### 3.2.3 自由变量和约束变量

个体变量在一阶逻辑公式中起着非常重要的作用，并且同样的个体变量符号在一个一阶逻辑公式中可能以不同的身份出现，从而起不同的作用，所以有必要对个体变量在一阶逻辑公式中的出现方式做更深入的讨论。

**定义 3.4** 设公式 $A$ 是 $\forall x B$ 或 $\exists x B$，称用于构造公式 $A$ 的量词 $\forall x$ 或 $\exists x$ 中的个体变量 $x$ 为这个量词（即 $\forall x$ 或 $\exists x$）的**指示变量**，称子公式 $B$ 为这个量词（即 $\forall x$ 或

$\exists x$）的**辖域** (scope)，或**作用域**。

若个体变量 $x$ 在公式 $A$ 的一处出现是在 $A$ 的一个以 $x$ 为指示变量的量词子公式 $\forall xB$ 或 $\exists xB$ 的辖域 $B$ 中，则称 $x$ 在 $A$ 的这处出现是**约束出现**。若个体变量 $x$ 在公式 $A$ 的一处出现不在 $A$ 的任意以 $x$ 为指示变量的量词子公式 $\forall xB$ 或 $\exists xB$ 的辖域 $B$ 中，则称 $x$ 在 $A$ 的这处出现是**自由出现**。

设个体变量 $x$ 在公式 $A$ 中出现，如果 $x$ 在公式 $A$ 中有一处出现是自由出现，则称 $x$ 是公式 $A$ 的**自由变量** (free variable)；如果 $x$ 在公式 $A$ 的所有出现都是约束出现，则称 $x$ 是公式 $A$ 的**约束变量** (bound variable)。没有自由变量的公式称为**闭公式** (closed formula)，或**句子** (sentence)。

从抽象语法树的角度看，一个量词的辖域就是以它的儿子节点为根的子树对应的公式。对一个个体变量在公式的一处出现，若从抽象语法树的根节点到该处的唯一路径上存在以该变量为指示变量的量词节点，则是约束出现，否则是自由出现。一个个体变量可以既在一个公式中自由出现，又在这个公式中约束出现，但它要么是这个公式的自由变量，要么是这个公式的约束变量，二者必居其一。

**问题 3.4**　给出下面公式中每个量词的辖域，确定个体变量的每处出现是约束出现还是自由出现，并说明出现的每个个体变量是公式的自由变量还是约束变量。

（1）$\forall x(F(x) \to \exists yG(x,y))$

（2）$\forall xF(x) \wedge \exists y(F(y) \wedge \forall zH(y,z))$

（3）$(\forall x(F(x) \wedge H(x,y)) \to \exists x(G(x,y) \to (\neg\exists yH(x,y))))$

（4）$\exists x((G(x,y) \vee (\neg(\exists yF(y) \wedge H(x,y)))) \wedge \forall z\exists y(F(z) \leftrightarrow H(z,y)))$

**【解答】**我们在这里只给出（2）和（4）的解答，（1）和（3）留作读者自行练习，对于（3）给出的公式，读者可参考图 3.1 给出的抽象语法树。

（2）公式 $\forall xF(x) \wedge \exists y(F(y) \wedge \forall zH(y,z))$ 的量词 $\forall x$ 的辖域是 $F(x)$，量词 $\exists y$ 的辖域是 $(F(y) \wedge \forall zH(y,z))$，而量词 $\forall z$ 的辖域是 $H(y,z)$。每个个体变量的出现方式如下：

| | 指示变量 | 约束出现 | 指示变量 | 约束出现 | 指示变量 | 约束出现 | 约束出现 |
|---|---|---|---|---|---|---|---|
| | ↓ | ↓ | ↓ | ↓ | ↓ | ↓ | ↓ |
| $\forall$ | $xF($ | $x) \wedge \exists$ | $y(F($ | $y) \wedge \forall$ | $zH($ | $y,$ | $z))$ |

所有个体变量的出现都是约束出现，因此个体变量 $x$、$y$ 和 $z$ 都是这个公式的约束变量，即这个公式没有自由变量，是闭公式。

（4）对于公式 $\exists x((G(x,y) \vee (\neg(\exists yF(y) \wedge H(x,y)))) \wedge \forall z\exists y(F(z) \leftrightarrow H(z,y)))$ 中的量词辖域情况根据图 3.2给出的抽象语法树容易确定以下判断。

① 量词 $\exists x$ 的辖域是 $((G(x,y) \vee (\neg(\exists yF(y) \wedge H(x,y)))) \wedge \forall z\exists y(F(z) \leftrightarrow H(z,y)))$。

② 前一个量词 $\exists y$ 的辖域是 $F(y)$，而后一个量词 $\exists y$ 的辖域是 $(F(z) \leftrightarrow H(z,y))$。

③ 量词 $\forall z$ 的辖域是 $\exists y(F(z) \leftrightarrow H(z,y)))$。

每个个体变量的出现方式如下：

| 指示变量 | 约束出现 | 自由出现 | 指示变量 | 约束出现 | 约束出现 |
| --- | --- | --- | --- | --- | --- |
| ↓ | ↓ | ↓ | ↓ | ↓ | ↓ |
| $\exists\ x((G($ | $x,$ | $y)\vee(\neg(\exists\, yF($ | $y)\wedge H($ | $x,$ | |

| 自由出现 | 指示变量 | 指示变量 | 约束出现 | 约束出现 | 约束出现 |
| --- | --- | --- | --- | --- | --- |
| ↓ | ↓ | ↓ | ↓ | ↓ | ↓ |
| $y))))\wedge\forall$ | $z\exists$ | $y(F($ | $z)\leftrightarrow H($ | $z,$ | $y)))$ |

可以看到，个体变量 $x$ 和 $z$ 在这个公式中的出现都是约束出现，因此是这个公式的约束变量，但个体变量 $y$ 在这个公式中既有约束出现又有自由出现，因此是这个公式的自由变量。

**【讨论】**（1）在一阶逻辑中，量词只能作用于个体变量，因此在说明量词的辖域时，可通过量词及其指示变量一起区分不同的量词。当量词与指示变量都相同时，例如上面（4）给出的公式有两个 $\exists y$，可进一步根据量词的位置进行区分。

（2）量词的辖域与计算机程序中变量的作用域类似。一个一阶公式中的量词子公式相当于一个子模块，量词的指示变量相当于声明一个局部变量，它只是在其辖域内起作用，辖域之外同名的个体变量与辖域内的个体变量本质上是两个不同的个体变量。

例如，公式 $\exists x((G(x,y)\vee(\neg(\exists yF(y)\wedge H(x,y))))\wedge\forall z\exists y(F(z)\leftrightarrow H(z,y)))$ 中前一个 $\exists yF(y)$ 的个体变量 $y$ 与后面的 $\exists y(F(z)\leftrightarrow H(z,y))$ 中的 $y$ 是本质上不同的个体变量，这类似于计算机程序中有两个子模块恰巧有相同名字的局部变量，但实际上它们是不同的程序变量。

$\exists yF(y)$ 中的 $y$ 与合取运算后面的 $H(x,y)$ 中的 $y$ 也是不同的个体变量，这两者类似计算机程序中局部变量和全局变量的关系。一个一阶公式中自由出现的个体变量在整个公式中起作用，相当于计算机程序的全局变量。在这个公式中，$G(x,y)$ 和 $H(x,y)$ 中的 $y$ 都是自由出现，它们是同一个 $y$。

可看到，当个体变量既在公式中自由出现又在公式中约束出现时容易带来混淆。实际上，人们在使用一阶逻辑公式符号化自然语言命题时，个体变量的选择有一定的随意性。例如，对命题“所有计算机专业学生都要学离散数学”，用谓词 $P(x)$ 表示“$x$ 是计算机专业学生”，$H(x)$ 表示“$x$ 要学离散数学”，可将命题符号化为 $\forall x(P(x)\to H(x))$，也可符号化为 $\forall y(P(y)\to H(y))$。这正如编写同样的计算机程序，不同程序员也会用不同的变量名。直观地看，这两个一阶公式没有实质差别。因此，在符号化时最好能小心选择个体变量符号以尽量避免混淆。

在一阶逻辑中，可利用约束变量改名避免一个个体变量在公式中既自由出现又约束出现。**约束变量改名**是指将公式 $\forall xA$ 或 $\exists xA$ 的指示变量 $x$ 及它的辖域 $A$ 中所有自由出现的 $x$ 都改为一个不在 $A$ 中自由出现的个体变量 $y$。例如，公式 $\forall x(F(x)\wedge\exists xH(x,y))$ 使用约束变量改名可得到公式 $\forall z(F(z)\wedge\exists xH(x,y))$。这里有两点需要注意。

（1）这个公式的量词 $\forall x$ 的辖域是 $A=(F(x)\wedge\exists xH(x,y)$，其中 $F(x)$ 中的 $x$ 对于 $A$ 这个子公式是自由出现，但 $H(x,y)$ 中的 $x$ 即使对于 $A$ 也是约束出现，因此在对于量词 $\forall x$ 进行约束变量改名时，不能改变 $H(x,y)$ 中的 $x$。这个公式的量词 $\exists x$ 的辖域

嵌套在量词 $\forall x$ 的辖域中，从一阶公式的语法上说没有问题，但辖域嵌套更容易带来混淆，所以后面我们将完全避免出现辖域嵌套的情况。

（2）约束变量改名时要选择不在辖域中自由出现的个体变量，所以这里**不能**选择 $y$ 而将上述公式错误地约束变量改名为 $\forall y(F(y) \wedge \exists x H(x,y))$。原本公式 $A$ 的 $F(x)$ 中的个体变量 $x$ 与 $H(x,y)$ 中的 $y$ 就不是同一个个体变量，约束变量改名后成为相同的个体变量，显然是错误的。进一步，为避免辖域嵌套，应该选择在辖域中不出现的个体变量。

通过约束变量改名总可以使得一个一阶逻辑公式中没有个体变量符号既自由出现又约束出现，也可完全避免辖域嵌套，甚至可使得每个量词都有不同的指示变量。后面给出的一阶公式会完全避免出现辖域嵌套，也会尽量避免同一个个体变量符号在公式中既自由出现又约束出现。不过，在容易理解的情况下允许不同的量词有相同的指示变量。

在一阶逻辑中，将公式 $A$ 中所有自由出现的个体变量 $x$ 都替换为一个不在 $A$ 中自由出现的个体变量 $y$ 称为**自由变量替换**。只要替换时选择不在 $A$ 中出现的个体变量，通过自由变量替换也可使得在一个一阶公式中没有个体变量既自由出现又约束出现。后面主要使用约束变量改名，因为这种操作是相对局部的操作，更不容易出错。

## 3.3　一阶逻辑公式的语义

一阶逻辑公式的语义讨论如何确定一阶逻辑公式的真值。一阶逻辑公式在给定非逻辑符号集 $\mathcal{L}$ 以及个体变量集 $V$ 的基础上构造，因此要确定一阶逻辑公式的真值也需要先给出非逻辑符号的解释，以及对个体变量的指派。本节先定义解释和指派，然后给出一阶逻辑公式的真值定义，最后讨论一阶逻辑公式的语义分类，即永真式、矛盾式和可满足式。

### 3.3.1　一阶逻辑公式的解释

一阶逻辑公式的非逻辑符号来自对应用领域事物的抽象，个体常量是应用领域特定事物的抽象，谓词是应用领域事物的性质或事物之间关系的抽象，而函数符号是应用领域事物之间的运算或变换的抽象。考察一阶逻辑公式的真值首先要将其中的非逻辑符号与具体的应用领域进行对应，这种对应称为一阶逻辑公式的解释，或说模型。也就是说，一阶逻辑公式是应用领域中事物性质、关系或约束的抽象，而应用领域是一阶逻辑公式的解释或说模型。通过这种抽象与对应，人们可更深入地理解应用领域以及不同应用领域之间的联系。

**定义 3.5**　设一阶逻辑公式的非逻辑符号集是 $\mathcal{L}$，它的**解释** (interpretation) 或说**模型** (model)，记为 $\mathcal{M}$，包括：

（1）一个非空集合 $D$，称为解释 $\mathcal{M}$ 的**论域** (domain)。

（2）对 $\mathcal{L}$ 的每个个体常量符号 $c$，有论域 $D$ 的一个元素与之对应，记这个元素为

$[\![c]\!]$。

(3)对 $\mathcal{L}$ 的每个 $n$ 元函数符号 $f$,有论域 $D$ 上的一个 $n$ 元函数与之对应,记这个 $n$ 元函数为 $[\![f]\!]: D^n \to D$,注意,这里 $D^n$ 是 $n$ 个集合 $D$ 的笛卡儿积,即 $D^n = D \times D \times \cdots \times D$。

(4) 对 $\mathcal{L}$ 的每个 $n$ 元谓词符号 $F$, 有论域 $D$ 上的一个 $n$ 元关系与之对应, 记这个 $n$ 元关系为 $[\![F]\!] \subseteq D^n$, 注意, 第 1 章的基础知识已经提到关系是笛卡儿积的子集。

直观地说，论域是应用领域中所有个体（或说事物）构成的集合，它不能是空集，否则不存在与非逻辑符号集中谓词对应的关系。一阶逻辑公式的非逻辑符号可以没有个体常量符号和函数符号，但必须至少有一个谓词符号。给定解释的论域之后，个体常量符号解释为论域中的元素，函数符号解释为论域上的函数，谓词符号解释为论域上的关系。

**例子 3.5** 假定一阶逻辑公式非逻辑符号集包括个体常量符号 $0,1$，二元函数符号 $+$ 和 $*$，以及二元谓词符号 $\leqslant, =$。这里可给出这些非逻辑符号的两个解释。

（1）解释 $\mathcal{M}_1$ 的论域是自然数集 $\mathbb{N}$，常量符号 $0,1$ 分别解释为自然数 $0,1$，二元函数符号 $+$ 和 $*$ 分别解释为 $\mathbb{N}$ 上的加法和乘法运算，二元谓词符号 $\leqslant, =$ 分别解释为 $\mathbb{N}$ 上的小于等于和相等关系。

（2）解释 $\mathcal{M}_2$ 的论域是实数集 $\mathbb{R}$，常量符号 $0,1$ 分别解释为实数 $0,1$，二元函数符号 $+$ 和 $*$ 分别解释为 $\mathbb{R}$ 上的加法和乘法运算，二元谓词符号 $\leqslant, =$ 分别解释为 $\mathbb{R}$ 上的小于等于和相等关系。

从例子 3.5可以看到：

（1）一阶逻辑公式的非逻辑符号集可以有不同的解释，这是人们从具体应用领域中抽象出逻辑公式的意义之一。

（2）由于一阶逻辑公式的非逻辑符号集是应用领域事物的抽象，因此常出现模型中的符号与非逻辑符号集的符号相同的情况，这是因为这个模型是非逻辑符号集最自然的解释，人们为方便起见采用了相同的符号。但严格地说，非逻辑符号集中的符号仅仅是符号，而模型中的符号已经预先赋予了含义。例如，作为一阶逻辑公式中的个体常量符号 0，它仅仅是个符号，没有含义，但作为以自然数集为论域的解释 $\mathcal{M}_1$，0 不仅仅是符号，而且是人们熟知的那个自然数 0。

在逻辑学研究中，将所研究的逻辑公式，如命题逻辑公式、一阶逻辑公式称为**对象语言** (object language)，而研究逻辑时使用的语言，如自然语言称为**元语言** (meta-language)。人们对命题逻辑公式、一阶逻辑公式的符号集及公式语法的归纳定义给出了对象语言的严格定义，但采用的元语言是自然语言，即汉语，无法严格定义。

逻辑学研究的一个特点就是元语言也不得不采用一些逻辑语言，因此容易混淆元语言和对象语言。例如，在等值演算中，使用 $\equiv$ 表示两个公式逻辑等值，它是元语言的符号，而双蕴涵运算符 $\leftrightarrow$ 是对象语言的符号。在推理理论中人们使用 $\Longrightarrow$ 分隔推理的前提和结论，也带有“蕴涵”“推出”的意味，但它是元语言符号，而蕴涵运算符 $\to$ 是对象语言的符号。有些读者可能会混淆 $\equiv$ 和 $\leftrightarrow$，以及 $\Longrightarrow$ 和 $\to$。同样地，一阶逻辑公式的非逻辑符号集中的符号是对象语言符号，而它的解释中的符号则是元语言符号。

**定义 3.6** 给定一阶逻辑公式的非逻辑符号集 $\mathcal{L}$ 及它的一个解释 $\mathcal{M}$。解释 $\mathcal{M}$ 的一个**个体变量指派函数** $\sigma$ 是从个体变量集 $V$ 到解释 $\mathcal{M}$ 的论域 $D$ 的函数，即是一个函数 $\sigma: V \to D$。

为确定一阶逻辑公式中量词的真值，需要一点小技巧，使得人们可以对个体变量指派函数进行变换，从而对某个特定的个体变量指派论域中特定的元素。

**定义 3.7** 给定一阶逻辑公式的非逻辑符号集 $\mathcal{L}$ 及它的一个解释 $\mathcal{M}$，其论域是 $D$。对于 $\mathcal{M}$ 的一个个体变量指派函数 $\sigma$，以及一个个体变量 $x \in V$，和论域 $D$ 的一个元素 $d \in D$，定义一个新的 $\mathcal{M}$ 的个体变量指派函数，记为 $\sigma[x \mapsto d]$：对任意个体变量 $y \in V$，

$$\sigma[x \mapsto d](y) = \begin{cases} d & \text{若 } y = x \\ \sigma(y) & \text{若 } y \neq x \end{cases}$$

**例子 3.6** 设一阶逻辑公式的非逻辑符号集 $\mathcal{L}$ 只包含一个一元谓词符号 $F$，以及两个二元谓词符号 $G, H$，个体变量集 $V = \{x, y, z\}$。

定义 $\mathcal{L}$ 的一个解释 $\mathcal{M}$：论域 $D = \{a, b, c\}$，谓词符号 $F$ 的解释是 $D$ 上的一元关系，即 $D$ 的子集 $[\![F]\!] = \{a, b\} \subseteq D$，谓词符号 $G$ 的解释是 $D$ 上的二元关系 $[\![G]\!] = \{\langle a, b\rangle, \langle b, c\rangle\}$，谓词符号 $H$ 的解释是 $D$ 上的二元关系 $[\![H]\!] = \{\langle a, a\rangle, \langle c, c\rangle\}$。这里解释的论域集、谓词符号的解释，都使用元素枚举法给出了这些集合的元素。

定义 $\mathcal{M}$ 的一个个体变量指派函数 $\sigma: V \to D$，$\sigma(x) = a, \sigma(y) = b, \sigma(z) = c$。这样，对于个体变量 $x$，以及论域 $D$ 的元素 $c$，则有 $\sigma[x \mapsto c](x) = c, \sigma[x \mapsto c](y) = \sigma(y) = b, \sigma[x \mapsto c](z) = \sigma(z) = c$。同样，这里定义函数也是使用元素枚举法给出定义域（即个体变量集 $V$）的每个元素的函数值。

### 3.3.2 一阶逻辑公式的真值

一阶逻辑公式在给定的非逻辑符号集和个体变量集的基础上归纳构造，相应地，一阶逻辑公式的真值则在给定非逻辑符号集的解释以及个体变量指派函数的基础上确定。在给出一阶逻辑公式的语法时，先定义了一阶逻辑公式中的项，同样这里也需要先定义项的语义。

**定义 3.8** 设一阶逻辑公式的非逻辑符号集是 $\mathcal{L}$，个体变量集是 $V$。给定 $\mathcal{L}$ 的解释 $\mathcal{M}$，以及一个个体变量指派函数 $\sigma: V \to D$，这里 $D$ 是解释 $\mathcal{M}$ 的论域。

在解释 $\mathcal{M}$ 及个体变量指派函数 $\sigma$ 下，一阶逻辑公式的**项** $t$ **的语义解释**是论域 $D$ 的元素，记为 $[\![t]\!]_\sigma$，根据项 $t$ 的结构归纳定义如下。

（1）如果项 $t$ 是个体常量 $c$，则 $[\![t]\!]_\sigma = [\![c]\!]$，这里 $[\![c]\!] \in D$ 是个体常量符号 $c$ 在 $\mathcal{M}$ 的解释。

（2）如果项 $t$ 是个体变量 $x$，则 $[\![x]\!]_\sigma = \sigma(x)$。

（3）如果项 $t$ 是 $f(t_1,t_2,\cdots,t_n)$，则

$$[\![t]\!]_\sigma = [\![f(t_1,t_2,\cdots,t_n)]\!]_\sigma = [\![f]\!]([\![t_1]\!]_\sigma,[\![t_2]\!]_\sigma,\cdots,[\![t_n]\!]_\sigma)$$

这里 $[\![f]\!]: D^n \to D$ 是 $n$ 元函数符号 $f$ 在 $\mathcal{M}$ 的解释。

**例子 3.7** 设一阶逻辑公式非逻辑符号集包括个体常量符号 0,1，二元函数符号 + 和 ∗，以及二元谓词符号 $\leqslant,=$。给定解释 $\mathcal{M}_1$，论域是自然数集 $\mathbb{N}$，个体常量符号 0,1 分别解释为自然数 0,1，二元函数符号 + 和 ∗ 分别解释为自然数集上的加法和乘法运算，二元谓词符号 $\leqslant,=$ 分别解释为自然数集上的小于或等于以及相等关系。

设个体变量集 $V=\{x,y\}$，个体变量指派函数 $\sigma: V \to \mathbb{N}$ 定义为：$\sigma(x)=0, \sigma(y)=1$。我们知道，$0,1,x+y,x*y$ 都是基于这里定义的非逻辑符号集和个体变量集构造的一阶公式中的项，它们的语义解释如下：

$$\begin{aligned}[\![0]\!]_\sigma &= 0 & [\![1]\!]_\sigma &= 1\\ [\![x+y]\!]_\sigma &= [\![x]\!]_\sigma + [\![y]\!]_\sigma = \sigma(x)+\sigma(y) = 1 & [\![x*y]\!]_\sigma &= [\![x]\!]_\sigma * [\![y]\!]_\sigma = \sigma(x)*\sigma(y) = 0\end{aligned}$$

注意，这里在对象语言（即一阶逻辑公式）和元语言（公式的解释）中使用了相同的符号，读者注意区别。例如在 $[\![0]\!]_\sigma$ 中的 0 是指一阶逻辑公式中的个体常量，而等号后面的 0 是自然数 0，在 $[\![x+y]\!]_\sigma$ 中的 + 是一阶逻辑公式中的函数符号，而在 $[\![x]\!]_\sigma + [\![y]\!]_\sigma$ 中的 + 是自然数加法运算。

**定义 3.9** 设一阶逻辑公式的非逻辑符号集是 $\mathcal{L}$，个体变量集是 $V$。给定 $\mathcal{L}$ 的解释 $\mathcal{M}$，以及一个个体变量指派函数 $\sigma: V \to D$，这里 $D$ 是解释 $\mathcal{M}$ 的论域。

在解释 $\mathcal{M}$ 及个体变量指派函数 $\sigma$ 下，**一阶逻辑公式 $A$ 的语义解释**是 $\mathbf{2}=\{\mathbf{1},\mathbf{0}\}$ 的元素，即公式 $A$ 的真值，记为$\sigma(A)$，根据公式 $A$ 的结构归纳定义如下。

（1）如果公式 $A$ 是原子公式 $F(t_1,t_2,\cdots,t_n)$，则

$$\sigma(A)=\mathbf{1} \text{ 当且仅当 } \langle [\![t_1]\!]_\sigma,[\![t_2]\!]_\sigma,\cdots,[\![t_n]\!]_\sigma\rangle \in [\![F]\!]$$

这里 $[\![F]\!] \in D^n$ 是 $n$ 元谓词符号 $F$ 在 $\mathcal{M}$ 的解释。

（2）如果公式 $A$ 是 $(\neg B)$，则 $\sigma(A)=\mathbf{1}$ 当且仅当 $\sigma(B)=\mathbf{0}$。

（3）如果公式 $A$ 是 $(B \wedge C)$，则 $\sigma(A)=\mathbf{1}$ 当且仅当 $\sigma(B)=\sigma(C)=\mathbf{1}$。

（4）如果公式 $A$ 是 $(B \vee C)$，则 $\sigma(A)=\mathbf{0}$ 当且仅当 $\sigma(B)=\sigma(C)=\mathbf{0}$。

（5）如果公式 $A$ 是 $(B \to C)$，则 $\sigma(A)=\mathbf{0}$ 当且仅当 $\sigma(B)=\mathbf{1}$ 且 $\sigma(C)=\mathbf{0}$。

（6）如果公式 $A$ 是 $(B \leftrightarrow C)$，则 $\sigma(A)=\mathbf{1}$ 当且仅当 $\sigma(B)=\sigma(C)$。

（7）如果公式 $A$ 是 $\forall xB$，则 $\sigma(A)=\mathbf{1}$ 当且仅当对论域 $D$ 的任意元素 $d$ 有 $\sigma[x \mapsto d](B)=\mathbf{1}$。

（8）如果公式 $A$ 是 $\exists xB$，则 $\sigma(A)=\mathbf{1}$ 当且仅当存在论域 $D$ 的元素 $d$ 使得 $\sigma[x \mapsto d](B)=\mathbf{1}$。

当公式的真值是 **1** 时人们通俗地称这个公式的真值为真，否则称这个公式的真值为假。简单地说，原子公式的真值取决于谓词作用的项的解释（即 $D$ 的元素）是否具有谓词对应的关系（即谓词的解释），逻辑运算符构造的公式的真值确定方法与命题逻辑完全相同，量词公式的真值使用定义 3.7给出的个体变量指派函数的变换将全称量词公式 $\forall xB$ 定义为对论域的每个元素都使得公式 $B$ 的真值为真，而存在量词公式 $\exists xB$ 定义为存在论域的元素使得公式 $B$ 的真值为真。

**问题 3.8**　设一阶逻辑公式的非逻辑符号集 $\mathcal{L}$ 只包含一个一元谓词符号 $F$，以及两个二元谓词符号 $G, H$，个体变量集 $V = \{x, y, z\}$。

定义 $\mathcal{L}$ 的一个解释 $\mathcal{M}$：论域 $D = \{a, b, c\}$，谓词符号 $F$ 的解释 $[\![F]\!] = \{a, b\} \subseteq D$，谓词符号 $G$ 的解释是 $[\![G]\!] = \{\langle a, b\rangle, \langle b, c\rangle\}$，谓词符号 $H$ 的解释是 $[\![H]\!] = \{\langle a, a\rangle, \langle c, c\rangle\}$。

定义 $\mathcal{M}$ 的一个个体变量指派函数 $\sigma : V \to D$，$\sigma(x) = a, \sigma(y) = b, \sigma(z) = c$。确定下面公式在 $\mathcal{M}$ 和 $\sigma$ 下的真值。

（1）$\forall x(F(x) \to \exists yG(x, y))$

（2）$\forall xF(x) \wedge \exists y(F(y) \wedge \forall zH(y, z))$

（3）$F(x) \wedge G(x, y) \wedge \forall zH(y, z)$

**【解答】**（1）记 $A = \forall x(F(x) \to \exists yG(x, y))$，它具有形式 $\forall xB$，其中 $B = F(x) \to \exists yG(x, y)$，因此 $\sigma(A)$ 为真当且仅当对论域 $D$ 的元素 $a, b, c$ 有

$$\sigma[x \mapsto a](B) = \mathbf{1} \text{ 且 } \sigma[x \mapsto b](B) = \mathbf{1} \text{ 且 } \sigma[x \mapsto c](B) = \mathbf{1}$$

$B$ 是蕴涵式，因此 $\sigma[x \mapsto a](B) = \mathbf{0}$ 当且仅当 $\sigma[x \mapsto a](F(x)) = \mathbf{1}$ 且 $\sigma[x \mapsto a](\exists yG(x, y)) = \mathbf{0}$。而

$$\begin{aligned} \sigma[x \mapsto a](F(x)) = \mathbf{1} \quad & \text{当且仅当} \quad [\![x]\!]_{\sigma[x \mapsto a]} \in [\![F]\!] \\ & \text{当且仅当} \quad \sigma[x \mapsto a](x) \in [\![F]\!] = \{a, b\} \end{aligned}$$

注意到 $\sigma[x \mapsto a](x) = a$，因此 $\sigma[x \mapsto a](F(x)) = \mathbf{1}$。由于 $F$ 是谓词，为简便起见，当 $F$ 解释为 $D$ 的子集 $\{a, b\}$ 时，可理解为 $F(a), F(b)$ 为真（因为 $a, b$ 属于这个子集），而 $F(c)$ 为假（因为 $c$ 不属于这个子集），这样 $\sigma[x \mapsto a](F(x))$ 的真值与 $F(a)$ 相同。

对于 $\sigma[x \mapsto a](\exists yG(x, y))$，根据存在量词的语义，$\sigma[x \mapsto a](\exists yG(x, y)) = \mathbf{1}$ 当且仅当对论域 $D$ 的元素 $a, b, c$ 有

$$\begin{aligned} \sigma[x \mapsto a][y \mapsto a](G(x, y)) = \mathbf{1} \text{ 或 } & \sigma[x \mapsto a][y \mapsto b](G(x, y)) = \mathbf{1} \\ \text{或 } & \sigma[x \mapsto a][y \mapsto c](G(x, y)) = \mathbf{1} \end{aligned}$$

类似地，当 $G$ 解释为 $D \times D$ 的子集 $\{\langle a, b\rangle, \langle b, c\rangle\}$，可理解为 $G(a, b), G(b, c)$ 为真，而对于 $D \times D$ 的其他有序对都为假。注意到 $\sigma[x \mapsto a][y \mapsto a]$ 总是将 $x$ 指派为 $a$，将 $y$ 也指派为 $a$，因此可认为 $\sigma[x \mapsto a][y \mapsto a](G(x, y))$ 的真值与 $G(a, a)$ 相同，$\sigma[x \mapsto a][y \mapsto b](G(x, y))$ 的真值与 $G(a, b)$ 相同，$\sigma[x \mapsto a][y \mapsto c](G(x, y))$ 的真值与 $G(a, c)$ 相同。

更进一步,可认为 $\sigma[x \mapsto a](\exists y G(x,y))$ 的真值与 $\exists y G(a,y)$ 的真值相同,而 $\exists y G(a,y)$ 的真值与 $G(a,a) \vee G(a,b) \vee G(a,c)$ 的真值相同,而 $\sigma[x \mapsto a](B) = \sigma[x \mapsto a](F(x) \rightarrow \exists y G(x,y))$ 的真值与 $F(a) \rightarrow \exists y G(a,y)$ 的真值相同,进一步与 $F(a) \rightarrow (G(a,a) \vee G(a,b) \vee G(a,c))$ 的真值相同。对 $\sigma[x \mapsto b](B), \sigma[x \mapsto c](B)$ 也做类似地处理,这样在给定的解释和个体变量指派函数下,可使用类似等值演算的方式确定公式 $A$ 的真值:

$$
\begin{aligned}
& \forall x(F(x) \rightarrow \exists y G(x,y)) \\
\equiv\ & (F(a) \rightarrow \exists y G(a,y)) \wedge (F(b) \rightarrow \exists y G(b,y)) \wedge (F(c) \rightarrow \exists y G(c,y)) \\
\equiv\ & (F(a) \rightarrow (G(a,a) \vee G(a,b) \vee G(a,c))) \wedge (F(b) \rightarrow (G(b,a) \vee G(b,b) \vee G(b,c))) \wedge \\
& (F(c) \rightarrow (G(c,a) \vee G(c,b) \vee G(c,c))) \\
\equiv\ & (\mathbf{1} \rightarrow (\mathbf{0} \vee \mathbf{1} \vee \mathbf{0})) \wedge (\mathbf{1} \rightarrow (\mathbf{0} \vee \mathbf{0} \vee \mathbf{1})) \wedge (\mathbf{0} \rightarrow (\mathbf{0} \vee \mathbf{0} \vee \mathbf{0})) \ \equiv\ \mathbf{1} \wedge \mathbf{1} \wedge \mathbf{1} \ \equiv\ \mathbf{1}
\end{aligned}
$$

综上,有 $\sigma(\forall x(F(x) \rightarrow \exists y G(x,y))) = \mathbf{1}$。

(2)直接用类似等值演算的方式确定公式 $\forall x F(x) \wedge \exists y(F(y) \wedge \forall z H(y,z))$ 的真值:

$$
\begin{aligned}
& \forall x F(x) \wedge \exists y(F(y) \wedge \forall z H(y,z)) \\
\equiv\ & (F(a) \wedge F(b) \wedge F(c)) \wedge \exists y(F(y) \wedge \forall z H(y,z)) \\
\equiv\ & (\mathbf{1} \wedge \mathbf{1} \wedge \mathbf{0}) \wedge \exists y(F(y) \wedge \forall z H(y,z))
\end{aligned}
$$

根据合取运算符的特点,到这一步已经能确定这个公式的真值为假。不过为了让大家进一步熟悉这种演算方式,继续计算 $\exists y(F(y) \wedge \forall z H(y,z))$ 的真值:

$$
\begin{aligned}
& \exists y(F(y) \wedge \forall z H(y,z)) \\
\equiv\ & (F(a) \wedge \forall z H(a,z)) \vee (F(b) \wedge \forall z H(b,z)) \vee (F(c) \wedge \forall z H(c,z)) \\
\equiv\ & (F(a) \wedge (H(a,a) \wedge H(a,b) \wedge H(a,c))) \vee (F(b) \wedge (H(b,a) \wedge H(b,b) \wedge H(b,c))) \vee \\
& (F(c) \wedge (H(c,a) \wedge H(c,b) \wedge H(c,c))) \\
\equiv\ & (\mathbf{1} \wedge (\mathbf{1} \wedge \mathbf{0} \wedge \mathbf{0})) \vee (\mathbf{1} \wedge (\mathbf{0} \wedge \mathbf{0} \wedge \mathbf{0})) \vee (\mathbf{0} \wedge (\mathbf{0} \wedge \mathbf{0} \wedge \mathbf{1})) \ \equiv\ \mathbf{0} \vee \mathbf{0} \vee \mathbf{0} \ \equiv\ \mathbf{0}
\end{aligned}
$$

综上,有 $\sigma(\forall x F(x) \wedge \exists y(F(y) \wedge \forall z H(y,z))) = \mathbf{0}$。

(3)公式 $F(x) \wedge G(x,y) \wedge \forall z H(y,z)$ 在 $\mathcal{M}$ 和 $\sigma$ 下的真值为真,当且仅当 $\sigma(F(x))$, $\sigma(G(x,y))$ 以及 $\sigma(\forall z H(y,z))$ 的值都为 $\mathbf{1}$,注意到 $\sigma(x)=a, \sigma(y)=b$,因此 $\sigma(F(x))$ 的值等于 $F(a)$ 的真值,$\sigma(G(x,y))$ 的值等于 $G(a,b)$ 的真值,它们都为真,因此这个公式的真值等于 $\sigma(\forall z H(y,z))$,即等于 $H(b,a) \wedge H(b,b) \wedge H(b,c)$ 的真值,即为假。总之,有 $\sigma(F(x) \wedge G(x,y) \wedge \forall z H(y,z)) = \mathbf{0}$。

**【讨论】**(1)这里给出的解释的论域是有限集 $D = (a,b,c)$,因此对于全称量词公式 $\forall x F(x)$,它的真值等于 $F(a) \wedge F(b) \wedge F(c)$ 的真值,而对于存在量词公式 $\exists x F(x)$,它的真值等于 $F(a) \vee F(b) \vee F(c)$ 的真值。也就是说,全称量词公式在有限论域可展开为合取式,存在量词公式在有限论域可展开为析取式。

注意，严格来说，$F(a), F(b), F(c)$ 都不是由给定的非逻辑符号集 $\mathcal{L}$ 和个体变量集 $V$ 能构造的公式，因为 $a, b, c$ 不是 $\mathcal{L}$ 中的符号。所以上面的演算严格来说不是逻辑公式的等值演算，而是当解释的论域是有限集时，我们确定一阶公式真值的一种简便计算方式。将谓词符号作用于论域的元素或有序对，它的真值为真当且仅当所作用的元素或有序对属于谓词符号的解释所对应的子集或关系，例如，$F(a)$ 为真当且仅当 $a \in [\![F]\!]$。

（2）上面（1）和（2）给出的公式都是闭公式，不含有自由变量，可以看到它们的真值与个体变量指派函数 $\sigma$ 没有关系。简单地说，对于量词公式 $\forall x F(x)$ 或 $\exists x F(x)$，它们的真值与个体变量指派函数 $\sigma$ 对个体变量 $x$ 的指派无关。上面（3）给出的公式 $F(x) \wedge G(x, y) \wedge \forall z H(y, z)$ 含有自由变量 $x$ 和 $y$，这时它的真值与 $\sigma(x)$ 和 $\sigma(y)$ 的值有关，但 $z$ 是它的约束变量，所以它的真值与 $\sigma(z)$ 无关。

一阶公式的真值与个体变量指派函数对它的约束变量所指派的值无关，这样可得到如下定理。

**定理 3.1**　设公式 $\forall x A$ 通过约束变量改名得到公式 $\forall y A'$，即 $A'$ 是将 $A$ 中所有自由出现的 $x$ 改为 $y$ 得到的公式，这里设 $y$ 不在 $A$ 中出现，则在任意的解释 $\mathcal{M}$ 和任意的个体变量指派函数 $\sigma$ 下，公式 $\forall x A$ 和 $\forall y A'$ 都有相同的真值。类似地，若公式 $\exists x A$ 通过约束变量改名得到公式 $\exists y A'$，则 $\exists x A$ 与 $\exists y A'$ 在任意解释和个体变量指派函数下也有相同的真值。 □

下面是使用类似等值演算的方法确定闭公式真值的例子，其中的闭公式都是嵌套量词公式。所谓的嵌套量词公式，是指一个量词的辖域中还包括另外的量词。我们也用这个例子说明一阶公式中含有多个量词时，量词的顺序会影响公式的真值。

**例子 3.9**　设非逻辑符号集 $\mathcal{L}$ 只包含二元谓词 $F$，个体变量集 $V = \{x, y\}$。定义解释 $\mathcal{M}$，论域 $D = \{a, b\}$，二元谓词 $F$ 的解释是 $[\![F]\!] = \{\langle a, b\rangle, \langle b, b\rangle\}$，即 $F(a, b)$ 和 $F(b, b)$ 为真，而 $F(a, a)$ 和 $F(b, a)$ 为假。

（1）对于公式 $\forall x \forall y F(x, y)$，有：

$$\begin{aligned}\forall x \forall y F(x, y) &\equiv \forall y F(a, y) \wedge \forall y F(b, y) \\ &\equiv (F(a, a) \wedge F(a, b)) \wedge (F(b, a) \wedge F(b, b)) \;\equiv\; \mathbf{0}\end{aligned}$$

（2）对于公式 $\forall y \forall x F(x, y)$，有：

$$\begin{aligned}\forall y \forall x F(x, y) &\equiv \forall x F(x, a) \wedge \forall x F(x, b) \\ &\equiv (F(a, a) \wedge F(b, a)) \wedge (F(a, b) \wedge F(b, b)) \;\equiv\; \mathbf{0}\end{aligned}$$

由（1）和（2）容易看到，$\forall x \forall y F(x, y)$ 和 $\forall y \forall x F(x, y)$ 具有相同的真值。类似地，读者可自行验证公式 $\exists x \exists y F(x, y)$ 和 $\exists y \exists x F(x, y)$ 也具有相同的真值，即如果都是存在量词，或者都是全称量词（指示变量不同），则交换量词的顺序不影响公式的真值。

（3）对于公式 $\forall x \exists y F(x, y)$，有：

$$\begin{aligned}\forall x \exists y F(x, y) &\equiv \exists y F(a, y) \wedge \exists y F(b, y) \\ &\equiv (F(a, a) \vee F(a, b)) \wedge (F(b, a) \vee F(b, b)) \;\equiv\; \mathbf{1}\end{aligned}$$

（4）对于公式 $\exists y \forall x F(x,y)$，有：

$$\begin{aligned}\exists y \forall x F(x,y) &\equiv \forall x F(x,a) \vee \forall x F(x,b)\\ &\equiv (F(a,a) \wedge F(b,a)) \vee (F(a,b) \wedge F(b,b)) \ \equiv \ \mathbf{0}\end{aligned}$$

由（3）和（4）容易看到，$\forall x \exists y F(x,y)$ 和 $\exists y \forall x F(x,y)$ 具有不同的真值。类似地，读者可自行验证公式 $\exists x \forall y F(x,y)$ 和 $\forall y \exists x F(x,y)$ 也具有不同的真值。实际上，这四个公式中的任意两个都可能具有不同的真值。

（5）对于公式 $\exists x \forall y F(x,y)$，有：

$$\begin{aligned}\exists x \forall y F(x,y) &\equiv \forall y F(a,y) \vee \forall y F(b,y)\\ &\equiv (F(a,a) \wedge F(a,b)) \vee (F(b,a) \wedge F(b,b)) \ \equiv \ \mathbf{0}\end{aligned}$$

可以看到，当 $F$ 的解释是关系 $\{\langle a,b\rangle, \langle b,b\rangle\}$ 时，$\exists y \forall x F(x,y)$ 和 $\exists x \forall y F(x,y)$ 的真值都是 **0**，但不难给出 $F$ 的另一个解释，例如它的解释是关系 $\{\langle a,a\rangle, \langle a,b\rangle\}$ 时，这两个公式就具有不同的真值。同样，容易给出 $F$ 的解释使得 $\forall x \exists y F(x,y)$ 与 $\forall y \exists x F(x,y)$ 也具有不同的真值。

总之，如果公式中的两个量词类型不同（即一个是全称量词一个是存在量词），则交换量词的顺序会影响公式的真值。

上面讨论了非逻辑符号的解释的论域是有限集的情况，下面的问题讨论当非逻辑符号解释的论域不是有限集时如何确定一阶公式的真值。

**问题 3.10** 设一阶逻辑公式非逻辑符号集包括个体常量符号 $0,1$，二元函数符号 $+$ 和 $*$，以及二元谓词符号 $\leqslant, =$。个体变量集 $V=\{x,y\}$。

给定解释 $\mathcal{M}_1$，论域是自然数集 $\mathbb{N}$，个体常量符号 $0,1$ 分别解释为自然数 $0,1$，二元函数符号 $+$ 和 $*$ 分别解释为自然数集上的加法和乘法运算，二元谓词符号 $\leqslant, =$ 分别解释为自然数集上的小于或等于以及相等关系。确定下面闭公式的真值。

（1）$\forall x((0 \leqslant x) \rightarrow \exists y(x = y * y))$　　（2）$\forall x \exists y(x \leqslant y)$

（3）$(\exists x \forall y(x+y=y) \wedge \forall x \exists y(x * y = 1))$　　（4）$\exists x \forall y(x \leqslant y)$

**【解答】**（1）公式 $\forall x((0 \leqslant x) \rightarrow \exists y(x = y * y))$ 的真值为真当且仅当对任意的自然数 $n$，$n \geqslant 0$ 蕴涵存在自然数 $m$ 使得 $n = m * m$ 成立，但显然不是所有的自然数 $n$ 都存在自然数 $m$ 使得 $n = m * m$ 成立，因此这个公式的真值为假。

（2）公式 $\forall x \exists y(x \leqslant y)$ 的真值为真当且仅当对任意的自然数 $n$，存在自然数 $m$ 使得 $n \leqslant m$ 成立，也即，任意自然数都有大于或等于它的自然数，这显然成立，因此这个公式的真值为真。

（3）公式 $(\exists x \forall y(x+y=y) \wedge \forall x \exists y(x * y = 1))$ 为真当且仅当公式 $\exists x \forall y(x+y=y)$ 为真且公式 $\forall x \exists y(x * y = 1)$ 为真。而公式 $\exists x \forall y(x+y=y)$ 为真，当且仅当存在自然数 $n$，使得对任意自然数 $m$，都有 $n+m=m$ 成立，这显然成立，因为存在自然数 $0$，对任意的自然数都有 $0+m=m$，所以公式 $\exists x \forall y(x+y=y)$ 的真值为真；公式 $\forall x \exists y(x * y = 1)$ 为真当且仅当对任意的自然数 $n$，都存在自然数 $m$ 使得 $n * m = 1$，这显然不成立，因此公式 $\forall x \exists y(x * y = 1)$ 的真值为假，因此整个公式的真值为假。

（4）公式 $\exists x \forall y(x \leqslant y)$ 的真值为真当且仅当存在自然数 $n$，对任意的自然数 $m$，都有 $n \leqslant m$，也即存在小于或等于任意自然数的自然数，也即存在最小的自然数，这显然成立，因为 0 是最小的自然数，因此这个公式的真值为真。

**【讨论】**（1）当解释的论域不是有限集时，对于全称量词公式 $\forall x A(x)$ 只能直观地说，它的真值为真，当且仅当对论域的每个元素 $d$ 有 $A(d)$ 成立，这里 $A(d)$ 是用论域元素 $d$ 替换 $A$ 中自由出现的 $x$ 后得到的命题，而对于存在量词公式 $\exists x A(x)$ 只能直观地说，它的真值为真，当且仅当存在论域的元素 $d$ 使得 $A(d)$ 成立。

当存在论域的元素 $d$ 使得命题 $A(d)$ 不为真时，$\forall x A(x)$ 的真值为假，而当存在论域的元素 $d$ 使得命题 $A(d)$ 为真时，$\exists x A(x)$ 为真，对于这两种情况，我们都应该具体地指出 $d$ 到底是论域的哪个元素。

注意，这里说的 $A(d)$ 严格来说不是一阶逻辑公式，因为 $d$ 是论域元素而不是非逻辑符号集中的个体常量符号，但可将 $A(d)$ 看作是使用 $d$ 替换 $A$ 中自由出现的 $x$ 后的命题，这个命题是元语言的命题，而非对象语言（即一阶逻辑）中的公式，然后根据与论域相关的知识判断该命题是否成立，以说明量词公式的真值。

（2）当一阶逻辑公式的解释的论域是有穷集时，可以像例子 3.8一样使用类似等值演算的方法将全称量词公式展开为合取式，存在量词公式展开为析取式而确定公式真值。但一般来说，由于一阶逻辑公式的解释可以有无穷多，解释的论域也可能是无穷集，因此不存在通用算法能确定任意一阶逻辑公式的真值。这也是本章没有介绍一阶逻辑公式语法和语义相关算法的主要原因。

### 3.3.3　一阶逻辑公式的分类

根据构造一阶逻辑公式的最后一步所使用的逻辑运算或量词，一阶逻辑公式从语法上可分为否定式、合取式、析取式、蕴涵式、双蕴涵式，以及全称量词公式和存在量词公式。从语义角度，也即从公式的真值角度，一阶逻辑公式和命题逻辑公式一样也可分为永真式、矛盾式和可满足式。

**定义 3.10**　设 $A$ 是基于非逻辑符号集 $\mathcal{L}$ 和个体变量集 $V$ 构造的一个一阶逻辑公式。

（1）如果 $A$ 在 $\mathcal{L}$ 的任意解释，以及任意个体变量指派函数下的真值都为真，则称 $A$ 为**永真式** (tautology)，也称为**普遍有效式**。

（2）如果 $A$ 在 $\mathcal{L}$ 的任意解释，以及任意个体变量指派函数下的真值都为假，则称 $A$ 为**矛盾式** (contradiction)。

（3）如果 $A$ 不是矛盾式，即存在一个 $\mathcal{L}$ 的解释，及一个个体变量指派函数使得 $A$ 的真值为真，则称 $A$ 是 **可满足的** (satisfiable)。

显然，公式 $A$ 是永真式当且仅当 $(\neg A)$ 是矛盾式。可根据定义，证明一些一阶逻辑公式是永真式。

**例子 3.11**　设 $F$ 是构造一阶逻辑公式的非逻辑符号集中的一元谓词，$x$ 是个体变量。一阶逻辑公式 $\neg(\forall x F(x)) \leftrightarrow \exists x(\neg F(x))$ 是永真式。

因为，对非逻辑符号集的任意解释，$\neg(\forall xF(x))$ 为真当且仅当 $\forall xF(x)$ 为假。$\forall xF(x)$ 为真当且仅当对解释论域的任意元素 $d$ 有 $F(d)$ 为真，因此 $\forall xF(x)$ 为假当且仅当存在论域的元素 $d$ 使得 $F(d)$ 为假，也即存在论域的元素 $d$ 使得 $\neg F(d)$ 为真，也即 $\exists x(\neg F(x))$ 为真。因此，在任意解释下，公式 $\neg(\forall xF(x))$ 和 $\exists x(\neg F(x))$ 都有相同的真值，也即在任意解释下 $\neg(\forall xF(x)) \leftrightarrow \exists x(\neg F(x))$ 的真值都为真。

类似地，一阶逻辑公式 $\neg(\exists xF(x)) \leftrightarrow \forall x(\neg F(x))$ 也是永真式。

**例子 3.12** 设 $F$ 是构造一阶逻辑公式的非逻辑符号集中的二元谓词，$x, y$ 是个体变量。一阶逻辑公式 $\exists x\forall yF(x,y) \to \forall y\exists xF(x,y)$ 是永真式。

因为对非逻辑符号集的任意解释，若 $\exists x\forall yF(x,y)$ 为假，则整个蕴涵式为真，所以只需要考虑 $\exists x\forall yF(x,y)$ 为真的情况。而 $\exists x\forall yF(x,y)$ 为真当且仅当存在解释论域的元素 $d_0$，使得对论域的任意元素 $d$，都有 $F(d_0,d)$ 为真，从而对论域的任意元素 $d$，都存在论域元素 $d_0$ 使得 $F(d_0,d)$ 为真，也即 $\forall y\exists xF(x,y)$ 为真，因此在任意解释下蕴涵式 $\exists x\forall yF(x,y) \to \forall y\exists xF(x,y)$ 总为真。

不存在通用算法确定一个一阶逻辑公式的真值，因此也不存在通用算法判定一个公式是否永真式、矛盾式或可满足式。判断一个逻辑公式是否可满足的，称为逻辑公式的可判定问题。命题逻辑公式的可判定问题可以由计算机自动求解，例如，可以构造命题逻辑公式的真值表。但邱奇 (Alonzo Church, 1903—1995) 和图灵 (Alan Turing, 1912—1954) 早在 1936 年就分别独立证明了一阶逻辑公式的判定问题不是计算机可解的。实际上，一阶逻辑公式是半可判定的，即存在通用的算法，对任意的一阶逻辑公式，如果它是可满足的，则该算法会终止并回答说它是可满足的，但如果它不是可满足的，则算法不会终止。

有一类称为命题逻辑公式替换实例的一阶逻辑公式，可利用命题逻辑的永真式判断它们是否一阶逻辑的永真式。

**定义 3.11** 设 $A$ 是命题逻辑公式，其中出现的命题变量是 $p_1, p_2, \cdots, p_n$，用任意的一阶逻辑公式 $A_1, A_2, \cdots, A_n$ 分别替换 $A$ 中 $p_1, p_2, \cdots, p_n$ 的所有出现得到的一阶逻辑公式称为命题逻辑公式 $A$ 的**替换实例**。

**例子 3.13** （1）一阶逻辑公式 $\forall xF(x) \to (\exists xG(x,y) \to \forall xF(x))$ 是命题逻辑公式 $p \to (q \to p)$ 的替换实例，是用 $\forall xF(x)$ 替换其中的 $p$，而用 $\exists xG(x,y)$ 替换其中的 $q$。

（2）一阶逻辑公式 $\forall xF(x) \to \forall xF(x)$ 是命题逻辑公式 $p \to p$ 的替换实例，但是 $\forall x(F(x) \to F(x))$ 不是命题逻辑公式 $p \to p$ 的替换实例。

**定理 3.2** 若一阶逻辑公式 $A$ 是命题逻辑某个永真式的替换实例，则 $A$ 也是一阶逻辑的永真式。类似地，若一阶逻辑公式 $A$ 是命题逻辑某个矛盾式的替换实例，则 $A$ 也是一阶逻辑公式的矛盾式。

**证明** 设公式 $A$ 是命题逻辑永真式 $B$ 的替换实例，即是使用某些一阶逻辑公式 $B_1, B_2, \cdots, B_n$ 分别替换 $B$ 中出现的命题变量 $p_1, p_2, \cdots, p_n$ 的所有出现而得到的公式。

对构造公式 $A$ 的非逻辑符号集的任意解释和任意个体变量指派函数，在这个解释和个体变量指派函数下无论 $B_1, B_2, \cdots, B_n$ 的真值如何都相当于对命题变量 $p_1, p_2, \cdots, p_n$ 的一个真值赋值，但永真式 $B$ 的真值与 $p_1, p_2, \cdots, p_n$ 的真值赋值无关，因此 $A$ 在这个解释和个体变量指派函数下的真值也与 $B_1, B_2, \cdots, B_n$ 的真值无关，也总是为真，因此 $A$ 是一阶逻辑公式的永真式。由于一个公式是永真式当且仅当它的否定是矛盾式，因此命题逻辑矛盾式的替换实例是一阶逻辑的矛盾式。 □

**例子 3.14**　（1）不难验证命题逻辑公式 $p \to (q \to p)$ 是永真式，因此 $\forall x F(x) \to (\exists x G(x, y) \to \forall x F(x))$ 是一阶逻辑的永真式。

（2）不难验证命题逻辑公式 $p \to p$ 是永真式，因此 $\forall x F(x) \to \forall x F(x)$ 是一阶逻辑的永真式，$F(x) \to F(x)$ 也是一阶逻辑的永真式。可以证明，如果 $x$ 是 $A$ 的自由变量，则 $A$ 是永真式当且仅当 $\forall x A$ 是永真式，因此由 $F(x) \to F(x)$ 是永真式可得到 $\forall x (F(x) \to F(x))$ 也是永真式，虽然它不是命题逻辑永真式 $p \to p$ 的替换实例。

**问题 3.15**　判断下面一阶逻辑公式的类型（即是永真式、矛盾式，还是非永真的可满足式）。

（1）$\forall x F(x) \to \exists x F(x)$　　（2）$\exists x F(x) \to \forall x F(x)$

（3）$(\forall x F(x) \wedge \exists x F(x)) \to (\forall x F(x) \vee \exists x F(x))$

**【分析】**判断一阶逻辑公式的类型首先观察它是否某个合适的命题逻辑公式的替换实例，如果是，则利用命题逻辑的真值表构造或等值演算判断这个命题逻辑公式是否永真式或矛盾式。虽然没有固定方法给出一个一阶逻辑公式是否某个命题逻辑公式的替换实例，但对许多简单的一阶逻辑公式都容易确定它是哪个命题逻辑公式的替换实例。

如果不能通过命题逻辑公式的替换实例判断一阶逻辑公式的类型，则只能根据一阶逻辑公式永真式、矛盾式和可满足式的定义进行判断。对于永真式要证明它在任意解释、任意个体变量指派函数下为真；对于矛盾式要证明它在任意解释、任意个体变量指派函数下为假；而对于非永真的可满足式，则可以给出一个具体的解释和个体变量指派函数使得这个公式为真，并且再给出一个具体的解释和个体变量指派函数使得这个公式为假。当待判断的一阶公式是闭公式时，则可以不考虑个体变量指派函数，因为闭公式的真值与个体变量指派函数无关。

**【解答】**（1）公式 $\forall x F(x) \to \exists x F(x)$ 虽然可看作命题逻辑公式 $p \to q$ 的替换实例，但 $p \to q$ 不是永真式。因此，只能通过定义判断它的类型。对于任意的解释，如果 $\forall x F(x)$ 为假，则整个蕴涵式为真。如果 $\forall x F(x)$ 为真，则对解释的论域的任意元素 $d$ 有 $F(d)$ 为真，注意到论域不能为空，因此至少存在一个元素 $d_0$ 使得 $F(d_0)$ 为真，因此 $\exists x F(x)$ 也为真，因此蕴涵式 $\forall x F(x) \to \exists x F(x)$ 也为真。因此，在任意的解释下这个公式的真值都为真，即它是永真式。

（2）同样只能通过定义判断它的类型，直观地看，对任意解释，存在论域一个元素 $d_0$ 使得 $F(d_0)$ 为真不能得到对论域的任意元素 $d$ 都有 $F(d)$ 为真，除非这个论域只有一个元素。另一方面，当论域不存在元素 $d$ 使得 $F(d)$ 为真时，$\exists x F(x)$ 为假，从而整个蕴涵式为真。因此公式 $\exists xF(x) \to \forall xF(x)$ 应该是非永真的可满足式。

为了使回答更为严谨，要给出一个具体的解释使得公式为真，以及一个具体的解释使得公式为假。设解释的论域 $D = \{a, b\}$，$F$ 的解释是 $D$ 的子集 $\{a\}$，即 $F(a)$ 为真，而 $F(b)$ 为假。这时 $\exists xF(x)$ 为真，而 $\forall xF(x)$ 为假，整个蕴涵式的真值在这个解释下为假。又设解释的论域 $D = \{a, b\}$，但 $F$ 的解释是空集，即 $F(a)$ 和 $F(b)$ 都为假，这时 $\exists xF(x)$ 为假，从而整个蕴涵式为真。综上，公式 $\exists xF(x) \to \forall xF(x)$ 是非永真的可满足式。

（3）公式 $(\forall xF(x) \land \exists xF(x)) \to (\forall xF(x) \lor \exists xF(x))$ 是命题逻辑公式 $(p \land q) \to (p \lor q)$ 的替换实例，容易验证这个命题逻辑公式是永真式，因此这个一阶逻辑公式也是永真式。

综上，（1），（3）给出的公式是永真式，而（2）给出的公式是非永真的可满足式。

## 3.4 一阶逻辑的等值演算

与命题逻辑公式的逻辑等值一样，两个一阶公式是否逻辑等值也可通过永真式判断，而且命题逻辑公式的逻辑等值式的替换实例也是一阶逻辑公式的逻辑等值式，这使得一阶逻辑公式中与逻辑运算符相关的等值演算方法与命题逻辑相同，因此本节主要讨论与量词相关的一阶逻辑等值式。

PredLogic-Equivalence(1)

下面先给出两个一阶逻辑公式逻辑等值的定义，然后重点介绍与量词相关的一阶逻辑等值式，最后介绍前束范式，这是具有某种固定形式的一阶逻辑公式。后面会看到，一阶逻辑的自然推理系统中与量词有关的推理规则只能应用于前束范式。

PredLogic-Equivalence(2)

### 3.4.1 一阶逻辑公式的逻辑等值

**定义 3.12** 如果一阶逻辑公式 $A$ 和 $B$ 在非逻辑符号集的任意解释及任意个体变量指派函数下都有相同的真值，则称 $A$ 和 $B$ **逻辑等值** (logically equivalent)，简称**等值**，记为 $A \equiv B$。通常也称 $A \equiv B$ 为**逻辑等值式**。

当在研究两个或一组一阶逻辑公式是否逻辑等值时，总假定所有公式是基于相同的非逻辑符号集和个体变量集构造。因此，后面通常不再给出构造一阶公式的非逻辑符号集和个体变量集，读者可从所研究公式的语法得到构造它们的非逻辑符号集应包括哪些个体常量、函数和谓词符号，以及个体变量集应包括哪些个体变量符号。特别地，在对公式进行约束变量改名或自由变量替换时，假定个体变量集总包含所需的新的个体变量符号。

与命题逻辑相同，两个一阶公式是否逻辑等值也可基于永真式判断，因为根据一阶公式逻辑等值的定义以及逻辑双蕴涵运算符的真值计算方法，可得到下面的定理。

**定理 3.3** 一阶逻辑公式 $A$ 与 $B$ 逻辑等值当且仅当一阶逻辑公式 $A \leftrightarrow B$ 是永真式。 □

**例子 3.16** 不难根据逻辑等值的定义证明有下面的量词交换逻辑等值式：设 $F$ 是

二元谓词符号，有：

$$\forall x \forall y F(x,y) \equiv \forall y \forall x F(x,y) \qquad \exists x \exists y F(x,y) \equiv \exists y \exists x F(x,y)$$

例子 3.9通过在有限论域中将这些量词公式展开说明了这些公式中的逻辑等值关系，很容易推广到任意解释，$\forall x \forall y F(x,y)$ 为真和 $\forall y \forall x F(x,y)$ 为真都是表明对论域的任意两个元素 $d_1, d_2$ 有 $F(d_1,d_2)$ 成立，$\exists x \exists y F(x,y)$ 为真和 $\exists y \exists x F(x,y)$ 为真都是表明存在论域的两个元素 $d_1, d_2$ 使得 $F(d_1,d_2)$ 成立。

根据逻辑等值的定义证明两个一阶公式逻辑等值与要证明一个一阶公式是永真式的方式相同，即要证明两个一阶公式在非逻辑符号集的任意解释及任意个体变量指派函数下的真值都相同。例如，例子 3.11实际上证明了两个等值式 $\neg(\forall x F(x)) \equiv \exists x(\neg F(x))$ 和 $\neg(\exists x F(x)) \equiv \forall x(\neg F(x))$。这里再给出几个问题的求解说明如何利用定义证明一阶逻辑的等值式。

**问题 3.17** 根据逻辑等值的定义证明下面的一阶逻辑等值式。

$$1 \quad \forall x(F(x) \wedge G(x)) \ \equiv \ \forall x F(x) \wedge \forall x G(x)$$

$$2 \quad \exists x(F(x) \vee G(x)) \ \equiv \ \exists x F(x) \vee \exists x G(x)$$

**【证明】**（1）对于任意的解释，$\forall x(F(x) \wedge G(x))$ 为真当且仅当对解释的论域的任意元素 $d$ 有 $F(d)$ 和 $G(d)$ 同时成立，也即对论域的任意元素 $d$ 有 $F(d)$ 成立，而且对论域的任意元素 $d$ 有 $G(d)$ 成立，也即 $\forall x F(x)$ 和 $\forall x G(x)$ 同时成立，因此 $\forall x(F(x) \wedge G(x))$ 与 $\forall x F(x) \wedge \forall x G(x)$ 逻辑等值。

（2）对于任意的解释，$\exists x(F(x) \vee G(x))$ 为真当且仅当存在解释的论域的元素 $d_0$ 使得 $F(d_0)$ 成立，或者 $G(d_0)$ 成立。分情况考虑，若论域元素 $d_0$ 使得 $F(d_0)$ 成立，则有 $\exists x F(x)$ 为真，从而 $\exists x F(x) \vee \exists x G(x)$ 也为真（这实际上是命题逻辑推理的附加律）；类似地，若论域元素 $d_0$ 使得 $G(d_0)$ 成立，则 $\exists x G(x)$ 为真，从而也有 $\exists x F(x) \vee \exists x G(x)$ 为真。这就证明了 $\exists x(F(x) \vee G(x))$ 为真蕴涵 $\exists x F(x) \vee \exists x G(x)$ 为真。

反之，若 $\exists x F(x) \vee \exists x G(x)$ 为真，即 $\exists x F(x)$ 为真或者 $\exists x G(x)$ 为真。同样分情况考虑，若 $\exists x F(x)$ 为真，即存在论域元素 $d_0$ 使得 $F(d_0)$ 为真，从而 $F(d_0) \vee G(d_0)$ 为真，也即存在论域元素 $d_0$ 使得 $F(d_0) \vee G(d_0)$ 为真，从而 $\exists x(F(x) \vee G(x))$ 为真；类似地，若 $\exists x G(x)$ 为真也可得到 $\exists x(F(x) \vee G(x))$ 为真。

综上，对任意解释，$\exists x(F(x) \vee G(x))$ 为真当且仅当 $\exists x F(x) \vee \exists x G(x)$ 为真，也即这两个公式逻辑等值。 □

**【讨论】**（1）对于（2），不能这样简单地论证："$\exists x(F(x) \vee G(x))$ 为真当且仅当存在解释的论域的元素 $d_0$ 使得 $F(d_0)$ 成立或 $G(d_0)$ 成立，当且仅当存在论域元素 $d_0$ 使得 $F(d_0)$ 成立，或者存在论域元素 $d_0$ 使得 $G(d_0)$ 成立，当且仅当 $\exists x F(x) \vee \exists x G(x)$ 为真"。因为从"存在 $d_0$ 使得 $F(d_0)$ 或 $G(d_0)$ 成立"得到"存在 $d_0$ 使得 $F(d_0)$ 成立，或存在 $d_0$ 使得 $G(d_0)$ 成立"的推理不是基本推理，即不能由命题逻辑推理理论的基本推理规则解释，因此这样的简单论证就没有给出证明的关键点。

（2）对于与析取（逻辑或）有关的命题的证明，分情况考虑通常是有效的证明策略，第 4 章有关证明方法的讨论会给出更多类似的例子。

（3）一阶公式 $\forall x(F(x)\vee G(x))$ 与 $\forall xF(x)\vee\forall xG(x)$ 不逻辑等值，$\exists x(F(x)\wedge G(x))$ 与 $\exists xF(x)\wedge\exists xG(x)$ 也不逻辑等值。实际上，读者可证明下面两个一阶逻辑公式是永真式。

① $(\forall xF(x)\vee\forall xG(x))\rightarrow(\forall x(F(x)\vee G(x)))$

② $(\exists x(F(x)\wedge G(x)))\rightarrow(\exists xF(x)\wedge\exists xG(x))$

但下面两个一阶逻辑公式不是永真式。

① $(\forall x(F(x)\vee G(x)))\rightarrow(\forall xF(x)\vee\forall xG(x))$

② $(\exists xF(x)\wedge\exists xG(x))\rightarrow(\exists x(F(x)\wedge G(x)))$

**问题 3.18** 设个体变量 $x$ 不是一阶公式 $B$ 的自由变量，证明一阶公式 $\forall x(A(x)\vee B)$ 与 $\forall xA(x)\vee B$ 逻辑等值。

**【证明】**对任意的解释及个体变量指派函数 $\sigma$，若公式 $\forall x(A(x)\vee B)$ 为真，即对解释的论域的任意元素 $d$ 有 $\sigma[x\mapsto d](A(x)\vee B)=\mathbf{1}$，也即 $\sigma[x\mapsto d](A(x))=\mathbf{1}$ 或 $\sigma[x\mapsto d](B)=\mathbf{1}$。注意到 $x$ 不是 $B$ 的自由变量，也即要么 $x$ 是 $B$ 的约束变量，要么 $x$ 不在 $B$ 中出现，公式 $B$ 在 $\sigma$ 下的真值都与 $\sigma(x)$ 无关，而对其他个体变量 $y(y\neq x)$ 都有 $\sigma[x\mapsto d](y)=\sigma(y)$。因此，对论域的任意元素 $d$ 有

$$\sigma[x\mapsto d](B)=\sigma(B)$$

因此，若 $\sigma[x\mapsto d](B)=\mathbf{1}$，则 $\sigma(B)=\mathbf{1}$，从而 $\sigma(\forall xA(x)\vee B)=\mathbf{1}$。否则若 $\sigma(B)=\mathbf{0}$，则对论域的任意元素 $d$ 都有 $\sigma[x\mapsto d](B)=\mathbf{0}$，从而当 $\forall x(A(x)\vee B)$ 为真时必有对论域的任意元素 $d$ 都有 $\sigma[x\mapsto d](A(x))$ 为真，也即 $\forall xA(x)$ 为真。综上，对于任意解释及个体变量指派函数 $\sigma$，当 $\forall x(A(x)\vee B)$ 为真时也有 $\forall xA(x)\vee B$ 为真。

反之，对任意解释及个体变量指派函数 $\sigma$，若公式 $\forall xA(x)\vee B$ 为真，即 $\sigma(\forall xA(x))=\mathbf{1}$ 或者 $\sigma(B)=\mathbf{1}$。同样，若 $\sigma(B)=\mathbf{1}$，则由于 $x$ 不是 $B$ 的自由变量，对论域的任意元素 $d$ 都有 $\sigma[x\mapsto d](B)=\mathbf{1}$，从而对论域的任意元素 $d$ 都有 $\sigma[x\mapsto d](A(x)\vee B)=\mathbf{1}$，即 $\sigma(\forall x(A(x)\vee B))=\mathbf{1}$；而若 $\sigma(\forall xA(x))=\mathbf{1}$，则对论域任意元素 $d$ 都有 $\sigma[x\mapsto d](A(x))=\mathbf{1}$，即对论域任意元素 $d$ 都有 $\sigma[x\mapsto d](A(x)\vee B))=\mathbf{1}$，即 $\sigma(\forall x(A(x)\vee B))=\mathbf{1}$。综上，对任意解释及个体变量指派函数 $\sigma$，当 $\forall xA(x)\vee B$ 为真时也有 $\forall xA(x)\vee B$ 为真。

**【讨论】**（1）上述逻辑等值式的证明用到了一阶逻辑公式语义的一个重要性质，即若 $x$ 不是 $B$ 的自由变量，则 $B$ 在一个解释和个体变量指派函数 $\sigma$ 下的真值与 $\sigma(x)$ 的值无关。也就是说，给定非逻辑符号的解释，一个公式在个体变量指派函数下的真值只与这个个体变量指派函数对该公式中自由变量的指派有关。

（2）个体变量 $x$ 不是 $B$ 的自由变量这个条件很重要，只有这样才对论域的任意元素 $d$ 有 $\sigma[x\mapsto d](B)=\sigma(B)$，从而当 $\sigma(B)=\mathbf{0}$ 且对任意论域的任意元素 $d$ 有 $\sigma[x\mapsto d](A(x)\vee B)=\mathbf{1}$ 时才能根据命题逻辑推理的析取三段论得到论域的任意元素 $d$ 都有 $\sigma[x\mapsto d](A(x))=\mathbf{1}$。

（3）通常是更严格地假定个体变量 $x$ 不在 $B$ 中出现，因为当 $x$ 在 $B$ 中约束出现时，公式 $\forall x(A(x) \vee B)$ 就产生同一个指示变量 $x$ 的量词辖域嵌套，这是在构造公式时应该避免的情况。当然，如果 $x$ 在 $B$ 中约束出现，总可以使用约束变量改名使得 $x$ 不在 $B$ 中出现。

### 3.4.2　量词公式的基本等值式

除直接根据定义证明两个一阶公式逻辑等值外，等值演算是验证两个一阶公式逻辑等值的基本方法。与命题逻辑的等值演算相同，一阶逻辑的等值演算也是基于公理化的思维方式，在证明一些基本逻辑等值式的基础上，通过等值子公式置换的方式对公式进行演算变形，从而验证两个一阶公式是否逻辑等值。

一阶逻辑的基本逻辑等值式可分为两类，一类是命题逻辑公式的基本逻辑等值式的替换实例，即根据定理 3.3 以及定理 3.2，命题逻辑的每个基本逻辑等值式的替换实例都是一阶逻辑的逻辑等值式，因此命题逻辑的基本逻辑等值式模式也都是一阶逻辑的基本逻辑等值式模式。例如，对于德摩根律 $\neg(A \wedge B) \equiv (\neg A \vee \neg B)$ 这个等值式模式，其中的字母 $A, B$ 用任意的一阶逻辑公式替换就得到一阶逻辑的具体的逻辑等值式，例如可得到

$$\neg(\forall x F(x) \wedge \exists x F(x)) \equiv (\neg \forall x F(x)) \vee (\neg \exists x F(x))$$

命题逻辑的基本等值式模式都是与逻辑运算符有关的等值式，包括同一律、零律、矛盾律、排中律、双重否定律、幂等律、交换律、结合律、分配律、吸收律、德摩根律，以及蕴涵等值式和双蕴涵等值式，读者可参考表 2.10，这里不再重复给出。只是要注意，在一阶逻辑等值演算中，这些等值式模式中的字母 $A, B, C$ 使用任意的一阶逻辑公式替换则得到一阶逻辑公式等值式作为具体实例。

另一类一阶逻辑的基本逻辑等值式不是命题逻辑的基本逻辑等值式的替换实例，表 3.1 给出了其中常用的基本逻辑等值式，都是量词公式的等值式模式，包括消除量词等值式、量词否定等值式、量词辖域扩张收缩以及量词分配等值式。消除量词等值式只适用于解释的论域是有限集的情况。例子 3.11证明了量词否定等值式，问题 3.17 证明了量词分配等值式，而问题 3.18 证明了一个量词辖域扩张收缩等值式。通常将 $\forall x(A(x) \vee B)$ 看作 $\forall x A(x) \vee B$ 的量词 $\forall x$ 辖域的扩张，而后者则是前者的量词 $\forall x$ 辖域的收缩等。

读者可参照问题 3.18证明其他与析取和合取运算有关的量词辖域扩张收缩等值式。与蕴涵运算有关的量词辖域扩张收缩等值式则可使用下面的等值演算证明：

$$\begin{aligned}
\forall x(A(x) \to B) &\equiv \forall x(\neg A(x) \vee B) && // \text{蕴涵等值式} \\
&\equiv \forall x(\neg A(x)) \vee B && // \text{量词辖域收缩} \\
&\equiv \neg \exists x A(x) \vee B && // \text{量词否定等值式} \\
&\equiv \exists x A(x) \to B && // \text{蕴涵等值式}
\end{aligned}$$

其他三个等值式也可类似地证明。注意，当量词出现在蕴涵式的前件时，其辖域的扩张收缩需要改变量词的类型。

对于量词辖域扩张收缩等值式模式，要注意其中公式 $B$ 不能出现个体变量 $x$。例如，对于公式 $\forall x(A(x) \vee B)$，要求 $B$ 不能出现 $x$。不过从问题 3.18可看到，实际上只要 $x$ 不是 $B$ 的自由变量即可。当 $x$ 在 $B$ 中都是约束出现时，可以使用约束变量改名将其改为一个新的（即不在 $A(x)$ 和 $B$ 中出现的）个体变量。特别是在扩张量词的辖域时经常要进行约束变量改名，例如下面的等值演算：

$$
\begin{aligned}
\forall xA(x) \vee \exists xB(x) &\equiv \forall xA(x) \vee \exists yB(y) && // \text{约束变量改名} \\
&\equiv \forall x(A(x) \vee \exists yB(y)) && // \text{量词辖域扩张} \\
&\equiv \forall x\exists y(A(x) \vee B(y)) && // \text{量词辖域扩张}
\end{aligned}
$$

上述演算的第一步利用约束变量改名将 $\exists xB(x)$ 中的 $x$ 改为 $y$ 得到 $\exists yB(y)$，从而满足了第二步使用量词辖域扩张的条件。注意，第三步扩张量词 $\exists y$ 的辖域得到的公式是 $\forall x\exists y(A(x) \vee B(y))$，而不是 $\exists y\forall x(A(x) \vee B(y))$，因为这一步是使用与 $A(x) \vee \exists yB(y)$ 等值的 $\exists y(A(x) \vee B(y))$ 去置换公式 $\forall x(A(x) \vee \exists yB(y))$ 中的子公式 $A(x) \vee \exists yB(y)$。第三步如果写成公式 $\exists y\forall x(A(x) \vee B(y))$ 就没有遵循等值演算的子公式置换规则。

**表 3.1 一阶逻辑量词公式的基本等值式模式**

| 名称 | 基本等值式模式 | 成立条件 |
|---|---|---|
| 消除量词等值式 | $\forall xA(x) \equiv A(a_1) \wedge A(a_2) \wedge \cdots \wedge A(a_n)$<br>$\exists xA(x) \equiv A(a_1) \vee A(a_2) \vee \cdots \vee A(a_n)$ | 个体域是有限集：<br>$D = \{a_1, a_2, \cdots, a_n\}$ |
| 量词否定等值式 | $\neg\forall xA(x) \equiv \exists x\neg A(x)$<br>$\neg\exists xA(x) \equiv \forall x\neg A(x)$ | |
| 量词辖域扩张收缩 | $\forall x(A(x) \vee B) \equiv \forall xA(x) \vee B$<br>$\forall x(A(x) \wedge B) \equiv \forall xA(x) \wedge B$<br>$\forall x(A(x) \to B) \equiv \exists xA(x) \to B$<br>$\forall x(B \to A(x)) \equiv B \to \forall xA(x)$<br>$\exists x(A(x) \vee B) \equiv \exists xA(x) \vee B$<br>$\exists x(A(x) \wedge B) \equiv \exists xA(x) \wedge B$<br>$\exists x(A(x) \to B) \equiv \forall xA(x) \to B$<br>$\exists x(B \to A(x)) \equiv B \to \exists xA(x)$ | $A(x)$ 是含自由变量 $x$ 的公式，而且 $x$ 不在公式 $B$ 中出现 |
| 量词分配等值式 | $\forall x(A(x) \wedge B(x)) \equiv \forall xA(x) \wedge \forall xB(x)$<br>$\exists x(A(x) \vee B(x)) \equiv \exists xA(x) \vee \exists xB(x)$ | $A(x), B(x)$ 是含自由变量 $x$ 的公式 |

与命题逻辑的等值演算相同，一阶逻辑的等值演算也是利用基本等值式，以及必要的时候使用约束变量改名规则，对公式的子公式使用等值的子公式进行置换，从而验证两个公式是否逻辑等值。定理 3.1保证了约束变量改名前后的两个公式逻辑等值，而等值子公式置换前后的两个公式逻辑等值是因为一阶逻辑也有如下的定理。

**定理 3.4** 设一阶逻辑公式 $B$ 是公式 $A$ 的子公式，且公式 $B$ 与 $B'$ 逻辑等值，则使用 $B'$ 置换公式 $A$ 中的一处或多处子公式 $B$ 得到的公式 $A'$ 与 $A$ 也逻辑等值。

这个定理成立的关键在于对任意的公式 $A, A', B, B'$，如果 $A \equiv A'$ 且 $B \equiv B'$，则 $(\neg A) \equiv (\neg A')$，以及 $(A \oplus B) \equiv (A' \oplus B')$，这里 $\oplus$ 代表 $\wedge, \vee, \rightarrow$ 或 $\leftrightarrow$。对于量词公式，则当 $A \equiv A'$ 时，对任意的个体变量 $x$ 都有 $\forall x A \equiv \forall x A'$ 以及 $\exists x A \equiv \exists x A'$。

**问题 3.19** 使用一阶逻辑的等值演算证明下面的等值式。

（1）$\neg\exists x(T(x) \wedge \forall y(W(y) \rightarrow K(x,y))) \ \equiv\ \forall x(T(x) \rightarrow \exists y(W(y) \wedge \neg K(x,y)))$

（2）$\neg\forall x(T(x) \rightarrow \exists y(W(y) \wedge K(x,y))) \ \equiv\ \exists x(T(x) \wedge \forall y(W(y) \rightarrow \neg K(x,y)))$

**【解答】** 可分别使用下面的等值演算证明这些等值式。

（1）

$$
\begin{aligned}
& \neg\exists x(T(x) \wedge \forall y(W(y) \rightarrow K(x,y))) & \\
\equiv\ & \forall x(\neg(T(x) \wedge \forall y(W(y) \rightarrow K(x,y)))) & \text{// 量词否定等值式} \\
\equiv\ & \forall x(\neg T(x) \vee \neg\forall y(W(y) \rightarrow K(x,y))) & \text{// 德摩根律} \\
\equiv\ & \forall x(\neg T(x) \vee \exists y(\neg(W(y) \rightarrow K(x,y)))) & \text{// 量词否定等值式} \\
\equiv\ & \forall x(\neg T(x) \vee \exists y(\neg(\neg W(y) \vee K(x,y)))) & \text{// 蕴涵等值式} \\
\equiv\ & \forall x(\neg T(x) \vee \exists y(W(y) \wedge \neg K(x,y))) & \text{// 德摩根律} \\
\equiv\ & \forall x(T(x) \rightarrow \exists y(W(y) \wedge \neg K(x,y))) & \text{// 蕴涵等值式}
\end{aligned}
$$

（2）

$$
\begin{aligned}
& \neg\forall x(T(x) \rightarrow \exists y(W(y) \wedge K(x,y))) & \\
\equiv\ & \exists x(\neg(T(x) \rightarrow \exists y(W(y) \wedge K(x,y)))) & \text{// 量词否定等值式} \\
\equiv\ & \exists x(\neg(\neg T(x) \vee \exists y(W(y) \wedge K(x,y)))) & \text{// 蕴涵等值式} \\
\equiv\ & \exists x(T(x) \wedge \neg\exists y(W(y) \wedge K(x,y))) & \text{// 德摩根律} \\
\equiv\ & \exists x(T(x) \wedge \forall y(\neg(W(y) \wedge K(x,y)))) & \text{// 量词否定等值式} \\
\equiv\ & \exists x(T(x) \wedge \forall y(\neg W(y) \vee \neg K(x,y))) & \text{// 德摩根律} \\
\equiv\ & \exists x(T(x) \wedge \forall y(W(y) \rightarrow \neg K(x,y))) & \text{// 蕴涵等值式}
\end{aligned}
$$

**【讨论】** 给出上述谓词 $T(x), W(x), K(x,y)$ 一个现实世界的解释会更容易地理解这些逻辑等值式的含义。例如，设 $T(x)$ 表示“$x$ 是兔子”，而 $W(x)$ 表示“$x$ 是乌龟”，$K(x,y)$ 表示“$x$ 比 $y$ 跑得快”。

基于上述解释，（1）给出的公式 $\neg\exists x(T(x) \wedge \forall y(W(y) \rightarrow K(x,y)))$ 的含义是“不存在 $x$，$x$ 是兔子，且对任意的 $y$，如果 $y$ 是乌龟，则 $x$ 比 $y$ 跑得快”，也即“不存在比所有乌龟都跑得快的兔子”。而公式 $\forall x(T(x) \rightarrow \exists y(W(y) \wedge \neg K(x,y)))$ 的含义是，“对任意 $x$，如果 $x$ 是兔子，则存在 $y$，$y$ 是乌龟，且 $x$ 不比 $y$ 跑得快”，也即“每个兔子都有比它跑得快的乌龟”。

从自然语言理解的角度，“不存在比所有乌龟都跑得快的兔子”与“每个兔子都有比它跑得快的乌龟”的含义相同，这也就是（1）给出的逻辑等值式的自然语言含义。读者可利用上述解释理解（2）给出的逻辑等值式的自然语言含义。

### 3.4.3 一阶逻辑的前束范式

命题逻辑的范式是一种特殊形式的命题逻辑公式，可以容易地确定命题逻辑范式，特别是主范式的真值。一阶逻辑的前束范式也是一种特殊形式的一阶逻辑公式，虽然前束范式的真值可能不容易确定，但它清楚地将公式中量词的应用与逻辑运算分开，使得整个公式更容易理解，在一阶逻辑的自然推理中，与量词有关的规则也只能应用于前束范式，所以前束范式在一阶逻辑中也起着重要的作用。

**定义 3.13** 如果一阶逻辑公式 $A$ 具有如下形式：

$$Q_1x_1Q_2x_2\cdots Q_kx_kB$$

则称 $A$ 是**前束范式** (prenex normal form)，其中 $Q_i(1\leqslant i\leqslant k)$ 是量词符号 $\forall$ 或 $\exists$，$B$ 是不含量词的一阶逻辑公式。

**例子 3.20** 下面的一阶逻辑公式是前束范式：

$$\forall x\forall y(T(x)\wedge W(y)\to K(x,y)) \qquad \forall x\exists z(\neg F(x)\wedge H(z)\to L(x,y,z))$$

而下面的公式都不是前束范式：

$$\forall x(T(x)\to \forall y(W(y)\to K(x,y))) \qquad \neg\forall x\exists z(F(x)\wedge H(z)\to L(x,y,z))$$

直观地说，前束范式就是所有量词约束都在最前面的一阶逻辑公式，这样它的语法结构更为简单。一般来说，可以通过以下步骤得到与一个一阶逻辑公式逻辑等值的前束范式。

（1）应用约束变量改名规则使得这个公式的每个个体变量符号要么约束出现，要么自由出现，并且每个量词的指示变量都互不相同。

（2）应用量词否定等值式将否定联结词放到量词的后面。

（3）应用量词辖域扩张等值式将量词放到所有逻辑运算符的前面。

因此，有下面的定理。

**定理 3.5** 每个一阶逻辑公式都有与它逻辑等值的前束范式。 □

**问题 3.21** 给出分别与下面两个一阶逻辑公式等值的前束范式。

$$1\quad \forall xF(x)\wedge\neg\exists xG(x) \qquad\qquad 2\quad \forall xF(x)\to\exists xG(x)$$

**【解答】**使用下面的等值演算给出与公式等值的前束范式。

$$
\begin{aligned}
(1)\quad \forall xF(x)\wedge\neg\exists xG(x) &\equiv \forall xF(x)\wedge\neg\exists yG(y) && \text{// 约束变量改名}\\
&\equiv \forall xF(x)\wedge\forall y(\neg G(y)) && \text{// 量词否定等值式}\\
&\equiv \forall x(F(x)\wedge\forall y(\neg G(y))) && \text{// 量词辖域扩张}\\
&\equiv \forall x\forall y(F(x)\wedge\neg G(y)) && \text{// 量词辖域扩张}
\end{aligned}
$$

（2）

$$\begin{aligned}\forall xF(x)\to\exists xG(x) &\equiv \forall xF(x)\to\exists yG(y) &&// 约束变量改名\\ &\equiv \exists x(F(x)\to\exists yG(y)) &&// 量词辖域扩张\\ &\equiv \exists x\exists y(F(x)\to G(y)) &&// 量词辖域扩张\end{aligned}$$

因此，与公式 $\forall xF(x)\wedge\neg\exists xG(x)$ 逻辑等值的一个前束范式是 $\forall x\forall y(F(x)\wedge\neg G(y))$，而与公式 $\forall xF(x)\to\exists xG(x)$ 逻辑等值的一个前束范式是 $\exists x\exists y(F(x)\to G(y))$。

**【讨论】**（1）上面给出与公式 $\forall xF(x)\wedge\neg\exists xG(x)$ 逻辑等值的等值演算过程充分展示了得到前束范式的步骤。不过，由量词分配等值式，全称量词对合取分配，还可使用更简单的过程得到与它逻辑等值的前束范式：

$$\begin{aligned}\forall xF(x)\wedge\neg\exists xG(x) &\equiv \forall xF(x)\wedge\forall x(\neg G(x)) &&// 量词否定等值式\\ &\equiv \forall x(F(x)\wedge\neg G(x)) &&// 量词分配等值式\end{aligned}$$

这表明与某个一阶公式逻辑等值的前束范式不唯一。但要注意，全称量词对析取不分配。因此，如果上述公式不是合取式，而是析取式的话，则不能由量词分配等值式得到前束范式。

（2）与蕴涵运算有关的量词辖域扩张等值式，当扩张蕴涵前件中量词的辖域时，要注意改变量词类型。读者应特别注意下面的量词辖域扩张收缩等值式：

$$\forall xA(x)\to B\equiv\exists x(A(x)\to B)\qquad\qquad \exists xA(x)\to B\equiv\forall x(A(x)\to B)$$

也可使用更基本的与析取运算有关的量词辖域扩张收缩等值式。例如，对于公式 $\forall xF(x)\to\exists xG(x)$，可使用如下等值演算得到与它等值的前束范式：

$$\begin{aligned}\forall xF(x)\to\exists xG(x) &\equiv \forall xF(x)\to\exists yG(y) &&// 约束变量改名\\ &\equiv \neg\forall xF(x)\vee\exists yG(y)) &&// 蕴涵等值式\\ &\equiv \exists x\neg F(x)\vee\exists yG(y)) &&// 量词否定等值式\\ &\equiv \exists x\exists y(\neg F(x)\vee G(y)) &&// 两次量词辖域扩张\\ &\equiv \exists x\exists y(F(x)\to G(y)) &&// 两次量词辖域扩张\end{aligned}$$

细心的读者可能会注意到，这里也可利用量词分配等值式，存在量词对析取分配，得到与这个公式等值的前束范式：

$$\begin{aligned}\forall xF(x)\to\exists xG(x) &\equiv \neg\forall xF(x)\vee\exists xG(x) &&// 蕴涵等值式\\ &\equiv \exists x\neg F(x)\vee\exists xG(x)) &&// 量词否定等值式\\ &\equiv \exists x(\neg F(x)\vee G(x)) &&// 量词分配等值式\\ &\equiv \exists x(F(x)\to G(x)) &&// 蕴涵等值式\end{aligned}$$

注意，这表明有如下一阶逻辑等值式：

$$\exists x\exists y(F(x)\to G(y))\equiv\forall xF(x)\to\exists xG(x)\equiv\exists x(F(x)\to G(x))$$

**问题 3.22** 求与下列各公式等值的前束范式。

（1）$\forall xF(x,y)\wedge\exists yG(x,y)$

（2）$(\forall x_1F(x_1,x_2)\to\exists x_2G(x_2))\to\forall x_1H(x_1,x_2,x_3)$

**【分析】**这里两个公式有一点复杂，在利用等值演算得到与其逻辑等值的前束范式前，需要清楚个体变量的哪些出现是自由出现，哪些是约束出现，最好通过约束变量改名将公式变换成每个量词后的指示变量都不相同，每个个体变量的出现要么只是约束出现，要么只是自由出现，然后再使用量词否定等值式和量词辖域扩张等值式就更容易得到正确的等值演算过程。

**【解答】**使用下面的等值演算得到与公式等值的前束范式。

（1）

$$\begin{aligned}
&\forall xF(x,y)\wedge\exists yG(x,y)\\
\equiv\ &\forall zF(z,y)\wedge\exists uG(x,u) && \text{// 约束变量改名}\\
\equiv\ &\forall z(F(z,y)\wedge\exists uG(x,u)) && \text{// 量词辖域扩张}\\
\equiv\ &\forall z\exists u(F(z,y)\wedge G(x,u)) && \text{// 量词辖域扩张}
\end{aligned}$$

（2）

$$\begin{aligned}
&(\forall x_1F(x_1,x_2)\to\exists x_2G(x_2))\to\forall x_1H(x_1,x_2,x_3)\\
\equiv\ &(\forall x_1F(x_1,x_2)\to\exists x_4G(x_4))\to\forall x_5H(x_5,x_2,x_3) && \text{// 约束变量改名}\\
\equiv\ &(\exists x_1(F(x_1,x_2)\to\exists x_4G(x_4)))\to\forall x_5H(x_5,x_2,x_3) && \text{// 量词辖域扩张}\\
\equiv\ &\exists x_1\exists x_4(F(x_1,x_2)\to G(x_4))\to\forall x_5H(x_5,x_2,x_3) && \text{// 量词辖域扩张}\\
\equiv\ &\forall x_1\ (\exists x_4(F(x_1,x_2)\to G(x_4))\to\forall x_5H(x_5,x_2,x_3)) && \text{// 量词辖域扩张}\\
\equiv\ &\forall x_1\forall x_4\ ((F(x_1,x_2)\to G(x_4))\to\forall x_5H(x_5,x_2,x_3)) && \text{// 量词辖域扩张}\\
\equiv\ &\forall x_1\forall x_4\forall x_5\ ((F(x_1,x_2)\to G(x_4))\to H(x_5,x_2,x_3)) && \text{// 量词辖域扩张}
\end{aligned}$$

**【讨论】**（1）对于上面（1）给出的公式，等值演算的最后两步也可用顺序不同的量词辖域扩张：

$$\begin{aligned}
&\forall xF(x,y)\wedge\exists yG(x,y)\\
\equiv\ &\forall zF(z,y)\wedge\exists uG(x,u) && \text{// 约束变量改名}\\
\equiv\ &\exists u(\forall zF(z,y)\wedge G(x,u)) && \text{// 量词辖域扩张}\\
\equiv\ &\exists u\forall z(F(z,y)\wedge G(x,u)) && \text{// 蕴涵等值式}
\end{aligned}$$

从而得到与它逻辑等值的不同的前束范式。注意，这表明有下面的一阶逻辑等值式：

$$\forall z\exists u(F(z,y)\wedge G(x,u))\ \equiv\ \exists u\forall z(F(z,y)\wedge G(x,u))$$

因此，虽然一般情况下不同量词的顺序交换后不能得到相互逻辑等值的公式，即公式 $\exists x\forall yF(x,y)$ 与 $\forall y\exists xF(x,y)$ 一般情况下不逻辑等值，但对于某些特定的逻辑公式，例如，当量词约束的个体变量出现在不同的谓词时，不同量词交换顺序后仍可得到相互逻辑等值的公式。

（2）对于上面（2）给出的出现许多变量的公式，必须仔细区分清楚个体变量符号的每处出现是自由出现还是约束出现。例如这个公式中的 $x_2$ 在 $\forall x_1 F(x_1, x_2)$ 和 $\forall x_1 H(x_1, x_2, x_3)$ 中都是自由出现，但在 $\exists x_2 G(x_2)$ 中是约束出现。这时建议通过约束变量改名使得整个公式每个量词的指示变量都不同，并且每个个体变量要么只是约束出现，要么只是自由出现，这只要对那些不满足这些条件的子量词公式通过选择不在整个公式出现的新个体变量进行约束变量改名即可。例如，对于公式：

$$(\forall x F(x, y) \to \exists y G(x, y)) \wedge (\forall x \forall y H(x, y, z) \to \forall z F(x, z))$$

通过约束变量改名可使得它满足每个量词的指示变量互不相同，并且每个个体变量要么只是自由出现要么只是约束出现：

$$\begin{aligned} & (\forall x F(x, y) \to \exists y G(x, y)) \wedge (\forall x \forall y H(x, y, z) \to \forall z F(x, z)) \\ \equiv\ & (\forall u F(u, y) \to \exists v G(x, v)) \wedge (\forall w \forall r H(w, r, z) \to \forall s F(x, s)) \quad // \text{约束变量改名} \end{aligned}$$

由于原来的公式中个体变量 $x, y, z$ 都既有自由出现，又有约束出现，所以对相应的量词公式都使用了新的个体变量符号，原来使用相同指示变量的量词也使用了不同的指示变量。

有些教材还建议使用自由变量替换，例如将 $\forall x F(x, y) \wedge \exists y G(x, y)$ 使用自由变量替换得到 $\forall x F(x, u) \wedge \exists y G(v, y)$。但严格地说，自由变量替换得到的不是相互逻辑等值的公式，例如 $\forall x F(x, y)$ 和 $\forall x F(x, u)$ 不逻辑等值，因为个体变量指派函数可能对自由变量 $y$ 和 $u$ 指派不同的值。只能说 $\forall x F(x, y)$ 是永真式当且仅当 $\forall x F(x, u)$ 是永真式，所以只能在利用前束范式判断永真式（或矛盾式）时使用自由变量替换才是可行的。实际上，只利用约束变量改名就可使得公式每个量词的指示变量不同，且每个个体变量只是约束出现或只是自由出现。

总的来说，当公式出现的个体变量比较多，且在许多变量都既自由出现又约束出现时，一阶逻辑公式的等值演算需要特别仔细。需要指出的是，不管怎样使用约束变量改名规则，甚至不管怎样做等值演算，变换前后的公式有如下的关系。

（1）除非应用量词分配等值式，否则等值变换前后的公式中量词个数不变。

（2）不管是否使用量词分配等值式，除指示变量外，个体变量在每个位置出现的身份不变，即原本在某个位置约束出现，等值变换后在这个位置出现的个体变量仍然应该是约束出现，原本是自由出现，等值变换后也应该还是自由出现。如果某个位置上的个体变量出现身份发生了改变，就表明变换前后的公式不等值！

例如，问题 3.22中的（2）给出的公式各个体变量符号（除指示变量外）的出现情况如下：

$$\begin{array}{cccccc} \text{约束出现} & \text{自由出现} & \text{约束出现} & \text{约束出现} & \text{自由出现} & \text{自由出现} \\ \downarrow & \downarrow & \downarrow & \downarrow & \downarrow & \downarrow \\ (\forall x_1 F(\ x_1, & x_2) \to \exists x_2 G(\ x_2)) \to \forall x_1 H(\ x_1, & & & x_2, & x_3) \end{array}$$

通过约束变量改名后得到的公式各个体变量符号（除指示变量外）的出现情况如下：

| 约束出现 | 自由出现 | 约束出现 | 约束出现 | 自由出现 | 自由出现 |
| --- | --- | --- | --- | --- | --- |
| ↓ | ↓ | ↓ | ↓ | ↓ | ↓ |
| $(\forall x_1 F(x_1,$ | $x_2) \to \exists x_4 G($ | $x_4)) \to \forall x_5 H($ | $x_5,$ | $x_2,$ | $x_3)$ |

最后得到的与它等值的前束范式的各个体变量符号（除指示变量外）的出现情况如下：

| 约束出现 | 自由出现 | 约束出现 | 约束出现 | 自由出现 | 自由出现 |
| --- | --- | --- | --- | --- | --- |
| ↓ | ↓ | ↓ | ↓ | ↓ | ↓ |
| $\forall x_1 \forall x_4 \forall x_5 ((F(x_1,$ | $x_2) \to G($ | $x_4)) \to H($ | $x_5,$ | $x_2,$ | $x_3))$ |

通过上面的对比可看出，各个位置上使用的个体变量符号虽然由于约束变量改名有所改变，但该位置上的个体变量符号出现的身份不变。这里所说的位置是指某个变量符号出现在哪个谓词或函数中，以及作为该谓词或函数作用的第几个个体变量。注意，根据一阶逻辑公式的语法，个体变量符号除作为指示变量符号外，只能出现在谓词作用的原子公式里，或函数作用的项里。

## 3.5 一阶逻辑的推理理论

PredLogic-Reasoning(1)

PredLogic-Reasoning(2)

PredLogic-Reasoning(3)

一阶逻辑的推理是命题逻辑推理的深化，能够对自然语言表达的推理进行更为精细的符号化，从而描述更多数学和生活中的推理问题。一阶逻辑的推理仍是从一组前提得到一个结论，而且在一阶逻辑的自然推理系统中，也是根据推理规则构造验证推理有效性的论证。

由于命题逻辑永真式的替换实例是一阶逻辑的永真式，所以一阶逻辑的自然推理系统包含命题逻辑的自然推理系统的推理规则，只是在构造一阶逻辑的论证时应使用一阶逻辑公式替换推理规则中的字母。本节在定义一阶逻辑推理的有效性后，简要复习命题逻辑的自然推理系统的常用推理规则，然后重点讨论一阶逻辑自然推理系统的与量词公式有关的推理规则，最后举例说明如何在一阶逻辑自然推理系统中构造验证推理有效性的论证。

### 3.5.1 一阶逻辑推理的有效性

**定义 3.14** **一阶逻辑的推理**是从前提 $A_1, A_2, \cdots, A_n$ 推出结论 $B$ 的过程，记为 $A_1, A_2, \cdots, A_n \Longrightarrow B$。说推理 $A_1, A_2, \cdots, A_n \Longrightarrow B$ 是**有效的** (valid)，如果公式 $(A_1 \wedge A_2 \wedge \cdots \wedge A_n) \to B$ 是永真式。

由于一阶逻辑公式的复杂性，利用永真式的定义或者利用一阶逻辑的等值演算说明一个一阶逻辑公式是否永真式不是容易的事情。因此，一阶逻辑的推理理论主要是利用基本的推理规则构造论证验证推理的有效性。

**定义 3.15** 验证推理 $A_1, A_2, \cdots, A_n \Longrightarrow B$ 有效性的**论证** (argument) 或说**证明** (proof)，是一个以结论公式 $B$ 结束的公式序列：

$$\begin{array}{ll} (1) & B_1 \\ (2) & B_2 \\ & \vdots \\ (m) & B_m = B \end{array}$$

且满足：对任意的 $1 \leqslant i \leqslant m$，有：

（1）公式 $B_i$ 是推理的前提之一，即存在 $1 \leqslant j \leqslant n$，使得 $B_i$ 就是 $A_j$；**或者**，

（2）存在 $1 \leqslant j_1, j_2, \cdots, j_k < i$，使得 $B_{j_1}, B_{j_2}, \cdots, B_{j_k} \Longrightarrow B_i$ 是一阶逻辑自然推理系统的某个推理规则的实例。这时通俗地称 $B_i$ 由（排在它前面的公式）$B_{j_1}, B_{j_2}, \cdots, B_{j_k}$（通过这个规则）得到。

使用论证可验证推理的有效性是因为，对论证中的每个公式 $B_i, i = 1, 2, \cdots, m$，可归纳地证明 $A \to B_i$ 是永真式，这里 $A = A_1 \wedge A_2 \wedge \cdots \wedge A_n$ 是所有前提构成的合取式：① 如果 $B_i$ 是某个前提 $A_j$，则 $A \to B_i$ 显然是永真式；② 如果 $B_i$ 是由 $B_{j_1}, B_{j_2}, \cdots B_{j_k}$ 通过推理规则得到，则推理规则的有效性保证了 $B_{j_1} \wedge B_{j_2} \wedge \cdots \wedge B_{j_k} \to B_i$ 是永真式，从而由 $A \to B_{j_1}, A \to B_{j_2}, \cdots, A \to B_{j_k}$ 都是永真式可得到 $A \to B_i$ 也是永真式。

命题逻辑永真式的替换实例是一阶逻辑公式的永真式，因此命题逻辑自然推理系统的推理规则也都是一阶逻辑自然推理系统的推理规则。

（1）**假言推理**规则 $A \to B, A \Longrightarrow B$ 和**假言易位**规则 $A \to B, \neg B \Longrightarrow \neg A$。

（2）**合取**规则 $A, B \Longrightarrow A \wedge B$ 和**化简**规则 $A \wedge B \Longrightarrow A$。

（3）**附加**规则 $A \Longrightarrow A \vee B$ 和**析取三段论**规则 $\neg A, A \vee B \Longrightarrow B$。

（4）**等值置换**规则：对于一阶逻辑等值演算的每个基本等值式模式 $A \equiv B$，都有规则 $A \Longrightarrow B$ 和 $B \Longrightarrow A$。具体来说，这些基本等值式模式包括与命题逻辑运算符相关的双重否定律、幂等律、交换律、结合律、蕴涵等值式和双蕴涵等值式，以及与量词相关的量词否定等值式、量词辖域扩张收缩等值式和约束变量改名。

每个推理规则都可表示成下面的形式，其中横线之上的 $P_1, P_2, \cdots, P_n$ 是规则的前提，即在构造论证时已经得到的、排在规则的结论 $C$ 之前的公式，而横线下面的 $C$ 是规则的结论：

$$\frac{P_1,\ P_2,\ \cdots,\ P_n}{C}$$

推理规则的有效性是指 $P_1 \wedge P_2 \wedge \cdots \wedge P_n \to C$ 是永真式，或更准确地说，用具体的公式分别替换 $P_1, P_2, \cdots, P_n$ 和 $C$ 中每个字母的所有出现得到的推理规则的实例是永真式。

构造验证推理有效性的论证时还可使用**附加前提法**和**反证法**两种论证构造方法。附加前提法是指在验证结论是蕴涵式的推理 $A_1, A_2, \cdots, A_n \Longrightarrow B \to C$ 时，将蕴涵式的前件作为附加前提一起得到蕴涵式的后件，即使用如下形式的论证：

$$
\begin{array}{lll}
(1) & B & // \text{ 附加前提} \\
\vdots & \vdots & \\
(k) & C & \\
(k+1) & B \rightarrow C & // \ (1),(k) \text{ 附加前提法}
\end{array}
$$

上面公式序列中，第 (1) 行引入附加前提，而 $(k+1)$ 行使用或说消除了附加前提。反证法是指在验证结论是否定式的推理 $A_1, A_2, \cdots, A_n \Longrightarrow \neg B$ 时，将结论的否定，即 $B$ 作为附加前提一起得到矛盾，即使用如下形式的论证：

$$
\begin{array}{lll}
(1) & B & // \text{ 附加前提} \\
\vdots & \vdots & \\
(k) & C & \\
\vdots & \vdots & \\
(j) & \neg C & \\
\vdots & \vdots & \\
(m) & \neg B & // \ (1),(k),(j) \text{ 反证法}
\end{array}
$$

上面公式序列中，第 (1) 行引入附加前提，而第 $(m)$ 行消除了附加前提。实际上，反证法不一定用于结论是否定式的推理，任何推理的有效性验证都可使用反证法，即将结论的否定作为附加前提一起得到矛盾从而验证得到结论本身的推理的有效性。

使用附加前提法或反证法构造验证推理 $A_1, A_2, \cdots, A_n \Longrightarrow B \rightarrow C$ 或 $A_1, A_2, \cdots, A_n \Longrightarrow \neg B$ 有效性论证的公式序列 $B_1, B_2, \cdots, B_m$ 时，从引入附加前提这一行到消除附加前提之前的一行的公式 $B_i$ 不再仅由推理的前提得到，即这时不是说 $A \rightarrow B_i$ 是永真式，这里 $A$ 仍然是所有前提构成的合取式，而是由推理的前提和附加前提一起得到，即这时 $A \wedge B \rightarrow B_i$ 是永真式。读者需要注意并理解这一点，才能更好地使用附加前提法和反证法构造论证。

### 3.5.2 量词公式的推理规则

一阶逻辑自然推理系统的推理规则除上述与命题逻辑自然推理系统相同的推理规则外，还包括与量词有关的推理规则，即量词公式的推理规则。每种量词都有两个规则：量词的例化 (instantiation) 和泛化 (generalization) 规则。量词例化规则也称为量词消除规则，是利用已有前提或中间结论中的量词公式推出其他公式。量词泛化规则也称为量词引入规则，是对已有前提或中间结论公式引入量词，以推出量词公式作为结论或中间结论。

由于一阶逻辑公式的复杂性，量词公式的推理规则的应用需要附加条件，这些条件主要用于明确消除量词时能选择怎样的个体常量或变量符号，或引入量词时能针对怎样的个体常量或变量符号。下面详细介绍每个推理规则及其附加条件，并结合论证的构造讨论在应用这些推理规则时的注意事项。

### 1. 全称例化 (universal instantiation) 规则

全称例化规则或说**全称量词消除**规则，有两种形式。

（1）设 $A(x)$ 是含自由变量 $x$ 的公式，且 $x$ 不在 $A(x)$ 中任意以 $y$ 为指示变量的量词 $\forall y$ 或 $\exists y$ 的辖域中自由出现，则若论证的公式序列已经得到公式 $\forall xA(x)$，就可得到公式 $A(y)$，这里 $A(y)$ 是用 $y$ 替换 $A(x)$ 中所有自由出现的 $x$ 而得到的公式，即

$$\frac{\forall xA(x)}{A(y)} \quad x \text{ 不在 } A(x) \text{ 中量词 } \forall y \text{ 或 } \exists y \text{ 的辖域中自由出现}$$

（2）设 $A(x)$ 是含自由变量 $x$ 的公式，$c$ 是任意个体常量，则若论证的公式序列已经得到公式 $\forall xA(x)$，就可得到公式 $A(c)$，其中 $A(c)$ 是用 $c$ 代入 $A(x)$ 中所有自由出现的 $x$ 而得到的公式，即

$$\frac{\forall xA(x)}{A(c)} \quad c \text{ 是任意的个体常量}$$

全称例化规则第一种形式的有效性在于，当 $x$ 不在 $A(x)$ 中任意量词 $\forall y$ 或 $\exists y$ 的辖域中自由出现时，$\forall xA(x) \to A(y)$ 是永真式。严格的证明超出本书的讨论范围，但读者可直观理解这个规则的有效性：在构造论证时若已经得到 $\forall xA(x)$，也即由前提能得到对任意的 $x$，有 $A(x)$ 成立，那么也就能得到对任意的、不确定的个体 $y$ 有 $A(y)$ 成立。

这时不允许 $x$ 在 $A(x)$ 中任意量词 $\forall y$ 或 $\exists y$ 的辖域中自由出现。例如，假设有前提 $\forall x\exists yF(x,y)$，如果使用全称例化规则消除量词 $\forall x$ 时，用 $y$ 替换 $\exists yF(x,y)$ 中的 $x$ 得到 $\exists yF(y,y)$，则是错误的，容易验证 $\forall x\exists yF(x,y) \to \exists yF(y,y)$ 不是永真式。直观来说，当 $x$ 在 $\forall y$ 或 $\exists y$ 的辖域中自由出现时，用 $y$ 替换其中的 $x$ 则会将原本自由出现的 $x$ 改为约束出现，显然是不合理的。

简单地说，当 $y$ 不在 $A(x)$ 中约束出现时，即 $A(x)$ 中不存在以 $y$ 为指示变量的子量词公式时，总满足规则的应用条件。特别地，如果不允许量词辖域嵌套，即不允许 $A(x)$ 中再出现以 $x$ 为指示变量的子量词公式时，在使用全称例化规则时，可由 $\forall xA(x)$ 直接得到 $A(x)$。例如设有前提 $\forall x\forall yF(x,y)$，可先使用全称例化规则得到 $\forall yF(x,y)$，然后再使用全称例化规则可得到 $F(x,x)$。这里第一步直接选择了 $x$，第二步选择在公式中自由出现的 $x$ 替换 $y$，这都满足全称例化规则的应用条件。

全称例化规则第二种形式的直观含义是，如果 $\forall xA(x)$ 成立，也即对任意 $x$，有 $A(x)$ 成立，那么对于某个具体的、确定的个体 $c$，有 $A(c)$ 成立。这个规则的成立条件只要求 $c$ 是个体常量即可，不难证明，对任意的个体常量 $c$，一阶逻辑公式 $\forall xA(x) \to A(c)$ 都是永真式。

### 2. 全称泛化 (universal generalization) 规则

全称泛化规则或称为**全称量词引入**规则。设 $A(y)$ 是含自由变量 $y$ 的公式，$x$ 不在 $A(y)$ 约束出现且不是在 $A(y)$ 中除 $y$ 以外的其他自由变量，则若已经得到公式 $A(y)$，

就可得到 $\forall x A(x)$，其中 $A(x)$ 是用 $x$ 替换 $A(y)$ 所有自由出现的 $y$ 得到的公式：

$$\frac{A(y)}{\forall x A(x)} \quad x \text{ 不在 } A(y) \text{ 约束出现且不是在 } A(y) \text{ 中除 } y \text{ 以外的其他自由变量}$$

如果 $x$ 在 $A(y)$ 中约束出现，那么使用全称泛化规则得到的公式 $\forall x A(x)$ 会存在量词辖域嵌套。如果 $x$ 在 $A(y)$ 中自由出现且不等于 $y$，那么使用全称泛化规则得到的 $\forall x A(x)$ 会使得原先自由出现的 $x$ 变为约束出现，显然不合理。不过在对 $A(y)$ 使用全称泛化规则时，只要 $y$ 不在 $A(y)$ 中约束出现，引入的全称量词的指示变量可直接选 $y$ 而得到 $\forall y A(y)$，这既不会产生量词辖域嵌套，也不会不合理地将 $A(y)$ 中自由出现的其他变量变为约束出现。

简单地说，在针对含有自由变量 $y$ 的公式 $A(y)$ 使用全称泛化规则时，可选择不在 $A(y)$ 中出现的 $x$ 作为引入的全称量词的指示变量而得到 $\forall x A(x)$，也可在 $A(y)$ 不含约束出现的 $y$ 时直接选择 $y$ 作为指示变量而得到 $\forall y A(y)$。

值得注意的是，即使 $x$ 不在 $A(y)$ 中出现，$A(y) \to \forall x A(x)$ 也不是永真式。例如，令个体域是所有人构成的集合，$A(x)$ 解释为"$x$ 是科学家"，对于个体变量指派函数 $\sigma$，设 $\sigma(y) = a$，$a$ 代表李四光，则 $\sigma(A(y)) = \mathbf{1}$，因为李四光是科学家，但 $\forall x A(x)$ 的直观含义是"所有人都是科学家"，显然为假。类似地，$A(y) \to \forall y A(y)$ 也不是永真式。

直观地看，一个个体变量 $x$ 或 $y$ 既可表示任意的个体，又可表示某个不确定的个体。因此，$A(y)$ 为真，可能表示对任意的个体 $y$，$A(y)$ 为真，也可能表示对某个不确定的个体 $y$，$A(y)$ 为真，从而 $A(y) \to \forall x A(x)$ 不是永真式。

有的教材为简单起见，在给出全称泛化规则时，直接要求只有当 $A(y)$ 对任意 $y$ 都成立时才能得到 $\forall x A(x)$，但这样的条件是语义性质的条件，无法在构造的论证中体现出来，或者说从论证的公式序列本身无法看出这样的条件是否满足，因此我们不采用这一说法，而是尽量使得能在形式上判断一个论证是否正确。

虽然公式 $A(y) \to \forall x A(x)$ 不是永真式，但是对任意一组前提 $P_1, P_2, \cdots, P_n$，令它们构成的合取式为 $P = P_1 \wedge P_2 \wedge \cdots \wedge P_n$。可以证明，如果个体变量 $y$ 不在 $P$ 中自由出现，即所有 $P_i$ 都没有自由出现的 $y$，则由 $P \to A(y)$ 是永真式，可得到 $P \to \forall x A(x)$ 也是永真式。因为，对任意解释和个体变量指派函数 $\sigma$，若 $\sigma(P) = \mathbf{1}$，则对解释的论域的任意元素 $d$，由于 $y$ 不在 $P$ 中自由出现，所以 $\sigma[y \mapsto d](P) = \sigma(P) = \mathbf{1}$，而 $P \to A(y)$ 是永真式，所以 $\sigma[y \mapsto d](A(y)) = \mathbf{1}$。因此，对论域的任意元素 $d$ 都有 $\sigma[y \mapsto d](A(y)) = \mathbf{1}$，即 $\sigma(\forall x A(x)) = \mathbf{1}$。

因此，只要公式 $P$ 不自由出现 $y$，则当 $P \to A(y)$ 是永真式时，$P \to \forall x A(x)$ 也是永真式，这一点可保证在下面的情况下使用全称泛化规则从 $A(y)$ 得到 $\forall x A(x)$ 是有效的：① 待验证推理的所有前提公式中都不自由出现个体变量 $y$，而且，② $y$ 不是引入的附加前提公式中的自由变量，或者虽然是引入的附加前提公式中的自由变量，但是已经消除了附加前提。

简单地说，不能针对前提公式中包含的自由变量使用全称泛化规则，也不能在消除附加前提之前对由附加前提引入的自由变量使用全称泛化规则。通常来说，我们要验证的推理的前提都是闭公式，而且往往只需对由全称例化规则引入的自由变量使用全称泛化规则。

### 3. 存在例化 (existential instantiation) 规则

存在例化规则也称为**存在量词消除**规则：设 $A(x)$ 是只含自由变量 $x$ 的公式，且 $c$ 是在所有前提公式、$A(x)$ 以及此前的论证公式序列中都不出现的个体常量，则如果在论证中已经得到 $\exists x A(x)$，就可以得到 $A(c)$，其中 $A(c)$ 是用 $c$ 替换 $A(x)$ 中自由出现的 $x$ 得到的公式：

$$\frac{\exists x A(x)}{A(c)} \quad c \text{ 在前提公式、} A(x) \text{ 以及此前的论证公式序列都不出现}$$

存在例化规则的使用要满足两个条件。

（1）要求替换 $x$ 的个体常量 $c$ 在所有前提公式、$A(x)$ 以及此前的论证公式序列中都不出现，否则可能发生错误。例如，下面的论证是错误的。

(1)　$\exists x F(x)$　// 前提

(2)　$F(a)$　// (1) 存在例化

(3)　$\exists x G(x)$　// 前提

(4)　$G(a)$　// (3) 存在例化

上面第（2）行使用存在例化规则得到 $F(a)$ 没有问题，但是第（4）步使用存在例化规则还使用 $a$ 替换 $x$ 得到 $G(a)$ 则是错误的！因为 $a$ 在此前的公式 $F(a)$ 中已经出现过，无法保证从前提得到 $F(a)$ 为真时，同一个个体常量还能使得 $G(a)$ 为真。

例如，设解释的论域是自然数集，$F(x)$ 表示 $x$ 是奇数，$G(x)$ 表示 $x$ 是偶数，前提 $\exists x F(x)$ 和 $\exists x G(x)$ 的真值都为真，自然数既存在奇数，又存在偶数。由 $\exists x F(x)$ 得到 $F(a)$ 是可以的，例如可令 $a$ 的解释是 3，但再由 $\exists x G(x)$ 得到 $G(a)$ 就是错误的！因为已经令 $a$ 的解释是 3 了，而 $G(3)$ 的真值为假。

有些教材要求替换 $x$ 的个体常量 $c$ 是使得 $A(x)$ 为真的特定个体常量，这当然是正确的，但也不能体现在构造的论证中（只能额外加以说明，这不符合构造论证研究推理有效性的初心）。因此，我们要求 $c$ 是一个新的个体常量符号，不在所有的前提公式、$A(x)$ 以及此前的论证公式序列中出现。

（2）要求公式 $A(x)$ 只含有自由变量 $x$，没有其他的自由变量，否则可能发生错误。例如，下面的论证是错误的。

(1)　$\forall x \exists y F(x,y)$　// 前提引入

(2)　$\exists y F(z,y)$　// (1) 全称例化

(3)　$F(z,c)$　// (2) 存在例化

上面第（3）步用存在例化规则将 $c$ 替换 $\exists yF(z,y)$ 中的 $y$ 得到 $F(z,c)$ 是错误的！因为 $F(z,y)$ 中除自由变量 $y$ 外，还有 $z$ 也是它的自由变量。直观地看，这时使得 $F(z,c)$ 成立的个体常量 $c$ 依赖于个体变量 $z$。

例如，设解释的论域是实数集，$F(x,y)$ 解释为 $x>y$，公式 $\forall x\exists yF(x,y)$ 的含义是，对任意实数 $x$，存在实数 $y$，使得 $x>y$，这显然为真，但使得 $x>y$ 的 $y$ 与 $x$ 的值相关。在论证的构造中无法简单地体现这种相关性，因此我们要求 $A(x)$ 中只含有自由变量 $x$。

存在例化规则的有效性在于当满足规则的应用条件时，可以认为 $\exists xA(x)\to A(c)$ 是永真式，因为对任意解释和个体变量指派函数 $\sigma$，若 $\sigma(\exists xA(x))=\mathbf{1}$，则存在解释的论域的元素 $d$ 使得 $\sigma[x\mapsto d](A(x))=\mathbf{1}$，这时可引入一个新的个体常量符号 $c$，它解释为论域的元素 $d$，从而使得 $A(c)$ 为真。要做到这一点，$c$ 必须是全新的个体常量，对它的解释不会影响任何已有公式的真值，而且将它解释为论域元素 $d$ 必须是确定的，不能依赖于对其他个体变量的指派。

**4．存在泛化规则**

存在泛化规则也称为**存在量词引入**规则，设 $A(c)$ 是含个体常量 $c$ 的公式，且 $x$ 不在 $A(c)$ 出现，则如果论证中已经得到 $A(c)$，就可以得到 $\exists xA(x)$，这里 $A(x)$ 是用 $x$ 替换 $A(c)$ 中 $c$ 的所有出现而得到的公式：

$$\frac{A(c)}{\exists xA(x)}\qquad x\text{ 不在 }A(c)\text{ 中出现}$$

存在泛化规则要求 $x$ 不在 $A(c)$ 中出现，因为如果 $x$ 在 $A(c)$ 自由出现，那么引入存在量词后得到 $\exists xA(x)$ 将错误地约束原来自由的 $x$，而原先自由的 $x$ 可能与个体常量 $c$ 毫无关系；如果 $x$ 在 $A(c)$ 约束出现，则会导致量词辖域嵌套。

存在泛化规则的有效性在于，可以证明对任意的个体常量 $c$，$A(c)\to\exists xA(x)$ 是永真式。因为对任意解释和个体变量指派函数 $\sigma$，若 $\sigma(A(c))=\mathbf{1}$，则 $\sigma[x\mapsto[\![c]\!]](A(x))=\mathbf{1}$，从而 $\sigma(\exists xA(x))=\mathbf{1}$。

表 3.2 总结了一阶逻辑自然推理系统的量词公式推理规则及其应用条件。对于这些规则的使用，除注意上面所列出的规则应用条件外，还应注意，全称例化和存在例化规则只有当量词的辖域是整个公式时才能使用，而全称泛化和存在泛化规则所引入量词的辖域也都是整个公式，因此在必要时应该将推理前提中的所有公式和结论公式都变换为等值的前束范式再构造论证验证推理的有效性。这一点，后面将结合例子做进一步的讨论。

### 3.5.3 一阶逻辑的自然推理举例

本节通过一些问题的求解说明如何利用一阶逻辑进行自然推理，也即使用假言推理、假言易位、合取规则、化简规则、附加规则、析取三段论、全称例化、全称泛化、存在例化、存在泛化，以及由双重否定律、交换律、结合律、蕴涵等值式、双蕴涵等值式、约束变量改名、量词否定等值式、量词辖域扩张等逻辑等值式导出的推理规则，以及附加前提法和反证法构造论证验证推理的有效性。

**问题 3.23**　验证下面推理的有效性：

$$\forall x(P(x) \to Q(x)),\ \forall x(Q(x) \to R(x)) \implies \forall x(P(x) \to R(x))$$

**【分析】**因为前提和结论的公式都是全称量词约束的闭公式，将全称量词消除后，明显得到前提公式是 $(P(x) \to Q(x))$ 和 $(Q(x) \to R(x))$，而结论是 $(P(x) \to R(x))$，这由假言三段论规则（参见例子 2.23）容易得到。

**表 3.2　一阶逻辑的量词公式推理规则**

| 名　称 | 推 理 规 则 | 成 立 条 件 |
|---|---|---|
| 全称例化 | $\dfrac{\forall x A(x)}{A(y)}$　　$\dfrac{\forall x A(x)}{A(c)}$ | （1）　前一规则的 $x$ 不在 $A(x)$ 中任意量词 $\forall y$ 或 $\exists y$ 的辖域中自由出现；<br>（2）　后一规则的 $c$ 可以是任意的个体常量 |
| 全称泛化 | $\dfrac{A(y)}{\forall x A(x)}$ | （1）　$x$ 不在 $A(y)$ 中约束出现且不是在 $A(y)$ 中除 $y$ 以外的其他自由变量；<br>（2）　$y$ 不是前提公式或在消除附加前提之前的附加前提公式的自由变量 |
| 存在例化 | $\dfrac{\exists x A(x)}{A(c)}$ | （1）　替换 $x$ 的个体常量 $c$ 在前提、$A(x)$ 及此前的论证公式序列中都不出现；<br>（2）　$A(x)$ 只含有自由变量 $x$，没有其他自由变量 |
| 存在泛化 | $\dfrac{A(c)}{\exists x A(x)}$ | 替换 $c$ 的 $x$ 不在 $A(c)$ 中出现 |

**【解答】**下面的论证可验证该推理的有效性：

(1)　$\forall x(P(x) \to Q(x))$　　// 前提

(2)　$P(y) \to Q(y)$　　// (1) 全称例化

(3)　$\forall x(Q(x) \to R(x))$　　// 前提

(4)　$Q(y) \to R(y)$　　// (3) 全称例化

(5)　$P(y)$　　// 附加前提

(6)　$Q(y)$　　// (2),(5) 假言推理

(7)　$R(y)$　　// (4),(6) 假言推理

(8)　$P(y) \to R(y)$　　// (5),(7) 附加前提法

(9)　$\forall x(P(x) \to R(x))$　　// (8) 全称泛化

【讨论】上面论证的第（8）步虽然是对在（5）步附加前提引入的自由变量 $y$ 使用全称泛化规则，但这是在第（7）步消除了附加前提 $P(y)$ 后才应用，因此不违反全称泛化规则的应用条件。当然也可直接使用例子 2.23 导出的假言三段论规则 $A \to B, B \to C \Longrightarrow A \to C$，直接由上面第（2）步的 $P(y) \to Q(y)$ 和第（4）步的 $Q(y) \to R(y)$ 得到第（8）步的公式 $P(y) \to R(y)$。

**问题 3.24** 验证下面推理的有效性：

$$\forall x(F(x) \to G(x)),\ \exists x(F(x) \wedge H(x)) \Longrightarrow \exists x(G(x) \wedge H(x))$$

**【分析】**显然，由于推理的结论是 $\exists x(G(x) \wedge H(x))$，论证的最后一步应该由 $G(c) \wedge H(c)$ 使用存在量词泛化规则得到，而这里的常量 $c$ 应该由前提 $\exists x(F(x) \wedge H(x))$ 通过存在例化规则得到，相应地，前提 $\forall x(F(x) \to G(x))$ 应该使用全称例化规则得到 $F(c) \to G(c)$。从而，在考虑结论公式中的量词该如何引入，而前提公式中的量词该如何消除之后，我们需要验证的推理是 $F(c) \to G(c), F(c) \wedge H(c) \Longrightarrow G(c) \wedge H(c)$，这很容易基于命题逻辑的推理规则构造论证。综合起来就可得到下面解答中的论证。

**【解答】**下面的论证可验证该推理的有效性：

| | | |
|---|---|---|
| (1) | $\exists x(F(x) \wedge H(x))$ | // 前提 |
| (2) | $F(c) \wedge H(c)$ | // (1) 存在例化 |
| (3) | $\forall x(F(x) \to G(x))$ | // 前提 |
| (4) | $F(c) \to G(c)$ | // (3) 全称例化 |
| (5) | $F(c)$ | // (2) 化简规则 |
| (6) | $G(c)$ | // (4), (5) 假言推理 |
| (7) | $H(c)$ | // (2) 化简规则 |
| (8) | $G(c) \wedge H(c)$ | // (6), (7) 合取规则 |
| (9) | $\exists x(G(x) \wedge H(x))$ | // (8) 存在泛化 |

**【讨论】**注意，对于上述论证，必须先使用存在例化规则引入个体常量 $c$，然后使用全称例化规则时可使用个体常量 $c$，这两者**不能调换顺序**而写成：

| | | |
|---|---|---|
| (1) | $\forall x(F(x) \to G(x))$ | // 前提 |
| (2) | $F(c) \to G(c)$ | // (1) 全称例化 |
| (3) | $\exists x(F(x) \wedge H(x))$ | // 前提引入 |
| (4) | $F(c) \wedge H(c)$ | // (3) 存在例化（**这一步错误**） |
| | $\vdots$ | |

这里的错误是第（3）步使用存在例化规则消除公式 $\exists x(F(x) \wedge H(x))$ 的存在量词 $\exists x$ 时，使用的个体常量 $c$ 已经在此前的论证公式序列出现过。

上面两个问题构造验证推理有效性论证的思路比较简单，都可根据自顶向下，或者说分析的方法，从待验证推理的结论逆推而得到整个论证。实际上，在一阶逻辑的自然推理中，整个论证的框架通常是：先使用量词例化规则消除前提公式的量词，然后使用命题逻辑自然推理中推理规则的替换实例对不带量词的公式进行推理，最后根据推理结论的需要而使用量词泛化规则引入量词。

**问题 3.25**　验证下面推理的有效性：

$$\exists x F(x) \to \forall x G(x) \implies \forall x(F(x) \to G(x))$$

**【分析】** 量词例化规则只能针对辖域是整个公式的量词使用，前提公式 $\exists x F(x) \to \forall x G(x)$ 的量词 $\exists x$ 和 $\forall x$ 的辖域都不是整个公式，因此不能直接使用量词例化规则消除其中的量词，例如，下面是错误的论证：

(1)　$\exists x F(x) \to \forall x G(x)$　　// 前提

(2)　$F(c) \to \forall x G(x)$　　// **错误的**存在例化

(3)　$F(c) \to G(y)$　　// **错误的**全称例化

需要先得到与前提公式 $\exists x F(x) \to \forall x G(x)$ 逻辑等值的前束范式，然后再使用量词例化规则。

**【解答】** 验证该推理有效性的论证如下：

(1)　$\exists x F(x) \to \forall x G(x)$　　// 前提

(2)　$\exists x F(x) \to \forall y G(y)$　　// (1) 约束变量改名

(3)　$\forall x(F(x) \to \forall y G(y))$　　// (2) 量词辖域扩张

(4)　$\forall x \forall y(F(x) \to G(y))$　　// (3) 量词辖域扩张

(5)　$\forall y(F(z) \to G(y))$　　// (4) 全称例化

(6)　$F(z) \to G(z)$　　// (5) 全称例化

(7)　$\forall x(F(x) \to G(x))$　　// (6) 全称泛化

**【讨论】**（1）推理规则给出的不是逻辑等值式，因此不能说根据存在例化规则从 $\exists x F(x)$ 能得到 $F(c)$，就可以从 $\exists x F(x) \to \forall x G(x)$ 得到 $F(c) \to \forall x G(x)$。不能针对公式的子公式应用推理规则，这种方式构造的论证也不符合论证的定义（即定义 3.15）。

（2）上面论证的第 (1) $\sim$ (4) 步实际上是要得到与前提公式 $\exists x F(x) \to \forall x G(x)$ 逻辑等值的前束范式，然后再用全称例化规则，其中第（6）步替换 $y$ 的自由变量与第（5）步替换 $x$ 的自由变量都使用 $z$ 是可以的，因为 $z$ 不在 $\forall y(F(z) \to G(y))$ 约束出现。但在第（5）步若使用 $y$ 替换 $x$ 以消除 $\forall x \forall y(F(x) \to G(y))$ 的量词 $\forall x$ 则是错误的，因为 $x$ 在公式 $\forall y(F(x) \to G(y))$ 的量词 $\forall y$ 的辖域中自由出现。

（3）上面论证第（7）步使用的全称泛化规则是针对自由变量 $z$，这个自由变量在前面由全称例化规则引入，因此这里全称泛化规则的应用是正确的。

**问题 3.26** 验证下面推理的有效性：

$$\forall x(F(x) \to G(x)) \implies \forall x F(x) \to \forall x G(x)$$

**【分析】**这个推理的结论是蕴涵式，由于量词泛化规则引入的量词辖域也必须是整个公式，因此无法在最后直接使用量词泛化规则得到推理的结论。如果考虑与结论公式逻辑等值的前束范式 $\exists x \forall y(F(x) \to G(y))$，则它只能由公式 $(F(c) \to G(z))$ 先通过全称泛化再使用存在泛化而得到。但前提公式 $\forall x(F(x) \to G(x)$ 只有一个量词，消除该量词不可能同时引入个体常量 $c$ 和自由变量 $z$。因此，只能考虑使用附加前提法，将 $\forall x F(x)$ 作为附加前提引入，然后再试图得到 $\forall x G(x)$。

**【解答】**验证该推理有效性的论证如下：

| | | |
|---|---|---|
| (1) | $\forall x(F(x) \to G(x))$ | // 前提 |
| (2) | $F(z) \to G(z)$ | // (1) 全称例化 |
| (3) | $\forall x F(x)$ | // 附加前提 |
| (4) | $F(z)$ | // (3) 全称例化 |
| (5) | $G(z)$ | // (2), (4) 假言推理 |
| (6) | $\forall x G(x)$ | // (5) 全称泛化 |
| (7) | $\forall x F(x) \to \forall x G(x)$ | // (3), (6) 附加前提法 |

**【讨论】**上面论证第（6）步使用全称泛化规则是针对 $G(z)$ 中的自由变量 $z$，这个自由变量在第（2）步使用全称例化规则引入，因此第（6）步针对它使用全称泛化规则是正确的。

**问题 3.27** 验证下面推理的有效性：

$$\forall x(F(x) \vee G(x)) \implies \neg\forall x F(x) \to \exists x G(x)$$

**【解答】**同样使用附加前提法，验证上述推理有效性的论证如下；

| | | |
|---|---|---|
| (1) | $\neg\forall x F(x)$ | // 附加前提 |
| (2) | $\exists x(\neg F(x))$ | // (1) 量词否定等值式 |
| (3) | $\neg F(c)$ | // (2) 存在例化 |
| (4) | $\forall x(F(x) \vee G(x))$ | // 前提 |
| (5) | $F(c) \vee G(c)$ | // (4) 全称例化 |
| (6) | $G(c)$ | // (3), (5) 析取三段论 |
| (7) | $\exists x G(x)$ | // (6) 存在泛化 |
| (8) | $\neg\forall x F(x) \to \exists x G(x)$ | // (1), (7) 附加前提法 |

【解答】(1) 上面论证引入的附加前提公式 $\neg\forall xF(x)$ 仍需要得到与之逻辑等值的前束范式才能使用量词例化规则。不能直接说从 $\neg\forall xF(x)$ 应用全称例化规则得到 $\neg F(x)$ 或 $\neg F(c)$。

(2) 在构造上述论证时不要冒然先消除前提公式 $\forall x(F(x)\vee G(x))$ 的全称量词 $\forall x$，而应先考虑是用个体常量替换 $x$ 还是使用自由变量替换 $x$。如果需要用个体常量代入，那么这个个体常量必须先由存在例化规则引入，再在全称例化规则中使用，不要弄反顺序。

**问题 3.28** 验证下面推理的有效性：

$$\forall x(F(x)\to\neg G(x)),\ \forall x(H(x)\to G(x))\implies\forall x(H(x)\to\neg F(x))$$

【分析】消除前提公式中的量词，以及不考虑结论公式中的量词时，是需要从公式 $F(y)\to\neg G(y)$ 和 $(H(y)\to G(y))$ 得到公式 $(H(y)\to\neg F(y))$。因此，可将 $H(y)$ 作为附加前提得到 $\neg F(y)$，最后在消除这个附加前提之后可使用全称泛化规则得到所需的结论公式。

【解答】验证该推理有效性的论证如下：

| | | |
|---|---|---|
| (1) | $\forall x(F(x)\to\neg G(x))$ | // 前提 |
| (2) | $F(y)\to\neg G(y)$ | // (1) 全称例化 |
| (3) | $\forall x(H(x)\to G(x))$ | // 前提 |
| (4) | $H(y)\to G(y)$ | // (3) 全称例化 |
| (5) | $H(y)$ | // 附加前提引入 |
| (6) | $G(y)$ | // (4), (5) 假言推理 |
| (7) | $\neg F(y)$ | // (2), (6) 假言易位 |
| (8) | $H(y)\to\neg F(y)$ | // (5), (7) 附加前提法 |
| (9) | $\forall x(H(x)\to\neg F(x))$ | // (8) 全称泛化 |

【讨论】上面论证的第 (9) 步针对自由变量 $y$ 使用全称泛化规则时，已经在消除第 (5) 步引入的附加前提 $H(y)$ 之后，因此是没有问题的，这时针对的自由变量 $y$ 是在第 (2) 步使用全称例化规则引入的 $y$。不过由于在第 (5) 步引入的附加前提 $H(y)$ 也含有自由变量 $y$。因此，在消除这个附加前提之前，不能针对 $y$ 使用全称例化规则，也即不能针对上述论证的第 (5) ~ (7) 步给出的公式中的自由变量 $y$ 使用全称泛化规则。

PredLogic-Application(1)

## 3.6 一阶逻辑的应用

PredLogic-Application(2)

一阶逻辑公式在非逻辑符号集的基础上构建，应用一阶逻辑也需要首先从应用领域问题提取非逻辑符号，然后使用一阶逻辑公式表示和分析应用问题的性质。将自然语言表达的有关应用问题性质的命题转换为逻辑公式称为自然语言命题的符号化。自然语言命题在一阶逻辑的符号化可通过对原子命题的结构做分解而提取个体常量、函数符号和谓词符号等非逻辑符号，从而更精细地表达命题之间的逻辑关系。

本节首先讨论将自然语言命题转换为一阶逻辑公式应注意的一些问题，然后使用一些问题求解的例子展示如何在符号化自然语言命题的基础上验证一些自然语言推理的有效性，最后讨论一阶逻辑公式在算法性质分析方面的一些简单应用。

### 3.6.1 自然语言命题的符号化

这里讨论的自然语言命题符号化是将自然语言命题转换为一阶逻辑公式。与在命题逻辑中符号化自然语言命题一样，首先要找出其中的原子命题，然后分析原子命题之间的逻辑关系。但对原子命题还需进一步分析并找出其中表示谓词、量词、个体或个体类的词语，并明确原子命题的谓词是对具体个体的性质（或具体的多个个体之间的关系）进行判断，还是对一类个体的性质（或多个个体类之间的关系）进行判断。

**问题 3.29** 分析下面的原子命题，指出其中的谓词、量词、个体或个体类，并说明谓词是对具体个体判断还是对个体类进行判断。

（1）C++ 语言是面向对象语言。

（2）C++ 语言是 C 语言的扩展。

（3）所有面向对象语言都支持类的继承。

（4）有的面向对象语言支持类的多继承。

（5）面向对象语言比过程式语言更难掌握。

**【解答】**（1）谓词是“……是面向对象语言”，个体是“C++ 语言”，谓词是对具体个体进行判断，没有量词。

（2）谓词是“……是……的扩展”，个体是“C++ 语言”和“C 语言”，谓词是对两个具体个体之间的关系进行判断，没有量词。

（3）谓词是“……支持类的继承”，个体类是“面向对象语言”，量词是“所有……都……”，谓词是对个体类进行判断，断定个体类的每个个体都具有某个性质。

（4）谓词是“……支持类的多继承”，个体类是“面向对象语言”，量词是“有的……”，谓词是对个体类进行判断，断定个体类的某个或某些个体具有某个性质。

（5）谓词是“……比……更难掌握”，个体类是“面向对象语言”和“过程式语言”，句子应理解为“所有面向对象语言都比所有过程式语言更难掌握”。因此，其中有两个量词，都是“所有……”，谓词是对两个个体类之间的关系进行判断。

**【讨论】**正如上面（5）所给出的句子，自然语言常常省略表示全称量词的词语，这时需要写出对句子的细化理解，以便更准确地分析其中谓词、量词和个体类。

一阶逻辑公式比命题逻辑公式复杂，也具有更强的表达能力，因此在一阶逻辑中符号化自然语言命题比在命题逻辑中符号化更为复杂。推荐按照下面的步骤将自然语言命题符号化为一阶逻辑公式。

（1）分析命题是对哪些具体个体或个体类的性质或之间的关系进行判断，对于具体个体，引入个体常量，对于个体类引入个体变量。

（2）使用个体常量替换具体个体，利用个体变量细化对个体类的判断，从而细化对句子的理解，明确量词的使用。

（3）确定个体变量的论域：如果命题中只包含一个个体类，则可以将这个个体类的所有个体作为对应个体变量的论域；如果包含多个个体类，则论域应至少包含所有个体类的所有个体。通常将应用一阶逻辑的问题领域的所有个体构成的论域称为**全总域**，当命题包含多个个体类时，可默认地认为论域是全总域。

（4）在确定论域的基础上，提取合适的谓词。如果论域包含多个个体类的元素，或者论域是全总域，则需要为每个个体类设置相应的谓词，这种谓词称为相应个体类的**特征谓词**。

（5）利用个体变量、谓词进一步细化命题，从而进一步明确量词和逻辑运算符的使用。特别地，如果为个体类设置了特征谓词，则要注意特征谓词与判断个体类性质和关系的谓词之间的逻辑联系：全称量词约束的个体类，特征谓词与表示性质或关系的谓词间的联系通常是逻辑蕴涵；而存在量词约束的个体类，特征谓词与表示性质或关系的谓词间的联系通常是合取。

（6）根据量词和逻辑联结词的含义使用对应的量词符号及逻辑运算符将整个命题转换为一阶逻辑公式。

下面给出一些问题求解的例子以展示在一阶逻辑中符号化自然语言命题的上述步骤。首先是一些简单的，只是针对具体个体进行判断的命题。

**问题 3.30** 将下面的命题符号化为一阶逻辑公式。

（1）诞生于 1995 年的 JavaScript 语言是一种脚本语言。

（2）$2x + y > 10$。

（3）小张与小李是要好的朋友。

（4）小张与小李都喜欢上网。

**【分析】**这些命题都是针对一个具体个体的性质，或多个具体个体之间的关系进行判断。因此，符号化为不含量词的一阶逻辑公式。

**【解答】**（1）使用个体常量符号 $a$ 表示“诞生于 1995 年的 JavaScript 语言”，谓词符号 $F(x)$ 表示“$x$ 是一种脚本语言”，整个命题符号化为 $F(a)$。

（2）$2x + y > 10$ 本身就可看作是一个一阶逻辑公式，其中出现了 2,10 这两个个体常量，乘法、加法两个函数符号，和大于这个谓词符号。可以使用个体常量符号 $a$ 表示 2，个体常量符号 $b$ 表示 10，二元函数符号 $f$ 表示乘法，二元函数符号 $g$ 表示加法，以及谓词符号 $F(x,y)$ 表示 $x > y$，从而符号化为 $F(g(f(a,x),y),b)$，但显然不如直接写成 $2x + y > 10$ 更清楚。

（3）使用个体常量符号 $a$ 表示“小张”，个体常量符号 $b$ 表示“小李”，谓词 $F(x,y)$ 表示“$x$ 与 $y$ 是要好的朋友”，整个命题符号化为 $F(a,b)$。

（4）使用个体常量符号 $a$ 表示“小张”，个体常量符号 $b$ 表示“小李”，谓词 $F(x)$ 表示“$x$ 喜欢上网”，则整个命题符号化为 $F(a) \wedge F(b)$。

**【讨论】**（1）对于（1）给出的命题，如果没有更多的命题探讨语言的诞生年份，通常不需要提取谓词 $D(x,y)$ 表示“$x$ 诞生于 $y$ 年份”，而将整个句子理解为“JavaScript 语言诞生于 1995 年，而且是一种脚本语言”，并符号化为 $D(a,b) \wedge F(a)$，这里 $b$ 表示“1995 年”。

简单地说，自然语言中修饰具体个体或个体类的词语是否应该提取为谓词通常取决于上下文语境，取决于是否研究这些词语所表达的性质。逻辑公式是自然语言命题的抽象，并不完全对应自然语言，符号化应尽量选择简单的方式，没有必要有时也不可能将自然语言的所有含义都使用符号化的公式表达。

（2）在命题逻辑中，$2x + y > 10$ 不认为是命题，因为其中 $x$ 和 $y$ 是变量，整个命题不具有真值。但在一阶逻辑中，$x$ 和 $y$ 可被认为是个体变量，整个命题可符号化为含自由变量的一阶逻辑公式。另外，可直接认为 $2x + y > 10$ 就是一个符号化的公式。人们为了研究数学的方便，已经提取了许多个体常量、函数符号和谓词符号，并使用了简便的运算符表示。

（3）需要根据对自然语言的理解提取谓词分析命题。例如，汉语中的“……与……”有时表示的是逻辑与，有时表示的是关系与，要注意区别。

对于自然语言命题在一阶逻辑的符号化，我们主要关注涉及量词的命题的符号化。普通逻辑将涉及量词的命题分为**全称命题**和**特称命题**。

全称命题是对某类个体的全体具有或不具有某种性质的判断，进一步可分为**全称肯定命题**和**全称否定命题**。全称肯定命题的标准形式是：“所有 $S$ 都是 $P$”。例如，“所有计算机专业学生都要学离散数学”是全称肯定命题，应细化理解为：“对任意 $x$，如果 $x$ 是计算机专业学生，则 $x$ 要学离散数学”，引入特征谓词 $S(x)$ 表示“$x$ 是计算机专业学生”，谓词 $P(x)$ 表示“$x$ 要学离散数学”，则这个命题应符号化为 $\forall x(S(x) \rightarrow P(x))$。

全称否定命题的标准形式是：“所有 $S$ 都不是 $P$”。例如，“所有计算机专业学生都不学离散数学”是全称否定命题，应细化理解为：“对任意 $x$，如果 $x$ 是计算机专业学生，则 $x$ 不学离散数学”，应符号化为 $\forall x(S(x) \rightarrow \neg P(x))$。

特称命题是对某类个体至少存在一个个体具有或不具有某种性质的判断，进一步也可分为**特称肯定命题**和**特称否定命题**。特称肯定命题的标准形式是：“有的 $S$ 是 $P$”。例如：“有的计算机专业学生学离散数学”是特称肯定命题，应细化理解为：“存在 $x$，$x$ 是计算机专业学生，而且 $x$ 学离散数学”，应符号化为 $\exists x(S(x) \wedge P(x))$。

特称否定命题的标准形式是：“有的 $S$ 不是 $P$”。例如：“有的计算机专业学生不学离散数学”是特称否定命题，应细化理解为：“存在 $x$，$x$ 是计算机专业学生，而且 $x$ 不学离散数学”，应符号化为 $\exists x(S(x) \wedge \neg P(x))$。

需要强调的是，全称命题的特征谓词和对个体性质做进一步描述的谓词之间的关系是逻辑蕴涵关系，而特称命题的特征谓词和对个体性质做进一步描述的谓词之间的关系是逻辑与关系。这是因为，人们通常认为，全称命题没有断定具有特征谓词所描述性质的个体的存在，但特称命题要为真则必须存在个体具有特征谓词所描述的性质。

例如，全称命题“所有计算机专业学生都要学离散数学”，没有断定“计算机专业学生”的存在，当没有“计算机专业学生”存在时，整个命题仍为真，所以在这个全称命题中，“是计算机专业学生”和“学离散数学”之间是逻辑蕴涵的联系；但特称命题“有的计算机专业学生学离散数学”当没有“计算机专业学生”存在时，整个命题为假，所以在这个特称命题中，“是计算机专业学生”和“学离散数学”之间是逻辑与的联系。

**问题 3.31** 将下面的命题符号化为一阶逻辑公式。

（1）有的程序设计语言是面向对象语言或过程式语言。

（2）并非所有程序设计语言都是面向对象语言，但是有的面向对象语言不是机器语言。

（3）如果所有程序设计语言都是过程式语言，那么 C++ 语言是过程式语言。

**【解答】**（1）命题中“程序设计语言”使用了量词“有的”进行修饰，因此是个体类。整个句子应细化理解为：“有的程序设计语言 $x$，$x$ 是面向对象语言或 $x$ 是过程式语言”。整个命题只涉及一个个体类“程序设计语言”，因此可以令论域是所有程序设计语言构成的集合，这样不需要提取特征谓词，只需提取谓词 $O(x)$ 表示“$x$ 是面向对象语言”和 $P(x)$ 表示“$x$ 是过程式语言”，整个命题符号化为：

$$\exists x(O(x) \vee P(x))$$

（2）命题中“程序设计语言”和“面向对象语言”分别使用了量词“所有”和“有的”进行修饰，因此都是个体类。由于涉及多个个体类，令论域是全总域，原子命题“所有程序设计语言都是面向对象语言”细化为“对所有 $x$，如果 $x$ 是程序设计语言，则 $x$ 是面向对象语言”，而原子命题“有的面向对象语言不是机器语言”细化为“存在 $x$，$x$ 是面向对象语言，且 $x$ 不是机器语言”。提取谓词 $L(x)$ 表示“$x$ 是程序设计语言”，$O(x)$ 表示“$x$ 是面向对象语言”，$M(x)$ 表示“$x$ 是机器语言”，则整个命题细化理解为

“并非 (对所有 $x$，如果 $L(x)$，则 $O(x)$)，但是 (存在 $x$，$O(x)$，且并非 $M(x)$)”

因此，整个命题符号化为 $\neg\forall x(L(x) \to O(x)) \wedge \exists x(O(x) \wedge \neg M(x))$。

（3）同样可令论域是所有程序设计语言构成的集合，提取谓词 $P(x)$ 表示“$x$ 是过程式语言”，个体常量 $c$ 表示“C++ 语言”，则整个命题符号化为：$\forall x P(x) \to P(c)$。

**【讨论】**在符号化时，选择的论域不同，则符号化的结果也不相同。对于（1）给出的命题，如果令论域是全总域，则需要提取特征谓词 $L(x)$ 表示“$x$ 是程序设计语言”，则该命题细化理解为“有的 $x$，$x$ 是程序设计语言，且 ($x$ 是面向对象语言，或 $x$ 是过程式语言)”，整个命题符号化为 $\exists x(L(x) \wedge (O(x) \vee P(x)))$。

特别地，对于（3）给出的命题，令论域是所有程序设计语言构成的集合时，实际上是根据常识认定了“C++ 语言”是程序设计语言。如果令论域是全总域，则整个命

题应该符号化为 $\forall x(L(x) \to P(x)) \to P(c)$。当然，这个公式的真值为真也依赖常识有 $P(c)$ 为真，或者 $L(c)$ 为真，即“C++ 语言是程序设计语言”为真。

对于（2）给出的命题，如果根据常识认为所有面向对象语言构成的集合是所有程序设计语言构成的集合的子集时，则也可令论域是所有程序设计语言构成的集合，这时整个命题符号化为 $\neg\forall x O(x) \wedge \exists x(O(x) \wedge \neg M(x))$。

上面问题的原子命题都只涉及一个量词，是基本的全称命题或特称命题。有一些原子命题需要使用两个或两个以上量词的一阶公式进行符号化。

**问题 3.32** 将下面的命题符号化为一阶逻辑公式。

（1）计算机专业学生都喜欢所有程序设计语言。

（2）有的计算机专业学生喜欢有的程序设计语言。

（3）有喜欢所有程序设计语言的计算机专业学生。

（4）所有计算机专业学生都喜欢某一程序设计语言。

（5）不同的计算机专业学生喜欢不同的程序设计语言。

**【分析】**不难看到，这些命题都有两个个体类，“计算机专业学生”和“程序设计语言”。因此，符号化这些命题的论域应该选全总域，并为这两个个体类设置特征谓词。另外，这些命题都是关系判断，所判断的关系都是“……喜欢……”。

**【解答】**令论域是全总域，引入特征谓词 $C(x)$ 表示“$x$ 是计算机专业学生”，$P(x)$ 表示“$x$ 是程序设计语言”，以及二元谓词 $L(x,y)$ 表示“$x$ 喜欢 $y$”。

（1）命题“计算机专业学生都喜欢所有的程序设计语言”的含义是“所有计算机专业学生都喜欢所有程序设计语言”，引入个体变量并明确量词的使用，句子细化理解为:“对所有 $x$ 和所有 $y$，如果 $x$ 是计算机专业学生，$y$ 是程序设计语言，则 $x$ 喜欢 $y$”，从而整个命题符号化为

$$\forall x\forall y(C(x) \wedge P(y) \to L(x,y))$$

（2）命题“有的计算机专业学生喜欢有的程序设计语言”的含义应细化理解为:“存在 $x$，存在 $y$，$x$ 是计算机专业学生，$y$ 是程序设计语言，而且 $x$ 喜欢 $y$”。整个命题符号化为:

$$\exists x\exists y(C(x) \wedge P(y) \wedge L(x,y))$$

（3）命题“有喜欢所有程序设计语言的计算机专业学生”的含义应细化理解为:“存在 $x$，$x$ 是计算机专业学生，而且对所有 $y$，如果 $y$ 是程序设计语言，则 $x$ 喜欢 $y$”。整个命题符号化为:

$$\exists x(C(x) \wedge \forall y(P(y) \to L(x,y)))$$

（4）命题“所有计算机专业学生都喜欢某一程序设计语言”的含义我们理解为:“对所有 $x$，如果 $x$ 是计算机专业学生，则存在 $y$，$y$ 是程序设计语言，而且 $x$ 喜欢 $y$”。整个句子符号化为:

$$\forall x(C(x) \to \exists y(P(y) \wedge L(x,y)))$$

（5）命题“不同的计算机专业学生喜欢不同的程序设计语言”的含义应细化理解为“对所有 $x$ 和 $y$，如果 $x$ 和 $y$ 是不同的计算机专业学生，则存在 $u$ 和 $v$，$u$ 和 $v$ 是不同的程序设计语言，且 $x$ 喜欢 $u$，$y$ 喜欢 $v$”，这里的“不同”是指两个个体不相等，我们使用 $x \neq y$ 表示“$x$ 和 $y$ 不同”，因此整个句子符号化为：

$$\forall x \forall y(C(x) \wedge C(y) \wedge (x \neq y) \rightarrow \exists u \exists v(P(u) \wedge P(v) \wedge (u \neq v) \wedge L(x,u) \wedge L(y,v)))$$

**【讨论】**（1）在符号化上述命题时，我们都在确定论域、提取谓词的基础上，在句子中对不同个体类引入不同个体变量，然后细化对句子含义的理解，明确量词的使用，厘清特征谓词与进一步判断之间的逻辑联系，全称命题的特征谓词与表示进一步判断的谓词之间是逻辑蕴涵，而特称命题的特征谓词与表示进一步判断的谓词之间是逻辑与。通过引入个体变量可明确量词作用的范围及谓词之间的逻辑关系，从而比较准确地符号化这类命题。注意，从命题逻辑角度看，这一问题给出的 5 个命题都是原子命题。

（2）细心的读者可能会发现上面（1）和（2）给出的两个命题的符号化与（3）和（4）给出的两个命题的符号化稍有不同，前两个命题的两个量词相邻依次使用，而后两个命题的两个量词分开使用。实际上，前两个命题也可用分开量词的形式进行符号化，例如“计算机专业学生都喜欢所有的程序设计语言”可以理解为：“对所有 $x$，如果 $x$ 是计算机专业学生，则对所有 $y$，如果 $y$ 是程序设计语言，则 $x$ 喜欢 $y$”，从而将命题符号化为：

$$\forall x(C(x) \rightarrow \forall y(P(y) \rightarrow L(x,y)))$$

不难使用一阶逻辑的等值演算验证这个公式与 $\forall x \forall y(C(x) \wedge P(y) \rightarrow L(x,y))$ 逻辑等值。而“有的计算机专业学生喜欢有的程序设计语言”可理解为：“存在 $x$，$x$ 是计算机专业学生，而且存在 $y$，$y$ 是程序设计语言，而且 $x$ 喜欢 $y$”，从而将命题符号化为：

$$\exists x(C(x) \wedge \exists y(P(y) \wedge L(x,y)))$$

同样不难使用一阶逻辑公式的等值演算验证这个公式与 $\exists x \exists y(C(x) \wedge P(y) \wedge L(x,y))$ 逻辑等值。

（3）命题“所有计算机专业学生都喜欢某一程序设计语言”可能会有一点歧义，即是“所有计算机专业学生是喜欢同一门程序设计语言”还是“不同计算机专业学生喜欢不同程序设计语言”。后者即是上面（5）给出的命题，对它的细化需要引入表示“不同”关系的谓词 $\neq$。如果是前者，表述为“所有计算机学生都喜欢同一门程序设计语言”，或者类似（3）表述为“有一门所有计算机专业学生都喜欢的程序设计语言”可能更好。

注意，自然语言表述的命题可能是有歧义的，而一阶逻辑公式是精确的。所以，在将自然语言命题符号化为一阶逻辑公式时，必要时应写清楚自己对自然语言命题的细化理解，再给出相应的符号化结果。

### 3.6.2 自然语言推理有效性的验证

在将自然语言命题符号化为一阶逻辑公式后，就可利用一阶逻辑自然推理系统的推理规则构造论证研究自然语言表述的推理的有效性。

**例子 3.33** 在引入一阶逻辑时提到，对于从前提“计算机专业学生要学习离散数学”和“张三是计算机专业学生”得到结论“张三要学习离散数学”的推理，命题逻辑只能符号化为 $p, q \Longrightarrow r$，无法验证其有效性，但是在一阶逻辑中，可提取谓词 $P(x)$ 表示“$x$ 是计算机专业学生”，$H(x)$ 表示“$x$ 要学习离散数学”，而个体常量 $a$ 表示“张三”，这个自然语言推理符号化为：

$$\forall x(P(x) \rightarrow H(x)), P(a) \Longrightarrow H(a)$$

很容易在一阶逻辑的自然推理系统构造验证这个推理有效性的论证：

| | | |
|---|---|---|
| (1) | $\forall x(P(x) \rightarrow H(x))$ | // 前提 |
| (2) | $P(a) \rightarrow H(a)$ | // (1) 全称例化 |
| (3) | $P(a)$ | // 前提 |
| (4) | $H(a)$ | // (2), (3) 假言推理 |

注意应用全称例化规则可选择任意的个体常量，所以上面第（2）步可选择在前提公式已经出现的个体常量。

下面给出一个稍微复杂一些的自然语言推理，展示如何对该推理的前提和结论进行符号化，然后使用一阶逻辑的自然推理理论验证其有效性。

**问题 3.34** 验证下面推理的有效性。

*如果所有思想都是清楚的，那么没有思想需要解释；如果所有思想都不是清楚的，那么没有思想能够解释清楚。因此，如果有的思想既需要解释又能解释清楚，那么有的思想清楚，有的思想不清楚。*

**【分析】**初看这个推理的符号化好像非常复杂，但仔细阅读就可发现整个推理都是在对“思想”加以判断。因此，可将论域限定在所有“思想”构成的集合。

**【解答】**给定论域是所有“思想”构成的集合，分析句子，可发现需要提取的谓词包括如下。

$C(x)$：$x$ 是清楚的　　　$M(x)$：$x$ 需要解释　　　$N(x)$；$x$ 能够解释清楚

命题“如果所有的思想都是清楚的，那么没有思想需要解释”符号化为：

$$\forall x C(x) \rightarrow \neg\exists x M(x) \equiv \forall x C(x) \rightarrow \forall y(\neg M(y)) \equiv \exists x\forall y(C(x) \rightarrow \neg M(y))$$

命题“如果所有的思想都不是清楚的，那么没有思想能够解释清楚”符号化为：

$$\forall x\neg C(x) \rightarrow \neg\exists x N(x) \equiv \forall x(\neg C(x)) \rightarrow \forall y(\neg N(y)) \equiv \exists x\forall y(\neg C(x) \rightarrow \neg N(y))$$

为构造论证的方便，这里先将上述公式都转换为等值的前束范式。

推理的结论是命题“如果有的思想既需要解释又能解释清楚，那么有的思想清楚，有的思想不清楚”，它符号化为：

$$\exists x(M(x) \wedge N(x)) \rightarrow (\exists x C(x) \wedge \exists x \neg C(x))$$

作为结论公式，不将它变换为等值的前束范式，因为容易想到，可使用附加前提法，将 $\exists x(M(x) \wedge N(x))$ 作为附加前提一起来得到 $(\exists x C(x) \wedge \exists x \neg C(x))$。因此，要验证的推理符号化为：

$$\exists x \forall y(C(x) \rightarrow \neg M(y)),\ \exists x \forall y(\neg C(x) \rightarrow \neg N(y)) \implies \exists x(M(x) \wedge N(x)) \rightarrow (\exists x C(x) \wedge \exists x \neg C(x))$$

使用附加前提法构造验证该推理有效性的论证如下：

(1) $\exists x(M(x) \wedge N(x))$　　// 附加前提
(2) $M(a) \wedge N(a)$　　// (1) 存在例化
(3) $\exists x \forall y(C(x) \rightarrow \neg M(y))$　　// 前提
(4) $\forall y(C(b) \rightarrow \neg M(y))$　　// (3) 存在例化
(5) $C(b) \rightarrow \neg M(a)$　　// (4) 全称例化
(6) $\exists x \forall y(\neg C(x) \rightarrow \neg N(y))$　　// 前提
(7) $\forall y(\neg C(d) \rightarrow \neg N(y))$　　// (6) 存在例化
(8) $\neg C(d) \rightarrow \neg N(a)$　　// (7) 全称例化
(9) $M(a)$　　// (2) 化简规则
(10) $\neg C(b)$　　// (5), (9) 假言易位
(11) $\exists x(\neg C(x))$　　// (10) 存在泛化
(12) $N(a)$　　// (2) 化简
(13) $C(d)$　　// (8), (12) 假言易位
(14) $\exists x C(x)$　　// (13) 存在泛化
(15) $\exists x C(x) \wedge \exists x \neg C(x)$　　// (11), (14) 合取规则
(16) $\exists x(M(x) \wedge N(x)) \rightarrow (\exists x C(x) \wedge \exists x \neg C(x))$　　// (1), (15) 附加前提法

**【讨论】**(1) 对于上面的论证，从第（3）步存在例化得到第（4）步的公式时，不能选择前面已经出现过的个体常量符号 $a$，必须选择新的个体常量 $b$。另外，存在例化规则要求 $\exists x A(x)$ 的 $A(x)$ 只含自由变量 $x$，但它可包含其他约束变量。因此，这一步应用存在例化规则没有问题。上面论证从第（4）步全称例化得到第（5）步的公式时，可选择前面出现的 $a$，当然根据论证构造的需要，这里也必须选择 $a$。

同样，上面论证从第（6）步存在例化得到第（7）步的公式时，不能选择前面出现过的个体常量符号 $a, b$，只能选择新的个体常量符号 $d$（当然选择 $c$ 也可以，选择 $d$ 只是为了避免与大写 $C$ 混淆）。

（2）构造上述论证的思路并不复杂，首先应该想到使用附加前提法，将 $\exists x(M(x) \wedge N(x))$ 作为附加前提，进一步由于结论是合取式，实际上可分别得到 $\exists x C(x)$ 和 $\exists x \neg C(x)$，也就是说可考虑验证下面两个推理：

$$\exists x(M(x) \wedge N(x)),\ \exists x \forall y(C(x) \to \neg M(y)),\ \exists x \forall y(\neg C(x) \to \neg N(y)) \implies \exists x C(x)$$
$$\exists x(M(x) \wedge N(x)),\ \exists x \forall y(C(x) \to \neg M(y)),\ \exists x \forall y(\neg C(x) \to \neg N(y)) \implies \exists x \neg C(x)$$

由于 $M(x)$ 和 $N(x)$ 都出现在存在量词约束的公式 $\exists x(M(x) \wedge N(x))$，这个公式消除量词只能得到 $M(a) \wedge N(a)$，那么出现在公式 $\exists x \forall y(C(x) \to \neg M(y))$ 中的 $y$ 也只能用 $a$ 代入才能在推理中发挥作用，对于公式 $\exists x \forall y(\neg C(x) \to \neg N(y))$ 中的 $y$ 也一样，也需要使用全称例化规则。因此在不考虑量词的情况下，需要验证的推理是：

$$M(a) \wedge N(a),\ C(b) \to \neg M(a),\ \neg C(d) \to \neg N(a) \implies C(d)$$
$$M(a) \wedge N(a),\ C(b) \to \neg M(a),\ \neg C(d) \to \neg N(a) \implies \neg C(b)$$

这两个推理可像在命题逻辑中一样使用自然推理系统的推理规则构造论证进行有效性验证。

（3）在使用一阶逻辑公式符号化自然语言命题或推理时，选择合适的论域非常重要。上面确定所有“思想”构成的集合作为论域简化了推理前提和结论的符号化，使得构造验证推理有效性的论证也更为简单。如果将论域定为全总域，引入特征谓词 $T(x)$ 表示“$x$ 是思想”，则会使得论证的构造复杂化。

### 3.6.3 算法性质的逻辑分析

在命题逻辑的应用中，给出了如何应用命题逻辑的知识分析判断两个年份是否闰年的算法输出结果是否相同，其中的分析对任意年份都有效。实际上，算法或程序的变量，例如记录年份的变量 `year`，对应一阶逻辑公式的个体变量。算法通用性要求算法能处理满足一定条件的任意输入。因此，对算法性质的分析也要针对任意的输入，这使得一阶逻辑知识在算法或程序性质分析中有广泛的应用。

算法或程序分析的一种常用方法是建立有关算法或程序性质的断言 (assertion)。一个算法或程序的**前置断言**或说**前置条件** (pre-condition) 用以约束算法的输入应该满足的条件，**后置断言**或说**后置条件** (post-condition) 说明算法的输出所满足的条件。在算法或程序中也可设置一些断言，用于断定算法或程序执行到这一点应该满足的条件。这些断言通常是以算法或程序中的变量作为个体变量符号，算法或程序中的一些常量、函数或运算、性质或关系作为非逻辑符号构造的一阶逻辑公式。

**例子 3.35** 算法 3.1 是判断一个整数是否为另一个整数的倍数的算法。对于这个算法，可在第 4 行之前设置断言：$\exists k(c = k * x)$，即算法执行到这一点之前总满足，存

在整数 $k$ 使得 $c = k * x$。这个断言是一个一阶公式，其中的非逻辑符号包括函数符号 $*$ 和谓词符号 $=$，个体变量包括算法中的变量 $c, x$ 以及不是算法中的变量 $k$。

断言中在算法里出现的变量通常是自由变量，它的值由算法运行到这一点时该变量的值确定。算法运行到某一点时其中用到的所有变量的值的组合称为算法的一个状态，对于算法中的断言而言，每个算法状态是一个个体变量指派函数。根据一阶逻辑公式的语义，断言的真值由非逻辑符号的解释和个体变量指派函数确定。断言中的非逻辑符号的解释通常由算法所求解的问题的背景知识确定，个体变量指派函数即算法状态。断言中不出现在算法里的个体变量，例如上面断言中的 $k$，通常是约束变量。

算法中最重要的一类断言是循环不变式。一个断言称为一个循环的**循环不变式**，如果这个循环的每次循环体执行之后的算法状态都使得这个断言为真，或者简单地说，如果它在每次循环体执行之后都为真。要直接验证一个断言在每次循环体执行之后都为真有时会很困难。因此，人们通常分下面两步验证一个断言是一个循环的循环不变式。

**Algorithm 3.1: 判断一个整数是否另一整数的倍数**

**输入:** 整数 $a$ 和整数 $b$

**输出:** 如果整数 $b$ 是整数 $a$ 的倍数返回“真”，否则返回“假”

```
1 if (a 等于 0) then return “假”;
2 令 x 和 y 分别等于 a 和 b 的绝对值，且令 c 等于 0;
3 while (c 小于 y) do
4 |   令 c 等于 c 加上 x
5 end
6 if (c 等于 y) then return “真” else return “假”;
```

（1）验证这个断言在循环的第一次执行之前为真，也即在进入循环之前为真。

（2）验证对循环体的每次执行，如果循环体执行之前这个断言为真，则循环体执行之后这个断言也为真。

直观地说，上面的（1）实际上验证循环体还没有执行时该断言为真，也即循环体第 0 次执行时该断言为真；而上面的（2）则是对循环体的任意第 $k$ 次循环，如果在第 $k$ 次循环执行之前该断言为真，则在第 $k$ 循环执行之后，也即在第 $k+1$ 次循环执行之前为真。从而根据数学归纳法，循环体的任意第 $k$ 次循环执行之后该断言都为真，即该断言是循环不变式。注意，这意味着这个循环结束之后，也即循环体最后一次执行之后，该断言仍成立。

不难发现，对算法 3.1 的第 $3 \sim 5$ 行的循环的循环体（即算法的第 4 行），它每次执行之前的算法状态使得断言 $\exists k(c = k * x)$ 成立的话，则它执行之后的算法状态会使得该断言仍然成立，而且断言 $\exists k(c = k * x)$ 在算法第 3 行的循环之前也是成立的，因为这时总有 $c = 0$，因此断言 $\exists k(c = k * x)$ 是这个循环的循环不变体。

利用循环不变式可证明循环的正确性。例如，由于断言 $\exists k(c = k * x)$ 是算法 3.1 第 $3 \sim 5$ 行的循环的循环不变式，在循环终止时它仍然成立，因此在循环终止之后的算法第 6 行之前满足断言 $\exists k(c = k * x) \wedge (\neg(c < y))$，也即 $\exists k(c = k * x) \wedge (c \geqslant y)$。因此，算法第 6 行当 $c$ 等于 $y$ 返回 $y$ 是 $x$ 的倍数是正确的，这也表明算法第 3 行开始的循环是正确的。

**例子 3.36** 算法 3.2 是计算两个非负整数 $a$ 和 $b$ 的最大公因子 $\gcd(a,b)$ 的欧几里得算法。这个算法要求输入是两个非负整数，这给出了算法的前置断言 $a \geqslant 0 \wedge b \geqslant 0$。算法只保证当输入满足前置断言时才会产生期望的输出，如果输入不满足这个前置断言，则算法可能不终止，也可能终止但不产生期望的输出。这个算法的后置断言是 $y = \gcd(a,b)$。

算法 3.2 第 $2 \sim 5$ 行的循环的循环不变式是 $\gcd(x,y) = \gcd(a,b)$。不难看到，在进入第 2 行循环之前，这个断言是成立的，因为这时 $x$ 是 $a$ 和 $b$ 的小者，而 $y$ 是 $a$ 和 $b$ 的大者。如果在循环体之前即在第 3 行之前有 $\gcd(x,y) = \gcd(a,b)$，则循环体执行之后，即第 4 行之后 $y$ 是第 3 行之前的 $x$，而 $x$ 是第 3 行之前的 $y$ 整除 $x$ 的余数，由任意的非负整数 $m,n,m \leqslant n$ 有 $\gcd(m,n) = \gcd(m, n\%m)$，得到循环体执行之后仍有 $\gcd(x,y) = \gcd(a,b)$。最后，当循环终止时，则有 $\gcd(a,b) = \gcd(x,y) = \gcd(0,y) = y$。这说明了算法的正确性。

**Algorithm 3.2: 计算两个非负整数的最大公因子 $\gcd(-,-)$ 的欧几里得算法**

**输入:** 两个非负整数 $a$ 和 $b$

**输出:** 返回 $\gcd(a,b)$

```
1 令 x 是 a 和 b 中的小者，y 是 a 和 b 中的大者;
2 while (x 大于 0) do
3 |   令 r 等于 y 整除 x 的余数;
4 |   令 y 等于 x，而 x 等于 r
5 end
6 return y      // 当循环终止时 y 是最后一次的除数，因此是 a 和 b 的最大公因子
```

**例子 3.37** 算法 3.3 是我们给出的一个求两个非负整数的最大公因子的朴素算法。为了给出这个算法第 $3 \sim 6$ 行的循环的循环不变式，可引入谓词 $M(x,y,z)$ 表示"$y$ 是 $x$ 的倍数且 $z$ 也是 $x$ 的倍数"，即"$x$ 是 $y$ 和 $z$ 的公因子"。

**Algorithm 3.3: 计算两个非负整数的最大公因子 $\gcd(-,-)$ 的朴素算法**

**输入:** 两个非负整数 $a$ 和 $b$

**输出:** 返回 $\gcd(a,b)$

```
1 令 d 是 a 和 b 的小者;
2 if (d 等于 0) then 返回 a 和 b 的大者;
3 while (d 大于等于 1) do
4 |   if (a 是 d 的倍数而且 b 是 d 的倍数 ) then 返回 d;
5 |   令 d 等于 d 减 1
6 end
```

我们说算法中循环的循环不变式是 $\forall x(d < x \to \neg M(x,a,b))$，直观地说就是“对任意大于 $d$ 的整数 $x$，$x$ 都不是 $a$ 和 $b$ 的公因子”。读者可自行验证这个断言在第 3 行之前成立，以及在假设循环体执行之前，也即在第 4 行之前成立时，也能得到循环体执行之后，即在第 5 行执行之后仍成立。

简单地说，一个循环的循环不变式是在每次循环体执行之后都保持为真的断言，或说一阶公式。可通过验证一个断言在进入循环之前成立，并且在假设循环体之前成立时也能得到它在循环体执行之后也成立，从而证明这个断言是循环不变式。实际上，循环不变式在循环的每次循环体执行之前成立，在每次循环体执行之后也成立，特别地，在循环终止之后仍成立。

找到循环的循环不变式通常是证明循环正确性的最重要的一步，当然要给出一个循环的循环不变式往往不是一件容易的事情。实际上，可以先根据对应用问题的理解使用自然语言作为算法中的循环不变式、前后置断言等，然后不断细化，利用算法中的变量、运算符、函数等符号对这些断言进行细化，并尽量符号化为一阶逻辑公式。

探讨如何给出循环的循环不变式，以及如何利用循环不变式证明循环的正确性和设计正确的循环不是“离散数学”课程的讨论范围，这里只是想指出，算法中的断言，包括前后置断言、循环不变式，以及算法中其他地方的一些断言都可使用一阶逻辑公式，其中的个体变量包括算法声明的变量以及另外引入的一些变量，非逻辑符号可从算法所解决的应用问题提取。读者在设计算法以及编写程序时不妨在合适的地方使用前后置断言、循环不变式等，这些可帮助算法和程序的阅读者利用一阶逻辑知识分析和理解算法的性质。

## 3.7 本章小结

本章主要学习一阶逻辑语言的符号化表示，即一阶逻辑公式的语法（构成规则）、语义（真值的确定），以及一阶逻辑公式之间两种最重要的真值关系，即逻辑等值和推理关系。一阶逻辑是命题逻辑的深化，通过对原子命题的结构进行细分以更精细地表达命题，特别是能表达对个体类性质或关系进行判断的命题之间的逻辑联系。一阶逻辑公式在非逻辑符号集和个体变量集上归纳构造，一阶逻辑公式的真值在给出非逻辑符号集的解释以及个体变量指派函数下确定。一阶逻辑的等值演算和自然推理建立在命题逻辑的等值演算和自然推理的基础之上，因为命题逻辑永真式的替换实例都是一阶逻辑的永真式，这使得命题逻辑的基本等值式和推理规则都可以应用于一阶逻辑公式。

本章要掌握的基本概念包括个体、谓词、量词、论域、一阶逻辑公式的非逻辑符号集、个体变量指派函数、一阶逻辑公式项的语义、一阶逻辑量词公式的语义、量词的辖域、个体变量的自由出现和约束出现、自由变量和约束变量。需要熟悉的重要结果是命题逻辑永真式的替换实例是一阶逻辑的永真式，约束变量改名前后的公式逻辑等值、量词否定等值式、量词辖域扩张收缩等值式、以及全称例化、全称泛化、存在例化、存在泛化 4 个量词公式推理规则及其应用条件。

通过本章的学习，读者需要能够给出一个命题中的谓词、量词、个体或个体类，能确定合适的论域将自然语言命题转换为一阶逻辑公式，能在解释的论域是有限集的情况下展开量词公式，能在解释的论域不是有限集的情况下确定量词公式的真值，能判断一个一阶公式是永真式、矛盾式还是非永真的可满足式并说明理由，能使用等值演算证明两个一阶公式逻辑等值，能给出与一个一阶公式逻辑等值的前束范式，能将自然语言给出的推理符号化一阶逻辑的推理形式，并构造论证验证推理的有效性。

## 3.8 习题

**练习 3.1** 分析下面句子中原子命题的谓词、量词、个体或个体类，并指出该原子命题是对具体个体进行判断还是对个体类进行判断。

（1）圆周率 $\pi$ 是无理数。

（2）所有有理数都是实数，而且所有无理数也都是实数。

（3）有些实数是有理数，而且有些实数是无理数。

（4）任何两个有理数之间都存在有理数。

**练习 * 3.2** 画出下面一阶逻辑公式的抽象语法树。

（1）$\forall x(F(x)\to G(x))$

（2）$\exists x(F(x)\wedge G(x))\vee\forall x(G(x)\to F(x))$

（3）$\forall x(F(x)\to\exists y(G(y)\wedge H(x,y)))$

（4）$\exists xF(x)\to\exists x\forall y(G(x)\vee H(x,y))$

**练习 3.3** 给出下面一阶逻辑公式的所有子公式。

（1）$\forall x(F(x)\to G(x))$

（2）$\exists x(F(x)\vee\forall y(G(y)\wedge H(x,y))$

（3）$\forall xF(x)\vee\exists xG(x)$

（4）$\forall x\exists y(F(x,y)\to H(x,z))$

**练习 * 3.4** 指出下面公式中每个量词的辖域，以及每个个体变量符号是指示变量、约束出现还是自由出现，并说明每个个体变量是公式的自由变量还是约束变量。

（1）$\exists x(N(x)\to\forall y\forall z(P(y)\wedge L(x,y,z)))$

（2）$\forall x(P(x)\to\exists xQ(x))\vee(\forall xH(x)\to G(x))$

（3）$\exists x\forall y(P(x,y)\to R(x))\wedge Q(y)$

（4）$\forall y(A(x,y)\to\forall xB(x,y))\wedge\exists zC(x,y,z)$

**练习 3.5** 可归纳定义使用新的个体变量 $y$ 替换个体变量 $x$ 在一阶公式 $A$ 的所有自由出现的结果。将替换得到的公式记为 $A[y/x]$，完成下面的空以给出 $A[y/x]$ 完整的归纳定义。

（1）为定义 $A[y/x]$，先根据项的结构归纳定义 $t[y/x]$，即使用 $y$ 替换 $x$ 在项 $t$ 的所有出现得到的项。

① 若 $t$ 是个体常量 $c$，则 $t[y/x]=c[y/x]=c$。

② 若 $t$ 是个体变量 $z$，则

$$t[y/x] = z[y/x] = \begin{cases} y & 若\ z = x \\ z & 若\ z \neq x \end{cases}$$

③ 若 $t$ 是 $f(t_1, t_2, \cdots, t_n)$，则 $t[y/x] =$ ____________。

（2）根据公式 $A$ 的结构归纳定义 $A[y/x]$。

① 若 $A$ 是原子公式 $F(t_1, t_2, \cdots, t_n)$，则 $A[y/x] =$ ____________。

② 若 $A$ 是公式 $(\neg B)$，则 $A[y/x] = (\neg B)[y/x] = (\neg B[y/x])$。

③ 若 $A$ 是公式 $(B \oplus C)$，这里 $\oplus$ 代表 $\wedge, \vee, \rightarrow, \leftrightarrow$，则 $A[y/x] =$ ____________。

④ 若公式 $A$ 是量词公式 $\forall z B$，则：

$$A[y/x] = (\forall z B)[y/x] = \begin{cases} \forall z B & 若\ x = z \\ \forall z (B[y/x]) & 若\ x \neq z \end{cases}$$

⑤ 若公式 $A$ 是量词公式 $\exists z B$，则 $A[y/x] =$ ____________。

**练习 * 3.6** 给定解释 $\mathcal{M}$：论域 $\boldsymbol{D} = \{-2, 3, 6\}$，而 $F(x)$ 为真当且仅当 $x \leqslant 3$，$G(x)$ 为真当且仅当 $x > 5$。确定公式 $\exists x(F(x) \vee G(x))$ 在解释 $\mathcal{M}$ 下的真值。

**练习 3.7** 给定解释 $\mathcal{M}$，其论域 $\boldsymbol{D}$ 是整数集，函数符号 $f$ 的解释是普通乘法，谓词 $E(x, y)$ 的解释是 $x = y$，请给出公式 $\exists y \forall x E(f(x, y), y)$ 的直观含义，并根据常识确定其真值。

**练习 3.8** 给定解释 $\mathcal{M}$ 为：论域 $\boldsymbol{D} = \{2, 4\}$，而 $P(x)$ 为真当且仅当 $x$ 是素数，$D(x, y)$ 为真当且仅当 $x$ 可整除 $y$，$E(x, y)$ 为真当且仅当 $x + y = xy$。请给出公式 $\forall x \exists y((\neg P(x) \vee D(x, y)) \rightarrow E(x, y))$ 在解释 $\mathcal{M}$ 下的真值。

**练习 * 3.9** 给定解释 $\mathcal{M}$，其论域 $\boldsymbol{D}$ 是整数集，函数符号 $f$ 的解释是普通加法，谓词 $E(x, y)$ 的解释是 $x = y$，请给出公式 $\exists x \forall y E(f(x, y), y)$ 的直观含义，并根据常识确定其真值。

**练习 3.10** 给定解释的论域是自然数集 $\mathbb{N}$，确定下面公式的真值。

（1）$\forall x \exists y(2x - y = 0)$

（2）$\exists y \forall x(2x - y = 0)$

（3）$\forall x \exists y(x - 2y = 0)$

（4）$\forall x(x < 10 \rightarrow \forall y(y < x \rightarrow y < 9))$

（5）$\exists y \exists z(y + z = 100)$

（6）$\forall x \exists y(y > x \wedge \exists z(y + z = 100))$

**练习 3.11** 给定解释的论域是整数集 $\mathbb{Z}$，确定练习 3.10中公式的真值。

**练习 3.12** 给定解释的论域是实数集 $\mathbb{R}$，确定练习 3.10中公式的真值。

**练习 * 3.13** 给定解释的论域 $D = \{a, b\}$，使用类似等值演算的方式展开下面公式中的量词。

（1）$\forall x(F(x) \wedge \exists y G(x, y))$

（2）$\forall x(F(x) \rightarrow \exists y G(x, y))$

（3）$\forall x \forall y(P(x, y) \rightarrow \neg P(y, x))$

（4）$\exists x(F(x) \wedge \forall y(G(y) \rightarrow H(y, z)))$

**练习 * 3.14** 判断下面公式是永真式、矛盾式还是可满足式（而非永真式），并说明理由。

（1）$\exists x(A(x)\wedge B(x))\rightarrow\exists xA(x)\wedge\exists xB(x)$

（2）$\exists xA(x)\wedge\exists xB(x)\rightarrow\exists x(A(x)\wedge B(x))$

（3）$\forall xA(x)\vee\forall xB(x)\rightarrow\forall x(A(x)\vee B(x))$

（4）$\forall x(A(x)\vee B(x))\rightarrow\forall xA(x)\vee\forall xB(x)$

**练习 3.15** 判断下面公式是永真式、矛盾式还是可满足式（而非永真式），并说明理由。

（1）$\forall x\exists yF(x,y)\rightarrow\exists y\forall xF(x,y)$

（2）$\exists y\forall xF(x,y)\rightarrow\forall x\exists yF(x,y)$

（3）$\forall x\forall yF(x,y)\rightarrow\exists x\forall yF(x,y)$

（4）$\forall x\forall yF(x,y)\rightarrow\forall x\exists yF(x,y)$

（5）$\exists x\exists yF(x,y)\rightarrow\exists x\forall yF(x,y)$

（6）$\exists x\exists yF(x,y)\rightarrow\forall x\exists yF(x,y)$

**练习 3.16** 使用约束变量改名分别将下面的公式变换为一个逻辑等值的公式，且该公式每个量词的指示变量都不同，而且每个个体变量要么只是约束出现，要么只是自由出现。

（1）$\forall x(F(x,y)\rightarrow\exists y(G(x,y)\wedge H(z)))\rightarrow\forall xQ(x,z)$

（2）$\exists x(A(x,y)\rightarrow\forall yB(y,z))\rightarrow\exists yC(x,y,z)$

**练习 * 3.17** 根据逻辑等值的定义证明 $\exists x(P(x)\rightarrow Q(x))\ \equiv\ \forall xP(x)\rightarrow\exists xQ(x)$。

**练习 3.18** 判断 $\forall x(P(x)\leftrightarrow Q(x))$ 和 $\forall xP(x)\leftrightarrow\forall xQ(x)$ 是否逻辑等值，并说明理由。

**练习 3.19** 使用一阶逻辑的等值演算证明下面的等值式。

$$\forall xP(x)\rightarrow\exists x\neg Q(x)\ \equiv\ \neg\forall x(P(x)\wedge Q(x))$$

**练习 * 3.20** 使用一阶逻辑的等值演算证明等值式。

$$\exists x(G(x)\rightarrow H(x))\equiv\exists x\exists y(G(x)\rightarrow H(y))$$

**练习 3.21** 给出与下面一阶逻辑公式逻辑等值的一个前束范式。

$$\forall x(A(x)\rightarrow B(x,y))\rightarrow(\forall y\neg C(y)\vee\exists zD(y,z))$$

**练习 * 3.22** 给出与下面一阶逻辑公式逻辑等值的一个前束范式。

$$\exists x(F(x)\rightarrow G(x,y))\rightarrow(\forall yH(y)\rightarrow\forall zR(y,z))$$

**练习 3.23** 在一阶逻辑的自然推理系统中，指出下面论证的错误：

(1) $\exists xP(x)$ // 前提

(2) $P(a)$ // (1) 存在例化

(3) $\exists xP(x)\rightarrow\forall yR(y)$ // 前提

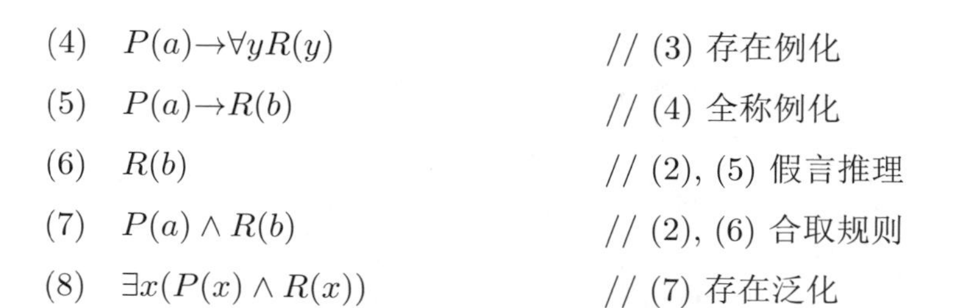

(4) $P(a) \to \forall y R(y)$ // (3) 存在例化

(5) $P(a) \to R(b)$ // (4) 全称例化

(6) $R(b)$ // (2), (5) 假言推理

(7) $P(a) \wedge R(b)$ // (2), (6) 合取规则

(8) $\exists x(P(x) \wedge R(x))$ // (7) 存在泛化

**练习 * 3.24** 待验证的推理是：$\forall x(A(x) \to B(x)) \Longrightarrow \exists x A(x) \to \exists x B(x)$，指出下面论证的错误，并改正（即给出正确的论证）：

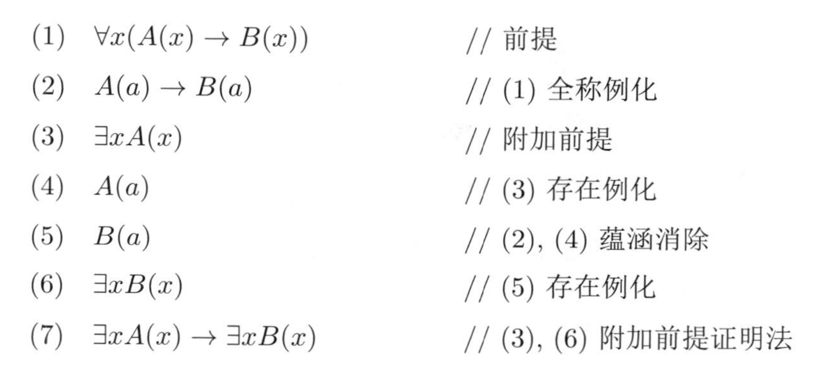

(1) $\forall x(A(x) \to B(x))$ // 前提

(2) $A(a) \to B(a)$ // (1) 全称例化

(3) $\exists x A(x)$ // 附加前提

(4) $A(a)$ // (3) 存在例化

(5) $B(a)$ // (2), (4) 蕴涵消除

(6) $\exists x B(x)$ // (5) 存在例化

(7) $\exists x A(x) \to \exists x B(x)$ // (3), (6) 附加前提证明法

**练习 * 3.25** 构造论证验证从前提 $\exists x F(x) \to \forall y(G(y) \to H(y))$，$\exists x L(x) \to \exists y G(y)$ 推出结论 $\exists x(F(x) \wedge L(x)) \to \exists y H(y)$ 的推理的有效性。

**练习 * 3.26** 构造论证验证从前提 $\neg\exists x(F(x) \wedge H(x))$，$\forall x(G(x) \to H(x))$ 推出结论 $\forall x(G(x) \to \neg F(x))$ 的推理的有效性。

**练习 3.27** 构造论证验证从前提 $\exists x P(x) \to \forall x((P(x) \vee Q(x)) \to R(x))$，$\exists x P(x)$，$\exists x Q(x)$ 推出结论 $\exists x \exists y(R(x) \wedge R(y))$ 的推理的有效性

**练习 3.28** 构造论证验证从前提 $\forall x(F(x) \to G(x) \wedge H(x)), \exists x(F(x) \wedge Q(x))$ 推出结论 $\exists x(H(x) \wedge Q(x))$ 的推理的有效性。

**练习 * 3.29** 根据给定的谓词将自然语言命题符号化为一阶逻辑公式。

（1）设 $A(x)$ 表示 $x$ 是考生，$B(x)$ 表示 $x$ 提前进入考场，$C(x)$ 表示 $x$ 取得良好成绩，符号化句子“并非所有提前进入考场的考生都能取得良好成绩”。

（2）令 $P(x)$ 表示 $x$ 是素数，$G(x,y)$ 表示 $x$ 大于或等于 $y$，符号化句子“没有最大的素数”。

（3）令 $N(x)$ 表示 $x$ 是自然数，$E(x,y)$ 表示 $x$ 等于 $y$，$S(x,y)$ 表示 $y$ 是 $x$ 的后继，符号化句子“每个自然数都有唯一的后继”。

（4）令 $P(x)$ 表示 $x$ 是汽车，$Q(x)$ 表示 $x$ 是火车，$R(x,y)$ 表示 $x$ 比 $y$ 慢，符号化句子“有些汽车比所有的火车都慢”。

**练习 * 3.30** 将下面的自然语言命题符号化为一阶逻辑公式。

（1）每个学生都至少学一门课程。

（2）有在职学生没有修过任何数学课程。

（3）每个在职的大一学生都学习某门高级课程。

**练习 3.31** 令谓词 $I(x)$ 为“$x$ 能上因特网”，$C(x,y)$ 为谓词“$x$ 和 $y$ 交谈过”，以及 $x \neq y$ 表示“$x$ 与 $y$ 不是同一个学生”，其中 $x$ 和 $y$ 的论域都是班上的所有学生的集合。符号化下面的命题。

（1）班上有人能上因特网，但是从未与班上其他同学交谈过。

（2）班上至少有两个学生，他们没有与班上的同一个学生交谈过。

**练习 3.32** 设论域是实数集 $\mathbb{R}$，符号化下面的命题。每个命题中的自由变量是哪个？

（1）任何大于 $x$ 的数大于 $y$。

（2）对任意数 $a$，方程 $ax^2+4x-2=0$ 至少有一个解当且仅当 $a \geqslant -2$。

（3）不等式 $x^3-3x<3$ 的所有解都小于 10。

（4）如果存在数 $x$ 使得 $x^2+5x=w$ 且存在数 $y$ 使得 $4-y^2=w$，则 $w$ 在 $-10$ 和 10 之间。

**练习 3.33** 构造验证下面自然语言推理有效性的论证。

任何人如果他喜欢步行，他就不喜欢乘汽车。每一个人或者喜欢乘汽车，或者喜欢骑自行车。有的人不爱骑自行车。因而有的人不爱步行。(论域为人类的集合)

**练习 * 3.34** 取个体域为所有学生构成的集合，设 ① $F(x):x$ 是一年级学生；② $H(x):x$ 是高年级学生；③ $L(x):x$ 是理科学生；④ $G(x,y):x$ 是 $y$ 的辅导员；⑤ $a$：小王。

符号化下面的推理，并构造论证验证其有效性：

每个一年级学生至少有一个高年级学生作他的辅导员。凡理科学生的辅导员都是理科学生。小王是理科一年级学生。因此至少有一个理科高年级学生。

**练习 * 3.35** 符号化下面的推理，并构造验证其有效性的论证。

每一个自然数不是奇数就是偶数；如果自然数是偶数则它能被 2 整除；并不是所有的自然数都能被 2 整除。因此，有的自然数是奇数。

**练习 3.36** 符号化下面的推理，并构造论证验证其有效性：

每个学生或是勤奋的或是聪明的。所有勤奋的都会有所作为。并非每个学生都有所作为。所以，有些学生是聪明的。

第4章

# 证 明 方 法

本章讨论的证明是指命题的非形式化论证。命题逻辑和一阶逻辑推理理论中验证推理有效性的论证是形式化论证，其特点是给出了推理的所有前提，论证的公式序列的中间结论都是由前提或已经得到的中间结论通过最基本的推理规则一步得到，因此中间结论可能非常多，对于稍微复杂的推理可能需要非常长的公式序列。

一般的数学证明实际上也是命题的序列，不过是非形式化的论证，这时重点关注要证明的结论，前提可能没有全部明确地给出，作为中间结论的命题可能不是由最基本的推理规则一步得到，而是需要经过一些非逻辑推理的数学演算，还可能省略了许多中间结论，而只给出了一些重要的中间结论。因此，一般的数学证明可能会比较简洁，但却不容易被理解，因为中间结论之间的逻辑推理关系可能会很不明确。

构造一般数学证明的方法本质上也是逻辑推理理论中推理规则的运用，只是这时推理的前提可能比较隐晦，应用怎样的推理规则就需要更多的观察力和数学直觉。本章介绍一些常见的数学命题证明方法，这些证明方法给出在遇到一些常见的数学命题形式时应该运用怎样的逻辑推理规则去构造证明。介绍的证明方法包括直接证明、间接证明、分情况证明、构造性存在证明、非构造性存在证明、归纳证明。本章的内容也可以说是命题逻辑和一阶逻辑知识的应用。

## 4.1 数学证明导引

在研究某个问题时，通常将一些公认为真、不加以证明的命题称为**公理** (axiom)，而将一些重要的、要证明为真的数学命题称为**定理** (theorem)。为避免定理的证明过于复杂，往往将一些需要的中间结论先予以证明，这些中间结论被称为 **引理** (lemma)。在证明定理后，可能会给出一些由定理通过比较简单的推理就得到的一些命题来说明定理的应用或定理的重要性，这些由定理很容易推出的命题被称为定理的**推论** (corollary)。不管是定理、引理还是推论，都是在研究某个问题时最后被证明为真的命题。因此，也常统称为定理。**猜想** (conjecture) 则是被认为是真，但还没有被证明为真的命题。

Proof-Basic(1)

Proof-Basic(2)

**数学证明**是一些命题构成的序列，目标是为了说明某个数学命题成立（即为真）。人们通过数学证明建立有关某个问题的引理、定理和推论。数学证明是非形式化的论证，重点关注要证明的结论，而需要的前提通常是隐含的，往往是用已经引入的定义、公理、已经证明的引理、定理以及一些相关的常识作为前提。

在学习命题逻辑和一阶逻辑后，应学会使用逻辑语言对定理进行分析，从而更准确地理解定理的逻辑含义，更准确地理解定理证明所需要的一些前提；还应能使用逻辑语言分析定理证明中的中间结论是使用哪些命题以及基于怎样的推理规则得到，从而更好地理解定理的证明。这里首先用一些简单的例子说明如何应用逻辑语言，即逻辑公式更准确地表述和分析数学命题的含义。

**例子 4.1** （1）对于要证明的命题“若 $m,n$ 是整数，且 $9 \mid (m^2+mn+n^2)$，则 $3 \mid m$ 且 $3 \mid n$”，其中的 $m,n$ 是任意的整数。自然语言命题通常省略表示全称量词的词语。严格地说，设论域是整数，则这个命题是要证明下面的一阶逻辑公式为真：

$$\forall m \forall n(9 \mid (m^2+mn+n^2) \ \to 3 \mid m \wedge 3 \mid n)$$

（2）对于要证明的命题“大于 11 的自然数可表示为两个合数的和”，它的含义是，对任意大于 11 的自然数 $n$，$n$ 可表示为两个合数的和。设论域是自然数集，则这个命题是要证明下面的一阶逻辑公式为真：

$$\forall n(n > 11 \ \to \ \exists m \exists k(n = m+k \ \wedge \ m \text{ 是合数} \ \wedge \ k \text{ 是合数}))$$

其中“……是合数”是一个谓词。在证明这个命题时，可能需要对这个谓词做进一步的细化。

（3）对于要证明的命题“形如 $4n-1$ 的自然数一定不是两自然数的平方和”，它的含义是，对任意能写成 $4n-1$ 的自然数，都不存在两个自然数的平方和等于这个自然数。设论域是自然数，这个命题是要证明下面的一阶逻辑公式为真：

$$\forall m(\exists n(m = 4n{-}1) \ \to \ \neg\exists i \exists j(m = i^2{+}j^2)) \ \equiv \ \forall m(\neg(\exists n \exists i \exists j(m = 4n{-}1 \wedge m = i^2{+}j^2)))$$

（4）对于要证明的命题“设有 $n$ 个整数，它们的积等于 $n$，而它们的和等于 0，则 $n$ 是 4 的倍数”，这里 $n$ 是任意的整数，这个命题是说当存在 $n$ 个整数的积是 $n$ 且和等于 0 时，$n$ 必然是 4 的倍数。也即，这个命题是要证明下面的公式为真（设论域是整数，有）

$$\forall n(\exists a_1 \exists a_2 \cdots \exists a_n(a_1 \cdot a_2 \cdots a_n = n \ \wedge \ a_1+a_2+\cdots+a_n = 0) \to 4 \mid n)$$

这个公式虽然不是严格意义上的一阶逻辑公式（因为严格地说一阶逻辑公式不允许出现省略号，也不允许存在量词的个数可变），但使用类似一阶逻辑公式的符号化还是有助于理解命题的含义。

（5）对于要证明的命题“存在两个无理数 $x$ 和 $y$，使得 $x^y$ 是有理数”，设论域是实数，则是要证明下面的一阶公式为真：

$$\exists x \exists y(x \text{ 是无理数 } \wedge\ y \text{ 是无理数 } \wedge\ x^y \text{ 是有理数})$$

这里“……是无理数”和“……是有理数”都是谓词。

通过例子 4.1可看到，有许多数学命题都具有 $\forall x(P(x) \to Q(x))$ 的形式，这个例子 (1) ~ (4) 要证明的命题都具有这种形式。对于这种全称量词公式，证明的最后一步要针对个体变量 $x$ 使用全称泛化规则得到所需的结论。为使得最后可使用全称泛化规则，在证明一开始假定 $x$ 是论域中一个任意的、不确定的元素，并在后续的论证中保证 $x$ 都是任意的、不确定的元素，而不是论域的某个特定元素，最后就可针对 $x$ 使用全称泛化规则。

简单地说，对形如 $\forall x(P(x) \to Q(x))$ 的命题，我们都是从假定 $x$ 是论域的任意元素开始，然后证明 $P(x) \to Q(x)$ 成立。实际上，对要证明的命题中使用全称量词约束的变量，都是假定对应的变量是论域的任意元素开始证明，然后在整个证明过程中隐含地针对这个变量使用全称例化和全称泛化推理规则。

在不考虑全称量词的情况下，例子 4.1的（1）要证明的命题就可看作是一个命题逻辑的蕴涵式，而（3）要证明的命题逻辑等值于一个命题逻辑的否定式。对于蕴涵式，可使用附加前提法，将蕴涵式的前件作为附件前提，然后使用下面所说的直接证明法。对于否定式，可考虑使用反证法。反证法是最常用的一类间接证明法。

在不考虑全称量词的情况下，例子 4.1的（2）要证明的命题的前件有些简单，只是 $n > 11$，而后件是存在量词公式。直观地看，这需要基于 $n$ 找到两个合适的合数。常用的思路是针对 $n$ 取一些特定值，例如 $n = 12, 13, 14$ 时，考虑合适的合数是什么？以及能发现什么规律并推广到一般的情况？这种考虑一些特定值以及一般情况的方法属于分情况证明法。分情况证明是一种非常有用的证明策略。

在不考虑全称量词的情况下，例子 4.1的（4）要证明的命题的前件是存在量词公式，后件是一个简单的公式，这时往往要结合反证法，即将后件的否定作为附加前提来推出矛盾。反证法的使用一般需要更强的观察能力，因为推出什么矛盾往往缺乏明确的指引。

例子 4.1的（5）要证明的命题是不含全称量词只有存在量词的命题，这种命题的证明称为存在性证明，后面将介绍两种存在性证明方法：构造性存在证明和非构造性存在证明。

数学命题的证明可能会很难，但本章的主要目的是介绍一些常用的证明方法，而不是学习数学命题本身的相关知识。因此，本章的例子和习题相对简单，主要限于有关整数，特别是整除，以及有关有理数的一些命题的证明，这些命题所基于的知识大部分都是中学生已经熟知的内容。

## 4.2 基本证明方法与策略

本节要介绍的最基本证明方法包括直接证明、间接证明、分情况证明、构造性存在证明和非构造性存在证明，其中直接证明、间接证明、分情况证明主要针对全称量词约束或没有量词约束的命题，而构造性存在证明和非构造性存在证明主要针对存在量词约束的命题。当然许多数学命题可能包含多个量词。因此，往往是多种证明方法的综合运用。

本节主要以有关整数的数学命题作为例子介绍证明方法，讨论如何运用证明方法形成证明的思路，并在给出自然语言表述的证明的基础上，运用逻辑的推理理论对一些证明做相对形式化、符号化的分析，讨论如何将数学证明写得更为严谨易懂。

### 4.2.1 直接证明与间接证明

简单来说，直接证明就是从前提出发直接考虑如何得到要证明的命题。多数数学命题都是蕴涵式，即断定在某些条件成立时有某个性质成立，从而在不考虑全称量词的情况下可看作命题逻辑公式 $p \to q$。这种命题的直接证明就是以 $p$ 为附加前提，再结合其他隐含的前提考虑如何推出 $q$。

**问题 4.2** 如果整数 $n$ 是 2 的倍数，即存在整数 $k$ 使得 $n = 2k$，则称 $n$ 是**偶数** (even number)，否则称 $n$ 是**奇数**。证明若 $n$ 是奇数，则 $n^2$ 也是奇数。

**【分析】**由奇数的定义可得，$n$ 是奇数当且仅当存在整数 $k$ 使得 $n = 2k+1$。从而基于这个性质，通过简单的代数演算可得 $n^2$ 是奇数。

**【证明】**因为 $n$ 是奇数，所以存在整数 $k$ 使得 $n = 2k+1$，所以 $n^2 = (2k+1)(2k+1) = 4k^2 + 4k + 1 = 2(2k^2 + 2k) + 1$，所以存在 $m = 2k^2 + 2k$ 使得 $n^2 = 2m + 1$，因此 $n^2$ 是奇数。 □

**【讨论】**与逻辑推理理论中的形式化论证类似，数学证明本质上也是命题的序列。这一问题给出的是一个非常简单的证明，因此容易写成如下形式的命题序列：

| | | |
|---|---|---|
| (1) | $n$ 是奇数 | // 附加前提 |
| (2) | 存在 $k$ 使得 $n = 2k + 1$ | // (1) 奇数定义 |
| (3) | 存在 $k$ 使得 $n^2 = (2k+1)^2 = 2(2k^2 + 2k) + 1$ | // (2) 代数演算 |
| (4) | 存在 $m = 2k^2 + 2k$ 使得 $n^2 = 2m + 1$ | // (3) 代数演算 |
| (5) | $n^2$ 是奇数 | // (4) 奇数定义 |
| (6) | $n$ 是奇数 $\to$ $n^2$ 是奇数 | // (1), (5) 附加前提法 |

与逻辑推理理论只使用推理规则构造论证不同，数学证明是某个应用领域问题的证明。因此，它不仅要使用所有应用领域通用的逻辑推理规则，更多地要基于该应用领域特有的知识构造论证。这些应用领域的知识从本质上是逻辑命题中非逻辑符号的解释。例如，上述命题序列中从（1）得到（2）是根据奇数的定义，也即在当前应用领域给出的非逻辑符号解释下，命题“$n$ 是奇数”和命题“存在 $k$ 使得 $n = 2k+1$”逻辑等值。代数演算本质上也是为了说明两个命题的逻辑等值关系。

从某种意义上说，一个数学证明被认为是简单的，或者是容易理解的，是因为它给出的命题之间的逻辑关系比较简单。这种逻辑关系要么是基于应用领域知识建立的逻辑等值或逻辑蕴涵关系，要么是基于逻辑推理规则建立的逻辑蕴涵关系。

**问题 4.3** 给定整数 $a,b$ 和正整数 $m$，说$a$ **和** $b$ **模** $m$ **同余**，记为 $a \equiv b(\text{mod } m)$，如果 $a-b$ 是 $m$ 的倍数，也即存在整数 $k$ 使得 $a-b=km$。$a$ 和 $b$ 模 $m$ 同余的直观含义就是 $a$ 整除 $m$ 和 $b$ 整除 $m$ 有相同的余数。证明：若 $a \equiv b(\text{mod } m)$ 且 $c \equiv d(\text{mod } m)$，则

$$(a+c) \equiv (b+d)(\text{mod } m) \qquad \text{且} \qquad ac \equiv bd(\text{mod } m)$$

**【分析】**待证明的命题是蕴涵式，其前件和后件都是合取式，将前件作为附加前提引入后，前件的合取式可看作两个附加前提（严格地说可用逻辑推理的化简规则得到两个附加前提），而后件，即要证明的结论也是合取式，这时只要分别证明合取式的两个分支即可，因为最后可简单地使用合取规则得到要证明的结论。

**【证明】**$a \equiv b(\text{mod } m)$ 意味着存在 $k_1$ 使得 $a-b=k_1m$，而 $c \equiv d(\text{mod } m)$ 意味着存在 $k_2$ 使得 $c-d=k_2m$，从而 $(a+c)-(b+d)=(a-b)+(c-d)=(k_1+k_2)m$。因此，$(a+c) \equiv (b+d)(\text{mod } m)$。而由 $a-b=k_1m$ 有 $a=k_1m+b$，由 $c-d=k_2m$ 有 $c=k_2m+d$，从而

$$\begin{aligned} ac &= (k_1m+b)(k_2m+d) = k_1k_2m^2 + k_1md + k_2mb + bd \\ &= (k_1k_2m + k_1d + k_2b)m + bd \end{aligned}$$

也即 $ac-bd=(k_1k_2m+k_1d+k_2b)m$。因此，$ac \equiv bd(\text{mod } m)$。 □

从问题 4.2和问题 4.3可看到，使用直接证明能证明的命题通常是利用前提或附加前提，根据其中一些关键概念的定义，再使用代数演算就可以证明的命题。这种命题要证明的结论与前提之间的联系比较简单。当要证明的结论与证明的前提之间联系不是很简单的情况下，通常比较难使用直接证明法完成证明，需要考虑间接证明法。

简单地说，凡不是直接从前提或附加前提出发通过给出一系列中间命题得到结论的证明方法都是间接证明法。最常见的间接证明法是**反证法**，也称为**通过矛盾证明** (proof by contradiction)：要证明结论 $p$，将 $\neg p$ 作为附加前提既推出 $q$ 又推出 $\neg q$，由这两个相互矛盾的公式反证 $\neg p$ 不成立，也即有 $p$ 成立。显然反证法的关键在于如何构造相互矛盾的公式 $q$ 和 $\neg q$。

当要证明的命题可符号化为蕴涵式 $p \to q$ 时，根据它与它的逆否命题形式 $\neg q \to \neg p$ 逻辑等值，将 $\neg q$ 作为附加前提考虑如何得到 $\neg p$ 的证明方法称为**通过逆否命题证明** (proof by contraposition)。这实际上是反证法的一种特殊情况，即为了证明蕴涵式 $p \to q$，在将 $p$ 作为附加前提证明 $q$ 时，再将 $\neg q$ 作为附加前提得到 $\neg p$，这与附加前提 $p$ 相互矛盾。注意到 $\neg(p \to q)$ 与 $p \wedge \neg q$ 逻辑等值，因此将 $\neg(p \to q)$ 作为附加前提，也就是将 $p$ 和 $\neg q$ 都作为附加前提，这时如果得到的矛盾是 $\neg p$ 和 $p$，则是通过逆否命题证明蕴涵式，而反证法则是通过更一般的相互矛盾的公式 $r$ 与 $\neg r$ 进行证明。

原则上来说，任何命题都可思考如何利用反证法证明，特别是当待证明的结论是否定式或者待证明结论是原子命题时都很适合使用反证法。当结论是否定式时，它的否定

是肯定形式的命题，而当结论是原子命题时，它的否定比较简单，都适合作为附加的前提来推出矛盾。

**问题 4.4** 设 $n$ 是整数，证明如果 $2 \mid n^2$，则 $2 \mid n$。

**【分析】** 将 $2 \mid n^2$ 作为附加前提后，待证的结论 $2 \mid n$ 是原子命题，而且它的代数形式比附加前提 $2 \mid n^2$ 更为简单，使用直接证明从前提的 $n^2$ 比较难通过整数的代数演算得到 $n$。因此，这时更适合使用反证法。

**【证明】** 假设没有 $2 \mid n$，也即 $2 \nmid n$，即存在整数 $k$ 使得 $n = 2k+1$，这时 $n^2 = (2k+1)^2 = 2(2k^2+2k)+1$，因此也有 $2 \nmid n^2$，这与 $2 \mid n^2$ 矛盾。因此，当 $2 \mid n^2$ 时必有 $2 \mid n$。 □

**【讨论】** 这里的证明是典型的通过逆否命题证明，即使用直接证明法证明 $2 \nmid n \to 2 \nmid n^2$，而得到 $2 \mid n^2 \to 2 \mid n$。

**问题 4.5** 证明 $\sqrt{2}$ 是无理数。

**【分析】** 因为一个实数不是有理数就是无理数，因此待证明的命题可看作否定式，即要证明 $\sqrt{2}$ 不是有理数。这时将 $\sqrt{2}$ 是有理数作为附加前提推出矛盾更为自然。

**【证明】** 设 $\sqrt{2}$ 是有理数，根据有理数的定义，则存在整数 $m, n$，$\gcd(m,n)=1$ 且 $m/n=\sqrt{2}$，即 $m^2=2n^2$，因此 $2 \mid m^2$，因此 $2 \mid m$（参见问题 4.4）。可令 $m=2k$，从而 $(2k)^2=2n^2$，即 $n^2=2k^2$，因此 $2 \mid n^2$，因此 $2 \mid n$，也即这时既有 $2 \mid m$ 又有 $2 \mid n$，这与 $\gcd(m,n)=1$ 矛盾。因此，$\sqrt{2}$ 不是有理数，即 $\sqrt{2}$ 是无理数。 □

**【讨论】** 这是一个典型的通过矛盾证明的例子，由于不是很复杂，仍然可以写成类似逻辑推理理论的论证形式：

| | | |
|---|---|---|
| (1) | $\sqrt{2}$ 是有理数 | // 附加前提 |
| (2) | $\exists m \exists n \left(\gcd(m,n)=1 \wedge \dfrac{m}{n}=\sqrt{2}\right)$ | // (1) 有理数定义 |
| (3) | $\gcd(m,n)=1 \wedge \dfrac{m}{n}=\sqrt{2}$ | // (2) 存在例化 |
| (4) | $\dfrac{m}{n}=\sqrt{2}$ | // (3) 化简规则 |
| (5) | $m^2=2n^2$ | // (4) 代数演算 |
| (6) | $2 \mid m^2$ | // (5) 整除 $\mid$ 的定义 |
| (7) | $2 \mid m$ | // (6) 问题 4.4的证明 |
| (8) | $\exists k(m=2k)$ | // (7) 整除 $\mid$ 的定义 |
| (9) | $m=2k$ | // (8) 存在例化 |
| (10) | $n^2=2k^2$ | // (5), (9) 代数演算 |
| (11) | $2 \mid n^2$ | // (10) 整除 $\mid$ 的定义 |
| (12) | $2 \mid n$ | // (11) 问题 4.4的证明 |
| (13) | $(2 \mid n) \wedge (2 \mid m)$ | // (7), (12) 合取规则 |

(14)　$\gcd(m,n)=1$　　// (3) 化简规则

(15)　$\sqrt{2}$ 是无理数　　// (1), (13), (14) 反证法

通过比较这种类似逻辑推理理论的论证形式和自然语言给出的证明，有以下启示。

（1）自然语言表述的数学证明本质上与逻辑推理理论验证推理有效性的论证是相同的。通过写成类似论证形式，证明中命题与命题之间的关系更为清楚。因此，学习逻辑推理理论的论证构造有助于写出命题之间逻辑关系更为清楚的证明。

（2）一个相对简单的数学证明写成类似逻辑推理理论的论证形式也会非常冗长，所以人们通常会隐含地使用一些逻辑推理规则，特别是关于合取式的化简规则、合取规则，以及与量词有关的推理规则，而侧重于与应用问题相关的概念定义、代数演算等导出的命题之间的逻辑等值或逻辑蕴涵关系。这简化了证明的表述，但是需要建立在能正确并熟练运用逻辑推理规则的基础上。

**问题 4.6**　考虑命题：设 $m$ 是偶数，且 $n$ 是奇数，则 $n^2-m^2=n+m$。下面是它的一个“证明”。

【证明】*因为 $m$ 是偶数，根据定义，存在 $k$ 使得 $m=2k$。类似地，因为 $n$ 是奇数，所以 $n=2k+1$。所以 $n^2-m^2=(2k+1)^2-(2k)^2=4k+1=2k+1+2k=m+n$。*

（1）这个“证明”有什么问题？

（2）这个命题是否成立，如果成立请给出（正确的）证明，否则给出反例。

**【解答】**（1）由 $n$ 是奇数得到 $n=2k+1$ 这一步是错误的，因为 $k$ 实质上是存在例化所选择的个体常量，但这个个体常量在 $m=2k$ 时已经出现过，所以这时不能再选择 $k$，而需要选择新的个体常量符号，例如 $k'$，即 $n$ 是奇数意味着存在 $k'$ 使得 $n=2k'+1$。

（2）这个命题不成立，例如，当 $m=0,n=3$ 时 $n^2-m^2=9$，而 $n+m=3$。

**【讨论】**（1）如果熟悉存在例化规则的应用条件就很容易发现上述“证明”中的错误。因此，熟悉并运用命题逻辑和一阶逻辑知识分析一个数学证明中命题与命题之间的逻辑关系对于确保证明的正确性非常有帮助。

（2）上述命题的符号化形式实际上是 $\forall m\forall n(m$ 是偶数 $\wedge$ $n$ 是奇数 $\rightarrow n^2-m^2=n+m)$。对于这种全称量词公式 $\forall m\forall nF(m,n)$，要说明它不成立，即是要说明 $\exists m\exists n\neg F(m,n)$ 为真，只需要给出 $m,n$ 的一个具体例子使得 $F(m,n)$ 不为真即可，这种例子称为全称量词公式的**反例** (counter-example)。给出具体例子证明存在量词公式为真就是后面所说的构造性存在证明。

**问题 4.7**　设 $m,n$ 是整数，证明：如果 $2\mid mn$，则 $2\mid m$ 或 $2\mid n$。

**【分析】**将 $2\mid mn$ 作为附加前提后，待证的结论 $2\mid m$ 或 $2\mid n$ 是一个析取式。考虑到无论是作为推理的前提还是结论，合取式更容易被使用，而析取式的否定正是合取式，因此使用反证法，将结论的否定，也即 $2\nmid m$ 且 $2\nmid n$ 作为附加前提引入来推出矛盾。

**【证明】**设 $2\nmid m$ 且 $2\nmid n$，则存在 $k_1$ 使得 $m=2k_1+1$，且存在 $k_2$ 使得 $n=2k_2+1$，从而 $mn=4k_1k_2+2k_1+2k_2+1=2(2k_1k_2+k_1+k_2)+1$，即 $2\nmid mn$，与 $2\mid mn$ 矛

盾。因此，当 $2 \mid mn$ 时必有 $2 \mid m$ 或 $2 \mid n$。 □

【讨论】(1) 注意对于 $2 \nmid m$ 和 $2 \nmid n$，要采用不同的个体常量 $k_1, k_2$ 说明 $m = 2k_1 + 1$ 和 $n = 2k_2 + 1$，根据存在例化规则的应用条件，这两者不能选择同一个个体常量。

（2）虽然结论是析取式时不是原子命题，但是使用反证法可将析取式的结论利用德摩根律 $\neg(p \vee q) \equiv (\neg p) \wedge (\neg q)$ 转换为合取式用作附加前提。合取式的推理规则比析取式的推理规则更为简单，这使得反证法常用于证明结论是析取式的命题。

（3）当结论是析取式 $p \vee q$ 时，也可通过将 $\neg p$ 作为附加前提来得到 $q$ 的方式证明，因为 $p \vee q$ 逻辑等值于 $\neg p \rightarrow q$。例如，可以将 $2 \mid mn$ 和 $2 \nmid m$ 作为附加前提得到 $2 \mid n$ 而证明上述命题：由 $2 \mid mn$ 知存在 $k_1$ 使得 $mn = 2k_1$，由 $2 \nmid m$ 知存在 $k_2$ 使得 $m = 2k_2 + 1$，从而 $(2k_2 + 1)n = 2nk_2 + n = 2k_1$，即 $n = 2(k_1 - nk_2)$，从而 $2 \mid n$，命题得证。

### 4.2.2 分情况证明

在考虑使用直接证明还是使用间接证明方法时，我们的主要关注点是如何得到结论，直接证明法希望直接从前提能得到结论，间接证明的反证法将结论的否定作为附加前提推出矛盾来得到结论。当结论是蕴涵式时将蕴涵式的前件作为附加前提考虑如何得到蕴涵式的后件，当结论是合取式时分别证明合取式的每个分支，当结论是析取式时采用反证法。

**分情况证明** (proof by cases) 的主要关注点是如何应用前提，把前提成立的情况分为几种，然后分别证明在每种情况下结论是否成立，即当要证明前提 $p$ 蕴涵 $q$ 时，将前提 $p$ 的成立分成若干情况 $p_1, p_2, \cdots, p_n$，即使得 $p \equiv p_1 \vee p_2 \vee \cdots \vee p_n$，然后利用命题逻辑等值式：

$$p_1 \vee p_2 \vee \cdots \vee p_n \rightarrow q \ \equiv \ (p_1 \rightarrow q) \wedge (p_2 \rightarrow q) \wedge \cdots \wedge (p_n \rightarrow q)$$

分别证明对 $i = 1, 2, \cdots, n$ 的每种情况都有 $p_i$ 蕴涵 $q$，从而达到证明 $p$ 蕴涵 $q$ 的目的。

先从简单的例子讨论如何分情况证明。

**问题 4.8** 设 $x$ 和 $y$ 是实数，证明 $|x + y| \leqslant |x| + |y|$，这里 $|x|$ 表示 $x$ 的绝对值。

【分析】注意到绝对值运算的定义是，对任意实数 $x$，有：

$$|x| = \begin{cases} x & \text{若 } x \geqslant 0 \\ -x & \text{若 } x < 0 \end{cases}$$

因此，要证明上述命题，很容易想到针对 $x$ 和 $y$ 是否大于或等于 0 进行分情况证明。

【证明】根据 $x$ 和 $y$ 是否大于或等于 0 分情况证明。

（1）若 $x \geqslant 0$ 且 $y \geqslant 0$，则 $x + y \geqslant 0$，从而 $|x + y| = x + y$，$|x| + |y| = x + y$，即 $|x + y| = |x| + |y|$。

（2）若 $x < 0$ 且 $y < 0$，则 $x + y < 0$，从而 $|x + y| = -(x + y)$，$|x| + |y| = -x + (-y) = -(x + y)$，即 $|x + y| = |x| + |y|$。

（3）若 $x \geqslant 0$ 且 $y < 0$，再按 $x+y$ 是否大于或等于 0 分情况：若 ① $x+y \geqslant 0$，则 $|x+y| = x+y$，而 $|x|+|y| = x-y$，这时由 $y<0$ 得 $-y \geqslant y$，从而 $x-y \geqslant x+y$，从而 $|x|+|y| \geqslant |x+y|$；② $x+y<0$，则 $|x+y| = -x-y$，而 $|x|+|y| = x-y$，这时由 $x \geqslant 0$ 有 $-x \leqslant x$，从而 $-x-y \leqslant x-y$，从而也有 $|x+y| \leqslant |x|+|y|$。

（4）若 $x<0$ 且 $y \geqslant 0$，再按 $x+y$ 是否大于或等于 0 分情况：若 ① $x+y \geqslant 0$，则 $|x+y| = x+y$，而 $|x|+|y| = -x+y$，这时由 $x<0$ 得 $-x \geqslant x$，从而 $-x+y \geqslant x+y$，从而 $|x|+|y| \geqslant |x+y|$；② $x+y<0$，则 $|x+y| = -x-y$，而 $|x|+|y| = -x+y$，这时由 $y \geqslant 0$ 有 $-y \leqslant y$，从而 $-x-y \leqslant -x+y$，从而也有 $|x+y| \leqslant |x|+|y|$。

综上总有 $|x+y| \leqslant |x|+|y|$。 □

**【讨论】**（1）有些读者可能觉得上述证明比较长，不是很简单，但其实证明的思路很简单，只要坚持对求绝对值的数是否大于或等于零分情况考虑即可：有些读者遇到 $x \geqslant 0$ 且 $y<0$，或者 $x<0$ 且 $y \geqslant 0$ 时可能会犹豫，但只要针对 $x+y$ 是否大于或等于零继续分情况考虑即可完成证明。

（2）分情况证明实际上是运用模块化的思维方式，不同情况的证明对应一个模块，相对独立地完成，而且与一次性考虑所有情况相比，每种情况的证明要更为简单。

要注意在将前提分情况考虑时，考虑的情况要做到 **“不重复、不遗漏”**。不重复要求不同情况的证明相对独立，并简化每种情况的证明。不遗漏要求系统化地罗列所有情况，从而使得证明完整、正确。例如在定义绝对值运算 $|x|$ 时，如果只列出 $x<0$ 和 $x>0$ 则遗漏了 $x$ 等于 0 的情况，而如果列出 $x \geqslant 0$ 和 $x \leqslant 0$ 两种情况则重复了 $x$ 等于 0 的情况，都是不正确的。同样，在针对 $x$ 和 $y$ 是否大于或等于 0 分情况时要正确组合 $x$ 是否大于或等于 0 和 $y$ 是否大于或等于 0 的情况。

（3）上述证明写得烦琐，是因为详细给出了 $x \geqslant 0, y<0$，以及 $x<0, y \geqslant 0$ 这两种情况的证明。稍微分析不难看到，这两种情况的处理方式是类似的。因此，在分情况证明时常常会合并这两种情况，并使用术语 **“不失一般性** (without loss of generality)” 表明对情况的合并。例如，上述证明中（3）和（4）可以合并，从而整体证明分为三种情况：① $x$ 和 $y$ 都是非负数；② $x$ 和 $y$ 都是负数；③ $x$ 和 $y$ 一个是非负数，一个是负数，且对于情况 ③，不失一般性地可假定 $x$ 非负、而 $y$ 是负数进行证明。

简单地说，分情况证明要做到所罗列的情况不重复、不遗漏，在此基础上，如果有些情况的证明非常类似，可以通过简单的变换将一种情况的证明转化为另一种情况的证明，像上述证明的情况（3）的 $x$ 和 $y$ 互换就可得到情况（4），这时可以合并这两种情况，并使用术语“不失一般性”将其中一种情况作为代表进行证明。

**问题 4.9**　证明任意形如 $4n-1$ 的自然数不是两个自然数的平方和。

**【分析】**根据例子 4.1的分析，要证明下面的一阶公式在论域是自然数集的解释下为真：

$$\forall m(\neg(\exists n \exists i \exists j(m = 4n-1 \wedge m = i^2+j^2)))$$

因此，很自然地应该使用反证法，考虑形如 $4n-1$ 的自然数 $m$ 在 $m = i^2+j^2$ 时会导致什么矛盾。形如 $4n-1$ 的整数预示着应该考虑被 4 整除的性质，而 $i^2+j^2$ 进一步提示可能只需要考虑被 2 整除的性质即可，即对 $i$ 和 $j$ 的奇偶性进行分情况证明。

**【证明】**对于形如 $4n-1$ 的自然数 $m$，假定存在自然数 $i$ 和 $j$ 使得 $4n-1=i^2+j^2$，根据 $i$ 和 $j$ 的奇偶性分情况。

（1）若 $i$ 和 $j$ 都是偶数，则 $i^2$ 和 $j^2$ 都是 4 的倍数，从而 $i^2+j^2$ 也是 4 的倍数，不可能等于 $4n-1$。

（2）若 $i$ 和 $j$ 都是奇数，则 $i^2$ 和 $j^2$ 都是奇数，从而 $i^2+j^2$ 是偶数，但 $4n-1$ 是奇数，因此也不可能等于 $4n-1$。

（3）若 $i$ 和 $j$ 中有一个是奇数有一个是偶数，不失一般性，假定 $i$ 是奇数、而 $j$ 是偶数，则存在自然数 $s$ 使得 $i=2s-1$，且存在自然数 $t$ 使得 $j=2t$，从而

$$i^2+j^2=(2s-1)^2+4t^2=4s^2-4s+1+4t^2=4(s^2-s+t^2)+1$$

也即 $i^2+j^2$ 整除 4 的余数是 1，但 $4n-1$ 整除 4 的余数是 3，因此 $i^2+j^2$ 也不可能等于 $4n-1$。

综上，无论 $i$ 和 $j$ 的奇偶性如何都不可能有 $i^2+j^2$ 等于 $4n-1$。 □

**【讨论】**（1）多数证明都是尝试组合各种不同的证明方法与证明策略。这里先针对要证明的结论是否定式使用反证法，然后再使用分情况证明处理由反证法引入的附加前提进行证明。

（2）在 $i^2+j^2$ 这个表达式中，$i$ 和 $j$ 互换仍得到相同的表达式。因此，可以将 $i$ 是奇数且 $j$ 是偶数和 $i$ 是偶数且 $j$ 是奇数这两种情况，合并成一个是奇数一个是偶数的情况，并且不失一般性地假定 $i$ 是奇数且 $j$ 是偶数。

实际上，在第 2 章和第 3 章已经多次使用分情况证明，因为归纳定义本质上是分情况定义：归纳定义的集合中某个元素要么是归纳基的基本元素，要么是归纳步的规则构造的元素，这实际上是将归纳定义的集合元素按照基本元素和归纳步的不同规则构造的元素分成了几种情况。因此，对归纳定义集合的元素性质的归纳证明本质上就是分情况证明。

例如，在第 2 章引理 2.1 证明命题逻辑公式的左右圆括号数目相等时，就是针对公式 $A$ 的结构分情况证明：① 如果 $A$ 是命题变量；② 如果 $A$ 是 $(\neg B)$；③ 如果 $A$ 是 $(B\oplus C)$，其中 $\oplus$ 表示 $\wedge,\vee,\to,\leftrightarrow$，这里情况 ③ 实际上是四种情况的合并，不失一般性地任意选择 $\wedge,\vee,\to,\leftrightarrow$ 四个逻辑运算符的一个即可，用 $\oplus$ 代表所选择的逻辑运算符。

总的来说，分情况证明需要运用离散化、模块化的思维方式，将前提成立的情形不重复、不遗漏地分成几种情况，从而将证明分成几个相对独立的模块。归纳定义是一种典型的分情况定义，而归纳证明是一种典型的分情况证明，理解这一点对于后面进一步学习归纳定义和归纳证明会有帮助。

分情况证明的极端是**穷举证明** (exhaustive proof)，针对每种具体的情况一一证明。假定要证明在某个解释下全称量词公式 $\forall x(P(x)\to Q(x))$ 为真。分情况证明一般是将

$x$ 的论域分成几个子集，每个子集对应附加前提 $P(x)$ 成立的一种情况，这些子集没有重叠、没有重复的元素，即互不相交，并且所有子集的元素合并起来就是 $x$ 的整个论域，即不遗漏。穷举证明则是当 $x$ 的论域是有限集时，对论域的每个元素 $a$，考虑在 $P(a)$ 成立时如何得到 $Q(a)$。虽然借助计算机可以验证大量的情况，但人工证明只能针对情况比较少的简单命题。因此，这里不举例详细讨论穷举证明法的使用。

### 4.2.3　存在性证明

上面的讨论主要针对要证明的是全称量词公式，对符号化为存在量词公式 $\exists P(x)$ 的命题，它的证明称为**存在性证明** (existence proof)。存在性证明分为两大类：一类称为**构造性存在证明** (constructive existence proof)；另一类称为**非构造性存在证明** (non-constructive existence proof)。

构造性存在证明是指在前提成立的情况下，给出满足待证命题的一个具体元素或者一个构造这种元素的方法。例如，要证明量词公式 $\exists xP(x)$ 在某个解释下为真，具体地给出解释的论域的某个元素 $a$ 使得 $P(a)$ 为真。又例如，在证明量词公式 $\forall x\exists yP(x,y)$ 为真时，给出一个构造方法，针对每个 $x$，构造出一个论域元素 $a$ 使得 $P(x,a)$ 成立。

**问题 4.10**　证明存在有理数 $a$ 和 $b$，使得 $a^b$ 是无理数。

**【分析】**要证明的命题可符号化为 $\exists a\exists b(Q(a)\wedge Q(b)\wedge P(a^b))$，这里 $Q(x)$ 是谓词“$x$ 是有理数”，$P(x)$ 是谓词“$x$ 是无理数”，而 $a^b$ 中的指数运算是函数符号，论域是实数集。

**【证明】**令 $a=2, b=1/2$，则 $a^b=2^{1/2}=\sqrt{2}$ 是无理数。 □

**【讨论】**这是构造性存在证明，给出了论域的具体元素 $a=2$ 和 $b=1/2$ 使得 $P(a^b)$ 为真。

**问题 4.11**　证明任意两个有理数之间都存在有理数。

**【分析】**要证明的命题可符号化为

$$\forall a\forall b(Q(a)\wedge Q(b)\to\exists z(a<z<b\ \wedge\ Q(z)))$$

同样，这里 $Q(x)$ 是谓词“$x$ 是有理数”而 $a<z<b$ 是 $a<z\wedge z<b$ 的简写。这个公式等值的前束范式是 $\forall a\forall b\exists z(Q(a)\wedge Q(b)\to(a<z<b\ \wedge\ Q(z)))$，论域集仍是实数集。

**【证明】**当 $a$ 和 $b$ 是有理数时，显然 $(a+b)/2$ 也是有理数，不失一般性假定 $a<b$，则 $a<(a+b)/2<b$，因此命题成立。 □

**【讨论】**（1）这也是构造性证明，针对每个 $a$ 和 $b$，给出了构造满足性质的元素 $(a+b)/2$。为简单起见，这里认为待证命题是两个不同的有理数之间存在有理数，因此没考虑 $a=b$ 的情况。

（2）上面的“不失一般性”合并了分情况证明 $(a+b)/2$ 在 $a$ 和 $b$ 之间时 $a<b$ 和 $b<a$ 两种情况。

在证明存在量词约束的命题时，非构造性存在证明不给出满足性质的具体元素。有两类典型的非构造性证明：一类是使用反证法，证明如果不存在满足性质的元素时会导致什么矛盾；另一类是使用二难推理 (dilemma reasoning)，选择一个合适的命题 $p$，证明无论 $p$ 是否成立都会存在满足性质的元素，即设 $q$ 是存在量词约束的命题，证明 $p$ 蕴涵 $q$ 且 $\neg p$ 也蕴涵 $q$，由于 $p\vee\neg p$ 是永真式且

$$(p\to q)\wedge(\neg p\to q) \quad\equiv\quad (p\vee\neg p)\to q \quad\equiv\quad q$$

从而得到 $q$。二难推理形式的存在性证明的关键是选择合适的 $p$，通常是一个具有真值但并不知道真值或难以证明其真假的命题，由于最终并没有给出满足性质的元素，因此是非构造性存在证明。

**问题 4.12** 设 $n\geqslant 1$，对于 $n$ 个实数 $a_1,a_2,\cdots,a_n$，定义它们的算术平均值：

$$A=\frac{a_1+a_2+\cdots+a_n}{n}$$

证明存在 $1\leqslant i\leqslant n$ 使得 $a_i\geqslant A$。

**【分析】** 显然要找出一个具体的 $a_i, 1\leqslant i\leqslant n$ 使得 $a_i\geqslant A$ 是不现实的，因此只能采用反证法。注意到要证明的命题可符号化为 $\exists i(1\leqslant i\leqslant n\ \wedge a_i\geqslant A)$，反证法以它的否定作为附加前提。注意，根据一阶逻辑的量词否定等值式有：

$$\neg\exists i(1\leqslant i\leqslant n\ \wedge a_i\geqslant A) \quad\equiv\quad \forall i(1\leqslant i\leqslant n\ \to a_i<A)$$

因此，证明应该从对任意的 $i, 1\leqslant i\leqslant n$ 有 $a_i<A$ 开始。

**【证明】** 若对任意的 $i, 1\leqslant i\leqslant n$ 都有 $a_i<A$，则显然有 $a_1+a_2+\cdots+a_n<nA$，由于 $n\geqslant 1$，即这时有：

$$\frac{a_1+a_2+\cdots+a_n}{n}<A$$

从而根据 $A$ 的定义有 $A<A$，矛盾！因此，必有 $i, 1\leqslant i\leqslant n$ 使得 $a_i\geqslant A$。 □

**问题 4.13** 证明存在无理数 $a$ 和 $b$ 使得 $a^b$ 是有理数。

**【证明】** 由于 $\sqrt{2}$ 是无理数，考虑 $\sqrt{2}^{\sqrt{2}}$：① 若 $\sqrt{2}^{\sqrt{2}}$ 是有理数，则已经找到两个无理数 $a=b=\sqrt{2}$ 使得 $a^b$ 是有理数；② 若 $\sqrt{2}^{\sqrt{2}}$ 不是有理数，即是无理数，则

$$(\sqrt{2}^{\sqrt{2}})^{\sqrt{2}}=\sqrt{2}^{(\sqrt{2}\times\sqrt{2})}=\sqrt{2}^2=2$$

即找到了两个无理数 $a=\sqrt{2}^{\sqrt{2}}$ 和 $b=\sqrt{2}$ 使得 $a^b=2$ 是有理数。

由于 $\sqrt{2}^{\sqrt{2}}$ 要么是有理数要么是无理数，二者必居其一，因此待证命题成立。 □

**【讨论】** 这是一个非构造性存在证明，因为没有证明 $\sqrt{2}^{\sqrt{2}}$ 到底是有理数还是无理数，因此也就没有具体给出两个无理数 $a$ 和 $b$ 使得 $a^b$ 是有理数。

要证明 $\sqrt{2}^{\sqrt{2}}$ 是否有理数比较困难。当然，如果读者了解超越数论中的 Gelfond-Schneider 定理的话，那么知道 $\sqrt{2}^{\sqrt{2}}$ 是超越数，当然更是无理数。因为这个定理断定，对于两个代数数 $\alpha$ 和 $\beta$，若 $\alpha\neq 0$ 且 $\alpha\neq 1$，$\beta$ 不是有理数，则 $\alpha^\beta$ 是超越数。关于代数数和超越数的概念请读者参考相关文献（例如文献 [8] 或 [9]），读者只需要知道：所

有有理数都是代数数，但并非所有代数数都是有理数；所有超越数都是无理数，但有的无理数是代数数。

**问题 4.14** 一个大于 1 的整数 $p$ 被称为**质数** (prime)，如果它的因子只有 1 和 $p$ 自己。一个大于 1 的整数不是质数则称为合数 (composite number)。证明存在无穷多个质数。

**【分析】**这种断定存在无穷多个元素满足某种性质的命题也适合使用反证法证明，即从假定只有有穷多个质数开始，考察可能导出什么矛盾。

**【证明】**设只有有穷多个质数 $p_1, p_2, \cdots, p_n$，考虑 $p = p_1p_2\cdots p_n + 1$。① 如果 $p$ 是质数，则它显然是 $p_1, p_2, \cdots, p_n$ 之外的另一个质数，与假设矛盾！否则，② $p$ 是合数，则它有除 1 和 $p$ 自己之外的因子 $p'$ 且 $p'$ 是质数，但显然对任意的 $i$，$p$ 整除 $p_i$ 的余数都是 1，也即 $p'$ 是 $p_1, p_2, \cdots, p_n$ 之外的另一个质数，也与假设矛盾。综上，不可能只有有穷多个质数。 □

**【讨论】**（1）整个证明综合运用了反证法和二难推理方法，即先基于反证法引入结论否定作为附加前提，然后运用二难推理得到无论 $p$ 是否质数都会导出矛盾，从而证明命题。

（2）这个证明实际上还需要一个中间结论：任意合数都存在质因子。如果说有无穷多质数是一个定理的话，那么合数有质因子是这个定理的引理。这个引理可以这样证明：根据定义合数 $a$ 必定有因子 $a_1$ 且 $1 < a_1 < a$，如果 $a_1$ 是质数则引理得证，否则 $a_1$ 也是合数，则它又有因子 $a_2, 1 < a_2 < a_1$ 等等，这个过程得到一系列因子 $1 < a_k < \cdots < a_1 < a$，因为 $a_i$ 是递减的，且总是大于 1，这个过程不可能无穷地进行下去，最后必得到质因子 $a_k$。

（3）反证法和二难推理的应用有时需要天才的想象。上一问题的 $\sqrt{2}^{\sqrt{2}}$ 和这一问题的 $p = p_1p_2\cdots p_n + 1$ 都不是那么容易想到。质数有无穷多个这个定理在公元前 300 年左右欧几里得撰写的《几何原本》已经给出证明，被称为最早的天才型定理之一[①]。

有时不仅要证明满足某个性质的元素是存在的，而且要证明这样的元素是唯一的，这称为**存在唯一性证明** (existence and uniqueness proof)。虽然一阶逻辑的存在量词只是断定某些不确定数量的元素满足某个性质，但结合全称量词，一阶逻辑可使用下面的公式表示存在唯一的元素满足某个性质 $P$：

$$\exists x(P(x) \wedge \forall y(P(y) \to x = y))$$

这个公式的直观含义是：存在 $x$，满足性质 $P$，且对任意的元素 $y$，如果 $y$ 也满足性质 $P$，则 $x = y$。人们有时还特别地引入量词公式 $\exists! xP(x)$ 作为上述公式的简写，即：

$$\exists\, !xP(x) \;\equiv\; \exists x(P(x) \wedge \forall y(P(y) \to x = y))$$

因此，要证明满足性质 $P(x)$ 的元素唯一，可先证明存在论域元素 $c$ 使得 $P(c)$ 成

① W. Dunham 著，苗锋译，《天才引导的历程》，中国对外翻译出版公司，1994 年。

立，然后证明对任意的论域元素 $y$，在假定 $P(y)$ 为真的情况下证明 $y$ 等于 $c$。下面是一个简单的例子。

**例子 4.15** 对于实数 $a, b$，当 $a \neq 0$ 时，方程 $ax + b = 0$ 存在唯一的解。

**【证明】**显然由于 $a \neq 0$，因此 $x = -b/a$ 是方程 $ax + b = 0$ 的解。如果 $y$ 也是方程 $ax + b = 0$ 的解，即也有 $ay + b = 0$，那么 $ax + b = ay + b$，从而 $ax = ay$，由于 $a \neq 0$，因此 $x = y$。 □

### 4.2.4 基本证明策略

在上面讨论一些证明方法的基础上，可总结一些如何运用这种证明方法的策略。首先，从构造证明的总体思路来说可分为**正向推理** (forward reasoning) 和**反向推理** (backward reasoning) 两类。

正向推理是一种**综合** (synthesis) 的思路，通过不断考察已有的前提能得到哪些中间结论，这些中间结论又能得到哪些中间结论，直到得到所需要证明的结论为止。反向推理是一种**分析** (analysis) 的思路，通过考察要得到最后要证明的结论需要哪些中间结论，要得到这些中间结论又需要哪些中间结论，直到所需的都是已知前提为止。

通常对于稍微复杂的证明，人们更倾向于使用反向推理，即先进行自顶向下的分析，从结论思考需要怎样的中间结论，一直到所需的中间结论可容易地从前提得到时，再结合自底向上的综合以得到整个证明。这种以反向推理为主的方式反映了人们寻找证明思路的过程，但一旦有了证明思路，写出的证明却通常是以从前提到结论的综合为主，因为基于反向推理的证明思路用书面语言书写往往会显得比描述从前提到结论的正向推理更为烦琐。也就是说，证明的书写可能会隐藏基于反向推理的证明思路，读者在阅读证明时要学会利用反向推理还原其证明思路。

**问题 4.16** 设 $a, b$ 是两个整数，且存在整数 $q, r$ 使得 $a = bq + r$。证明 $\gcd(a, b) = \gcd(b, r)$。

**【分析】**运用反向推理的思路。要证明 $\gcd(a, b) = \gcd(b, r)$，根据定义，只要证明 $\gcd(b, r)$ 是 $a$ 和 $b$ 的公因子，且对 $a$ 和 $b$ 的任意公因子 $d$ 有 $d \leqslant \gcd(b, r)$ 即可。

根据最大公因子的定义，$\gcd(b, r)$ 显然是 $b$ 的因子，$\gcd(b, r)$ 为什么是 $a$ 的因子呢？因为 $a = bq + r$，$\gcd(b, r)$ 既是 $b$ 的因子又是 $r$ 的因子，从而就是它们的线性组合 $bq + r = a$ 的因子。

对于 $a$ 和 $b$ 的公因子 $d$，为什么有 $d \leqslant \gcd(b, r)$ 呢？因为 $\gcd(b, r)$ 是 $b$ 和 $r$ 的最大公因子，因此这只要证明 $d$ 也是 $b$ 和 $r$ 的公因子即可，由于已经假设 $d$ 是 $b$ 的因子，因此只要证明 $d$ 是 $r$ 的因子即可，这由 $r = a - bq$ 且 $d$ 是 $a$ 和 $b$ 的因子，则是它们的线性组合 $a - bq = r$ 的因子可得。

这就完成了整个证明的思考，其中主要运用反向推理的思维方式，但也有一些正向推理的思考。整个思路可画成一棵树的形式，如图 4.1 所示。根节点是最后要证明的 $\gcd(a, b) = \gcd(b, r)$，每个内部节点的儿子节点是证明该内部节点的命题需要证明的子命题，叶子节点是显而易见成立的命题。例如，根节点的儿子是两个节点：一个儿子节点是“$\gcd(b,r) \mid a$ 且 $\gcd(b,r) \mid b$”；另一个儿子节点是“对 $a$ 和 $b$ 的任意公因子 $d$ 有 $d \leqslant \gcd(b,r)$”等，叶子节点是“$\gcd(b,r) \mid b$”这种显然成立的命题。

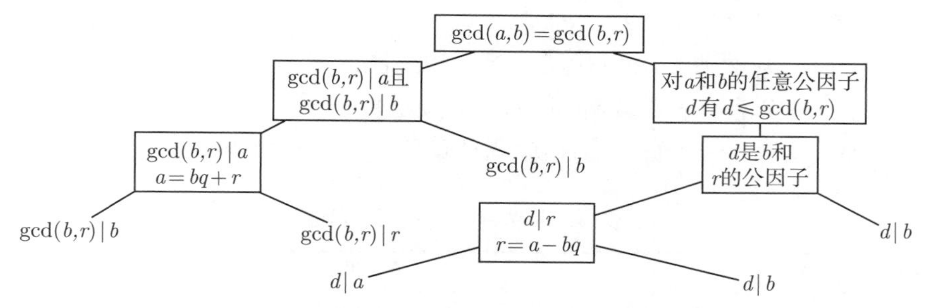


图 4.1 证明 $\gcd(a,b) = \gcd(b,r)$ 的反向推理思路

**【证明】** 根据定义，$\gcd(b,r) \mid b$ 且 $\gcd(b,r) \mid r$，因此 $\gcd(b,r) \mid (bq+r)$，即 $\gcd(b,r) \mid a$，显然 $\gcd(b,r) \mid b$。因此，$\gcd(b,r)$ 是 $a$ 和 $b$ 的公因子。

对任意整数 $d$，如果 $d$ 是 $a$ 和 $b$ 的公因子，则 $d$ 是 $a-bq$ 的因子，即 $d$ 是 $r$ 的因子，因此 $d$ 是 $r$ 和 $b$ 的公因子，而 $\gcd(b,r)$ 是 $b$ 和 $r$ 的最大公因子，因此 $d \leqslant \gcd(b,r)$。

综上，根据最大公因子的定义有：当 $a = bq+r$ 时，$\gcd(b,r)$ 就是 $a$ 和 $b$ 的最大公因子，即 $\gcd(a,b) = \gcd(b,r)$。 □

**【讨论】**（1）从这个典型例子可看到，证明命题时，在形成思路阶段使用反向推理，即从怎样得到结论开始思考比较自然。但在给出正式证明时，表述为怎样从前提推导出最后的结论这种正向推理的形式则会比较简洁。所以读者既要能运用反向推理形成证明思路，又要能将思路进行综合，写出逻辑严谨而又简洁的证明。

（2）实际上，本书在求解问题，特别是在证明命题时给出的“**【分析】**”部分通常是运用反向推理的思维给出如何证明的基本思路，然后在“**【解答】**”或“**【证明】**”部分给出正式的解答或证明，“**【讨论】**”部分则给出一些注意事项或补充说明。

（3）对于任意整数 $a$ 和 $b$，设 $b \neq 0$，当 $q$ 是 $a$ 整除 $b$ 的商，且 $r$ 是 $a$ 整除 $b$ 的余数时，显然有 $a = bq + r$。因此，这里证明的 $\gcd(a,b) = \gcd(b,r)$ 是求两个非负整数最大公因子的欧几里得算法（参见算法 1.6）的基础。

除运用反向推理或正向推理确定证明的整体思路外，针对待证命题的形式还有一些常用的策略去构建证明。表 4.1 基于前面介绍的证明方法总结了构建证明的一些常用策略。注意，这些策略可以综合运用，例如多数命题的形式是 $\forall x(P(x) \to Q(x))$，通常是在假定 $x$ 是论域的任意元素之后，再引入附加前提 $P(x)$ 证明 $Q(x)$，这时又可根据 $Q(x)$ 的命题形式再应用合适的证明策略。

最后简单补充说明一下有关双蕴涵式 $p \leftrightarrow q$ 的证明。由于有下面的逻辑等值式：

$$p \leftrightarrow q \quad \equiv \quad (p \to q) \wedge (q \to p)$$

因此，要证明“$p$ 当且仅当 $q$”这种类型的命题，只要分别证明“$p$ 蕴涵 $q$”以及“$q$ 蕴涵 $p$”即可。如果在证明“$p$ 蕴涵 $q$”或“$q$ 蕴涵 $p$”时，发现每个中间命题之间的逻辑关系都是逻辑等值（或说双蕴涵）关系时，那么可将这两个证明合并。后面证明集合恒等式时将给出许多这方面的例子，这里不再赘述。

当要证明多个双蕴涵式时，例如要证明 $p_1 \leftrightarrow p_2 \leftrightarrow \cdots \leftrightarrow p_n$ 时，或通俗地说要证明命题 $p_1, p_2, \cdots, p_n$ 两两互相等价时，可利用蕴涵的传递性，只要证明 $p_1 \rightarrow p_2, p_2 \rightarrow p_3, \cdots, p_{n-1} \rightarrow p_n$ 以及 $p_n \rightarrow p_1$ 即可，而不需要一一证明 $p_1 \leftrightarrow p_2, p_2 \leftrightarrow p_3, \cdots, p_{n-1} \leftrightarrow p_n$，前者只要证明 $n$ 个蕴涵式，而后者需要证明 $2(n-1)$ 个蕴涵式。

表 4.1 构建证明的常用策略

| 命题的公式形式 | 证 明 策 略 |
| --- | --- |
| $\forall x P(x)$ | 假设 $x$ 是论域的任意元素，然后证明 $P(x)$ |
| $p \rightarrow q$ | ① 直接证明法：以 $p$ 为附加前提，证明 $q$<br>② 按逆否命题证明：假定 $q$ 不成立，证明 $p$ 也不成立<br>③ 反证法：假定 $p$ 成立且 $q$ 不成立，推出矛盾 |
| $p_1 \vee p_2 \vee \cdots \vee p_n \rightarrow q$ | 分情况证明：分别证明 $p_i \rightarrow q, i = 1, \cdots, n$ |
| $\neg p$ | 反证法：以 $p$ 为附加前提，推出矛盾 |
| $p \vee q$ | ① 反证法：以 $\neg p$ 和 $\neg q$ 为附加前提，推出矛盾<br>② 假定 $\neg p$ 成立，证明 $q$，或假定 $\neg q$ 成立证明 $p$ |
| $p \wedge q$ | 分别证明 $p$ 和 $q$ |
| $p \leftrightarrow q$ | 证明 $p \rightarrow q$ 且 $q \rightarrow p$ |
| $\exists x P(x)$ | ① 构造性存在证明：给出论域具体元素 $c$ 或构造具体元素 $c$ 的方法，证明 $P(c)$ 为真<br>② 反证法：假定 $\forall x \neg P(x)$ 成立，推出矛盾<br>③ 二难推理：选定命题 $q$，证明 $q \rightarrow \exists x P(x)$ 且 $\neg q \rightarrow \exists x P(x)$ |
| $\exists\, !x P(x)$ | 证明 ① 存在论域元素 $c$ 使得 $P(c)$ 成立；② 对论域任意元素 $y$，假定 $P(y)$ 成立证明 $y = c$ |

## 4.3 归纳定义与归纳证明

Proof-MathInd

Proof-IndProof(1)

前面已经介绍了归纳定义的基础知识，并在命题逻辑公式和一阶逻辑公式的语法、语义定义中使用了归纳定义。本节首先介绍数学归纳法，并扩展到基于良序原理的证明，然后给出更多有关归纳定义的例子，介绍结构归纳证明原理，使得读者对归纳定义和归纳证明有更为完整系统的认识。归纳定义和归纳证明在数学、逻辑和计算机学科有广泛的应用，本节的最后简单地介绍如何使用归纳法证明递归算法的性质。

Proof-IndProof(2)

### 4.3.1 数学归纳法与良序原理

数学归纳法用于证明自然数或正整数的性质，例如，在中学数学课程中，数学归纳法用于证明数列通项公式或数列求和公式的正确性。最基本的**数学归纳法** (mathematical induction) 也称为**第一数学归纳法**。设论域是自然数集，第一数学归纳法在证明可符号

化为 $\forall nP(n)$ 的命题时分为两步。

（1）**归纳基** (basic step)：证明当 $n=0$ 时 $P(n)$ 成立，也即 $P(0)$ 成立。

（2）**归纳步** (inductive step)：对任意自然数 $k$，假定当 $n=k$ 时 $P(k)$ 成立，证明 $P(k+1)$ 也成立。这里假定 $P(k)$ 成立称为**归纳假设** (inductive hypothesis)。

也就是说，在论域是自然数集时，数学归纳法假定下面一阶公式的真值为真：

$$(P(0) \wedge \forall k(P(k) \to P(k+1))) \quad \to \quad \forall nP(n)$$

下面是一个典型的数学归纳法证明例子。

**例子 4.17** 证明：对任意自然数 $n$，有：

$$\sum_{i=0}^{n} i^2 = 0^2 + 1^2 + 2^2 + \cdots + \cdots n^2 = \frac{n(n+1)(2n+1)}{6}$$

**【证明】**对 $n$ 进行归纳证明。

（1）**归纳基**：当 $n=0$ 时，显然成立。

（2）**归纳步**：对任意的 $k \geqslant 0$，假设当 $n=k$ 时成立，也即有：

$$\sum_{i=0}^{k} i^2 = \frac{k(k+1)(2k+1)}{6}$$

对于 $n=k+1$，则有：

$$\begin{aligned}
\sum_{i=0}^{k+1} i^2 &= \sum_{i=0}^{k} i^2 + (k+1)^2 = \frac{k(k+1)(2k+1)}{6} + (k+1)^2 \qquad // \text{归纳假设} \\
&= (k+1)\left[\frac{k(2k+1)+6(k+1)}{6}\right] \\
&= \frac{(k+1)(2k^2+7k+6)}{6} = \frac{(k+1)(k+2)(2k+3)}{6} \\
&= \frac{(k+1)((k+1)+1)(2(k+1)+1)}{6}
\end{aligned}$$

因此，等式对于 $n=k+1$ 也成立，根据数学归纳法，待证等式成立。 □

数学归纳法证明的关键主要有两点。

（1）必须清楚所要证明的命题。严格来说，使用数学归纳法证明的命题都必须能符号化为 $\forall nP(n)$ 的形式，这里 $n$ 的论域是自然数或正整数。或通俗地说，是形如“对任意自然数 $n$，有 $P(n)$ 成立”的命题。例子 4.17的 $P(n)$ 非常清楚，但有时需要读者明确给出命题 $P(n)$ 的具体形式。

（2）在归纳步证明时要明确归纳假设。建议读者总是在明确待证命题 $P(n)$ 具体形式的基础上，给出归纳假设的具体形式作为证明归纳步的附加前提。例如，例子 4.17就明确给出了归纳假设所对应的等式。

**问题 4.18** 证明任意大于或等于 8 分的邮资都可以由若干张 3 分和 5 分的邮票支付。

**【分析】** 需要先明确要证明的命题。引入个体变量，待证命题的含义是，对任意邮资 $n$，如果 $n$ 大于或等于 8 分，则可使用 $s$ 张 3 分和 $t$ 张 5 分邮票支付 $n$ 分邮资。显然这里的 $s \geqslant 0$ 且 $t \geqslant 0$，即都是自然数。因此，令论域是自然数，待证命题可符号化为

$$\forall n(n \geqslant 8 \ \rightarrow \ \exists s \exists t(3s + 5t = n))$$

**【证明】** 令 $P(n)$ 表示 $(n \geqslant 8 \rightarrow \exists s \exists t(3s + 5t = n))$。对 $n$ 进行归纳证明 $\forall n P(n)$。

（1）**归纳基**：当 $n = 0$ 时，由于 $0 < 8$，因此 $P(0)$ 平凡成立。

（2）**归纳步**：对任意 $k \geqslant 0$，假设 $n = k$ 时 $P(k)$ 成立，即有 $k \geqslant 8 \rightarrow \exists s \exists t(3s+5t = k)$。需要证明 $P(k+1)$ 成立，也即要证明 $k+1 \geqslant 8 \rightarrow \exists s' \exists t'(3s' + 5t' = k+1)$。这仍然是蕴涵式，因此除归纳假设做附加前提外，进一步引入 $k+1 \geqslant 8$ 作为附加前提，并分情况考虑：

① 若 $k+1 > 8$，也即 $k \geqslant 8$，则由归纳假设 $k \geqslant 8 \rightarrow \exists s \exists t(3s + 5t = k)$，有 $\exists s \exists t(3s + 5t = k)$，即存在自然数 $s$ 和 $t$ 使得 $3s + 5t = k$。这时如果 $t \geqslant 1$，则有 $3(s+2) + 5(t-1) = k+1$，也即存在 $s' = s+2, t' = t-1$ 使得 $3s' + 5t' = k+1$；如果 $t = 0$，则由于 $k \geqslant 8$，因此必有 $s \geqslant 3$，则有 $3(s-3) + 5(t+2) = k+1$，也即存在 $s' = s-3, t' = t+2$ 使得 $3s' + 5t' = k+1$。也即，当 $k+1 > 8$ 时总有 $\exists s' \exists t'(3s + 5t = k+1)$ 成立。

② 若 $k+1 = 8$，这时取 $s' = 1, t' = 1$，则有 $3s' + 5t' = 8 = k+1$，也即这时也有 $\exists s' \exists t'(3s' + 5t' = k+1)$ 成立。

综上，对任意 $k \geqslant 0$，$P(k)$ 成立总蕴涵 $P(k+1)$ 成立。因此根据归纳法，待证命题成立。 □

**【讨论】**（1）可以看到，分情况证明方法在这里发挥了重要作用。首先，归纳证明分为归纳基和归纳步也是基于分情况的思路；其次，归纳步证明 $P(k+1)$ 时，将归纳假设和 $k+1 \geqslant 8$ 作为附加前提，并进一步对 $k+1 \geqslant 8$ 这个条件进行了分情况处理，而在 $k+1 > 8$ 这种情况，又对 $t$ 是否大于或等于 1 进行了分情况处理。注意要确保使得 $3s + 5t = (k+1)$ 成立的 $s$ 和 $t$ 为非负数。

（2）一般地，如果要证明的命题是 $\forall n(n \geqslant c \rightarrow P(n))$，或者更简便地写成 $\forall n \geqslant c(P(n))$，这里 $c$ 是某个固定的自然数，则有如下证明。

① 归纳基是要证明蕴涵式 $0 \geqslant c \rightarrow P(0)$，当 $c = 0$ 时就是要证明 $P(0)$，而当 $c > 0$ 时，这个蕴涵式的前件为假，因此整个蕴涵式平凡成立。

② 归纳步是证明对任意的自然数 $k$，当 $k \geqslant c \rightarrow P(k)$ 成立时有 $(k+1 \geqslant c) \rightarrow P(k+1)$ 成立，这时 $k \geqslant c \rightarrow P(k)$ 是归纳假设。即要证明下面公式成立（注意这里的论域总是自然数）：

$$\forall k((k \geqslant c \rightarrow P(k)) \rightarrow (k+1 \geqslant c \rightarrow P(k+1)))$$

可以分情况考虑：当 $k+1>c$ 时，即 $k\geqslant c$，从而 $k\geqslant c\rightarrow P(k)$ 逻辑等值于 $P(k)$，而 $k+1\geqslant c\rightarrow P(k+1)$ 逻辑等值于 $P(k+1)$，因此这时实际上要证明蕴涵式 $P(k)\rightarrow P(k+1)$；当 $k+1<c$ 时，蕴涵式 $k+1\geqslant c\rightarrow P(k+1)$ 平凡地为真（因为蕴涵的前件为假），因此整个要证明的蕴涵式也为真；最后当 $k+1=c$ 时，无法利用归纳假设 $k\geqslant c\rightarrow P(k)$，因此需要直接证明 $P(k+1)$，即 $P(c)$。

因此，对于命题 $\forall n\geqslant c(P(n))$，通常采用一般形式的第一数学归纳法。

① **归纳基**：证明 $P(c)$ 成立。

② **归纳步**：对任意的自然数 $k\geqslant c$，证明当 $P(k)$ 成立时也有 $P(k+1)$ 成立，这里设 $P(k)$ 成立是归纳假设。

（3）上面归纳步证明中，当 $k\geqslant 8$ 时，归纳假设是存在自然数 $s$ 和 $t$ 使得 $3s+5t=k$，而要证明的目标是存在自然数 $s'$ 和 $t'$ 使得 $3s'+5t'=k+1$，即要证明下面的蕴涵式：

$$\exists s\exists t(3s+5t=k)\quad\rightarrow\quad\exists s'\exists t'(3s'+5t'=k+1)$$

这时需要使得 $3s+5t=k$ 的 $s$ 和 $t$ 来构造 $s'$ 和 $t'$，使得 $3s'+5t'=(k+1)$，并且要注意 $s,t,s'$ 和 $t'$ 都是自然数，即都大于或等于 0，特别地，要保证 $s'$ 和 $t'$ 都要大于或等于 0。这种构造需要一定的观察力和技巧。

**第二数学归纳法**，又称为**强归纳法** (strong mathematical induction)，通过增强归纳假设以简化归纳证明法中的归纳步证明。一般地，强归纳法通过下面两步证明命题 $\forall n\geqslant c(P(n))$，这里 $c$ 是某个固定的自然数。

（1）**归纳基**：选择合适的自然数 $j$，逐一证明 $P(c),P(c+1),\cdots,P(c+j)$ 都为真。

（2）**归纳步**：对任意自然数 $k\geqslant c+j$，假定 $P(c),P(c+1),\cdots,P(c+j),\cdots,P(k)$ 成立，证明 $P(k+1)$ 成立。这里假定 $P(c),P(c+1),\cdots,P(k)$ 成立都是归纳假设。

**问题 4.19**　使用强归纳法证明任意大于或等于 8 分的邮资都可以由若干张 3 分和 5 分的邮票支付。

**【证明】**令 $P(n)$ 是 $\exists s\exists t(3s+5t=n)$，要证明的命题是 $\forall n\geqslant 8P(n)$。对 $n$ 进行强归纳法证明。

（1）**归纳基**：由 $3+5=8,3\times 3=9,2\times 5=10$ 得 $P(8),P(9),P(10)$ 都成立。

（2）**归纳步**：对任意的 $k\geqslant 10$，假定 $P(8),P(9),\cdots,P(k)$ 成立。由于 $k\geqslant 10$，因此 $k-2\geqslant 8$，根据归纳假设有 $P(k-2)$ 成立，也即存在自然数 $s$ 和 $t$ 使得 $3s+5t=k-2$，从而有 $3(s+1)+5t=k+1$，因此 $P(k+1)$ 也成立。

综上，根据强归纳法命题 $\forall n\geqslant 8P(n)$ 成立，也即大于或等于 8 分的邮资可由 3 分和 5 分邮票支付。　□

**【讨论】**（1）当归纳假设不仅仅是假定 $P(k)$ 成立，而是假定 $P(8),\cdots,P(k)$ 成立时，归纳步的证明显得更为简洁，直接由其中的 $P(k-2)$ 成立，就可得到 $P(k+1)$ 成立。这是强归纳法的初心，通过增多归纳假设，使得归纳步的证明更为简单。

（2）证明命题 $\forall n\geqslant c(P(n))$ 时，强归纳法的归纳基要证明 $P(c),\cdots,P(c+j)$，那么到底怎样确定 $j$ 的值呢？这实际上取决于归纳步证明的需要。例如，上面在证明

$P(k+1)$ 时，实际需要的是要假定 $P(k-2)$ 成立，这时要确保 $P(k-2)$ 属于归纳假设 $P(8),\cdots,P(k)$，也即要确保 $k-2\geqslant 8$。因此，在归纳步证明时要有 $k\geqslant 10$，这就意味着在归纳基中需要验证 $P(8),P(9),P(10)$。

一般来说，虽然强归纳法归纳步证明的归纳假设是假定 $P(c),\cdots,P(k)$ 成立，但通常在证明 $P(k+1)$ 成立时只需要用到其中部分命题。设 $P(i)$ 是其中用到的最前的命题，也即 $i$ 是最小的自然数满足 $c\leqslant i\leqslant k$ 且在证明 $P(k+1)$ 成立时要用到 $P(i)$。令 $j=k-i$，即 $i=k-j$，而 $c\leqslant i$，因此这要求 $k\geqslant c+j$，这意味着在归纳基需要验证 $P(c),\cdots,P(c+j)$。简单地说，归纳基要选择的自然数 $j$，由归纳步证明 $P(k+1)$ 成立时要用到的最前命题 $P(i)$ 确定，即 $j$ 至少要大于或等于 $k-i$。

**问题 4.20** 证明对任意自然数 $n$，若 $n$ 是偶数，则 $7\mid(13^n+6)$。

**【证明】**令 $P(n)$ 是 $2\mid n\ \rightarrow\ 7\mid(13^n+6)$，对 $n$ 进行强归纳证明 $\forall nP(n)$。

**归纳基：**显然 $P(0)$ 成立，因为 $13^0+6=7$，而 $P(1)$ 平凡成立，因为 $2\nmid 1$。

**归纳步：**对任意 $k\geqslant 1$，假定 $P(0),P(1),\cdots,P(k)$ 成立。对于 $P(k+1)$，如果 $k+1$ 是奇数，则 $P(k+1)$ 平凡成立，因为这时 $2\nmid(k+1)$；如果 $k+1$ 是偶数，则 $k-1$ 也是偶数，而且由于 $k\geqslant 1$，因此 $k-1\geqslant 0$，根据归纳假设有 $P(k-1)$ 成立，即 $2\mid(k-1)\rightarrow 7\mid(13^{k-1}+6)$，又这时 $k-1$ 是偶数，因此有 $7\mid(13^{k-1}+6)$，而：

$$13^{k+1}+6=13^2\times 13^{k-1}+6=169\times 13^{k-1}+6=168\times 13^{k-1}+13^{k-1}+6$$

从而由 $7\mid(168\times 13^{k-1})$，以及 $7\mid(13^{k-1}+6)$，可得 $7\mid(13^{k+1}+6)$，也即 $P(k+1)$ 成立。

综上，根据强归纳法，命题 $\forall n(2\mid n\ \rightarrow 7\mid(13^n+6))$ 成立。 □

**【讨论】**（1）归纳步证明 $P(k+1)$ 时需要用到 $P(k-1)$，因此要确保 $k-1\geqslant 0$，也即 $k\geqslant 1$，从而在归纳基需要证明 $P(0)$ 和 $P(1)$，虽然 $P(1)$ 平凡成立。

（2）这个问题直接使用第一数学归纳法证明不好表述，但根据上述强归纳法证明，可用下面类似第一数学归纳法的方法证明形如 $\forall n(n$ 是偶数 $\rightarrow\ P(n))$ 的命题。

**归纳基：**证明 $P(0)$ 成立。

**归纳步：**对任意的 $k\geqslant 0$，假定 $P(k)$ 成立，证明 $P(k+2)$ 成立。

**问题 4.21** 证明任意大于 11 的自然数都可表示成两个合数的和。

**【分析】**实际上是要证明任意大于或等于 12 的自然数都可表示成两个合数的和。可先研究简单的情况，例如 12 = 8+4, 13 = 9+4, 14 = 10+4, 15 = 9+6 等，这似乎没有规律，对于大于或等于 12 的自然数 $n$，很难直接找到使得 $m+k=n$ 的 $m$ 和 $k$，因此暂时不能使用构造性存在证明方法。

考虑数学归纳法，假定当 $n=p$ 时命题成立，即存在合数 $m$ 和 $k$ 使得 $m+k=p$，能得到 $n=p+1$ 时命题成立吗？似乎不可以，不过我们注意到最小的合数是 4，因此可考虑 $n=p+4$ 时命题是否成立，这只要使得 $m+k=p$ 的合数 $m$ 和合数 $k$ 有一个偶数即可，例如 $m=2s$，则 $p+4=2s+4+k=2(s+2)+k$，从而 $p+4$ 也是两个合数的和。我们看到命题对于 12, 13, 14, 15 成立时确实都有一个合数是偶数。

综上，应使用强归纳法证明任意大于或等于 12 的自然数都可表示成一个合数和一个偶合数的和。

**【证明】**令 $P(n)$ 是“存在合数 $m$ 和 $k$ 且 $m$ 是偶数，使得 $n=m+k$”，要证明的命题是 $\forall n \geqslant 12(P(n))$，对 $n$ 使用强归纳证明。

（1）**归纳基**：根据上面的分析，$P(12), P(13), P(14), P(15)$ 成立。

（2）**归纳步**：对任意的 $p \geqslant 15$，假定 $P(12), P(13), \cdots, P(p)$ 成立，由于 $p \geqslant 15$，因此 $p-3 \geqslant 12$，根据归纳假定有 $P(p-3)$ 成立，即存在合数 $m$ 和 $k$ 且 $m$ 是偶数，使得 $p-3=m+k$，由于 $m$ 是偶数，即存在 $s$ 使得 $m=2s$，从而 $p+1=2(s+2)+k$。因此，存在合数 $m'=2(s+2)$ 和 $k'=k$ 且 $m'$ 是偶数使得 $p+1=m'+k'$，即 $P(p+1)$ 成立。

综上由强归纳法，任意大于 11 的自然数都可表示成两个合数的和，且其中一个合数是偶数。

□

**【讨论】**通过上述强归纳证明，读者现在应该可以给出一个直接的构造性存在证明。例如，对于任意形如 $4k+3, k \geqslant 3$ 的自然数，都可表示成 $9+2(2i-3)$ 的形式，这里 $i=3,4,\cdots$。从这个例子也可看出，虽然数学归纳法（包括强归纳法）本质上是普通逻辑所说的从一般到特殊的**演绎**推理，而非从特殊到一般的**归纳**推理，但是数学归纳法往往会引导人们从特殊到一般地思考命题是否成立，这也许是数学归纳法之所以称为“归纳”法的原因吧。

第一数学归纳法和第二数学归纳法的有效性都可使用自然数的**良序性质**（well-ordering property）说明。自然数的良序性质断定：自然数集的任意非空子集都存在最小的自然数。实际上，这是自然数集区别于其他数集，例如整数集、有理数集、实数集的最重要性质之一。整数集、有理数集或实数集的非空子集可能没有最小的整数、有理数或实数，例如整个整数集就没有最小的整数，但自然数集有最小的自然数 0。

基于自然数的良序性质可说明第一数学归纳法的有效性。对于命题 $\forall n P(n)$，假定使用第一数学归纳法证明了 $P(0)$ 成立以及对任意 $k$ 有 $P(k)$ 蕴涵 $P(k+1)$ 成立。若这时 $\forall n P(n)$ 不成立，也即存在 $n_0$ 使得 $P(n_0)$ 不为真。记 $S=\{n \in \mathbb{N} \mid \neg P(n)\}$，也即 $S$ 是使得 $P(n)$ 不成立的自然数 $n$ 构成的自然数子集。若有 $n_0 \in S$，则 $S$ 非空，由良序性质，$S$ 存在最小的自然数，设为 $m_0$，也即 $\neg P(m_0)$。$m_0 \neq 0$ 因为归纳法已经证明了 $P(0)$ 成立，因此 $m_0>0$ 且由于它是 $S$ 的最小的自然数，也即对任意的 $n$，若 $n<m_0$，则 $P(n)$ 成立，特别地 $n=m_0-1$ 有 $P(m_0-1)$ 成立，但归纳法又证明了对任意 $k$ 有 $P(k)$ 蕴涵 $P(k+1)$ 成立，从而由 $P(m_0-1)$ 成立可得 $P(m_0)$ 成立，矛盾！这表明在 $P(0)$ 成立且对任意 $k$ 有 $P(k)$ 蕴涵 $P(k+1)$ 成立时必有 $\forall n P(n)$ 成立。

类似地，对于命题 $\forall n \geqslant c P(n)$，假定使用第二数学归纳法验证了 $P(c), \cdots, P(c+j)$ 成立，且对任意 $k \geqslant c+j$ 有 $P(c), \cdots, P(k)$ 成立蕴涵 $P(k+1)$ 成立。若这时 $\forall n \geqslant c P(n)$ 不成立，也即存在 $n_0 \geqslant c$ 使得 $P(n_0)$ 为真。记 $S=\{n \in \mathbb{N} \mid n \geqslant c \wedge \neg P(n)\}$。同样 $S$ 非空，因此存在最小的 $m_0 \in S$。显然 $m_0 \geqslant c+j$，而且对任意的 $n, c \leqslant n<m_0$ 都有

$P(n)$ 成立，这时由第二数学归纳法的归纳步就得到 $P(m_0)$ 也成立，矛盾！因此第二数学归纳法是有效的。

自然数的良序性质还可用于证明一些基础性的存在命题，例如，利用良序性质可证明两个整数的最大公因子可表示成这两个整数的线性组合。

**问题 4.22** 设 $a, b$ 是非零整数，证明存在整数 $s, t$ 使得 $as + bt = \gcd(a, b)$。

**【证明】**给定非零整数 $a, b$，记集合 $S = \{as + bt \in \mathbb{Z}^+ \mid s, t \in \mathbb{Z}\}$。显然 $S$ 是非空集，因为总有 $|a| \in S$ 及 $|b| \in S$。

根据良序原理 $S$ 有最小的自然数 $d$，即存在整数 $s, t$ 使得 $d = as + bt$，且 $d$ 是 $S$ 中最小的自然数。我们证明 $\gcd(a, b) = d$。注意，根据 $S$ 的定义，这时 $d \in \mathbb{Z}^+$，即 $d$ 是正整数。

首先证明 $d \mid a$，考虑 $a$ 整除 $d$ 的余数 $r$，即存在整数 $q$ 使得 $a = dq + r$ 且 $0 \leqslant r < d$。若 $r > 0$，则 $r = a - dq > 0$，即 $r = a - (as + bt)q = a(1 - qs) + b(-tq) > 0$，从而 $r \in S$，而且 $r < d$，这与 $d$ 是 $S$ 的最小的自然数矛盾！因此必有 $r = 0$，从而 $d \mid a$。类似地，可证明 $d \mid b$，这时考虑 $b$ 整除 $d$ 的余数 $r'$，根据 $d$ 是 $S$ 的最小的自然数也可得到 $r' = 0$。

对 $a$ 和 $b$ 的任意公因子 $c$，即 $c \mid a$ 且 $c \mid b$，从而很容易得到 $c \mid as + bt$，即 $c \mid d$，这说明 $d$ 是 $a$ 和 $b$ 的最大公因子，即 $d = \gcd(a, b)$。 □

**【讨论】**（1）利用自然数的良序性质证明存在性命题的关键在于构造合适的自然数非空子集，这需要技巧和观察力。这一题的证明表明，两个非零整数 $a, b$ 的最大公因子是这两个整数的所有线性组合（即能表示成 $as + bt$ 的形式）中最小的正整数。实际上，这个命题当 $a$ 或 $b$ 等于 0 时也平凡成立。

（2）法国数学家贝祖 (E. Bézout, 1730—1783) 最早给出了上述结果，因此被称为**贝祖定理**，并且称使得 $\gcd(a, b) = as + bt$ 成立的系数 $s$ 和 $t$ 为**贝祖系数**。

（3）上面证明使用了带余数除法的性质，即对任意的整数 $a, d(d \neq 0)$，存在唯一的整数 $q$ 和 $r$ 使得 $a = dq + r$ 且 $0 \leqslant r < |d|$。这也可使用自然数的良序性质证明（参见本章的习题）。注意，由这个性质可定义整数 $a$ 整除 $d$ 的商和余数。

最后要指出的是，自然数的良序性质与第一数学归纳法的有效性等价，或者说，可以利用第一数学归纳法证明自然数的良序性质（注意，前面已经使用自然数的良序性质说明了第一数学归纳法和强归纳法的有效性）。

**问题 4.23** 利用第一数学归纳法证明自然数的良序性质。

**【证明】**对自然数的任意非空集 $S$，我们证明，对任意的自然数 $n$，若存在自然数 $m \in S$ 使得 $m \leqslant n$，则 $S$ 有最小的自然数，即令 $P(n)$ 是“$\exists m \in S(m \leqslant n) \to S$ 有最小的自然数”，对 $n$ 使用第一数学归纳法证明 $\forall n P(n)$。

**归纳基**：$P(0)$ 成立，因为若存在 $m \in S$ 且 $m \leqslant 0$，则 $m = 0 \in S$，则 $S$ 有最小的自然数 0。

**归纳步**：对任意的 $k \geqslant 0$，假定 $P(k)$ 成立，也即当存在 $m \in S$ 使得 $m \leqslant k$ 时 $S$

有最小的自然数。考虑 $P(k+1)$，即要证明当存在 $m \in S$ 使得 $m \leqslant k+1$ 时 $S$ 也有最小的自然数。分情况证明。

（1）若这时存在 $j \in S$ 使得 $j \leqslant k$，则根据归纳假设有 $S$ 存在最小的自然数。

（2）若这时不存在 $j \in S$ 使得 $j \leqslant k$，即对任意的 $j \in S$ 都有 $j \geqslant k+1$，从而也有 $m \geqslant k+1$，即这时 $m = k+1$，而且 $m$ 是 $S$ 的最小的自然数。

综上 $P(k+1)$ 成立。根据第一数学归纳法，对任意自然数 $n$，若存在自然数 $m \in S$ 使得 $m \leqslant n$ 则 $S$ 有最小的自然数。由于 $S$ 非空，因此必存在 $m_0 \in S$，从而由 $\forall n P(n)$ 成立有 $P(m_0)$ 成立，即若存在自然数 $m \in S$ 使得 $m \leqslant m_0$，则 $S$ 有最小的自然数，但对于自然数 $m_0$ 总存在 $m_0 \in S$ 使得 $m_0 \leqslant m_0$。因此，得到 $S$ 有最小的自然数。 □

**【讨论】** 这里为证明自然数的任意非空子集 $S$ 有最小的自然数，特别地构造了命题 $P(n)$，这种构造需要一定的技巧和观察力。这里的证明来自文献 [10]。

### 4.3.2 归纳定义与结构归纳法

第一数学归纳法、强归纳法和自然数的良序性质都可用于证明形如 $\forall n P(n)$ 这样的命题，其中 $n$ 的论域是自然数集。上面看到，这三者是等价的，良序性质可证明第一数学归纳和强归纳法的有效性，而第一数学归纳法可证明自然数的良序性质，且显然第一数学归纳法是强归纳法的特例。

实际上，这三者都源于自然数集是归纳定义的。前面提到，**归纳定义集合** $A$ 首先给出集合 $A$ 的一些基本元素，这称为归纳定义的**归纳基**。然后给出从集合 $A$ 的一些元素构造另外一个元素的若干规则，这称为归纳定义的**归纳步**。最后，$A$ 的所有元素要么是基本元素，要么是由已有元素根据某个规则构造得到，这是归纳定义的**最小化声明**。在实际使用归纳定义时，常省略最小化声明。

作为归纳定义的典型例子，自然数集 $\mathbb{N}$ 的归纳定义如下。

（1）**归纳基**：0 是自然数，即 $0 \in \mathbb{N}$。

（2）**归纳步**：如果 $n$ 是自然数，则 $n+1$ 也是自然数。

根据归纳定义的最小化声明，每个自然数要么是 0，要么是由另外一个自然数加 1 得到。

对于归纳定义的集合 $A$，要证明形如 $\forall x P(x)$ 这样的命题，其中 $x$ 的论域是集合 $A$，则可针对 $A$ 的元素 $a$ 的结构归纳证明。

（1）**归纳基**：如果 $a$ 是 $A$ 的归纳定义的归纳基给出的某个基本元素，则需直接验证 $P(a)$ 为真。

（2）**归纳步**：如果 $a$ 是由 $A$ 的元素 $a_1, a_2, \cdots, a_n$ 使用 $A$ 的归纳定义的归纳步某个规则构造得到，则在假定 $P(a_1), P(a_2), \cdots, P(a_n)$ 为真的情况下，证明 $P(a)$ 也为真。

这种证明方法称为**结构归纳证明法** (proof by structural induction)。很显然，第一数学归纳法是论域为自然数集的结构归纳证明法。

**例子 4.24** 回顾命题逻辑公式的定义，或者准确地说，所有命题逻辑公式构成的集合的归纳定义：给定命题变量集 **Var**，定义下述两条。

（1）**归纳基**：任意的命题变量 $p \in \mathbf{Var}$ 是命题逻辑公式。

（2）**归纳步**：如果 $A$ 是命题逻辑公式，则 $(\neg A)$ 是命题逻辑公式；如果 $A$ 和 $B$ 是命题逻辑公式，则 $(A \wedge B), (A \vee B), (A \to B), (A \leftrightarrow B)$ 是命题逻辑公式。

也即，命题变量是命题逻辑公式集的基本元素，而每个逻辑运算符对应一种构造命题逻辑公式的规则。根据归纳定义的最小化声明，每个命题逻辑公式 $A$，要么是某个命题变量 $p$，要么具有形式 $(\neg B), (B \wedge C), (B \vee C), (B \to C)$ 或 $(B \leftrightarrow C)$。

因此，论域为命题逻辑公式集的结构归纳证明是指，要证明对任意的命题逻辑公式 $A$ 有性质 $\mathcal{P}$ 成立，则要证明以下两条。

（1）**归纳基**：如果 $A$ 是某个命题变量 $p$，证明 $p$ 使得性质 $\mathcal{P}$ 成立。

（2）**归纳步**：如果 $A$ 具有形式 $(\neg B)$，则假定 $B$ 使得性质 $\mathcal{P}$ 成立的情况下，证明 $(\neg B)$ 使得性质 $\mathcal{P}$ 成立；如果 $A$ 具有形式 $(B \oplus C)$，这里 $\oplus$ 代表 $\wedge, \vee, \to, \leftrightarrow$，则要在假定 $B$ 和 $C$ 使得性质 $\mathcal{P}$ 成立的情况下，证明 $(B \oplus C)$ 也使得性质 $\mathcal{P}$ 成立。

因此，结构归纳证明本质上是分情况证明，根据归纳定义的集合的元素的构造方式分情况证明。有时人们在结构归纳证明的归纳步直接说假定公式 $B$ 和 $C$ 使得性质 $\mathcal{P}$ 成立，证明 $(B \oplus C)$ 也使得性质 $\mathcal{P}$ 成立，而不强调说结构归纳证明针对的对象公式 $A$ 具有形式 $(B \oplus C)$ 等，这当然也是正确的，但没有完全体现结构归纳证明针对构造方式分情况证明的本质。建议读者在使用结构归纳证明时，最好写清楚元素的每一种构造方式，针对每种构造方式分情况证明。

基于命题逻辑公式的归纳定义可确定一个公式的抽象语法树，内部节点是构造公式的逻辑运算符，叶子节点是命题变量。实际上，只要集合 $A$ 是归纳定义的，集合 $A$ 的每个元素都至少对应一棵树描述这个元素的构造过程：根节点是这个元素，对于每个内部节点（包括根）$a$，如果它是由 $a_1, a_2, \cdots, a_n$ 使用某个规则构造的，则 $a$ 的儿子节点是 $a_1, a_2, \cdots, a_n$，叶子节点是归纳基给出的某个基本元素。人们将这样的树称为归纳定义集合的元素的**构造树**。例如，基于自然数集的归纳定义，每个自然数 $n$ 的构造树以 $n$ 为根，$n$ 的儿子是 $n-1$，$n-1$ 的儿子是 $n-2$ 等，直到 0 是叶子节点，整棵树是一根直线。

**例子 4.25** 归纳定义整数集 $\mathbb{Z}^+$ 的子集 $S$。

（1）**归纳基**：$3 \in S$。

（2）**归纳步**：对任意整数 $x, y$，如果 $x \in S, y \in S$，则 $x + y \in S$。

很容易看到，① $S$ 中不使用归纳步规则构造的元素只有 $3 \in S$；② $S$ 中至多使用 1 次归纳步规则构造得到的元素有 $3, 6$；③ $S$ 中至多使用 2 次归纳步规则构造得到的元素有 $3, 6, 9, 12$ 等。图 4.2给出了 $S$ 的元素 12 的两棵构造树。例如，图 4.2(a) 中的构造树是由基本元素 3 和 3 使用归纳步规则得到 6，然后再由 3 和 6 构造得到 9，再由 3 和 9 构造得到 12。

归纳定义集合的每个元素至少都有一棵构造树，但是可能一个元素有多棵构造树，例如上面给出了 $S$ 的元素 12 的两棵构造树。构造树的形式与是否有多棵构造树取决于归纳定义中的归纳步规则，不过这方面的讨论超出了“离散数学”课程的范围。这里只是借助元素的构造树理解归纳定义和结构归纳证明。

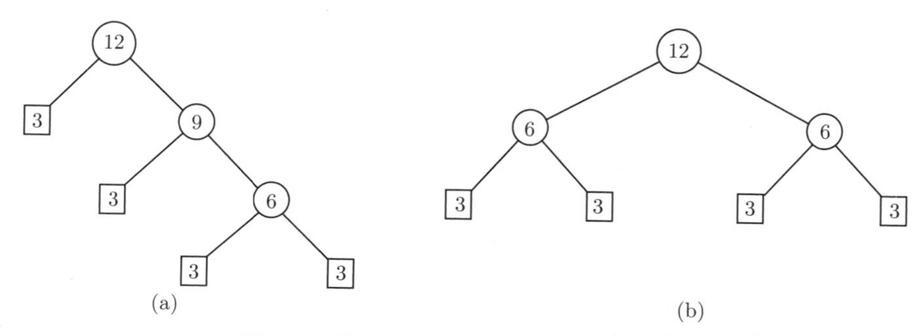


图 4.2 集合 $S$ 的元素 12 的两棵构造树

**问题 4.26** 设 $S$ 是例子 4.25归纳定义的集合。证明：对任意的 $a \in S$ 有 $3 \mid a$。

**【证明】** 对元素 $a \in S$ 进行结构归纳证明。

（1）**归纳基**：元素 $a$ 是基本元素 3，显然 $3 \mid a$。

（2）**归纳步**：元素 $a$ 具有形式 $x+y$，也即存在 $x \in S$ 和 $y \in S$ 使得 $a = x+y$。这时归纳假设是 $3 \mid x$ 且 $3 \mid y$，因此显然 $3 \mid x+y$，即 $3 \mid a$。

综上，根据结构归纳证明法有：对任意 $a \in S$，$3 \mid a$。 □

**【讨论】**（1）这里先声明是对元素 $a \in S$ 做结构归纳，并且根据 $a$ 的可能构造方式进行分情况证明。如果对结构归纳证明方法很熟悉，上述证明也可简写如下。

① **归纳基**：显然 $3 \mid 3$。

② **归纳步**：对任意 $x \in S$ 和 $y \in S$，假定 $3 \mid x$ 且 $3 \mid y$，显然 $3 \mid x+y$。因此，由结构归纳证明法可得对任意 $a \in S$ 有 $3 \mid a$。

可以看到，这样虽然也给出了证明的关键点，但是没有清楚地说明针对元素怎样的结构进行归纳，也就没有体现结构归纳的本质。因此，建议在给出元素构造方式（也即元素结构）的基础上使用结构归纳证明。

（2）从构造树角度看，结构归纳法的归纳基证明叶子节点对应元素满足所要证明的性质，而归纳步是对每个内部节点，在假定它的每个儿子节点对应元素满足所要证明的性质的基础上，证明该内部节点也满足所要证明的性质。这是一种自底向上的性质验证，从叶子节点一直到根节点，构造树的每个节点的对应元素都满足所要证明的性质。

**问题 4.27** 设 $A = \{3k \mid k \in \mathbb{Z}^+\}$，$S$ 是例子 4.25归纳定义的集合，证明 $A = S$。

**【分析】** 使用结构归纳法容易证明对任意 $a \in S$ 有 $a > 0$。问题 4.26证明了对任意 $a \in S$ 有 $3 \mid a$，即存在正整数 $k$ 使得 $a = 3k$，即 $a \in A$。因此问题 4.26实际上证明了 $S \subseteq A$，这里只需证明 $A \subseteq S$，也即证明对任意的 $n \in \mathbb{Z}^+$ 有 $3n \in S$ 即可。注意，这虽然可看作形如 $\forall x \in A(x \in S)$ 的命题，但 $A$ 不是归纳定义的，不能针对 $A$ 的元素使用结构归纳证明法证明，只能针对 $n$ 是正整数使用数学归纳法证明。

**【证明】** 问题 4.26证明了 $S \subseteq A$，这里只需证明 $A \subseteq S$，即证明对任意的 $n \in \mathbb{Z}^+$ 有 $3n \in S$。令 $P(n)$ 是命题 $3n \in S$，对 $n$ 做归纳证明。

（1）**归纳基**：当 $n=1$ 时，显然 $3\times 1=3\in S$。

（2）**归纳步**：对任意的 $k\geqslant 1$，假设有 $P(k)$ 成立，即当 $n=k$ 时，$3k\in S$。考虑 $n=k+1$，由于 $3n=3k+3$，而由归纳假设有 $3k\in S$，因此由归纳定义 $S$ 的归纳步有 $3k+3\in S$，即 $P(k+1)$ 成立。

综上，对任意 $n\in\mathbb{Z}^+$，$P(n)$ 成立，即 $3n\in S$。这就证明了 $A\subseteq S$，从而有 $A=S$。 □

**【讨论】**至此可以说例子 4.25是给出了所有 3 的倍数构成的正整数子集的归纳定义。这里 $A=\{3k\mid k\in\mathbb{Z}^+\}$ 给出了这个集合的性质概括法定义，而例子 4.25 给出的是这个集合的归纳定义。

从算法设计角度看，根据集合的性质概括法定义容易设计算法判断一个元素是否属于该集合，而根据集合的归纳定义则容易设计算法构造集合的元素。例如，根据例子 4.25给出的 $S$ 的归纳定义容易编写程序构造 $S$ 的元素，但由于 $S$ 的每个元素可能对应多棵构造树，因此不容易根据此归纳定义判断一个正整数是否属于 $S$，而由它是所有 3 的倍数构成的正整数子集这一点则容易编写程序判断一个正整数是否属于 $S$。

有时归纳定义的集合很难使用性质概括法定义，例如所有命题逻辑公式构成的集合容易被归纳定义，但很难用简单的方式概括所有命题逻辑公式的共同语法性质，并基于这种性质判断一个符号串是否命题逻辑公式。不过幸好每个命题逻辑公式有唯一的构造树（抽象语法树），因此也可根据命题逻辑公式的归纳定义，设计算法判断一个符号串是否（严格符合归纳定义的）命题逻辑公式。

**例子 4.28** 固定整数 $a,b$，归纳定义整数子集 $S_a^b$。

（1）**归纳基**：$a\in S_a^b, b\in S_a^b$。

（2）**归纳步**：对任意整数 $x,y$，如果 $x\in S_a^b, y\in S_a^b$，则 $x+y\in S_a^b$ 且 $x-y\in S_a^b$。

这里 $a,b$ 是两个常数，例如 $a=3,b=5$，则 $S_3^5$ 的归纳定义是：① $3\in S_3^5, 5\in S_3^5$；② 对任意整数 $x,y$，如果 $x\in S_3^5, y\in S_3^5$，则 $x+y\in S_3^5$ 且 $x-y\in S_3^5$。因此，$3,5,0,8,-2,2\in S$ 等。注意这里的归纳基给出了 $S_a^b$ 的两个基本元素，而归纳步给出了构造 $S_a^b$ 的元素的两个规则。

**问题 4.29** 固定整数 $a,b$，$S_a^b$ 是例子 4.28归纳定义的集合。证明：对任意的 $c\in S_a^b$，存在整数 $s$ 和 $t$ 使得 $c=as+bt$。

**【分析】**这里要证明的命题是 $\forall c\in S_a^b(\exists s\exists t(c=as+bt))$，由于 $S_a^b$ 是归纳定义的，因此可以对它的元素 $c$ 做结构归纳证明。

**【证明】**令 $P(c)$ 是 $\exists s\exists t(c=as+bt)$，要证明 $\forall c\in S_a^b(P(c))$。对 $c\in S_a^b$ 进行结构归纳证明。

（1）**归纳基**：① 如果 $c$ 是归纳定义 $S$ 的归纳基给出的基本元素 $a$，显然有 $s=1,t=0$ 使得 $c=a=as+bt$，即 $P(a)$ 成立；② 如果 $c$ 是基本元素 $b$，显然也有 $P(b)$ 成立。

（2）**归纳步**：① 如果存在 $x\in S_a^b$，$y\in S_a^b$ 使得 $c=x+y$，这时归纳假设是存在 $s_1,t_1$ 使得 $x=as_1+bt_1$，且存在 $s_2,t_2$ 使得 $y=as_2+bt_2$，从而显然有 $c=x+y=a(s_1+s_2)+b(t_1+t_2)$，也即存在 $s=s_1+s_2, t=t_1+t_2$ 使得 $c=as+bt$，因此 $P(c)$ 成立；② 如果存在 $x\in S_a^b, y\in S_a^b$

使得 $c = x - y$，这时根据归纳假设存在 $s_1, t_1$ 使得 $x = as_1 + bt_1$，且存在 $s_2, t_2$ 使得 $y = as_2 + bt_2$，从而存在 $s = s_1 - s_2, t = t_1 - t_2$ 使得 $c = x - y = as + bt$，因此 $P(c)$ 也成立。

综上，根据结构归纳证明法，对任意 $c \in S_a^b$ 存在正整数 $s$ 和 $t$ 使得 $c = as + bt$。 □

**【讨论】**（1）对归纳定义的集合，结构归纳证明要针对它的元素的可能构造方式分情况证明，因此有两个基本元素时则证明的归纳基要分两种情况证明，当归纳定义的归纳步有两个规则，则结构归纳证明的归纳步也要分两种情况证明。

（2）这里也给出了集合 $S_a^b$ 的元素满足的一个共同性质，那么如果令 $A = \{c \in \mathbb{Z} \mid \exists s, t \in \mathbb{Z}, c = as + bt\}$，是否能证明 $S = A$？上面使用结构归纳法证明了 $S_a^b \subseteq A$，但对于 $A \subseteq S_a^b$，由于 $A$ 不是归纳定义的，不能针对 $A$ 的元素使用结构归纳法，而且由于 $A$ 的元素是整数，因此要使用数学归纳法证明 $A \subseteq S_a^b$ 也是一个不容易的事情。关于 $A \subseteq S_a^b$ 的证明我们留作本章的习题由读者自行完成。

一般来说，设 $S$ 是归纳定义的集合，$A = \{x \mid P(x)\}$ 是性质概括法定义的集合。证明 $S \subseteq A$ 可使用结构归纳法证明命题 $\forall x \in S(P(x))$。但 $A \subseteq S$ 是要证明命题 $\forall x(P(x) \to x \in S)$。当 $A$ 不是归纳定义时，不能针对 $A$ 的元素使用结构归纳法证明这个命题。因此，证明 $A \subseteq S$ 通常比证明 $S \subseteq A$ 更难。

下面给出一个不是数集的归纳定义例子。

**例子 4.30** 给定集合 $\Sigma$，称为**字母表** (alphabet)，其中的元素称为字符。字母表 $\Sigma$ 上所有**字符串** (string) 构成的集合记为 $\Sigma^*$，归纳定义如下。

（1）**归纳基**：不包含任何字符的串，称为**空串** (empty string)，记为 $\lambda$，属于 $\Sigma^*$。

（2）**归纳步**：如果 $u \in \Sigma^*$ 是字符串，而 $x \in \Sigma$ 是字符，则 $ux$ 也是字符串，即 $ux \in \Sigma^*$。

准确地说，$ux$ 是将字符 $x$ 放在字符串 $u$ 后面得到的串。字符串中的字符是有顺序的，因此实际上也是 $n$ 元组。例如，设字母表 $\Sigma$ 包含字母 '$a$', '$b$'，则字符串 "$ab$" 实际上是有序对 $\langle a, b\rangle$，而字符串 "$aba$" 实际上是三元组 $\langle a, b, a\rangle$ 等等。字符串是计算机程序设计语言必备的数据结构。

当函数 $f: A \to B$ 的定义域 $A$ 为归纳定义的集合时，$f$ 也可归纳定义如下。

（1）**归纳基**：对归纳定义 $A$ 时的基本元素 $a$，直接给出函数值 $f(a)$。

（2）**归纳步**：对归纳定义 $A$ 时给出的每个规则，若该规则表明由 $A$ 的元素 $a_1, a_2, \cdots, a_n$ 可构造得到元素 $a$，则利用 $f(a_1), f(a_2), \cdots, f(a_n)$ 定义 $f(a)$。

函数的归纳定义也称为**递归定义** (recursive definition)，因为在归纳定义元素 $a$ 的函数值时用到了构造它的元素 $a_1, a_2, \cdots, a_n$ 的函数值。

**例子 4.31** 给定字母表 $\Sigma$，可递归定义计算字符串长度的函数 $l: \Sigma^* \to \mathbb{N}$：对任意字符串 $w \in \Sigma^*$，有：

$$l(w) = \begin{cases} 0 & \text{若 } w = \lambda \\ l(u) + 1 & \text{若存在 } u \in \Sigma^*, x \in \Sigma \text{ 使得 } w = ux \end{cases}$$

因此，函数的递归定义本质上也是根据定义域的元素的结构分情况定义。根据字符串集 $\Sigma^*$ 的归纳定义，任意的字符串 $w \in \Sigma$ 要么是空串 $\lambda$，要么存在 $u \in \Sigma^*, x \in \Sigma$ 使得 $w = ux$。因此，分这两种情况分别给出 $l(w)$ 的值，其中当 $w = ux$ 时需要用到 $l(u)$ 的值。当对函数的递归定义非常熟悉时，上述递归定义也可简写为

$$\begin{aligned} l(\lambda) &= 0 \\ l(ux) &= l(u) + 1 \end{aligned}$$

这种方式强调了函数的递归计算，有时也称为函数的递归方程。但它没有明确给出定义域元素的结构，建议最好按照定义域元素的结构分情况定义函数。

**例子 4.32** 给定字母表 $\Sigma$，递归定义两个字符串 $w, u \in \Sigma^*$ 的连接 (concatenation)，记为 $w \circ u$。针对 $u$ 的结构进行递归定义：

$$w \circ u = \begin{cases} w & \text{若 } u = \lambda \\ (w \circ v)x & \text{若存在 } v \in \Sigma^*, x \in \Sigma \text{ 使得 } u = vx \end{cases}$$

字符串的连接是常用的运算。因此，使用运算符而非函数名给出运算结果，这样更为简洁方便。字符串 $w$ 和 $u$ 的连接实际上是将字符串 $u$ 放置在字符串 $w$ 的后面。上面定义中，当 $u = vx$ 时，递归地用到 $w$ 与 $v$ 的连接 $w \circ v$ 来定义 $w \circ u$，即 $w \circ u = (w \circ v)x$，这里将字母 $x$ 放在字符串 $w \circ v$ 后面是在字符串集归纳定义的归纳步引入的基本操作。

对于递归定义的函数 $f : A \to B$，可针对归纳定义的集合 $A$ 的元素结构进行归纳证明函数 $f$ 的性质，这可视为函数 $f$ 的结构归纳证明法。

**问题 4.33** 给定字母表 $\Sigma$，对任意两个字符串 $w, u \in \Sigma^*$，证明 $l(w \circ u) = l(w) + l(u)$。

**【证明】** 对任意两个字符串 $w, u \in \Sigma^*$，针对 $u$ 的结构进行归纳证明。

（1）**归纳基**：若 $u = \lambda$，则

$$l(w \circ u) = l(w \circ \lambda) = l(w) = l(w) + 0 = l(w) + l(\lambda)$$

（2）**归纳步**：若存在 $v \in \Sigma^*$ 和 $x \in \Sigma$，使得 $u = vx$，这时的归纳假设是 $l(w \circ v) = l(w) + l(v)$，则

$$\begin{aligned} l(w \circ u) &= l((w \circ v)x) && \text{// } w \circ u \text{ 的定义} \\ &= l(w \circ v) + 1 && \text{// 函数 } l \text{ 的定义} \\ &= l(w) + l(v) + 1 && \text{// 归纳假设} \\ l(w) + l(u) &= l(w) + l(v) + 1 && \text{// 函数 } l \text{ 的定义} \end{aligned}$$

因此，有 $l(w \circ u) = l(w) + l(u)$。

综上，根据结构归纳证明法，对任意字符串 $w, u$ 有 $l(w \circ u) = l(w) + l(u)$。 □

**【讨论】**（1）令 $P(u)$ 是 $\forall w \in \Sigma^*(l(w \circ u) = l(w) + l(u))$，这时要证明的命题是 $\forall u \in \Sigma^*(P(u))$。因此，上述证明的归纳基是证明对任意的字符串 $w$ 有 $l(w \circ \lambda) = l(w) + l(\lambda)$，而归纳步证明中的 $w$ 也是任意字符串。

（2）这里证明的命题中 $w, u$ 都是任意的字符串，需要清楚是对哪个字符串的结构进行归纳证明。实际上，这取决于字符串集 $\Sigma^*$ 的归纳定义，在例子 4.30 中将字母 $x$ 放在一个字符串 $u$ 的后面作为归纳步的规则，也就是将这样的操作作为构造字符串的基本操作，从而在定义字符串的连接 $w \circ u$ 和这里证明 $l(w \circ u) = l(w) + l(u)$ 都需要针对后面的字符串 $u$ 进行结构归纳。

也可在归纳定义 $\Sigma^*$ 时，将字母 $x$ 放在字符串 $u$ 的前面得到 $xu$ 作为归纳步的规则，即将字母放在字符串前面作为基本操作，这时定义字符串连接 $w \circ u$ 和证明 $l(w \circ u) = l(w) + l(u)$ 都需要针对前面的字符串 $w$ 进行结构归纳。读者不妨尝试一下，并思考其中的原因。

由于自然数集是归纳定义的，所以可以递归定义以自然数集为定义域的函数。以自然数集为定义域的函数 $f: \mathbb{N} \to A$ 也称为**序列** (sequence)，即 $f(0), f(1), f(2), \cdots$ 构成了 $A$ 的元素的一个序列，通常将 $f(i)$ 记为 $a_i$ 而省略函数名 $f$，从而 $A$ 的元素的序列为 $a_0, a_1, a_2, \cdots$，并简记为 $\{a_n\}$。注意，这里花括号与集合无关。如果 $A$ 是数集，即是实数集、有理数集或整数集的子集，则称 $\{a_n\}$ 为**数列**。

根据自然数的归纳定义，递归定义一个序列 $\{a_n\}$ 的最基本形式是：

$$\forall n \in \mathbb{N},\quad f(n) = \begin{cases} a & 若\ n = 0 \\ g(a_k) & 若\ n = k+1, k \geqslant 0 \end{cases} \qquad 即 \qquad \begin{cases} a_0 = a \\ a_{n+1} = g(a_n) \quad n \geqslant 0 \end{cases}$$

也即，首先给出序列的初始值 $a_0$，然后利用 $a_n$ 定义 $a_{n+1}$，其中函数 $g: A \to A$ 表示如何利用 $a_n$ 计算 $a_{n+1}$。更一般地，递归定义一个序列 $\{a_n\}$ 的方式是，首先给出序列的多个初始值 $a_0, a_1, a_2, \cdots, a_p$，然后利用 $a_{n-k}, a_{n-k+1}, \cdots, a_{n-1}$ 计算 $a_n$，后者也称为这个序列的**递推关系式** (recursive relation)。因此，通常一个序列可由一些初始值和递推关系式定义。例如，著名的**斐波那契数列** (Fibonacci Sequence)$\{F_n\}$ 的初始值和递推关系式如下：

$$\begin{cases} F_0 = 0, \quad F_1 = 1 \\ F_n = F_{n-1} + F_{n-2} \quad n \geqslant 2 \end{cases}$$

递归定义的序列的性质很适合使用归纳法证明。斐波那契数列有许许多多有趣的性质，下面是一个使用数学归纳法容易证明的性质。

**例子 4.34** 证明对于斐波那契数列 $\{F_n\}$ 有：对任意 $n \geqslant 1$，$\displaystyle\sum_{k=0}^{n} (F_k)^2 = F_n F_{n+1}$。

**【证明】** 令 $P(n)$ 是 $\displaystyle\sum_{k=0}^{n} (F_k)^2 = F_n F_{n+1}$，要证明的命题是 $\forall n \geqslant 1 (P(n))$。对 $n$ 进行归纳证明。

（1）**归纳基**：若 $n = 1$，则

$$\sum_{k=0}^{1} (F_k)^2 = (F_0)^2 + (F_1)^2 = 1 \quad 而 \quad F_1 F_2 = 1 \times 1 = 1$$

因此 $P(0)$ 成立。

（2）**归纳步**：假定 $n=m$ 时 $P(m)$ 成立，即有 $\sum_{k=0}^{m}(F_k)^2=F_mF_{m+1}$，对于 $n=m+1$：

$$\begin{aligned}\sum_{k=0}^{m+1}(F_k)^2 &= \sum_{k=0}^{m}(F_k)^2+(F_{m+1})^2 && \text{// 求和记号 } \textstyle\sum \text{ 的含义}\\ &= F_mF_{m+1}+(F_{m+1})^2 && \text{// 归纳假设：} P(m) \text{ 成立}\\ &= F_{m+1}(F_m+F_{m+1}) && \text{// 代数演算}\\ &= F_{m+1}F_{m+2} && \text{// 斐波那契数列的递推式}\end{aligned}$$

因此 $P(m+1)$ 成立。综上，由数学归纳法，对任意 $n\geqslant 1$ 有 $\sum_{k=0}^{n}(F_k)^2=F_nF_{n+1}$。 □

本节的最后简单讨论一下归纳 (induction) 与递归 (recursion) 的联系与区别。归纳从本质上说是从特殊到一般的过程。因此，集合的归纳定义是在给出基本元素的基础上，使用规则构造集合的更多元素，这里基本元素是特殊情形，而使用规则构造更多元素则可认为是更一般的情形。归纳证明虽然严格地说是演绎推理，但归纳步的证明也可以说是架设了从归纳基证明的特殊情形到一般情形的桥梁。递归更强调的是分解与归结 (reduce)，将复杂的、规模大的计算或问题归结为相对简单的、规模小的计算或问题。因此，在说函数时更常说递归定义而非归纳定义，更强调在计算当前元素的函数值时怎样归结为利用更简单元素的函数值。

不管是归纳构造还是递归归结，都用到了问题本身的自相似性。元素、计算或问题的简单的、规模小的情形与复杂的、规模大的情形之间有一定的相似性，因此才可以归纳地构造，从简单元素构造复杂元素；也可以递归计算，将复杂计算归结为相对简单的计算。

### 4.3.3 递归算法与归纳证明

从计算机实现的角度看，递归定义的函数最适合使用递归算法计算函数值。例如，基于命题逻辑公式的归纳定义，定义 2.5 递归定义了命题逻辑公式的真值计算，算法 2.2 是根据该递归定义计算命题逻辑公式真值的递归算法。

本节给出一些递归算法的例子，帮助读者进一步了解递归算法的执行过程，并介绍如何使用归纳法证明算法的正确性，使得读者不仅能设计递归算法，而且能分析递归算法的性质，特别是证明递归算法的正确性。在学习组合计数之后，还将介绍如何分析一些递归算法的效率。

**例子 4.35** 算法 4.1 计算斐波那契数列 $\{F_n\}$ 的第 $n$ 项，其中第 1 行和第 2 行分别计算 Fib(0) 和 Fib(1)，即 $F_0$ 和 $F_1$，第 3 行递归调用 Fib$(n-1)$ 和 Fib$(n-2)$ 以计算 Fib$(n)$，即 $F_n$。

**Algorithm 4.1:** Fib($n$)

**输入:** 自然数 $n \geqslant 0$

**输出:** 斐波那契数列的第 $n$ 项 $F_n$

1 **if** ($n$ 等于 0) **then** 返回 0;
2 **if** ($n$ 等于 1) **then** 返回 1;
3 返回 Fib($n-1$) + Fib($n-2$);

这个算法与斐波那契数列的初始值和递推关系式的定义几乎相同，这表明使用递归算法计算由递推关系式定义的序列某一项的值非常自然。可使用调用树形象地给出递归算法的执行过程。例如图 4.3 给出了算法 4.1 以 4 为输入计算 Fib(4) 的算法执行过程：调用树的根节点是 Fib(4)，它的儿子节点是它需要递归调用的分别以 3 和 2 为输入的算法执行过程，即它的儿子节点是 Fib(3) 和 Fib(2)，叶子节点是不再递归调用而直接得到返回结果的 Fib(1) 或 Fib(0)。

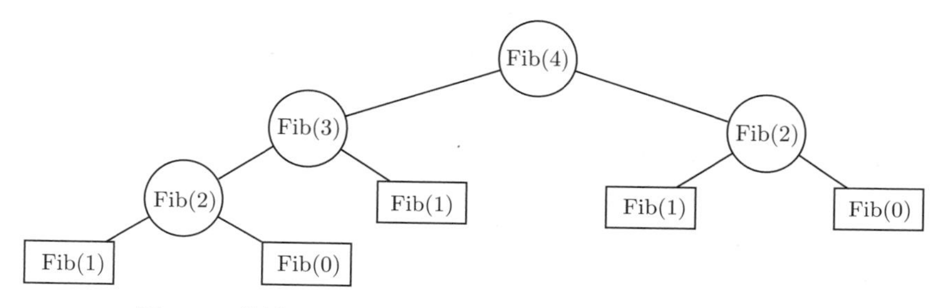


图 4.3 算法 4.1 以 4 为输入计算 Fib(4) 的算法执行过程

递归算法是在执行过程中调用自己的算法，但很显然，对于某个具体的输入，递归算法在递归调用自己时应该以规模更小或更为简单的数据为输入。例如，为计算 Fib(4)，递归调用以 3 和 2 为输入执行 Fib(3) 和 Fib(2)，这里 2 和 3 是比 4 更为简单的输入数据。在设计递归算法时，一是要确保在某个条件成立时不再递归调用自己，这个条件称为递归终止条件；二是要确保递归调用的输入比原输入要简单，或者更准确地说要更趋近于使得递归终止条件成立。只有这样，所设计的递归算法才可能是正确的。

对于一些简单的递归算法，可使用归纳法证明它的正确性，这时通常针对递归算法的某个输入的数值或规模进行归纳证明。这里说的输入规模，例如，以数组、文件等复杂数据结构为输入时，数组的大小、文件的大小就是输入数据的规模。

**问题 4.36** 证明算法 4.1 的正确性。

**【分析】**证明这个算法的正确性，就是要证明以 $n$ 为输入执行算法 Fib($n$) 确实计算了 $F_n$。这里算法的输入 $n$ 是自然数，因此可针对 $n$ 使用第一数学归纳法或强归纳法证明。

**【证明】**令 $P(n)$ 是命题 $\mathrm{Fib}(n) = F_n$，则要证明 $\forall n \geqslant 0(P(n))$。针对 $n$ 进行归纳证明。

（1）**归纳基**：当 $n=0$ 时，算法只执行第 1 行，返回 0，等于 $F_0$；当 $n=1$ 时，算法只执行第 2 行，返回 1，等于 $F_1$。因此 $P(0)$ 和 $P(1)$ 成立。

（2）**归纳步**：对任意的 $k \geqslant 1$，假定 $P(0), P(1), \cdots, P(k)$ 成立。由于 $k \geqslant 1$，因此 $k+1 \geqslant 2$，以 $k+1$ 为输入执行算法 $\mathrm{Fib}(k+1)$ 将只执行第 3 行，这时根据归纳假设 $P(k)$ 和 $P(k-1)$ 成立，也即 $\mathrm{Fib}(k) = F_k$，$\mathrm{Fib}(k-1) = F_{k-1}$，从而算法第 3 行将返回 $F_k + F_{k-1}$，根据斐波那契数列的定义这等于 $F_{k+1}$，因此 $P(k+1)$ 成立。

综上，根据强归纳证明法，对任意自然数 $n$ 有 $P(n)$ 成立，即对任意 $n$，以 $n$ 为输入执行算法 $\mathrm{Fib}(n)$ 将得到斐波那契数列的第 $n$ 项 $F_n$。 □

当以归纳定义的集合，例如自然数集、字符串集等的元素为输入数据时，设计递归算法往往比较容易。但递归思维的核心是要发现需要求解的问题在不同输入规模或数值上的自相似性，从而将以复杂的、规模大的数据为输入的问题求解归结为以相对简单的、规模小的数据为输入的求解。汉诺塔 (Hanoi Tower) 问题是一个经典的例子，通过考察不同规模之间问题求解方法的相似性，从而比较自然地使用递归算法进行求解。

**问题 4.37** 传说在 19 世纪末，Bramah 神庙的教士玩一种称为汉诺塔 (Tower of Hanoi) 的游戏：共有三个木柱和 $n$ 个大小各异、能套进木柱的盘。盘按由小到大的顺序标上号码 1 到 $n$。开始时 $n$ 个盘全套在 A 柱上，且小的放在大的上面，如图 4.4 所示。游戏要求按下列规则将所有的盘从 A 柱移到 C 柱，在移动过程中可以借助另一个 B 柱。

（1）规则一：每次只能移动柱最上面的一个盘。

（2）规则二：任何盘都不得放在比它小的盘上。

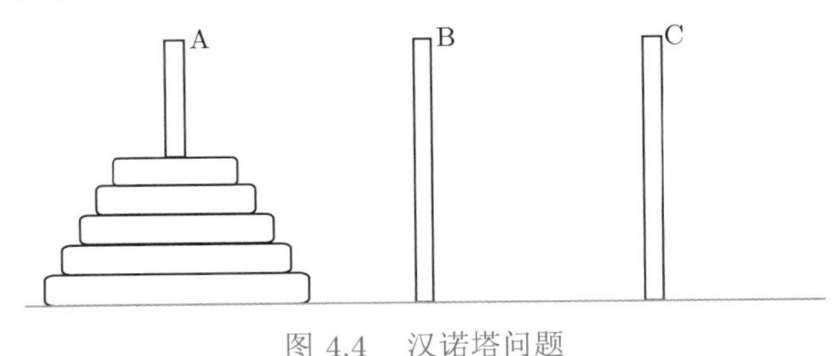

图 4.4　汉诺塔问题

**【分析】**需要给出一种移动盘的指令序列而完成游戏要求的将所有盘从 A 柱移到 C 柱。可通过分析较简单的问题找到启示。如果只有两个盘 ($n=2$) 时问题容易解决，按以下次序移动盘（x ⟶ y 表示将 x 柱最上面的盘子移到 y 柱）即可：

$$\texttt{A} \longrightarrow \texttt{B},\quad \texttt{A} \longrightarrow \texttt{C},\quad \texttt{B} \longrightarrow \texttt{C}$$

当 $n=3$ 时，可用移动两个盘的方法先将 A 柱上面的两个盘（1 号和 2 号）移到 B 柱，这时 A 柱仅剩下最大的盘子（3 号），将 3 号盘移到 C 柱，再用移动两个盘的方法将留在 B 柱的两个盘移到 C 柱就完成了任务。整个移动过程可将上面的两个盘作为一个整体看待：

$$\texttt{A} \longrightarrow \texttt{C},\quad \texttt{A} \longrightarrow \texttt{B},\quad \texttt{C} \longrightarrow \texttt{B}$$

$$\mathtt{A} \longrightarrow \mathtt{C}$$
$$\mathtt{B} \longrightarrow \mathtt{A},\quad \mathtt{B} \longrightarrow \mathtt{C},\quad \mathtt{A} \longrightarrow \mathtt{C}$$

当 $n$ 更大时，也可以将上面的 $n-1$ 个盘作为整体看待，从而就发现了将 $n$ 个盘的问题归结为 $n-1$ 个盘的方法，也就找到了解决问题的递归算法。

**【解答】**算法 4.2 给出了求解汉诺塔问题的递归算法。它输出形如 $n:\mathtt{from} \longrightarrow \mathtt{to}$（表示将第 $n$ 号盘从 from 柱移动到 to 柱）的指令序列。

**Algorithm 4.2:** Hanoi($n$, from, to, aux)

**输入:** 自然数 $n \geqslant 1$，盘子个数；需要从 from 柱移动到 to 柱，并以 aux 柱为辅助
**输出:** 按照规则移动盘子的指令序列

```
1 if (n 等于 1) then
2 |   输出指令：1:from⟶to，表示将第 1 号盘从 from 柱移动到 to 柱;
3 else
4 |   调用 Hanoi(n − 1, from, aux, to)，以 to 柱为辅助柱，将 n − 1 个盘从 from 柱移动
  |    到 aux 柱;
5 |   输出指令：n:from⟶to，表示将第 n 号盘从 from 柱移动到 to 柱;
6 |   调用 Hanoi(n − 1, aux, to, from)，以 from 柱为辅助柱，将 n − 1 个盘从 aux 柱移动
  |    到 to 柱;
7 end
```

**【讨论】**当要从 A 柱移动 4 个盘子到 C 柱时，调用 Hanoi(4, A, C, B)，其部分执行过程可使用图 4.5 的调用树表示，由于篇幅所限，没有再展开移动 2 个盘的执行过程。读者注意其中起始柱 from、目标柱 to 柱和辅助柱 aux 的变化，从而理解整个递归算法的执行过程。

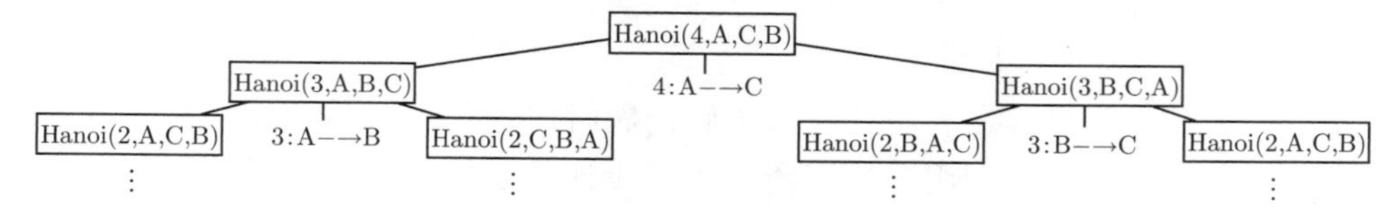


图 4.5　算法 4.2 调用 Hanoi(4, A, C, B) 的部分执行过程

**问题 4.38**　证明算法 4.2 的正确性。

**【分析】**首先要细化证明的目标，即算法 4.2 正确性的含义是：Hanoi($n$, from, to, aux) 能正确地输出将 $n$ 个盘子以 aux 柱为辅助，从 from 柱按游戏规则移动到 to 柱的指令序列。然后要确定使用归纳法证明算法正确性时针对哪个输入数据进行归纳，这里很显然应该针对盘子数目 $n$ 进行归纳。

**【证明】**设 $P(n)$ 是命题：对任意的 from, to 和 aux 值，Hanoi($n$, from, to, aux) 能正确地输出将 1 到 $n$ 号盘子以 aux 柱为辅助，从 from 柱按游戏规则移动到 to 柱的指令序列。证明算法 4.2 的正确性是要证明命题 $\forall n \geqslant 1(P(n))$。对 $n$ 进行归纳证明。

（1）**归纳基**：当 $n=1$ 时，Hanoi(1, from, to, aux) 将只执行算法第 2 行，将输出指

令“$1:\text{from}\longrightarrow\text{to}$”，表示将 1 号盘子直接从 from 柱移动到 to 柱，这是正确的输出，即 $P(1)$ 成立。

（2）**归纳步**：对任意 $k\geqslant 1$，设 $n=k$ 时 $P(k)$ 成立，即对任意的 from, to 和 aux 值，$\text{Hanoi}(k,\text{from},\text{to},\text{aux})$ 能正确地输出将 1 到 $k$ 号盘子以 aux 柱为辅助，从 from 柱按游戏规则移动到 to 柱的指令序列。

考虑 $n=k+1$，由于 $k\geqslant 1$，因此 $n\geqslant 2$，对于任意的 from, to 和 aux 值，$\text{Hanoi}(n,\text{from},\text{to},\text{aux})$ 执行算法的第 4,5,6 行。其中第 4 行，调用 $\text{Hanoi}(n-1,\text{from},\text{aux},\text{to})$，即 $\text{Hanoi}(k,\text{from},\text{aux},\text{to})$，根据归纳假设，它将正确地输出将 1 至 $k=n-1$ 号盘以 to 柱为辅助，从 from 柱移动到 aux 柱。算法第 5 行输出的指令表示将第 $n$ 号盘从 from 柱移动到 to 柱。而算法第 6 行调用 $\text{Hanoi}(n-1,\text{aux},\text{to},\text{from})$，根据归纳假设，它将正确地输出将 1 至 $n-1$ 号盘以 from 柱为辅助，从 aux 柱移动到 to 柱。

注意到执行算法第 4 行之后 1 到 $n-1$ 号盘确实在 aux 柱，算法第 5 行将 $n$ 号盘（最大的盘）移动到了 to 柱，因此执行算法第 6 行之后可得到将 1 到 $n$ 号盘都移动到 to 柱的任务，即算法产生了正确的输出，即 $P(k+1)$ 成立。

综上，根据数学归纳法，有 $\forall n\geqslant 1(P(n))$ 成立，即算法 4.2 是正确的。 □

简单地说，递归算法是包含了调用自己的步骤的算法，但调用自己通常是以更简单或更小规模的数据作为输入，因此也是在一定条件下才进行递归调用。当输入的数据足够简单或规模足够小时，递归终止条件成立，这时递归算法应不再递归调用而直接给出结果。

递归算法的执行过程，特别是它的递归调用过程可使用调用树形象表示。在理解递归算法执行过程的基础上，通常可使用归纳法证明递归算法的正确性，这时需明确所要证明命题的具体形式，以及针对哪个输入数据进行归纳证明。通常递归终止条件成立时的情况为归纳证明的归纳基，而归纳步则是假定以更简单或规模更小的数据递归调用能得到正确结果的基础上进行证明。

递归算法及递归思维在利用计算机求解问题时广泛使用，后面还将在学习递推关系式求解之后，介绍怎样利用分治平衡的思想设计递归算法以及怎样分析这种算法的效率。

## 4.4 本章小结

本章介绍了基本的证明方法和归纳证明法。基本证明方法包括直接证明、间接证明、分情况证明和存在性证明。直接证明从前提或附加前提直接证明结论，间接证明最常见的是反证法，将结论的否定引入作为附加前提而推出矛盾。分情况证明将前提或附加前提成立的情形分为几种情况，分别证明在每种情况下结论都成立。当有些情况的证明类似，或者说可将一种情况的证明简单地变换为另外情况的证明时，这些情况可以合并而不失证明的一般性。存在性证明分为构造性存在证明和非构造性存在证明。构造性存在证明给出满足某性质的元素或给出构造满足某性质元素的方法。非构造性证明通常使用反证法证明不存在某性质的元素时会导出什么矛盾，或者利用二难推理论证无论某个命题是否成立都会存在满足某性质的元素。

归纳证明源于集合的归纳定义。集合的归纳定义是在给出集合基本元素的基础上，给出一些规则从已有元素构造集合的更多元素。在证明归纳定义的集合的所有元素满足某性质时，结构归纳证明的归纳基证明集合的基本元素满足该性质，然后在假定构造某元素的已有元素满足该性质的情况下证明构造得到的该元素也满足此性质。基本的数学归纳法是归纳定义的自然数集的结构归纳法。强归纳法是在基本的数学归纳法的基础上，通过增强归纳假设而简化归纳步的证明。自然数集的良序性质表明自然数集的任意非空子集都有最小的自然数。利用自然数集的良序性质可说明数学归纳法（包括强归纳法）的有效性。实际上，自然数集的良序性质与数学归纳法的有效性等价。当函数的定义域是归纳定义的集合时，函数也可以递归定义。递归定义的函数常使用归纳法证明函数的性质。递归定义的函数常使用递归算法计算函数值，并可利用归纳法证明递归算法的正确性。

通过学习本章，读者应对数学中如何使用定理、引理、推论等术语有一定了解，能理解正向推理和反向推理的思维方式，特别地，能运用反向推理构建证明的思路，并能使用正向推理的表达方式表述证明。要能理解自然语言表述的数学证明是逻辑中构造的形式化论证在没有给出所有前提以及所有中间结论情况下的简化，因此要善于利用逻辑推理规则分析数学证明中各命题之间的逻辑联系。

对于归纳证明，读者要能使用基本的数学归纳法和强归纳法证明与自然数相关的命题，能理解简单集合的归纳定义，并能运用结构归纳证明法证明归纳定义集合的所有元素满足某性质。能设计递归算法计算使用初始值和递推关系式确定的函数，并能利用归纳法证明这类递归算法的正确性。

## 4.5 习题

**练习 4.1** 对任意整数 $a,b,c$，证明：如果 $a \mid b$ 且 $a \mid c$，则 $a \mid (b+c)$ 且 $a \mid bc$。你使用的证明方法是直接证明还是间接证明？

**练习 * 4.2** 对任意整数 $a,b,c$，证明：如果 $a \mid b$ 且 $a \mid c$，则对任意的整数 $s,t$ 有 $a \mid (bs+ct)$。你使用的证明方法是直接证明还是间接证明？

**练习 4.3** 设 $n$ 和 $m$ 是大于 1 的整数且 $n \mid m$，$a$ 和 $b$ 是整数且 $a \equiv b (\mathrm{mod}\ m)$。证明 $a \equiv b (\mathrm{mod}\ n)$。你使用的证明方法是直接证明还是间接证明？

**练习 4.4** 设有命题：对任意的实数 $x$ 和 $y$，$x^2+xy-2y^2=0$。

（1）对于该命题，下面的证明有什么错误？

**证明** 设 $x$ 和 $y$ 等于某个任意的实数 $r$，则有：

$$x^2+xy-2y^2=r^2+r\cdot r-2r^2=0$$

既然 $x$ 和 $y$ 都是任意的，因此这表明对任意的实数 $x,y$ 有 $x^2+xy-2y^2=0$。

（2）上述命题是否成立？给出一个证明或给出一个反例说明你判断的理由。

**练习 4.5** 设 $n$ 是整数，证明如果 $2 \mid n^3$，则 $2 \mid n$。你用的证明方法是直接证明还是间接证明？

**练习 * 4.6** 设 $n$ 是整数，证明如果 $3 \mid n^2$，则 $3 \mid n$。你用的证明方法是直接证明还是间接证明？

**练习 * 4.7** 证明 $\sqrt{3}$ 是无理数。

**练习 4.8** 考虑下面的错误“定理”：

**错误“定理”** 设 $x$ 和 $y$ 都是实数且 $x+y=10$，则 $x \neq 3$ 且 $y \neq 8$。

（1）对于该错误“定理”的下面证明有什么错误？

**证明** 假设该“定理”的结论不成立，则 $x=3$ 且 $y=8$，则 $x+y=11$ 与假设中给出的 $x+y=10$ 矛盾，因此该定理的结论必然成立。

（2）给出一个反例说明上面定理的错误。

**练习 4.9** 对任意实数 $x, y$，证明 $|xy| = |x||y|$。

**练习 4.10** 使用分情况证明法证明：对任意实数 $x, y$，$\min(x,y)+\max(x,y) = x+y$。

**练习 4.11** 使用术语“不失一般性”证明对任意实数 $x, y$ 有：$\min(x,y) = (x+y-|x-y|)/2$ 且 $\max(x,y) = (x+y+|x-y|)/2$。

**练习 * 4.12** 证明不存在有理数 $r$ 使得 $r^3+r+1=0$。

**练习 4.13** 设 $n, m$ 是任意整数，证明 $3 \mid mn$，则 $3 \mid m$ 或 $3 \mid n$。

**练习 4.14** 设 $m, n$ 是整数，证明若 $9 \mid (m^2+mn+n^2)$，则 $3 \mid m$ 且 $3 \mid n$（提示：$m^2+mn+n^2 = (m-n)^2+3mn$）。

**练习 * 4.15** 对于命题：对任意实数 $x$，如果 $|x-3|<3$ 则 $0<x<6$。下面证明是否正确？如果正确，它使用了什么证明策略？如果不正确，能否更正？这个命题是否成立？

**证明** 设 $x$ 是任意实数，且 $|x-3|<3$。考虑两种情况。

情况一：$x-3 \geqslant 0$，则 $|x-3| = x-3$，根据假定有 $x-3<3$，因此明显有 $x<6$。

情况二：$x-3<0$，则 $|x-3| = 3-x$，根据假定有 $3-x<3$，即 $3<3+x$，即 $0<x$。

综上证明了 $0<x$ 以及 $x<6$，因此可得到 $0<x<6$。

**练习 4.16** 设 $a, b$ 是整数，证明存在整数 $c$ 使得 $a \mid c$ 且 $b \mid c$。你的证明是构造性存在证明还是非构造性存在证明？

**练习 * 4.17** 证明任意两个有理数之间存在一个无理数。你的证明是构造性存在证明还是非构造性存在证明？

**练习 4.18** 证明存在有理数 $a$ 和无理数 $b$ 使得 $a^b$ 是无理数。你的证明是构造性存在证明还是非构造性存在证明？

**练习 * 4.19** 试证明形如 $4n-1$ 的质数有无穷多个。

**练习 4.20** 试证明形如 $3n-1$ 的质数有无穷多个。

**练习 4.21** 设 $n$ 是整数，证明 $15 \mid n$ 当且仅当 $3 \mid n$ 且 $5 \mid n$。

**练习 4.22** 设有 $n$ 个整数，它们的积等于 $n$，而它们的和等于 0，证明 $n$ 是 4 的倍数。

**练习 4.23** 设 $a_1, a_2, \cdots, a_n$ 是 $1, 2, \cdots, n$ 的某种排列，证明：如果 $n$ 是奇数，则乘积 $(a_1 - 1)(a_2 - 2)\cdots(a_n - n)$ 是偶数。

**练习 4.24** 证明对任意 $n \in \mathbb{N}$，$0^3 + 1^3 + 2^3 + \cdots + n^3 = [n(n+1)/2]^2$。

**练习 * 4.25** 证明对任意的正整数 $n$，$1 \times 1! + 2 \times 2! + \cdots + n \times n! = (n+1)! - 1$。

**练习 4.26** 证明对任意的正整数 $n$，$\displaystyle\sum_{k=1}^{n} k2^k = (n-1)2^{n+1} + 2$。

**练习 * 4.27** 证明对任意的正整数 $n$，

$$1 + \frac{1}{\sqrt{2}} + \frac{1}{\sqrt{3}} + \cdots + \frac{1}{\sqrt{n}} > 2(\sqrt{n+1} - 1)$$

**练习 4.28** 证明对任意的 $n > 6$，$3^n < n!$。

**练习 4.29** 证明对任意的 $n \geqslant 10$，$2^n > n^3$。

**练习 4.30** 证明对任意自然数 $n$，$6 \mid (n^3 - n)$。

**练习 4.31** 证明对任意自然数 $n$，$9 \mid (4^n + 6n - 1)$。

**练习 4.32** 证明对任意的正整数 $n$，$21 \mid (4^{n+1} + 5^{2n-1})$。

**练习 4.33** 下面的“证明”哪里有错？

**“定理”**：对任意正整数 $n$，如果 $x$ 和 $y$ 是正整数且 $\max(x, y) = n$，则 $x = y$。

**归纳基**：设 $n = 1$，如果 $\max(x, y) = 1$ 且 $x$ 和 $y$ 都是正整数，我们有 $x = 1$ 且 $y = 1$。

**归纳步**：设 $k$ 是正整数，假设当 $\max(x, y) = k$ 且 $x$ 和 $y$ 是正整数时 $x = y$。令 $\max(x, y) = k + 1$，这里 $x$ 和 $y$ 是正整数，则 $\max(x - 1, y - 1) = k$，根据归纳假设 $x - 1 = y - 1$，即 $x = y$。证明完毕。

**练习 * 4.34** 证明对任意的正奇数 $n$，$8 \mid (n^2 - 1)$。

**练习 * 4.35** 分别使用第一数学归纳法和第二数学归纳法证明：任意大于 12 分的邮资可由若干 4 分和 5 分的邮票支付。

**练习 4.36** 证明任意大于 12 分的邮资可由 3 分和 7 分的邮票支付。

**练习 * 4.37** 对于任意的自然数 $a$ 和正整数 $b$：

（1）使用强归纳法证明存在唯一的自然数 $q$ 和 $r$ 使得 $a = bq + r$ 且 $0 \leqslant r < b$。

（2）使用自然数的良序性质证明存在唯一的自然数 $q$ 和 $r$ 使得 $a = bq + r$ 且 $0 \leqslant r < b$。

**练习 4.38** 基于两个整数的最大公因子能表示成这两个整数的线性组合这个定理，证明对任意的正整数 $a, b$，如果 $\gcd(a, b) = 1$，则对任意大于等于 $ab - a - b + 1$ 的整数 $n$，都存在非负整数 $s, t$ 使得 $n = as + bt$。

**练习 4.39** 找出下面“证明”$a^n = 1$ 的错误，这里 $n$ 是任意非负整数，$a$ 是非零实数。

**归纳基**：根据定义 $a^0=1$。

**归纳步**：假设对任意的非负整数 $j\leqslant k$ 有 $a^j=1$，注意到：

$$a^{k+1}=\frac{a^k\cdot a^k}{a^{k-1}}=\frac{1\times 1}{1}=1$$

即有 $a^{k+1}=1$，这就完成了证明。

**练习 4.40** 基于自然数的良序性质说明下面的方式都可证明对任意正整数 $n,k$ 有 $P(n,k)$ 为真。

（1）$P(1,1)$ 为真，而且对任意的正整数 $n,k$ 有 $P(n,k)\to[P(n+1,k)\wedge P(n,k+1)]$ 为真。

（2）对任意的正整数 $k$ 有 $P(1,k)$ 为真，而且对任意的正整数 $n,k$ 有 $P(n,k)\to P(n+1,k)$ 为真。

（3）对任意的正整数 $n$ 有 $P(n,1)$ 为真，而且对任意的正整数 $n,k$ 有 $P(n,k)\to P(n,k+1)$ 为真。

**练习 4.41** 证明：对任意的正整数 $n,k$ 有：

$$\sum_{j=1}^{n}[j(j+1)(j+2)\cdots(j+k-1)]=\frac{n(n+1)(n+2)\cdots(n+k)}{(k+1)}$$

**练习 * 4.42** 归纳定义整数集的子集 $S$。① **归纳基**：$5\in S$。② **归纳步**：对任意整数 $x,y$，如果 $x\in S,y\in S$，则 $x+y\in S$ 且 $x-y\in S$。

（1）证明对任意的整数 $s\in S$ 都有 $5\mid s$。

（2）设 $A=\{5k\in\mathbb{Z}\mid k\in\mathbb{Z}\}$，证明 $S=A$。（提示：在证明 $A\subseteq S$ 时，因为对于整数 $k<0$，由 $5|k|\in S$ 时也有 $5k\in S$。因此只要对任意自然数 $k$，有 $5k\in S$ 即可）

**练习 4.43** 固定整数 $a,b$，归纳定义整数子集 $S_a^b$。

（1）**归纳基**：$a\in S_a^b$，$b\in S_a^b$。

（2）**归纳步**：对任意整数 $x,y$，如果 $x\in S_a^b$，$y\in S_a^b$，则 $x+y\in S_a^b$ 且 $x-y\in S_a^b$。令集合 $A$ 定义为

$$A=\{c\in\mathbb{Z}\mid\exists s,t\in\mathbb{Z},c=as+bt\}$$

证明 $A\subseteq S$。

**练习 * 4.44** 设 $S$ 是所有整数对集的一个子集，即 $S\subseteq\mathbb{Z}\times\mathbb{Z}$，$S$ 由以下句子递归定义。① **归纳基**：$(0,0)\in S$。② **归纳步**：如果 $(a,b)\in S$，则 $(a,b+1)\in S,(a+1,b+1)\in S,(a+2,b+1)\in S$。

（1）给出前四次使用归纳定义能够得到的 $S$ 的元素。

（2）对归纳步的应用次数使用强归纳法，证明对任意的整数 $a,b$，若 $(a,b)\in S$ 则 $a\leqslant 2b$。

（3）使用结构归纳法证明对任意的整数 $a,b$，若 $(a,b)\in S$ 则 $a\leqslant 2b$。

**练习 4.45** 归纳定义正整数对集的子集 $S$。

（1）**归纳基**：$\langle 1,1\rangle \in S, \langle 2,2\rangle \in S$。

（2）**归纳步**：对任意正整数 $a,b$，若 $\langle a,b\rangle \in S$，则 $\langle a+2,b\rangle \in S$ 且 $\langle a,b+2\rangle \in S$。证明：对任意正整数 $a,b$，$\langle a,b\rangle \in S$ 当且仅当 $2 \mid (a+b)$。

**练习 4.46** 归纳定义正整数对集的子集 $S$。

（1）**归纳基**：$\langle 1,1\rangle \in S, \langle 1,2\rangle \in S, \langle 2,1\rangle \in S$。

（2）**归纳步**：对任意正整数 $a,b$，若 $\langle a,b\rangle \in S$，则 $\langle a+2,b\rangle \in S$ 且 $\langle a,b+2\rangle \in S$。证明：对任意正整数 $a,b$，如果 $\langle a,b\rangle \in S$，则 $a$ 或 $b$ 是奇数。

**练习 4.47** 归纳定义正整数对集的子集 $S$。

（1）**归纳基**：$\langle 1,6\rangle \in S, \langle 2,3\rangle \in S$。

（2）**归纳步**：对任意正整数 $a,b$，若 $\langle a,b\rangle \in S$，则 $\langle a+2,b\rangle \in S$ 且 $\langle a,b+6\rangle \in S$。证明：对任意正整数 $a,b$，如果 $\langle a,b\rangle \in S$，则 $a+b$ 是奇数且 $3 \mid b$。

**练习 4.48** 基于字符串集的归纳定义，以及字符串连接的递归定义，证明空串是字符串连接运算的单位元，即对任意字符串 $w$，有 $\lambda \circ w = w = w \circ \lambda$。

**练习 4.49** 基于字符串集的归纳定义，以及字符串连接的递归定义，证明字符串连接运算满足结合律，即对任意字符串 $u,v,w$，有 $u \circ (v \circ w) = (u \circ v) \circ w$。

**练习 * 4.50** 字符串的逆 (reversal) 由这个串中的字母根据逆序构成，例如字符串 “abcabc” 的逆是 “cbacba”。字符串 $w$ 的逆记为 $w^R$。

（1）给出字符串的逆运算的递归定义。

（2）使用结构归纳法证明对任意两个字符串 $u,w$ 有 $(u \circ w)^R = w^R \circ u^R$。

**练习 4.51** 序列 $a_0, a_1, a_2, \cdots$ 递归地定义如下：

$$\begin{aligned} a_0 &= 0 \\ a_{n+1} &= 2a_n + n, \qquad \forall n \in \mathbb{N} \end{aligned}$$

证明对任意 $n \in \mathbb{N}$，$a_n = 2^n - n - 1$。

**练习 4.52** 设 $F_n$ 是第 $n$ 个斐波那契数，下面题目中所有的 $n$ 都是自然数。

（1）证明对任意的 $n$，$\sum\limits_{i=0}^{n} F_i = F_{n+2} - 1$。

（2）证明对任意的 $n$，$\sum\limits_{i=0}^{n} F_{2i+1} = F_{2n+2}$。

（3）为 $\sum\limits_{i=0}^{n} F_{2i}$ 找到一个公式，并证明其正确性。

**练习 4.53** 设 $F_n$ 是第 $n$ 个斐波那契数，下面题目中所有的 $n$ 都是自然数。

（1）证明对所有的 $m \geqslant 1$ 和所有 $n$，$F_{m+n} = F_{m-1}F_n + F_mF_{n+1}$。

（2）证明对所有的 $m \geqslant 1$ 和所有 $n \geqslant 1$，$F_{m+n} = F_{m+1}F_{n+1} - F_{m-1}F_{n-1}$。

（3）证明对所有的 $n$，$(F_n)^2 + (F_{n+1})^2 = F_{2n+1}$ 以及 $(F_{n+2})^2 - (F_n)^2 = F_{2n+2}$。

(4) 对所有自然数 $m, n$，如果 $m \mid n$，则 $F_m \mid F_n$。

**练习 * 4.54** 证明对于非负整数 $a$ 和 $b$，且 $a < b$ 时，下面计算 $\gcd(a, b)$ 的算法是正确的。

```
1  function gcd(a, b : nonnegative integers with a < b)
2      if (a == 0) then return b
3      else return gcd(b mod a, a)
4  end
```

**练习 4.55** 给出一个递归算法计算下面定义的序列的第 $n$ 项：$a_0 = 1, a_1 = 3, a_2 = 5$，且 $a_n = a_{n-1} + a_{n-2}^2 + a_{n-3}^3$，并证明你给出的算法的正确性。

第5章

# 集　合

集合语言是描述现代数学知识的必不可少的工具。本章在给出集合语言基本术语的基础上，介绍定义和描述集合的基本方法，包括元素枚举法、性质概括法、文氏图和成员关系表，然后讨论集合的运算，以及集合等式的证明。基本集合通过集合运算构成集合表达式，可用于描述复杂的集合。集合等式的证明实际上是证明不同的集合表达式描述的是同一集合。因此，本章的核心主题是如何描述集合，这是集合论作为语言工具描述现代数学所需的最基础知识。

Set-Basic(1)

Set-Basic(2)

Set-Basic(3)

## 5.1　集合的基本概念

本节给出有关集合的一些基本术语，介绍定义集合的基本方法，即元素枚举法和性质概括法，并介绍文氏图 (venn diagram) 和集合成员关系表 (membership table)。文氏图可以认为是描述集合的一种简单直观的图形方法，而成员关系表是描述集合及其元素之间隶属关系的一种表格方法。文氏图可以帮助人们直观地确定一个集合表达式所描述的集合，而成员关系表可以帮助人们证明最基本的集合等式。

### 5.1.1　集合的基本术语

集合是现代数学的基本概念，但也是一个很难准确定义的概念。集合论的奠基人，德国数学家康托尔 (G. Cantor 1845—1918) 认为凡是一堆东西 (a collection of things) 都可称为集合。现在把以这种观点建立的集合论称为朴素集合论 (naive set theory)。朴素集合论会导致悖论 (paradox)。因此，人们后来发展出了公理集合论 (axiomatic set theory)，以多条公理的形式界定什么是集合以排除在朴素集合论中可能导致悖论的集合，然后再推演集合论的其他内容。

我们只介绍朴素集合论中最基础的内容。因此，采用朴素集合论的观点，认为凡是放在一起作为整体进行研究的一堆东西是集合。假定在研究某个问题时，其中要研究的最基本的不再分解的东西的全体构成了一个集合，这个集合称为**全集** (universal set)，通常记为 $U$。简单地说，假定存在全集 $U$，这使得在实际研究中可持朴素集合论观点而不导致悖论。

集合是作为整体研究的一堆东西，这些东西的每一个称为该集合的**元素** (element)。通常使用大写字母 $A, B, C, \cdots$ 表示集合，小写字母 $a, b, c, \cdots$ 表示元素。元素 $a$ **属于** (belongs to) 集合 $A$ 记为 $a \in A$。元素 $a$ 不属于集合 $A$ 则记为 $a \notin A$。注意，元素和集合是相对的，元素属于集合，集合包含元素，集合的元素也还可以是集合。

朴素集合论认为集合的元素是确定的，即对一个元素 $a$，要么 $a \in A$，要么 $a \notin A$，二者必居其一。集合的元素之间没有顺序，也不重复。

到这里给出了集合、全集、元素、属于这些没有严格定义的基本概念，利用这些基本概念，下面使用逻辑语言严格地定义集合的其他基本术语，包括子集、空集和集合相等。实际上，以后主要是借助逻辑语言给出概念的严格定义。

**定义 5.1** 对于两个集合 $A$ 和 $B$，如果 $A$ 的每个元素都属于 $B$，则称 $A$ 是 $B$ 的**子集** (subset)，$B$ 是 $A$ 的**超集** (super set)，或称 $A$ **包含于** (be included in)$B$，$B$ **包含** (include) $A$，记为 $A \subseteq B$，或 $B \supseteq A$。也即

$$A \subseteq B \quad \text{当且仅当} \quad \forall x(x \in A \to x \in B)$$

这里个体变量 $x$ 的论域是全集 $U$。

根据子集关系的定义，很容易证明下面的定理。

**定理 5.1** （1）对任意集合 $A$，有 $A \subseteq A$。

（2）子集关系是传递的，即对任意集合 $A, B, C$，若 $A \subseteq B$ 且 $B \subseteq C$，则 $A \subseteq C$。

读者后面可能会注意到，在讨论集合语言时，可能的研究对象不仅包括 $U$ 的元素而且还包括 $U$ 的所有子集。或者说，在用一阶逻辑公式定义集合论的一些术语或概念时，其中个体变量的取值不仅可能是 $U$ 的元素，还可能是 $U$ 的子集，也即个体变量的论域不仅包括 $U$，还包括 $U$ 的所有子集。我们把这个论域作为讨论集合语言，包括集合、函数与关系等内容时的全总域，并记为 $\mathcal{U}$。

不过多数时候，读者无须考虑论域到底是全集 $U$ 还是全总域 $\mathcal{U}$，只需要知道，集合的元素仍然可以是集合，在强调集合的元素可能是集合的情况下，才需要考虑使用全总域 $\mathcal{U}$。通常，特别地称一个集合为**集合族** (a family of sets)，如果它的所有元素也都是集合。

**定义 5.2** 对于两个集合 $A$ 和 $B$，如果对任意元素 $x$，$x \in A$ 当且仅当 $x \in B$，则称集合 $A$ 和 $B$ **相等**，记为 $A = B$。也即

$$A = B \quad \text{当且仅当} \quad \forall x(x \in A \leftrightarrow x \in B)$$

定义 5.2 基于朴素集合论的**外延原则** (principle of extensionality)，即两个集合只要有相同的元素则认为是相等的集合，而不考虑集合名字本身的内涵。在哲学或语言学中，一个概念（名字）的外延是它所指称的对象，而内涵是它的本质属性，也即它有别于其他概念的属性的全体。例如，“《朝花夕拾》的作者”和“《狂人日记》的作者”内涵不同（给了我们不同信息），但外延相同。对于集合，它的外延就是它包含的所有元素，而内涵则视具体的应用而定，所以将元素相同则集合相等这项原则称为外延原则。

根据双蕴涵逻辑等值式，即 $p \leftrightarrow q \equiv (p \to q) \wedge (q \to p)$，并比较集合相等和子集关系的定义，容易得到下面的定理。

**定理 5.2** 对于两个集合 $A$ 和 $B$，$A = B$ 当且仅当 $A \subseteq B$ 且 $B \subseteq A$。

当 $A$ 是 $B$ 的子集但不等于 $B$ 时，称 $A$ 是 $B$ 的**真子集** (proper set)，记为 $A \subset B$，即 $A \subset B$ 当且仅当 $A \subseteq B$ 且 $A \neq B$。

**定义 5.3** 不包含任何元素的集合称为**空集** (empty set)，记为 $\varnothing$。也就是说，空集是使得命题 $\forall x(x \notin \varnothing)$ 成立的集合。

显然，根据蕴涵式前件为假则整个蕴涵式总是为真的特点可得到下面的定理。

**定理 5.3** 空集是任何集合的子集，即对任意集合 $A$，$\varnothing \subseteq A$。

**定理 5.4** 空集是唯一的，即对任意集合 $A$，如果 $A$ 也满足 $\forall x(x \notin A)$，则 $A = \varnothing$。

**证明** 显然，若 $A$ 也满足 $\forall x(x \notin A)$，则对任意集合 $B$ 也有 $A \subseteq B$，从而 $A \subseteq \varnothing$，而又有 $\varnothing \subseteq A$，因此 $A = \varnothing$。 □

### 5.1.2 定义集合的基本方法

在使用集合语言研究应用问题时，首先可能需要给出一些集合的定义。例如，数学基础的研究通常从自然数集的定义开始，然后扩展至整数集、有理数集及实数集；研究命题逻辑，需要先定义命题逻辑公式集；研究程序设计语言，需要先定义程序中可以出现的符号集等。

人们将定义集合的方法分为**元素枚举法**、**性质概括法**和**归纳定义法**。在介绍证明方法时，已经介绍了集合的归纳定义法，即在归纳基给出集合的基本元素，然后在归纳步给出一些规则从集合已有元素构造更多元素。自然数集、命题逻辑公式集都可使用归纳法定义。归纳定义法适合编写计算机程序自动地构造集合的元素。这里讨论更为简单直接的元素枚举法和性质概括法。

定义集合的元素枚举法是基于朴素集合论的外延原则，将一个集合的所有元素一一地罗列出来而定义该集合。这适合在元素比较少，或者在可以按照明显的规律罗列元素时定义集合。

**例子 5.1** 下面是使用元素枚举法定义集合的例子。

（1）小于 10 的正整数集合：$\{1, 2, 3, 4, 5, 6, 7, 8, 9\}$。

（2）C++ 程序标识符可出现的符号集：{A, $\cdots$, Z, a, $\cdots$, z, 1, $\cdots$, 9, _ }。

（3）2 的所有非负整数幂构成的集合：$\{1, 2, 4, 8, \cdots\}$。

集合定义的元素枚举法使用左右花括号括住集合的所有元素，元素之间使用逗号分隔。如果罗列的元素有明显规律，可使用省略号省略其中的部分元素。

定义集合的性质概括法使用谓词概括一个集合的所有元素所满足的共同性质而定义该集合，通常使用下面的形式定义集合 $A$：

$$A = \{x \mid P(x)\}$$

其中，用花括号表明是对集合的定义，竖线前面的 $x$ 给出集合元素的形式，后面的谓词

$P(x)$ 概括集合元素 $x$ 所共同满足的性质。这个定义意味着，对任意 $x$，$x \in A$ 当且仅当 $P(x)$ 为真，因此也称 $A$ 为谓词 $P(x)$ 的**真值集** (truth set)。

朴素集合论认为任意的谓词都可概括定义一个集合，但这一点被发现可能会导致悖论。著名的罗素悖论利用性质 $x \notin x$ 定义集合：

$$S = \{x \mid x \notin x\}$$

这时如果不明确 $x$ 的论域，或者说如果 $x$ 的论域可以包括 $S$ 自己的话，那么会导出悖论，因为如果谓词 $x \notin x$ 可作用于这样定义的 $S$，那么是否有 $S \in S$？如果 $S \notin S$，则根据 $S$ 的定义，$S \in S$，而如果 $S \in S$，则同样根据 $S$ 的定义，又应该有 $S \notin S$，也即 $S \in S$ 不是非真即假的命题而是悖论。由于罗素悖论使用的性质只用到集合论最基本的"元素属于集合"这个概念，从而对朴素集合论的冲击非常大。罗素悖论的通俗形式称为"理发师悖论"：一个理发师声称他一定给且只给他那个村庄中不给自己理发的人理发，但问题是，他是否应该给自己理发？他自己也是这个村庄的人。

公理集合论引入**子集分离公理**来避免悖论，即只允许下面形式的性质概括法定义集合 $A$：

$$A = \{x \in B \mid P(x)\}$$

其中，已知 $B$ 是一个集合。简单地说，子集分离公理只允许通过谓词，从已知的集合中分离出一些元素，这些元素满足这个谓词从而定义了一个集合，也即在给出性质 $P(x)$ 用于定义集合时，$x$ 的论域限定为一个已知的集合 $B$。

我们假定存在全集 $U$ 正是基于这一点，即在使用谓词 $P(x)$ 定义集合时，如果没有明确给出 $x$ 的论域，则总假定它的论域是全集 $U$。我们说 $U$ 是所研究问题中的最基本的不再分割的东西构成的集合，即对属于 $U$ 的元素 $x$ 都有 $x \notin x$，这样 $S = \{x \mid x \notin x\}$ 意味着 $S = U$，而总有 $U \notin U$，因为 $U$ 本身不是最基本的不再分割的东西，也不属于 $x$ 的论域。实际上，在具体研究中通常都是利用某个性质从已知的集合分离出子集，而且也很少会遇到像 $x \notin x$ 这样奇怪的性质。

**例子 5.2** 下面是使用性质概括法定义集合的例子。

（1）小于 10 的正整数集合：$\{x \in \mathbb{Z}^+ \mid x < 10\}$。

（2）2 的所有非负整数幂构成的集合：$\{x \mid \exists k \in \mathbb{N}(x = 2^k)\}$。

注意，这里一阶公式 $\exists k \in \mathbb{N}(x = 2^k)$ 是公式 $\exists k(k \in \mathbb{N} \wedge x = 2^k)$ 的简写形式，对于前者可直接认为 $k$ 的论域是 $\mathbb{N}$，对于后者则认为 $k$ 的论域是全集 $U$，而 $k \in \mathbb{N}$ 是特征谓词。这种将特征谓词直接与量词写在一起的形式很常见，不过这时要注意全称量词的特征谓词与后面给出性质的谓词是逻辑蕴涵关系，而存在量词的特征谓词与后面给出性质的谓词是逻辑合取关系。例如，公式 $\forall n \geqslant 8(P(n))$ 是 $\forall n(n \geqslant 8 \rightarrow P(n))$ 的简写，而 $\exists n \geqslant 8(P(n))$ 是 $\exists n(n \geqslant 8 \wedge P(n))$ 的简写。

在使用性质概括法定义集合时，为简便起见，也通常使用下面的形式定义集合 $A$：

$$A = \{f(x) \mid P(x)\}$$

这里 $f(x)$ 是包含 $x$ 的一个函数（或说表达式）。注意，这样定义意味着，对任意元素 $x$，有：

$$x \in A \quad \text{当且仅当} \quad \exists y(x = f(y) \ \wedge \ P(y))$$

如果读者对一阶公式中个体变量的辖域与约束出现很熟悉的话，应该不会因为上面定义 $A$ 时使用 $f(x)$，这里又说 $x \in A$ 而感到迷惑。也许可以使用约束变量改名，换一个变量名更容易理解：即上述集合 $A$ 的定义意味着，对任意元素 $y$，$y \in A$ 当且仅当存在 $x$ 使得 $y = f(x)$ 且 $P(x)$ 成立。

通过在竖线前面写表达式或函数，可用下面更简便的形式定义 2 的所有非负整数幂构成的集合：

$$\{2^k \mid k \in \mathbb{N}\}$$

这里并没有引入一个字母作为这个集合的名字。定义集合时没有要求一定要给集合起一个简短的名字。通常只是对那些重要的、常用的集合用固定的字母命名，例如自然数集 $\mathbb{N}$、整数集 $\mathbb{Z}$、有理数集 $\mathbb{Q}$、实数集 $\mathbb{R}$ 等，很多集合我们只是临时用一个字母命名，甚至不命名。

**问题 5.3**　设全集 $U$ 是整数集 $\mathbb{Z}$。定义集合 $A$：

$$A = \{x^2 \mid 0 \leqslant x \leqslant 5\}$$

（1）使用元素枚举法给出 $A$。

（2）判断下面逻辑公式的真值：

① $\forall x(x \in A \leftrightarrow \exists y(0 \leqslant y \leqslant 5 \ \wedge \ x = y^2))$　　② $\forall x(0 \leqslant x \leqslant 5 \to x^2 \in A)$

③ $\forall x(x^2 \in A \to 0 \leqslant x \leqslant 5)$　　④ $\forall x(x^2 \in A \wedge 0 \leqslant x \leqslant 5)$

**【解答】**（1）使用元素枚举法给出 $A$ 很简单，有：

$$A = \{0^2, 1^2, 2^2, 3^2, 4^2, 5^2\} = \{0, 1, 4, 9, 16, 25\}$$

（2）根据一阶逻辑公式的真值定义确定所给的公式的真值，这时解释的论域是全集 $U$，即整数集 $\mathbb{Z}$，所有公式都是闭公式，不需要个体变量指派函数。

① 公式 $\forall x(x \in A \leftrightarrow \exists y(0 \leqslant y \leqslant 5 \ \wedge \ x = y^2))$ 是性质概括法定义集合 $A = \{x^2 \mid 0 \leqslant x \leqslant 5\}$ 的逻辑含义，因此真值为真。当然，也可对任意的 $x$ 验证该公式的真值为真。

② 公式 $\forall x(0 \leqslant x \leqslant 5 \to x^2 \in A)$ 的真值为真，因为对任意的 $x$，若 $0 \leqslant x \leqslant 5$，即 $x = 0, 1, 2, 3, 4, 5$，显然都有 $x^2 \in A$。

③ 公式 $\forall x(x^2 \in A \to 0 \leqslant x \leqslant 5)$ 的真值为假，因为论域是整数集，我们有 $(-1)^2 = 1 \in A$，但是 $-1 < 0$。

④ 公式 $\forall x(x^2 \in A \wedge 0 \leqslant x \leqslant 5)$ 的真值为假，因为论域是整数集，显然并不是所有的整数 $x$ 都有 $0 \leqslant x \leqslant 5$ 成立。

【讨论】对于性质概括法定义的集合 $A = \{f(x) \mid P(x)\}$，其中的 $x$ 如果没有特别说明，则论域是全集 $U$。注意这个定义的逻辑含义是对任意 $x \in A$ 当且仅当存在 $y$ 使得 $P(y)$ 且 $x = f(y)$。

这时公式 $\forall x(P(x) \to f(x) \in A)$ 的真值为真，而公式 $\forall x(f(x) \in A \to P(x))$ 的真值不一定为真，因为按照集合 $A$ 的定义，对任意的 $x$，$f(x) \in A$ 当且仅当存在 $y$ 使得 $P(y)$ 为真且 $f(x) = f(y)$。所以，对任意 $x$，若 $P(x)$ 为真，则显然存在 $y$ 等于 $x$ 本身使得 $P(x)$ 为真且 $f(x) = f(x)$，即 $f(x) \in A$。若 $f(x) \in A$ 只意味着存在 $y$ 使得 $P(y)$ 为真且 $f(x) = f(y)$，这个 $y$ 不一定就是 $x$，也就不一定得到 $P(x)$ 为真。例如当 $f(x) = x^2$ 时，$1 = f(-1)$，存在 1 使得 $0 \leqslant 1 \leqslant 5$ 且 $f(1) = 1$，但不意味着 $0 \leqslant -1 \leqslant 5$。

所以，在利用这样定义的集合 $A$ 证明其他命题时，以命题“对任意 $x$，若 $f(x) \in A$ 则 $P(x)$”为前提，或者以命题“对任意 $x$，$f(x) \in A$ 且 $P(x)$”为起点开始进行证明都是错误的做法。

最后需要指出的是，性质概括法，特别是遵循子集分离公理的性质概括法虽然是最常见的定义集合的方法，但是元素枚举法以及归纳定义法也是很有用的集合定义方法。有时一个集合的所有元素的共同性质可能很难概括，例如很难用简单的谓词概括 C++ 程序的标识符中可以出现的所有符号的共同性质。而且，从计算机程序设计的角度看，元素枚举法和归纳定义法更容易设计算法和编写程序构造出集合的元素。

### 5.1.3 文氏图与成员关系表

在定义集合之后，更多地需要描述和研究集合之间的关系，包括集合之间的子集关系或说包含关系，集合之间的相等关系，以及利用一些基本集合通过集合运算构造集合等。文氏图和集合成员关系表可帮助人们描述集合之间的关系，因此在介绍集合运算和集合等式之前，这里先介绍文氏图和集合成员关系表的制作方法。

文氏图是描述集合的一种图形方法，通常先绘制一个方框表示全集 $U$，然后在方框中绘制圆形或其他封闭图形表示一个集合，例如图 5.1 给出一个集合 $A$ 的文氏图，圆形封闭区域代表集合 $A$，它处于代表全集 $U$ 的方框之中，也表示 $A$ 是 $U$ 的子集。

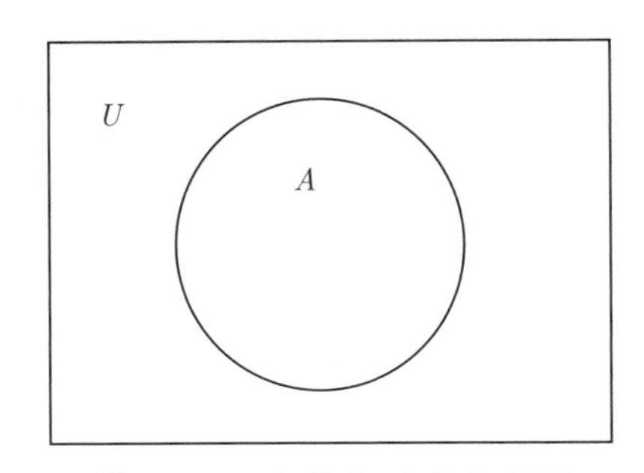

图 5.1　一个集合 $A$ 的文氏图

当要绘制多个集合的文氏图时，对任意两个集合 $A$ 和 $B$，除非特别说明没有元素同时属于 $A$ 和 $B$，否则绘制的表示 $A$ 的封闭图形和表示 $B$ 的封闭图形要相交，也即要有重叠区域。例如，图 5.2 给出了两个集合 $A$ 和 $B$ 的文氏图，两个圆形重叠的区域

表示同时属于集合 $A$ 和 $B$ 的元素所在位置，而表示集合 $A$ 的圆形中不与表示集合 $B$ 的圆形重叠的区域表示只属于 $A$ 而不属于 $B$ 的元素所在位置，同样表示集合 $B$ 的圆形中不与表示集合 $A$ 的圆形重叠的区域表示只属于 $B$ 而不属于 $A$ 的元素所在位置。

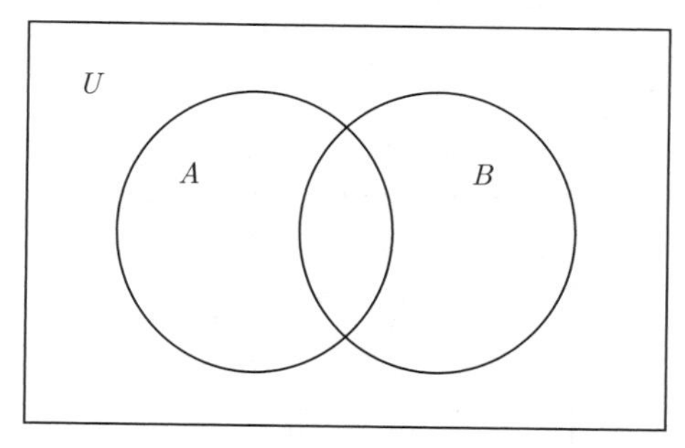


图 5.2　两个集合 $A$ 和 $B$ 的文氏图

一般来说，表示 $n$ 个集合的文氏图要被表示 $n$ 个集合的封闭图形分割为 $2^n$ 个封闭区域，所以一般来说文氏图适合表示两个或三个集合。图 5.3 给出了三个集合 $A, B$ 和 $C$ 的文氏图，可以看到，分别表示集合 $A, B, C$ 的三个圆形将表示全集 $U$ 的方框分割成了 8 个相互不重叠的封闭区域。图 5.3(a) 分别使用了①~⑧ 标注，例如区域①代表全集中既不在 $A$ 又不在 $B$ 也不在 $C$ 中的元素所在的区域，而区域⑧表示同时在集合 $A, B$ 和 $C$ 中的元素所在的区域。

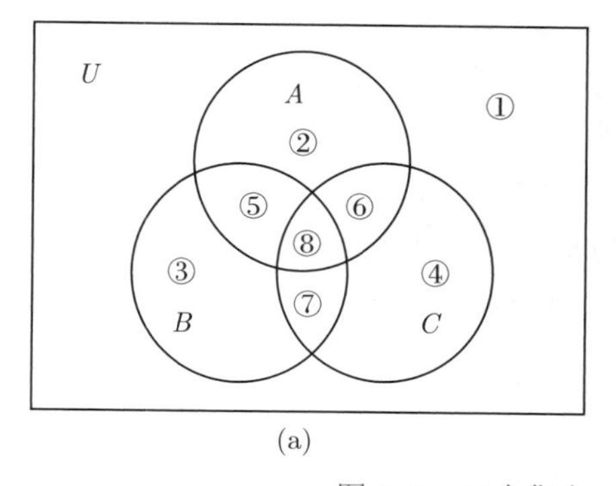


(a)

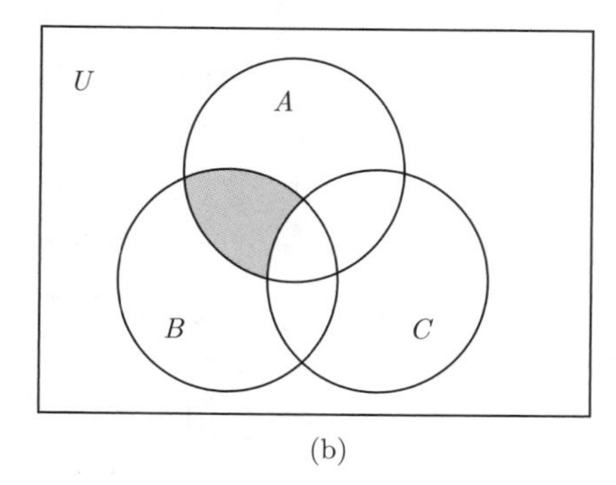


(b)

图 5.3　三个集合 $A, B$ 和 $C$ 的文氏图

文氏图通常将其中的一个或多个封闭区域进行填充表示所关注的集合，或者说是该文氏图所表达的某个集合表达式。例如图 5.3(b) 填充了图 5.3(a) 中标注为⑤的区域，以代表这个文氏图所关注，或者说所真正表示的集合。后面介绍集合运算后就可给出相应的集合表达式，这里通过图就可直观地看到它是同时在集合 $A$ 和 $B$，但不在集合 $C$ 的元素所在的区域。进一步，文氏图中也可使用不同的线条或颜色填充不同的区域而表示多个关注的集合。

集合的成员关系表从某种意义上可以说是文氏图的表格表示，而且这种表格非常类似命题逻辑公式的真值表。当要研究 $n$ 个集合时，集合的成员关系表有 $2^n$ 行，每一行对应表示 $n$ 个集合的文氏图的一个相互不重叠的封闭区域。例如表 5.1 给出了一个有

三个集合 $A,B,C$ 的集合成员关系表，前面三列分别对应集合 $A,B,C$，下面每一行对应三个集合的文氏图的一个互不重叠的封闭区域，其中 0 表示全集的元素不属于对应列的集合，而 1 表示全集的元素属于对应列的集合因此，第一行对应全集元素既不在 $A$ 又不在 $B$，也不在 $C$ 中，即对应图 5.3(a) 中标注为①的区域，而第二行表示全集元素只在 $C$，而不在集合 $A$ 和 $B$ 中，即对应图 5.3(a) 中标注为④的区域等等。

表 5.1 有三个集合 $A,B,C$ 的成员关系表

| $A$ | $B$ | $C$ | $\cdots$ | $S$ |
|---|---|---|---|---|
| 0 | 0 | 0 | | 0 |
| 0 | 0 | 1 | | 0 |
| 0 | 1 | 0 | | 0 |
| 0 | 1 | 1 | | 0 |
| 1 | 0 | 0 | | 0 |
| 1 | 0 | 1 | | 0 |
| 1 | 1 | 0 | | 1 |
| 1 | 1 | 1 | | 0 |

表示 $n$ 个集合的成员关系表除前面 $n$ 列对应 $n$ 个集合之外，其他列可用于表示集合表达式，也即像文氏图使用填充那样表示所关注的某个集合。例如表 5.1的最后一列表示集合 $S$（也可以是一个集合表达式），这一列中为 1 的行表示该集合包含这种情形下的全集元素，因此它的第七行为 1 表示，当全集元素同时属于 $A$ 和 $B$ 而不属于 $C$ 时，则属于集合 $S$。因此这一行为 1 相当于在文氏图中填充了这一行所对应的区域，也即这个表中 $S$ 表示的集合就是图 5.3(b) 所填充的区域。

当然，在成员关系表中这一列可以有多行取值为 1，以对应文氏图中同时填充多个区域。表 5.1 的省略号表示在计算集合 $S$ 的全集元素隶属关系时，可能中间还要计算其他集合的元素隶属关系。与构造命题逻辑公式真值表相同，在构造成员关系表时，我们也建议每次考虑一个集合运算。

最后，集合表达式是指使用表示集合的大写字母 $A,B,C$ 等为操作数，5.2 节要介绍的集合运算为运算符而构成的表达式。下面在介绍集合运算和集合等式时会给出更多的文氏图和集合成员关系表的例子，以帮助读者理解集合表达式所描述的集合，即集合表达式的运算结果。

## 5.2 集合运算

集合运算使得人们可以由一些基本的集合构成集合表达式描述相对复杂的集合。本节主要讨论集合交、集合并、集合差与补等集合运算的基本代数性质，最后介绍了集合的幂集，从而可以看到，在给定全集的情况下，集合运算对于全集的幂集封闭而构成了完整的集合代数系统。

### 5.2.1 集合交

**定义 5.4** 两个集合 $A$ 和 $B$ 的**交** (intersection)，记为 $A \cap B$，定义为

$$A \cap B = \{x \mid x \in A \wedge x \in B\}$$

因此，对任意元素 $x$，$x \in A \cap B$ 当且仅当 $x \in A$ 且 $x \in B$。

通俗地说，$A \cap B$ 包含那些同时在集合 $A$ 和 $B$ 的元素。图 5.4给出了 $A \cap B$ 的文氏图和成员关系表，可以看到它的成员关系表与逻辑合取的真值表非常类似。

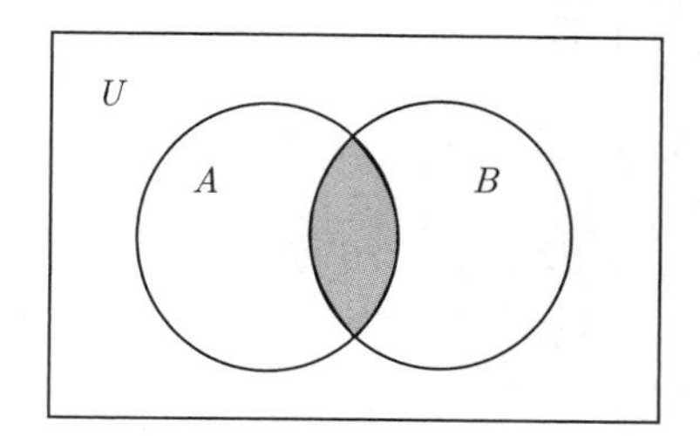


| $A$ | $B$ | $A \cap B$ |
|---|---|---|
| 0 | 0 | 0 |
| 0 | 1 | 0 |
| 1 | 0 | 0 |
| 1 | 1 | 1 |

图 5.4 集合 $A \cap B$ 的文氏图和成员关系表

**例子 5.4** 设有两个自然数集子集 $A$ 和 $B$：

$$A = \{2k+1 \mid k \in \mathbb{N}, 0 \leqslant k \leqslant 5\} \qquad B = \{3k+1 \mid k \in \mathbb{N}, 0 \leqslant k \leqslant 5\}$$

注意，这里在性质概括法定义集合时，竖线后面使用逗号相当于逻辑合取，例如，对于 $A$ 的定义是要求 $k \in \mathbb{N}$ 且 $0 \leqslant k \leqslant 5$。容易由元素枚举法得到：

$$A = \{1, 3, 5, 7, 9, 11\} \qquad B = \{1, 4, 7, 10, 13, 16\}$$

因此，根据集合交的定义有：$A \cap B = \{1, 7\}$

**问题 5.5** 设有两个自然数集子集 $A$ 和 $B$：

$$A = \{2k+1 \mid k \in \mathbb{N}\} \qquad B = \{3k+1 \mid k \in \mathbb{N}\}$$

试计算 $A \cap B$。

**【分析】**虽然这里的 $A$ 和 $B$ 的元素都可以有规律地罗列，但是再使用元素枚举法给出 $A$ 和 $B$ 的元素对于计算 $A \cap B$ 的帮助已不大，因此只能基于 $A \cap B$ 的定义直接计算。

**【解答】**我们有：

$$\begin{aligned} A \cap B &= \{2k+1 \mid k \in \mathbb{N}\} \cap \{3k+1 \mid k \in \mathbb{N}\} \\ &= \{x \mid \exists k \in \mathbb{N}(x = 2k+1)\} \cap \{x \mid \exists k \in \mathbb{N}(x = 3k+1)\} \\ &= \{x \mid \exists k \in \mathbb{N}(x = 2k+1) \wedge \exists k \in \mathbb{N}(x = 3k+1)\} \end{aligned}$$

**【讨论】**（1）注意，存在量词与合取没有分配律逻辑等值式。因此，上述结果无法利用存在量词与合取之间的关系做进一步的简化。

（2）作为集合计算，上面的解答可以作为 $A\cap B$ 的结果，但有些读者可能会感觉不太满意，因为对 $A\cap B$ 中元素共同性质的概括有些复杂。那么，利用整除的性质可以证明，对任意正整数 $a,b,c$ 有：

$$a\mid c \text{ 且 } b\mid c \quad \text{当且仅当} \quad \mathrm{lcm}(a,b)\mid c$$

这里 $\mathrm{lcm}(a,b)$ 是 $a$ 和 $b$ 的最小公倍数。因此对于自然数 $x$，若存在自然数 $k$ 使得 $x=2k+1$，则 $2\mid x-1$，同样若存在自然数 $k$ 使得 $x=3k+1$，则 $3\mid x-1$，从而 $6\mid x-1$。反之，若 $6\mid x-1$，显然有 $2\mid x-1$ 且 $3\mid x-1$。因此有：

$$A\cap B \quad = \quad \{x\mid \exists k\in\mathbb{N}(x=6k+1)\} \quad = \quad \{6k+1\mid k\in\mathbb{N}\}$$

这就得到了一个更令人满意的计算结果，即 $A\cap B$ 是整除 6 余 1 的自然数构成的集合。

通过 $A\cap B$ 的定义以及上面的例子可以看到，集合交运算与逻辑合取运算有密切联系。我们不难根据与逻辑合取运算相关的等值式证明集合交的基本代数性质。

**定理 5.5** 设 $A$ 和 $B$ 是任意两个集合。

（1）集合交满足交换律，即 $A\cap B=B\cap A$。

（2）集合交满足结合律，即 $A\cap(B\cap C)=(A\cap B)\cap C$。

（3）集合交满足幂等律，即 $A\cap A=A$。

利用逻辑合取的交换律、结合律和幂等律等值式很容易证明，下面以交换律的证明作为例子展示证明集合相等的基本方法。

**问题 5.6** 证明集合交的交换律，即对任意集合 $A$ 和 $B$ 有 $A\cap B=B\cap A$。

**【证明】**对任意 $x$，有：

$$\begin{aligned}
x\in A\cap B \quad & \text{当且仅当} \quad x\in A\ \wedge x\in B && // A\cap B \text{ 的定义}\\
& \text{当且仅当} \quad x\in B\ \wedge\ x\in A && // p\wedge q\equiv q\wedge p\\
& \text{当且仅当} \quad x\in B\cap A && // B\cap A \text{ 的定义}
\end{aligned}$$

从而根据集合相等的定义有 $A\cap B=B\cap A$。 □

**【讨论】**（1）可以看到，逻辑等值 $\equiv$ 在数学证明常用“当且仅当”进行推演。逻辑等值具有传递性，上面的推演每一步都是“当且仅当”，因此就得到了 $x\in A\cap B$ 当且仅当 $x\in B\cap A$。

（2）上述证明是通过逻辑等值使用“当且仅当”进行推演，也可直接写成下面的集合相等形式进行推演：

$$\begin{aligned}
A\cap B &= \{x\mid x\in A\ \wedge\ x\in B\} && // A\cap B \text{ 的定义}\\
&= \{x\mid x\in B\ \wedge\ x\in A\} && // p\wedge q\equiv q\wedge p\\
&= B\cap A && // B\cap A \text{ 的定义}
\end{aligned}$$

不难看到，这两者实质上是一样的。

下面的定理给出了集合交运算与子集关系的基本联系。

**定理 5.6**　(1) 对任意集合 $A, B$，$A \cap B \subseteq A$ 且 $A \cap B \subseteq B$。

(2) 对任意集合 $A, B, C$，$C \subseteq A \cap B$ 当且仅当 $C \subseteq A$ 且 $C \subseteq B$。

**证明**　(1) 显然成立，我们只证明 (2)，对任意集合 $A, B, C$，分两步证明。

① 假定 $C \subseteq A \cap B$，则对任意 $x$，若 $x \in C$，则 $x \in A \cap B$，从而 $x \in A$ 且 $x \in B$，从而 $x \in A$，根据子集关系的定义，这就有 $C \subseteq A$，同理可证这时有 $C \subseteq B$。

② 假定 $C \subseteq A$ 且 $C \subseteq B$，则对任意 $x$，若 $x \in C$，则由 $C \subseteq A$ 有 $x \in A$，由 $C \subseteq B$ 有 $x \in B$，从而有 $x \in A$ 且 $x \in B$，根据集合交运算的定义就有 $x \in A \cap B$，这就表明 $C \subseteq A \cap B$。 □

子集关系是通过逻辑蕴涵定义的，因此子集关系与逻辑蕴涵运算符有密切联系。不难看到，对应定理 5.6 的命题逻辑等值式是：$(r \to p \wedge q) \equiv (r \to p) \wedge (r \to q)$，或者更准确地说，对应下面的一阶逻辑公式等值式：

$$\begin{aligned}\forall x(x \in C \to x \in A \cap B) &\equiv \forall x((x \in C \to x \in A) \wedge (x \in C \to x \in B)) \\ &\equiv \forall x(x \in C \to x \in A) \wedge \forall x(x \in C \to x \in B)\end{aligned}$$

集合交运算可推广到对任意多个集合进行交运算，这时称为广义交 (generalized intersection)。

**定义 5.5**　设 $\mathcal{A}$ 是一个集合族，即它的元素也都是集合。它的**广义交**，记为 $\bigcap \mathcal{A}$，定义为：

$$\bigcap \mathcal{A} = \{x \mid \forall S \in \mathcal{A}(x \in S)\} = \{x \mid \forall S(S \in \mathcal{A} \to x \in S)\}$$

也即，$\mathcal{A}$ 的广义交是一个集合，这个集合的元素是同时在 $\mathcal{A}$ 中所有集合的元素。特别地，当 $\mathcal{A} = \{A_1, A_2, \cdots, A_n\}$ 时，有：

$$\bigcap \mathcal{A} = A_1 \cap A_2 \cap \cdots \cap A_n$$

**例子 5.7**　设集合族 $\mathcal{A} = \{\{1,2,3,4\}, \{2,3,4,5\}, \{3,4,5,6\}\}$，则：

$$\bigcap \mathcal{A} = \{1,2,3,4\} \cap \{2,3,4,5\} \cap \{3,4,5,6\} = \{3,4\}$$

**例子 5.8**　对任意自然数 $i$，令 $A_i = \{i \cdot k \mid k \in \mathbb{N}\}$，并定义：

$$\mathcal{A}_n = \{A_i \mid i \in \mathbb{N}, 1 \leqslant i \leqslant n\} \qquad \mathcal{A}_\infty = \{A_i \mid i \in \mathbb{N}, i \geqslant 1\}$$

注意到，对任意自然数 $m, i$，$m \in A_i$ 当且仅当 $i \mid m$。因此，对任意自然数 $m$，若 $m \in \bigcap \mathcal{A}_n$，则对任意 $1 \leqslant i \leqslant n$ 有 $m \in A_i$，即 $i \mid m$，从而 $\mathrm{lcm}(1,2,\cdots,n) \mid m$，这里 $\mathrm{lcm}(1,2,\cdots,n)$ 是 $1,2,\cdots,n$ 的最小公倍数。反之，若 $\mathrm{lcm}(1,2,\cdots,n) \mid m$，则对任意 $1 \leqslant i \leqslant n$，$i \mid m$，即 $m \in A_i$，从而 $m \in \bigcap \mathcal{A}_n$。因此：

$$\bigcap \mathcal{A}_n = A_1 \cap A_2 \cap \cdots \cap A_n = \{\mathrm{lcm}(1,2,\cdots,n) \cdot k \mid k \in \mathbb{N}\}$$

显然对任意自然数 $i$ 都有 $0 \in A_i$，因此 $0 \in \bigcap \mathcal{A}_\infty$。而对任意自然数 $m$，若 $m > 0$，则总有 $m+1 \nmid m$，即 $m \notin A_{m+1}$，因此 $m \notin \bigcap \mathcal{A}_\infty$，因此：

$$\bigcap \mathcal{A}_\infty = \{0\}$$

### 5.2.2 集合并

**定义 5.6** 两个集合 $A$ 和 $B$ 的**并** (union)，记为 $A \cup B$，定义为：

$$A \cup B \ = \ \{x \mid x \in A \ \vee \ x \in B\}$$

因此，对任意元素 $x$，$x \in A \cup B$ 当且仅当 $x \in A$ 或 $x \in B$。

通俗地说，$A \cup B$ 包含那些在集合 $A$ 或在集合 $B$ 的元素。图 5.5 给出了 $A \cup B$ 的文氏图和成员关系表，可以看到它的成员关系表与逻辑析取的真值表非常类似。

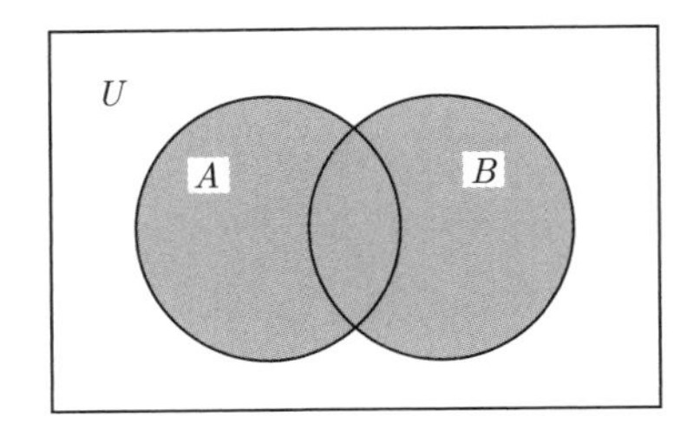


| $A$ | $B$ | $A \cup B$ |
|---|---|---|
| 0 | 0 | 0 |
| 0 | 1 | 1 |
| 1 | 0 | 1 |
| 1 | 1 | 1 |

图 5.5 集合 $A \cup B$ 的文氏图和成员关系表

**例子 5.9** 设有两个自然数集子集 $A$ 和 $B$：

$$A \ = \ \{2k+1 \mid k \in \mathbb{N}, 0 \leqslant k \leqslant 5\} \qquad B \ = \ \{3k+1 \mid k \in \mathbb{N}, 0 \leqslant k \leqslant 5\}$$

由集合并的定义有 $A \cup B = \{1, 3, 4, 5, 7, 9, 10, 11, 13, 16\}$。

**问题 5.10** 设有两个自然数集子集 $A$ 和 $B$：

$$A \ = \ \{2k+1 \mid k \in \mathbb{N}\} \qquad B \ = \ \{3k+1 \mid k \in \mathbb{N}\}$$

试计算 $A \cup B$。

**【解答】**我们有：

$$\begin{aligned} A \cup B \ &= \ \{2k+1 \mid k \in \mathbb{N}\} \cup \{3k+1 \mid k \in \mathbb{N}\} \\ &= \ \{x \mid \exists k \in \mathbb{N}(x = 2k+1)\} \cup \{x \mid \exists k \in \mathbb{N}(x = 3k+1)\} \\ &= \ \{x \mid \exists k \in \mathbb{N}(x = 2k+1) \ \vee \ \exists k \in \mathbb{N}(x = 3k+1)\} \\ &= \ \{x \mid \exists k \in \mathbb{N}(x = 2k+1 \ \vee \ x = 3k+1)\} \end{aligned}$$

**【讨论】**最后一步是因为量词分配逻辑等值式（存在量词对析取分配）。进一步，根据整除的性质对任意 $x$，有：

$$\exists k(x = 2k+1) \ \equiv \ \exists k(x = 6k+1) \vee \exists k(x = 6k+3) \vee \exists k(x = 6k+5)$$

$$\exists k(x = 3k + 1) \equiv \exists k(x = 6k + 1) \vee \exists k(x = 6k + 4)$$

因此，$A \cup B$ 是由整除 6 余 1, 3, 4 或 5 的自然数构成的集合，即：

$$A \cup B = \{x \mid \exists k \in \mathbb{N}(x = 6k + 1 \vee x = 6k + 3 \vee x = 6k + 4 \vee x = 6k + 5)\}$$

通过 $A \cup B$ 的定义以及上面的例子可以看到，集合并运算与逻辑析取运算有密切联系。不难根据与逻辑析取运算相关的等值式证明集合并的基本代数性质。

**定理 5.7** 设 $A$ 和 $B$ 是任意两个集合。

（1）集合并满足交换律，即 $A \cup B = B \cup A$。

（2）集合并满足结合律，即 $A \cup (B \cup C) = (A \cup B) \cup C$。

（3）集合并满足幂等律，即 $A \cup A = A$。

**证明** 利用逻辑析取的交换律、结合律和幂等律等值式很容易证明。 □

由逻辑合取对逻辑析取有分配律，以及逻辑析取对逻辑合取有分配律，有下面的定理。

**定理 5.8** 设 $A, B, C$ 是任意三个集合，则有：

$$A \cup (B \cap C) = (A \cup B) \cap (A \cup C) \qquad A \cap (B \cup C) = (A \cap B) \cup (A \cap C)$$

**证明** 我们证明第一个集合等式。对任意 $x$，有：

| | | | |
|---|---|---|---|
| $x \in A \cup (B \cap C)$ | 当且仅当 | $x \in A \vee x \in (B \cap C)$ | // 集合并的定义 |
| | 当且仅当 | $x \in A \vee (x \in B \wedge x \in C)$ | // 集合交的定义 |
| | 当且仅当 | $(x \in A \vee x \in B) \wedge (x \in A \vee x \in C)$ | // 分配律等值式 |
| | 当且仅当 | $(x \in A \cup B) \wedge (x \in A \cup C)$ | // 集合并的定义 |
| | 当且仅当 | $x \in (A \cup B) \cap (A \cup C)$ | // 集合交的定义 |

因此，$A \cup (B \cap C) = (A \cup B) \cap (A \cup C)$。 □

下面的定理给出了集合并运算与子集关系的基本联系。

**定理 5.9** （1）对任意集合 $A$ 和 $B$，$A \subseteq A \cup B$ 且 $B \subseteq A \cup B$。

（2）对任意集合 $A, B, C$，$A \cup B \subseteq C$ 当且仅当 $A \subseteq C$ 且 $B \subseteq C$。

**证明** （1）显然成立，我们只证明（2）。对任意集合 $A, B, C$，分两步证明。

① 假定 $A \cup B \subseteq C$，则对任意 $x$，若 $x \in A$，则由逻辑推理的附加律有 $x \in A$ 或 $x \in B$，即 $x \in A \cup B$（这实际上证明了 $A \subseteq A \cup B$），而由 $A \cup B \subseteq C$ 得 $x \in C$，这表明 $A \subseteq C$。同理可证这时有 $B \subseteq C$。

② 假定 $A \subseteq C$ 且 $B \subseteq C$，则对任意 $x$，若 $x \in A \cup B$，则 $x \in A$ 或 $x \in B$。分情况处理：(a) 若 $x \in A$，则由 $A \subseteq C$ 得 $x \in C$；(b) 若 $x \in B$，则由 $B \subseteq C$ 得 $x \in C$。因此，只要 $x \in A \cup B$，这时无论哪种情况都有 $x \in C$。因此，$A \cup B \subseteq C$。 □

实际上，对应定理 5.9的命题逻辑等值式是 $(p \vee q) \to r \equiv (p \to r) \wedge (q \to r)$，或者更准确地说，对应下面的一阶逻辑公式等值式：

$$\begin{aligned}\forall x(x \in A \cup B \to x \in C) &\equiv \forall x((x \in A \to x \in C) \ \wedge\ (x \in B \to x \in C)) \\ &\equiv \forall x(x \in A \to x \in C) \ \wedge\ \forall x(x \in B \to x \in C)\end{aligned}$$

集合并运算也可推广到对任意多个集合进行并运算，这时称为广义并 (generalized union)。

**定义 5.7** 设 $\mathcal{A}$ 是一个集合族，即它的元素也都是集合。它的**广义并**，记为 $\bigcup \mathcal{A}$，定义为：

$$\bigcup \mathcal{A} = \{x \mid \exists S \in \mathcal{A}(x \in S)\} = \{x \mid \exists S(S \in \mathcal{A} \ \wedge\ x \in S)\}$$

也即，$\mathcal{A}$ 的广义并是一个集合，这个集合的元素是在 $\mathcal{A}$ 的某一个集合的元素。特别地，当 $\mathcal{A} = \{A_1, A_2, \cdots, A_n\}$ 时，有：

$$\bigcup \mathcal{A} = A_1 \cup A_2 \cup \cdots \cup A_n$$

**例子 5.11** 设集合族 $\mathcal{A} = \{\{1,2,3,4\},\{2,3,4,5\},\{3,4,5,6\}\}$，则：

$$\bigcup \mathcal{A} = \{1,2,3,4\} \cup \{2,3,4,5\} \cup \{3,4,5,6\} = \{1,2,3,4,5,6\}$$

**例子 5.12** 对任意自然数 $i$，令 $A_i = \{i \cdot k \mid k \in \mathbb{N}\}$，并定义：

$$\mathcal{A}_n = \{A_i \mid i \in \mathbb{N}, 1 \leqslant i \leqslant n\} \qquad \mathcal{A}_\infty = \{A_i \mid i \in \mathbb{N}, i \geqslant 1\}$$

注意到，对任意自然数 $m$，都有 $m \in A_1$，因此对任意自然数 $m$ 有 $m \in \bigcup \mathcal{A}_n$ 且 $m \in \bigcup \mathcal{A}_\infty$，从而 $\mathbb{N} \subseteq \bigcup \mathcal{A}_n$ 且 $\mathbb{N} \subseteq \bigcup \mathcal{A}_\infty$。而另一方面，显然 $\bigcup \mathcal{A}_n \subseteq \mathbb{N}$ 且 $\bigcup \mathcal{A}_\infty \subseteq \mathbb{N}$，因此：

$$\bigcup \mathcal{A}_n = \mathbb{N} \qquad \bigcup \mathcal{A}_\infty = \mathbb{N}$$

### 5.2.3 集合差与补

**定义 5.8** 两个集合 $A$ 和 $B$ 的**差** (difference)，记为 $A - B$，定义为：

$$A - B = \{x \mid x \in A \ \wedge\ x \notin B\}$$

因此，对任意元素 $x$，$x \in A - B$ 当且仅当 $x \in A$ 且 $x \notin B$。

因此 $A - B$ 包含那些在集合 $A$ 但不在集合 $B$ 的元素。图 5.6 给出了 $A - B$ 的文氏图和成员关系表。

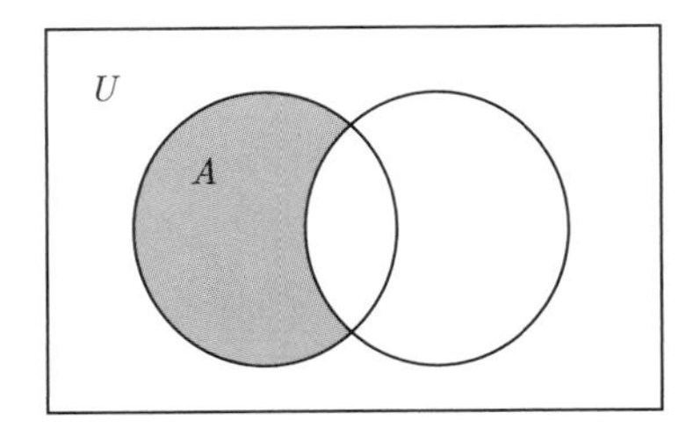


| $A$ | $B$ | $A - B$ |
|---|---|---|
| 0 | 0 | 0 |
| 0 | 1 | 0 |
| 1 | 0 | 1 |
| 1 | 1 | 0 |

图 5.6 集合 $A - B$ 的文氏图和成员关系表

**定义 5.9** 全集 $U$ 和集合 $A$ 的差称为集合 $A$ 的**绝对补**，或简称为集合 $A$ 的**补** (complement)，记为 $\overline{A}$。根据集合差的定义，有：

$$\overline{A} = \{x \mid x \in U \land x \notin A\} = \{x \mid x \notin A\}$$

注意，由于 $U$ 是全集，因此 $x \in U$ 总是为真。

因此，$\overline{A}$ 是由不在 $A$ 的那些元素构成的集合。图 5.7 给出了 $\overline{A}$ 的文氏图和成员关系表。不难看到，集合补与逻辑否定有密切联系。实际上，通过下面的定理，人们更常用集合补研究集合差的性质。

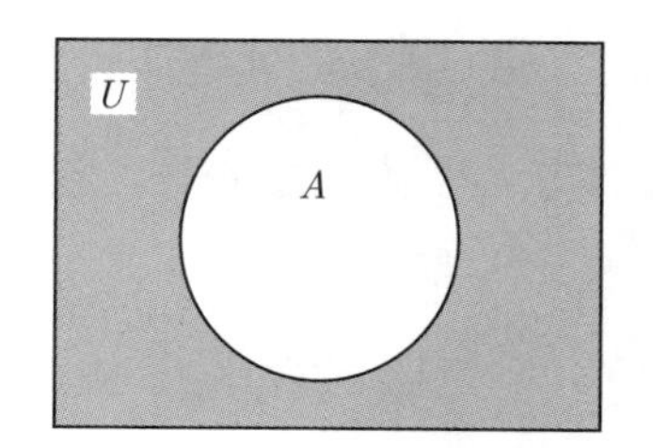


| $A$ | $\overline{A}$ |
|---|---|
| 0 | 1 |
| 1 | 0 |

图 5.7 集合 $\overline{A}$ 的文氏图和成员关系表

**定理 5.10** 对任意集合 $A$ 和 $B$，$A - B = A \cap \overline{B}$。

**例子 5.13** 设有两个自然数集子集 $A$ 和 $B$：

$$A = \{2k+1 \mid k \in \mathbb{N}, 0 \leqslant k \leqslant 5\} \qquad B = \{3k+1 \mid k \in \mathbb{N}, 0 \leqslant k \leqslant 5\}$$

由集合差的定义有 $A - B = \{3, 5, 9, 11\}$。

**问题 5.14** 假定全集 $U$ 是自然数集 $\mathbb{N}$，设有两个自然数集子集 $A$ 和 $B$：

$$A = \{2k+1 \mid k \in \mathbb{N}\} \qquad B = \{3k+1 \mid k \in \mathbb{N}\}$$

试计算 $\overline{A}$, $\overline{B}$, $A - B$。

**【解答】**我们有：

$$\begin{aligned}
\overline{A} &= \{x \mid x \notin A\} = \{x \mid \neg(x \in A)\} \\
&= \{x \mid \neg(\exists k \in \mathbb{N}(x = 2k+1))\} = \{x \mid \exists k \in \mathbb{N}(x = 2k)\} \\
\overline{B} &= \{x \mid x \notin B\} = \{x \mid \neg(x \in B)\} \\
&= \{x \mid \neg(\exists k \in \mathbb{N}(x = 3k+1))\} = \{x \mid \exists k \in \mathbb{N}(x = 3k \lor x = 3k+2)\} \\
A - B &= A \cap \overline{B} = \{x \mid \exists k \in \mathbb{N}(x = 2k+1) \land \exists k \in \mathbb{N}(x = 3k \lor 3k+2)\} \\
&= \{x \mid \exists k \in \mathbb{N}(x = 6k+3 \lor x = 6k+5)\}
\end{aligned}$$

**【讨论】**上述计算利用了下面的等值式，这些等值式对于论域是自然数时成立：

$$\begin{aligned}
\neg(\exists k \in \mathbb{N}(x = 2k+1)) &\equiv \exists k \in \mathbb{N}(x = 2k) \\
\neg(\exists k \in \mathbb{N}(x = 3k+1)) &\equiv \exists k \in \mathbb{N}(x = 3k \lor x = 3k+2)
\end{aligned}$$

$$\exists k \in \mathbb{N}(x = 2k+1) \equiv \exists k \in \mathbb{N}(x = 6k+1 \vee x = 6k+3 \vee x = 6k+5)$$

$$\exists k \in \mathbb{N}(x = 3k \vee x = 3k+2) \equiv \exists k \in \mathbb{N}(x = 6k \vee x = 6k+2 \vee x = 6k+3 \vee x = 6k+5)$$

不难根据命题逻辑等值式的双重否定律和德摩根律证明集合的双重否定律和德摩根律。

**定理 5.11** （1）对任意集合 $A$ 有：$\overline{\overline{A}} = A$。

（2）对任意两个集合 $A$ 和 $B$ 有：

$$\overline{A \cap B} = \overline{A} \cup \overline{B} \qquad \overline{A \cup B} = \overline{A} \cap \overline{B}$$

下面的定理给出了集合差和集合补这两个运算与子集关系的基本联系。

**定理 5.12** 设 $A$ 和 $B$ 是任意集合。

（1）$A - B \subseteq A$。

（2）$A \subseteq B$ 当且仅当 $\overline{B} \subseteq \overline{A}$。

（3）$A \subseteq B$ 当且仅当 $A - B = \varnothing$。

**证明** （1）由 $A - B = A \cap \overline{B}$ 立即可得。

（2）设 $A \subseteq B$，对任意 $x$，若 $x \in \overline{B}$，使用反证法证明这时 $x \in \overline{A}$，因为若 $x \notin \overline{A}$，即 $x \in A$，但 $A \subseteq B$，从而 $x \in B$，这与 $x \in \overline{B}$ 矛盾！因此当 $x \in \overline{B}$ 时必有 $x \in \overline{A}$，即这时必有 $\overline{B} \subseteq \overline{A}$。

反之，设 $\overline{B} \subseteq \overline{A}$，对任意 $x$，若 $x \in A$ 而 $x \notin B$，则 $x \in \overline{B}$，从而 $x \in \overline{A}$，与 $x \in A$ 矛盾！因此，这时由 $x \in A$ 必有 $x \in B$，即 $A \subseteq B$。

（3）设 $A \subseteq B$，使用反证法证明 $A - B = \varnothing$。若 $A - B \neq \varnothing$，即存在 $c \in A - B$，即 $c \in A$ 且 $c \notin B$，但 $A \subseteq B$，即由 $c \in A$ 可得 $c \in B$，矛盾！因此这时必有 $A - B = \varnothing$。

反之，设 $A - B = \varnothing$，对任意 $x$，若 $x \in A$ 且 $x \notin B$，则 $x \in A - B$，但 $A - B = \varnothing$，矛盾！因此，这时由 $x \in A$ 必有 $x \in B$，即 $A \subseteq B$。 □

可以看到，由于集合差和集合补的定义用到了逻辑否定运算符，因此，有关这两个运算的性质证明常常用到反证法。

### 5.2.4 集合的幂集

**定义 5.10** 集合 $A$ 的所有子集构成的集合称为 $A$ 的**幂集** (power set)，记为 $\wp(A)$，即：

$$\wp(A) = \{S \mid S \subseteq A\}$$

集合的幂集是一种特殊的集合运算，不适合使用文氏图或成员关系表描述，因为 $\wp(A)$ 的元素已经不再是 $A$ 的元素，而是包含 $A$ 的元素的集合。

**例子 5.15** 设集合 $A = \{1,2,3\}$，则：

$$\wp(A) = \{\varnothing, \{1\}, \{2\}, \{3\}, \{1,2\}, \{1,3\}, \{2,3\}, \{1,2,3\}\}$$

注意，在人工计算 $A$ 的幂集 $\wp(A)$ 时，可分别考虑 $A$ 的 0 个元素的子集，即 $\varnothing$，只包含 $A$ 的一个元素的子集，只包含 $A$ 的 2 个元素的子集等，一直到 $A$ 自己，因为 $A \subseteq A$，所以 $A$ 也是 $\wp(A)$ 的元素。

**问题 5.16** 判断下面的属于关系或子集关系是否正确。

（1）$\varnothing \subseteq \wp(\varnothing)$　　（2）$\varnothing \in \wp(\varnothing)$

（3）$\{\varnothing\} \subseteq \wp(\varnothing)$　　（4）$\{\varnothing\} \in \wp(\varnothing)$

（5）$\{\{\varnothing\}\} \subseteq \wp(\varnothing)$　　（6）$\{\{\varnothing\}\} \in \wp(\varnothing)$

（7）$\{\{\varnothing\}\} \subseteq \wp(\wp(\varnothing))$　　（8）$\{\{\varnothing\}\} \in \wp(\wp(\varnothing))$

**【解答】**先计算 $\wp(\varnothing)$ 和 $\wp(\wp(\varnothing))$：

$$\begin{aligned}\wp(\varnothing) &= \{\varnothing\} \\ \wp(\wp(\varnothing)) &= \wp(\{\varnothing\}) = \{\varnothing, \{\varnothing\}\}\end{aligned}$$

这样可判断上面的属于关系或子集关系的正确性。

（1）$\varnothing \subseteq \wp(\varnothing)$ 是正确的，因为空集是任何集合的子集。

（2）$\varnothing \in \wp(\varnothing)$ 是正确的，因为 $\wp(\varnothing)$ 只有一个元素，这个元素就是 $\varnothing$。

（3）$\{\varnothing\} \subseteq \wp(\varnothing)$ 是正确的，因为 $\varnothing \in \wp(\varnothing)$。

（4）$\{\varnothing\} \in \wp(\varnothing)$ 是不正确的，因为 $\wp(\varnothing)$ 的唯一元素是 $\varnothing$，而不是 $\{\varnothing\}$。

（5）$\{\{\varnothing\}\} \subseteq \wp(\varnothing)$ 是不正确的，因为 $\{\varnothing\} \notin \wp(\varnothing)$，$\wp(\varnothing)$ 的唯一元素是 $\varnothing$，而不是 $\{\varnothing\}$。

（6）$\{\{\varnothing\}\} \in \wp(\varnothing)$ 是不正确的，因为 $\wp(\varnothing)$ 的唯一元素是 $\varnothing$，而不是 $\{\{\varnothing\}\}$。

（7）$\{\{\varnothing\}\} \subseteq \wp(\wp(\varnothing))$ 是正确的，因为 $\wp(\wp(\varnothing))$ 有一个元素正是 $\{\varnothing\}$。

（8）$\{\{\varnothing\}\} \in \wp(\wp(\varnothing))$ 是不正确的，因为 $\wp(\wp(\varnothing))$ 的两个元素分别是 $\varnothing$ 和 $\{\varnothing\}$，没有 $\{\{\varnothing\}\}$。

**【讨论】**（1）读者要特别注意 $\varnothing, \{\varnothing\}, \{\{\varnothing\}\}$ 的区别：$\varnothing$ 是空集，而 $\{\varnothing\}$ 是有一个元素的集合，其中的元素是空集 $\varnothing$，而 $\{\{\varnothing\}\}$ 也是有一个元素的集合，但其中的元素是 $\{\varnothing\}$。

（2）有的读者可能会错以为空集的幂集仍是空集，但空集 $\varnothing$ 的幂集是 $\{\varnothing\}$，因为空集是任意集合的子集，因此是任意集合的幂集的元素，即对任意集合 $A$ 都有 $\varnothing \in \wp(A)$。

对于幂集运算的基本性质，这里只给出它与子集关系之间的联系。

**定理 5.13** 幂集运算保持子集关系，即对任意两个集合 $A, B$，若 $A \subseteq B$，则 $\wp(A) \subseteq \wp(B)$。

**证明** 假定 $A \subseteq B$，则对任意的 $x$，若 $x \in \wp(A)$，即根据幂集的定义有 $x \subseteq A$，而 $A \subseteq B$，根据子集关系的传递性就有 $x \subseteq B$，即 $x \in \wp(B)$，这就表明有 $\wp(A) \subseteq \wp(B)$。

### 5.2.5 集合运算的算法

当集合元素只有有限个时，可借助计算机程序给出集合运算结果，特别是幂集的计算。一种简单的方式是当全集 $U$ 只有 $n$ 个元素 $\{a_1, a_2, \cdots, a_n\}$ 时，它的每个子集 $A$

都可用一个长度为 $n$ 的二进制串表示，串的每一位对应全集 $U$ 的一个元素，第 $i$ 位对应 $a_i$，$i=1,2,\cdots,n$，第 $i$ 位为 1 表示 $A$ 包含 $a_i$，第 $i$ 位为 0 表示 $A$ 不包含 $a_i$。

**例子 5.17** 设全集 $U=\{1,2,3,4,5,6,7,8\}$，它的子集 $A=\{1,3,5,7\},B=\{1,4,7\}$，则集合 $A$ 可使用二进制串 10101010 表示，而集合 $B$ 可使用 10010010 表示。

在这种集合表示法的基础上，实现集合运算的算法非常简单，即按照上面定义运算时的集合成员关系表逐位计算即可。

**例子 5.18** 对于例子 5.17 给出的全集 $U$，及它的子集 $A$ 和 $B$，图 5.8 给出了计算 $A\cup B$ 的方法：即根据集合并的成员关系表，集合 $A$ 和 $B$ 的对应位都是 0，那么 $A\cup B$ 的这一位也是 0，否则 $A\cup B$ 的这一位就是 1。例如，$A$ 的第 1 位和 $B$ 的第 1 位都是 1，根据成员关系表，$A\cup B$ 的第 1 位也是 1。

| $A$ | $B$ | $A\cup B$ |
|---|---|---|
| 0 | 0 | 0 |
| 0 | 1 | 1 |
| 1 | 0 | 1 |
| 1 | 1 | 1 |

$$\begin{aligned} U &= \{1,2,3,4,5,6,7,8\} & \\ A &= \{1,3,5,7\} & 10101010 \\ B &= \{1,4,7\} & 10010010 \\ A\cup B &= \{1,3,4,5,7\} & 10111010 \end{aligned}$$

图 5.8 二进制串表示的集合根据成员关系表计算 $A\cup B$

同样可根据成员关系表计算其他集合运算，很容易得到：

$$\begin{aligned} A\cap B &= \{1,7\} & 10000010 \qquad A-B &= \{3,5\} & 00101000 \\ \overline{A} &= \{2,4,6,8\} & 01010101 \qquad \overline{B} &= \{2,3,5,6,8\} & 01101101 \end{aligned}$$

集合 $A$ 的幂集的计算可以不用考虑全集，因为结果是 $A$ 的所有子集构成的集合。这时可以将 $A$ 看作全集，而它的每个子集对应一个二进制串。如果 $A$ 包含 $n$ 个元素，则每个二进制串有 $n$ 位。每个字符串的第 $i$ 位，$i=1,2,\cdots,n$，为 1 表示 $A$ 的第 $i$ 个元素属于该字符串对应的子集，为 0 则表示不属于该字符串对应的子集。

人工计算 $A$ 的幂集 $\wp(A)$ 时通常按照子集的元素个数进行考虑，即先考虑含 $A$ 的 0 个元素的子集（即空集），含 $A$ 的 1 个元素的子集，含 $A$ 的 2 个元素的子集等。但这种方式使用计算机程序实现比较困难，而利用二进制串的特点则更为简单：可以将 $n$ 位的二进制串从全 0 串开始，将二进制串看作一个二进制数，不断做二进制的加 1 运算，然后根据每次得到的结果输出子集，直到全 1 串输出 $A$ 本身。

算法 5.1给出了按上述想法设计的计算集合幂集的算法，其中细化了如何将二进制串 $b_1b_2\cdots b_n$ 当作二进制数做加 1 运算，这只要从右至左，即令 $i$ 从 $n$ 到 1 检查 $b_i$ 的值，如果 $b_i$ 等于 1，则将其改为 0，直到碰到 $b_i$ 为 0，则将这个 0 改为 1 即可。例如，对于二进制串 01101111，它加 1 的结果是 01110000。

算法 5.1第 5 行的循环条件中无需 $i\geqslant 1$ 这个条件，因为第 2 行的循环条件表明这时二进制串 $b_1b_2\cdots b_n$ 中必定含有 0，因此第 5 行的循环必定可以在某个 $i\geqslant 1$ 时得到

$b_i$ 等于 0。算法的最后还需输出 $A$ 自己，因为在第 2 行开始的循环中没有输出 $A$ 这个 $\wp(A)$ 的元素。

---

**Algorithm 5.1: 计算集合 $A$ 的幂集 $\wp(A)$**

---

**输入:** 集合 $A = \{a_1, a_2, \cdots, a_n\}$

**输出:** 输出 $A$ 的幂集，即 $A$ 的所有子集

1 令长度为 $n$ 的二进制串 $b_1b_2\cdots b_n$ 为全 0 串，即为 $00\cdots0$;

2 **while** ($b_1b_2\cdots b_n$ 不是全 1 串 $11\cdots1$) **do**

3 　　输出二进制串 $b_1b_2\cdots b_n$ 对应的 $A$ 的子集，即若 $b_i$ 为 1 输出 $a_i$，否则不输出 $a_i$;

4 　　令 $i = n$;

5 　　**while** ($b_i$ 等于 1) **do**

6 　　　　将 $b_i$ 改为 0，然后令 $i$ 等于 $i-1$;

7 　　**end**

8 　　将 $b_i$ 改为 1;

9 **end**

10 输出全 1 串，即 $11\cdots1$ 对应的 $A$ 的子集，即 $A$ 自己，也即输出 $A$ 的所有元素;

---

## 5.3　集合等式

Set-Identity(1)

Set-Identity(2)

集合等式就是断定用两种不同形式定义、描述或表达的集合相等。证明集合等式也就是证明两个集合相等，是学习“离散数学”课程要掌握的基本内容之一。可看到，“离散数学”课程中，特别是后面函数、关系等内容的学习中有许多证明实质上是证明集合等式。集合等式的证明也是运用第 4 章介绍的各种证明方法的最好例子。

本节介绍几种基本的证明集合等式的方法，首先是按照集合相等的定义，从考察集合元素的角度直接证明，然后是利用基本的集合等式，通过演算的方式证明，最后是根据集合等式与子集关系的联系进行证明。

### 5.3.1　基于定义证明集合等式

基于定义证明集合等式就是根据集合相等的定义，通过考察一个集合的元素是否相互属于另一个集合而证明集合等式。我们知道，集合 $A = B$ 的定义是，对任意元素 $x$，$x \in A$ 当且仅当 $x \in B$，因此证明 $A = B$ 的最直接模式是：

对任意 $x$，$x \in A$，　当且仅当　$\cdots\cdots$　　　// 解释原因

$\vdots$

$\vdots$

当且仅当　$x \in B$

前面在证明集合交满足交换律，以及集合并和集合交之间有分配律时已经应用了这种模式。下面的例子也是运用这种证明模式证明集合的吸收律。

**例子 5.19** 设 $A, B$ 是任意两个集合，证明有下面的吸收律。

（1）$A\cup(A\cap B) = A$ （2）$A\cap(A\cup B) = A$

**证明** 我们只证明（1），（2）可类似证明。对任意 $x$，有：

$$\begin{aligned} x\in A\cup(A\cap B) \quad & \text{当且仅当} \quad x\in A\vee x\in(A\cap B) && \text{// 集合并的定义} \\ & \text{当且仅当} \quad x\in A\vee(x\in A\wedge x\in B) && \text{// 集合交的定义} \\ & \text{当且仅当} \quad x\in A && \text{// 命题逻辑等值式的吸收律} \end{aligned}$$

显然，集合的吸收律由命题逻辑等值式的吸收律导出。□

但很多时候在证明过程中，任意元素 $x$ 属于某个集合与 $x$ 属于另一个集合这两个命题之间不是简单的双蕴涵关系，这时就不能一直使用“当且仅当”进行证明，而需要基于下面的一阶逻辑等值式

$$\forall x(x\in A\leftrightarrow x\in B) \equiv \forall x(x\in A\to x\in B)\wedge\forall x(x\in B\to x\in A)$$

分别证明：① 对任意的 $x$，$x\in A$ 蕴涵 $x\in B$；和 ② 对任意的 $x$，$x\in B$ 蕴涵 $x\in A$。下面的例子使用这种模式证明集合等式。

**问题 5.20** 证明对任意集合 $A$，有 $\bigcup\wp(A)=A$。

**【证明】**（1）对任意 $x$，若 $x\in\bigcup\wp(A)$，则存在 $S\in\wp(A)$ 使得 $x\in S$，即存在 $S\subseteq A$ 使得 $x\in S$，从而就有 $x\in A$。这就表明 $\bigcup\wp(A)\subseteq A$。

（2）反之，对任意 $x$，若 $x\in A$，则存在 $A\in\wp(A)$ 使得 $x\in A$，从而 $x\in\bigcup\wp(A)$。这就表明 $A\subseteq\bigcup\wp(A)$。

综上，对任意集合 $A$ 有 $\bigcup\wp(A)=A$。□

**【讨论】**注意，这里有：

$$\begin{aligned} x\in\bigcup\wp(A) \quad & \text{当且仅当} \quad \exists S(S\subseteq A \ \wedge \ x\in S) \\ x\in A \quad & \text{当且仅当} \quad \exists S(S=A \ \wedge \ x\in S) \end{aligned}$$

但显然只有 $\exists S(S=A\wedge x\in S)$ 蕴涵 $\exists S(S\subseteq A\wedge x\in S)$，而后者并不能蕴涵前者，因此这里不适合一直使用“当且仅当”的模式进行证明。

**问题 5.21** 设 $A,B,C$ 是集合，证明：若 $A\cup B=A\cup C$ 且 $\overline{A}\cup B=\overline{A}\cup C$，则 $B=C$。

**【分析】**这里待证明的命题实际上是一个蕴涵式，因此需要将 $A\cup B=A\cup C$ 和 $\overline{A}\cup B=\overline{A}\cup C$ 作为附加前提来得到 $B=C$。进一步，对任意 $x$，若 $x\in B$，如何得到 $x\in C$？附加前提中涉及集合 $A$，为了能利用附加前提，必须用到集合 $A$，如何利用？可以分 $x\in A$ 和 $x\notin A$ 这两种情况证明。

**【证明】**对任意 $x$，设 $x\in B$。分两种情况：① 若 $x\in A$，则由 $x\in B$ 得 $x\in\overline{A}\cup B$，而 $\overline{A}\cup B=\overline{A}\cup C$，从而 $x\in\overline{A}\cup C$，即 $x\in\overline{A}$ 或 $x\in C$，但 $x\in A$，因此由析取三段论有 $x\in C$；② 若 $x\notin A$，则类似地由 $x\in B$ 得 $x\in A\cup B$，而 $A\cup B=A\cup C$，从

而 $x \in A \cup C$，即 $x \in A$ 或 $x \in C$，而 $x \notin A$，由析取三段论就有 $x \in C$。因此，无论 $x \in A$ 或 $x \notin A$，当 $x \in B$ 时总有 $x \in C$，即 $B \subseteq C$。

类似地可证 $C \subseteq B$，因此当 $A \cup B = A \cup C$ 且 $\overline{A} \cup B = \overline{A} \cup C$ 时有 $B = C$。 □

**【讨论】**(1) 这里证明的关键在于：首先是要分 $x \in A$ 和 $x \notin A$ 这两种情况证明以利用附加前提；其次要知道运用析取三段论推理规则从 $x \in \overline{A}$ 或 $x \in C$，以及 $x \in A$ 这两个前提得到结论 $x \in C$。

(2) 由于在附加前提 $A \cup B = A \cup C$ 且 $\overline{A} \cup B = \overline{A} \cup C$ 中，$B$ 和 $C$ 是对称的，即将这个前提中的 $B$ 换成 $C$，$C$ 换成 $B$ 得到的命题完全相同。因此，证明 $B \subseteq C$ 和证明 $C \subseteq B$ 的过程也只需要我们将 $B$ 和 $C$ 互换即可。也就是说，对于上面的命题，只需要不失一般性地证明 $B \subseteq C$ 即可。

对于涉及复杂集合表达式的集合等式，可通过集合成员关系表列举集合与元素之间的隶属关系进行证明，即对两个集合表达式，如果它们有相同的元素隶属关系，则表示的是两个相等的集合。

**问题 5.22** 集合 $A$ 和 $B$ 的**对称差** (symmetric difference)，记为 $A \oplus B$，定义为：

$$A \oplus B \ = \ \{x \mid (x \in A \wedge x \notin B) \vee (x \notin A \wedge x \in B)\}$$

证明：(1) $A \oplus B = (A \cup B) - (A \cap B) = (A - B) \cup (B - A)$。

(2) 集合对称差运算满足结合律，即对任意三个集合 $A, B, C$ 有 $A \oplus (B \oplus C) = (A \oplus B) \oplus C$。

**【分析】**基于对称差的定义，可给出它的文氏图和成员关系表，如图 5.9 所示。

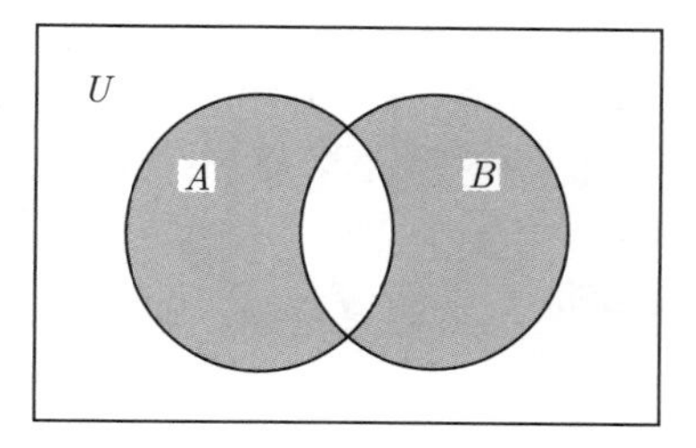


| $A$ | $B$ | $A \oplus B$ |
|---|---|---|
| 0 | 0 | 0 |
| 0 | 1 | 1 |
| 1 | 0 | 1 |
| 1 | 1 | 0 |

图 5.9　集合 $A \oplus B$ 的文氏图和成员关系表

从文氏图不难看到有 $A \oplus B = (A \cup B) - (A \cap B) = (A - B) \cup (B - A)$。但文氏图不是严格的证明，所以还需要基于定义从考察元素的角度证明这个集合等式，或者也可利用成员关系表证明。对于对称差运算的结合性证明则建议使用成员关系表证明，因为含有对称差运算的表达式是比较复杂的集合表达式。

**【证明】**(1) 对任意 $x$，有：

$x \in A \oplus B$　当且仅当　$(x \in A \wedge x \notin B) \vee (x \notin A \wedge x \in B)$　　// 对称差的定义

　当且仅当　$(x \in A - B) \vee (x \in B - A)$　　// 集合差的定义

　当且仅当　$x \in (A - B) \cup (B - A)$　　// 集合并的定义

$x \in A \oplus B$ 当且仅当 $(x \in A \wedge x \notin B) \vee (x \notin A \wedge x \in B)$ // 对称差的定义

当且仅当 $(x \in A \vee x \in B) \wedge (x \notin A \vee x \notin B)$ // 分配律，矛盾律，同一律

当且仅当 $(x \in A \vee x \in B) \wedge \neg(x \in A \wedge x \in B)$ // 德摩根律

当且仅当 $(x \in A \cup B) \wedge \neg(x \in A \cap B)$ // 集合并、集合交的定义

当且仅当 $(x \in A \cup B) \wedge (x \notin A \cap B)$ // $\notin$ 的含义

当且仅当 $x \in (A \cup B) - (A \cap B)$ // 集合差的定义

因此，$A \oplus B = (A \cup B) - (A \cap B) = (A - B) \cup (B - A)$。

（2）使用表 5.2 所示的集合成员关系表证明对称差满足结合律。

**表 5.2　集合成员关系表**

| $A$ | $B$ | $C$ | $A \oplus B$ | $(A \oplus B) \oplus C$ | $(B \oplus C)$ | $A \oplus (B \oplus C)$ |
|---|---|---|---|---|---|---|
| 0 | 0 | 0 | 0 | 0 | 0 | 0 |
| 0 | 0 | 1 | 0 | 1 | 1 | 1 |
| 0 | 1 | 0 | 1 | 1 | 1 | 1 |
| 0 | 1 | 1 | 1 | 0 | 0 | 0 |
| 1 | 0 | 0 | 1 | 1 | 0 | 1 |
| 1 | 0 | 1 | 1 | 0 | 1 | 0 |
| 1 | 1 | 0 | 0 | 0 | 1 | 0 |
| 1 | 1 | 1 | 0 | 1 | 0 | 1 |

可以看到，$(A \oplus B) \oplus C$ 和 $A \oplus (B \oplus C)$ 有相同的列，即这两个集合表达式有相同的元素隶属关系，因此 $(A \oplus B) \oplus C = A \oplus (B \oplus C)$。 □

**【讨论】**注意，文氏图只能辅助证明集合等式，不能作为严格的证明，但成员关系表是一种严格的证明，它本质上是穷举法。上面证明对称差运算满足结合律的成员关系表，实际上是针对全集的任意元素 $x$，穷举 $x$ 属于 $A, B, C$ 三个集合的各种情况下，$x$ 属于 $(A \oplus B) \oplus C$ 和 $A \oplus (B \oplus C)$ 的结果是否相同，如果都相同，则这两者相等，否则不相等。

例如，上述成员关系表的第 4 行（不计表头表示集合的行），即表示当全集的元素 $x \notin A, x \in B, x \in C$（开始的三列分别为 011）时，$x$ 不属于 $(A \oplus B) \oplus C$（第 5 列这一行为 0），也不属于 $A \oplus (B \oplus C)$（第 7 列这一行也为 0）。

成员关系表的 8 行分别对应全集的元素 $x$ 属于三个集合 $A, B, C$ 的各种情况组合。因此，成员关系表属于穷举证明（分情况证明的极端情况），是证明集合等式的严格方法。

### 5.3.2 集合等式演算

集合等式演算与逻辑的等值演算类似，首先确定一些基本的集合等式，然后用子表达式置换的方式将两个集合表达式变换成相同的表达式而证明这两个集合表达式表示的集合相等。这里不严格定义集合表达式及其子表达式，也不严格地给出集合等式演算

的定义，而是在总结基本的集合等式的基础上，给出一些例子展示如何使用演算的方式证明集合等式。

我们将给出一些集合等式作为基本的集合等式，这些等式给出了集合运算的各种代数性质。实际上，前面介绍集合运算时的一些定理给出了其中的部分集合等式。表 5.3总结了基本的集合等式模式，对照命题逻辑的基本等值式（表 2.10），不难发现这两者极为类似：集合交对应逻辑合取、集合并对应逻辑析取、集合绝对补对应逻辑否定、永真式 **1** 对应全集 $U$，矛盾式 **0** 对应空集 $\varnothing$。

表 5.3　基本的集合等式模式

| 名　称 | 集合等式模式 | |
|---|---|---|
| 同一律 | $A\cap U=A$ | $A\cup\varnothing=A$ |
| 零律 | $A\cap\varnothing=\varnothing$ | $A\cup U=U$ |
| 矛盾律 | $A\cap(\overline{A})=\varnothing$ | |
| 排中律 | $A\cup(\overline{A})=U$ | |
| 双重否定律 | $\overline{\overline{A}}=A$ | |
| 幂等律 | $A\cap A=A$ | $A\cup A=A$ |
| 交换律 | $A\cap B=B\cap A$ | $A\cup B=B\cup A$ |
| 结合律 | $(A\cap(B\cap C))=((A\cap B)\cap C)$ | $(A\cup(B\cup C))=((A\cup B)\cup C)$ |
| 分配律 | $A\cap(B\cup C)=(A\cap B)\cup(A\cap C)$ | $A\cup(B\cap C)=(A\cup B)\cap(A\cup C)$ |
| 吸收律 | $A\cap(A\cup B)=A$ | $A\cup(A\cap B)=A$ |
| 德摩根律 | $\overline{A\cap B}=\overline{A}\cup\overline{B}$ | $\overline{A\cup B}=\overline{A}\cap\overline{B}$ |
| 集合差等式 | $A-B=A\cap\overline{B}$ | |

这些集合等式也是集合等式模式，即其中的字母 $A,B,C$ 可代表任意的集合（不过 $U$ 是固定的全集，$\varnothing$ 是唯一存在的空集）。类似前面对部分集合等式的证明，不难基于集合相等的定义证明表 5.3 的所有基本集合等式，而且也容易看到，证明的关键是要利用相应的命题逻辑等值式。

**例子 5.23**　证明：全集的补是空集，空集的补是全集，即：

$$\overline{U}\ =\ \varnothing \qquad\qquad \overline{\varnothing}\ =\ U$$

**【证明】**我们有：

$$\begin{aligned}
\varnothing &= U\cap(\overline{U}) && \text{// 矛盾律 } A\cap(\overline{A})=\varnothing\text{，使用 } U \text{ 替换 } A\\
&= \overline{U} && \text{// 同一律 } A\cap U=A\text{，使用 } \overline{U} \text{ 替换 } A\\
U &= \varnothing\cup(\overline{\varnothing}) && \text{// 排中律 } A\cup(\overline{A})=U\text{，使用 } \varnothing \text{ 替换 } A\\
&= \overline{\varnothing} && \text{// 同一律 } A\cup\varnothing=A\text{，使用 } \overline{\varnothing} \text{ 替换 } A
\end{aligned}$$

□

这两个集合等式有时被称为**全补律**。

**例子 5.24**　证明集合差的德摩根律：对任意集合 $A,B,C$，有：

$$A-(B\cap C)\ =(A-B)\cup(A-C) \qquad A-(B\cup C)\ =(A-B)\cap(A-C)$$

【证明】我们有：

$$\begin{aligned}
A-(B\cap C) &= A\cap\overline{B\cap C} && \text{// 集合差等式}\\
&= A\cap(\overline{B}\cup\overline{C}) && \text{//（集合补的）德摩根律}\\
&= (A\cap\overline{B})\cup(A\cap\overline{C}) && \text{// 分配律}\\
&= (A-B)\cup(A-C)\\
A-(B\cup C) &= A\cap\overline{B\cup C} && \text{// 集合差等式}\\
&= A\cap(\overline{B}\cap\overline{C}) && \text{//（集合补的）德摩根律}\\
&= (A\cap\overline{B})\cap(A\cap\overline{C}) && \text{// 幂等律，交换律，结合律}\\
&= (A-B)\cap(A-C)
\end{aligned}$$

□

这两个集合等式有时被称为**相对德摩根律**。

实际上，在集合表达式中，也通常认为集合补和幂集运算的优先级最高，其次是集合交，然后是集合并，然后是集合差，最后是集合对称差。不过通常不会使用太复杂的集合表达式。因此，都是尽量使用圆括号将每个运算的操作表达清楚。与命题逻辑公式的范式类似，也通常认为只含有集合并、集合交和集合补运算，且集合补只作用于单个集合时的集合表达式更简单和更容易理解，因此，有时所谓的化简集合表达式，就是指使用集合等式演算变换为这样的集合表达式。

**例子 5.25** 化简集合表达式：$((A\cup B\cup C)\cap(A\cup B))-((A\cup(B-C))\cap A)$。

【解答】我们有：

$$\begin{aligned}
& ((A\cup B\cup C)\cap(A\cup B))-((A\cup(B-C))\cap A) && \text{// 吸收律}\\
=\ & (A\cup B)-((A\cup(B-C))\cap A) && \text{// 吸收律}\\
=\ & (A\cup B)-A && \text{// 集合差等式}\\
=\ & (A\cup B)\cap\overline{A} && \text{// 分配律}\\
=\ & (A\cap\overline{A})\cup(B\cap\overline{A}) && \text{// 矛盾律、同一律}\\
=\ & B\cap\overline{A}
\end{aligned}$$

注意，这里如果先使用分配律、集合差等式进行演算则会复杂很多，而如果一开始使用吸收律则可以很快得到一个比较简单的集合表达式。

### 5.3.3 子集关系与集合等式

两个集合 $A$ 和 $B$ 相等当且仅当 $A$ 是 $B$ 的子集且 $B$ 也是 $A$ 的子集。因此，集合等式与集合子集关系有密切的联系。本节在总结一些基本的集合子集关系的基础上，讨论如何证明集合之间的子集关系，以及如何通过证明子集关系证明集合等式。

前面在介绍集合运算时给出了一些基本的集合子集关系。

（1）集合交与子集关系（定理 5.6）：对任意集合 $A,B,C$，有：

① $A\cap B\subseteq A$; ② $A\cap B\subseteq B$; ③ $C\subseteq A\cap B$ 当且仅当 $C\subseteq A$ 且 $C\subseteq B$。

（2）集合并与子集关系（定理 5.9）：对任意集合 $A,B,C$，有：

① $A\subseteq A\cup B$; ② $B\subseteq A\cup B$; ③ $A\cup B\subseteq C$ 当且仅当 $A\subseteq C$且 $B\subseteq C$。

（3）集合差与子集关系（定理 5.12）：对任意集合 $A,B$，有：

① $A-B\subseteq A$; ② $A\subseteq B$ 当且仅当 $\overline{B}\subseteq\overline{A}$ 当且仅当 $A-B=\varnothing$。

（4）幂集运算保持子集关系（定理 5.13）：对任意集合 $A,B$，有 $A\subseteq B$ 蕴涵 $\wp(A)\subseteq\wp(B)$。

这里（3）给出了如何利用集合差确定子集关系，即 $A\subseteq B$ 当且仅当 $A-B=\varnothing$。也可利用集合并与交确定子集关系。

**例子 5.26** 对任意集合 $A$ 和 $B$，$A\subseteq B$ 当且仅当 $A\cap B=A$ 当且仅当 $A\cup B=B$。

**【证明】**（1）假定 $A\subseteq B$，根据集合交与子集关系之间的联系有 $A\cap B\subseteq A$，且由 $A\subseteq A$ 和 $A\subseteq B$ 有 $A\subseteq A\cap B$（因为对任意集合 $A,B,C$，有 $C\subseteq A\cap B$ 当且仅当 $C\subseteq A$ 且 $C\subseteq B$）。因此有 $A\cap B=A$。反之，若 $A\cap B=A$，则由 $A\cap B\subseteq B$ 立即得 $A\subseteq B$。因此 $A\subseteq B$ 当且仅当 $A\cap B=A$。

（2）假定 $A\subseteq B$，根据集合并与子集关系之间的联系有 $B\subseteq A\cup B$，且由 $A\subseteq B$ 和 $B\subseteq B$ 有 $A\cup B\subseteq B$（因为对任意集合 $A,B,C$，有 $A\cup B\subseteq C$ 当且仅当 $A\subseteq C$ 且 $B\subseteq C$）。因此有 $A\cup B=B$。反之，若 $A\cup B=B$，则由 $A\subseteq A\cup B$ 立即得 $A\subseteq B$。因此，$A\subseteq B$ 当且仅当 $A\cup B=B$。 □

幂集运算保持子集关系，实际上，集合交与集合并也保持子集关系。

**例子 5.27** 对任意集合 $A,B,C$ 和 $D$，若 $A\subseteq C$ 且 $B\subseteq D$，则 $A\cap B\subseteq C\cap D$，以及 $A\cup B\subseteq C\cup D$。

**【证明】**假定 $A\subseteq C$ 且 $B\subseteq D$，有：

（1）由 $A\cap B\subseteq A$ 及 $A\subseteq C$ 得 $A\cap B\subseteq C$（子集关系的传递性），类似地由 $A\cap B\subseteq B$ 及 $B\subseteq D$ 得 $A\cap B\subseteq D$，从而就有 $A\cap B\subseteq C\cap D$（因为对任意集合 $A,B,C$，有 $C\subseteq A\cap B$ 当且仅当 $C\subseteq A$ 且 $C\subseteq B$）。

（2）由 $A\subseteq C$ 且 $C\subseteq C\cup D$ 得 $A\subseteq C\cup D$，类似地，由 $B\subseteq D$ 且 $D\subseteq C\cup D$ 得 $B\subseteq C\cup D$，从而就有 $A\cup B\subseteq C\cup D$（因为对任意集合 $A,B,C$，有 $A\cup B\subseteq C$ 当且仅当 $A\subseteq C$ 且 $B\subseteq C$）。 □

从这两个例子可以看到，定理 5.6和定理 5.9给出了集合并、集合交与子集关系之间的最基本的联系，读者最好能熟记这两个定理，并在证明集合之间的子集关系时灵活运用：要证明一个集合是两个集合的交的子集时只要分别证明这个集合是那两个集合的子集即可，而证明两个集合的并是一个集合的子集时也只要分别证明那两个集合是这个集合的子集即可。

**问题 5.28** 设 $A\subseteq B$ 且 $A$ 和 $C$ 不相交，证明 $A\subseteq B-C$。

**【分析】**首先，集合 $A$ 和 $C$ 不相交的含义是 $A\cap C=\varnothing$，而待证的 $A\subseteq B-C$ 可写成 $A\subseteq B\cap\overline{C}$，因此，只需要 $A\subseteq B$ 且 $A\subseteq\overline{C}$ 即可，对于后者显然需要利用

$A\cap C=\varnothing$，这让我们联想到集合差与子集关系的联系：对任意集合 $D,E$，$D\subseteq E$ 当且仅当 $D-E=\varnothing$，而 $A\cap C=A-\overline{C}$。

**【证明】** $A$ 和 $C$ 不相交，即 $A\cap C=\varnothing$，即 $A\cap\overline{\overline{C}}=\varnothing$，即 $A-\overline{C}=\varnothing$，即 $A\subseteq\overline{C}$，又有 $A\subseteq B$，因此 $A\subseteq B\cap\overline{C}$，即 $A\subseteq B-C$。 □

**【讨论】** 在英文中，两个集合 $A$ 和 $B$ 不相交是说“$A$ and $B$ are disjoint”，定义为 $A\cap B=\varnothing$。通过上面的分析可看到，集合 $A$ 和 $B$ 不相交当且仅当 $A\subseteq\overline{B}$。

**问题 5.29** 设 $A,B,C$ 是集合，证明 $A\cup C\subseteq B\cup C$ 当且仅当 $A-C\subseteq B-C$。

**【分析】** 仍将 $A-C\subseteq B-C$ 看作等价于 $A\cap\overline{C}\subseteq B\cap\overline{C}$，从而运用集合并和集合交与子集关系的基本联系进行证明。

**【证明】** 我们有：

$$
\begin{array}{llll}
A\cup C\subseteq B\cup C & \text{蕴涵} & A\subseteq B\cup C & \text{// 集合并与子集关系的基本联系}\\
 & \text{蕴涵} & A\cap\overline{C}\subseteq(B\cup C)\cap\overline{C} & \text{// 集合交保持子集关系}\\
 & \text{当且仅当} & A\cap\overline{C}\subseteq B\cap\overline{C} & \text{// 不难证明 } (B\cup C)\cap\overline{C}=B\cap\overline{C}\\
 & \text{当且仅当} & A-C\subseteq B-C & \\
A-C\subseteq B-C & \text{当且仅当} & A\cap\overline{C}\subseteq B\cap\overline{C} & \\
 & \text{蕴涵} & A\cap\overline{C}\subseteq B & \text{// 集合交与子集关系的基本联系}\\
 & \text{蕴涵} & (A\cap\overline{C})\cup C\subseteq B\cup C & \text{// 集合并保持子集关系}\\
 & \text{当且仅当} & A\cup C\subseteq B\cup C & \text{// 不难证明 } (A\cap\overline{C})\cup C=A\cup C
\end{array}
$$

这就证明了 $A\cup C\subseteq B\cup C$ 当且仅当 $A-C\subseteq B-C$。 □

**【讨论】**（1）上面的证明中有些命题之间是双蕴涵关系（即“当且仅当”），但有些命题之间只有蕴涵关系，读者需要细心区别并准确运用逻辑蕴涵和逻辑双蕴涵。

（2）利用等式演算很容易得到上面证明中所需要的两个等式：

$$
\begin{array}{lll}
(B\cup C)\cap\overline{C} & (A\cap\overline{C})\cup C & \text{// 分配律}\\
=(B\cap\overline{C})\cup(C\cap\overline{C}) & =(A\cup C)\cap(\overline{C}\cup C) & \text{// 矛盾律、排中律}\\
=(B\cap\overline{C})\cup\varnothing & =(A\cup C)\cap U & \text{// 同一律}\\
=B\cap\overline{C} & =A\cup C &
\end{array}
$$

可以通过证明子集关系证明集合等式。

**问题 5.30** 设 $A$ 和 $B$ 是集合，通过证明子集关系证明德摩根律 $\overline{A\cup B}=\overline{A}\cap\overline{B}$。

**【分析】** 通过子集关系证明这个德摩根律等式，就是要证明 $\overline{A\cup B}\subseteq\overline{A}\cap\overline{B}$ 且 $\overline{A}\cap\overline{B}\subseteq\overline{A\cup B}$。前者只需要分别证明 $\overline{A\cup B}\subseteq\overline{A}$ 和 $\overline{A\cup B}\subseteq\overline{B}$ 即可，而这两者分别等价于 $A\subseteq A\cup B$ 和 $B\subseteq A\cup B$。

对于 $\overline{A}\cap\overline{B}\subseteq\overline{A\cup B}$，同样可利用集合补与子集关系的联系，证明 $A\cup B\subseteq\overline{\overline{A}\cap\overline{B}}$，而这只需要分别证明 $A\subseteq\overline{\overline{A}\cap\overline{B}}$ 和 $B\subseteq\overline{\overline{A}\cap\overline{B}}$，而这两者又分别等价于 $\overline{A}\cap\overline{B}\subseteq\overline{A}$ 和

$\overline{A}\cap\overline{B}\subseteq\overline{B}$。

**【证明】**首先，由 $A\subseteq A\cup B$ 得到 $\overline{A\cup B}\subseteq\overline{A}$，且由 $B\subseteq A\cup B$ 得到 $\overline{A\cup B}\subseteq\overline{B}$。因此，有 $\overline{A\cup B}\subseteq\overline{A}\cap\overline{B}$。

其次，由 $\overline{A}\cap\overline{B}\subseteq\overline{A}$ 得到 $A\subseteq\overline{\overline{A}\cap\overline{B}}$，且由 $\overline{A}\cap\overline{B}\subseteq\overline{B}$ 得到 $B\subseteq\overline{\overline{A}\cap\overline{B}}$，从而 $A\cup B\subseteq\overline{\overline{A}\cap\overline{B}}$，从而有 $\overline{A}\cap\overline{B}\subseteq\overline{A\cup B}$。

综上有 $\overline{A\cup B}=\overline{A}\cap\overline{B}$。 □

**【讨论】**这里在【分析】部分给出的是从结论到前提的分析思维，也即反向推理思维，而【证明】部分给出的正式证明是从前提（或说已知命题）到结论的综合思维，也即正向推理思维。这是一个典型的在构建证明思路时使用反向推理，而在书写正式证明时使用正向推理的例子。如果读者只看【证明】部分，则对为什么从 $A\subseteq A\cup B$ 开始，特别是为什么从 $\overline{A}\cap\overline{B}\subseteq\overline{A}$ 开始证明可能会感到迷惑，但这实际上是反向推理的自然结果。

最后给出一个有关幂集运算的例子。

**问题 5.31** 设 $A$ 和 $B$ 是集合。

（1）证明：$\wp(A)\cup\wp(B)\subseteq\wp(A\cup B)$。

（2）举例说明 $\wp(A\cup B)\subseteq\wp(A)\cup\wp(B)$ 不一定成立。

**【分析】**（1）是要证明两个集合的并是另一个集合的子集，只要证明那两个集合分别是这一个集合的子集即可，也即只要证明 $\wp(A)\subseteq\wp(A\cup B)$ 和 $\wp(B)\subseteq\wp(A\cup B)$ 即可，而这两者容易由幂集运算保持子集关系得到。

（2）由于幂集运算保持子集关系，因此若 $A\subseteq B$，则 $A\cup B=B$，从而 $\wp(A\cup B)=\wp(B)$，而由 $A\subseteq B$ 也有 $\wp(A)\subseteq\wp(B)$，从而 $\wp(A)\cup\wp(B)=\wp(B)$，也即当 $A\subseteq B$ 时总有 $\wp(A\cup B)=\wp(A)\cup\wp(B)$。同理当 $B\subseteq A$ 时也有 $\wp(A\cup B)=\wp(A)\cup\wp(B)$。

因此，所需的例子只能是当 $A$ 不是 $B$ 的子集且 $B$ 也不是 $A$ 的子集时才符合要求。而当有一个元素只属于 $A$，又有一个元素只属于 $B$ 时，这两个元素构成的集合属于 $A\cup B$，但既不是 $A$ 的子集也不是 $B$ 的子集，从而就会使得 $\wp(A\cup B)\subseteq\wp(A)\cup\wp(B)$ 不成立。

**【证明】**（1）由 $A\subseteq A\cup B$ 及幂集运算保持子集关系有 $\wp(A)\subseteq\wp(A\cup B)$，同样由 $B\subseteq A\cup B$ 及幂集运算保持子集关系有 $\wp(B)\subseteq\wp(A\cup B)$，从而由集合并运算与子集关系的联系有 $\wp(A)\cup\wp(B)\subseteq\wp(A\cup B)$。

（2）设 $A=\{1\}$，$B=\{2\}$，则有：

$$\begin{aligned}\wp(A)&=\{\varnothing,\{1\}\} & \wp(B)&=\{\varnothing,\{2\}\}\\ \wp(A)\cup\wp(B)&=\{\varnothing,\{1\},\{2\}\} & \wp(A\cup B)&=\wp(\{1,2\})=\{\varnothing,\{1\},\{2\},\{1,2\}\}\end{aligned}$$

这里 $\wp(A\cup B)$ 不是 $\wp(A)\cup\wp(B)$ 的子集。因此，对集合 $A$ 和 $B$，$\wp(A\cup B)\subseteq\wp(A)\cup\wp(B)$ 不一定成立。 □

**【讨论】**通常要举例说明一个命题不成立时，必须给出具体的例子（即不能只使用反证法或二难推理说明这样例子的存在)，而且要详细解释为什么这个例子使得命题不成立。例如，这里必须给出 $A$ 和 $B$ 的具体元素，并且计算 $\wp(A), \wp(B)$ 和 $\wp(A\cup B)$ 的结果以展示给出的集合 $A$ 和集合 $B$ 确实使得 $\wp(A\cup B)\subseteq\wp(A)\cup\wp(B)$ 不成立。

## 5.4 本章小结

本章介绍集合语言中有关集合论部分的知识。基于朴素集合论的观点，给出了集合的基本术语，包括集合、元素和元素属于集合，并假定存在合适的全集以避免朴素集合论中可能出现的悖论。在此基础上，严格给出了集合子集关系、集合相等、空集等概念的定义，介绍了定义集合的元素枚举法和性质概括法，并进一步介绍了如何使用文氏图和成员关系表表示集合以帮助理解集合表达式。

本章介绍了基本的集合运算，包括集合交、集合并、集合差、集合补以及幂集运算，并在存在全集的情况下，建议使用二进制串表示集合，介绍了如何利用二进制串的表示实现集合运算，特别是幂集运算。证明集合等式是学习“离散数学”课程必须掌握的内容，本章介绍了如何基于集合相等的定义，包括如何利用成员关系表证明集合等式，如何利用基本集合等式进行等式演算，以及如何利用集合运算与子集关系的基本联系证明集合的子集关系和集合等式。

通过本章的学习，读者需要熟悉集合的基本等式和集合运算与子集关系的基本联系，能使用元素枚举法和性质概括法定义集合，能给出集合表达式的文氏图和成员关系表，能计算包含集合交、集合并、集合差、集合补和幂集运算的集合表达式的结果，能熟练利用集合相等的定义、利用等式演算或利用子集关系证明集合等式。

## 5.5 习题

**练习 5.1** 分别使用元素枚举法和性质概括法定义下面的集合。

（1）1~100（包括 1 和 100）的完全平方数构成的集合。

（2）1~100 中 17 的倍数构成的集合。

（3）24 的所有正因子构成的集合。

（4）长度为 4 且含有偶数个 1 的二进制串构成的集合。

**练习 * 5.2** 设全集 $U$ 是自然数集 $\mathbb{N}$，定义集合 $A$:

$$A = \{x+y \mid x,y\in\mathbb{N}, 1\leqslant x\leqslant 4, 1\leqslant y^2\leqslant 10\}$$

（1）使用元素枚举法给出集合 $A$。

（2）判断下面公式的真值（注意，个体变量的论域是全集 $\mathbb{N}$）。

① $\forall x(x\in A\leftrightarrow \exists y\exists z(1\leqslant y\leqslant 4\ \wedge\ 1\leqslant z^2\leqslant 10\ \wedge x=y+z))$

② $\forall x\forall y((x+y)\in A\to(1\leqslant x\leqslant 4\ \wedge\ 1\leqslant y^2\leqslant 10))$

③ $\forall x\forall y((1\leqslant x\leqslant 4\ \wedge\ 1\leqslant y^2\leqslant 10)\to(x+y)\in A)$

④ $\exists x \exists y((x+y) \in A \land (x > 5 \lor y^2 > 10))$

**练习 5.3**　设全集 $U$ 是自然数集，$A, B, C, D$ 是它的子集，且有：

$A = \{1, 2, 8, 10\}$　　　$B = \{n \mid n^2 < 50\}$

$C = \{n \mid n$ 是 3 的倍数且 $n < 20\}$　　　$D = \{n \mid n = 2^i, i < 6, i \in \mathbb{N}\}$

计算下列集合表达式。

（1）$A \cup (C \cap D)$　　（2）$A \cap (B \cup (C \cap D))$

（3）$B - (A \cap C)$　　（4）$\wp(A)$

**练习 5.4**　设全集 $U = \{x \in \mathbb{N} \mid 1 \leqslant x \leqslant 20\}$，集合 $A, B, C$ 都是全集 $U$ 的子集，且 $A = \{x \mid x$ 是 3 的倍数$\}$，$B = \{x \mid x$ 是 4 的倍数$\}$，$C = \{x \mid x$ 是 5 的倍数$\}$，计算下面的集合表达式。

（1）$A \cap B$　　（2）$A \cup B$　　（3）$A - B$

（4）$A \cap (B \cup C)$　　（5）$A - (B - C)$　　（6）$\overline{A - C}$

**练习 * 5.5**　设全集 $U$ 是自然数集，集合 $A$ 和 $B$ 都是全集 $U$ 的子集，且 $A = \{3k \mid k \in \mathbb{N}\}$，$B = \{4k \mid k \in \mathbb{N}\}$，计算 $A \cap B, A \cup B$ 和 $A - B$。

**练习 5.6**　设 $A_n$ 是 $n$ 的所有正因子构成的集合，集合族 $\mathcal{A} = \{A_{12}, A_{18}, A_{24}, A_{36}\}$，计算 $\bigcap \mathcal{A}$ 和 $\bigcup \mathcal{A}$。

**练习 5.7**　设 $A_n$ 是 $n$ 的所有正因子构成的集合，集合族 $\mathcal{A} = \{A_{4k} \mid k \in \mathbb{Z}^+\}$，计算 $\bigcap \mathcal{A}$ 和 $\bigcup \mathcal{A}$。

**练习 5.8**　计算下面集合的幂集。

（1）$\{a\}$　　（2）$\{a, b\}$　　（3）$\{a, b, c\}$

**练习 * 5.9**　计算下面集合的幂集。

（1）$\{\varnothing, \{\varnothing\}\}$　　（2）$\{a, \{b\}, \{\{c\}\}\}$　　（3）$\wp(\{\{a\}\})$

**练习 * 5.10**　设 $a$ 是全集的某个元素，判断下面的命题是否为真。

（1）$a \in \{a\}$　　（2）$\{a\} \in \{a\}$　　（3）$\{a\} \in \{a, \{a\}\}$

（4）$\{a\} \subseteq \{a\}$　　（5）$\{a\} \subseteq \{a, \{a\}\}$　　（6）$\{\{a\}\} \subseteq \{a, \{a\}\}$

**练习 5.11**　设 $U$ 是全集，$A, B, C$ 是 $U$ 的子集，使用文氏图表示下面的集合表达式。

（1）$A \cap (B \cup C)$　　（2）$A - (B \cup C)$　　（3）$A - (B - C)$

**练习 5.12**　设 $U$ 是全集，$A, B, C$ 是 $U$ 的子集，使用成员关系表表示下面的集合表达式。

（1）$A \cap (B \cup C)$　　（2）$A - (B \cup C)$　　（3）$A - (B - C)$

**练习 5.13**　考虑命题：若 $A \subseteq C, B \subseteq C$，且 $x \in A$，则 $x \in B$。

（1）对于该命题，下面证明有什么错误？

**证明**　设 $x \notin B$。由于 $x \in A$ 且 $A \subseteq C$，因此 $x \in C$。既然 $x \notin B$ 且 $B \subseteq C$，所以 $x \notin C$。但前面已经证明 $x \in C$，矛盾！因此由反证法，有 $x \in B$。

（2）给出一个例子说明上面命题不成立。

**练习 * 5.14** 设 $A, B$ 是任意集合，试给出下列各式成立的充分必要条件，并说明理由。

（1）$A \cap B = A$ （2）$A \cup B = A$

（3）$A \oplus B = A$ （4）$A \cap B = A \cup B$

**练习 5.15** 设 $A, B, C$ 和 $D$ 是集合。集合等式 $(A-B)-(C-D) = (A-C)-(B-D)$ 是否成立？如成立请证明，如不成立请举例说明。

**练习 * 5.16** 设 $A, B, C$ 是集合，证明：若 $A \cap B = A \cap C$ 且 $A \cup B = A \cup C$，则 $B = C$。

**练习 5.17** 设 $A, B, C$ 是集合，证明：若 $A \cap B = A \cap C$ 且 $\overline{A} \cap B = \overline{A} \cap C$，则 $B = C$。

**练习 5.18** 证明对称差运算满足交换律：即对任意集合 $A, B$，$A \oplus B = B \oplus A$。

**练习 5.19** 设 $A, B, C$ 是集合，判断 $A \cup (B \oplus C) = (A \cup B) \oplus (A \cup C)$ 是否成立，并说明理由。

**练习 5.20** 设 $A, B, C$ 是集合，判断 $A \cap (B \oplus C) = (A \cap B) \oplus (A \cap C)$ 是否成立，并说明理由。

**练习 5.21** 证明下面的集合等式。

（1）$(A - B) - C = (A - C) - B$ （2）$(A - B) - C = (A - C) - (B - C)$

**练习 5.22** 考虑下面的命题：

对任意集合 $A, B, C$，如果 $A - B \subseteq C$ 且 $A \not\subseteq C$，则 $A \cap B \neq \varnothing$。

对于该命题的下面证明是否正确？如果正确，它使用了什么证明策略？如果不正确，能否更正？这个命题是否为真？

**证明** 既然 $A \not\subseteq C$，则可选择某个 $x$ 使得 $x \in A$ 且 $x \notin C$。既然 $x \notin C$ 且 $A - B \subseteq C$，所以 $x \notin A - B$，因此，要么 $x \notin A$，要么 $x \in B$，但是前面已经假定 $x \in A$，因此必有 $x \in B$。既然 $x \in A$ 且 $x \in B$，因此 $x \in A \cap B$，因此 $A \cap B \neq \varnothing$。

**练习 5.23** 考虑下面的命题：

设 $A, B, C$ 是集合且 $A \subseteq B \cup C$，则要么 $A \subseteq B$ 要么 $A \subseteq C$。

对于该命题的下面证明是否正确？如果正确，它使用了什么证明策略？如果不正确，能否更正？这个命题是否正确？

**证明** 设 $x$ 是 $A$ 的任意元素，因为 $A \subseteq B \cup C$，因此有要么 $x \in B$，要么 $x \in C$。

情况一：$x \in B$。由于 $x$ 是 $A$ 的任意元素，这意味着 $\forall x \in A(x \in B)$，即 $A \subseteq B$。

情况二：$x \in C$。由于 $x$ 是 $A$ 的任意元素，类似地，这意味着 $\forall x \in A(x \in C)$，即 $A \subseteq C$。

因此，这表明要么 $A \subseteq B$，要么 $A \subseteq C$。

**练习 * 5.24** 设 $A, B, C$ 是集合，证明：

（1）$A \cap (B \cup C) \subseteq (A \cap B) \cup C$。

（2）$(A\cap B)\cup C=A\cap(B\cup C)$ 当且仅当 $C\subseteq A$。

**练习 5.25** 设 $A,B,C$ 是集合且 $A-B\subseteq C$，证明 $A-C\subseteq B$。

**练习 * 5.26** 证明如果集合 $A$ 和 $B-C$ 不相交，则 $A\cap B\subseteq C$。

**练习 5.27** 设 $A,B,C$ 是集合。证明 $(A\cup B)-C\subseteq A\cup(B-C)$

**练习 5.28** 设 $A,B,C$ 是集合，证明 $A-(B-C)\subseteq(A-B)\cup C$。

**练习 5.29** 设 $A,B,C$ 是集合。证明 $A-C\subseteq(A-B)\cup(B-C)$。

**练习 * 5.30** 设 $A,B$ 是集合，证明 $A=B$ 当且仅当 $\wp(A)=\wp(B)$。

**练习 5.31** 设 $A,B$ 是集合，证明 $\wp(A\cap B)=\wp(A)\cap\wp(B)$。

**练习 5.32** 证明对任意集合 $A,B$，若 $\wp(A)\cup\wp(B)=\wp(A\cup B)$，则 $A\subseteq B$ 或 $B\subseteq A$。

**练习 5.33** 设 $\mathcal{A}$ 是集合族且 $B$ 是集合，证明如果 $\bigcup\mathcal{A}\subseteq B$，则 $\mathcal{A}\subseteq\wp(B)$。

**练习 5.34** 假设全集 $U$ 的元素都是字符，例如小写字母构成的集合，编写程序实现 $U$ 的子集之间的集合并、集合交、集合差、集合补和 $U$ 的子集的幂集运算。

第6章

# 关　系

关系是人们经常使用的一个概念，用于描述两个或多个事物之间的相互影响、相互作用的一种状态。在“离散数学”中，将关系抽象为有序对或 $n$ 元组的集合。有序对或 $n$ 元组就是将两个或多个事物按照某种顺序放在一起进行研究。通常研究二元关系，即两个集合之间的关系，这时它是这两个集合的笛卡儿积的子集，而笛卡儿积是两个集合的元素构成的所有有序对的集合。

本章在介绍笛卡儿积的基础上，给出关系的定义、关系的表示和关系的运算等关系的基本概念，然后讨论一个集合上的二元关系的性质，即关系的自反性、反自反性、对称性、反对称性和传递性。关系的闭包是将一个关系扩展为具有某种性质关系的方法，我们将介绍关系的自反闭包、对称闭包和传递闭包的定义和计算方法。6.4 节介绍两种具有特殊性质的关系，即偏序关系和等价关系的基本知识，这两种关系在数学和计算机科学中有广泛的应用。

Relation-Basic(1)

## 6.1　关系的基本概念

Relation-Basic(2)

本节首先定义有序对，然后介绍集合的笛卡儿积运算及其基本性质，然后给出关系的定义，并讨论关系的表示，即描述关系的不同方法。除将关系作为一个集合进行描述之外，人们通常还使用关系图和关系矩阵描述关系。最后介绍关系的运算，关系除作为集合的运算外，关系还有自己特有的运算，包括关系的复合和关系的逆运算。

### 6.1.1　集合的笛卡儿积

两个集合的笛卡儿积是它们的元素构成的有序对的集合，有序对就是按照顺序将两个元素放在一起。集合论中从集合的角度定义有序对。

**定义 6.1**　两个元素 $a$ 和 $b$ 构成的**有序对** (ordered pair)，记为 $\langle a, b\rangle$，定义为集合 $\{a, \{a, b\}\}$。

有序对的上述集合论定义本身并不重要，因为上述定义只是为了可以从集合相等的角度刻画有序对的本质属性，即构成有序对的元素是有序的。下面的定理给出了这个性质。

**定理 6.1** 对任意元素 $a,b,c,d$，$\langle a,b\rangle = \langle c,d\rangle$ 当且仅当 $a=c$ 且 $b=d$。 □

这里不给出这个定理的证明，因为它的证明比较烦琐且只是对一些细节进行处理。读者只需熟悉这个定理描述的有序对性质，不了解它的证明对于后面内容的学习毫无影响。

**推论 6.2** 对于元素 $a$ 和 $b$，若 $a \neq b$，则 $\langle a,b\rangle \neq \langle b,a\rangle$。 □

这个推论更明确地给出了有序的含义，即与无序的集合不同，当 $a \neq b$ 时，集合 $\{a,b\} = \{b,a\}$，但 $\langle a,b\rangle \neq \langle b,a\rangle$。因此，对于 $\langle a,b\rangle$，$a$ 称为这个有序对的第一个元素，而 $b$ 称为它的第二个元素。

**定义 6.2** 两个集合 $A$ 和 $B$ 的**笛卡儿积** (Cartesian product)，有时简称为**积**，记为 $A\times B$，定义为：

$$A\times B \ = \ \{\langle a,b\rangle \mid a\in A \wedge b\in B\}$$

通俗地说，集合 $A$ 和 $B$ 的笛卡儿积是以 $A$ 的元素为第一个元素、$B$ 的元素为第二个元素的所有有序对构成的集合。

**例子 6.1** 设集合 $A=\{1,2,3\}, B=\{a,b\}, C=\{z\}$，则：

$$\begin{aligned}
A\times B &= \{\langle 1,a\rangle,\langle 1,b\rangle,\langle 2,a\rangle,\langle 2,b\rangle,\langle 3,a\rangle,\langle 3,b\rangle\}\\
B\times A &= \{\langle a,1\rangle,\langle a,2\rangle,\langle a,3\rangle,\langle b,1\rangle,\langle b,2\rangle,\langle b,3\rangle\}\\
B\times C &= \{\langle a,z\rangle,\langle b,z\rangle\}\\
A\times(B\times C) &= \{\langle 1,\langle a,z\rangle\rangle,\langle 1,\langle b,z\rangle\rangle,\langle 2,\langle a,z\rangle\rangle,\langle 2,\langle b,z\rangle\rangle,\langle 3,\langle a,z\rangle\rangle,\langle 3,\langle b,z\rangle\rangle\}\\
(A\times B)\times C &= \{\langle\langle 1,a\rangle,z\rangle,\langle\langle 1,b\rangle,z\rangle,\langle\langle 2,a\rangle,z\rangle,\langle\langle 2,b\rangle,z\rangle,\langle\langle 3,a\rangle,z\rangle,\langle\langle 3,b\rangle,z\rangle\}
\end{aligned}$$

从这个例子可以看到，笛卡儿积作为集合运算不满足交换律，也不满足结合律，所以通常人们不对笛卡儿积的代数性质做更多地研究。下面给出一个问题求解的例子使得读者可了解涉及笛卡儿积运算时集合等式的证明方法，这对后面证明有关关系的命题很有帮助，因为关系是集合的笛卡儿积的子集。

**问题 6.2** 证明笛卡儿积运算与集合并运算有分配律，即设 $A,B,C$ 是集合，则：
（1）$A\times(B\cup C) \ = \ (A\times B)\cup(A\times C)$ （2）$(B\cup C)\times A \ = \ (B\times A)\cup(C\times A)$

**【证明】**对任意的 $x,y$，有：

| | | |
|---|---|---|
| | $\langle x,y\rangle \in A\times(B\cup C)$ | // 笛卡儿积的定义 |
| 当且仅当 | $x\in A \ \wedge \ y\in B\cup C$ | // 集合并的定义 |
| 当且仅当 | $x\in A \ \wedge \ (y\in B \vee y\in C)$ | // 逻辑等值式，分配律 |
| 当且仅当 | $(x\in A \ \wedge \ y\in B)\vee(x\in A \ \wedge \ y\in C)$ | // 笛卡儿积的定义 |
| 当且仅当 | $(\langle x,y\rangle\in A\times B)\vee(\langle x,y\rangle\in A\times C)$ | // 集合并的定义 |
| 当且仅当 | $\langle x,y\rangle\in(A\times B)\cup(A\times C)$ | |

因此，$A\times(B\cup C) \ = \ (A\times B)\cup(A\times C)$。类似可证明（2），留给读者作为练习。 □

【讨论】严格地说，笛卡儿积的定义 $A \times B = \{\langle a,b\rangle \mid a \in A \wedge b \in B\}$ 意味着，对任意 $x$，$x \in A \times B$ 当且仅当存在 $a \in A$ 且 $b \in B$ 使得 $x = \langle a,b\rangle$。但是，在研究与笛卡儿积，或与关系有关的命题时，不会涉及一个集合中既有有序对又有非有序对的元素的情况，因此，直接使用有序对的形式来考察笛卡儿积或关系中的元素，也即笛卡儿积的定义直接意味着，对任意的 $a,b$，$\langle a,b\rangle \in A \times B$ 当且仅当 $a \in A$ 且 $b \in B$。

两个元素构成的有序对可以推广到 $n$ 个元素，这时称为 $n$ **元组** ($n$-ary tuple)。$n$ 个元素 $a_1, a_2, \cdots, a_n$ 构成的 $n$ 元组可递归地定义为：

$$\begin{cases} \langle a_1, a_2\rangle & \text{若 } n = 2 \\ \langle\langle a_1, a_2, \cdots, a_{n-1}\rangle, a_n\rangle & \text{若 } n > 2 \end{cases}$$

不难根据有序对的性质，使用数学归纳法证明，对任意的 $a_1, a_2, \cdots, a_n$ 和 $b_1, b_2, \cdots, b_n$，

$$\langle a_1, a_2, \cdots, a_n\rangle = \langle b_1, b_2, \cdots, b_n\rangle \quad \text{当且仅当} \quad a_1 = b_1 \ \wedge \ \cdots \ \wedge \ a_n = b_n$$

从而表明上述定义确实刻画了这些元素是有序排列的这个本质属性。

类似地，两个集合的笛卡儿积也可推广到 $n$ 个集合的笛卡儿积。对于集合 $A_1$, $A_2, \cdots, A_n$，它们的笛卡儿积 $A_1 \times A_2 \times \cdots \times A_n$ 定义为：

$$A_1 \times A_2 \times \cdots \times A_n \ = \ \{\langle a_1, a_2, \cdots, a_n\rangle \mid a_1 \in A_1, \cdots, a_n \in A_n\}$$

特别地，当 $A_1 = A_2 = \cdots = A_n = A$ 时，将 $A_1 \times A_2 \times \cdots \times A_n$ 简记为 $A^n$。

后面基于 $n$ 元组和 $n$ 个集合的笛卡儿积可定义 $n$ 元关系，$n$ 元关系可看作二维表。关系数据库的理论基于 $n$ 元关系的性质和运算，但在“离散数学”课程中通常只研究二元关系，因此我们不对 $n$ 元组、$n$ 个集合的笛卡儿积做更多的讨论。

最后需要说明的是，这里使用尖括号界定有序对 $\langle a,b\rangle$，但许多教材通常使用圆括号界定有序对，即写成 $(a,b)$。用圆括号还是用尖括号这两者本质上没有差别，我们只是觉得圆括号已广泛用于逻辑公式和集合表达式中，因此，为区别起见，使用尖括号界定有序对。

### 6.1.2 关系的定义

**定义 6.3** 集合 $A$ 到 $B$ 的**二元关系** (binary relation from $A$ to $B$)$R$ 定义为笛卡儿积 $A \times B$ 的子集，即 $R \subseteq A \times B$。当 $A = B$ 时，称 $R \subseteq A \times A$ 为**集合 $A$ 上的二元关系** (relation on $A$)。

对于元素 $a \in A, b \in B$，若 $\langle a,b\rangle \in R$，则称 $a$ 和 $b$ 有关系 $R$，有时简记为 $a \, R \, b$；若 $\langle a,b\rangle \notin R$，则称 $a$ 和 $b$ 没有关系 $R$，有时简记为 $a \not R \, b$。

不过人们通常是在用符号，例如 $=, \geqslant, \leqslant$ 等命名关系时才使用简记形式，特别是 $a \not R \, b$ 只用于 $R$ 是符号的情况。另外，人们通常讨论的是二元关系，因此除非特别说明，在提到关系时，都是指二元关系。

有许多关系的例子。例如人际交往中的朋友关系、亲戚关系、同学关系、同事关系等；计算机程序中类与类之间的继承关系、类与类之间的使用关系（一个类用到了另一个类的成员）、模块（方法或函数）之间的调用关系等。不过这些关系通常没有严格的定义，人们也接触了许多能使用数学语言精确定义的关系，如下。

（1）数集（自然数集、整数集、有理数集或实数集）上的相等关系、大于关系、小于关系、大于或等于关系、小于或等于关系等。

（2）自然数集或整数集上的整除关系、模 $m$ 同余关系（即两个整数整除 $m$ 有相同的余数）等。

（3）集合上（准确地说是全集 $U$ 的幂集 $\wp(U)$ 上）的相等关系、子集关系等。

（4）逻辑公式（命题逻辑公式或一阶逻辑公式）上的逻辑等值关系、逻辑蕴涵关系等。

根据定义，关系也是集合，可使用定义集合的元素枚举法和性质概括法进行定义。

**例子 6.3** 整数集上模 $m$ 同余关系 $\equiv_m$ 定义为：对任意整数 $a, b$，$a \equiv_m b$ 当且仅当 $a \bmod m = b \bmod m$，也即 $a \equiv b(\text{mod } m)$。也就是说，模 $m$ 同余关系作为集合，用性质概括法定义为：

$$\equiv_m \;=\; \{\langle a, b\rangle \in \mathbb{Z} \times \mathbb{Z} \mid a \equiv b(\text{mod } m)\}$$

在“离散数学”中，也经常使用元素枚举法定义关系。

**例子 6.4** 设集合 $A = \{1, 2, 3, 4\}, B = \{a, b, c, d\}$，下面的集合都是 $A$ 到 $B$ 的关系：

$$R_1 = \{\langle 1, a\rangle, \langle 1, b\rangle, \langle 2, b\rangle, \langle 3, d\rangle, \langle 4, c\rangle\} \qquad R_2 = \{\langle 1, b\rangle, \langle 2, c\rangle, \langle 3, d\rangle, \langle 4, a\rangle\}$$

而下面的集合是 $A$ 上的关系：

$$R_3 = \{\langle 1, 1\rangle, \langle 2, 2\rangle, \langle 3, 3\rangle, \langle 4, 4\rangle\} \qquad R_4 = \{\langle 1, 2\rangle, \langle 2, 1\rangle, \langle 3, 4\rangle, \langle 4, 3\rangle\}$$

在所有 $A$ 到 $B$ 的关系中，空集 $\varnothing$ 也是 $A \times B$ 的子集，被称为**空关系**，而整个笛卡儿积 $A \times B$ 称为**全关系**。

设 $A \neq \varnothing$，在所有 $A$ 上的关系中，**恒等关系** (identity relation) 是一个非常重要的关系。人们将集合 $A$ 上的恒等关系记为 $\Delta_A$，定义为：

$$\Delta_A = \{\langle a, a\rangle \mid a \in A\}$$

也即，对任意的 $a, b \in A$，$\langle a, b\rangle \in \Delta_A$ 当且仅当 $a = b$。也就是说，$\Delta_A$ 就是集合 $A$ 上的相等关系，例如，数集上的相等关系等。不过，在数学上，恒等 (identity) 更强调是两个相同的元素，而相等 (equal) 则意义更为广泛，可以是两个计算结果相同的表达式。例如，我们说 $2 \times 3$ 等于 6，但不说 $2 \times 3$ 恒等 6，因为 $2 \times 3$ 不是元素，而是表达式。恒等关系也称为**对角关系** (diagonal relation)，因为它的矩阵表示就是对角矩阵。

可以将二元关系的定义推广到 $n$ 元关系。$n$ 个集合 $A_1, A_2, \cdots, A_n$ 之间的 **$n$ 元关系** ($n$-ary relation) 是笛卡儿积 $A_1 \times A_2 \times \cdots \times A_n$ 的子集。$n$ 元关系可应用于关系数据库理论，但“离散数学”课程通常只考察二元关系，因此这里不对 $n$ 元关系做更多的讨论。

### 6.1.3 关系的表示

关系的表示是指可以使用怎样的方式定义和展示关系。关系也是集合，因此也可使用性质概括法和元素枚举法定义，但由于关系应用的广泛性，人们也使用图形和矩阵表示关系，特别是在一个关系包含的有序对数量不多的情况下。

设集合 $A = \{a_1, a_2, \cdots, a_n\}$，$B = \{b_1, b_2, \cdots, b_m\}$，$A$ 到 $B$ 的一个关系 $R \subseteq A \times B$ 的**关系图**是一个有向图，图的顶点集使用 $a_1, a_2, \cdots, a_n$ 和 $b_1, b_2, \cdots, b_m$ 标记，而两个分别标记为 $a$ 和 $b$ 的顶点之间有有向边，当且仅当 $\langle a, b\rangle \in R$。

对于集合 $A$ 上的关系 $R \subseteq A \times A$ 的关系图，这时 $A$ 的每个元素只对应一个顶点，任意两个分别对应元素 $a$ 和 $b$ 的顶点之间有有向边当且仅当 $\langle a, b\rangle \in R$。

**例子 6.5** 设 $A = \{1, 2, 3, 4\}$，$B = \{a, b, c\}$，关系 $R_1 = \{\langle 1, a\rangle, \langle 1, b\rangle, \langle 2, a\rangle, \langle 2, c\rangle, \langle 4, b\rangle\} \subseteq A \times B$ 可使用图 6.1(a) 所示的关系图表示，而关系 $R_2 = \{\langle 1, 1\rangle, \langle 1, 2\rangle, \langle 2, 4\rangle, \langle 3, 4\rangle, \langle 4, 4\rangle\} \subseteq A \times A$ 可使用图 6.1(b) 所示的关系图表示。

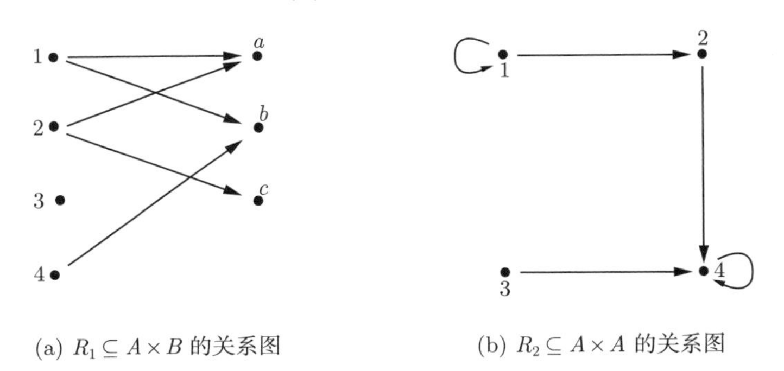


(a) $R_1 \subseteq A \times B$ 的关系图　　(b) $R_2 \subseteq A \times A$ 的关系图

图 6.1 关系图

注意，对于 $R_2$ 的关系图，1 对应的顶点到自己的有向边（对应有序对 $\langle 1, 1\rangle$）和 4 对应的顶点到自己的有向边（对应有序对 $\langle 4, 4\rangle$）被称为环 (loop)。

矩阵也常用于表示关系，对集合 $A = \{a_1, a_2, \cdots, a_n\}$ 到集合 $B = \{b_1, b_2, \cdots, b_k\}$ 的一个关系 $R \subseteq A \times B$，它的**关系矩阵**是一个 $n \times k$（$n$ 行 $k$ 列）的矩阵 $\boldsymbol{M}_R = [m_{ij}]$，第 $i$ 行第 $j$ 列元素 $m_{ij}$ 定义为：

$$m_{ij} = \begin{cases} 1 & 若\ \langle a_i, b_j\rangle \in R \\ 0 & 若\ \langle a_i, b_j\rangle \notin R \end{cases}$$

因此，关系矩阵是 0-1 矩阵，即其中的元素要么是 0 要么是 1。

**例子 6.6** 设 $A = \{1,2,3,4\}$，关系 $R = \{\langle 1, 1\rangle, \langle 1, 2\rangle, \langle 2, 4\rangle, \langle 3, 4\rangle, \langle 4, 4\rangle\} \subseteq A \times A$ 的关系矩阵 $\boldsymbol{M}_R$ 为：

$$M_R = \begin{bmatrix} 1 & 1 & 0 & 0 \\ 0 & 0 & 0 & 1 \\ 0 & 0 & 0 & 1 \\ 0 & 0 & 0 & 1 \end{bmatrix}$$

注意，矩阵 $M_R$ 的第 1~4 行分别对应 $A$ 的元素 $1,2,3,4$，而第 1~4 列也分别对应 $A$ 的元素 $1,2,3,4$。

显然 $A = \{a_1, a_2, \cdots, a_n\}$ 上的全关系 $A \times A$ 的关系矩阵就是全 1 矩阵；而 $A$ 上的恒等关系 $\Delta_A$ 则是对角矩阵（也称为单位矩阵），即对角线上元素都是 1，而其他位置元素都是 0 的 $n \times n$ 矩阵：

$$M_{\Delta_A} = \begin{bmatrix} 1 & 0 & \cdots & 0 \\ 0 & 1 & \cdots & 0 \\ \vdots & \vdots & \ddots & \vdots \\ 0 & 0 & \cdots & 1 \end{bmatrix}$$

**问题 6.7** 设集合 $A$ 是由 12 的所有正因子构成的集合。定义 $A$ 上的关系 $R$，对任意 $a, b \in A$，$a\ R\ b$ 当且仅当 $a \mid b$（即 $a$ 整除 $b$）。使用元素枚举法给出 $R$ 的集合表示，并使用关系图和关系矩阵表示 $R$。

**【解答】** 集合 $A = \{1, 2, 3, 4, 6, 12\}$，而根据 $R$ 的定义有：

$$\begin{aligned} R \ = \ \{ & \langle 1,1\rangle, \langle 1,2\rangle, \langle 1,3\rangle, \langle 1,4\rangle, \langle 1,6\rangle, \langle 1,12\rangle, \langle 2,2\rangle, \langle 2,4\rangle, \langle 2,6\rangle, \langle 2,12\rangle, \\ & \langle 3,3\rangle, \langle 3,6\rangle, \langle 3,12\rangle, \langle 4,4\rangle, \langle 4,12\rangle, \langle 6,6\rangle, \langle 6,12\rangle, \langle 12,12\rangle \ \} \end{aligned}$$

图 6.2 则给出了 $R$ 的关系图和关系矩阵。

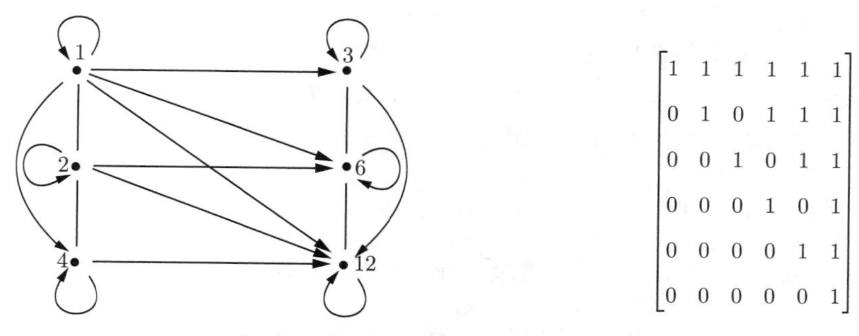


$$\begin{bmatrix} 1 & 1 & 1 & 1 & 1 & 1 \\ 0 & 1 & 0 & 1 & 1 & 1 \\ 0 & 0 & 1 & 0 & 1 & 1 \\ 0 & 0 & 0 & 1 & 0 & 1 \\ 0 & 0 & 0 & 0 & 1 & 1 \\ 0 & 0 & 0 & 0 & 0 & 1 \end{bmatrix}$$

图 6.2 关系 $R$ 的关系图和关系矩阵

**【讨论】** 这里给出了关系常用的四种定义和表示方法，即性质概括法、元素枚举法、关系图表示法和关系矩阵表示法。上面一开始在定义关系 $R$ 时采用的是性质概括法，即：

$$R \ = \ \{\langle a, b\rangle \in A \times A \mid a \text{ 整除 } b\}$$

总的来说，关系的常用定义和表示方法包括元素枚举法、性质概括法、关系图表示法和关系矩阵表示法，其中元素枚举法和性质概括法是将关系作为集合进行定义，而关系图对直观理解一个关系有一定的帮助，关系的矩阵表示则可帮助人们利用矩阵运算计算关系运算的结果，并方便人们编写计算机程序实现关系运算的计算。

### 6.1.4 关系的运算

关系也是集合，因此关系可以参与集合运算，包括集合并、集合交、集合差和集合补运算。当然这时通常要求参与运算的关系都是同一个笛卡儿积的子集，例如都是 $A$ 到 $B$ 的关系，或者都是 $A$ 上的关系。这时对于集合补，一般也以全关系为全集。

在给出关系运算的例子前，先介绍两个关系特有的运算，即关系的逆关系和关系的复合。

**定义 6.4** 设 $R$ 是集合 $A$ 到 $B$ 的关系，它的**逆关系** (inverse relation)，记为 $R^{-1}$，是集合 $B$ 到 $A$ 的关系，定义为：

$$R^{-1} = \{\langle b,a\rangle \mid \langle a,b\rangle \in R\}$$

简单地说，将一个关系的每个有序对的第一个元素和第二个元素进行调换就得到它的逆关系，也即，对任意 $a,b$，$\langle a,b\rangle \in R^{-1}$ 当且仅当 $\langle b,a\rangle \in R$。

**定义 6.5** 设 $R$ 是集合 $A$ 到 $B$ 的关系，$S$ 是集合 $B$ 到 $C$ 的关系，则 $R$ 和 $S$ 的**复合** (the composite of $R$ and $S$)，记为 $S\circ R$，是集合 $A$ 到 $C$ 的关系，定义为：

$$S\circ R = \{\langle a,c\rangle \mid \exists b\in B(\langle a,b\rangle \in R \wedge \langle b,c\rangle \in S)\}$$

注意，只有当关系 $R$ 的有序对的第二个元素所在的集合与关系 $S$ 的有序对的第一个元素所在的集合相同时，关系 $R$ 和 $S$ 才可以进行关系复合运算，而且是将关系 $R$ 和 $S$ 的复合记为 $S\circ R$，而不是 $R\circ S$。也有的教材将关系 $R$ 和 $S$ 的复合记为 $R\circ S$，并同样定义为：$\langle a,c\rangle \in R\circ S$ 当且仅当存在 $b\in B$ 使得 $\langle a,b\rangle\in R$ 且 $\langle b,c\rangle \in S$。我们将上述记为 $S\circ R$ 的 $R$ 和 $S$ 的复合称为**逆序复合**，而将记为 $R\circ S$ 的复合称为**顺序复合**。在本书中总是采用关系的逆序复合。

**例子 6.8** 设集合 $A=\{1,2,3,4\}, B=\{a,b,c,d\}, C=\{x,y,z\}$。集合 $A$ 到 $B$ 的关系 $R\subseteq A\times B$ 和集合 $B$ 到 $C$ 的关系 $S\subseteq B\times C$ 分别定义为：

$$R = \{\langle 1,a\rangle,\langle 1,b\rangle,\langle 2,a\rangle,\langle 3,b\rangle,\langle 3,d\rangle,\langle 4,b\rangle\} \quad S = \{\langle a,x\rangle,\langle b,y\rangle,\langle b,z\rangle,\langle c,x\rangle,\langle d,x\rangle\}$$

则 $R^{-1}\subseteq B\times A$ 是集合 $B$ 到 $A$ 的关系，而 $S^{-1}\subseteq C\times B$ 是集合 $C$ 到 $B$ 的关系：

$$R^{-1} = \{\langle a,1\rangle,\langle b,1\rangle,\langle a,2\rangle,\langle b,3\rangle,\langle d,3\rangle,\langle b,4\rangle\} \quad S^{-1} = \{\langle x,a\rangle,\langle y,b\rangle,\langle z,b\rangle,\langle x,c\rangle,\langle x,d\rangle\}$$

且 $S\circ R\subseteq A\times C$ 是集合 $A$ 到 $C$ 的关系，而 $R^{-1}\circ S^{-1}$ 是集合 $C$ 到 $A$ 的关系：

$$S\circ R = \{\langle 1,x\rangle,\langle 1,y\rangle,\langle 1,z\rangle,\langle 2,x\rangle,\langle 3,y\rangle,\langle 3,z\rangle,\langle 3,x\rangle,\langle 4,y\rangle,\langle 4,z\rangle\}$$
$$R^{-1}\circ S^{-1} = \{\langle x,1\rangle,\langle x,2\rangle,\langle y,1\rangle,\langle y,3\rangle,\langle y,4\rangle,\langle z,1\rangle,\langle z,3\rangle,\langle z,4\rangle,\langle x,3\rangle\}$$

人工计算关系的复合有些复杂且容易出错，可编写计算机程序帮助我们计算关系的复合。算法 6.1 给出了在用元素枚举法给出关系时计算关系复合的算法，输入是关系

$R$ 和关系 $S$ 的有序对集合，输出是关系 $S \circ R$ 的有序对集合。实际上，在两个关系是用元素枚举法给出的有序对集合时，这个算法描述的过程就是我们人工计算关系复合的方法。

**Algorithm 6.1: 基于元素枚举法给出的关系计算关系的复合**

**输入:** 关系 $R$（的有序对集合）和关系 $S$（的有序对集合）

**输出:** 关系 $S \circ R$（的有序对集合）

```
1 for （关系 R 的每个有序对 ⟨a,b⟩）do
2 │ for （关系 S 的每个有序对 ⟨c,d⟩）do
3 │ │ if （关系 R 的有序对的第二个元素等于关系 S 的有序对的第一个元素，即 b 等于
  │ │   c）then
4 │ │ │ 将 R 的有序对的第一个元素和 S 的有序对的第二个元素，即 ⟨a,d⟩ 加到关系
  │ │ │   S∘R 的有序对集合
5 │ │ end
6 │ end
7 end
```

**例子 6.9** 定义实数集 $\mathbb{R}$ 上的关系 $R = \{\langle x,y\rangle \mid x < y\}, S = \{\langle x,y\rangle \mid x \leqslant y\}$，则对任意实数 $x,y$，有：

$$\begin{aligned}\langle x,y\rangle \in S \circ R \quad & \text{当且仅当} \quad \exists z \in \mathbb{R}(\langle x,z\rangle \in R \ \wedge \ \langle z,y\rangle \in S) \\ & \text{当且仅当} \quad \exists z \in \mathbb{R}(x < z \ \wedge \ z \leqslant y) \\ & \text{当且仅当} \quad x < y\end{aligned}$$

这里最后一步的“当且仅当”是因为，对任意实数 $x,y$，若存在实数 $z$ 使得 $x < z$ 且 $z \leqslant y$，显然有 $x < y$；而若 $x < y$，则显然存在 $z = y$ 使得 $x < z$ 且 $z \leqslant y$。因此这时有 $S \circ R = R$。

另一方面，对任意实数 $x,y$，有：

$$\begin{aligned}\langle x,y\rangle \in R \circ S \quad & \text{当且仅当} \quad \exists z \in \mathbb{R}(\langle x,z\rangle \in S \ \wedge \ \langle z,y\rangle \in R) \\ & \text{当且仅当} \quad \exists z \in \mathbb{R}(x \leqslant z \ \wedge \ z < y) \\ & \text{当且仅当} \quad x < y\end{aligned}$$

因此，这时也有 $R \circ S = R$。

**问题 6.10** 设 $A = \{1,2,3,4\}$ 上的关系 $R = \{\langle 1,1\rangle, \langle 1,3\rangle, \langle 2,2\rangle, \langle 2,4\rangle, \langle 3,1\rangle, \langle 3,3\rangle, \langle 4,2\rangle, \langle 4,4\rangle\}$，$S = \{\langle 1,1\rangle, \langle 1,4\rangle, \langle 2,2\rangle, \langle 3,3\rangle, \langle 4,1\rangle, \langle 4,4\rangle\}$。计算 $R \cup S$，$R \cap S$，$R - S$，$R \circ S$ 和 $S \circ R$。

**【解答】** 我们有：

$$\begin{aligned}R \cup S &= \{\langle 1,1\rangle, \langle 1,3\rangle, \langle 1,4\rangle, \langle 2,2\rangle, \langle 2,4\rangle, \langle 3,1\rangle, \langle 3,3\rangle, \langle 4,1\rangle, \langle 4,2\rangle, \langle 4,4\rangle\} \\ R \cap S &= \{\langle 1,1\rangle, \langle 2,2\rangle, \langle 3,3\rangle, \langle 4,4\rangle\}\end{aligned}$$

$$R - S = \{\langle 1,3\rangle, \langle 2,4\rangle, \langle 3,1\rangle, \langle 4,2\rangle\}$$

$$S \circ R = \{\langle 1,1\rangle, \langle 1,4\rangle, \langle 1,3\rangle, \langle 2,2\rangle, \langle 2,1\rangle, \langle 2,4\rangle, \langle 3,1\rangle, \langle 3,4\rangle, \langle 3,3\rangle, \langle 4,2\rangle, \langle 4,1\rangle, \langle 4,4\rangle\}$$

$$R \circ S = \{\langle 1,1\rangle, \langle 1,3\rangle, \langle 1,2\rangle, \langle 1,4\rangle, \langle 2,2\rangle, \langle 2,4\rangle, \langle 3,1\rangle, \langle 3,3\rangle, \langle 4,1\rangle, \langle 4,3\rangle, \langle 4,2\rangle, \langle 4,4\rangle\}$$

**【讨论】**（1）这里的计算虽然烦琐，但没有什么技巧，只需根据定义细心计算即可。因此，这种烦琐而不需要技巧的计算最适合编写计算机程序帮助我们完成。

（2）关系的并、交和差的运算就是将关系当作集合进行计算。

（3）例子 6.9 计算得到的 $R\circ S$ 等于 $S\circ R$，但这里 $R\circ S \neq S\circ R$，例如，$\langle 2,1\rangle \in S\circ R$，但 $\langle 2,1\rangle \notin R\circ S$。

当参与计算的关系都是一个集合上的关系时，也可借助关系矩阵进行关系运算。设关系 $R$ 的关系矩阵是 $\boldsymbol{M}_R = [r_{ij}]$，而关系 $S$ 的关系矩阵是 $\boldsymbol{M}_S = [s_{ij}]$，则有如下结论。

（1）$R\cup S$ 的关系矩阵是 $\boldsymbol{M}_R \vee \boldsymbol{M}_S = [r_{ij} \vee s_{ij}]$，即 $\boldsymbol{M}_R$ 的元素和 $\boldsymbol{M}_S$ 的对应元素分别做逻辑或运算就得到 $R\cup S$ 的关系矩阵。

（2）$R\cap S$ 的关系矩阵是 $\boldsymbol{M}_R \wedge \boldsymbol{M}_S = [r_{ij} \wedge s_{ij}]$，即 $\boldsymbol{M}_R$ 的元素和 $\boldsymbol{M}_S$ 的对应元素分别做逻辑与运算就得到 $R\cap S$ 的关系矩阵。

（3）$R-S$ 的关系矩阵是 $\boldsymbol{M}_R \ominus \boldsymbol{M}_S = [r_{ij} \ominus s_{ij}]$，即 $\boldsymbol{M}_R$ 的元素和 $\boldsymbol{M}_S$ 的对应元素分别做 $\ominus$ 运算就得到 $R\cap S$ 的关系矩阵，这里 $\ominus$ 运算定义为：$0\ominus 0 = 0\ominus 1 = 1\ominus 1 = 0, 1\ominus 0 = 1$。

（4）$R^{-1}$ 的关系矩阵是 $\boldsymbol{M}_R$ 的转置 $(\boldsymbol{M}_R)^{\mathrm{T}}$，即将矩阵 $\boldsymbol{M}_R$ 的行与列对换，即 $(\boldsymbol{M}_R)^{\mathrm{T}} = [r_{ji}]$。

（5）$S\circ R$ 的关系矩阵是 $\boldsymbol{M}_R$ 和 $\boldsymbol{M}_S$ 做矩阵逻辑积 (logic product) 运算 $\boldsymbol{M}_R \odot \boldsymbol{M}_S$。矩阵逻辑积与普通的矩阵乘法本质上相同，只是将其中的加法用逻辑或、乘法用逻辑与代替。

算法 6.2 给出了计算 $n\times m$ 的矩阵 $\boldsymbol{M}_R = [r_{ij}]$ 和 $m\times l$ 的矩阵 $\boldsymbol{M}_S = [s_{ij}]$ 的矩阵逻辑积的算法。在计算关系的复合时，若集合 $A$ 有 $n$ 个元素，则 $A$ 上的关系的关系矩阵都是 $n\times n$ 的矩阵，即 $n$ 方阵。但一般来说，只要矩阵 $\boldsymbol{M}_R$ 的列数与矩阵 $\boldsymbol{M}_S$ 的行数相等，则可做矩阵逻辑积 $\boldsymbol{M}_R \odot \boldsymbol{M}_S$。注意，因为使用的是逆序复合，因此 $\boldsymbol{M}_R \odot \boldsymbol{M}_S$ 是关系 $R$ 和 $S$ 的复合 $S\circ R$ 的关系矩阵。

**Algorithm 6.2: 矩阵的逻辑积 $\boldsymbol{M_R} \odot \boldsymbol{M_S}$ 运算**

**输入:** $n\times m$ 的矩阵 $\boldsymbol{M}_R = [r_{ij}]$ 和 $m\times l$ 的矩阵 $\boldsymbol{M}_S = [s_{ij}]$

**输出:** $\boldsymbol{M}_R$ 和 $\boldsymbol{M}_S$ 的矩阵逻辑积 $\boldsymbol{M}_T = [t_{ij}] = \boldsymbol{M}_R \odot \boldsymbol{M}_S$，它是 $n\times l$ 的矩阵

1 **for** （矩阵 $\boldsymbol{M}_R$ 的每一行，即 $i$ 等于 1 到 $n$）**do**
2 　**for** （矩阵 $\boldsymbol{M}_S$ 的每一列，即 $j$ 等于 1 到 $l$）**do**
3 　　令结果矩阵 $\boldsymbol{M}_T$ 的元素 $t_{ij}$ 的初值为 0;
4 　　**for** （$k$ 等于 1 到 $m$）**do** $t_{ij} := t_{ij} \vee (r_{ik} \wedge s_{kj})$;
5 　**end**
6 **end**

**例子 6.11** 对于问题 6.10 给出的关系 $R$ 和 $S$，它们的关系矩阵是：

$$\boldsymbol{M}_R = \begin{bmatrix} 1 & 0 & 1 & 0 \\ 0 & 1 & 0 & 1 \\ 1 & 0 & 1 & 0 \\ 0 & 1 & 0 & 1 \end{bmatrix} \qquad \boldsymbol{M}_S = \begin{bmatrix} 1 & 0 & 0 & 1 \\ 0 & 1 & 0 & 0 \\ 0 & 0 & 1 & 0 \\ 1 & 0 & 0 & 1 \end{bmatrix}$$

利用矩阵运算可计算 $R \cup S$，$R \cap S$，$R - S$，$R^{-1}$，$S \circ R$ 和 $R \circ S$ 的关系矩阵：

$$\boldsymbol{M}_{R\cup S} = \begin{bmatrix} 1 & 0 & 1 & 1 \\ 0 & 1 & 0 & 1 \\ 1 & 0 & 1 & 0 \\ 1 & 1 & 0 & 1 \end{bmatrix} \quad \boldsymbol{M}_{R\cap S} = \begin{bmatrix} 1 & 0 & 0 & 0 \\ 0 & 1 & 0 & 0 \\ 0 & 0 & 1 & 0 \\ 0 & 0 & 0 & 1 \end{bmatrix} \quad \boldsymbol{M}_{R-S} = \begin{bmatrix} 0 & 0 & 1 & 0 \\ 0 & 0 & 0 & 1 \\ 1 & 0 & 0 & 0 \\ 0 & 1 & 0 & 0 \end{bmatrix}$$

$$\boldsymbol{M}_{R^{-1}} = \begin{bmatrix} 1 & 0 & 1 & 0 \\ 0 & 1 & 0 & 1 \\ 1 & 0 & 1 & 0 \\ 0 & 1 & 0 & 1 \end{bmatrix} \quad \boldsymbol{M}_{S\circ R} = \begin{bmatrix} 1 & 0 & 1 & 1 \\ 1 & 1 & 0 & 1 \\ 1 & 0 & 1 & 1 \\ 1 & 1 & 0 & 1 \end{bmatrix} \quad \boldsymbol{M}_{R\circ S} = \begin{bmatrix} 1 & 1 & 1 & 1 \\ 0 & 1 & 0 & 1 \\ 1 & 0 & 1 & 0 \\ 1 & 1 & 1 & 1 \end{bmatrix}$$

利用关系矩阵可给出这些关系的有序对集合表示，不难看到这里计算的结果与问题 6.10 的计算结果完全相同。

在熟悉关系运算的计算方法后，下面讨论关系运算的基本性质，主要是关系逆运算和复合运算的基本性质，包括它们与关系的集合交、集合并以及子集关系之间的联系。首先有下面的定理。

**定理 6.3** 关系逆运算有下面的基本性质。

（1）设 $R$ 是集合 $A$ 到 $B$ 的关系，则 $(R^{-1})^{-1} = R$。

（2）关系逆运算保持子集关系：设 $R$ 和 $S$ 都是集合 $A$ 到 $B$ 的关系，若 $R \subseteq S$，则 $R^{-1} \subseteq S^{-1}$。

（3）设 $R$ 和 $S$ 都是集合 $A$ 上的关系，则：

① $(R \cup S)^{-1} = R^{-1} \cup S^{-1}$ ② $(R \cap S)^{-1} = R^{-1} \cap S^{-1}$

**证明** 性质（1）和（2）很容易证明，这里只证明（3），而且只证明其中①关系逆运算与关系的集合并运算之间的联系，②也很容易类似地证明。对集合 $A$ 的任意元素 $x, y$，有：

$$\begin{aligned} \langle x,y\rangle \in (R\cup S)^{-1} \quad & \text{当且仅当} \quad \langle y,x\rangle \in R\cup S && \text{// 关系逆运算的定义} \\ & \text{当且仅当} \quad \langle y,x\rangle \in R \ \vee\ \langle y,x\rangle \in S && \text{// 集合并运算的定义} \\ & \text{当且仅当} \quad \langle x,y\rangle \in R^{-1} \ \vee\ \langle x,y\rangle \in S^{-1} && \text{// 关系逆运算的定义} \\ & \text{当且仅当} \quad \langle x,y\rangle \in R^{-1}\cup S^{-1} && \text{// 集合并运算的定义} \end{aligned}$$

注意，这里实际上是证明集合等式，并利用集合相等的定义从考察等式两边集合（这时是关系表达式 $(R \cup S)^{-1}$ 和 $R^{-1} \cup S^{-1}$）的元素的角度进行证明。 □

集合等式，或更准确地说关系等式 $(R\cup S)^{-1}=R^{-1}\cup S^{-1}$ 可称为关系逆与集合并运算的**可交换性** (commutativity)。通俗地说，运算 $\mathrm{op}_1$ 与运算 $\mathrm{op}_2$ 满足可交换性，指先做运算 $\mathrm{op}_1$、再做运算 $\mathrm{op}_2$，与先做 $\mathrm{op}_2$、再做运算 $\mathrm{op}_1$ 得到的结果相同，也即更简单地，这两个运算的顺序可交换。

例如 $(R\cup S)^{-1}$ 表示先做集合并运算，然后做关系逆运算，而 $R^{-1}\cup S^{-1}$ 表示先做关系逆运算，然后做集合并运算。如果对任意关系 $R$ 和 $S$，这两个表达式的结果相同，则说明这两个运算满足可交换性，或说这两个运算是可交换的。注意，在不同顺序施用同一运算时，运算对象，即参与运算的关系并不相同，$(R\cup S)^{-1}$ 在做集合并运算时是针对 $R$ 和 $S$，但 $R^{-1}\cup S^{-1}$ 在做集合并运算时是针对 $R^{-1}$ 和 $S^{-1}$。

利用两个运算可交换这个概念，定理 6.3给出的性质（3）可概括为：关系逆与集合并运算是可交换的，关系逆与集合交运算也是可交换的。后面还将遇到很多这种两个运算可交换的情况。

**定理 6.4** 关系复合运算有下面的基本性质。

（1）关系复合运算满足结合律：设 $A,B,C,D$ 是集合，关系 $R\subseteq A\times B, S\subseteq B\times C, T\subseteq C\times D$，则 $T\circ(S\circ R)=(T\circ S)\circ R$。

（2）恒等关系是关系复合运算的单位元：设 $A,B$ 是集合，关系 $R\subseteq A\times B$，则 $\Delta_B\circ R=R=R\circ\Delta_A$。

**证明** （1）对任意 $x\in A$，$y\in D$，有：

$$\langle x,y\rangle\in T\circ(S\circ R)$$

当且仅当 $\exists u\in C(\langle x,u\rangle\in S\circ R\ \wedge\ \langle u,y\rangle\in T)$ // 复合的定义

当且仅当 $\exists u\in C(\exists v\in B(\langle x,v\rangle\in R\ \wedge\ \langle v,u\rangle\in S)\ \wedge\ \langle u,y\rangle\in T)$ // 复合的定义

当且仅当 $\exists u\in C\exists v\in B(\langle x,v\rangle\in R\ \wedge\ \langle v,u\rangle\in S\ \wedge\ \langle u,y\rangle\in T)$ // 辖域扩张

当且仅当 $\exists v\in B\exists u\in C(\langle x,v\rangle\in R\ \wedge\ \langle v,u\rangle\in S\ \wedge\ \langle u,y\rangle\in T)$ // 同类型量词交换

当且仅当 $\exists v\in B(\langle x,v\rangle\in R\ \wedge\ \exists u\in B(\langle v,u\rangle\in S\ \wedge\ \langle u,y\rangle\in T))$ // 辖域收缩

当且仅当 $\exists v\in B(\langle x,v\rangle\in R\ \wedge\ \langle v,y\rangle\in T\circ S)$ // 复合的定义

当且仅当 $\langle x,y\rangle\in(T\circ S)\circ R$ // 复合的定义

这就证明了 $T\circ(S\circ R)=(T\circ S)\circ R$。

（2）对任意 $x\in A,y\in B$，若 $\langle x,y\rangle\in\Delta_B\circ R$，则存在 $z\in B$ 使得 $\langle x,z\rangle\in R$ 且 $\langle z,y\rangle\in\Delta_B$，但由恒等关系的定义，$\langle z,y\rangle\in\Delta_B$ 得 $z=y$，从而 $\langle x,z\rangle=\langle x,y\rangle\in R$，这表明 $\Delta_B\circ R\subseteq R$。反之若 $\langle x,y\rangle\in R$，则有 $\langle y,y\rangle\in\Delta_B$，从而 $\langle x,y\rangle\in\Delta_B\circ R$，这表明 $R\subseteq\Delta_B\circ R$。综合则有 $\Delta_B\circ R=R$，类似可证 $R=R\circ\Delta_A$。 □

上面定理给出了每个关系是哪个集合到哪个集合的关系，下面为简单起见，不明确给出这方面的信息，并假定所给出的关系复合都是可行的，即写出 $S\circ R$ 时总是假定 $R$ 的有序对的第二个元素所在集合等于 $S$ 的有序对的第一个元素所在集合。读者在理解

和记忆下面关于复合的性质时可自行补充有关的信息。

**定理 6.5** 关系复合保持子集关系：设 $R,S,U,W$ 是关系，若 $R\subseteq S$ 且 $U\subseteq W$，则 $U\circ R\subseteq W\circ S$。

**证明** 对任意 $x,y$，有：

$$\begin{aligned}\langle x,y\rangle\in U\circ R \quad &\text{当且仅当} \quad \exists z(\langle x,z\rangle\in R\ \wedge\ \langle z,y\rangle\in U) &&\text{// 复合的定义}\\ &\text{蕴涵} \quad \exists z(\langle x,z\rangle\in S\ \wedge\ \langle z,y\rangle\in W) &&\text{// } R\subseteq S \text{ 且 } U\subseteq W\\ &\text{当且仅当} \quad \langle x,y\rangle\in W\circ S\end{aligned}$$

因此，$R\subseteq S$ 且 $U\subseteq W$ 蕴涵 $U\circ R\subseteq W\circ S$。 □

下面定理给出了关系复合与关系逆运算之间的联系。

**定理 6.6** 设 $R$ 和 $S$ 是关系，则 $(S\circ R)^{-1}=R^{-1}\circ S^{-1}$。

**证明** 对任意 $x,y$，有：

$$\begin{aligned}\langle x,y\rangle\in (S\circ R)^{-1} \quad &\text{当且仅当} \quad \langle y,x\rangle\in S\circ R &&\text{// 关系逆的定义}\\ &\text{当且仅当} \quad \exists z(\langle y,z\rangle\in R\ \wedge\ \langle z,x\rangle\in S) &&\text{// 关系复合的定义}\\ &\text{当且仅当} \quad \exists z(\langle z,y\rangle\in R^{-1}\ \wedge\ \langle x,z\rangle\in S^{-1}) &&\text{// 关系逆的定义}\\ &\text{当且仅当} \quad \langle x,y\rangle\in R^{-1}\circ S^{-1} &&\text{// 关系复合的定义}\end{aligned}$$

因此，$(S\circ R)^{-1}=R^{-1}\circ S^{-1}$。 □

可以看到，例子 6.8对 $S\circ R$ 和 $R^{-1}\circ S^{-1}$ 的计算验证了上述定理。下面定理给出了关系复合与集合并、集合交运算之间的联系。

**定理 6.7** （1）关系复合对集合并有分配律：设 $R,S,T$ 是关系，则：

① $T\circ(R\cup S)=(T\circ R)\cup(T\circ S)$ ② $(R\cup S)\circ T=(R\circ T)\cup(S\circ T)$

（2）关系复合对集合交**没有**分配律，但是有：

① $T\circ(R\cap S)\subseteq(T\circ R)\cap(T\circ S)$ ② $(R\cap S)\circ T\subseteq(R\circ T)\cap(S\circ T)$

**证明** （1）只证明①，②类似可证，读者可作为练习。对任意 $x,y$，有：

$$\begin{aligned}&\langle x,y\rangle\in T\circ(R\cup S)\\ \text{当且仅当}\quad &\exists z(\langle x,z\rangle\in R\cup S\ \wedge\ \langle z,y\rangle\in T) &&\text{// 关系复合定义}\\ \text{当且仅当}\quad &\exists z((\langle x,z\rangle\in R\vee\langle x,z\rangle\in S)\ \wedge\ \langle z,y\rangle\in T) &&\text{// 集合并的定义}\\ \text{当且仅当}\quad &\exists z((\langle x,z\rangle\in R\wedge\langle z,y\rangle\in T)\vee(\langle x,z\rangle\in S\wedge\langle z,y\rangle\in T)) &&\text{// 析取对合取分配}\\ \text{当且仅当}\quad &\exists z(\langle x,z\rangle\in R\wedge\langle z,y\rangle\in T)\vee\exists z(\langle x,z\rangle\in S\wedge\langle z,y\rangle\in T) &&\text{// 存在量词对析取}\\ & &&\text{// 分配}\\ \text{当且仅当}\quad &\langle x,y\rangle\in T\circ R\ \vee\ \langle x,y\rangle\in T\circ S &&\text{// 关系复合的定义}\\ \text{当且仅当}\quad &\langle x,y\rangle\in (T\circ R)\cup(T\circ S) &&\text{// 集合并定义}\end{aligned}$$

（2）也只证明①，②类似可证。对任意 $x, y$，有：

$\langle x,y\rangle \in T\circ(R\cap S)$

当且仅当 $\exists z(\langle x,z\rangle \in R\cap S \ \wedge\ \langle z,y\rangle \in T)$ // 关系复合定义

当且仅当 $\exists z((\langle x,z\rangle \in R\wedge \langle x,z\rangle \in S)\ \wedge\ \langle z,y\rangle \in T)$ // 集合交的定义

当且仅当 $\exists z((\langle x,z\rangle \in R\wedge \langle z,y\rangle \in T)\wedge(\langle x,z\rangle \in S\wedge \langle z,y\rangle \in T))$ // 幂等律、交换律

蕴涵 $\exists z(\langle x,z\rangle \in R\wedge \langle z,y\rangle \in T)\wedge \exists z(\langle x,z\rangle \in S\wedge \langle z,y\rangle \in T)$ // 存在量词的蕴涵式

当且仅当 $\langle x,y\rangle \in T\circ R\ \wedge\ \langle x,y\rangle \in T\circ S$ // 关系复合的定义

当且仅当 $\langle x,y\rangle \in (T\circ R)\cap(T\circ S)$ // 集合交定义 □

可以看到，关系复合对集合并运算有分配律是因为存在量词对析取有分配律，即 $\exists x(P(x)\vee Q(x))\equiv \exists xP(x)\vee\exists xQ(x)$，而关系复合对集合交运算没有分配律是因为存在量词对合取没有分配律，即只有 $\exists x(P(x)\wedge Q(x))$ 蕴涵 $\exists xP(x)\wedge\exists xQ(x)$，但 $\exists xP(x)\wedge \exists xQ(x)$ 不蕴涵 $\exists x(P(x)\wedge Q(x))$。根据这一点，读者可举例说明 $(T\circ R)\cap(T\circ S)$ 为什么不一定是 $T\circ(R\cap S)$ 的子集。

注意，定理 6.7 在给出关系复合与集合并、集合交运算时都需要给出两个关系等式或子集关系式，这是因为关系复合运算不满足交换律，即对任意关系 $R$ 和 $S$，$S\circ R$ 不一定等于 $R\circ S$。问题 6.10 的解答中的计算也验证了这一点。

定理 6.7 给出的关系复合与集合交运算的子集关系式也可容易地利用关系复合保持子集关系这个性质证明。例如，对 $(R\cap S)\circ T\subseteq(R\circ T)\cap(S\circ T)$，只要证明 $(R\cap S)\circ T\subseteq R\circ T$ 和 $(R\cap S)\circ T\subseteq S\circ T$ 即可（为什么？读者可自行思考），而这两者分别由 $R\cap S\subseteq R$ 和 $R\cap S\subseteq S$，以及关系复合保持子集关系立即可得。这个证明也许可帮助读者记住这里的子集关系方向，即 $(R\cap S)\circ T$ 是 $(R\circ T)\cap(S\circ T)$ 的子集，但后者不一定是前者的子集。

综上，我们给出了关系逆运算和关系复合运算的基本性质：它们都保持子集关系；关系逆运算与集合并、集合交运算都可交换；关系复合满足结合律，但不满足交换律；恒等关系是关系复合的单位元；关系复合对集合并有分配律，但是对集合交没有分配律。

Relation-Property(1)

## 6.2 关系的性质

Relation-Property(2)

这里所说的关系的性质是指一个集合上的关系是否具有自反性、反自反性、对称性、反对称性和传递性。这些关系的性质是关系理论的核心概念，在数学和计算机科学中有着广泛的应用。本章剩余部分的关系闭包和特殊关系举例都可看作是对关系性质的进一步讨论。

本节在讨论每种关系性质时都首先从关系所包含的有序对，即它的元素的角度定义一个关系是否具有这种性质，然后给出一些具有这种性质的关系例子，并从关系图和关

系矩阵的角度介绍具有这种性质的关系的一些特点，最后利用关系等式或关系之间的子集关系给出这种性质的一个等价定义，以深化读者对各种关系性质的理解。

### 6.2.1 关系的自反性与反自反性

**定义 6.6** 设 $R$ 是集合 $A$ 上的关系，即 $R \subseteq A \times A$。

（1）称 $R$ 是**自反的** (reflexive)，如果对任意 $a \in A$ 都有 $\langle a, a\rangle \in R$。

（2）称 $R$ 是**反自反的** (irreflexive)，如果对任意 $a \in A$ 都有 $\langle a, a\rangle \notin R$。

**例子 6.12** 我们接触的许多关系是自反关系，如下。

（1）数集上的相等关系、大于或等于关系、小于或等于关系。

（2）自然数集或整数集上的整除关系、模 $m$ 同余关系（即两个整数整除 $m$ 有相同的余数，这里 $m \geqslant 2$）。

（3）集合之间的相等关系、子集关系。

（4）逻辑公式之间的逻辑等值关系、逻辑蕴涵关系。

但也有一些是反自反关系，如下。

（1）数集上的小于关系、大于关系。

（2）集合之间的真子集关系：说 $A$ 是 $B$ 的真子集，如果 $A \subseteq B$ 但 $A \neq B$。

现实中的一些关系，例如朋友关系、同事关系、同学关系、亲戚关系等可假定是自反关系，例如，可以认为自己和自己是朋友。面向对象程序，例如 C++ 程序，在语法上不允许一个类自己继承自己，因此类之间的继承关系可认为是反自反关系。

**问题 6.13** 设集合 $A = \{1, 2, 3, 4\}$，下面集合 $A$ 上的关系，哪些是自反关系？哪些是反自反关系？

（1）$R_1 = \{\langle 1,1\rangle, \langle 2,2\rangle, \langle 3,3\rangle, \langle 4,4\rangle\}$。

（2）$R_2 = \{\langle 1,1\rangle, \langle 1,2\rangle, \langle 2,1\rangle, \langle 2,2\rangle, \langle 3,3\rangle, \langle 4,2\rangle, \langle 4,4\rangle\}$。

（3）$R_3 = \{\langle 1,1\rangle, \langle 2,4\rangle, \langle 3,3\rangle, \langle 4,2\rangle\}$。

（4）$R_4 = \{\langle 1,2\rangle, \langle 3,4\rangle, \langle 1,4\rangle, \langle 3,2\rangle\}$。

**【解答】**（1）$R_1$ 是自反关系，不是反自反关系。

（2）$R_2$ 是自反关系，不是反自反关系。

（3）$R_3$ 不是自反关系，因为 $\langle 2,2\rangle \notin R_3$，也不是反自反关系，因为 $\langle 3,3\rangle \in R_3$。

（4）$R_4$ 不是自反关系，因为 $\langle 1,1\rangle \notin R_4$，但 $R_4$ 是反自反关系。

**【讨论】**（1）判断一个关系是否具有某种性质时一般要陈述理由，特别是当判断一个关系不具有某种性质时，应该给出具体例子说明这个关系为什么违反了该性质的定义。通常，关系性质的定义都是全称量词公式，因此不具有某种关系性质等值于一个存在量词公式。

根据自反关系的定义，集合 $A$ 上的关系 $R$ 不是自反关系当且仅当存在 $a \in A$ 使得 $\langle a, a\rangle \notin R$，而根据反自反关系的定义，$A$ 上的关系不是反自反关系当且仅当存在 $a \in A$ 使得 $\langle a, a\rangle \in R$。因此，说明集合 $A$ 上的关系 $R$ 不是自反的，要给出具体的元素 $a \in A$ 使得 $\langle a, a\rangle \notin R$；而要说明 $R$ 不是反自反的，也要给出具体元素 $a \in A$ 使得 $\langle a, a\rangle \in R$。

（2）自反性和反自反性并不是互为否定的性质，即并不是一个关系不是自反关系就必然是反自反关系，也不是说一个关系不是反自反关系就必然是自反关系。**存在既不是自反的，也不是反自反的关系**。例如，上面的 $R_3$ 既不是自反关系，也不是反自反关系。

但通常来说，一个关系是自反关系，它就不是反自反关系；而一个关系是反自反关系，它就不是自反关系，除非是空集上的空关系。注意，不难证明 $\varnothing \times \varnothing = \varnothing$，因此空集上只有空关系。当 $A$ 是空集时，公式 $\forall a \in A(\langle a, a\rangle \in A)$ 和 $\forall a \in A(\langle a, a\rangle \notin A)$ 都平凡地为真。因此，空集上的空关系既是自反关系，也是反自反关系。但非空集上的任意关系都不可能既是自反关系，又是反自反关系。

从关系图的角度看，自反关系的关系图每个顶点都有环（即自己到自己的边），而反自反关系的关系图每个顶点都没有环。从关系矩阵的角度看，自反关系的对角线元素都是 1，而反自反关系的对角线元素都是 0。图 6.3 给出了问题 6.13 中关系 $R_1, R_2, R_3, R_4$ 的关系图，不难看到自反关系和反自反关系的关系图的特征。注意，其中 $R_1, R_2$ 是自反关系，而 $R_4$ 是反自反关系。

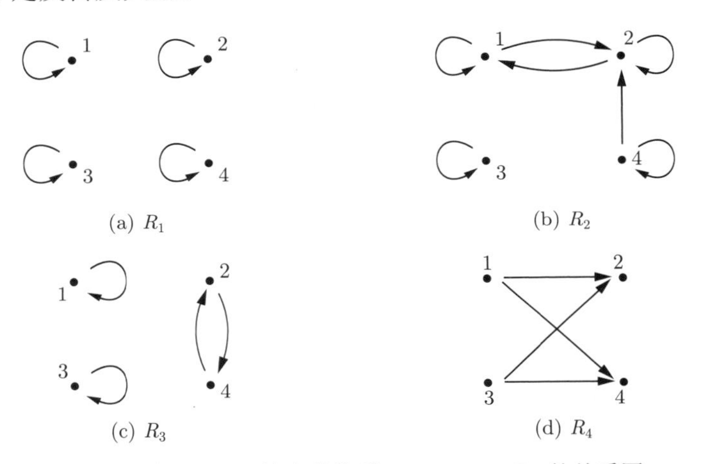


图 6.3　问题 6.13 给出的关系 $R_1, R_2, R_3, R_4$ 的关系图

图 6.4 给出了问题 6.13 中关系 $R_1, R_2, R_3, R_4$ 的关系矩阵，也不难看到自反关系和反自反关系的关系矩阵特征。

$$\boldsymbol{M}_{R_1} = \begin{bmatrix} 1 & 0 & 0 & 0 \\ 0 & 1 & 0 & 0 \\ 0 & 0 & 1 & 0 \\ 0 & 0 & 0 & 1 \end{bmatrix} \quad \boldsymbol{M}_{R_2} = \begin{bmatrix} 1 & 1 & 0 & 0 \\ 1 & 1 & 0 & 0 \\ 0 & 0 & 1 & 0 \\ 0 & 1 & 0 & 1 \end{bmatrix} \quad \boldsymbol{M}_{R_3} = \begin{bmatrix} 1 & 0 & 0 & 0 \\ 0 & 0 & 0 & 1 \\ 0 & 0 & 1 & 0 \\ 0 & 1 & 0 & 0 \end{bmatrix} \quad \boldsymbol{M}_{R_4} = \begin{bmatrix} 0 & 1 & 0 & 1 \\ 0 & 0 & 0 & 0 \\ 0 & 1 & 0 & 1 \\ 0 & 0 & 0 & 0 \end{bmatrix}$$

图 6.4　问题 6.13 给出的关系 $R_1, R_2, R_3, R_4$ 的关系矩阵

下面的定理使用关系等式或子集关系给出关系的自反性和反自反性的等价定义。

**定理 6.8**　设 $R$ 是集合 $A$ 上的关系，则：（1）$R$ 是自反的当且仅当 $\Delta_A \subseteq R$；（2）$R$ 是反自反的当且仅当 $\Delta_A \cap R = \varnothing$。

**证明**　当 $A$ 是空集 $\varnothing$ 时，$\Delta_{\varnothing} = \varnothing$，因此这两个命题平凡成立。当 $A$ 是非空集时，容易根据恒等关系 $\Delta_A$ 的定义和自反关系的定义有 $R$ 是自反的当且仅当 $\Delta_A \subseteq R$。

对于（2），当 $A$ 是非空集时，若 $R$ 是反自反的但 $\Delta_A \cap R \neq \varnothing$，则存在有序对 $\langle x,y\rangle \in \Delta_A \cap R$，即 $\langle x,y\rangle \in \Delta_A$ 且 $\langle x,y\rangle \in R$，根据 $\Delta_A$ 的定义 $x=y$，从而存在 $x \in A$ 使得 $\langle x,x\rangle \in R$，这与 $R$ 是反自反的矛盾！因此，由反证法得 $R$ 是反自反的蕴涵 $\Delta_A \cap R=\varnothing$。反之，若 $\Delta_A \cap R=\varnothing$，则对任意 $a \in A$，若 $\langle a,a\rangle \in R$，则 $\langle a,a\rangle \in \Delta_A \cap R$，矛盾！因此这时必有 $\forall a \in A(\langle a,a\rangle \notin R)$。 □

相对于定义 6.6，从考察元素的角度定义关系的自反性和反自反性，定理 6.8 则可认为是一种性质概括法定义关系的自反性和反自反性，概括的性质可作为判断一个关系是自反关系或是反自反关系的理由。例如，问题 6.13 的关系 $R_1$ 是自反关系，因为它就是 $\Delta_A$；$R_2$ 是自反关系，因为 $\Delta_A \subseteq R_2$；而 $R_4$ 是反自反关系，因为 $R_4 \cap \Delta_A=\varnothing$。

### 6.2.2 关系的对称性与反对称性

**定义 6.7** 设 $R$ 是集合 $A$ 上的关系，即 $R \subseteq A\times A$。

（1）称 $R$ 是**对称的** (symmetric)，若对任意 $a,b \in A$，$\langle a,b\rangle \in R$ 蕴涵 $\langle b,a\rangle \in R$，即：

$$R\text{ 是对称的 当且仅当 } \forall a \in A \forall b \in A(\langle a,b\rangle \in R \rightarrow \langle b,a\rangle \in R)$$

（2）称 $R$ 是**反对称的** (antisymmetric)，若对任意 $a,b \in A$，$\langle a,b\rangle \in R$ 且 $\langle b,a\rangle \in R$ 蕴涵 $a=b$，即：

$$R\text{ 是反对称的 当且仅当 } \forall a \in A \forall b \in A(\langle a,b\rangle \in R \wedge \langle b,a\rangle \in R \rightarrow a=b)$$

现实中的朋友关系、同事关系、同学关系、亲戚关系通常被认为是对称的，例如张三与李四是朋友，那么李四与张三也是朋友。面向对象程序中类的继承关系是反对称的，如果类 $A$ 继承类 $B$，则不允许类 $B$ 再继承类 $A$。而模块之间的调用关系既不是对称的，也不是反对称的，因为模块 $M$ 可能调用模块 $N$，但模块 $N$ 却从不调用 $M$，但也可能出现模块 $M$ 和模块 $N$ 互相调用的情况（这时这两个模块是间接递归调用）。

**例子 6.14** 我们已经接触过的，可用数学语言严格定义的关系中也有许多对称关系，例如，数集上的相等关系；整数集上的模 $m$ 同余关系；集合之间的相等关系；逻辑公式之间的逻辑等值关系等。

但也有许多反对称关系，例如，数集上的大于、小于、大于或等于、小于或等于关系；整数集上的整除关系；集合之间的子集关系。

一般来说，逻辑公式之间的逻辑蕴涵关系既不是对称关系，也不是反对称关系。例如 $p\wedge q$ 逻辑蕴涵 $q\wedge p$（即 $p\wedge q \rightarrow q\wedge p$ 是永真式）且 $q\wedge p$ 逻辑蕴涵 $p\wedge q$，但 $p\wedge q$ 和 $q\wedge p$ 虽然逻辑等值，却是两个不同的公式（即不相等，这里相等指的是语法上完全一样的公式）。因此，逻辑蕴涵关系在这个意义上不是反对称关系。而由 $p$ 逻辑蕴涵 $q\vee p$，但 $q\vee p$ 不逻辑蕴涵 $p$，可知逻辑蕴涵关系也不是对称关系。

**问题 6.15** 设集合 $A=\{1,2,3,4\}$，下面集合 $A$ 上的关系，哪些是对称关系？哪些是反对称关系？

（1）$R_1=\{\langle 1,1\rangle,\langle 2,2\rangle,\langle 3,3\rangle,\langle 4,4\rangle\}$。

（2）$R_2 = \{\langle 1,1\rangle, \langle 1,2\rangle, \langle 2,1\rangle, \langle 2,2\rangle, \langle 3,3\rangle, \langle 4,2\rangle, \langle 4,4\rangle\}$。

（3）$R_3 = \{\langle 1,1\rangle, \langle 2,4\rangle, \langle 3,3\rangle, \langle 4,2\rangle\}$。

（4）$R_4 = \{\langle 1,2\rangle, \langle 3,4\rangle, \langle 1,4\rangle, \langle 3,2\rangle\}$。

**【解答】**（1）$R_1$ 是对称关系，也是反对称关系。

（2）$R_2$ 不是对称关系，因为有 $\langle 4,2\rangle \in R_2$，但 $\langle 2,4\rangle \notin R_2$；$R_2$ 也不是反对称关系，因为有 $\langle 1,2\rangle \in R$ 且 $\langle 2,1\rangle \in R$，但 $1 \neq 2$。

（3）$R_3$ 是对称关系，但不是反对称关系，因为 $\langle 2,4\rangle \in R_3$ 且 $\langle 4,2\rangle \in R_3$。

（4）$R_4$ 不是对称关系，因为 $\langle 1,2\rangle \in R_4$ 但 $\langle 2,1\rangle \notin R_4$；$R_4$ 是反对称关系。

**【讨论】**（1）注意，$R$ 是反对称的**不是**说公式 $\forall a \in A \forall b \in A(\langle a,b\rangle \in R \rightarrow \langle b,a\rangle \notin R)$ 为真，即不是说元素 $a$ 和 $b$ 有关系 $R$，元素 $b$ 就不能和 $a$ 有关系 $R$，而是说只有在当 $a = b$ 时才有 $\langle a,b\rangle$ 和 $\langle b,a\rangle$ 同时属于 $R$。因此 $R_1$，即 $A$ 上的恒等关系是反对称关系。实际上，恒等关系的任何子集（或更准确地说子关系）都既是对称关系又是反对称关系。

（2）显然对称性和反对称性也不是互为否定的两个性质。恒等关系及它的任何子集都既是对称关系，又是反对称关系，而且也有很多关系既不是对称关系，又不是反对称关系。例如，上面的 $R_2$ 既不是对称关系，也不是反对称关系。

从关系图的角度看，对称关系的关系图的任意两个顶点，如果一个顶点到另一个顶点有边，则另一个顶点到这一个顶点也有边，除了一个顶点到这个顶点自己的环之外，每两个顶点之间的边是成对出现的。而反对称关系的关系图，则每两个顶点至多有一条边。参考图 6.3给出的上述四个关系的关系图不难发现上述特点：其中，$R_1$ 和 $R_3$ 是对称关系，而 $R_2$ 和 $R_4$ 不是对称关系；$R_1$ 和 $R_4$ 是反对称关系，但 $R_2$ 和 $R_3$ 不是反对称关系。

从关系矩阵的角度看，对称关系的关系矩阵 $[r_{ij}]$ 是对称矩阵，即对任意的 $i,j$，$r_{ij} = r_{ji}$。反对称关系的关系矩阵 $[r_{ij}]$，则对任意的 $i \neq j$ 都有 $r_{ij}$ 和 $r_{ji}$ 不同时为 1。同样参考图 6.4给出的上述四个关系的关系矩阵不难发现这些特点。

下面的定理给出了对称性和反对称性的利用关系等式和子集关系的等价定义。

**定理 6.9** 设 $R$ 是集合 $A$ 上的关系，则：（1）$R$ 是对称的当且仅当 $R = R^{-1}$；（2）$R$ 是反对称的当且仅当 $R \cap R^{-1} \subseteq \Delta_A$。

**证明** （1）若 $R$ 是对称的，则对任意 $a,b \in A$，若 $\langle a,b\rangle \in R$，由 $R$ 是对称的有 $\langle b,a\rangle \in R$，从而根据 $R^{-1}$ 的定义有 $\langle a,b\rangle \in R^{-1}$，因此 $R \subseteq R^{-1}$；而若 $\langle a,b\rangle \in R^{-1}$，则根据 $R^{-1}$ 的定义有 $\langle b,a\rangle \in R$，而 $R$ 是对称的，因此 $\langle a,b\rangle \in R$。综上有 $R = R^{-1}$。

反之，若 $R = R^{-1}$，则对任意 $a,b \in A$，若 $\langle a,b\rangle \in R$，则 $\langle b,a\rangle \in R^{-1}$，而 $R = R^{-1}$，因此 $\langle b,a\rangle \in R$，即 $R$ 是对称的。

（2）若 $R$ 是反对称的，则对任意 $a,b \in A$，若 $\langle a,b\rangle \in R \cap R^{-1}$，即 $\langle a,b\rangle \in R$ 且 $\langle a,b\rangle \in R^{-1}$，即 $\langle a,b\rangle \in R$ 且 $\langle b,a\rangle \in R$，从而由 $R$ 是反对称的有 $a = b$，从而 $\langle a,b\rangle \in \Delta_A$，这表明 $R \cap R^{-1} \subseteq \Delta_A$。

反之，若 $R \cap R^{-1} \subseteq \Delta_A$，则对任意 $a,b \in A$，若 $\langle a,b\rangle \in R$ 且 $\langle b,a\rangle \in R$，即

$\langle a,b\rangle \in R$ 且 $\langle a,b\rangle \in R^{-1}$，即 $\langle a,b\rangle \in R\cap R^{-1}$，但 $R\cap R^{-1}\subseteq \varDelta_A$，因此 $\langle a,b\rangle \in \varDelta_A$，从而 $a=b$，这表明 $R$ 是反对称的。

注意，当 $A$ 是空集 $\varnothing$ 时只有空关系 $\varnothing$，它是空集上的恒等关系，既是对称的又是反对称的，且 $\varnothing^{-1}=\varnothing$。因此，这时（1）和（2）都平凡成立。 □

对于问题 6.15 给出的四个关系，不难看到 $R_1^{-1}=R_1$ 且 $R_3^{-1}=R_3$，因此，它们都是对称关系。而 $R_1\cap R_1^{-1}=R_1=\varDelta_A$ 且 $R_4\cap R_4^{-1}=\varnothing$，因此，$R_1$ 和 $R_4$ 都是反对称关系。

**问题 6.16**　设 $A$ 是非 0 实数构成的集合，即 $A=\mathbb{R}-\{0\}$，考虑 $A$ 上的关系：

（1）$R_1=\{\langle x,y\rangle \in A\times A \mid x=y\vee x=-y\}$。

（2）$R_2=\{\langle x,y\rangle \in A\times A \mid x=1\}$。

（3）$R_3=\{\langle x,y\rangle \in A\times A \mid xy\geqslant 0\}$。

（4）$R_4=\{\langle x,y\rangle \in A\times A \mid x=2y\}$。

这些关系中哪些是自反的？哪些是反自反的？哪些是对称的？哪些是反对称的？

**【分析】**不妨通过计算每个关系的逆来判断它是否具有对称性和反对称性。

**【解答】**（1）关系 $R_1$ 是自反的，因为对每个非 0 实数 $x$，都有 $x=x$，因此 $\langle x,x\rangle \in R_1$，即 $\varDelta_A\subseteq R_1$。由于 $R_1$ 是自反的，从而 $R_1$ 不是反自反的。对任意 $x,y\in A$，有：

$$\begin{aligned}\langle x,y\rangle \in R_1^{-1}\quad &\text{当且仅当}\quad \langle y,x\rangle \in R_1 && //\ \text{关系逆的定义}\\ &\text{当且仅当}\quad y=x\vee y=-x && //\ R_1\ \text{的定义}\\ &\text{当且仅当}\quad x=y\vee x=-y && //\ \text{实数性质}\\ &\text{当且仅当}\quad \langle x,y\rangle \in R_1 && //\ R_1\ \text{的定义}\end{aligned}$$

因此 $R_1^{-1}=R_1$，所以 $R_1$ 是对称的。显然 $R_1$ 不是反对称的，因为 $\langle 2,-2\rangle \in R_1$ 且 $\langle -2,2\rangle \in R_1$。

（2）$R_2$ 不是自反的，因为 $\langle 2,2\rangle \notin R_2$；$R_2$ 也不是反自反的，因为 $\langle 1,1\rangle \in R_2$。显然 $R_2$ 不是对称的，因为 $\langle 1,2\rangle \in R_2$，但是 $\langle 2,1\rangle \notin R_2$。对任意 $x,y\in A$，有：

$$\begin{aligned}\langle x,y\rangle \in R_2^{-1}\quad &\text{当且仅当}\quad \langle y,x\rangle \in R_2\\ &\text{当且仅当}\quad y=1\\ \langle x,y\rangle \in R_2\cap R_2^{-1}\quad &\text{当且仅当}\quad \langle x,y\rangle \in R_2\ \wedge\ \langle x,y\rangle \in R_2^{-1}\\ &\text{当且仅当}\quad x=1\ \wedge\ y=1\end{aligned}$$

因此 $R_2\cap R_2^{-1}=\{\langle 1,1\rangle\}\subseteq \varDelta_A$，所以 $R_2$ 是反对称的。

（3）$R_3$ 是自反的，因为对任意非 0 实数 $x$，$x^2\geqslant 0$，因此 $\langle x,x\rangle \in R_3$；从而 $R_3$ 不是反自反的。显然由实数乘法满足交换律得 $R_3^{-1}=R_3$，因此 $R_3$ 是对称的。显然 $R_3$ 不是反对称的，因为 $\langle 2,3\rangle \in R_3$ 且 $\langle 3,2\rangle \in R_3$。

（4）对任意非 0 实数 $x$，都有 $x\neq 2x$，即 $\langle x,x\rangle \notin R_4$，因此 $R_4$ 是反自反的，不是自反的。对任意 $x,y$，有：

$$\begin{aligned}\langle x,y\rangle \in R_4^{-1} \quad &\text{当且仅当} \quad \langle y,x\rangle \in R_4 \\ &\text{当且仅当} \quad y=2x \\ \langle x,y\rangle \in R_4\cap R_4^{-1} \quad &\text{当且仅当} \quad \langle x,y\rangle \in R_4 \ \wedge\ \langle x,y\rangle \in R_4^{-1} \\ &\text{当且仅当} \quad x=2y \ \wedge\ y=2x\end{aligned}$$

当 $x\neq 0$ 且 $y\neq 0$ 时，不可能同时有 $x=2y$ 且 $y=2x$，因此 $R_4\cap R_4^{-1}=\varnothing$，因此 $R_4$ 是反对称的。显然 $R_4$ 不是对称的，因为 $\langle 2,1\rangle\in R_4$，但 $\langle 1,2\rangle\notin R_4$。

综上，$R_1$ 和 $R_3$ 是自反关系，$R_4$ 是反自反关系，$R_1$ 和 $R_3$ 是对称关系，$R_2$ 和 $R_4$ 是反对称关系。

### 6.2.3 关系的传递性

**定义 6.8** 设 $R$ 是集合 $A$ 上的关系，即 $R\subseteq A\times A$。说 $R$ 是**传递的** (transitive)，如果对任意 $a,b,c\in A$，$\langle a,b\rangle\in R$ 且 $\langle b,c\rangle\in R$ 蕴涵 $\langle a,c\rangle\in R$，即：

$$R \text{ 是传递的} \quad \text{当且仅当} \quad \forall a\in A\forall b\in A\forall c\in A(\langle a,b\rangle\in R\wedge\langle b,c\rangle\in R\ \rightarrow\ \langle a,c\rangle\in R)$$

通俗地说，$R$ 是传递关系意味着元素 $a$ 与 $b$ 有关系 $R$，元素 $b$ 与 $c$ 有关系 $R$，则元素 $a$ 与 $c$ 也有关系 $R$。现实中的朋友关系、同事关系、同学关系和亲戚关系是否传递关系有些模糊，因为它们本身并没有严格定义。例如，有些人会认为朋友的朋友还是朋友，但是另外一些人则可能不认同这一点。面向对象程序中类的继承关系通常被认为是传递的，类 $A$ 继承了类 $B$，类 $B$ 又继承了类 $C$，则认为类 $A$ 也继承了类 $C$。程序中的模块调用关系也是如此。

**例子 6.17** 可用数学语言严格定义的许多关系也是传递的，例如下面的关系都是传递关系。

（1）数集上的相等关系、大于关系、小于关系、大于或等于关系、小于或等于关系等。

（2）整数集上的整除关系、模 $m$ 同余关系（即两个整数整除 $m$ 有相同的余数）等。

（3）集合上的相等关系、子集关系等。

（4）逻辑公式（命题逻辑公式或一阶逻辑公式）的逻辑等值关系、逻辑蕴涵关系等。

**问题 6.18** 设集合 $A=\{1,2,3,4\}$，下面集合 $A$ 上的关系，哪些是传递关系？

（1）$R_1=\{\langle 1,1\rangle,\langle 2,2\rangle,\langle 3,3\rangle,\langle 4,4\rangle\}$。

（2）$R_2=\{\langle 1,1\rangle,\langle 1,2\rangle,\langle 2,1\rangle,\langle 2,2\rangle,\langle 3,3\rangle,\langle 4,2\rangle,\langle 4,4\rangle\}$。

（3）$R_3=\{\langle 1,1\rangle,\langle 2,4\rangle,\langle 3,3\rangle,\langle 4,2\rangle\}$。

（4）$R_4=\{\langle 1,2\rangle,\langle 3,4\rangle,\langle 1,4\rangle,\langle 3,2\rangle\}$。

**【解答】**（1）$R_1$ 是传递的，因为对任意 $a,b,c\in A$，若 $\langle a,b\rangle\in R_1$ 且 $\langle b,c\rangle\in R_1$，则必有 $a=b=c$，从而也有 $\langle a,c\rangle\in R_1$。

（2）$R_2$ 不是传递的，因为 $\langle 4,2\rangle\in R_2$ 且 $\langle 2,1\rangle\in R_2$，但是 $\langle 4,1\rangle\notin R_2$。

（3）$R_3$ 不是传递的，因为 $\langle 2,4\rangle\in R_3$ 且 $\langle 4,2\rangle\in R_3$，但是 $\langle 2,2\rangle\notin R_3$。

（4）$R_4$ 是传递的，我们注意到，对于 $R_4$ 而言，任意两个属于它的有序对 $\langle a,b\rangle,\langle c,d\rangle$ 都必有 $b\neq c$，也即对于关系传递性的定义公式 $\forall a,b,c(\langle a,b\rangle\in R\wedge\langle b,c\rangle\in R\rightarrow\langle a,c\rangle\in R)$，$R_4$ 不存在 $a,b,c\in A$ 使得 $\langle a,b\rangle\in R_4$ 且 $\langle b,c\rangle\in R_4$，公式中蕴涵式的前件总为假，整个蕴涵式总为真，因此 $R_4$ 是传递的。

**【讨论】**（1）要验证关系 $R$ 是否传递，对任意 $a,b,c\in A$，实际上只需要验证当 $a\neq b$ 且 $b\neq c$ 时，$\langle a,b\rangle\in R$ 且 $\langle b,c\rangle\in R$ 是否蕴涵 $\langle a,c\rangle\in R$。例如，对于上面的 $R_2$，只需要关注 $\langle 1,2\rangle,\langle 2,1\rangle,\langle 4,2\rangle$ 这三个有序对，从而很容易发现使得它不是传递关系的元素 $a,b,c$ 的具体例子。

（2）从 $R_4$ 可看到，当一个关系 $R$ 不存在 $a,b,c\in A$ 使得 $\langle a,b\rangle\in R$ 且 $\langle b,c\rangle\in R$ 同时成立时，也是传递的。因此，像只有一个有序对的任意关系，例如 $\{\langle 1,2\rangle\}$，以及像关系 $\{\langle 1,2\rangle,\langle 3,4\rangle\}$ 等都是传递的。

（3）可看到，当一个关系不是传递关系时，可给出元素 $a,b,c$ 的具体例子，说明 $a$ 和 $b$ 有这个关系，且 $b$ 和 $c$ 也有这个关系，但 $a$ 和 $c$ 没有这个关系即可。但说明一个关系是传递关系时，要对任意 $a,b,c$，逐一说明有序对 $\langle a,b\rangle$ 和 $\langle b,c\rangle$ 属于该关系蕴含 $\langle a,c\rangle$ 也属于该关系，则是一件十分烦琐的事情。因此，需要更好的判别理由来说明一个关系是传递的。

从关系图的角度说，传递关系的关系图的任何两个顶点之间如果有长度大于或等于 2 的有向通路，则它们之间就有直接的有向边。关系矩阵对于判断一个关系是否传递没有太大的帮助，因为没有简单明了的特征判断一个关系矩阵表示的关系是否传递关系。下面的定理基于子集关系式给出关系传递性的一个等价定义，可作为更好的概括性理由说明一个关系是传递的。

**定理 6.10** 设 $R$ 是集合 $A$ 上的关系。$R$ 是传递的当且仅当 $R\circ R\subseteq R$。

**证明** 若 $R$ 是传递的，则对任意 $a,b\in A$，若 $\langle a,b\rangle\in R\circ R$，则根据关系复合的定义，存在 $c\in A$ 使得 $\langle a,c\rangle\in R$ 且 $\langle c,b\rangle\in R$，但 $R$ 是传递的，因此也有 $\langle a,b\rangle\in R$，这表明 $R\circ R\subseteq R$。

若 $R\circ R\subseteq R$，则对任意的 $a,b,c\in A$，若 $\langle a,b\rangle\in R$ 且 $\langle b,c\rangle\in R$，则根据关系复合的定义，$\langle a,c\rangle\in R\circ R$，而 $R\circ R\subseteq R$，因此也有 $\langle a,c\rangle\in R$，这表明 $R$ 是传递的。□

**问题 6.19** 设 $A$ 是非 0 实数构成的集合，即 $A=\mathbb{R}-\{0\}$，$A$ 上的下面哪些关系是传递的？

（1）$R_1=\{\langle x,y\rangle\in A\times A\mid x=y\vee x=-y\}$。

（2）$R_2=\{\langle x,y\rangle\in A\times A\mid x=1\}$。

（3）$R_3=\{\langle x,y\rangle\in A\times A\mid xy\geqslant 0\}$。

（4）$R_4=\{\langle x,y\rangle\in A\times A\mid x=2y\}$。

**【分析】**不妨通过计算每个关系与它自己的复合来判断它是否具有传递性。

**【解答】**（1）对于任意 $x,y\in A$，有：

$$\langle x,y\rangle\in R_1\circ R_1\quad\text{当且仅当}\quad\exists z(\langle x,z\rangle\in R_1\wedge\langle z,y\rangle\in R_1)$$

$$\begin{aligned}
&\text{当且仅当} \quad \exists z(((x=z)\vee(x=-z))\wedge((z=y)\vee(z=-y)))\\
&\text{当且仅当} \quad \exists z(((x=z)\wedge(z=y))\vee((x=z)\wedge(z=-y))\vee\\
&\qquad\qquad ((x=-z)\wedge(z=y))\vee((x=-z)\wedge(z=-y)))\\
&\text{当且仅当} \quad (x=y)\vee(x=-y)
\end{aligned}$$

因此 $R_1\circ R_1=R_1$，所以 $R_1$ 是传递的。注意根据实数的性质，例如有：

$$\exists z((x=z\wedge z=y)) \equiv x=y \qquad \exists z((x=-z)\wedge(z=-y)) \equiv x=y$$

再由存在量词对析取分配就得到上面最后一步确实是逻辑双蕴涵关系。

（2）对任意 $x,y\in A$，有：

$$\begin{aligned}
\langle x,y\rangle\in R_2\circ R_2 \quad &\text{当且仅当} \quad \exists z(\langle x,z\rangle\in R_2\wedge\langle z,y\rangle\in R_2)\\
&\text{当且仅当} \quad \exists z(x=1 \ \wedge \ z=1)\\
&\text{当且仅当} \quad x=1
\end{aligned}$$

因此也有 $R_2\circ R_2=R_2$，所以 $R_2$ 也是传递的。

（3）对任意 $x,y\in A$，有：

$$\begin{aligned}
\langle x,y\rangle\in R_3\circ R_3 \quad &\text{当且仅当} \quad \exists z(\langle x,z\rangle\in R_3\wedge\langle z,y\rangle\in R_3)\\
&\text{当且仅当} \quad \exists z(xz\geqslant 0\wedge zy\geqslant 0)\\
&\text{蕴涵} \quad \exists z(xz^2y\geqslant 0)\\
&\text{蕴涵} \quad xy\geqslant 0\\
&\text{当且仅当} \quad \langle x,y\rangle\in R_3
\end{aligned}$$

因此 $R_3\circ R_3\subseteq R_3$，所以 $R_3$ 也是传递的。

（4）$R_4$ 不是传递的，有 $\langle 2,1\rangle\in R_4$ 且 $\langle 4,2\rangle\in R_4$，但是 $\langle 4,1\rangle\notin R_4$。

**【讨论】**也可直接根据定义 6.8 证明 $R_1,R_2,R_3$ 是传递的。例如对 $R_3$，可看到，对任意 $x,y$，$\langle x,y\rangle\in R_3$ 当且仅当 $xy\geqslant 0$，即当且仅当 $x$ 与 $y$ 同是正数，或 $x$ 与 $y$ 同是负数，也即 $x$ 和 $y$ 有相同符号。从而对任意 $x,y,z$，若 $\langle x,y\rangle\in R_3$ 且 $\langle y,z\rangle\in R_3$，则 $x$ 与 $y$ 有相同符号，$y$ 与 $z$ 有相同符号，显然 $x$ 与 $z$ 也有相同符号，因此 $R_3$ 是传递的。由这可进一步得到实际上有 $R_3\circ R_3=R_3$。上面解答表明有 $R_3\circ R_3\subseteq R_3$。而对任意 $x,y\in A$，若 $xy\geqslant 0$，则当 $x$ 和 $y$ 同是正数时，存在 1 使得 $\langle x,1\rangle\in R_3$ 且 $\langle 1,y\rangle\in R_3$，而当 $x$ 和 $y$ 同是负数时，存在 $-1$ 使得 $\langle x,-1\rangle\in R_3$ 且 $\langle -1,y\rangle\in R_3$，因此总有 $\langle x,y\rangle\in R_3\circ R_3$，这表明也有 $R_3\subseteq R_3\circ R_3$。

### 6.2.4 关系性质与关系运算

本节讨论一个关系运算是否保持某种关系的性质，即如果参与运算的关系具有某种关系性质，那么运算的结果是否也具有这种性质。思考关系运算与关系性质之间的这种联系有助于对关系性质的进一步理解和运用。

为方便考察关系运算是否保持某种关系性质，我们先使用表 6.1 对关系性质的两种等价定义进行总结：一种是从考察元素的角度对关系性质的定义，称为元素考察法定义；另一种是利用关系等式或子集关系式对关系性质的定义，称为性质概括法定义。

**表 6.1 关系性质的定义**

| 关系 $R \subseteq A \times A$ 的性质 | 元素考察法定义 | 性质概括法定义 |
|---|---|---|
| $R$ 的自反性 | $\forall a \in A(\langle a,a\rangle \in R)$ | $\Delta_A \subseteq R$ |
| $R$ 的反自反性 | $\forall a \in A(\langle a,a\rangle \notin R)$ | $\Delta_A \cap R = \varnothing$ |
| $R$ 的对称性 | $\forall a \in A \forall b \in A(\langle a,b\rangle \in R \to \langle b,a\rangle \in R)$ | $R = R^{-1}$ |
| $R$ 的反对称性 | $\forall a \in A \forall b \in A(\langle a,b\rangle \in R \wedge \langle b,a\rangle \in R \to a = b)$ | $R \cap R^{-1} \subseteq \Delta_A$ |
| $R$ 的传递性 | $\forall a \in A \forall b \in A \forall c \in A(\langle a,b\rangle \in R \wedge \langle b,c\rangle \in R \to \langle a,c\rangle \in R)$ | $R \circ R \subseteq R$ |

关系运算主要有集合并、集合交、集合差、关系逆和关系复合运算，表 6.2 总结了这些运算与关系性质之间的联系，其含义是，若参与运算的关系都有列对应的性质，那么运算的结果关系是否也有列对应的性质。例如，第三行第二列的含义是，如果 $R$ 和 $S$ 都是自反的，那么 $R \cap S$ 也是自反的，而第六行第六列则表示如果 $R$ 和 $S$ 是传递的，$R \circ S$ 不一定是传递的。因此表中的“是”代表一定有对应的性质，而“否”代表不一定有对应的性质（即一般情况下没有对应的性质）。

**表 6.2 关系运算与关系性质之间的联系**

| 运 算 | 自反性 | 反自反性 | 对称性 | 反对称性 | 传递性 |
|---|---|---|---|---|---|
| 关系逆运算 $R^{-1}$ | 是 | 是 | 是 | 是 | 是 |
| 集合交运算 $R \cap S$ | 是 | 是 | 是 | 是 | 是 |
| 集合并运算 $R \cup S$ | 是 | 是 | 是 | 否 | 否 |
| 集合差运算 $R - S$ | 否 | 是 | 是 | 是 | 否 |
| 关系复合运算 $R \circ S$ | 是 | 否 | 否 | 否 | 否 |

这里主要以集合并和关系复合运算作为例子。对表 6.2 中对应这两个运算的两行，对每个“是”证明这一行对应的运算保持这一列对应的性质，而对每个“否”则给出具体例子说明这一行对应的运算不保持这一列的性质。对关系逆、集合交和关系差运算，读者可自行练习证明运算保持某关系性质或举例说明运算不保持某关系性质。

**问题 6.20** 设 $R$ 和 $S$ 都是集合 $A$ 上的关系，证明：(1) 若 $R$ 和 $S$ 是自反的，则 $R \cup S$ 也是自反的；(2) 若 $R$ 和 $S$ 是反自反的，则 $R \cup S$ 也是反自反的；(3) 若 $R$ 和 $S$ 是对称的，则 $R \cup S$ 也是对称的。

**【证明】**(1) 若 $R$ 和 $S$ 都是自反的，则 $\Delta_A \subseteq R$ 且 $\Delta_A \subseteq S$，从而显然有 $\Delta_A \subseteq R \cup S$，因此 $R \cup S$ 也是自反的。不难看到，实际上只要 $R$ 或 $S$ 是自反的，则 $R \cup S$ 就是自反的。

(2) 若 $R$ 和 $S$ 都是反自反的，则 $R \cap \Delta_A = \varnothing$ 且 $S \cap \Delta_A = \varnothing$，则：

$$(R \cup S) \cap \Delta_A = (R \cap \Delta_A) \cup (S \cap \Delta_A) = \varnothing$$

因此，$R \cup S$ 也是反自反的。

（3）若 $R$ 和 $S$ 都是对称的，则 $R = R^{-1}$ 且 $S = S^{-1}$，从而根据关系逆与集合并运算的可交换性有：

$$(R \cup S)^{-1} = R^{-1} \cup S^{-1} = R \cup S$$

因此，$R \cup S$ 也是对称的。 □

**【讨论】** 这里都基于关系性质的性质概括法定义很简洁地给出了集合并运算保持关系的自反性、反自反性和对称性的证明。读者当然也可以利用关系性质的元素考察法定义进行证明。例如，对于集合并运算保持关系的对称性，我们有如下证明。

假定 $R$ 和 $S$ 是对称的，则对任意 $a, b \in A$，若 $\langle a, b\rangle \in R \cup S$，则 $\langle a, b\rangle \in R$ 或 $\langle a, b\rangle \in S$，分情况考虑：① 若 $\langle a, b\rangle \in R$，则由于 $R$ 是对称的，有 $\langle b, a\rangle \in R$，从而 $\langle b, a\rangle \in R \cup S$；② 类似地，若 $\langle a, b\rangle \in S$，则由于 $S$ 是对称的，有 $\langle b, a\rangle \in S$，从而 $\langle b, a\rangle \in R \cup S$。因此，总有 $\langle b, a\rangle \in R \cup S$，从而根据对称性的定义有 $R \cup S$ 是对称的。

注意，涉及集合并或说逻辑析取的命题作为前提（或附加前提）时，读者应该总是很自然地想到要使用分情况证明法。

**问题 6.21** 设 $R$ 和 $S$ 都是集合 $A$ 上的关系，举例说明：（1）当 $R$ 和 $S$ 都是反对称关系时，$R \cup S$ 不一定是反对称关系；（2）当 $R$ 和 $S$ 是传递关系时，$R \cup S$ 不一定是传递关系。

**【解答】** 设 $A = \{1, 2\}$，并令 $R = \{\langle 1, 2\rangle\}, S = \{\langle 2, 1\rangle\}$，则 $R \cup S = \{\langle 1, 2\rangle, \langle 2, 1\rangle\}$。

（1）这里给出的 $R$ 和 $S$ 是反对称的，但是 $R \cup S$ 不是反对称的，因为有 $\langle 1, 2\rangle \in R \cup S$ 且 $\langle 2, 1\rangle \in R \cup S$。

（2）这里给出的 $R$ 和 $S$ 也是传递的（因为它们都只有一个有序对，只有一个有序对的任意关系都是传递的），但 $R \cup S$ 不是传递的，因为 $\langle 1, 2\rangle \in R \cup S$ 且 $\langle 2, 1\rangle \in R \cup S$，但是 $\langle 1, 1\rangle \notin R \cup S$。

**【讨论】** 通常在举反例说明某个命题不成立时，应具备离散化的专业意识。例如，在这里举例说明集合并运算不保持反对称性和传递性时，应该运用离散化的思维方式，尽可能地思考简单的集合 $A$ 和简单的关系 $R$ 和 $S$，不要在这些集合和关系中枚举太多元素，更不要考虑 $A$ 是自然数集、整数集、实数集这种元素太多的集合，通常也不要使用性质概括法定义 $R$ 和 $S$。

**例子 6.22** 设 $R$ 和 $S$ 都是集合 $A$ 上的关系，证明：若 $R$ 和 $S$ 是自反关系，则 $R \circ S$ 也是自反关系。

**【证明】** 因为 $R$ 是自反关系，因此 $\Delta_A \subseteq R$，又 $S$ 是自反关系，因此也有 $\Delta_A \subseteq S$，而关系复合保持子集关系，且恒等关系是关系复合的单位元，因此 $\Delta_A = \Delta_A \circ \Delta_A \subseteq R \circ S$，这就表明 $R \circ S$ 也是自反关系。 □

**问题 6.23** 设 $R$ 和 $S$ 都是集合 $A$ 上的关系，举例说明：（1）当 $R$ 和 $S$ 都是反自反关系时，$R \circ S$ 不一定是反自反关系；（2）当 $R$ 和 $S$ 都是对称关系时，$R \circ S$ 不一定是对称关系；（3）当 $R$ 和 $S$ 都是反对称关系时，$R \circ S$ 不一定是反对称关系；（4）当

$R$ 和 $S$ 是传递关系时，$R \circ S$ 不一定是传递关系。

**【解答】** 设 $A = \{1,2,3,4\}$。

（1）令 $R = \{\langle 1,2 \rangle\}, S = \{\langle 2,1 \rangle\}$，则 $R$ 和 $S$ 都是反自反关系，但 $R \circ S = \{\langle 2,2 \rangle\}$ 不是反自反关系。

（2）令 $R = \{\langle 1,3 \rangle, \langle 3,1 \rangle\}, S = \{\langle 1,2 \rangle, \langle 2,1 \rangle\}$，则 $R$ 和 $S$ 都是对称关系，但 $R \circ S = \{\langle 2,3 \rangle\}$ 不是对称关系。

（3）令 $R = \{\langle 1,3 \rangle, \langle 2,2 \rangle\}, S = \{\langle 2,1 \rangle, \langle 3,2 \rangle\}$，则 $R$ 和 $S$ 都是反对称的，但 $R \circ S = \{\langle 2,3 \rangle, \langle 3,2 \rangle\}$ 不是反对称的。

（4）令 $R = \{\langle 1,3 \rangle, \langle 2,2 \rangle\}, S = \{\langle 2,1 \rangle, \langle 3,2 \rangle, \langle 3,1 \rangle\}$，则 $R$ 和 $S$ 都是传递的，但 $R \circ S = \{\langle 2,3 \rangle, \langle 3,2 \rangle, \langle 3,3 \rangle\}$ 不是传递的，因为 $\langle 2,2 \rangle \notin R \circ S$。

**【讨论】** 由于关系复合的计算有一定复杂性，因此也很难有明确的方法来给出例子说明关系复合不保持上述性质，只能在熟悉关系复合运算，以及反自反性、对称性、反对称性和传递性的基础上，尽量使用少一些的有序对来得到所需的例子。

## 6.3 关系的闭包

关系的闭包是包含一个关系且满足某个性质的最小关系，主要有关系的自反闭包、对称闭包和传递闭包。关系的闭包在计算机科学中有着广泛的应用，例如一个 C++ 程序源代码文件被修改后重新编译，那么用到这个文件中的函数或数据的源代码文件可能也需要重新编译，而这又会引起更多的源代码文件可能需要重新编译。若文件 $A$ 重新编译后，$B$ 也需要重新编译，称为文件 $B$ 依赖文件 $A$，那么修改一个文件引起的所有可能需要编译的文件有哪些就需要计算这种依赖关系的传递闭包。

Relation-Closure(1)

Relation-Closure(2)

本节在介绍关系闭包的定义的基础上，给出关系闭包的一些基本性质，然后给出计算关系闭包的公式，并重点讨论计算传递闭包的算法。

### 6.3.1 关系闭包的定义

通俗地说，关系的闭包是包含一个关系且满足某个性质的最小关系，例如关系 $R$ 的自反闭包是包含 $R$ 的最小自反关系，对称闭包是包含 $R$ 的最小对称关系，而传递闭包是包含 $R$ 的最小传递关系。这里关系的大小是基于子集关系。下面的定义给出了关系闭包的严格定义。

**定义 6.9** 设 $R$ 是非空集合 $A$ 上的关系。

（1）$R$ 的**自反闭包** (reflexive closure)，记为 $r(R)$，是同时满足下面条件的 $A$ 上的关系：① $R \subseteq r(R)$；② $r(R)$ 是自反关系；③ 对任意自反关系 $S$，若 $R \subseteq S$，则 $r(R) \subseteq S$。

（2）$R$ 的**对称闭包** (symmetric closure)，记为 $s(R)$，是同时满足下面条件的 $A$ 上的关系：① $R \subseteq s(R)$；② $s(R)$ 是对称关系；③ 对任意对称关系 $S$，若 $R \subseteq S$，则 $s(R) \subseteq S$。

（3）$R$ 的**传递闭包** (transitive closure)，记为 $t(R)$，是同时满足下面条件的 $A$ 上的关系：① $R \subseteq t(R)$；② $t(R)$ 是传递关系；③ 对任意传递关系 $S$，若 $R \subseteq S$，则 $t(R) \subseteq S$。

注意，上述定义中强调 $A$ 是非空集，只是为了排除平凡的情况，因为空集上只有空关系。可以看到，自反闭包、对称闭包和传递闭包的定义是非常类似的，在定义 6.9 中，每种闭包应满足的条件①是说关系 $R$ 的闭包包含 $R$，条件②是说闭包是具有某种性质的关系，而条件③则是说闭包是具有这种性质且包含 $R$ 的最小关系。

条件③可用于证明关系闭包是另外一个关系的子集，例如要证明 $r(R)$ 是关系 $S$ 的子集，只需要证明 $S$ 包含 $R$ 且 $S$ 是自反关系即可。下面利用这一点证明关系闭包的一些基本性质，主要是探讨关系闭包运算与子集关系，以及与其他运算之间的联系。

**定理 6.11** 设 $R$ 是非空集合 $A$ 上的关系，则：（1）$R$ 是自反关系当且仅当 $r(R) = R$；（2）$R$ 是对称关系当且仅当 $s(R) = R$；（3）$R$ 是传递关系当且仅当 $t(R) = R$。

**证明** 我们只证明（1），而（2）和（3）可类似证明。显然当 $r(R) = R$ 时 $R$ 是自反关系，因为按自反闭包的定义 $r(R)$ 是自反关系。反之，若 $R$ 是自反关系，则 $R$ 满足 $R \subseteq R$（即 $R$ 包含 $R$）且 $R$ 是自反关系，所以根据自反闭包的定义有 $r(R) \subseteq R$。另一方面，按照自反闭包的定义又有 $R \subseteq r(R)$。因此，这时 $r(R) = R$。

显然，对于（2）和（3）的证明，只要将这一段证明（1）的文字中的“自反”分别替换为“对称”和“传递”，$r(R)$ 分别替换为 $s(R)$ 和 $t(R)$ 即可。 □

通俗地说，定理 6.11是说，如果一个关系已经具有了某种性质，那么它关于这种性质的闭包就是这个关系自己，即一个自反关系的自反闭包是它自己，一个对称关系的对称闭包是它自己，一个传递关系的传递闭包也是它自己。下面的定理说明关系闭包运算保持子集关系。

**定理 6.12** 设 $R$ 和 $S$ 都是非空集 $A$ 上的关系，且 $R \subseteq S$，则：（1）$r(R) \subseteq r(S)$；（2）$s(R) \subseteq s(S)$；（3）$t(R) \subseteq t(S)$。

**证明** 同样我们只证明（1），而（2）和（3）可类似证明。因为 $R \subseteq S$，且根据自反闭包的定义 $S \subseteq r(S)$，所以有 $R \subseteq r(S)$，显然 $r(S)$ 是自反的。因此，$r(S)$ 也是包含 $R$ 的自反关系，所以，根据自反闭包的定义就有 $r(R) \subseteq r(S)$。 □

**问题 6.24** 设 $R$ 和 $S$ 都是非空集 $A$ 上的关系，证明：

（1）$r(R \cup S) = r(R) \cup r(S)$。

（2）$s(R \cup S) = s(R) \cup s(S)$。

（3）$t(R) \cup t(S) \subseteq t(R \cup S)$，并举例说明不一定有 $t(R \cup S) \subseteq t(R) \cup t(S)$。

**【分析】**关系闭包运算的结果仍然是集合，因此这里要证明的仍然是集合等式或集合之间的子集关系。例如，对于（1），可分别证明 $r(R \cup S) \subseteq r(R) \cup r(S)$ 和 $r(R) \cup r(S) \subseteq r(R \cup S)$，前者可利用 $r(R \cup S)$ 是 $R \cup S$ 的自反闭包证明，而后者则只需证明 $r(R) \subseteq r(R \cup S)$ 和 $r(s) \subseteq r(R \cup S)$，这可通过自反闭包保持子集关系得到。（2）和（3）的证明思路类似。

【解答】(1) 由自反闭包的定义有 $R \subseteq r(R)$ 且 $S \subseteq r(S)$，集合并保持子集关系，因此 $R \cup S \subseteq r(R) \cup r(S)$，$r(R)$ 和 $r(S)$ 都是自反关系，而集合并运算保持关系的自反性（参见问题 6.20），因此 $r(R) \cup r(S)$ 也是自反关系，从而 $r(R) \cup r(S)$ 也是包含 $R \cup S$ 的自反关系，根据自反闭包的定义就有 $r(R \cup S) \subseteq r(R) \cup r(S)$。

另一方面，由 $R \subseteq R \cup S$ 及自反闭包保持子集关系有 $r(R) \subseteq r(R \cup S)$，类似地有 $r(S) \subseteq r(R \cup S)$，因此 $r(R) \cup r(S) \subseteq r(R \cup S)$。综上就有 $r(R \cup S) = r(R) \cup r(S)$。

(2) 类似(1)，由对称闭包的定义有 $R \subseteq s(R)$ 且 $S \subseteq s(S)$，因此 $R \cup S \subseteq s(R) \cup s(S)$，而集合并运算也保持关系的对称性，因此 $s(R) \cup s(S)$ 也是包含 $R \cup S$ 的对称关系，由对称闭包的定义，$s(R \cup S) \subseteq s(R) \cup s(S)$。另一方面，由对称闭包保持子集关系有 $s(R) \subseteq s(R \cup S)$ 且 $s(S) \subseteq s(R \cup S)$，因此 $s(R) \cup s(S) \subseteq s(R \cup S)$。综上就有 $s(R \cup S) = s(R) \cup s(S)$。

(3) 由传递闭包保持子集关系有 $t(R) \subseteq t(R \cup S)$ 且 $t(S) \subseteq t(R \cup S)$，因此 $t(R) \cup t(S) \subseteq t(R \cup S)$。这里不能得到 $t(R \cup S) \subseteq t(R) \cup t(S)$，是因为集合并不保持关系的传递性，$t(R) \cup t(S)$ 不一定是传递关系。

例如，令 $A = \{1, 2\}$，$R = \{\langle 1, 2\rangle\}$，$S = \{\langle 2, 1\rangle\}$，注意到 $R$ 和 $S$ 都是传递关系，因此 $t(R) = R, t(S) = S$，$t(R) \cup t(S) = \{\langle 1, 2\rangle, \langle 2, 1\rangle\}$，这不是传递关系，这时必有 $t(R \cup S) \neq t(R) \cup t(S)$，实际上 $t(R \cup S) = \{\langle 1, 2\rangle, \langle 2, 1\rangle, \langle 1, 1\rangle, \langle 2, 2\rangle\}$。

【讨论】(1) 这个问题实际上是探讨了关系闭包运算与集合并运算的可交换性：自反闭包与集合并运算，对称闭包与集合并运算都具有可交换性，即先求闭包再做集合并运算与先做集合并运算再求闭包得到相同的结果，这主要是因为集合并运算保持关系的自反性和对称性；但是传递闭包与集合并运算不具有可交换性，因为集合并运算不保持关系的传递性。实际上，不难证明有 $t(R \cup S) = t(t(R) \cup t(S))$，即 $t(R) \cup t(s)$ 有可能不是传递的，但只要再针对它做一次传递闭包就得到了 $R \cup S$ 的传递闭包。

(2) 可以看到，要讨论关系闭包运算与集合并运算的可交换性需要能熟练运用关系闭包的定义以及关系运算与子集关系之间的联系，所以我们将它作为探讨性的问题，而非读者需要重点记住的结论性知识，也即不是作为这一节的一个定理。

(3) 有关关系闭包运算与集合交运算的可交换性，例如，$t(R \cap S)$ 与 $t(R) \cap t(S)$ 之间的联系作为练习留给读者自行探讨。

### 6.3.2 关系闭包的计算

本节探讨如何计算关系的闭包。关系的闭包是包含一个关系且具有某种性质的最小集合。因此，当一个关系不具有这种性质时，可往里面添加最少的有序对得到具有这种性质的关系，从而就得到这个关系的闭包。注意，当一个关系不具有自反性时，往里面添加有序对有可能使得它具有自反性，对称性和传递性也如此。但反自反性和反对称性则不同，当一个关系不是反自反关系时，再添加有序对也不会具有反自反性，反对称性也如此。这是这里只讨论自反闭包、对称闭包和传递闭包的原因。

一个关系是自反关系当且仅当它包含恒等关系，因此很容易想到，当一个关系不是自反关系时，只要将恒等关系中的有序对添加进去得到的关系就是自反关系，而且是包含这个关系的最小的自反关系。因此有下面的定理。

**定理 6.13** 设 $R$ 是非空集合 $A$ 上的关系，则 $r(R)=R\cup\Delta_A$。

**证明** 显然 $\Delta_A\subseteq R\cup\Delta_A$，因此 $R\cup\Delta_A$ 是自反关系，且 $R\subseteq R\cup\Delta_A$，因此根据自反闭包的定义有 $r(R)\subseteq R\cup\Delta_A$。另一方面，由自反闭包的定义有 $R\subseteq r(R)$，而 $r(R)$ 是自反的，因此也有 $\Delta_A\subseteq r(R)$，从而 $R\cup\Delta_A\subseteq r(R)$。这就证明了 $r(R)=R\cup\Delta_A$。 □

一个关系是对称关系当且仅当它等于它的逆关系，因此也可想到，当一个关系不是对称关系时，只要将它的逆关系中的有序对添加进去就能得到包含这个关系的最小对称关系，即它的对称闭包。因此有下面的定理。

**定理 6.14** 设 $R$ 是非空集合 $A$ 上的关系，则 $s(R)=R\cup R^{-1}$。

**证明** 由集合并和关系逆运算的可交换性，以及 $(R^{-1})^{-1}=R$，有：

$$(R\cup R^{-1})^{-1}=R^{-1}\cup(R^{-1})^{-1}=R^{-1}\cup R=R\cup R^{-1}$$

因此，由对称性的性质概括法定义有 $(R\cup R^{-1})$ 是对称的，而且显然 $R\subseteq R\cup R^{-1}$，因此根据对称闭包的定义有 $s(R)\subseteq R\cup R^{-1}$。

另一方面，由对称闭包的定义有 $R\subseteq s(R)$，根据关系逆保持子集关系，因此也有 $R^{-1}\subseteq(s(R))^{-1}$，而 $s(R)$ 是对称关系，所以 $(s(R))^{-1}=s(R)$，即有 $R^{-1}\subseteq s(R)$，从而 $R\cup R^{-1}\subseteq s(R)$。综上就证明了 $s(R)=R\cup R^{-1}$。 □

**例子 6.25** 设 $A=\{1,2,3,4\}$，$R$ 是 $A$ 上的关系且 $R=\{\langle 4,3\rangle,\langle 2,1\rangle,\langle 3,4\rangle,\langle 1,1\rangle,\langle 2,3\rangle\}$，则：

$$\begin{aligned}r(R)&=\{\langle 4,3\rangle,\langle 2,1\rangle,\langle 3,4\rangle,\langle 1,1\rangle,\langle 2,3\rangle,\langle 2,2\rangle,\langle 3,3\rangle,\langle 4,4\rangle\}\\ s(R)&=\{\langle 4,3\rangle,\langle 3,4\rangle,\langle 2,1\rangle,\langle 1,2\rangle,\langle 1,1\rangle,\langle 2,3\rangle,\langle 3,2\rangle\}\end{aligned}$$

传递闭包的计算稍微有些复杂。这回我们从关系图的角度进行思考。传递关系的关系图具有这样的特点：任意两个顶点之间有通路则就有直接的边。因此，对于一个不是传递关系的关系图，只要两个顶点之间有通路，则在这两个顶点直接添加边得到的关系图就应该是它的传递闭包的关系图。

那怎样判断两个顶点是否有通路呢？我们知道，对集合 $A$ 上关系 $R$ 的关系图，对任意元素 $a,b$，若 $\langle a,b\rangle\in R$，则对应元素 $a$ 的顶点到对应元素 $b$ 的顶点有有向边，这是这两个顶点之间长度为 1 的有向通路。而如果存在对应元素 $c$ 的中间顶点，使得对应 $a$ 的顶点到对应 $c$ 的顶点有有向边，而对应 $c$ 的顶点到对应 $b$ 的顶点也有有向边，则对应 $a$ 的顶点到对应 $b$ 的顶点有长度为 2 的有向通路，而这意味着存在 $c$ 使得 $\langle a,c\rangle\in R$ 且 $\langle c,b\rangle\in R$，也即 $\langle a,b\rangle\in R\circ R$。

也就是说，在 $R$ 的关系图中，对应 $a$ 的顶点到对应 $b$ 的顶点有长度为 2 的有向通路当且仅当 $\langle a,b\rangle\in R\circ R$，也即 $R\circ R$ 可给出 $R$ 的关系图中两个顶点之间是否有长度为 2 的有向通路，以此类推，$(R\circ R)\circ R$ 可给出 $R$ 的关系图中两个顶点之间是否有长度为 3 的有向通路等，从而可通过不断计算 $R$ 与它自己的复合得到 $R$ 的关系图中两个顶点之间是否有任意长度的有向通路，进而得到 $R$ 的传递闭包。

为严格定义上述想法并给出证明，先引入关系的幂运算，即 $R$ 与它自己的 $n$ 次复合的运算。

**定义 6.10** 设 $R$ 是非空集 $A$ 上的关系。对整数 $n \geqslant 1$，**关系$R$ 的 $n$ 次幂**，记为 $R^n$，递归定义为：

$$R^n = \begin{cases} R & \text{若 } n=1 \\ R^{n-1} \circ R & \text{若 } n \geqslant 2 \end{cases}$$

由于关系复合满足结合律，因此对于 $R$ 与它自己的多次复合 $R \circ R \circ \cdots \circ R$，中间无论怎样添加圆括号，计算结果应该都相等，用关系幂运算表示则有如下引理。

**引理 6.15** 设 $R$ 是非空集 $A$ 上的关系。对任意整数 $n \geqslant 1$ 和 $m \geqslant 1$，有 $R^m \circ R^n = R^{m+n}$。

**证明** 令 $P(n)$ 为 $\forall m \geqslant 1(R^m \circ R^n = R^{m+n})$，我们要证明 $\forall n \geqslant 1(P(n))$。对 $n$ 进行数学归纳法证明，当 $n=1$ 时，根据关系的幂运算有 $R^{m+1} = R^m \circ R$，即 $P(1)$ 成立。设当 $n=k$ 时有 $P(k)$ 成立，即对任意 $m \geqslant 1$ 有 $R^m \circ R^k = R^{m+k}$，考虑 $n=k+1$，有：

$$\begin{aligned} R^{m+(k+1)} &= R^{m+k} \circ R && // \text{幂运算的递归定义} \\ &= (R^m \circ R^k) \circ R && // \text{归纳假设} \\ &= R^m \circ (R^k \circ R) && // \text{关系复合满足结合律} \\ &= R^m \circ R^{k+1} && // \text{幂运算的递归定义} \end{aligned}$$

也即 $P(k+1)$ 成立，因此对任意整数 $n \geqslant 1, m \geqslant 1$ 有 $R^m \circ R^n = R^{m+n}$。 □

我们说，关系 $R$ 的传递闭包是通过不断求 $R^n, n=1,2,\cdots$ 而得到，也即有下面的定理。

**定理 6.16** 设 $R$ 是非空集 $A$ 上的关系，则 $t(R) = \bigcup_{n=1}^{\infty} R^n$。通常记 $\bigcup_{n=1}^{\infty} R^n$ 为 $R^*$。

**证明** 显然 $R \subseteq R^*$，根据传递闭包的定义，为证明 $t(R) = R^*$，只需要还证明两点：（1）$R^*$ 是传递的；（2）对 $A$ 上任意传递关系 $S$，如果 $R \subseteq S$，则 $R^* \subseteq S$。

对于（1），使用基于传递性的元素考察定义法证明。对任意的 $x,y,z \in A$，若 $\langle x,y\rangle \in R^*$ 且 $\langle y,z\rangle \in R^*$，则根据集合广义并的定义，存在整数 $k \geqslant 1$ 使得 $\langle x,y\rangle \in R^k$，且存在整数 $m \geqslant 1$ 使得 $\langle y,z\rangle \in R^m$，从而根据关系复合的定义，$\langle x,z\rangle \in R^m \circ R^k$，根据引理 6.15，$R^m \circ R^k = R^{m+k}$，也即 $\langle x,z\rangle \in R^{m+k}$，因此这时存在整数 $m+k$ 使得 $\langle x,z\rangle \in R^{m+k}$，从而根据集合广义并的定义 $\langle x,z\rangle \in R^*$，因此 $R^*$ 是传递的。

对于（2），设 $S$ 是 $A$ 上任意传递关系，且 $R \subseteq S$，使用数学归纳法证明对任意整数 $n \geqslant 1$ 有 $R^n \subseteq S$。当 $n=1$ 时成立，因为有 $R \subseteq S$。假设当 $n=k$ 时有 $R^k \subseteq S$，考虑 $n=k+1$，根据幂运算的递归定义，$R^{k+1} = R^k \circ R$，而根据归纳假设有 $R^k \subseteq S$，

而又有 $R \subseteq S$，因此由关系复合保持子集关系有 $R^{k+1} \subseteq S \circ S$，而 $S$ 是传递的，因此 $S \circ S \subseteq S$，这就得到了 $R^{k+1} \subseteq S$。因此，根据数学归纳法，对任意 $n \geqslant 1$，有 $R^n \subseteq S$。

从而对任意的 $x, y \in A$，若 $\langle x, y\rangle \in R^*$，则存在 $n \geqslant 1$ 使得 $\langle x, y\rangle \in R^n$，而 $R^n \subseteq S$，因此 $\langle x, y\rangle \in S$，这就证明了对 $A$ 上任意传递关系，如果 $R \subseteq S$，则有 $R^* \subseteq S$。

综上，证明了 $R$ 的传递闭包 $t(R)$ 就是 $R^*$。 □

注意，证明定理 6.16的关键点有三点。

（1）根据集合广义并的定义，对任意 $x, y \in A$，$\langle x, y\rangle \in R^* = \bigcup_{n=1}^{\infty} R^n$ 的含义是存在 $k \geqslant 1$ 使得 $\langle x, y\rangle \in R^k$。

（2）基于传递性的元素考察法定义证明 $R^*$ 是传递的，而非基于传递性的性质概括法定义，因为 $R^*$ 是多个关系的广义并，很难计算 $R^* \circ R^*$。

（3）对 $A$ 上任意传递关系 $S$，当 $R \subseteq S$ 时，用数学归纳法证明，对任意整数 $n \geqslant 1$，$R^n \subseteq S$。

定理 6.16 给出了计算传递闭包的公式，虽然 $R^*$ 看起来是无穷多个集合的广义并，但当集合 $A$ 只有 $n$ 个元素时，只需要计算到 $R^n$，因为 $R^n$ 的直观含义是给出了 $R$ 的关系图中任意两个顶点之间是否有长度为 $n$ 的有向通路。当集合 $A$ 只有 $n$ 个元素，则 $R$ 的关系图只有 $n$ 个顶点，长度为 $n$ 的通路已经经过所有可能的顶点，不用再考虑是否有长度超过 $n$ 的顶点。

实际上，对任意 $n$ 个顶点的有向图，如果两个顶点之间有有向通路，那么它必定有长度小于或等于 $n$ 的有向通路，因为长度大于 $n$ 的通路必然经过重复的顶点，去掉从这个顶点出发再回到这个顶点的边仍是这两个顶点之间的有向通路，因此两个顶点之间有有向通路，则必然可以得到一个不经过重复顶点的有向通路，也即其中顶点数至多为 $n$ 的有向通路，从而这个通路的长度也就小于或等于 $n$（准确地说，当是回路时长度可能为 $n$，不是回路时小于 $n$）。

总之，设集合 $A$ 只有 $n$ 个元素，则 $A$ 上的关系 $R$ 的传递闭包 $t(R) = \bigcup_{k=1}^{n} R^k$。可通过矩阵的逻辑积运算不断求 $R^2, R^3, \cdots, R^n$ 的关系矩阵，最后使用矩阵的逻辑或运算得到 $t(R)$ 的关系矩阵，从而得到 $t(R)$。算法 6.3 给出了输入 $R$ 的关系矩阵 $\boldsymbol{M}_R$，计算它的传递闭包的关系矩阵 $\boldsymbol{M}_{t(R)}$ 的算法，其中的 0-1 矩阵 $\boldsymbol{M}_P$ 用于记录 $R^k$ 的关系矩阵。

**Algorithm 6.3: 基于 0-1 矩阵逻辑积运算 ⊙ 计算传递闭包的关系矩阵**

**输入:** $n$ 个元素的集合 $A$ 上的关系 $R$ 的关系矩阵 $\boldsymbol{M}_R$

**输出:** $R$ 的传递闭包 $t(R)$ 的关系矩阵 $\boldsymbol{M}_{t(R)}$

```
1 M_t(R) := M_R，且 M_P := M_R;
2 for (k 等于 2 到 n) do
3 |   M_P := M_P ⊙ M_R，且 M_t(R) := M_t(R) ∨ M_P;
4 end
```

**问题 6.26**　设集合 $A=\{1,2,3,4\}$，集合 $A$ 上的关系 $R=\{\langle 3,4\rangle,\langle 3,1\rangle,\langle 4,3\rangle,\langle 2,2\rangle,\langle 1,2\rangle\}$，利用关系矩阵计算 $R$ 的传递闭包 $t(R)$。

**【解答】**图 6.5 给出了关系 $R$ 的关系图和关系矩阵。

图 6.5　关系 $R$ 的关系图和关系矩阵

通过计算关系 $R^k$ 的关系矩阵 $\boldsymbol{M}_R^{[k]}, k=2,3,4$ 得到关系 $R$ 的传递闭包的关系矩阵 $\boldsymbol{M}_{t(R)}$：

$$\boldsymbol{M}_R^{[2]}=\begin{bmatrix}0&1&0&0\\0&1&0&0\\0&1&1&0\\1&0&0&1\end{bmatrix}\qquad \boldsymbol{M}_R^{[3]}=\begin{bmatrix}0&1&0&0\\0&1&0&0\\1&1&0&1\\0&1&1&0\end{bmatrix}$$

$$\boldsymbol{M}_R^{[4]}=\begin{bmatrix}0&1&0&0\\0&1&0&0\\0&1&1&0\\1&1&0&1\end{bmatrix}\qquad \boldsymbol{M}_{t(R)}=\begin{bmatrix}0&1&0&0\\0&1&0&0\\1&1&1&1\\1&1&1&1\end{bmatrix}$$

最后得到 $R$ 的传递闭包：$t(R)=\{\langle 1,2\rangle,\langle 2,2\rangle,\langle 3,1\rangle,\langle 3,2\rangle,\langle 3,3\rangle,\langle 3,4\rangle,\langle 4,1\rangle,\langle 4,2\rangle,\langle 4,3\rangle,\langle 4,4\rangle\}$。

**【讨论】**（1）借助关系图和关系矩阵，可理解 $R^k$ 的直观含义。例如，对于 $R^2$ 的关系矩阵 $\boldsymbol{M}_R^{[2]}=[m_{ij}^{[2]}]$，可以看到 $m_{12}^{[2]}$ 为 1，这表明对应元素 1 的顶点（下面直接说顶点 1）到对应元素 2 的顶点（下面直接说顶点 2）有长度为 2 的有向通路，在关系图中，这个通路是 $1\to 2\to 2$，即包含从顶点 1 到顶点 2 的边，以及顶点 2 到顶点 2 的环；$m_{22}^{[2]}$ 为 1 表明顶点 2 到顶点 2 有长度为 2 的通路，这实际上是经过顶点 2 的环两次；$m_{32}^{[2]}$ 为 1 表明顶点 3 到顶点 2 有长度为 2 的通路，例如有 $3\to 1\to 2$，$m_{33}^{[2]}$ 为 1 表明顶点 3 到顶点 3 自己有长度为 2 的通路，例如有 $3\to 4\to 3$；$m_{41}^{[2]}$ 为 1 表明顶点 4 到顶点 1 有长度为 2 的通路，例如有 $4\to 3\to 1$，$m_{44}^{[2]}$ 为 1 表明顶点 4 到顶点 4 自己有长度为 2 的通路，例如有 $4\to 3\to 4$。

$R^3$ 的关系矩阵 $\boldsymbol{M}_R^{[3]}$ 的 $m_{ij}^{[3]}$ 为 1 表明顶点 $i$ 到顶点 $j$ 有长度为 3 的通路，$R^4$ 的关系矩阵 $\boldsymbol{M}_R^{[4]}$ 的 $m_{ij}^{[4]}$ 为 1 表明顶点 $i$ 到顶点 $j$ 有长度为 4 的通路，读者可自行找出对应的有向通路例子。注意，有时两个顶点之间长度为 $k$ 的通路可能不止一条。由于关系矩阵是 0-1 矩阵，是利用逻辑与和逻辑或进行计算，所以只是给出两个顶点之间是否有通路，如果使用普通的加法和乘法计算矩阵乘法，则可以得到两个顶点之间的有向通路数目。

（2）关系 $R$ 的传递闭包的关系矩阵 $\boldsymbol{M}_{t(R)}$ 的第 $i$ 行第 $j$ 列元素为 1 当且仅当在关系 $R$ 的关系图中顶点 $i$ 到顶点 $j$ 有有向通路，这在图论中也称为从顶点 $i$ 可达顶点 $j$。因此，关系 $R$ 的传递闭包的关系矩阵也称为关系 $R$ 的**可达矩阵** (reachability matrix)。

### 6.3.3 Warshall 算法

算法 6.3 在利用关系矩阵计算关系 $R \subseteq A \times A$ 的传递闭包时，若 $A$ 有 $n$ 个元素，则要做 $n-1$ 次矩阵逻辑积 $\odot$ 运算，而每次矩阵逻辑积运算都要做 $n^3$ 次逻辑与运算（参见算法 6.2），因此总共可能要做多达 $(n-1)n^3$ 次逻辑与运算。

美国数学家 Warshall(1935—2006)1960 年前后描述了一个计算关系传递闭包的更高效算法，现在通常称之为 Warshall 算法。Warshall 算法的基本思想仍然是通过在关系 $R$ 的关系矩阵上进行操作以确定 $R$ 的关系图的两个顶点之间是否有有向通路，但不是按照通路的不同长度进行考虑，而是按照通路可能经过的中间顶点进行考虑。

在 $R$ 的关系图中，将顶点 $v$ 到顶点 $u$ 的有向通路中除这两个端点 $v$ 和 $u$ 之外的顶点称为这条有向通路的中间顶点。设对应集合 $A$ 的元素的关系图中的顶点分别是 $v_1, v_2, \cdots, v_n$。为了确定任意两个顶点 $v_i$ 和 $v_j$ 之间是否有有向通路，Warshall 算法首先考虑 $v_i$ 和 $v_j$ 之间是否有中间顶点是 $v_1$ 的有向通路，然后考虑它们之间是否有中间顶点全部在顶点集 $\{v_1, v_2\}$ 的有向通路等，第 $k$ 次考虑 $v_i$ 和 $v_j$ 之间是否有中间顶点全部在顶点集 $\{v_1, v_2, \cdots, v_k\}$ 的有向通路，从而第 $n$ 次考虑的就是 $v_i$ 和 $v_j$ 之间是否有中间顶点全部在顶点集 $\{v_1, v_2, \cdots, v_n\}$ 的有向通路，也即 $v_i$ 与 $v_j$ 之间是否有通路。

Warshall 算法用 0-1 矩阵 $\boldsymbol{W}_k = [w_{ij}^{[k]}]$ 记录第 $k$ 次考察的结果，即 $w_{ij}^{[k]} = 1$ 当且仅当顶点 $v_i$ 与 $v_j$ 之间存在中间顶点全部在顶点集 $\{v_1, v_2, \cdots, v_k\}$ 的有向通路。$\boldsymbol{W}_0 = [w_{ij}^{[0]}]$ 就是关系 $R$ 的关系矩阵，即 $w_{ij}^{[k]} = 1$ 当且仅当在 $R$ 的关系图中 $v_i$ 到 $v_j$ 有有向边，也可认为是 $v_i$ 与 $v_j$ 之间存在中间顶点全部在空集的有向通路。最后 $\boldsymbol{W}_n = [w_{ij}^{[n]}]$ 就给出了关系 $R$ 的传递闭包的关系矩阵，因为 $w_{ij}^{[n]} = 1$ 当且仅当 $v_i$ 和 $v_j$ 之间存在有向通路。

**Algorithm 6.4: 计算传递闭包的关系矩阵的 Warshall 算法**

**输入:** $n$ 个元素的集合 $A$ 上的关系 $R$ 的关系矩阵 $\boldsymbol{M}_R$

**输出:** $R$ 的传递闭包 $t(R)$ 的关系矩阵 $\boldsymbol{M}_{t(R)}$

```
1 令 W 的初始值等于 M_R;
2 for (k 等于 1 到 n) do
3 |   for (i 等于 1 到 n) do
4 |   |   for (j 等于 1 到 n) do w_ij = w_ij ∨ (w_ik ∧ w_kj);
5 |   end
6 end
7 令 R 的传递闭包 t(R) 的关系矩阵 M_t(R) 等于 W(= [w_ij])
```

Warshall 算法的关键点在于建立上述考察过程中第 $k$ 次考察 $v_i$ 和 $v_j$ 之间是否有中间顶点全部在 $\{v_1, v_2, \cdots, v_k\}$ 的有向通路，和第 $k-1$ 次考察 $v_i$ 和 $v_j$ 之间是否有中间顶点全部在 $\{v_1, v_2, \cdots, v_{k-1}\}$ 的有向通路之间的递推关系，即 $\boldsymbol{W}_k = [w_{ij}^{[k]}]$ 和 $\boldsymbol{W}_{k-1} = [w_{ij}^{[k-1]}]$ 之间的递推关系。为此将 $v_i$ 和 $v_j$ 之间存在中间顶点全部在 $\{v_1, v_2, \cdots, v_{k-1}, v_k\}$ 的有向通路的情况分为两种。

（1）$v_i$ 和 $v_j$ 之间存在中间顶点全部在 $\{v_1, v_2, \cdots, v_{k-1}\}$ 的有向通路，即已有 $w_{ij}^{[k-1]} = 1$，这时当然 $v_i$ 和 $v_j$ 之间也就存在中间顶点全部在 $\{v_1, v_2, \cdots, v_{k-1}, v_k\}$ 的有向通路。

（2）$v_i$ 和 $v_k$ 之间存在中间顶点全部在 $\{v_1, v_2, \cdots, v_{k-1}\}$ 的有向通路，而且 $v_k$ 和 $v_j$ 之间也存在中间顶点全部在 $\{v_1, v_2, \cdots, v_{k-1}\}$ 的有向通路，即有 $w_{ik}^{[k-1]} = 1$ 且 $w_{kj}^{[k-1]} = 1$，这时再将 $v_k$ 作为中间顶点考虑进来，$v_i$ 和 $v_j$ 就有了中间顶点全部在 $\{v_1, v_{k-1}, \cdots, v_k\}$ 的有向通路。

也就是说，有 $w_{ij}^{[k]} = w_{ij}^{[k-1]} \vee (w_{ik}^{[k-1]} \wedge w_{kj}^{[k-1]})$，利用这个递推关系可以很方便地从 $\boldsymbol{W}_0$ 开始计算 $\boldsymbol{W}_1, \boldsymbol{W}_2, \cdots, \boldsymbol{W}_n$，从而得到关系 $R$ 的传递闭包的关系矩阵。算法 6.4 给出了 Warshall 算法的描述，其中第 1 行将矩阵 $\boldsymbol{W}$ 初始化为 $\boldsymbol{M}_R$，即 $\boldsymbol{W}_0$，而第 2~6 行的循环在第 $k$ 次循环体执行完后得到的矩阵 $\boldsymbol{W}$ 就是 $\boldsymbol{W}_k$，第 4 行的 $w_{ij} = w_{ij} \vee (w_{ik} \wedge w_{kj})$ 就是利用上述递推关系式通过 $\boldsymbol{W}_{k-1}$ 计算 $\boldsymbol{W}_k$。

**问题 6.27** 设集合 $A = \{1, 2, 3, 4\}$，集合 $A$ 上的关系 $R = \{\langle 3,4\rangle, \langle 3,1\rangle, \langle 4,3\rangle, \langle 2,2\rangle, \langle 1,2\rangle\}$，利用 Warshall 算法计算 $R$ 的传递闭包 $t(R)$。

**【解答】** 注意，图 6.5 给出了关系 $R$ 的关系图和关系矩阵。我们给出使用 Warshall 算法计算 $R$ 的传递闭包 $t(R)$ 时每一次最外层循环（循环变量为 $k$ 的循环）计算 $\boldsymbol{W}_k$ 的结果说明该算法的运行过程。

$$\boldsymbol{W}_0 = \boldsymbol{M}_R = \begin{bmatrix} 0 & 1 & 0 & 0 \\ 0 & 1 & 0 & 0 \\ 1 & 0 & 0 & 1 \\ 0 & 0 & 1 & 0 \end{bmatrix} \quad \boldsymbol{W}_1 = \begin{bmatrix} 0 & 1 & 0 & 0 \\ 0 & 1 & 0 & 0 \\ 1 & \underline{1} & 0 & 1 \\ 0 & 0 & 1 & 0 \end{bmatrix} \quad \boldsymbol{W}_2 = \begin{bmatrix} 0 & 1 & 0 & 0 \\ 0 & 1 & 0 & 0 \\ 1 & 1 & 0 & 1 \\ 0 & 0 & 1 & 0 \end{bmatrix}$$

$$\boldsymbol{W}_3 = \begin{bmatrix} 0 & 1 & 0 & 0 \\ 0 & 1 & 0 & 0 \\ 1 & 1 & 0 & 1 \\ \underline{1} & \underline{1} & 1 & \underline{1} \end{bmatrix} \quad \boldsymbol{W}_4 = \begin{bmatrix} 0 & 1 & 0 & 0 \\ 0 & 1 & 0 & 0 \\ 1 & 1 & \underline{1} & 1 \\ 1 & 1 & 1 & 1 \end{bmatrix}$$

最后得到的 $\boldsymbol{W}_4$ 是 $t(R)$ 的关系矩阵，可以看到它等于问题 6.26 解答中的 $\boldsymbol{M}_{t(R)}$。

**【讨论】**（1）对照图 6.5 给出的关系图，我们考察 $\boldsymbol{W}_k$ 的计算来进一步理解 Warshall 算法的思路。上面计算中，矩阵中加下画线的元素是 $\boldsymbol{W}_k$ 与 $\boldsymbol{W}_{k-1}$ 的不同的元素。例如，$\boldsymbol{W}_1$ 的第 3 行第 2 列为 1，但 $\boldsymbol{W}_0$ 的这个元素为 0，这表明在关系图中顶点 3 到顶点 2 没有直接的有向边，但是有中间顶点全部在顶点集 $\{1\}$ 的有向通路（这时 $k = 1$）。

$\boldsymbol{W}_2$ 与 $\boldsymbol{W}_1$ 相等，这表明任意两个顶点 $i$ 和 $j$ 之间都不存在这样的情况：$i$ 到 2 之间有中间顶点全部在 $\{1\}$ 的有向通路，而且 2 与 $j$ 之间也有中间顶点全部在 $\{1\}$ 的有向通路。

矩阵 $\boldsymbol{W}_3$ 和 $\boldsymbol{W}_2$ 的差异表明将顶点 3 作为中间顶点考虑进来之后，顶点 4 到其他顶点都有了有向通路，而 $\boldsymbol{W}_4$ 与 $\boldsymbol{W}_3$ 的差异表明，顶点 3 和顶点 3 之间没有中间顶点全部在 $\{1,2,3\}$ 的通路，但是存在中间顶点在 $\{1,2,3,4\}$ 的通路，也即有经过顶点 4 的通路。

（2）实际上，利用递推式：

$$w_{ij}^{[k]} = w_{ij}^{[k-1]} \vee (w_{ik}^{[k-1]} \ \wedge \ w_{kj}^{[k-1]})$$

在计算 $\boldsymbol{W}_k$ 时可认为是考察 $\boldsymbol{W}_{k-1}$ 的第 $k$ 列，如果这一列的第 $i$ 行元素为 1（即 $w_{ik}^{[k-1]}=1$）则是将 $\boldsymbol{W}_{k-1}$ 的第 $k$ 行与第 $i$ 行做逻辑或运算得到 $\boldsymbol{W}_k$ 的第 $i$ 行，也即当 $w_{ik}^{[k-1]}=1$ 时有：

$$w_{ij}^{[k]} = w_{ij}^{[k-1]} \vee w_{kj}^{[k-1]}, \quad j=1,2,\cdots,n$$

而如果 $w_{ik}^{[k-1]}=0$，$w_{ij}^{[k]}=w_{ij}^{[k-1]}$，则 $\boldsymbol{W}_k$ 的第 $i$ 行没有变，等于 $\boldsymbol{W}_{k-1}$ 的第 $i$ 行。

可以看到，Warshall 算法中执行次数最多的操作仍是逻辑与运算，但只有 $n^3$ 次，相比直接利用矩阵的逻辑积计算 $R^k$ 的传递闭包算法（其逻辑与运算需要执行 $(n-1)n^3$ 次），算法的时间效率有了很大的提升。

Relation-Special(1)

## 6.4 特殊关系举例

Relation-Special(2)

本节介绍两类具有特殊性质的关系：等价关系和偏序关系。等价关系是自反、对称和传递的关系，偏序关系是自反、反对称和传递的关系。等价关系和偏序关系在数学和计算机科学中都有广泛的应用，例如，逻辑公式的逻辑等值、集合相等都是等价关系，而研究计算机程序的形式语义 (formal semantic)、知识表示和推理中的形式概念分析 (formal concept analysis) 等都要用到偏序关系。

本节只是介绍等价关系和偏序关系的基础知识。在定义等价关系的基础上给出了等价类、商集等基本概念，并讨论了等价关系与集合划分之间的联系。在定义偏序关系的基础上介绍了偏序关系的哈斯图，并给出了偏序集的极小元、极大元、最大元、最小元、偏序集子集的上界、下界、上确界、下确界等基本概念。

### 6.4.1 等价关系

**定义 6.11** 设 $R$ 是非空集 $A$ 上的关系，如果 $R$ 是自反的、对称的和传递的关系，则称 $R$ 为**等价关系** (equivalence relation)。

**例子 6.28** 我们接触过的不少可用严格数学语言定义的关系是等价关系，例如：数集上的相等关系；集合的相等关系；整数集上的模 $m$ 同余关系；逻辑公式的逻辑等值关系。

**问题 6.29** 设集合 $A=\{1,2,3,4\}$，下面的关系都是集合 $A$ 上的关系，哪些是等价关系？

（1）$R_1=\{\langle 1,1\rangle,\langle 2,2\rangle,\langle 3,3\rangle,\langle 4,4\rangle\}$。 （2）$R_2=\{\langle 1,2\rangle,\langle 2,1\rangle,\langle 3,4\rangle,\langle 4,3\rangle\}$。

（3）$R_3=R_2\cup\Delta_A$。 （4）$R_4=t(R_2)$。

**【解答】**（1）关系 $R_1$ 实际上是恒等关系，它具有自反性、对称性和传递性，因此是等价关系。

（2）显然关系 $R_2$ 不具有自反性，因此不是等价关系。

（3）关系 $R_2$ 具有对称性，$\Delta_A$ 也是对称的，因此 $R_3$ 是自反和对称的，另一方面，不难看到有 $R_2\circ R_2=\Delta_A$，因此：

$$\begin{aligned}(R_2\cup\Delta_A)\circ(R_2\cup\Delta_A)&=(R_2\circ R_2)\cup(R_2\circ\Delta_A)\cup(\Delta_A\circ R_2)\cup(\Delta_A\circ\Delta_A)\\&=R_2\cup\Delta_A\end{aligned}$$

因此，$R_3$ 也是传递的，所以 $R_3$ 是等价关系。

（4）由于 $R_2\circ R_2=\Delta_A$，即 $R_2^2=\Delta_A$，从而 $R_2^3=R_2,R_2^4=\Delta_A$，因此也有：

$$R_4=t(R_2)=R_2\cup R_2^2\cup R_2^3\cup R_2^4=R_2\cup\Delta_A=R_3$$

因此，$R_4$ 也是等价关系。

**【讨论】**要判断一个关系是否等价关系，只要分别判断这个关系是否具有自反性、对称性和传递性即可。

**问题 6.30** 设集合 $A$ 是班上所有学生构成的集合，下面哪些关系是等价关系？

（1）$R_1=\{\langle x,y\rangle\in A\times A\mid x$ 和 $y$ 同一年出生$\}$。

（2）$R_2=\{\langle x,y\rangle\in A\times A\mid x$ 和 $y$ 有相同姓氏$\}$。

（3）$R_3=\{\langle x,y\rangle\in A\times A\mid x$ 和 $y$ 有共同的朋友$\}$。

（4）$R_4=\{\langle x,y\rangle\in A\times A\mid x$ 和 $y$ 选修同一门课$\}$。

**【解答】**（1）和（2）中的 $R_1$ 和 $R_2$ 都具有自反性、对称性和传递性，因此都是等价关系。

（3）$R_3$ 只有自反性和对称性，没有传递性，$x$ 和 $y$ 有共同的朋友，$y$ 和 $z$ 也有共同的朋友，但是 $x$ 和 $z$ 不一定有共同的朋友。

（4）类似地，$R_4$ 也只有自反性和对称性，没有传递性，$x$ 和 $y$ 选修同一门课程，$y$ 和 $z$ 选修同一门课程，但 $x$ 和 $z$ 不一定选修同一门课程。

**【讨论】**很多关系是等价关系都是因为概括了集合某些元素的某个属性具有相同的值，例如班上同学的出生年这个属性的值相同导出了上述关系 $R_1$，姓氏这个这个属性的值相同导出了上述关系 $R_2$。因此，很多等价关系本质上是相等关系，是元素的某个属性值相等的关系。

上面关系 $R_3$ 和 $R_4$ 虽然也是使用“共同”“同一”这样的词汇定义，但是“朋友”不是班上某一个同学的属性，而是班上同学之间的关系，“选课”也是一个关系，而非属性，因此它们没有导出等价关系。

**定义 6.12** 设 $R$ 是非空集合 $A$ 上的等价关系。

(1) 元素 $a \in A$ 所在的等价关系 $R$ 的**等价类** (equivalence class)，简称 $a$ 的等价类，记为 $[a]_R$，是所有与 $a$ 有关系 $R$ 的元素构成的集合，即：

$$[a]_R = \{x \in A \mid \langle a, x\rangle \in R\}$$

(2) 对元素 $b \in A$，若 $b \in [a]_R$，则称 $b$ 为等价类 $[a]_R$ 的**一个代表** (representative)，特别地，$a$ 是 $[a]_R$ 的一个代表，即总有 $a \in [a]_R$（因为等价关系 $R$ 是自反关系）。

(3) 集合 $A$ 的所有元素的等价类构成的集合称为集合 $A$ 关于等价关系 $R$ 的**商集** (quotient set)，记为 $A/R$，即：

$$A/R = \{[a]_R \mid a \in A\}$$

**例子 6.31** 对于问题 6.30 给出的等价关系 $R_1$（同年出生）和 $R_2$（相同姓氏），对班上某位学生 $a$，$[a]_{R_1}$ 是所有与 $a$ 同一年出生的班上学生构成的集合，而 $[a]_{R_2}$ 是所有与 $a$ 有相同姓氏的班上学生构成的集合。

如果班上学生要么出生在 2000 年要么出生在 2001 年（二者必居其一），则班上所有学生构成的集合 $A$ 关于 $R_1$ 的商集是：

$$A/R = \{\{x \in A \mid x \text{ 在 2000 年出生}\}, \{x \in A \mid x \text{ 在 2001 年出生}\}\}$$

即 $A/R$ 中有两个等价类：一个等价类是所有 2000 年出生的学生构成的集合，另一个等价类是所有 2001 年出生的学生构成的集合。每一位 2000 年出生的学生都是前一个等价类的代表，而每一位 2001 年出生的学生都是后一个等价类的代表。

如果班上学生只有姓张、章、周的学生（三者必居其一），则 $A$ 关于 $R_2$ 的商集是：

$$A/R = \{\{x \in A \mid x \text{ 姓张}\}, \{x \in A \mid x \text{ 姓章}\}, \{x \in A \mid x \text{ 姓周}\}\}$$

即 $A/R$ 中有三个等价类，分别是所有姓张、姓章和姓周的学生构成的集合。

**例子 6.32** 对于问题 6.29 给出的集合 $A = \{1,2,3,4\}$ 上的等价关系 $R_3 = \{\langle 1,2\rangle, \langle 2,1\rangle, \langle 3,4\rangle, \langle 4,3\rangle\} \cup \Delta_A$ 有：

$$[1]_{R_3} = [2]_{R_3} = \{1,2\} \qquad [3]_{R_3} = [4]_{R_3} = \{3,4\}$$

因此，$A/R_3 = \{\{1,2\}, \{3,4\}\}$。

**问题 6.33** 定义自然数集合 $\mathbb{N}$ 的模 5 同余关系 $\equiv_5$，即对任意自然数 $a, b$，$a \equiv_5 b$ 当且仅当 $a \equiv b(\mod 5)$，显然 $\equiv_5$ 是等价关系，每个自然数所在的 $\equiv_5$ 等价类是什么？$\mathbb{N}$ 关于 $\equiv_5$ 的商集 $\mathbb{N}/\equiv_5$ 是什么？

**【解答】** 对任意自然数 $a, b$，$a \equiv_5 b$ 当且仅当 $a \equiv b(\text{mod } 5)$，也即 $a$ 和 $b$ 整除 5 有相同的余数。因此，对任意自然数 $a$，有：

$$[a]_{\equiv_5} = \{b \in \mathbb{N} \mid a \equiv b(\text{mod } 5)\} = \{b \in \mathbb{N} \mid a \text{ mod } 5 = b \text{ mod } 5\}$$

由于任意自然数整除 5 可能的余数只有 0, 1, 2, 3, 4，因此不同的等价类只有 5 个：

$$[0]_{\equiv_5} = \{5k \mid k \in \mathbb{N}\} \quad [1]_{\equiv_5} = \{5k+1 \mid k \in \mathbb{N}\} \quad [2]_{\equiv_5} = \{5k+2 \mid k \in \mathbb{N}\}$$
$$[3]_{\equiv_5} = \{5k+3 \mid k \in \mathbb{N}\} \quad [4]_{\equiv_5} = \{5k+4 \mid k \in \mathbb{N}\}$$

而 $\mathbb{N}$ 关于 $\equiv_5$ 的商集是：$\mathbb{N}/\equiv_5 \ = \{[0]_{\equiv_5}, [1]_{\equiv_5}, [2]_{\equiv_5}, [3]_{\equiv_5}, [4]_{\equiv_5}\}$。

**【讨论】**（1）注意，等价类是一个集合，因此商集是集合的集合，也即是集合族。

（2）等价类总是使用某个代表给出，即在给出等价类 $[a]_R$ 时总是要用到某个代表 $a$，但是不同代表表示的等价类可能是同一个等价类，即可能 $[a]_R = [b]_R$，例如在上面的例子中有 $[0]_{\equiv_5} = [5]_{\equiv_5}$ 等等。因此，在商集的定义 $A/R = \{[a]_R \mid a \in A\}$ 中，并不是 $A$ 的不同元素对应不同的等价类，而要只保留不同的等价类。例如，对于上面的问题有：

$$\mathbb{N}/\equiv_5 \ = \{[x]_{\equiv_5} \mid x \in \mathbb{N}\} = \{[0]_{\equiv_5}, [1]_{\equiv_5}, [2]_{\equiv_5}, [3]_{\equiv_5}, [4]_{\equiv_5}\}$$

不同代表表示的等价类可能是相同的等价类，那么不同代表表示的等价类什么时候相同，什么时候不同呢？我们有下面的引理。

**引理 6.17** 设 $R$ 是非空集 $A$ 上的等价关系，对任意 $a, b \in A$，（1）$[a]_R = [b]_R$ 当且仅当 $\langle a, b\rangle \in R$；（2）$[a]_R \cap [b]_R = \varnothing$ 当且仅当 $\langle a, b\rangle \notin R$。

**证明** （1）若 $[a]_R = [b]_R$，显然有 $b \in [b]_R$，因此 $b \in [a]_R$，因此根据 $[a]_R$ 的定义，$\langle a, b\rangle \in R$。

反之，设 $\langle a, b\rangle \in R$，则对任意的 $x \in [a]_R$，有 $\langle a, x\rangle \in R$，而 $\langle a, b\rangle \in R$，由 $R$ 的对称性 $\langle b, a\rangle \in R$，从而由 $R$ 的传递性有 $\langle b, x\rangle \in R$，即 $x \in [b]_R$，因此 $[a]_R \subseteq [b]_R$。

另一方面，对任意的 $x \in [b]_R$，则 $\langle b, x\rangle \in R$，而 $\langle a, b\rangle \in R$，因此也有 $\langle a, x\rangle \in R$，因此 $x \in [a]_R$，这表明 $[b]_R \subseteq [a]_R$。综上有 $[a]_R = [b]_R$。

（2）设 $[a]_R \cap [b]_R = \varnothing$，若 $\langle a, b\rangle \in R$，则有 $b \in [a]_R$，而总有 $b \in [b]_R$，因此 $b \in [a]_R \cap [b]_R$，矛盾！因此，这时必有 $\langle a, b\rangle \notin R$。

反之，设 $\langle a, b\rangle \notin R$，若 $[a]_R \cap [b]_R \neq \varnothing$，即存在 $c \in [a]_R$ 且 $c \in [b]_R$，即 $\langle a, c\rangle \in R$ 且 $\langle b, c\rangle \in R$，从而 $\langle c, b\rangle \in R$，从而 $\langle a, b\rangle \in R$，矛盾！因此这时必有 $[a]_R \cap [b]_R = \varnothing$。 □

下面的定理给出了所有等价类，或者说商集的基本性质。

**定理 6.18** 设 $R$ 是非空集 $A$ 上的等价关系。

（1）对任意的 $a \in A$，$[a]_R \neq \varnothing$。

（2）对任意的 $a, b \in A$，要么 $[a]_R = [b]_R$，要么 $[a]_R \cap [b]_R = \varnothing$。

（3）所有等价类的广义并等于 $A$，即 $\bigcup_{a \in A} [a]_R = A$，也即 $\bigcup A/R = A$。

**证明** （1）显然，因为总有 $a \in [a]_R$。

（2）直接由引理 6.17可得，因此这里只需证明（3）。

对任意 $a \in A$，由 $a \in [a]_R$，有 $a \in \bigcup_{a \in A} [a]_R$，因此 $A \subseteq \bigcup_{a \in A} [a]_R$。反之，对任意 $x \in \bigcup_{a \in A} [a]_R$，即存在 $x \in [a]_R$，从而 $x \in A$。实际上，根据 $[a]_R$ 的定义，$[a]_R$ 是 $A$ 的

子集，因此所有等价类的广义并也是 $A$ 的子集。综上有 $A = \bigcup_{a\in A}[a]_R$。 □

定理 6.18 表明非空集 $A$ 关于等价关系 $R$ 的商集 $A/R$ 作为集合族具有这样的性质：① 其中的每个集合非空；② 任意两个集合都不相交；③ 所有集合的并集等于 $A$。人们将满足这种性质的集合族称为集合 $A$ 的划分 (partition)。一般来说，有下面的定义。

**定义 6.13** 设 $A$ 是一个非空集合，$\mathcal{F}$ 是一个集合族，其中的每个集合都是 $A$ 的子集。说集合族 $\mathcal{F}$ 是 $A$ 的**划分** (partition)，如果它满足：① 对任意的 $S\in\mathcal{F}$ 有 $S\neq\varnothing$；② 对任意两个集合 $S_1, S_2\in\mathcal{F}$，$S_1\cap S_2=\varnothing$；③ $\bigcup\mathcal{F}=A$。

非空集合 $A$ 的划分 $\mathcal{F}$ 的每个集合称为这个划分的一个**划分块** (block)。

因此，定理 6.18 表明非空集 $A$ 关于等价关系 $R$ 的商集 $A/R$ 是集合 $A$ 的划分。实际上，非空集合 $A$ 的每个划分 $\mathcal{F}$ 都导出一个等价关系 $R_{\mathcal{F}}$：对任意 $a,b\in A$，$\langle a,b\rangle\in R_{\mathcal{F}}$ 当且仅当存在 $S\in\mathcal{F}$ 使得 $a\in S$ 且 $b\in S$，也即 $a$ 和 $b$ 有关系 $R_{\mathcal{F}}$ 当且仅当它们在同一划分块。显然 $R_{\mathcal{F}}$ 是等价关系，而且 $A$ 关于 $R_{\mathcal{F}}$ 的商集就是 $\mathcal{F}$。而另一方面，对于非空集 $A$ 上任意等价关系 $R$，$A$ 关于 $R$ 的商集 $A/R$ 是集合 $A$ 的划分，而这个划分所导出的“在同一划分块”关系就是等价关系 $R$。因此，有下面的定理。

**定理 6.19** 非空集合 $A$ 上的等价关系与它的划分有一一对应关系，即 $A$ 关于一个等价关系的商集是 $A$ 的划分，而 $A$ 的一个划分所导出的“在同一划分块”关系是等价关系，而且 $A$ 关于这个等价关系的商集就是这个划分，而 $A$ 关于一个等价关系的商集作为 $A$ 的划分所导出的“在同一划分块”关系就是这个等价关系本身。

**例子 6.34** 问题 6.29 中集合 $A=\{1,2,3,4\}$ 上的等价关系 $R_3=\{\langle 1,2\rangle,\langle 2,1\rangle,\langle 3,4\rangle,\langle 4,3\rangle\}\cup\Delta_A$ 所导出的划分就是 $A/R_3=\{\{1,2\},\ \{3,4\}\}$。而 $\mathcal{F}=\{\{1,2,3\},\{4\}\}$ 是 $A$ 的一个划分，它导出的等价关系 $R_{\mathcal{F}}$ 是：

$$R_{\mathcal{F}} = \{\langle 1,2\rangle,\langle 1,3\rangle,\langle 2,1\rangle,\langle 2,3\rangle,\langle 3,1\rangle,\langle 3,2\rangle\}\cup\Delta_A$$

即 $1,2,3$ 在同一划分块，因此它们两两之间都有关系 $R_{\mathcal{F}}$，而 4 只与自己有关系。

**问题 6.35** 设 $A=\mathbb{Z}\times\mathbb{Z}$，即整数对构成的集合。对于下面的每个由 $A$ 的子集构成的集合族，判断它是否构成 $A$ 的划分，如果是划分，给出这个划分所导出的等价关系。

（1）$\mathcal{F}_1$ 包括三个集合：$x$ 或 $y$ 是偶数的整数对 $\langle x,y\rangle$ 集合；$x$ 是奇数的整数对 $\langle x,y\rangle$ 集合；$y$ 是奇数的整数对 $\langle x,y\rangle$ 集合。

（2）$\mathcal{F}_2$ 包括四个集合：$x\geqslant 0$ 且 $y\geqslant 0$ 的整数对 $\langle x,y\rangle$ 集合；$x\geqslant 0$ 且 $y<0$ 的整数对 $\langle x,y\rangle$ 集合；$x<0$ 且 $y\geqslant 0$ 的整数对 $\langle x,y\rangle$ 集合；$x<0$ 且 $y<0$ 的整数对 $\langle x,y\rangle$ 集合。

（3）$\mathcal{F}_3$ 包括三个集合：$x\neq 0$ 且 $y\neq 0$ 的整数对 $\langle x,y\rangle$ 集合；$x=0$ 且 $y\neq 0$ 的整数对 $\langle x,y\rangle$ 集合；$x\neq 0$ 且 $y=0$ 的整数对 $\langle x,y\rangle$ 集合。

**【解答】**（1）$\mathcal{F}_1$ 包括的三个集合分别为：

$$A_1=\{\langle x,y\rangle \mid x \text{ 或 } y \text{ 是偶数}\}\quad A_2=\{\langle x,y\rangle \mid x \text{ 是奇数}\}\quad A_3=\{\langle x,y\rangle \mid y \text{ 是奇数}\}$$

即 $\mathcal{F}_1 = \{A_1, A_2, A_3\}$。$\mathcal{F}_1$ 不是划分，因为 $A_1 \cap A_2 \neq \varnothing$，例如 $\langle 1,2\rangle \in A_1$ 且 $\langle 1,2\rangle \in A_2$。

（2）$\mathcal{F}_2$ 包括的四个集合分别为：

$$B_1 = \{\langle x,y\rangle \mid x \geqslant 0, y \geqslant 0\} \qquad B_2 = \{\langle x,y\rangle \mid x \geqslant 0, y < 0\}$$

$$B_3 = \{\langle x,y\rangle \mid x < 0, y \geqslant 0\} \qquad B_4 = \{\langle x,y\rangle \mid x < 0, y < 0\}$$

即 $\mathcal{F}_2 = \{B_1, B_2, B_3, B_4\}$，它是集合 $A$ 的划分，它所导出的关系 $R_{\mathcal{F}}$ 是：对任意 $\langle x_1, y_1\rangle, \langle x_2, y_2\rangle$，有：

$$\begin{aligned}\langle x_1, y_1\rangle\ R_{\mathcal{F}}\ \langle x_2, y_2\rangle \quad \text{当且仅当} \quad & (x_1 \geqslant 0 \wedge x_2 \geqslant 0 \wedge y_1 \geqslant 0 \wedge y_2 \geqslant 0) \vee \\ & (x_1 \geqslant 0 \wedge x_2 \geqslant 0 \wedge y_1 < 0 \wedge y_2 < 0) \vee \\ & (x_1 < 0 \wedge x_2 < 0 \wedge y_1 \geqslant 0 \wedge y_2 \geqslant 0) \vee \\ & (x_1 < 0 \wedge x_2 < 0 \wedge y_1 < 0 \wedge y_2 < 0)\end{aligned}$$

（3）$\mathcal{F}_3$ 包括的三个集合分别为：

$$C_1 = \{\langle x,y\rangle \mid x \neq 0, y \neq 0\} \quad C_2 = \{\langle x,y\rangle \mid x = 0, y \neq 0\} \quad C_3 = \{\langle x,y\rangle \mid x \neq 0, y = 0\}$$

即 $\mathcal{F}_3 = \{C_1, C_2, C_3\}$。$\mathcal{F}_3$ 不是划分，因为 $C_1 \cup C_2 \cup C_3 \neq A$，显然 $\langle 0,0\rangle \notin C_1 \cup C_2 \cup C3$。

**【讨论】**（1）一个集合族不是划分时，只要举例说明它违反划分的某项条件即可。

（2）上面给出的划分 $\mathcal{F}_2$ 所导出的等价关系 $R_{\mathcal{F}}$ 本质上就是 $\langle x_1, y_1\rangle$ 和 $\langle x_2, y_2\rangle$ 有关系 $R_{\mathcal{F}}$ 当且仅当它们属于同一划分块，但用了更严格的逻辑语言进行描述。注意，$R_{\mathcal{F}}$ 是 $A = \mathbb{Z} \times \mathbb{Z}$ 上的关系，因此它的元素具有 $\langle\langle x_1, y_1\rangle, \langle x_2, y_2\rangle\rangle$ 这样的形式。

（3）可以看到，如果将集合 $A$ 定义为实数对的集合，那么 $\mathcal{F}_2$ 给出的划分与我们在分情况证明 $|x+y| \leqslant |x| + |y|$ 时所分的情况相同。我们说分情况证明时需要做到所分的情况“不重复、不遗漏”，实质上就是要使得所分的情况构成一个合适的划分。

### 6.4.2 偏序关系

**定义 6.14** 设 $R$ 是非空集 $A$ 上的关系，如果 $R$ 是自反的、反对称的和传递的关系，则称 $R$ 为**偏序关系** (partial order)，通常简称偏序关系 $R$ 为偏序，用符号 $\preceq$ 表示。

**例子 6.36** 我们接触过的不少可用严格数学语言定义的关系是偏序关系，例如，数集上的小于或等于关系、大于或等于关系；集合的子集关系；整数集上的整除关系。

注意，数集上的小于关系或大于关系不是偏序，它们具有反对称性和传递性，但不是自反关系，而是反自反关系。通常称一个反自反、传递关系为**严格序** (strict order) 关系，不难证明一个反自反、传递关系必然也是反对称关系。

逻辑蕴涵关系也不是偏序关系，它具有自反性和传递性，但不是反对称的。通常称一个自反、传递关系为**拟序** (quasi-order) 关系。

**定义 6.15** 若 $\preceq$ 是非空集 $A$ 上的偏序关系，则称 $(A, \preceq)$ 是**偏序集** (partial order set, 简写为 poset)。在上下文明确的情况下（例如，我们总是将 $A$ 的偏序记为 $\preceq$），直接称 $A$ 是偏序集。

对 $A$ 的任意两个元素 $a,b$，若有 $a \preceq b$ 或 $b \preceq a$，则称 $a$ 和 $b$ 是**可比的** (comparable)，否则（即既没有 $a \preceq b$ 也没有 $b \preceq a$），称 $a$ 和 $b$ 是**不可比的** (incomparable)。如果偏序集 $A$ 的任意两个元素都可比，则称 $A$ 为**全序** (total order)，或**线序** (linear order)。

对 $A$ 的任意两个元素 $a,b$，若 $a \preceq b$，则称$a$ **小于或等于** $b$，也称$b$ **大于或等于** $a$。若 $a \preceq b$ 且 $a \neq b$，则称$a$ **小于** $b$，也称$b$ **大于** $a$，并记为 $a \prec b$。有时将 $\preceq$ 的逆关系记为 $\succeq$，从而将 $b$ 大于等于 $a$ 写成 $b \succeq a$，$b$ 大于 $a$ 写成 $b \succ a$。

对 $A$ 的任意两个元素 $a,b$，若 $a \prec b$，且不存在 $c$ 使得 $a \prec c$ 且 $c \prec b$，则称 $b$ **覆盖** (cover)$a$。

$A$ 之所以称为偏序集，就是因为它的两个元素可能是不可比的，例如设 $U$ 是全集，$(\wp(U), \subseteq)$ 是偏序集，并不是 $U$ 的任意两个子集都有子集关系。同样整数集上的整除关系也是偏序，不是任意两个整数 $a,b$ 都有 $a \mid b$ 或 $b \mid a$。我们在偏序集 $A$ 中也称 $a \preceq b$ 为 $a$ 小于或等于 $b$，只是为了方便，绝不意味着 $A$ 就是全序，虽然数集上的小于或等于关系是全序。

**例子 6.37** 设集合 $A = \{1,2,3,4\}$，$R = \{\langle 1,2\rangle, \langle 1,3\rangle, \langle 2,4\rangle, \langle 1,4\rangle\} \cup \Delta_A$ 是 $A$ 上的偏序关系，即 $(A,R)$ 是偏序集，通常使用 $(A,\preceq)$ 表示。我们有 $1 \prec 2$、$2 \prec 4$ 及 $1 \prec 3$，即 1 小于 2、2 小于 4 和 1 小于 3。但 2 和 3 是不可比的。2 覆盖 1，4 覆盖 2，但 4 不覆盖 1。

偏序关系可使用比关系图更简洁的图形直观描述，这种常用于描述偏序关系的图称为**哈斯图** (Hasse diagram)。基于偏序关系的定义，使用下面的步骤将一个偏序关系的关系图简化后可得到它的哈斯图。

（1）由于偏序关系是自反的，因此它的关系图每个顶点都有环，所以可将所有的环都去掉。

（2）由于偏序关系是传递的，因此它的关系图中任意两个顶点如果有有向通路就有直接的边，为简化这一点，只有当 $b$ 覆盖 $a$ 时才画出从 $b$ 到 $a$ 的边。

（3）在绘制偏序关系的哈斯图时，若 $b$ 覆盖 $a$，总是将 $b$ 画在 $a$ 的上方，从而边的方向总是从下面的元素指向上面的元素，这样就可省略边的方向，而简化成无向图。

因此，最后得到的偏序关系的哈斯图是这样的无向图：没有环，任意两个顶点至多有一条边，而且上方顶点 $b$ 与下方顶点 $a$ 之间有边当且仅当 $b$ 覆盖 $a$。

**例子 6.38** 设集合 $A$ 是由 12 的所有正因子构成的集合，即 $A = \{1,2,3,4,6,12\}$。定义 $A$ 上的关系 $R$，对任意 $a,b \in A$，$a\ R\ b$ 当且仅当 $a \mid b$，即有：

$$
\begin{aligned}
R = \{ & \langle 1,1\rangle, \langle 1,2\rangle, \langle 1,3\rangle, \langle 1,4\rangle, \langle 1,6\rangle, \langle 1,12\rangle, \langle 2,2\rangle, \langle 2,4\rangle, \langle 2,6\rangle, \langle 2,12\rangle, \\
& \langle 3,3\rangle, \langle 3,6\rangle, \langle 3,12\rangle, \langle 4,4\rangle, \langle 4,12\rangle, \langle 6,6\rangle, \langle 6,12\rangle, \langle 12,12\rangle \}
\end{aligned}
$$

显然 $R$ 是 $A$ 上的偏序关系，图 6.6给出了它的关系图和哈斯图，其中图 6.6(a) 是 $R$ 的关系图，而图 6.6(b) 是去掉所有顶点上的环而得到的中间图形，图 6.6(c) 是 $R$ 的哈斯图。为了使得被覆盖的元素总是排列在覆盖它的元素的下面，我们在哈斯图中调整了元素的上下排列位置。很明显，偏序关系的哈斯图比它的关系图要简洁直观得多。

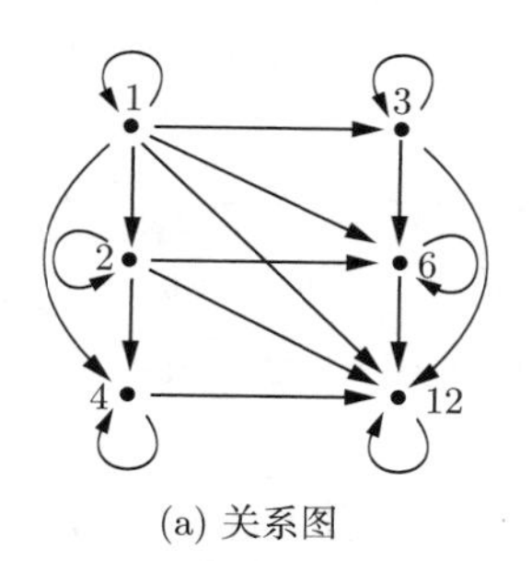

(a) 关系图

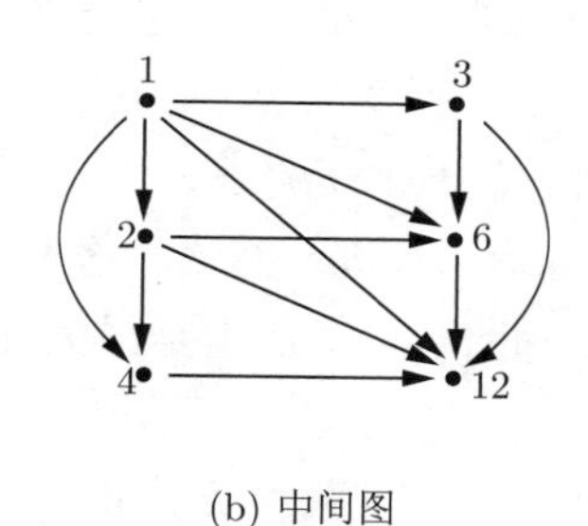

(b) 中间图

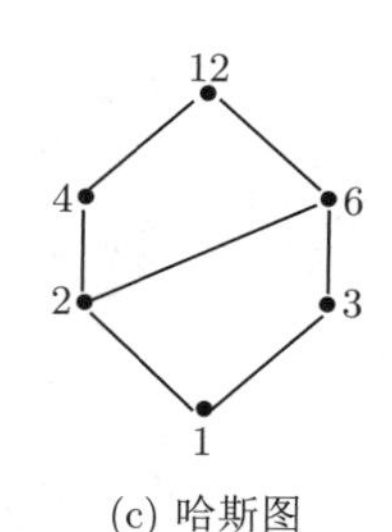

(c) 哈斯图

图 6.6 关系 $R$ 的关系图和哈斯图

**定义 6.16** 设 $(A,\preceq)$ 是偏序集。

(1) $A$ 的元素 $a$ 称为 $A$ 的**极大元** (maximal element)，如果对 $A$ 的任意元素 $b$，若 $a\preceq b$，则 $b=a$，即：

$$a \text{ 是 } A \text{ 的极大元} \quad \text{当且仅当} \quad \forall b\in A(a\preceq b \ \rightarrow b=a)$$

(2) $A$ 的元素 $a$ 称为 $A$ 的**极小元** (minimal element)，如果对 $A$ 的任意元素 $b$，若 $b\preceq a$，则 $b=a$，即：

$$a \text{ 是 } A \text{ 的极小元} \quad \text{当且仅当} \quad \forall b\in A(b\preceq a \ \rightarrow b=a)$$

(3) $A$ 的元素 $a$ 称为 $A$ 的**最大元** (greatest element)，如果对 $A$ 的任意元素 $b$，有 $b\preceq a$，即：

$$a \text{ 是 } A \text{ 的最大元} \quad \text{当且仅当} \quad \forall b\in A(b\preceq a)$$

(4) $A$ 的元素 $a$ 称为 $A$ 的**最小元** (least element)，如果对 $A$ 的任意元素 $b$，有 $a\preceq b$，即：

$$a \text{ 是 } A \text{ 的最小元} \quad \text{当且仅当} \quad \forall b\in A(a\preceq b)$$

通俗地说，$a$ 是 $A$ 的极大元当且仅当 $A$ 中没有比它大的元素，$a$ 是 $A$ 的极小元当且仅当 $A$ 中没有比它小的元素；而 $a$ 是 $A$ 的最大元当且仅当它大于或等于 $A$ 的所有元素，$a$ 是 $A$ 的最小元当且仅当它小于或等于 $A$ 的所有元素。因此，极大元与最大元的区别在于最大元与 $A$ 的所有元素都是可比的，但是极大元可能与 $A$ 的某些元素是不可比的。极小元与最小元的区别也类似。很容易证明下面的定理。

**定理 6.20** 对于偏序集 $(A,\preceq)$，设 $a\in A$。

(1) 如果 $a$ 是最大元，则 $a$ 也是极大元；类似地，如果 $a$ 是最小元，则 $a$ 也是极小元。

(2) 设 $\preceq$ 是全序，则如果 $a$ 是极大元，那么 $a$ 也是最大元；类似地，这时如果 $a$ 是极小元，则 $a$ 也是最小元。

**证明** （1）设 $a$ 是最大元。对任意的 $b \in A$，若 $a \preceq b$，则由于 $a$ 是最大元，所以也有 $b \preceq a$，从而由 $\preceq$ 的反对称性有 $a = b$，这表明 $a$ 也是极大元。同理可证，若 $a$ 是最小元，则 $a$ 也是极小元。

（2）设 $a$ 是极大元，则对任意的 $b \in A$，由于 $\preceq$ 是全序，因此有 $a \preceq b$ 或 $b \preceq a$，而若 $a \preceq b$，则由 $a$ 是极大元有 $b = a$，因此，这表明对任意 $b \in A$ 有 $a = b$ 或 $b \preceq a$，也即对任意 $b \in A$ 有 $b \preceq a$，也即这时 $a$ 也是最大元。同理可证明当 $\preceq$ 是全序时，极小元也是最小元。 □

一个偏序集 $(A, \preceq)$ 可能既不存在最大元，也不存在最小元，但有下面的定理。

**定理 6.21** 如果偏序集 $(A, \preceq)$ 存在最大元，则存在唯一的最大元；同样，如果它存在最小元，则存在唯一的最小元。

**证明** 若 $a$ 和 $b$ 都是 $(A, \preceq)$ 的最大元，则根据最大元的定义有 $a \preceq b$ 且 $b \preceq a$，从而由 $\preceq$ 的反对称性有 $a = b$，因此如果有最大元则最大元是唯一的。同理如果有最小元则最小元也是唯一的。 □

类似地，一个偏序集 $(A, \preceq)$ 可能既不存在极大元，也不存在极小元，而且即使存在极大元，可能只有一个极大元，也可能有多个极大元，同样地，存在极小元时可能存在一个极小元，也可能存在多个极小元。

**例子 6.39** 考虑偏序集 $(\mathbb{Z}, \leqslant)$，这里 $\leqslant$ 就是普通的数的小于或等于关系，由于不存在最大的整数，也不存在最小的整数，因此这个偏序集既没有最大元，也没有最小元，既没有极大元，也没有极小元。但对于偏序集 $(\mathbb{N}, \leqslant)$，则由于有最小的自然数 0，因此它有最小元，这也是极小元，但没有极大元和最大元。

考虑偏序集 $(\mathbb{Z} \cup \{\star\}, R)$，这里 $\star$ 是一个不属于 $\mathbb{Z}$ 的特别元素（具体是什么无关紧要），关系 $R$ 定义为 $\leqslant \cup \{\langle\star, \star\rangle\}$，即：

$$R = \{\langle x, y\rangle \in \mathbb{Z} \times \mathbb{Z} \mid x \leqslant y\} \cup \{\langle\star, \star\rangle\}$$

简单地说，就是各整数之间还是小于或等于关系，但特殊元素 $\star$ 则只跟自己有关系，跟任何整数都没有关系。不难看到 $R$ 仍是偏序关系，且这时 $\star$ 既是偏序集 $(\mathbb{Z} \cup \{\star\}, R)$ 的极大元，也是它的极小元，但不是最大元，也不是最小元。

类似地可加入多个这样特别的元素，从而得到一个含有多个极大元、多个极小元的偏序，但没有最大元，也没有最小元。

**例子 6.40** 设 $A = \{1, 2, 3, 4\}$，考虑 $A$ 上的关系 $R_1, R_2, R_3$，其中 $R_1 = \Delta_A$，而：

$$R_2 = \{\langle 1, 2\rangle, \langle 1, 3\rangle, \langle 2, 4\rangle, \langle 1, 4\rangle\} \cup \Delta_A \quad R_3 = \{\langle 1, 2\rangle, \langle 1, 3\rangle, \langle 2, 4\rangle, \langle 3, 4\rangle, \langle 1, 4\rangle\} \cup \Delta_A$$

显然 $R_1, R_2, R_3$ 都是偏序关系，它们的哈斯图如图 6.7 所示。

容易看到，对于偏序集 $(A, R_1)$ 而言，$1, 2, 3, 4$ 都是它的极大元和极小元，它没有最大元和最小元；而对于偏序集 $(A, R_2)$，$3, 4$ 是它的极大元，没有最大元，但 1 是它的最小元；最后，对于偏序集 $(A, R_3)$，4 是它的最大元，而 1 是它的最小元。

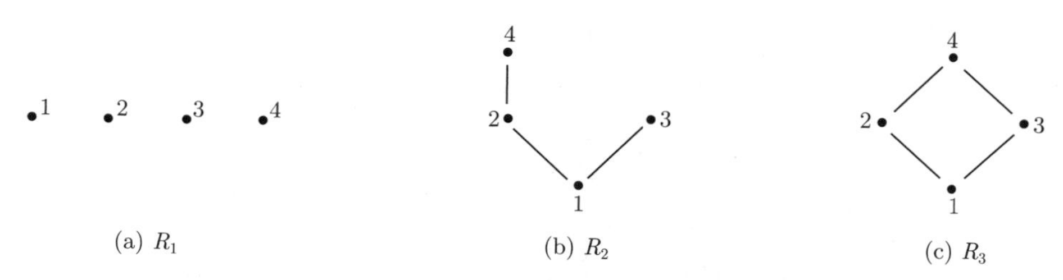

(a) $R_1$ (b) $R_2$ (c) $R_3$

图 6.7 关系 $R_1, R_2, R_3$ 的哈斯图

**定义 6.17** 设 $(A, \preceq)$ 是偏序集，$S$ 是 $A$ 的子集，即 $S \subseteq A$。

（1）$A$ 的元素 $a$ 称为 $S$ 的**上界** (upper bound)，如果对 $S$ 的任意元素 $b$，有 $b \preceq a$，即：

$$a \in A \text{ 是 } S \text{ 的上界} \quad \text{当且仅当} \quad \forall b \in S(b \preceq a)$$

（2）$A$ 的元素 $a$ 称为 $S$ 的**下界** (lower bound)，如果对 $S$ 的任意元素 $b$，有 $a \preceq b$，即：

$$a \in A \text{ 是 } S \text{ 的下界} \quad \text{当且仅当} \quad \forall b \in S(a \preceq b)$$

（3）$A$ 的元素 $a$ 称为 $S$ 的**上确界** (least upper bound)，如果 $a$ 是 $S$ 的所有上界中的最小元，即 $a$ 是 $S$ 的上界，且对任意的元素 $b \in A$，若 $b$ 是 $S$ 的上界，则 $a \preceq b$，也即：

$$a \in A \text{ 是 } S \text{ 的上确界} \quad \text{当且仅当} \quad a \text{ 是 } S \text{ 的上界 且 } \forall b \in A(b \text{ 是 } S \text{ 的上界} \to a \preceq b)$$

（4）$A$ 的元素 $a$ 称为 $S$ 的**下确界** (greatest lower bound)，如果 $a$ 是 $S$ 的所有下界中的最大元，即 $a$ 是 $S$ 的下界，且对任意的元素 $b \in A$，若 $b$ 是 $S$ 的下界，则 $b \preceq a$，也即：

$$a \in A \text{ 是 } S \text{ 的下确界} \quad \text{当且仅当} \quad a \text{ 是 } S \text{ 的下界 且 } \forall b \in A(b \text{ 是 } S \text{ 的下界} \to b \preceq a)$$

对于偏序集 $(A, \preceq)$ 的子集 $S$，$S$ 的上界、下界、上确界、下确界都不一定存在，但类似最大元和最小元的唯一性，也有下面的定理。

**定理 6.22** 设 $(A, \preceq)$ 是偏序集，$S$ 是 $A$ 的子集。如果 $S$ 存在上确界，则存在唯一的上确界；类似地，如果 $S$ 存在下确界，则存在唯一的下确界。

**证明** 由偏序关系的反对称性容易得上确界和下确界的唯一性。 □

**例子 6.41** （1）对于偏序集 $(\mathbb{Z}, \leqslant)$，若 $S = \{x_1, x_2, \cdots, x_n\}$，则 $S$ 的上界构成的集合是 $\{x \in \mathbb{Z} \mid \forall i \in \{1, 2, \cdots, n\}(x_i \leqslant x)\}$；而 $S$ 的下界构成的集合是 $\{x \in \mathbb{Z} \mid \forall i \in \{1, 2, \cdots, n\}(x \leqslant x_i)\}$。$S$ 的上确界是 $x_1, x_2, \cdots, x_n$ 的最大者，而 $S$ 的下确界是 $x_1, x_2, \cdots, x_n$ 的最小者。特别地，若 $S = \{x, y\}$，则 $\min(x, y)$ 是 $S$ 的下确界，而 $\max(x, y)$ 是 $S$ 的上确界。

（2）对于偏序集 $(\mathbb{N}, |)$，若 $S = \{n_1, n_2, \cdots, n_m\}$，则 $n_1, n_2, \cdots, n_m$ 的每个公倍数都是 $S$ 的上界，而 $n_1, n_2, \cdots, n_m$ 的每个公因数都是 $S$ 的下界；$n_1, n_2, \cdots, n_m$ 的最小

公倍数是 $S$ 的上确界，而它们的最大公因数是 $S$ 的下确界。特别地，若 $S=\{a,b\}$，则 $a$ 和 $b$ 的最大公因数 $\gcd(a,b)$ 是 $S$ 的下确界，而 $a$ 和 $b$ 的最小公倍数 $\text{lcm}(a,b)$ 是 $S$ 的上确界。

（3）对于偏序集 $(\wp(U),\subseteq)$，若集合族 $\mathcal{F}=\{A_1,A_2,\cdots,A_n\}\subseteq\wp(U)$，则 $A_1\cup A_2\cup\cdots\cup A_n$ 是 $\mathcal{F}$ 的上确界，每个包含 $A_1\cup A_2\cup\cdots\cup A_n$ 的集合都是 $\mathcal{F}$ 的上界；$A_1\cap A_2\cap\cdots\cap A_n$ 是 $\mathcal{F}$ 的下确界，$A_1\cap A_2\cap\cdots\cap A_n$ 的每个子集都是 $\mathcal{F}$ 的下界。特别地，若 $\mathcal{F}=\{A,B\}$，则 $A\cup B$ 是 $\mathcal{F}$ 的上确界，$A\cap B$ 是 $\mathcal{F}$ 的下确界。

**问题 6.42** 设 $A$ 是 12 的正因子和 18 的正因子构成的集合，即 $A=\{1,2,3,4,6,9,s12,18\}$。以 $A$ 上的整除关系构成的偏序集 $(A,|)$ 的极大元、极小元、最大元、最小元分别是什么？令 $S_1=\{4,6,9\},S_2=\{2,3,6\}$ 是偏序集 $(A,|)$ 的子集。给出 $S_1$ 和 $S_2$ 的上界、下界、上确界和下确界。

**【分析】**画出偏序集的哈斯图有助于理解偏序，并找到其中的特殊元素和子集的上下界、上下确界。而且在画出哈斯图后，我们不需要使用元素枚举法列出 $A$ 上整除关系的有序对。

**【解答】**图 6.8 给出了偏序集 $(A,|)$ 的哈斯图，通过哈斯图容易看到以下结论。

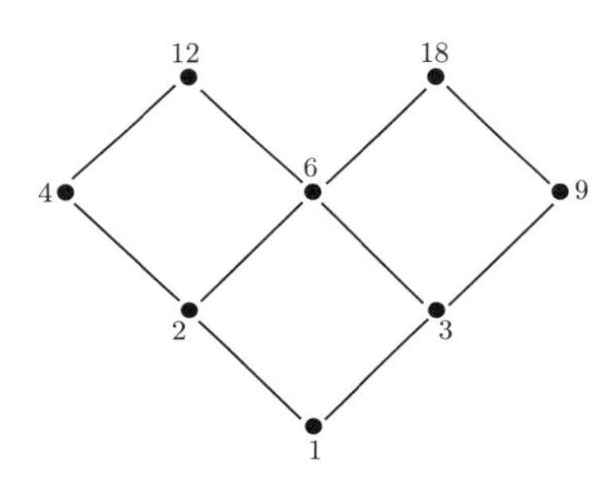


图 6.8　偏序集 $(A,|)$ 的哈斯图

（1）偏序集 $(A,|)$ 的极大元有 12 和 18，没有最大元，而极小元有 1，最小元也是 1。

（2）对于子集 $S_1=\{4,6,9\}$，它没有上界，下界只有 1，因此也没有上确界，但下确界是 1；对于子集 $S_2=\{2,3,6\}$，$6,12$ 和 18 都是它的上界，它的上确界是 6，而下界也只有 1，因此 1 也是它的下确界。

**【讨论】**偏序集 $(A,\preceq)$ 的子集 $S$ 的上下界是在整个偏序集 $A$ 的范围内验证，而非只限于子集 $S$。不难证明，如果 $S$ 有一个上界属于 $S$，则这个上界一定是 $S$ 的上确界，同理，若 $S$ 有一个下界属于 $S$，则这个下界一定是 $S$ 的下确界。

## 6.5　本章小结

本章介绍关系理论的基本知识，在定义集合的笛卡儿积的基础上，给出了关系的定义，探讨了关系的关系图和关系矩阵表示，介绍了关系的运算，特别是关系逆运算和关系复合运算及其基本性质。本章重点讨论了关系的性质，包括关系的自反性、反自反性、对称性、反对称性和传递性，给出了这些性质的元素考察法定义和性质概括法定义，并讨论了它们与关系运算之间的联系。关系闭包是包含该关系且满足某个性质的最小关系，我们在利用关系闭包定义证明其基本性质的基础上，讨论了如何计算关系闭包，特别是传递闭包的计算，包括利用矩阵逻辑积计算和使用 Warshall 算法计算传递闭包。本章的最后讨论两类特殊的关系，即等价关系和偏序关系，给出了等价类、商集的定义，探讨了等价关系与划分之间的对应，讨论了偏序关系的哈斯图，以及偏序集的特殊元素（极大元、极小元、最大元、最小元）和偏序集子集的上下界和上下确界。

本章的重要概念是笛卡儿积、关系、关系逆运算、关系复合运算、关系的自反性、反自反性、对称性、反对称性和传递性、关系的自反闭包、对称闭包和传递闭包，以及等价关系、等价类、商集和偏序关系、极大元、极小元、最大元、最小元、上界、下界、上确界、下确界。本章的重要定理包括关系逆和关系复合运算保持子集关系、恒等关系是关系复合的单位元、关系复合满足结合律、关系性质的元素考察法定义与性质概括法定义的等价性、关系闭包保持子集关系、关系闭包的计算公式，以及等价关系与划分之间的一一对应。

通过本章的学习，读者应该会计算集合的笛卡儿积、给出一个关系的元素枚举法表示、性质概括法表示、关系图和关系矩阵表示，能计算关系的逆和关系的复合，特别地，能利用关系矩阵计算关系复合。读者要能判断一个关系是否具有自反性、反自反性、对称性、反对称性和传递性，并能进行证明或举例说明。能证明或举例说明关系运算与关系性质之间的联系，能根据关系闭包的公式计算关系闭包，特别是能利用矩阵逻辑积运算和 Warshall 算法计算传递闭包，能证明关系闭包与关系运算之间的联系。能判断一个关系是否等价关系或偏序关系，能给出一个等价关系的等价类和商集，能判断一个集合族是否划分，并能给出划分所导出的等价关系。能画出一个偏序关系的哈斯图，并找到其极大元、极小元、最大元和最小元，并能给出偏序集一个子集的上下界和上下确界。

## 6.6 习题

**练习 6.1** 设 $A,B,C$ 是集合，证明集合交对笛卡儿积的分配律：

（1）$A\times(B\cap C)=(A\times B)\cap(A\times C)$。（2）$(B\cap C)\times A=(B\times A)\cap(C\times A)$。

**练习 6.2** 设 $A,B,C$ 是集合，证明集合差对笛卡儿积的分配律：

（1）$A\times(B-C)=(A\times B)-(A\times C)$。（2）$(B-C)\times A=(B\times A)-(C\times A)$。

**练习 6.3** 证明笛卡儿积运算保持子集关系，即对任意集合 $A,B,C,D$，若 $A\subseteq C$ 且 $B\subseteq D$，则 $A\times B\subseteq C\times D$。

**练习 6.4** 设集合 $A=\{1,2,3,4,5\}$，定义集合 $A$ 上的关系 $R$：

$$R \ = \ \{\langle 2,4\rangle,\langle 1,3\rangle,\langle 3,5\rangle,\langle 3,2\rangle,\langle 3,4\rangle,\langle 5,1\rangle\}$$

画出 $R$ 的关系图并给出它的关系矩阵。

**练习 * 6.5** 设集合 $A=\{1,2,3,4,5,6,7,8\}$，定义集合 $A$ 上的关系 $R$:

$$R = \{\langle a,b\rangle \in A\times A \mid a\equiv b(\bmod 5)\}$$

使用元素枚举法给出 $R$，并给出它的关系图和关系矩阵。

**练习 6.6** 设集合 $A=\{1,2,3,4\}, B=\{a,b,c,d\}, C=\{x,y,z\}$。集合 $A$ 到 $B$ 的关系 $R\subseteq A\times B$ 和集合 $B$ 到 $C$ 的关系 $S\subseteq B\times C$ 分别定义为:

$$R = \{\langle 2,b\rangle,\langle 4,b\rangle,\langle 3,c\rangle,\langle 3,c\rangle,\langle 4,a\rangle\} \qquad S = \{\langle b,x\rangle,\langle d,z\rangle,\langle d,y\rangle,\langle b,y\rangle,\langle d,z\rangle\}$$

计算 $R^{-1},S^{-1},S\circ R$ 和 $R^{-1}\circ S^{-1}$。

**练习 * 6.7** 定义实数集 $\mathbb{R}$ 上的关系:

$$R_1 = \{\langle x,y\rangle\in\mathbb{R}\times\mathbb{R}\mid x\leqslant y\} \qquad R_2 = \{\langle x,y\rangle\in\mathbb{R}\times\mathbb{R}\mid x< y\}$$

$$R_3 = \{\langle x,y\rangle\in\mathbb{R}\times\mathbb{R}\mid x= y\} \qquad R_4 = \{\langle x,y\rangle\in\mathbb{R}\times\mathbb{R}\mid x\neq y\}$$

计算 $R_1^{-1}$, $R_2^{-1}$, $R_1\circ R_2$, $R_2\circ R_1$, $R_2\circ R_3$, $R_2\circ R_4$。

**练习 * 6.8** 设集合 $A=\{1,2,3,4\}$，集合 $A$ 上的关系 $R=\{\langle 2,4\rangle,\langle 3,2\rangle,\langle 4,2\rangle,\langle 3,1\rangle,\langle 1,2\rangle,\langle 1,3\rangle\}$，$S=\{\langle 3,2\rangle,\langle 4,1\rangle,\langle 1,1\rangle,\langle 2,4\rangle\}$。

（1）基于关系的有序对集合表示计算 $R\cup S$, $R\cap S$, $R-S$, $R^{-1}$, $R\circ S$ 和 $S\circ R$。

（2）基于关系的矩阵表示计算 $R\cup S$, $R\cap S$, $R-S$, $R^{-1}$, $R\circ S$ 和 $S\circ R$。

**练习 6.9** 补充证明定理 6.3，即证明：① 对任意关系 $R$，$(R^{-1})^{-1}=R$；② 对任意关系 $R,S$，若 $R\subseteq S$ 则 $R^{-1}\subseteq S^{-1}$；③ 证明 $(R\cap S)^{-1}=R^{-1}\cap S^{-1}$。

**练习 6.10** 对任意关系 $R,S,T$，证明 $(R\cup S)\circ T=(R\circ T)\cup(S\circ T)$，其中哪个方向的子集关系可使用关系复合保持子集关系更简洁地证明？

**练习 * 6.11** 给出关系 $R,S,T$ 的具体例子，说明 $(T\circ R)\cap(T\circ S)$ 不一定是 $T\circ(R\cap S)$ 的子集。

**练习 6.12** 设 $A=\{1,2,3,4\}$，下面 $A$ 上的哪些关系是自反的、反自反的、对称的、反对称的或传递的？

（1）$R_1 = \{\langle 2,3\rangle,\langle 4,2\rangle,\langle 4,3\rangle,\langle 1,1\rangle\}$。

（2）$R_2 = \{\langle 1,2\rangle,\langle 4,4\rangle,\langle 4,2\rangle,\langle 3,3\rangle,\langle 2,4\rangle,\langle 2,1\rangle\}$。

（3）$R_3 = \{\langle 1,2\rangle,\langle 4,3\rangle,\langle 4,2\rangle,\langle 3,3\rangle,\langle 2,4\rangle,\langle 2,1\rangle\}$。

（4）$R_4 = \{\langle 3,4\rangle,\langle 4,3\rangle,\langle 3,3\rangle,\langle 2,3\rangle,\langle 1,1\rangle,\langle 2,2\rangle,\langle 4,4\rangle,\langle 2,4\rangle\}$。

**练习 * 6.13** 设 $A$ 是非 0 实数构成的集合，即 $A=\mathbb{R}-\{0\}$，下面 $A$ 上的哪些关系是自反的、反自反的、对称的、反对称的或传递的？

（1）$R_1=\{\langle x,y\rangle\in A\times A\mid x=y+1\vee x=y-1\}$。

（2）$R_2=\{\langle x,y\rangle\in A\times A\mid x=1\vee y=1\}$。

（3）$R_3=\{\langle x,y\rangle\in A\times A\mid xy\geqslant 1\}$。

（4）$R_4=\{\langle x,y\rangle\in A\times A\mid x-y$ 是有理数$\}$。

**练习 6.14**　非空集合 $A$ 上的全关系是否具有自反性、反自反性、对称性、反对称性或传递性？

**练习 6.15**　设 $R$ 是集合 $A$ 上的关系。证明关系逆运算保持所有的关系性质，即：① 若 $R$ 是自反的，则 $R^{-1}$ 也是自反的；② 若 $R$ 是反自反的，则 $R^{-1}$ 也是反自反的；③ 若 $R$ 是对称的，则 $R^{-1}$ 也是对称的；④ 若 $R$ 是反对称的，则 $R^{-1}$ 也是反对称的；⑤ 若 $R$ 是传递的，则 $R^{-1}$ 也是传递的；

**练习 6.16**　设 $R$ 和 $S$ 是集合 $A$ 上的关系。证明集合交运算保持所有的关系性质，即：① 若 $R$ 和 $S$ 是自反的，则 $R \cap S$ 也是自反的；② 若 $R$ 和 $S$ 是反自反的，则 $R \cap S$ 也是反自反的；③ 若 $R$ 和 $S$ 是对称的，则 $R \cap S$ 也是对称的；④ 若 $R$ 和 $S$ 是反对称的，则 $R \cap S$ 也是反对称的；⑤ 若 $R$ 和 $S$ 是传递的，则 $R \cap S$ 也是传递的。

**练习 * 6.17**　设 $R$ 和 $S$ 是集合 $A$ 上的关系。证明集合差运算保持关系的反自反性、对称性和反对称性，即：① 若 $R$ 和 $S$ 是反自反的，则 $R - S$ 也是反自反的；② 若 $R$ 和 $S$ 是对称的，则 $R - S$ 也是对称的；③ 若 $R$ 和 $S$ 是反对称的，则 $R - S$ 也是反对称的。

**练习 * 6.18**　设 $R$ 和 $S$ 是集合 $A$ 上的关系。举例说明：（1）若 $R$ 和 $S$ 是自反的，但 $R - S$ 不一定是自反的；（2）若 $R$ 和 $S$ 是传递的，但 $R - S$ 不一定是传递的。

**练习 * 6.19**　设 $R$ 是非空集 $A$ 上的关系，称 $R$ 是**反传递关系**，如果对任意 $x, y, z \in A$，$\langle x, y\rangle \in R$ 且 $\langle y, z\rangle \in R$ 蕴涵 $\langle x, z\rangle \notin R$。证明 $R$ 是反传递关系当且仅当 $(R \circ R) \cap R = \varnothing$。

**练习 6.20**　考虑下面的命题 (putative theorem)。

**命题**　设 $R$ 是 $A$ 上的关系，在 $\wp(A)$ 上定义关系 $S$：

$$S = \{\langle X, Y\rangle \in \wp(A) \times \wp(A) \mid \exists x \in X \exists y \in Y (x\ R\ y)\}$$

如果 $R$ 是传递的，则 $S$ 也是传递的。

（1）对于该命题，下面的证明存在什么错误？

**证明：** 设 $R$ 是传递的。设 $\langle X, Y\rangle \in S$ 且 $\langle Y, Z\rangle \in S$，则按照 $S$ 的定义，$x\ R\ y$ 且 $y\ R\ z$，这里 $x \in X, y \in Y$ 且 $z \in Z$。由于 $R$ 是传递的，从而 $x\ R\ z$，从而由 $x \in X$ 且 $z \in Z$，根据 $S$ 的定义就有 $\langle X, Z\rangle \in S$，因此 $S$ 也是传递的。

（2）上述命题是否正确？使用证明或反例给出判断的理由。

**练习 6.21**　设 $R$ 是 $A$ 上的关系，令 $B = \{X \in \wp(A) \mid X \neq \varnothing\}$，并定义 $B$ 上的关系 $S$

$$S = \{\langle X, Y\rangle \in B \times B \mid \forall x \in X \forall y \in Y (x\ R\ y)\}$$

证明：如果 $R$ 是传递关系，则 $S$ 也是传递关系。为什么在定义 $B$ 时要排除空集？

**练习 6.22**　设 $R$ 是 $A$ 上关系，定义 $\wp(A)$ 上关系 $S$

$$S = \{\langle X, Y\rangle \in \wp(A) \times \wp(A) \mid \forall x \in X \exists y \in Y (x\ R\ y)\}$$

对于下面每一问，给出证明或反例：（1）如果 $R$ 是自反的，$S$ 是否也是自反的？（2）如果 $R$ 是对称的，$S$ 是否也是对称的？（3）如果 $R$ 是传递的，$S$ 是否也是传递的？

**练习 6.23** 假定集合 $A$ 的元素都是字符，例如是小写字母构成的集合，编写程序判断 $A$ 上的关系是否具有自反性、反自反性、对称性、反对称性和传递性。

**练习 * 6.24** 设 $R$ 和 $S$ 是集合 $A$ 上的关系。证明：

（1）$r(R \cap S) = r(R) \cap r(S)$。

（2）$s(R \cap S) \subseteq s(R) \cap s(S)$，并举例说明不一定有 $s(R) \cap s(S) \subseteq s(R \cap S)$（提示，注意有 $s(\varnothing) = \varnothing$，即空关系的对称闭包仍是空关系，找到 $R$ 和 $S$ 的例子使得 $s(R \cap S) = s(\varnothing) = \varnothing$，但 $s(R) \cap s(S) \neq \varnothing$）。

（3）$t(R \cap S) \subseteq t(R) \cap t(S)$，并举例说明不一定有 $t(R) \cap t(S) \subseteq t(R \cap S)$（提示，同样有 $t(\varnothing) = \varnothing$，找到 $R$ 和 $S$ 的例子使得 $t(R \cap S) = t(\varnothing) = \varnothing$，但 $t(R) \cap t(S) \neq \varnothing$）。

**练习 6.25** 设集合 $A = \{1, 2, 3, 4\}$，$R = \{\langle 4, 1\rangle, \langle 2, 1\rangle, \langle 3, 1\rangle, \langle 1, 2\rangle\}$ 是集合 $A$ 上的关系，计算 $R$ 的自反闭包 $r(R)$、对称闭包 $s(R)$ 和传递闭包 $t(R)$。

**练习 * 6.26** 设集合 $A = \{1, 2, 3, 4\}$，$R = \{\langle 4, 1\rangle, \langle 2, 2\rangle, \langle 2, 3\rangle, \langle 3, 2\rangle, \langle 1, 1\rangle\}$ 是集合 $A$ 上的关系。

（1）利用关系矩阵的逻辑积运算计算 $R$ 的传递闭包。

（2）利用 Warshall 算法计算 $R$ 的传递闭包。

**练习 * 6.27** 设 $R$ 和 $S$ 都是非空集 $A$ 上的关系，证明：对任意自然数 $n$，$(R \cap S)^n \subseteq R^n \cap S^n$。

**练习 6.28** 设 $R$ 和 $S$ 都是非空集 $A$ 上的关系，且满足：① $R$ 和 $S$ 都是自反和传递关系；② $R \circ S = S \circ R$。证明：$t(R \cup S) = R \circ S$。

**练习 6.29** 假定集合 $A$ 的元素都是字符，例如是小写字母构成的集合，编写程序计算 $A$ 上的关系的自反闭包、对称闭包和传递闭包，特别地，其中传递闭包既可以使用矩阵的逻辑积运算进行计算，也可使用 Warshall 算法进行计算。

**练习 6.30** 证明：

（1）自反闭包保持关系的对称性和传递性，即若非空集 $A$ 上的关系 $R$ 是对称的，则 $r(R)$ 也是对称的；若 $R$ 是传递的，则 $r(R)$ 也是传递的。

（2）对称闭包保持关系的自反性，即若非空集 $A$ 上的关系 $R$ 是自反的，则 $s(R)$ 也是自反的。但对称闭包不保持关系的传递性，举例说明当非空集 $A$ 上的关系 $R$ 是传递关系时，$s(R)$ 不一定是传递的。

（3）传递闭包保持关系的自反性和对称性，即若非空集 $A$ 上的关系 $R$ 是自反的，则 $t(R)$ 也是自反的；若 $R$ 是对称的，则 $t(R)$ 也是对称的。

**练习 6.31** 设 $R$ 是非空集 $A$ 上的关系，证明：① $rs(R) = sr(R)$；② $rt(R) = tr(R)$；③$st(R) \subseteq ts(R)$，举例说明不一定有 $ts(R) \subseteq st(R)$。这里 $rs(R)$ 是指先求 $R$ 的对称闭包 $s(R)$，然后再求 $s(R)$ 的自反闭包，即 $r(s(R))$ 的简写，其他公式的含义也类似。

**练习 6.32** 设 $R$ 是非空集 $A$ 上的关系，证明：$tsr(R)$ 是包含 $R$ 的最小的等价关系。

**练习 6.33** 设 $A = \mathbb{N}\times\mathbb{N}$,定义 $A$ 上的关系 $R$: $R = \{\langle\langle a,b\rangle,\langle c,d\rangle\rangle \mid a+d = b+c\}$。证明:$R$ 是等价关系,并分别给出 $\langle 0,0\rangle,\langle 0,1\rangle,\langle 1,0\rangle$ 的等价类。

**练习 * 6.34** 设 $A = \mathbb{Z}\times\mathbb{Z}-\{\langle 0,0\rangle\}$,定义 $A$ 上的关系 $R$: $R = \{\langle\langle a,b\rangle,\langle c,d\rangle\rangle \mid ad = bc\}$。证明:$R$ 是等价关系,并分别给出 $\langle 1,2\rangle,\langle 2,1\rangle$ 的等价类。

**练习 * 6.35** 设 $A = \{1,2,3,4,5\}$,定义 $A$ 上的关系 $R$:

$$R = \{\langle 1,2\rangle,\langle 4,5\rangle,\langle 2,1\rangle,\langle 5,4\rangle\}\cup\Delta_A$$

证明:$R$ 是等价关系,并给出 $A$ 关于 $R$ 的商集。

**练习 6.36** 设 $R$ 和 $S$ 都是非空集 $A$ 上的等价关系,判断下面的关系是否也是 $A$ 上的等价关系,并说明理由。

(1) $R\cup S$。 (2) $R\cap S$。 (3) $R^{-1}$。 (4) $R\circ S$。

**练习 6.37** 设 $R$ 是非空集 $A$ 上关系,定义关系 $S$:

$$S = \{\langle a,b\rangle \in A\times A \mid \exists c\in A, \langle a,c\rangle\in R \text{ 且 } \langle c,b\rangle\in R\}$$

证明:若 $R$ 是等价关系,则 $S$ 也是等价关系。

**练习 6.38** 设 $R$ 和 $S$ 都是非空集 $A$ 上等价关系,而且 $A/R = A/S$,证明:$R = S$。

**练习 6.39** 设 $R$ 和 $S$ 都是非空集合 $A$ 上的等价关系,证明:$R\circ S$ 是等价关系当且仅当 $R\circ S = S\circ R$。

**练习 * 6.40** 设 $A = \mathbb{R}\times\mathbb{R}$,即实数对构成的集合。对于下面的每个由 $A$ 的子集构成的集合族,判断它是否构成 $A$ 的划分,如果是划分,给出这个划分所导出的等价关系。

(1) $\mathcal{F}_1$ 包括三个集合:$x$ 或 $y$ 是正数的实数对 $\langle x,y\rangle$ 集合;$x$ 是正数的实数对 $\langle x,y\rangle$ 集合;$y$ 是正数的实数对 $\langle x,y\rangle$ 集合。

(2) $\mathcal{F}_2$ 包括三个集合:$x-y>0$ 的实数对 $\langle x,y\rangle$ 集合;$x-y<0$ 的实数对 $\langle x,y\rangle$ 集合;$x-y=0$ 的实数对 $\langle x,y\rangle$ 集合。

(3) $\mathcal{F}_3$ 包括三个集合:$xy>0$ 的实数对 $\langle x,y\rangle$ 集合;$xy<0$ 的实数对 $\langle x,y\rangle$ 集合;$xy=0$ 的实数对 $\langle x,y\rangle$ 集合。

**练习 6.41** 设 $A = \{1,2,3,4,5\}$,确定下面的集合族是否 $A$ 的划分,如果是 $A$ 的划分,则给出它所导出的等价关系。

(1) $\mathcal{F}_1 = \{\{1,2,3\},\{3,4,5\},\{5,2,1\}\}$。 (2) $\mathcal{F}_2 = \{\{1\},\{2\},\{3,4,5\}\}$。

(3) $\mathcal{F}_3 = \{\{1,2\},\{4,5\}\}$。 (4) $\mathcal{F}_4 = \{\{1,2\},\{3\},\{4,5\}\}$。

**练习 * 6.42** 画出下面偏序集的哈斯图。

(1) 偏序集 $(A,\subseteq)$,这里 $A = \wp(\{1,2,3\})$。

(2) 偏序集 $(A,|)$,这里 $A = \{1,2,3,4,5,6,7,8,9\}$,而 $|$ 是整除关系。

**练习 * 6.43** 设 $A$ 是 54 的所有正因子构成的集合，以整除关系构成偏序集 $(A,|)$，给出 $(A,|)$ 的所有极大元、极小元、最大元和最小元，以及子集 $\{2,3,6\}$ 的上界、下界、上确界和下确界。

**练习 6.44** 设 $A$ 是 36 的所有正因子构成的集合，以整除关系构成偏序集 $(A,|)$，给出 $(A,|)$ 的所有极大元、极小元、最大元和最小元，以及子集 $\{3,6,9\}$ 的上界、下界、上确界和下确界。

**练习 6.45** 设 $R$ 是 $A$ 上偏序关系且 $S$ 是 $B$ 上偏序关系。在 $A\times B$ 上定义关系 $T$ 如下：

$$T=\{\langle\langle a,b\rangle,\langle a',b'\rangle\rangle\in(A\times B)\times(A\times B)\mid a\ R\ a'\ \wedge\ b\ S\ b'\}$$

证明：$T$ 是 $A\times B$ 上的偏序关系。如果 $R$ 和 $S$ 都是全序，是否 $T$ 也必然是全序？

**练习 6.46** 设 $R$ 是 $A$ 上偏序关系且 $S$ 是 $B$ 上偏序关系。在 $A\times B$ 上定义关系 $T$ 如下：

$$T=\{\langle\langle a,b\rangle,\langle a',b'\rangle\rangle\in(A\times B)\times(A\times B)\mid a\ R\ a'\ \wedge\ (\text{若 } a=a' \text{ 则 } b\ S\ b')\}$$

证明：$T$ 是 $A\times B$ 上的偏序关系。如果 $R$ 和 $S$ 都是全序，是否 $T$ 也必然是全序？

**练习 6.47** 设 $R$ 是非空集 $A$ 上的关系，证明：若 $R$ 是反自反且传递的关系，则 $R$ 也是反对称的。

**练习 6.48** 设 $R$ 是非空集 $A$ 上的拟序关系，即 $R$ 是自反、传递的关系。在 $A$ 上定义关系 $R_{\equiv}$ 为：对任意 $a,b\in A$，有：

$$\langle a,b\rangle\in R_{\equiv}\quad\text{当且仅当}\quad\langle a,b\rangle\in R\text{ 且 }\langle b,a\rangle\in R$$

证明：（1）$R_{\equiv}$ 是 $A$ 上的等价关系。

（2）在 $A$ 关于 $R_{\equiv}$ 的商集 $A/R_{\equiv}$ 上定义关系 $\preceq_R$，对任意 $[a]_{R_{\equiv}},[b]_{R_{\equiv}}$，有：

$$[a]_{R_{\equiv}}\preceq_R[b]_{R_{\equiv}}\quad\text{当且仅当}\quad\langle a,b\rangle\in R$$

证明上述定义是合适的，即若 $[a]_{R_{\equiv}}\preceq_R[b]_{R_{\equiv}}$，则对任意的 $x\in[a]_{R_{\equiv}}$ 和 $y\in[b]_{R_{\equiv}}$ 都有 $\langle x,y\rangle\in R$。最后证明 $\preceq_R$ 是 $A/R_{\equiv}$ 上的偏序关系。

**练习 6.49** 设 $(A,\preceq)$ 是偏序集，$B\subseteq A$，$U$ 是 $B$ 的所有上界构成的集合。证明：① $U$ 是向上封闭的 (closed upward)，即如果 $x\in U$ 且 $x\preceq y$，则 $y\in U$；② $B$ 的任意元素都是 $U$ 的下界；③ 如果 $x$ 是 $U$ 的下确界，则 $x$ 是 $B$ 的上确界。

# 第7章

# 函 数

函数是现代数学的核心概念，无论是中学的“数学”课程还是大学的“高等数学”或“数学分析”课程都是围绕函数组织课程内容。但是在这些课程中，学习函数知识主要强调自变量的变化，特别是自变量的连续变化所导出的函数值，强调函数是从变化的角度描述因变量对自变量的依赖关系。

“离散数学”课程学习函数则不考虑函数自变量和因变量的变化，而只强调函数建立了两个集合元素之间的某种对应。因此，“离散数学”课程学习函数的基本内容是从函数建立集合元素对应的角度分为单函数、满函数和双函数。本章在介绍函数基本概念的基础上，介绍单函数、满函数和双函数的概念和基本性质，并讨论这些概念在定义集合基数，区分可数集和不可数集、有穷集和无穷集方面的应用，从而使读者可进一步熟悉这些离散结构的性质。

计算机科学家将算法的执行时间或占用的空间看作是算法输入数据大小或规模的函数，并且关注这样的函数随着数据大小或规模的增长而增长的情况，通过使用一些简单的函数刻画函数的增长情况，从而对算法的时间或空间复杂度进行分类。函数增长的描述及其在算法效率分析的应用与单函数、满函数等概念没有联系，也是像“高等数学”或“数学分析”课程那样从变化的角度考察函数。但由于都是建立在函数的基础上，因此在这里将它们放在同一章介绍。

Function-Basic(1)

## 7.1 函数的基础知识

Function-Basic(2)

本节从建立元素对应的角度介绍函数的基础知识，在定义函数、函数的定义域、陪域、像、原像等基本术语的基础上，介绍从定义域和陪域元素之间不同对应关系的角度对函数的分类，即单函数、满函数和双函数及其基本性质，最后介绍函数的复合和逆运算，及它们与单函数、满函数和双函数之间的联系。

### 7.1.1 函数的基本概念

关系是有序对的集合，$A$ 到 $B$ 的关系以有序对的形式建立了集合

$A$ 的元素与集合 $B$ 的元素之间的对应。函数是一种特殊的关系，$A$ 到 $B$ 的函数也建立了集合 $A$ 的元素与集合 $B$ 的元素之间的对应，且要求 $A$ 的每个元素都必须与 $B$ 的唯一一个元素对应。

**定义 7.1** 集合 $A$ 到 $B$ 的**函数** (function)$f$，记为 $f:A\to B$，是笛卡儿积 $A\times B$ 的子集，且满足：对任意 $a\in A$，都有且只有唯一的 $b\in B$ 使得 $\langle a,b\rangle\in f$。

由于 $b$ 存在且唯一，因此记为 $b=f(a)$，并称 $b$ 是 $a$ 在函数 $f$ 下的**像** (image)，而称 $a$ 是 $b$ 在函数 $f$ 下的 **原像** (pre-image)。当从上下文能明确函数 $f$ 时，简称 $b$ 是 $a$ 的像或函数值，而 $a$ 是 $b$ 的原像。

**例子 7.1** 设 $A=\{1,2,3,4,5\},B=\{a,b,c,d\}$，下面都是笛卡儿积集 $A\times B$ 的子集：

$$F_1 = \{\langle 1,a\rangle,\langle 2,a\rangle,\langle 3,c\rangle,\langle 3,d\rangle,\langle 4,b\rangle,\langle 5,b\rangle\} \quad F_2 = \{\langle 1,a\rangle,\langle 2,b\rangle,\langle 3,c\rangle,\langle 4,d\rangle\}$$

$$F_3 = \{\langle 1,a\rangle,\langle 2,b\rangle,\langle 3,c\rangle,\langle 3,d\rangle\} \quad F_4 = \{\langle 1,a\rangle,\langle 2,b\rangle,\langle 3,b\rangle,\langle 4,d\rangle,\langle 5,c\rangle\}$$

其中，$F_1$ 中 $A$ 的元素 3 存在 $c$ 和 $d$ 使得与之对应（即 $\langle 3,c\rangle\in F_1$ 且 $\langle 3,d\rangle\in F_1$），而 $F_2$ 中 $A$ 的元素 5 不存在 $B$ 的元素与之对应，$F_3$ 既存在 $A$ 的元素 3 有 $B$ 的多个元素与之对应，又存在 4 和 5 没有 $B$ 的元素与之对应，因此它们都不是函数。只有 $F_4$ 是集合 $A$ 到 $B$ 的函数，对于 $A$ 的元素，1 的像是 $a$，2 和 3 的像是 $b$ 等等，对于 $B$ 的元素，$a$ 的原像是 1，$b$ 的原像有 2 和 3 等等。

**定义 7.2** 对于函数 $f:A\to B$，称 $A$ 是 $f$ 的**定义域**或简称**域** (domain)，而 $B$ 称为 $f$ 的 **陪域** (codomain)。

对于 $S\subseteq A$，$S$ 在 $f$ 下的**像集** (image set)，记为 $f(S)$，定义为：

$$f(S) = \{f(x)\in B\mid x\in S\} = \{y\in B\mid \exists x\in S,y=f(x)\}\subseteq B$$

对于 $T\subseteq B$，$T$ 在 $f$ 下的**逆像集** (inverse image set)，记为 $f^{-1}(T)$，定义为：

$$f^{-1}(T) = \{x\in A\mid f(x)\in T\}\subseteq A$$

特别地，称 $f(A)$ 为函数 $f$ 的**值域** (range)，有时也记为 $\mathbf{ran}(f)$。

**例子 7.2** 设 $A=\{1,2,3,4,5\},B=\{a,b,c,d\}$，对于函数 $f=\{\langle 1,a\rangle,\langle 2,b\rangle,\langle 3,b\rangle,\langle 4,d\rangle,\langle 5,c\rangle\}$，$A$ 的子集 $S=\{1,2,3\}$ 在 $f$ 下的像集 $f(S)=\{f(1),f(2),f(3)\}=\{a,b\}$，$B$ 的子集 $T=\{a,b\}$ 在 $f$ 下的逆像集 $f^{-1}(T)=\{1,2,3\}$，$f$ 的值域 $f(A)=B$。

中学"数学"、大学"高等数学"或"数学分析"中接触的函数通常是数集到数集的函数，这时通常使用函数表达式定义，例如定义函数 $f:\mathbb{R}\to\mathbb{R},f(x)=x^2+2x-1$，这实际上是使用性质概括法给出了函数 $f$ 的有序对集合：

$$f=\{\langle x,y\rangle\in\mathbb{R}\times\mathbb{R}\mid y=x^2+2x-1\}$$

"离散数学"中则更常用元素枚举法定义函数，例如从集合 $A=\{1,2,3,4,5\}$ 到 $B=\{a,b,c,d\}$ 的函数 $f=\{\langle 1,a\rangle,\langle 2,b\rangle,\langle 3,b\rangle,\langle 4,d\rangle,\langle 5,c\rangle\}$。由于谈到函数时人们更关注定

义域元素的函数值，因此我们也经常使用下面的枚举方式定义这个函数：

$$f(1) = a,\ f(2) = b,\ f(3) = b,\ f(4) = d,\ f(5) = c$$

当从函数值的方式定义函数时，通常将函数 $f$ 作为有序对集合的形式称为函数 $f$ 的**图像** (graph)，也即谈到函数图像时则强调它是一种特殊的关系。

**例子 7.3** 这里给出一些在计算机学科中，特别是算法效率分析中常用到的一些函数，这些函数的定义域都是实数或整数，陪域也都是实数或整数。

（1）**多项式** (polynomial) 函数 $f(x) = a_n x^n + a_{n-1}x^{n-1} + \cdots + a_1 x + a_0$，这里 $a_i, i = 0, 1, 2, \cdots, n$ 是实数或整数，$a_n \neq 0$，$x$ 的最高次幂为 $n$ 次，因此称为 $n$ 次多项式函数。

（2）**对数** (logarithmic) 函数 $f(x) = \log_a x$，这里 $a$ 是正实数，且不等于 1。这时 $x$ 也必须是正实数，即 $f$ 的定义域也是正实数。通常当 $a = 10$ 时，即以 10 为底的对数直接记为 $\lg x$，而以常数 $e = 2.71828\cdots$ 为底的对数记为 $\ln x$，称为自然对数。在计算机学科中，直接省略底 $a$ 的对数 $\log x$ 意味着 $a = 2$。

（3）**指数** (exponential) 函数 $f(x) = a^x$，这里 $a$ 也通常是正实数，且不等于 1。指数函数的定义域可以是整个实数集。

（4）**天花板** (ceiling) 函数 $f(x) = \lceil x \rceil$，给出大于或等于 $x$ 的最小整数，例如 $\lceil -0.5 \rceil = 0, \lceil 3.1 \rceil = 4$。因此天花板函数的定义域是实数集，而陪域是整数集。

（5）**地板** (floor) 函数 $f(x) = \lfloor x \rfloor$，给出小于或等于 $x$ 的最大整数，例如 $\lfloor -0.5 \rfloor = -1, \lfloor 3.1 \rfloor = 3$。同样，地板函数的定义域是实数集，陪域是整数集。

（6）**阶乘** (factorial) 函数 $f(n) = n! = n(n-1)\cdots 2 \cdot 1$。阶乘函数的定义域和陪域都是自然数集，特别地 $0! = 1! = 1$。

**例子 7.4** 这里给出一些在“离散数学”中常用到的另外一些函数，这些函数的定义域和陪域可以是任意集合。

（1）对于函数 $f: A \to B$，当陪域 $B$ 是空集时，定义域 $A$ 也只能是空集（否则不满足函数的定义），以空集为定义域的函数都称为**空函数**，即空函数作为有序对的集合也是空集。

（2）对于任意非空集 $A$ 上的恒等关系 $\Delta_A$ 是函数，称为 $A$ 的**恒等函数**。关系 $\Delta_A$ 作为恒等函数时记为 $\mathbf{id}_A$。

（3）设 $U$ 是全集，对于 $U$ 的任意子集 $S \subseteq U$，都可定义函数 $\chi_s : U \to \mathbf{2}$，这里 $\mathbf{2} = \{\mathbf{0}, \mathbf{1}\}$，有：

$$\text{对任意}\quad x \in U,\quad \chi_s(x) = \begin{cases} \mathbf{1} & \text{若 } x \in S \\ \mathbf{0} & \text{若 } x \notin S \end{cases}$$

函数 $\chi_s : U \to \mathbf{2}$ 称为子集 $S$ 的**特征函数** (characteristic function)。

（4）设 $R$ 是非空集 $A$ 上的等价关系，可定义函数 $\rho : A \to A/R$，对任意 $a \in A$，$\rho(a) = [a]_R$，即将 $A$ 的元素映射到它所在的的等价类 $[a]_R$。函数 $\rho$ 称为商集 $A/R$ 的**自**

然映射 (natural mapping)。

(5) 设 $(A,\preceq)$ 和 $(B,\preccurlyeq)$ 是两个偏序集，说函数 $f:A\to B$ 是**单调函数** (monotonic)，如果对任意的 $a,b\in A$，$a\preceq b$ 蕴涵 $f(a)\preccurlyeq f(b)$。特别地，对于偏序集 $(\mathbb{R},\leqslant)$，说函数 $f:\mathbb{R}\to\mathbb{R}$ 是单调递增的 (increasing) 的，如果对任意 $x,y\in\mathbb{R}$，$x\leqslant y$ 蕴涵 $f(x)\leqslant f(y)$，说它是单调严格递增 (strictly increasing) 的，如果 $x<y$ 蕴涵 $f(x)<f(y)$。类似可定义单调递减和严格单调递减函数。

函数通常也称为**映射** (mapping)。人们通常将所有从集合 $A$ 到集合 $B$ 的函数构成的集合记为 $B^A$。与将 $A$ 到 $A$ 的关系称为 $A$ 上的关系一样，人们也将 $A$ 到 $A$ 的函数称为 $A$ 上的函数。函数要求定义域的每个元素都存在陪域的唯一元素对应，如果笛卡儿积 $A\times B$ 的一个子集 $f$ 满足 $A$ 的每个元素 $a$ **至多**存在 $B$ 的一个元素 $b$ 与之对应（即 $\langle a,b\rangle\in f$），则称 $f$ 是**偏函数** (partial function)。从集合 $A$ 到 $B$ 的偏函数通常记为 $f:A\rightharpoonup B$。例如，计算机程序的一个子程序（例如 C++ 函数或 Java 方法）通常是一个偏函数，因为它往往不是对所有输入都会产生输出（有可能对某些输入陷入死循环而不能产生输出）。相对偏函数，通常也称定义 7.1 给出的函数为**全函数**。在“离散数学”课程中谈到函数通常是指全函数，除非有特别的说明。

最后我们探讨一个有关像集性质的问题以结束本节对函数基本概念的讨论。

**问题 7.5** 设 $f$: $A\to B$ 是函数，$S$ 和 $T$ 都是 $A$ 的子集，证明：(1) $S\subseteq T$ 蕴涵 $f(S)\subseteq f(T)$；(2) $f(S\cap T)\subseteq f(S)\cap f(T)$，但 $f(S)\cap f(T)$ 不一定是 $f(S\cap T)$ 的子集。

**【分析】**正如许多有关关系的命题，实质上是证明集合等式或集合子集关系，这里 $f(S)$ 和 $f(T)$ 也是集合，因此这里也是证明子集关系。对于 (1)，应该以 $S\subseteq T$ 作为附加前提，证明 $f(S)\subseteq f(T)$，即应该从对任意的 $y\in f(S)$ 开始证明，得到 $y\in f(T)$，而不是从 $y\in S$ 或 $x\in S$ 开始证明。

在证明 (1) 之后，可直接使用集合交运算与子集关系的基本联系（即 $A\subseteq B\cap C$ 当且仅当 $A\subseteq B$ 且 $A\subseteq C$）得到 (2) 中子集关系的证明。

**【证明】**(1) 对任意 $y\in f(S)$ 有：

$$\begin{aligned}
y\in f(S) \quad & \text{当且仅当} \quad \exists x(x\in S\wedge y=f(x)) && // f(S) \text{ 的定义}\\
& \text{蕴涵} \quad \exists x(x\in T\wedge y=f(x)) && // S\subseteq T\\
& \text{当且仅当} \quad y\in f(T) && // f(T) \text{ 的定义}
\end{aligned}$$

这就证明了 $S\subseteq T$ 蕴涵 $f(S)\subseteq f(T)$。

(2) 由 (1) 以及 $S\cap T\subseteq S$ 得 $f(S\cap T)\subseteq f(S)$，同理有 $f(S\cap T)\subseteq f(T)$，从而有 $f(S\cap T)\subseteq f(S)\cap f(T)$。

设 $A=\{1,2\}$，考虑 $A$ 上的函数 $f:A\to A, f(1)=f(2)=1$，且令 $S=\{1\},T=\{2\}$，则：

$$f(S\cap T) \;=\; f(\varnothing)=\varnothing \qquad\qquad f(S)\cap f(T) \;=\; \{f(1)\}\cap\{f(2)\}=\{1\}$$

因此 $f(S) \cap f(T)$ 不一定是 $f(S \cap T)$ 的子集。 □

【讨论】(1) 要考察为什么 $f(S) \cap f(T)$ 不一定是 $f(S \cap T)$ 的子集，可从考察元素的角度看这两个集合的定义：对任意 $y \in B$，有：

$$\begin{aligned} y \in f(S) \cap f(T) \quad & \text{当且仅当} \quad y \in f(S) \wedge y \in f(T) \\ & \text{当且仅当} \quad \exists x(x \in S \wedge y = f(x)) \ \wedge \ \exists x(x \in T \wedge y = f(x)) \\ y \in f(S \cap T) \quad & \text{当且仅当} \quad \exists x(x \in S \cap T \ \wedge \ y = f(x)) \\ & \text{当且仅当} \quad \exists x(x \in S \ \wedge \ x \in T \ \wedge \ y = f(x)) \end{aligned}$$

不难注意到是因为存在量词对合取没有分配律，$y \in f(S) \cap f(T)$ 时存在的 $x_1 \in S$ 和 $x_2 \in T$ 分别使得 $f(x_1) = y$ 和 $f(x_2) = y$ 的 $x_1$ 和 $x_2$ 可能不相等，但 $y \in f(S \cap T)$ 时存在的 $x \in S \cap T$ 使得 $f(x) = y$ 的 $x$ 必须同属于 $S$ 和 $T$。

例如上面的 $f(1) = f(2) = 1$，当 $y = 1$ 时有 $x_1 = 1 \in S$ 和 $x_2 = 2 \in T$ 使得 $f(x_1) = y$ 且 $f(x_2) = y$。注意，函数要求对定义域的元素，陪域存在且存在唯一的元素与之对应，但是与陪域元素对应的定义域元素可能没有也可能有多个，也即定义域的每个元素都有唯一的像，但是陪域的元素可能没有原像，也可能有一个或多个原像。

(2) 要特别注意集合 $S \subseteq A$ 在 $f$ 下的像集 $f(S)$ 的定义 $f(S) = \{f(x) \mid x \in S\}$，这其中用到了存在量词，即根据集合的性质概括法定义，这个定义意味着对任意 $y \in B$，$y \in f(S)$ 当且仅当存在 $x$，$x \in S$ 且 $y = f(x)$（可参见在问题 5.3中对这种形式的集合性质概括法定义的讨论）。

### 7.1.2 函数的性质

这里所说的函数性质是指按照定义域元素与陪域元素的对应是否为单函数、满函数和双函数。函数要求对定义域的每个元素，陪域都存在且存在唯一的元素与之对应，而单函数、满函数和双函数则根据对陪域的每个元素，定义域有多少个元素与之对应而定义。

**定义 7.3** 设 $f: A \to B$ 是函数。

(1) 说 $f$ 是**单函数** (injection)，如果对任意 $x, y \in A$，$f(x) = f(y)$ 蕴涵 $x = y$，也即 $\forall x, y \in A$，$x \neq y$ 蕴涵 $f(x) \neq f(y)$。通俗地说，就是陪域 $B$ 的每个元素至多有定义域的一个元素与之对应。单函数也称为**一对一函数** (one-to-one function)。

(2) 说 $f$ 是**满函数** (surjection)，如果对任意 $y \in B$，都存在 $x \in A$ 使得 $f(x) = y$，也即 $\mathbf{ran}(f) = B$。通俗地说，就是陪域 $B$ 的每个元素至少有定义域的一个元素与之对应。满函数也称为**映上函数** (onto function)。

(3) 说 $f$ 是**双函数** (bijection)，如果 $f$ 既是单函数又是满函数，也即陪域 $B$ 的每个元素都有且有唯一的定义域元素与之对应。双函数也称为**一一对应** (one-to-one correspondence)。

注意，由函数的定义有，对任意 $x, y$，若 $x = y$，则 $f(x) = f(y)$，因此单函数的定

义意味着 $f(x) = f(y)$ 当且仅当 $x = y$。有的中文教材也将 “injection” 翻译为**入射**。函数也被称为映射，因此也有的教材使用单射、满射和双射这样的术语。

**例子 7.6** 图 7.1 给出了定义域和陪域之间具有不同元素对应的函数例子。这些图都是函数作为关系的关系图（一个集合到另一个集合，而非一个集合上的关系的关系图），也称为函数的图像。

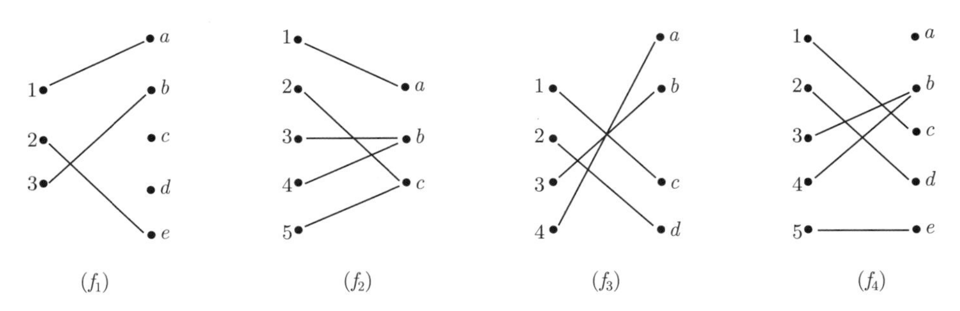


图 7.1 定义域和陪域之间不同的元素对应关系的函数例子

图 7.1 给出的函数 $f_1$ 是单函数，但不是满函数；函数 $f_2$ 是满函数，但不是单函数；函数 $f_3$ 既是单函数，也是满函数；而 $f_4$ 既不是单函数，也不是满函数。

**问题 7.7** 设 $A = \{1, 2, 3, 4, 5\}, B = \{a, b, c, d, e\}$，下面 $A$ 到 $B$ 的函数中哪些是单函数？哪些是满函数？哪些是双函数？

$$f_1 = \{\langle 1, b\rangle, \langle 2, d\rangle, \langle 3, b\rangle, \langle 4, d\rangle, \langle 5, a\rangle\} \qquad f_2 = \{\langle 1, a\rangle, \langle 2, d\rangle, \langle 3, c\rangle, \langle 4, e\rangle, \langle 5, b\rangle\}$$

$$f_3 = \{\langle 1, d\rangle, \langle 2, c\rangle, \langle 3, e\rangle, \langle 4, e\rangle, \langle 5, d\rangle\} \qquad f_4 = \{\langle 1, d\rangle, \langle 2, e\rangle, \langle 3, b\rangle, \langle 4, c\rangle, \langle 5, a\rangle\}$$

**【解答】** $f_1$ 不是单函数，因为 $f_1(2) = f_1\ 4 = d$；$f_1$ 也不是满函数，因为 $c \notin \mathbf{ran}(f_1)$。$f_2$ 既是单函数又是满函数，因此是双函数。$f_3$ 不是单函数，因为 $f_3(1) = f_3(5) = d$；$f_3$ 也不是满函数，因为 $a \notin \mathbf{ran}(f_3)$。$f_4$ 既是单函数又是满函数，因此是双函数。

**【讨论】**（1）要指出一个函数不是单函数，只要给出 $A$ 的两个元素例子 $x, y \in A (x \neq y)$ 使得 $f(x) = f(y)$ 即可；而要指出一个函数不是满函数，只要给出 $B$ 的一个元素例子 $y \in B$，使得不存在 $x \in A$ 满足 $f(x) = y$ 即可。

（2）不难看到，对于元素有限的集合 $A$ 和 $B$，只有当 $A$ 的元素数目小于或等于 $B$ 的元素数目时才有 $A$ 到 $B$ 的单函数，而只有当 $A$ 的元素数目大于或等于 $B$ 的元素数目时才有 $A$ 到 $B$ 的满函数，只有这两个集合的元素数目相等时才有 $A$ 到 $B$ 的双函数。

**例子 7.8** （1）定义域为空的空函数通常被认为是单函数，如果陪域也为空，则空集到空集的空函数被认为是双函数。

（2）对任意集合 $A$，$A$ 上的恒等函数 $\mathbf{id}_A$ 既是单函数又是满函数，因此是双函数。

（3）设 $R$ 是非空集 $A$ 上的等价关系，$A$ 关于 $R$ 的商集的自然映射 $\rho: A \to A/R$ 是满函数，因为 $A/R$ 中的任何等价类至少有一个代表，这个代表是这个等价类在 $\rho$ 下的一个原像，也即等价类 $[a]_R$ 的一个原像就是 $a$。

**问题 7.9**　下面都是从 $\mathbb{Z}^+ \times \mathbb{Z}^+$ 到 $\mathbb{Z}^+$ 的函数，哪些是单函数？哪些是满函数？哪些是双函数？

（1）$f_1(m,n) = 2m+n$　　（2）$f_2(m,n) = m^2+n^2$

（3）$f_3(m,n) = |m-n|+1$　　（4）$f_4(m,n) = 2^{m-1}(2n-1)$

**【讨论】**要判断一个函数否是单函数，可以对任意 $x \neq y$ 探索 $f(x)$ 是否等于 $f(y)$，从证明它们不相等或者在证明过程中找出它们相等的例子。要判断一个函数是否满函数，就要证明陪域的每个元素都有原像，或者在证明过程中找出不存在原像的陪域元素例子。

例如，对于 $f_2$，若 $f_2(m_1,n_1) = f_2(m_2,n_2)$，则 $m_1^2+n_1^2 = m_2^2+n_2^2$，这是可能的，令 $n_1 = m_2$，而 $m_1 = n_2$，且 $n_1 \neq m_1$ 即可，因此 $f_2$ 不是单函数。而对任意正整数 $y$，是否都存在正整数 $m,n$ 使得 $m^2+n^2 = y$？显然不可能，当 $m$ 和 $n$ 是正整数时总有 $m^2+n^2 > 1$，从而 1 没有函数 $f_2$ 下的原像。

**【解答】**（1）$f_1$ 不是单函数，因为 $f_1(2,2) = f_1(1,4) = 6$。$f_1$ 也不是满函数，因为对任意正整数 $m,n$，必有 $2m+n \geqslant 2+1 \geqslant 3$，因此 1 和 2 没有函数 $f_1$ 下的原像，因此 $f_1$ 不是满函数。

（2）$f_2$ 不是单函数，因为 $f_2(1,2) = f(2,1) = 5$。$f_2$ 也不是满函数，因为对任意正整数 $m,n$ 都有 $m^2+n^2 \geqslant 2$，因此 1 没有函数 $f_2$ 下的原像，因此 $f_2$ 不是满函数。

（3）$f_3$ 不是单函数，因为 $f_3(1,2) = f_3(2,1) = 2$。$f_3$ 是满函数，对任意正整数 $y$，存在 $\langle y,1\rangle$ 使得 $f_3(y,1) = y$。

（4）$f_4$ 是单函数，对任意正整数 $m_1,n_1,m_2,n_2$，若 $f_2(m_1,n_1) = f_2(m_2,n_2)$，即 $2^{m_1-1}(2n_1-1) = 2^{m_2-1}(2n_1-1)$，不妨设 $m_1 = m_2+k$，这里 $k \geqslant 0$，从而 $2^{m_2+k-1}(2n_1-1) = 2^{m_2-1}(2n_2-1)$，即 $2^k(2n_1-1) = 2n_2-1$，但 $2n_2-1$ 是奇数，因此 $2^k(2n_1-1)$ 也必须是奇数，因此必有 $k=0$，从而 $m_1 = m_2$，从而也有 $n_1 = n_2$。因此 $f_2(m_1,n_1) = f_2(m_2,n_2)$ 蕴涵 $m_1 = m_2$ 且 $n_1 = n_2$，因此 $f_4$ 是单函数。

$f_4$ 也是满函数，对任意正整数 $y$，设 $k$ 是 $y$ 能整除 2 的次数（即 $k$ 的质因子分解中质数 2 的幂），令 $m = k+1$，而 $n = (y/2^k+1)/2$，则 $f_4(m,n) = 2^{m-1}(2n-1) = 2^k(2\cdot((y/2^k+1)/2-1) = y$，因此 $f_4$ 是满函数。$f_4$ 既是单函数又是满函数，所以是双函数。

**【讨论】**（1）上述定义函数的方式可认为是将函数作为有序对集合，使用性质概括法进行定义的一种简写形式。例如，函数 $f_1$ 实际上是有序对集合 $\{\langle\langle m,n\rangle, 2m+n\rangle \mid m,n \in \mathbb{Z}^+\}$，上面使用了 $f_1(m,n) = 2m+n$ 这种简写形式定义这个函数。注意，上面函数的定义域是有序对的集合，当函数作用于有序对时还省略了有序对的尖括号（因为没有必要连用尖括号和圆括号）。

（2）当一个函数不是单函数或不是满函数时可举出具体的例子进行说明，但当一个函数是单函数或是满函数时可能需要陈述更好的理由支持我们的判断，这可以通过使用函数的复合考察函数的性质，下面的“函数运算与函数性质”一节将介绍这方面的内容。

**问题 7.10** 问题 7.5 的探讨表明，对于函数 $f: A \to B$，及 $A$ 的两个子集 $S$ 和 $T$，$f(S \cap T) \subseteq f(S) \cap f(T)$，但是 $f(S) \cap f(T)$ 不一定是 $f(S \cap T)$ 的子集。这个结论对于单函数可以加强，试证明：函数 $f: A \to B$ 是单函数当且仅当对 $A$ 的任意两个子集 $S, T$ 有 $f(S \cap T) = f(S) \cap f(T)$。

**【分析】**问题 7.5 表明，若存在 $x_1 \in S$ 使得 $f(x_1) = y$ 且存在 $x_2 \in T$ 使得 $f(x_2) = y$，且 $x_1 \neq x_2$ 时 $f(S) \cap f(T)$ 不一定是 $f(S \cap T)$ 的子集。例如，当 $S$ 只有元素 $x_1$ 而 $T$ 也只有元素 $x_2$ 时 $S \cap T = \varnothing$，从而 $f(S \cap T) = \varnothing$，但 $f(S) \cap f(T) = \{f(x_1)\} = \{f(x_2)\} \neq \varnothing$。不过，若 $f$ 是单函数，则 $f(x_1) = f(x_2)$ 必有 $x_1 = x_2$，从而不会发生这种情况，因此就会有 $f(S) \cap f(T) = f(S \cap T)$。

反之，若对任意 $S, T$ 有 $f(S \cap T) = f(S) \cap f(T)$ 时，$f$ 不是单函数，则会存在上述情况而导致矛盾，因此这时可使用反证法。

**【证明】**设 $f: A \to B$ 是单函数，则对任意 $y \in B$，若 $y \in f(S) \cap f(T)$，则 $y \in f(S)$ 且 $y \in f(T)$，即存在 $x_1 \in S$ 使得 $f(x_1) = y$，且存在 $x_2 \in T$ 使得 $f(x_2) = y$，从而 $f(x_1) = f(x_2)$，由 $f$ 是单函数，因此 $x_1 = x_2$，因此 $x_1 = x_2 \in S \cap T$ 且使得 $y = f(x_1) = f(x_2)$，因此 $y \in f(S \cap T)$。这表明 $f(S) \cap f(T) \subseteq f(S \cap T)$。另一方面易证 $f(S \cap T) \subseteq f(S) \cap f(T)$（参考问题 7.5 的证明），因此当 $f$ 是单函数时有 $f(S \cap T) = f(S) \cap f(T)$。

反之，设对 $A$ 的任意两个子集 $S, T$ 都有 $f(S \cap T) = f(S) \cap f(T)$。若 $f$ 不是单函数，则存在 $x_1, x_2 \in A$，$x_1 \neq x_2$ 但 $f(x_1) = f(x_2)$，这时可令 $S = \{x_1\}, T = \{x_2\}$，从而 $S \cap T = \varnothing$，所以 $f(S \cap T) = \varnothing$，但 $f(S) \cap f(T) = \{f(x_1)\} = \{f(x_2)\} \neq \varnothing$，矛盾！因此这时必有 $f$ 是单函数。 □

### 7.1.3 函数运算与函数的性质

函数虽然也是集合，但集合交、集合并、集合差和集合补运算对函数并不封闭，即两个函数的集合交、并、差、补等不再是函数，因此这些集合运算对函数不适用。函数运算主要有函数复合和函数逆运算，这两个运算就是函数作为关系时的关系复合和关系逆运算。本节主要探讨如何从函数运算的角度描述函数的性质，即利用函数运算确定怎样的函数是单函数、满函数或双函数。

**定义 7.4** 函数 $f: A \to B$ 和 $g: B \to C$ 的**复合** (composite of $f$ and $g$)，记为 $g \circ f$，定义为：

$$\forall x \in A, \quad (g \circ f)(x) = g(f(x))$$

注意，只有当函数 $f$ 的陪域等于函数 $g$ 的定义域时，$f$ 和 $g$ 才能进行函数复合运算。这里定义的函数复合就是函数作为关系的复合，因为根据关系复合运算的定义有：

$$\begin{aligned} g \circ f &= \{\langle x, y \rangle \mid \exists z(\langle x, z \rangle \in f \wedge \langle z, y \rangle \in g)\} \\ &= \{\langle x, y \rangle \mid \exists z(f(x) = z \wedge g(z) = y)\} = \{\langle x, y \rangle \mid g(f(x)) = y\} \end{aligned}$$

也即，对任意 $x$ 有 $(g\circ f)(x)=g(f(x))$。

因此，函数复合运算就是关系复合运算。函数复合在中学数学课程中也被广泛使用。这里不再举例说明函数复合的计算，直接探讨函数复合运算的基本性质。首先，根据关系复合运算的性质立即有下面的定理。

**定理 7.1** （1）函数复合满足结合律：设 $f:A\to B, g:B\to C, h:C\to D$ 是函数，则：

$$h\circ(g\circ f)=(h\circ g)\circ f$$

（2）恒等函数是函数复合的单位元：设 $f:A\to B$ 是函数，则 $\mathbf{id}_B\circ f=f=f\circ\mathbf{id}_A$。

**证明** 由函数复合是关系复合，以及关系复合运算的性质（定理 6.4）立即可得。 □

注意，说两个函数 $f:A\to B$ 和 $g:A\to B$ 相等，就是说它们作为有序对集合是相等的，从函数值的角度看就是：对任意 $x\in A$ 有 $f(x)=g(x)$。因此，函数复合满足结合律，就是说对任意 $x\in A$ 有 $h((g\circ f)(x))=(h\circ g)(f(x))$，实际上这两边都可写成 $h(g(f(x)))$。而恒等函数是函数复合的单位元是说对任意 $x\in A$ 有 $\mathbf{id}_B(f(x))=f(x)=f(\mathbf{id}_A(x))$，这显然成立。

本节的主题是探讨函数运算与函数的单满性质之间的联系，下面的定理表明函数复合运算保持函数的单满性质。

**定理 7.2** 设 $f:A\to B$ 和 $g:B\to C$ 是函数。

（1）如果 $f$ 和 $g$ 都是单函数，则 $g\circ f$ 也是单函数。

（2）如果 $f$ 和 $g$ 都是满函数，则 $g\circ f$ 也是满函数。

（3）如果 $f$ 和 $g$ 都是双函数，则 $g\circ f$ 也是双函数。

**证明** （1）对任意 $x,y\in A$，若 $(g\circ f)(x)=(g\circ f)(y)$，则有 $g(f(x))=g(f(y))$，由于 $g$ 是单函数，因此 $f(x)=f(y)$，而 $f$ 也是单函数，因此就有 $x=y$，这就表明 $g\circ f$ 也是单函数。

（2）对任意 $z\in C$，由于 $g$ 是满函数，因此存在 $y\in B$ 使得 $g(y)=z$，而由 $f$ 是满函数得也存在 $x\in A$ 使得 $f(x)=y$，从而 $g(f(x))=g(y)=z$，也即对任意 $z\in C$，存在 $x\in A$ 使得 $(g\circ f)(x)=z$，因此 $g\circ f$ 是满函数。

（3）由（1）和（2）以及双函数的定义立即可得。 □

但如何利用函数复合确定函数是单函数、满函数还是双函数呢？注意到函数本身的定义要求，对定义域的每个元素都存在且存在唯一的陪域元素与之对应，而单满性则是考察定义域有多少元素与陪域的一个元素对应。双函数对陪域的每个元素也存在且存在唯一的定义域元素与之对应，因此双函数作为关系做关系逆运算得到的关系仍然是函数。由这一点，有下面的定义。

**定义 7.5** 设函数 $f:A\to B$ 是双函数，则它（作为关系）的逆关系 $f^{-1}$ 也是函数，称为 $f$ 的**逆函数** (inverse function)，即：

$$f^{-1}=\{\langle y,x\rangle\in B\times A \mid \langle x,y\rangle\in f\}=\{\langle y,x\rangle \mid f(x)=y\}$$

也即对任意 $x \in A, y \in B$，$f^{-1}(y) = x$ 当且仅当 $f(x) = y$。逆函数有时也称为**反函数**。

**例子 7.11** （1）设 $A = \{1,2,3,4,5\}$ 和 $B = \{a,b,c,d,e\}$，函数 $f = \{\langle 1,d\rangle, \langle 2,e\rangle, \langle 3,b\rangle, \langle 4,c\rangle, \langle 5,a\rangle\}$ 是双函数，它的逆函数是：$f^{-1} = \{\langle d,1\rangle, \langle e,2\rangle, \langle b,3\rangle, \langle c,4\rangle, \langle a,5\rangle\}$。

（2）对于双函数 $g : \mathbb{R}\to\mathbb{R}$，$\forall x \in \mathbb{R}, g(x) = 2x + 1$，则它的逆函数 $g^{-1} : \mathbb{R}\to\mathbb{R}$ 是，对任意 $y \in \mathbb{R}$，$g^{-1}(y) = (y-1)/2$。

（3）对于双函数 $h : \mathbb{Z}^+ \times \mathbb{Z}^+ \to \mathbb{Z}^+$，$\forall m,n \in \mathbb{Z}^+, h(m,n) = 2^{m-1}(2n-1)$，它的逆函数 $h^{-1} : \mathbb{Z}^+ \to (\mathbb{Z}^+ \times \mathbb{Z}^+)$ 是，对任意 $n \in \mathbb{Z}^+, h^{-1}(n) = (k+1, (n/2^k + 1)/2)$，这里 $k$ 是 $n$ 能整除 2 的次数，例如 $h^{-1}(12) = (3,2)$。

因此，对于双函数 $f : A\to B$，存在逆函数 $f^{-1} : B\to A$ 使得对任意 $x \in A, y \in B$，$f^{-1}(y) = x$ 当且仅当 $f(x) = y$，这意味着有 $f^{-1}(f(x)) = x$ 且 $f(f^{-1}(y)) = y$。用函数复合运算表示即有 $f^{-1} \circ f = \mathbf{id}_A$ 和 $f \circ f^{-1} = \mathbf{id}_B$，从而可使用下面的定理，基于函数复合刻画双函数的性质。

**定理 7.3** 函数 $f : A\to B$ 是双函数当且仅当存在函数 $g : B\to A$ 使得 $g \circ f = \mathbf{id}_A$ 且 $f \circ g = \mathbf{id}_B$。

**证明** （1）当函数 $f$ 是双函数时，它的关系逆 $f^{-1}$ 仍是函数，而且有对任意 $x \in A, y \in B$，$f^{-1}(y) = x$ 当且仅当 $f(x) = y$，从而有 $f^{-1}(f(x)) = x$ 且 $f(f^{-1}(y)) = y$，即有 $f^{-1} \circ f = \mathbf{id}_A$ 且 $f \circ f^{-1} = \mathbf{id}_B$。

（2）反之，对函数 $f$，若存在函数 $g$ 使得 $g \circ f = \mathbf{id}_A$ 且 $f \circ g = \mathbf{id}_B$，我们证明 $f$ 是双函数。为此分别证明 $f$ 是单函数和满函数。对任意 $x_1, x_2 \in A$，若 $f(x_1) = f(x_2)$，则 $g(f(x_1)) = g(f(x_2))$，而 $g \circ f = \mathbf{id}_A$，从而 $x_1 = g(f(x_1)) = g(f(x_2)) = x_2$，这就表明 $f$ 是单函数。对任意 $y \in B$，由于 $f \circ g = \mathbf{id}_B$，因此 $f(g(y)) = y$，从而 $y$ 存在 $f$ 下的原像 $g(y)$，因此 $f$ 是满函数。综上有 $f$ 是双函数。 □

定理 7.3表明，可以通过找到一个函数 $g$ 使得 $g \circ f = \mathbf{id}$ 和 $f \circ g = \mathbf{id}$ 而确定函数 $f$ 是双函数。实际上，这样的函数 $g$ 是唯一的：因为若还有 $g'$ 也使得 $g' \circ f = \mathbf{id}$ 且 $f \circ g' = \mathbf{id}$，则由恒等函数是函数复合运算的单位元有：

$$g = g \circ \mathbf{id} = g \circ (f \circ g') = (g \circ f) \circ g' = \mathbf{id} \circ g' = g'$$

因此，双函数 $f$ 的逆函数就是使得 $g \circ f = \mathbf{id}$ 且 $f \circ g = \mathbf{id}$ 的唯一的函数 $g$。这从函数复合的角度刻画了双函数的基本性质，即 $f$ 是双函数当且仅当它存在逆函数。

对于单函数和满函数，也可从考察它的关系逆着手探讨如何基于函数复合刻画它们的基本性质。我们先看具体的例子。

**例子 7.12** （1）设 $A = \{1,2,3\}, B = \{a,b,c,d,e\}$，$A$ 到 $B$ 的函数 $f = \{\langle 1,a\rangle, \langle 2,b\rangle, \langle 3,c\rangle\}$ 是单函数，它的关系逆是 $F = \{\langle a,1\rangle, \langle b,2\rangle, \langle c,3\rangle\}$，这不是 $B$ 到 $A$ 的函数，因为 $d, e \notin \mathbf{ran}(f)$，在 $F$ 中它们不对应 $A$ 的任何元素。但我们可让它们对应 $A$ 的某个固定元素，例如定义 $g = \{\langle a,1\rangle, \langle b,2\rangle, \langle c,3\rangle, \langle d,3\rangle, \langle e,3\rangle\}$，$g$ 是函数，而且对任意 $x \in A$ 有 $g(f(x)) = x$，即 $g \circ f = \mathbf{id}_A$。由于 $d, e \notin \mathbf{ran}(f)$，因此无论 $g(d), g(e)$ 的值是什么都不影响等式 $g \circ f = \mathbf{id}_A$ 的成立。

（2）设 $A=\{1,2,3,4,5\}, B=\{a,b,c\}$，$A$ 到 $B$ 的函数 $f=\{\langle 1,a\rangle,\langle 2,a\rangle,\langle 3,b\rangle,\langle 4,b\rangle,\langle 5,c\rangle\}$ 是满函数，它的关系逆 $F=\{\langle a,1\rangle,\langle a,2\rangle,\langle b,3\rangle,\langle b,4\rangle,\langle c,5\rangle\}$ 也不是函数，因为 $a$ 和 $b$ 都对应多个元素，但我们可以为 $a$ 和 $b$ 都选定一个元素与之对应，例如令 $g=\{\langle a,1\rangle,\langle b,3\rangle,\langle c,5\rangle\}$，$g$ 是函数，且对任意 $y\in B$，$f(g(y))=y$，即 $f\circ g=\mathbf{id}_B$。无论 $g(a)$ 的值是 1 还是 2，只要 $g(a)$ 的值是 $a$ 在 $f$ 下的原像，就不会影响等式 $f\circ g=\mathbf{id}_B$ 的成立。

例子 7.12 告诉我们可以引入下面的定义。

**定义 7.6** 设 $f:A\to B$ 是函数。（1）称函数 $g:B\to A$ 是函数 $f$ 的**左逆** (left inverse)，如果 $g\circ f=\mathbf{id}_A$。（2）称函数 $g:B\to A$ 是函数 $f$ 的**右逆** (right inverse)，如果 $f\circ g=\mathbf{id}_B$。

例子 7.12 表明一个函数的左逆不是唯一的，右逆也不是唯一的。利用左逆和右逆的概念，可从函数复合的角度刻画单函数和满函数的基本性质。

**定理 7.4** 设 $f:A\to B$ 是函数，且 $A\neq\varnothing$。（1）$f$ 是单函数当且仅当 $f$ 存在左逆；（2）$f$ 是满函数当且仅当 $f$ 存在右逆。

**证明** （1）设 $f$ 是单函数，由于 $A\neq\varnothing$，所以可选定 $A$ 的元素 $a_0$，定义函数 $g:B\to A$：

$$\forall y\in B,\quad g(y) = \begin{cases} x & 若\ \exists x\in A, f(x)=y \\ a_0 & 若\ y\notin \mathbf{ran}(f) \end{cases}$$

由于 $f$ 是单函数，所以当 $y\in\mathbf{ran}(f)$ 时只有唯一的 $x$ 使得 $f(x)=y$，因此上述定义是合适的，不难验证有 $g\circ f=\mathbf{id}_A$。

反之，设 $f$ 存在左逆 $g:B\to A$ 使得 $g\circ f=\mathbf{id}_A$。对任意 $x_1,x_2\in A$，若 $f(x_1)=f(x_2)$，则有 $g(f(x_1))=g(f(x_2))$，但 $g\circ f=\mathbf{id}_A$，从而 $x_1=x_2$。这表明 $f$ 是单函数。

（2）设 $f$ 是满函数，从而对任意 $y\in B$ 都存在 $x\in A$ 使得 $f(x)=y$，我们对每个 $y$ 都选择它的一个原像 $x_y$，可定义函数 $g:B\to A$：对任意 $y\in B$，$g(y)=x_y$，这里 $x_y$ 是针对 $y$ 选定的它的原像，从而有 $f(g(y))=f(x_y)=y$，即 $f\circ g=\mathbf{id}_B$，因此 $g$ 是 $f$ 的右逆。

反之，设 $f$ 存在右逆 $g:B\to A$ 使得 $f\circ g=\mathbf{id}_B$。对任意 $y\in B$，则有 $f(g(y))=y$，从而 $y$ 存在 $f$ 下的原像 $g(y)$，这表明 $f$ 是满函数。 □

若函数 $f$ 既存在左逆 $g$ 又存在右逆 $g'$，则有：

$$g=g\circ\mathbf{id}=g\circ(f\circ g')=(g\circ f)\circ g'=\mathbf{id}\circ g'=g'$$

也即这时 $g=g'$ 就是 $f$ 的逆函数。

综上利用函数的逆可基于函数复合描述定义域非空的函数的单满性，即一个函数是单函数当且仅当它存在左逆，一个函数是满函数当且仅当它存在右逆，而一个函数是双函数当且仅当它既存在左逆又存在右逆，即存在逆函数。我们可以使用这些性质验证一个函数的单满性，特别是可使用定义逆函数的方式证明一个函数是双函数。

**例子 7.13** （1）对任意非空集合 $A,B$，可定义函数 $\iota: A\to A\cup B$，对任意 $a\in A$，$\iota(a)=a\in A\cup B$，显然 $\iota$ 是单函数，它的一个左逆是 $\iota': A\cup B\to A$，对任意 $y\in A\cup B$，若 $y\in A$，则 $\iota'(y)=y$，否则 $\iota'(y)=a_0$，这里 $a_0$ 是非空集 $A$ 的任意固定元素。一般来说，若 $A\subseteq B$，都可类似地定义单函数 $\iota: A\to B$，$\forall a\in A, \iota(a)=a$。$\iota$ 通常称为对应**子集关系的入射**。

（2）对任意非空集合 $A,B$，可定义函数 $\pi_A: A\times B\to A$，对任意 $a\in A, b\in B$，$\pi(\langle a,b\rangle)=\pi(a,b)=a$，由于 $B$ 非空，因此 $\pi_A$ 是满射，它的一个右逆是 $\pi'_A: A\to A\times B$，对任意 $a\in A$，$\pi'_A(a)=\langle a,b_0\rangle$，这里 $b_0$ 是非空集 $B$ 的任意固定元素。类似地可定义函数 $\pi_B: A\times B\to B$，对任意 $a\in A, b\in B$，$\pi(a,b)=b$，显然 $\pi_B$ 也是满函数。通常 $\pi_A,\pi_B$ 称为笛卡儿积 $A\times B$ 的**投影函数** (project function)。

（3）对任意非空集合 $A,B$，可定义函数 $\theta: A\times B\to B\times A$，对任意 $a\in A, b\in B$，$\theta(\langle a,b\rangle)=\langle b,a\rangle$。可定义函数 $\theta': B\times A\to A\times B$，对任意 $a\in A, b\in B$，$\theta'(\langle b,a\rangle)=\langle a,b\rangle$。显然有 $\theta\circ\theta'=\mathbf{id}$ 且 $\theta'\circ\theta=\mathbf{id}$，因此 $\theta$ 是双函数。

## 7.2 集合基数的基础知识

Function-Card

关系和函数都是有序对的集合，因此可以说都是研究集合之间元素的对应。康托尔建立朴素集合论正是从考察集合之间元素的对应形成了集合基数、序数等概念，从而帮助人们对无穷集以及集合的可数性有了更深的认识。本节在定义集合等势概念的基础上，介绍有关有穷集、无穷集、可数集和不可数集的基本知识，目的是让计算机专业的读者对可数或说可枚举和离散化有更深的认识，所以本节的重点是介绍一些概念，对于涉及太深集合论知识的定理将不给出它们的证明。

### 7.2.1 集合等势

**定义 7.7** 称集合 $A$ 与集合 $B$ **等势** (equinumerous)，记为 $A\approx B$，如果存在 $A$ 到 $B$ 的双函数。

**定理 7.5** 集合等势具有自反性、对称性和传递性：（1）对任意集合 $A$，$A\approx A$；（2）对任意集合 $A$ 和 $B$，若 $A\approx B$，则 $B\approx A$；（3）对任意集合 $A,B$ 和 $C$，若 $A\approx B$ 且 $B\approx C$，则 $A\approx C$。

**证明** （1）因为恒等函数 $\mathbf{id}_A$ 是 $A$ 到 $A$ 的双函数。

（2）若 $A\approx B$，则存在双函数 $\phi: A\to B$，显然双函数的逆也是双函数，因此有双函数 $\phi^{-1}: B\to A$，因此 $B\approx A$。

（3）若 $A\approx B$ 且 $B\approx C$，则有双函数 $\phi: A\to B$ 和 $\psi: B\to C$，由于双函数的复合仍是双函数，因此有双函数 $\psi\circ\phi: A\to C$，因此 $A\approx C$。 □

直观地说，两个集合等势表明两个集合的元素之间存在一一对应。集合等势可认为是集合之间的一种等价关系，虽然不能说它是所有集合构成的集合上的等价关系，在公理化集合论中，所有集合不再构成集合，而称类 (class)，所以可将集合等势理解为所有集合构成的类上的等价关系。

**例子 7.14**　记 $\mathbb{N}_{偶} = \{2k \mid k \in \mathbb{N}\}$ 是所有偶自然数构成的集合，$\mathbb{N}_{奇} = \{2k+1 \mid k \in \mathbb{N}\}$ 是所有奇自然数构成的集合，则有 $\mathbb{N} \approx \mathbb{N}_{偶} \approx \mathbb{N}_{奇}$。

我们可定义双函数 $\phi : \mathbb{N} \to \mathbb{N}_{偶}, \forall n \in \mathbb{N}, \phi(n) = 2n$，显然它的反函数是 $\phi^{-1} : \mathbb{N}_{偶} \to \mathbb{N}$，$\forall n \in \mathbb{N}_{偶}, \phi^{-1}(n) = n/2$。所有偶自然数构成的集合与自然数集等势，通俗地说，可使用自然数去对应偶数：

$$\begin{array}{cccccccc} 0 & 1 & 2 & 3 & 4 & \cdots & n & \cdots \\ \downarrow & \downarrow & \downarrow & \downarrow & \downarrow & \cdots & \downarrow & \cdots \\ 0 & 2 & 4 & 6 & 8 & \cdots & 2n & \cdots \end{array}$$

或者说，可以使用自然数去“数”偶数，第 0 个偶数是 0，第 1 个偶数是 2，等等。

类似地，可定义双函数 $\psi : \mathbb{N} \to \mathbb{N}_{奇}$，$\forall n \in \mathbb{N}, \psi(n) = 2n+1$，显然它的反函数是 $\psi^{-1} : \mathbb{N}_{奇} \to \mathbb{N}$，$\forall n \in \mathbb{N}_{奇}, \phi^{-1}(n) = (n-1)/2$。这样，由集合等势的等价性，就有 $\mathbb{N} \approx \mathbb{N}_{偶} \approx \mathbb{N}_{奇}$。

**例子 7.15**　自然数集 $\mathbb{N}$ 与整数集 $\mathbb{Z}$ 等势：$\mathbb{N} \approx \mathbb{Z}$。可定义函数 $\phi : \mathbb{N} \to \mathbb{Z}$，

$$\forall n \in \mathbb{N} \ = \ \begin{cases} -k & \text{若存在自然数 } k \text{ 使得 } n = 2k \\ k+1 & \text{若存在自然数 } k \text{ 使得 } n = 2k+1 \end{cases}$$

通俗地说，就是让偶自然数对应负整数（包括 0 对应 0），奇自然数对应正整数。不难验证 $\phi$ 是双函数。

正整数集 $\mathbb{Z}^+$ 与自然数集 $\mathbb{N}$ 等势：$\mathbb{Z}^+ \approx \mathbb{N}$。只要定义函数 $\phi : \mathbb{Z}^+ \to \mathbb{N}$ 为：$\forall z \in \mathbb{Z}^+, \phi(z) = z - 1$ 即可，不难验证 $\phi : \mathbb{Z}^+ \to \mathbb{N}$ 是双函数。这样，由集合等势的等价性，就有：$\mathbb{N} \approx \mathbb{Z}^+ \approx \mathbb{Z}$。

**例子 7.16**　实数集 $\mathbb{R}$ 与开区间 $(0,1)$ 等势。例如，由于正切函数 $\tan(x)$ 在开区间 $(-\pi/2, \pi/2)$ 是严格单调递增函数，且当定义域是这个开区间时，正切函数的值域是整个实数集（参见图 7.2 给出的正切函数图像），可定义函数 $\phi : (0,1) \to \mathbb{R}$，$\forall x \in (0,1)$，$\phi(x) = \tan((2x-1) \cdot \pi/2)$，其中函数 $f(x) = (2x-1) \cdot \pi/2$ 实际上是建立了开区间 $(0,1)$ 和 $(-\pi/2, \pi/2)$ 之间的一一对应。

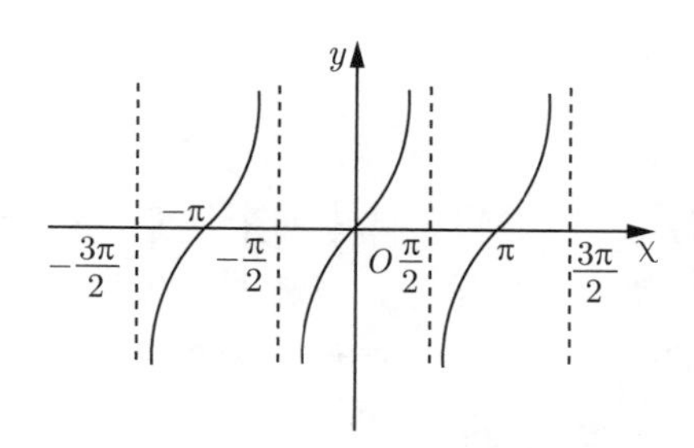


图 7.2　正切函数 $\tan(x)$ 的图像

**例子 7.17**　集合 $A$ 的幂集 $\wp(A)$ 与集合 $\mathbf{2}^A$ 等势（一一对应），这里 $\mathbf{2}^A$ 是所有从集合 $A$ 到 $\mathbf{2} = \{\mathbf{0}, \mathbf{1}\}$ 的函数构成的集合。可定义函数 $\phi : \wp(A) \to \mathbf{2}^A$，对 $A$ 的每个子集

$S \subseteq A$，$\phi(S) = \chi_s$，这里 $\chi_s : A \to \mathbf{2}$ 是子集 $S$ 的特征函数，即：

$$\forall a \in A,\ \ \chi_s(a) = \begin{cases} 0 & \text{若 } a \notin S \\ 1 & \text{若 } a \in S \end{cases}$$

不难验证 $\phi$ 是双函数，它的逆函数 $\phi^{-1} : \mathbf{2}^A \to \wp(A)$ 定义为：

$$\forall f \in \mathbf{2}^A,\ \phi^{-1}(f) = f^{-1}(\mathbf{1}) = \{x \mid f(x) = \mathbf{1}\}$$

显然当 $A$ 只有 $n$ 个元素时，子集 $S$ 的特征函数 $\chi_s$ 可使用长度为 $n$ 的二进制串表示，从而可利用二进制串打印一个集合的所有子集（参见算法 5.1）。

**例子 7.18** 设 $f : A \to B$ 是函数，可在定义域 $A$ 上定义关系 $R_f$ 为：$\forall x_1, x_2 \in A$，$\langle x_1, x_2 \rangle \in R_f$ 当且仅当 $f(x_1) = f(x_2)$，不难验证 $R_f$ 是等价关系。集合 $A$ 关于 $R_f$ 的商集 $A/R_f$ 与函数 $f$ 的值域 $\mathbf{ran}(f)$ 等势（一一对应）。可定义函数 $\phi : A/R_f \to \mathbf{ran}(f)$：

$$\forall [a]_{R_f} \in A/R_f,\ \ \phi([a]_{R_f}) = f(a)$$

由于函数 $\phi$ 是基于等价类的代表进行定义，不同的等价类代表可能代表同一个等价类，因此需要证明 $\phi$ 符合函数定义的要求，即对定义域任意两个元素 $x$ 和 $y$，$x = y$ 蕴涵 $\phi(x) = \phi(y)$。具体来说，是要求对任意 $[a]_{R_f}, [b]_{R_f} \in A/R_f$，$[a]_{R_f} = [b]_{R_f}$ 蕴涵 $\phi([a]_{R_f}) = \phi([b]_{R_f})$。

注意到，$[a]_{R_f} = [b]_{R_f}$ 当且仅当 $\langle a, b \rangle \in R_f$，当且仅当 $f(a) = f(b)$，当且仅当 $\phi([a]_{R_f}) = \phi([b]_{R_f})$，因此 $\phi$ 的定义是合适的。同时这也证明了 $\phi$ 是单函数；而对任意 $y \in \mathrm{ran}(f)$，则存在 $x \in A$ 使得 $f(x) = y$，从而 $y$ 在 $\phi$ 下的原像是 $[x]_{R_f}$，这表明 $\phi$ 也是满函数，因此 $\phi$ 是双函数。

通俗地说，这个例子表明，函数 $f : A \to B$ 导出了对集合 $A$ 的一个划分，每个划分块与 $f$ 值域 $\mathbf{ran}(f)$ 的一个元素一一对应，即这个划分块是值域这个元素的原像集。特别地，当 $f$ 是满函数时，陪域 $B$ 的元素的原像集构成的集合簇，即集合簇 $\{f^{-1}(y) \mid y \in B\}$，是定义域 $A$ 的一个划分。

### 7.2.2 有穷集与无穷集

在使用集合语言描述问题时，经常需要用到有穷集和无穷集的概念。例如，对于命题逻辑公式的命题变量符号，一阶逻辑公式中的个体变量符号，都希望它们是无穷多的，或者直观地说，当需要新的命题变量符号，或新的个体变量符号时，总可以从命题变量符号集或个体变量符号集取一个元素。但在使用逻辑公式描述实际应用问题时，用到的命题变量符号或个体变量符号通常是有穷的。

因此，澄清有穷集和无穷集的概念有助于我们更好地运用集合语言。直观来说，一个集合说是有穷的，如果它恰好有 $n$ 个元素，这里 $n$ 是一个自然数。但严格的定义需要从集合论的角度定义自然数集，然后借助集合等势的概念给出有穷集的定义。

**定义 7.8** 集合 $A$ 的**后继** (succeed)，记为 $A^+$，定义为 $A\cup\{A\}$，即集合 $A$ 的后继是 $A$ 并上以集合 $A$ 为唯一元素的集合。

称集合 $A$ 为**归纳集** (inductive set)，如果它对空集和后继封闭，即：① $\varnothing\in A$；② 若集合 $S$ 属于 $A$，则 $S$ 的后继 $S^+$ 也属于 $A$。

**例子 7.19** 设集合 $A=\{1,2\}$，则 $A^+=A\cup\{A\}=\{1,2,\{1,2\}\}$，而：

$$(A^+)^+=\{1,2,\{1,2\},\{1,2,\{1,2\}\}\}$$

又有 $\varnothing^+=\varnothing\cup\{\varnothing\}=\{\varnothing\}$，而：

$$(\varnothing^+)^+=\{\varnothing\}\cup\{\{\varnothing\}\}=\{\varnothing,\{\varnothing\}\}$$

根据归纳集的定义，对任意归纳集 $A$，都有 $\varnothing\in A,\{\varnothing\}\in A$，以及 $\{\varnothing,\{\varnothing\}\}\in A$ 等。

**定义 7.9** **自然数集** $\mathbb{N}$ 是最小的归纳集，即对任意集合 $A$，若 $A$ 对空集和后继封闭，则 $\mathbb{N}\subseteq A$。

也就是说，从集合论的角度，自然数集 $\mathbb{N}$ 被定义为最小的归纳集，这样有：

$$\begin{aligned}
0 &\overset{\text{def}}{=} \varnothing \in \mathbb{N}\\
1 &\overset{\text{def}}{=} 0^+=0\cup\{0\}=\{0\} \in \mathbb{N}\\
2 &\overset{\text{def}}{=} 1^+=1\cup\{1\}=\{0,1\} \in \mathbb{N}\\
&\vdots\\
n &\overset{\text{def}}{=} (n-1)^+=(n-1)\cup\{n-1\}=\{0,1,\cdots,n-1\} \in \mathbb{N}
\end{aligned}$$

这里符号 $\overset{\text{def}}{=}$ 表示“被定义为”的意思。因此，从集合论的角度看，每个自然数都是集合：0 是空集；1 是空集的后继，它包含一个元素，这个元素就是 0；2 是 1 的后继，它包含两个元素，这两个元素就是 0 和 1，而自然数 $n$ 是 $n-1$ 的后继，它恰好包含 $n$ 个元素，分别是 $0,1,\cdots,n-1$ 等等。

实际上，上述定义是前面给出的自然数集归纳定义的集合论版本，同样可说明数学归纳法的有效性：要证明对任意自然数 $n$ 有 $P(n)$，定义集合 $S=\{n\in\mathbb{N}\mid P(n)\}$，显然 $S\subseteq\mathbb{N}$，只要证明 $S$ 是归纳集，即 $S$ 对空集和后继封闭，则由 $\mathbb{N}$ 是最小的归纳集，有 $\mathbb{N}\subseteq S$，从而 $S=\mathbb{N}$，即对任意自然数 $n$ 有 $P(n)$。而证明 $S$ 对空集和后继封闭就是要证明归纳基 $P(0)$，以及对任意自然数 $k$，有 $P(k)$ 蕴涵 $P(k+1)$。

这样定义的自然数有许多有趣的重要性质，例如，对任意自然数 $n$ 有 $n\notin n$；而对任意自然数 $n,m$，$n\in m$ 则 $n\subset m$；对任意自然数 $n,m$，$n\in m$，$n=m$，$m\in n$ 三者有且必有其一成立（这称为自然数的三歧性），以及自然数 $n$ 的真子集 $A$ 都与属于 $n$ 的某个自然数 $m$ 等势等等。这些性质的证明通常都要用到数学归纳法，读者无须探讨它们的详细证明，有兴趣的可查阅相关文献（例如文献 [11]）。

基于自然数的集合论定义，可利用等势的概念严格定义有穷集。

**定义 7.10** 称集合 $A$ 是**有穷集** (finite set)，或称为**有限集**，如果存在自然数 $n$，$A$ 与 $n$ 等势。如果一个集合不是有穷集，则称为**无穷集** (infinite set)，或称为**无限集**。

实际上，从集合论的角度看，自然数 $n$ 是典型的有 $n$ 个元素的集合，其中的元素分别是 $0,1,2,\cdots,n-1$。集合 $A$ 与 $n$ 等势，直观含义就是可用 $0,1,2,\cdots,n-1$ 去对应，或说去数 $A$ 的元素，即把 $A$ 的元素称为 $a_0,a_1,\cdots,a_{n-1}$。

从元素对应的角度看，有穷集的基本性质是它不可能与它的某个真子集一一对应。首先可使用数学归纳法证明下面的定理。

**定理 7.6** 对任意自然数 $n$，不存在 $n$ 到它某个真子集的双函数，即 $n$ 不与它的任何真子集等势。

**证明** 我们使用数学归纳法证明，显然当 $n=0$ 时，由于空集没有真子集，因此命题平凡成立。假设当 $n=p$ 时命题成立，也即 $p$ 不与 $p$ 的任意真子集等势。考虑 $n=p+1=p\cup\{p\}$，若它与它的某个真子集 $S\subset n=p\cup\{p\}$ 等势，即存在双函数 $h:n\to S$，则：

（1）若 $S$ 不包括 $p$，即 $S\subset p$，设 $h(p)=y_0$，则可定义 $h':p\to S-\{y_0\}$ 为：对任意 $x\in p$，$h'(x)=h(x)$，由 $h$ 是双函数可得 $h'$ 也是双函数，且 $S-\{y_0\}$ 也是 $p$ 的真子集，从而 $p$ 与它的一个真子集等势，与归纳假设矛盾！

（2）若 $S$ 包括 $p$，设 $p$ 在 $h$ 下的原像是 $x_0$，即 $h(x_0)=p$，而 $h(p)=y_0$。这时可定义 $h':n\to S$ 为：

$$\forall x\in n,\ h'(x)\ =\begin{cases}p & \text{若 } x=p\\ y_0 & \text{若 } x=x_0\\ h(x) & \text{若 } x\neq p\wedge x\neq x_0\end{cases}$$

相应地，有函数 $h'':p\to S-\{p\}$：

$$\forall x\in p,\ h''(x)\ =\begin{cases}y_0 & \text{若 } x=x_0\\ h(x) & \text{若 } x\neq x_0\end{cases}$$

不难由 $h$ 是双函数得到 $h'$ 和 $h''$ 都是双函数，且由 $S$ 是 $n$ 的真子集得 $S-\{p\}$ 是 $p$ 的真子集，从而得到 $p$ 与它的真子集 $S-\{p\}$ 等势，也与归纳假设矛盾！因此当 $n=p+1$ 时，它也不与它的任意真子集等势。

综上，由数学归纳法（或说由自然数集是最小的归纳集）有任意自然数都不与它的任何真子集等势。 □

**推论 7.7** 有穷集的任意真子集也是有穷集，且有穷集不与它的任何真子集等势。

**证明** 设 $A$ 是有穷集，$B$ 是 $A$ 的真子集。因为 $A$ 是有穷集，所以存在自然数 $n$ 使得 $A\approx n$，也即存在双函数 $\phi:A\to n$，这时可定义 $\phi':B\to\phi(B)$，对任意 $b\in B$，$\phi'(b)=\phi(b)$，显然 $\phi'$ 也是双函数，因此 $B$ 与 $n$ 的真子集 $\phi(B)$ 等势，而自然数的真

子集都与属于该自然数的某个自然数等势，因此 $B$ 与属于 $n$ 的某个自然数等势，从而 $B$ 也是有穷集。

上面的证明表明，当有穷集 $A$ 与 $n$ 等势时，它的任意真子集 $B$ 与属于 $n$ 的某个自然数 $m$ 等势，而当 $m \in n$ 时有 $m \subset n$，定理 7.6 表明 $n$ 不与 $m$ 等势，因此 $A$ 也不可能与 $B$ 等势（否则由等势的等价性会导出矛盾）。 □

自然数集本身不是有穷集，因为它可以与它的真子集等势，例如自然数集与所有偶自然数构成的集合等势（例子 7.14），显然所有偶自然数构成的集合是自然数集的真子集。整数集、正整数集也不是有穷集，因为它们都与自然数集等势（例子 7.15）。实数集也不是有穷集，因为它与开区间 $(0, 1)$ 等势（例子 7.16）。

由有穷集和无穷集的定义，如果一个集合能够与它的某个真子集等势，则这个集合不是有穷集，也即是无穷集。实际上，有下面的定理。

**定理 7.8**　一个集合是无穷集当且仅当它与它的某个真子集等势。

**定理 7.9**　对任意集合 $A$，若 $A$ 是无穷集，则存在自然数集 $\mathbb{N}$ 到 $A$ 的单函数。

这两个定理的证明都需要用到更多的集合论知识，这里不讨论它们的证明，有兴趣的读者可参考相关文献（例如文献 [11]）。定理 7.9 表明，从某种意义上说，自然数集 $\mathbb{N}$ 是“最小的”无穷集，因为若 $A$ 是无穷集，则存在单函数 $\phi: \mathbb{N} \to A$，从而自然数集与 $A$ 的子集 $\phi(\mathbb{N})$ 一一对应，也即从某种意义上说，$A$“包含”了自然数集（准确地说，包含了与自然数集一一对应的子集）。

康托尔在集合论中引入集合的**基数** (cardinality) 刻画人们对无穷集大小的直观认识。集合的基数记为 $\mathrm{Card}(A)$。对于有穷集 $A$，如果它与自然数 $n$ 等势，则称 $A$ 的基数为 $n$，通俗地称 $A$ 有 $n$ 个元素。有穷集 $A$ 的基数通常用更简单的记号 $|A|$ 表示，因此 $A$ 有 $n$ 个元素记为 $|A| = n$。

康托尔提出集合论的主要目的之一是研究无穷集的基数，具体的定义比较复杂，超出“离散数学”课程的讨论范围。读者只需要知道：自然数集的基数记为 $\aleph_0$，读作“阿列夫零”；实数集的基数记为 $\aleph$；两个集合的基数相等当且仅当它们等势，即对任意集合 $A, B$，有：

$$\mathrm{Card}(A) = \mathrm{Card}(B) \quad \text{当且仅当} \quad A \approx B$$

并且若存在集合 $A$ 到 $B$ 的单函数，则称 $A$ 的基数小于或等于 $B$ 的基数，记为 $\mathrm{Card}(A) \leqslant \mathrm{Card}(B)$。最后有著名的**施罗德-伯恩斯坦定理** (Schröder-Bernstein Theorem)：对任意集合 $A, B$，若既存在 $A$ 到 $B$ 的单函数又存在 $B$ 到 $A$ 的单函数，则 $A$ 与 $B$ 等势，即：

$$\mathrm{Card}(A) \leqslant \mathrm{Card}(B) \ \wedge \ \mathrm{Card}(B) \leqslant \mathrm{Card}(A) \quad \text{蕴涵} \quad \mathrm{Card}(B) = \mathrm{Card}(A)$$

每个自然数都是有穷集合的基数，而施罗德-伯恩斯坦定理表明所有基数在比较大小方面与自然数有相同的性质。

对每个自然数 $n$，显然都存在 $n$ 到自然数集 $\mathbb{N}$ 的单函数，因此对任意 $n$ 有 $n \leqslant \aleph_0$，而对任意无穷集 $A$，都有 $\aleph_0 \leqslant \mathrm{Card}(A)$，例如有 $\aleph_0 \leqslant \aleph$。特别地，若无穷集 $A$ 是自然

数集 $\mathbb{N}$ 的子集，则由施罗德-伯恩斯坦定理有 $A \approx \mathbb{N}$，因为若 $A \subseteq \mathbb{N}$，则显然有 $A$ 到 $\mathbb{N}$ 的单函数。也就是说，自然数集的子集要么是有穷集，要么是与自然数集等势的无穷集。

总的来说，有穷集是与某个自然数 $n$ 等势的集合，这时它的基数是 $n$。有穷集不与它的任何真子集等势。自然数集是对空集和集合的后继封闭的最小集合，即最小的归纳集。自然数集的基数是 $\aleph_0$，是基数最小的无穷集。无穷集存在与它自己等势的真子集。

### 7.2.3 可数集与不可数集

有穷集显然是离散化的、可枚举的集合，从计算机处理的角度看，可以将它的 $n$ 个元素逐一地进行处理。那么无穷集是否可枚举的呢？或者说是否能够使用计算机按照某种方式逐一地处理一个无穷集的元素呢？归纳定义的集合是计算机能处理的集合，因为它能从归纳定义给出的基本元素开始，按照归纳基给出的规则不断构造集合的元素进行处理。所以，从广义上来说，这种能够从基本元素按照明确的规则进行元素构造的集合也是可枚举的集合。

自然数集是最小的归纳集，本质上是最基本的归纳定义的集合。在集合论中基于自然数集定义可枚举集，或说可数集。

**定义 7.11** *如果集合 $A$ 是有穷集，或者与自然数集等势，则称 $A$ 是*可数集 (countable set)。*若 $A$ 不是可数集，则称为* **不可数集** (uncountable set)。*可数集也称为*可枚举集 (enumerable set)。

可以从函数的角度给出可数集的一个等价定义。

**定理 7.10** 设 $A$ 是非空集，则下面的几个命题相互等价。

（1）$A$ 是可数集。

（2）存在自然数集到 $A$ 的满函数 $f: \mathbb{N} \to A$。

（3）存在集合 $A$ 到自然数集的单函数 $g: A \to \mathbb{N}$，对任意 $a \in A$，$g(a) \in \mathbb{N}$ 可称为 $a$ 的编码。

（4）集合 $A$ 与自然数集 $\mathbb{N}$ 的某个子集等势。

**证明** 根据逻辑蕴涵的传递性，只需证明（1）蕴涵（2），（2）蕴涵（3），（3）蕴涵（4），（4）又蕴涵（1）即可。为简便起见，使用 $\Longrightarrow$ 表示蕴涵，即只要证明 $(1) \Longrightarrow (2) \Longrightarrow (3) \Longrightarrow (4) \Longrightarrow (1)$ 即可。

$(1) \Longrightarrow (2)$：$A$ 是可数集，即 $A$ 是有穷集或与自然数集等势。分情况考虑。

① 若 $A$ 是有穷集，即存在自然数 $n$ 使得 $A$ 与 $n$ 等势，也即存在双函数 $\phi: n \to A$。又因为 $A$ 非空，所以可选取 $A$ 的固定元素 $a_0$。定义函数 $f: \mathbb{N} \to A$：

$$\forall m \in \mathbb{N}, \quad f(m) = \begin{cases} \phi(m) & \text{若 } m \in n \\ a_0 & \text{若 } m \notin n \end{cases}$$

注意，自然数 $n$ 是集合 $\{0, 1, 2, \cdots, n-1\}$，即是自然数集 $\mathbb{N}$ 的子集。显然 $f$ 是满函数，因为对任意 $a \in A$，它在 $f$ 下的原像是 $\phi^{-1}(a)$。

② 若 $A$ 与自然数集等势，即存在双函数 $\phi:\mathbb{N}\to A$，则 $\phi$ 就是从自然数集到 $A$ 的满函数。

(2) $\Longrightarrow$ (3)：若存在满函数 $f:\mathbb{N}\to A$，则由满函数存在右逆有 $g:A\to\mathbb{N}$，使得 $f\circ g=\mathrm{id}_A$，而这也表明 $g$ 存在左逆，且 $A\neq\varnothing$，因此 $g$ 是单函数，因此存在 $A$ 到自然数集的单函数。

(3) $\Longrightarrow$ (4)：若存在单函数 $g:A\to\mathbb{N}$，则令 $B=\mathrm{ran}(g)$，显然 $B$ 是 $\mathbb{N}$ 的子集，且容易定义函数 $g':A\to B$，$\forall a\in A, g'(a)=g(a)$ 是 $A$ 到 $B$ 的双函数，因此 $A$ 与自然数集的子集 $B$ 等势。

(4) $\Longrightarrow$ (1)：若 $A$ 与自然数集的某个子集等势，则由于自然数集的子集要么是有穷集，要么是与自然数集等势的无穷集，从而 $A$ 要么与有穷集等势，要么与自然数集本身等势，因此 $A$ 是可数集。 □

**推论 7.11** 集合 $A$ 是可数集当且仅当 $\mathrm{Card}(A)\leqslant\aleph_0$。

**证明** 因为 $\mathrm{Card}(A)\leqslant\aleph_0$ 的含义就是存在 $A$ 到自然数集 $\mathbb{N}$ 的单函数。注意，空集的基数是 0，是最小的基数，且空集是可数集。 □

**推论 7.12** 可数集的任意子集也是可数集。

**证明** 设 $A$ 是可数集，即存在 $A$ 到 $\mathbb{N}$ 的单函数 $f$，若 $B\subseteq A$，则存在 $B$ 到 $A$ 的单函数 $g$，从而 $f\circ g$ 是 $B$ 到 $\mathbb{N}$ 的单函数，因此 $B$ 也是可数集。 □

**例子 7.20** （1）自然数集的任何子集都是可数集，例如所有偶数构成的集合、所有奇数构成的集合等都是可数集。

（2）正整数集和整数集都是可数集，例子 7.15 给出了正整数集与自然数集之间的双函数，也给出了整数集与自然数集之间的双函数。

**例子 7.21** 正整数对构成的集合 $\mathbb{Z}^+\times\mathbb{Z}^+$ 是可数集。前面给出了 $\mathbb{Z}^+\times\mathbb{Z}^+$ 到 $\mathbb{Z}^+$ 的一个双函数（参见问题 7.9）$j$：对任意 $m,n\in\mathbb{Z}^+$，$j(m,n)=2^{m-1}(2n-1)$。这个双函数有一个通俗的版本，称为希尔伯特的旅馆安排法。

说有一间有无穷可数间房的旅馆，即使所有房间都住了客人，仍可接待无穷多客人。例如房间编号为 $1,2,\cdots,n,\cdots$ 都住了客人，现在又有一批无穷多的客人来，则可将原先住在编号为 $n$ 的房间客人移到编号为 $2n-1$ 的房间，从而留下编号 $2n, n=1,2,\cdots$ 的房间接待新的客人，这样实际上第 1 批的第 $n$ 位客人安排在编号为 $2n-1$ 的房间。一般地说，旅馆可将第 $m$ 批的第 $n$ 位客人安排在编号为 $j(m,n)=2^{m-1}(2n-1)$ 的房间，从而可安排无穷批次、每批次无穷多的客人。

康托尔给出了集合 $\mathbb{Z}^+\times\mathbb{Z}^+$ 到 $\mathbb{Z}^+$ 的另一个双函数，称为康托尔的折线 (zig-zag) 编码，如图 7.3 所示。定义函数 $J:\mathbb{Z}^+\times\mathbb{Z}^+\to\mathbb{Z}^+$：

$$J(m,n) = \frac{(m+n-2)(m+n-1)}{2}+m = \frac{(m^2+2mn+n^2-m-3n+2)}{2}$$

则 $J$ 是双函数，它的逆函数记为 $G:\mathbb{Z}^+\to\mathbb{Z}^+\times\mathbb{Z}^+$，对于任意的 $p\in\mathbb{Z}^+$，必然存在唯

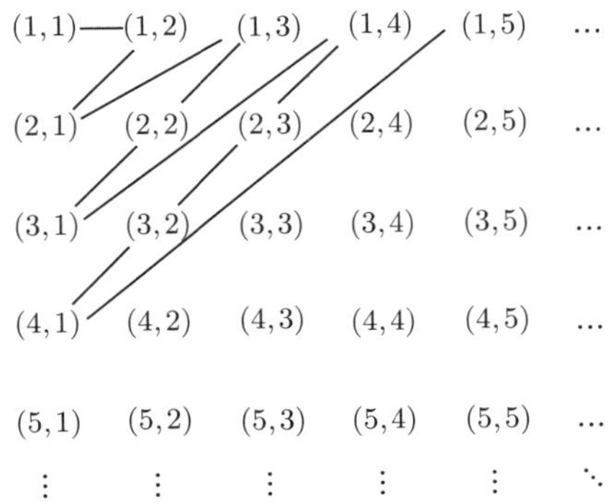

(1,1)—(1,2)  (1,3)  (1,4)  (1,5)  …
(2,1)  (2,2)  (2,3)  (2,4)  (2,5)  …
(3,1)  (3,2)  (3,3)  (3,4)  (3,5)  …
(4,1)  (4,2)  (4,3)  (4,4)  (4,5)  …
(5,1)  (5,2)  (5,3)  (5,4)  (5,5)  …
⋮  ⋮  ⋮  ⋮  ⋮  ⋱

图 7.3　康托尔的折线 (zig-zag) 编码方法

一的 $k \in \mathbb{Z}^+$ 使得：

$$\frac{k(k+1)}{2} \leqslant p < \frac{(k+1)(k+2)}{2}$$

则若令 $m = p - k$，$n = k + 2 - m$，则 $G(p) = (m, n)$。

自然数对构成的集合 $\mathbb{N} \times \mathbb{N}$ 也是可数集，可基于正整数集与自然数集之间的双函数 $\phi : \mathbb{Z}^+ \to \mathbb{N}$ 定义函数，有：

$$\psi : \mathbb{Z}^+ \times \mathbb{Z}^+ \to \mathbb{N} \times \mathbb{N} : \quad \forall n, m \in \mathbb{Z}^+, \quad \psi(n, m) = \langle \phi(n), \phi(m) \rangle$$

不难根据 $\phi$ 是双函数验证 $\psi$ 也是双函数，因此 $\mathbb{N} \times \mathbb{N}$ 是可数集。当然上面的函数 $j$ 和 $J$ 也容易修改为从 $\mathbb{N} \times \mathbb{N}$ 到 $\mathbb{Z}^+$ 或 $\mathbb{N}$ 的双函数。

**例子 7.22**　(1) 固定长度 $n$。所有 $n$ 个自然数构成的序列 ($n$ 元组) $\langle a_1, a_2, \cdots, a_n \rangle$，即长度为 $n$ 的序列构成的集合 $\mathbb{N} \times \cdots \times \mathbb{N} = \mathbb{N}^n$ 是可数集。记 $\mathbb{N} \times \mathbb{N}$ 到 $\mathbb{N}$ 的双函数为 $J$，可归纳定义函数 $J_n : \mathbb{N}^n \to \mathbb{N}$：

$$\begin{cases} J_2(a_1, a_2) = J(a_1, a_2) & \forall a_1, a_2 \in \mathbb{N} \\ J_n(a_1, a_2, \cdots, a_n) = J(a_1, J_{n-1}(a_2, a_3, \cdots, a_n)) & \forall a_1, a_2, \cdots, a_n \in \mathbb{N} \end{cases}$$

可使用数学归纳法证明：对任意自然数 $n \geqslant 2$，$J_n$ 是双函数。

(2) 所有有穷个自然数构成的序列的集合 $\mathbb{N}^* = \mathbb{N}^0 \cup \mathbb{N} \cup \cdots \cup \mathbb{N}^n \cup \cdots = \bigcup_{n=0}^{\infty} \mathbb{N}^n$ 是可数集，这里 $\mathbb{N}^0$ 只含有一个长度为 0 的序列，即空序列的集合，而 $\mathbb{N}^n$ 是长度为 $n$ 的自然数序列。可定义函数 $J : \mathbb{N}^* \to \mathbb{N}$，对任意自然数 $n$，及长度为 $n$ 的自然数序列 $\langle a_1, a_2, \cdots, a_n \rangle$，有：

$$J(a_1, a_2, \cdots, a_n) = J_{n+1}(n, a_1, a_2, \cdots, a_n)$$

即在将序列 $\langle a_1, a_2, \cdots, a_n \rangle$ 编码为自然数时，将长度信息也编码在其中。

(3) 每个计算机程序都是由有限个字符构成的序列，即是长度有限的字符串。程序所基于的字符集是有限集，因此所有计算机程序构成的集合是字符集上所有长度有限的字符串构成的集合的子集，每个字符都可编码为自然数，因此所有计算机程序构成的集合是 $\mathbb{N}^*$ 的子集，是可数集。

**例子 7.23**　康托尔提出所谓的**对角线方法**用于证明一个集合不是可数集。康托尔用对角线方法证明了实数集不是可数集。由于实数集 $\mathbb{R}$ 与开区间 $(0,1)$ 等势（参见例子 7.16），因此只需证明开区间 $(0,1)$ 不是可数集即可。

对于每个实数 $r\in(0,1)$，它的十进制表示可看作是一个无穷序列 $0.d_0d_1d_2\cdots d_n\cdots$，对于能表示成十进制有限小数的实数可看作后面有无穷多个 0。若 $(0,1)$ 是可数集，则意味着在开区间 $(0,1)$ 的实数可排成 $r_0,r_1,r_2,\cdots,r_n,\cdots$，从而根据它的十进制表示可形成一个无穷的实数表：

$$
\begin{aligned}
r_0 &= 0.d_{00}d_{01}d_{02}\cdots d_{0n}\cdots\\
r_1 &= 0.d_{10}d_{11}d_{12}\cdots d_{1n}\cdots\\
&\ \ \vdots\\
r_n &= 0.d_{n0}d_{n1}d_{n2}\cdots d_{nn}\cdots\\
&\ \ \vdots
\end{aligned}
$$

但可根据这个表的对角线构造一个实数 $\mathbf{r}=0.\mathbf{d}_0\mathbf{d}_1\mathbf{d}_2\cdots\mathbf{d}_n\cdots$

$$
\forall i\in\mathbb{N},\quad \mathbf{d}_i=\begin{cases}5 & 若\ r_i\ 的\ d_{ii}\ 等于\ 4\\ 4 & 若\ r_i\ 的\ d_{ii}\ 不等于\ 4\end{cases}
$$

实际上，$\mathbf{d}_i$ 的具体值不是关键，关键是使得实数 $\mathbf{r}$ 的十进制表示小数的第 $i$ 位 $\mathbf{d}_i$ 与上述实数表的第 $i$ 个实数 $r_i$ 的十进制表示小数的第 $i$ 位 $d_{ii}$ 不相等，$i=0,1,\cdots$，从而实数 $\mathbf{r}$ 不等于上述实数表中任何 $r_i$，也即上述实数表不可能包括开区间 $(0,1)$ 的所有实数，从而 $(0,1)$ 不是可数集。

**例子 7.24**　所有自然数集到自然数集的函数构成的集合 $\mathbb{N}^{\mathbb{N}}$ 不是可数集。注意，根据定理 7.10，自然数集到任意可数集有满函数。为证明 $\mathbb{N}^{\mathbb{N}}$ 不是可数集，这里证明任意 $\mathbb{N}$ 到 $\mathbb{N}^{\mathbb{N}}$ 的函数都不是满函数。

设 $f:\mathbb{N}\to\mathbb{N}^{\mathbb{N}}$ 是任意 $\mathbb{N}$ 到 $\mathbb{N}^{\mathbb{N}}$ 的函数。考虑 $\mathbb{N}^{\mathbb{N}}$ 的元素 $\varphi:\mathbb{N}\to\mathbb{N}$，有：

$$
\forall i\in\mathbb{N},\quad \varphi(i)\ =\ \begin{cases}5 & 若 (f(i))(i)=4\\ 4 & 若 (f(i))(i)\neq 4\end{cases}
$$

即对任意 $i\in\mathbb{N}$ 有 $\varphi(i)\neq(f(i))(i)$（注意 $f(i)$ 是 $\mathbb{N}^{\mathbb{N}}$ 的元素，也即是 $\mathbb{N}$ 到 $\mathbb{N}$ 的函数）。若 $\varphi$ 在 $f$ 下的原像是 $k$，即设 $f(k)=\varphi$，则有 $(f(k))(k)=\varphi(k)$，与 $\varphi$ 的定义矛盾！因此，$\varphi$ 没有在 $f$ 下的原像，这表明 $f$ 不是满函数，从而 $\mathbb{N}^{\mathbb{N}}$ 不是可数集。

这里 $\varphi$ 的构造实际上也是应用对角线方法。函数 $f:\mathbb{N}\to\mathbb{N}^{\mathbb{N}}$ 可直观地认为是用自然数去数 $\mathbb{N}$ 到 $\mathbb{N}$ 的函数：$f(0),f(1),\cdots,f(n),\cdots$。为方便起见，不妨令 $f(i)=\varphi_i$，从而 $f$ 也可认为是将 $\mathbb{N}$ 到 $\mathbb{N}$ 的函数 $\varphi_i$ 和它作用在自然数 $j$ 上的函数值 $\varphi_i(j)$ 排列成了一个表，这里 $i=0,1,\cdots,n,\cdots$ 且 $j=0,1,\cdots,n,\cdots$ 都是自然数。上面定义的 $\varphi$ 使

得 $\varphi$ 与这个表中的任意函数 $\varphi_i$ 都在对角线上具有不同的值，即对任意自然数 $i \in \mathbb{N}$ 有 $\varphi(i) \neq \varphi_i(i)$。因此 $\varphi$ 不在 $\varphi_0, \varphi_1, \cdots, \varphi_n, \cdots$ 中，从而 $f$ 不是满函数。

对于自然数集到自然数集的函数 $f: \mathbb{N} \to \mathbb{N}$，如果存在计算机程序以任意自然数 $n$ 为输入，产生的输出都等于 $f(n)$，则称 $f$ 是**可计算的** (computable) 函数。例子 7.22 表明所有计算机程序构成的集合是可数集，而所有可计算函数构成的集合到所有计算机程序构成的集合有单函数（不同的可计算函数必然由不同的计算机程序计算，但不同的计算机程序可能计算同一个可计算函数），所以所有可计算函数构成的集合也是可数集，但这里证明了所有自然数集到自然数集的函数构成的集合 $\mathbb{N}^{\mathbb{N}}$ 不是可数集，这意味着**必然存在不可计算的函数**。

一般地，康托尔证明了下面的定理。

**定理 7.13 康托尔定理**：对任意集合 $A$，不存在 $A$ 到它的幂集 $\wp(A)$ 的满函数。显然存在 $A$ 得到 $\wp(A)$ 的单函数，因此有 $\mathrm{Card}(A) < \mathrm{Card}(\wp(A))$。

**证明** 设 $f: A \to \wp(A)$ 是 $A$ 到 $\wp(A)$ 的函数，则对任意 $a \in A$，$f(a) \in \wp(A)$，即 $f(a) \subseteq A$，定义 $A$ 的子集 $B$：

$$B = \{a \in A \mid a \notin f(a)\}$$

我们用反证法证明 $B$ 在 $f$ 下没有原像。因为若 $b$ 是 $B$ 的原像，即 $f(b) = B$，考虑 $b$ 是否属于 $B$，则有：

$$b \in B \quad \text{当且仅当} \quad b \notin f(b) \quad \text{当且仅当} \quad b \notin B$$

总导出矛盾！这表明 $b$ 没有原像，从而 $f$ 不是满函数。 □

总之，可数集是有穷集或与自然数集等势的集合，或者说是基数小于或等于自然数集的基数 $\aleph_0$ 的集合。自然数的任意子集是可数集，自然数对的集合也是可数集，所有有限个自然数序列构成的集合也是可数集，因此所有计算机程序构成的集合是可数集，所有可计算函数构成的集合也是可数集，这意味着计算机能处理的集合只是可数集。但实数不是可数集，因此实数不是计算机能精确处理的。所有自然数集到自然数集的函数构成的集合也不是可数集，这意味着必然存在不可计算的函数。

Function-Growth(1)

Function-Growth(2)

## 7.3 函数的增长与算法效率分析

Function-Growth(3)

基于可数集和不可数集的概念我们知道不是所有函数都是可计算函数，但即使在可计算函数中也有实际可行的可计算函数和实际不可行的可计算函数。这涉及算法的效率问题，通常来说，效率低的算法可能随着输入规模的增长而花费的时间呈指数级增长，从而当输入到达一定规模时可能耗费太长时间而不具备实际可行性。

分析算法的效率需要用到对函数增长情况的分析，即函数值随着自变量（定义域元素值）的增大而增大的程度的分析。本节在介绍如何刻画函数增长情况的基础上，介绍算法效率分析的基本概念和基本方法，并给出有关算法复杂度的一些基础性概念知识。

### 7.3.1 函数的增长

算法效率分析，不是关注对于某个具体输入算法执行所要耗费的时间或空间，而是关注算法执行时间或空间随着输入规模的增长而增长的情况。通常将算法执行所要耗费的时间或空间看作是输入规模的函数，从而使用函数值随着函数自变量增长而增长的程度描述算法的效率。

本节只讨论数集上的函数，即实数集或整数集到实数集或整数集的函数，特别地，主要考虑定义域和陪域都是正实数集的函数，因为通常用正整数或正实数度量算法输入的规模、算法运行的时间或算法所需的空间。人们通过将函数与一些简单的、具有代表性的函数进行比较而刻画函数的增长情况。最常用的方式是使用**大 $O$ 记号** (big $O$-notation)。

**定义 7.12**　设 $f, g$ 是两个数集上的函数，称 $f$ **是** $O(g)$，记为 $f \in O(g)$，如果存在常数 $C > 0$ 和 $k$，使得当 $x > k$ 时总有 $|f(x)| \leqslant C|g(x)|$，这时常数 $C$ 和 $k$ 称为函数 $f$ 是 $O(g)$ 的见证 (witness)。

直观地说，$f$ 是 $O(g)$ 意味着当自变量 $x$ 的值足够大时，函数 $f$ 的值 $f(x)$ 总小于函数 $g$ 的值 $g(x)$ 的常数倍，也就是说，随着自变量的值越来越大，函数 $f$ 的增长不会比 $g(x)$ 的某个常数倍更快，因此从某种意义上，作为代表的函数 $g$ 刻画了函数 $f$ 的增长情况的一个上界。图 7.4 直观地给出了大 $O$ 记号表示的函数增长情况。

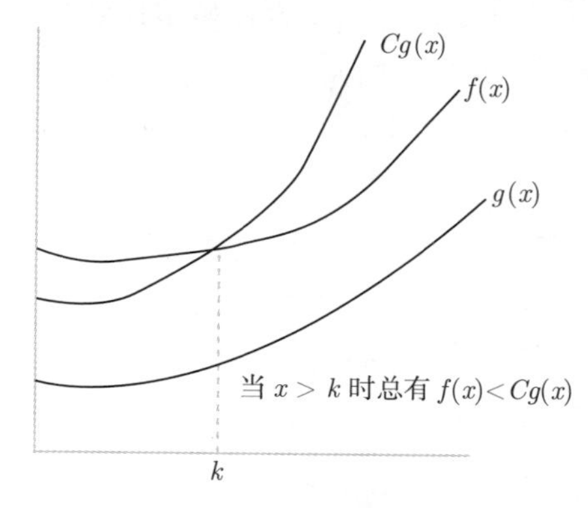


图 7.4　大 $O$ 记号表示的函数增长情况

$O(g)$ 可看作是以函数 $g$ 为代表的一类函数构成的集合，因此使用 $f \in O(g)$ 表示 $f$ 是 $O(g)$。相应地，若 $f$ 不是 $O(g)$，则可使用 $f \notin O(g)$ 表示。注意，$f \in O(g)$ 当且仅当下面的公式为真：

$$\exists C \exists k (C > 0 \wedge \forall x (x > k \ \rightarrow \ |f(x)| \leqslant C|g(x)|))$$

因此，$f \notin O(g)$ 当且仅当下面的公式为真：

$$\forall C \forall k (C > 0 \rightarrow \exists x (x > k \ \wedge \ |f(x)| > C|g(x)|))$$

**问题 7.25**　证明函数 $f(x) = x^3 + 2x + 1$ 是 $O(x^3)$，但不是 $O(x^2)$。

【分析】要证明函数 $f(x)=x^3+2x+1$ 是 $O(x^3)$，需要找到常数 $C$ 和 $k$ 使得，当 $x>k$ 时，有：

$$x^3+2x+1\leqslant Cx^3$$

注意，不需要找到最小的 $C$ 和 $k$ 使得上述不等式成立，只要找到使不等式成立的 $C$ 和 $k$ 是常数，即与 $x$ 无关即可。

而要证明 $f(x)=x^3+2x+1$ 不是 $O(x^2)$，则要证明对任意 $C>0$ 和任意 $k$，都存在 $x$，$x>k$ 且 $x^3+2x+1>Cx^2$，同样这时存在的 $x$ 也不需要是最小的 $x$，但找到的 $x$ 通常与 $C$ 和 $k$ 有关。

【证明】当 $x>1$ 时有：$2x^3\geqslant 2x$ 且 $x^3>1$，从而有：

$$x^3+2x+1\leqslant x^3+2x^3+x^3=4x^3$$

因此存在 $C=4$ 使得当 $x>1$ 时有 $f(x)\leqslant Cx^3$，这表明 $f(x)$ 是 $O(x^3)$。

对任意 $C>0$ 和 $k$，当 $x>\max(C,k)$ 有 $x^3>Cx^2$，从而对任意 $C>0$ 和 $k$，总存在大于 $\max(C,k)$ 的 $x$，例如令 $x=\max(C,k)+1$ 使得：

$$x^3+2x+1>Cx^2$$

从而 $f(x)=x^3+2x+1$ 不是 $O(x^2)$。 □

【讨论】在考察函数的增长时，我们通常直接使用计算函数值的表达式给出函数，例如函数 $x^3$。这严格地说是给出数集上的函数 $g$，定义为，对任意 $x$，$g(x)=x^3$。类似地，说函数 $f(x)=x^3+2x+1$，严格地说是给出数集上的函数 $f$，定义为，对任意 $x$，$f(x)=x^3+2x+1$。

**例子 7.26** 多项式函数 $f(x)=a_nx^n+a_{n-1}x^{n-1}+\cdots+a_1x+a_0$ 是 $O(x^n)$，这里 $a_n,a_{n-1},\cdots,a_0$ 是实数。但当 $a_n\neq 0$ 时 $f$ 不是 $O(x^{n-1})$。

**证明** 不难证明对任意的实数 $z_1,z_2,\cdots,z_n$，$|z_1+z_2+\cdots+z_n|\leqslant|z_1|+|z_2|\cdots+|z_n|$，因此若 $x>1$ 则有：

$$\begin{aligned}|f(x)| &= |a_nx^n+a_{n-1}x^{n-1}+\cdots+a_1x+a_0|\\ &\leqslant |a_nx^n|+|a_{n-1}x^{n-1}|+\cdots+|a_1x|+|a_0|\\ &= |a_n|x^n+|a_{n-1}|x^{n-1}+\cdots+|a_1|x+|a_0|\\ &= x^n\left(|a_n|+\frac{|a_{n-1}|}{x}+\cdots+\frac{|a_1|}{x^{n-1}}+\frac{|a_0|}{x^n}\right)\\ &< x^n(|a_n|+|a_{n-1}|+\cdots+|a_1|+|a_0|)\end{aligned}$$

即存在 $C=|a_n|+|a_{n-1}|+\cdots+|a_1|+|a_0|>0$，及 $k=1$ 时使得 $|f(x)|\leqslant Cx^n$，因此 $f(x)$ 是 $O(x^n)$。

对任意 $C>0$ 及 $k$，注意到当 $a_n\neq 0$ 且 $x>1$ 时，有：

$$|f(x)| = |a_nx^n+a_{n-1}x^{n-1}+\cdots+a_1x+a_0|$$

$$
\begin{aligned}
&= |a_n|\left|x^n+\frac{a_{n-1}}{a_n}x^{n-1}+\cdots+\frac{a_1}{a_n}x+\frac{a_0}{a_n}\right| \\
&\geqslant |a_n|\left|x^n-\left(\left|\frac{a_{n-1}}{a_n}\right|+\cdots+\left|\frac{a_1}{a_n}\right|+\left|\frac{a_0}{a_n}\right|\right)x^{n-1}\right| \\
&= |a_n|\left|x-\left(\left|\frac{a_{n-1}}{a_n}\right|+\cdots+\left|\frac{a_1}{a_n}\right|+\left|\frac{a_0}{a_n}\right|\right)\right|x^{n-1}
\end{aligned}
$$

从而当 $x > \max(\left(\left|\frac{a_{n-1}}{a_n}\right|+\cdots+\left|\frac{a_1}{a_n}\right|+\left|\frac{a_0}{a_n}\right|\right)+\frac{C}{|a_n|},\ k,\ 1)$ 时有 $|f(x)| > C|x^{n-1}|$，这表明当 $a_n \neq 0$ 时 $f$ 不是 $O(x^{n-1})$。 □

**例子 7.27** 不难使用数学归纳法证明，对任意自然数 $n \geqslant 2$ 有 $n^2 \leqslant 2^n$，这表明 $n^2$ 是 $O(2^n)$，且当 $n \geqslant 3$ 总有：

$$\frac{2^{n+1}}{(n+1)^2} > \frac{2^n}{n^2}$$

也即 $2^n/n^2$ 是严格递增的，也即对任意 $C$ 和 $k$，总存在充分大的 $n > k$ 使得 $2^n/n^2 > C$（或者从极限角度看有 $\lim_{n\to\infty}(2^n/n^2) = \infty$，因此 $2^n$ 不是 $O(n^2)$。

由于当 $b > 1$ 时对数函数是严格递增函数，即对任意正实数 $x, y$，$x > y$ 蕴涵 $\log_b x > \log_b y$，因此由 $n^2 \leqslant 2^n$ 有 $\log n^2 \leqslant n$，这表明 $\log n$ 是 $O(n)$，而 $2^n/n^2$ 严格递增说明 $n$ 不是 $O(\log n)$。进一步对任意的 $b > 1$ 有 $\log_b n = \log n/\log b$，因此 $\log_b n$ 是 $O(n)$，但 $n$ 不是 $O(\log_b n)$。当 $b > 1$ 且 $n > 1$ 时有 $\log_b n > 0$，因此有 $n\log_b n$ 是 $O(n^2)$，但 $n^2$ 不是 $O(n\log_b n)$。

不难使用数学归纳法证明，对任意自然数 $n \geqslant 4$ 有 $2^n \leqslant n!$，这表明 $2^n$ 是 $O(n!)$，且当 $n > 1$ 时总有 $n!/2^n$ 是严格递增的，也即对任意 $C$ 和 $k$，总存在充分大的 $n > k$ 使得 $n!/2^n > C$，因此 $n!$ 不是 $O(2^n)$。

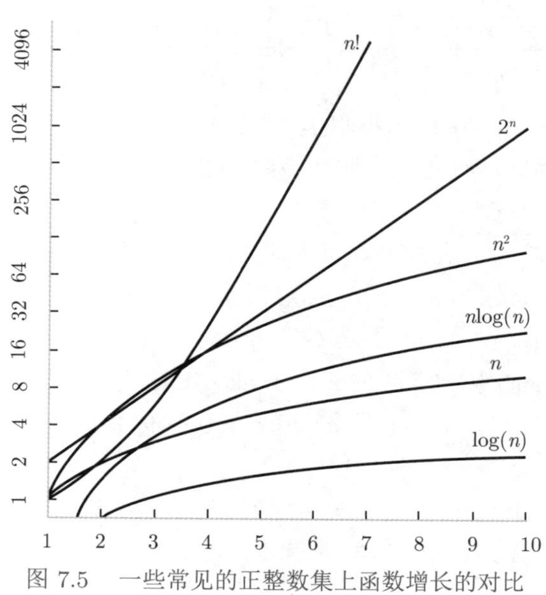


图 7.5 一些常见的正整数集上函数增长的对比

综上我们使用大 $O$ 记号给出了常见的一些正整数集上函数增长的对比：

$$\begin{array}{lllll} \log n \in O(n) & n \in O(n\log n) & n\log n \in O(n^2) & n^2 \in O(2^n) & 2^n \in O(n!) \\ n \notin O(\log n) & n\log n \notin O(n) & n^2 \notin O(n\log n) & 2^n \notin O(n^2) & n! \notin O(2^n) \end{array}$$

图 7.5 给出了这些函数增长情况的直观图，注意由于 $n!$ 和 $2^n$ 增长过快，为了便于比较，$y$ 轴采用的是对数尺度的坐标。

**定理 7.14** 大 $O$ 记号的传递性：设 $f,g,h$ 是数集上的函数，若 $f$ 是 $O(g)$，且 $g$ 是 $O(h)$，则 $f$ 是 $O(h)$。

**证明** 根据大 $O$ 记号的定义，$f$ 是 $O(g)$ 意味着存在 $C_1$ 和 $k_1$ 使得当 $x>k_1$ 时总有 $|f(x)| \leqslant C_1|g(x)|$，而 $g$ 是 $O(h)$ 意味着存在 $C_1$ 和 $k_2$ 使得当 $x>k_2$ 时总有 $|g(x)| \leqslant C_2|h(x)|$，从而当 $x>\max(k_1,k_2)$ 时，有：

$$|f(x)| \leqslant C_1|g(x)| \leqslant C_1C_2|h(x)|$$

因此，存在 $f$ 是 $O(h)$ 的见证 $C=C_1C_2$ 和 $k=\max(k_1,k_2)$，所以 $f$ 是 $O(h)$。 □

**例子 7.28** 幂函数 $x^a$、指数函数 $a^x$ 和对数函数 $\log_b x$ 是常见的初等函数，使用大 $O$ 记号常以它们作为代表。我们知道：① 幂函数 $x^a$ 当 $x>1$ 且 $a>0$ 时是严格单调递增函数；② 指数函数 $a^x$ 当 $a>1$ 时是严格单调递增函数；③ 对数函数 $\log_b x$ 当 $b>1$ 时也是严格单调递增函数。

因此，设 $a,b,c,d$ 是实数，而 $n$ 是整数。当 $1<c<d$ 且 $n>1$ 时，$n^d/n^c$ 是严格递增函数，也即对任意实数 $C$，都存在 $n_0$，当 $n>n_0$ 时 $n^d/n^c>C$，这意味着：当 $1<c<d$ 时，$n^c$ 是 $O(n^d)$，但是 $n^d$ 不是 $O(n^c)$。

当 $c>0,b>1$，利用函数求导知识有：

$$\left(\frac{x^c}{\log_b x}\right)' = \frac{(x^c)'\log_b x - x^c(\log_b x)'}{(\log_b x)^2} = \frac{cx^{c-1}\log_b x - x^c\frac{1}{(x\ln b)}}{(\log_b x)^2} = \frac{x^{c-1}(c\log_b x - 1/\ln b)}{(\log_b x)^2}$$

由于 $\log_b x$ 当 $b>1$ 时是严格单调递增的，因此存在 $x_0>0$ 使得当 $x>x_0$ 时 $x^c/\log_b x$ 的导数总大于 0，从而它这时是严格递增函数，也即对任意常数 $C$，都存在 $x_0$ 使得当 $x>x_0$ 时有 $x^c/\log_b x>C$。

因此，设 $b,c$ 是实数，$n$ 是整数，当 $b>1$ 且 $c>0$ 时，$n^c/\log_b n$ 是严格递增函数，也即对任意实数 $C$，都存在 $n_0$，当 $n>n_0$ 时 $n^c/\log_b n>C$，这意味着，当 $b>1$ 且 $c>0$ 时，$\log_b n$ 是 $O(n^c)$，而 $n^c$ 不是 $O(\log_b n)$。

更一般地，由于幂函数 $x^a$ 当 $x>1$ 且 $a>0$ 时是严格递增函数，因此可得到当 $b,c,d$ 是实数，$n$ 是整数，当 $b>1$ 且 $c>0,d>0$ 时有 $(\log_b n)^d$ 是 $O(n^c)$，但 $n^c$ 不是 $O((\log_b n)^d)$。

类似地，设 $b>1$，不难得到当 $x$ 充分大时 $b^x/x^c$ 是严格单调递增函数，因此设 $b,d$ 是实数，$n$ 是整数，当 $b>1$ 且 $d>0$ 时有 $b^n/n^c$ 是严格单调递增函数，也即对任意实

数 $C$，都存在 $n_0$，使得当 $n > n_0$ 时 $b^n/n^c > C$，这意味着，当 $b > 1$ 且 $c > 0$ 时，$n^c$ 是 $O(b^n)$，但 $b^n$ 不是 $O(n^c)$。

最后由 $a > 1$ 时指数函数 $a^x$ 是严格单调递增函数，从而 $d > b > 1$ 时 $d^x/b^x$ 是严格单调递增函数，这可得到当 $d > b > 1$ 时，$b^n$ 是 $O(d^n)$，但 $d^n$ 不是 $O(b^n)$。

这样可总结这些常见初等函数的增长情况：① 对于幂函数 $n^c$，指数 $c$ 越大增长越块；② 当对数的底 $b > 1$ 时，无论正实数 $c, d$ 取何值，对数的幂 $(\log_b n)^c$ 的增长总是没有幂函数 $n^d$ 快；③ 只要指数的底 $b > 1$，无论正实数 $c$ 取何值，幂函数 $n^c$ 的增长总没有指数函数 $b^n$ 快；④ 对于指数函数 $b^n$，只要底 $b$ 大于 1，底越大，增长越快。

基于这些常见初等函数的增长情况，再利用大 $O$ 记号的一些基本性质，可得到由这些初等函数组合而成的函数的增长情况。下面的定理给出大 $O$ 记号与函数组合之间的联系。

**引理 7.15**　设 $f$ 和 $g$ 都是数集上的函数，可定义数集上的函数 $\max(f, g)$ 为：对任意 $x$，$\max(f, g)(x) = \max(|f(x)|, |g(x)|)$。当函数 $f$ 和 $g$ 都是 $O(h)$ 时，$\max(f, g)$ 也是 $O(h)$。

**证明**　因为 $f$ 是 $O(g)$，因此存在 $C_1 > 0$ 和 $k_1$，使得当 $x > k_1$ 时有 $|f(x)| \leqslant C_1|h(x)|$，而 $g$ 是 $O(h)$，因此存在 $C_2 > 0$ 和 $k_2$，使得当 $x > k_2$ 时有 $|g(x)| \leqslant C_2|h(x)|$，从而当 $x > \max(k_1, k_2)$ 时有：

$$|\max(f, g)(x)| = \max(|f(x)|, |g(x)|) \leqslant \max(C_1|h(x)|, C_2|h(x)|) = C|h(x)|$$

这里 $C = \max(C_1, C_2)$，这表明 $\max(f, g)$ 是 $O(h)$。 □

**定理 7.16**　设 $f$ 和 $g$ 都是数集上的函数，可定义数集上的函数 $f+g$ 为：对任意 $x$，$(f+g)(x) = f(x)+g(x)$。若函数 $f_1$ 是 $O(g_1)$，$f_2$ 是 $O(g_2)$，则 $f_1+f_2$ 是 $O(\max(g_1, g_2))$。

**证明**　因为 $f_1$ 是 $O(g_1)$，因此存在 $C_1 > 0$ 和 $k_1$，使得当 $x > k_1$ 时有 $|f_1(x)| \leqslant C_1|g_1(x)|$。而 $f_2$ 是 $O(g_2)$，因此存在 $C_2 > 0$ 和 $k_2$，使得当 $x > k_2$ 时有 $|f_2(x)| \leqslant C_2|g_2(x)|$，从而当 $x > \max(k_1, k_2)$ 时有：

$$\begin{aligned} |(f_1 + f_2)(x)| &= |f_1(x) + f_2(x)| \leqslant |f_1(x)| + |f_2(x)| \\ &\leqslant C_1|g_1(x)| + C_2|g_2(x)| \leqslant C|\max(|g_1(x)|, |g_2(x)|) = C|\max(g_1, g_2)(x)| \end{aligned}$$

这里 $C = C_1 + C_2$，这表明 $f_1 + f_2$ 是 $O(\max(g_1, g_2))$。 □

**推论 7.17**　若函数 $f_1$ 是 $O(g)$，$f_2$ 是 $O(g)$，则函数 $f_1 + f_2$ 也是 $O(g)$。

**证明**　因为这时 $f_1+f_2$ 是 $O(\max(g, g))$，但 $\max(g, g) = g$，因此 $f_1+f_2$ 是 $O(g)$。 □

**定理 7.18**　设 $f$ 和 $g$ 都是数集上的函数，可定义数集上的函数 $f \cdot g$ 为：对任意 $x$，$(f \cdot g)(x) = f(x)g(x)$（即 $f(x)$ 乘以 $g(x)$）。若函数 $f_1$ 是 $O(g_1)$，$f_2$ 是 $O(g_2)$，则 $f_1 \cdot f_2$ 是 $O(g_1 \cdot g_2)$。

**证明**　因为 $f_1$ 是 $O(g_1)$，因此存在 $C_1 > 0$ 和 $k_1$，使得当 $x > k_1$ 时有 $|f_1(x)| \leqslant C_1|g_1(x)|$，而 $f_2$ 是 $O(g_2)$，因此存在 $C_2 > 0$ 和 $k_2$，使得当 $x > k_2$ 时有 $|f_2(x)| \leqslant C_2|g_2(x)|$，

从而当 $x > \max(k_1, k_2)$ 时有：

$$\begin{aligned}|(f_1 \cdot f_2)(x)| &= |f_1(x) \cdot f_2(x)| = |f_1(x)||f_2(x)| \\ &\leqslant C_1|g_1(x)| \cdot C_2|g_2(x)| = C|g_1(x)||g_2(x)| = C|(g_1 \cdot g_2)(x)|\end{aligned}$$

这里 $C = C_1C_2$，这表明 $f_1 \cdot f_2$ 是 $O(g_1 \cdot g_2)$。 □

**问题 7.29** 给出函数 $f(n) = (n! + 2^n)(n^3 + \log(n^2 + 1))$ 的尽可能好的大 $O$ 估计 (big-$O$ estimate)。

**【分析】**所谓给出一个函数的尽可能好的大 $O$ 估计，就是要找到一个简单形式的函数 $g$ 使得 $f$ 是 $O(g)$，且 $g$ 最好能满足：① 使用幂函数、指数函数、对数函数和阶乘函数或其组合给出，这里的组合是指上面给出的加或乘；② 直观上不存在形式更简单的函数 $h$，使得 $h$ 是 $O(g)$，且 $f$ 是 $O(h)$。这一点虽然不能严格证明，但通常不难从直观上确定。

**【解答】**由于 $n!$ 是 $O(n!)$，$2^n$ 是 $O(2^n)$，且 $2^n$ 也是 $O(n!)$，因此根据推论 7.17 有 $(n! + 2^n)$ 是 $n!$，而显然当 $x > 2$ 时有 $\log(n^2 + 1) \leqslant (\log 2n^2) = 2\log n + \log 2 < 3\log n$，因此 $\log(n^2 + 1)$ 是 $O(\log n)$，而 $n^3$ 是 $O(n^3)$，注意到 $O(\log n)$ 是 $O(n)$，也是 $O(n^3)$，因此 $(n^3 + \log(n^2 + 1))$ 是 $O(n^3)$，从而由定理 7.18有函数 $f$ 是 $O(n^3 \cdot n!)$。

大 $O$ 记号给出了函数增长的一个上界估计。需要估计函数增长的下界时通常采用大 $\Omega$ 记号，而大 $\Theta$ 记号则通常用于给出与一个函数增长情况相当的简单形式的函数。

**定义 7.13** 设 $f, g$ 是两个数集上的函数，称 $f$ **是** $\Omega(g)$，记为 $f \in \Omega(g)$，如果存在常数 $C > 0$ 和 $k$，使得当 $x > k$ 时总有 $|f(x)| \geqslant C|g(x)|$；称$f$ **是** $\Theta(g)$，记为 $f \in \Theta(g)$，如果 $f \in O(g)$ 而且 $f \in \Omega(g)$。如果 $f$ 是 $\Theta(g)$，通常称 $f$ 和 $g$（在函数增长方面）有**相同的阶** (order)。

根据定义，$f$ 是 $\Omega(g)$ 当且仅当下面的公式成立：

$$\exists C > 0\ \exists k(\forall x(x > k\ \rightarrow\ |f(x)| \geqslant C|g(x)|))$$

而 $f$ 是 $\Theta$ 当且仅当下面的公式成立：

$$\begin{aligned}&\exists C_1 > 0\ \exists k_1(\forall x(x > k_1\ \rightarrow\ |f(x)| \leqslant C_1|g(x)|)) \\ \wedge\ &\exists C_2 > 0\ \exists k_2(\forall x(x > k_2\ \rightarrow\ |f(x)| \geqslant C_2|g(x)|))\end{aligned}$$

不难证明，上述公式在论域是实数时与下面的公式逻辑等值：

$$\exists C_1 > 0 \exists C_2 > 0 \exists k(\forall x(x > k\ \rightarrow\ C_2|g(x)| \leqslant |f(x)| \leqslant C_1|g(x)|))$$

**例子 7.30** 函数 $f(x) = 2x^3 + 2x + 1$ 是 $\Omega(x^3)$，因为显然存在 $C = 2$，当 $x > 0$ 时有 $2x^3 + 2x + 1 \geqslant 2x^3$。因此函数 $f$ 是 $\Theta(x^3)$，即 $f$ 与 $x^3$ 有相同的阶。

**定理 7.19** 当 $a_n \neq 0$ 时，多项式函数 $f(x) = a_nx^n + a_{n-1}x^{n-1} + \cdots + a_1x + a_0$ 是 $\Omega(x^n)$，从而是 $\Theta(x^n)$，这里 $a_n, a_{n-1}, \cdots, a_0$ 是实数。

**证明**　我们不妨考虑最坏情况，即只有 $a_n > 0$，而对任意 $i = n-1, n-2, \cdots, 0$，$a_i \leqslant 0$ 的情况，这时：

$$|f(x)| = |a_n x^n + a_{n-1}x^{n-1} + \cdots + a_1 x + a_0| \ = \ x^n|a_n - (|a_{n-1}|/x + \cdots + |a_0|/x^n)|$$

令 $b = \max(|a_{n-1}|, |a_{n-2}|, \cdots, |a_0|)$，当 $x > 2nb/a_n$ 时，对任意 $i = n-1, n-2, \cdots, 0$ 就有 $a_n/(2n) \geqslant b/x \geqslant |a_i|/x \geqslant |a_i|/x^{n-i}$，从而：

$$|f(x)| \ = \ x^n(|a_n - (|a_{n-1}|/x + \cdots + |a_0|x^n)|) \geqslant x^n(|a_n - a_n/2|) = |a_n/2|x^n$$

因此，存在 $C = |a_n/2|$ 及 $k = 2nb/a_n$ 使得 $|f(x)| \geqslant C|x^n|$，所以当 $a_n \neq 0$ 时 $f$ 是 $\Omega(x^n)$，进而这时 $f$ 是 $\Theta(x^n)$。□

**定理 7.20**　设 $f, g$ 是数集上的函数，且对任意 $x$ 有 $g(x) \neq 0$，可定义函数 $f/g$，对任意 $x$，$(f/g)(x) = f(x)/g(x)$。若 $f_1$ 是 $O(g_1)$，而 $f_2$ 是 $\Omega(g_2)$，则 $f_1/f_2$ 是 $O(g_1/g_2)$，假定对任意 $x$，$f_2(x) \neq 0$ 且 $g_2(x) \neq 0$。

**证明**　函数 $f_1$ 是 $O(g_1)$，即存在 $C_1 > 0$ 和 $k_1$，当 $x > k_1$ 时 $|f(x)| \leqslant C_1|g_1(x)|$，而函数 $f_2$ 是 $\Omega(g_2)$，即存在 $C_2 > 0$ 和 $k_2$，当 $x > k_2$ 时 $|f_2(x)| \geqslant C_2|g_2(x)|$，也即 $1/|f_2(x)| \leqslant 1/(C_2|g_2(x)|)$，从而当 $x > \max(k_1, k_2)$ 时，有：

$$\begin{aligned}|(f_1/f_2)(x)| &= |f_1(x)/f_2(x)| = |f_1(x)|/|f_2(x)| \\ &\leqslant C_1|g_1(x)|/(C_2|g_2(x)|) = C_1/C_2|(g_1/g_2)(x)|\end{aligned}$$

因此有 $f_1/f_2$ 是 $O(g_1/g_2)$。□

**问题 7.31**　使用最小的整数 $n$ 给出函数 $f(x) = (x^5 + 2x + x^2\log x)/(x^3 + x^2\log x)$ 的 $O(x^n)$ 估计。

**【分析】**题意是要找到最小的 $n$ 使得 $f$ 是 $O(x^n)$，这时不仅要找到 $n$ 使得 $f$ 是 $O(x^n)$，而且要证明 $f$ 不是 $O(x^{n-1})$，从而说明找到的 $n$ 是最小的整数。

**【解答】**不难看到 $x^2\log x$ 是 $O(x^3)$，因此 $x^5 + 2x + x^2\log x$ 是 $O(x^5)$，$x^3 + x^2\log x$ 是 $\Omega(x^3)$，注意当 $x > 1$ 时总有 $x^3 + x^2\log x \neq 0$ 及 $x^3 \neq 0$，因此根据定理 7.20有 $f$ 是 $O(x^5/x^3)$，即是 $O(x^2)$。

对任意 $C > 0$ 及 $k$，令 $x \geqslant \max(2C, k)$，则有：

$$x^5 \geqslant 2Cx^4 \quad \text{蕴涵} \quad x^5 + 2x + x^2\log x \geqslant x^5 \geqslant Cx(x^3 + x^2\log x)$$

即有 $f(x) > Cx$，因此 $f$ 不是 $O(x)$。这表明 $n = 2$ 是使得 $f$ 是 $O(x^n)$ 的最小整数。

### 7.3.2　算法效率分析基础

算法是一些明确的步骤的有限序列，人或机器通过执行这些步骤可求解某个问题。算法具有通用性，可以针对一类输入产生求解问题的结果作为输出，而不是只针对某一个具体的输入。为达到求解问题的目的，算法需要具备正确性，即对问题的输入能产生预期的输出，但即使是正确的算法也还需要是有效的，即算法要能在一定的时间内和占用一定的存储空间执行完毕并产生输出。执行太长时间或占用太多空间的算法不是实际可行的，因而也不是求解问题的有效算法。

虽然现代计算机在提高运算速度和增加存储容量方面已经取得很大的进展，但是算法的运行时间和占用存储仍是在实际问题求解中不可忽视的因素，特别是在需要利用计算机处理越来越大规模数据的时候。例如，像打印一个集合的幂集这样的任务，现代主流的个人计算机（例如使用 CPU 主频 3.5GHz，内存 8GB 的流行配置），当集合只有 10 个元素时运行时间可能只需 0.048s，但是若集合有 20 个元素则需要 38s，而有 30 个元素则需要 10.5 小时。因此，无论在实际应用还是在学术研究中，尽可能寻找高效率的算法仍是人们追求的目标。

算法的效率分为**时间效率** (time efficiency) 和**空间效率** (space efficiency)。算法的时间效率也称为算法的 **时间复杂度** (time complexity)，关心算法的运行时间。算法的空间效率也称为算法的**空间复杂度** (space complexity)，关心算法在运行时需要占用的存储空间。由于算法占用存储空间的定量分析通常与实现算法的数据结构密切相关，而“离散数学”课程主要关注算法所描述的求解问题的思路，不涉及实现算法的数据结构，因此本节只讨论算法的时间效率分析。

几乎所有的算法对于规模越大的输入都需要运行越长的时间，例如打印集合的幂集随着集合元素个数增长，算法运行时间显著增加。因此，可以合理地将算法的运行时间看作是算法的一个或多个输入的规模的函数。从而具体来说，算法的时间效率分析是指，对算法在给定的输入规模下可能运行的时间进行定量的估计与分析，特别地，关心算法的运行时间随着输入规模的增长而增长的情况，也即主要关心以输入规模为自变量的算法运行时间函数的增长情况。

由于我们将算法运行时间看作是它的一个或多个输入规模的函数，因此在分析算法时间效率时首先需要确定如何度量算法输入的规模。这又可细分为两个问题：一是选择算法的哪些输入进行算法效率分析；二是对选定的输入如何进行规模的度量。

在多数情况下，选择算法的哪些输入的规模进行算法效率的分析是很清楚的，例如通常是选择算法的主要输入，或者数值大的输入，或者结构比较复杂的输入等。虽然有时需要同时考虑一个算法的多个输入，例如分析有关图的算法效率时可能需要同时考虑图的顶点数和边数，但在多数情况下我们只针对算法的一个输入进行算法效率分析。

对算法输入规模的度量通常是用输入数据的数值大小，或者输入数据的元素个数进行度量。例如，对于求两个正整数的最大公因数的算法，通常以正整数的数值大小作为分析算法效率的输入规模，而对于计算两个矩阵的逻辑积（或普通矩阵乘法）的算法，通常以两个矩阵的元素个数，或者简单一点以矩阵的行数、列数作为输入规模的度量。

如何度量算法的运行时间是算法时间效率分析的另一个重要问题，通常这时无法使用标准的时间度量单位如秒、分钟或小时进行度量，因为同样的算法使用不同的程序设计语言实现，由不同的程序员实现，以及在不同机器上运行都会在具体的运行时间上有差别。算法是一些明确步骤的有限序列，因此在算法时间效率分析时通常使用算法所包含的步骤或操作的数目度量算法运行的时间，这使得我们在分析时可脱离算法的具体实现。

因此，在分析算法时间效率时首先要明确算法的操作到底有哪些，特别地要选择一些与算法所解决问题相关的一些操作作为基本操作，而忽略像分支或循环的跳转、子程序返回等这类与控制算法执行流程相关的操作。通常算法的基本操作是数据之间的赋值、数据之间关系的判断、数值的算术运算（加减乘除等运算）、逻辑运算、二进制位运算等。当然对于一些复杂的算法，或者抽象程度比较高（主要展示算法思路而没有对细节进行分解）的算法可能需要将一些更为复杂的操作作为分析算法效率时的基本操作。

在确定算法基本操作后，我们假定这些基本操作的运行时间是常数时间，即与算法输入规模无关，然后统计运行算法时基本操作的执行次数，将基本操作执行次数作为算法输入规模的函数进行算法效率分析。由于假定基本操作的运行时间都是常数时间，而在算法效率分析时又主要关心随着输入规模的增长算法运行时间的增长情况，因此通常是考察在算法运行时，执行次数最多的基本操作的执行次数与输入规模之间的函数关系，并使用大 $O$ 记号给出这个函数增长情况的上界估计。

一些复杂的算法可能对于同样的输入规模，算法基本操作执行的次数会不相同。因此，算法效率分析又分为**最坏情况** (worst-case) 效率分析、**平均情况** (average case) 效率分析和**最好情况** (best-case) 效率分析。多数情况下，人们进行的是最坏情况算法效率分析以给出算法对于给定输入的运行时间上界的一个估计，而且最坏情况效率分析也往往最简单，只要分析在给定输入规模下，怎样的输入会使得基本操作的执行次数最多。平均情况的效率分析需要对同样规模的输入数据的可能分布有了解，从而计算在给定输入规模下，不同输入数据导致的基本操作执行次数的平均值进行算法效率的分析。因此，算法的平均情况效率分析通常是一件困难的事情。算法最好情况的效率分析是考虑在给定输入规模下，怎样的输入数据会使得基本操作的执行次数最少，这往往会导致对输入数据的过于理想的假设，因此在实际中比较少进行最好情况的效率分析。

总的来说，对一个算法进行时间效率分析可按照下面的框架进行。

（1）确定使用哪个或哪些算法输入作为效率分析的依据，并确定如何度量这些输入的规模。

（2）确定算法的基本操作，分析算法运行中执行次数最多的基本操作，例如这通常会是最内层循环中的基本操作。

（3）考虑在给定的输入规模，在最坏情况下执行次数最多的基本操作的执行次数与输入规模的函数关系，这通常要根据算法中的循环建立一个求和表达式，或根据算法的递归调用建立一个递推关系式，然后使用大 $O$ 记号给出基本操作执行次数与输入规模的函数关系的一个上界估计作为算法最坏情况的时间效率分析。

（4）如果在同样的输入规模下，算法基本操作的执行次数可能有很大的差异，这时可能需要进行算法平均情况和最好情况的效率分析。

由于在“离散数学”课程只学习算法效率分析的基础知识，因此这里只讨论算法最坏情况的效率分析。后续的“数据结构与算法”课程，或“算法设计与分析”课程可能会涉及算法平均情况的效率分析。

算法效率的分析通常不是一件容易的工作，这里以一些简单算法的时间效率分析作为例子让读者了解算法效率分析的基础知识，计算机专业学生的许多后续课程，例如“数据结构与算法”“人工智能”“编译原理”等，都会有关于如何设计算法和分析算法效率的内容。

**例子 7.32** 算法 7.1在一组数据 $a_1, a_2, \cdots, a_n$ 中查找是否有指定数据 $x$。算法的思路非常简单，通过将每个数据 $a_i, i = 1, 2, \cdots, n$ 与 $x$ 进行比较，如果存在 $i$ 使得 $a_i = x$，则返回 $x$ 在这组数据中的位置 $i$，否则返回 0。由于每个数据都被依次检查，因此这个算法称为**线性查找** (linear search) 算法。

**Algorithm 7.1: 在一组数据 $a_1, a_2, \cdots, a_n$ 中查找是否有指定数据 $x$**

**输入:** 一组数据 $a_1, a_2, \cdots, a_n$ 及指定数据 $x$

**输出:** 如果这组数据有 $x$，则返回 $x$ 在其中的位置，否则返回 0

```
1 for (i 从 1 到 n) do
2 |  if (a_i 等于 x) then 返回 i，即数据 x 在这一组数据中的位置为 i;
3 end
4 返回 0，即在 a_1, a_2, ..., a_n 中没有发现 x
```

我们分析算法 7.1的时间复杂度（时间效率）。首先显然应该以这一组数据的个数 $n$ 度量算法输入的规模，而不是以 $a_i$ 或 $x$ 的数值大小度量算法输入的规模。其次，算法的操作除返回 $i$ 和返回 0 这两个控制执行流程的操作外，只有对循环变量 $i$ 的赋值和判断 $a_i$ 是否等于 $x$。我们应该以判断 $a_i$ 是否等于 $x$ 这个基本操作的执行次数，与输入规模 $n$ 之间的函数关系分析算法的时间效率。最坏情况是 $x$ 不在数据 $a_1, a_2, \cdots, a_n$ 中，这时要进行 $n$ 次判断，因此这个算法的最坏情况复杂度是 $O(n)$。

**例子 7.33** 如果数据 $a_1, a_2, \cdots, a_n$ 是某个偏序集中的元素，并已经排好序，则有比算法 7.1效率更高的算法查找指定数据 $x$。

假定 $a_1, a_2, \cdots, a_n$ 都是整数，并且已经从小到大排序，这时要在其中查找指定的整数 $x$ 可先将 $x$ 与 $a_m$ 比较，$m = \lfloor (n+1)/2 \rfloor$，也就是将 $x$ 与从小到大排序的整数序列 $a_1, a_2, \cdots, a_n$ 中间的整数 $a_m$ 比较，这时可能有三种结果：① $x = a_m$，则查找结束，$x$ 在其中的位置为 $m$；② 如果 $x < a_m$，则下一次循环在 $a_1, a_2, \cdots, a_{m-1}$ 中查找 $x$；③ 如果 $x > a_m$，则下一次循环在 $a_{m+1}, a_{m+2}, \cdots, a_n$ 中查找 $x$。

一般地，每次循环在 $a_i, a_{i+1}, \cdots, a_j$ 中查找 $x$，将 $x$ 与 $a_m$ 比较，$m = \lfloor (i+j)/2 \rfloor$，如果：① $x = a_m$，查找结束；② $x < a_m$，则应该在 $a_i, a_{i+1}, \cdots, a_{m-1}$ 中查找，除非 $i > m-1$；③ $x > a_m$，则应该在 $a_{m+1}, \cdots, a_j$ 中查找，除非 $m+1 > j$。也就是说，每次查找的范围 $a_i, a_{i+1}, \cdots, a_j$ 都要求 $i \leqslant j$。这样我们得到算法 7.2，这个算法被称为**二分查找** (binary search) 算法。

**Algorithm 7.2: 在一组从小到大排序的整数 $a_1, a_2, \cdots, a_n$ 中查找是否有指定整数 $x$**

**输入:** 一组从小到大排序的整数 $a_1, a_2, \cdots, a_n$ 及指定整数 $x$

**输出:** 如果这组数据有 $x$，则返回 $x$ 在其中的位置，否则返回 0

```
1  令 i = 1 且 j = n，即最开始的查找范围是 a_1, a_2, ···, a_n;
2  while (i 小于或等于 j) do
3  |   令 m = ⌊(i+j)/2⌋，即 m 是 i 到 j 这一段的中间位置;
4  |   if (x 等于 a_m) then
5  |   |   返回 m，即数据 x 在这一组数据中的位置为 m
6  |   else if (x 小于 a_m) then
7  |   |   令 j = m − 1，即下一次循环的查找范围是 a_i, ···, a_{m−1}
8  |   else
9  |   |   这时 x 大于 a_m，令 i = m + 1，即下一次循环的查找范围是 a_{m+1}, ···, a_j
10 |   end
11 end
12 返回 0，即在 a_1, a_2, ···, a_n 中没有发现 x
```

分析算法 7.2的时间复杂度（时间效率）。显然输入规模仍然是用整数个数 $n$ 度量，基本操作包括判断 $i$ 是否小于或等于 $j$、判断 $x$ 是否等于 $a_m$，判断 $x$ 是否小于 $a_m$，以及对 $i, j, m$ 的赋值。不难看到，判断 $i$ 是否小于等于 $j$ 和判断 $x$ 是否等于 $a_m$ 这两个基本操作的执行次数相等，且比其他基本操作的执行次数要多。因此只需考虑第 2 行循环条件判断的执行次数与输入规模 $n$ 之间的函数关系。

在最坏情况下，$x$ 不在 $a_1, a_2, \cdots, a_n$ 中，第 2~11 行循环的循环体是在循环条件为假时才不执行，这时第 2 行循环条件的判断执行次数等于循环体执行次数加 1（最后一次循环条件为假时循环体不再执行）。在循环开始前查找 $x$ 的范围是 $a_1 \sim a_n$，一共要检查 $n$ 个数据，循环每执行一次，检查数据的范围 $a_i \sim a_j$ 变成 $a_i \sim a_{\lfloor (i+j)/2 \rfloor - 1}$ 或 $a_{\lfloor (i+j)/2 \rfloor + 1} \sim a_j$，也即检查 $(\lfloor (i+j)/2 \rfloor - i)$ 个或 $(j - \lfloor (i+j)/2 \rfloor)$ 个数据。不难证明：

$$\lfloor (i+j)/2 \rfloor - i \leqslant \lfloor (j-i+1)/2 \rfloor \qquad\qquad j - \lfloor (i+j)/2 \rfloor \leqslant \lfloor (j-i+1)/2 \rfloor$$

也即当这次循环检查的数据个数是 $j-i+1$ 时，下次循环检查的数据个数不大于 $\lfloor (j-i+1)/2 \rfloor$，也即每次循环至少将检查的数据个数减半，从而第一次循环要检查的数据是 $n$ 个，第二次循环要检查的数据小于或等于 $\lfloor n/2 \rfloor$ 个，第 $k$ 次循环要检查的数据小于或等于 $\lfloor n/2^{k-1} \rfloor$ 个。因此，总的循环次数 $k$ 是使得 $\lfloor n/2^{k-1} \rfloor \leqslant 1$ 的最小的 $k$，也即循环次数是 $\log n$，因此算法 7.2 的时间复杂度是 $O(\log n)$，显然比算法 7.1 具有更高的效率，但前提是被查找的数据已经排序。

从例子 7.33 可以看到，要确定算法中基本操作的执行次数不是容易的事情。实际上，有时确立算法输入规模的度量方法也需要进行思考与权衡。

**例子 7.34**　算法 7.3 是前面给出的计算关系复合的算法，它基于定义关系的元素枚举法进行计算。通过分析不难得到这个算法的基本操作包括：从集合（关系）中读取有序对、判断集合是否有有序对、判断一个有序对第二元素是否等于另一有序对第一元素、将有序对添加到集合，显然其中判断有序对第二元素是否等于另一有序对第一元素的执行次数最多。

**Algorithm 7.3: 基于元素枚举法给出的关系计算关系的复合**

**输入:** 关系 $R$（的有序对集合）和关系 $S$（的有序对集合）

**输出:** 关系 $S \circ R$（的有序对集合）

```
1 for （关系 R 的每个有序对 ⟨a,b⟩）do
2 |  for （关系 S 的每个有序对 ⟨c,d⟩）do
3 |  |  if （关系 R 的有序对的第二个元素等于关系 S 的有序对的第一个元素，即 b 等于
  |  |   c）then
4 |  |  |  将 R 的有序对的第一个元素和 S 的有序对的第二个元素，即 ⟨a,d⟩ 加到关系
  |  |  |   S∘R 的有序对集合
5 |  |  end
6 |  end
7 end
```

如果将关系 $R$ 的有序对数目（设为 $p$ 个）和 $S$ 的有序对数目（设为 $q$ 个）作为算法输入规模的度量，显然算法的时间复杂度为 $O(pq)$。但采用这种输入规模的度量方法，无法将这个算法与基于矩阵逻辑积运算计算关系复合的算法进行比较。算法 7.4 计算矩阵的逻辑积运算。这个算法的基本操作包括：矩阵元素下标的 $i, j$ 的赋值、判断矩阵元素下标是否等于矩阵行数或列数、设置矩阵给定位置的元素值、读取矩阵给定位置的元素值、矩阵元素做逻辑或运算、矩阵元素做逻辑与运算。显然第 5 行的矩阵元素逻辑与和逻辑或运算执行次数最多。对于这个算法，通常以参与逻辑积运算的矩阵行数、列数作为算法输入规模的度量。关系 $R$ 的矩阵是 $n$ 行 $m$ 列，关系 $S$ 的矩阵是 $m$ 行 $l$ 列，则这个算法的时间复杂度显然是 $O(nml)$。

**Algorithm 7.4: 矩阵的逻辑积 $\boldsymbol{M}_R \odot \boldsymbol{M}_S$ 运算**

**输入:** $n \times m$ 的矩阵 $\boldsymbol{M}_R = [r_{ij}]$ 和 $m \times l$ 的矩阵 $\boldsymbol{M}_S = [s_{ij}]$

**输出:** $\boldsymbol{M}_R$ 和 $\boldsymbol{M}_S$ 的矩阵逻辑积 $\boldsymbol{M}_T = [t_{ij}] = \boldsymbol{M}_R \odot \boldsymbol{M}_S$，它是 $n \times l$ 的矩阵

```
1 for （矩阵 M_R 的每一行，即 i 等于 1 到 n）do
2 |  for （矩阵 M_S 的每一列，即 j 等于 1 到 l）do
3 |  |  // 结果矩阵 M_T 的第 i 行第 j 列元素等于矩阵 M_R 的第 i 行和矩阵 M_S 的第 j
  |  |    列的向量积;
4 |  |  令结果矩阵 M_T 的元素 t_ij 的初值为 0;
5 |  |  for （k 等于 1 到 m）do t_ij = t_ij ∨ (r_ik ∧ s_kj);
6 |  end
7 end
```

为了比较上述两个算法的时间复杂度，需要为它们采用相同的输入规模度量，从而需要假设算法 7.3 中关系 $R$ 是笛卡儿积 $A \times B$ 的子集，而 $S$ 是笛卡儿积 $B \times C$ 的子集。算法 7.4 的关系矩阵行列数 $n, m, l$ 分别等于集合 $A, B, C$ 的元素个数。在最坏情况

下，$R$ 可能有 $nm$ 个有序对（即全关系 $A\times B$ 的有序对数目），$S$ 可能有 $ml$ 个有序对，因此在这种输入规模的度量下，算法 7.3 的最坏情况时间复杂度是 $O(nm^2l)$。

由此我们有初步的结论，即最坏情况下算法 7.3 的时间复杂度比算法 7.4 的时间复杂度高。但仔细分析也不难发现，多数情况下 $R$ 的有序对数目远小于 $nm$，$S$ 的有序对数目远小于 $ml$，这时它们的关系矩阵是稀疏矩阵，而算法 7.4 的效率就不一定比算法 7.3 的效率高。当然，这只是直观上的结论，严格的分析需要对算法的平均情况下的时间效率进行分析，此处不再做更深入的讨论。

总的来说，本节给出了一个分析算法时间复杂度的框架，即首先确定算法输入规模的度量，其次确定算法的基本操作，然后在假定基本操作的运行时间与算法输入规模无关的情况下，找出执行次数最多的基本操作，给出该基本操作与算法输入规模的函数关系，并使用大 $O$ 记号给出该函数增长情况的一个上界估计，从而对算法时间复杂度有初步的分析。

实际的算法复杂度分析通常是一件不容易的事情，有时很难选定合适的算法输入规模度量，确定算法的基本操作以及找出执行次数最多的基本操作也可能很复杂，在确定基本操作与算法输入规模函数关系时通常需要计算求和表达式或求解递推关系式。递归算法的效率分析常常针对不同的输入规模采用递推关系式进行建模，然后通过求解递推关系式，或者对递推关系式的解的增长情况进行估计而确定算法的复杂度。迭代算法有时也可使用递推关系式进行算法复杂度分析。后面将学习有关递推关系式的构建与求解的基础知识。

### 7.3.3 算法复杂度基础知识

本节介绍算法复杂度的基础知识，包括人们对算法复杂度的分类以及基于算法复杂度对问题的分类。

利用大 $\Theta$ 表示函数增长的阶，人们通常将算法复杂度由低到高分为常数复杂度 (constant complexity)$\Theta(1)$、对数复杂度 (logarithmic complexity)$\Theta(\log n)$、线性复杂度 (linear complexity)$\Theta(n)$、线性对数复杂度 (linearithmic complexity)$\Theta(n\log n)$、多项式复杂度 (polynomial complexity)$\Theta(n^b)$、指数复杂度 (exponential complexity)$\Theta(b^n), b>1$，以及阶乘复杂度 (factorial complexity)$\Theta(n!)$。

表 7.1 总结了这些常见的算法复杂度术语，以及属于该算法复杂度的典型算法例子。在“计数与组合”一章将介绍分治算法，例如合并排序算法，并会讨论如何生成 $n$ 个元素的所有排列。

为了让读者能体会不同复杂度算法的运行时间随着输入规模的增长而增长的情况，表 7.2 给出了上述算法复杂度函数的一些典型函数值，其中标记为 – 表明该函数值已经大到现在多数数值软件都无法提供准确值。

表 7.2 意味着，如果一台计算机做一次某个基本操作（例如整数加法）需要 $10^{-12}$ 秒，也即 1 秒可做 1 万亿次基本操作（目前个人普通台式计算机的运算速度大约是千亿次每秒的运算速度），那么对于复杂度为 $\Theta(n)$ 的算法，输入规模是 $n=10^6$ 时，算法

需要做 $10^6$ 次基本操作，仍可在 $10^{-6}$ 秒内完成；而对于复杂度为 $\Theta(n^3)$ 的算法，输入规模是 $n=10^6$ 时，算法需要做 $10^{18}$ 次基本操作，需要 $10^6$ 秒 $\approx 277.8$ 小时完成；但对于复杂度为 $\Theta(2^n)$ 的算法，当输入规模只是 $n=10^2$ 时，算法就需要做 $1.27\times10^{30}$ 次基本操作，已经需要大概 $1.27\times10^{18}$ 秒 $\approx 400$ 亿年才能完成。

表 7.1 常见算法复杂度分类及典型算法

| 复杂度 | 名 称 | 可能的典型算法例子 |
|---|---|---|
| $\Theta(1)$ | 常数 | 不包含循环或递归调用的算法，例如判断一个年份是否闰年 |
| $\Theta(\log n)$ | 对数 | 二分查找 |
| $\Theta(n)$ | 线性 | 线性查找 |
| $\Theta(n\log n)$ | 线性对数 | 许多分治算法，例如合并排序属于这一类 |
| $\Theta(n^2)$ | 平方 | 包含两重嵌套循环算法的典型效率，例如两个 $n$ 阶方阵的逻辑或和逻辑与 |
| $\Theta(n^3)$ | 立方 | 包含三重嵌套循环算法的典型效率，例如两个 $n$ 阶方阵的逻辑积、Warshall 算法 |
| $\Theta(n^b)$ | 多项式 | 基于矩阵逻辑积计算关系传递闭包，$b\geqslant 4$ 的 $\Theta(n^b)$ 复杂度算法比较少见 |
| $\Theta(b^n)$ | 指数 | 输出集合的幂集、汉诺塔问题的求解算法 |
| $\Theta(n!)$ | 阶乘 | 计算阶乘，生成 $n$ 个元素的所有排列 |

表 7.2 展示算法复杂度函数增长的典型函数值

| $n$ | $\log n$ | $n$ | $n\log n$ | $n^2$ | $n^3$ | $2^n$ | $n!$ |
|---|---|---|---|---|---|---|---|
| 10 | 3.32 | 10 | 33.21 | $10^2$ | $10^3$ | 1024 | $3.62\times10^6$ |
| $10^2$ | 6.64 | $10^2$ | $6.64\times10^2$ | $10^4$ | $10^6$ | $1.27\times10^{30}$ | $9.33\times10^{157}$ |
| $10^3$ | 9.96 | $10^3$ | $9.96\times10^3$ | $10^6$ | $10^9$ | $1.07\times10^{301}$ | – |
| $10^4$ | 13.28 | $10^4$ | $1.33\times10^5$ | $10^8$ | $10^{12}$ | – | – |
| $10^5$ | 16.60 | $10^5$ | $1.66\times10^6$ | $10^{10}$ | $10^{15}$ | – | – |
| $10^6$ | 19.93 | $10^6$ | $1.99\times10^7$ | $10^{12}$ | $10^{18}$ | – | – |

因此，对于目前及相当长一段时间内的计算机运行速度，实际可行的算法只能是复杂度为多项式的算法，对于指数级算法，当输入规模为 100 时，已经不可能在可预期的时间内完成算法的运行。

基于目前对算法的研究，人们将最坏情况下存在复杂度为多项式 $O(n^b)$ 算法进行求解的问题称为**易解问题** (tractable problem)，虽然当指数 $b$ 过大时在实际求解针对小规模的输入也可能花费相当长的时间，但目前绝大多数易解问题的多项式复杂度算法的指数 $b$ 都比较小。人们将最坏情况下尚不存在复杂度为多项式算法进行求解的问题称为**非易解问题** (intractable problem)。

非易解问题通常仍是可解 (solvable) 问题，即存在计算机算法（只是最坏情况下可能不是多项式 $O(n^b)$ 复杂度的算法）进行求解。基于前面可数集和不可数集的概念，我们已经知道存在不可计算的问题，即**不可解问题** (unsolvable problem)，经典的不可解问题有图灵停机问题 (Turing Halting problem)，表明不存在通用算法判定任意一个计算机程序的执行是否会终止。图灵停机问题是计算理论 (Computational Theory) 的经典问题，许多不可解问题都可归结为 (reduce to) 图灵停机问题。一阶逻辑公式的可满足性问题，即是否存在通用算法判定任意一个一阶公式是否可满足也是不可解问题，它可归结为图灵停机问题。

在计算复杂性理论 (Computational Complexity Theory) 中，易解问题也称为 **P 类问题**，与之对应的是 **NP 类问题**，这里 NP 表示“非确定性多项式 (non-deterministic polynomial) 复杂度”，也即 P 类问题是确定性图灵机 (Deterministic Turing Machine) 多项式时间内可解，而 NP 类问题是非确定性图灵机 (Non-deterministic Turing Machine) 多项式时间内可解，这里确定性图灵机和非确定性图灵机都是经典的理论计算模型。

通俗地说，P 类问题是计算机在多项式内可构造它的解的问题，而 NP 问题是计算机在多项式内能检查一个候选解是否真的是它的解的问题。典型的 NP 问题是命题逻辑公式的可满足性问题，即判定任意一个命题逻辑公式是否可满足，也即是否存在对其中命题变量的真值赋值使得该公式的真值为真。显然存在时间复杂度为指数级 $O(2^n)$ 的算法，例如构造该命题逻辑公式的真值表，但目前还没有发现时间复杂度为多项式的算法。不过，容易在多项式时间内检查对其中所有命题变量的一次真值赋值是否使得该公式的真值为真，因为构造命题逻辑公式的抽象语法树及后序遍历抽象语法树计算真值的算法都具有多项式时间复杂度，因此命题逻辑公式的可满足性问题是 NP 问题。

命题逻辑公式的可满足性问题也是经典的 NP 完全问题。一个问题称为 **NP 完全问题** (NP complete problem)，如果所有的 NP 问题可归结为该问题。通俗地说，如果一个 NP 完全问题存在多项式时间复杂度的算法，则所有 NP 类问题都存在多项式时间复杂度算法。也可以简单地认为，NP 完全问题是 NP 类问题中最难的问题。NP 完全问题通常也简称为 NPC 问题。

NP 类问题是否存在多项式时间复杂度算法，也即 NP（可理解为 NP 类问题构成的集合）是否等于 P 是计算机科学目前仍悬而未决的重要理论问题，也是美国克雷数学研究所 (Clay Mathematics Institute) 悬赏 100 万美元征求解答的 7 个千禧年数学难题 (Millennium Prize Problems) 之一，有关 P 类和 NP 类问题的有趣介绍可参考文献 [12]。

## 7.4 本章小结

本章从对应角度，或者说将函数作为特殊关系角度讨论函数的基本概念，包括定义域、陪域、像、原像、像集、原像集等，在此基础上，介绍了函数的单满性质，即单函数、满函数和双函数，并讨论了函数复合运算与函数单满性质之间的联系，从函数的逆函数、左逆、右逆的角度定义了双函数、单函数和满函数。

集合等势指两个函数之间存在双函数，本章基于集合等势和自然数的集合论定义介绍了有穷集、无穷集、可数集和不可数集。有穷集是与某个自然数等势的集合，有穷集不可能与它的某个真子集等势，而无穷集必然与它的某个真子集等势。可数集是基数小于或等于自然数集基数的集合，也即是有穷集或与自然数集等势的集合。自然数对构成的集合是可数集，任意有限个自然数序列构成的集合也是可数集，所有可计算函数构成的集合是可数集。实数集不是可数集，所有自然数集上的函数构成的集合也不是可数集，因此存在不可计算的函数。

算法效率的分析关心算法运行时间或占用存储随着输入规模的增长而增长的情况，因此基于对函数增长的描述。大 $O$ 记号使用简单形式的函数给出一个函数增长的上界，而大 $\Omega$ 记号给出函数增长的下界，大 $\Theta$ 记号给出函数增长的阶。按照函数增长的阶从小到大可将算法复杂度分为常数、对数、线性、线性对数、多项式、指数和阶乘等。算法时间效率分析，或说算法时间复杂度的分析需要先确定算法输入规模的度量、算法的基本操作，以及算法基本操作执行次数与算法输入规模之间的函数关系，并针对最坏情况使用大 $O$ 记号估计该函数增长的上界。

通过这本章的学习，读者需要了解函数的基本概念，特别是单函数、满函数和双函数的基本概念，能够判断和证明一个函数是否单函数、满函数和双函数，并能计算两个函数的复合和一个函数的逆函数，证明函数运算与函数单满性质之间的联系，证明两个集合是否等势，证明一个集合是否可数集。熟悉大 $O$ 记号的定义，能证明函数 $f$ 是 $O(g)$，也能证明函数 $f$ 不是 $O(g)$，能够利用常见函数的大 $O$ 估计，以及大 $O$ 记号与函数组合之间的联系给出函数的大 $O$ 估计。了解算法时间效率分析的基本框架，能应用该框架对简单算法进行算法时间复杂度分析。

## 7.5 习题

**练习 7.1** 设 $A=\{1,2,3,4,5\}, B=\{a,b,c,d\}$，判断下面的笛卡儿积 $A\times B$ 的子集是否函数，并说明理由。

$$F_1 = \{\langle 5,b\rangle,\langle 3,d\rangle,\langle 4,b\rangle,\langle 2,b\rangle,\langle 5,d\rangle\} \qquad F_2 = \{\langle 4,c\rangle,\langle 1,b\rangle,\langle 5,c\rangle,\langle 1,c\rangle,\langle 3,b\rangle\}$$
$$F_3 = \{\langle 2,c\rangle,\langle 4,b\rangle,\langle 3,b\rangle,\langle 1,b\rangle\} \qquad F_4 = \{\langle 1,d\rangle,\langle 2,c\rangle,\langle 3,d\rangle,\langle 4,a\rangle,\langle 5,d\rangle\}$$

**练习 7.2** 设 $A=\{1,2,3,4,5\}, B=\{a,b,c,d\}$，给出下面函数的值域，以及 $A$ 的子集 $S=\{1,2,3\}$ 在 $f$ 下的像集 $f(S)$ 和 $B$ 的子集 $T=\{a,b\}$ 在 $f$ 下的逆像集 $f^{-1}(T)$。

$$f_1 = \{\langle 1,a\rangle,\langle 2,a\rangle,\langle 3,d\rangle,\langle 4,c\rangle,\langle 5,d\rangle\} \qquad f_2 = \{\langle 1,a\rangle,\langle 2,b\rangle,\langle 3,b\rangle,\langle 4,b\rangle,\langle 5,c\rangle\}$$

**练习 * 7.3** 设 $f:A\to B$ 是函数，$S$ 和 $T$ 都是 $B$ 的子集，证明：① $S\subseteq T$ 蕴涵 $f^{-1}(S)\subseteq f^{-1}(T)$；② $f^{-1}(S\cap T)=f^{-1}(S)\cap f^{-1}(T)$。

**练习 7.4** 设 $f:A\to B$ 是函数，证明：

（1）对 $A$ 的任意两个子集 $S,T$，$f(S\cup T)=f(S)\cup f(T)$。

（2）对 $B$ 的任意两个子集 $W,V$，$f^{-1}(W\cup V)=f^{-1}(W)\cup f^{-1}(V)$。

**练习 * 7.5** 设 $f:A\to B$ 是函数，且 $S$ 是 $B$ 上关系，在 $A$ 上定义关系 $R$：

$$R=\{\langle x,y\rangle\in A\times A \mid \langle f(x),f(y)\rangle\in S\}$$

证明：（1）若 $S$ 是自反关系，则 $R$ 也是自反关系。

（2）若 $S$ 是对称关系，则 $R$ 也是对称关系。

（3）若 $S$ 是传递关系，则 $R$ 也是传递关系。

**练习 7.6**　设 $f:A\to B$ 是函数，且 $R$ 是 $A$ 上的关系，在 $B$ 上定义关系 $S$：

$$S=\{\langle x,y\rangle\in B\times B\mid \exists u\in A\exists v\in A(f(u)=x\ \wedge\ f(v)=y\ \wedge\ \langle u,v\rangle\in R)\}$$

使用证明或反例给出下面每一问的判断理由。

（1）如果 $R$ 是自反的，是否 $S$ 也必然是自反的？

（2）如果 $R$ 是对称的，是否 $S$ 也必然是对称的？

（3）如果 $R$ 是传递的，是否 $S$ 也必然是传递的？

**练习 7.7**　判断下面定义的集合 $A$ 到 $B$ 的函数是否单函数、满函数或双函数。

（1）集合 $A=\{1,2,3,4,5\},B=\{a,b,c,d\}$，函数 $f_1=\{\langle 1,b\rangle,\langle 2,c\rangle,\langle 3,a\rangle,\langle 4,c\rangle,\langle 5,c\rangle\}$。

（2）集合 $A=\{1,2,3,4,5\},B=\{a,b,c,d\}$，函数 $f_2=\{\langle 1,d\rangle,\langle 2,b\rangle,\langle 3,b\rangle,\langle 4,c\rangle,\langle 5,a\rangle\}$。

（3）集合 $A=\{1,2,3,4\},B=\{a,b,c,d\}$，函数 $f_3=\{\langle 1,a\rangle,\langle 2,d\rangle,\langle 3,c\rangle,\langle 4,b\rangle\}$。

（4）集合 $A=\{1,2,3\},B=\{a,b,c,d,e\}$，函数 $f_4=\{\langle 1,e\rangle,\langle 2,d\rangle,\langle 3,b\rangle\}$

**练习 * 7.8**　判断下面给出的实数集上的函数是否单函数、满函数或双函数。

（1）$f_1(x)=2x^2+1$　　（2）$f_2(x)=3x^3+2$

（3）$f_3(x)=\lfloor(x+1)/2\rfloor$　　（4）$f_4(x)=(x^2+1)/(x^2+3)$

**练习 7.9**　判断下面给出的自然数集 $\mathbb{N}$ 上的函数是否单函数、满函数或双函数。

（1）$f_1(n)=2n^2+1$　　（2）$f_2(n)=\lfloor(n+1)/2\rfloor$

（3）$f_3(n)=\lceil(2n+1)/2\rceil$　　（4）$f_4(n)=|n-5|$

**练习 * 7.10**　设集合 $A=\{1,2,3,4,5\},B=\{a,b,c,d\}$，定义 $A$ 到 $B$ 的函数 $f=\{\langle 1,d\rangle,\langle 2,b\rangle,\langle 3,a\rangle,\langle 4,a\rangle,\langle 5,a\rangle\}$，定义 $B$ 到 $A$ 的函数 $g=\{\langle a,3\rangle,\langle b,3\rangle,\langle c,2\rangle,\langle d,4\rangle\}$，计算 $f\circ g$ 和 $g\circ f$。

**练习 7.11**　定义实数集上的函数 $f(x)=x^2+1$ 以及 $g(x)=\lfloor(x^2+1)\rfloor$，计算 $f\circ g$ 和 $g\circ f$。

**练习 7.12**　设 $A=\wp(\mathbb{R})$，定义函数 $f:\mathbb{R}\to A$ 为 $f(x)=\{y\in\mathbb{R}\mid y^2<x\}$。

（1）计算 $f(2)$。

（2）$f$ 是否单函数，满函数或双函数？

**练习 * 7.13**　设 $f:A\to B$ 和 $g:B\to C$ 是函数，证明：

（1）如果 $g\circ f$ 是单函数，则 $f$ 是单函数，但 $g$ 不一定是单函数。

（2）如果 $g\circ f$ 是满函数，则 $g$ 是满函数，但 $f$ 不一定是满函数。

（3）如果 $g\circ f$ 是双函数，则 $f$ 是单函数且 $g$ 是满函数。

**练习 7.14**　设 $f:A\to B$ 和 $g:B\to C$ 是函数，证明：

（1）如果 $f$ 是满函数但 $g$ 不是单函数，则 $g\circ f$ 不是单函数。

（2）如果 $f$ 不是满函数但 $g$ 是单函数，则 $g \circ f$ 不是满函数。

**练习 7.15** 设 $A$ 是非空集，$f: A \to B$ 是函数且 $R$ 是 $A$ 上关系，定义 $B$ 上关系 $S$ 如下：

$$S = \{\langle x, y\rangle \in B \times B \mid \exists u \in A \exists v \in A(f(u) = x \wedge f(v) = y \wedge \langle u, v\rangle \in R)\}$$

证明：（1）如果 $R$ 是自反关系且 $f$ 是满函数，则 $S$ 是自反的。

（2）如果 $R$ 是传递关系且 $f$ 是单函数，则 $S$ 是传递的。

**练习 7.16** 判断下面实数集上的函数是否单函数、满函数或双函数。如果是单函数给出它的一个左逆，如果是满函数给出它的一个右逆，如果是双函数给出它的逆函数。

（1）$f_1(x) = x^2$ （2）$f_2(x) = x^3$

（3）$f_3(x) = \lfloor x \rfloor$ （4）$f_4(x) = |x|$

**练习 * 7.17** 判断下面从正整数对集 $\mathbb{Z}^+ \times \mathbb{Z}^+$ 到正整数集 $\mathbb{Z}^+$ 的函数是否是单函数、满函数或双函数，如果是单函数给出它的一个左逆，如果是满函数给出它的一个右逆，如果是双函数给出它的逆函数。

（1）$f_1(m, n) = m^2 + n^2$ （2）$f_2(m, n) = |m - n| + 1$

（3）$f_3(m, n) = \lfloor (m + n)/2 \rfloor$ （4）$f_4(m, n) = m$

**练习 7.18** 设 $A, B, C$ 是集合，$f: A \to B$，$g: B \to C, h: B \to C$ 是函数。证明：如果 $f$ 是满函数且 $g \circ f = h \circ f$，则 $g = h$。

**练习 7.19** 设 $A, B, C$ 是集合，$f: B \to C$，$g: A \to B, h: A \to B$ 是函数。证明：如果 $f$ 是单函数且 $f \circ g = f \circ h$，则 $g = h$。

**练习 * 7.20** 设 $A, B, C, D$ 都是集合，证明：若 $A$ 与 $C$ 等势，$B$ 与 $D$ 等势，且 $A \cap B = C \cap D = \varnothing$，则 $A \cup B$ 与 $C \cup D$ 等势。

**练习 7.21** 设 $A, B, C, D$ 都是集合，证明：如果 $A$ 与 $C$ 等势，$B$ 与 $D$ 等势，则 $A \times B$ 与 $C \times D$ 等势。

**练习 7.22** 证明：（1）对任意自然数 $m, n$，$m \in n$ 当且仅当 $m^+ \in n^+$。

（2）对任意自然数 $n$ 有 $n \notin n$。

**练习 * 7.23** 证明：若 $A$ 和 $B$ 都是可数集，则 $A \cap B, A \cup B$ 和 $A \times B$ 都是可数集（提示，对于 $A \times B$，先证明 $A \times B$ 到 $\mathbb{N} \times \mathbb{N}$ 有单函数）。

**练习 7.24** 使用数学归纳法证明例子 7.22定义的函数 $J_n$ 对任意的自然数 $n \geqslant 2$ 都是双函数。

**练习 7.25** 利用算术基本定理 (The Fundamental Theorem of Arithmetic)，即每个大于 1 的正整数都可唯一分解为质因数的积，定义函数 $P: \mathbb{Z}^* \to \mathbb{Z}$，这里 $\mathbb{Z}^* = \bigcup_{n=0}^{\infty} \mathbb{Z}^n$，有：

$$\forall \langle a_1, a_2, \cdots, a_n\rangle \in \mathbb{Z}^n, \quad P(a_1, a_2, \cdots, a_n) = p_1^{a_1} p_2^{a_2} \cdots p_n^{a_n}$$

这里 $p_i$ 是第 $i$ 个质数，第 1 个质数是 2，第 2 个质数是 3，等等。证明：$P$ 是单函数，从而得到 $\mathbb{Z}^*$ 是可数集。

**练习 * 7.26** 证明：有理数集 $\mathbb{Q}$ 是可数集（提示：根据定义，有理数是能表示成分数 $p/q$ 的实数，这里 $p$ 和 $q$ 都是整数，且 $q \neq 0$，这表明有 $\mathbb{Z} \times \mathbb{Z} \rightarrow \mathbb{Q}$ 的满函数）。

**练习 7.27** 设集合 $A$ 是可数集，证明：$\mathcal{P}_f(A) = \{S \mid S \subseteq A$ 且 $S$ 是有穷集$\}$ 也是可数集。

**练习 7.28** 证明：实数的开区间 $(0,1)$ 与 $\wp(\mathbb{N})$ 等势，从而得到实数集与自然数集的幂集等势（提示：$\wp(\mathbb{N})$ 与 $\mathbf{2}^{\mathbb{N}}$ 等势，因此可类似考虑用 0 和 1 之间实数的二进制表示法进行证明，但要注意二进制表示的小数 $0.1000\cdots$（后面无穷多个 0）和 $0.0111\cdots$（后面无穷多个 1）是同一个实数）。

**练习 * 7.29** 证明：函数 $f(x) = (x^3 + 2x + 1)/(x + 1)$ 是 $O(x^2)$，但不是 $O(x)$。

**练习 7.30** 证明：函数 $f(n) = 3^n + 2^n + 1$ 是 $O(3^n)$，但不是 $O(2^n)$。

**练习 7.31** 给出下面表达式定义的正整数集到实数集的函数尽可能好的大 $O$ 估计。

（1）$(n^3 + n^2 \log n)(\log n + 1) + (12 \log n)(n^3 + 1)$ （2）$(n^4 + n^2 \log n)/(n^2 + (\log n)^2)$

（3）$(2^n + n^2)(n^3 + 3^n)$ （4）$(n2^n + 5^n)(n! + 3^n)$

**练习 7.32** 给出下面表达式定义的实数集上函数尽可能好的大 $O$ 估计。

（1）$(x \log x)(x^3 + 1)$ （2）$(x^2 + 8)(x + 1)$

（3）$(x \log x + x^2)(x^3 + 2)$ （4）$(x^3 + 5 \log x)/(x^4 + 1)$

**练习 * 7.33** 使用最小的 $n$ 给出下面实数集上函数的 $O(x^n)$ 的估计。

（1）$f(x) = 2x^3 + x^2 \log x$ （2）$3x^3 + (\log x)^4$

（3）$(x^4 + x^2 + 1)/(x^3 + 1)$ （4）$(x^5 + 5(\log x)^2)/(x^3 + x \log x)$

**练习 7.34** 设 $f, g$ 都是数集上的函数，证明：函数 $f$ 是 $\Theta(g)$ 当且仅当存在常数 $C_1 > 0, C_2 > 0$ 和 $k$，使得当 $x > k$ 时总有 $C_1|g(x)| \leqslant |f(x)| \leqslant C_2|g(x)|$。

**练习 7.35** 设 $f, g$ 都是数集上的函数，证明：

（1）函数 $f$ 是 $O(g)$ 当且仅当 $g$ 是 $\Omega(f)$。

（2）函数 $f$ 是 $\Theta(g)$ 当且仅当 $f$ 是 $O(g)$ 且 $g$ 是 $O(f)$。

**练习 * 7.36** 对于前面给出的计算两个非负整数的最大公因子 $\gcd(-,-)$ 的朴素算法，即算法 1.5，确定算法的输入规模、基本操作、执行次数最多的基本操作，分析该基本操作与输入规模的函数关系，最后给出最坏情况下的算法复杂度的大 $O$ 估计。

**练习 7.37** 对于前面给出的打印一个集合幂集的算法，即算法 5.1，确定算法的输入规模、基本操作、执行次数最多的基本操作，分析该基本操作与输入规模的函数关系，最后给出最坏情况下的算法复杂度的大 $O$ 估计。

**练习 7.38** 对前面给出的计算两个非负整数最大公因子的欧几里得算法，即算法 1.6，确定算法的输入规模、基本操作、执行次数最多的基本操作，分析该基本操作与输入规模的函数关系，最后给出最坏情况下的算法复杂度的大 $O$ 估计。

**练习 * 7.39** 设计一个算法以一组整数 $a_1, a_2, \cdots, a_n$ 为输入，这里 $n \geqslant 2$，从中找出第二大的整数数值，即在 $a_1, a_2, \cdots, a_n$ 的不同整数值中只有一个整数值大于或等于该整数值。确定算法的输入规模、基本操作、执行次数最多的基本操作，分析该基本操作与输入规模的函数关系，最后给出最坏情况下的算法复杂度的大 $O$ 估计。

**练习 7.40** 设计一个算法判断一组整数 $a_1, a_2, \cdots, a_n$ 是否有重复的整数，即是否存在两个整数 $i, j, i \neq j$ 使得 $a_i = a_j$，确定算法的输入规模、基本操作、执行次数最多的基本操作，分析该基本操作与输入规模的函数关系，最后给出最坏情况下的算法复杂度的大 $O$ 估计。

第8章

# 计数与组合

本章介绍组合数学的基础知识。组合数学是现代数学的重要分支，研究按照一定规则或条件安排 (arrangement) 或配置 (configuration) 离散事物的相关问题，包括安排的存在性、安排的计数 (counting) 与枚举 (enumeration)、安排的性质与分类以及安排的优化 (optimization) 等，这些问题分别属于组合存在性问题、组合计数问题、组合枚举问题和组合优化问题。许多求解问题的计算机算法都属于组合算法，例如第 9 章将要介绍的求带权图两个顶点的最短距离、最优二叉树等都属于在某种条件下找到一种最优的解，是某种意义上的组合优化问题。分析算法效率要计算算法基本操作的执行次数，通常需要用到组合数学中的思想与方法。

本章主要讨论组合计数问题和组合枚举问题，首先介绍包括加法原理、乘法原理、容斥原理和鸽笼原理在内的基本计数原理和组合存在性原理。然后介绍基本的组合计数模型，即排列与组合。排列与组合描述从集合中选择元素的不同方式，根据选择是否有序以及能否重复选择而分成基本的排列与组合与允许重复的排列与组合。本章还介绍与排列组合相关的二项式定理及组合等式的证明，并讨论生成排列和组合的算法。最后在讨论如何使用递推关系式建模计数问题的基础上，讨论线性递推关系式的求解，并讨论递推关系式在分析分治算法效率方面的应用。

## 8.1 组合计数的基本原理

Counting-Basic(1)

本节介绍组合计数中的一些基本原理，包括加法原理、乘法原理、容斥原理和鸽笼原理。加法原理和乘法原理给出了对集合元素计数的基本思维方式，即分类处理和分步处理，从而将计数问题进行分解和模块化。容斥原理主要用于计数集合中满足某些性质或不满足某些性质的元素。鸽笼原理是一种组合存在性原理，用于证明某种离散结构的存在。

Counting-Basic(2)

### 8.1.1 加法原理和乘法原理

Counting-Basic(3)

这里的原理 (principle) 是指一种行动法则 (rule of action)，加法原理和乘法原理是求解计数问题最基本的法则，体现人们在计数时的基本思维方式。组合数学中的计数 (counting) 是指计算某个有限集合的元素个数，这个集合给出了按照一定规则或条件对离散事物的安排或配置方法，因此下面尽量使用集合语言描述组合计数的基本原理。

**定义 8.1 加法原理** (Addition Principle)，或称为**加法法则** (sum rule)，是指若集合 $S$ 可被划分为集合族 $\mathcal{F}=\{S_1,S_2,\cdots,S_n\}$，也即 $\mathcal{F}$ 是 $S$ 的划分，则 $S$ 的元素个数是这些集合元素个数之和，即：

$$|S|=|S_1|+|S_2|+\cdots+|S_n|$$

加法原理体现人们在计数时的分类思维方式：将一个集合的元素按照某个标准分为若干类，任意两个类没有重复的元素，然后对每个类的元素进行计数就可得到整个集合的元素个数。应用加法原理的关键在于：① 基于**不重复、不遗漏**的原则确定分类的标准，使得任意两个类没有重复元素，且每个元素都被分到某个类；② 对每个类的元素的计数应该比对整个集合的元素的计数更为简单。

**定义 8.2 乘法原理** (Multiplication Principle)，或称为**乘法法则** (product rule)，是指若集合 $S$ 的每个元素都是 $n$ 个元素构成的序列（$n$ 元组）$\langle s_1,s_2,\cdots,s_n\rangle$，每个元素 $s_i$ 的可能取值有 $m_i$ 种，且对任意 $i<n$，无论 $s_i$ 取 $m_i$ 种值的哪个值，$s_{i+1}$ 都有 $m_{i+1}$ 种可能的取值，则：

$$|S|=m_1\times m_2\times\cdots\times m_n$$

乘法原理体现人们在计数时的分步思维方式：设想集合 $S$ 是完成一个任务的方法构成的集合，这个任务可分为 $n$ 个相继的步骤，每个步骤完成一个子任务，每个子任务完成的方法数分别是 $m_1,m_2,\cdots,m_n$，且无论第 $i$ 个任务使用哪种方法完成，它后继的任务，即第 $i+1$ 个任务都有 $m_{i+1}$ 种方法完成，则整个任务的完成方法数，即集合 $S$ 的元素个数是 $m_1\times m_2\times\cdots\times m_n$。

这里需要指出的是，完成整个任务的 $n$ 个相继子任务既有一定的**独立性**又可能有一定的**相关性**。相关性是指前一个任务选择不同的完成方法，后一个任务可选的完成方法可能不同。独立性是指无论前一个任务选择哪种完成方法，后一个任务的完成方法数相同。

**例子 8.1** 设 $A_1,A_2,\cdots,A_n$ 是 $n$ 个有穷集，且 $|A_1|=m_1,|A_2|=m_2,\cdots,|A_n|=m_n$，则：

$$|A_1\times A_2\times\cdots\times A_n|=m_1\times m_2\times\cdots\times m_n$$

用 $A_1,A_2,\cdots,A_n$ 的元素构建集合 $A_1\times A_2\times\cdots\times A_n$ 的元素可看作一个任务并分成 $n$ 个子任务，第 $i$ 个任务确定 $n$ 元组的第 $i$ 个元素。这时相继的任务没有相关性，即对任意的 $i=1,2,\cdots,n-1$，第 $i$ 个任务可选 $A_i$ 的任何元素，而无论它选哪个元素，第 $i+1$ 个任务都可选 $A_{i+1}$ 的任何元素。这是应用乘法原理的最简单情况，立即得到所有可能的 $n$ 元组的个数是 $m_1\times m_2\times\cdots\times m_n$，这也是笛卡儿积 $A_1\times A_2,\cdots\times A_n$ 的元素个数[①]。

① 注意，我们可能根据情况使用 $a\times b$、$a\cdot b$ 和 $ab$ 三种形式之一表示两个数 $a$ 和 $b$ 的乘积。

**例子 8.2**　设 $A, B$ 是有穷集且 $|A| = m, |B| = n$，则所有 $A$ 到 $B$ 的函数共有 $n^m$ 个，也即 $|B^A| = n^m$。可将构建函数的任务看做 $m$ 个子任务，第 $i$ 个任务确定集合 $A$ 的第 $i$ 个元素 $a_i$ 的函数值 $f(a_i) \in B$，每个任务的可选完成方法数都是 $n$，即可选 $B$ 的任意元素作为函数值，而且任务之间没有相关性，因此可构建的函数个数是 $n \times n \times \cdots \times n = n^m$。

实际上，每个 $A$ 到 $B$ 的函数 $f$ 可看作有序对 $\langle f(a_1), \cdots, f(a_m)\rangle$，每个 $f(a_i)$ 都可来自 $B$，因此 $A$ 到 $B$ 的函数个数等于 $|B \times B \times \cdots \times B| = |B^m| = |B|^m = n^m$。

**例子 8.3**　用 $1, 2, 3, 4, 5$ 可组成多少个两位数？构成两位数相当于有两个子任务，分别确定一个两位数的十位数和个位数，这里每个任务的可选完成方法数都是 5 个，因此整个任务的完成方法数是 $5 \times 5 = 25$，即可构成 25 个两位数。

实际上，每个两位数可看作有序对 $\langle a, b\rangle$，其中 $a$ 和 $b$ 都可来自集合 $A = \{1, 2, 3, 4, 5\}$，因此可构成的两位数个数等于 $|A \times A|$。一般来说，使用数字、字母构成满足一定条件的串的计数问题本质上都是计算一个笛卡儿积，或一个笛卡儿积满足某些性质的子集的元素个数，通常都要用到乘法原理。

**例子 8.4**　用集合 $A = \{1, 2, 3, 4, 5\}$ 的数字可组成多少个数字不同的两位数？这时仍有两个子任务，即确定十位数字和确定个位数字。但要求数字不同时，这两个子任务相关，即十位确定不同的数字，个位可选的数字也不同。这时能组成的两位数个数不等于 $|A \times A|$，甚至无法简单地说等于哪两个集合的笛卡儿积的元素个数，只能说等于 $A \times A$ 某个合适子集的元素个数。这是我们在给出乘法原理时没有简单地使用集合的笛卡儿积进行描述的原因。

但这两个子任务之间有独立性，即无论十位确定哪个数字，个位可选的数字个数都相同，因此这时仍可直接应用乘法原理，很容易得到可组成的数字不同的两位数共 $5 \times 4 = 20$ 个。

**例子 8.5**　用集合 $A = \{0, 1, 2, 3, 4, 5\}$ 的数字可组成多少个数字不同的两位数？这时两个子任务，确定十位数字和确定个位数字的完成顺序会影响乘法原理的应用。如果先确定十位数字再确定个位数字，则十位数字不能选 0（否则不是两位数）而有 5 个可选数字，个位数字无论十位数字选什么都有 5 个可选数字（除十位选定数字之外的 5 个数字），因此应用乘法原理得到可组成 $5 \times 5 = 25$ 个数字不同的两位数。

但如果先确定个位数字再确定十位数字，那么个位数字选 0 和个位数字选其他数字，十位数字可选的数字个数不同，相继任务之间没有独立性，不能直接应用乘法原理。为了能应用乘法原理，需要对前一个任务的可选方法进行分类处理，即如果个位数字选 0，则十位数字有 5 个可选数字，这样的数字不同的两位数有 5 个，而如果个位数字不选 0，则无论个位选哪个数字，十位数字都有 4 个可选数字，因此这样的数字不同的两位数有 20 个，然后运用加法原理得到用集合 $A$ 的数字能构成的数字不同的两位数总共有 $5 + 20 = 25$ 个。

从上面这些简单的例子读者可体会到应用加法原理和乘法原理的一些要点。

（1）应用乘法原理将任务分成子任务时，子任务的完成顺序可能会影响乘法原理的应用，这时应该优先考虑约束条件多的子任务，因为约束条件少的子任务的可选方法数更不容易受到前面任务所选方法的影响，从而更容易保证相继任务之间的独立性，以方便直接应用乘法原理。

（2）如果子任务的完成顺序不能保证相继任务的独立性，则不能直接使用乘法原理。这时通常要对完成子任务的方法分类，使得每个类的后继子任务的完成方法数不依赖于这个任务的完成方法，然后对每一类使用乘法原理得到每一类完成整个任务的方法数，最后再使用加法原理得到总的方法数。

很多时候，例如计数结果不是特别大时，可编写计算机程序枚举所有满足条件的元素验证计数结果。例如，可编写计算机程序生成用集合 $A = \{0, 1, 2, 3, 4, 5\}$ 的数字构成的所有数字不同的两位数。这时，我们倾向于采用生成所有可能元素，并过滤出满足条件的元素的编程策略，例如，可编写程序生成 $A \times A$ 的所有有序对，并过滤出第一个元素不是 0、且两个元素互不相同的有序对，从而验证上面的计数结果。

采用生成所有元素并进行条件过滤的编程策略的原因在于，生成所有元素通常有更简单明确的规则，因此容易设计算法，而如果只生成满足条件的元素则往往由于条件的复杂性而难以设计生成的算法。因为，通常来说判断元素是否满足某个性质或条件，往往比生成满足这个性质或条件的元素更容易。

能单独使用加法原理求解的计数问题通常非常简单，而使用乘法原理对要计数的任务进行分解，如果子任务之间没有相关性，则求解这个问题也会比较简单。难的计数问题往往在于子任务之间有相关性，且很多时候这种相关性会破坏独立性，从而需要灵活运用加法原理和乘法原理。

**问题 8.6** 某计算机学院有三个专业的学生，计算机系统专业有 20 位学生，计算机软件专业有 35 位学生，计算机应用专业有 45 位学生。任何学生都可任职学生会。现在要推选一位学生任学生会主席，有多少种推选方法？如果要推选一位学生任学生会主席，另一位学生任副主席，有多少种推选方法？如果要求任学生会主席和副主席的学生来自不同专业，则有多少种推选方法？

**【解答】**（1）任何学生都可任职学生会主席，因此推选一位学生任学生会主席的方法数等于学生总人数，为 $20 + 35 + 45 = 100$。

（2）推选一位学生任主席，每位学生都可任职，因此有 100 种可能，再推选一位学生任副主席，除了已任主席的学生外，其他 99 位学生都可任副主席，有 99 种可能，推选一位主席和一位副主席的推选方法总共有 $100 \times 99 = 9900$ 种。

(3) 如果要求主席和副主席来自不同专业，我们可按主席来自的专业分类：① 主席来自计算机系统专业，这有 20 种可能，而副主席来自其他两个专业，有 $35 + 45 = 80$ 种可能，因此这时一共有 $20 \times 80 = 1600$ 种可能；② 主席来自计算机软件专业，副主席来自其他两个专业，共有 $35 \times (45 + 20) = 2275$ 种可能；③ 主席来自计算机应用专业，副主席来自其他两个专业，共有 $45 \times (20 + 35) = 2475$ 种可能。因此主席、副主席来自不同专业的推选方法总共有 $1600 + 2275 + 2475 = 6350$ 种可能。

**【讨论】**（1）推选一位学生任主席的方法计数可认为运用了加法原理，即按不同专业划分这些方法，但由于只用到加法原理，求解比较简单，因此很多人都可能没有意识到这是加法原理的运用。

（2）推选来自不同专业的学生任主席和副主席的方法计数关键在于要运用加法原理对这样的方法进行适当的分类处理，分类要保证不重复、不遗漏，但也不需要太细，例如，不需要按主席来自的专业分类后还按副主席来自的专业再分类。

（3）推选来自不同专业的学生任主席和副主席的方法数也等于推选不同学生担任主席和副主席的方法总数减去主席和副主席来自同一专业的情况。后者又可分类为都来自计算机系统专业、都来自计算机软件专业和都来自计算机应用专业三种情况，分别有 $20 \times 19 = 380$，$35 \times 34 = 1190$ 和 $45 \times 44 = 1980$ 种方法，推选不同学生担任主席和副主席的方法总数是 9900 种，因此推选来自不同专业学生任主席和副主席的方法数是：

$$9900 - (380 + 1190 + 1980) = 9900 - 3550 = 6350$$

上述问题的求解表明可以用多种方法求解一个计数问题，而且上面的讨论也引入了减法原理，即推选不同专业学生任职的方法数等于总的方法数减去推选同一专业学生任职的方法数。下面给出减法原理的一般定义。

**定义 8.3　减法原理** (Substraction Principle) 是指，设有全集 $U$ 和它的子集 $S \subseteq U$，为计算集合 $S$ 的元素个数，我们求解全集 $U$ 的元素个数和 $U$ 中不在 $S$ 中的元素个数，即 $S$ 相对于全集 $U$ 的补集 $\overline{S}$ 的元素个数，从而可得到 $S$ 的元素个数是 $U$ 的元素个数减去集合 $\overline{S}$ 的元素个数，即

$$|S| = |U| - |\overline{S}| = |U| - |U - S|$$

**问题 8.7**　三位数的正整数中至少有一位数字是 5 的正整数有多少？

**【分析】**显然运用减法原理将所有的三位正整数个数减去不含数字 5 的正整数个数求解这个计数问题比较简单。

**【解答】**所有三位数的正整数是 $100 \sim 999$，共有 $999 - 100 + 1 = 900$ 个，不含数字 5 的三位数百位有 8 种可能（不能是 0 和 5），个位和十位都有 9 种可能，因此这样的三位数总共有 $8 \times 9 \times 9 = 648$ 个，从而至少有一位数字是 5 的三位数共有 $900 - 648 = 252$ 个。

**【讨论】**不用减法原理而直接求解至少有一位数字是 5 的三位数个数则会更复杂，一种可能的分类处理方法是：① 百位是 5 的数从 500 到 599 共有 100 个。② 百位不是 5 的数又可分为三类：(a) 只是个位是 5，共有 $8 \times 9 = 72$ 个，这里 8 是这时百位的可能性（不能是 0 和 5），9 是十位的可能性（不能是 5）；(b) 只是十位是 5，同样有 $8 \times 9 = 72$ 个；(c) 个位和十位都是 5，这只有 8 个（分别是 $155, \cdots, 455, 655, \cdots, 955$），因此总共有 $100 + 72 + 72 + 8 = 252$ 个。

一种可能错误的分类是分别考虑个位、十位和百位是 5，这会产生重复，因为可以同时两个位置或三个位置都出现 5，而一种虽然正确但更为复杂的分类是考虑恰好有一个 5、恰好有两个 5、有三个 5 等，然后恰好有一个 5 又要分为个位是 5、十位是 5、百位是 5，等等。因此找到合适的分类处理方式是运用加法原理的关键，不能重复和遗漏，也不能分类太多。

减法原理可以说是加法原理的补或说推论：全集 $U$ 划分为两部分 $S$ 和 $\overline{S}=U-S$，这两部分的元素显然不重复、不遗漏，从而由加法原理有 $|U|=|S|+|U-S|$，也即有 $|S|=|U|-|U-S|$，显然当 $|U|$ 和 $|U-S|$ 的计算比 $|S|$ 的计算更为简单时使用减法原理最为合适。乘法原理也有它的补原理，称为除法原理。

**定义 8.4　除法原理** (Division Principle) 是指，如果集合 $S$ 和集合 $T$ 之间存在满函数 $f:S\to T$，且 $T$ 的每个元素在 $f$ 下都恰好有 $k$ 个原像，则 $T$ 的元素个数等于 $S$ 的元素个数除以 $k$，即：$|T|=|S|/k$。

**例子 8.8**　考虑四个人围着一张圆桌而坐有多少种坐法？由于圆桌不分方向，因此只要每个人左右相邻的人相同就认为是同一坐法。

我们将圆桌的四个座位任意一个位置编号为 1，其他位置按顺时针编号为 2,3,4 号位。这样 1 号位有 4 种选择人坐的方法，2 号位有 3 种方法，3 号位有 2 种，4 号位有 1 种，因此在对位置进行编号情况下，每个人坐在不同编号的位置下有 $4\times3\times2\times1=24$ 种方法。

但是，在认为每个人左右相邻的人都相同就认为是同一坐法时，圆桌无论哪个位置编号为 1，其他位置按顺时针依次编号产生的座位安排都不会改变人的相邻关系，也即每一种圆桌就坐方法对应 4 种按编号就坐方法，因此根据除法原理，圆桌就坐就有 $24/4=6$ 种不同方法。

实际上，对于有限集，若两个集合等势，即两个集合之间有双函数，则这两个集合的元素个数相等。这在组合计数中称为一一对应原理。

**定义 8.5　一一对应原理** (One-to-one Correspondence Principle) 是指，如果有限集合 $S$ 和集合 $T$ 之间存在双函数，则它们有相同的元素个数。

前面将有穷集合 $A$ 到 $B$ 的函数 $f$ 看作 $B^m$ 中的 $n$ 元组，更严谨地说就是，可建立集合 $B^A$ 和 $B^m$ 的一一对应，从而 $|B^A|=|B^m|=n^m$，这里 $m=|A|,n=|B|$。后面还有很多地方，例如在证明组合恒等式时，都会用到计数的一一对应原理。这里再给出一个简单的例子。

**例子 8.9**　设集合 $A$ 有 $n$ 个元素。$A$ 的每一个子集与一个长度为 $n$ 的二进制串一一对应，长度为 $n$ 的二进制串有 $2^n$ 个，因此 $A$ 的所有子集个数，即 $A$ 的幂集 $\wp(A)$ 的元素个数也是 $2^n$，即 $|\wp(A)|=2^{|A|}$。

最后给出一个问题探讨计数原理在计算机程序语句（或算法步骤）执行次数方面的简单应用。

**问题 8.10**　表 8.1 给出的两个程序片段执行完毕之后，程序变量 $k$ 的值分别是多少？

表 8.1　问题 8.10 的两个程序片段

| (1) | (2) |
| --- | --- |
| $k=0$;<br>**for** $i = 1$ **to** $n$ **do**<br>　**for** $j = 1$ **to** $m$ **do**<br>　　$k=k+1$ | $k=0$;<br>**for** $i = 1$ **to** $n$ **do**<br>　**for** $j = i$ **to** $m$ **do**<br>　　$k=k+1$ |

**【分析】**从完成任务的角度看，每个循环看作一个任务，循环的执行次数看作完成任务的方法数，嵌套循环看作任务的分步完成。

**【解答】**（1）程序片段 (1) 给出的外层循环执行 $n$ 次，相当于外层循环对应任务的完成方法数有 $n$ 个，对于外层循环的每个 $i$ 值，内层循环都执行 $m$ 次，相当于对每个外层循环对应任务的每个完成方法，内层循环对应任务都有 $m$ 个完成方法，因此根据乘法原理，整个任务的完成方法数，也即最里层循环体语句的执行次数是 $nm$ 次，每执行一次 $k$ 加 1，因此最后 $k$ 的值是 $mn$。

（2）程序片段 (2) 给出的外层循环执行 $n$ 次，对于外层循环的每个 $i$ 值，内层循环执行 $m-i+1$ 次，从完成任务角度看，内层循环对应任务的完成方法数与外层循环对应任务所选的完成方法相关，不能使用乘法原理，只能针对外层循环的每个 $i$ 值讨论，也即内层循环体语句 $k=k+1$ 的总执行次数是：当 $n \leqslant m$ 时，有：

$$(m-1+1)+(m-2+1)+\cdots+(m-n+1)=\sum_{k=m}^{m-n+1} k=\frac{n(2m-n+1)}{2}$$

而当 $n>m$ 时，当外层循环的 $i>m$ 时，内层循环已经不执行，因此这时内层循环体语句的总执行次数是：

$$(m-1+1)+(m-2+1)+\cdots+(m-m+1)=\sum_{k=1}^{m} k=\frac{m(m+1)}{2}$$

因此，当 $m>n$ 时程序片段 (2) 执行完毕后 $k$ 的值是 $n(2m-n+1)/2$，而当 $m \leqslant n$ 时，这个程序片段执行完毕后 $k$ 的值是 $m(m+1)/2$。

**【讨论】**上面代码片段中 for $i = 1$ to $n$ do$\{\cdots\}$，循环变量 $i$ 的取值从 1 到 $n$，包括 $n$，注意，这与 C++ 语言或 Java 语言循环下标通常从 0 到小于 $n$ 稍有不同。读者可将上述代码片段改为 C++ 语言或 Java 语言的程序片段以验证上述结果的正确性。

### 8.1.2　容斥原理

加法原理告诉我们，当集合 $S=A\cup B$ 且 $A\cap B=\varnothing$ 时，也即集合族 $\{A,B\}$ 是集合 $S$ 的划分时有 $|S|=|A\cup B|=|A|+|B|$。那么在一般情况下，也即 $A\cap B\neq\varnothing$ 时，怎样计数集合 $A\cup B$ 的元素个数呢？**容斥原理** (Inclusion-Exclusion Principle) 用于解决这类计数问题。本节证明容斥原理的简单形式，即如何计算两个或三个集合的并集的元素个数，并使用例子说明它们的应用。后面在讨论排列与组合后还将证明容斥原理的一般形式，并结合排列与组合讨论容斥原理的更多应用。

8.1.1 节使用定义的形式给出加法原理、乘法原理、减法原理、除法原理和一一对应原理，这是因为我们将这些原理，特别是加法原理和乘法原理，作为计数的基本原理，不注重它们的正确性证明，而是注重它们的应用。本节以定理的形式给出容斥原理的简单形式，并使用加法原理证明其正确性，以进一步展示基本计数原理的应用。为给出并证明容斥原理，下面首先证明一个引理。

**引理 8.1** 设 $A, B$ 是有穷集合，则 $|A-B| = |A| - |A\cap B|$。

**证明** 不难证明 $(A-B)\cap(A\cap B) = \varnothing$ 及 $(A-B)\cup(A\cap B) = A$，因此集合族 $\{A-B, A\cap B\}$ 是集合 $A$ 的划分，由加法原理有 $|A| = |A-B| + |A\cap B|$，即有 $|A-B| = |A| - |A\cap B|$。 □

注意，加法原理作为计数原理只能应用于有穷集。当 $A$ 或 $B$ 之一或两者都是空集时，显然仍有 $|A-B| = |A| - |A\cap B|$，因为 $|\varnothing| = 0$。

不难看到，如果 $B\subseteq A$，则 $A\cap B = B$，从而引理 8.1 就是减法原理 $|B| = |A| - |A-B|$。

**定理 8.2 两集合的容斥原理:** 设 $A, B$ 是有穷集合，则 $|A\cup B| = |A| + |B| - |A\cap B|$。

**证明** 利用集合等式证明方法，不难证明：

$$(A-B)\cup(B-A)\cup(A\cap B) = A\cup B$$

$$(A-B)\cap(B-A)=\varnothing \qquad (A-B)\cap(A\cap B)=\varnothing \qquad (B-A)\cap(A\cap B)=\varnothing$$

因此，集合族 $\{A-B,\ A\cap B,\ B-A\}$ 是集合 $A\cup B$ 的一个划分，从而由加法原理及引理 8.1 有：

$$\begin{aligned}|A\cup B| &= |A-B| + |A\cap B| + |B-A| \\ &= |A| - |A\cap B| + |A\cap B| + |B| - |B\cap A| \\ &= |A| + |B| - |A\cap B|\end{aligned}$$ □

注意，当 $A$ 或 $B$，或两者都是空集时仍有 $|A\cup B| = |A| + |B| - |A\cap B|$。

图 8.1 给出了两集合容斥原理的直观图示，可以看到，$A\cup B$ 可分为不相交的三部分 $A-B, A\cap B$ 和 $B-A$。图 8.1(a) 表明在计算 $|A|$ 时，$|A-B|$ 和 $|A\cap B|$ 各被计算一次。图 8.1(b) 表明继续计算 $|B|$ 时，$|B-A|$ 被计算一次，$|A\cap B|$ 又被计算了一次，即计算了两次。从而如果利用 $|A|$ 与 $|B|$ 的和计算 $|A\cup B|$ 就要减去 $|A\cap B|$ 一次。由于在计算 $A\cup B$ 的元素个数时，首先包含 $A$ 和 $B$ 的元素，然后排除重复计算的 $A\cap B$ 的元素，因此这个原理被称为包含 (inclusion)-排斥 (exclusion) 原理，中文简称为容斥原理。

**推论 8.3 三集合容斥原理**：设 $A, B, C$ 都是有穷集，则：

$$|A\cup B\cup C| = |A| + |B| + |C| - |A\cap B| - |A\cap C| - |B\cap C| + |A\cap B\cap C|$$

**证明** 在计算 $|A\cup B\cup C|$ 时，先将 $A\cup B$ 看作一个整体，利用两集合容斥原理有：

$$|(A\cup B)\cap C| = |(A\cap C)\cup(B\cap C)| = |A\cap C| + |B\cap C| - |A\cap B\cap B\cap C|$$

$$
\begin{aligned}
&= |A\cap C|+|B\cap C|-|A\cap B\cap C| \\
|A\cup B| &= |A|+|B|-|A\cap B|
\end{aligned}
$$

从而就有：

$$
\begin{aligned}
|A\cup B\cup C| &= |A\cup B|+|C|-|(A\cup B)\cap C| \\
&= |A|+|B|-|A\cap B|+|C|-(|A\cap C|+|B\cap C|-|A\cap B\cap C|) \\
&= |A|+|B|+|C|-|A\cap B|-|A\cap C|-|B\cap C|+|A\cap B\cap C| \qquad \square
\end{aligned}
$$

上面证明应用了集合分配律等式：$(A\cup B)\cap C=(A\cap C)\cup(B\cap C)$。

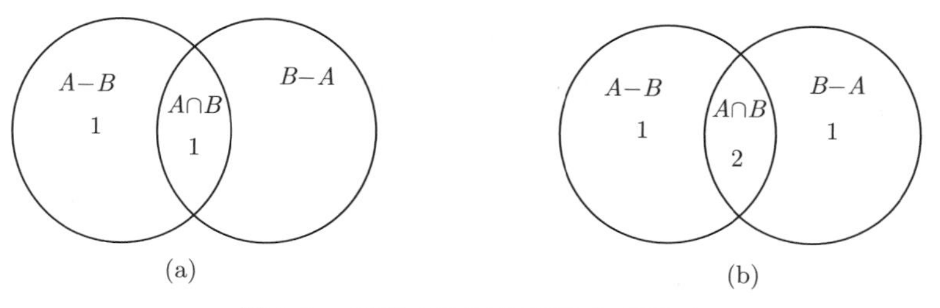


图 8.1　两集合容斥原理的直观图示

容斥原理用于当集合交的元素个数比集合并的元素更容易计算的情况，或通俗地说，当计算同时满足某些性质的元素个数比计算满足某些性质之一的元素个数更容易时，适合用容斥原理。

**问题 8.11**　在小于或等于 1000 的正整数中有多少能被 3 或 5 整除？

**【分析】**这种问题是应用容斥原理的典型情况，因为对任意整数 $a,b,c$，$a\mid c$ 且 $b\mid c$ 当且仅当 $\mathrm{lcm}(a,b)\mid c$，所以计算同时被多个整数整除的整数个数比计算被某些整数之一整除更容易。

**【解答】**设全集 $U=\{x\in\mathbb{Z}^+\mid 1\leqslant x\leqslant 1000\}$，且：

$$A=\{x\in U\mid x \text{ 能被 } 3 \text{ 整除 }\} \qquad B=\{x\in U\mid x \text{ 能被 } 5 \text{ 整除 }\}$$

则在小于或等于 1000 的正整数中能被 3 或 5 整除的正整数构成集合 $A\cup B$。注意到：

$$A\cap B=\{x\in U\mid x \text{ 能同时被 } 3 \text{ 和 } 5 \text{ 整除 }\}=\{x\in U\mid x \text{ 能被 } 15 \text{ 整除 }\}$$

且有：

$$|A| = \left\lfloor\frac{1000}{3}\right\rfloor=333 \qquad |B| = \left\lfloor\frac{1000}{5}\right\rfloor=200 \qquad |A\cap B| = \left\lfloor\frac{1000}{15}\right\rfloor=66$$

从而由容斥原理有：

$$|A\cup B|=|A|+|B|-|A\cap B|=333+200-66=467$$

也即小于或等于 1000 的正整数中能被 3 或 5 整除的有 467 个。

**【讨论】**（1）计数问题通常是针对有穷集合的元素进行计数，因此我们推荐在求解计数问题时尽量使用集合语言表达所要计数的集合，特别是在使用容斥原理求解计数问题时，因为基本的容斥原理就是用集合形式给出的。在上面的解答中，引入了全集 $U$ 和基本集合 $A,B$，使得整个求解过程显得更为严谨和清晰。

（2）一般来说，小于或等于 $m$ 的正整数中，也即从 1 到 $m$ 的正整数中能被 $d$ 整除的有 $\lfloor m/d\rfloor$ 个，而从 $n$ 到 $m$，即大于或等于 $n$ 小于或等于 $m$ 的正整数中，能被 $d$ 整除的正整数个数是 $\lfloor m/d\rfloor-\lfloor(n-1)/d\rfloor$，这里 $n,m,d$ 都是正整数。注意 $\lfloor m/d\rfloor-\lfloor(n-1)/d\rfloor$ 不一定等于 $\lfloor(m-n+1)/d\rfloor$，例如：$\lfloor 10/3\rfloor-\lfloor(9-1)/3\rfloor=1$，但$\lfloor(10-9+1)/3\rfloor=0$。

**问题 8.12** 在三位正整数中：（1）有多少不能被 3 整除？（2）有多少不能被 3 或 5 整除？（3）有多少能被 3 但不能被 5 整除？

**【解答】**三位正整数是从 100 到 999 的正整数，即全集 $U=\{x\in\mathbb{Z}^+\mid 100\leqslant x\leqslant 999\}$。设：

$$A=\{x\in U\mid x \text{ 能被 3 整除}\}\qquad B=\{x\in U\mid x \text{ 能被 5 整除}\}$$

则有 $|U|=999-100+1=900$，且有：

$$|A|=\lfloor 999/3\rfloor-\lfloor(100-1)/3\rfloor=300\qquad |B|=\lfloor 999/5\rfloor-\lfloor(100-1)/5\rfloor=180$$

从而：（1）不能被 3 整除的三位正整数集合是 $U-A$，或者说是 $\overline{A}$，而：

$$|\overline{A}|=|U-A|=|U|-|A|=900-300=600$$

因此，不能被 3 整除的三位正整数有 600 个。

（2）不能被 3 或 5 整除的三位数是指整数 $x$ 满足 $\neg(3\mid x\vee 5\mid x)$，即 $3\nmid x\wedge 5\nmid x$，是指既不能被 3 整除又不能被 5 整除的整数，也即是集合 $\overline{A}\cap\overline{B}$，而：

$$\begin{aligned}|\overline{A}\cap\overline{B}| &= |\overline{A\cup B}|=|U|-|A\cup B|=|U|-(|A|+|B|-|A\cap B|)\\ &= 900-(300+180-(\lfloor 999/15\rfloor-\lfloor 99/15\rfloor))=480\end{aligned}$$

因此，不能被 3 或 5 整除的三位正整数有 480 个。

（3）能被 3 但不能被 5 整除的三位正整数集合是 $A\cap\overline{B}=A-B$，而：

$$|A-B|=|A|-|A\cap B|=300-(\lfloor 999/15\rfloor-\lfloor 99/15\rfloor)=300-60=240$$

因此，能被 3 整除但不能被 5 整除的三位正整数有 240 个。

**【讨论】**（1）注意，在自然语言中，“不能被 3 或 5 整除”逻辑等值于“既不能被 3 整除又不能被 5 整除”，而不是“不能被 3 整除，或者不能被 5 整除”。

（2）这里 $|\overline{A}|$ 不易直接计算，因此使用减法原理计算 $|U|-|A|$，同样 $|\overline{A}\cap\overline{B}|$ 不易计算，因此计算 $|U|-|A\cup B|$，再运用容斥原理计算 $|A\cup B|$。

**问题 8.13**　对 100 位计算机学院的学生选修外语课的情况进行了调查，发现每个人都选修了日语、德语、法语或俄语中的一门或多门，其中选修日语、德语、法语和俄语的人分别有 20,36,40 和 25 人，而同时选修日语和德语的有 8 人，同时选修德语和法语、同时选修德语和俄语以及同时选修法语和俄语的人都是 6 人，选修日语的人都既没有选修法语也没有选修俄语。试求同时选修了德语、法语和俄语的人有多少？而只选修日语、德语、法语或俄语的人又分别有多少？

**【解答】**令选修日语、德语、法语和俄语的学生构成的集合分别是 $A, B, C, D$。每个人都选修了四门外语课的一门或多门意味着 $|A\cup B\cup C\cup D| = 100$，进一步根据题意有：

$$
\begin{array}{cccc}
|A| = 20 & |B| = 36 & |C| = 40 & |D| = 25 \\
|A\cap B| = 8 & \multicolumn{3}{c}{|B\cap C| = |B\cap D| = |C\cap D| = 6}
\end{array}
$$

选修日语的人都没有选修法语也没有选修俄语，意味着 $A\cap C = A\cap D = \varnothing$。为了求同时选修德语、法语和俄语的人数，即求 $|B\cap C\cap D|$，我们将 $B\cup C\cup D$ 看作一个整体，由容斥原理有：

$$
\begin{aligned}
|A\cup(B\cup C\cup D)| &= |A| + |B\cup C\cup D| - |A\cap(B\cup C\cup D)| \\
&= |A| + |B\cup C\cup D| - |(A\cap B)\cup(A\cap C)\cup(A\cap D)| \\
&= |A| + |B\cup C\cup D| - |A\cap B|
\end{aligned}
$$

从而 $|B\cup C\cup D| = |A\cup B\cup C\cup D| - |A| + |A\cap B| = 100 - 20 + 8 = 88$ 人。另一方面有：

$$
\begin{aligned}
|B\cup C\cup D| &= |B| + |C| + |D| - |B\cap C| - |B\cap D| - |C\cap D| + |B\cap C\cap D| \\
&= 36 + 40 + 25 - 6 - 6 - 6 + |B\cap C\cap D| = 83 + |B\cap C\cap D|
\end{aligned}
$$

这就得到 $|B\cap C\cap D| = 88 - 83 = 5$ 人，也即同时选修德语、法语和俄语的人有 5 人。

只选修日语的学生构成的集合是 $A\cap\overline{B}\cap\overline{C}\cap\overline{D}$，这里全集是所有学生构成的集合，也即 $A\cup B\cup C\cup D$。有：

$$
\begin{aligned}
|A\cap\overline{B}\cap\overline{C}\cap\overline{D}| &= |A\cap\overline{B\cup C\cup D}| \\
&= |A - (B\cup C\cup D)| = |A| - |A\cap(B\cup C\cup D)| \\
&= |A| - |(A\cap B)\cup(A\cap C)\cup(A\cap D)| \\
&= |A| - |A\cap B| = 20 - 8 = 12
\end{aligned}
$$

因此，只选修日语的学生是 12 人。类似地，只选修德语的学生构成的集合是 $\overline{A}\cap B\cap\overline{C}\cap\overline{D} = B - (A\cup C\cup D)$。注意到 $A\cap C = A\cap D = \varnothing$，有：

$$
|B - (A\cup C\cup D)| = |B| - |B\cap(A\cup C\cup D)|
$$

$$= |B| - |(B\cap A)\cup(B\cap C)\cup(B\cap D)|$$
$$= |B| - (|B\cap A| + |B\cap C| + |B\cap D| - |B\cap C\cap D|)$$
$$= 36 - (8+6+6-5) = 21$$

因此，只选修德语的学生是 21 人。只选修法语的学生构成的集合是 $C-(A\cup B\cup D)$。有：

$$\begin{aligned}|C-(A\cup B\cup D)| &= |C| - |C\cap(A\cup B\cup D)|\\ &= |C| - |(C\cap A)\cup(C\cap B)\cup(C\cap D)|\\ &= |C| - |(C\cap B)\cup(C\cap D)| = |C| - (|C\cap B| + |C\cap D| - |B\cap C\cap D|)\\ &= 40 - (6+6-5) = 33\end{aligned}$$

因此，只选修法语的学生是 33 人，只选修俄语的学生构成的集合是 $D-(A\cup B\cup C)$，有：

$$\begin{aligned}|D-(A\cup B\cup C)| &= |D| - |D\cap(A\cup B\cup C)|\\ &= |C| - |(D\cap A)\cup(D\cap B)\cup(D\cap C)|\\ &= |D| - |(D\cap B)\cup(D\cap C)| = |D| - (|D\cap B| + |D\cap C| - |B\cap C\cap D|)\\ &= 25 - (6+6-5) = 18\end{aligned}$$

因此，只选修俄语的学生是 18 人。

**【讨论】**这个问题的条件比较多，计算比较烦琐，关键是要能熟练运用集合语言正确表达所要计数的集合，这也是运用容斥原理求解计数问题的关键。读者也可画出这四个集合的文氏图以帮助求解，注意 $A$ 只与 $B$ 相交，与 $C$ 和 $D$ 都不相交，但 $B,C,D$ 三个集合要两两相交。

### 8.1.3 鸽笼原理

**鸽笼原理** (Pigeonhole Principle)，又称为狄利克雷的**抽屉原理** (Dirichlet Drawer Principle)，是一个组合存在性原理，断定某种安排、配置或状态的必然存在性。下面使用定理给出它的简单形式。

**定理 8.4 鸽笼原理：** 设 $k$ 是正整数，$k+1$ 只或更多只鸽子关到 $k$ 个鸽笼里，则至少有一个鸽笼里有两只或更多只鸽子。

**证明** 显然，因为如果每个鸽笼里至多有一只鸽子的话，$k$ 个鸽笼至多有 $k$ 只鸽子。 □

鸽笼原理也可使用集合语言，或更准确地说，用函数所确定的集合之间的对应进行描述。

**推论 8.5** 设 $A$ 和 $B$ 都是有穷集合。① 如果 $|A|>|B|$，则没有 $A$ 到 $B$ 的单函数（一对一函数）；② 如果 $|A|<|B|$，则没有 $A$ 到 $B$ 的满函数；③ 如果 $|A|=|B|$，则任

意 $A$ 到 $B$ 的单函数也是满函数，即是双函数；④ 如果 $|A| = |B|$，则任意 $A$ 到 $B$ 的满函数也是单函数，即是双函数。

**例子 8.14**　（1）13 个人中至少有两个人的生日在同一月份中（不同的月份只有 12 个）。

（2）367 个人中至少有两个人的生日相同（即使考虑闰年，不同的生日日期也只有 366 个）。

（3）$n$ 位代表出席会议，每位代表都认识其他一位或多位代表，则至少有两位代表认识的人数相同，因为每位代表认识的人数可能是 $1, 2, \cdots, n-1$，但有 $n$ 位代表，因此至少有两位代表认识的人数相同。

运用鸽笼原理的关键是弄清楚什么是鸽子、什么是鸽笼，很多时候需要巧妙地构造鸽笼。因此，鸽笼原理的运用通常没有很明确的思路，广泛地联想可能是一个可行的办法。

**问题 8.15**　从 1 到 $2n$ 这 $2n$ 个正整数中任取 $n+1$ 个数，则这 $n+1$ 个数中至少有两个数，其中一个是另一个的倍数。

**【分析】**不难想到从 $2n$ 个正整数取出来的 $n+1$ 个数应看作鸽子，但什么是鸽笼呢？要证明至少有两个数，对照鸽笼原理则鸽笼应该是 $n$ 个，题目给出的是 1 到 $2n$ 个正整数，其中什么是 $n$ 个呢？这时可能可以联想到奇数、偶数，这 $2n$ 个正整数中只有 $n$ 个奇数，我们需要将 $n+1$ 个数与奇数联系起来，这时可能会联想到任何整数都可以表示成 $2^b \cdot q$ 的形式，这里 $q$ 是奇数。

**【证明】**设取出的 $n+1$ 个数是 $a_1, a_2, \cdots, a_{n+1}$，每个正整数都可表示成一个奇数与 2 的幂相乘，因此对任意的 $i = 1, 2, \cdots, n+1$，都有 $a_i = 2^{b_i} \cdot q_i$，其中 $q_i$ 是奇数，且由 $1 \leqslant a_i \leqslant 2n$ 也有 $1 \leqslant q_i \leqslant 2n$，但从 1 到 $2n$ 的奇数只有 $n$ 个，因此在 $q_1, q_2, \cdots, q_{n+1}$ 中必存在 $q_i = q_j = q$ 且 $i \neq j$，这时 $a_i = 2^{b_i} \cdot q$ 和 $a_j = 2^{b_j} \cdot q$ 这两个数，若 $b_i \geqslant b_j$，则 $a_i$ 是 $a_j$ 的倍数，否则 $a_j$ 是 $a_i$ 的倍数。 □

**问题 8.16**　设 $a_1, a_2, \cdots, a_m$ 是正整数序列，则该序列中必存在若干个连续的正整数的和是 $m$ 的倍数，即存在正整数 $k, l$，$1 \leqslant k < l \leqslant m$ 使得 $a_k + a_{k+1} + \cdots + a_l$ 是 $m$ 的倍数。

**【分析】**由 $m$ 的倍数可能联想到整除 $m$ 的余数只有 $0, 1, 2, \cdots, m-1$，如果不考虑 0 则只有 $m-1$ 个非零余数，这可看作是鸽笼。那么鸽子是什么呢？由 $a_k + a_{k+1} + \cdots + a_l$ 也许可联想到需构造至少 $m$ 个这样序列中连续正整数的和，最自然的一种构造是 $a_1, a_1 + a_2, a_1 + a_2 + a_3, \cdots, a_1 + \cdots + a_m$。

**【证明】**考虑序列 $s_1 = a_1, s_2 = a_1 + a_2, s_3 = a_1 + a_2 + a_3, \cdots, s_m = a_1 + \cdots + a_m$，它们每一个整除 $m$ 的余数设为 $r_1, r_2, \cdots, r_m$，如果存在 $k$ 使得 $r_k = 0$，则 $s_k = a_1 + a_2 + \cdots + a_k$ 就是 $m$ 的倍数，否则由于对任意的 $1 \leqslant i \leqslant m$，$0 < r_i < m$，所以必存在 $i, j$ 使得 $r_i = r_j$ 且 $i \neq j$。不妨设 $i < j$，则：

$$s_j - s_i = (a_1 + a_2 + \cdots + a_j) - (a_1 + a_2 + \cdots + a_i) = a_{i+1} + a_{i+2} + \cdots + a_j$$

显然 $s_j - s_i = a_{i+1} + a_{i+2} + \cdots + a_j$ 是 $m$ 的倍数。 □

**问题 8.17** 一名学生利用 30 天准备学校的乒乓球比赛，每天至少打一场比赛，但 30 天总共最多能打 45 场比赛，证明该学生有连续若干天恰好打了 14 场比赛。

**【分析】**如果使用类似上一问题的符号表示,这一题实际上是,设第 $i$ 天该学生打了 $a_i$ 场比赛,那么 30 天的比赛场数构成正整数序列 $a_1, a_2, \cdots, a_{30}$,且 $a_1+a_2+\cdots+a_{30} \leqslant 45$,我们需要证明存在 $k, l$，$1 \leqslant k < l \leqslant 30$ 使得 $a_k + a_{k+1} + \cdots + a_l = 14$。

同样，若我们考虑 $s_1 = a_1, s_2 = a_1 + a_2, \cdots, s_{30} = a_1 + \cdots + a_{30}$，则需要证明存在 $1 \leqslant i < j \leqslant 30$ 使得 $s_j - s_i = 14$，也即 $s_j = s_i + 14$。这可能会让我们联想到不仅要考虑 $s_i$，而且还应考虑 $s_i + 14$。

**【证明】**设该学生第 $i$ 天打了 $a_i$ 场比赛，则 30 天的比赛场数构成正整数序列 $a_1, a_2, \cdots, a_{30}$，令 $s_1 = a_1, s_2 = a_1 + a_2, \cdots, s_{30} = a_1 + \cdots + a_{30}$，由于对任意 $1 \leqslant i \leqslant 30$，$1 \leqslant a_i$，因此 $s_1 < s_2 < \cdots < s_{30}$，而且 30 天总共最多打 45 场，因此对任意 $1 \leqslant i \leqslant 30$，$1 \leqslant s_i \leqslant 45$，所以 $15 \leqslant s_i + 14 \leqslant 59$。考虑下面 60 个正整数：

$$s_1, \quad s_2, \quad \cdots, \quad s_{30}, \quad s_1 + 14, \quad s_2 + 14, \quad \cdots, \quad s_{30} + 14$$

每个数都大于或等于 1 且小于或等于 59，而且对任意 $1 \leqslant i < j \leqslant 30$，$s_i < s_j$ 且 $s_i + 14 < s_j + 14$，因此必存在 $i, j$ 使得 $s_j = s_i + 14$ 且 $i < j$，从而 $s_j - s_i = 14$，即 $s_j - s_i = a_{i+1} + \cdots + a_j = 14$，也即从第 $i+1$ 天到第 $j$ 天总共打了 14 场比赛。 □

下面的定理给出了一般形式的鸽笼原理。

**定理 8.6 广义鸽笼原理** (Generalized Pigeonhole Principle)：将 $N$ 个物体放到 $k$ 个盒子，则至少有一个盒子至少有 $\lceil N/k \rceil$ 个物体。

**证明** 用反证法，设每个盒子的物体都少于 $\lceil N/k \rceil$ 个。令 $N = kq + r$，$0 \leqslant r < k$。分情况考虑。

（1）若 $r > 0$，则 $\lceil N/k \rceil = q + 1$，这时若每个盒子物体都少于 $q + 1$ 个，即小于或等于 $q$ 个，从而 $k$ 个盒子的物体总数小于或等于 $kq$ 个，由于 $r > 0$，因此与物体总数 $N = kq + r$ 矛盾！

（2）若 $r = 0$，则 $\lceil N/k \rceil = q$，这时若每个盒子物体都少于 $q$ 个，即小于或等于 $q - 1$ 个，从而 $k$ 个盒子的物体总数小于或等于 $k(q-1)$ 个，也与物体总数 $N = kq$ 矛盾！

综上，必存在某个盒子至少有 $\lceil N/k \rceil$ 个物体。 □

广义鸽笼原理也经常用于求至少需要多少物体放到 $k$ 个盒子能保证至少有一个盒子至少有 $n$ 个物体，或者求将 $N$ 个物体放到至多多少个盒子能保证至少有一个盒子至少有 $n$ 个物体，等等。我们将至少有一个盒子至少有的物体数称为“最小容量”，那么：

（1）最小容量 $=$ ⌈物体总数/盒子数⌉。

（2）物体总数的最小值 $=$ (最小容量 $-$ 1) $\times$ 盒子数 $+$ 1。

（3）盒子数的最大值 $=$ ⌊(物体总数 $-$ 1)/(最小容量 $-$ 1)⌋。

**例子 8.18**　将 22 个苹果分给 6 位学生，至少有一位学生至少有 $\lceil 22/6 \rceil = 4$ 个苹果；而至少要 $(4-1)\times 6+1=19$ 个苹果分给 6 位学生，才能保证至少有一位学生至少有 4 个苹果；最后，22 个苹果至多分给 $\lfloor (22-1)/(4-1) \rfloor = 7$ 位学生才能保证至少有一位学生至少有 4 个苹果。

**问题 8.19**　盒子里有 25 个球，4 个蓝色球，9 个黄色球，12 个红色球，问从中随意取出多少个球能保证拿到 4 个同颜色球，取出多少个球能保证拿到 5 个同颜色球？

**【分析】**（1）对于要保证拿到 4 个同颜色的球，相当于每种颜色对应一个盒子，即有 3 个盒子，然后最小容量是 4，即取出球将同一颜色球放到同一个盒子，要保证至少有一个盒子有 4 个球，要求取出多少个球相当于计算物体总数。

（2）但对于要保证拿到 5 个同颜色的球则不能简单应用广义鸽笼原理，因为盒子里只有 4 个蓝色球，考虑最坏情况，首先取出的都是蓝色球，则剩下的需要在黄色球和红色球中取足够的球保证有 5 个同颜色的球，因此这时是盒子数是 2、最小容量是 5 的问题。

**【解答】**（1）根据广义鸽笼原理，取出 $(4-1)\times 3+1=10$ 个球就能保证有 4 个同色球。

（2）在最坏情况下，先取出的是 4 个蓝色球，然后再取出 $(5-1)\times 2+1=9$，也即取出 $4+9=13$ 个球就能保证有 5 个同色球。

下面的最后一个例子是最简单形式，也是最经典形式的拉姆齐 (Ramsey) 定理。

**例子 8.20**　任意 6 个人必定有 3 个人互相认识，或者有 3 个互相不认识。

**证明**　在这 6 人中任选一人，设为 $a$，将剩下 5 人分成两个集合 $F$ 和 $E$，$F$ 是 $a$ 认识的人构成的集合，$E$ 是 $a$ 不认识的人构成的集合。根据鸽笼原理，$E$ 和 $F$ 有一个集合至少有 3 个人。

（1）若 $F$ 中有 3 个人，若这 3 个人互相都不认识，则命题成立，否则至少有 2 人互相认识，而这 2 人又都与 $a$ 认识，因此 $F$ 中的这 2 人与 $a$ 一起构成的 3 人互相认识。

（2）若 $E$ 中有 3 个人，若这 3 个人互相都认识，则命题成立，否则至少有 2 人互相不认识，而这 2 人又都不认识 $a$，因此 $E$ 中这 2 人与 $a$ 一起构成的 3 人互相不认识。

综上总有命题成立。 □

更为直观的证明是利用 6 个顶点的完全图 $K_6$，即有 6 个顶点且任意两个顶点都有无向边的无向图，对 $K_6$ 的边着红色或蓝色，上述定理表明其中要么有一个红色三角形，要么有一个蓝色三角形。因为任选一个顶点 $a$，它至少有 3 条边着同样颜色，例如是着红色，若这时这三条边的另一端顶点之间的边有一条也是着红色，则得到一个红色三角形，否则这三条边的另一端点之间的边都是着蓝色，则得到一个蓝色三角形。

一般的拉姆齐定理是说，对任意的整数 $m>2, n>2$，都存在一个整数，记为 $R(m,n)$，使得 $m$ 个互相认识或 $n$ 个互相不认识，或者 $n$ 个互相认识或 $m$ 个互相不认识。或者使用图论语言是说，对于 $R(m,n)$ 个顶点的完全图，对其中的边着红色或蓝色，必定存在一个 $m$ 个顶点的同色完全子图，或者存在一个 $n$ 个顶点的同色完全子图。例如，例子 8.20 表明 $R(3,3)=6$。拉姆齐定理在网络规划、信息检索等许多领域均有应用，但它只断定 $R(m,n)$ 的存在性，对于比较大的 $m$ 和 $n$，人们还很难给出 $R(m,n)$ 的具体数值。

## 8.2 排列与组合

大量计数问题都可看作是对物体的有序安排，或者是对物体不计顺序的选择，而且物体可能不允许重复（或说每个物体都是可区别），也可能允许重复（或者说有几类物体，每类有多个不可区别的物体），进一步，重复度可能没有限制（也即每类物体数量无限），也可能有限制（也即某些类的物体有数量限制）。

这些问题称为不同形式的排列与组合问题。排列是指对物体的有序安排，而组合是对物体不计顺序的选择。根据物体是否允许重复又分为不允许重复的排列与组合和允许重复的排列与组合。通常所说的排列与组合是指不允许重复的排列与组合。排列与组合的计数问题非常多，本节主要以某个字符集上的串的计数作为例子，并结合将球放到盒子，以及其他形式的少量例子（例如，不定方程的整数解和推选委员会问题）讨论使用排列与组合解决计数问题的思路。

Counting-ComBasic(1)

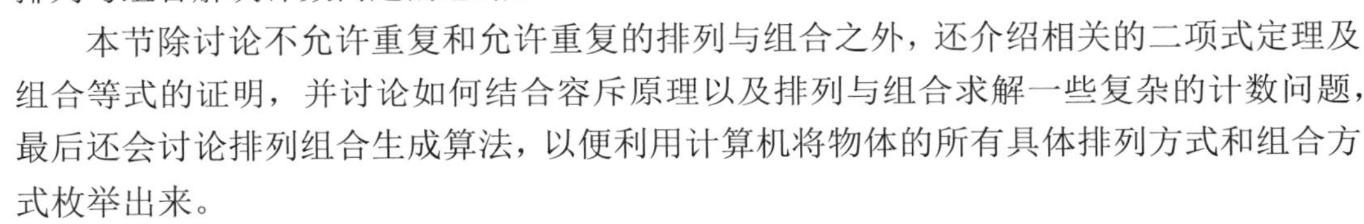

本节除讨论不允许重复和允许重复的排列与组合之外，还介绍相关的二项式定理及组合等式的证明，并讨论如何结合容斥原理以及排列与组合求解一些复杂的计数问题，最后还会讨论排列组合生成算法，以便利用计算机将物体的所有具体排列方式和组合方式枚举出来。

Counting-ComBasic(2)

### 8.2.1 排列与组合的基本定义

**定义 8.6** 从 $n$ 个可区别的物体不允许重复地选择 $r$ 个物体进行有序安排，称为 $n$ 个物体的**$r$-排列** ($r$-permutation of $n$ objects)。如果 $n$ 个物体构成集合 $S$，也称为 $S$ 的 $r$-排列。$S$ 的 $n$-排列称为**全排列**。我们使用 $P_n^r$ 或 $P(n,r)$ 表示 $S$ 的 $r$ 排列数[①]。

Counting-ComBasic(3)

总是可将 $n$ 个可区别的物体构成的集合看作 $S=\{1,2,\cdots,n\}$，$1,2,\cdots$ 也可看作物体的编号。从 $S$ 中选择 $r$ 个物体（元素）进行有序安排相当于构建字符集 $S$ 上的一个长度为 $r$ 且不重复字符的串。也就是说，$n$ 个物体的一个 $r$-排列与 $n$ 个字符的字符集上一个长度为 $r$ 且不重复字符的串一一对应。

Counting-ComAdv(1)

从将球放到盒子的角度看，有序排列相当于将盒子也进行编号，1 号盒子对应排列的第一个位置，2 号盒子对应排列的第二个位置等，$n$ 个物体的一个 $r$-排列与将有编号的 $n$ 个球选 $r$ 个球放到有编号的 $r$ 个盒子且每个盒子放一个球一一对应。

Counting-ComAdv(2)

**例子 8.21** 设 $S=\{1,2,3,4,5,6\}$，$356, 453$ 等都是 $S$ 的一个 3-排列，也就是 $S$ 上长度为 3 的字符串。$S$ 的 3-排列 356 相当于将编号为 3 的球放到编号为 1 的盒子，5 号球放到 2 号盒子，6 号球放到 3 号盒子。

Counting-ComAdv(3)

① 中学数学课本可能是用 $A_n^r$ 或 $A(n,r)$ 表示 $n$ 物体的 $r$ 排列，但多数大学离散数学教材是使用 $P(n,r)$ 或 $P_n^r$。

**定理 8.7**　对于自然数 $n$ 和 $r$，$r \leqslant n$，有：

$$P(n,r)=\frac{n!}{(n-r)!}$$

**证明**　$P(n,r)$ 是 $n$ 个字符的集合 $S$ 上的长度为 $r$ 且不重复字符的串的个数，这样的串第一个字符有 $n$ 个可选字符，第二个字符有 $n-1$ 个可选字符，等等，第 $r$ 个字符有 $n-r+1$ 个可选字符，根据乘法原理，这样的串的个数是：

$$P(n,r)=n(n-1)\cdots(n-r+1)=\frac{n!}{(n-r)!}$$

对于 $n \geqslant 0$，认为 $n$ 个物体的 0-排列数是 1，即 $P(n,0)=1$。注意到 $0!=1$，因此 $P(n,n)=n!$。而当 $r>n$ 时，规定 $P(n,r)=0$。 □

**问题 8.22**　有多少个数字各不相同的 6 位数？其中有多少个数（作为字符串）不包含 12 作为子串？

**【分析】**（1）要保证是 6 位数，需要排除 0 作为首位数字（最高位数字），也即将第一位数字单独考虑，剩下 6 个位置是其他数字的排列。

（2）要计算其中不包含 12 的数，可以从考虑包含 12 的数入手。这时首位数字除了不是 0 之外，还要分首位数字是 1、是 2 以及是其他数字三种情况。

**【解答】**（1）对于数字各不相同的 6 位数，首位数字（最高位数字）有 9 个可选数字，剩下 5 个位置是其他 9 个可选数字（这时 0 也是可选数字）的 5 排列，因此这样的数字的个数是：

$$9\cdot P(9,5)=9\times(9!/4!)=9\times 15120=136080$$

（2）考虑其中包含 12 的数，这时当首位数字是 1 时，第二位数字只能是 2，剩下位置是其他 8 个数字的 4 排列。首位数字是 2 时，不可能再包含 12 作为子串，首位数字是 3 到 9 时，将 12 看做整体，在剩下的 5 个位置中先做其他 7 个数字（除首位数字和 12 外的数字）的 3 排列，然后在 3 排列之前、之后以及中间的两个位置插入 12 得到含 12 的六位数，因此这样的数字个数是：

$$\begin{aligned}P(8,4)+7\cdot P(7,3)\times 4&=(8!/(8-4)!)+28\times(7!/(7-3)!)\\&=1680+28\times 210=7560\end{aligned}$$

上面公式中的 7 是指 3~9 共 7 个不同的首位数字，而乘 4 是因为在 3 排列中插入 12 有 4 种方法。

最后，数字各不相同的 6 位数中不包含 12 的数共有 $136080-7560=128520$ 个。

**【讨论】**（1）可以看到，对稍微复杂的计数问题，优先考虑受约束多的任务（在这里体现为确定某个位置的数字）并结合加法原理进行分类处理是一种常用的解题思路。

（2）对于这种结果不算太大的计数问题，可以编写计算机程序枚举所有满足条件的串验证计数结果。实际上，我们编写了程序生成所有以 10 个数字作为字符集上的长度为 6 位的串，并同时过滤出满足条件的串验证了上述结果的正确性。

**定义 8.7** 从 $n$ 个可区别的物体不允许重复、不计顺序地选择 $r$ 个物体，称为 $n$ 物体的$r$ **组合** ($r$ combination of $n$ objects)。如果 $n$ 个物体构成集合 $S$，也称为 $S$ 的 $r$ 组合。$S$ 的 $r$ 组合数记为$C_n^r$ 或$C(n,r)$。组合数 $C(n,r)$ 也称为**二项式系数** (binomial coefficient)，这时通常记为 $\binom{n}{r}$。

实际上，从 $n$ 个可区别物体构成的集合 $S$ 中不允许重复、不计顺序地选择 $r$ 个物体，就是从 $S$ 中选取 $r$ 个元素构成 $S$ 的一个子集，因此 $S$ 的 $r$ 组合与 $S$ 的 $r$ 元素子集一一对应，而这样的子集也与长度为 $n$ 且含有 $r$ 个 1 的二进制串一一对应，因为长度为 $n$ 的二进制串的每一位对应 $S$ 的一个元素，某一位的值为 1 表示该元素属于对应的子集，否则表示不属于对应的子集。

从将球放到盒子的角度看，相当于从 $n$ 个带编号的球选 $r$ 个分别放到 $r$ 个不可区别的盒子中，每个盒子一个，既然这些盒子不可区别，因此也可理解为只有一个盒子，即选择 $r$ 个球放到这一个盒子。可以设想 $n$ 个球都放在袋子中，然后选 $r$ 个球放到一个盒子，实际上就是选出球的一个子集。

将组合数 $C(n,r)$ 理解为 $n$ 元素集合的 $r$ 子集数称为组合数的**集合论解释**，而将其看作长度为 $n$ 且含 $r$ 个 1 的二进制串数称为组合数的**二进制串解释**。由二进制串中 0 和 1 的互换性或说对称性，有下面的定理。

**定理 8.8 组合数的对称式**：对自然数 $n,r$，$r \leqslant n$，有：$C(n,r) = C(n,n-r)$。

**证明** 记 $A$ 是长度为 $n$ 且含有 $r$ 个 1 的二进制串构成的集合，$B$ 是长度为 $n$ 且含有 $r$ 个 0 的二进制串构成的集合，显然有 $A$ 到 $B$ 的双函数，因为将 $A$ 中的二进制串的 0 换成 1、1 换成 0 就得到 $B$ 中的二进制串，反之亦然。因此，根据一一对应原理，$|A| = |B|$，但 $B$ 也是长度为 $n$ 且含有 $n-r$ 个 1 的二进制串的集合，因此根据 $C(n,r)$ 是长度为 $n$ 且含有 $r$ 个 1 的串的个数，有：$C(n,r) = C(n,n-r)$。 □

定理 8.8 的证明是一种组合证明。在组合数学中，一个等式的**组合证明** (combinatorial proof) 是这样的证明：要么论证等式两边是针对同一集合的元素的不同计数方法，要么论证等式两边虽然是针对两个集合的元素进行计数，但这两个集合之间存在双函数。前一种组合证明称为**双计数证明** (double counting proof)，后一种组合证明称为**双函数证明** (bijection proof)。双函数证明建立在一一对应原理上，定理 8.8 的证明就是双函数证明。

数学证明通常是抽象的，但组合证明可说是一种从抽象到具体的思维方式，通过给出组合等式两边的一个具体的解释，即具体对什么集合进行计数而进行证明。因此组合等式的组合证明常建立在对组合数或排列数的字符串解释或其他解释上。

**引理 8.9** 对任意自然数 $n,r$，$r < n$，$(r+1)C(n,r+1) = (n-r)C(n,r)$。

**证明** 我们论证等式两边都是对集合 $S$ 的计数，这里 $S$ 是从 $n$ 位学生中推选出 $r+1$ 位学生作为学生会干部，并且从这些干部中再推选一位学生会主席的方法构成的集合。

如果先从 $n$ 位学生中推选 $r+1$ 位学生会干部，这有 $C(n,r+1)$ 种方法，再从这 $r+1$

位干部中推选一位主席，这有 $r+1$ 种方法，因此根据乘法原理，总共有 $(r+1)C(n,r+1)$ 种方法，这是对 $S$ 的一种计数方法。

但如果先从 $n$ 位学生中推选 $r$ 位学生会干部，这有 $C(n,r)$ 种方法，然后再从剩下的 $n-r$ 位学生中推选一位主席，这有 $n-r$ 种方法，因此总共有 $(n-r)C(n,r)$ 种方法。这同样推选了 $r+1$ 位学生干部（主席是当然的干部），并且推选了一位主席，也是对 $S$ 的一种计数方式，因此有等式 $(r+1)C(n,r+1)=(n-r)C(n,r)$ 成立。 □

**定理 8.10**　对任意自然数 $n,r$，$r\leqslant n$，有：

$$C(n,r)=\frac{n!}{r!(n-r)!}$$

**证明**　从 $n$ 个物体构成的集合 $S$ 中取 $r$ 个物体的排列可分为两步：第一步从 $S$ 中取 $r$ 个物体，这共有 $C(n,r)$ 种方法；第二步将这 $r$ 个物体进行全排列，这有 $P(r,r)$ 种方法，因此有 $P(n,r)=C(n,r)P(r,r)$，从而：

$$C(n,r)=\frac{P(n,r)}{P(r,r)}=\frac{n!}{r!(n-r)!}$$ □

这个公式也可利用引理 8.9 使用数学归纳法证明：对任意固定的自然数 $n$，令命题 $H(r)$ 是"若 $r\leqslant n$，则 $C(n,r)=n!/(r!(n-r)!)$"，使用数学归纳法证明 $H(r)$ 对任意自然数 $r$ 成立。

通常数学归纳法的证明，以及利用组合数上述计算公式的证明都称为**代数证明**(algebra proof)。组合等式的代数证明通常比较严谨，但比较烦琐，而组合证明需要找到等式的合适解释，这通常需要一定的技巧，且由于基于具体的解释证明，相对而言在数学上没那么严谨。

读者需要注意 $C(n,r)$ 的一些特殊值。

（1）当 $r>n$ 时总有 $C(n,r)=0$。

（2）对于任意自然数 $n$，$C(n,0)=C(n,n)=1$，特别地 $C(0,0)=1$。

从二进制串的解释来说，显然没有长度为 $n$ 而含多于 $n$ 个 1 的串；长度为 $n$ 含 0 个 1 的二进制串则只有 1 个（即全 0 串），而长度为 0 含 0 个 1 的串也只有一个，即空串，它也是长度为 0 含 0 个 0 的串。

**问题 8.23**　在长度为 10 的二进制串中：(1) 有多少串恰好含有 3 个 1？(2) 有多少串至少含有 3 个 1？(3) 有多少串至多含有 3 个 1？(4) 有多少串 1 比 0 多？

**【分析】**（1）对于有多少串至少含有 3 个 1，应该从长度为 10 的所有二进制串中减去含有少于 3 个 1 的串的个数。

（2）对于有多少串 1 比 0 多，可分别考虑含有 6, 7, 8, 9, 10 个 1 的串的个数。

**【解答】**（1）在长度为 10 的二进制串中有 $C(10,3)=120$ 个串恰好含有 3 个 1。

（2）长度为 10 含有 0 个 1 的串有 $C(10,0)$ 个，含有 1 个 1 的串有 $C(10,1)$ 个，含有 2 个 1 的串有 $C(10,2)$ 个，而长度为 10 的二进制串的总数是 $2^{10}$，因此含有至少 3 个 1 的串的个数是：

$$2^{10} - C(10,0) - C(10,1) - C(10,2) = 1024 - 1 - 10 - 45 = 968$$

（3）至多含有 3 个 1 的长度为 10 的二进制串的个数为：

$$C(10,0) + C(10,1) + C(10,2) + C(10,3) = 1 + 10 + 45 + 120 = 176$$

（4）1 比 0 多的长度为 10 的串也就是恰好含有 6 个 1，7 个 1，8 个 1，9 个 1 和 10 个 1 的二进制串，因此其个数是：

$$\begin{aligned} C(10,6) + C(10,7) + C(10,8) + C(10,9) + C(10,10) &= 210 + 120 + 45 + 10 + 1 \\ &= 386 \end{aligned}$$

**【讨论】** 对于 1 比 0 多的串的个数也可利用 0 和 1 之间的互换性，即在所有长度为 10 的二进制串中，1 比 0 多的串个数和 0 比 1 多的串的个数应该一样多，而所有长度为 10 的二进制串可分为 1 比 0 多的串、0 比 1 多的串以及 0 和 1 一样多的串三种情况。而 0 和 1 一样的串就是恰好含有 5 个 1 的串，为 $C(10,5)$ 个，从而 1 比 0 多的串的个数是：

$$(1024 - C(10,5))/2 = (1024 - 252)/2 = 772/2 = 386$$

**问题 8.24** 计算机学院准备从 8 名男生和 8 名女生中推选 5 位学生担任学生会干部。（1）请问有多少种推选方法？（2）如果希望男生和女生都至少有一名学生又有多少种推选方法？（3）如果希望男生和女生都至少有 2 名学生又有多少种推选方法？

**【分析】**（1）男生和女生都至少一名的推选方法数，应该等于 16 名学生推选 5 位干部的总的推选方法数，减去 5 名干部全部是男生的方法数，再减去 5 名干部全部是女生的方法数。

（2）类似地，男生和女生都至少 2 名的推选方法数，应该等于 16 名学生推选 5 位干部的总的推选方法数，减去 5 名干部全部是男生的方法数，再减去 5 名干部全部是女生的方法数，再减去恰好有 1 名男生 4 名女生的方法数，再减去恰好有 4 名女生 1 名男生的方法数。

**【解答】**（1）从 8 名男生和 8 名女生中推选 5 位学生会干部的推选方法数是 $C(8+8,5) = 4368$。

（2）其中至少有一名男生和一名女生的方法数是：

$$C(16,5) - C(8,5) - C(8,5) = 4368 - 56 - 56 = 4256$$

这里 $C(8,5)$ 是只从 8 名男生或只从 8 名女生中推选 5 名干部的方法数。

（3）其中至少有两名男生和两名女生的方法数是：

$$\begin{aligned} & C(16,5) - C(8,5) - C(8,5) - C(8,1)\cdot C(8,4) - C(8,1)\cdot C(8,4) \\ = \ & 4368 - 56 - 56 - 560 - 560 = 3136 \end{aligned}$$

这里 $C(8,1)\cdot C(8,4)$ 是从 8 名男生中恰好推选 1 名然后从 8 名女生中再推选 4 名干部的方法数，也是从 8 名女生中恰好推选 1 名然后从 8 名男生中推选 4 名干部的方法数。

**【讨论】**（1）不能将从 8 名男生和 8 名女生中推选 5 位学生会干部，且男生和女生至少有一名的推选任务，分解成先从男生推选 1 名，再从女生中推选 1 名，然后再从剩下的 14 名男、女生推选 3 名，即不等于 $C(8,1)\cdot C(8,1)\cdot C(14,3)$，因为从剩下的 14 名男女生推选 3 名时与前面从男生中推选 1 名、女生中推选 1 名会有重叠。

例如，先推选 1 号男生和 1 号女生，然后从剩下的 2~8 号男生和 2~8 号女生中推选 2 号男生、2 号女生和 3 号女生，这与先推选 2 号男生和 1 号女生，然后从剩下的 1 号和 3~8 号男生以及 2~8 号女生中推选 1 号男生、2 号女生和 3 号女生的结果相同，但在 $C(8,1)\cdot C(8,1)\cdot C(14,3)$ 的计算中则会各计算为一种推选方法，从而得到错误的结果。这说明在组合问题中要慎重使用分步的思维方式。

（2）实际上，如果要推选男生和推选女生分步进行，则只能更明确地给出推选数量而进行分类，即可将从 8 名男生和 8 名女生中推选 5 位学生会干部的方法分为：只推选 5 名女生、推选 1 名男生 4 名女生、推选 2 名男生 3 名女生、推选 3 名男生 2 名女生、推选 4 名男生 1 名女生、只推选 5 名男生 6 种推选方法，从而有：

$$\begin{aligned}C(16,5) \;=\; & C(8,0)\cdot C(8,5)+C(8,1)\cdot C(8,4)+C(8,2)\cdot C(8,3)+\\ & C(8,3)\cdot C(8,2)+C(8,4)\cdot C(8,1)+C(8,5)\cdot C(8,0)\end{aligned}$$

**问题 8.25**　小写英文字母有 5 个元音 (vowel) 字母和 21 个辅音 (consonant) 字母，长度为 6 的小写字母串中：(1) 有多少含有元音字母的串？(2) 有多少含有辅音字母的串？(3) 有多少恰好含有 2 个元音字母的串？(4) 有多少至少含有 2 个元音字母的串？

**【分析】**（1）这里没有强调串中的字符要各不相同就意味着串中可以包含相同的字符。有多少含有元音字母的串应该考虑从串的总数减去完全不含元音字母的串数，有多少含有辅音字母的串也应该使用类似思路。

（2）应该对构造含有 2 个元音字母的串的任务进行分解：先确定放元音的两个位置，然后在这两个位置放元音，然后剩下位置放辅音字母。

（3）至少含有 2 个元音字母的串应该从总的串数减去不含元音字母的串数，再减去恰好含有一个元音字母的串数。

**【解答】**（1）长度为 6 的小写字母串总共有 $26^6=308915776$ 个，其中只含辅音字母的串有 $21^6=85766121$ 个，因此含有元音字母的串的个数是：

$$26^6-21^6=308915776-85766121=223149655$$

（2）只含元音字母的串有 $5^6=15625$ 个，因此含有辅音字母的串的个数是 $308915776-15625=308900151$ 个。

（3）6 个位置选 2 个位置放元音有 $C(6,2)$ 种选法，而这两个位置的元音放置方法有 $5^2$ 个，剩下 4 个位置放辅音，放置方法有 $21^4$ 种，因此恰好含有 2 个元音字母的串的个数是：

$$C(6,2) \times 5^2 \times 21^4 = 15 \times 25 \times 194481 = 72930375$$

(4)不含元音的串的个数是 $21^6$,而恰好含有一个元音的串的个数是 $C(6,1)\times5\times21^5$,因此至少含有 2 个元音字母的串的个数是:

$$\begin{aligned}26^6 - 21^6 - C(6,1) \times 5 \times 21^5 &= 308915776 - 85766121 - 30 \times 4084101 \\ &= 100626625\end{aligned}$$

**【讨论】**(1)这一题的计数结果非常大，可以只写出计数的公式，而不一定要给出具体的结果，也可以使用计算机数值软件帮助计算结果（例如计算 $26^6$ 等）。

(2)至少含有 2 个元音字母的串也可以利用加法原理，分别计算恰好含有 2 个元音字母的串、恰好含有 3 个、4 个、5 个、6 个元音字母的串。实际上有：

$$\begin{aligned}26^6 =& 21^6 + C_6^1 \times 5 \times 21^5 + C_6^2 \times 5^2 \times 21^4 + C_6^3 \times 5^3 \times 21^3 \\ &+ C_6^4 \times 5^4 \times 21^2 + C_6^5 \times 5^5 \times 21^1 + 5^6\end{aligned}$$

**问题 8.26** 六位正整数中有:(1)多少含有奇数数字?(2)有多少含有偶数数字?(3)有多少含有至少 2 个奇数数字?(4)又有多少含有至少 2 个偶数数字?

**【分析】**与问题 8.25 类似，六位正整数可看作是从 0 到 9 这 10 个数字构成的串，并且分为两组进行考虑：一组是奇数数字 $1,3,5,7,9$；一组是偶数数字 $0,2,4,6,8$。但这一问题与上一问题的主要差异在于要保证是 6 位数字，0 不能放在首位（最高位），因此在考虑偶数数字时要将 0 单独考虑，也可能需要将首位位置单独考虑。

**【解答】**(1)六位正整数中只含偶数数字的数相当于用 0, 2, 4, 6, 8 这五个数字构成的六位数，最高位不能是 0，因此可选 4 个数字，其他 5 位可选 5 个数字中的任意一个（因为允许重复），所以只含偶数数字的六位正整数个数是：

$$4 \times 5^5 = 4 \times 3125 = 12500$$

从而含有奇数数字的六位正整数个数是 $900000 - 12500 = 887500$。

(2)六位正整数中只含奇数数字的数相当于用 1, 3, 5, 7, 9 这五个数字构成的六位数，因为没有 0，因此每个位置都可是这五个数字中的任何一个，因此有 $5^6 = 15625$ 个，从而含有偶数数字的六位正整数个数是 $900000 - 15625 = 884375$。

(3)为计算含有至少 2 个奇数数字的六位正整数个数，考虑不含奇数数字和恰好含有一个奇数数字的六位正整数个数。根据 (1),不含奇数数字的六位正整数个数是 12500,而恰好含有一个奇数数字的六位正整数要分为两类：① 这个奇数数字在首位；② 这个奇数数字在其他 5 个位置之一。

对于①，首位可选个数是 5 个（5 个奇数都可选），而其他 5 个位置 5 个偶数都可选，因此共有 $5 \times 5^5 = 15625$ 个；对于②，先在其他 5 个位置选一个放奇数，选定的位置又有 5 个奇数可选，然后首位只有 4 个可选数字（不包括 0），其他 4 个位置有 5 个可选数字（即可选 5 个偶数），因此共有 $5 \times 5 \times 4 \times 5^4 = 62500$ 个。

因此，恰有一个奇数数字的六位数个数是 $15625+62500=78125$，从而含有至少 2 个奇数数字的六位正整数个数是：

$$900000-78125-12500=809375$$

（4）为计算含有至少 2 个偶数数字的六位正整数个数，考虑不含偶数数字和恰好含有一个偶数数字的六位正整数个数。根据 (2)，不含偶数数字的六位正整数个数是 15625 个，而恰好含有一个偶数数字的六位正整数要分为两类：① 这个偶数数字在首位；② 这个偶数数字在其他 5 个位置之一。

对于①，首位可选个数是 4 个（只能选 0 以外的 4 个偶数数字），而其他 5 个位置 5 个奇数都可选，因此共有 $4\times 5^5=12500$ 个；对于②，先在其他 5 个位置选一个放偶数，且选定的位置又有 5 个可选的偶数数字，然后其他 5 个位置每个都有 5 个可选的奇数数字，因此共有 $5\times 5\times 5^5=5^7=78125$。

因此，恰有一个偶数数字的六位数个数是 $12500+78125=90625$，从而含有至少 2 个偶数数字的六位正整数个数是：

$$900000-90625-15625=793750$$

**【讨论】**可以看到，复杂计数问题的求解往往需要选择、分类和分步几种思维方式的综合运用。选择涉及组合数，只能用于与顺序无关时。分类处理要用到加法原理，其作用通常是保证在运用乘法原理时能满足相继子任务之间的独立性。在求解这类计数问题时要对显式的和隐式的约束有细致的分析，基于约束进行恰当的分类，不遗漏、不重复地考虑各种情况，这种训练有助于计算机专业学生离散化、模块化、系统化的专业意识培养。

### 8.2.2　二项式定理与组合等式

组合数 $C(n,r)$ 又称为二项式系数，这个名称的来源是因为组合数出现在二项式的幂的展开公式中。二项式 (binomial expression) 是像 $x+y$ 这样的两个项的和，二项式的幂 $(x+y)^n$ 的展开式称为二项式定理 (Binomial Theorem)，在中学数学就有广泛的应用，许多熟知的代数恒等式，例如 $(a+b)^2=a^2+2ab+b^2$ 等都是二项式定理的特例。

**定理 8.11　二项式定理**：设 $x$ 和 $y$ 是两个变量，$n$ 是正整数，则：

$$\begin{aligned}(x+y)^n &= \sum_{i=0}^{n}\binom{n}{i}x^i y^{n-i}\\ &= \binom{n}{0}y^n+\binom{n}{1}xy^{n-1}+\binom{n}{2}x^2y^{n-2}+\cdots+\binom{n}{n-1}x^{n-1}y+\binom{n}{n}x^n\end{aligned}$$

**证明**　一个简单的证明是组合证明：$(x+y)^n=(x+y)(x+y)\cdots(x+y)$，是 $n$ 个 $(x+y)$ 的乘积，根据乘法对加法的分配律，它的结果每一项都具有 $x^iy^{n-i}$ 的形式。要得到这样的项，必须选 $i$ 个二项式 $(x+y)$ 取其中的 $x$，而剩下 $n-i$ 个二项式 $(x+y)$ 则取 $y$ 才可以。由于总共有 $n$ 个二项式 $(x+y)$，从中选 $i$ 个有 $\binom{n}{i}$ 种方法，这就意味

着最后的展开式中形式为 $x^iy^{n-i}$ 的项有 $\binom{n}{i}$ 个。 □

问题8.25 展示了等式 $26^6=(21+5)^6=\sum_{i=0}^{6}C_6^i\times 5^i\times 21^{6-i}$，这也是二项式定理的特例。由这个例子也可得到一个当 $x$ 和 $y$ 是正整数时的组合证明：一个字符集有两类字符，$A$ 类字符有 $x$ 个，$B$ 类字符有 $y$ 个，那么长度为 $n$ 的该字符集上的允许字符重复的串的个数是 $(x+y)^n$，这可分为 $n+1$ 类，即含有 0 个 $A$ 类字符 $n$ 个 $B$ 类字符、含有 1 个 $A$ 类字符 $n-1$ 个 $B$ 类字符，等等，直到含有 $n$ 个 $A$ 类字符 0 个 $B$ 类字符。而对任意的 $i=0,1,2,\cdots,n$，含有 $i$ 个 $A$ 类字符 $n-i$ 个 $B$ 类字符的串的个数是先选 $i$ 个位置放 $A$ 类字符，然后剩下位置放 $B$ 类字符，因此总共有 $C_n^ix^iy^{n-i}$ 个这样的串。总之，二项式定理中等式的两边都是对该字符集上长度为 $n$ 的串的个数进行计数，这就证明了二项式定理。

二项式定理常用的形式之一是令 $y=1$，从而有：

$$(x+1)^n=(1+x)^n=\binom{n}{0}+\binom{n}{1}x+\binom{n}{2}x^2+\cdots+\binom{n}{n-1}x^{n-1}+\binom{n}{n}x^n \quad (8.1)$$

再令 $x=1$ 就得到 $n$ 元素集合的子集个数是 $2^n$ 个，即：

$$\sum_{i=0}^{n}\binom{n}{i}=\binom{n}{0}+\binom{n}{1}+\cdots+\binom{n}{n-1}+\binom{n}{n}=2^n$$

若令 $x=-1$ 则有：

$$\sum_{i=0}^{n}(-1)^i\binom{n}{i}=\binom{n}{0}+(-1)^1\binom{n}{1}+\cdots+(-1)^{n-1}\binom{n}{n-1}+(-1)^n\binom{n}{n}=0$$

也即有：

$$\binom{n}{0}+\binom{n}{2}+\binom{n}{4}+\cdots=\binom{n}{1}+\binom{n}{3}+\binom{n}{5}+\cdots=2^{n-1}$$

若令 $x=2$ 则有：

$$\sum_{i=0}^{n}2^i\binom{n}{i}=\binom{n}{0}+\binom{n}{1}\times 2^1+\cdots+\binom{n}{n-1}\times 2^{n-1}+\binom{n}{n}\times 2^n=3^n$$

对公式 (8.1) 两边微分得到：

$$n(1+x)^{n-1}=\binom{n}{1}+2\binom{n}{2}x+\cdots+(n-1)\binom{n}{n-1}x^{n-2}+n\binom{n}{n}x^{n-1}$$

其中令 $x=1$ 则有：

$$\binom{n}{1}+2\binom{n}{2}+\cdots+(n-1)\binom{n}{n-1}+n\binom{n}{n}=\sum_{i=0}^{n}i\binom{n}{i}=n\cdot 2^{n-1}$$

可以看到，利用二项式定理的一些特殊情况可得到许多二项式系数等式，也就是组合等式。

人们将含有组合数的等式称为组合等式。除利用二项式定理证明组合等式外，还可基于组合数的计算公式（定理 8.10）、使用数学归纳法或者组合证明方法证明组合等式。在所有组合等式中，最重要的一个组合等式也许是帕斯卡等式 (Pascal identity)。

**定理 8.12　帕斯卡等式**：设 $n, k$ 是自然数，且 $1 \leqslant k \leqslant n-1$，有：

$$\binom{n}{k} = \binom{n-1}{k} + \binom{n-1}{k-1}$$

**证明**　容易基于组合数的计算公式（定理 8.10）证明，但更有趣的是组合证明。利用组合数 $\binom{n}{k}$ 的不同具体解释都可构造帕斯卡等式的组合证明。这里利用组合数的二进制串解释，即 $\binom{n}{k}$ 是长度为 $n$ 且含有 $k$ 个 1 的二进制串的个数进行证明。当 $1 \leqslant k \leqslant n-1$ 时，长度为 $n$ 且含有 $k$ 个 1 的二进制串可分为两类：一类以 1 开头（即最高位或说第一位是 1）；另一类以 0 开头。

以 1 开头长度为 $n$ 且含有 $k$个 1 的二进制串后面（从第二位开始）必是长度为 $n-1$ 且含 $k-1$ 个 1 的二进制串，因此这样的串有 $\binom{n-1}{k-1}$ 个；以 0 开头长度为 $n$ 且含 $k$ 个 1 的二进制串，后面必然是长度为 $n-1$ 且含 $k$ 个 1 的二进制串，因此这样的串 $\binom{n-1}{k}$ 个。从而由加法原理有帕斯卡等式成立。 □

帕斯卡等式给出了组合数的一个递推式，即给出了怎样从 $n-1$ 个物体的选择方法数得到从 $n$ 个物体的选择方法数。由帕斯卡等式可以利用小的组合数计算出大的组合数，得到所谓的帕斯卡三角 (Pascal Triangle)，如表 8.2 所示，每一项等于它上面的一项加上它左上方的一项。

表 8.2　帕斯卡三角 (或称为杨辉三角、贾宪三角)

| $n\backslash k$ | 0 | 1 | 2 | 3 | 4 | 5 | 6 | 7 | 8 | 0 | 1 | 2 | 3 | 4 | 5 | 6 | 7 | 8 |
|---|---|---|---|---|---|---|---|---|---|---|---|---|---|---|---|---|---|---|
| 0 | 1 | | | | | | | | | $\binom{0}{0}$ | | | | | | | | |
| 1 | 1 | 1 | | | | | | | | $\binom{1}{0}$ | $\binom{1}{1}$ | | | | | | | |
| 2 | 1 | 2 | 1 | | | | | | | $\binom{2}{0}$ | $\binom{2}{1}$ | $\binom{2}{2}$ | | | | | | |
| 3 | 1 | 3 | 3 | 1 | | | | | | $\binom{3}{0}$ | $\binom{3}{1}$ | $\binom{3}{2}$ | $\binom{3}{3}$ | | | | | |
| 4 | 1 | 4 | 6 | 4 | 1 | | | | | $\binom{4}{0}$ | $\binom{4}{1}$ | $\binom{4}{2}$ | $\binom{4}{3}$ | $\binom{4}{4}$ | | | | |
| 5 | 1 | 5 | 10 | 10 | 5 | 1 | | | | $\binom{5}{0}$ | $\binom{5}{1}$ | $\binom{5}{2}$ | $\binom{5}{3}$ | $\binom{5}{4}$ | $\binom{5}{5}$ | | | |
| 6 | 1 | 6 | 15 | 20 | 15 | 6 | 1 | | | $\binom{6}{0}$ | $\binom{6}{1}$ | $\binom{6}{2}$ | $\binom{6}{3}$ | $\binom{6}{4}$ | $\binom{6}{5}$ | $\binom{6}{6}$ | | |
| 7 | 1 | 7 | 21 | 35 | 35 | 21 | 7 | 1 | | $\binom{7}{0}$ | $\binom{7}{1}$ | $\binom{7}{2}$ | $\binom{7}{3}$ | $\binom{7}{4}$ | $\binom{7}{5}$ | $\binom{7}{6}$ | $\binom{7}{7}$ | |
| 8 | 1 | 8 | 28 | 56 | 70 | 56 | 28 | 8 | 1 | $\binom{8}{0}$ | $\binom{8}{1}$ | $\binom{8}{2}$ | $\binom{8}{3}$ | $\binom{8}{4}$ | $\binom{8}{5}$ | $\binom{8}{6}$ | $\binom{8}{7}$ | $\binom{8}{8}$ |
| ⋮ | ⋮ | ⋮ | ⋮ | ⋮ | ⋮ | ⋮ | ⋮ | ⋮ | ⋮ | ⋮ | ⋮ | ⋮ | ⋮ | ⋮ | ⋮ | ⋮ | ⋮ | ⋮ |

这个三角形出现在法国数学家帕斯卡 (Blaise Pascal, 1623 − 1662) 一本于 1653 年出版的著作中，但我国南宋数学家杨辉在他的著作《详解九章算法》中记载 11 世纪的数学家贾宪已经制作了这样的表并用于开方计算，因此在我国，表 8.2又称为杨辉三角或贾宪三角。

还经常用到的组合等式如下。

(1) **递推式**：设 $n, r$ 是自然数，$1 \leqslant r < n$，有：

$$r\binom{n}{r} = (n-r+1)\binom{n}{r-1} \qquad\qquad r\binom{n}{r} = n\binom{n-1}{r-1}$$

(2) **乘积化简式**：设 $n, m, k$ 都是自然数，且 $k \leqslant m \leqslant n$，有：

$$\binom{n}{m}\binom{m}{k} = \binom{n}{k}\binom{n-k}{m-k}$$

(3) **上下标求和式**：设 $m, n$ 是自然数，有：

$$\sum_{k=0}^{r}\binom{m+k}{k} = \binom{m}{0} + \binom{m+1}{1} + \cdots + \binom{m+r}{r} = \binom{m+r+1}{r}$$

$$\sum_{k=0}^{n}\binom{k}{m} = \binom{0}{m} + \binom{1}{m} + \cdots + \binom{n}{m} = \binom{n+1}{m+1}$$

上面的第一式也称为**Hockeystick 等式**。实际上，根据**对称式**$\binom{n}{r} = \binom{n}{n-r}$，上述两个等式是等价的，即从一个等式可以变换得到另一个等式。例如，令第二式的 $n = m+r$ 就有：

$$\binom{m+r+1}{r} = \binom{m+r+1}{m+1} = \sum_{k=0}^{m+r}\binom{k}{m} = \sum_{k=0}^{m-1}\binom{k}{m} + \sum_{k=m}^{m+r}\binom{k}{m} = \sum_{k=0}^{r}\binom{m+k}{m}$$

当 $k < m$ 时，$\binom{k}{m} = 0$。由于 $\binom{m+k}{m} = \binom{m+k}{k}$，因此上面从第二个等式变换得到了第一个等式。这两个组合等式最早出现在我国元朝数学家朱世杰 (1249—1314) 的著作《四元玉鉴》中，因此它们也都称为朱世杰恒等式。在朱世杰的这部著作中也出现了下面的重要等式，这个等式在西方最早由法国数学范德蒙 (Van der Monde, 1735—1796) 在 1772 年的一篇论文中给出，因此通常被称为朱世杰-范德蒙等式 (Zhu-Van der Monde identity)。

(4) **朱世杰-范德蒙等式**：设 $m, n, r$ 是自然数，$r \leqslant m, r \leqslant n$，有：

$$\sum_{k=0}^{r}\binom{m}{r-k}\binom{n}{k} = \binom{m+n}{r}$$

这些组合等式都可用代数方式证明，(1) 和 (2) 中的等式很容易利用组合数的计算公式 $C(n, r) = n!/(r!(n-r)!)$ 证明，而 (3) 和 (4) 都可利用帕斯卡等式使用数学归纳法证明。注意，基于帕斯卡等式的特点，在使用数学归纳法时应该针对组合数 $\binom{n}{r}$ 的 $n$ 进行归纳证明。这些组合等式也都可用组合方法证明，例如基于组合数 $\binom{n}{r}$ 的二进制串解释，或者作为从 $n$ 人中推选 $r$ 人的方法数进行证明。

这里作为例子讨论朱世杰-范德蒙等式和第一个朱世杰等式的组合证明，其他等式的组合证明，以及所有等式的代数证明都留给读者作为练习。

**问题 8.27** 给出朱世杰-范德蒙等式的一个组合证明。

**【分析】**实际上，问题 8.24的讨论中给出了这个等式的一个实例，对其做一般化则得到这个等式的一个组合证明。

**【证明】**从 $m$ 个男生 $n$ 个女生中推选 $r$ 人担任学生会干部，$\binom{m+n}{r}$ 就是推选方法数，但所有的推选方法可按推选的男生、女生担任学生会干部的人数进行分类，包括推选 $r$ 名男生（只推选男生）、推选 $r-1$ 名男生 1 名女生、推选 $r-2$ 名男生 2 名女生，等等，直到推选 $r$ 名女生（只推选女生）这 $r+1$ 类。

对任意 $k=0,1,2,\cdots,r$，推选 $r-k$ 名男生 $k$ 名女生方法数是 $\binom{m}{r-k}\binom{n}{k}$。也就是说，朱世杰-范德蒙等式两边都是对从 $m$ 个男生 $n$ 个女生中推选 $r$ 人担任学生会干部的推选方法数，因此等式成立。 □

**【讨论】**读者也可自行尝试利用组合数的二进制串解释给出朱世杰-范德蒙等式的一个双函数证明。实际上，利用组合数的二进制串解释比利用其他解释进行组合证明的思路更为清晰。

**问题 8.28** 给出朱世杰等式（Hockeystick 等式）的一个组合证明。

**【证明】**给定正整数 $m,r$，对于任意的非负整数 $k, 0\leqslant k\leqslant r$，定义：

$$A_k = \{w \mid w \text{ 是长度为 } m+k \text{ 的二进制串且 } w \text{ 有 } k \text{ 个 } 1\}$$

显然对 $0\leqslant i,j\leqslant r$，当 $i\neq j$ 时 $A_i\cap A_j=\varnothing$，因此有：

$$|A_k|=\binom{m+k}{k} \qquad |\bigcup_{k=0}^{r} A_k| = \sum_{k=0}^{r}|A_k| = \sum_{k=0}^{r}\binom{m+k}{k}$$

又定义集合 $A = \{w \mid w\text{是长度为 } m+r+1 \text{ 的二进制串且 } w \text{ 有 } r \text{ 个 } 1\}$，显然，有：

$$|A| = \binom{m+r+1}{r}$$

定义函数：$\varphi: \bigcup_{k=0}^{r} A_k \to A$，对任意的 $0\leqslant k\leqslant r$，以及任意的 $w\in A_k$，注意到 $w$ 有 $k$ 个 1，且长度为 $m+k$，令：

$$\varphi(w) = w0\underbrace{1\cdots 1}_{r-k\text{个}1}\in A$$

下面证明 $\varphi$ 是双函数，从而由双函数组合证明方法得到朱世杰等式成立。

（1）对任意的 $0\leqslant k\leqslant r$ 和 $w_1\in A_k$，以及 $0\leqslant j\leqslant r$ 和 $w_2\in A_j$，若 $\varphi(w_1)=\varphi(w_2)$，即：

$$w_1 0\underbrace{1\cdots 1}_{r-k\text{个}1} = w_2 0\underbrace{1\cdots 1}_{r-j\text{个}1}$$

从而必有 $k=j$（因为等式两边的串必须以相同多的 1 结尾），且 $w_1=w_2$，因此 $\varphi$ 是单函数。

（2）对任意的 $w\in A$，设 $w$ 中最后一个 0 出现在第 $k$ 个位置，由于 $w$ 中含有 $r$ 个 1 和 $m+1$ 个 0，因此 $m<k\leqslant m+r+1$，从而 $m\leqslant k-1\leqslant m+r$，也即 $0\leqslant k-1-m\leqslant r$，且有：

$$w \quad = \quad w'0 \quad \underbrace{1\cdots 1}_{r-(k-1-m)\text{个}1}$$

注意，$w'$ 的长度是$k-1$，且 $w'$ 中含有 $m$ 个 0，从而 $w'$ 中含有 $k-1-m$ 个 1，所以 $w$ 以 $r-(k-1-m)$ 个 1 结尾，且 $w'\in A_{k-1-m}$，从而$w'\in\bigcup\limits_{j=0}^{r}A_j$ 且 $\varphi(w')=w$，即 $w$ 有原像，因此 $\varphi$ 是满函数。 □

**【讨论】**这一问题似乎不容易找到基于组合数集合论解释的组合证明。一般来说，与集合论解释相比，基于组合数的二进制串解释不仅可利用串中 0 和 1 的个数，而且还可利用串中 0 和 1 的位置，因此在建立两个串集之间的一一对应（即构造两个串集之间的双函数）方面有更多途径，从而可能更容易得到组合等式的组合证明。

### 8.2.3 允许重复的排列与组合

允许重复的排列与组合是指用于排列的元素或者选取的元素可以重复，例如没有限制的三位数包括 110, 202 等，是允许重复数字的排列，各位数字不同的三位数是不允许重复的排列；从三个水果选两个水果是不允许重复的组合，而从三种水果，每种水果有若干个不可区别的水果中选两个水果是允许重复的组合，例如可选取一个苹果一个梨子，或者两个苹果等。

因为允许重复，所以下面不说 $n$ 个物体，而说 $n$ 类物体或 $n$ 种物体，每类物体的个数构成排列或组合时允许的重复度，简单的情况是每类物体都有无穷多个，或者说大于任何情况下所需数量。例如，$n$ 类物体允许重复地取 $r$ 个进行排列假定每类物体数都大于 $r$ 个。容易证明下面的定理。

**定理 8.13** $n$ 类物体允许重复的 $r$ 排列 ($r$-permutation of $n$ objects with repetition) 数是 $n^r$。

**证明** 每个这样的 $r$ 排列相当于长度为 $r$ 的串，每个位置有 $n$ 个可选字符，根据乘法原理总共有 $n^r$ 个这样的串。 □

在没有特别说明的情况下说排列与组合，是指不允许重复的排列与组合；而在没有特别说明的情况下说允许重复的排列与组合，是指重复度无穷大的情况。

若有 $n$ 类物体，每类物体分别只有 $m_1, m_2, \cdots, m_n$ 个，取 $r$ 个进行排列则是重复度有限的排列。例如从 3 个字母 $a$、2 个字母 $b$ 和 4 个字母 $c$ 取 6 个字母构成一个长度为 6 的串 $abbcac$ 是这样的排列。这也相当于将 $r$ 个可区别 (distinguishable) 的球，例如编号分别为 1 到 $r$ 的球，放到 $n$ 个可区别的盒子，例如编号分别为 1 到 $n$ 的盒子，且使得第 $j$ 个盒子最多放 $m_j$ 个球。球的编号对应串的位置，将编号为 $i$ 的球放到编号为 $j$ 的盒子，相当于将第 $j$ 类的一个字母排列在串的第 $i$ 个字符。例如串 $abbcac$ 相当于将编号 1,5 的球放到代表 $a$ 的盒子，编号 2,3 的球放到 $b$ 盒子，编号 4,6 的球放到 $c$ 盒子。

对于 $n$ 类物体重复度有限的 $r$ 排列，最简单的情况是 $n$ 类物体的重复度 $m_1, m_2, \cdots, m_n$ 的和恰好等于 $r$，即 $m_1 + m_2 + \cdots + m_n = r$ 的排列，例如 3 个字母 $a$、2 个字母 $b$ 和 4 个字母 $c$ 构成长度为 9 的串。这相当于将 $r = m_1 + m_2 + \cdots + m_n$ 个可区别的球放到 $n$ 个可区别的盒子，使得第 $i$ 个盒子恰好有 $m_i$ 个球。我们有下面的定理。

**定理 8.14**　每类物体分别有 $m_1, m_2, \cdots, m_n$ 个的 $n$ 类物体允许重复的 $m_1 + m_2 + \cdots + m_n = r$ 排列数是：

$$C(r, m_1)C(r - m_1, m_2)\cdots C(r - m_1 - m_2 - \cdots - m_{n-1}, m_n) = \frac{r!}{m_1!m_2!\cdots m_n!}$$

**证明**　这相当于 $n$ 种字符，每种字符分别有 $m_1, m_2, \cdots, m_n$ 个，允许字符重复地构成长度为 $r = m_1 + m_2 + \cdots + m_n$ 的串的个数，这时 $n$ 种总共 $r$ 个字符都要包含在串中，因此每个串的构建可分成 $n$ 个相继的子任务：第 1 个子任务在 $r$ 个位置选 $m_1$ 个位置放第 1 种字符，第 2 个子任务在剩下的 $r - m_1$ 个位置选 $m_2$ 个位置放第 2 种字符，等等，第 $k$ 个子任务在剩下的 $r - m_1 - \cdots - m_{k-1}$ 个位置选 $m_k$ 个位置放第 $k$ 种字符，直到第 $n$ 个子任务在最后剩下 $m_n$ 个位置放第 $n$ 种字符。

同一种字符是不可区别的，因此每个子任务只是在剩下的位置中选定合适数目的位置。相继的子任务之间具有独立性，第 $k$ 个子任务在剩下的 $r - m_1 - \cdots - m_{k-1}$ 个位置选 $m_k$ 个位置的方法数是 $C(r - m_1 - \cdots - m_{k-1}, m_k)$，根据乘法原理，这样的串的总数是：

$$\begin{aligned}
& C(r, m_1)C(r - m_1, m_2)\cdots C(r - m_1 - m_2 - \cdots - m_{n-1}, m_n) \\
= & \left[\frac{r!}{m_1!(r - m_1)!}\right]\left[\frac{(r - m_1)!}{m_2!(r - m_1 - m_2)!}\right]\cdots\left[\frac{(r - m_1 - \cdots - m_{n-1})!}{m_n!(r - m_1 - \cdots - m_n)!}\right] \\
= & \frac{r!}{m_1!m_2!\cdots m_n!}
\end{aligned}$$

注意最后的 $(r - m_1 - \cdots - m_n)! = 0! = 1$。 □

**例子 8.29**　3 个字母 $a$、2 个字母 $b$ 和 4 个字母 $c$ 可构成长度为 9 的串的个数是：

$$\frac{9!}{3! \times 2! \times 4!} = \frac{362880}{6 \times 2 \times 24} = 1260$$

对于 $n$ 类物体重复度有限的 $r$ 排列，$r$ 不能大于 $n$ 类物体的重复度 $m_1, m_2, \cdots, m_n$

的和（或者说当 $r > m_1 + m_2 + \cdots + m_n$ 时排列数为 0），而当 $r < m_1 + m_2 + \cdots + m_n$ 时比较复杂，涉及整数 $n$ 的拆解，是组合数学中的经典难题。

例如，对于从 3 个字母 $a$、2 个字母 $b$ 和 4 个字母 $c$ 中取 6 个字母构成一个长度为 6 的串，需要对长度 6 进行拆解，分别考虑其中有：0 个 $a$，2 个 $b$，4 个 $c$；1 个 $a$，1 个 $b$、4 个 $c$ 等总共 9 种情况，每一种情况分别对应不定方程 $x_1 + x_2 + x_3 = 6$ 满足条件 $0 \leqslant x_1 \leqslant 3$, $0 \leqslant x_2 \leqslant 2$, $0 \leqslant x_3 \leqslant 4$ 的一个整数解。

进一步，每种情况对应选择位置的方法数，例如其中有 0 个 $a$、2 个 $b$、4 个 $c$ 的串数等于从 6 个位置选 2 个位置放 $b$，剩下位置放 $c$ 的方法数，即有 $C(6,0) \cdot C(6,2)$ 个串，9 种情况总共有 410 个可能的串。读者不妨编写程序生成这 3 个字母构成的所有可能的串（总共有 $3^6$ 个），并过滤出满足条件的串验证这个结果。

这里不进一步讨论 $n$ 类物体重复度有限的 $r$ 排列。下面讨论允许重复的组合问题，即从 $n$ 类物体允许重复选 $r$ 个物体，这时最简单的情况仍是每类物体有无穷多个或说有大于所需个数的情况。例如有三种水果：苹果、梨子和橙子，且每种水果数都多于 2 个，计算从其中允许重复地选 2 个水果的方案数就是这样的组合问题。当物体种类数少且所选物体数少时，可通过枚举所有可能的组合方案求解这类问题。

**例子 8.30** 下面是从苹果、梨子和橙子三种水果允许重复地选 2 个水果的所有方案：

(1) 2 个苹果 (2) 1 个苹果 1 个梨子 (3) 1 个苹果 1 个橙子

(4) 2 个梨子 (5) 1 个梨子 1 个橙子 (6) 2 个橙子

一般地，物体个数不限的 $n$ 类物体允许重复地选 $r$ 个物体相当于将 $r$ 个不可区别 (indistinguishable) 的球放到 $n$ 个可区别的盒子，每个盒子对应一类物体，这个盒子中放多少个球对应于选这一类物体多少个。例如，从三种水果允许重复地选 6 个水果，相当于有 6 个球，及分别代表三种水果，即苹果、梨子和橙子的 3 个盒子，代表苹果的盒子放 2 个球，表示在某个组合方案中选 2 个苹果。

进一步，若每个盒子放的球数对应一个变量的值，第 $i$ 个盒子对应变量 $x_i$，则 $n$ 个可区别的盒子放 $r$ 个不可区别的球的每个方案对应不定方程 $x_1 + x_2 + \cdots + x_n = r$ 的一个非负整数解，这个解中 $x_i$ 的值就是第 $i$ 个盒子中应该放的球数。这种形式的不定方程的一个非负整数解可与一个长度为 $n-1+r$ 且含有 $r$ 个 1 的二进制串对应，这个二进制串用 $n-1$ 个 0 分成 $n$ 段，每一段都是连续的 1，一个不定方程非负整数解中 $x_i$ 的值是二进制串第 $i$ 段的 1 的个数。不定方程的加号可看作二进制串中用于分隔的 0，$n$ 个变量只用 $n-1$ 个加号，类似地，$n-1$ 个 0 就可将二进制串分隔成 $n$ 段。

例如，对于不定方程 $x_1 + x_2 + x_3 = 6$ 的一个非负整数解 $x_1 = 4, x_2 = 0, x_3 = 2$ 对应长度为 $3 - 1 + 6 = 8$ 且含有 6 个 1 的二进制串 11110011，两个 0 将这个二进制串分成三段，第一段有 4 个 1，第二段没有 1，第三段有 2 个 1。反之，对于一个长度为 8 且含有 6 个 1（从而只有 2 个 0）的串 11011101 对应该不定方程的一个解，即 $x_1 = 2, x_2 = 3, x_3 = 1$。

综上，我们得到：物体个数不限的 $n$ 类物体允许重复地选 $r$ 个物体的方案，与将 $r$ 个不可区别的球放到 $n$ 个可区别的盒子的方法，与不定方程 $x_1+x_2+\cdots+x_n=r$ 的非负整数解，以及与长度为 $n-1+r$ 且有 $r$ 个 1 的二进制串互相之间一一对应。从而有下面的定理。

**定理 8.15**　物体个数不限的 $n$ 类物体允许重复地选 $r$ 个物体的方案数，等于长度为 $n-1+r$ 且有 $r$ 个 1 的二进制串个数，等于 $C(n-1+r,r)$。

**证明**　$C(n-1+r,r)$ 的二进制串解释就是长度为 $n-1+r$ 且有 $r$ 个 1 的二进制串的个数。

□

**例子 8.31**　从三种水果，即苹果、梨子、橙子中选 2 个水果的方法数是 $C(3-1+2,2)=C(4,2)=6$。从这三种水果中选 6 个水果的方法数是 $C(3-1+6,6)=C(8,6)=C(8,2)=(8\cdot 7)/2=28$。

**问题 8.32**　不定方程 $x_1+x_2+x_3+x_4=15$ 的满足 $x_1\geqslant 3$, $x_2\geqslant 4$ 的非负整数解有多少个？

**【分析】**要求 $x_1\geqslant 3$，则有 $x_1-3\geqslant 0$，不妨设 $x_1'=x_1-3$，类似地设 $x_2'=x_2-4$，则原方程满足 $x_1\geqslant 3$, $x_2\geqslant 4$ 的非负整数解与不定方程：

$$\begin{aligned}x_1'+x_2'+x_3+x_4&=x_1-3+x_2-4+x_3+x_4\\&=(x_1+x_2+x_3+x_4)-7=15-7=8\end{aligned}$$

的非负整数解一一对应。

**【解答】**令 $x_1'=x_1-3, x_2'=x_2-4$，则不定方程 $x_1+x_2+x_3+x_4=15$ 满足 $x_1\geqslant 3$, $x_2\geqslant 4$ 的非负整数解与不定方程 $x_1'+x_2'+x_3+x_4=8$ 的非负整数解一一对应，即有 $C(4-1+8,8)=C(11,8)=C(11,3)=165$ 个解。

**【讨论】**（1）从将球放盒子的角度看，要求 $x_1\geqslant 3, x_2\geqslant 4$，相当于第 1 个盒子至少放 3 个球，第 2 个盒子至少放 4 个球，这可在第 1 个盒子预先放定 3 个球，第 2 个盒子预先放定 4 个球，然后将剩下的 8 个球放到 4 个盒子，每个盒子这时可再放 0 个或多个。

（2）读者也可编写计算机程序枚举所有满足条件的解而验证上述计数结果。一种可能的编程策略是枚举所有的非负整数解，并过滤出满足条件的解。枚举不定方程 $x_1+x_2+\cdots+x_n=r$ 的所有非负整数解的两个简单策略如下。

① 可基于这个不定方程的解与长度为 $n-1+r$ 且有 $r$ 个 1 的二进制串一一对应的事实，生成长度为 $n-1+r$ 的所有二进制串，并检查其中的 1 是否 $r$ 个而得到。

② 对每个 $x_i$，从 0 到 $r$ 搜索一遍，然后检查它们的和是否等于 $r$ 而得到。

这两者都是简单的策略，效率都不是很高，前者需生成 $2^{n-1+r}$ 个串，而后者要搜索 $(r+1)^n$ 个整数。对于 $n=4, r=15$，$2^{15-1+4}=2^{18}=262144$，而 $16^4=65536$，后者效率更高，但若 $n=5, r=15$，则 $2^{19}=524288$，而 $16^5=16777216$，则前者的效率可能会更高一些。读者可以自行思考是否有更好的策略生成这样的不定方程的所有非负整数解。

问题 8.32 考虑不定方程的解满足某些 $x_i$ 大于或等于给定的数。如果要满足某些 $x_i$ 小于或等于给定的数，就是 $n$ 类物体重复度有限的 $r$ 组合的问题。例如从 3 个苹果、2 个梨子和 4 个橙子中可重复地选 6 个水果就是这种问题，其方案数等于不定方程 $x_1+x_2+x_3=6$ 满足条件 $0\leqslant x_1\leqslant 3$, $0\leqslant x_2\leqslant 2$, $0\leqslant x_3\leqslant 4$ 的解的个数。前面对从 3 个字母 $a$、2 个字母 $b$ 和 4 个字母 $c$ 构成长度为 6 的串所要考虑的 9 种情况，每种情况也是对应这样的不定方程的一个解。需要结合容斥原理处理这种 $n$ 类物体重复度有限的 $r$ 组合问题，将在 8.2.4 节进行讨论。

**问题 8.33** 表 8.3 给出的两个程序片段执行完毕之后，程序变量 $k$ 的值分别是多少？

表 8.3 问题 8.33 的两个程序片段

| (1) | (2) |
|---|---|
| $k=0$;<br>**for** $i_1$ = 1 **to** $n$ **do**<br>  **for** $i_2$ = 1 **to** $i_1$ **do**<br>    **for** $i_3$ = 1 **to** $i_2$ **do**<br>      ⋮<br>      **for** $i_m$ = 1 **to** $i_{m-1}$ **do**<br>        $k=k+1$ | $k=0$;<br>**for** $i_1$ = $n$ **downto** 1 **do**<br>  **for** $i_2$ = $i_1$ **downto** 1 **do**<br>    **for** $i_3$ = $i_2$ **downto** 1 **do**<br>      ⋮<br>      **for** $i_m$ = $i_{m-1}$ **downto** 1 **do**<br>        $k=k+1$ |

**【解答】**（1）对于程序片段 (1)，最内层循环的语句 $k=k+1$ 每执行一次时，各循环变量 $i_1,i_2,\cdots,i_m$ 都取某个值，而且这些值构成一个非递增序列：

$$n\geqslant i_1\geqslant i_2\geqslant\cdots\geqslant i_{m-1}\geqslant i_m\geqslant 1$$

因此，程序片段执行完毕时 $k$ 的值等于这样的序列的个数。每一个这样的序列对应于从集合 $N=\{1,2,\cdots,n\}$ 允许重复地选 $m$ 个整数：显然这些循环变量的值都小于或等于 $n$ 而大于或等于 1，而且可能其中一些的值相同，因此是从集合 $N$ 允许重复地选取的 $m$ 个数；而从 $N$ 中允许重复地选取 $m$ 个数，做非递增排序后就形成一个这样的序列。因此，这样的序列个数等于从 $N$ 允许重复地选 $m$ 个整数的方法数，即等于 $C(n-1+m,m)$，最后 $k$ 的值就是 $C(n-1+m,m)$。

（2）程序片段 (2) 的每个循环的循环次数实际上与程序片段 (1) 的对应循环的循环次数相同，因为这两个程序片段中对应的循环变量 $i_k, k=1,2,\cdots,m$ 的取值范围都相同，程序片段 (2) 执行完毕后 $k$ 的值也是 $C(n-1+m,m)$。

**【讨论】**注意，程序片段 (1) 中，语句 $k=k+1$ 每执行一次时，循环变量 $i_1,i_2,\cdots,i_m$ 的值与从集合 $N=\{1,2,\cdots,n\}$ 允许重复地取 $m$ 个整数一一对应，这里：① 允许重复是因为这些循环变量中的一些变量在执行 $k=k+1$ 时可能取相同的值；② 是选 $m$ 个整数，而不是对 $m$ 个整数进行排列，正是因为这些循环变量的值构成了非递增序列而非任意排列，例如从 $N=\{1,2,3\}$ 允许重复地选出 3 个数有 $111,211,221,222,311,321,322,331,332,333$ 十种方法，每种方法对应一个非递增序列。

或者说，将允许重复选出的每 3 个数都按照非递增序列枚举使得我们在给出这十种方法时不容易重复或遗漏。后面可以看到，生成 $n$ 元素的 $r$ 组合的算法也采用了类似的想法，那时是按照严格递增（因为不允许重复）的序列给出选出的 $r$ 个元素。

表 8.4总结了到目前为止讨论的一些常见的排列组合计数问题，包括有顺序的排列和不计顺序的选择（或说组合），以及是否允许重复。对于允许重复的排列或组合是指每类物体个数无穷这种最简单的情况。表中还列举了一些等价的计数问题，包括满足不同条件的串的计数、不定方程的非负整数解、不可区别的球放到可区别的盒子以及将可区别的球放到可区别的盒子中的一种简单情况。对于将球放到盒子的其他形式的计数问题，这里不做更多的讨论，有兴趣的读者可自行参阅组合数学的相关文献（例如参考文献 [13] 或 [14]）。

表 8.4　常见的排列组合计数问题

| 排列组合方式 | 计数公式 | 等价的计数问题 |
|---|---|---|
| $n$ 个不同物体不允许重复地选 $r$ 个物体的排列数 | $P(n,r)=\dfrac{n!}{(n-r)!}$ | $n$ 元素的字符集上长度为 $r$ 且不含重复字符的串的个数 |
| $n$ 个不同物体不允许重复地选 $r$ 个物体的组合数 | $C(n,r)=\dfrac{n!}{r!(n-r)!}$ | $n$ 元素集合的 $r$ 元素子集个数；长度为 $n$ 且有 $r$ 个 1（或 0）的二进制串数 |
| $n$ 类不同物体允许重复地选 $r$ 个物体的排列数 | $n^r$ | $n$ 元素的字符集上长度为 $r$ 且可含重复字符的串的个数 |
| $n$ 类不同物体允许重复地选 $r$ 个物体的组合数 | $C(n-1+r,r)$ | 不定方程 $x_1+x_2+\cdots+x_n=r$ 的非负整数解的个数；将 $r$ 个不可区别的球放到 $n$ 个可区别的盒子的方法数 |
| 分别有 $m_1,m_2,\cdots,m_n$ 个的 $n$ 类物体的 $m_1+m_2+\cdots+m_n=r$ 排列数 | $\dfrac{r!}{m_1!m_2!\cdots m_n!}$ | $r=m_1+m_2+\cdots+m_n$ 个可区别的球放到 $n$ 个可区别的盒子，使得第 $i(i=1,2,\cdots,n)$ 个盒子恰好有 $m_i$ 个球的方法数 |

### 8.2.4　再论容斥原理及其应用

容斥原理是重要的组合计数原理，用于求解满足某些性质或不满足某些性质的集合元素的计数问题，特别是在这些性质没有将集合元素划分成不相交的子集情况下。容斥原理本身是用集合语言给出的，因此在运用时最好使用集合语言，例如性质概括法，定义清楚每个要计数的集合。

前面已经给出了两集合和三集合容斥原理的公式，本节首先给出容斥原理的一般形式，特别是用于求解不满足某些性质的集合元素个数的形式，然后给出一些结合容斥原理和排列与组合进行求解的典型计数问题。

**定理 8.16　一般形式的容斥原理**：设 $A_1,A_2,\cdots,A_n$ 是有穷集，则：

$$
\begin{aligned}
|A_1 \cup A_2 \cup \cdots \cup A_n| = &\sum_{1 \leqslant i \leqslant n} |A_i| - \sum_{1 \leqslant i_1 < i_2 \leqslant n} |A_{i_1} \cap A_{i_2}| \\
&+ \sum_{1 \leqslant i_1 < i_2 < i_3 \leqslant n} |A_{i_1} \cap A_{i_2} \cap A_{i_3}| - \cdots \\
&+ (-1)^{k-1} \sum_{1 \leqslant i_1 < i_2 < \cdots < i_k \leqslant n} |A_{i_1} \cap A_{i_2} \cap \cdots \cap A_{i_k}| \\
&+ \cdots + (-1)^{n-1} |A_1 \cap A_2 \cap \cdots \cap A_n|
\end{aligned}
$$

**证明** 可针对集合个数 $n$ 使用数学归纳法证明，但这里给出一个更简单的组合证明，通过证明并集 $A_1 \cup \cdots \cup A_n$ 的每个元素在等式右边都被计数且只被计数一次而证明上述等式。

对该并集的每个元素 $a$，设它恰好是集合 $A_1, A_2, \cdots, A_n$ 中 $r$ 个集合的元素，这里 $1 \leqslant r \leqslant n$，则这个元素在 $\sum |A_i|$ 中被计数了 $r = C(r,1)$ 次，在 $\sum |A_{i_1} \cap A_{i_2}|$ 中被计数了 $C(r,2)$ 次，一般来说，在 $\sum |A_{i_1} \cap \cdots \cap A_{i_k}|$ 中被计数了 $C(r,k)$ 次，因此元素 $a$ 在等式右边被计数的次数为：

$$C(r,1) - C(r,2) + \cdots + (-1)^{k-1} C(r,k) + \cdots + (-1)^{r-1} C(r,r)$$

由二项式定理 $(x+y)^r$ 的展开式中取 $x=1, y=-1$ 得到：

$$C(r,0) - C(r,1) + \cdots + (-1)^k C(r,k) + \cdots + (-1)^r C(r,r) = 0$$

从而：

$$C(r,1) - C(r,2) + \cdots + (-1)^{k-1} C(r,k) + \cdots + (-1)^{r-1} C(r,r) = C(r,0) = 1$$

因此，并集 $A_1 \cup \cdots \cup A_n$ 的每个元素在等式右边都被计数恰好一次，从而所证等式成立。 □

注意，上述等式对 $k$ 个集合交的元素进行计数时，参与集合交的 $k$ 个集合的下标构成严格递增序列 $1 \leqslant i_1 < i_2 < \cdots < i_k \leqslant n$，这样的严格递增序列个数等于从集合 $N = \{1, 2, \cdots, n\}$ 不允许重复地选 $k$ 个数的方法数，即有 $C(n,k)$ 个。顺便提一下，在问题 8.33的求解中我们看到，1 到 $n$ 之间的 $k$ 个整数构成的非递减序列个数等于从集合 $N$ 允许重复地选 $k$ 个数的方法数，即等于 $C(n-1+k, k)$。

定理 8.16 给出的容斥原理公式适合在容易计算同时满足某些性质的元素个数时，用于计算满足这些性质之一的元素个数。有时要计算同时不满足某些性质的元素个数，这可用到另一形式的容斥原理公式。为简便起见，引入一些记号并从元素性质的角度给出稍微简短一些的容斥原理公式。

设有穷集 $U$ 是全集，$P_1, P_2, \cdots, P_n$ 是 $n$ 个性质（即论域 $U$ 上的一元谓词）。记 $U$ 的元素个数为 $N$，即 $|U| = N$，将 $U$ 中具有性质 $P_i$ 的元素个数记为 $N(P_i)$，将 $U$ 中同时具有上述 $n$ 个性质中 $k$ 个性质 $P_{i_1}, P_{i_2}, \cdots, P_{i_k}$ 的元素个数记为 $N(P_{i_1} P_{i_2} \cdots P_{i_k})$。

将 $U$ 中不具有性质 $P_i$ 的元素个数记为 $N(\overline{P}_i)$，将同时不具有性质 $P_{i_1}, P_{i_2}, \cdots, P_{i_k}$ 的元素个数记为 $N(\overline{P}_{i_1}\overline{P}_{i_2}\cdots\overline{P}_{i_k})$。也就是说，将 $\neg P$ 简记为 $\overline{P}$，而将 $(\neg P_1 \wedge \neg P_2)$ 简记为 $\overline{P}_1\ \overline{P}_2$，注意 **不是** $\overline{P_1P_2}$。

用集合语言表示则是，设 $A_i$ 是具有性质 $P_i$ 的元素构成的集合，即 $A_i = \{x \in U \mid P_i(x)\}$，那么：

$$
\begin{aligned}
N(P_i) &= |A_i| & N(P_{i_1}P_{i_2}\cdots P_{i_k}) &= |A_{i_1} \cap A_{i_2} \cap \cdots \cap A_{i_k}| \\
N(\overline{P}_i) &= |\overline{A}_i| & N(\overline{P}_{i_1}\overline{P}_{i_2}\cdots\overline{P}_{i_k}) &= |\overline{A}_{i_1} \cap \overline{A}_{i_2} \cap \cdots \cap \overline{A}_{i_k}|
\end{aligned}
$$

**推论 8.17 另一形式的容斥原理**：基于上面的记号，我们有：

$$
\begin{aligned}
N(\overline{P}_1\overline{P}_2\cdots\overline{P}_n) = N &- \sum_i N(P_i) + \sum_{1\leqslant i_1<i_2\leqslant n} N(P_{i_1}P_{i_2}) \\
&- \sum_{1\leqslant i_1<i_2<i_3\leqslant n} N(P_{i_1}P_{i_2}P_{i_3}) + \cdots \\
&+ (-1)^k \sum_{1\leqslant i_1<i_2<\cdots<i_k\leqslant n} N(P_{i_1}P_{i_2}\cdots P_{i_k}) \\
&+ \cdots + (-1)^n N(P_1P_2\cdots P_n)
\end{aligned}
$$

**证明** 因为根据减法原理，设 $A_i$ 是具有性质 $P_i$ 的元素构成的集合，有：

$$
\begin{aligned}
N(\overline{P}_1\overline{P}_2\cdots\overline{P}_n) &= |\overline{A}_1 \cap \overline{A}_2 \cap \cdots \cap \overline{A}_n| \\
&= |\overline{A_1 \cup A_2 \cup \cdots \cup A_n}| = |U| - |A_1 \cup A_2 \cup \cdots \cup A_n|
\end{aligned}
$$

从而由定理 8.16以及上面记号的含义可得所证等式成立。 □

**问题 8.34** 不定方程 $x_1 + x_2 + x_3 = 6$ 有多少满足 $x_1 \leqslant 3$, $x_2 \leqslant 2$, $x_3 \leqslant 4$ 的非负整数解？

**【分析】** 从 8.2.3 节我们知道如何处理条件 $x_i$ 大于或等于某个给定值，而对于条件 $x_i$ 小于等于某个给定值，需要针对这个条件的逻辑否定并利用推论 8.17 给出的容斥原理。注意由于 $x_i$ 都是整数，所以 $x_1 \leqslant 3$ 的逻辑否定是 $x > 3$，即 $x \geqslant 4$。

**【解答】** 令 $U$ 是问题中不定方程所有非负整数解的集合，性质 $P_1$ 表示 $x_1 \geqslant 4$，$P_2$ 表示 $x_2 \geqslant 3$，$P_3$ 表示 $x_3 \geqslant 5$，从而问题是要计算 $N(\overline{P}_1\overline{P}_2\overline{P}_3)$。注意到：

$$
\begin{aligned}
N &= \text{满足 } x_1\geqslant0, x_2\geqslant0, x_3\geqslant0 \text{ 的解个数} = C(3-1+6, 6) = C(8,2) = 28 \\
N(P_1) &= \text{满足 } x_1\geqslant4, x_2\geqslant0, x_3\geqslant0 \text{ 的解个数} = C(3-1+6-4, 6-4) = C(4,2) = 6 \\
N(P_2) &= \text{满足 } x_1\geqslant0, x_2\geqslant3, x_3\geqslant0 \text{ 的解个数} = C(3-1+6-3, 6-3) = C(5,3) = 10 \\
N(P_3) &= \text{满足 } x_1\geqslant0, x_2\geqslant0, x_3\geqslant5 \text{ 的解个数} = C(3-1+6-5, 6-5) = C(3,1) = 3 \\
N(P_1P_2) &= \text{满足 } x_1\geqslant4, x_2\geqslant3, x_3\geqslant0 \text{ 的解个数} = C(3-1+6-7, 6-7) = 0 \\
N(P_1P_3) &= \text{满足 } x_1\geqslant4, x_2\geqslant0, x_3\geqslant5 \text{ 的解个数} = C(3-1+6-9, 6-9) = 0
\end{aligned}
$$

$N(P_2P_3)$ = 满足 $x_1 \geqslant 0, x_2 \geqslant 3, x_3 \geqslant 5$ 的解个数 = $C(3-1+6-8, 6-8) = 0$
$N(P_1P_2P_3)$ = 满足 $x_1 \geqslant 4, x_2 \geqslant 3, x_3 \geqslant 5$ 的解个数 = $C(3-1+6-12, 6-12) = 0$

从而：

$$\begin{aligned} N(\overline{P}_1\overline{P}_2\overline{P}_3) &= N - N(P_1) - N(P_2) - N(P_3) \\ &\quad + N(P_1P_2) + N(P_1P_3) + N(P_2P_3) - N(P_1P_2P_3) \\ &= 28 - 6 - 10 - 3 = 9 \end{aligned}$$

因此，不定方程 $x_1 + x_2 + x_3 = 6$ 满足 $x_1 \leqslant 3$，$x_2 \leqslant 2$，$x_3 \leqslant 4$ 的非负整数解有 9 个。

**【讨论】**注意，对于 $C(n,r)$，作为二项式系数，其中的 $n$ 可推广至负整数乃至实数的情况[①]，但不管 $n$ 的值是什么，当 $r < 0$ 时总有 $C(n,r) = 0$。

**问题 8.35** 不等式 $x_1+x_2+x_3+x_4 \leqslant 15$ 有多少满足 $2 \leqslant x_1 \leqslant 5, x_2 \leqslant 2, 1 \leqslant x_3 \leqslant 4$ 的非负整数解？

**【分析】**(1) 不等式 $x_1+x_2+x_3+x_4 \leqslant 15$ 的非负整数解与不定方程 $x_1+x_2+x_3+x_4+x_5 = 15$ 的非负整数解一一对应，这里 $x_5$ 是额外增加的一个未知数。也即，可通过增加一个未知数将不等式变换为不定方程。

(2) 当未知数 $x_i$ 的解既要满足大于或等于某给定值，又要满足小于或等于某给定值时，可将全集定义为满足 $x_i$ 大于或等于给定值的解，而不仅仅是 $x_i$ 是非负整数（即大于或等于 0）的解。例如，这一问题可设全集是不定方程 $x_1+x_2+x_3+x_4+x_5 = 15$ 满足 $x_1 \geqslant 2, x_2 \geqslant 0, x_3 \geqslant 1, x_4 \geqslant 0, x_5 \geqslant 0$ 的解集合。

**【解答】**我们只需要计算不定方程 $x_1+x_2+x_3+x_4+x_5 = 15$ 满足 $2 \leqslant x_1 \leqslant 5, x_2 \leqslant 2, 1 \leqslant x_3 \leqslant 4$ 的非负整数解个数，这里 $x_5$ 是将问题中不等式变换为不定方程而引入的一个额外未知数。

设全集 $U$ 是 $x_1+x_2+x_3+x_4+x_5 = 15$ 满足 $x_1 \geqslant 2, x_2 \geqslant 0, x_3 \geqslant 1, x_4 \geqslant 0, x_5 \geqslant 0$ 的非负整数解的集合。性质 $P_1$ 表示 $x_1 \geqslant 6$，$P_2$ 表示 $x_2 \geqslant 3$，$P_3$ 表示 $x_3 \geqslant 5$，从而要求的解的个数是 $N(\overline{P}_1\overline{P}_2\overline{P}_3)$：

$$\begin{aligned}
N &= C(5-1+15-2-1, 15-2-1) = C(16,4) = 1820 && // x_1 \geqslant 2, x_3 \geqslant 1 \\
N(P_1) &= C(5-1+15-6-1, 15-6-1) = C(12,4) = 495 && // x_1 \geqslant 6, x_3 \geqslant 1 \\
N(P_2) &= C(5-1+15-2-3-1, 15-2-3-1) = C(13,4) = 715 && // x_1 \geqslant 2, x_2 \geqslant 3, x_3 \geqslant 1 \\
N(P_3) &= C(5-1+15-2-5, 15-2-5) = C(12,4) = 495 && // x_1 \geqslant 2, x_3 \geqslant 5 \\
N(P_1P_2) &= C(5-1+15-6-3-1, 15-6-3-1) = C(9,4) = 126 && // x_1 \geqslant 6, x_2 \geqslant 3, x_3 \geqslant 1 \\
N(P_1P_3) &= C(5-1+15-6-5, 15-6-5) = C(8,4) = 70 && // x_1 \geqslant 6, x_3 \geqslant 5 \\
N(P_2P_3) &= C(5-1+15-2-3-5, 15-2-3-5) = C(9,4) = 126 && // x_1 \geqslant 2, x_2 \geqslant 3, x_3 \geqslant 5 \\
N(P_1P_2P_3) &= C(5-1+15-6-3-5, 15-6-3-5) = C(5,4) = 5 && // x_1 \geqslant 6, x_2 \geqslant 3, x_3 \geqslant 5
\end{aligned}$$

从而：

① 二项式定理 $(x+y)^n$ 的展开可推广至 $n$ 是实数的情况，参见组合数学相关教材中关于广义二项式定理的内容。

$$\begin{aligned}N(\overline{P}_1\overline{P}_2\overline{P}_3) &= N - N(P_1) - N(P_2) - N(P_3)\\&\quad + N(P_1P_2) + N(P_1P_3) + N(P_2P_3) - N(P_1P_2P_3)\\&= 1820 - 495 - 715 - 495 + 126 + 70 + 126 - 5 = 432\end{aligned}$$

因此，不等式 $x_1+x_2+x_3+x_4\leqslant 15$ 满足 $2\leqslant x_1\leqslant 5, x_2\leqslant 2, 1\leqslant x_3\leqslant 4$ 的非负整数解有 432 个。

**【讨论】**（1）在计算 $N(P_1), N(P_1P_2)$ 等时，我们将方程的解应该满足的条件以注释的形式标出，这使得求解过程比较清楚，不容易出错。为使得解答尽量简洁，那些只满足大于或等于 0 的未知数的条件没有列出。

（2）对于计算 $N(P_1), N(P_1P_2)$ 等时的解应满足的条件要注意两点。

① 所有条件都应该包括全集 $U$ 所假定的条件，即这一题的 $x_1\geqslant 2, x_3\geqslant 1$；

② 在利用容斥原理的情况下，所有条件都是某个未知数大于或等于某个给定值。当考虑全集所假定的条件时，可能对某个未知数有两个条件，例如计算 $N(P_1)$ 时，全集 $U$ 假定 $x_1\geqslant 2$，而 $P_1$ 表示 $x_1\geqslant 6$，这两个条件只取给定值比较大的那一个。

从逻辑上来说，当 $x_1$ 的论域是整数时 $x_1\geqslant 2\wedge x_1\geqslant 6$ 逻辑等值于 $x_1\geqslant 6$。因此计算 $N(P_1)$ 时只需考虑条件 $x_1\geqslant 6$ 和 $x_3\geqslant 1$，而计算 $N(P_1P_2)$ 时只需考虑条件 $x_1\geqslant 6, x_2\geqslant 2$ 和 $x_3\geqslant 1$。

**问题 8.36**　设 $A=\{1,2,3,4,5,6\}$ 和 $B=\{a,b,c\}$，集合 $A$ 到 $B$ 的所有函数中有多少满函数？

**【分析】**集合 $A$ 到 $B$ 的满函数是 $B$ 的所有元素都有原像的函数，要直接对满函数进行计数比较困难。可以进行逆向思考，即考虑某一个元素没有原像时的函数个数。例如若在函数 $f$ 下元素 $a$ 没有原像，则 $f$ 实际上是集合 $A$ 到 $B-\{a\}$ 的函数。注意，对任意两个有穷集合 $C,D$，$C$ 到 $D$ 的所有函数个数是 $|D|^{|C|}$。

**【解答】**令全集 $U$ 是集合 $A$ 到 $B$ 的所有函数构成的集合，性质 $P_a$ 表示 $B$ 的元素 $a$ 在函数下没有原像，$P_b$ 表示 $b$ 没有原像，$P_c$ 表示 $c$ 没有原像，则 $A$ 到 $B$ 的满函数个数是 $N(\overline{P}_a\overline{P}_b\overline{P}_c)$。我们有：

$$\begin{aligned}N &= |B|^{|A|} = 3^6 = 729\\N(P_a) &= |B-\{a\}|^{|A|} = 2^6 = 64\\N(P_b) &= |B-\{b\}|^{|A|} = 2^6 = 64\\N(P_c) &= |B-\{c\}|^{|A|} = 2^6 = 64\\N(P_aP_b) &= |B-\{a,b\}|^{|A|} = 1^6 = 1\\N(P_aP_c) &= |B-\{a,c\}|^{|A|} = 1^6 = 1\\N(P_bP_c) &= |B-\{b,c\}|^{|A|} = 1^6 = 1\\N(P_aP_bP_c) &= 0\end{aligned}$$

注意最后 $N(P_aP_bP_c)$ 是 $A$ 到空集的函数个数，显然是 0。从而：

$$\begin{aligned} N(\overline{P}_a\overline{P}_b\overline{P}_c) &= N - N(P_a) - N(P_b) - N(P_c) \\ &\quad + N(P_aP_b) + N(P_aP_c) + N(P_bP_c) - N(P_aP_bP_c) \\ &= 729 - 64 - 64 - 64 + 1 + 1 + 1 = 540 \end{aligned}$$

因此，$A$ 到 $B$ 的满函数个数是 540 个。

**例子 8.37** 一般来说，设集合 $A$ 和 $B$ 都是有穷集，且 $|A| = m, |B| = n$。

（1）$A$ 到 $B$ 的所有函数个数是 $|B|^{|A|} = n^m$。

（2）对于 $A$ 到 $B$ 的单函数，当 $m \leqslant n$ 时有 $P(n,m)$ 个，每个单函数对应一个从 $B$ 集合选 $m$ 个元素的排列；而当 $m > n$ 时没有 $A$ 到 $B$ 的单函数。

（3）对于 $A$ 到 $B$ 的满函数，当 $m < n$ 时显然没有满函数，而当 $m \geqslant n$ 时，根据容斥原理（推论 8.17），集合 $A$ 到 $B$ 的满函数个数是：

$$n^m - C(n,1)(n-1)^m + \cdots + (-1)^k C(n,k)(n-k)^m + \cdots + (-1)^{n-1}C(n,n-1) \times 1^m$$

其中，$(n-k)^m$ 是 $B$ 的某 $k$ 个元素没有原像时的情况，而 $C(n,k)$ 是这种情况的个数。

容斥原理还可用于计算质数的个数，也可用于计算欧拉函数 $\phi(n)$ 的值，即小于 $n$ 且与 $n$ 互质的正整数个数，以及用于求解错位排列、带禁止位置的排列及相关的计数问题，这里不再讨论这些问题，有兴趣的读者可参阅组合数学的相关文献（例如参考文献 [14]）。

### 8.2.5 排列与组合的生成算法

排列组合的生成是指将满足条件的排列和组合一一枚举出来，例如我们验证一些问题的计数结果时需要生成可能的串、可能的子集，或不定方程可能的解，等等。在实际应用中也可能要将问题的解都枚举出来然后找到满足条件的解或对解进行优化，这些都是排列或组合的生成。

本节介绍 $n$ 个元素集合的所有全排列和 $n$ 元素的所有 $r$ 组合的生成算法。$n$ 元素集合的所有 $r$ 排列可先利用 $n$ 元素的 $r$ 组合生成算法选出 $r$ 个元素，然后再生成 $r$ 个元素的全排列而得到。$n$ 元素的所有组合，即 $n$ 元素集合的所有子集的生成就是生成它的幂集，前面已经利用二进制串与子集的对应给出了一个生成幂集的算法（参见算法 5.1）。

有许多不同的全排列与 $r$ 组合生成算法，这里只介绍基于字典序 (lexicographic order) 或说词典序 (dictionary order) 的算法。

**定义 8.8** 给定字符集 $\Sigma$ 及其上的偏序 $\preccurlyeq$，长度为 $n$ 的 $\Sigma$ 上的字符串构成的集合 $\Sigma^n$ 上的**字典序** $\preceq$ 定义为：$\Sigma^n$ 中两个不同的串 $a_1a_2\cdots a_n$ 和 $b_1b_2\cdots b_n$，

$$a_1a_2\cdots a_n \preceq b_1b_2\cdots b_n \text{ 当且仅当 } \exists k(1 \leqslant k \leqslant n \text{ 且 } a_k \prec b_k \text{ 且 } \forall j(1 \leqslant j < k \to a_j = b_j))$$

通俗地说，对于字符串 $a = a_1a_2\cdots a_n$ 和 $b = b_1b_2\cdots b_n$，先比较两者的第一个字符 $a_1$ 和 $b_1$：如果 $a_1$ 在字符集中排在 $b_1$ 前面，则串 $a$ 排在串 $b$ 的前面；如果 $a_1$ 排在 $b_1$ 的后面，则串 $a$ 排在串 $b$ 的后面；如果 $a_1$ 和 $b_1$ 不可比，则这两个串也不可比；如果 $a_1 = b_1$ 则继续比较第二个字符，直到存在 $k$ 使得 $a_k \neq b_k$。也即串 $a$ 和串 $b$ 的序取决于这两个串中对应的第一对不相等字符的比较结果。不难证明 $\preceq$ 是 $\Sigma^n$ 上的偏序，且当 $\preccurlyeq$ 是 $\Sigma$ 上的全序时，$\preceq$ 也是全序。注意，我们总假定字典序 $\preceq$ 是自反关系。

在讨论排列与组合生成算法时，总假定 $n$ 个元素的集合 $S = \{1, 2, \cdots, n\}$，且看作是 $n$ 个数字字符的集合，上面的全序是普通的小于或等于关系，即 $1 < 2 < \cdots < n$。生成 $S$ 的所有全排列就是要按字典序枚举 $n$ 个 $S$ 中的数字构成的所有不含重复数字的串，每个串是 $S$ 的一个全排列。记 $S$ 的所有全排列的集合是 $P$，$(P, \preceq)$ 是全序集 $(S^n, \preceq)$ 的子集，也是全序集。

在全序集 $(P, \preceq)$ 中，显然最小的全排列是 $123\cdots n$，最大的全排列是 $n\cdots 321$。对于任意全排列 $a = a_1a_2\cdots a_n$，我们要找到在字典序下覆盖 $a$ 的全排列 $b$，即找到使得 $a \prec b$ 且不存在 $c$ 使得 $a \prec c$ 且 $c \prec b$ 的全排列 $b$。因为 $\preceq$ 是全序，所以从最小的全排列开始，不断找覆盖它的全排列，直到得到最大的全排列，就可枚举 $P$ 的所有元素，即生成 $S$ 的所有全排列。为简便起见，下面将 $P$ 中的全排列直接称为串。

**问题 8.38**　设 $S = \{1, 2, 3, 4, 5, 6, 7, 8\}$，$a = 63285741$ 是 $S$ 的一个全排列，在字典序下覆盖 $a$ 的全排列是什么呢？

**【分析】**由于字典序是从由左至右的第一个数字开始比较，因此我们也按这样的顺序考虑，第一个数字 6 是否要被替换？如果要替换显然只能被 7 替换，而且要以 71 开头才可能覆盖 6 开头的串，但显然在字典序中 63 开头的串离 71 还很远，因此数字 6 应该保持不动。第二个数字 3 是否要被替换？但替换成 4 则应该以 641 开头，但 632 离 641 也很远。因此，如果要换第 $i$ 个数字，第 $i+1$ 个数字必须是后面数字中最大的数字才可能。那么是否应该替换 2 呢？后面的 8 是最大的数字，但注意到 8 后面的 5 并不是 8 后面最大的数字，显然将 5 换成 7 得到的排列 $63287\cdots$ 比替换 2 得到的排列离 $a$ 更近。

因此一般来说，为得到 $a$ 的下一排列，$a$ 中被替换的数字应该是从它右边的数字开始，每个数字都是它右边所有数字中的最大数字，也即这些数字应该形成递减序列，因此 $a$ 中应该对 5 进行改变，它右边的数字 741 是递减序列。因为 5 前面的数字要不变，为得到比 $a$ 更大的序列，5 应该替换成 741 中大于 5 的数字，也即 $a$ 的排列应以 63287 开头，剩下的三个数字显然应该排成 145。

**【解答】**在字典序下覆盖 $a$ 的排列是 63287145。

从问题 8.38 的分析部分应该可以悟到字典序的一个特点。

**引理 8.18**　对于串 $a = a_1a_2\cdots a_n$，它的任意从 $a_1$ 开始的子串 $a_1a_2\cdots a_i$ 都称为 $a$ 的**前缀** (prefix)。对任意 $1 \leqslant i \leqslant n$，具有相同前缀 $a_1a_2\cdots a_i$ 的所有长度为 $n$ 的串中，在字典序下串 $a_1a_2\cdots a_ib_1b_2\cdots b_{n-i}$ 最大，其中对任意 $1 \leqslant k \leqslant n-i$，

$b_k \in S - \{a_1, a_2, \cdots, a_i\}$，且：

$$b_1 > b_2 > \cdots > b_{n-i}$$

而串 $a_1a_2\cdots a_ic_1c_2\cdots c_{n-i}$ 最小，其中对任意 $1 \leqslant k \leqslant n-i$，$c_k \in S - \{a_1, a_2, \cdots, a_i\}$，且：

$$c_1 < c_2 < \cdots < c_{n-i}$$

对于任意串 $a = a_1a_2\cdots a_n$ 都存在唯一的最短前缀 $a_1a_2\cdots a_i$，使得 $a$ 是所有具有相同前缀 $a_1a_2\cdots a_i$ 的串中的最大串。 □

通俗地说，在所有以 $a_1a_2\cdots\ a_i$ 开头的串中，$a_i$ 后面的数字是递减序列时的串最大，而 $a_i$ 后面的数字是递增序列时串最小。例如对于数字 1 到 8 构成的串，以 3251 开头的所有串中，32514678 最小，而 32518764 最大。每个串都是某个最短前缀开头的所有串中的最大串，例如 63285741 是以 63285 开头的最大串。特别地，12345678 可看作以空串开头的串中最小的串，且是以 12345678 开头的最大串，而 87654321 是以空串开头的串中最大的串。

对任意串 $a = a_1a_2\cdots a_n$，要得到覆盖 $a$ 的串，应该确定 $a$ 是以怎样的前缀开头的所有串中的最大串，即要找到最短的前缀 $a_1a_2\cdots a_i$，使得 $a_i$ 后面的数字 $a_{i+1}\cdots a_n$ 是递减序列，也即 $a_i$ 是满足下面条件的数字（不难证明，对于串 $a$，满足下面条件的数字 $a_i$ 是唯一的）：

$$a_i < a_{i+1} \qquad \text{且} \qquad a_{i+1} > a_{i+2} > \cdots > a_n$$

然后将 $a_i$ 替换成 $a_{i+1}, \cdots, a_n$ 中恰好大于 $a_i$ 的数字 $a_j$，即 $a_{i+1}, \cdots, a_n$ 中大于 $a_i$ 的最小数字 $a_j$，得到前缀 $a_1\cdots a_{i-1}a_j$，剩下的数字 $a_i, a_{i+1}, \cdots, a_{j-1}, a_{j+1}, \cdots, a_n$ 应按递增顺序排列以得到 $a_1\cdots a_{i-1}a_j$ 开头的最小串。由 $a_j$ 是恰好大于 $a_i$ 的数字，而 $a_{i+1}, \cdots, a_n$ 形成递减序列，因此 $a_{i+1}, \cdots, a_{j-1}, a_i, a_{j+1}, \cdots, a_n$ 也是递减序列，从而：

$$a_1\cdots a_{i-1}a_ja_n\cdots a_{j+1}a_ia_{j-1}\cdots a_{i+1}$$

就是以 $a_1\cdots a_{i-1}a_j$ 开头的最小串，不难由引理 8.18 证明这个串就是覆盖 $a$ 的串。只要 $a$ 不是所有串中的最大串，那么满足上述条件的前缀 $a_1, a_2, \cdots a_i$ 就不是空串，$a$ 就存在覆盖它的串。

算法 8.1 给出了按上述思路计算集合 $S = \{1, 2, \cdots, n\}$ 的一个全排列 $a = a_1a_2\cdots a_n$ 在字典序下的下一个 $S$ 全排列，即覆盖 $a$ 的全排列，从最小全排列 $12\cdots n$ 开始，不断调用这个算法得到下一个全排列，直到最大全排列，即可生成 $S$ 的所有全排列。算法的正确性由引理 8.18保证。

**例子 8.39** 对于集合 $S = \{1, 2, 3, 4, 5, 6, 7, 8\}$ 的一个全排列 $a = 42876351$，算法 8.1 第 1 行循环确定的 $a_i$ 是 3，而第 2 行循环确定的 $a_j$ 是 5，第 3~7 行执行完毕后得到 $a$ 的下一个全排列是 $b = 42876513$；对于 $b$，第 1 行循环确定的 $b_i$ 是 1，而第 2 行循环确定的 $b_j$ 是 3，从而得到 $b$ 的下一个全排列是 $c = 42876531$；对于 $c$，第 1 行循环确定的 $c_i$ 是 2，而第 2 行循环确定的 $c_j$ 是 3，从而得到 $c$ 的下一个全排列是 43125678。

**Algorithm 8.1: 计算覆盖非最大串 $a$ 的串，也即生成全排列时 $a$ 的下一个串**

**输入:** 集合 $S=\{1,2,\cdots,n\}$ 上的串 $a=a_1a_2\cdots a_n$，$a$ 不是最大串 $n\cdots 321$

**输出:** 返回字典序下 $P$ 中覆盖 $a$ 的串，也即生成 $S$ 的全排列时 $a$ 的下一个串

```
1 i = n − 1;  while (a_i > a_{i+1}) do i = i − 1; //这个循环确定 a 是 a_1···a_i 开头的最大串;
2 j = n;  while (a_i > a_j) do j = j − 1; // 这个循环确定 a_{i+1},···,a_n 中恰好大于 a_i 的 a_j;
3 交换 a_i 和 a_j;            // 下面的循环交换 a_{i+1} 和 a_n 等从而以递增顺序排列
                            //a_n···a_{j+1}a_ia_{j−1}···a_{i+1}
4 令 r = n 且 s = i + 1;
5 while (r > s) do
6 |  交换 a_r 和 a_s，然后令 r = r − 1 且 s = s + 1
7 end
```

下面讨论如何生成集合 $S=\{1,2,\cdots,n\}$ 的所有 $r$ 组合。我们知道应该以严格递增的数字序列 $a_1a_2\cdots a_r$ 表示一个 $r$ 组合，也即这里必须有 $1\leqslant a_1<a_2<\cdots<a_r\leqslant n$，只有这样的序列才与 $S$ 的 $r$ 组合一一对应。例如，设 $n=8,r=5$，数字串 23568 对应 $S$ 的一个 5 组合，即 5 元素子集 $\{2,3,5,6,8\}$。设 $C$ 是所有长度为 $r$ 且数字按严格递增顺序排列的串 $a_1a_2\cdots a_r$ 构成的集合，这里 $1\leqslant a_1<\cdots<a_r\leqslant n$。显然在字典序下 $C$ 是全序集。

因此，通过按字典序生成 $C$ 的所有串 $a_1a_2\cdots a_r$ 可得到 $S$ 的所有 $r$ 组合。这时最小的串是 $12\cdots r$，而最大的串是 $(n-r+1)\cdots n$。例如 12345 是 8 元素集 5 组合的最小串，而 45678 是最大串。从最小的串开始，不断找在 $C$ 中覆盖它的串，直到最大串则可生成 $C$ 的所有串。

**问题 8.40**　设 $S=\{1,2,3,4,5,6,7,8\}$，它的一个 5 组合对应的串是 $a=13458$，那么在字典序下覆盖 $a$ 且对应 5 组合的串是什么？

**【分析】**由于最大串是 45678，因此第 1 个数字到达 4 就不会再增加，同样第 2 个数字的目标是 5，等等。但字典序是从左到右比较串，因此要寻找覆盖一个串的串，应该优先考虑变动最右边可以变动的数字。对于 $a$，最右边可以变动的数字是第四位的数字 5，应该增加为 6，因为要递增，它后面的数字至少都应该从 7 开始放。

**【解答】**在字典序下覆盖 $a$ 且对应 5 组合的串是 13467。

一般地说，对于 $S=\{1,2,\cdots,n\}$ 的 $r$ 组合，设 $a=a_1a_2\cdots a_r$ 是对应 $S$ 的 $r$ 组合的一个串，要得到覆盖 $a$ 的对应 $S$ 的 $r$ 组合的串，需要找到 $a$ 中与最大串 $(n-r+1)(n-r+2)\cdots n$ 的对应数字不同的最大位置 $i$，也即 $a_i\neq n-r+i$，但对于任意的 $i<j\leqslant r$，都有 $a_j=n-r+j$。然后保持 $a_1,a_2,\cdots,a_{i-1}$ 不变，将第 $i$ 位置的 $a_i$ 加 1，剩下第 $i+1$ 个位置到第 $r$ 个位置的数字依次是前一个数字加 1，则得到覆盖 $a$ 的串。只要 $a$ 不是最大串，则 $i>0$，总可以这样得到覆盖 $a$ 的串。

算法 8.2 给出了按上述思路计算集合 $S=\{1,2,\cdots,n\}$ 的一个 $r$ 组合 $a=a_1a_2\cdots a_r$ 在字典序下的下一个 $r$ 组合，即覆盖 $a$ 的 $r$ 组合，从最小的 $r$ 组合 $12\cdots r$ 开始，不断调用这个算法得到下一个 $r$ 组合，直到最大的 $r$ 组合，即可生成 $S$ 的所有 $r$ 组合，即

$S$ 的所有 $r$ 元素子集。

**例子 8.41** 设 $S=\{1,2,3,4,5,6,7,8\}$，它的一个 5 组合对应的串是 $a=13478$，算法 8.2 第 1 行循环确定的 $i$ 是 3，即数字 4，从而 $a$ 的下一个 5 组合是 $b=13567$，而 $b$ 的下一个 5 组合是 $c=13568$，$c$ 的下一个 5 组合是 13578 等。

**Algorithm 8.2: 计算生成 $n$ 元素 $r$ 组合时一个串的下一个串，也即一个组合的下一个组合**

**输入:** 集合 $S=\{1,2,\cdots,n\}$ 上对应 $r$ 组合的串 $a=a_1a_2\cdots a_r$，即满足 $1\leqslant a_1<\cdots<a_r\leqslant n$ 的串，且 $a$ 不是最大串 $(n-r+1)\cdots n$

**输出:** 返回字典序下 $C$ 中覆盖 $a$ 的串，也即生成 $S$ 的 $r$ 组合时 $a$ 的下一个串

1 $i=r$; **while** $(a_i=n-r+i)$ **do** $i=i-1$;
  //这个循环确定 $a$ 中不与最大串相同的最大位置 $i$;

2 $a_i=a_i+1$; // 将加一后的 $a_i$，以及 $a_i+1,\cdots,a_i+r-i$ 作为第 $i$ 到第 $r$ 个位置的数字

3 **for** $(j=i+1$ **to** $r)$ **do** $a_j=a_i+j-i$;

设 $S=\{1,2,\cdots,n\}$，取其中 $r$ 个数形成严格递增序列 $1\leqslant a_1<a_2<\cdots<a_n\leqslant n$ 对应 $S$ 的一个不允许重复的 $r$ 组合，而如果这 $r$ 个数形成非递减序列 $1\leqslant a_1\leqslant a_2\leqslant\cdots\leqslant a_n\leqslant n$ 则对应 $S$ 的一个允许重复的 $r$ 组合。基于这一点，使用类似算法 8.2 的思路，可生成 $S$ 的所有允许重复的 $r$ 组合，将每个对应这样组合的串 $a_1a_2\cdots a_r$ 转换成不定方程 $x_1+x_2+\cdots+x_n=r$ 的一个解，则可得到一个比问题 8.32 中给出的策略具有更高效率的枚举不定方程解的算法，具体的算法设计留给读者作为练习。

## 8.3 递推关系式

Counting-Recurr(1)

Counting-Recurr(2)

Counting-Recurr(3)

许多计数问题都有一个类似“规模”的参数，不同的规模计数结果不同，例如各种字符串的计数问题，字符串的长度就是这种规模参数，如果字符串长度不大，可以通过枚举法得到问题的解，但随着字符串长度的增大，问题会越来越复杂。算法效率分析中对算法基本操作执行次数的计算也如此，当输入规模不大时，可能容易给出确定的执行次数，但随着输入规模的增大，要估计基本操作执行次数的增长情况可能也不是一件容易的事情。

对于这类与某个规模参数有关的计数问题，一种求解的方法就是建立不同规模问题之间的递推关系式，这样即使不能求解这个递推关系式给出封闭形式的计数公式，也可获得问题解的许多性质，并可以编写计算机程序计算某个给定规模的问题的计数结果。

因此，使用递推关系式是求解计数问题的一种重要方法，本节给出一些例子说明如何使用递推关系式对计数问题进行建模，然后介绍最常见的一类递推关系式的求解方法，最后讨论递推关系式在递归算法，特别是分治算法效率分析方面的应用。

### 8.3.1 计数问题的递推关系式建模

简单地说，递推关系式给出一个序列的后项与前面一些项的关系。集合 $A$ 上的**序列** (sequence) 是一个定义域为自然数集（或正整数集）的函数 $f:\mathbb{N}\to A$。如果 $A$ 也是数

集（整数集或实数集等），则序列也称为**数列** (progression, 或 series)。

通常将 $f(i)$ 记为 $a_i$，而将整个序列简记为 $\{a_n\}$，这里花括号与集合无关。$a_i$ 称为序列 $\{a_n\}$ 的第 $i$ **项** (term)。下面如果没有特别说明，序列的下标都从 0 开始。为简便起见，常使用“$a_n=$ 表达式”的方式给出一个序列，例如 $a_n=n$ 表示序列 $0,1,2,\cdots$。这个表达式通常称为序列的**通项公式** (general term formula)。

**定义 8.9** 序列 $\{a_n\}$ 的一个**递推关系式** (recurrence relation) 是一个用序列中某些前面的项 $a_i, 0\leqslant i<n$ 表示第 $n$ 项 $a_n$ 的等式。如果序列 $\{a_n\}$ 满足一个递推关系式，则称这个序列为它的**解** (solution)。

如果递推关系式的一个解序列 $\{a_n\}$ 的第 $n$ 项能使用一个不含序列中任意项的通项公式表达，则这个公式称为递推关系式的 **封闭公式解** (closed formula solution)。

**例子 8.42** $a_n=-3a_{n-1}+4a_{n-2}, n\geqslant 2$ 是一个递推关系式，在给出一个递推关系式时可指明它成立的条件，例如，$n\geqslant 2$。如果没有特别指明这种条件，则隐含地是保证所有序列下标都大于等于 0。序列 $a_n=0$，即 $0,0,0,\cdots$ 是这个递推关系式的一个解，而序列 $a_n=1$ 以及 $a_n=(-4)^n$ 都是它的封闭公式解。因此，一个递推关系式和一些初始条件才能唯一确定一个序列。初始条件指定序列最初若干项的值，这些项的下标不满足递推关系式成立的条件。例如，若指定初始条件 $a_0=0, a_1=-5$，则可唯一确定序列 $a_n=(-4)^n-1$。

**例子 8.43** 也许最有名的一个递推关系式是斐波那契 (Fibonacci) 数列的递推关系式，起源于意大利数学家莱昂纳多・斐波那契 (Leonardo Fibonacci, 1170—1250) 在 1202 年出版的《算盘全书》(*Liber Abaci*) 的一个问题：每对兔子在出生后第二个月起每个月中都能出生一对雌雄各一只的兔子，假设最初有雌雄各一只兔子，且兔子都没死亡，那么在第十二个月开始时会有多少对兔子？

第一个月，也即最初的那个月开始时只有一对兔子，第二个月开始时这对兔子还没有生兔子，因此仍只有一对兔子，第三个月开始时，除了最初的一对兔子外，这对兔子还在第二个月期间生了一对兔子，因此有 2 对兔子。第四个月开始时，最初的那对兔子又生一对兔子，但第二个月期间出生的兔子还在成熟期，没有生出新的兔子，因此这时有 3 对兔子。

第 $n$ 个月开始时的兔子包括第 $n-1$ 个月开始时已经有的兔子，以及在第 $n-1$ 个月内出生的兔子，而由于兔子要从出生的第二个月起才能生一对兔子，因此第 $n-1$ 个月出生的兔子数等于第 $n-2$ 个月开始时已经有的兔子数。设第 $n$ 个月开始时的兔子数是 $F(n)$，则有 $F(n)=F(n-1)+F(n-2)$，这里 $n>2$。根据这个递推关系，以及 $F(1)=1, F(2)=1$ 容易计算第十二个月开始时的兔子数。

许多计数问题可用某个字符集上满足某些条件的字符串计数问题描述，前面也给出了一些有关二进制串或十进制数的计数问题。下面给出两个用递推关系式建模的字符串计数问题，它们与前面讨论的排列组合不同，是对串所含子串的结构进行约束，因此更适合建立递推关系式进行求解。

**问题 8.44** 长度为 $n$ 且含有连续两个 0 的二进制串有多少个？

**【分析】**前面介绍的排列组合，以及容斥原理等都很难直接用于求解这种对子串结构进行约束的计数问题。因此，要考虑建立递推关系式进行求解，即考虑如何将长度为 $n$ 且含有连续两个 0 的二进制串归结为长度为 $n-1$ 或更短且含有连续两个 0 的二进制串。

**【解答】**设长度为 $n$ 且含有连续两个 0 的二进制串构成的集合记为 $A_n$，其个数记为 $a_n = |A_n|$。$A_n$ 的元素可分为两类。

（1）以 1 开头，即具有形式 $1u$，我们将这种形式的二进制串构成的集合记为 $A_n^1 \subseteq A_n$，这时 $u$ 必须是长度为 $n-1$ 且含有两个 0 的二进制串，也即 $A_n^1 = \{1u \mid u \in A_{n-1}\}$，因此 $|A_n^1| = |A_{n-1}|$。

（2）以 0 开头，即具有形式 $0u$，我们将这种形式的二进制串构成的集合记为 $A_n^0 \subseteq A_n$。这时不是每个属于 $A_{n-1}$ 的 $u$ 都对应 $A_n^0$ 的元素，所以继续对 $u$ 的结构进行讨论。

① 若 $u$ 以 0 开头，即整个串具有形式 $00v$，则整个串已经含有连续两个 0，$v$ 可以是任意长度为 $n-2$ 的二进制串。

② 若 $u$ 以 1 开头，即整个串具有形式 $01v$，那么 $v$ 必须是长度为 $n-2$ 且含有两个 0 的二进制串。

综上有 $|A_n^0| = |A_{n-2}| + 2^{n-2}$，从而 $|A_n| = |A_n^1| + |A_n^0| = |A_{n-1}| + |A_{n-2}| + 2^{n-2}$，也即有：

$$a_n = a_{n-1} + a_{n-2} + 2^{n-2}, \quad n \geqslant 3$$

这就得到了长度为 $n$ 且含有连续两个 0 的二进制串个数的递推公式。显然 $a_1 = 0, a_2 = 1$（即长度为 2 的含有连续两个 0 的二进制串有 1 个，即 00）。

**【讨论】**（1）在构建递推关系时，通常是将规模为 $n$ 的问题归结为规模为 $n-1$ 的问题，而不是从规模为 $n-1$ 的问题构造规模为 $n$ 的问题。这样思考的目标更为明确，因为我们的目标是解决规模为 $n$ 的问题！从规模为 $n-1$ 的问题构造规模为 $n$ 的问题有时很难保证能构造出所有可能的情况，或者简单地说，分解通常比构造更容易考虑问题的所有情况。

（2）二进制串的结构简单，因此对它进行分类比较容易，但我们仍建议尽量使用集合语言表达每种结构的二进制串所属的集合。合理地运用集合语言可以使我们对问题求解的表达更为严谨、准确，也可更容易地推广到结构更复杂的字符串计数问题，例如下面的三进制串计数问题。

**问题 8.45** 长度为 $n$ 且含有连续两个 0 或连续两个 1 的三进制串有多少个？三进制串是字符集 $\{0, 1, 2\}$ 上的串。

**【解答】**记长度为 $n$ 且含有连续两个 0 或连续两个 1 的三进制串构成的集合是 $A_n$，其个数为 $a_n = |A_n|$。我们将这个集合划分为三个不相交的集合：

$$A_n^0 = \{u \in A_n \mid \exists v(u = 0v)\} \qquad |A_n^0| = a_n^0$$

$$A_n^1 = \{u \in A_n \mid \exists v(u = 1v)\} \qquad |A_n^1| = a_n^1$$

$$A_n^2 = \{u \in A_n \mid \exists v(u = 2v)\} \qquad |A_n^2| = a_n^2$$

也即 $A_n^0, A_n^1, A_n^2$ 分别是 $A_n$ 中以 0 开头、以 1 开头和以 2 开头的串构成的集合。对任意的 $u \in A_n$，分情况讨论。

（1）若 $u \in A_n^0$，即 $u = 0v$，则当 $v$ 以 1 或 2 开头时，$v$ 本身必须含连续两个 0 或连续两个 1，也即必须有 $v \in A_{n-1}^1$ 或 $v \in A_{n-1}^2$，但当 $v$ 以 0 开头，即 $u = 00w$，则 $w$ 可以是长度为 $n-2$ 的任意三进制串。因此有：

$$|A_n^0| = |A_{n-1}^1| + |A_{n-1}^2| + 3^{n-2}$$

即：

$$a_n^0 = a_{n-1}^1 + a_{n-1}^2 + 3^{n-2}$$

（2）若 $u \in A_n^1$，即 $u = 1v$，则当 $v$ 以 0 或 2 开头时，$v$ 本身必须含连续两个 0 或连续两个 1，也即必须有 $v \in A_{n-1}^0$ 或 $v \in A_{n-1}^2$，但当 $v$ 以 1 开头，即 $u = 11w$，则 $w$ 可以是任意长度为 $n-2$ 的三进制串。因此有：

$$|A_n^1| = |A_{n-1}^0| + |A_{n-1}^2| + 3^{n-2}$$

即：

$$a_n^1 = a_{n-1}^0 + a_{n-1}^2 + 3^{n-2}$$

（3）若 $u \in A_n^2$，即 $u = 2v$，则 $v$ 本身必须含连续两个 0 或连续两个 1，也即必须有 $v \in A_{n-1}$，因此有：

$$|A_n^2| = |A_{n-1}|$$

即：

$$a_n^2 = a_{n-1}$$

注意到 $a_{n-1} = a_{n-1}^0 + a_{n-1}^1 + a_{n-1}^2$，以及由 $a_n^2 = a_{n-1}$ 可得 $a_{n-1}^2 = a_{n-2}$，从而有：

$$\begin{aligned} a_n &= a_n^0 + a_n^1 + a_n^2 = a_{n-1}^1 + a_{n-1}^2 + 3^{n-2} + a_{n-1}^0 + a_{n-1}^2 + 3^{n-2} + a_{n-1} \\ &= 2a_{n-1} + a_{n-1}^2 + 2 \times 3^{n-2} = 2a_{n-1} + a_{n-2} + 2 \times 3^{n-2} \end{aligned}$$

这就得到了递推关系式 $a_n = 2a_{n-1} + a_{n-2} + 2 \times 3^{n-2}$，$n \geqslant 3$，显然 $a_1 = 0, a_2 = 2$（即有 00 和 11 这两个三进制串）。

**【讨论】**显然利用集合语言进行表达使得求解过程更为简洁也更为严谨。一开始就引入集合 $A_n^0, A_n^1, A_n^2$ 是因为受到上一问题求解过程的启发。

算法效率的分析，特别是递归算法的效率分析常常要基于输入的规模建立递推关系式。

**例子 8.46**　算法 8.3 是前面给出的求解 Hanoi 塔问题的递归算法。这个算法的效率可用它输出指令的条数刻画，即算法中第 2 行或第 5 行指令执行的次数刻画。显然算法输入的规模是盘子的个数 $n$。

设当有 $n$ 个盘子时，算法输出的指令条数为 $T(n)$，则当 $n=1$ 时有 $T(1)=1$，而当 $n>1$ 时，算法在第 4 行和第 6 行分别以 $n-1$ 个盘子作为输入递归调用算法本身，这两次递归调用输出的指令条数都为 $T(n-1)$，再加上第 5 行的一次指令输出，因此很容易建立递推关系式：

$$T(n)=2T(n-1)+1, \quad n\geqslant 1$$

**Algorithm 8.3:** Hanoi($n$, from, to, aux)

**输入:** 自然数 $n\geqslant 1$，盘子个数；需要从 from 柱移动到 to 柱，并以 aux 柱为辅助

**输出:** 按照规则移动盘子的指令序列

```
1  if (n 等于 1) then
2  |   输出指令：1:from⟶to，表示将第 1 号盘从 from 柱移动到 to 柱;
3  else
4  |   调用 Hanoi(n − 1, from, aux, to)，以 to 柱为辅助柱，将 n − 1 个盘从 from 柱移动
   |    到 aux 柱;
5  |   输出指令：n:from⟶to，表示将第 n 号盘从 from 柱移动到 to 柱;
6  |   调用 Hanoi(n − 1, aux, to, from)，以 from 柱为辅助柱，将 n − 1 个盘从 aux 柱移动
   |    到 to 柱;
7  end
```

**Algorithm 8.4:** 在一组从小到大排序的整数 $a_1,a_2,\cdots,a_n$ 中查找是否有指定整数 $x$

**输入:** 一组从小到大排序的整数 $a_1,a_2,\cdots,a_n$ 及指定整数 $x$

**输出:** 如果这组数据有 $x$，则返回 $x$ 在其中的位置，否则返回 0

```
1  令 i = 1 且 j = n，即最开始的查找范围是 a_1, a_2, ..., a_n;
2  while (i 小于或等于 j) do
3  |   令 m = ⌊(i + j)/2⌋;
4  |   if (x 等于 a_m) then
5  |   |   返回 m，即数据 x 在这一组数据中的位置为 m
6  |   else if (x 小于 a_m) then
7  |   |   令 j = m − 1，即下一次循环的查找范围是 a_i, a_{i+1}, ..., a_{m−1}
8  |   else
9  |   |   这时 x 大于 a_m，令 i = m + 1，即下一次循环的查找范围是 a_{m+1}, a_{m+2}, ..., a_j
10 |   end
11 end
12 返回 0，即在 a_1, a_2, ..., a_n 中没有发现 x
```

**例子 8.47** 递推关系式也可用于分析或估算非递归算法的效率。算法 8.4 是前面给出的二分查找算法，用于在一个有序的整数序列中查找指定的整数。

可以看到，当最初要查找的整数序列长度是 $n$ 时，算法第 2 行开始的循环执行一次后要查找的整数序列长度大约是 $n/2$。因此，如果整数序列长度是 $n$ 时，算法要进行

的比较（包括循环条件的比较和对 $x$ 的比较）是 $f(n)$ 次的话，那么它是在查找的整数序列长度是 $n/2$ 的基础上再多执行 3 次比较，即有递推关系式 $f(n)=f(n/2)+3$，显然当 $n=1$ 时，$f(1)=1$。

由于 $n/2$ 不一定是整数，因此递推关系式 $f(n)=f(n/2)+3$ 只是一个用于估计算法效率的递推关系式。由于算法效率分析主要关注函数的增长情况，因此常使用类似 $f(n)=af(n/b)+O(n)$ 的递推关系式，并使用大 $O$ 记号估计 $f$ 的增长情况。

### 8.3.2　线性递推关系式求解

从计算机求解问题的角度看，有了计数问题的递推关系式就可以通过编写计算机程序给出该计数问题任意规模下的具体计数结果，但有时对递推关系式进行求解仍然很重要。这里所说的对递推关系式进行求解是要给出递推关系式的一个封闭公式解。对递推关系式进行求解可让我们对满足递推关系式的序列的性质有更深入的了解，也能更快速地给出序列的任意一项。

递推关系式的形式多样，对递推关系式求解的方法也很多，本节只介绍两类特殊形式的递推关系式的求解，它们都是线性递推关系式，一类是线性齐次递推关系式，另一类是线性非齐次递推关系式，而且对于后者我们也只考虑其中容易确定特殊形式解的一类。

首先我们需要介绍什么是线性齐次和线性非齐次递推关系式。一般地说，递推关系式具有 $a_n=f(a_{n-1},a_{n-2},\cdots,a_{n-k})$ 的形式，其中函数 $f$ 代表利用前面 $a_{n-1},a_{n-},\cdots,a_{n-k}$ 等若干项给出序列的项 $a_n$ 的表达式。一个递推关系式的**阶** (order) 是 $a_n$ 与表达式 $f$ 中用到的项的最小下标的差，例如，若用到的项的最小下标是 $a_{n-k}$，则是 $k$ 阶递推关系式。

一个递推关系式 $a_n=f(a_{n-1},a_{n-2},\cdots,a_{n-k})$ 称为**线性** (linear) 递推关系式，如果表达式 $f$ 是一些乘式的和，且在每个乘式中至多出现一个序列中的项 $a_{n-i}(1\leqslant i\leqslant k)$，$a_{n-i}$ 既不与序列的其他项相乘也不与自己相乘，即在这个乘式中 $a_{n-i}$ 的幂指数为 1。如果一个参与相加的乘式不包括序列中的任何项，则称为**非齐次** (nonhomogeneous) 式。含有非齐次乘式的线性递推关系式称为线性非齐次递推关系式。如果乘式中所有与序列项相乘的式子都与下标变量 $n$ 无关，则称为**常系数** (constant coefficient) 乘式，如果每个含有序列项的乘式都是常系数乘式，则称为常系数递推关系式。

因此，简单地说，一个常系数的 $k$ 阶线性递推关系式具有下面的形式：

$$a_n=c_1a_{n-1}+c_2a_{n-2}+\cdots+c_ka_{n-k}+F(n)$$

其中，$c_1,c_2,\cdots,c_k$ 都是与 $n$ 无关的常数，因此是常系数递推关系式，$c_k\neq 0$，所以是 $k$ 阶递推关系式，每个参与相加的乘式 $c_ia_{n-i}$ 至多包含序列中的一个项 $a_{n-i}$，且 $a_{n-i}$ 的幂指数为 1，因此是线性递推关系式。$F(n)$ 是不包括任何序列项的非齐次式，如果 $F(n)=0$，则上面的递推关系式是**常系数的 $k$ 阶线性齐次递推关系式**，否则是**常系数的 $k$ 阶线性非齐次递推关系式**。

**例子 8.48** 对于下面的递推关系式：

(1) $a_n = a_{n-1} + \dfrac{2}{a_{n-1}}$ (2) $a_n = a_{n-1}a_{n-2}$ (3) $a_n = a_{n-1} + a_{n-2} + 2^n$

(4) $a_n = a_{n-5} + 2a_{n-8}$ (5) $a_n = na_{n-2} + n^2 a_{n-4}$ (6) $a_n = a_{n-1} + a_{n-2} + 2$

其中 (1) 给出的递推关系式是 1 阶的，但不是线性的，因为等式右边的第二个乘式 $a_{n-1}$ 的幂是 $-1$，不是 1。

（2）给出的递推关系式是 2 阶的，也不是线性的，因为等式右边的乘式包含序列中的两个项 $a_{n-1}$ 和 $a_{n-2}$。

（3）给出的递推关系式是 2 阶的、线性的、常系数的，且包含一个非齐次式 $2^n$，因此是一个常系数的 2 阶线性非齐次递推关系式。

（4）给出的是一个常系数的 8 阶线性齐次递推关系式。

（5）给出的递推关系式是 4 阶的、线性的、齐次的，但非常系数，与 $a_{n-2}$ 和 $a_{n-4}$ 相乘的式子都与 $n$ 有关。

（6）给出的是一个常系数的 2 阶线性非齐次递推关系式，其中的 2 是非齐次式。

下面的定理给出了常系数 $k$ 阶线性齐次递推关系式的求解方法，定理的证明比较复杂，超出了离散数学基础课程讨论的范围。本章剩下的几个定理我们都不给出证明，只要能运用定理的结果进行递推关系式的求解或算法效率的估算即可。

**定理 8.19** 对于一个常系数 $k$ 阶线性齐次递推关系式：

$$a_n = c_1 a_{n-1} + c_2 a_{n-2} + \cdots + c_k a_{n-k}$$

其中 $c_1, c_2, \cdots, c_k$ 是实数，且 $c_k \neq 0$。方程

$$x^k = c_1 x^{k-1} + c_2 x^{k-2} + \cdots + c_k$$

称为该递推关系式的**特征方程** (characteristic equation)。如果这个方程有 $k$ 个互不相同的根 $r_1, r_2, \cdots, r_k$，则序列 $\{a_n\}$ 是该递推关系式的解当且仅当：

$$a_n = \beta_1 r_1^n + \beta_2 r_2^n + \cdots + \beta_k r_k^n$$

其中 $\beta_1, \beta_2, \cdots, \beta_k$ 是常数，称为这个解的**待定系数**，可由递推关系式的 $k$ 个初始条件，即序列 $\{a_n\}$ 的 $k$ 个初值确定。 □

**问题 8.49** 设序列 $\{a_n\}$ 满足递推关系式 $a_n = -3a_{n-1} + 4a_{n-2}$ 及初始条件 $a_0 = 0, a_1 = -5$。试给出 $a_n$ 的通项公式。

**【解答】** 递推关系式 $a_n = -3a_{n-1} + 4a_{n-2}$ 的特征方程是 $x^2 = -3x + 4$，即 $x^2 + 3x - 4 = 0$，它的两个根是 $r_1 = -4, r_2 = 1$，因此它的解具有形式：

$$a_n = \beta_1(-4)^n + \beta_2$$

由初始条件 $a_0=0, a_1=-5$ 有：

$$\begin{aligned}\beta_1+\beta_2 &= 0\\ \beta_1\cdot(-4)+\beta_2 &= -5\end{aligned}$$

求解这个二元一次线性方程组可得 $\beta_1=1, \beta_2=-1$。因此 $a_n$ 的通项公式是 $(-4)^n-1$。

【讨论】（1）序列的通项公式通常是指确定 $a_n$ 的一个封闭形式的公式，即不含有序列中任意项的计算 $a_n$ 的公式。

（2）解特征方程 $x^2+3x-4=0$ 可直接利用一元二次方程 $ax^2+bx+c=0$ 的根的公式：

$$r_1, r_2 = \frac{-b\pm\sqrt{b^2-4ac}}{2a}$$

也可利用因式分解得到 $(x+4)(x-1)=0$，从而得到两个根 $r_1=-4$ 和 $r_2=1$。

**例子 8.50**　对于斐波那契数列的递推关系式 $F(n)=F(n-1)+F(n-2)$，它的特征方程是 $x^2=x+1$，即 $x^2-x-1=0$，它的两个根是 $r_1, r_2=(1\pm\sqrt{5})/2$，因此它的解是

$$F(n)=\beta_1\left(\frac{1+\sqrt{5}}{2}\right)^n+\beta_2\left(\frac{1-\sqrt{5}}{2}\right)^n$$

利用初始条件 $F(0)=0, F(1)=1$ 得到：

$$\begin{aligned}&\beta_1+\beta_2=0\\ &\beta_1\left(\frac{1+\sqrt{5}}{2}\right)+\beta_2\left(\frac{1-\sqrt{5}}{2}\right)=1\end{aligned}$$

从而可得 $\beta_1=1/\sqrt{5}, \beta_2=-1/\sqrt{5}$，因此斐波那契数列是

$$F(n)=\frac{1}{\sqrt{5}}\left(\frac{1+\sqrt{5}}{2}\right)^n-\frac{1}{\sqrt{5}}\left(\frac{1-\sqrt{5}}{2}\right)^n$$

$F(n)$ 的通项公式中出现了无理数 $\sqrt{5}$，但斐波那契数列的每个数都是整数，这表明无理数的某些运算可产生整数。利用数列及其递推关系式是证明一些无理数运算表达式的结果为整数的很好的方法。

定理 8.19 要求一个常系数的 $k$ 阶线性齐次递推关系式的特征方程的根要两两互不相同，下面定理给出了更一般的情况，即有重根的情况。

**定理 8.20**　对于一个常系数 $k$ 阶线性齐次递推关系式 $a_n=c_1a_{n-1}+c_2a_{n-2}+\cdots+c_ka_{n-k}$，如果它的特征方程

$$x^k=c_1x^{k-1}+c_2x^{k-2}+\cdots+c_k$$

有 $t$ 个不同的根 $r_1, r_2, \cdots, r_t$，且每个根的重数 (multiplicity) 分别是 $m_1, m_2, \cdots, m_t$，这里 $m_1+m_2+\cdots+m_t=k$，则序列 $\{a_n\}$ 是该递推关系式的解当且仅当：

$$a_n = (\beta_{1,0}+\beta_{1,1}\cdot n+\cdots+\beta_{1,m_1-1}\cdot n^{m_1-1})r_1^n +$$

$$(\beta_{2,0}+\beta_{2,1}\cdot n+\cdots+\beta_{2,m_2-1}\cdot n^{m_2-1})r_2^n \quad +\cdots+$$
$$(\beta_{t,0}+\beta_{t,1}\cdot n+\cdots+\beta_{t,m_t-1}\cdot n^{m_t-1})r_t^n$$

其中 $\beta_{i,j}$（$i=1,2,\cdots,t$，$j=1,2,\cdots,m_i$）是常数，总共是 $k$ 个待定系数，由递推关系式的 $k$ 个初始条件，即序列 $\{a_n\}$ 的 $k$ 个初值确定。 □

注意，根据代数基本定理 (The Fundamental Theorem of Algebra)，一元 $k$ 次实系数方程总有 $k$ 个根，重根按重数计算。因此，常系数 $k$ 阶线性齐次递推关系式的特征方程总有 $k$ 个根，这些根可能是复数，不过这里的例子都是根为实数的情况。可以看到，定理 8.20 是定理 8.19 的一般化，即对于重根 $r_i$，它前面不再是一个常数 $\beta_i$，而是一个最高次数为它的重数 $m_i-1$ 的关于 $n$ 的多项式 $\beta_{i,0}+\beta_{i,1}\cdot n+\cdots+\beta_{i,m_i-1}\cdot n^{m_i-1}$。显然，若 $m_i=1$，则回到 $r_i$ 不是重根的情况。

**例子 8.51** 对于递推关系式 $a_n=-4a_{n-1}-4a_{n-2}$ 和初始条件 $a_0=0,a_1=1$，递推关系式的特征方程是：

$$x^2=-4x-4 \qquad \text{即} \qquad x^2+4x+4=0 \qquad \text{即} \qquad (x+2)^2=0$$

它的根是 $-2$，是二重根，因此它的解的形式是 $a_n=(\beta_0+\beta_1\cdot n)(-2)^n$，由 $a_0=0,a_1=1$ 得到方程组：

$$\begin{cases} \beta_0=0 \\ (\beta_0+\beta_1)\cdot(-2)=1 \end{cases}$$

解得 $\beta_0=0,\beta_1=-1/2$，因此有 $a_n=(-n/2)(-2)^n=n(-2)^{n-1}$。

对于一个常系数 $k$ 阶线性非齐次递推关系式

$$a_n=c_1a_{n-1}+c_2a_{n-2}+\cdots+c_ka_{n-k}+F(n)$$

将 $a_n=c_1a_{n-1}+c_2a_{n-2}+\cdots+c_ka_{n-k}$ 称为它的**伴随齐次递推关系式** (associated homogeneous recurrence relation)。要求解一个常系数 $k$ 阶线性非齐次递推关系式，通常首先在不考虑初始条件的情况下确定它的一个解，这个解称为它的**特解** (particular solution)，记为 $\{a_n^{(p)}\}$，然后和它的伴随齐次递推关系式的一个解（记为 $\{a_n^{(h)}\}$）以及初始条件一起确定序列 $\{a_n\}$ 的通项公式。这种求解方法可行是因为有下面的定理。

**定理 8.21** 如果 $\{a_n^{(p)}\}$是一个常系数线性非齐次递推关系式的特解，那么它的每个解都具有形式 $\{a_n^{(p)}+a_n^{(h)}\}$，这里$\{a_n^{(h)}\}$ 是它的伴随齐次递推关系式的一个解。 □

因此，求解常系数 $k$ 阶线性非齐次递推关系式的一个关键是找到它的一个特解，对于一类特定形式的非齐次式 $F(n)$，有下面的定理。

**定理 8.22** 设序列 $\{a_n\}$ 满足常系数 $k$ 阶线性非齐次递推关系式：

$$a_n=c_1a_{n-1}+c_2a_{n-2}+\cdots+c_ka_{n-k}+F(n)$$

其中 $c_1, c_2, \cdots, c_k$ 是实数，且非齐次式 $F(n)$ 具有如下形式：

$$F(n) = (b_t \cdot n^t + b_{t-1} \cdot n^{t-1} + \cdots + b_1 \cdot n + b_0)s^n$$

其中 $b_0, b_1, \cdots, b_t$ 和 $s$ 是实数。

（1）若 $s$ 不是它的伴随线性齐次递推关系式的特征方程的根，则它的一个特解具有如下形式：

$$a_n^{(p)} = (p_t \cdot n^t + p_{t-1} \cdot n^{t-1} + \cdots + p_1 \cdot n + p_0)s^n$$

（2）若 $s$ 是它的伴随线性齐次递推关系式的特征方程的 $m$ 重根，则它的一个特解具有如下形式：

$$a_n^{(p)} = n^m(p_t \cdot n^t + p_{t-1} \cdot n^{t-1} + \cdots + p_1 \cdot n + p_0)s^n$$

上面 (1) 和 (2) 中的 $p_t, p_{t-1}, \cdots, p_0$ 是待定系数，可通过将特解代入递推关系式，得到一个关于 $n$ 的多项式等式，然后比较等式两边 $n$ 相同幂次的项的系数而确定。 □

对于上面的定理，首先，$s$ 不是伴随线性齐次递推式的特征方程的根这种情况，可看作 $s$ 是特征方程的 $m$ 重根的特殊情况，即 $m = 0$ 的特殊情况；其次，非齐次式 $F(n)$ 中的 $s$ 可以等于 1，这时 $F(n)$ 就是一个关于 $n$ 的多项式，另外 $t$ 也可以等于 0，这时 $s^n$ 前面的多项式就是一个常数；最后，特解虽然形式与非齐次式很像，但并非同一个式子，特解中的 $p_t, p_{t-1}, \cdots, p_0$ 是待定系数，与 $F(n)$ 中的 $b_t, b_{t-1}, \cdots, b_0$ 不同！特解中的这些待定系数的确定不需要用到递推关系式的初始条件，可通过将特解代入递推关系式而得到。

**问题 8.52**　设有线性非齐次递推关系式 $a_n = 6a_{n-1} - 9a_{n-2} + F(n)$，当 $F(n)$ 分别是：(1) 3；(2) $3n^2 + 1$；(3) $3^n$；(4) $n3^n$；(5) $(2n^2 + 1)2^n$ 时，该递推关系式的一个特解形式是什么？

**【解答】**该递推关系式的伴随线性齐次递推关系式的特征方程是 $x^2 = 6x - 9$，即 $x^2 - 6x + 9 = 0$，它有二重根 3。

（1）若 $F(n) = 3$，则由于 1 不是特征方程的根，这时特解具有形式 $a_n^{(p)} = p_0$。

（2）若 $F(n) = 3n^2 + 1$，则同样由于 1 不是特征方程的根，这时特解具有形式 $a_n^{(p)} = p_2n^2 + p_1n + p_0$。

（3）若 $F(n) = 3^n$，则由于 3 是特征方程的二重根，因此这时特解具有形式 $a_n^{(p)} = n^2 \cdot p_0 \times 3^n$。

（4）若 $F(n) = n3^n$，则同样由于 3 是特征方程的二重根，这时特解具有形式 $n^2 \cdot (p_1n + p_0) \times 3^n$。

（5）若 $F(n) = (2n^2 + 1)2^n$，则由于 2 不是特征方程的根，这时特解具有形式 $a_n^{(p)} = (p_2n^2 + p_1n + p_0) \times 2^n$。

**【讨论】**对于 $F(n) = 3$ 或 $F(n) = 3n^2+1$ 应分别看作 $F(n) = 3 \times 1^n$ 或 $F(n) = (3n^2+1) \times 1^n$ 的形式；对于 $F(n) = 3^n$，这时 $3^n$ 前面的多项式是常数 1；而对于

$F(n)=3n^2+1$，虽然其中没有 $n$ 的 1 次项，但特解形式中仍要有 $p_1n$，因为待定系数 $p_1$ 未必是 0，对于 $F(n)=n\times 3^n$ 和 $F(n)=(2n^2+1)\times 2^n$ 也要注意类似的问题。总的来说，特解形式中关于 $n$ 的多项式主要看 $F(n)$ 的关于 $n$ 的多项式中 $n$ 的最高次幂，如果最高次幂是 $t$，则特解的这个多项式就是 $p_t\cdot n^t+p_{t-1}\cdot n^{t-1}+\cdots+p_0$，其中 $p_t,p_{t-1},\cdots,p_0$ 都需要给出。

**问题 8.53** 对于问题 8.45 给出的长度为 $n$ 且含有连续两个 0 或连续两个 1 的三进制串个数的递推关系式 $a_n=2a_{n-1}+a_{n-2}+2\times 3^{n-2}$，求出它的闭公式解。

**【解答】**它的伴随线性齐次递推关系式的特征方程是 $x^2=2x+1$，两个根是 $1\pm\sqrt{2}$。它的非齐次式是 $2\times 3^{n-1}$，由于 3 不是特征方程的根，因此它的一个特解具有形式 $p_0\times 3^n$，将其代入递推关系式，得到

$$p_0\times 3^n=2\cdot p_0\times 3^{n-1}+p_0\times 3^{n-2}+2\times 3^{n-2}$$

也即有 $9p_0=6p_0+p_0+2$，因此得到 $p_0=1$，从而该递推关系式的解具有形式：

$$\beta_1(1+\sqrt{2})^n+\beta_2(1-\sqrt{2})^n+3^n$$

注意到上述递推关系式其实对于 $n=2$ 也成立，初始条件是 $a_0=0,a_1=0$（长度为 0 的串，也即空串当然没有含连续两个 0 或两个 1 的三进制串）。用 $a_0,a_1$ 的值代入得到方程：

$$\begin{aligned}&\beta_1+\beta_2+1=0\\&\beta_1(1+\sqrt{2})+\beta_2(1-\sqrt{2})+3=0\end{aligned}$$

解得 $\beta_1=(-1-\sqrt{2})/2,\beta_2=(-1+\sqrt{2})/2$，这样可得到序列 $\{a_n\}$ 的通项公式

$$a_n=3^n-\frac{1}{2}\left[(1+\sqrt{2})^{n+1}+(1-\sqrt{2})^{n+1}\right]$$

**【讨论】**可以使用 $a_2=2$ 代入上述通项公式而验证其正确性。实际上，对于上述递推关系式的正确性，我们一方面可编写计算机程序，对某个特定的 $n$，例如 $n=8$，生成长度为 8 的所有三进制串，并同时过滤出含连续两个 0 或连续两个 1 的三进制串，对这种串进行计数。另一方面，还可编写程序计算上述递推关系式当 $n=8$ 时的值而验证递推关系式的正确性。但对于 $a_n$ 的通项公式，由于其中含无理数 $\sqrt{2}$，反而很难编写计算机程序精确计算通项公式当 $n=8$ 时的值。

### 8.3.3 分治算法与递推关系式

**分治** (divide and conquer) 是设计递归算法的一种重要思路：将规模为 $n$ 的问题分解为 $a$ 个与原问题相同但规模减小，例如大致为 $n/b$ 的小问题，在求解每个小问题后，将小问题的解治理为原来问题的解。这里在求解每个小问题时是递归地运用相同的方法，即继续将问题进行分解，直到问题的规模缩减到特别小以致可以直接求解的情况。

应用分治策略设计的最经典算法应该是归并排序 (merge sorting) 算法。算法的输入是一组属于某个全序集的数据 $a_1, a_2, \cdots, a_n$，输出是这组数据的一个从小到大的排列 $a_{s_1} \leqslant a_{s_2} \leqslant \cdots \leqslant a_{s_n}$，这里 $\leqslant$ 是数据上的全序关系，例如通常假定这组数据是整数，$\leqslant$ 是整数集上的小于或等于关系。

作为分治算法，归并排序将这一组数据分成 2 组数据，每组大致有 $n/2$ 个，对这两组数据分别递归地再使用归并排序算法，直到每组数据只有两个，甚至一个，这时很容易直接将它们排序。在治理阶段，对分别大致有 $n/2$ 个的两组已经排好序的数据，即：

$$a_{r_1} \leqslant a_{r_2} \leqslant \cdots \leqslant a_{r_{n/2}} \qquad \text{和} \qquad a_{t_1} \leqslant a_{t_2} \leqslant \cdots \leqslant a_{t_{n/2}}$$

首先比较 $a_{r_1}$ 和 $a_{t_1}$，如果 $a_{r_1} \leqslant a_{t_1}$，则整个排序后数据的第一个是 $a_{r_1}$，即 $a_{s_1} = a_{r_1}$，下一次将 $a_{r_2}$ 与 $a_{t_1}$ 比较；否则（即 $a_{r_1} > a_{t_1}$），则 $a_{s_1} = a_{t_1}$，下一次将 $a_{r_1}$ 与 $a_{t_2}$ 比较。

一般地，若两组中当前进行比较的数据分别是 $a_{r_i}$ 和 $a_{t_j}$，若 $a_{r_i} \leqslant a_{t_j}$，则整个排序后数据的下一个是 $a_{r_i}$，且下一次将 $a_{r_{i+1}}$ 与 $a_{t_j}$ 进行比较，否则整个排序数据的下一个是 $a_{t_j}$，且下一次将 $a_{r_i}$ 与 $a_{t_{j+1}}$ 进行比较。直到某一组数据都已经比较完毕，则将另一组剩下的数据直接放到整个排序后的数据中，这样就完成了算法的治理阶段，从而得到整个已排序数据 $a_{s_1} \leqslant \cdots \leqslant a_{s_n}$。对于归并排序算法而言，治理阶段就是数据的归并阶段。

**Algorithm 8.5: 归并排序算法**

**输入:** 一组属于某全序集的数据 $a_1, a_2, \cdots, a_n$，全序关系是 $\leqslant$

**输出:** 这组数据的一个从小到大的排列 $a_{s_1} \leqslant a_{s_2} \leqslant \cdots \leqslant a_{s_n}$

```
1  if (n 等于 1，即只有一个数据 ) then 直接返回这个数据作为已排序数据;
2  令 m = ⌊n/2⌋;
3  以 a_1, a_2, ···, a_m 作为输入递归调用本算法，设返回的已排序数据是
     a_{r_1} ⩽ a_{r_2} ⩽ ··· ⩽ a_{r_m};
4  以 a_{m+1}, a_{m+2}, ···, a_n 作为输入递归调用本算法，设返回的已排序数据是
     a_{t_1} ⩽ a_{t_2} ⩽ ··· ⩽ a_{t_{n-m}};
5  令 i = 1, j = 1 且 k = 1;
6  while (i ⩽ m 且 j ⩽ n − m) do
7  |   if (a_{r_i} ⩽ a_{t_j}) then { 令 a_{s_k} = a_{r_i}，且 i = i + 1 } else { 令 a_{s_k} = a_{t_j}，且
   |     j = j + 1 };
8  |   令 k = k + 1;
9  end
   // 将剩下的数据直接放到已排序数据，下面两个循环只会有一个执行
10 while (i ⩽ m) do { a_{s_k} = a_{r_i}，且 i = i + 1, k = k + 1 };
11 while (j ⩽ n − m) do { a_{s_k} = a_{t_j}，且 j = j + 1, k = k + 1 };
12 返回 a_{s_1}, a_{s_2}, ···, a_{s_n} 作为已排序数据
```

算法 8.5 根据上述思路描述了归并排序算法。可以看到，在数据的归并阶段，执行次数最多的基本操作是赋值已排序数据，即对 $a_{s_k}$ 的赋值，它与语句 $k = k + 1$ 的执行

次数相同，都为 $n$ 次。因此，若设在整个算法中该赋值的执行次数是 $f(n)$，则有递推关系式 $f(n)=2f(n/2)+n$，这里 $2f(n/2)$ 是两次大致以 $n/2$ 个数据递归调用的算法中执行的次数，而 $n$ 是归并阶段执行的次数。

一般地说，若分治算法将规模为 $n$ 的问题分解为 $a$ 个与原问题相同但规模大致为 $n/b$ 的小问题，并在治理阶段花费 $g(n)$ 的时间从小问题的解得到原来规模为 $n$ 的问题的解，则分析整个算法的时间效率可用下面的递推关系式：

$$f(n)=af(n/b)+g(n)$$

这里 $a\cdot(n/b)$ 不一定等于 $n$，因为原来的输入数据并不一定都要在某个小问题中进行处理，例如二分查找算法，在与中间一个数据进行比较后，只需要对被中间数据分成前后两段数据中的某一段再进行查找即可，因此二分查找算法效率分析的递推关系式是 $f(n)=f(n/2)+C$（二分查找的治理阶段只需常数时间 $C$）。

对于分治算法效率分析中常用到的递推关系式 $f(n)=af(n/b)+g(n)$，当 $g(n)$ 是多项式时间复杂度 $O(n^d)$ 时，有下面的算法效率分析**主定理** (Master Theorem)。

**定理 8.23** 设实数值函数 $f(n)$ 是递增函数，且满足递推关系式 $f(n)=af(n/b)+Cn^d$，则：

$$f(n)\ \text{是}\ \begin{cases} O(n^d) & \text{若}\ a<b^d \\ O(n^d\log n) & \text{若}\ a=b^d \\ O(n^{\log_b a}) & \text{若}\ a>b^d \end{cases}$$

这里 $a\geqslant 1, b>1$ 是整数，且 $C>0, d\geqslant 0$ 是实数。 □

这个定理的结果可简单地理解为：① 若 $a<b^d$，即算法执行时间主要花在治理阶段，这时 $f(n)$ 是 $O(n^d)$；② 若 $a=b^d$，即小问题个数与规模适中，治理时间也不算长，则 $f(n)$ 是 $O(n^d\log_b n)$；③ 若 $a>b^d$，即小问题比较多，治理阶段的时间相对少，则 $f(n)$ 是 $O(n^{\log_b a})$。定理使用 $Cn^d$ 表示治理阶段的时间 $g(n)$ 是多项式时间复杂度。

**例子 8.54** 根据主定理，由归并排序算法的递推关系式 $f(n)=2f(n/2)+n$，这时有 $a=2,b=2,d=1$，因此有 $a=b^d$，从而归并排序算法的时间复杂度是 $O(n\log n)$。而对于二分查找算法的递推关系式 $f(n)=f(n/2)+C$，则 $a=1,b=2,d=0$，这时也有 $a=b^d$，因此二分查找算法的时间复杂度是 $O(\log n)$。

**例子 8.55** 若两个整数 $a$ 和 $b$ 用二进制表示各有 $n$ 位，则计算它们乘积的普通算法使用 $a$ 的每一位与 $b$ 的每一位相乘（如同小学就使用九九乘法表做十进制数的乘法一样），然后再相加，这样算法的时间复杂度是 $O(n^2)$。对于大整数，有人提出了时间复杂度更低的算法。为方便起见，设 $a$ 和 $b$ 使用二进制表示，各有 $2n$ 位：

$$a=(a_{2n-1}a_{2n-2}\cdots a_1a_0)_2 \qquad \text{且} \qquad b=(b_{2n-1}b_{2n-2}\cdots b_1b_0)_2$$

记：

$$A_1=(a_{2n-1}a_{2n-2}\cdots a_{n+1}a_n)_2 \qquad A_0=(a_{n-1}\cdots a_1a_0)_2$$

$$B_1 = (b_{2n-1}b_{2n-2}\cdots b_{n+1}b_n)_2 \qquad B_0 = (b_{n-1}\cdots b_1b_0)_2$$

即 $a = 2^nA_1 + A_0, b = 2^nB_1 + B_0$，经过一些代数演算可得到：

$$ab = (2^{2n} + 2^n)A_1B_1 + 2^n(A_1 - A_0)(B_0 - B_1) + (2^n + 1)A_0B_0$$

注意到乘以 $2^{2n}, 2^n$ 等只要进行移位操作即可，因此上述实际要做的乘法是 $A_1B_1, (A_1 - A_0)(B_0 - B_1)$ 和 $A_0B_0$，这三个乘法可以递归调用上述过程，因此得到执行这种乘法的算法时间复杂度满足递推关系式：

$$f(n) = 3f(n/2) + Cn$$

这里治理的时间 $Cn$ 包括将 $n$ 位二进制数进行移位与相加。根据主定理，这时 $a = 3, b = 2, d = 1$，$a > b^d$，因此该算法的时间复杂度为 $O(n^{\log_2 3})$，由于 $\log_2 3 < 2$，因此比普通算法的 $O(n^2)$ 要好，但由于这个算法显然要做更多移位与相加，以及任务分解工作，因此当位数小，也即 $a$ 和 $b$ 是不大的整数时，使用普通算法可能是一个更合适的选择。

分治算法的设计常常要注意分解得到的小问题规模的平衡 (balance)。我们通常假定将规模为 $n$ 的问题分解为 $a$ 个规模大致都为 $n/b$ 的小问题，也即每个小问题的规模要相当，不能有的小问题规模很小，而另外一些小问题规模很大。小问题规模不平衡时，算法的效率可能会大为降低。

例如，在应用归并排序的思想时，如果不是将 $n$ 个数据分为大致为 $n/2$ 个的两组数据，而是一组只有 1 个数据，另一组有 $n-1$ 个数据的极端情况，然后递归调用对 $n-1$ 个数据再进行排序，那么这时算法复杂度满足的递推关系式是 $f(n) = f(n-1) + O(n)$，这里 $O(n)$ 是将一组的 1 个数据归并到另一组已经排好序数据的时间复杂度，或者说是 $f(n) = f(n-1) + Cn$，不难得到这时 $f(n)$ 是 $O(n^2)$，比两组数据规模平衡时效率要低。

## 8.4　本章小结

本章首先介绍了组合数学中的一些基本原理，包括加法原理、乘法原理、减法原理、除法原理、一一对应原理和容斥原理等组合计数原理，以及一个组合存在性原理，即鸽笼原理，其中特别地讨论了乘法原理分步思考时子任务的相关性和独立性，以及如何使用加法原理证明简单形式的容斥原理。

本章的重点是讨论组合计数的基本计数模型，即排列与组合，首先讨论了从 $n$ 个物体中不允许重复地取 $r$ 个物体有顺序的排列和不允许重复但不计顺序地选择 $r$ 个物体的组合，重点讨论了组合数的集合论解释和二进制串解释，以及它的一些性质，并在介绍二项式定理的基础上，介绍了组合等式的代数证明和组合证明，探讨了如何利用组合数的解释进行组合证明。然后讨论了从 $n$ 个物体中允许重复地取 $r$ 个物体的有顺序的排列和允许重复但不计顺序地选择 $r$ 个物体的组合，并给出了一些等价的计数问题，如球放到盒子的计数问题、不定方程的非负整数解的计数问题等。最后讨论了 $n$ 物体集合 $S$ 的全排列和集合 $S$ 的 $r$ 组合，即 $r$ 个元素的子集的生成算法。

在讨论计数问题时，我们特别强调在计数结果不是特别大时，计算机专业学生应尝试编写计算机程序验证计数结果，可先在不考虑计数的物体（如字符串、不定方程解等）应该满足某些条件的情况下生成所有可能的物体，生成的同时再考虑基于条件进行过滤。这实际上是运用模块化思维方式将一个问题分成了两个模块，降低了编程的难度。在生成所有可能物体时应该寻找枚举物体的规律，做到不重复、不遗漏，并尽可能利用集合之间一一对应的关系提高枚举的效率。通过编写计算机程序验证计数结果，不仅可利用计算机辅助我们学习离散数学，也可强化我们的计算思维能力。

递推关系式是求解计数问题的另一种有效方法，介绍了如何使用递推关系式对计数问题，特别是字符串的计数问题进行建模，以及如何在分析算法复杂度时运用递推关系式建模，然后给出了如何求解线性递推关系式的定理，最后介绍了设计递归算法的分治策略，以及分治算法效率分析时的递推关系式和利用这种递推关系式估算算法效率的主定理。

本章重要的概念和结果主要包括加法原理、乘法原理、容斥原理和鸽笼原理、排列与组合及其计算公式、二项式定理、帕斯卡等式、允许重复的排列与组合及其计算公式、两种一般形式的容斥原理、求解线性递推关系式的定理和算法效率分析的主定理。

求解计数问题和递推关系式都不是容易的事情，有许多方法也可能需要很多技巧，本章只是介绍了一些基础知识。通过本章的学习，读者应该能运用组合计数原理，特别是乘法原理和容斥原理求解相对简单的计数问题，特别是与字符串、整数个数相关的，对其中某些位置所能放置串的范围进行约束的计数问题，以及不定方程满足各种条件的非负整数解的计数问题，能使用递推关系式对简单计数问题和递归算法的效率分析进行建模，特别是与字符串个数相关的，对其中某些子串的结构进行约束的计数问题进行建模。读者还应能编写计算机程序实现全排列和 $r$ 组合生成算法，以及能编写计算机程序验证一些问题的计数结果。

## 8.5 习题

**练习 8.1** 设 $S = \{1, 2, 3, 4, 5, 6\}$。(1) 使用 $S$ 中的数字能构成多少个三位数？(2) 其中有多少个三位数字各不相同的数？(3) 有多少个奇数？(4) 有多少个三位数字各不相同的奇数？(5) 有多少个三位数字各不相同的偶数？

**练习 * 8.2** 设 $S = \{0, 1, 2, 3, 4, 5, 6\}$。(1) 使用 $S$ 中的数字能构成多少个三位数？(2) 其中有多少个三位数字各不相同的数？(3) 有多少个奇数？(4) 有多少个三位数字各不相同的奇数？(5) 有多少个三位数字各不相同的偶数？

**练习 8.3** 某计算机学院有男生 20 名，女生 15 名，现在要推选一位学生任学生会主席，有多少种推选方法？如果要推选一位学生任学生会主席，一位任副主席，又有多少种推选方法？如果要求任学生会主席和副主席的学生性别不同，则有多少种推选方法？

**练习 8.4** 某计算机学院有计算机软件专业 30 名学生，其中男女学生各 15 名，计算机应用专业 40 名学生，其中男女学生各 20 名。现在要推选一位学生任学生会主席，一位任副主席，要求主席和副主席必须来自不同专业，且性别也不同，试问有多少种推选方法？

**练习 * 8.5** 某计算机学院有计算机系统专业 20 名学生，其中男女学生各 10 名，计算机软件专业 30 名学生，其中男女学生各 15 名，计算机应用专业 40 名学生，其中男女学生各 20 名。现在要推选一位学生任学生会主席，一位任副主席，要求主席和副主席必须来自不同专业，且性别也不同，试问有多少种推选方法？

**练习 8.6** 整数：$3^4\times5^2\times7^6\times11$、620、$10^{10}$ 分别有多少个不同的正因子？

**练习 * 8.7** 四位数的正整数中至少有一位是 0 的数有多少？至少有一位是 2 的数有多少？

**练习 8.8** 六人围着一张圆桌而坐，有多少种方法？

**练习 * 8.9** 表 8.5给出的两个程序片段执行完毕之后，程序变量 $k$ 的值分别是多少？

表 8.5 练习 8.9 的两个程序片段

| (1) | (2) |
|---|---|
| $k=0$;<br>**for** $i = 1$ **to** $n$ **do** $k := k+1$;<br>**for** $j = 1$ **to** $m$ **do** $k := k+1$; | $k=0$;<br>**for** $i = 1$ **to** $n$ **do**<br>    **for** $j = 1$ **to** $m$ **do**<br>        **if** $i \neq j$ **then** $k := k+1$; |

**练习 8.10** 在 1~300 的整数（包括 1 和 300）中分别求满足以下条件的整数个数：(1) 同时能被 3、5 和 7 整除；(2) 不能被 3 和 5 整除，也不能被 7 整除；(3) 可以被 3 整除，但不能被 5 和 7 整除；(4) 只被 3、5 和 7 中的一个数整除。

**练习 * 8.11** 在小于 1000 的正整数中：(1) 有多少数可以被 2、3 或 5 整除？(2) 不能被 7、11 或 13 整除？(3) 被 3 整除，但不能被 7 整除？

**练习 8.12** 200 人中有 150 人喜爱游泳或喜爱慢跑或同时喜欢两者，若 85 人喜爱游泳，60 人同时喜爱游泳和慢跑，问有多少人喜爱慢跑？

**练习 8.13** 某计算机学院学生选课情况如下：260 名学生选法语，208 人选德语，160 人选俄语，76 人选法语和德语，48 人选法语和俄语，62 人选德语和俄语，三门课都选的有 30 人，三门课都没选的人有 150，试问：(1) 一共有多少学生？(2) 有多少人选法语和德语，而没有选俄语？

**练习 * 8.14** 对一个有 50 人的初中班对四大名著的喜欢情况进行了调查，发现每个人都至少喜欢一本名著，且其中 32 人喜欢《西游记》，28 人喜欢《水浒传》，24 人喜欢《三国演》义，6 人喜欢《红楼梦》。20 人同时喜欢《西游记》和《水浒传》，18 人同时喜欢《西游记》和《三国演义》，8 人同时喜欢《西游记》《水浒传》以及《三国演义》。奇怪的是喜欢《红楼梦》的同学对《西游记》《水浒传》和《三国演义》都不喜欢。

问只喜欢《西游记》、只喜欢《水浒传》、只喜欢《三国演义》及只喜欢《红楼梦》的同学各有几人？

**练习 8.15** 如果从 $1,2,\cdots,200$ 中选出 100 个整数，且所选的这些整数中有一个小于 16，证明：存在两个所选的整数，使得它们中的一个能被另一个整除。

**练习 * 8.16** 一位围棋职业棋手有 11 周时间准备围棋世界大赛，他决定每天至少下一盘棋，但为了不使自己过于疲劳还决定每周下棋最多 12 盘。证明：存在连续若干天，期间他恰好下了 21 盘棋。

**练习 8.17** 设 $m,n$ 是互质的两个正整数，$a$ 和 $b$ 是两个整数，且 $0\leqslant a\leqslant m-1$ 以及 $0\leqslant b\leqslant n-1$。证明：存在正整数 $x$，使得 $x\equiv a(\bmod m)$ 且 $x\equiv b(\bmod n)$。

**练习 8.18** 证明：若从 $\{1,2,\cdots,3n\}$ 中选择 $n+1$ 个整数，则总存在两个整数，它们之间最多差 2。

**练习 8.19** 证明：对任意 $n+1$ 个整数 $a_1,a_2,\cdots,a_n,a_{n+1}$，存在两个整数 $a_i$ 和 $a_j$，$i\neq j$，使得 $a_i-a_j$ 能够被 $n$ 整除。

**练习 8.20** 证明：在 $n+1$ 个小于或等于 $2n$ 的正整数中，至少有两个正整数是互质的。

**练习 8.21** 有多少数字各不相同的五位数？其中又有多少不包含 20 作为子串？编写计算机程序验证你的计数结果。

**练习 * 8.22** 在长度为 8 的二进制串中，有多少恰好含有 5 个 0？有多少至少含有 5 个 0？又有多少至多含有 5 个 0？编写计算机程序验证你的计数结果。

**练习 8.23** 在长度为 10 的三进制串（即由 0,1,2 构成的串）中，有多少恰好含有 3 个 0 且恰好含有 3 个 1？又有多少至少含有 3 个 0 或至少含有 3 个 1？又有多少至多含有 3 个 0 或至多含有 3 个 1？编写计算机程序验证你的计数结果。

**练习 8.24** 计算机学院打算在 6 名计算机系统专业、8 名计算机软件专业和 10 名计算机应用专业学生中推选 6 名学生会干部，有多少种推选方法？如果要求每个专业都至少有一位学生作为学生会干部，又有多少种推选方法？

**练习 * 8.25** 英文小写字母有 5 个元音字母和 21 个辅音字母，在长度为 8 的英文小写字母串中：(1) 有多少含有元音字母的串？(2) 有多少含有元音字母且没有重复字母的串？(3) 有多少含有至少两个元音字母的串？(4) 有多少含有至少两个元音字母且没有重复字母的串？

**练习 8.26** 在六位数的正整数中，有多少含有奇数数字的奇数？又有多少含有偶数数字的奇数？有多少含有奇数数字的偶数？又有多少含有偶数数字的偶数？编写计算机程序验证你的计数结果。

**练习 * 8.27** 分别给出下面组合等式的代数证明和组合证明：设 $n,r$ 是自然数，$1\leqslant r<n$，有：

$$r\binom{n}{r}=n\binom{n-1}{r-1}$$

**练习 8.28** 分别给出下面等式的代数证明和组合证明：设 $n,m,k$ 都是自然数，且

$k \leqslant m \leqslant n$，有：

$$\binom{n}{m}\binom{m}{k} = \binom{n}{k}\binom{n-k}{m-k}$$

**练习 * 8.29**　给出等式$\sum_{k=0}^{n} k\binom{n}{k} = n \times 2^{n-1}$ 的一个组合证明。

**练习 8.30**　给出等式 $\sum_{k=0}^{n} k\left[\binom{n}{k}\right]^2 = n\binom{2n-1}{n-1}$ 的一个组合证明。

**练习 8.31**　设 $n, k$ 是整数，且 $1 \leqslant k \leqslant n$，证明：$\binom{n}{k} \leqslant n^k/2^{k-1}$。

**练习 8.32**　设 $n, k$ 是整数且 $1 \leqslant k < n$，证明：

$$\binom{n-1}{k-1}\binom{n}{k+1}\binom{n+1}{k} = \binom{n-1}{k}\binom{n}{k-1}\binom{n+1}{k+1}$$

**练习 8.33**　设 $n$ 是正整数，证明：

$$\sum_{k=1}^{n}\binom{n}{k}\binom{n}{k-1} = \binom{2n+2}{n+1}/2 - \binom{2n}{n}$$

**练习 * 8.34**　使用数学归纳法证明下面两个等式。

$$\sum_{k=0}^{r}\binom{m+k}{k} = \binom{m}{0} + \binom{m+1}{1} + \cdots + \binom{m+r}{r} = \binom{m+r+1}{r}$$

$$\sum_{k=0}^{n}\binom{k}{m} = \binom{0}{m} + \binom{1}{m} + \cdots + \binom{n}{m} = \binom{n+1}{m+1}$$

**练习 * 8.35**　单词 MISSISSIPPI 包含的字母能构成多少个不同的大写字母串？

**练习 8.36**　单词 EVERGREEN 包含的字母能构成多少个不同的大写字母串？

**练习 8.37**　有多少个方法将编号为 1 到 12 的球放到编号为 1 到 6 的盒子中，使得每个盒子恰好有两个球？

**练习 8.38**　有多少个方法将 15 个可区别的球放到 5 个可区别的盒子中，使得每个盒子的球数分别是 1 个、2 个、3 个、4 个和 5 个？

**练习 * 8.39**　水果店中有很多苹果、梨子、橙子和桃子，请问：(1) 从中选 10 个水果的方法有多少种？(2) 从中选 10 个水果且每种水果至少有一个的方法有多少种？(3) 从中选 10 个水果且至少有 4 个苹果的方法有多少种？(4) 从中选 10 个水果且至多有一个苹果的方法有多少种？

**练习 8.40**　不定方程 $x_1 + x_2 + x_3 + x_4 = 10$ 有多少非负整数解？

**练习 8.41**　不等式 $x_1 + x_2 + x_3 + x_4 \leqslant 12$ 有多少非负整数解？

**练习 * 8.42**　不定方程 $x_1 + x_2 + x_3 + x_4 + x_5 = 20$ 的非负整数解中：(1) 有多少解满足 $x_1 \geqslant 3$？(2) 有多少解满足 $x_1 \leqslant 5$？(3) 有多少解满足 $2 \leqslant x_1 \leqslant 6, 1 \leqslant x_2 \leqslant 4$ 且 $x_3 \geqslant 5$？

**练习 8.43** 不等式 $x_1+x_2+x_3 \leqslant 18$ 的非负整数解中：(1) 有多少解满足 $x_1>3$？(2) 有多少解满足 $x_1<5$？(3) 有多少解满足 $1 \leqslant x_1 \leqslant 4, x_2>4$ 且 $x_3<6$？

**练习 8.44** 设 $A=\{1,2,3,4\}$，$B=\{a,b\}$，$A$ 到 $B$ 的函数有多少个？$A$ 到 $B$ 的满函数有多少个？

**练习 8.45** 证明引理 8.18。

**练习 * 8.46** 对于下面的每个数字串，假设集合 $S$ 是包含数字串中所有数字的集合，给出算法 8.1 分别以该数字串为输入时的输出结果，也即在生成 $S$ 的全排列时，下面数字串的下一个串。

(1) 31425　　(2) 152643　　(3) 34287651　　(4) 459138672

**练习 8.47** 设 $S=\{1,2,3,4,5,6,7\}$，对于下面的每个数字串，给出算法 8.2 分别以该数字为输入时的输出结果，也即在生成 $S$ 的 4 组合时，下面数字串的下一个串。

(1) 2567　　(2) 1357　　(3) 1456　　(4) 1267

**练习 8.48** 设计一个枚举不定方程 $x_1+x_2+\cdots+x_n=r$ 的所有非负整数解的算法，以 $n,r$ 为输入，输出是每个解中未知数 $x_1,x_2,\cdots,x_n$ 的值。设计算法时参照算法 8.2 的思路，生成 $S=\{1,2,\cdots,n\}$ 的所有允许重复的 $r$ 组合，然后将每个对应这样组合的串 $a_1a_2\cdots a_r$ 转换成不定方程的一个解。

**练习 * 8.49** 给出长度为 $n$ 且不含有连续两个 0 的二进制串个数的递推关系式。

**练习 8.50** 给出长度为 $n$ 且含有连续三个 0 的二进制串个数的递推关系式。

**练习 8.51** 给出长度为 $n$ 且不含有连续三个 0 的二进制串个数的递推关系式。

**练习 * 8.52** 给出长度为 $n$ 且含有 01 作为子串的二进制串个数的递推关系式。

**练习 * 8.53** 给出长度为 $n$ 且不含有连续两个 0 的三进制串个数的递推关系式。

**练习 8.54** 给出长度为 $n$ 且不含有连续两个 0 也不含有连续两个 1 的三进制串个数的递推关系式。

**练习 * 8.55** 给出长度为 $n$ 且不含有连续两个相同数字的三进制串个数的递推关系式。

**练习 8.56** 对于将不可区别的 $r$ 个球放到 $n$ 个可区别盒子的方法数，可以通过选定一个盒子，将所有的方法数分为这个盒子不放球和这个盒子至少放一个球的两类，然后建立一个与 $n,r$ 有关的递推关系式，并验证 $C(n-1+r,r)$ 是该递推关系式的解。

**练习 8.57** 确定下面的递推关系式哪些是线性的？哪些不是线性的？哪些是常系数的？哪些不是常系数？哪些是齐次的？哪些是非齐次的？并确定每个递推式的阶。

(1) $a_n=2a_{n-3}$　　(2) $a_n=5$

(3) $a_n=a_{n-1}^2$　　(4) $a_n=2a_{n-4}+2^n$

(5) $a_n=a_{n-2}a_{n-3}$　　(6) $a_n=a_{n-2}+n+3$

(7) $a_n=4a_{n-2}+6a_{n-7}$　　(8) $a_n=n(a_{n-1}+a_{n-3})$

**练习 8.58**　求解下面递推关系式及初始条件确定的序列的通项公式。

(1)　$a_0 = 1, a_1 = 0, a_n = 5a_{n-1} - 6a_{n-2}, n \geqslant 2$

(2)　$a_0 = 6, a_1 = 8, a_n = 4a_{n-1} - 4a_{n-2}, n \geqslant 2$

(3)　$a_0 = 4, a_1 = 10, a_n = 6a_{n-1} - 8a_{n-2}, n \geqslant 2$

(4)　$a_0 = 4, a_1 = 1, a_n = 2a_{n-1} - a_{n-2}, n \geqslant 2$

**练习 * 8.59**　给定初始条件 $a_0 = 3, a_1 = 6$ 且 $a_2 = 0$，求解递推关系式 $a_n = 2a_{n-1} + a_{n-2} - 2a_{n-3}$。

**练习 8.60**　对于下面不同的 $F(n)$，给出递推关系式 $a_n = 8a_{n-2} - 16a_{n-4} + F(n)$ 的特解形式。

(1)　$F(n) = (-2)^n$　　(2)　$F(n) = n \times 2^n$

(3)　$F(n) = n^2 \times 4^n$　　(4)　$F(n) = (n^2 - n - 1) \times (-2)^n$

(5)　$F(n) = 2$　　(6)　$F(n) = n^4 \times 2^n$

**练习 * 8.61**　给定初始条件 $a_0 = 0, a_1 = 0, a_2 = 1$，求解问题 8.44 给出的递推关系式 $a_n = a_{n-1} + a_{n-2} + 2^{n-2}$。

**练习 8.62**　给定初始条件 $a_0 = 1$，求解递推关系式 $a_n = 2a_{n-1} + 2n^2$。

**练习 8.63**　设 $n = 4^k$，确定满足递推关系式 $f(n) = 5f(n/4) + 6n$ 的函数 $f(n)$，其中 $f(1) = 1$，然后假定 $f$ 是一个递增函数，给出 $f$ 的一个大 $O$ 估计。

**练习 * 8.64**　设 $n = 2^k$，确定满足递推关系式 $f(n) = 8f(n/2) + n^2$ 的函数 $f(n)$，其中 $f(1) = 1$，然后假定 $f$ 是一个递增函数，给出 $f$ 的一个大 $O$ 估计。

**练习 8.65**　使用分治策略设计一个从一组整数 $a_1, a_2, \cdots, a_n$ 中发现最大整数的算法。给出该算法效率分析的递推关系式，并给出它的一个大 $O$ 估计。

**练习 * 8.66**　使用分治策略设计计算 $x^n$ 的算法，这里 $x$ 是实数，$n$ 是非负整数。给出该算法效率分析的递推关系式，并给出它的一个大 $O$ 估计。

**练习 8.67**　使用分治策略设计计算 $x^n \bmod m$ 的算法，这里 $x$ 是正整数，$n$ 是非负整数，$m$ 是大于 1 的整数。给出该算法效率分析的递推关系式，并给出它的一个大 $O$ 估计。

第9章

# 图 与 树

图论是现代数学的重要分支，它在计算机科学中有广泛的应用。本章是图和树的基础知识，主要介绍图和树的基本概念，以及它们的遍历，然后介绍带权图及其应用，包括带权图的最短距离和最小生成树，以及哈夫曼树，最后介绍一些特殊的图，包括平面图、欧拉图和哈密顿图。

Graph-Basic(1)

Graph-Basic(2)

Graph-Basic(3)

## 9.1 图的基础知识

本节给出图（包括无向图和有向图）的定义以及相关的基本术语，然后讨论图的表示，特别是图的矩阵表示，最后重点讨论图的连通性以及图的遍历，包括图的深度优先遍历和广度优先遍历算法，它们是许多图算法的基础。

### 9.1.1 图的基本概念

简单地说，图论 (graph theory) 研究的图使用顶点和连接两个顶点的边表达事物与事物之间的联系，是集合语言中使用关系表达事物之间联系的直观化与深化。事物之间的联系使用图表示比较直观，特别是在图的顶点数和边数比较少的情况下。图的顶点和边还可以附加更多结构，例如赋权、赋予颜色等属性从而丰富对事物之间联系的表达。

根据边是否有方向，图分为无向图和有向图，下面先讨论无向图的定义及相关的基本术语。

**定义 9.1　无向图** (undirected graph, 或直接地 graph) 是二元组 $G=(V,E)$，其中：$V$ 是非空集，称为图的**顶点集** (vertex set)，它的元素称为 $G$ 的**顶点** (vertex) 或结点 (node)；$E$ 称为图的**边集** (edge set)，它的元素称为 $G$ 的**边** (edge)，且每条边 $e\in E$，都**关联** (be incident with, 或 be associated with) 两个顶点 $u$ 和 $v$，这两个顶点称为边 $e$ 的两个**端点** (endpoint)，也称边 $e$ 连接 (connect) 这两个端点，通常将边 $e$ 记为 $e=(u,v)$ 或 $e=(v,u)$。

对于无向图的边 $e=(u,v)$，$u$ 和 $v$ 没有顺序，因此边 $e=(u,v)$ 和 $e=(v,u)$ 是同一条边。我们只考虑**有限图** (finite graph)，即图的顶点集 $V$ 和边集 $E$ 都是有限集。定义 9.1 要求在定义一个图时，要给出它的顶点集和边集，并说明每一条边的两个端点是哪两个顶点。通常可以对图作直观的理解，即画出这个图，并用 $V$ 和 $E$ 的元素对这个图进行标记。

**例子 9.1**　图 9.1 给出一个无向图的直观表示的例子。将这个图用集合语言描述则是：图 $G=(V,E)$，其中 $V=\{v_1,v_2,v_3,v_4\}$，而

$$
\begin{aligned}
E = \{ & e_1=(v_1,v_3),\ e_2=(v_1,v_3),\ e_3=(v_1,v_3),\ e_4=(v_1,v_2),\ e_5=(v_1,v_4), \\
& e_6=(v_2,v_4),\ e_7=(v_2,v_3),\ e_8=(v_3,v_4),\ e_9=(v_4,v_4) \ \}
\end{aligned}
$$

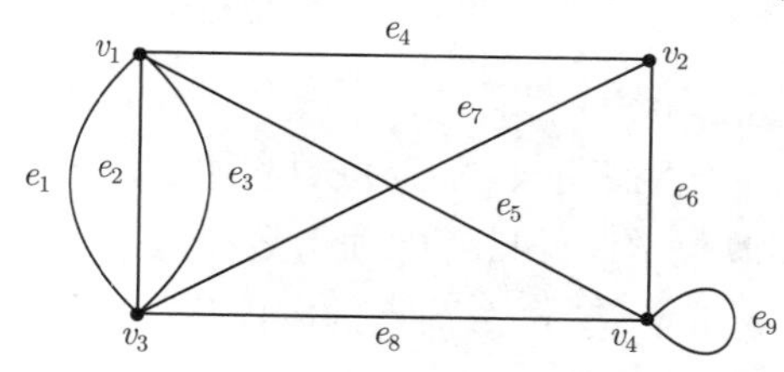


图 9.1　无向图的直观表示示例

有时为了简便，可能在给出图的直观形式时，不会对其顶点和边进行标记，例如图 9.2 是图 9.1 不带标记的形式。不对图进行标记通常是因为这时只关注整个图的性质，而非关心图的某个具体的顶点或边的性质。如果需要关心某些顶点或某些边的性质，也可以只标记所关心的那些顶点或边，而不标记其他的顶点和边。

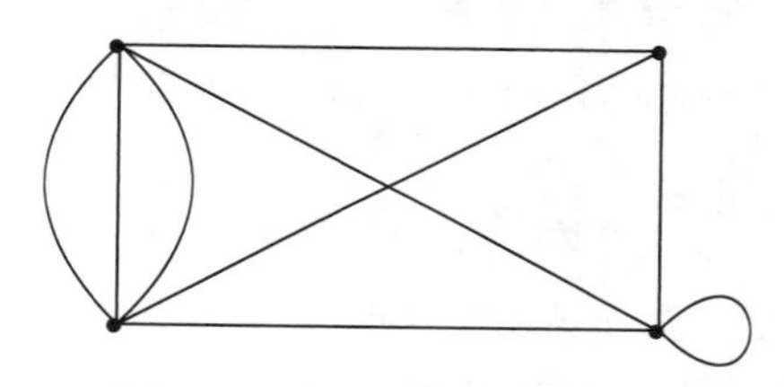

图 9.2　图 9.1 中的无向图不带标记的直观表示

**定义 9.2**　**有向图** (directed graph，或 digraph) 是二元组 $G=(V,E)$：非空集 $V$ 是图的顶点集，它的元素称为 $G$ 的顶点或结点；$E$ 是图的边集，它的元素称为 $G$ 的**有向边** (directed edge)，且每条边都有一个顶点 $u$ 作为它的**起点** (start)，还有一个顶点 $v$ 作为它的**终点** (end)，通常记为 $e=\langle u,v\rangle$。有向图的**基图** (underlying graph) 是不考虑边的方向而得到的无向图。

我们也只考虑顶点集和边集都是有限集的有向图。注意，无向图和有向图的区别只在于其中的边所关联的两个顶点是否区分为起点和终点。有时也允许一个图中既含有向边也含无向边，这时称为**混合图** (mixed graph)，但通常研究的图要么是无向图，即图的所有边都是无向边，要么是有向图，即图的所有边都是有向边。

**例子 9.2**　图 9.3 是一个有向图的直观表示。若将这个有向图用比较严格的数学形式给出，则是：图 $G=(V,E)$，其中 $V=\{v_1,v_2,v_3,v_4\}$，而

$$
\begin{aligned}
E = \{ & e_1=\langle v_1,v_3\rangle,\ e_2=\langle v_3,v_1\rangle,\ e_3=\langle v_1,v_3\rangle,\ e_4=\langle v_2,v_1\rangle,\ e_5=\langle v_4,v_1\rangle, \\
& e_6=\langle v_2,v_4\rangle,\ e_7=\langle v_2,v_3\rangle,\ e_8=\langle v_3,v_4\rangle,\ e_9=\langle v_4,v_4\rangle \ \}
\end{aligned}
$$

这个有向图的基图就是例子 9.1 给出的无向图。

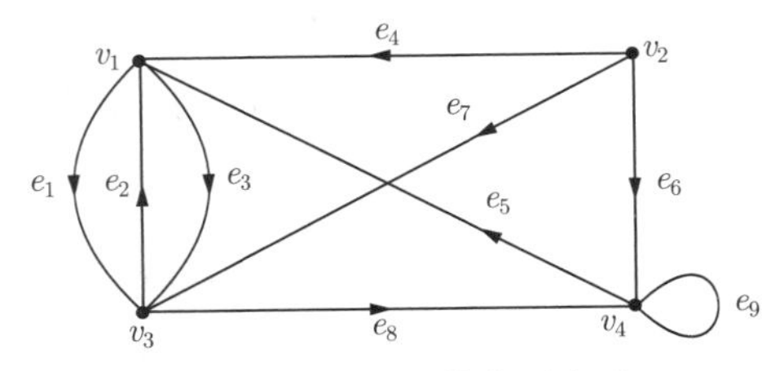

图 9.3 有向图的直观表示

通常使用 $G$ 表示一个无向图或有向图，有时使用 $V(G), E(G)$ 分别表示图 $G$ 的顶点集和边集，$|V(G)|, |E(G)|$ 分别表示 $G$ 的顶点数和边数，若 $|V(G)|$ 等于 $n$，则称 $G$ 是$n$ **阶图** ($n$-order graph)。离散数学课程只考虑顶点数和边数都有限的图。若 $|E(G)| = 0$，则称图 $G$ 是**零图** (null graph)，有 $n$ 个顶点的零图称为$n$ **阶零图**，记为 $N_n$，特别地，称 $N_1$，即只有一个顶点的图为**平凡图** (trivial graph)。图的定义要求顶点集是非空集，但在对图进行运算时可能使得顶点集为空集，因此约定顶点集为空集（这时边集也必为空集）的图为**空图** (empty graph)。

对于图的直观表示，若使用符号（或说名字）标记了顶点与边，则称为**标定图** (labeled graph)，否则称为**非标定图** (unlabeled graph)。

**定义 9.3** 设 $G = (V, E)$ 是图（无向图或有向图）。

（1）对于边 $e \in E$，若 $e = (u, v)$（或 $e = \langle u, v \rangle$），则称 $e$ **关联** (be incident with) 顶点 $u$ 和 $v$。

（2）对于顶点 $u, v \in V$，如果存在边 $e \in E$，使得 $e = (u, v)$（或 $e = \langle u, v \rangle$），则称 $u$ 与 $v$ **邻接** (adjacent)，或说 $u$ 和 $v$ 是**相邻顶点**；对有向边 $e = \langle u, v \rangle$，也可进一步区分起点和终点，称 $u$ **邻接到**$v$，而 $v$ **邻接于**$u$。

（3）对于边 $e_1, e_2 \in E$，若 $e_1$ 和 $e_2$ 关联同一个顶点，则称 $e_1$ 和 $e_2$ **邻接**，或说 $e_1$ 和 $e_2$ 是 **相邻边**。

这些术语给出了边与边、顶点与顶点间的邻接（或说相邻）关系，以及顶点与边之间的关联关系的定义。实际上，读者不需要纠结这些术语的严格定义，直观理解即可。上述定义只是在可能有歧义的情况下，给出本教材的一个标准说法而已。

**定义 9.4** 设 $G = (V, E)$ 是无向图或有向图。

（1）若边 $e = (v, v)$（或 $e = \langle v, v \rangle$），也即它关联同一个顶点，则称 $e$ 是 **环** (loop)。

（2）若边 $e = (u, v)$（或 $e = \langle u, v \rangle$）且 $e' = (u, v)$（或 $e' = \langle u, v \rangle$），也即 $e$ 和 $e'$ 都关联相同的顶点，则称 $e$ 和 $e'$ 是**重边** (parallel edges, 或 multiple edges)。

（3）不含环和重边的图称为**简单图** (simple graph)，更准确地，称为**简单无向图**或**简单有向图**。

简单图是研究得最多的图。对于简单图，可以直接使用关联的两个顶点表示一条边，而不用再给边命名，例如，直接用 $(u, v)$ 表示一条边，而不需要再使用 $e = (u, v)$ 的形式。注意，在有向图中，边 $e = \langle u, v \rangle$ 和 $e' = \langle v, u \rangle$ 不是重边。下面如果没有特别说明，提到简单图是指简单无向图。

**定义 9.5** 设 $G=(V,E)$ 是无向图，$v \in V$ 是它的一个顶点。$v$ 的**度数** (degree)，记为 $d(v)$，是关联 $v$ 的边的条数，但关联 $v$ 的环要计算两次。

设 $G=(V,E)$ 是有向图，$v \in V$ 是它的一个顶点。$v$ 的**入度** (in-degree)，记为 $d^-(v)$，是以 $v$ 为终点的有向边条数；$v$ 的**出度** (out-degree)，记为 $d^+(v)$，是以 $v$ 为起点的有向边条数。$v$ 的**度数**$d(v)=d^-(v)+d^+(v)$。

**例子 9.3** 对于图 9.4 的两个图，无向图 $G_1$ 各顶点的度数分别是：

$$d(v_1)=5 \quad d(v_2)=4 \quad d(v_3)=5 \quad d(v_4)=5 \quad d(v_5)=1 \quad d(v_6)=0$$

注意，在计算 $v_4$ 的度数时，环 $e_9$ 要计算两次。

无向图中一个顶点的度数为 1，则称为**悬挂顶点** (pendant vertex)，它关联的边称为**悬挂边** (pendant edge)。一个顶点的度数为 0，则称为**孤立顶点** (isolated vertex)。$G_1$ 的顶点 $v_5$ 是悬挂顶点，$e_{10}$ 是悬挂边，$v_6$ 是孤立顶点。

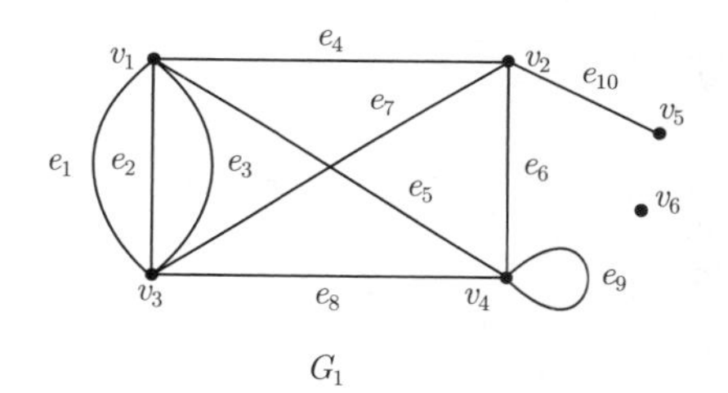


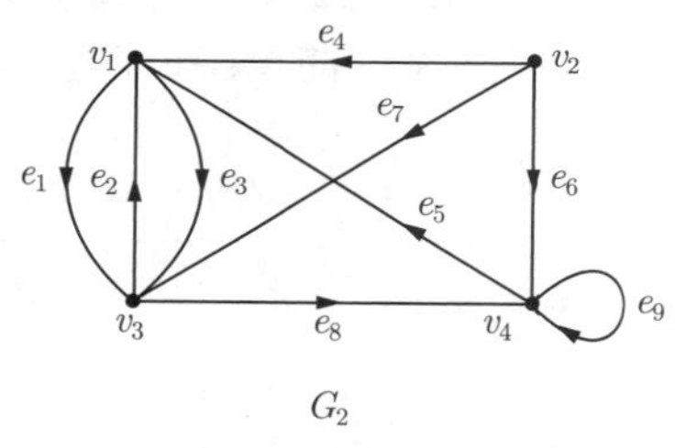


图 9.4 无向图和有向图顶点的度数

有向图 $G_2$ 各顶点的入度、出度和度数分别是：

$$d^-(v_1)=3 \quad d^+(v_1)=2 \quad d(v_1)=5 \quad d^-(v_2)=0 \quad d^+(v_2)=3 \quad d(v_2)=3$$
$$d^-(v_3)=3 \quad d^+(v_3)=2 \quad d(v_3)=5 \quad d^-(v_4)=3 \quad d^+(v_4)=2 \quad d(v_4)=5$$

由于每条边都关联两个顶点（环也可认为关联两个顶点），在计算无向图顶点的度数时都被计算两次，在计算有向图顶点度数时，入度和出度各计算一次，因此很容易得到下面的定理。

**定理 9.1 握手定理** (Handshaking Theorem)：对无向图 $G=(V,E)$，有 $\sum\limits_{v\in V} d(v) = 2|E|$；对有向图 $G=(V,E)$，有 $\sum\limits_{v\in V} d^-(v) = \sum\limits_{v\in V} d^+(v) = |E|$。 □

称度数为奇数的顶点为**奇度顶点**，度数为偶数的顶点为**偶度顶点**。由握手定理有下面的推论。

**推论 9.2** 任何图（无向图或有向图）的奇度顶点个数是偶数。

**定义 9.6** 给定图 $G=(V,E)$，定义图 $G$ 的**最小度**$\delta(G)=\min\{d(v) \mid v\in V\}$，即 $\delta(G)$ 是度数最小的顶点的度数；定义图 $G$ 的**最大度**$\Delta(G)=\max\{d(v) \mid v\in V\}$，即 $\Delta(G)$ 是度数最大的顶点的度数。

显然若 $G$ 是简单图，则 $\Delta(G) \leqslant n-1$。

**定义 9.7** 若图 $G=(V,E)$ 的任意顶点度数都等于 $k$，则称 $G$ 为$k$ **正则图** (regular graph)。若简单图 $G=(V,E)$ 的任意两个顶点之间都有边则称为**完全图** (complete graph)，具有 $n$ 个顶点的完全图是 $n$ 阶完全图，记为 $K_n$。显然 $K_n$ 是 $n-1$ 正则图。

**例子 9.4** 注意,完全图是针对简单图而言。图 9.5 给出了完全图 $K_1,K_2,K_3,K_4,K_5$ 和 $K_6$。实际上，$K_1$ 就是平凡图 $N_1$。$K_2$ 是 1 正则图，$K_3$ 是 2 正则图，$K_4$ 是 3 正则图，$K_5$ 是 4 正则图，$K_6$ 是 5 正则图。

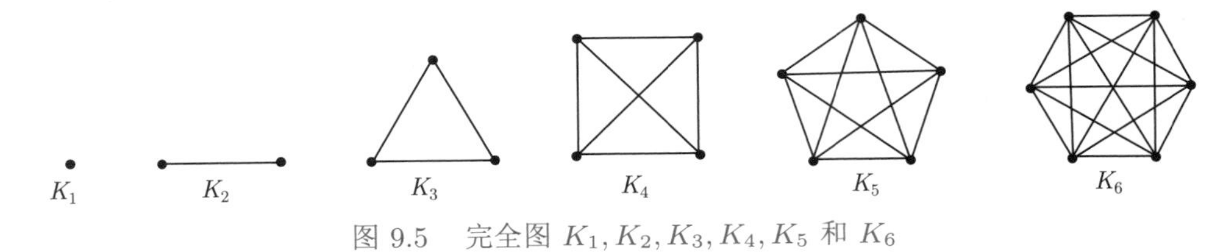


图 9.5 完全图 $K_1,K_2,K_3,K_4,K_5$ 和 $K_6$

**例子 9.5** $n$ 阶**圈** (cycle) 是具有 $n$ 个顶点 $v_1,v_2,\cdots,v_n$ 和边 $(v_1,v_2),(v_2,v_3),\cdots,(v_{n-1},v_n),(v_n,v_1)$ 的简单图，这里 $n\geqslant 3$。$n$ 阶圈记为 $C_n$。图 9.6 给出了圈 $C_3,C_4,C_5$ 和 $C_6$，这些圈都是 2 正则图。

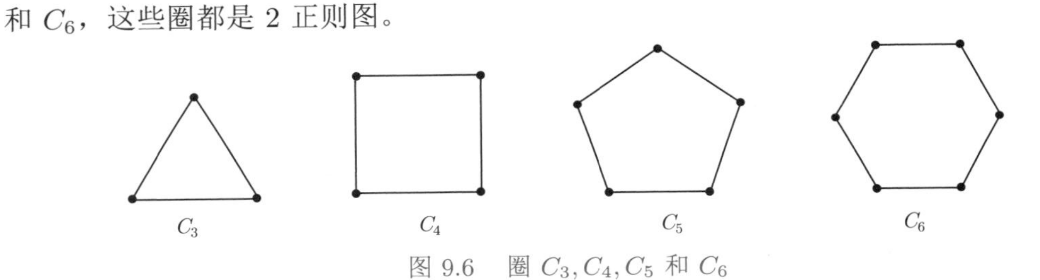


图 9.6 圈 $C_3,C_4,C_5$ 和 $C_6$

**例子 9.6** 在 $n$ 阶圈 $C_n$ 中额外增加一个顶点，并将这个顶点与 $C_n$ 的 $n$ 个顶点都用边连接就得到**轮图** (wheel)$W_n$。注意，$W_n$ 实际上有 $n+1$ 个顶点。图 9.7 给出了轮图 $W_3,W_4,W_5$ 和 $W_6$，除 $W_3$ 是 3 正则图外，其他轮图 $W_n(n>3)$ 都不是正则图。

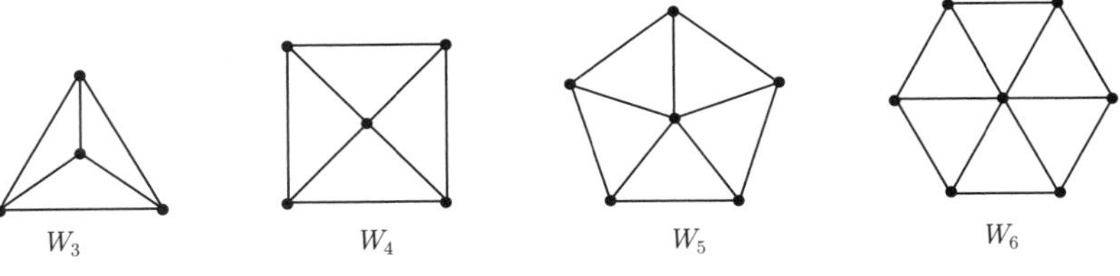


图 9.7 轮图 $W_3,W_4,W_5$ 和 $W_6$

**例子 9.7** $n$ **立方体图** (cube)，记为 $Q_n$，是具有 $2^n$ 个顶点的图，每个顶点可使用长度为 $n$ 的二进制串标记，两个顶点之间有边当且仅当标记它们的二进制串只有一位不同。图 9.8 给出了立方体图 $Q_1,Q_2$ 和 $Q_3$。

**定义 9.8** 图 $G=(V,E)$ 称为**二部图** (bipartite graph)，如果它的顶点集 $V$ 可划分为两个非空且不相交的顶点集 $V_1$ 和 $V_2$，且 $G$ 的所有边关联的一个顶点在 $V_1$，另一个顶点在 $V_2$，也即 $V_1$ 内的任意两个顶点没有边关联，$V_2$ 内的任意两个顶点也没有边关联，这时 $V_1$ 和 $V_2$ 称为 $V$ 的一个**二部划分**。二部图也称为**偶图**或**二分图**。

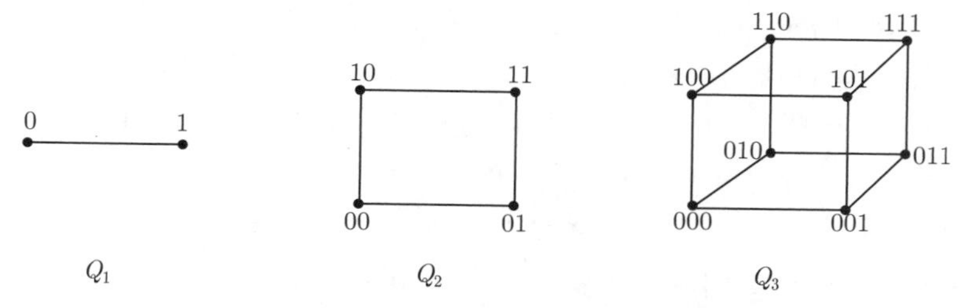


图 9.8　立方体图 $Q_1, Q_2$ 和 $Q_3$

设二部图 $G = (V, E)$ 的顶点集 $V$ 的二部划分是 $V_1$ 和 $V_2$，若 $V_1$ 的任意顶点与 $V_2$ 的任意顶点都恰好有一条边相连，则称 $G$ 是**完全二部图** (complete bipartite graph)。若这时 $|V_1| = m, |V_2| = n$，则记为 $K_{m,n}$。

**例子 9.8**　图 9.9 给出了完全二部图 $K_{2,3}, K_{3,3}, K_{3,5}$ 和 $K_{2,6}$。

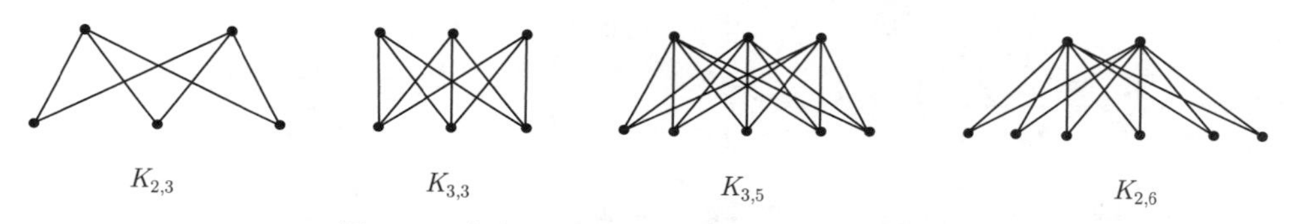


图 9.9　完全二部图 $K_{2,3}, K_{3,3}, K_{3,5}$ 和 $K_{2,6}$

**定义 9.9**　给定图 $G = (V, E)$，如果图 $G' = (V', E')$ 满足 $V' \subseteq V$ 且 $E' \subseteq E$，则称 $G'$ 是 $G$ 的**子图** (subgraph)。特别地，如果 $V = V'$，则称 $G'$ 是 $G$ 的**生成子图** (spanning subgraph)。对于 $G$ 的顶点集 $V$ 的任意子集 $V' \subseteq V$，取 $E' = \{e \in E \mid e = (u, v)$ 且 $u \in V'$ 且 $v \in V'\}$，也即 $E'$ 是 $E$ 中那些两个端点都在 $V'$ 中的边构成的集合，则称 $G' = (V', E')$ 是 $G$ 的由 $V'$ **导出的子图** (induced subgraph)。

可在图 $G = (V, E)$ 上定义一些操作，其中删除图的顶点集、边集或子图都可得到它的子图。

**定义 9.10**　设 $G = (V, E)$ 是有向图或无向图。

(1) **删除顶点集**：设 $V' \subseteq V$，则 $G - V' = (V - V', E')$ 是 $G$ 的子图，$G - V'$ 的顶点集是 $V - V'$，而 $E' = \{e \in E \mid e = (u, v)$ 且 $u \notin V'$ 且 $v \notin V'\}$，也即 $E'$ 是 $E$ 中那些两个端点都不在 $V'$ 中的边构成的集合。

(2) **删除边集**：设 $E' \subseteq E$，则 $G - E' = (V, E - E')$ 是 $G$ 的子图，$G - E'$ 的顶点集仍是 $V$，而边集是 $E - E'$。

(3) **删除子图**：设 $G' = (V', E')$ 是 $G$ 的子图，则 $G - G' = (V, E - E')$，即 $G - G'$ 的顶点集仍是 $V$，但删除 $G$ 在 $G'$ 中的所有边。

(4) **边的收缩**：设边 $e = (u, v) \in E$，$G \backslash e$ 表示从 $G$ 中删除边 $e$ 后，将 $e$ 的两个端点 $u$ 和 $v$ 用一个新顶点 $w$(或用 $u$ 或 $v$ 充当 $w$) 代替，使 $w$ 关联 $u$ 和 $v$ 关联的所有边，称为 $G$ 对于边 $e$ 的收缩。

(5) **添加新边**：设 $u, v \in V$ ($u, v$ 可能相邻，也可能不相邻)，$G \cup (u, v)$ 或 $G + (u, v)$

表示在 $u,v$ 之间加一条边 $(u,v)$，称为添加新边。

注意，顶点在图中可以独立存在，但边只能关联顶点而存在，因此删除边不删除顶点，但删除顶点则会删除该顶点所关联的边。如果在图 $G$ 中删除一个顶点 $v$，则简记为 $G-v$；同样若只删除一条边 $e$，则简记为 $G-e$。对于 $n$ 阶简单图 $G$，将 $K_n-G$ 称为 $G$ 的**补图** (complement graph)，记为 $\overline{G}$。

**定义 9.11** 对于图 $G=(V,E)$ 和 $G'=(V',E')$，如果存在双函数 $f:V\to V'$，满足：对 $E$ 的任意边 $e=(u,v)$，$E'$ 存在唯一的边 $e'=(f(u),f(v))$，而且对 $E'$ 的任意边 $e'=(u',v')$，$E$ 存在唯一的边 $e=(f^{-1}(u'),f^{-1}(v'))$，则称 $G$ 和 $G'$ 同构，记为 $G\sim G'$。

**例子 9.9** 图 9.10 给出的三个图两两同构，都被称为彼得森 (Petersen) 图。容易发现第一个图和第三个图同构，第三个图只不过是将第一个图中间的五角星拉大放到五边形的外面而已，但使得第二个图与第一个图同构的双函数（即顶点之间的映射）并不容易确定。

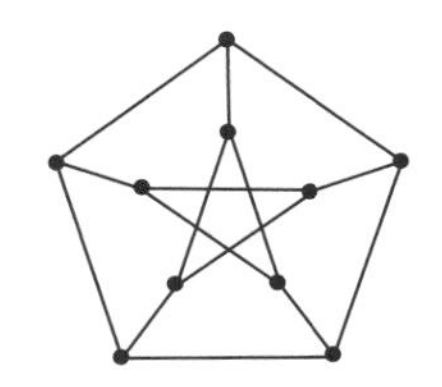
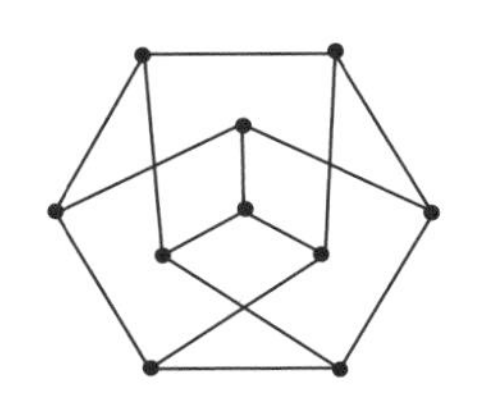
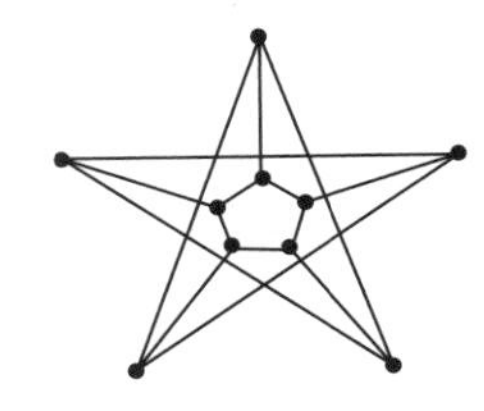

图 9.10 彼得森图的三种同构形式

由于目前还没有发现两个图同构的充分必要条件，也没有发现判断两个图是否同构的有效算法，因此只能直观地理解两个图同构的含义，即在不考虑图的标记的情况下，这两个图在适当移动顶点和边之后有相同的直观表示，或者说在不考虑图的标记的情况下，这两个图的顶点和边之间的关联情况完全一致。

### 9.1.2 图的连通性

图的连通性是指图的任意两个顶点之间是否有通路，通俗地说，就是能否从一个顶点经过图的边到达另一个顶点。本节先定义通路，然后讨论无向图和有向图的连通性以及连通性的度量。

**定义 9.12** 设 $G=(V,E)$ 是无向图，$G$ 的一条**通路** (path)$\Gamma=v_0e_1v_1e_2\cdots e_nv_n$ 是 $G$ 的顶点和边的交替序列，且对任意 $1\leqslant i\leqslant n$ 有 $e_i=(v_{i-1},v_i)$。这时称 $v_0$ 和 $v_n$ 是 $\Gamma$ 的两个端点，$n$ 是 $\Gamma$ 的长度。如果还满足 $v_0=v_n$，则称 $\Gamma$ 是**回路** (circuit)。

若一条通路或回路不含重复的边（即序列中不存在两条边相同），则称为**简单通路** (simple path) 或**简单回路** (simple circuit)。如果一条通路不含重复的顶点则称为**初级通路**；如果一条回路除端点外不含重复的顶点则称为**初级回路**。初级通路又称为**路径** (walk)，初级回路又称为**圈** (cycle)。

显然，初级通路或初级回路都不含重复的边。注意，无论是中文术语还是英文术语，抑或是中英文翻译，不同的中英文教材对于通路、回路这些术语都会有所不同，不过这些概念都非常容易理解，因此即使术语不同也不会给读者带来太大的困惑。读者要记住的关键是：① 根据两个端点是否相同，分为通路与回路；② 根据通路（回路）的边、顶点是否重复分简单和初级通路（回路），多数时候人们考虑的是简单通路和简单回路。

**定义 9.13**　设 $G=(V,E)$ 是有向图，$G$ 的一条**有向通路**$\Gamma=v_0e_1v_1e_2\cdots e_nv_n$ 是 $G$ 的顶点和边的序列，且满足对任意 $1\leqslant i\leqslant n$ 有 $e_i=\langle v_{i-1},v_i\rangle$。这时称 $v_0$ 是 $\Gamma$ 的起点，$v_n$ 是 $\Gamma$ 的终点，$n$ 是 $\Gamma$ 的长度。如果还满足 $v_0=v_n$，则称 $\Gamma$ 是**有向回路**。类似定义 9.12，可定义 **简单有向通路**、**简单有向回路**，以及**初级有向通路**和**初级有向回路**。

**例子 9.10**　对于图 9.11 给出的无向图 $G_1$，$\Gamma_1=v_2e_4v_1e_1v_3e_2v_1e_1v_3e_8v_4e_9v_4e_5v_1$ 是 $v_2$ 和 $v_1$ 之间的一条长度为 7 的通路，而 $\Gamma_2=v_1e_1v_3e_2v_1e_1v_3e_8v_4e_9v_4e_5v_1$ 是 $v_1$ 为端点长度为 6 的回路。$\Gamma_3=v_2e_4v_1e_1v_3e_2v_1e_3v_3e_8v_4e_9v_4e_5v_1$ 是 $v_2$ 和 $v_1$ 之间的一条长度为 7 的简单通路，$\Gamma_4=v_2e_4v_1e_3v_3e_8v_4$ 是 $v_2$ 和 $v_4$ 之间的一条初级通路。

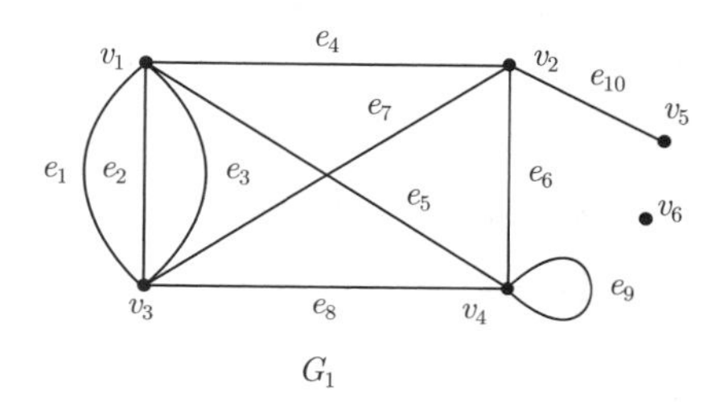


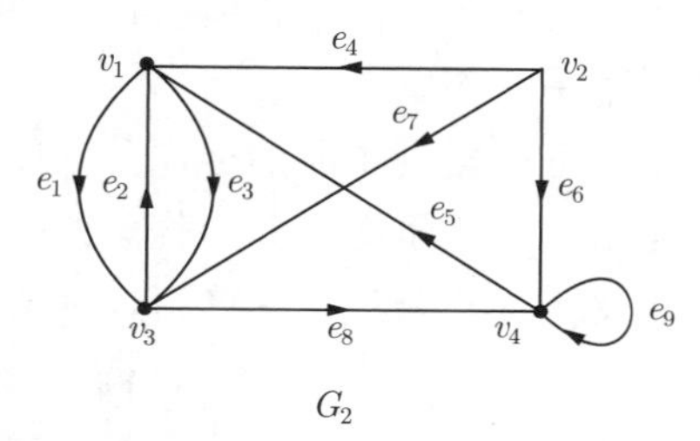


图 9.11　无向图和有向图的通路与回路

对于图 9.11 给出的有向图 $G_2$，$\Gamma'_1=v_2e_4v_1e_1v_3e_2v_1e_1v_3e_8v_4e_9v_4e_5v_1$ 是 $v_2$ 到 $v_1$ 的一条长度为 7 的有向通路，而 $\Gamma'_2=v_1e_1v_3e_2v_1e_1v_3e_8v_4e_9v_4e_5v_1$ 是 $v_1$ 为起点和终点的长度为 6 的有向回路。$\Gamma'_3=v_2e_4v_1e_1v_3e_2v_1e_3v_3e_8v_4e_9v_4e_5v_1$ 是 $v_2$ 到 $v_1$ 的一条长度为 7 的简单有向通路，$\Gamma'_4=v_2e_4v_1e_3v_3e_8v_4$ 是 $v_2$ 到 $v_4$ 的一条初级有向通路。

为方便起见，用记号 $v\in\Gamma$ 表示顶点 $v$ 出现在通路或回路 $\Gamma$ 的顶点与边的序列中，类似地用 $e\in\Gamma$ 表示边 $e$ 在 $\Gamma$ 的顶点与边的序列中。对通路 $\Gamma=v_0e_1v_1e_2\cdots e_nv_n$，由于边的两个端点（或起点、终点）是确定的，因此可只用边的序列 $e_1e_2\cdots e_n$ 表示通路 $\Gamma$。进一步，对简单图，由于顶点间最多有一条边，因此可只用顶点序列 $v_0v_1\cdots v_n$ 表示通路 $\Gamma$。容易证明图的通路（回路）有下面性质。

**引理 9.3**　设图 $G=(V,E)$ 有 $n$ 个顶点，若存在以 $u$ 和 $v$ 为端点的通路（或 $u$ 为起点、$v$ 为终点的有向通路），则存在以 $u$ 和 $v$ 为端点（或以 $u$ 为起点、$v$ 为终点）的长度小于或等于 $n-1$ 的初级通路（或初级有向通路）。□

**推论 9.4**　设图 $G=(V,E)$ 有 $n$ 个顶点，若存在从 $u$ 到其自身的回路（有向回路），则存在从 $u$ 到其自身的长度小于或等于 $n$ 的初级回路（初级有向回路）。□

**问题 9.11**　设无向图 $G=(V,E)$ 不是零图（即 $|V|>1,|E|>0$）。证明 $G$ 是二部图当且仅当它没有奇数长的回路。

**【证明】** 如果 $G$ 是二部图，则 $V$ 可划分为两个顶点集 $V_1,V_2$，且 $V_1$ 内部的顶点间没有边，$V_2$ 内部的顶点间也没有边，从而对 $G$ 的任意回路，都必须从 $V_1$ 的一个顶点到 $V_2$ 的一个顶点，再回到 $V_1$ 的一个顶点，因此所包含的边数必然是偶数，因此二部图没有奇数长的回路。

反之，设 $G$ 没有奇数长回路。若 $G$ 有多个连通分支，则不同连通分支可单独考虑是否为二部图，因此不妨假设它只有一个连通分支。任取 $G$ 的一个顶点 $v_0$，定义：

$$V_1 = \{u \mid v_0 \text{ 到 } u \text{ 的最短路径长度为奇数}\} \quad V_2 = \{v \mid v_0 \text{ 到 } v \text{ 的最短路径长度为偶数}\}$$

那么显然 $V_1$ 中的任意两个顶点都不相邻，因为对 $v_i, v_j \in V_1$，若 $v_0$ 到 $v_i$ 的最短路径是 $\Gamma_i$，$v_0$ 到 $v_j$ 的最短路径是 $\Gamma_j$，显然 $\Gamma_i \neq \Gamma_j$，且 $\Gamma_i$ 和 $\Gamma_j$ 的长度都为奇数。若还有边 $e = (v_i, v_j) \in E$，则 $\Gamma_i, \Gamma_j$ 以及边 $e$ 构成奇数长的回路，矛盾！类似地 $V_2$ 之中的任意两个顶点也不相邻，从而 $G$ 是二部图。 □

**【讨论】**这里给出了无向图是二部图的一个充要条件。二部图也是可用两种颜色对其顶点进行着色，且相邻顶点有不同颜色的图。显然，任何能用两种颜色对顶点这样着色的图都是二部图。

上面证明提到了图的连通分支的概念，这个概念直观上很容易理解：图的一个连通分支是图的一个子图，其中任意两个顶点之间都有通路。下面给出它的正式定义。

**定义 9.14** 设 $G = (V, E)$ 是无向图，称顶点 $u$ 和 $v$ 是**可达的** (reachable)，如果 $G$ 存在以 $u$ 和 $v$ 为端点的通路。进一步，总是约定 $u$ 和 $u$ 自己是可达的。

在 $V$ 上定义关系 $\leftrightarrow \subseteq V \times V$，$u \leftrightarrow v$ 当且仅当 $u$ 和 $v$ 是可达的，则 $\leftrightarrow$ 是等价关系，称 $V$ 关于 $\leftrightarrow$ 的等价类 $[u]_{\leftrightarrow} \subseteq V$ 导出的子图为 $G$ 的**连通分支** (connected component)，我们将 $G$ 的连通分支数记为 $p(G)$。若 $p(G) = 1$，则称 $G$ 是**连通无向图** (connected graph)，上下文明确时直接称连通图。

通俗地说，一个无向图是连通图，当且仅当它的任意两个顶点都是（相互）可达的。下面的引理给出一个连通简单无向图的边数下界。

**引理 9.5** 设无向图 $G = (V, E)$ 是简单图，$|V| = n, |E| = m$。若 $G$ 是连通图，则 $m \geqslant n - 1$。

**证明** 对顶点数用强归纳法证明：当 $n = 1$ 时，显然 $m = 0$，因此 $m = n - 1$。类似地当 $n = 2$ 时，使得 $G$ 连通至少要有一条边。对 $k \geqslant 3$，设 $n < k$ 时成立，即任意少于 $k$ 个顶点的连通简单无向图的边数大于或等于顶点数减 1。

考虑任意含有 $k$ 个顶点的连通简单无向图 $G$。设 $v$ 是 $G$ 的任意顶点，记 $p(G-v) = j$，$G - v$ 的每个连通分支的顶点数分别是 $n_1, n_2, \cdots, n_j$，显然对任意的 $1 \leqslant i \leqslant j$ 有 $1 \leqslant n_j < k$，因此 $G - v$ 的每个连通分支都是少于 $k$ 个顶点的连通简单无向图，根据归纳假设，$G - v$ 至少含有

$$\sum_{i=1}^{j}(n_j - 1) = k - 1 - j$$

条边。而为保持 $G$ 是连通图，$v$ 与 $G - v$ 的每个连通分支都至少有一条边相连，因此 $G$ 至少含有 $k - 1 - j + j = k - 1$ 条边。 □

有些连通图在删除若干个顶点或若干条边后就不再连通，因此从某种意义上说，至多删除多少顶点或边才使得图不连通刻画了图的连通程度。

**定义 9.15** 设 $G=(V,E)$ 是无向图，$V'\subset V$ 是顶点集 $V$ 的真子集，若 $V'$ 满足：① $p(G-V')>p(G)$，即 $G$ 删除 $V'$ 中的顶点（及其关联的边）后的图 $G-V'$ 的连通分支比 $G$ 多；② 对 $V'$ 的任意真子集 $V''\subset V'$，都有 $p(G-V'')=p(G)$，即只删除 $V'$ 中某些顶点（及关联的边）不会增加图的连通分支数；则称 $V'$ 是图的**点割集** (vertex cut set)。若点割集 $V'=\{v\}$ 只有一个顶点，则称 $v$ 是图 $G$ 的**割点** (cut vertex)。

**定义 9.16** 设 $G=(V,E)$ 是连通无向图，$|V|=n$，且 $G$ 不含完全图 $K_n$ 为子图。将图 $G$ 的顶点数最少的点割集的顶点数称为它的**点连通度** (vertex connectivity)，简称**连通度**，记为 $\kappa(G)$，即：

$$\kappa(G)=\min\{|V'|\ \mid V' \text{ 是 } G \text{ 的点割集}\}$$

约定完全图 $K_n$ 的点连通度为 $n-1$，非连通图的点连通度为 0。若 $\kappa(G)\geqslant k$，则称图 $G$ 是$k$ **点连通图** ($k$-vertex connected graph)。

通俗地说，若 $G$ 是 $k$ 点连通图，则 $G$ 删除任意 $k-1$ 个顶点后仍是连通的，但删除某 $k$ 个顶点则会不连通。显然若图有割点的话，则其点连通度就是 1。也可从边的角度刻画图的连通程度。

**定义 9.17** 设 $G=(V,E)$ 是无向图，$E'\subset E$ 是边集 $E$ 的真子集，若 $E'$ 满足：① $p(G-E')>p(G)$，即 $G$ 删除 $E'$ 中的边后的图 $G-E'$ 的连通分支比 $G$ 多；② 对 $E'$ 的任意真子集 $E''\subset E'$，都有 $p(G-E'')=p(G)$，即只删除 $E'$ 中某些边不会增加图的连通分支数；则称 $E'$ 是图的**边割集** (edge cut set)。若边割集 $E'=\{e\}$ 只有一条边，则称 $e$ 是图 $G$ 的**割边** (cut edge)，或称为**桥** (bridge)。

**定义 9.18** 设无向图 $G=(V,E)$ 是连通图，将图 $G$ 的边数最少的边割集的边数称为它的**边连通度** (edge connectivity)，记为 $\lambda(G)$，即：

$$\lambda(G)=\min\{|E'|\ \mid E' \text{ 是 } G \text{ 的边割集}\}$$

约定非连通图的边连通度为 0。若 $\lambda(G)\geqslant r$，则称图 $G$ 是$r$ **边连通图** ($r$-edge connected graph)。

类似地，若 $G$ 是 $r$ 边连通图，则 $G$ 删除任意 $r-1$ 条边后仍是连通的，但删除某 $r$ 条边后则不连通。

**例子 9.12** 考虑图 9.12 给出的无向图。显然 $\{v_2,v_4\},\{v_3\},\{v_5\}$ 都是点割集，其中 $v_3$ 和 $v_5$ 都是割点，因此该图的点连通度是 1。注意 $v_1$ 和 $v_6$ 都不在任何点割集中。

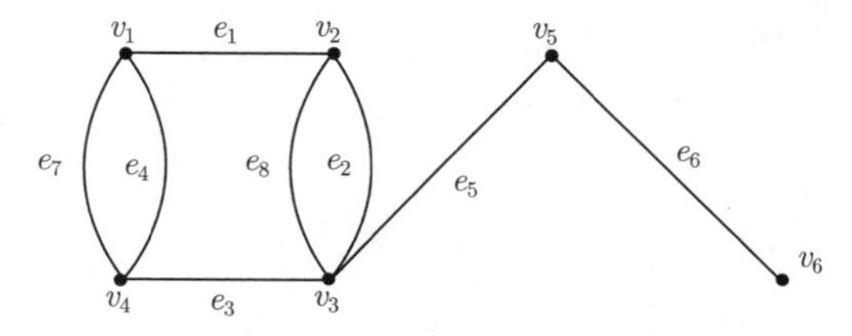


图 9.12 无向图的点割集和边割集

另一方面，$\{e_6\},\{e_5\},\{e_2,e_3,e_8\},\{e_1,e_2,e_8\},\{e_3,e_4,e_7\},\{e_1,e_3\},\{e_2,e_4,e_7,e_8\}$ 都是边割集，其中 $e_6$ 和 $e_5$ 都是桥，因此该图的边连通度是 1。

**问题 9.13** 设 $G=(V,E)$ 是连通无向图。证明：顶点 $v\in V$ 是 $G$ 的割点当且仅当存在 $V-\{v\}$ 的一个划分 $\{V_1,V_2\}$，使得对任意 $u\in V_1,w\in V_2$，$v$ 属于每一条 $u$ 和 $w$ 之间的通路。

**【证明】** 若 $v$ 是 $G$ 的割点，则 $G-v$ 至少有两个连通分支，假设 $G_1$ 是其中的一个连通分支，$V_1$ 是 $G_1$ 的顶点集，令 $V_2=V-V_1-\{v\}$，则 $\{V_1,V_2\}$ 是 $V-\{v\}$ 的一个划分，且对任意顶点 $u\in V_1,w\in V_2$，$u,w$ 处在 $G-v$ 的不同连通分支，从而 $u$ 和 $w$ 的每条通路必经过 $v$，否则若它们之间存在不经过 $v$ 的通路 $\Gamma$，则 $\Gamma$ 在 $G-v$ 中，这与 $u$ 和 $w$ 在 $G-v$ 的不同连通分支矛盾！

反之，若存在 $G-v$ 的划分 $\{V_1,V_2\}$，使得对任意 $u\in V_1,w\in V_2$，$v$ 属于每一条 $u$ 和 $w$ 之间的通路。假设这时 $v$ 不是割点，则 $G-v$ 连通，根据划分的要求 $V_1\neq\varnothing,V_2\neq\varnothing$，因此存在顶点 $u\in V_1,w\in V_2$，$u$ 和 $w$ 在图 $G-v$ 中是可达的，即这时它们存在不经过 $v$ 的通路，矛盾！ □

**【讨论】** 上面的证明本质上是使用反证法。图的许多证明题都可使用反证法证明，且证明过程往往还要依赖于对图的一些概念，例如连通性、通路等的直观理解。

**问题 9.14** 设 $e$ 为无向连通图 $G$ 的一条边，$e$ 为桥当且仅当 $e$ 不在 $G$ 的任意回路上。

**【证明】** 设 $e=(u,v)$，若 $e$ 是桥，我们证明它不可能在 $G$ 的某个回路上。否则，设 $G$ 中存在回路 $\Gamma=v_0e_0v_1\cdots uev\cdots v_ne_nv_0$，则对 $G$ 的任意两个顶点 $w,w'$，① 若 $w$ 和 $w'$ 之间存在不经过 $e$ 的通路，则 $w$ 与 $w'$ 在 $G-e$ 中是可达的；② 否则，若 $w$ 和 $w'$ 的每条通路都经过 $e$，则在 $G-e$ 中，$w$ 到 $w'$ 存在经过 $\Gamma$ 去掉 $e$ 之后的路径 $u\cdots v_1e_0v_0\cdots v_ne_n\cdots v$，从而 $w$ 和 $w'$ 在 $G-e$ 也是可达的。因此，当存在包含 $e$ 的回路 $\Gamma$ 时，$G-e$ 总是连通的，但这与 $e$ 是桥矛盾！因此桥不在 $G$ 的任意回路上。

反之，若 $e$ 不在 $G$ 的任意回路上，而 $e$ 不是桥，即 $G-e$ 连通，从而在 $G-e$ 中存在 $u$ 到 $v$ 的通路，那么加上 $e$ 就得到 $G$ 的一个含有 $e$ 的回路，与 $e$ 不在 $G$ 的任意回路上矛盾！ □

**【讨论】** 实际上，从直观的角度看，这个问题的结论非常简单，即删除回路上的一条边不会影响其他顶点之间的可达性（或说连通性）。上述证明也是反证法，用通路、桥、顶点的可达性等术语对直观的结论做了稍微严格点的证明。

**定义 9.19** 设 $G=(V,E)$ 是有向图，$u$ 和 $v$ 是 $G$ 的两个顶点，若存在以 $u$ 为起点、$v$ 为终点的有向通路，则称 $u$ **可达** $v$，记为 $u\rightarrow v$。进一步记 $u\rightarrow v$ 且 $v\rightarrow u$ 为 $u\leftrightarrow v$。约定总有 $u\leftrightarrow u$。

若 $G$ 的任意两个顶点 $u,v$ 都有 $u\leftrightarrow v$，则称 $G$ 是**强连通有向图** (strong connected digraph)；若 $G$ 的任意两个顶点 $u,v$ 至少有 $u\rightarrow v$ 或 $v\rightarrow u$ 之一成立，则称 $G$ 是**单向连通有向图** (unidirectional connected digraph)；若有向图 $G$ 的基图是无向连通图，则

称 $G$ 是**弱连通有向图** (weak connected digraph)。

显然强连通有向图是单向连通有向图，而单向连通有向图也是弱连通有向图。下面的定理给出了有向图是强连通有向图的充要条件。对于单向连通性也有类似的充要条件，留给读者作为练习。

**定理 9.6** 设 $G$ 是有向图。$G$ 是强连通的当且仅当 $G$ 存在经过每个顶点至少一次的有向回路。

**证明** 当 $G$ 存在这样的有向回路时，显然 $G$ 是强连通的。反之，当 $G$ 强连通时，设 $G$ 的顶点集是 $V=\{v_1,v_2,\cdots,v_n\}$，由于 $G$ 是强连通的，从而对任意 $i=1,2,\cdots,n-1$，$v_i$ 到 $v_{i+1}$ 存在有向通路，设为 $\Gamma_i$。同样地，$v_n$ 到 $v_1$ 也存在有向通路，设为 $\Gamma_n$。这样 $\Gamma_1,\cdots,\Gamma_{n-1},\Gamma_n$ 就是一条经过 $G$ 每个顶点至少一次的有向回路。 □

**例子 9.15** 图 9.13 的有向图 $G_1$ 不是强连通的，$v_2$ 的入度为 0，因此对 $G_1$ 的任意顶点，例如 $v_1$，没有 $v_1\to v_2$。$G_1$ 是单向连通的，实际上，有向通路 $v_2e_4v_1e_1v_3e_8v_4$ 表明 $v_2$ 可达任何顶点，$v_1$ 可达除 $v_2$ 以外的任何顶点，$v_3$ 可达 $v_4$，因此 $G_1$ 是单向连通的，当然也是弱连通的。有向图 $G_2$ 是强连通的，因为存在有向回路 $v_1e_1v_3e_8v_4e_6v_2e_4v_1$，经过 $G_2$ 的每个顶点至少一次。显然 $G_2$ 也是单向连通和弱连通的。

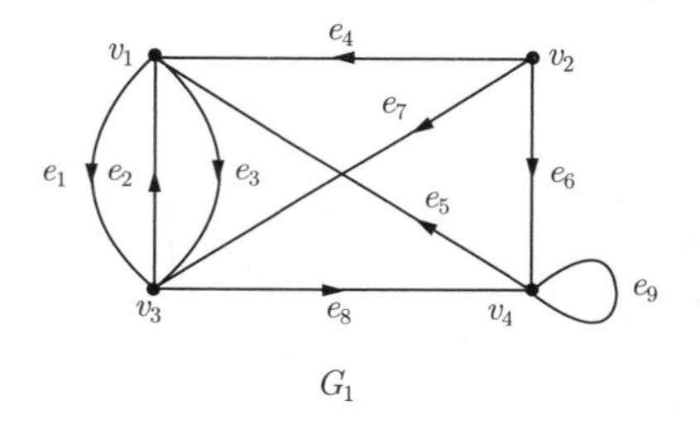


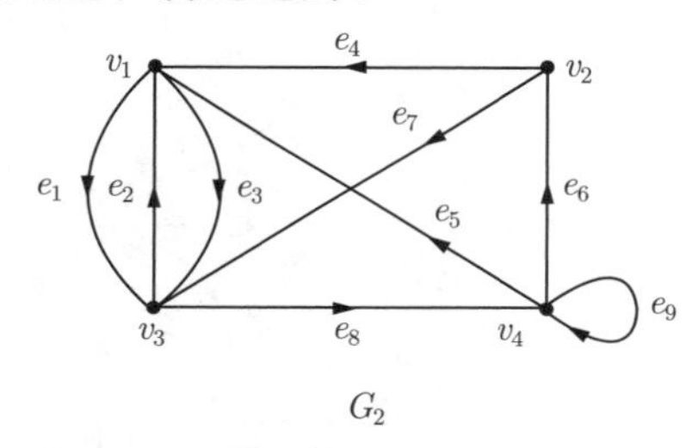


图 9.13 有向图的强连通性、单向连通性和弱连通性

### 9.1.3 图的表示与存储

在使用计算机对图进行存储和操作时，经常基于图的矩阵表示。图的矩阵表示有两种：一种是关联矩阵；一种是邻接矩阵。关联矩阵表示顶点与边之间的关联关系，而邻接矩阵表示顶点之间的邻接关系。

**定义 9.20** 设 $G=(V,E)$ 是无环有向图，其中 $V=\{v_1,v_2,\cdots,v_n\}$，$E=\{e_1,e_2,\cdots,e_m\}$。则 $G$ 的**关联矩阵** (incidence matric) $\boldsymbol{M}=[m_{ij}]$ 是 $n\times m$ 的矩阵，对任意的 $1\leqslant i\leqslant n,1\leqslant j\leqslant m$ 有：

$$m_{ij}=\begin{cases}1 & \text{若 } v_i \text{ 是 } e_j \text{ 的起点}\\ -1 & \text{若 } v_i \text{ 是 } e_j \text{ 的终点}\\ 0 & \text{否则}\end{cases}$$

无向图 $G$ 的**关联矩阵** $\boldsymbol{M}=[m_{ij}]$ 定义为：$m_{ij}$ 等于顶点 $v_i$ 关联 $e_j$ 的次数，即若 $e_j$ 是关联 $v_i$ 的环，则 $m_{ij}=2$，而当 $e_j$ 不是环时，若 $v_i$ 是 $e_j$ 的端点则 $m_{ij}=1$，否则 $m_{ij}=0$。

**例子 9.16** 图 9.14 的有向图 $G_1$ 的关联矩阵 $\boldsymbol{M}_1$ 和无向图 $G_2$ 的关联矩阵 $\boldsymbol{M}_2$ 分别是：

$$\boldsymbol{M}_1 = \begin{array}{c} \begin{matrix} e_1 & e_2 & e_3 & e_4 & e_5 & e_6 & e_7 & e_8 & e_9 \end{matrix} \\ \begin{bmatrix} 1 & -1 & 0 & 0 & -1 & 0 & 0 & 0 & 0 \\ -1 & 0 & 1 & -1 & 0 & 0 & 0 & 0 & 0 \\ 0 & 1 & -1 & 0 & 0 & 0 & 1 & -1 & 1 \\ 0 & 0 & 0 & 1 & 1 & 1 & 0 & 0 & 0 \\ 0 & 0 & 0 & 0 & 0 & -1 & -1 & 1 & -1 \end{bmatrix} \end{array}$$

$$\boldsymbol{M}_2 = \begin{array}{c} \begin{matrix} e_1 & e_2 & e_3 & e_4 & e_5 & e_6 & e_7 & e_8 & e_9 \end{matrix} \\ \begin{bmatrix} 1 & 1 & 0 & 0 & 1 & 0 & 0 & 0 & 0 \\ 1 & 0 & 1 & 1 & 0 & 0 & 1 & 0 & 0 \\ 0 & 1 & 1 & 0 & 0 & 0 & 0 & 1 & 1 \\ 0 & 0 & 0 & 1 & 1 & 1 & 0 & 0 & 0 \\ 0 & 0 & 0 & 0 & 0 & 1 & 1 & 1 & 1 \end{bmatrix} \end{array}$$

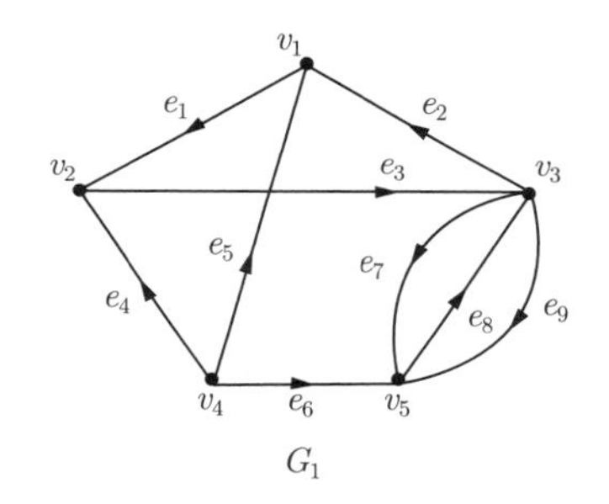


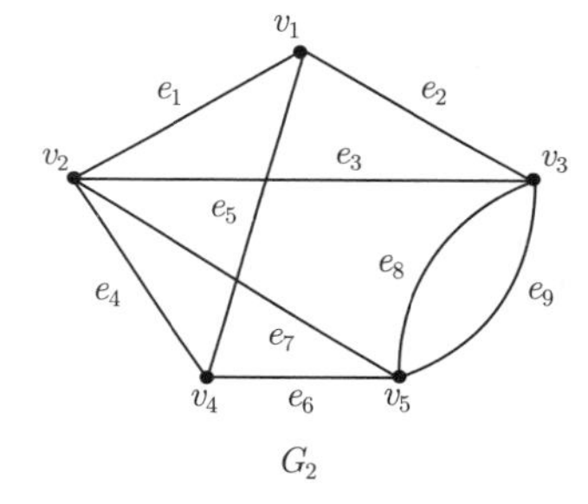


图 9.14 有向图和无向图的矩阵表示

不难看到，有向图关联矩阵的每一列值的和都是 0，每一行正 1 的和是这一行对应顶点的出度，而负 1 的和（的绝对值）是该顶点的入度；无向图关联矩阵的每一列值的和都是 2，每一行的和是这一行对应顶点的度数。因此，无向图的关联矩阵直观地展示了握手定理：边数两倍等于顶点度数之和。

关联矩阵的行对应顶点，列对应边，而邻接矩阵的行和列都对应顶点。为便于识别，我们有时在关联矩阵第一行上面给出边的名字，在邻接矩阵第一行上面给出顶点的名字。下面给出有向图和无向图的邻接矩阵定义。

**定义 9.21** 设 $G = (V, E)$ 是有向图，其中 $V = \{v_1, v_2, \cdots, v_n\}$。$G$ 的**邻接矩阵** (adjacency matrix) $A = [a_{ij}]$ 是 $n \times n$ 的矩阵，对任意 $1 \leqslant i \leqslant n, 1 \leqslant j \leqslant n$，有：

$$a_{ij} \;=\; \text{以 } v_i \text{ 为起点、} v_j \text{ 为终点的有向边的条数}$$

类似地，无向图 $G$ 的**邻接矩阵**$A = [a_{ij}]$ 定义为：$a_{ij}$ 是以 $v_i$ 和 $v_j$ 为端点的无向边条数。

**例子 9.17**　对于图 9.14 给出的有向图 $G_1$ 和无向图 $G_2$，它们的邻接矩阵 $\boldsymbol{A}_1$ 和 $\boldsymbol{A}_2$ 分别是：

$$\boldsymbol{A}_1 = \begin{array}{c} \begin{array}{ccccc} v_1 & v_2 & v_3 & v_4 & v_5 \end{array} \\ \begin{bmatrix} 0 & 1 & 0 & 0 & 0 \\ 0 & 0 & 1 & 0 & 0 \\ 1 & 0 & 0 & 0 & 2 \\ 1 & 1 & 0 & 0 & 1 \\ 0 & 0 & 1 & 0 & 0 \end{bmatrix} \end{array} \qquad \boldsymbol{A}_2 = \begin{array}{c} \begin{array}{ccccc} v_1 & v_2 & v_3 & v_4 & v_5 \end{array} \\ \begin{bmatrix} 0 & 1 & 1 & 1 & 0 \\ 1 & 0 & 1 & 1 & 1 \\ 1 & 1 & 0 & 0 & 2 \\ 1 & 1 & 0 & 0 & 1 \\ 0 & 1 & 2 & 1 & 0 \end{bmatrix} \end{array}$$

不难看到，无向图的邻接矩阵是对称矩阵，但有向图的邻接矩阵不一定是对称矩阵，它的每一行的和是这一行对应顶点的出度，而每一列的和是这一列对应顶点的入度。通常人们考虑不存在重边的图，或者说简单图的邻接矩阵，这时矩阵的元素都是 0 或 1。

实际上，如果一个有向图 $G = (V, E)$ 不存在重边，则它与顶点集上的一个关系对应，也即可定义顶点集 $V = \{v_1, v_2, \cdots, v_n\}$ 上的关系 $R$，$\langle v_i, v_j \rangle \in R$ 当且仅当 $\langle v_i, v_j \rangle \in E$，则 $R$ 的关系图就是 $G$，$G$ 的邻接矩阵 $\boldsymbol{A}$ 就是关系 $R$ 的关系矩阵 $\boldsymbol{M}_R$。

我们知道，基于关系矩阵的逻辑积运算可得到关系 $R$ 的传递闭包 $t(R)$ 的关系矩阵 $\boldsymbol{M}_{t(R)} = [m_{ij}]$，其直观含义是：若 $v_i$ 可达 $v_j$，则 $m_{ij} = 1$，否则 $m_{ij} = 0$。我们有：

$$\boldsymbol{M}_{t(R)} = \boldsymbol{M}_R^1 \vee \boldsymbol{M}_R^2 \vee \cdots \vee \boldsymbol{M}_R^n$$

其中 $\boldsymbol{M}_R^k = [m_{ij}^{(k)}]$ 的直观含义是：若存在 $v_i$ 到 $v_j$ 长度为 $k$ 的有向通路，则 $m_{ij}^{(k)} = 1$，否则 $m_{ij}^{(k)} = 0$。

对于无向图或有向图 $G = (V, E)$ 的邻接矩阵 $\boldsymbol{A}$，设 $V = \{v_1, v_2, \cdots, v_n\}$，如果使用普通的矩阵乘法，则 $\boldsymbol{A}^k$ 的直观含义是给出 $G$ 的任意两个顶点之间长度为 $k$ 的（有向）通路条数，特别地，$\boldsymbol{A}^k$ 的对角线元素给出 $G$ 的以这个元素对应顶点为端点的长度为 $k$ 的（有向）回路总数。当然，这里说的通路是指一般的通路，即可能存在环和重复边。而对于回路总数，则当起点和终点不同时，被看作不同的回路，例如设有回路 $v_0v_1v_2\cdots v_nv_0$，则它既是 $v_0$ 到 $v_0$ 的回路，也是 $v_i$ 到 $v_i (i = 1, 2, \cdots, n)$ 的回路，因此在回路总数中被计为 $n+1$ 条回路。

令矩阵 $\boldsymbol{B} = \boldsymbol{A} + \boldsymbol{A}^2 + \cdots + \boldsymbol{A}^{n-1}$，则矩阵 $\boldsymbol{B}$ 的元素 $b_{ij}$ 给出顶点 $v_i$ 和 $v_j$ 之间长度不超过 $n$ 的（有向）通路条数。由于两个顶点之间有（有向）通路则有长度不超过 $n-1$ 的（有向）通路，因此 $b_{ij} > 0$ 表明 $v_i$ 可达 $v_j$。定义矩阵 $\boldsymbol{P} = [p_{ij}]$，对任意的 $1 \leqslant i, j \leqslant n$，约定 $p_{ii} = 1$；对 $i \neq j$，若 $b_{ij} > 0$ 则 $p_{ij} = 1$，否则 $p_{ij} = 0$。矩阵 $\boldsymbol{P}$ 称为图 $G$ 的**可达矩阵** (reachability matrix)。不难看到，与关系传递闭包的关系矩阵类似，图的可达矩阵可基于邻接矩阵使用矩阵乘法，或者使用 Warshall 算法计算得到。

**例子 9.18**　对于图 9.14 给出的有向图 $G_1$ 的邻接矩阵 $\boldsymbol{A}_1$，我们有：

$$\boldsymbol{A}_1^2=\begin{bmatrix}0&0&1&0&0\\1&0&0&0&2\\0&1&2&0&0\\0&1&2&0&0\\1&0&0&0&2\end{bmatrix}\qquad \boldsymbol{A}_1^3=\begin{bmatrix}1&0&0&0&2\\0&1&2&0&0\\2&0&1&0&4\\2&0&1&0&4\\0&1&2&0&0\end{bmatrix}$$

$$\boldsymbol{A}_1^4=\begin{bmatrix}0&1&2&0&0\\2&0&1&0&4\\1&2&4&0&2\\1&2&4&0&2\\2&0&1&0&4\end{bmatrix}\qquad \boldsymbol{P}=\begin{bmatrix}1&1&1&0&1\\1&1&1&0&1\\1&1&1&0&1\\1&1&1&1&1\\1&1&1&0&1\end{bmatrix}$$

从 $\boldsymbol{A}_1^2$ 可看到，以 $v_3$ 为端点的长度为 2 的有向回路有两条，即 $e_7e_8$ 和 $e_9e_8$ 两条，它们也被计入以 $v_5$ 为端点的长度为 2 的有向回路。$v_4$ 到 $v_3$ 有两条长度为 2 的有向通路，即 $e_4e_3$ 和 $e_6e_8$ 两条。从 $\boldsymbol{A}_1^3$ 可看到，以 $v_1$ 为端点的长度为 3 的有向回路有 1 条，即 $e_1e_2e_3$，它也被分别计入以 $v_2$ 和 $v_3$ 为端点的长度为 3 的有向回路。$v_4$ 到 $v_5$ 有 4 条长度为 3 的有向通路，即 $e_4e_3e_7$，$e_4e_3e_9$，$e_6e_8e_7$，$e_6e_8e_9$ 四条。从可达矩阵 $\boldsymbol{P}$ 可看到，$v_1,v_2,v_3$ 和 $v_5$ 都是相互可达的，但它们都不可达 $v_4$。

最后，也可使用**邻接表** (adjacency list) 表示一个简单有向图或简单无向图。若一个简单有向图有 $n$ 个顶点，则它的邻接表有 $n$ 行，每一行给出一个顶点的邻接顶点列表，即以这个顶点为起点的有向边的终点的列表。类似地，若一个简单无向图有 $n$ 个顶点，它的邻接表也是 $n$ 行，每一行给出一个顶点的邻接顶点列表，即以这个顶点为一个端点的无向边的另一个端点的列表。下面使用一个例子说明有向图和无向图的邻接表表示。

**例子 9.19** 图 9.15 的左边给出了有向图 $G_1$，以及它的邻接表表示；右边给出了无向图 $G_2$，以及它的邻接表表示。

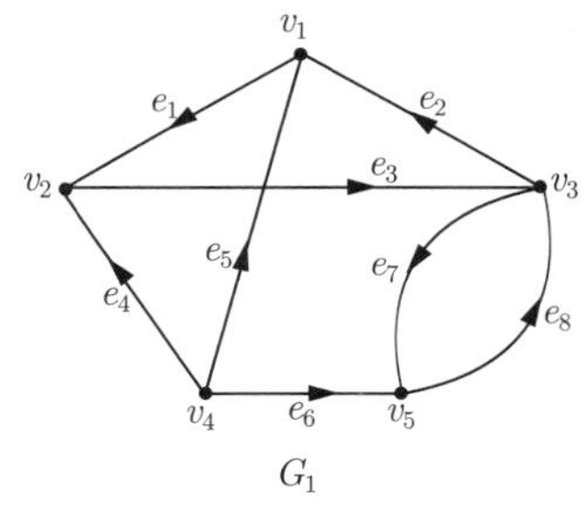


G1

| 起始顶点 | 终止顶点 |
|---|---|
| $v_1$ | $v_2$ |
| $v_2$ | $v_3$ |
| $v_3$ | $v_1$, $v_5$ |
| $v_4$ | $v_1$, $v_2$, $v_5$ |
| $v_5$ | $v_3$ |

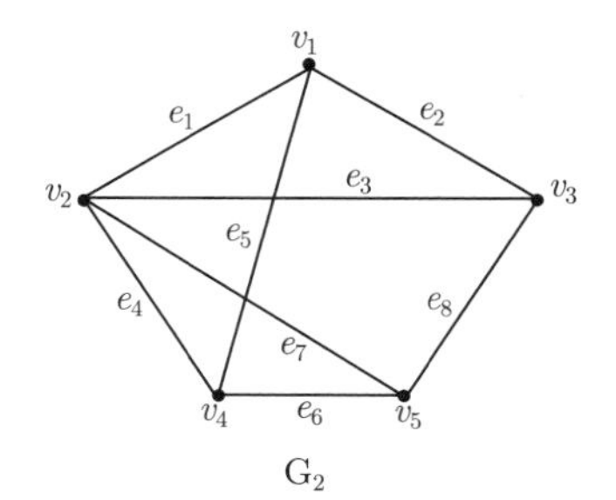


G2

| 顶点 | 邻接顶点 |
|---|---|
| $v_1$ | $v_2$, $v_3$ |
| $v_2$ | $v_1$, $v_3$, $v_4$, $v_5$ |
| $v_3$ | $v_1$, $v_2$, $v_5$ |
| $v_4$ | $v_1$, $v_2$, $v_5$ |
| $v_5$ | $v_2$, $v_3$, $v_4$ |

图 9.15 有向图和无向图的邻接表表示

可看到，邻接表实际上是邻接矩阵的压缩表示，即将邻接矩阵的每一行非 0 元素对应的顶点以列表 (list) 或说序列 (sequence) 的方式给出，通过对起始顶点或者说第一个端点进行排序可快速查找起始顶点或说第一个端点，通过对每个顶点相邻的顶点列表进行排序继而可快速找到每个顶点相邻的顶点。显然，邻接表只适用于没有重边的有向图和无向图。

邻接表适合在图的邻接矩阵是稀疏矩阵时使用，这时可节省存储空间。稀疏矩阵 (sparse matrix) 是矩阵元素许多都是 0、非 0 元素比较少的矩阵，对于图而言，就是边数比较少的图。但当图的边数比较多，其邻接矩阵是稠密矩阵 (dense matrix) 时，邻接表由于要存放顶点的名字信息，而非简单的 0 和 1，因此占用的存储可能比邻接矩阵更多。在实际应用中，到底采用图的哪种表示方法及存储方法，需要具体问题具体分析。

### 9.1.4 无向图的遍历

图的**遍历** (graph traversal)，或称为**搜索** (search)，通常是图顶点的遍历，指从图的某个顶点出发，沿着一些边访问所有顶点。图的遍历是图的许多算法的基础，例如通过遍历可以判断图的两个顶点是否可达。

图的遍历有两种基本思路：一是**深度优先搜索** (depth first search, DFS)，简称**先深搜索** (先深遍历)；另一种是 **广度优先搜索** (breadth first search, BFS)，简称**先广搜索** (先广遍历)。这两种思路也是许多人工智能问题应用搜索策略进行求解时的基础。

简单地说，图的先深搜索就是从一个顶点开始不断搜索其相邻顶点，直到没有还未搜索过的相邻顶点，这时回溯到上一顶点继续搜索。我们先使用一个例子详细说明先深搜索算法的基本思想，然后再给出算法的描述。

**例子 9.20** 考虑图 9.16 左边给出的无向图 $G = (V, E)$ 的先深搜索。算法的输入是 $G$ 的邻接矩阵或邻接表，从而可快速得到图 $G$ 的顶点以及每个顶点相邻的顶点。算法的输出是 $G$ 的一个顶点序列 $T$，也即顶点集 $V$ 的一个排列，表示先深搜索过程中图 $G$ 的顶点被访问的顺序。

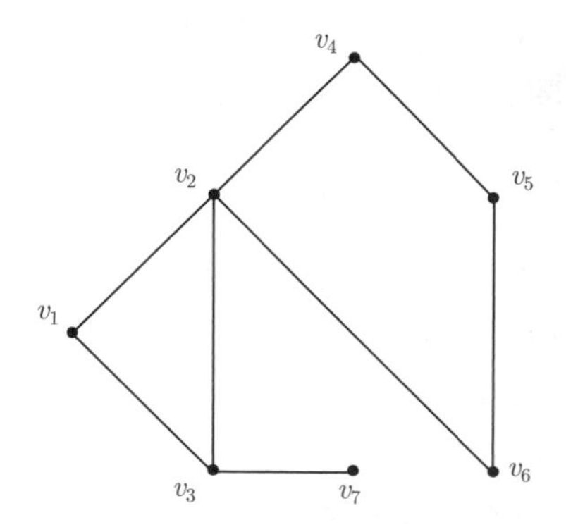


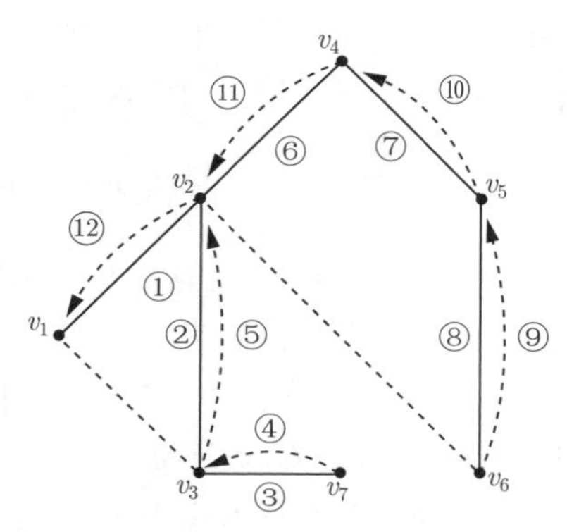


图 9.16 展示图顶点先深搜索的例子用图

为先深搜索 $G$ 的所有顶点，还需要一个序列 $S$ 记录已经访问过且需要回溯的顶点序列。序列 $S$ 采用“后进先出”的访问策略，也即序列 $S$ 是一个**栈** (stack)，每次新增的顶点添加在序列的最后面（或说最上面，栈顶），每次访问时也是首先访问栈顶的顶点，删除顶点（或说弹出顶点）时也是删除（弹出）栈顶顶点。

算法开始时序列 $T$ 和 $S$ 都为空，然后选择一个不在 $T$ 中的顶点，也即尚未搜索过的顶点，例如 $v_1$，将 $v_1$ 添加到 $T$，表示 $v_1$ 已经搜索过（即访问过），并且将 $v_1$ 添加到 $S$ 中作为栈顶顶点。这样得到：

$$T = \langle v_1 \rangle \qquad\qquad S = \langle v_1 \rangle$$

下一步选择 $S$ 的栈顶顶点 $v_1$ 的一个不在 $T$ 中的相邻顶点，例如 $v_2$，将 $v_2$ 添加到 $T$，表示 $v_2$ 被访问过，并且将 $v_2$ 添加到 $S$ 中作为新的栈顶顶点，这样得到：

$$T = \langle v_1, v_2 \rangle \qquad\qquad S = \langle v_1, v_2 \rangle$$

下一步选择 $S$ 的栈顶顶点 $v_2$ 的一个不在 $T$ 中的相邻顶点，例如 $v_3$，将 $v_3$ 添加到 $T$，并将 $v_3$ 添加到 $S$ 中作为新的栈顶顶点，继续选择 $S$ 的栈顶顶点 $v_3$ 的一个不在 $T$ 中的相邻顶点，这时只有 $v_7$，将 $v_7$ 添加到 $T$，并将 $v_7$ 添加到 $S$ 中作为新的栈顶顶点，这样得到：

$$T = \langle v_1, v_2, v_3, v_7 \rangle \qquad\qquad S = \langle v_1, v_2, v_3, v_7 \rangle$$

这时 $S$ 的栈顶顶点 $v_7$ 没有不在 $T$ 中相邻的顶点，从而需要弹出 $v_7$（即从 $S$ 中删除 $v_7$），**回溯** (back-track) 到上一个顶点 $v_3$ 作为新的栈顶，但这时 $v_3$ 也没有不在 $T$ 中相邻的顶点，因此继续回溯到 $v_2$ 作为新的栈顶，因此得到：

$$T = \langle v_1, v_2, v_3, v_7 \rangle \qquad\qquad S = \langle v_1, v_2 \rangle$$

这时 $S$ 的栈顶顶点 $v_2$ 有不在 $T$ 中的相邻顶点 $v_4, v_6$，选择其中的 $v_4$，将 $v_4$ 添加到 $T$ 和 $S$ 中，得到：

$$T = \langle v_1, v_2, v_3, v_7, v_4 \rangle \qquad\qquad S = \langle v_1, v_2, v_4 \rangle$$

下一步选择 $v_4$ 的一个不在 $T$ 中的相邻顶点，这时只有 $v_5$，将 $v_5$ 添加到 $T$ 和 $S$ 中，然后选择 $v_5$ 的一个不在 $T$ 中的相邻顶点，即 $v_6$，将其添加到 $T$ 和 $S$ 中，得到：

$$T = \langle v_1, v_2, v_3, v_7, v_4, v_5, v_6 \rangle \qquad\qquad S = \langle v_1, v_2, v_4, v_5, v_6 \rangle$$

这时 $S$ 的栈顶顶点 $v_6$ 没有不在 $T$ 的相邻顶点，因此弹出 $v_6$，实际上这时 $S$ 中的顶点 $v_5, v_4, v_2, v_1$ 都没有不在 $T$ 的相邻顶点，因此依次弹出 $v_5, v_4, v_2, v_1$，直到 $S$ 为空，这表明从 $v_1$ 开始的搜索已经完成。如果这时 $G$ 的所有顶点都已经被遍历过，即都已经在 $T$ 中就表明无向图 $G$ 是连通图，算法结束。

如果这时 $G$ 还有顶点不在 $T$ 中，表明 $G$ 有更多的连通分支，则继续选一个不在 $T$ 中的顶点重新开始上述遍历过程，直到 $G$ 的所有顶点都被遍历过。

对于图 9.16 给出的无向图 $G$，它是连通图，上述从 $v_1$ 开始的遍历就可以遍历所有顶点，最后输出的图 $G$ 顶点的先深遍历序列是 $T = \langle v_1, v_2, v_3, v_7, v_4, v_5, v_6 \rangle$。显然当一个顶点有多个尚未遍历过的相邻顶点时，可随机选择其中一个，或者根据遍历时同时要完成的其他任务选择其中一个进行遍历，从而得到不同的遍历序列。

图 9.16 的右边给出了上述先深遍历过程的示意图：实线绘制的图 $G$ 的边是从一个顶点到一个尚未遍历过的顶点，虚线带箭头的弧线表示从一个顶点回溯到上一个顶点，它们上面的编号给出了遍历的步骤。虚线绘制的图 $G$ 的边表示上述遍历过程中没有经过的边。

不难看到，实线绘制的图 $G$ 的边及其关联的顶点构成了图 $G$ 的一个生成子图，且是一棵树，因此称为图 $G$ 的生成树 (spanning tree)。我们将在后面讨论图的生成树。这里表明先深遍历可得到图的一棵生成树。

算法 9.1 给出了先深遍历无向图 $G$ 的顶点的算法描述。根据上面的讨论，第 2 行开始的循环的执行次数等于图 $G$ 的连通分支数。注意图 $G$ 的每个顶点只可能添加到 $T$ 一次，因此算法的第 6 行（加上这个内层循环之外的第 3 行）添加顶点到 $T$ 的语句总共只执行 $n$ 次，这里 $n$ 是图 $G$ 的顶点数。同样，每个顶点也只可能添加到 $S$ 一次，因此第 7 行也至多执行 $n$ 次，因此第 4 行开始的循环在整个算法执行过程中总共至多执行 $2n$ 次。

这个循环中的第 6 行要判断顶点 $u$ 是否有不在 $T$ 的相邻顶点，这要针对 $u$ 的每个相邻顶点进行判断，$u$ 至多可能有 $n$ 个相邻顶点，但判断这个相邻顶点是否在 $T$ 中一般不用扫描 $T$ 这个序列，因为在将 $G$ 的顶点添加到 $T$ 的同时可对 $G$ 的顶点做标记，从而只需常数时间就可判断一个顶点是否在 $T$ 中（即是否已经被访问过），因此，无论图是使用邻接矩阵还是邻接表存储，第 6 行的判断最坏情况下要花费 $O(n)$ 的时间，从而整个算法的时间复杂度是 $O(n^2)$。

**Algorithm 9.1: 先深遍历无向图 $G$ 的顶点**

**输入:** 图 $G$ 的邻接矩阵或邻接表

**输出:** 图 $G$ 的先深遍历顶点序列 $T$

```
1 初始化时令序列 T 和序列 S 都为空;
2 while ( 图 G 存在不在 T 的顶点 ) do
3 |   选择图 G 的一个不在 T 的顶点 v 添加到 T 和 S;
4 |   while (S 不为空 ) do
5 |   |   令 u 是 S 的栈顶顶点;
6 |   |   if (u 有不在 T 的相邻顶点 w) then { 将顶点 w 添加到 T 和 S，从而 w 成为 S
  |   |     新的栈顶顶点 };
7 |   |   else { 从 S 中弹出顶点 u，从而回溯到上一个顶点，并且这个顶点成为 S 新的栈顶
  |   |     顶点 };
8 |   end
9 end
```

与先深搜索每次随机选择顶点的一个相邻顶点不断深入进行搜索不同，先广搜索每次先遍历一个顶点的所有相邻顶点，然后再从这些相邻的顶点选择一个顶点，继续遍历

它的所有（还没有遍历过的）相邻顶点，直到所有顶点都被遍历。同样，下面先给出一个例子说明先广遍历无向图顶点的过程，然后再给出算法的完整描述。

**例子 9.21** 同样考虑图 9.17 左边给出的无向图 $G = (V, E)$，这次使用先广搜索。算法的输入也是 $G$ 的邻接矩阵或邻接表，输出是 $G$ 的一个先广遍历的顶点序列 $T$。

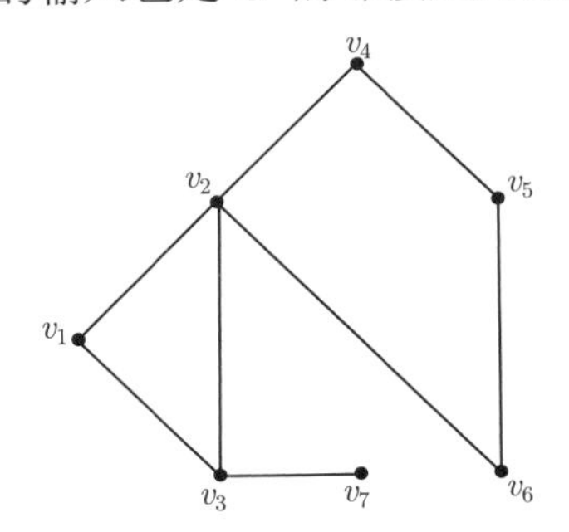


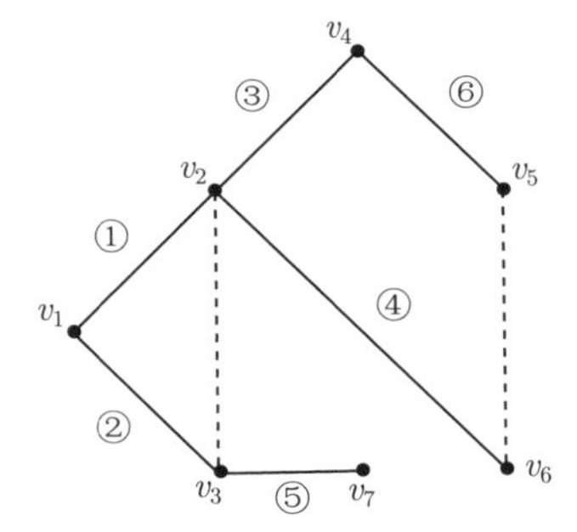


图 9.17 展示图顶点先广遍历的例子用图

为先广遍历 $G$ 的所有顶点，我们还需要一个序列 $Q$ 记录尚未访问过其所有相邻顶点的顶点。先广遍历不需要回溯，因此对 $Q$ 采用“先进先出”的访问策略，即将 $Q$ 看作一个**队列** (queue)，最先添加到 $Q$ 的顶点下一步最先从 $Q$ 取出（删除）以访问它的所有相邻顶点。

算法开始时 $T$ 和 $Q$ 都为空，首先在 $G$ 中选择一个不在 $T$ 的顶点，例如我们也从选择 $v_1$ 开始，将 $v_1$ 添加到 $T$ 和 $Q$，得到：

$$T = \langle v_1 \rangle \qquad\qquad Q = \langle v_1 \rangle$$

下一步取出 $Q$ 的队首顶点，即 $v_1$，并从 $Q$ 中删除这个顶点，将 $v_1$ 的所有不在 $T$ 的相邻顶点按照某种顺序（例如下标从小到大的顺序）依次访问，也即添加到序列 $T$，并添加到 $Q$ 的队尾，这里 $v_1$ 的所有相邻顶点包括 $v_2, v_3$，因此得到：

$$T = \langle v_1, v_2, v_3 \rangle \qquad\qquad Q = \langle v_2, v_3 \rangle$$

下一步取出 $Q$ 的队首顶点 $v_2$，将 $v_2$ 的所有不在 $T$ 的相邻顶点，即 $v_4$ 和 $v_6$，依次添加到 $T$，表示它们都已经被访问，并添加到 $Q$ 的队尾，因此得到：

$$T = \langle v_1, v_2, v_3, v_4, v_6 \rangle \qquad\qquad Q = \langle v_3, v_4, v_6 \rangle$$

下一步取出 $Q$ 的队首顶点 $v_3$，将 $v_3$ 的所有不在 $T$ 的相邻顶点，这时只有 $v_7$，将 $v_7$ 添加到 $T$，并添加到 $Q$ 的队尾，得到：

$$T = \langle v_1, v_2, v_3, v_4, v_6, v_7 \rangle \qquad\qquad Q = \langle v_4, v_6, v_7 \rangle$$

下一步取出 $Q$ 的队首顶点 $v_4$，将 $v_4$ 的不在 $T$ 的相邻顶点，即 $v_5$ 添加到 $T$，并添加到 $Q$ 的队尾，得到：

$$T = \langle v_1, v_2, v_3, v_4, v_6, v_7, v_5 \rangle \qquad\qquad Q = \langle v_6, v_7, v_5 \rangle$$

下一步取出 $Q$ 的队首顶点 $v_6$，这时 $v_6$ 没有不在 $T$ 的相邻顶点，从而 $T$ 和 $Q$ 都不再添加顶点，类似地，后面依次取出并删除 $Q$ 中的顶点 $v_7, v_5$，直到 $Q$ 为空。

这时如果 $G$ 还有不在 $T$ 中的顶点，表明 $G$ 不是连通图，则任选一个这样的顶点继续遍历，否则算法终止。图 9.17 给出的无向图是连通图，因此算法终止，最后输出的先广遍历顶点序列是：

$$T = \langle v_1, v_2, v_3, v_4, v_6, v_7, v_5 \rangle$$

显然，也可能存在不同的先广遍历顶点序列，取决于在添加一个顶点的所有相邻顶点时，这些相邻顶点添加到 $T$ 和 $Q$ 的顺序。

图 9.17 右边给出了先广遍历图 $G$ 顶点过程的示意图，边上编号给出了遍历过程中通过边访问顶点的顺序，实线边是遍历中使用过的边，可以看到，这些边也构成了图 $G$ 的一个生成树。虚线边是在上述遍历中没有使用过的边。

**Algorithm 9.2: 先广遍历无向图 $G$ 的顶点**

**输入:** 图 $G$ 的邻接矩阵或邻接表

**输出:** 图 $G$ 的先广遍历顶点序列 $T$

```
1 初始化时令序列 T 和序列 Q 都为空;
2 while ( 图 G 存在不在 T 的顶点 ) do
3 |   选择图 G 的一个不在 T 的顶点 v 添加到 T，以及 Q 的队尾;
4 |   while (Q 不为空 ) do
5 |   |   令 u 是 Q 的队首顶点，取出 u，即将 u 从 Q 中删除;
6 |   |   将 u 的所有不在 T 的相邻顶点依次添加到 T，以及 Q 的队尾;
7 |   end
8 end
```

算法 9.2 给出了先广遍历无向图 $G$ 的顶点的算法描述。类似地，第 2 行开始的循环执行次数等于图 $G$ 的连通分支数，而第 4 行开始的循环由于每个顶点都会添加到队列 $Q$ 中一次且仅一次，因此这个循环总共的执行次数是 $n$ 次，不过第 6 行本身的语句对于图 $G$ 的每个顶点都要考察它的所有相邻顶点，无论图是邻接矩阵还是邻接表存储，最坏情况下花费的时间是 $O(n)$，因此整个算法总的时间复杂度也是 $O(n^2)$。

图的先深搜索和先广搜索各有特点，要根据实际问题选用。通常在求解实际问题时是利用图搜索完成某个任务，这时要根据任务的特点进行分析而选择不同的搜索策略，并修改上述算法的基本框架增加完成具体任务的语句。特别地，这时通常不需要使用序列 $T$，而是对图的顶点是否已经被访问过进行标记即可。

有向图的遍历也可采用先深搜索和先广搜索的策略，例如，可对它的基图进行遍历以得到它的各弱连通分支。如果在搜索相邻顶点时需要考虑有向边的方向，则当一个顶点没有相邻顶点但还有顶点没被遍历时，已经遍历的顶点并没有构成图的一个强连通分支。通常要在遍历的基础上结合其他方法得到有向图的强连通分支，这里不再展开讨论，有兴趣的读者可参考相关教材（例如参考文献 [15]）。

## 9.2 树的基础知识

树是最常用的一类图形，也是计算机科学中一类重要的数据结构，有着广泛的应用。前面许多地方都用到了树，例如公式的抽象语法树、递归算法的递归调用树等。本节在定义和讨论无向树基本性质的基础上，讨论根树的基本概念，以及根树的遍历。

### 9.2.1 无向树的定义

**定义 9.22** 设 $G=(V,E)$ 是简单无向图，若 $G$ 连通且没有回路，则称 $G$ 是**无向树** (undirected tree)。无向树中度数为 1 的顶点称为**树叶**，度数大于或等于 2 的顶点称为**分支点**。只有一个顶点（这时没有边）的简单图称为**平凡树**。若简单无向图 $G$ 含有多个无回路的连通分支，则称 $G$ 是**森林** (forest)。

因此，无向树就是连通无回路的简单无向图。本节在提到树时，如果没有特别说明都是指无向树。在证明树的基本性质前，先回忆一下桥（或说割边）的定义，说边 $e\in E$ 是 $G=(V,E)$ 的**桥**（割边），如果 $p(G-e)>p(G)$，即 $G$ 删除 $e$ 后会增加连通分支数。下面的定理表明树的每一条边都是桥。

**定理 9.7** 设 $G=(V,E)$ 是简单无向图，且 $|V|=n, |E|=m$，则下面各命题两两等价。

Graph-Tree (1)

Graph-Tree (2)

（1）$G$ 是树（即 $G$ 连通且无回路）。

（2）$G$ 的任意两个顶点之间存在唯一的通路。

（3）$G$ 连通且任意边都是桥。

（4）$G$ 无回路，但在任何两个不相邻顶点之间加一条新边，则得到唯一一个且含新边的回路。

**证明** 我们证明 $(1)\Longrightarrow(2)\Longrightarrow(3)\Longrightarrow(4)\Longrightarrow(1)$。

$(1)\Longrightarrow(2)$：由于 $G$ 是连通的，因此 $G$ 的任意两个顶点之间都存在通路，而若 $G$ 的两个顶点之间存在两个不同的通路，则这两个通路构成回路，与 $G$ 无回路矛盾，因此 $G$ 的任意两个顶点必存在唯一的通路。

$(2)\Longrightarrow(3)$：当 $G$ 的任意两个顶点存在唯一的通路时，显然 $G$ 是连通的。对 $G$ 的任意边 $e=(u,v)$，如果 $e$ 不是 $G$ 的桥，则 $G-e$ 仍是连通的，即存在以 $u$ 和 $v$ 为端点的通路 $\Gamma$，那么 $G$ 就存在以 $u$ 和 $v$ 的两条通路 $\Gamma$ 和 $\Gamma'=uev$，矛盾，因此 $G$ 的任意边必是桥。

$(3)\Longrightarrow(4)$：因为 $G$ 的任意边都是桥，因此 $G$ 无回路，因此 $G$ 连通且无回路，即 $G$ 是树，从而由 $(1)\Longrightarrow(2)$ 得 $G$ 的任意两个顶点之间只存在唯一的通路，从而若在 $G$ 的两个不相邻顶点之间加一条新边，必得到含有该新边的回路，且该回路是唯一的（否则这两个顶点间原来就有两条不同的道路，矛盾！）。

$(4)\Longrightarrow(1)$：只需证明 $G$ 是连通的，对 $G$ 的任意两个顶点 $u,v$，如果 $u$ 和 $v$ 相邻，则 $u$ 和 $v$ 是可达的；如果 $u$ 和 $v$ 不相邻，则在 $u$ 和 $v$ 之间增加一条新边可得到唯一一个含该新边的回路，这表明在 $G$ 中 $u$ 和 $v$ 也是可达的。因此 $G$ 的任意两个顶点都是可达的，即 $G$ 是连通的。 □

**定理 9.8**　设 $G=(V,E)$ 是简单无向图，且 $|V|=n,|E|=m$，则下面各命题两两等价。

（1）$G$ 是树（即 $G$ 连通且无回路）。

（2）$G$ 连通且任意边都是桥。

（3）$G$ 无回路且 $m=n-1$。

（4）$G$ 连通且 $m=n-1$。

**证明**　由于 (1) 和 (2) 的等价性上面已经证明，因此只要证明 $(2)\Longrightarrow(3)\Longrightarrow(4)\Longrightarrow(2)$ 即可。

$(2)\Longrightarrow(3)$：显然这时 $G$ 没有回路，使用强归纳法证明 $m=n-1$。当 $n=1$ 时，$G$ 为平凡图（平凡树），$m=0$，显然 $m=n-1$。假定对任意少于 $k$ 个顶点的连通图 $G$，若 $G$ 的任意边都是桥时，$G$ 的边数等于顶点数减 1。考虑具有 $k$ 个顶点的图，对 $G$ 的任意边 $e$，因为 $G$ 连通且 $e$ 是桥，因此 $p(G-e)=2$，设 $G$ 的两个连通分支分别是 $G_1$ 和 $G_2$，其顶点数分别是 $n_1$ 和 $n_2$，边数分别是 $m_1$ 和 $m_2$，则显然 $G_1$ 和 $G_2$ 的任意边仍然是桥，且 $n_1<k$ 和 $n_2<k$，根据归纳假设有 $m_1=n_1-1$ 且 $m_2=n_2-1$，从而 $G$ 共有 $n_1-1+n_2-1+1=n_1+n_2-1=k-1$ 条边，命题成立。因此，当 $G$ 连通且任意边是桥时，$G$ 无回路且边数等于顶点数减 1。

$(3)\Longrightarrow(4)$：这只需证明 $G$ 是连通的。用反证法。设 $G$ 有 $k>1$ 个连通分支，每个连通分支的顶点数分别是 $n_1,n_2\cdots,n_k$，则 $G$ 的每个连通分支无回路，因此 $G$ 的每个连通分支是树，从而 $G$ 的每个连通分支的边数分别是 $n_1-1,\cdots,n_k-1$，从而 $G$ 的边数 $m$ 为 $n_1-1+n_2-1+\cdots+n_k-1=n-k$，当 $k>1$ 时与 $m=n-1$ 矛盾！因此必有 $k=1$，即 $G$ 是连通图。

$(4)\Longrightarrow(2)$：只需证明当 $G$ 连通且 $m=n-1$ 时，$G$ 的任意边都是桥。对 $G$ 的任意边 $e$，若 $G-e$ 是连通的，则由于 $G-e$ 的顶点数仍然是 $n$，而连通简单图的边数要大于顶点数减 1（参见引理 9.5），因此 $G-e$ 的边数要大于或等于 $n-1$，但 $G$ 的边数 $m=n-1$，从而 $G-e$ 的边数是 $n-2$，因此必有 $G-e$ 是不连通的，这就说明 $e$ 是桥。 □

总的来说，上面两个定理说明无向树具有这样的性质：① 连通无回路；② 边数等于顶点数减 1；③ 每条边都是桥；④ 任意两个顶点之间有唯一的通路；⑤ 任何两个不相邻顶点之间加新边得唯一的回路。我们通常用 $T=(V,E)$ 表示树。注意，一阶零图 $N_1$ 也是树，称为**平凡树**。

**问题 9.22**　若 $T=(V,E)$ 是树，且 $|V|=n\geqslant 2$。证明：$T$ 至少有两片树叶。

**【讨论】**树的树叶就是度数为 1 的顶点。图论涉及顶点度数的问题往往要用到握手定理，即顶点度数之和是边数两倍，而树的边与顶点数之间也存在约束。利用这些约束，应用反证法就可给出这个问题的证明。

【证明】因为 $T$ 是连通图，所以对 $T$ 的任意顶点 $v$ 都有 $d(v) \geqslant 1$。若 $T$ 至多一片树叶，也即 $T$ 至少有 $n-1$ 个顶点的度数大于或等于 2，设 $T$ 的边数为 $m$，则：

$$2m = \sum_{v \in V} d(v) \geqslant 2(n-1) + 1$$

即 $2m \geqslant 2n-1$，这与树的性质 $m = n-1$ 矛盾，因此 $T$ 至多只有 $n-2$ 个顶点的度数大于或等于 2，也即至少有两个顶点的度数为 1。 □

### 9.2.2 根树的定义

在给出无向树基本性质的基础上，本节介绍根树，实际应用中最常用的就是根树。实际上，无向树也可看作是根树，无向树的许多性质也适用于根树。

**定义 9.23** 若一个有向图的基图是树，则称这个图是**有向树** (directed tree)。若有向树 $T$ 有且仅有一个顶点 $r$ 的入度为 0，则称 $T$ 是以 $r$ 为**根** (root) 的**根树** (rooted tree)。我们也将根树中的顶点称为**节点** (node)。根树中出度为 0 的顶点称为**叶子** (leaf)，出度不为 0 的顶点称为**内部顶点** (internal vertex)。

**引理 9.9** 设 $T=(V,E)$ 是以顶点 $r$ 为根的根树，且 $|V|>1$，则除 $r$ 以外的顶点的入度都为 1。进一步，$r$ 到任意其他顶点都有唯一的有向通路。

**证明** 若 $v$ 是 $V$ 中不等于 $r$ 的一个顶点，若 $v$ 的入度不为 1，则因为只有 $r$ 的入度为 0，因此 $v$ 的入度大于或等于 2。设 $u,w$ 是以 $v$ 为终点的两条有向边的起点。

因为 $T$ 的基图是无向树，从不考虑边的方向来说，$r$ 到 $u$ 和 $w$ 都有唯一的通路，因为 $u$ 和 $w$ 不同，所以如果又有 $u$ 到 $v$ 的边，且有 $w$ 到 $v$ 的边的话，那么 $r$ 就有经过 $u$ 到 $v$ 的一条通路，也有经过 $w$ 到 $v$ 的一条通路，而且 $u$ 和 $w$ 不同，因此这是两条不同的通路，从而与无向树中任何两个顶点有唯一通路矛盾！因此，$v$ 的入度只可能是 1。

由于 $T$ 的基图是连通图，因此 $r$ 到任意其他顶点都有唯一的（无向）通路，且这条通路中的边作为 $T$ 的有向边必然方向一致，否则就会存在一个顶点的入度大于 1。因此，这个无向通路也是 $r$ 到任意其他顶点的唯一有向通路。 □

**定义 9.24** 设 $T=(V,E)$ 是根树，$u,v$ 是 $T$ 的两个顶点。若存在有向边 $e=\langle u,v\rangle \in E$，则称 $u$ 是 $v$ 的**父亲** (parent)，而 $v$ 是 $u$ 的**儿子** (child)；如果顶点 $u$ 和 $v$ 有相同的父亲，则称 $u$ 是 $v$ 的**兄弟** (sibling)。若存在 $u$ 到 $v$ 的一条有向通路，则称 $u$ 是 $v$ 的**祖先** (ancestor)，而 $v$ 是 $u$ 的**后代** (descendant)。$T$ 的顶点 $u$ 及其所有后代顶点导出的 $T$ 的子图称为 $T$ 的以 $u$ 为根的**子树** (subtree)。

设 $T$ 的根是 $r$，则对 $T$ 的任意顶点 $u$，从 $r$ 到 $u$ 的唯一通路的长度称为 $u$ 的**层数** (level)。定义 $T$ 的**高度** (height) 是从 $r$ 到 $T$ 的叶子的最长通路的长度。

对于以 $r$ 为根的根树 $T$，由于每个除 $r$ 以外的顶点的入度都是 1，因此在绘制 $T$ 时，总是可以将其中有向边的起点画在终点的上方，将根画在最上方，从而使得根树的边的方向都是从上面的顶点指向下面的顶点，这样就可以省略边的方向，而画成更简便的无向树样子。

**例子 9.23** 图 9.18 给出了一棵根树的例子，每条有向边的方向都是从上面的顶点到下面的顶点，因此省略了边的方向，而且由于树的顶点之间的边比较少，不会交叉，我们将表示顶点的圆圈放大，将顶点的标记（名字）放到了圆圈里面。

这棵根树的根是顶点 $a$，顶点 $c,k,d,f,j,g,p,i$ 都是叶子，包括 $a$ 在内的 $a,b,h,e$ 是内部顶点。顶点 $b$ 的儿子顶点有 $c,k,e$。$d$ 和 $f$ 互为兄弟顶点。$d$ 是 $b$ 的后代顶点，$b$ 是 $d$ 的祖先顶点。以 $b$ 为根的子树包括顶点 $b,c,k,e,d,f$ 及起点和终点都在这些顶点中的边。根 $a$ 的层数是 0，顶点 $b,j,h$ 的层数是 1，顶点 $c,k,e$ 等的层数是 2，整个根树的树高是 3。

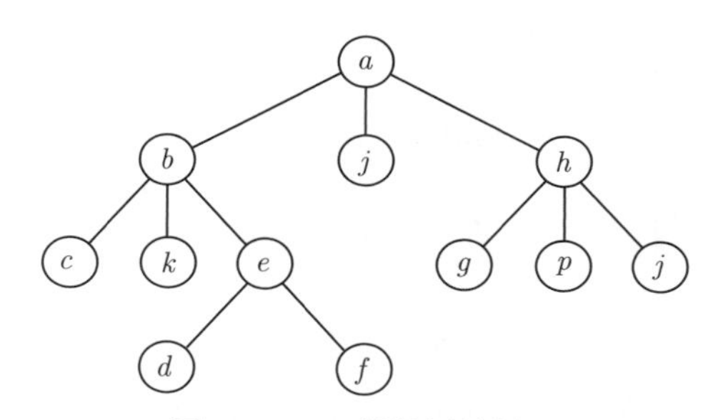


图 9.18　一棵根树的例子

实际上，对于一棵无向树，可以将它的任意顶点 $v$ 作为根，然后将与 $v$ 相邻的顶点看作 $v$ 的儿子，与每个儿子相邻的顶点再作为这个儿子顶点的儿子等。每个顶点按照它到 $v$ 的唯一通路的长度作为它的层数，无向树也可看作是根树，画成类似图 9.18 中根树的样子。因此，从这个角度看，无向树与根树没有本质差别。

**定义 9.25** 如果根树 $T$ 的每个顶点的出度都不大于 $m$，则称 $T$ 是$m$ **元树** ($m$ ary tree)；如果每个顶点的出度不是 0 就是 $m$，则称 $T$ 是**满** $m$ **元树** (full $m$ ary tree)，又称为**正则** $m$ **元树**。如果满 $m$ 元树 $T$ 的每片叶子的层数都等于树高，则称 $T$ 是**完全** $m$ **元树** (complete $m$ ary tree)。如果高度为 $h$ 的 $m$ 元树 $T$ 的每片叶子的高度要么是 $h$，要么是 $h-1$，则称 $T$ 是**平衡** $m$ **元树** (balanced $m$ ary tree)

如果一棵根树的每个顶点的儿子顶点都按照某个顺序排列，则称这棵根树为**有序根树**。有序二元树通常就称为 **二元树或二叉树** (binary tree)，它的每个顶点的第一个儿子通常称为**左儿子** (left child)，第二个儿子通常称为**右儿子** (right child)。以左儿子为根的子树称为**左子树**，以右儿子为根的子树称为 **右子树**。

**例子 9.24** 在图 9.19 给出的根树中，$T_1$ 和 $T_2$ 是三元树，$T_3$ 是二叉树。$T_1$ 不是满三元树，也不是平衡的。$T_2$ 是满三元树，且是平衡的。$T_3$ 是满二叉树，而且是完全二叉树。

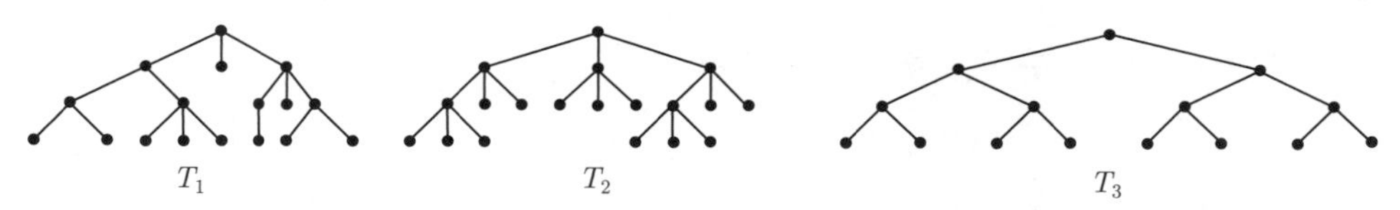


图 9.19　$m$ 元树、满 $m$ 元树、完全 $m$ 元树和平衡 $m$ 元树的例子

**问题 9.25** 设 $T$ 是一棵满 $m$ 元树，如果它有 $n$ 个顶点，那么它有多少个内部顶点？有多少个叶子？

**【分析】**满 $m$ 元树的特点是每个顶点的出度不是 0 就是 $m$，出度为 0 的顶点就是叶子。如果叶子有 $l$ 个，那么出度为 $m$ 的顶点，也即内部顶点就是 $n-l$ 个。注意到每个出度对应一条边，这样总共有 $m(n-l)$ 条边，但树的边数是顶点数减 1，因此有 $m(n-l)=n-1$，解这个方程可得到叶子顶点个数，进而就得到内部顶点个数。

**【解答】**设 $n$ 个顶点的满 $m$ 元树 $T$ 有 $l$ 个叶子顶点，则它的内部顶点数有 $n-l$ 个。每个内部顶点都有 $m$ 个出度，而所有顶点的出度的和等于边数，因此 $T$ 有 $m(n-l)$ 条边，树的边数等于顶点数减 1，因此有 $m(n-l)=n-1$，从而得到 $l=((m-1)n+1)/m$，这样内部顶点数 $i$ 就是：

$$i=n-\frac{((m-1)n+1)}{m}=\frac{n-1}{m}$$

**【讨论】**设满 $m$ 元树 $T$ 有 $n$ 个顶点，$i$ 个内部顶点，$l$ 个叶子顶点，则有下面的关系式成立：

$$n = i+l \qquad n = mi+1 \qquad ml = (m-1)n+1$$

根据这些关系，只要知道 $n,i,l$ 之一的值，则可得到另外两个数的值。

**引理 9.10** 高度为 $h$ 的完全 $m$ 元树有 $m^h$ 片叶子。而高度为 $h$ 的平衡满 $m$ 元树的叶子数大于 $m^{h-1}$。

**证明** 完全 $m$ 元树的每个内部节点都有 $m$ 个儿子，因此第 0 层有 1 个顶点（即根），第 1 层有 $m$ 个顶点，第 2 层有 $m^2$ 个顶点，第 $k$ 层有 $m^k$ 个顶点，第 $h$ 层全是叶子，有 $m^h$ 个顶点，即 $m^h$ 片叶子。

因为高度为 $h$ 的平衡满 $m$ 元树的每片叶子的层数不是 $h$ 就是 $h-1$，而且必定有层数为 $h$ 的叶子（否则树的高度不是 $h$），删除这些层数为 $h$ 的叶子，则所有的叶子都在 $h-1$ 层，因此是一棵高度为 $h-1$ 的完全 $m$ 元树，因此这时有 $m^{h-1}$ 片叶子，从而原来高度为 $h$ 的平衡满 $m$ 元树的叶子数大于 $m^{h-1}$ 片叶子。 □

**定理 9.11** 若 $T$ 是平衡满 $m$ 元树 (balanced full $m$-ary tree)，且有 $l$ 片叶子，则 $T$ 的树高 $h\leqslant\lceil\log_m l\rceil$。

**证明** 根据引理 9.10有 $l>m^{h-1}$，因此 $\log_m l>h-1$，即 $\log_m l\geqslant h$，由于 $\lceil\log_m l\rceil$ 是大于或等于 $\log_m l$ 的最小整数，因此 $h\leqslant\lceil\log_m l\rceil$。 □

显然在相同高度的 $m$ 元树中，满 $m$ 元树的顶点数最多，叶子数也最多，不难证明高度为 $h$ 的 $m$ 元树至多有 $m^h$ 片叶子（这留给读者作为练习），从而有 $l$ 片叶子的 $m$ 元树的高度至少为 $\lceil\log_m l\rceil$，因此定理 9.11表明有相同叶子数的 $m$ 元树中，平衡满 $m$ 元树的高度最小，等于 $\lceil\log_m l\rceil$。许多与树相关的算法的时间复杂度都与树的高度相关，因此在设计这类算法时要尽量使得树是平衡满 $m$ 元树。

### 9.2.3 树的遍历

树的遍历通常也是指按照某种方式访问树的所有顶点，是许多树的算法的基础。由于树作为一种数据结构在程序设计中被广泛使用，因此树的遍历算法是计算机类专业的学生必须掌握的基础知识，“离散数学”课程只是介绍算法的基本思想，在“数据结构”课程则需要结合树的各种存储方法使用递归算法或非递归算法实现树的遍历。

树的遍历一般从根开始，通常无论树采用何种表示和存储方法，都可以假定能够快速访问一棵树的根，并且对每个顶点都能快速访问它的所有儿子，这里“快速”的意思就是可用常数时间，即复杂度为 $O(1)$ 的操作得到一棵树的根或任意顶点的儿子顶点列表（的起始顶点）。

树的遍历也可采用先深遍历和先广遍历的策略。对于树而言，先广遍历的策略比一般的图更容易理解，因为这时实际上是按照顶点的层数访问树的每个顶点，最开始访问第 0 层的根，然后访问第 1 层顶点，即根的所有儿子，然后访问第 2 层顶点等，与一般图的先广遍历相同，利用一个队列存放尚未访问其所有儿子顶点的顶点即可。

先深遍历策略应用在树的遍历有三种变体，分别称为**前序** (pre-order) 遍历、**中序** (in-order) 遍历和**后序** (post-order) 遍历。这里的序是指对顶点本身的访问和对以顶点的儿子为根的子树的遍历之间的先后关系。具体含义如下。

（1）前序遍历就是先访问顶点本身，完成一些必要的操作（例如，打印顶点所存储的信息），然后再继续按同样方式（也即递归地）依次遍历这个顶点的每个儿子顶点为根的子树。

（2）中序遍历就是先按同样方式遍历一个顶点的第一个儿子为根的子树，然后再访问这个顶点本身，然后再按同样方式依次遍历这个顶点的其他儿子顶点为根的子树。

（3）后序遍历就是先按同样方式依次遍历这个顶点的每个儿子顶点为根的子树，然后再访问这个顶点本身。

注意，对树的遍历总是从根开始，而且总是为了完成某个任务而遍历树的顶点，因此这里所说的访问树的顶点本身就是为了完成这样的任务而对顶点本身进行操作。下面使用例子说明这三种树的遍历产生的树顶点序列，也即访问树顶点的顺序，这时我们假定访问顶点本身所进行的操作就是打印该顶点的标记（名字，或说存储的关键字信息等）。

**例子 9.26**　对于图 9.20 左边给出的根树。前序遍历首先访问根 $a$，然后依次前序遍历 $a$ 的每个儿子为根的子树，因此下一步前序遍历 $b$ 为根的子树，即访问 $b$，然后依次遍历 $b$ 的每个儿子为根的子树，这样就访问 $c$，访问 $k$、访问 $e$，再访问 $e$ 的儿子 $d$ 和 $f$。这就完成了 $a$ 的儿子 $b$ 为根的子树，然后访问 $j$，然后前序遍历访问 $a$ 的最后一个儿子 $h$ 为根的子树，依次访问 $h, g, p, i$。因此最终产生的前序遍历的结果顶点序列是 $abckedfjhgpi$。

不难看到，如果将这棵根树看作一般的图，从顶点 $a$ 开始进行先深遍历，假若在访问相邻顶点（对于树就是儿子顶点）时采用的也是从左至右的顺序，则输出与前序遍历相同的顶点遍历序列。

对这棵根树的中序遍历是先中序遍历根 $a$ 的第一个儿子 $b$ 为根的子树，这又引起先中序遍历 $b$ 的第一个儿子 $c$ 为根的子树，由于顶点 $c$ 没有儿子，因此这时访问顶点 $c$

本身，这是这棵根树中序遍历时第一个访问的顶点，然后访问 $b$，然后中序遍历 $b$ 的其他儿子为根的子树，因此访问 $k$，然后中序遍历 $e$ 为根的子树，即访问 $d$，然后访问 $e$，然后访问 $f$，这就完成了以 $b$ 为根的子树的中序遍历，然后访问根 $a$ 本身，然后访问 $j$，然后中序遍历以 $h$ 为根子树，依次访问 $g, h, p, i$，因此产生的中序遍历结果顶点序列是 $cbkdefajghpi$。

对这棵根树的后序遍历是先后序遍历根 $a$ 的每个儿子为根的子树，因此首先后序遍历 $b$ 为根的子树，这又引起先后序遍历 $b$ 的第一个儿子 $c$ 为根的子树，由于顶点 $c$ 没有儿子，因此这时访问顶点 $c$ 本身，因此 $c$ 是后序遍历时第一个访问的顶点，然后访问 $k$，然后后序遍历以 $e$ 为根的子树，依次访问 $d, f, e$，然后访问 $b$，这就完成了以 $b$ 为根的子树的后序遍历，然后访问 $j$，然后后序遍历以 $h$ 为根的子树，依次访问 $g, p, i, h$，最后访问根 $a$ 本身，产生的后序遍历结果顶点序列是 $ckdfebjgpiha$。

图 9.20 的右边汇总了这三种遍历所输出的顶点序列，也即遍历时所访问的顶点顺序。

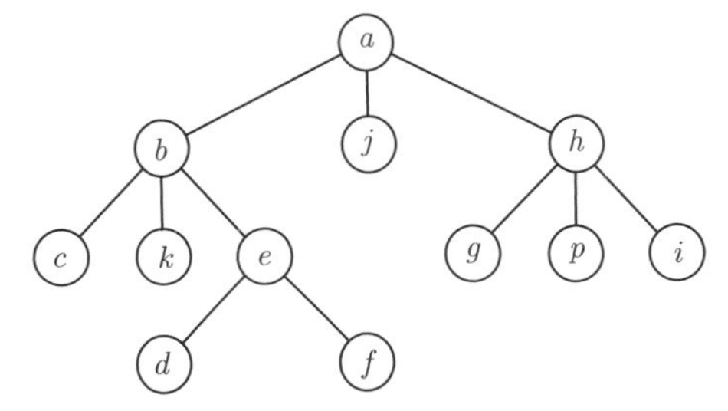


前序遍历：$a\ b\ c\ k\ e\ d\ f\ j\ h\ g\ p\ i$

中序遍历：$c\ b\ k\ d\ e\ f\ a\ j\ g\ h\ p\ i$

后序遍历：$c\ k\ d\ f\ e\ b\ j\ g\ p\ i\ h\ a$

图 9.20 树的前序、中序和后序遍历

可以看到，无论是前序、中序还是后序，实际上采用的都是先深遍历的策略，即沿着一个顶点的相邻顶点一直往前，直到一个顶点没有尚未访问过的相邻顶点，对于树而言，就是遍历以某个顶点为根的子树时，会一直走向儿子顶点，直到将这棵子树的所有顶点都访问完，然后才去遍历这个顶点的兄弟顶点。前序、中序和后序的区别在于在走向新的儿子顶点时，是立即做访问顶点所需要做的操作（前序），还是在遍历完第一个儿子才做（中序），还是在遍历完所有儿子才做（后序）。

树的前序、中序和后序遍历算法使用递归算法描述非常简单。算法 9.3、算法 9.4 和算法 9.5 分别给出了前序、中序和后序遍历的递归算法的描述。

**Algorithm 9.3: 树的前序遍历**

**输入:** 以 $r$ 为根的树 $T$

**输出:** 树 $T$ 顶点标记的前序遍历结果序列

1 访问 $r$，即输出 $r$ 的标记;
2 **for** ($r$ 的每个儿子 $c$) **do**
3 │ 前序遍历以 $c$ 为根的子树，也即以 $c$ 为根的子树作为输入递归调用本算法;
4 **end**

注意，对前序遍历（算法 9.3）和后序遍历（算法 9.5），当正要遍历的树的根 $r$ 没有儿子时，其中的 for 循环不会执行。对这三个算法，树的每个顶点都会且只会输出标记一次，因此如果以输出顶点标记为基本操作的话，这些算法的时间复杂度都是 $O(n)$，这里 $n$ 是树的顶点数。如果要更细致地考虑算法的基本操作和更准确的算法复杂度分析，则要考虑树的存储方式，这里不再展开讨论。

**Algorithm 9.4: 树的中序遍历**

**输入:** 以 $r$ 为根的树 $T$

**输出:** 树 $T$ 顶点标记的中序遍历结果序列

1 **if** ($r$ 没有儿子 ) **then** 访问 $r$，也即输出 $r$ 的标记，然后返回 ;
2 令 $c$ 是 $r$ 的第一个儿子;
3 中序遍历以 $c$ 为根的子树，即以 $c$ 为根的子树作为输入递归调用本算法;
4 访问 $r$，即输出 $r$ 的标记;
5 **for** ($r$ 的所有剩下的儿子 $c$) **do**
6 　　中序遍历以 $c$ 为根的子树，也即以 $c$ 为根的子树作为输入递归调用本算法;
7 **end**

**Algorithm 9.5: 树的后序遍历**

**输入:** 以 $r$ 为根的树 $T$

**输出:** 树 $T$ 顶点标记的后序遍历结果序列

1 **for** ($r$ 的每个儿子 $c$) **do**
2 　　后序遍历以 $c$ 为根的子树，也即以 $c$ 为根的子树作为输入递归调用本算法;
3 **end**
4 访问 $r$，即输出 $r$ 的标记;

在学习命题逻辑公式时我们看到，命题逻辑公式的真值计算可通过后序遍历公式的抽象语法树实现。实际上，对于任意由运算符（通常是二元运算符）和操作数构成的表达式都可构建它的抽象语法树，内部顶点对应运算符，叶子顶点对应操作数。对一个表达式的抽象语法树的前序、中序和后序遍历就给出了这个表达式的**前缀** (prefix)、**中缀** (infix) 和**后缀** (postfix) 形式。表达式的前缀形式也称为**波兰记号** (Polish notation)，后缀形式也称为**逆波兰记号** (reverse Polish notation)。

**例子 9.27**　对于图 9.21 左边给出的一个表达式的抽象语法树，右边分别给出了它的前缀、中缀和后缀形式，也即这棵抽象语法树的前序、中序和后序遍历结果。

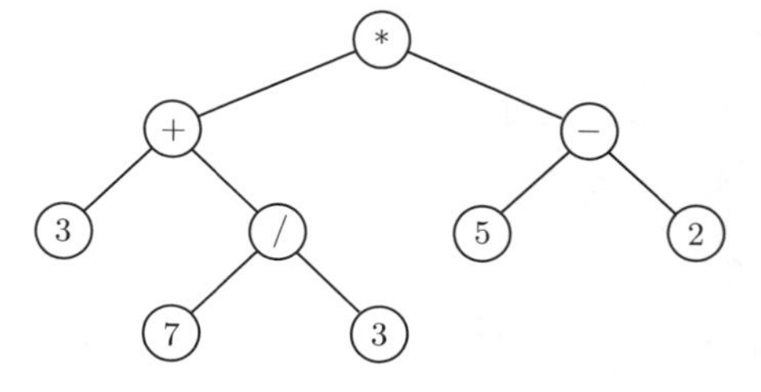


前缀形式：　$* + 3\ /\ 73 - 52$

中缀形式：　$3 + 7\ /\ 3 * 5 - 2$

后缀形式：　$373\ / + 52 - *$

图 9.21　表达式的前缀、中缀和后缀形式

注意，中序遍历抽象语法树给出的中缀形式加上适当的括号，也即 $(3+7/3)*(5-2)$，就是我们常用的表达式形式。利用表达式的后缀形式很容易计算表达式的值：使用一个栈，并从左至右扫描表达式的后缀形式的串，遇到操作数就入栈，遇到运算符就根据运算符所需的操作数个数（即是几元运算符）从栈顶依次取出（并删除）所需个数的操作数进行这个运算，然后将运算结果放回栈顶，当整个后缀形式的串扫描完毕后，表达式的结果就存放在栈顶（表达式语法正确的情况下，这个结果也应该是栈中唯一的元素）。

例如，对于上述表达式的后缀形式的串 $3\ 7\ 3\ /\ +\ 5\ 2\ -\ *$，首先是操作数 3,7,3 入栈，遇到运算符 /，则从栈顶取出 7 和 3 做 / 运算，将 7/3 的结果放到栈顶，然后遇到 +，将 3 与 7/3 相加的结果再放回栈（这时 3,7,3 均已出栈），然后将 5 和 2 入栈，然后遇到 −，取栈顶的 5 和 2 做 −，将 $5-2$ 的结果入栈，最后遇到 $*$，即取栈顶的两个元素，这时分别是 $3+7/3$ 的结果和 $5-2$ 的结果，将它们相乘，最后的结果入栈，就是整个表达式的计算结果。

## 9.3 带权图及其应用

图可给它的边或顶点赋权从而更丰富地表达事物间的联系。许多实际应用问题需要用带权图进行建模，例如交通道路的建模可能需要用道路长度作为边的权，通信线路可能需要用带宽作为边的权等。本节首先定义对边赋权的图，并讨论在实际应用中经常会遇到的带权图最短距离问题和最小生成树问题，然后讨论哈夫曼树，这是一种对叶子顶点赋权的二叉树，可给出数据的不等长编码从而对数据的编码进行压缩。

Graph-Weighted(1)

Graph-Weighted(2)

Graph-Weighted(3)

### 9.3.1 带权图的最短距离

**定义 9.26** 设 $G=(V,E)$ 是简单有向图，且 $V=\{v_1,v_2,\cdots,v_n\}$。如果给每一条有向边 $e=\langle v_i,v_j\rangle$ 赋一个非负实数作为边的权，则称 $G$ 为**带权有向图** (weighted digraph)。通常用 $w_{ij}$ 表示边 $e=\langle v_i,v_j\rangle$ 的权。

**定义 9.27** 给定带权有向图 $G=(V,E)$，设 $V=\{v_1,v_2,\cdots,v_n\}$。定义 $G$ 的**距离矩阵** (distance matrix) 是 $n$ 阶方阵 $\boldsymbol{D}=[d_{ij}]$，其中：

$$d_{ij}=\begin{cases} w_{ij} & \text{若存在有向边 } e=\langle v_i,v_j\rangle\in E \\ \infty & \text{否则} \end{cases}$$

**定义 9.28** 给定带权有向图 $G=(V,E)$，设 $V=\{v_1,v_2,\cdots,v_n\}$。定义有向路径 $\Gamma=v_{i_1}v_{i_2}\cdots v_{i_k}$ 的**带权通路长度** (weighted path length) 为：

$$d(\Gamma)=\sum_{j=1}^{k-1} w_{i_j i_{j+1}}$$

若顶点 $v_i$ 可达 $v_j$，则称 $v_i$ 到 $v_j$ 的所有有向通路中具有最小带权通路长度的通路为 $v_i$ 到 $v_j$ 的**最短通路** (shortest path)，$v_i$ 到 $v_j$ 的最短通路的带权通路长度称为 $v_i$ 到 $v_j$ 的**最短距离** (distance)。

为简单起见，这里只考虑简单有向图，而且边的权只能是非负实数，即每条边的权都大于或等于 0。这时任意两个顶点的最短通路一定是路径，即是没有重复顶点（更没有重复边）的通路，所以最短通路也称为**最短路径**。容易证明下面的定理。

**定理 9.12** 给定有向网络 $G=(V,E)$，设 $V=\{v_1,v_2,\cdots,v_n\}$。若路径 $v_1,v_2,\cdots,v_{k-1},v_k$ 是 $v_1$ 到 $v_k$ 的最短路径，则路径 $v_1,v_2,\cdots,v_{k-1}$ 是 $v_1$ 到 $v_{k-1}$ 的最短路径。□

基于最短路径的上述性质，荷兰著名计算机科学家迪杰斯特拉 (E. Dijkstra, 1930—2002) 在 1959 年给出了一个求一个顶点到其他各顶点的最短路径的算法，这个算法现在称为**最短路径的 Dijkstra 算法**。下面先以一个例子说明该算法的基本思想，然后给出这个算法的描述。

**例子 9.28** 利用 Dijkstra 算法求图 9.22 给出的带权有向图顶点 $v_1$ 到其他各顶点的最短路径。

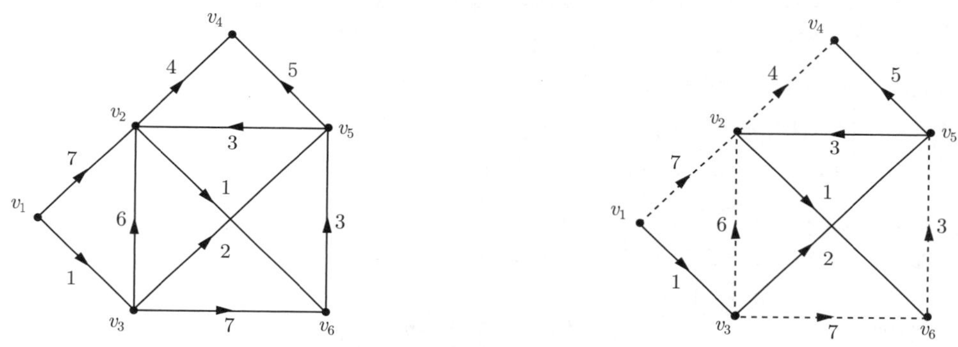


图 9.22 使用 Dijkstra 算法计算带权有向图的一个顶点到其他顶点的最短路径

Dijkstra 算法使用三个集合或数组记录相关的信息：

（1）$S$ 记录尚未求得最短路径的顶点的集合。

（2）$U=(u_i)_{1\leqslant i\leqslant n}$ 是以顶点编号（$v_i$ 的编号是 $i$）为下标的数组，$u_i$ 记录算法运行过程中 $v_1$ 到 $v_i$ 当前计算得到的最短距离，算法终止时则得到 $v_1$ 到 $v_i$ 最终的最短距离。

（3）$Q=(q_i)_{1\leqslant i\leqslant n}$ 是以顶点编号为下标的数组，$q_i$ 记录 $v_1$ 到 $v_i$ 的当前最短路径中 $v_i$ 的直接前趋。

算法开始时 $S=\{v_2,v_3,v_4,v_5,v_6\}$（表示 $v_2$ 到 $v_6$ 都没有求得最短路径），$u_1=0$，对任意 $2\leqslant i\leqslant n$（这里 $n=6$），$u_i=d_{1i}$。因此这里有：

$$U=\langle\infty,7,1,\infty,\infty,\infty\rangle$$

对任意的 $1\leqslant i\leqslant n$，都令 $q_i=v_1$，即当前最短路径的可能前趋都是 $v_1$：

$$Q=\langle v_1,v_1,v_1,v_1,v_1,v_1\rangle$$

可使用表 9.1 给出 $U$ 和 $Q$。

表 9.1 $U$ 和 $Q$

| 步骤 | $v_1$ | $v_2$ | $v_3$ | $v_4$ | $v_5$ | $v_6$ |
|---|---|---|---|---|---|---|
| 第 0 步 | $\boxed{0}$ | $7/v_1$ | $1/v_1$ | $\infty/v_1$ | $\infty/v_1$ | $\infty/v_1$ |

这个表中的值都是以 $u_i/q_i$ 的形式给出，其中方框框住的 $u_1$，表示 $v_1$ 到 $v_1$ 的最短路径约定为 0，不用再计算。而当 $u_i$ 是无穷 $\infty$ 时，$q_i$ 的值实际上暂时没有参考意义，因此也可不给出。

下一步，令 $u_j$ 是 $U$ 中那些尚未求得最短路径的顶点，也即属于 $S$ 的顶点的编号所对应 $u_i$ 值中的最小者，即令 $u_j = \min_{i\in S} u_i$。这里得到最小的是 $u_3 = 1$，这表示 $v_1$ 到 $v_3$ 的最短路径就是边 $e = \langle v_1, v_3\rangle$，其长度就是 1，因此将 $v_3$ 从 $S$ 中删除，同时修改 $U$ 中的 $u_i$ 值，只针对 $v_3$ 在 $S$ 中的邻接顶点即可，也就是说，$v_1$ 原来不能到达的顶点，现在可能可经过 $v_3$ 到达了，或者说某个顶点虽然原来 $v_1$ 能到达，但原来路径的长度可能比以 $v_3$ 为中间顶点的路径长度更长。

这里 $v_3$ 的邻接顶点有 $v_2, v_5, v_6$，比较 $u_2 = 7$ 和 $u_3 + d_{32} = 7$，因此仍保持 $u_2$ 的值为 7；比较 $u_5 = \infty$ 和 $u_3 + d_{35} = 3$，因此将 $u_5$ 修改为 3，相应地将 $q_5$ 的值改为 $v_3$（即 $v_1$ 经过 $v_3$ 可以比较短地到达 $v_5$）；比较 $u_6 = \infty$ 和 $u_3 + d_{36} = 8$，因此将 $u_6$ 修改为 8，相应地将 $q_6$ 的值也修改为 $v_3$，因此得到：

$$S = \{v_2, v_4, v_5, v_6\} \qquad U = \langle 0, 7, 1, \infty, 3, 8\rangle \qquad Q = \langle v_1, v_1, v_1, v_1, v_3, v_3\rangle$$

上面的计算结果可用表 9.2 给出。

表 9.2 计算结果（一）

| 步骤 | $v_1$ | $v_2$ | $v_3$ | $v_4$ | $v_5$ | $v_6$ |
|---|---|---|---|---|---|---|
| 第 0 步 | $\boxed{0}$ | $7/v_1$ | $1/v_1$ | $\infty/v_1$ | $\infty/v_1$ | $\infty/v_1$ |
| 第 1 步 | | $7/v_1$ | $\boxed{1}/v_1$ | $\infty/v_1$ | $3/v_3$ | $8/v_3$ |

表 9.2 以盒子框住 $u_3$ 的值，表示 $v_3$ 已经求得最短路径，后续步骤不再考虑它。

下一步考虑 $u_2, u_4, u_5, u_6$ 中的最小者，这时是 $u_5 = 3$，因此将 $v_5$ 从 $S$ 中删除，并修改 $v_5$ 在 $S$ 中的邻接顶点，即 $v_2$ 和 $v_4$ 所对应的 $u_2$ 和 $u_4$ 的值，比较 $u_2 = 7$ 和 $u_5 + d_{52} = 6$，将 $u_2$ 的值修改为 6，$q_2$ 的值修改为 $v_5$；比较 $u_4 = \infty$ 和 $u_5 + d_{54} = 8$，将 $u_4$ 的值修改为 8，$q_4$ 的值修改为 $v_5$，因此得到：

$$S = \{v_2, v_4, v_6\} \qquad U = \langle 0, 6, 1, 8, 3, 8\rangle \qquad Q = \langle v_1, v_5, v_1, v_5, v_3, v_3\rangle$$

这时的计算结果可用表 9.3 给出。

由于 $v_3$ 已经不在 $S$ 中，所以为简洁起见，在新增的一行中不再给出 $v_3$ 对应的 $u_3$ 和 $q_3$ 值。

表 9.3　计算结果（二）

| 步骤 | $v_1$ | $v_2$ | $v_3$ | $v_4$ | $v_5$ | $v_6$ |
|---|---|---|---|---|---|---|
| 第 0 步 | $\boxed{0}$ | $7/v_1$ | $1/v_1$ | $\infty/v_1$ | $\infty/v_1$ | $\infty/v_1$ |
| 第 1 步 | | $7/v_1$ | $\boxed{1}/v_1$ | $\infty/v_1$ | $3/v_3$ | $8/v_3$ |
| 第 2 步 | | $6/v_5$ | | $8/v_5$ | $\boxed{3}/v_3$ | $8/v_3$ |

下一步考虑 $u_2, u_4, u_6$ 中的最小者，即 $u_2 = 6$，将 $v_2$ 从 $S$ 中删除，并修改 $v_2$ 的邻接点 $v_4$ 和 $v_6$ 所对应的 $u_4$ 和 $u_6$ 的值，即比较 $u_4 = 8$ 和 $u_2 + d_{24} = 10$，仍保持 $u_4$ 和 $q_4$ 的值；比较 $u_6 = 8$ 和 $u_2 + d_{26} = 7$，修改 $u_6$ 的值为 7，$q_6$ 的值为 $v_2$，因此得到：

$$S = \{v_4, v_6\} \qquad U = \langle 0,6,1,8,3,7 \rangle \qquad Q = \langle v_1, v_5, v_1, v_5, v_3, v_2 \rangle$$

这时的计算结果可用表 9.3 给出。

表 9.4　计算结果（三）

| 步骤 | $v_1$ | $v_2$ | $v_3$ | $v_4$ | $v_5$ | $v_6$ |
|---|---|---|---|---|---|---|
| 第 0 步 | $\boxed{0}$ | $7/v_1$ | $1/v_1$ | $\infty/v_1$ | $\infty/v_1$ | $\infty/v_1$ |
| 第 1 步 | | $7/v_1$ | $\boxed{1}/v_1$ | $\infty/v_1$ | $3/v_3$ | $8/v_3$ |
| 第 2 步 | | $6/v_5$ | | $8/v_5$ | $\boxed{3}/v_3$ | $8/v_3$ |
| 第 3 步 | | $\boxed{6}/v_5$ | | $8/v_5$ | | $7/v_2$ |

最后考虑 $u_4, u_6$ 中的最小者，即 $u_6 = 7$，将 $v_6$ 从 $S$ 中删除，并修改 $v_6$ 的邻接顶点，但 $v_6$ 的邻接顶点只有 $v_5$，而 $v_5$ 已经不在 $S$ 中，所以无须修改 $U$ 和 $Q$。最后考虑删除 $v_4$ 时，$u_4$ 的邻接顶点都已不在 $S$ 中，因此这时不会对 $U$ 和 $Q$ 产生影响，从而最后得到的 $U$ 和 $Q$ 如下：

$$U = \langle 0,6,1,8,3,7 \rangle \qquad Q = \langle v_1, v_5, v_1, v_5, v_3, v_2 \rangle$$

这时 $S$ 为空集，表示已得到 $v_1$ 到所有顶点的最短路径，算法结束。

可使用表 9.5 给出使用 Dijkstra 算法求图 9.22 给出的带权有向图顶点 $v_1$ 到其他各顶点最短路径的整个求解过程。

表 9.5　使用 Dijkstra 算法计算顶点 $v_1$ 到其他顶点最短路径的计算过程

| 步骤 | $v_1$ | $v_2$ | $v_3$ | $v_4$ | $v_5$ | $v_6$ |
|---|---|---|---|---|---|---|
| 第 0 步 | $\boxed{0}$ | $7/v_1$ | $1/v_1$ | $\infty/v_1$ | $\infty/v_1$ | $\infty/v_1$ |
| 第 1 步 | | $7/v_1$ | $\boxed{1}/v_1$ | $\infty/v_1$ | $3/v_3$ | $8/v_3$ |
| 第 2 步 | | $6/v_5$ | | $8/v_5$ | $\boxed{3}/v_3$ | $8/v_3$ |
| 第 3 步 | | $\boxed{6}/v_5$ | | $8/v_5$ | | $7/v_2$ |
| 第 4 步 | | | | $8/v_5$ | | $\boxed{7}/v_2$ |
| 第 5 步 | | | | $\boxed{8}/v_5$ | | |

算法执行结束后，$U$ 给出了 $v_1$ 到各顶点的最短距离，即 $v_1$ 到 $v_i(2 \leqslant i \leqslant 6)$ 的最短距离是 $u_i$，而 $Q$ 可给出 $v_1$ 到各顶点的最短路径，例如 $v_1$ 到 $v_2$ 的最短路径可这样得到：$q_2$ 的值是 $v_5$，而 $q_5$ 的值是 $v_3$，$q_3$ 的值是 $v_1$，因此 $v_1$ 到 $v_2$ 的最短路径是 $v_1 \to v_3 \to v_5 \to v_2$。注意，如果 $u_i$ 的值是 $\infty$，则表示 $v_1$ 到 $v_i$ 没有路径。总之，上面的计算表明 $v_1$ 到各顶点的最短路径和最短距离如下：

$v_1$ 到 $v_2$ 的最短距离是 6，　相应的路径是 $v_1 \to v_3 \to v_5 \to v_2$
$v_1$ 到 $v_3$ 的最短距离是 1，　相应的路径是 $v_1 \to v_3$
$v_1$ 到 $v_4$ 的最短距离是 8，　相应的路径是 $v_1 \to v_3 \to v_5 \to v_4$
$v_1$ 到 $v_5$ 的最短距离是 3，　相应的路径是 $v_1 \to v_3 \to v_5$
$v_1$ 到 $v_6$ 的最短距离是 7，　相应的路径是 $v_1 \to v_3 \to v_5 \to v_2 \to v_6$

图 9.22 的右边使用实线给出了 $v_1$ 到各顶点的最短路径。读者在使用 Dijkstra 算法求一个顶点到其他顶点的最短路径时，只需要给出类似表 9.5 的整个计算过程，以及最后汇总给出所求顶点到其他各顶点的最短距离和最短路径即可。

算法 9.6 给出了基于上述思路的 Dijkstra 算法描述。注意，若在图中没有 $v_i$ 到 $v_j$ 的有向边，则 $d_{ij} = \infty$，因此在算法的第 8 行实际上只会修改与 $v_j$ 相邻的顶点 $v_i$。对于算法第 4 行开头的循环，由于每次循环都会删除 $S$ 的一个顶点，因此这个循环至多执行 $n$ 次。这个循环中的第 5 行、第 6 行，以及第 7~9 行的循环这些语句在最坏情况下都可能花费 $O(n)$ 的时间，因此整个算法的时间复杂度是 $O(n^2)$。

**Algorithm 9.6: 求图 $G$ 的顶点 $v_1$ 到其他顶点最短距离和最短路径的 Dijkstra 算法**

**输入：** 图 $G$ 的距离矩阵 $D = [d_{ij}]$，设图的顶点集 $V = \{v_1, v_2, \cdots, v_n\}$

**输出：** $U = \langle u_i \rangle, 1 \leqslant i \leqslant n$，$u_i$ 是 $v_1$ 到 $v_i$ 的最短距离；
$Q = \langle q_i \rangle, 1 \leqslant i \leqslant n$，$q_i$ 是 $v_1$ 到 $v_i$ 的最短路径中 $v_i$ 的直接前趋

```
1  令 S = {v2, v3, ..., vn};
2  for (i 等于 1 到 n) do ui = d1i ;
3  for (i 等于 1 到 n) do qi = v1 ;
4  while (S 不等于空集 ) do
5  |  令 uj = min_{i∈S} ui;
6  |  从 S 中删除 vj;
7  |  for ( 在 S 中的顶点 vi) do
8  |  |  if (ui > uj + dji) then ui = uj + dji 且 qi = vj ;
9  |  end
10 end
```

也可定义带权无向图。

**定义 9.29** 给定简单无向图 $G = (V, E)$，设 $V = \{v_1, v_2, \cdots, v_n\}$。如果给每一条边 $e = (v_i, v_j)$ 赋一个非负实数权 $w_{ij}$，则称图 $G$ 为**带权无向图**。

不难看到，Dijkstra 算法可直接用于求带权无向图中任意一个顶点到其他所有顶点

间的最短距离，只是这时由于边 $e=(v_i,v_j)$ 就是 $e=(v_j,v_i)$，因此带权无向图的距离矩阵 $D$ 的 $d_{ij}$ 值等于 $d_{ji}$，也即 $\boldsymbol{D}$ 这时是对称矩阵。

Dijkstra 算法是给出一个顶点到其他顶点之间的最短距离和最短路径，如果要给出每个顶点到其他顶点之间的最短距离和最短路径，可以对每个顶点应用 Dijkstra 算法一次。但如果只是求任意两个顶点之间的最短距离（而不需要给出最短路径）则可基于距离矩阵，修改矩阵乘法运算或修改 Warshall 算法进行求解，具体方法留给读者作为练习。

### 9.3.2　带权图的最小生成树

**定义 9.30**　设 $G=(V,E)$ 是连通无向图（不一定是简单图），若 $T=(V,E')$ 是 $G$ 的生成子图且是无向树，则称 $T$ 是 $G$ 的**生成树** (spanning tree)，有的文献（如文献 [16]）也翻译成**支撑树**。

**定理 9.13**　任意无向图 $G=(V,E)$ 具有生成树当且仅当 $G$ 是连通图。

**证明**　显然当 $G$ 具有生成树时，$G$ 是连通图，因为生成树本身是连通图。反之，当 $G$ 是连通图时，若 $G$ 无回路，则 $G$ 就是自己的生成树；若 $G$ 含有回路，任取一回路，随意地删除回路上的一条边，若再有回路则继续删除回路上的边，直到不含有任意回路为止，最后得到的图仍然是连通的（因为删除回路上的边不会增加连通分支），而且是无回路的，因此就是 $G$ 的生成树。 □

直观地说，树是使得各顶点连通（可达）的边数最小的图，一个图的生成树可理解为找出使得图的顶点连通的最少的边。寻找图的生成树在实际中有许多应用，例如，在一个通信网络中维护哪些线路可使得任何两点之间能通信就是寻找生成树。前面看到，图的先深遍历和先广遍历都可得到一个连通图的生成树。不过在实际中，人们可能更关心一个带权无向图的最小生成树，这时边的权可能是线路维护的代价等。

**定义 9.31**　一个带权连通无向图 $G$ 的所有生成树中树枝权值之和最小的生成树称为 $G$ 的**最小生成树** (minimum spanning tree)。

克鲁斯卡尔 (Kruskal, 1928—2010) 给出了一个求带权连通无向图 $G=(V,E)$ 的最小生成树算法，其基本思想是将 $G$ 的所有边按权值从小到大排序，然后依次考察每条边作为最小生成树 $T$ 的候选树枝，如果某条边不与已经选中的边构成回路，则合乎要求，否则就被放弃而考虑下一条边，直到所有的边考虑完毕，或更简单地，只要 $T$ 中已经有 $|V|-1$ 条边即可终止算法。

**例子 9.29**　考虑图 9.23 左边给出的带权连通无向图。

Kruskal 算法首先选择权最小的边 $(v_5,v_4)$，然后选择边 $(v_4,v_3)$，这两个边的权都是 10，而且不构成回路。下一步考虑的边的权是 15，这时若加入边 $(v_5,v_3)$，则会构成回路，所以下一步加入边 $(v_1,v_2)$。下一步考虑的边的权是 20，加入边 $(v_2,v_4)$，就得到了 $4=|V|-1$ 条边，表明已经得到了一棵最小生成树所需的边，从而算法终止。

图 9.23 右边使用实线边给出了按照上述过程求得的最小生成树（虚线边是在上述过程中没有选中的边），并在边上标上了序号表示根据 Kruskal 算法的选边顺序。显然

当存在多个边有相同的权时，最小生成树不是唯一的，例如上述最后一步也可不加入边 $(v_2, v_4)$，而是改为加入边 $(v_1, v_3)$，这样就得到另外一棵最小生成树。

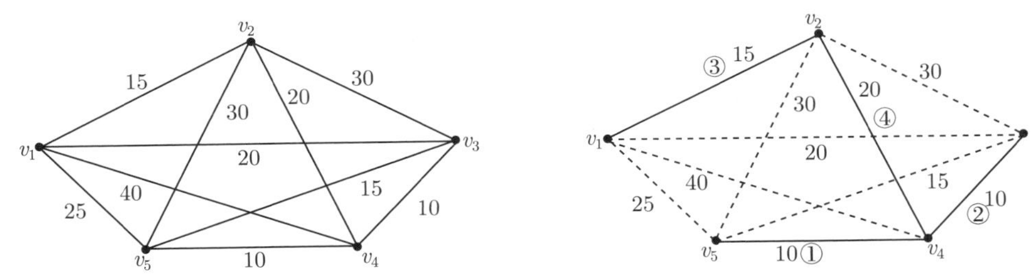


图 9.23 使用 Kruskal 算法求带权连通无向图的最小生成树

算法 9.7 给出了 Kruskal 算法基本思路的描述。算法的时间复杂度与使用怎样的数据结构快速判断要添加的边与 $T$ 中已有边是否构成回路有关，不同的具体实现方法会有稍微不同的时间复杂度。但 Kruskal 算法要按权值从小到大考察每条边，因此需要将边按权值进行排序，这至少需要花费 $O(m \log m)$ 的时间，这里 $m$ 是图的边数。

**Algorithm 9.7: 给出带权连通简单无向图的最小生成树的 Kruskal 算法**

**输入:** 带权连通简单无向图 $G$ 的顶点集和边集，以及每条边的权，并设顶点数是 $n$

**输出:** $G$ 的一个最小生成树 $T$，其中包含所选中的边的序列

1 令 $T$ 是空图;
2 **for** （基于 $G$ 的距离矩阵按权值从小到大考察 $G$ 的每条边 $e$ 且 $T$ 的边数小于 $n-1$) **do**
3 | **if** （边 $e$ 不与已经在 $T$ 中的边构成回路）**then** 将边 $e$ 添加到 $T$ 中；
4 **end**

Kruskal 算法是边主导的算法，普里姆 (Prim, 1921—2009) 提供了另一个由顶点主导的得到最小生成树的算法，其基本思想是：设带权连通无向图 $G$ 的顶点集是 $V$，初始化时树 $T$ 是空树。任选一个顶点 $v_0$ 构成顶点集 $V'$，然后不断在所有一个端点在 $V-V'$，另一个端点在 $V'$ 的边中选权最小的一条边 $e=(u,v)$，其中 $u \in V-V', v \in V'$，也即设 $e$ 的权是 $w(u,v)$，则：

$$w(u,v) = \min_{t \in V-V', s \in V'} w(t,s)$$

将边 $(u,v)$ 加入到树 $T$，并令 $V' = V' \cup \{u\}$。重复上述选边过程，直到 $V' = V$，最后 $T$ 就是 $G$ 的一棵最小生成树。

**例子 9.30** 考虑图 9.23 左边给出的带权连通无向图，其中 $V = V = \{v_1, v_2, v_3, v_4, v_5\}$。Prim 算法开始时树 $T$ 为空，然后按下面的顺序选择顶点和边。

假定第一步选择顶点 $v_1$，即 $V' = \{v_1\}$，这样一个端点在 $V'$，另一个端点在 $V-V'$ 的边有：

$$(v_1, v_2),\ (v_1, v_3),\ (v_1, v_4),\ (v_1, v_5)$$

其中权最小的边是 $(v_1, v_2)$，将其添加到树 $T$，并将 $v_2$ 添加到 $V'$，这样 $V' = \{v_1, v_2\}$。下一步考虑一个端点在 $V'$，另一个端点在 $V-V'$ 的边，这些边有：

$$(v_1,v_3),\ (v_1,v_4),\ (v_1,v_5),\ (v_2,v_3),\ (v_2,v_4),\ (v_2,v_5)$$

其中权最小的边有两条 $(v_1,v_3)$ 和 $(v_2,v_4)$，权都是 20，任选一条，例如 $(v_1,v_3)$，将其添加到树 $T$，并将 $v_3$ 添加到 $V'$，得到 $V'=\{v_1,v_2,v_3\}$。下一步要考虑的一个端点在 $V'$，另一个端点在 $V-V'$ 的边有：

$$(v_1,v_4),\ (v_1,v_5),\ (v_2,v_4),\ (v_2,v_5),\ (v_3,v_4),\ (v_3,v_5)$$

这些边中权最小的边是 $(v_3,v_4)$，将其加入到树 $T$，并将 $v_4$ 加入到 $V'$，得到 $V'=\{v_1,v_2,v_3,v_4\}$。下一步要考虑的一个端点在 $V'$，另一个端点在 $V-V'$ 的边有：

$$(v_1,v_5),(v_2,v_5),(v_3,v_5),(v_4,v_5)$$

其中权最小的边是 $(v_4,v_5)$，将其加入到树 $T$，并将 $v_5$ 加入的 $V'$。这时 $V'=V$，算法终止，最后得到的最小生成树 $T$ 包括边 $(v_1,v_2)$，$(v_1,v_3)$，$(v_3,v_4)$，$(v_4,v_5)$。

图 9.24 使用实线边给出了上述使用 Prim 算法得到的最小生成树 $T$，上面的标号给出了选边（实际上主要是边的端点）的顺序。虚线边是不在最小生成树 $T$ 中的边。

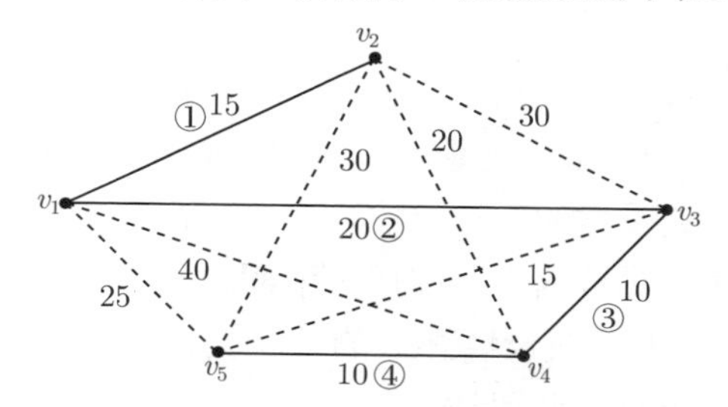


图 9.24　使用 Prim 算法求带权连通无向图的最小生成树

算法 9.8 给出了 Prim 算法基本思路的描述，算法第 3 行是在一个端点 $t$ 属于 $V-V'$、另一个端点 $s$ 属于 $V'$ 的边中找到权值最小的边 $(u,v)$。整个算法的时间复杂度也取决于这一操作所花费的时间，使用不同的数据结构实现会有稍微不同的时间复杂度，但 Prim 算法的时间复杂度主要取决于图的顶点数。因此，人们通常在边数比较多，即图是稠密图时使用 Prim 算法；而在图是稀疏图，即边数比较少时采用 Kruskal 算法。

**Algorithm 9.8: 给出带权连通简单无向图的最小生成树的 Prim 算法**

**输入:** 带权连通简单无向图 $G$ 顶点集和边集，以及每条边的权 $w(v_i,v_j)$，并设顶点集是 $V=\{v_1,v_2,\cdots,v_n\}$

**输出:** $G$ 的一个最小生成树 $T$，其中包含所选中的边的序列

1 令 $T$ 是空图，$V'=\{v_1\}$;
2 **while** ($V'$ 不等于 $V$) **do**
3 　找到边 $e=(u,v)$ 使得它的权 $w(u,v)=\min_{t\in V-V',s\in V'} w(t,s)$，其中 $u\in V-V'$，$v\in V'$;
4 　将 $u$ 添加到 $V'$，并将 $(u,v)$ 添加到 $T$;
5 **end**

### 9.3.3 哈夫曼树

本小节讨论利用一种特殊的根树（即哈夫曼树）解决一类实际应用问题。假定要存储许多英文文件，需要对文件内容进行编码。我们知道，每个英文字母在英文文章或书籍中不是等概率出现的，例如 $c, e$ 这些字母通常出现得很多，而 $z, x$ 这些字母则出现得很少。因此如果都用同样长的二进制序列编码所有英文字母，那么对英文文件编码得到的二进制文件长度就不是最优的。

哈夫曼 (Huffman, 1925—1999) 提出一种方法对要存储的数据进行不等长编码，从而当不同数据出现的概率不同时可以节省存储空间，也即对数据进行压缩。这种编码现在被称为**哈夫曼编码** (Huffman coding)，编码中要使用的带权二叉树被称为**哈夫曼树** (Huffman tree)。

**定义 9.32** 给定有 $k$ 个叶子的二叉树 $T = (V, E)$，若 $k$ 个叶子分别赋以非负实数权 $w_1, w_2, \cdots, w_k$，则称 $T$ 是**带权二叉树** (weighted binary tree)。若 $T$ 的 $k$ 个叶子对应的层数分别是 $l_1, l_2, \cdots, l_k$，则称

$$w(T) = \sum_{i=1}^{k} l_i \cdot w_i$$

为**带权二叉树 $T$ 的权**。称有最小权的带权二叉树为**最优二叉树**，也称为**哈夫曼树**。

下面先以例子介绍哈夫曼树的构造算法，即哈夫曼算法，然后再给出该算法的描述，进而讨论如何利用哈夫曼树对数据进行编码和解码，从而实现数据的压缩和解压缩。

**例子 9.31** 为简单起见，假设要存储的英文文件只含有 $a, b, c, d, e, f, g, h$ 八个字母，每个字母在文件出现的概率分别是：

$$\begin{array}{llll} a: \ 15\% & b: \ 12\% & c: \ 25\% & d: \ 8\% \\ e: \ 20\% & f: \ 6\% & g: \ 8\% & h: \ 6\% \end{array}$$

我们将要编码的字母对应二叉树的叶子，字母在文件中出现的概率作为赋予叶子的权，哈夫曼算法构造一个这些带权叶子的最优二叉树，从而给出这些字母的一个最优二进制编码方案。

算法首先将字母的权从小到大排序（下面省略叶子权的百分比，实际上，哈夫曼算法只要求叶子权非负）：

$$6(f) \quad 6(h) \quad 8(g) \quad 8(d) \quad 12(b) \quad 15(a) \quad 20(e) \quad 25(c)$$

然后开始构造最优二叉树。取所有权中最小的两个权，以这两个权对应的字母（叶子顶点）作为儿子（哪个字母作为左儿子或右儿子都可以），新添加一个顶点 $t_1$ 作为根，得到一棵子树（下面用方框表示叶子顶点，而用圆框表示内部顶点，见图 9.25）。

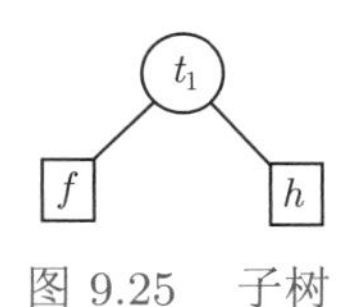


图 9.25 子树

令 $t_1$ 的权赋为它的两个儿子顶点的权的和，即为 12。在最初的权序列中，将 $f$ 和 $h$ 的权删除，代之以 $t_1$ 的权，重新从小到大排序，得到如下的权序列：

$$8(g)\quad 8(d)\quad 12(t_1)\quad 12(b)\quad 15(a)\quad 20(e)\quad 25(c)$$

下一步跟前面类似，选两个权最小的字母 $g$ 和 $d$ 作为儿子，并新添加一个顶点 $t_2$ 作为根，得到一棵子树（见图 9.26，实际上，这与前面构造的树 $t_1$，以及所有还没有选中的单个叶子顶点，包括字母 $b,a,e$ 和 $c$ 一起形成了森林，下面我们总是省略那些还没有选中的单个叶子顶点）。

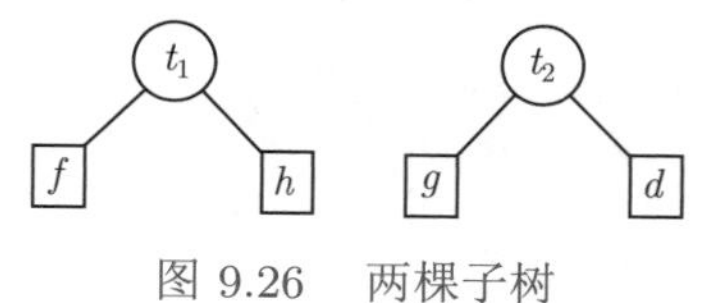


图 9.26　两棵子树

同样地，在权序列中删除 $g$ 和 $d$ 的权，令 $t_2$ 的权为它们的和（即 16），并加入到权序列，保持从小到大的序，得到：

$$12(t_1)\quad 12(b)\quad 15(a)\quad 16(t_2)\quad 20(e)\quad 25(c)$$

这时权最小的是 $t_1$ 和 $b$ 的权，取这两个权对应顶点作为儿子，添加一个新节点 $t_3$ 作为根，从而得到如下森林（见图 9.27，注意，$t_3$ 是以 $t_1$ 为左儿子还是以 $b$ 为左儿子都可以，下面为画图方便，选择 $t_1$ 作为左儿子）。

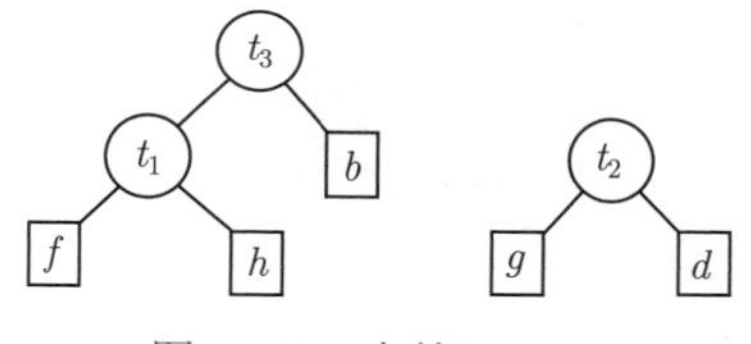


图 9.27　森林（一）

在权序列中删除 $t_1$ 和 $b$ 的权，令 $t_3$ 的权为它们的和（即 24），加入到权序列，保持从小到大的序得到：

$$15(a)\quad 16(t_2)\quad 20(e)\quad 24(t_3)\quad 25(c)$$

继续选择两个最小的权对应的顶点（即 $a$ 和 $t_2$）作为儿子，添加新节点 $t_4$ 作为根，得到如图 9.28 所示的森林。

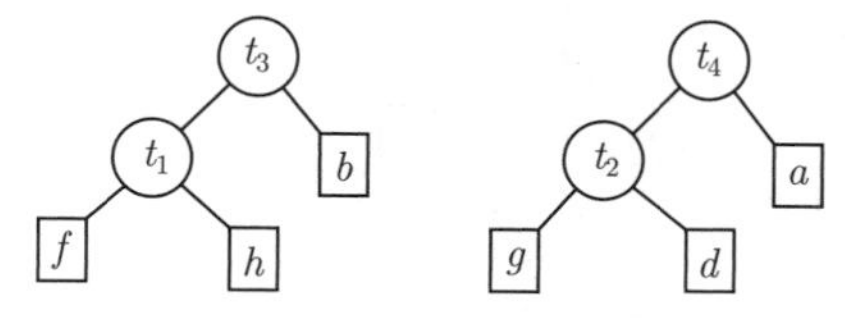


图 9.28　森林（二）

删除 $a$ 和 $t_2$ 对应的权，加入 $t_4$ 对应的权（即 $a$ 和 $t_2$ 的权之和 31），保持权序列的从小到大顺序得到：

$$20(e)\quad 24(t_3)\quad 25(c)\quad 31(t_4)$$

继续选择两个最小的权对应的节点（即 $e$ 和 $t_3$）作为儿子，添加新节点 $t_5$ 作为根，得到如图 9.29 所示的森林。

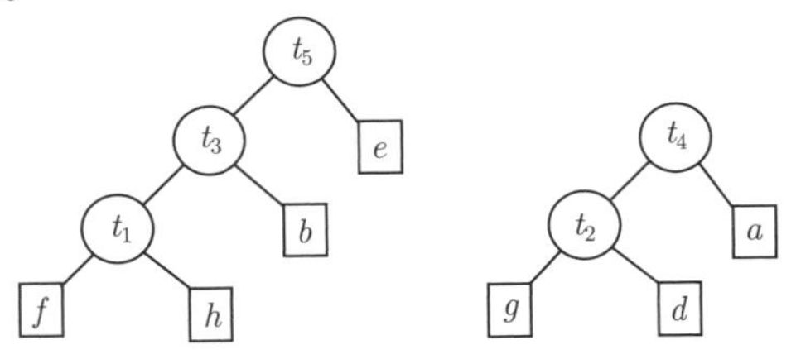


图 9.29 森林（三）

删除 $e$ 和 $t_3$ 对应的权，加入 $t_5$ 对应的权（即 $e$ 和 $t_3$ 的权之和 44），保持权序列的从小到大顺序得到：

$$25(c) \quad 31(t_4) \quad 44(t_5)$$

构造一个新的节点 $t_6$，以 $c$ 和 $t_4$ 对应的节点作为儿子，得到如图 9.30 所示的森林。

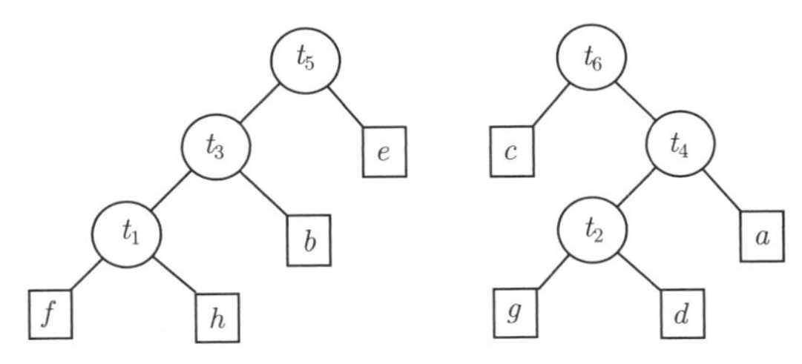


图 9.30 森林（四）

删除 $c$ 和 $t_4$ 对应的权，加入 $t_6$ 对应的权（即 $c$ 和 $t_4$ 对应的权之和 56），这时只剩下两个顶点的权，即 $44(t_5)$ 和 $56(t_6)$，构造一个新的顶点 $t_7$，以 $t_5$ 和 $t_6$ 对应的顶点作为儿子。

这时只有一个顶点 $t_7$，算法终止，构造得到的最优二叉树（即哈夫曼树）如图 9.31 所示。注意，这个最优二叉树 $T$ 的权 $w(T)$ 不是根 $t_7$ 的权，而是：

$$\begin{aligned} w(T) &= 6\times 4+6\times 4+8\times 4+8\times 4+12\times 3+15\times 3+20\times 2+25\times 2 \\ &= 283 \end{aligned}$$

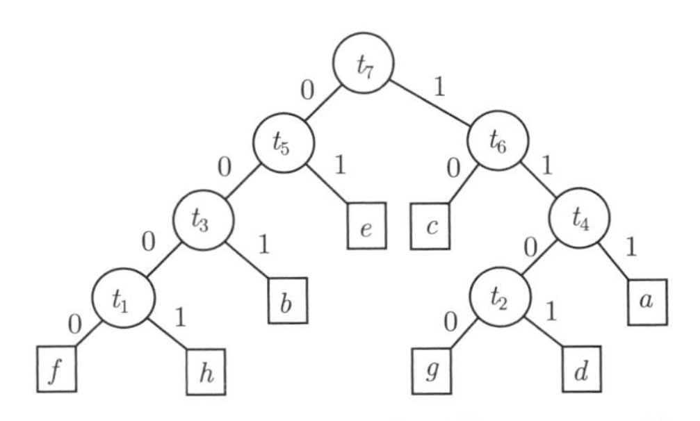


图 9.31 例子 9.31最终得到的 Huffman 树

算法 9.9 给出了哈夫曼算法的基本思路。假定算法第 5 行构建新顶点并以 $u$ 和 $v$ 为儿子顶点所耗费的时间为常数时间，那么算法的主要时间花在第 1 行对顶点和权序列进行排序，以及第 6 行将顶点 $t$ 及其权值插入到 $H$ 并保证 $H$ 的排序，前者需要花费 $O(n\log n)$ 的时间，后者由于 $H$ 原来已经排好序，在删除前面两个顶点后，插入新的顶点可使用类似二分查找的方法找到合适的插入位置，因此所花费的时间是 $O(\log n)$。显然第 3 行开始的循环每执行一次，$H$ 中的顶点减少一个，因此这个循环总共执行 $n$ 次，从而整个算法的时间复杂度是 $O(n\log n)$。

**Algorithm 9.9: 构造最优二叉树的 Huffman 算法**

**输入:** $n$ 个叶子顶点及它们的权，假定它们构成序列 $L = \langle v_1(w_1), \cdots v_n(w_n)\rangle$

**输出:** 以 $v_1, v_2, \cdots, v_n$ 为叶子顶点的最优二叉树 $T$

1 令 $H$ 是 $L$ 按权值从小到大排序后叶子顶点及其权序列 $\langle v_{i_1}(w_{i_1}), \cdots, v_{i_n}(w_{i_n})\rangle$;
2 $T$ 是由顶点 $v_1, v_2, \cdots, v_n$ 构成的森林（每个顶点看作没有边的平凡树）;
3 **while** ($H$ 中的顶点数大于 1) **do**
4 　取 $H$ 中权值最小的（也即最前面的）两个顶点，设为 $u$ 和 $v$，其权值分别为 $w_u, w_v$;
5 　在 $T$ 中构建新的顶点 $t$，以 $u$ 和 $v$ 分别为左右儿子顶点;
6 　在 $H$ 中删除顶点 $u$ 和 $v$ 及其权值，将顶点 $t$ 及其权值 $w_u+w_v$ 加入到 $H$，并保持 $H$ 按权值从小到大排序;
7 **end**

**例子 9.32**　继续例子 9.31，根据构造得到的哈夫曼树，可以对字母 $a, b, c, d, e, f, g, h$ 进行编码。编码方法很简单，对树的每条边赋一个二进制数：如果某条边是从父亲连向左儿子，则赋二进制数 0；如果是从父亲连向右儿子，则赋二进制数 1。图 9.31 给出的边已经使用二进制数进行标记。

这样每个叶子顶点对应字母的编码就是从根到该叶子的唯一通路所包含的边上的二进制数构成的二进制串，也即有：

| | | | | | | | |
|---|---|---|---|---|---|---|---|
| $a$ 的编码是: | 111 | $b$ 的编码是: | 001 | $c$ 的编码是: | 10 | $d$ 的编码是: | 1101 |
| $e$ 的编码是: | 01 | $f$ 的编码是: | 0000 | $g$ 的编码是: | 1100 | $h$ 的编码是: | 0001 |

与每个字母的出现概率相比，不难看到，出现概率越高的字母编码越短。因此，如果存储 100 万个这些字母的英文文件，且每个字母出现的概率符合前面给出的值的话，也即，在 100 万个字母中，$a$ 大概出现 15%，$b$ 大概出现 12% 等，那么存储这 100 万个字母的英文文件需占用的二进制位的数目是：

$$\begin{aligned}W &= 6\times 4+6\times 4+8\times 4+8\times 4+12\times 3+15\times 3+20\times 2+25\times 2\\ &= w(T) = 2830000\end{aligned}$$

也即需要 283 万个二进制位。而如果使用相同长度的二进制对上述 8 个字母进行编码，那么每个字母需要 3 位，从而若要存储 100 万个字母的英文文件，总共需要 300 万个二进制数。使用哈夫曼编码，所占存储是等长码的 $283/300 = 94.3\%$。

使用不等长的二进制编码还需要解决一个问题，即字母编码信息的分割，也即哪几个二进制位代表一个字母。很显然，若使用等长编码，例如三位编码，那么在读取文件，也即解压缩文件时每三位三位进行分割译码即可，但如果是使用不等长编码，在解压缩文件时该如何译码呢？也就是说，我们需要一个能够正确分割存储的字母编码信息的方法。解决这个问题的方法就是让字母的编码满足**前缀码** 的要求。

**定义 9.33** 设 $a_1a_2\cdots a_n$ 是长度为 $n$ 的串，称子串 $a_1, a_1a_2, a_1a_2a_3, \cdots, a_1a_2\cdots a_{n-1}$ 分别是它的长度为 $1, 2, \cdots, n-1$ 的**前缀** (prefix)。也就是说，串 $\beta$ 是串 $\alpha$ 的**前缀**，当且仅当 $\beta$ 是 $\alpha$ 的从第一个字符开始的子串。

**定义 9.34** 设 $A = \{\beta_1, \beta_2, \cdots, \beta_n\}$ 是一些串构成的集合。如果 $A$ 满足，对任意的 $i \neq j, 1 \leqslant i, j \leqslant n$，都有 $\beta_i$ 不是 $\beta_j$ 的前缀，也即 $A$ 的任意两个串都不互为前缀，则称 $A$ 是**前缀码** (prefix code)。进一步，若前缀码 $A$ 的任意串 $\beta_i$ 都只由两种符号构成，则称 $A$ 是**二元前缀码**。

**例子 9.33** 对于串 110010101，其前缀有 $1, 11, 110, 1100, 11001$ 等，而 10010 虽然是它的子串，但不是它的前缀。下面的符号串集合不是前缀码：

$$A = \{11, 100, 1101, 001, 0100, 0111, 0011\}$$

因为其中 11 是 1101 的前缀，001 是 0011 的前缀。

例子 9.32根据哈夫曼树得到的编码集（二进制串集）：

$$H = \{111(a), 001(b), 10(c), 1101(d), 01(e), 0000(f), 1100(g), 0001(h)\}$$

是前缀码。

一般地，如果按照上述编码方法，即将连向左儿子的边编码为 0，右儿子的边编码为 1，叶子顶点的编码为根到该叶子顶点的通路上的二进制串，那么任意一棵二叉树的叶子顶点的编码构成的集合一定是前缀码，因为根到任何叶子顶点的通路都是唯一的，绝不会是根到另外一个叶子顶点的通路的一部分。

对于二元前缀码，由于任何一个码都不是另外一个码的前缀，从而对于一系列字母的编码串，读取时根据字母的编码表就能正确分割并译码。例如，如果存储的字母串是 $faceaddheadgeaf$，根据例子 9.32 的编码得到下面的二进制串：

$$0000111100111111011101000101111110111000111110000$$

读取时看到第一个二进制位 0 时，可能的字符是 $b, e, f, h$，再看到下一个 0 时，可能的字符只有 $b, f, h$，再看到一个 0，可能的字符剩下 $f, h$，再看到一个 0，就只有 $f$ 了，而且由于 0000 不会是任何其他字符编码的前缀，因此 0000 只可能译码成 $f$。

Graph-Special(1)

Graph-Special(2)

## 9.4 一些特殊的图

本节介绍平面图、欧拉图、哈密顿图三种特殊的图，这些都是在图论中研究比较多、存在历史比较长、比较经典的图的类型。

### 9.4.1　平面图

在实际问题中有时要涉及图的平面性的讨论，比如印刷电路板的设计、大规模集成电路的布局布线等，都离不开图的平面性研究。很多城市的地铁线路图为了乘客方便也是绘制成平面图，使得任意两条地铁线路的交叉点都是换乘站。

**定义 9.35**　若能将图 $G$ 画在平面上，且任意两条边的交点只是 $G$ 的顶点，则称 $G$ **是可平面图** (planar graph)。可平面图在平面上的一个嵌入（画法）称为一个**平面图** (plane graph)。

树是一类重要的平面图，因为树没有回路，也就是说，树没有一个封闭的区域，因此总能通过适当排列其顶点，使得任意两条边之间都不相交。

**定义 9.36**　设 $G$ 是平面图，由它的若干边包围而成，且其中不含图的顶点和边的区域称为 $G$ 的一个**面** (region) 或**域**。包围面 $R$ 的所有边构成的回路称为该面的**边界** (boundary)，回路长度称为该面的**度** (degree)，记为 $\deg(R)$。由平面图的边包围且无穷大的面称为平面图的**外部面** (exterior region)，其他的面都称为**内部面** (interior region)。

**例子 9.34**　对于图 9.32 给出的平面图，它共有四个面，其中 $R_0$ 是外部面，$R_3$ 由 $v_7$ 上的环围成，上面没有标出，这些面的边界和度分别是：

$$
\begin{array}{lll}
R_0 \text{ 的边界：} & v_1v_2v_4v_5v_7v_7v_4v_3v_1 & \deg(R_0)=8 \\
R_1 \text{ 的边界：} & v_1v_2v_4v_3v_1 & \deg(R_1)=4 \\
R_2 \text{ 的边界：} & v_4v_5v_7v_4v_6v_4 & \deg(R_2)=5 \\
R_3 \text{ 的边界：} & v_7v_7 & \deg(R_3)=1
\end{array}
$$

注意 $v_4$ 和 $v_6$ 之间的边作为 $R_2$ 的边界需要计算两次。

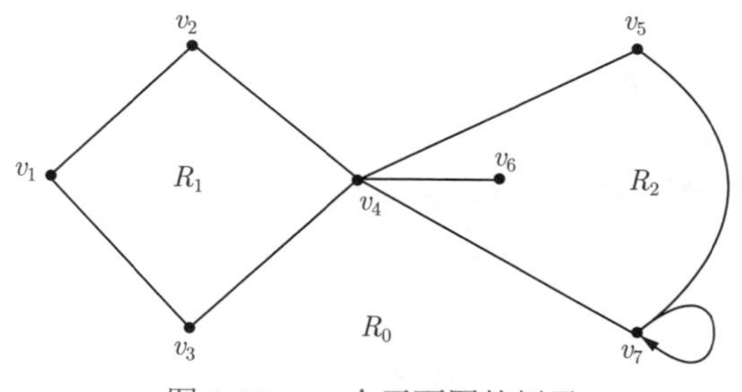


图 9.32　一个平面图的例子

类似于握手定理，由于平面图的任意边都作为两个面的边界，因此有下面的定理。

**定理 9.14**　平面图所有面的度之和等于边数的两倍。

在平面图研究中，最重要的是下面定理给出的欧拉公式 (Euler Identity)。

**定理 9.15**　**欧拉公式**：设连通平面图 $G$ 有 $n$ 个顶点，$m$ 条边，$d$ 个面，则：$n-m+d=2$。

**证明**　$G$ 是连通图，有生成树 $T$，它包含 $n-1$ 条边，不产生回路，因此对 $T$ 而言只有一个外部面。由于 $G$ 是平面图，每加入一条原来在 $G$ 中但不在 $T$ 的边，它一定不与其他边相交，也就是说一定是跨某个面的内部，把该面分成两个面，这样的边有 $m-n+1$ 条，因此所有这样的边加入后就得到 $m-n+2$ 个面。 □

利用欧拉公式很容易证明下面的定理。

**定理 9.16** 设 $G$ 是连通的平面图，且 $G$ 的各面度数大于或等于 $l$，则 $G$ 的边数 $m$ 与顶点数 $n$ 满足：

$$m \leqslant \frac{l}{l-2}(n-2)$$

**证明** 设 $G$ 的面数为 $r$，则由欧拉公式有 $r=2+m-n$，再利用面的度数之和是边数两倍可得：

$$2m \geqslant l \times r \implies 2m \geqslant l(2+m-n) \implies m \leqslant \frac{l}{l-2}(n-2)$$ □

**推论 9.17** 定义 $g(G)$ 是图 $G$ 长度最小的回路的长度，称为图 $G$ 的**围长**。若连通平面图 $G$ 的围长大于等于 $l$，则：

$$m \leqslant \frac{l}{l-2}(n-2)$$

**证明** 因为平面图 $G$ 的面的度数大于或等于图 $G$ 的围长。 □

**定义 9.37** 设 $G=(V,E)$ 为简单平面图，$|V|>3$。若对任意 $v_i,v_j \in V$ 且 $(v_i,v_j) \notin E$，有 $G'=(V,E\cup(v_i,v_j))$ 都不是平面图，即在 $G$ 的任意两个不相邻顶点之间加一条新边都得到非平面图，则称 $G$ 为**极大平面图** (maximal planar graph)。

不难看到，这里的“极大性”是针对固定顶点数的图的边的数目而言。容易证明极大平面图的下面一些性质。

**引理 9.18** （1）极大平面图是连通图。

（2）极大平面图没有桥。

（3）极大平面图的每个面都由 3 条边组成。

（4）极大平面图有 $3d=2m$，其中 $d$ 为面数，$m$ 为边数。

（5）设 $v$ 是极大平面图中任意一顶点，则与 $v$ 相邻的顶点必构成一个回路。

（6）对于极大平面图 $G=(V,E)$，若 $|V|\geqslant 4$，则 $\delta(G)\geqslant 3$，这里 $\delta(G)$ 是图的最小度。

**证明** （1）若极大平面图不是连通图，则分别取两个连通分支上的一个顶点，将这两个顶点相连不会增加面数，也就是说不会改变图的平面性，从而与极大性相矛盾。

（2）若 $e=(v,u)$ 是极大平面图的一个桥（割边），则 $v$ 的一个相邻顶点 $v'$ 与 $u$ 不相邻，但显然在 $v'$ 与 $u$ 之间增加一条边不会改变图的平面性，从而与极大性矛盾！

（3）极大平面图的每个面都由 3 条边组成，否则设 $G$ 有面 $R$ 至少有四条边界，不妨设围成该面的回路是 $v_1e_1v_2e_2v_3e_3v_4e_4\cdots e_kv_1$。这时若 $v_1$ 与 $v_3$ 不相邻，则在 $v_1$ 与 $v_3$ 之间可在面 $R$ 内增加一条边而不破坏图的平面性，这与 $G$ 是极大平面图矛盾，因此 $v_1$ 与 $v_3$ 相邻，且边 $(v_1,v_3)$ 在面 $R$ 之外，同理 $v_2$ 与 $v_4$ 也相邻，且边 $(v_2,v_4)$ 也在面 $R$ 之外，但这时边 $(v_1,v_3)$ 和边 $(v_2,v_4)$ 必相交，与 $G$ 是平面图矛盾。

（4）由极大平面图的每个面都由 3 条边组成及面的度数之和等于边数两倍可得。

（5）设与 $v$ 相邻的顶点不构成一个回路，则在与 $v$ 相邻的顶点中必存在两个顶点 $u, w$，$u$ 与 $w$ 不相邻，那么这时以边 $(v, u)$ 和 $(v, w)$ 为边界的面的度大于或等于 4，这与极大平面图每个面的度为 3 矛盾！

（6）因为当 $|V| \geqslant 4$ 时，与任意一个顶点相邻的顶点都构成一个回路，显然这个回路的长度大于或等于 3，因此任意顶点的度数大于等于 3，即 $\delta(G) \geqslant 3$。 □

进一步，利用欧拉公式有下面的定理。

**定理 9.19** 设极大平面图 $G$ 有 $n$ 个顶点，$m$ 条边，$d$ 个面，则：$m = 3n - 6$ 且 $d = 2n - 4$。

**证明** 将 $2m = 3d$ 代入 $n - m + d = 2$ 得 $n - 3d/2 + d = 2$，即 $d = 2n - 4$，从而 $m = 3n - 6$。 □

**推论 9.20** 设简单平面图 $G$ 有 $n$ 个顶点，$n > 3, m$ 条边，$d$ 个面，则：$m \leqslant 3n - 6$ 且 $d \leqslant 2n - 4$。 □

**问题 9.35** 证明：简单平面图 $G$ 中存在度小于 6 的顶点。

**【证明】** 如果 $G$ 的任意度都大于或等于 6，即 $G$ 的总度数大于或等于 $6n$，由顶点度数等于边数两倍得，边数大于或等于 $3n$，与 $m \leqslant 3n - 6$ 矛盾！ □

**【讨论】** 关于平面图的顶点数、顶点度数、边数、面数或面的度数的一些性质的证明，通常都是运用边数等于顶点度数两倍、边数等于面的度数两倍以及欧拉公式进行证明。

库拉图斯基定理 (Kuratowski's Theorem) 是在理论上判别一个图是否平面图的重要定理。为介绍该定理，我们先给出下面的引理。

**引理 9.21** 完全图 $K_5$ 和完全二部图 $K_{3,3}$ 都不是平面图。

**证明** 因为 $K_5$ 有 10 条边，5 个顶点，而且 $g(K_5) = 3$，若它是平面图则必须满足：

$$10 \leqslant \frac{3}{3-2}(5-2) = 9$$

矛盾，因此 $K_5$ 不可能是平面图。同样地，不难看到 $g(K_{3,3}) = 4$，而它有 6 个顶点 9 条边，若它是平面图则必须满足：

$$9 \leqslant \frac{4}{4-2}(6-2) = 8$$

矛盾，因此 $K_{3,3}$ 也不可能是平面图。 □

**定义 9.38** *$K_5$ 和 $K_{3,3}$ 分别记为 $K^{(1)}$ 和 $K^{(2)}$ 图，在 $K^{(1)}$ 和 $K^{(2)}$ 图上任意增加一些度为 2 的顶点之后得到的图称为 $K^{(1)}$ 和 $K^{(2)}$ 型图，统称为 $K$ 型图。*

**定理 9.22 库拉图斯基定理：** 图 $G$ 是可平面的当且仅当 $G$ 不存在 $K$ 型子图。

这个定理只是在理论上给出了一个图是可平面的充分必要条件，但实际上，很难应用该定理判断一个图是否可平面的，目前判断一个图是否可平面的算法比较复杂，这里不再详细讨论。

### 9.4.2 欧拉图

欧拉图来源于“哥尼斯堡七桥问题”，是图论研究的发源之一。如图 9.33 所示，这个问题是要确定其中的无向图是否存在包含所有边一次且仅一次的回路。欧拉对这个问题的研究使得人们引入了欧拉图的概念。

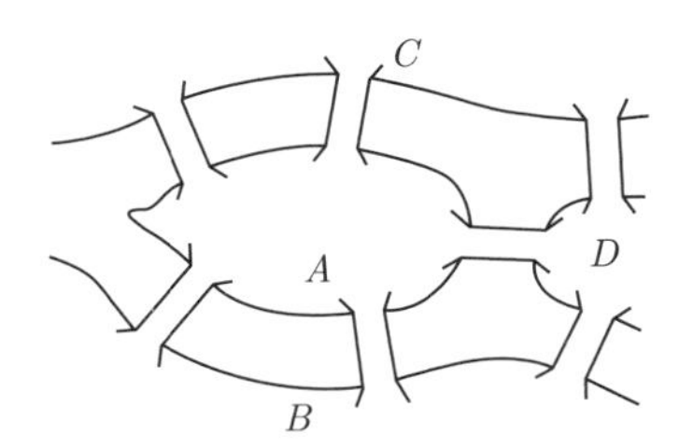


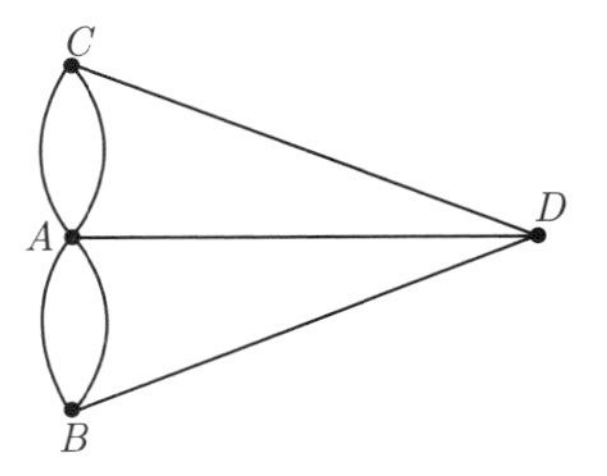


图 9.33 哥尼斯堡七桥问题

**定义 9.39** 无向连通图 $G=(V,E)$ 的一条经过所有边的简单回路称为 $G$ 的**欧拉回路** (Euler circuit)；$G$ 的一条经过所有边的简单通路称为**欧拉通路** (Euler path)。含有欧拉回路的图称为**欧拉图** (Euler graph)；含有欧拉通路的图称为 **半欧拉图** (semi-Euler graph)。

对于哥尼斯堡七桥问题，欧拉实际上证明了下面的定理，从而说明图 9.33 中给出的无向图不是欧拉图，也即哥尼斯堡的居民无法从某个区域出发经过每个桥一次且仅一次回到出发点。

**定理 9.23** 无向连通图 $G=(V,E)$ 存在欧拉回路的充要条件是 $G$ 的所有顶点的度数都为偶数。

**证明** 必要性：若 $G$ 有欧拉回路 $C$，则 $C$ 过每一条边一次且仅一次。对任一顶点 $v$ 来说，如果 $C$ 经由 $e$ 进入 $v$，则一定通过另一条边 $e'$ 离开 $v$，因此 $v$ 的度数是偶数。

充分性：由于 $G$ 的所有顶点度数都是偶数，因此对 $G$ 的任意顶点 $v_0$，一定存在从 $v_0$ 出发的 $G$ 的一个简单回路 $C$。如果 $C$ 已经包含 $G$ 的所有边，则得到一个欧拉回路，否则考虑 $G-C$，它的所有顶点度数仍然是偶数，并且一定存在一个顶点 $v$ 与 $C$ 有边相连。由于顶点 $v$ 的度数必大于 0，这一点开始又存在一个简单回路 $C'$，这样 $C\cup C'$ 就是一个新的回路，比 $C$ 的边多，一直这样扩大回路，直到包含所有的边，则得到一个欧拉回路。 □

**推论 9.24** 若无向连通图 $G$ 只有两个度数为奇数的顶点，则 $G$ 存在欧拉通路。

**证明** 在这两个度为奇数的顶点之间连一条边则 $G$ 不存在奇度顶点，从而存在欧拉回路，这个回路去掉刚才加上的边是欧拉通路。 □

**例子 9.36** 对于图 9.34 给出的三个连通无向图，图 9.34(a) 恰有两个奇数度数的顶点，因此是半欧拉图，图 9.34(b) 没有奇数度数的顶点，是欧拉图，而图 9.34(c) 有 4 个奇数度数的顶点，因此既不是欧拉图，也不是半欧拉图。

欧拉图也是所谓的“一笔画”的图，即在用笔画这样的图时，可以笔尖不离开纸面，一次性地将图的所有边画出来。基于定理 9.23 的证明可找到一个欧拉图的欧拉回路，但其中需要不断扩大简单回路，因此不适合用于求解“一笔画”问题。

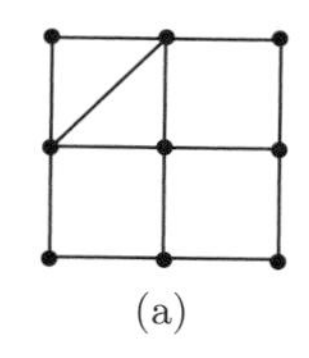
(a)

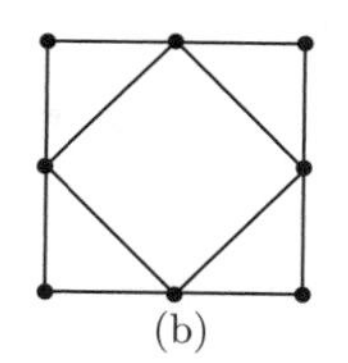
(b)

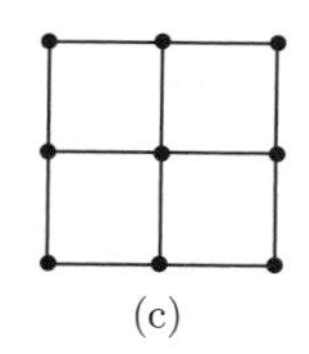
(c)

图 9.34　欧拉图、半欧拉图和非欧拉图示例

Fleury 提出了一个构造欧拉图中欧拉回路的方法：首先任选一个顶点，然后不断选相连的边形成回路，在选的过程中下一条边要与已经选的最后一条边相邻，且在原图删除所有已选边的情况下待选的下一条边不应是桥，除非再也没有其他边可选。读者可自行尝试使用这个方法解决欧拉图的“一笔画”问题，这里不做更多的讨论。

欧拉图是一个由实际应用问题抽象而得到的模型，因此在实际中有许多应用，例如邮递员可能需要投递信件到辖区的每个街道，电力或网络检修员需要检修一定范围内所有的电线或网线等。一般地，街道、线路还有长度，也即需要使用带权图进行建模。在一个带权连通图寻找一条最短的回路以至少包含每条边一次（当不是欧拉图时可能包含一条边超过一次）的问题称为**中国邮递员问题** (Chinese Postman Problem)，由我国著名图论学者管梅谷教授在 1962 年提出并解决。关于这个问题，有兴趣的读者可参考有关文献（例如参考文献 [16]）。

### 9.4.3　哈密顿图

哈密顿图来源于 19 世纪数学家哈密顿 (William Hamilton, 1805—1865) 提出的一个问题：在正十二面体图（如图 9.35 所示）上是否存在一条经过所有顶点一次且仅一次的回路？他形象地将每个顶点看作一个城市，连接两顶点之间的边看作城市之间的交通线路，于是这个问题又称为哈密顿的周游世界问题。

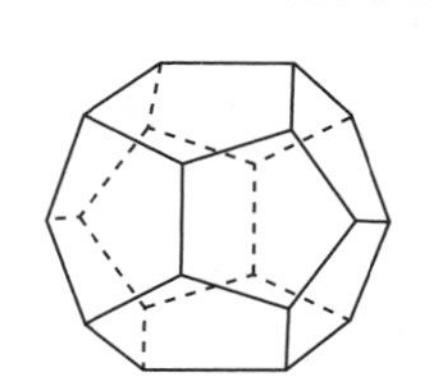

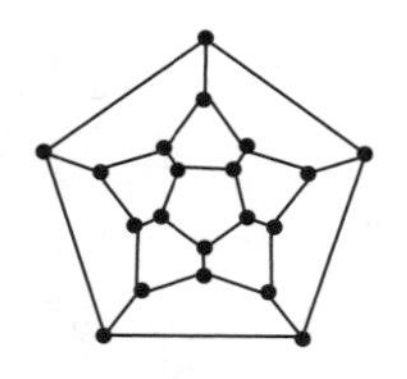

图 9.35　哈密顿周游世界问题

哈密顿的这个问题后来成为图论研究中的一个重要问题，并且有许多重要的应用。对于一般的图，人们引入下面的定义。

**定义 9.40**　*无向图 $G$ 的一条经过全部顶点的初级回路(即不含重复顶点的回路)称为 $G$ 的***哈密顿回路** *(Hamilton circuit)。无向图 $G$ 的一条经过全部顶点的初级通路称为 $G$ 的***哈密顿通路** *(Hamilton path)。存在哈密顿回路的无向图称为***哈密顿图** *(Hamilton graph)，存在哈密顿通路的图称为***半哈密顿图** *(semi-Hamilton graph)。*

到目前为止还没有找到一个图存在哈密顿回路的充分且必要的条件。为介绍存在哈密顿回路的充分条件，我们先引入图中极长通路的概念。

**定义 9.41** 设 $G=(V,E)$ 是无向图，称 $G$ 的一条简单通路 $\Gamma=v_0e_1v_1e_2\cdots e_nv_n$ 是**极长通路** (maximal path)，如果不存在顶点 $v\in V$，$v\neq v_i(0\leqslant i\leqslant n)$ 使得 $v$ 与 $\Gamma$ 的端点 $v_0$ 或 $v_n$ 相邻。进一步，若极长通路 $\Gamma$ 又是初级通路，则称为**极长初级通路**。

也就是说，极长通路 $\Gamma$ 的两个端点只与在 $\Gamma$ 中的顶点相邻。注意，只有在简单通路（则不重复边）的意义下才有所谓的极长通路。如果允许重复边，则任意一条边 $e=(u,v)$ 都可看作是一条无穷长的通路 $\Gamma=ueveue\cdots$。

下面的定理给出了一个简单图存在哈密顿通路的充分条件。

**定理 9.25** 如果 $n$ 阶简单图 $G$ 的任意两个顶点的度数之和大于或等于 $n-1$，这里 $n\geqslant 2$，则 $G$ 存在哈密顿通路。

**证明** 先证 $G$ 是连通图。若 $G$ 非连通，则至少有 2 个连通分支 $H_1,H_2$，其顶点数分别为 $n_1,n_2$，从中各取一个顶点 $v_1,v_2$，则 $d(v_1)\leqslant n_1-1$，而 $d(v_2)\leqslant n_2-1$，从而 $d(v_1)+d(v_2)\leqslant n_1+n_2-2<n-1$，矛盾！所以 $G$ 必然是连通图。

下面证明 $G$ 存在哈密顿通路。设 $\Gamma=v_{i_1}v_{i_2}\cdots v_{i_m}$ 是 $G$ 的一条极长初级通路，即 $\Gamma$ 的两个端点 $v_{i_1}$ 和 $v_{i_m}$ 的相邻顶点都在 $\Gamma$ 中。若 $m=n$，则 $\Gamma$ 就是一条哈密顿通路。

若 $m<n$，我们用反证法证明 $G$ 存在经过顶点 $v_{i_1},v_{i_2},\cdots,v_{i_m}$ 的简单回路。考察 $v_{i_1}$ 和 $v_{i_m}$ 的相邻顶点，注意它们的相邻顶点都在 $\Gamma$ 中，若不存在这样的简单回路，那么对任意的 $v_{i_p}\in\Gamma$，$v_{i_1}$ 与 $v_{i_p}$ 相邻意味着 $v_{i_m}$ 就不能与 $v_{i_{p-1}}$ 相邻（否则 $v_{i_1}v_{i_2}\cdots v_{i_{p-1}}v_{i_m}\cdots v_{i_p}v_{i_1}$ 就是一条简单回路，参见图 9.36）。

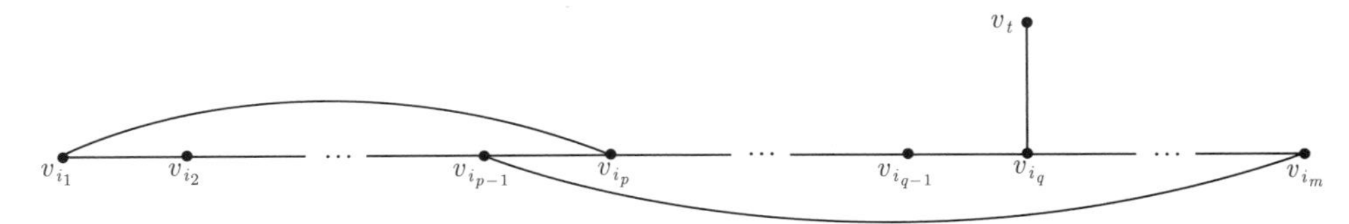


图 9.36 证明定理 9.25 的用图

于是当 $d(v_{i_1})=k$ 时，$d(v_{i_m})\leqslant m-k-1$（其中减 1 因为不能与自身相邻，注意图 $G$ 是简单图），从而 $d(v_{i_1})+d(v_{i_m})\leqslant m-1<n-1$，与题设条件矛盾！这就证明了当 $m<n$ 时存在经过顶点 $v_{i1},v_{i2},\cdots,v_{im}$ 的回路 $C$。

由于 $G$ 是连通图，所以存在 $C$ 之外的顶点 $v_t$ 与 $C$ 的某个顶点 $v_{i_q}$ 相邻，$1<q<m$，删除边 $(v_{i_{q-1}},v_{i_q})$，则 $\Gamma'=v_tv_{i_q}\cdots v_{i_m}v_{i_{p-1}}\cdots v_{i_1}v_{i_p}\cdots v_{i_{q-1}}$ 是 $G$ 的比 $\Gamma$ 更长的初级通路（参见图 9.36），以 $\Gamma'$ 的两个端点可继续扩充，可得到更长的极长初级通路，重复此过程，最后必得到一条包含 $G$ 的所有顶点的初级通路，即 $G$ 的哈密顿通路。 □

**推论 9.26** 若 $n(n\geqslant 3)$ 阶简单图 $G$ 的任意两顶点度数之和大于或等于 $n$，则 $G$ 存在哈密顿回路。

**证明** 由上面的定理 9.25知其 $G$ 存在哈密顿通路 $H$，而且该通路是 $G$ 的一条极长通路，设其端点是 $v_1$ 和 $v_n$，若 $G$ 不存在包含 $H$ 中（也就是 $G$ 中）所有顶点的回路，那么与在定理 9.25 的证明类似，$d(v_1)$ 和 $d(v_n)$ 的和小于或等于 $H$ 的长度减 1，即 $d(v_1)+d(v_n)\leqslant n-1$，与题设条件矛盾！所以 $G$ 一定存在哈密顿回路。 □

**推论 9.27**　若 $n(n \geqslant 3)$ 阶简单图 $G$ 的任意顶点度数大于或等于 $n/2$，则 $G$ 存在哈密顿回路。

□

**例子 9.37**　根据上述定理和推论，完全图 $K_n$ 当 $n \geqslant 3$ 时显然是哈密顿图，因为其中任意顶点的度数是 $n-1$。完全二部图 $K_{n,n}(n \geqslant 2)$ 也是哈密顿图，因为这时任意顶点的度数等于 $n$，都等于顶点总数的一半。

这些定理和推论给出的都是充分条件而非必要条件，图 9.35 给出的正十二面体图不满足推论 9.26中的条件，但它是哈密顿图。更简单地，当 $n \geqslant 5$ 时圈 $C_n$ 显然是哈密顿图，但它的每个顶点的度数都是 2，也不满足推论 9.26 中的条件。

目前还没有有效的算法，即时间复杂度为多项式的算法判断一个图是否哈密顿图或给出一个图的哈密顿回路。哈密顿回路在生活以及一些研究中有十分重要的应用，其中旅行商问题与哈密顿回路的关系十分密切，而旅行商问题是一个典型的 NP 问题，在计算机科学的可计算性理论及算法复杂性理论的研究中有着十分重要的地位。

## 9.5　本章小结

本章介绍了图的基础知识，包括无向图和有向图的定义以及相关的基本概念，顶点与边的关联关系、顶点的度数、简单图、完全图和二部图，然后在定义图的通路、回路的基础上讨论了图的连通性，特别是无向图的点割集、边割集、点连通度和边连通度，以及有向图的强连通、单向连通和弱连通。图可使用关联矩阵、邻接矩阵和邻接表表示和存储，邻接矩阵的幂可给出图任意两个顶点间的通路数。图的基础知识中还重点讨论了图的先深遍历和先广遍历，它们是许多图论算法的基础。

本章介绍的树的基础知识首先给出了无向树的定义和基本性质，包括它是连通且没有回路的简单图，它的边数等于顶点数减 1 等。然后定义了根树和 $m$ 元树，说明了在顶点数相同的情况下，平衡满 $m$ 元树具有最小的树高。本章也还重点讨论了树的遍历，包括树的前序、中序和后序遍历，以及表达式的前缀、中缀和后缀表示法。

本章介绍了带权图的几个应用及其算法，包括最短距离问题的 Dijkstra 算法、最小生成树的 Kruskal 算法和 Prim 算法，以及用于数据压缩而构造最优二叉树的哈夫曼算法。最后介绍了几类特别的图，包括平面图的基本性质、欧拉图和哈密顿图，讨论了一个图是欧拉图充分必要条件和一个图是哈密顿图的充分条件。

本章的概念比较多，但都是一些从直观上容易理解的概念，读者不需要过于关注它的定义，只需要有直观印象即可。读者应该熟悉的一些重要概念包括顶点度数、简单图、完全图、二部图、连通图、强连通图、无向树、根树等，一些重要的结果包括握手定理、连通图的边数下界、树的边数等于顶点数减 1、平衡满 $m$ 元树的树高、平面图的欧拉公式等。重要的算法包括图的先深、先广遍历、树的前序、中序和后序遍历、最短距离的 Dijkstra 算法、最小生成树的 Kruskal 算法和 Prim 算法、构造最优二叉树的哈夫曼算法等。

在“离散数学”课程，读者不需要掌握如何实现这些算法，但需要对于某个给定的例子问题，能按照算法的基本思路给出该问题的求解过程，特别是在过程中要展示算法执行的特点。对于图的遍历和树的遍历要能给出算法输出的顶点访问序列；对于最短距离算法要使用表格展示算法每一次循环执行的结果，以及最后得到的最短路径和最短距离；对于最小生成树算法，要给出选边的过程以及最后的生成树，并对于选边过程的一些关键点说明为什么是选这条边；对于哈夫曼算法，要能给出求解过程中，新构建的顶点以及给定的叶子顶点所构成的森林的变化情况，并给出最后得到的最优二叉树和它的权，在需要时要能给出每个叶子顶点对应字符的二元前缀码。

除掌握上述算法的基本思想外，通过这一章的学习，读者还应能给出图的顶点度数、一些复杂图的边数和顶点数、图的关联矩阵、邻接矩阵和邻接表表示，能判断一个无向图是否二部图、平面图、欧拉图或哈密顿图，能判断一个有向图是否强连通、单向连通或弱连通，能给出图的点割集、边割集、确定图的点连通度、边连通度，能使用握手定理证明一些有关图顶点数、顶点度数、边数的简单性质，能使用欧拉公式证明平面图的简单性质。

## 9.6 习题

**练习 9.1** 设无向图 $G=(V,E)$，$V=\{v_1,v_2,\cdots,v_6\}$，$E=\{\ e_1=(v_1,v_2),\ \ e_2=(v_2,v_2),\ \ e_3=(v_2,v_4),\ \ e_4=(v_4,v_5), e_5=(v_3,v_4),\ \ e_6=(v_1,v_3),\ \ e_7=(v_3,v_1)\ \}$。

（1）画出 $G$ 的图形。

（2）求出 $G$ 中各顶点的度及奇数度顶点的个数。

（3）指出 $G$ 中的平行边、环、孤立点、悬挂边及悬挂顶点。$G$ 是简单图吗？

**练习 * 9.2** 设无向图 $G$ 有 12 条边，已知 $G$ 的 3 度顶点有 6 个，而其他顶点的度数都小于 3，问 $G$ 至少有多少个顶点？为什么？

**练习 9.3** 设 9 阶无向图 $G$ 的每个顶点的度数不是 5 就是 6，证明 $G$ 至少有 5 个 6 度顶点，或至少有 6 个 5 度顶点。

**练习 9.4** 设 $n$ 阶图 $G$ 有 $m$ 条边，证明：

$$\delta(G)\leqslant\frac{2m}{n}\leqslant\Delta(G)$$

**练习 * 9.5** 确定完全图 $K_n$、圈 $C_n$、轮图 $W_n$、$n$ 立方体图 $Q_n$ 和完全二部图 $K_{m,n}$ 的每个顶点的度数，以及边数。

**练习 9.6** 确定完全图 $K_n$、圈 $C_n$、轮图 $W_n$、$n$ 立方体图 $Q_n$ 什么情况下可能是二部图。

**练习 9.7** 设 $G$ 是 $n$ 个顶点 $m$ 条边的简单图，$v$ 是 $G$ 中度数为 $k$ 的顶点，$e$ 是 $G$ 的一条边。

（1）$G-v$ 有多少个顶点和多少条边？

（2）$G-e$ 有多少个顶点和多少条边？

（3）$G\backslash e$ 有多少个顶点和多少条边？

**练习 * 9.8**　设 $G$ 为至少有两个顶点的简单图，证明 $G$ 至少有两个顶点度数相同。

**练习 9.9**　下面两个图 $G_1$ 和 $G_2$（见图 9.37）同构吗？如果同构，写出它们顶点之间的对应关系；如果不同构，说明理由。

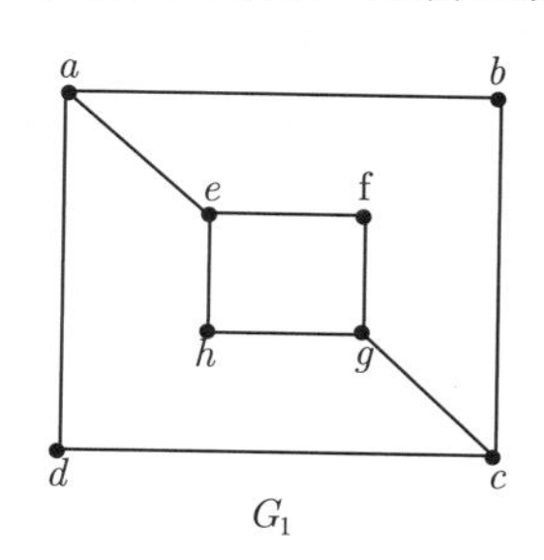


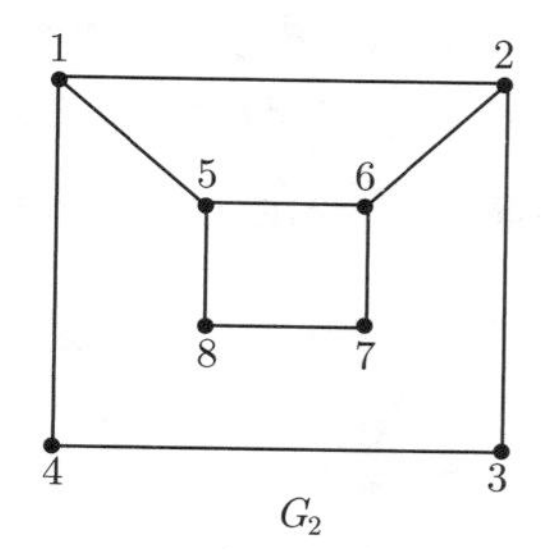


图 9.37　图 $G_1$ 和图 $G_2$

**练习 * 9.10**　判断下面两个命题是否正确，并说明理由。

（1）任何两个同构的图都有相同的顶点数和相同的边数。

（2）任何具有相同顶点数和相同边数的图都是同构的。

**练习 9.11**　给定简单图 $G=(V,E)$，$|V|=n,|E|=m$，若 $m>\dfrac{1}{2}(n-1)(n-2)$，则 $G$ 连通。

**练习 * 9.12**　给定简单图 $G=(V,E)$，$|V|=n$，若对任意的两个顶点 $u,v\in V$ 都有 $d(u)+d(v)\geqslant n-1$，则 $G$ 连通。

**练习 * 9.13**　对于下面图 9.38 所示的两个图：

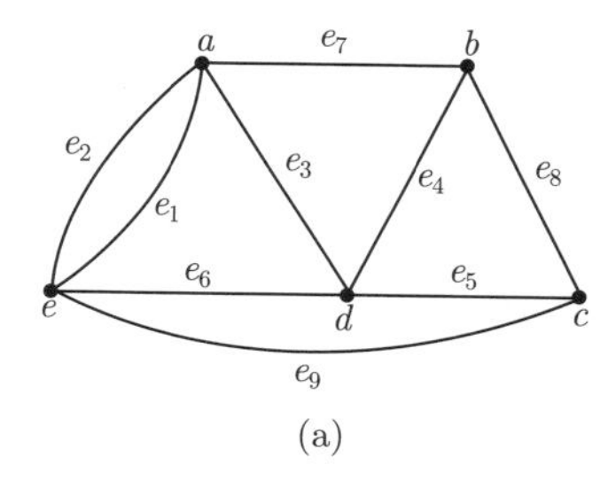


(a)

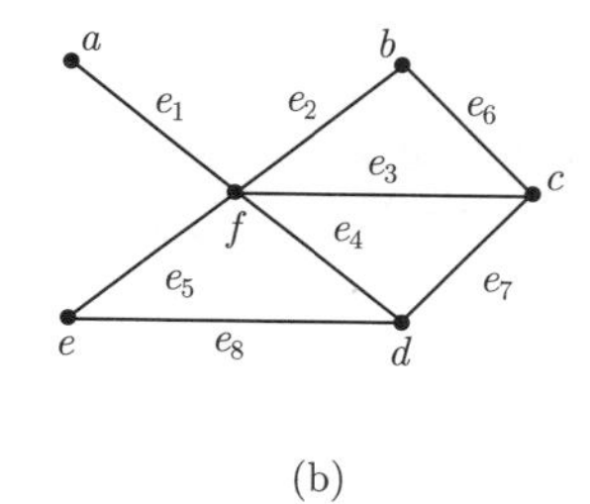


(b)

图 9.38　两个图

（1）求图 9.38（a）中 3 条边和 4 条边的边割集各一个，求图 9.38（b）的一个最小边割集和一个最大边割集。

（2）求图 9.38（a）中的一个最小的点割集，在图 9.38（b）中求含 1 个顶点和 2 个顶点的点割集各一个。

（3）求图 9.38（a）、（b）的点连通度、边连通度。

**练习 9.14**　设 $v$ 为无向连通图 $G$ 的一个顶点，$v$ 为割点当且仅当存在与 $v$ 不同的两个顶点 $u$ 和 $w$，使得 $v$ 处于每一条从 $u$ 到 $w$ 的路径上。

**练习 9.15**　设 $e$ 为无向连通图 $G=(V,E)$ 的一条边，$e$ 为桥当且仅当存在 $V$ 的一个划分 $\{V_1,V_2\}$，使得对任意的 $u\in V_1,w\in V_2$，$e$ 在每一条 $u$ 到 $w$ 的路径上。

**练习 9.16**　分别构造连通图 $G_1,G_2,G_3$，使得：

（1）$\kappa(G_1)=\lambda(G_1)<\delta(G_1)$。

（2）$\kappa(G_2)<\lambda(G_2)=\delta(G_2)$。

（3）$\kappa(G_3)<\lambda(G_3)<\delta(G_3)$。

**练习 * 9.17** （1）证明：若无向图 $G$ 恰有两个奇度顶点，则这两个顶点是连通的。

（2）若有向图 $D$ 中只有两个奇度顶点，它们一个可达另一个或相互可达吗？

**练习 9.18** 给出下面无向图 $G$ 和有向图 $D$ 的关联矩阵（见图 9.39）。

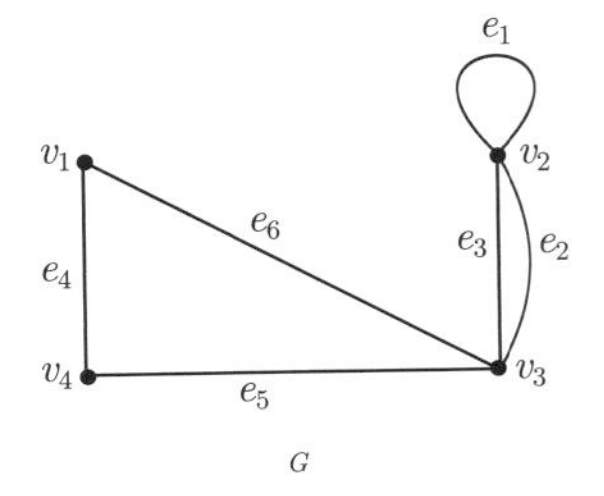


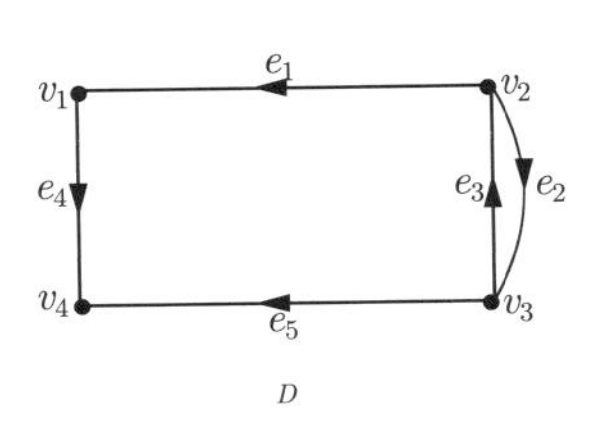


图 9.39　无向图 $G$ 和有向图 $D$

**练习 9.19** 对于下面六个图（见图 9.40）。

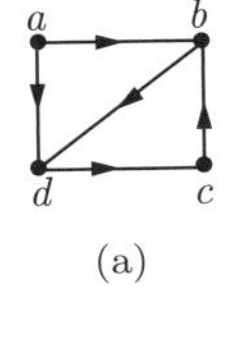


(a)

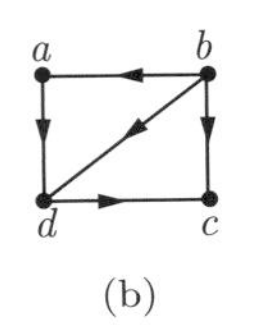


(b)

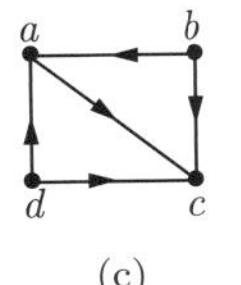


(c)

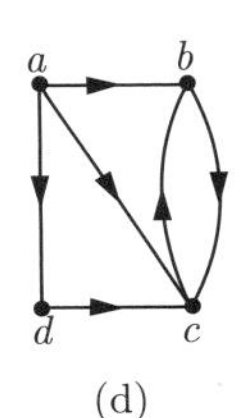


(d)

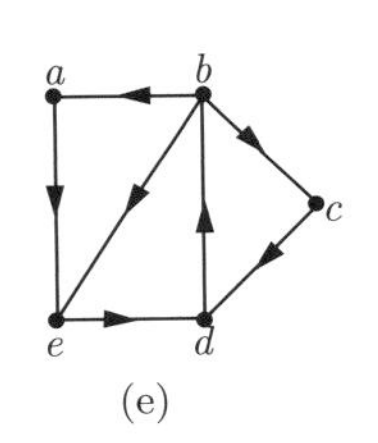


(e)

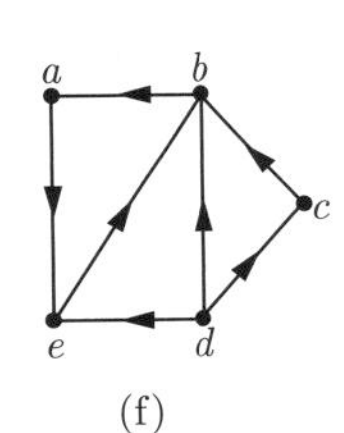


(f)

图 9.40　六个图

① 哪几个是强连通的？② 哪几个是单向连通的？③ 那几个是弱连通的？

**练习 9.20** 设 $D=(V,E)$ 是单向连通的有向图，则对 $V$ 的任意非空子集 $V'\subseteq V$，都存在顶点 $u\in V'$，使得对任意的 $v\in V'$，都有从 $u$ 到达 $v$ 的有向道路。

**练习 9.21** 设 $D$ 是有向图，证明：$D$ 单向连通当且仅当 $D$ 存在经过 $D$ 中每个顶点至少一次的通路。

**练习 9.22** 对于下面的有向图 $D$（见图 9.41）。

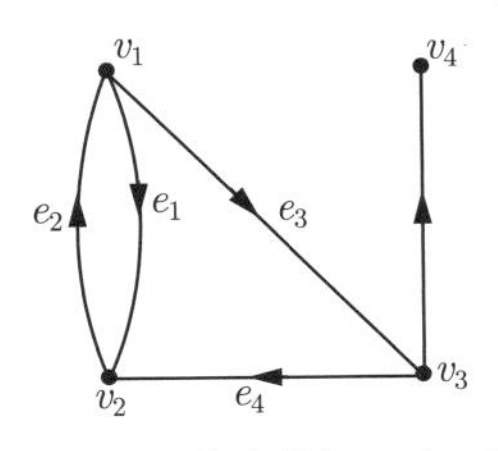


图 9.41　有向图 $D$（一）

（1）写出 $D$ 的邻接矩阵。

（2）求 $D$ 中长度为 3 的通路总数，以及其中有多少条回路？

（3）求 $D$ 的可达矩阵 $\boldsymbol{P}=[p_{ij}]$。图 $D$ 的可达矩阵 $\boldsymbol{P}$ 是 $n$ 阶方阵（$n$ 是图 $D$ 的顶点数），且当 $v_i$ 可达 $v_j$ 时 $p_{ij}=1$，否则 $p_{ij}=0$。

**练习 * 9.23**　对于下面的有向图 $D$（见图 9.42）。

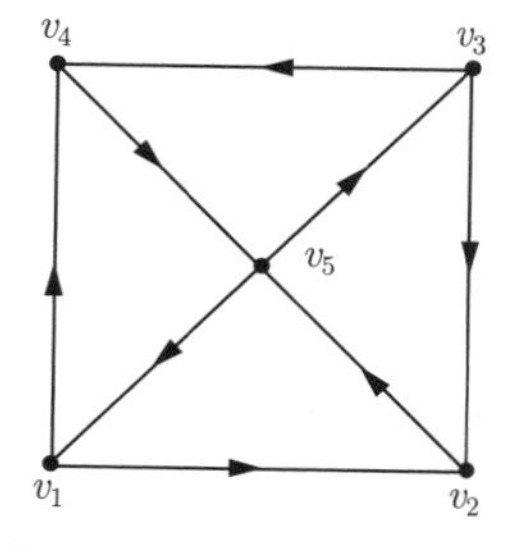


图 9.42　有向图 $D$（二）

（1）给出图 $D$ 的邻接矩阵 $A$。

（2）$D$ 中长度为 4 的通路有多少条？其中有几条为回路？

（3）利用 Warshall 算法求图 $D$ 的可达矩阵，请写出计算的中间结果。图 $D$ 是哪种类型的有向连通图？

**练习 9.24**　对于下面的有向图 $D$（见图 9.43）。

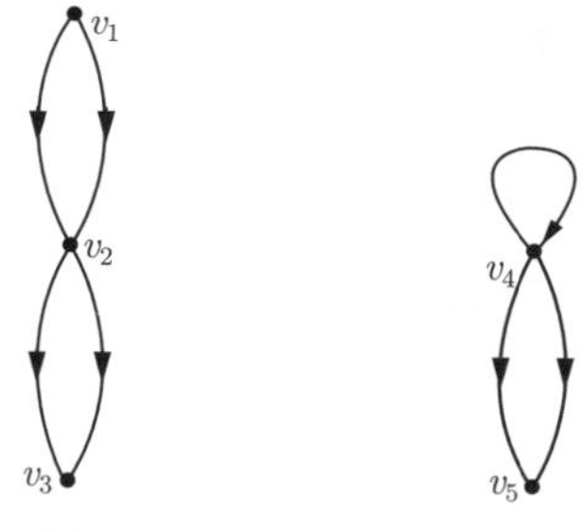


图 9.43　有向图 $D$（三）

（1）给出图 $D$ 的邻接矩阵 $A$。

（2）求 $v_1$ 到各顶点的距离，即 $v_1$ 到各顶点最短有向通路的长度。

（3）求图 $D$ 的可达矩阵。

**练习 9.25**　设无向简单图 $G$ 是 $k(k\geqslant 2)$ 棵树构成的森林，且有 $n$ 个顶点，$m$ 条边，证明 $m=n-k$。

**练习 9.26**　设无向简单图 $G$ 有 $n$ 个顶点，$n-1$ 条边，则 $G$ 为树。这个命题正确吗？为什么？

**练习 * 9.27**　设无向简单图 $G$ 有 $n$ 个顶点，$m$ 条边，已知 $m\geqslant n$，证明：无向图 $G$ 中必有回路。

**练习 9.28**　已知无向树 $T$ 有 3 个 3 度顶点，1 个 2 度顶点，其余都是 1 度顶点。

（1）$T$ 有几个叶子节点？

（2）画出两棵满足上述度数要求的非同构的无向树。

**练习 9.29** 一棵无向树有 $n_i$ 个顶点的度数为 $i, i=1,2,\cdots,k$。如果已知 $n_2,n_3,\cdots,n_k$，试问 $n_1$ 应为多少？

**练习 * 9.30** 设 $T$ 是一棵非平凡的无向树，$\Delta(T)\geqslant k$，证明：$T$ 至少含有 $k$ 片树叶。

**练习 9.31** 有向图 $D$ 仅有一个顶点入度为 0，其余顶点的入度都是 1，$D$ 一定是有向树吗？

**练习 * 9.32** 对于下面根树 $T$（见图 9.44）。

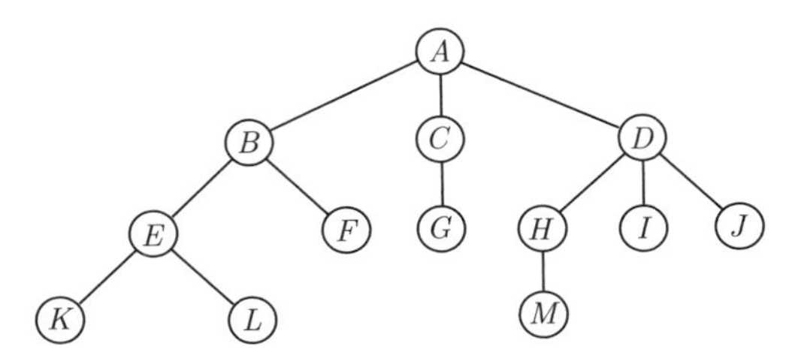


图 9.44 根树 $T$

（1）给出它所有的根节点、叶子节点和内部节点。

（2）给出每个节点的层数。

（3）给出树的高度和最大出度。

（4）给出它的中序、前序和后序遍历结果。

**练习 9.33** 证明：一棵高度为 $h$ 的 $m$ 元树至多有 $m^h$ 片叶子。

**练习 9.34** 证明：一棵有 $l$ 片叶子的 $m$ 元树的高度 $h$ 大于或等于 $\lceil\log_m l\rceil$，即 $h\geqslant\lceil\log_m l\rceil$，从而 $T$ 是平衡满 $m$ 元树，则 $h=\lceil\log_m l\rceil$。

**练习 9.35** 请给出下面二叉树（见图 9.45）的中序、前序和后序遍历结果。

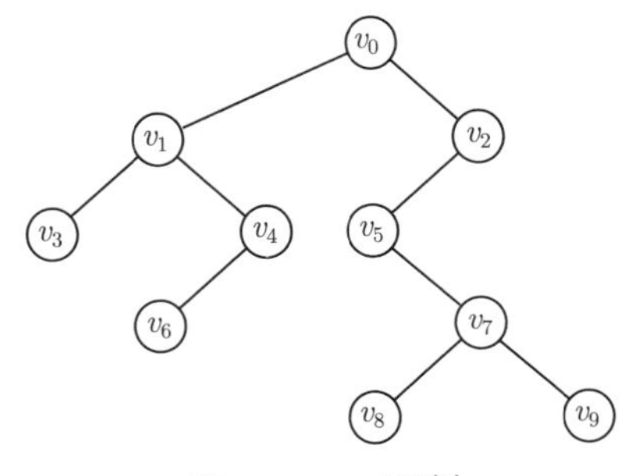


图 9.45 二叉树

**练习 9.36** 给出表达式：

$$((a+(b*c)*d)-e)\div(f+g)+(h*i)*j$$

的波兰符号法和逆波兰符号法表示。

**练习 9.37**　使用 Dijkstra 算法求下面带权图（见图 9.46）中广州到其他所有城市的最短路径。

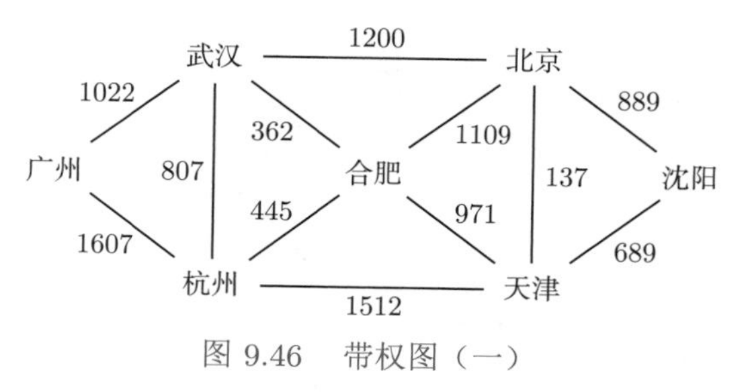

图 9.46　带权图（一）

**练习 9.38**　使用 Dijkstra 算法求下面带权图（见图 9.47）中 $v_1$ 到 $v_9$ 的最短路径。

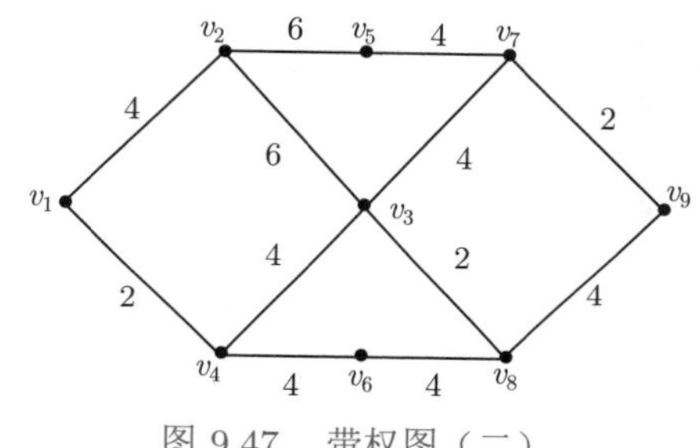

图 9.47　带权图（二）

**练习 * 9.39**　写出下面带权无向图（见图 9.48）的距离矩阵，并使用 Dijkstra 算法求 $v_1$ 到其余各顶点的最短路径。

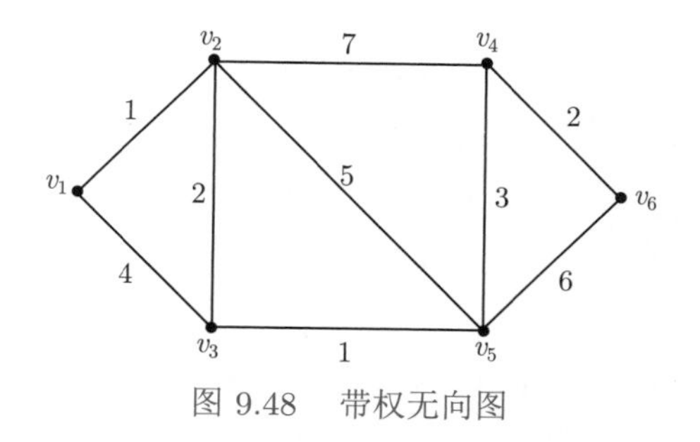

图 9.48　带权无向图

**练习 9.40**　写出下面带权有向图（见图 9.49）的距离矩阵，并使用 Dijkstra 算法求 $v_1$ 到各点的最短距离。

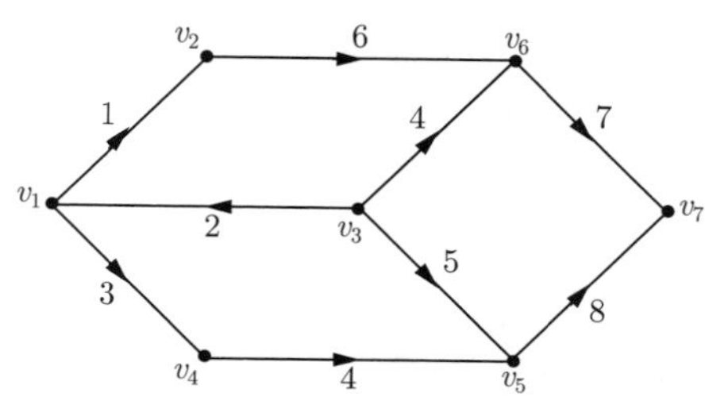

图 9.49　带权有向图

**练习 9.41** 使用 Dijsktra 算法计算图 9.50 中 $v_1$ 到 $v_7$ 的最短路径。

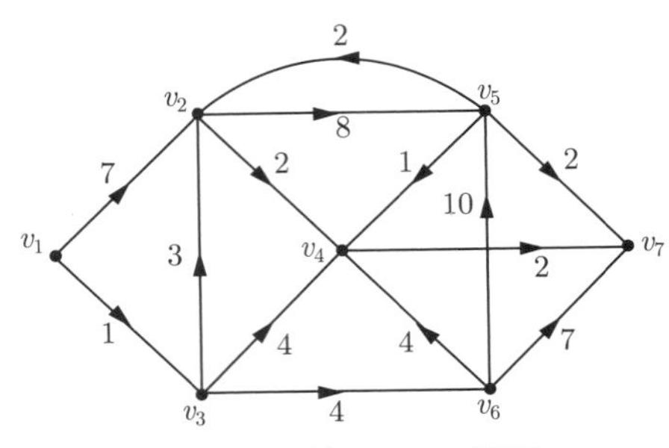


图 9.50 练习 9.41 题图

**练习 9.42** 实际上，带权图的距离矩阵 $\boldsymbol{D} = [d_{ij}]$ 中的元素 $d_{ij}$ 给出的是 $v_i$ 到 $v_j$ 直接有有向边的带权路径长度，而计算矩阵乘法 $\boldsymbol{D}\times\boldsymbol{D} = \boldsymbol{D}^{(2)} = [d_{ij}^{(2)}]$ 时，$d_{ij}^{(2)}$ 的值是通过考察对任意的顶点 $v_k$，$v_i$ 经过 $v_k$ 再到 $v_j$ 经过一个中间顶点的路径，如果要得到最小的带权路径长度，在计算 $d_{ij}^{(2)}$ 时可使用如下方法：

$$d_{ij}^{(2)} = \min\left\{d_{ij}, \min_{1\leqslant k\leqslant n}(d_{ik} + d_{kj})\right\}$$

这里 + 是普通实数加法，但约定对任意的实数 $r$ 有 $r + \infty = \infty$。

可看到，$d'_{ij} = \min_{1\leqslant k\leqslant n}(d_{ik} + d_{kj})$ 是 $v_i$ 到 $v_j$ 经过一个中间顶点的最小带权路径长度，从而 $d_{ij}^{(2)} = \min\{d_{ij}, d'_{ij}\}$ 就是 $v_i$ 到 $v_j$ 至多经过一个顶点的最小带权路径长度。类似地计算 $D^{(3)} = D^{(2)}\times D$ 等等，一直到 $D^{(n)}$，得到至多经过 $n-1$ 个中间顶点的最小带权路径长度。注意到，对有 $n$ 个顶点的有向图，两个顶点之间有有向通路则有至多经过 $n-1$ 个中间顶点的有向路径。因此计算到 $D^n$ 可得到任意两个顶点之间的最小带权路径长度。试基于这个想法，对 Warshall 算法进行修改以计算带权图的任意两个顶点的最短距离。

**练习 * 9.43** 分别使用 Kruskal 算法和 Prim 算法求图 9.51 的最小生成树。

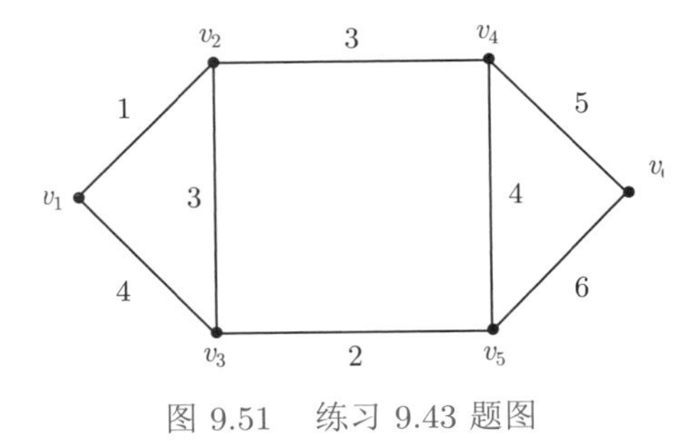


图 9.51 练习 9.43 题图

**练习 9.44** 分别使用 Kruskal 算法和 Prim 算法求图 9.52 的最小生成树。

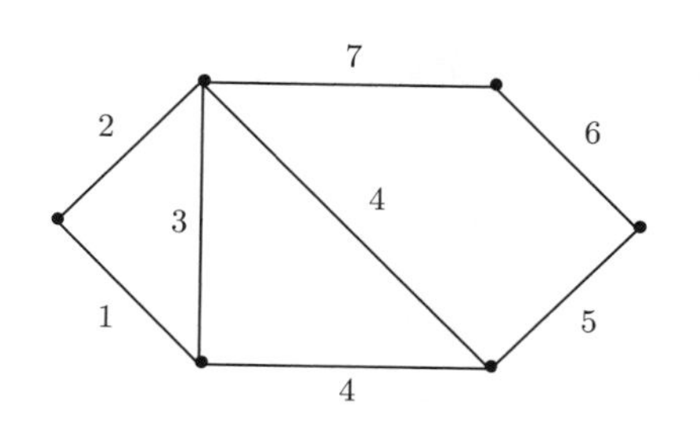


图 9.52　练习 9.44 题图

**练习 9.45**　下面给出的三个符号串集中，哪些是前缀码？哪些不是？为什么？

（1）$B_1 = \{0, 10, 110, 1111\}$

（2）$B_2 = \{1, 01, 001, 000\}$

（3）$B_3 = \{1, 11, 101, 0001, 0011\}$

**练习 9.46**　求带权为 2, 3, 5, 7, 8 的最优二叉树，并写出其对应的二元前缀码。

**练习 * 9.47**　在通信中要传输八进制数字 0, 1, 2, 3, 4, 5, 6, 7，这些数字出现的频率分别是：

| | | | |
|---|---|---|---|
| 0 ：30% | 1 ：20% | 2 ：15% | 3 ：10% |
| 4 ：10% | 5 ：6% | 6 ：5% | 7 ：4% |

编一个最佳前缀码，使通信中出现的二进制数字尽可能少。

（1）画出相应的二叉树。

（2）写出每个数字对应的前缀码。

（3）传输按上述比例出现的数字 10000 个时，至少要用多少个二进制数字？

**练习 * 9.48**　下面是两个平面图 $G_1$ 和 $G_2$（见图 9.53），请分别给出它们各个面的边界及度。

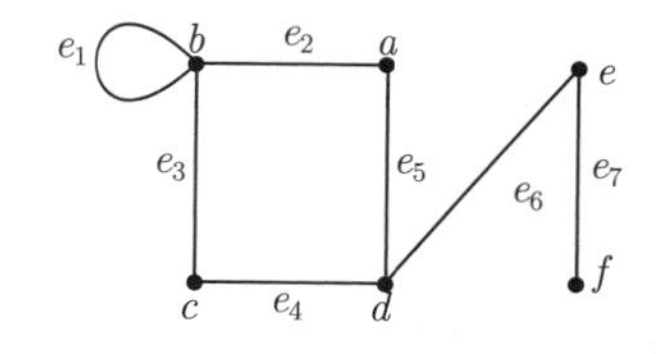


图 9.53　平面图 $G_1$ 和 $G_2$

**练习 9.49**　图 9.54 是否平面图？如果是请给出它的一个平面嵌入。是否极大平面图？为什么？

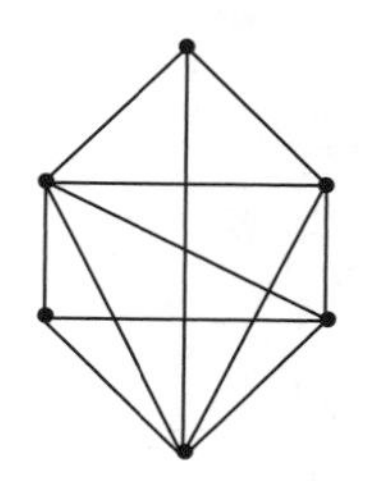

图 9.54　练习 9.49 题图

**练习 9.50** 设简单平面图 $G$ 的面数 $r < 12$，最小度 $\delta(G) \geqslant 3$，证明 $G$ 至少有一个面的度小于 5。

**练习 * 9.51** 设 $G$ 是边数 $m$ 小于 30 的简单平面图，试证明 $G$ 中存在度数小于或等于 4 的顶点。

**练习 9.52** 设简单平面图 $G$ 的顶点数 $n = 7$，边数 $m = 15$，证明 $G$ 的每个面的度都是 3。

**练习 * 9.53** 设 $G$ 是连通的简单平面图，顶点数为 $n$，边数为 $m$，面数为 $r$，试证明：若 $G$ 的最小度 $\delta(G) = 4$，则 $G$ 中至少有 6 个顶点的度数小于或等于 5。

**练习 9.54** 下面两个图（见图 9.55）是否欧拉图或半欧拉图？如果是，请给出它的欧拉回路或欧拉通路。

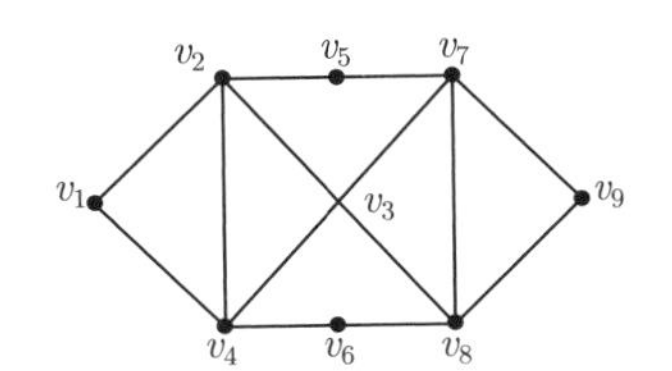


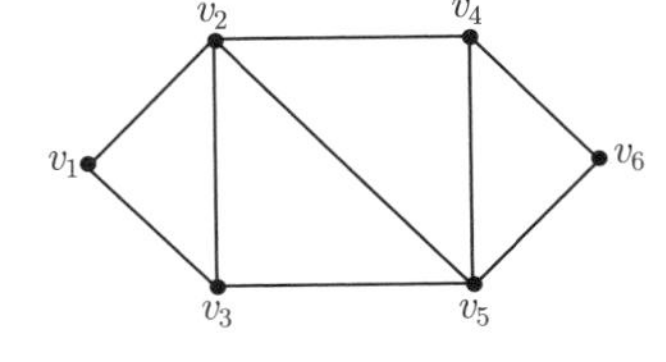


图 9.55 练习 9.54 题图

**练习 9.55** 下面两个图（见图 9.56）是否满足定理 9.25 或推论 9.26 的条件？是否哈密顿图或半哈密顿图？如果是，请给出它的哈密顿回路或哈密顿通路。

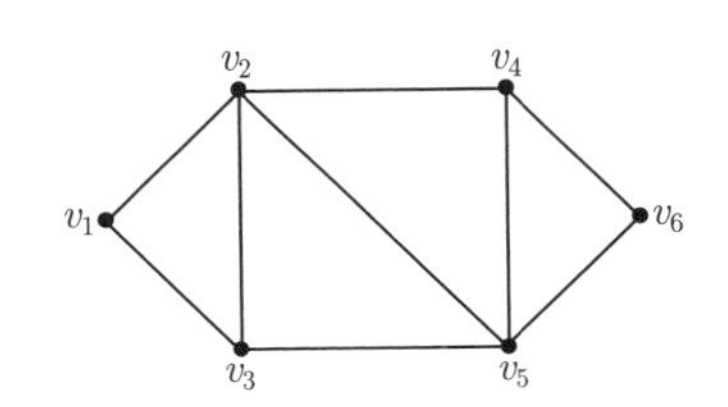


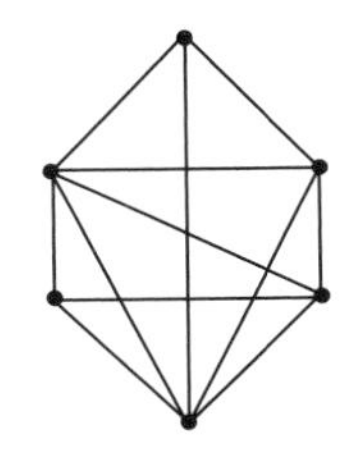

图 9.56 练习 9.55 题图

第10章

# 代数系统

代数与几何一样是数学中历史最悠久的部分之一，最初代数研究的是自然数、整数、有理数、实数乃至复数的运算及方程的求解。近世代数，或说抽象代数研究集合及其上运算性质构成的代数结构或说代数系统，以及代数系统之间的关系。代数系统在程序设计语言的形式语义、计算机软件形式化需求规格说明和正确性验证、信息处理与安全等方面都有广泛的应用。

本章介绍代数系统的基础知识，在讨论运算及其性质的基础上，给出代数的定义与例子，并简单介绍代数之间的关系与构造，包括子代数、同余关系和商代数，以及代数系统之间的同态和同构，然后介绍一些代数系统例子的基础知识，主要是群，以及格与布尔代数的基础知识。

计算机专业学生学习代数系统除掌握必要的基本概念作为运用代数语言的基础外，还要体会代数系统知识中的公理化和系统化思维方式，即如何找到系统最基本的性质，并从基本性质推演其他性质，以及如何从更高的抽象层次处理系统与系统之间的关系。

## 10.1 运算及其性质

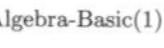

Algebra-Basic(1)

Algebra-Basic(2)

代数结构，从某种意义上说是集合上运算的结构，即运算的性质以及运算之间的联系。我们看到，前面逻辑、集合、关系与函数的许多内容，特别是逻辑等值演算、集合等式证明等都是探讨运算的性质与运算之间的联系。因此，运算及其性质是代数语言的最基本概念和术语。本节介绍运算的定义、性质以及运算的一些特殊元素，特殊元素的存在可以说是从另一角度刻画运算的性质。

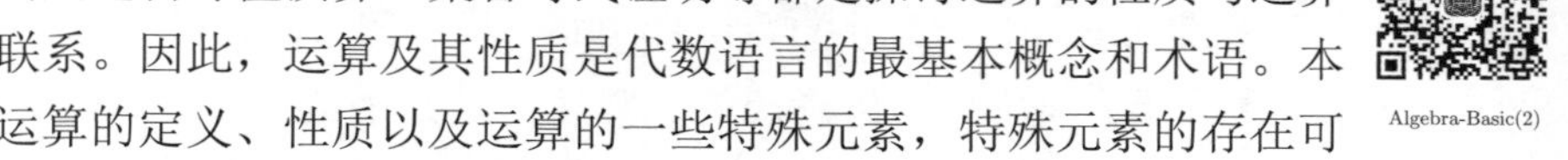

### 10.1.1 运算的定义

最常见的运算是二元运算，因此谈到运算，通常是指二元运算。我们主要讨论二元运算及其性质，但也会涉及一点 $n$ 元运算的定义及例子。

**定义 10.1** 集合 $S$ 上的**二元运算** (binary operation)，或直接说集合 $S$ 的二元运算，是形如 $f: S{\times}S{\to}S$ 的函数 $f$。由于最常见的是二

元运算，因此通常直接称 $S$ 的二元运算为 $S$ 的**运算**。

对于运算，通常要指明它是哪个集合的运算，这个集合是运算的陪域 (codomain)，它的笛卡儿积给出运算的定义域 (domain)。因此，一个运算就是一个函数，只是它的定义域是陪域（与陪域自己）的笛卡儿积。其他形式的函数，例如 $g:\mathbb{N}\times\mathbb{R}\to\mathbb{R}$，则通常不认为是运算。

人们通常关注的是运算法则，但这里强调 $S$ 的运算的两点性质：① $S$ 的任意两个元素都可进行该运算，且运算结果唯一；② $S$ 的任意两个元素的运算结果都属于 $S$，即 $S$ 对于该运算封闭 ($S$ is closed under the operation $f$)。对运算的封闭性，一般地，有下面的定义。

**定义 10.2** 若函数 $f:S\times S\to S$ 是集合 $S$ 的运算，则称**集合** $S$ **对运算** $f$ **封闭**。设 $T\subseteq S$ 是 $S$ 的子集，如果对任意的 $t_1,t_2\in T$ 都有 $f(t_1,t_2)\in T$，则称**子集** $T$ **对** $S$ **的运算** $f$ **封闭**。

**例子 10.1** 最熟悉的运算例子是数集的四则运算，数集主要是指自然数集 $\mathbb{N}$、整数集 $\mathbb{Z}$ 和实数集 $\mathbb{R}$，而四则运算是指加、减、乘、除运算。

（1）加法既是自然数集的运算，也是整数集和实数集的运算。或者说，自然数集和整数集（作为实数集的子集）对实数集的加法运算封闭，自然数集（作为整数集的子集）也对于整数集的加法运算封闭。

（2）减法是整数集和实数集的运算，但它不是自然数集的运算，或者说，自然数集对于实数集的减法**不封闭**。

（3）乘法既是自然数集的运算，也是整数集和实数集的运算。或者说，自然数集和整数集对于实数集的乘法运算封闭。

（4）除法既不是自然数集和整数集的运算，甚至也不是实数集的运算，因为 0 不能作为除数。因此严格地说，除法应该是 $\mathbb{R}^*=\mathbb{R}-\{0\}$，即非零实数集的运算。

通常不用函数名而用**运算符号**表示运算，例如不用 $add:\mathbb{N}\times\mathbb{N}\to\mathbb{N}$ 表示自然数的加法运算，而用 $+$ 表示，并通常使用**中缀表示法**给出运算表达式，例如，不使用 $+(3,5)$，而使用表达式 $3+5$。

**问题 10.2** 集合并 $\cup$、集合交 $\cap$、集合差 $-$ 等是什么集合的运算？

**【分析】**研究代数时考虑的运算通常是某个集合的运算。从集合论的角度说，不存在“所有集合的集合”，或者说，所有集合构成的不再是集合，因此不能说集合并、集合交和集合差是“所有集合的集合”上的运算，我们需要预先给定一个全集 $U$，在全集 $U$ 的子集之间进行集合并、集合交和集合差运算。

**【解答】**给定全集 $U$，集合并 $\cup$、集合交 $\cap$ 和集合差$-$是全集的幂集 $\wp(U)$ 的运算，即它们分别是函数 $\cup:\wp(U)\times\wp(U)\to\wp(U)$、$\cap:\wp(U)\times\wp(U)\to\wp(U)$ 和 $-:\wp(U)\times\wp(U)\to\wp(U)$。

**问题 10.3** 关系复合和函数复合怎样才是某个集合的运算？

**【分析】**一般地，对关系 $R\subseteq A\times B$ 和 $S\subseteq C\times D$，只有当 $B=C$ 时才有复合 $S\circ R$，

而且复合 $\circ$ 本身作为函数，定义域是 $\wp(A\times B)\times\wp(C\times D)$，陪域是 $\wp(A\times D)$。因此，一般情况下的关系复合 $\circ$ 不是某个集合的运算。只有当 $A=B=C=D$，即 $R$ 和 $S$ 都是 $A$ 上关系时，关系复合是集合 $\wp(A\times A)$ 的运算。类似地，当考虑 $A$ 上的函数，即具有 $f: A\to A$ 这样形式的函数时，函数复合是集合 $A^A$ 的运算。

**【解答】**虽然在前面非严格地认为关系复合和函数复合是运算，但它们并不是所有关系构成的集合或所有函数构成的集合的运算。严格地说，只有当考虑 $A$ 上的关系，$A$ 上关系的复合 $\circ$ 才是符合定义 10.1 的运算，这时是集合 $\wp(A\times A)$ 的二元运算，对于 $A$ 上的两个关系 $R,S\subseteq A\times A$，即 $\wp(A\times A)$ 的两个元素 $R,S$，$S\circ R$ 仍属于 $\wp(A\times A)$。类似地，只有考虑 $A$ 上的函数，即集合 $A^A$ 的元素，函数复合才是严格意义上的运算，这时是集合 $A^A$ 的运算。

**【讨论】**注意，$A$ 上的函数是 $A$ 上的关系的子集，即 $A^A\subseteq\wp(A\times A)$。因此，可以说 $A^A$ 对于关系复合运算**封闭**，而且关系复合作为 $A^A$ 的运算就是函数复合。

上面的例子和问题讨论了一些已有的运算。实际上，也可自己定义一些运算。定义运算的方式有两种，一种方式是利用已有的运算给出新运算的运算法则（运算表达式）。

**例子 10.4**　（1）定义实数集 $\mathbb{R}$ 的二元运算 $*$ 为：

$$\forall x,y\in\mathbb{R},\quad x*y=xy-(x+y),\ \text{这里}xy\text{是普通乘法}$$

（2）定义自然数集 $\mathbb{N}$ 的二元运算 $p$ 为：

$$\forall n,m\in\mathbb{R},\quad p(n,m)=n\ \text{和}\ m\ \text{（包括}\ n\ \text{和}\ m\text{）之间的素数个数}$$

另一种定义运算的方式是使用运算表，即类似九九乘法表，给出任意两个元素的运算结果。这适合定义有限集合（通常是只有少数几个元素）的二元运算，例如要定义 $S=\{a_1,a_2,\cdots,a_n\}$ 的二元运算 $\circ$，使用如下形式的运算表（这种运算表与一般的有表名和表号的表本质上不一样，没有与普通表格一起编号，后同）：

| $\circ$ | $a_1$ | $a_2$ | $\cdots$ | $a_n$ |
|---|---|---|---|---|
| $a_1$ | $a_1\circ a_1$ | $a_1\circ a_2$ | $\cdots$ | $a_1\circ a_n$ |
| $a_2$ | $a_2\circ a_1$ | $a_2\circ a_2$ | $\cdots$ | $a_2\circ a_n$ |
| $\vdots$ | $\vdots$ | $\vdots$ | | $\vdots$ |
| $a_n$ | $a_n\circ a_1$ | $a_n\circ a_2$ | $\cdots$ | $a_n\circ a_n$ |

**例子 10.5**　给定集合 $G=\{a,b,c,e\}$，使用运算表定义 $G$ 的二元运算 $\circ$ 如下：

| $\circ$ | $e$ | $a$ | $b$ | $c$ |
|---|---|---|---|---|
| $e$ | $e$ | $a$ | $b$ | $c$ |
| $a$ | $a$ | $e$ | $c$ | $b$ |
| $b$ | $b$ | $c$ | $e$ | $a$ |
| $c$ | $c$ | $b$ | $a$ | $e$ |

可将二元运算的概念推广为 $n$ 元运算 ($n$-ary operation)，这里 $n\geqslant 0$，是自然数。

**定义 10.3** 集合 $S$ 的 $n$ **元运算**是形如 $f: S^n \to S$ 的函数。特别地，我们可将 $S$ 的元素 $s \in S$ 看作零元运算，也称为 $S$ 的**常量运算**，简称**常量** (constant)。

除常量和二元运算外，**一元运算** (unary operation) 也比较常见。例如，给出数 $x$ 的相反数 $-x$ 是实数集 $\mathbb{R}$ 的一元运算；给定全集 $U$，$A \subseteq U$ 的集合补 $\overline{A}$ 是 $\wp(U)$ 的一元运算。通常也使用运算符号表示一元运算，例如，用 $-x$ 表示 $x$ 的相反数，用 $\overline{A}$ 表示 $A$ 的集合补。

**问题 10.6** 定义真值集 $\mathbf{2} = \{\mathbf{0}, \mathbf{1}\}$ 的逻辑运算 $\neg, \wedge, \vee, \to, \leftrightarrow$。

**【解答】** 实际上，第 2 章给出的逻辑运算的真值表也就是这些运算的运算表。

| $p$ | $q$ | $\neg p$ | $p \wedge q$ | $p \vee q$ | $p \to q$ | $p \leftrightarrow q$ |
|---|---|---|---|---|---|---|
| **0** | **0** | **1** | **0** | **0** | **1** | **1** |
| **0** | **1** | **1** | **0** | **1** | **1** | **0** |
| **1** | **0** | **0** | **0** | **1** | **0** | **0** |
| **1** | **1** | **0** | **1** | **1** | **1** | **1** |

**【讨论】**（1）与例子 10.5 将两个操作数分别放在运算表的行与列不同，这里由于操作数只有两个，因此将它们可能的组合放在运算表的每一行，而每一列给出一个运算的运算结果，在同一张表中给出了多个运算的定义。

（2）这里表明，逻辑运算可作为集合 **2** 的运算，特别地，真值 **0** 和 **1** 可看作集合 **2** 的两个常量运算。

### 10.1.2 运算的性质

我们主要讨论二元运算可能具有的一些性质，包括：① 交换律 (commutative law)；② 结合律 (associative law)；③ 幂等律 (idempotent law)；④ 消去律 (cancellation law)；⑤ 分配律 (distribution law)；⑥ 吸收律 (absorption law)。这些性质中，交换律、结合律、幂等律、消去律都只涉及一个二元运算，而分配律和吸收律则涉及两个二元运算之间的联系。

**定义 10.4** 给定 $\circ$ 为 $S$ 的二元运算。若 $\circ$ 满足：

$$\forall x, y \in S, \quad x \circ y = y \circ x$$

则称运算 $\circ$ 在 $S$ 上是**可交换的** (commutative)，或者说 $S$ 的运算 $\circ$ 满足**交换律**。

运算满足交换律意味着可以不计较元素参与运算的顺序。数集的加法、乘法运算都满足交换律，集合并、集合交运算，逻辑与、逻辑或运算也满足交换律。但数集的减法、除法运算，集合差运算不满足交换律，关系的复合、函数的复合作为运算也不满足交换律。

**定义 10.5** 给定 $\circ$ 为 $S$ 的二元运算。若 $\circ$ 满足：

$$\forall x, y, z \in S, \quad (x \circ y) \circ z = x \circ (y \circ z)$$

则称运算 $\circ$ 在 $S$ 上是**可结合的** (associative)，或说 $S$ 的运算 $\circ$ 满足**结合律**。

大多数常用的二元运算都满足结合律，例如，数集的加法、乘法运算；集合并、集合交运算；关系、函数的复合运算；逻辑与、逻辑或运算等都满足结合律。但数集的减法、除法运算，集合差运算不满足结合律。

满足结合律的二元运算，意味着在只有该运算的表达式中，可以省略表示运算顺序的括号而简化运算表达式，例如实数集的加法运算满足结合律，因此对任意的实数 $x, y, z, u$，可将表达式 $(x+y)+(z+u)$ 简写为 $x+y+z+u$。进一步有：

$$\begin{aligned}(x+y)+(z+u) &= x+(y+z)+u = ((x+y)+z)+u \\ &= x+((y+z)+u) = x+y+z+u\end{aligned}$$

对于满足结合律的二元运算，可引入**指数**运算，或称**幂**运算 (exponent)[①]。

**定义 10.6**　给定 $\circ$ 是 $S$ 的满足结合律的二元运算，对于 $x \in S$，及自然数 $n \geqslant 1$，归纳定义 $x^n$：

$$x^1 = x \qquad\qquad x^{n+1} = x^n \circ x$$

实际上，可将 $x^n$ 看作以下表达式的简写：

$$x^n = \underbrace{x \circ x \circ \cdots \circ x}_{n\text{个 } x}$$

不难证明，这时有如下引理。

**引理 10.1**　给定 $\circ$ 是 $S$ 的满足结合律的二元运算，对于 $x \in S$，以及自然数 $n, m \geqslant 1$ 有：

$$x^n \circ x^m = x^{n+m} \qquad\qquad (x^n)^m = x^{nm}$$

**证明**　对 $m$ 实施数学归纳法。 □

**定义 10.7**　给定 $\circ$ 为 $S$ 的二元运算，若 $\circ$ 满足：

$$\forall x \in S, \quad x \circ x = x$$

则称 $S$ 的运算 $\circ$ 满足**幂等律**。

集合并、集合交运算，以及逻辑与、逻辑或运算满足幂等律，数集加法、乘法运算，以及关系复合、函数复合等都不满足幂等律。有时可考虑 $S$ 中的幂等元。

**定义 10.8**　给定 $\circ$ 为 $S$ 的二元运算，若 $a \in S$ 满足 $a \circ a = a$，则称 $a$ 是运算 $\circ$ 的**幂等元** (idempotent element)。

例如，0 是数集加法的幂等元，而 0 和 1 都是数集乘法的幂等元。后面将看到，这些幂等元都是相应二元运算的零元或单位元，从而很自然地是幂等元。显然，$S$ 的运算 $\circ$ 满足幂等律当且仅当 $S$ 的所有元素都是幂等元。

**定义 10.9**　给定 $\circ$ 和 $*$ 是 $S$ 的两个二元运算，若它们满足：$\forall x, y, z \in S$，有：

$$x * (y \circ z) = (x * y) \circ (x * z) \qquad\qquad // \text{ 左分配律}$$

① 对于不满足结合律的二元运算也可引入指数，但不如满足结合律的二元运算有意义和自然。

$$(y \circ z) * x = (y * x) \circ (z * x) \qquad // \text{ 右分配律}$$

则称**运算 $*$ 对 $\circ$ 是可分配的** (distributive)，或者说 $*$ 对 $\circ$ **满足分配律**。

由于 $\circ$ 和 $*$ 不一定满足交换律，因此需要给出两个等式，分别称为左分配律和右分配律，在少数情况下，也可能单独考虑一个运算对另一个运算是左分配的，或者是右分配的。有些运算有分配律，例如，数集的乘法对加法可分配；集合并对集合交、集合交对集合并，以及逻辑与对逻辑或、逻辑或对逻辑与都满足分配律。

**定义 10.10** 设 $\circ$ 和 $*$ 是 $S$ 的两个**满足交换律**的二元运算，若它们满足：$\forall x, y \in S$，

$$x * (x \circ y) = x \qquad\qquad x \circ (x * y) = x$$

则称运算 $\circ$ 和 $*$ 满足**吸收律**。

注意上面要求这两个运算满足交换律，这简化了满足吸收律的定义。常见的满足吸收律的运算是集合并和集合交运算，以及逻辑或和逻辑与运算。

考虑二元运算性质的另一个角度是考察相对于该运算的一些特别的元素，我们将这些元素称为该运算的**特殊元素**，主要包括：单位元 (identity element)、零元 (zero element) 和某些元素或所有元素的逆元 (inverse element)。

**定义 10.11** 给定 $\circ$ 为集合 $S$ 的二元运算。若元素 $e_l \in S$ 满足：

$$\forall x \in S, \quad e_l \circ x = x$$

则称 $e_l$ 是运算 $\circ$ 的**左单位元** (left identity element)。类似地，若元素 $e_r \in S$ 满足：

$$\forall x \in S, \quad x \circ e_r = x$$

则称 $e_r$ 是运算 $\circ$ 的**右单位元** (right identity element)。若元素 $e \in S$ 既是运算 $\circ$ 的左单位元，又是运算 $\circ$ 的右单位元，则称 $e$ 是运算 $\circ$ 的**单位元** (identity element)。单位元也称为**幺元**。

单位元与任意元素进行运算都等于该元素。不少二元运算都有单位元，例如，0 是数集的加法的单位元，1 是数集的乘法的单位元。空集 $\varnothing$ 是集合并的单位元，全集 $U$ 是集合交的单位元。恒等关系是关系复合的单位元，而恒等函数是函数复合的单位元。集合 $S$ 的二元运算 $\circ$ 的左单位元或右单位元都可能没有，但也可能有很多。

**例子 10.7** 考虑非零实数集 $\mathbb{R}^*$，定义二元运算 $\circ$：$\forall x, y \in \mathbb{R}^*$，$x \circ y = x$，则不存在 $e \in \mathbb{R}^*$ 使得对任意 $y \in \mathbb{R}^*$ 都有 $e \circ y = y$，因此 $\mathbb{R}^*$ 不存在运算 $\circ$ 的左单位元，但显然任意非零实数 $a \in \mathbb{R}^*$ 都是该运算的右单位元。

类似地，在 $\mathbb{R}^*$ 上定义二元运算 $*$：$\forall x, y \in \mathbb{R}^*$，$x * y = y$，则 $\mathbb{R}^*$ 不存在运算 $*$ 的右单位元，但任意非零实数都是运算 $*$ 的左单位元。

不过如果一个运算既有左单位元，又有右单位元，则有唯一的单位元。

**定理 10.2** 给定 $\circ$ 为 $S$ 的二元运算，若 $e_l, e_r$ 分别是运算 $\circ$ 的左单位元和右单位元，则 $e_l = e_r = e$，且 $e$ 是运算 $\circ$ 的唯一的单位元。

**证明** 考虑 $e_l \circ e_r$，有：

$$\begin{aligned} e_l &= e_l \circ e_r && // e_r \text{ 是右单位元} \\ &= e_r && // e_l \text{ 是左单位元} \end{aligned}$$

记 $e = e_l = e_r$，则 $e$ 是运算 $\circ$ 的单位元。若 $e' \in S$ 也是运算 $\circ$ 的单位元，则类似地考虑 $e \circ e'$ 有：

$$e = e \circ e' = e'$$

因此，$e$ 是 $\circ$ 的唯一的单位元。 □

这说明如果一个运算有单位元，则有唯一的单位元。显然单位元 $e$ 是运算 $\circ$ 的**幂等元**，从而若 $\circ$ 满足结合律，则对任意自然数 $n \geqslant 1$ 有 $e^n = e$。进一步，若满足结合律的二元运算有单位元 $e$，可将指数定义（参见定义 10.6）扩充到 $n = 0$ 时的情况，即规定对任意元素 $x$，$x^0 = e$。这时，引理 10.1 对于任意自然数 $n, m$ 都成立。

**定义 10.12** 给定 $\circ$ 为集合 $S$ 的二元运算。若元素 $\theta_l \in S$ 满足：

$$\forall x \in S, \quad \theta_l \circ x = \theta_l$$

则称 $\theta_l$ 是运算 $\circ$ 的**左零元** (left zero element)。类似地，若元素 $\theta_r \in S$ 满足：

$$\forall x \in S, \quad x \circ \theta_r = \theta_r$$

则称 $\theta_r$ 是运算 $\circ$ 的**右零元** (right zero element)。若元素 $\theta \in S$ 既是运算 $\circ$ 的左零元，又是运算 $\circ$ 的右零元，则称 $\theta$ 是运算 $\circ$ 的**零元** (zero element)。

零元与任意元素做运算都等于零元。有不少运算有零元，例如，0 是数集乘法的零元，全集 $U$ 是集合并运算的零元，而空集 $\varnothing$ 是集合交运算的零元。类似例子 10.7 不难定义一个运算没有左零元，但有多个右零元，也可定义一个运算没有右零元但有多个左零元。类似地可证明，如果一个运算既有左零元，又有右零元，则有唯一的零元。

**定理 10.3** 给定 $\circ$ 为 $S$ 的二元运算，若 $\theta_l, \theta_r$ 分别是运算 $\circ$ 的左零元和右零元，则 $\theta_l = \theta_r = \theta$，且 $\theta$ 是运算 $\circ$ 的唯一的零元。

**证明** 类似定理 10.2，但这里考虑 $\theta_l \circ \theta_r$。 □

这说明，如果一个运算有零元，则有唯一的零元。显然零元 $\theta$ 也是运算 $\circ$ 的幂等元，从而若 $\circ$ 满足结合律，则对任意的自然数 $n \geqslant 0$ 有 $\theta^n = \theta$。

**问题 10.8** 设 $\circ$ 是 $S$ 的二元运算。$\circ$ 的单位元和零元是否可以是同一元素？为什么？

**【分析】**我们不妨考虑若 $\circ$ 的单位元和零元是同一元素会怎样。设 $e$ 既是 $\circ$ 的单位元，又是 $\circ$ 的零元，那么对 $S$ 的任意元素 $x \in S$，由 $e$ 是单位元，则有 $x = x \circ e$，但由 $e$ 是零元，则又有 $x \circ e = e$，从而对任意元素 $x$ 都有 $x = e$。

**【解答】**若 $S$ 只有一个元素 $e$，则由 $\circ$ 是 $S$ 的运算，必有 $e \circ e = e$，因此 $e$ 既是单位元又是零元。但若 $|S| \geqslant 2$，则 $\circ$ 的单位元和零元必不相同，因为如果 $e$ 既是 $\circ$ 的单位元又是它的零元的话，则对任意的 $x \in S$ 有 $x = x \circ e = e$，这与 $|S| \geqslant 2$ 矛盾！

**定义 10.13** 给定 $\circ$ 是 $S$ 的二元运算，且 $e \in S$ 是关于 $\circ$ 的单位元。对于 $x \in S$，有：

（1）若 $y_l \in S$ 满足 $y_l \circ x = e$，则称 $y_l$ 是 $x$(关于运算 $\circ$) 的**左逆元** (left inverse)，简称 **左逆**。

（2）若 $y_r \in S$ 满足 $x \circ y_r = e$，则称 $y_r$ 是 $x$(关于运算 $\circ$) 的**右逆元** (right inverse)，简称 **右逆**。

（3）若 $y \in S$ 既是 $x$ 的左逆元又是 $x$ 的右逆元，则称 $y$ 是 $x$(关于运算 $\circ$) 的**逆元** (inverse)，简称 **逆**。

（3）如果 $x$ 存在逆元 (左逆元、右逆元)，则称 $x$ **可逆** (**左可逆**、**右可逆**)。

整数加法的单位元是 0，任意整数 $x$ 都有逆元，即它的相反数 $-x$；数集乘法的单位元是 1，对于整数乘法只有 1 有逆元，就是 1 自己，但对于实数乘法，任意非零实数 $x$ 都有逆元，即它的倒数 $1/x$。

对于集合 $S$ 的运算 $\circ$，单位元和零元如果存在则唯一，但逆元是相对于 $S$ 的元素而言，可能有的元素有逆元，有的元素没有逆元。不过显然 $\circ$ 的单位元 $e$ 总是有逆元，即 $e$ 自己，而若 $\circ$ 有零元的话，由于当 $S$ 至少有两个元素时，零元与单位元总是不同的元素，而零元与任何元素做运算都等于零元，因此零元既没有左逆，也没有右逆，更没有逆元。对于其他元素，可证明若运算满足结合律，则可逆的元素有唯一的逆元。

**定理 10.4** 设 $\circ$ 是 $S$ 的的运算，满足结合律，且 $e \in S$ 是它的单位元。对任意 $x \in S$，若 $y_l$ 是 $x$ 的左逆，且 $y_r$ 是 $x$ 的右逆，则 $y = y_l = y_r$ 是 $x$ 的唯一逆元。

**证明** 考虑 $y_l \circ x \circ y_r$，有：

$$y_l = y_l \circ e = y_l \circ (x \circ y_r) = (y_l \circ x) \circ y_r = e \circ y_r = y_r$$

因此可记 $y = y_l = y_r$ 是 $x$ 的逆元。若 $y' \in S$ 也是 $x$ 的逆元，则类似地考虑 $y' \circ (x \circ y)$，不难得到 $y = y'$，因此 $y$ 是 $x$ 的唯一逆元。 □

**问题 10.9** 定理 10.4 要求二元运算 $\circ$ 满足结合律，为什么？若 $S$ 的二元运算 $\circ$ 不满足结合律，是否 $S$ 可存在元素 $x$，$x$ 有多个逆元？即存在两个不同的元素 $y_1 \neq y_2$，$y_1 \circ x = e = x \circ y_1$，且 $y_2 \circ x = e = x \circ y_2$，这里 $e$ 是 $\circ$ 的单位元。

**【分析】**对于这个问题，要找一个人们熟知的、有意义的运算作为例子显然很难，但我们可以运用离散化思维，使用枚举的方式定义一个运算。实际上，使用运算表定义运算就是枚举的方式。

| $\circ$ | $e$ | $x$ | $y_1$ | $y_2$ |
|---|---|---|---|---|
| $e$ | $e$ | $x$ | $y_1$ | $y_2$ |
| $x$ | $x$ | $x$ | $e$ | $e$ |
| $y_1$ | $y_1$ | $e$ | $x$ | $x$ |
| $y_2$ | $y_2$ | $e$ | $x$ | $x$ |

**【解答】**不妨假定集合 $S = \{e, x, y_1, y_2\}$，即 $S$ 有四个不同元素，使用上面的运算表定义 $S$ 的运算 $\circ$，显然 $e$ 是 $\circ$ 的单位元，且有 $y_1 \circ x = e = x \circ y_1$ 以及 $y_2 \circ x = e = x \circ y_2$，因此

$y_1$ 和 $y_2$ 都是 $x$ 的逆元。不难注意到，运算 $\circ$ 不满足结合律，因为 $(y_1 \circ x) \circ y_2 = e \circ y_2 = y_2$，但 $y_1 \circ (x \circ y_2) = y_1 \circ e = y_1$。

**【讨论】** 从这个例子看到，对于 $S$ 的有单位元的运算 $\circ$，若 $\circ$ 满足结合律，则 $S$ 关于运算 $\circ$ 的可逆元素就有唯一的逆元；反之若 $S$ 关于运算 $\circ$ 的可逆元素的逆元不唯一，则 $\circ$ 肯定不满足结合律。

**定义 10.14** 设 $\circ$ 是集合 $S$ 的二元运算。如果对任意 $x, y, z \in S$，当 $x$ 不是 $\circ$ 的零元时有：

$$x \circ y = x \circ z \text{ 蕴涵 } y = z \qquad \text{且} \qquad y \circ x = z \circ x \text{ 蕴涵 } y = z$$

则称运算 $\circ$ 满足**消去律**。

注意在考虑运算是否满足消去律时不考虑零元 $\theta$，因为零元总有对任意 $x, y \in S$，$x \circ \theta = y \circ \theta$。数集的加法和乘法都满足消去律，但集合并和集合交运算不满足消去律，设 $U$ 是全集，对任意集合 $A, B, C \subseteq U$，由 $A \cup B = A \cup C$ 不一定能够得到 $B = C$。

### 10.1.3 运算性质的判定

本节以问题的形式探讨如何判断某个二元运算具有哪些性质和哪些特殊元素。二元运算可由两种方式定义：一是利用已有运算的表达式定义新的运算；二是利用运算表定义运算。前者比较常见，而后者适用于定义有限集合的运算。

**问题 10.10** 在实数集 $\mathbb{R}$ 上定义运算 $*$：$\forall x, y \in \mathbb{R}$，$x * y = x + y - xy$。考察该运算是否可交换的、可结合的、幂等的，是否有单位元、零元，哪些元素有逆元，以及是否满足消去律。

**【分析】** 对于使用表达式定义的 (新的) 运算，要判断它是否具有某性质，可利用已有运算的性质及新运算的表达式定义推断它是否符合该性质的定义，而通过求解一些方程可得到新运算的一些特殊元素。而要证明新的运算不具有某性质，只要举例说明即可。

**【解答】**（1）对任意 $x, y \in \mathbb{R}$ 有：

$$x * y = x + y - xy \qquad\qquad y * x = y + x - yx$$

因此，由实数加法和乘法满足交换律得这里定义的运算 $*$ 也满足交换律。

（2）对任意 $x, y, z \in \mathbb{R}$ 有：

$$\begin{aligned} x * (y * z) &= x * (y + z - yz) = x + y + z - yz - x(y + z - yz) \\ &= x + y + z - yz - xy - xz + xyz \\ (x * y) * z &= (x + y - xy) * z = x + y - xy + z - (x + y - xy)z \\ &= x + y + z - xy - xz - yz + xyz \end{aligned}$$

因此，这里定义的运算 $*$ 满足结合律。

（3）对任意 $x \in \mathbb{R}$ 有 $x * x = 2x - x^2$，因此若 $x * x = x$，即 $2x - x^2 = x$，即 $x^2 = x$，即 $x = 0$ 或者 $x = 1$。因此该运算只有两个幂等元 0 和 1，而对其他元素，例如 2，则有 $2 * 2 = 0$，因此这里定义的运算 $*$ 不满足幂等律。

（4）设运算 $*$ 的单位元是 $e$，则 $e$ 要满足，对任意 $x$ 有：

$$x * e = x + e - xe = x$$

也即要有 $e - xe = 0$，这只有当 $e = 0$ 时才成立，因此 0 是 $*$ 的右单位元。由于 $*$ 满足交换律，因此 0 也是运算 $*$ 的左单位元，因此这里定义的运算 $*$ 有单位元 0。

（5）设运算 $*$ 的零元是 $\theta$，则它要满足，对任意 $x$ 有：

$$x * \theta = x + \theta - x\theta = \theta$$

也即有 $x - x\theta = 0$，这当 $\theta = 1$ 时成立，因此 1 是 $*$ 的右零元。由于 $*$ 满足交换律，因此 1 也是运算 $*$ 的左零元，因此运算 $*$ 有零元 1。

（6）对于 $x \in \mathbb{R}$，若 $y$ 是 $x$ 的逆元，则有 $x * y = 0$ 且 $y * x = 0$。由交换律只要考察其中一个等式即可。若 $x * y = 0$，则 $x + y - xy = 0$，从而当 $x \neq 1$ 时有：

$$y = \frac{x}{x - 1}$$

因此，对于任意不是零元 1 的元素 $x \in \mathbb{R}$，有 $x$ 关于运算 $*$ 的逆元是 $x^{-1} = x/(x - 1)$。

（7）对任意 $x \neq 1$，以及任意 $y, z \in \mathbb{R}$ 有：

$$\begin{aligned} x * y = x * z \quad & \text{蕴涵} \quad x + y - xy = x + z - xz \\ & \text{蕴涵} \quad y - z = x(y - z) \qquad\qquad // \text{ 因为 } x \neq 1 \\ & \text{蕴涵} \quad y = z \end{aligned}$$

由于运算 $*$ 满足交换律，因此也有 $y * x = z * x$ 蕴涵 $y = z$，因此运算 $\circ$ 满足消去律。

综上，运算 $*$ 满足交换律、结合律、消去律，但不满足幂等律，有单位元 0，零元 1，且任意不等于零元 1 的元素 $x$ 有逆元 $x^{-1} = x/(x - 1)$。

对于用运算表定义的运算，根据运算表的特点可判别运算的某些性质及求它的一些特殊元素。

（1）如果运算表关于主对角线对称，那么运算是可交换的。

（2）如果主对角线元素的排列顺序与表头元素的排列顺序相同，那么运算是幂等的。

（3）如果一个元素所在的行和列的元素排列顺序都与表头元素的排列顺序相同，那么这个元素是运算的单位元。

（4）如果一个元素的行和列的元素都是这个元素本身，则这个元素是运算的零元。

（5）对于元素 $x$，$x$ 的逆元只可能是对应 $x$ 这一行中运算结果为单位元的那一列所对应的表头元素 $y$，然后再考察对应 $y$ 的一行中对应表头元素 $x$ 的那一列是否也是单位元，如果是，则 $y$ 是 $x$ 的逆元。

（6）如果运算表的某行或者某列（除零元所在行和列之外）有两个相同的元素，则该运算不满足消去律。

（7）通常是否满足结合律比较难判定。对于 $S$ 的运算 $\circ$，要验证 $\circ$ 是否满足结合律，则要验证对任意的 $x,y,z\in S$ 是否有 $x\circ(y\circ z)=(x\circ y)\circ z$，最坏情况下这可能需要验证 $n^3$ 个等式，这里 $n$ 是 $S$ 的元素个数。但注意到若 $x,y,z$ 中有单位元或零元，则该等式一定成立，因此只要对非零元元素和非单位元元素进行验证即可。有时还可进一步分析运算表的特点，找出一些运算规律，以简化验证过程。

**问题 10.11**　设集合 $G=\{a,b,c,e\}$，使用运算表定义 $G$ 的二元运算 $\circ$ 如下：

| $\circ$ | $e$ | $a$ | $b$ | $c$ |
|---|---|---|---|---|
| $e$ | $e$ | $a$ | $b$ | $c$ |
| $a$ | $a$ | $e$ | $c$ | $b$ |
| $b$ | $b$ | $c$ | $e$ | $a$ |
| $c$ | $c$ | $b$ | $a$ | $e$ |

考察该运算是否可交换的、可结合的、幂等的，是否有单位元、零元，哪些元素有逆元，以及是否满足消去律。

**【解答】**（1）由于运算表是关于主对角线（即全部是 $e$ 的那一对角线）成对称分布，因此该运算满足交换律。

（2）由于 $a\circ a=e$，因此该运算不满足幂等律，不难看到，只有 $e$ 是幂等元。

（3）显然 $e$ 所在的行和列的元素排列都与表头元素的排列顺序（即 $e,a,b,c$）相同，因此 $e$ 是该运算的单位元。

（4）显然该运算没有零元。

（5）由于主对角线元素全是 $e$，因此对任意 $x\in G$，$x$ 的逆元就是 $x$ 自己，即 $x^{-1}=x$。

（6）由于该运算表的任意行和任意列中的都没有相同的元素，因此该运算满足消去律。

（7）对于结合律，我们发现运算 $\circ$ 具有如下的规律：对任意 $x,y\in G$，假定 $x$ 和 $y$ 都不是单位元 $e$，① 若 $x=y$，则 $x\circ x=e$；② $x\neq y$，则 $x\circ y=z$，这里 $z$ 是 $a,b,c$ 中不等于 $x$ 也不等于 $y$ 的那个元素。因此对任意 $x,y,z\in G$ 有：

① 若 $x=y=z$，则 $x\circ(y\circ z)=x\circ e=x$，而 $(x\circ y)\circ z=e\circ z=z=x$。

② 若 $x=y$，但都不等于 $z$，则设 $y\circ z=w$，则 $w\neq y,w\neq x,w\neq z$，从而 $\{a,b,c\}=\{w,y=x,z\}$。从而 $x\circ(y\circ z)=x\circ w=z$，而 $(x\circ y)\circ z=e\circ z=z$。

③ 同理，若 $y=z$ 但都不等于 $x$ 时有 $x\circ(y\circ z)=x=(x\circ y)\circ z$。

④ 若 $x=z$，但都不等于 $y$，则设 $x\circ y=w$，则 $w\neq x,w\neq z,w\neq y$，从而 $\{a,b,c\}=\{w,x=z,y\}$。从而 $x\circ(y\circ z)=x\circ w=y$，而 $(x\circ y)\circ z=w\circ z=y$。

⑤ 最后若 $x,y,z$ 互不相等，则 $x\circ(y\circ z)=x\circ x=e$，而 $(x\circ y)\circ z=z\circ z=e$。

综上，运算 $\circ$ 满足结合律，从而该运算满足交换律、结合律、消去律、有单位元 $e$，每个元素 $x\in G$ 有逆元 $x^{-1}=x$，但不满足幂等律，没有零元。

【讨论】(1) 上面在判断运算是否满足结合律时，我们在总结运算规律的基础上，对于要验证的等式 $x\circ(y\circ z)=(x\circ y)\circ z$ 进行了分情况考虑。注意这时分的情况要不重复和不遗漏。上面分的情况是：三个都相等，其中两个相等和三个都不相等三种情况，而其中两个相等则又有 $C(3,1)$ 三种情况。

(2) 显然，当集合 $X$ 的运算不能以简单表达式给出而只能以运算表形式给出时，要判断该运算是否具有某些性质，特别是结合律的判断有一定难度。不过，这时 $X$ 通常是有限集，可编写计算机程序辅助判断以运算表形式定义的运算是否具有某些性质。

为简单起见，可假设集合 $X$ 的元素都是字母，为 $X$ 的元素及 $X$ 的运算的运算表设计合理的数据存储方式（例如分别用一维数组和二维数组），然后根据交换律、结合律、幂等律、单位元、零元、逆元、分配律、吸收律的定义编写程序判断 $X$ 的运算是否具有某种性质，并找出该运算的单位元、零元和任意元素的逆元（如果存在的话）。

## 10.2 代数及同态

简单地说，代数就是一个集合及这个集合的一些运算，进一步规定代数的运算满足一些性质则构成一个代数系统。代数同态则研究代数之间的关系，以便从更抽象的层次研究某一类代数共有的性质，以及代数的构造，即利用已有代数如何得到新的代数，例如子代数和商代数。本节先给出代数和子代数的定义，然后讨论同余关系和商代数，最后介绍代数同态和同构的基本性质。

### 10.2.1 代数与子代数

**定义 10.15** **代数** (algebra) 是二元组 $(A,\Sigma_A)$，其中 $A$ 是集合，称为该代数的**基集** (underlying set)，$\Sigma_A$ 是 $A$ 的运算的集合，称为该代数的**运算集** (operation set)。

因此，代数就是指一个集合及这个集合的一些运算。例如，整数集 $\mathbb{Z}$ 及其加法运算 $+$ 构成代数 $(\mathbb{Z},+)$，整数集及其加法 $+$、乘法 $\times$ 运算构成代数 $(\mathbb{Z},+,\times)$。这里，对于代数 $(A,\Sigma_A)$，当 $\Sigma_A=\{\sigma_{A_1},\sigma_{A_2},\cdots,\sigma_{A_m}\}$ 是有限集时，我们直接写成代数 $(A,\sigma_{A_1},\sigma_{A_2},\cdots,\sigma_{A_m})$。注意，我们只考虑运算集是有限集的代数。通常一个代数只有少数几个运算。

有时为了明确每个运算的元数，我们使用 $(A,\sigma_{A_1}^{(n_1)},\sigma_{A_2}^{(n_2)},\cdots,\sigma_{A_m}^{(n_m)})$ 表示一个代数，这里上标中的自然数 $n_i$ 给出运算 $\sigma_{A_i}$ 的元数，即这个运算是函数 $\sigma_{A_i}:A^{n_i}\to A$。注意，$A^{n_i}$ 是 $n_i$ 个 $A$ 的笛卡儿积。

**定义 10.16** 设 $(A,\Sigma_A)$ 和 $(B,\Sigma_B)$ 是两个代数。如果运算集 $\Sigma_A$ 与 $\Sigma_B$ 一一对应，即 $\Sigma_A$ 的每个运算 $\sigma_A$ 存在唯一的 $\sigma_B\in\Sigma_B$ 与之对应，$\Sigma_B$ 的每个运算 $\sigma_B$ 也存在唯一的 $\sigma_A\in\Sigma_A$ 与之对应，而且运算 $\sigma_A\in\Sigma_A$ 和与之对应的 $\sigma_B\in\Sigma_B$ 有相同的元数，则称这两个代数是**同类型的代数**。

在运算集都是有限集时，两个同类型的代数 $(A,\sigma_{A_1},\sigma_{A_2},\cdots,\sigma_{A_m})$ 和 $(B,\sigma_{B_1},\sigma_{B_2},\cdots,\sigma_{B_m})$，我们约定与运算 $\sigma_{A_i}$ 对应的运算就是 $\sigma_{B_i}$，也即在列出这两个代数的运

算时，将相互对应的运算按照相同的顺序罗列。

**例子 10.12**　对于整数集及它的加法和乘法运算构成的代数 $(\mathbb{Z},+,\times)$，令 $\mathbb{Z}_6=\{0,1,2,3,4,5\}$，及模 6 加运算 $\oplus_6$，即对任意 $x,y\in\mathbb{Z}_6$，$x\oplus_6 y=(x+y)\bmod 6$，和模 6 乘运算 $\otimes_6$，即对任意 $x,y\in\mathbb{Z}_6$，$x\otimes_6 y=(x\times y)\bmod 6$，则显然 $(\mathbb{Z},+,\times)$ 和 $(\mathbb{Z}_6,\oplus_6,\otimes_6)$ 是同类型的代数。

**例子 10.13**　给定全集 $U$，集合并 $\cup$、集合交 $\cap$ 是幂集 $\wp(U)$ 的二元运算，而集合补 $\overline{(-)}$ 是 $\wp(U)$ 的一元运算。全集 $U$ 和空集 $\varnothing$ 可看作 $\wp(U)$ 的零元运算。这样我们有代数 $(\wp(U),\varnothing,U,\overline{(-)},\cup,\cap)$，它有两个零元运算、一个一元运算和两个二元运算。

对于真值集 $\mathbf{2}=\{\mathbf{0},\mathbf{1}\}$，考虑问题 10.6 给出的一元运算逻辑否定 $\neg$，二元运算逻辑与 $\wedge$、逻辑或 $\vee$，以及真值 $\mathbf{0}$ 和 $\mathbf{1}$ 可作为 $\mathbf{2}$ 的两个零元运算，这样我们有代数 $(\mathbf{2},\mathbf{0},\mathbf{1},\neg,\vee,\wedge)$，它同样有两个零元运算、一个一元运算和两个二元运算。

显然代数 $(\wp(U),\varnothing,U,\overline{(-)},\cup,\cap)$ 和 $(\mathbf{2},\mathbf{0},\mathbf{1},\neg,\vee,\wedge)$ 是同类型的代数，这里已经将相互对应的运算按照相同的顺序排列，即 $\varnothing$ 对应 $\mathbf{0}$，$U$ 对应 $\mathbf{1}$，等等。

人们通常会考虑利用已有的代数得到一些代数，得到的代数往往与已有代数是同类型的代数。检查代数基集的一个子集是否对每个运算都封闭可得到该代数的子代数。

**定义 10.17**　*设 $(A,\Sigma_A)$ 是代数，$B$ 是 $A$ 的子集。若 $B$ 对 $\Sigma_A$ 的任意运算都封闭，即对 $\Sigma_A$ 的任意 $n$ 元运算 $\sigma_A$ 和任意 $b_1,b_2,\cdots,b_n\in B$，有 $\sigma_A(b_1,b_2,\cdots,b_n)\in B$，则对应 $\Sigma_A$ 的每个 $n$ 元运算 $\sigma_A$ 可定义 $B$ 的运算 $\sigma_B$：*

$$\forall b_1,b_2,\cdots,b_n\in B,\ \ \sigma_B(b_1,b_2,\cdots,b_n)=\sigma_A(b_1,b_2,\cdots,b_n)\in B$$

*这样定义的所有 $B$ 的运算构成的集合 $\Sigma_B$ 和子集 $B$ 构成的代数 $(B,\Sigma_B)$ 称为 $(A,\Sigma_A)$ 的***子代数** (subalgebra)。

简单地说，对代数 $(A,\Sigma_A)$ 的基集 $A$ 的一个子集 $B$，若 $B$ 对 $\Sigma_A$ 的所有运算都封闭，则 $B$ 构成 $(A,\Sigma_A)$ 的子代数，子代数的每个运算实际上与原来代数对应运算的运算法则完全相同。显然，子代数与原来代数是同类型的代数。任意代数 $(A,\Sigma_A)$ 都有一个平凡子代数，即 $(A,\Sigma_A)$ 自己。当 $B\neq A$ 时，称 $(A,\Sigma_A)$ 的子代数 $(B,\Sigma_B)$ 为 $(A,\Sigma_A)$ 的**真子代数** (proper subalgebra)。

**例子 10.14**　对于例子 10.13 给出的代数 $(\mathbf{2},\mathbf{0},\mathbf{1},\neg,\vee,\wedge)$，它没有真子代数。令集合 $S=\{\varnothing,U\}$，则不难看到 $(S,\varnothing,U,\overline{(-)},\cup,\cap)$ 是代数 $(\wp(U),\varnothing,U,\overline{(-)},\cup,\cap)$ 的一个真子代数。

注意，代数 $(A,\Sigma_A)$ 基集 $A$ 的子集 $B$ 对 $\Sigma_A$ 中的零元运算，即对常量封闭的含义就是这个常量要属于 $B$。例如，代数 $(\wp(U),\varnothing,U,\overline{(-)},\cup,\cap)$ 的任意子代数必须包含 $\varnothing$ 和 $U$ 这两个常量，代数 $(\mathbf{2},\mathbf{0},\mathbf{1},\neg,\vee,\wedge)$ 没有真子代数，也是因为基集 $\mathbf{2}$ 只有常量 $\mathbf{1}$ 和 $\mathbf{0}$。

**问题 10.15**　对例子 10.12中的代数 $(\mathbb{Z},+,\times)$ 和 $(\mathbb{Z}_6,\oplus_6,\otimes_6)$，分别给出它们两个真子代数的例子。

【分析】我们可从基集中一个简单的元素，例如 0, 1 或 2 开始先考虑如何对加法封闭，然后再考虑如何对乘法封闭，这样不难发现 $\{0\}$ 对整数加法和乘法，以及对模 6 加法和模 6 乘法都是封闭的。而如果一个子集包含 1，则为了对整数加法封闭，它会包含每个整数；而若一个子集包含 2，则为了对整数加法封闭，它要包含所有 2 的倍数，而且 2 的倍数，即偶数构成的子集对整数乘法也封闭。对于基集 $\mathbb{Z}_6$ 也可做类似的分析。

【解答】（1）代数 $(\{0\},+,\times)$ 是 $(\mathbb{Z},+,\times)$ 的真子代数，代数 $(\{0\},\oplus_6,\otimes_6)$ 是 $(\mathbb{Z}_6,\oplus_6,\otimes_6)$ 的真子代数。

（2）令 $S=\{2k \mid k\in\mathbb{Z}^+\}$，则 $(S,+,\times)$ 是 $(\mathbb{Z},+,\times)$ 的真子代数，而代数 $(\{0,2,4\},\oplus_6,\otimes_6)$ 是 $(\mathbb{Z}_6,\oplus_6,\otimes_6)$ 的真子代数。

【讨论】（1）注意，子代数的运算与原来代数的运算要相同（严格地说是运算法则相同，但作为函数，定义域和陪域则不相同）。$(\mathbb{Z}_6,\oplus_6,\otimes_6)$ 不是 $(\mathbb{Z},+,\times)$ 的子代数，虽然 $\mathbb{Z}_6$ 是 $\mathbb{Z}$ 的子集，但这两个代数的运算不同。

（2）我们从 2 开始得到所有 2 的倍数构成的集合 $S=\{2k \mid k\in\mathbb{Z}^+\}$ 是 $(\mathbb{Z},+,\times)$ 的子代数，这可认为集合 $S$ 是由 2 生成的，或者说 $S$ 的每个元素都可写成只含有 2 以及加法和乘法运算的表达式，即 $2k$ 可写成 $k$ 个 2 相加（这里实际上只用到加法），因此 $(S,+,\times)$ 被称为是由 2 生成的 $(\mathbb{Z},+,\times)$ 的子代数。当然，如果我们考虑 $S'=\{2k \mid k\in\mathbb{Z}\}$，则 $(S',+,\times)$ 是由 2 和 $-2$ 生成的子代数。类似地，$(\{0,2,4\},\oplus_6,\otimes_6)$ 也是由 2 生成的 $(\mathbb{Z}_6,\oplus_6,\otimes_6)$ 的子代数。

### 10.2.2 同余关系与商代数

商代数是从已有的代数得到同类型新代数的另一个方法。我们知道，对非空集 $A$ 上的等价关系 $R$，$A$ 的所有元素关于 $R$ 的等价类构成商集 $A/R=\{[a]_R \mid a\in A\}$。商代数通过在商集上定义运算而得到，为此它要求代数基集上的等价关系对代数的每个运算都具有**可置换性** (compatible)。代数基集上这样的等价关系称为代数上的同余关系，下面给出它的定义。

**定义 10.18** 给定代数 $(A,\Sigma_A)$。$A$ 上的**等价关系**$R\subseteq A\times A$ 若满足：对 $\Sigma_A$ 的任意 $n$ 元运算 $\sigma_A$，及任意 $a_1,a_2,\cdots,a_n,b_1,b_2,\cdots,b_n\in A$，都有：

$$a_1\ R\ b_1 \ \wedge\ \cdots\ \wedge\ a_n\ R\ b_n \qquad \text{蕴涵} \qquad \sigma_A(a_1,a_2,\cdots,a_n)\ R\ \sigma_A(b_1,b_2,\cdots,b_n)$$

则称等价关系 $R$ 为代数 $(A,\Sigma_A)$ 上的**同余关系** (congruence)。

简单地说，代数上的同余关系就是代数基集上的等价关系 $R$，且满足：如果参与运算的元素 $a_i$ 和 $b_i$ 之间有关系 $R$，即 $a_i\ R\ b_i$，则运算结果之间也有关系 $R$，即 $\sigma_A(a_1,a_2,\cdots,a_n)\ R\ \sigma_A(b_1,b_2,\cdots,b_n)$。我们将这个性质称为等价关系 $R$ 对代数的运算具有可置换性，或者说，代数的运算**保持** (preserve) 关系 $R$。特别地，有以下结论。

（1）对于 $\Sigma_A$ 的零元运算 $\sigma_A^{(0)}$，也即代数基集中的常量 $\sigma_A^{(0)}\in A$，由于 $R$ 是自反关系，总有 $\sigma_A^{(0)}\ R\ \sigma_A^{(0)}$，因此任意等价关系 $R$ 对于零元运算（常量）总具有可置换性。

（2）对于 $\Sigma_A$ 的一元运算 $\sigma_A^{(1)}$，等价关系 $R$ 对 $\sigma_A^{(1)}$ 具有可置换性的含义是，对任意 $a,b\in A$，有：

$$a\ R\ b \qquad \text{蕴涵} \qquad \sigma_A^{(1)}(a)\ R\ \sigma_A^{(1)}(b)$$

(3) 对于 $\Sigma_A$ 的二元运算 $\sigma_A^{(2)}$，等价关系 $R$ 对 $\sigma_A^{(2)}$ 具有可置换性的含义是，对任意 $a_1,a_2,b_1,b_2\in A$，有：

$$a_1\ R\ b_1\ \wedge\ a_2\ R\ b_2 \qquad \text{蕴涵} \qquad \sigma_A^{(2)}(a_1,a_2)\ R\ \sigma_A^{(2)}(b_1,b_2)$$

或者用更简洁的运算符 $\circ$ 表示二元运算 $\sigma_A^{(2)}$，则有：

$$a_1\ R\ b_1\ \wedge\ a_2\ R\ b_2 \qquad \text{蕴涵} \qquad (a_1\circ a_2)\ R\ (b_1\circ b_2)$$

**例子 10.16** 最经典的同余关系就是模 $m$ 同余关系。对代数 $(\mathbb{Z},+,\times)$，在基集 $\mathbb{Z}$ 上定义关系 $R$：对任意整数 $a,b$，$a\ R\ b$ 当且仅当 $a\equiv b(\text{mod } 6)$，也即 $R$ 是模 6 同余关系。等价关系 $R$ 对整数加法具有可置换性是要求，对任意整数 $a_1,a_2,b_1,b_2$，有：

$$a_1\ R\ b_1\ \wedge\ a_2\ R\ b_2 \qquad \text{蕴涵} \qquad (a_1+a_2)\ R\ (b_1+b_2)$$

即要求：

$$a_1\equiv b_1(\text{mod } 6)\ \wedge\ a_2\equiv b_2(\text{mod } 6) \qquad \text{蕴涵} \qquad (a_1+a_2)\equiv(b_1+b_2)(\text{mod } 6)$$

等价关系 $R$ 对整数乘法具有可置换性是要求，对任意整数 $a_1,a_2,b_1,b_2$，有：

$$a_1\ R\ b_1\ \wedge\ a_2\ R\ b_2 \qquad \text{蕴涵} \qquad (a_1\times a_2)\ R\ (b_1\times b_2)$$

即要求：

$$a_1\equiv b_1(\text{mod } 6)\ \wedge\ a_2\equiv b_2(\text{mod } 6) \qquad \text{蕴涵} \qquad (a_1\times a_2)\equiv(b_1\times b_2)(\text{mod } 6)$$

我们在问题 4.3 已经证明，对任意整数 $a_1,a_2,b_1,b_2$ 和正整数 $m\geqslant 2$ 有，若 $a_1\equiv b_1(\text{mod } m)$ 且 $a_2\equiv b_2(\text{mod } m)$，则 $(a_1+a_2)\equiv(b_1+b_2)(\text{mod } m)$ 且 $(a_1\times a_2)\equiv(b_1\times b_2)(\text{mod } m)$，因此模 6 同余关系是代数 $(\mathbb{Z},+,\times)$ 上的同余关系。这显然可推广到一般的正整数 $m\geqslant 2$，即对任意 $m\geqslant 2$，模 $m$ 同余关系都是代数 $(\mathbb{Z},+,\times)$ 上的同余关系。

**问题 10.17** 设全集 $U$ 是非空集，固定 $U$ 的元素 $a$，可定义 $\wp(U)$ 上的关系 $R$：对 $U$ 的两个子集 $X$ 和 $Y$，有：

$$X\ R\ Y \qquad \text{当且仅当} \qquad (a\in X\ \wedge\ a\in Y)\ \vee\ (a\notin X\ \wedge\ a\notin Y)$$

直观地说，$X$ 和 $Y$ 有关系 $R$，当且仅当，要么 $X$ 和 $Y$ 都包含 $a$，要么 $X$ 和 $Y$ 都不包含 $a$。不难证明 $R$ 是 $\wp(U)$ 上的等价关系（证明留给读者作为练习），$R$ 是代数 $(\wp(U),\varnothing,U,\overline{(-)},\cup,\cap)$ 上的同余关系吗？

【分析】由于等价关系 $R$ 对常量 $\varnothing$ 和 $U$ 总具有可置换性，因此只要验证 $R$ 是否对一元运算集合补 $\overline{(-)}$、二元运算集合并 $\cup$ 和集合交 $\cap$ 是否具有可置换性即可。

【解答】对 $U$ 的任意两个子集 $X, Y$，若 $X\ R\ Y$，即要么 $X$ 和 $Y$ 都包含 $a$，要么它们都不包含 $a$。当 $X$ 和 $Y$ 都包含 $a$ 时，显然有 $\overline{X}$ 和 $\overline{Y}$ 都不包含 $a$；当 $X$ 和 $Y$ 都不包含 $a$ 时，显然有 $\overline{X}$ 和 $\overline{Y}$ 都包含 $a$，总之有 $\overline{X}\ R\ \overline{Y}$，这表明 $R$ 对集合补 $\overline{(-)}$ 具有可置换性。

对 $U$ 的任意子集 $X_1, X_2, Y_1, Y_2$，若 $X_1\ R\ Y_1$ 且 $X_2\ R\ Y_2$，即 $X_1$ 和 $Y_1$ 都包含 $a$ 或都不包含 $a$，且 $X_2$ 和 $Y_2$ 都包含 $a$ 或都不包含 $a$。我们分情况讨论。

（1）若 $X_1$ 和 $Y_1$ 都包含 $a$ 且 $X_2$ 和 $Y_2$ 都包含 $a$，则显然 $X_1 \cap X_2$ 和 $Y_1 \cap Y_2$ 都包含 $a$，从而 $(X_1 \cap X_2)\ R\ (Y_1 \cap Y_2)$，且 $X_1 \cup X_2$ 和 $Y_1 \cup Y_2$ 都包含 $a$，从而 $(X_1 \cup X_2)\ R\ (Y_1 \cup Y_2)$。

（2）若 $X_1$ 和 $Y_1$ 都包含 $a$ 且 $X_2$ 和 $Y_2$ 都不包含 $a$，则显然 $X_1 \cap X_2$ 和 $Y_1 \cap Y_2$ 都不包含 $a$，从而 $(X_1 \cap X_2)\ R\ (Y_1 \cap Y_2)$，且 $X_1 \cup X_2$ 和 $Y_1 \cup Y_2$ 都包含 $a$，从而 $(X_1 \cup X_2)\ R\ (Y_1 \cup Y_2)$。

（3）若 $X_1$ 和 $Y_1$ 都不包含 $a$ 且 $X_2$ 和 $Y_2$ 都包含 $a$，则显然 $X_1 \cap X_2$ 和 $Y_1 \cap Y_2$ 都不包含 $a$，从而 $(X_1 \cap X_2)\ R\ (Y_1 \cap Y_2)$，且 $X_1 \cup X_2$ 和 $Y_1 \cup Y_2$ 都包含 $a$，从而 $(X_1 \cup X_2)\ R\ (Y_1 \cup Y_2)$。

（4）若 $X_1$ 和 $Y_1$ 都不包含 $a$ 且 $X_2$ 和 $Y_2$ 也都不包含 $a$，则显然 $X_1 \cap X_2$ 和 $Y_1 \cap Y_2$ 都不包含 $a$，从而 $(X_1 \cap X_2)\ R\ (Y_1 \cap Y_2)$，且 $X_1 \cup X_2$ 和 $Y_1 \cup Y_2$ 都不包含 $a$，从而 $(X_1 \cup X_2)\ R\ (Y_1 \cup Y_2)$。

因此总有 $(X_1 \cap X_2)\ R\ (Y_1 \cap Y_2)$ 和 $(X_1 \cup X_2)\ R\ (Y_1 \cup Y_2)$，这就表明 $R$ 是代数 $(\wp(U), \varnothing, U, \overline{(-)}, \cup, \cap)$ 上的同余关系。

【讨论】（1）可看到，当前提涉及逻辑或时，分情况证明是一种非常有用的证明方法。

（2）实际上，等价关系 $R$ 将 $U$ 的子集划分为两类：一类是包含 $a$ 的子集，以全集 $U$ 作为代表；另一类是不包含 $a$ 的子集，以空集 $\varnothing$ 作为代表，也就是说，商集 $\wp(U)/R = \{[U]_R, [\varnothing]_R\}$。

对于代数 $(A, \Sigma_A)$ 上的同余关系 $R$，我们可在商集 $A/R$ 上相应地定义运算得到以商集 $A/R$ 为基集的代数，称为 $(A, \Sigma)$ 关于同余关系 $R$ 的商代数。下面使用定理的形式给出商代数的构造。

**定理 10.5** 给定代数 $(A, \Sigma_A)$ 上的同余关系 $R$，$A$ 关于 $R$ 的商集 $A/R$ 可定义运算集 $\Sigma_{A/R}$：对应于 $\Sigma_A$ 的任意 $n$ 元运算符 $\sigma$，定义函数 $\sigma_{A/R} : (A/R)^n \to A/R$ 为：

$$\forall [a_1]_R, [a_2]_R, \cdots, [a_n]_R \in A/R, \quad \sigma_{A/R}([a_1]_R, [a_2]_R, \cdots, [a_n]_R) = [\sigma_A(a_1, a_2, \cdots, a_n)]_R$$

从而得到代数 $(A/R, \Sigma_{A/R})$，称为 $(A, \Sigma_A)$ 关于同余关系 $R$ 的**商代数** (quotient)。

**证明** 由于函数 $\sigma_{A/R}$ 定义在等价类上，我们需要证明它的定义是合适的，即要证明运算结果与等价类所选的代表无关。对任意 $a_1, a_2, \cdots, a_n, b_1, b_2, \cdots, b_n \in A$，若 $[a_1]_R =$

$[b_1]_R, [a_2]_R = [b_2]_R, \cdots, [a_n]_R = [b_n]_R$，则 $a_1\ R\ b_1, a_2\ R\ b_2, \cdots, a_n\ R\ b_n$，而 $R$ 是 $(A, \Sigma_A)$ 上的同余关系，因此有 $\sigma_A(a_1, a_2, \cdots, a_n)\ R\ \sigma_A(b_1, b_2, \cdots, b_n)$，从而：

$$\begin{aligned}\sigma_{A/R}([a_1]_R, [a_2]_R, \cdots, [a_n]_R) &= [\sigma_A(a_1, a_2, \cdots, a_n)]_R = [\sigma_A(b_1, b_2, \cdots, b_n)]_R \\ &= \sigma_{A/R}([b_1]_R, [b_2]_R, \cdots, [b_n]_R)\end{aligned}$$

这就表明 $\sigma_{A/R}$ 的运算结果与等价类所选的代表无关，也即它的定义确实是合适的。□

简单地说，$(A, \Sigma_A)$ 关于同余关系 $R$ 的商代数 $(A/R, \Sigma_{A/R})$ 的运算是对等价类的运算，且等于用等价类的代表做 $A$ 上相应运算的结果所在的等价类。由于 $R$ 是同余关系，因此商代数运算的定义与等价类代表的选择无关。显然 $(A, \Sigma_A)$ 和商代数 $(A/R, \Sigma_{A/R})$ 也是同类型的代数。

**例子 10.18** 对于例子 10.16 给出的代数 $(\mathbb{Z}, +, \times)$ 上的模 6 同余关系 $R$:

$$\forall x, y \in \mathbb{Z}, \quad x\ R\ y \qquad \text{当且仅当} \qquad x \equiv y (\bmod 6)$$

我们有：$\mathbb{Z}/R = \{[0]_R, [1]_R, [2]_R, [3]_R, [4]_R, [5]_R\}$，其中：

$$\begin{array}{ll} [0]_R = \{\cdots, -18, -12, -6, 0, 6, 12, \cdots\} & [1]_R = \{\cdots, -17, -11, -5, 1, 7, 13, \cdots\} \\ [2]_R = \{\cdots, -16, -10, -4, 2, 8, 14, \cdots\} & [3]_R = \{\cdots, -15, -9, -3, 3, 9, 15, \cdots\} \\ [4]_R = \{\cdots, -14, -8, -2, 4, 10, 16, \cdots\} & [5]_R = \{\cdots, -13, -7, -1, 5, 11, 17, \cdots\} \end{array}$$

对应于整数加法运算，商集 $\mathbb{Z}/R$ 的运算 $\oplus_{\mathbb{Z}/R}$ 定义为：

$$\forall [x]_R, [y]_R \in \mathbb{Z}/R, \quad [x]_R \oplus_{\mathbb{Z}/R} [y]_R = [x + y]_R$$

例如 $[2]_R \oplus_{\mathbb{Z}/R} [5]_R = [2 + 5]_R = [7]_R = [1]_R$。对应于整数乘法运算，商集 $\mathbb{Z}/R$ 的运算 $\otimes_{\mathbb{Z}/R}$ 定义为：

$$\forall [x]_R, [y]_R \in \mathbb{Z}/R, \quad [x]_R \otimes_{\mathbb{Z}/R} [y]_R = [x \times y]_R$$

例如 $[2]_R \otimes_{\mathbb{Z}/R} [5]_R = [2 \times 5]_R = [10]_R = [4]_R$。可看到，由于模 6 同余关系是代数 $(\mathbb{Z}, +, \times)$ 上的同余关系，因此 $\oplus_{\mathbb{Z}/R}$ 和 $\otimes_{\mathbb{Z}/R}$ 的定义与选取的等价类代表无关，例如：

$$\begin{aligned}[8]_R \oplus_{\mathbb{Z}/R} [11]_R &= [19]_R = [1]_R = [2]_R \oplus_{\mathbb{Z}/R} [5]_R \\ [8]_R \otimes_{\mathbb{Z}/R} [11]_R &= [88]_R = [4]_R = [2]_R \otimes_{\mathbb{Z}/R} [5]_R\end{aligned}$$

**问题 10.19** 对于问题 10.17 给出的代数 $(\wp(U), \varnothing, U, \overline{(-)}, \cup, \cap)$ 上的同余关系 $R$，商集 $\wp(U)/R = \{[U]_R, [\varnothing]_R\}$ 对应的运算分别怎样定义？

**【解答】** 商集 $\wp(U)/R = \{[U]_R, [\varnothing]_R\}$ 对应零元运算 $\varnothing$ 的是常量 $[\varnothing]_R$，对应零元运算 $U$ 的是常量 $[U]_R$，分别对应于 $\overline{(-)}, \cup, \cap$ 的运算 $\overline{(-)}_R, \cup_R, \cap_R$，可用下面的运算表定义。

| $x$ | $y$ | $\overline{(-)}_R(x)$ | $x \cup_R y$ | $x \cap_R y$ |
| --- | --- | --- | --- | --- |
| $[\varnothing]_R$ | $[\varnothing]_R$ | $[U]_R$ | $[\varnothing]_R$ | $[\varnothing]_R$ |
| $[\varnothing]_R$ | $[U]_R$ | $[U]_R$ | $[U]_R$ | $[\varnothing]_R$ |
| $[U]_R$ | $[\varnothing]_R$ | $[\varnothing]_R$ | $[U]_R$ | $[\varnothing]_R$ |
| $[U]_R$ | $[U]_R$ | $[\varnothing]_R$ | $[U]_R$ | $[U]_R$ |

**【讨论】**（1）子代数的运算与原来代数的对应运算本质上是同一运算，因此我们对子代数采用原来代数相同的符号。但商代数的运算与原来代数的对应运算是不同的运算，因此商代数运算符号的选择有一定的随意性。例如对应原来代数的运算 $\cup$，上面使用运算符 $\cup_R$，也可使用 $\cup_{\wp(U)/R}$，或者直接使用 $\cup$ 都可以。我们关注的是运算的定义域、陪域和运算法则，而非运算符本身。

（2）不难看到，商代数 $(\wp(U)/R, [\varnothing]_R, [U]_R, \overline{(-)}_R, \cup_R, \cap_R)$ 与代数 $(\{\varnothing, U\}, \varnothing, U, \overline{(-)}, \cup, \cap)$ 本质上是一样的，只是其中的元素符号、运算符号形式不同而已，这在代数中称这两个代数同构，10.2.3 节将介绍代数同构的概念。

### 10.2.3 代数同态与同构

运算的性质用于刻画一个代数内部的结构与性质，而代数同态则用于描述代数与代数之间的联系，使得人们可从更高的抽象层次研究同类型的代数的共同性质。

**定义 10.19** 设代数 $(A, \Sigma_A)$ 和 $(B, \Sigma_B)$ 是两个同类型的代数。代数 $(A, \Sigma_A)$ 到代数 $(B, \Sigma_B)$ 的**同态** (homomorphism) 是基集之间的函数 $f : A \to B$，且满足：对 $\Sigma_A$ 的任意 $n$ 元运算 $\sigma_A$ 和它对应的 $\Sigma_B$ 的 $n$ 元运算 $\sigma_B$，及任意 $a_1, a_2, \cdots, a_n \in A$ 都有：

$$f(\sigma_A(a_1, a_2, \cdots, a_n)) = \sigma_B(f(a_1), f(a_2), \cdots, f(a_n))$$

简单地说，代数同态是代数基集之间的函数，且对代数的任意运算都满足：**先运算再映射，等于先映射再运算**。这里“映射”是指该函数所做的映射，“先运算”是做的同态源代数，即代数 $(A, \Sigma_A)$ 的运算，而“再运算”是做的同态目标，即代数 $(B, \Sigma_B)$ 的对应运算。我们将同态的这种性质称为同态对运算的**可交换性**。注意，同态只存在于两个同类型的代数之间。

具体来说，对于代数的零元运算（即常量）、一元运算和二元运算符号分别有如下结论。

（1）对代数 $(A, \Sigma_A)$ 的零元运算，即常量 $\sigma_A \in A$，设代数 $(B, \Sigma_B)$ 对应的常量是 $\sigma_B \in B$，则这时函数 $f : A \to B$ 作为同态要满足：

$$f(\sigma_A) = \sigma_B$$

（2）对代数 $(A, \Sigma_A)$ 的一元运算 $\sigma_A : A \to A$，设代数 $(B, \Sigma_B)$ 对应的一元运算是 $\sigma_B : B \to B$，则函数 $f : A \to B$ 作为同态要满足：对任意 $a \in A$，有：

$$f(\sigma_A(a)) = \sigma_B(f(a))$$

（3）对代数 $(A, \Sigma_A)$ 的二元运算 $\sigma_A: A \times A \to A$，设代数 $(B, \Sigma_B)$ 对应的二元运算是 $\sigma_B: B \times B \to B$，则函数 $f: A \to B$ 作为同态要满足：对任意 $a_1, a_2 \in A$，有：

$$f(\sigma_A(a_1, a_2)) = \sigma_B(f(a_1), f(a_2))$$

注意，这里先运算是指 $\sigma_A(a_1, a_2)$，然后再映射则得到 $f(\sigma_A(a_1, a_2))$，而先映射是指分别得到 $f(a_1)$ 和 $f(a_2)$，然后再运算是指 $\sigma_B(f(a_1), f(a_2))$，$f$ 作为同态要使得这两者相等。或者我们用运算符 $\circ$ 表示运算 $\sigma_A$，$\star$ 表示运算 $\sigma_B$，使用人们熟悉的中缀表达式形式，函数 $f$ 作为同态是要满足：对任意 $a_1, a_2 \in A$，有：

$$f(a_1 \circ a_2) = f(a_1) \star f(a_2)$$

**定义 10.20** 设 $f: (A, \Sigma_A) \to (B, \Sigma_B)$ 是同态。① 若 $f$ 是满函数，则称 $f$ 是**满同态** (epimorphism)；② 若 $f$ 是单函数，则称 $f$ 是**单同态** (monomorphism)；③ 若 $f$ 是双函数，则称 $f$ 是**同构** (isomorphism)，若代数 $(A, \Sigma_A)$ 和 $(B, \Sigma_B)$ 之间存在同构，则称这两个代数**同构** (isomorphic)，记为 $(A, \Sigma_A) \cong (B, \Sigma_B)$。

**例子 10.20** 对于代数 $(S, +, \times)$ 和 $(\mathbb{Z}, +, \times)$，这里 $S = \{2k \mid k \in \mathbb{Z}\}$，$+$ 和 $\times$ 分别是整数加法和乘法。很容易定义函数 $f: S \to \mathbb{Z}$，对任意 $z \in S$，$f(z) = z$，显然有，对任意 $z_1, z_2 \in S$，有：

$$f(z_1 + z_2) = z_1 + z_2 = f(z_1) + f(z_2) \qquad f(z_1 \times z_2) = z_1 \times z_2 = f(z_1) \times f(z_2)$$

因此，$f: (S, +, \times) \to (\mathbb{Z}, +, \times)$ 是同态，而且显然 $f$ 是单函数，因此它是单同态。

这不难扩展到一般情况，对代数 $(A, \Sigma_A)$ 及它的一个子代数 $(B, \Sigma_B)$，由于 $B \subseteq A$，总可以定义函数 $f: B \to A$，对任意 $b \in B$，$f(b) = b$，不难验证 $f: (A, \Sigma_A) \to (B, \Sigma_B)$ 是单同态。

**例子 10.21** 对于代数 $(\mathbb{Z}, +, \times)$ 及其关于模 6 同余关系 $R$ 得到的商代数 $(\mathbb{Z}/R, \oplus_{\mathbb{Z}/R}, \otimes_{\mathbb{Z}/R})$（参见例子 10.18），可定义函数 $\rho: \mathbb{Z} \to \mathbb{Z}/R$，对任意 $z \in \mathbb{Z}$，$\rho(z) = [z]_R$。不难看到，对任意 $z_1, z_2 \in \mathbb{Z}$，有：

$$\rho(z_1 + z_2) = [z_1 + z_2]_R = [z_1]_R \oplus_{\mathbb{Z}/R} [z_2]_R = \rho(z_1) \oplus_{\mathbb{Z}/R} \rho(z_2)$$
$$\rho(z_1 \times z_2) = [z_1 \times z_2]_R = [z_1]_R \otimes_{\mathbb{Z}/R} [z_2]_R = \rho(z_1) \otimes_{\mathbb{Z}/R} \rho(z_2)$$

这里 $[z_1]_R \oplus_{\mathbb{Z}/R} [z_2]_R = [z_1 + z_2]_R$ 和 $[z_1]_R \otimes_{\mathbb{Z}/R} [z_2]_R = [z_1 \times z_2]_R$ 分别是运算 $\oplus_{\mathbb{Z}/R}$ 和 $\otimes_{\mathbb{Z}/R}$ 的定义。上面两个等式表明 $\rho: (\mathbb{Z}, +, \times) \to (\mathbb{Z}/R, \oplus_{\mathbb{Z}/R}, \otimes_{\mathbb{Z}/R})$ 是同态，而且由于每个等价类都必然有代表，因此 $\rho$ 是满函数，因此 $\rho$ 是这两个代数之间的满同态。

这也可扩展到一般情况，对代数 $(A, \Sigma_A)$ 上的同余关系 $R$，可定义函数 $\rho: A \to A/R$，对任意 $a \in A$，$\rho(a) = [a]_R$，则不难验证 $\rho: (A, \Sigma_A) \to (A/R, \Sigma_{A/R})$ 是满同态。

上面的例子表明，代数同态与子代数、商代数这些代数构造有密切联系。实际上，代数同态与运算的性质也有密切联系。下面的定理给出了满同态的一个重要性质，即简单地说，满同态保持除消去律以外的运算性质和运算的特殊元素。

**定理 10.6** 设 $f:(A,\Sigma_A)\to(B,\Sigma_B)$ 是满同态，且 $+$ 和 $\times$ 是 $\Sigma_A$ 中的任意两个二元运算（也即 $A$ 的运算），$\oplus$ 和 $\otimes$ 是 $\Sigma_B$ 中的两个二元运算（也即 $B$ 的运算），其中 $\oplus$ 和 $+$ 对应，而 $\otimes$ 和 $\times$ 对应。

（1）若 $A$ 的运算 $+$ 满足交换律、结合律、幂等律，则 $B$ 的运算 $\oplus$ 也满足交换律、结合律、幂等律。

（2）若 $A$ 的运算 $\times$ 对 $+$ 有分配律，则 $B$ 的运算 $\otimes$ 对 $\oplus$ 也有分配律。

（3）若 $A$ 的运算 $\times$ 和 $+$ 有吸收律，则 $B$ 的运算 $\otimes$ 和 $\oplus$ 也有吸收律。

（4）若 $e_A\in A$ 是运算 $+$ 的单位元，则 $f(e_A)$ 是运算 $\oplus$ 的单位元。

（5）若 $\theta_A\in A$ 是运算 $+$ 的零元，则 $f(\theta_A)$ 是运算 $\oplus$ 的零元。

（6）设 $+$ 有单位元 $e_A$，若 $a\in A$ 关于 $+$ 的逆元是 $a^{-1}$，则 $f(a)\in B$ 关于 $\oplus$ 的逆元是 $f(a^{-1})$。

**证明** 下面只证明与交换律、分配律、单位元及逆元有关的命题，其他命题可类似证明。

（1）对于交换律，对任意 $b_1,b_2\in B$，由 $f$ 是满同态，因此存在 $a_1,a_2\in A$ 使得 $f(a_1)=b_1,f(a_2)=b_2$，且 $f(a_1)\oplus f(a_2)=f(a_1+a_2)$，$f(a_2)\oplus f(a_1)=f(a_2+a_1)$。而由 $+$ 满足交换律，则有 $a_1+a_2=a_2+a_1$，从而有：

$$b_1\oplus b_2=f(a_1)\oplus f(a_2)=f(a_1+a_2)=f(a_2+a_1)=f(a_2)\oplus f(a_1)=b_2\oplus b_1$$

因此，$\oplus$ 也满足交换律。

（2）对于分配律，假定 $\times$ 对 $+$ 有分配律。对任意 $b_1,b_2,b_3\in B$，由 $f$ 是满同态，因此存在 $a_1,a_2,a_3\in A$ 使得 $f(a_1)=b_1,f(a_2)=b_2,f(a_3)=b_3$，从而：

$$\begin{aligned}
b_1\otimes(b_2\oplus b_3) &= f(a_1)\otimes(f(a_2)\oplus f(a_3)) \\
&= f(a_1)\otimes f(a_2+a_3) && // f\text{ 是同态} \\
&= f(a_1\times(a_2+a_3)) && // f\text{ 是同态} \\
&= f((a_1\times a_2)+(a_1\times a_3)) && // A\text{ 的运算 }\times\text{ 对 }+\text{ 有分配律} \\
&= f(a_1\times a_2)\oplus f(a_1+a_3) && // f\text{ 是同态} \\
&= (f(a_1)\otimes f(a_2))\oplus(f(a_1)\otimes f(a_3)) && // f\text{ 是同态} \\
&= (b_1\otimes b_2)\oplus(b_1\otimes b_3)
\end{aligned}$$

类似可验证右分配律：$(b_2\oplus b_3)\otimes b_1=(b_2\otimes b_1)\oplus(b_3\otimes b_1)$，因此 $\otimes$ 对 $\oplus$ 也有分配律。

（3）若 $e$ 是 $+$ 的单位元，我们证明 $f(e)$ 是 $\oplus$ 的单位元。这是因为，对任意 $b\in B$，设 $f(a)=b$，则：

$$b\oplus f(e)= f(a)\oplus f(e)=f(a+e)=f(a)=b$$
$$f(e)\oplus b= f(e)\oplus f(a)=f(e+a)=f(a)=b$$

（4）若 $a$ 关于 $+$ 的逆元是 $a^{-1}$，则有：

$$f(a) \oplus f(a^{-1}) = f(a + a^{-1}) = f(e_A) \qquad f(a^{-1}) \oplus f(a) = f(a^{-1} + a) = f(e_A)$$

这表明 $f(a^{-1})$ 是 $f(a)$ 的逆元，即 $(f(a))^{-1} = f(a^{-1})$。 □

**例子 10.22** 对于代数 $(\mathbb{Z}, +, \times)$ 关于模 6 同余关系 $R$ 的商代数 $(\mathbb{Z}/R, \oplus_{\mathbb{Z}/R}, \otimes_{\mathbb{Z}/R})$，由于例子 10.21 给出的同态 $\rho$ 是满同态，我们知道商代数的运算 $\oplus_{\mathbb{Z}/R}$ 和 $\otimes_{\mathbb{Z}/R}$ 分别具有与整数加法和整数乘法一样的性质（除消去律外），例如，$\oplus_{\mathbb{Z}/R}$ 和 $\otimes_{\mathbb{Z}/R}$ 都满足交换律、结合律，$[0]_R$ 是 $\oplus_{\mathbb{Z}/R}$ 的单位元，$[1]_R$ 是 $\otimes_{\mathbb{Z}/R}$ 的单位元，对任意整数 $z$，$[z]_R$ 关于运算 $\oplus_{\mathbb{Z}/R}$ 的逆元是 $[-z]_R$，以及 $\otimes_{\mathbb{Z}/R}$ 对 $\oplus_{\mathbb{Z}/R}$ 有分配律。

一般地，这表明除运算的消去律之外，商代数的运算具有与原来代数的对应运算相同的性质。

**问题 10.23** 举例说明满同态为什么不保持运算的消去律。

**【分析】** 对于代数 $(A, \Sigma_A)$ 和 $(B, \Sigma_A)$，假定 $\Sigma_A$ 中的运算 $\circ$ 满足消去律，它对应的 $\Sigma_B$ 中的运算是 $\star$。对任意 $b_1, b_2, b_3 \in B$，设 $b_1$ 不是 $\star$ 的零元，且 $f(a_1) = b_1, f(a_2) = b_2, f(a_3) = b_3$。若 $b_1 \star b_2 = b_1 \star b_3$，即有 $f(a_1) \star f(a_2) = f(a_1) \star f(a_3)$，从而：

$$f(a_1 \circ a_2) = f(a_1 \circ a_3)$$

但这不能导出 $a_1 \circ a_2 = a_1 \circ a_3$，因为 $f$ 不一定是单函数，从而不能利用 $\circ$ 满足消去律这个性质，更不能导出 $b_2 = b_3$。这个分析表明当同态只是满同态而不是单同态时则不保持消去律。

**【解答】** 对于代数 $(\mathbb{Z}, +, \times)$ 关于模 6 同余关系 $R$ 的商代数 $(\mathbb{Z}/R, \oplus_{\mathbb{Z}/R}, \otimes_{\mathbb{Z}/R})$，有满同态 $\rho : (\mathbb{Z}, +, \times) \to (\mathbb{Z}/R, \oplus_{\mathbb{Z}/R}, \otimes_{\mathbb{Z}/R})$，且整数乘法满足消去律，但 $\otimes_{\mathbb{Z}/R}$ 不满足消去律，例如，$[2]_R$ 不是 $\otimes_{\mathbb{Z}/R}$ 的零元，且 $[4]_R \neq [1]_R$，但我们有：

$$[2]_R \otimes_{\mathbb{Z}/R} [4]_R = [2 \times 4]_R = [8]_R = [2]_R = [2 \times 1]_R = [2]_R \otimes_{\mathbb{Z}/R} [1]_R$$

**【讨论】** 上面的分析表明，当同态 $f$ 既是满函数又是单函数，即是同构时会保持运算的消去律，因此这时从 $f(a_1 \circ a_2) = f(a_1 \circ a_3)$ 可得到 $a_1 \circ a_2 = a_1 \circ a_3$，而且由于 $b_1$ 不是 $\star$ 的零元，因此 $f(a_1) = b_1$ 表明 $a_1$ 也不是 $\circ$ 的零元（因为满同态保持零元），从而由 $\circ$ 满足消去律可得 $a_2 = a_3$，从而 $b_2 = f(a_2) = f(a_3) = b_3$，这就得到 $\star$ 也满足消去律。

因此，同构保持前面给出的运算的所有性质，包括运算的特殊元素。这说明了从抽象意义上说，同构的两个代数可看作是两个相同的代数。

**例子 10.24** 注意到 $\mathbb{Z}/R = \{[0]_R, [1]_R, \cdots, [5]_R\}$，而 $\mathbb{Z}_6 = \{0, 1, 2, \cdots, 5\}$，因此显然有双函数 $f : \mathbb{Z}_6 \to \mathbb{Z}/R$，对任意整数 $z \in \mathbb{Z}_6$，$f(z) = [z]_R$。根据模 6 加法 $\oplus_6$、模 6 乘法 $\otimes_6$，以及模 6 同余关系 $R$ 的性质，不难证明对任意整数 $z_1, z_2 \in \mathbb{Z}_6$，有：

$$f(z_1 \oplus_6 z_2) = [z_1 \oplus_6 z_2]_R = [z_1 + z_2]_R = [z_1]_R \oplus_{\mathbb{Z}/R} [z_2]_R = f(z_1) \oplus_{\mathbb{Z}/R} f(z_2)$$

$$f(z_1 \otimes_6 z_2) = [z_1 \otimes_6 z_2]_R = [z_1 \times z_2]_R = [z_1]_R \otimes_{\mathbb{Z}/R} [z_2]_R = f(z_1) \otimes_{\mathbb{Z}/R} f(z_2)$$

这表明 $f:(\mathbb{Z}_6,\oplus_6,\otimes_6)\to(\mathbb{Z}/R,\oplus_{\mathbb{Z}/R},\otimes_{\mathbb{Z}/R})$ 是同构，也即有 $(\mathbb{Z}_6,\oplus_6,\otimes_6)\cong(\mathbb{Z}/R,\oplus_{\mathbb{Z}/R},\otimes_{\mathbb{Z}/R})$。从抽象意义上说，这两个代数是相同的代数，只是它们的元素和运算符选择了不同的符号而已。

**问题 10.25** 假定我们已经知道集合并、集合交、集合补等运算的性质，能否利用满同态保持运算除消去律之外的性质探讨真值集 $\mathbf{2}=\{\mathbf{0},\mathbf{1}\}$ 的逻辑或、逻辑与和逻辑否定运算的性质？

**【分析】**类似问题 10.17，给定全集 $U$ 是非空集，固定 $U$ 的一个元素 $a\in U$，我们可定义函数 $f:\wp(U)\to\mathbf{2}$，对 $U$ 的任意子集 $X$，有：

$$f(X)=\begin{cases}\mathbf{1} & \text{若 } a\in X\\ \mathbf{0} & \text{否则}\end{cases}$$

通过验证 $f$ 是从代数 $(\wp(U),\varnothing,U,\overline{(-)},\cup,\cap)$ 到代数 $(\mathbf{2},\mathbf{0},\mathbf{1},\neg,\vee,\wedge)$ 的满同态，从而由 $\wp(U)$ 的集合运算的性质可得到 $\mathbf{2}$ 的逻辑运算的性质。

**【解答】**假定全集 $U$ 是非空集，$a\in U$ 是一个固定的元素，定义函数 $f:\wp(U)\to\mathbf{2}$，对任意 $X\subseteq U$，若 $a\in X$，则 $f(X)=\mathbf{1}$，否则 $f(X)=0$。显然 $f$ 是满函数，因为 $f(U)=\mathbf{1}$，而 $f(\varnothing)=\mathbf{0}$，这也表明 $f$ 与代数 $(\wp(U),\varnothing,U,\overline{(-)},\cup,\cap)$ 的零元运算 $\varnothing$ 和 $U$ 具有可交换性。

对任意 $X\subseteq U$，若 $a\in X$，则 $a\notin\overline{X}$，因此若 $f(X)=\mathbf{1}$ 当且仅当 $f(\overline{X})=\mathbf{0}$，也即 $f(\overline{X})=\neg f(X)$，这表明 $f$ 与集合补运算具有可交换性。

对任意 $X\subseteq U$ 和 $Y\subseteq U$，分别考虑 $a\in X,a\notin X$ 和 $a\in Y,a\notin Y$ 的四种情况组合。

（1）若 $a\in X$ 且 $a\in Y$，则 $a\in X\cap Y$ 且 $a\in X\cup Y$，这时 $f(X)=f(Y)=\mathbf{1}$，且 $f(X\cap Y)=\mathbf{1},f(X\cup Y)=\mathbf{1}$，因此 $f(X\cap Y)=f(X)\wedge f(Y)$ 且 $f(X\cup Y)=f(X)\vee f(Y)$。

（2）若 $a\in X$ 且 $a\notin Y$，则 $a\notin X\cap Y$ 且 $a\in X\cup Y$，这时 $f(X)=\mathbf{1}$ 且 $f(Y)=\mathbf{0}$，且 $f(X\cap Y)=\mathbf{0},f(X\cup Y)=\mathbf{1}$，因此 $f(X\cap Y)=f(X)\wedge f(Y)$ 且 $f(X\cup Y)=f(X)\vee f(Y)$。

（3）若 $a\notin X$ 且 $a\in Y$，则 $a\notin X\cap Y$ 且 $a\in X\cup Y$，这时 $f(X)=\mathbf{0}$ 且 $f(Y)=\mathbf{1}$，且 $f(X\cap Y)=\mathbf{0},f(X\cup Y)=\mathbf{1}$，因此 $f(X\cap Y)=f(X)\wedge f(Y)$ 且 $f(X\cup Y)=f(X)\vee f(Y)$。

（4）若 $a\notin X$ 且 $a\notin Y$，则 $a\notin X\cap Y$ 且 $a\notin X\cup Y$，这时 $f(X)=f(Y)=\mathbf{0}$，且 $f(X\cap Y)=\mathbf{0},f(X\cup Y)=\mathbf{0}$，因此 $f(X\cap Y)=f(X)\wedge f(Y)$ 且 $f(X\cup Y)=f(X)\vee f(Y)$。

综上，总有 $f(X\cap Y)=f(X)\wedge f(Y)$ 和 $f(X\cup Y)=f(X)\vee f(Y)$，这表明 $f$ 与集合交、集合并运算都具有可交换性，因此 $f:(\wp(U),\varnothing,U,\overline{(-)},\cup,\cap)\to(\mathbf{2},\mathbf{0},\mathbf{1},\neg,\vee,\wedge)$ 是满同态。

由于集合并、集合交都不满足消去律，上述满同态意味着逻辑与和集合交有相同的性质，逻辑或与集合并有相同的性质，都满足交换律、结合律、幂等律，分配律、吸收律。

甚至我们由集合运算的德摩根律可得到逻辑运算的德摩根律，例如，对任意 $p, q \in \mathbf{2}$，设分别存在集合 $X \subseteq U$ 和 $Y \subseteq U$，使得 $f(X) = p, f(Y) = q$，从而由集合运算的德摩根律 $\overline{X \cap Y} = \overline{X} \cup \overline{Y}$ 有：

$$
\begin{aligned}
\neg(p \wedge q) &= \neg(f(X) \wedge f(Y)) = \neg(f(X \cap Y)) = f(\overline{X \cap Y}) \\
&= f(\overline{X} \cup \overline{Y}) = f(\overline{X}) \vee f(\overline{Y}) = \neg f(X) \vee \neg f(Y) = \neg p \vee \neg q
\end{aligned}
$$

**【讨论】**不难看到，这里定义的满同态 $f$ 也将 $U$ 的子集分成两类：一类是包含 $a$ 的子集，它们在函数 $f$ 下的值是 $\mathbf{1}$；另一类是不包含 $a$ 的子集，它们在函数 $f$ 下的值是 $\mathbf{0}$。对比问题 10.17 定义的 $\wp(U)$ 上关系 $R$：对 $U$ 的两个子集 $X$ 和 $Y$，有：

$$
X\ R\ Y \qquad \text{当且仅当} \qquad (a \in X\ \wedge\ a \in Y)\ \vee\ (a \notin X\ \wedge\ a \notin Y)
$$

利用这里的函数 $f$ 可给出 $R$ 的一个更简洁的定义：对 $U$ 的两个子集 $X$ 和 $Y$，有：

$$
X\ R\ Y \qquad \text{当且仅当} \qquad f(X) = f(Y)
$$

基于这个定义，更容易证明 $R$ 是等价关系，而且这样定义的 $R$ 作为代数 $(\wp(U), \varnothing, U, \overline{(-)}, \cup, \cap)$ 上的同余关系称为同态 $f$ 的**核** (kernel)。

不难看到，问题 10.19 给出的商代数 $(\wp(U)/R, [\varnothing]_R, [U]_R, \overline{(-)}_R, \cup_R, \cap_R)$ 与代数 $(\mathbf{2}, \mathbf{0}, \mathbf{1}, \neg, \vee, \wedge)$ 同构，其中 $\wp(U)/R = \{[\varnothing]_R, [U]_R\}$。实际上将问题 10.19 给出的运算表与问题 10.6 给出的运算表比较可看到，$\mathbf{0}$ 对应 $[\varnothing]_R$，$\mathbf{1}$ 对应 $[U]_R$，逻辑否定对应集合补、逻辑与对应集合交、逻辑或对应集合并，这两个代数除采用的元素和运算符号不同之外，本质上是相同的代数。

一般地，对同态 $f: (A, \Sigma_A) \to (B, \Sigma_B)$，同态 $f$ 的值域 $f(A)$ 对 $\Sigma_B$ 的每个运算封闭，即 $(f(A), \Sigma_B)$ 是 $(B, \Sigma_B)$ 的子代数，且称为同态 $f$ 的**像** (image)。当 $f$ 是满同态时，$f(A) = B$，它的同态像就是目标代数 $(B, \Sigma_B)$ 本身。同态 $f$ 总可导出 $(A, \Sigma_A)$ 上的同余关系 $R_f$：

$$
\forall x, y \in A, \quad x\ R\ y \quad \text{当且仅当} \quad f(x) = f(y)
$$

Algebra-Group(1)

我们有代数 $(A, \Sigma_A)$ 关于 $R_f$ 的商代数 $(A/R_f, \Sigma_{A/R_f})$ 与 $f$ 的同态像 $(f(A), \Sigma_B)$ 同构，这称为**代数同态基本定理**。上面给出的 $(\wp(U)/R, [\varnothing]_R, [U]_R, \overline{(-)}_R, \cup_R, \cap_R)$ 与代数 $(\mathbf{2}, \mathbf{0}, \mathbf{1}, \neg, \vee, \wedge)$ 同构就是代数同态基本定理的一个实例。关于代数同态基本定理的更多内容，有兴趣的读者可参考文献 [17]。

Algebra-Group(2)

## 10.3　群的基础知识

Algebra-Group(3)

简单地说，代数是基集及其运算，而代数系统则是其中的运算满足一定的性质的代数，这些性质由一些公理给出，因此在研究具体代数系统时通常使用公理化方法，即从一些最基本的性质推导代数系统的其他性质，或者从另一个角度说，是对常见的代数进行抽象和公理化，找出它的最基本性质，从而得到不同的代数系统。

群是人们最早研究的代数系统，在现代数学，乃至现代物理、化学中都发挥重要作用。群在计算机科学，特别是信息安全与密码学中也有广泛应用。群的内容很丰富，本节只是介绍群的一些基础知识。我们在给出群的定义，也即群作为代数系统要满足的基本性质的基础上，讨论子代数、商代数以及代数同态在群论中的含义与性质。希望计算机专业的学生通过本节的学习能初步了解公理化思想，并能理解代数的一般概念和群论的具体概念之间的不同抽象层次。

### 10.3.1 群的定义

**定义 10.21** 设 $G$ 是集合，$\circ$ 是 $G$ 的二元运算。如果 $\circ$ 满足结合律，有单位元 $e{\in}G$，且 $G$ 的任意元素 $x$ 有关于运算 $\circ$ 的逆元 $x^{-1}{\in}G$，则称 $G$ 为**群** (group)。

严格地说，群有一个零元运算，即常量 $e$，一个一元运算 $(-)^{-1}$ 和一个二元运算 $\circ$，且满足以下条件。

（1）二元运算 $\circ$ 满足结合律，即 $\forall x,y,z{\in}G$，$x\circ(y\circ z)=(x\circ y)\circ z$。

（2）零元运算 $e$ 是二元运算 $\circ$ 的单位元，即 $\forall x{\in}G$，$x\circ e=x$，$e\circ x=x$。

（3）一元运算 $(-)^{-1}$ 给出每个元素关于二元运算 $\circ$ 的逆元，即 $\forall x{\in}G$，$x\circ x^{-1}=e$，$x^{-1}\circ x=e$。

这三条性质是群的基本性质，也是判断一个代数是否群的公理，满足这三条公理或说具有这样三个运算的代数就是群。

可看到，群的二元运算占主导地位。如果一个集合 $G$，它有一个满足结合律的二元运算 $\circ$，则称 $(G,\circ)$ 是**半群** (semi-group)，而如果这个二元运算还有单位元 $e$，则称 $(G,\circ,e)$ 是**独异点** (monoid)。实际上，群是每个元素都有逆元的独异点。半群和独异点理论在计算机科学也有广泛的应用，例如半群与自动机理论有密切关系，有兴趣的读者可参考文献 [17]，不过其中的部分内容可能需要在学习“编译原理”课程，乃至可“计算性理论”课程之后才能充分理解。

由于群的二元运算占主导地位，也就是说，群的一元运算和零元运算都由其二元运算决定，因此人们通常说 $(G,\circ)$ 是群，即只显式地给出其二元运算，甚至在不产生混淆的情况下，例如从上下文知道是哪个二元运算时，直接说 $G$ 是群。

群的二元运算不一定满足交换律，如果群的二元运算满足交换律则称为**交换群** (commutative group)，或称为**阿贝尔群** (Abelian group)。群 $G$ 的元素个数称为群的**阶** (order)，记为 $|G|$。如果 $G$ 是无限集，则称群 $G$ 是**无限群** (infinite group)，否则称为**有限群** (finite group)。

**例子 10.26** 整数集 $\mathbb{Z}$ 关于普通加法构成群，称为**整数加群**。显然 0 是单位元，而对任意的整数 $z{\in}\mathbb{Z}$，$z$ 的相反数 $-z$ 是 $z$ 的逆元。普通加法满足交换律，因此整数加群是交换群。

给定 $m>1$，记 $\mathbb{Z}_m=\{0,1,2,\cdots,m-1\}$。$\mathbb{Z}_m$ 关于模 $m$ 加 $\oplus_m$ 也构成群，这个群称为整数集的**模 $m$ 加群**。群 $\mathbb{Z}_m$ 的单位元是 0。对任意 $z\in\mathbb{Z}_m$，$z$ 的逆元是 $(m-z) \bmod m$。

当群 $G$ 的运算用加号"+"表示时，通常将 $G$ 的单位元记为 0，将 $a\in G$ 的逆元记为 $-a$。习惯上，只有当群为交换群时（或更进一步其运算具有与普通加法相似性质时），才用"+"表示群的运算，并称这个运算为加法，运算的结果称为和，称这样的群为**加群**。

相应地，将不是加群的群称为**乘群**，并把乘群的运算称为乘法，运算的结果称为积。在运算过程中，通常乘群的运算符省略不写，例如将 $a\circ b$ 直接写为 $ab$。下面如没有特殊声明，总假定群的运算是乘法。当然，所有关于乘群的结论对于加群也成立，只是可能需要进行一些记号和术语上的改变。

**问题 10.27** 显然整数集 $\mathbb{Z}$ 关于整数乘法不构成群，因为除 1 之外，没有整数有关于整数乘法的逆元。一般地，$\mathbb{Z}_m=\{0,1,2,\cdots,m-1\}$ 关于模 $m$ 乘 $\otimes_m$ 也不构成群，但令 $U(m)$ 是 $\mathbb{Z}_m$ 中所有与 $m$ 互质的数构成的集合，即：

$$U(m)=\{a\in\mathbb{Z}_m \mid (a,m)=1\}$$

证明 $(U(m),\otimes_m)$ 是群，这个群称为模 $m$ 单位群 (group of units modulo $m$)。

**【分析】**为证明 $(U(m),\otimes_m)$ 是群，首先得证明 $\otimes_m$ 对 $U(m)$ 封闭，因为 $\otimes_m$ 本身是 $\mathbb{Z}_m$ 的运算。由于 $\otimes_m$ 作为 $\mathbb{Z}_m$ 的运算满足结合律且存在单位元 1，而 $1\in U(m)$，因此只要 $\otimes_m$ 对 $U(m)$ 封闭，即也是 $U(m)$ 的运算，那么它也满足结合律且有单位元，再证明 $U(m)$ 的每个元素关于 $\otimes_m$ 有逆元则得到 $(U(m),\otimes_m)$ 是群。

**【证明】**根据贝祖等式（参见问题 4.22），对任意非零整数 $a,b$，若 $(a,b)=1$，则存在整数 $s,t$ 使得 $as+bt=1$。实际上，当存在整数 $s,t$ 使得 $as+bt=1$ 时，由于显然有 $(a,b)\mid(as+bt)$，因此 $(a,b)\mid 1$，从而 $(a,b)=1$。也就是说，对任意非零整数 $a,b$，$(a,b)=1$ 当且仅当存在整数 $s,t$ 使得 $as+bt=1$。下面证明 $(U(m),\otimes_m)$ 是群。

（1）对任意 $a\in\mathbb{Z}_m$，当 $(a,m)=1$ 且 $(b,m)=1$ 时，存在整数 $u,v$ 使得 $au+mv=1$，且存在整数 $s,t$ 使得 $bs+mt=1$，从而：

$$1=(au+mv)(bs+mt)=ab(us)+m(aut+bvs+mvt)$$

从而也有 $(ab,m)=1$。因为 $a\otimes_m b=(ab) \bmod m$，即存在整数 $k$ 使得 $ab=km+a\otimes_m b$，因此 $(a\otimes_m b,m)=(ab,m)=1$，因此 $U(m)$ 对于 $\otimes_m$ 封闭，即 $\otimes_m$ 是 $U(m)$ 的运算，显然 $\otimes_m$ 满足结合律，且由于 $(1,m)=1$，因此 $1\in U(m)$，因而 $U(m)$ 有单位元 1。

（2）对任意 $a\in U(m)$，由 $(a,m)=1$，存在整数 $u,v$ 使得 $au+mv=1$。设 $u \bmod m=r$，即存在整数 $k$ 使得 $u=km+r$，这里 $0\leqslant r<m$，显然 $r\neq 0$，因此，$r\in\mathbb{Z}_m$，且：

$$\begin{aligned}ar+m(v+ak)&=a(u-km)+m(v+ak)=au-akm+mv+mak\\&=au+mv=1\end{aligned}$$

这意味着 $(r,m)=1$，因此，$r\in U(m)$。进而 $ar \bmod m=(1-m(v+ak)) \bmod m=1$，即 $a\otimes_m r=1$。因此 $r$ 是 $a$ 关于 $\otimes_m$ 的逆元。这表明 $U(m)$ 的每个元素都存在逆元，因此，$(U(m),\otimes_m)$ 是群。 □

**【讨论】**可看到，使得 $(U(m),\otimes_m)$ 是群的关键性质是：对任意非零整数 $a,b,(a,b)=1$ 当且仅当存在整数 $s,t$ 使得 $as+bt=1$，这使得 $U(m)$ 作为群的许多性质与整数整除的性质紧密地联系在一起，或者从另一个角度说，这也使得人们可利用群的理论研究一些整数整除的性质。

**问题 10.28** 给出群 $U(5)$ 和 $U(12)$ 的元素、运算表，以及每个元素的逆元。

**【解答】**$U(5)=\{1,2,3,4\}$，运算是 $\otimes_5$，它的运算表如下：

| $\otimes_5$ | 1 | 2 | 3 | 4 |
|---|---|---|---|---|
| 1 | 1 | 2 | 3 | 4 |
| 2 | 2 | 4 | 1 | 3 |
| 3 | 3 | 1 | 4 | 2 |
| 4 | 4 | 3 | 2 | 1 |

其中 1 的逆元是 1，2 和 3 互为逆元，4 的逆元是 4 自己。而 $U(12)=\{1,5,7,11\}$，运算 $\otimes_{12}$ 的运算表为：

| $\otimes_{12}$ | 1 | 5 | 7 | 11 |
|---|---|---|---|---|
| 1 | 1 | 5 | 7 | 11 |
| 5 | 5 | 1 | 11 | 7 |
| 7 | 7 | 11 | 1 | 5 |
| 11 | 11 | 7 | 5 | 1 |

显然 $U(12)$ 中每个元素的逆元都是自己。

**【讨论】**（1）由于 5 是素数，因此 $U(5)$ 包含小于 5 的所有正整数。实际上，对于任意素数 $p$，$U(p)=\{1,2,\cdots,p-1\}$。在许多抽象代数教材中，群 $U(p)$ 也记为 $\mathbb{Z}_p^*$。

（2）回顾问题 10.11 给出的集合 $G=\{a,b,c,e\}$ 及使用运算表定义的二元运算 $\circ$，我们证明了：① $\circ$ 满足结合律且单位元是 $e$；② 对任意 $x\in G$，$x\circ x=e$，即每个元素的逆元是这个元素自己；③ 对任意 $x,y\in G$，若 $x$ 与 $y$ 不同且都不是单位元 $e$，则 $x\circ y=z$，这里 $z$ 是 $a,b,c$ 中不等于 $x$ 也不等于 $y$ 的那个元素。因此，$G$ 关于 $\circ$ 构成群，且不难发现 $U(12)$ 的运算表和 $G$ 的运算表具有相同结构，也即它们是同构的。例如，函数 $f(e)=1,f(a)=5,f(b)=7,f(c)=11$ 是它们之间的同构。

（3）不难编写计算机程序，对任意 $m>1$，给出群 $U(m)$ 的元素和它运算表，从而可利用计算机程序辅助研究群 $U(m)$ 的一些性质。

根据前面对运算性质的讨论，我们知道，群的**单位元是唯一的**，而由于群的二元运算满足结合律，因此群的任意元素的逆元也是唯一的。由于二元运算的零元关于该运算没有逆元，而群要求每个元素都有逆元，因此群的二元运算不能有零元。下面的定理表明**群的二元运算满足消去律**，可看到，这个性质是群的三条基本性质的直接推论。

**定理 10.7**　设 $G$ 是群。对任意的 $a, b, c \in G$，$ab = ac$ 蕴涵 $b = c$，同样，$ba = ca$ 也蕴涵 $b = c$。

**证明**　若 $ab = ac$，则 $a^{-1}(ab) = a^{-1}(ac)$，则 $(a^{-1}a)b = (a^{-1}a)c$，也即 $eb = ec$，从而 $b = c$。同理可证 $ba = ca$ 蕴涵 $b = c$。 □

### 10.3.2　群元素的阶

满足结合律的二元运算可定义幂运算，进一步由于群有单位元和逆元，从而可定义指数为任意整数的元素幂。

**定义 10.22**　设 $G$ 是群，$e$ 是其单位元。对元素 $a \in G$，$n \in \mathbb{Z}$，定义 $a$ **的** $n$ **次幂**，记为 $a^n$：

$$a^n = \begin{cases} e & n = 0 \\ a^{n-1}a & n > 0 \\ (a^{-1})^{|n|} & n < 0 \end{cases}$$

进一步，使得等式 $a^k = e$ 成立的最小正整数 $k$ 称为 $a$ 的**阶** (order)，记为 $|a|$，这时也称 $a$ 为 $k$ **阶元**。如果不存在正整数 $k$ 使得 $a^k = e$，则称 $a$ 为**无限阶元**。

注意，群的阶是群的元素个数，而群元素的阶是该元素的幂是单位元的最小幂指数，这两者既有区别又有联系，后面可看到，对于有限群，每个元素的阶都是有限的，且是群的阶的因子。下面的问题探讨了元素的幂和元素的阶的最基本性质。

**问题 10.29**　设 $G$ 是群，$e$ 是其单位元，$a$ 是 $G$ 的任意元素，且 $|a| = n$，证明：① 对任意整数 $m$，$a^m = e$ 当且仅当 $n \mid m$；② $|a^{-1}| = n$；③ 对任意整数 $m$，$|a^m| = n/(n, m)$，注意，这里 $(n, m)$ 是 $n$ 和 $m$ 的最大公因数。

**【证明】**（1）显然若 $n \mid m$，即存在整数 $k$，$m = nk$，从而 $a^m = a^{nk} = (a^n)^k = e$；反之，若 $a^m = e$，根据整数的带余数除法存在唯一的整数 $q, r$ 且 $0 \leqslant r < n$ 使得 $m = nq + r$，从而：

$$e = a^m = a^{(nq+r)} = a^{nq}a^r = (a^n)^q a^r = ea^r = a^r$$

但 $n$ 是使得 $a^k = e$ 的最小正整数 $k$，因此由 $a^r = e$ 必有 $r = 0$，即 $n \mid m$。

（2）不难使用归纳法证明，对任意自然数 $k$，$(a^{-1})^k = (a^k)^{-1}$。设 $|a^{-1}| = m$，则由 $(a^{-1})^n = (a^n)^{-1} = e$ 及 (1) 有 $m \mid n$。另一方面 $a^m = ((a^{-1})^{-1})^m = ((a^{-1})^m)^{-1} = e^{-1} = e$，因此由 (1) 也有 $n \mid m$，因此 $m = n$，即 $|a^{-1}| = n$。

（3）对任意整数 $k$，若 $(a^m)^k = e$，即 $a^{mk} = e$，从而 $n \mid mk$，而显然 $m \mid mk$，因此 $mk$ 是 $n$ 和 $m$ 的公倍数。从而若 $|a^m| = d$，则 $md$ 是 $n$ 和 $m$ 的最小公倍数，而两正整数的最小公倍数与最大公因数的乘积等于这两个数的乘积，因此 $md(n, m) = nm$，即当 $m \neq 0$ 时有 $d = n/(n, m)$。而当 $m = 0$ 时，则 $|a^0| = |e| = 1$，$(0, n) = n$，也有 $|a^0| = n/(n, m)$。 □

**【讨论】**（1）可以看到，讨论群元素的阶的性质需要用到有关整数整除的一些基本数论知识，这使得群论与数论有了密切的联系。

（2）上面的证明用到了 $a^{-1}$ 的逆元就是 $a$，以及群元素幂 $a^n$ 的一些性质，包括：① 对任意自然数 $n$，$(a^{-1})^n=(a^n)^{-1}$；② 对任意整数 $n,m$，$a^{m+n}=a^m a^n$，以及 $(a^m)^n=a^{mn}$。对这些性质，不难使用数学归纳法加以证明，特别地，对于 ② 可先证明 $n,m$ 是自然数的情形，然后再利用 ① 考虑 $m+n$ 可能为负数的情形。

**例子 10.30** 对于整数加群 $(\mathbb{Z},+)$，除单位元 0 的阶是 1 之外，任意其他元素都是无限阶元。对于模 $m$ 加群 $(\mathbb{Z}_m,\oplus_m)$，任意元素的阶都必然小于或等于 $m$。例如，对于群 $(\mathbb{Z}_6,\oplus_6)$，由于 $2\oplus_6 2\oplus_6 2=0$，因此 2 的阶是 3，类似地可得：

$$|0|=1 \qquad |1|=6 \qquad |3|=2 \qquad |4|=3 \qquad |5|=6$$

**例子 10.31** 对于群 $U(5)=\{1,2,3,4\}$，其二元运算为模 5 乘，单位元是 1，直接计算可得：

$$2^1=2 \qquad 2^2=4 \qquad 2^3=8 \bmod 5=3 \qquad 2^4=16 \bmod 5=1$$
$$3^1=3 \qquad 3^2=9 \bmod 5=4 \qquad 3^3=27 \bmod 5=2 \qquad 3^4=81 \bmod 5=1$$
$$4^1=4 \qquad 4^2=16 \bmod 5=1$$

因此，$|1|=1,|2|=4,|3|=4,|4|=2$。可以看到这里 2 和 3 互为逆元，它们的阶相同，而 4 的逆元是 4 自己。而且 $3=2^3$，因此 $|3|=|2^3|=|2|/(4,3)=4/(4,3)=4$。

### 10.3.3 子群与陪集

**定义 10.23** *给定 $G$ 是群，$H$ 是 $G$ 的子集，若* $H$ **关于** $G$ **的运算构成群**，*则称 $H$ 是 $G$ 的***子群** (subgroup)。*若 $H$ 是 $G$ 的子群，且 $H\neq G$，则称 $H$ 是 $G$ 的***真子群** (proper subgroup)。

上面定义所说的 $G$ 的运算，是指 $G$ 的二元运算。$G$ 的子集 $H$ 关于该二元运算构成群的含义是 $H$ 关于该运算有单位元，且 $H$ 的每个元素关于该运算有逆元。这似乎没有排除 $H$ 可以有与 $G$ 不同的单位元，以及 $H$ 的元素可以有与作为 $G$ 的元素不同的逆元，但下面的定理表明，由于群的二元运算占主导地位，因此实际上 $H$ 的单位元就是 $G$ 的单位元，$H$ 的每个元素的逆元与它作为 $G$ 的元素的逆元相同。

**定理 10.8** 设 $(G,\circ)$ 是群，$H\subseteq G$ 关于 $G$ 的运算 $\circ$ 构成群当且仅当：① $H$ 对 $G$ 的运算 $\circ$ 封闭；② $G$ 的单位元是 $H$ 的单位元；③ 对任意 $a\in H$，$a$ 作为 $G$ 的元素关于 $\circ$ 的逆元 $a^{-1}\in H$，就是 $a$ 在 $H$ 的逆元。

**证明** 显然当这三个条件成立时，$H$ 关于 $G$ 的运算构成了群。反之，如果 $G$ 的子集 $H$ 关于 $G$ 的运算构成群，这当然也意味着 $H$ 对于 $G$ 的运算封闭，且该运算作为 $H$ 的运算满足结合律。因此只需证 $G$ 的单位元 $e$ 也是 $H$ 的单位元，以及对任意的 $a\in H$，$a$ 在 $G$ 中的逆元 $a^{-1}$ 就是 $a$ 在 $H$ 中逆元。

设 $e'$ 是 $H$ 的单位元，$e'$ 当然也是 $G$ 的元素，于是在群 $G$ 中有 $e'\circ e'=e'=e'\circ e$，由消去律得 $e'=e$。

类似地，设 $a'$ 是 $a \in H$ 在 $H$ 中的逆元，则在群 $G$ 中 $a \circ a' = e' = e = a \circ a^{-1}$，同样由消去律有 $a' = a^{-1}$。 □

前面说过，作为代数，群 $(G, \circ)$ 实际上有一个二元运算 $\circ$，一个一元运算 $(-)^{-1}$ 和一个零元运算，即 $\circ$ 的单位元 $e$。按照子代数的定义，$G$ 的子集 $H$ 要成为 $(G, \circ)$ 的子代数，需要满足：① $H$ 对 $G$ 的运算封闭；② $H$ 对零元运算封闭，即 $G$ 的单位元应属于 $H$；③ $H$ 对一元运算封闭，即对任意 $a \in H$，$a^{-1} \in H$。上面定理表明，$H \subseteq G$ 是群 $(G, \circ)$ 的子群就是指 $(H, \circ)$ 是 $(G, \circ)$ 的子代数，因此子群是子代数在群论中的实例。

对于群 $G$ 的子集 $H$，实际上不需要根据群的定义一一验证 $H$ 关于 $G$ 的运算构成群，下面定理给出了判定子集构成子群的两个更简便的充要条件。

**定理 10.9** （1）**子群判定定理一**：群 $G$ 的非空子集 $H$ 是 $G$ 的子群当且仅当对任意 $a, b \in H$ 有 $ab \in H$ 及对任意 $a \in H$ 有 $a^{-1} \in H$

（2）**子群判定定理二**：群 $G$ 的非空子集 $H$ 是 $G$ 的子群当且仅当对任意 $a, b \in H$ 有 $ab^{-1} \in H$。

**证明** （1）必要性是显然的。为证明充分性，只需要证明 $e \in H$。因为 $H$ 非空，必存在 $a \in H$，因此 $a^{-1} \in H$，从而 $e = aa^{-1} \in H$。

（2）对于必要性，任取 $a, b \in H$，由于 $H$ 是 $G$ 的子群，必有 $b^{-1} \in H$，从而 $ab^{-1} \in H$。

对于充分性，因为 $H$ 非空，所以存在 $a \in H$，从而根据给定条件有 $e = aa^{-1} \in H$。而对任意的 $a \in H$，由 $e, a \in H$ 得 $ea^{-1} \in H$，即 $a^{-1} \in H$。最后对任意 $a, b \in H$，由刚才的证明有 $b^{-1} \in H$，从而 $ab = a(b^{-1})^{-1} \in H$。综合起来，根据子群判定定理一，$H$ 是 $G$ 的子群。 □

**例子 10.32** 设 $G = U(7) = \{1, 2, 3, 4, 5, 6\}$，则 $G$ 关于模 7 乘构成群，单位元是 1。令 $H = \{1, 2, 4\} \subseteq G$，$H$ 对于模 7 的乘法表如下：

| $\otimes_7$ | 1 | 2 | 4 |
|---|---|---|---|
| 1 | 1 | 2 | 4 |
| 2 | 2 | 4 | 1 |
| 4 | 4 | 1 | 2 |

由上表可知，$H$ 关于 $\otimes_7$ 封闭，且 2 的逆元是 4，4 的逆元是 2，即 $H$ 对于逆元封闭，因此根据子群判定定理一，$H$ 是 $G$ 的子群。

**问题 10.33** 设群 $G$ 的单位元是 $e$，$a$ 是 $G$ 的一个元素。定义 $G$ 的子集 $H$ 为：

$$H = \{a^0 = e, a^1, a^{-1}, a^2, a^{-2}, \cdots\} = \{a^r \mid r \in \mathbb{Z}\}$$

证明 $H$ 是 $G$ 的子群。

**【证明】**利用群元素幂的性质，以及子群判定定理二很容易证明。因为对任意整数 $n, m$，有 $a^n(a^m)^{-1} = a^{n-m} \in H$，因此由子群判定定理二，$H$ 是 $G$ 的子群。 □

【讨论】(1) 像 $H=\{a^r \mid r\in\mathbb{Z}\}$ 这样能由一个元素 $a$ 生成的群称为**循环群** (cyclic group)，记为 $\langle a\rangle$，$a$ 称为 $H$ 的**生成元**。这里由 $a$ 生成的含义是，$H$ 的每个元素都可表示成只含 $a$ 的表达式。

(2) 整数加群 $(\mathbb{Z},+)$ 是循环群 $\langle 1\rangle$。注意，对于加法而言，整数 $a$ 的 $n$ 次幂是 $a+\cdots+a=na$，即是 $a$ 的 $n$ 倍。每个整数都是 1 的倍数，因此整数加群是由 1 生成的循环群。任意模 $m$ 加群 $(\mathbb{Z}_m,\oplus_m)$ 也是由 1 生成的循环群。群论的一个基本结果是，本质上只有整数加群和模 $m$ 加群这两种循环群。

(3) 可看到前面给出的 $U(5)$ 是循环群，因为对于运算 $\otimes_5$，$2^0=1, 2^2=4, 2^3=3$，即 $U(5)=\langle 2\rangle$。实际上，对任意素数 $p$，群 $U(p)$，即群 $\mathbb{Z}_p^*$ 都是循环群，它的生成元 $a$ 称为模 $p$ 的原根 (primitive root)。对任意整数 $m>1$，确定模 $m$ 的原根是初等数论研究的重要内容之一。

(4) 关于循环群的更多知识可参考有关抽象代数的教材（如文献 [18] 和 [19] 等），这里不再展开讨论。但计算机专业的学生可编写计算机程序判定一个有限群，例如 $U(m)$ 群是否循环群，如果是，则给出它的一个或所有生成元。

我们知道，除子代数外，商代数也是构造代数的一种重要方法。商群是商代数在群论中的实例，但是人们更习惯从子群的陪集角度定义商群，所以本节先给出子群的陪集及其性质，10.3.4 节再介绍商群。

**定义 10.24** 设 $G$ 是群，$H$ 是 $G$ 的子群。对任意 $a\in G$，群 $G$ 的子集：

$$aH=\{ah \mid h\in H\} \qquad 与 \qquad Ha=\{ha \mid h\in H\}$$

分别称为 $H$ 在 $G$ 的**左陪集** (left coset) 和**右陪集** (right coset)。

**例子 10.34** 整数加群 $(\mathbb{Z},+)$ 的一个子群是 $(S,+)$，其中 $S=\{2k \mid k\in\mathbb{Z}\}$。实际上，$(S,+)$ 是由 2 生成的子群，即 $S=\langle 2\rangle$。对任意整数 $z\in\mathbb{Z}$，左陪集 $zS=\{z+s \mid s\in S\}=\{2k+z \mid k\in\mathbb{Z}\}$。因此，实际上 $S$ 只有两个不同的左陪集：

$$0S=2S=4S=\cdots=\{2k \mid k\in\mathbb{Z}\} \qquad 1S=3S=5S=\cdots=\{2k+1 \mid k\in\mathbb{Z}\}$$

由于加法满足交换律，因此对任意整数 $z$，左陪集 $zS$ 等于右陪集 $Sz$。

**例子 10.35** 对于群 $U(7)=\{1,2,3,4,5,6\}$，$H=\{1,2,4\}$ 是它的子群。实际上，$H$ 也是由 2 生成的子群。通过计算不难得到：

$$1H=\{1,2,4\}=H1 \qquad 2H=\{2,4,1\}=H2 \qquad 3H=\{3,6,5\}=H3$$
$$4H=\{4,1,2\}=H4 \qquad 5H=\{5,3,6\}=H5 \qquad 6H=\{6,5,3\}=H6$$

因此，$H$ 也只有两个不同的陪集 $H1=H2=H4=\{1,2,4\}$ 和 $H3=H5=H6=\{3,6,5\}$。由于模 7 乘法也满足交换律，因此对任意整数 $a\in U(7)$，有 $aH=Ha$，所以我们可直接称 $Ha$ 为陪集。

前面给出的整数加群、模 $m$ 加群以及群 $U(m)$ 都是交换群，下面讨论一个非交换群的例子。

**问题 10.36**　设 $S=\{1,2,3\}, f_1, f_2, \cdots, f_6$ 是 $S$ 上的双函数。表 10.1 的左边给出了这六个函数的定义，其中 $f_1$ 就是恒等函数 $\mathbf{id}_A$，这个表的第 3 ~ 7 行分别给出了 $f_2 \sim f_6$ 作用在 1,2,3 上的函数值，例如 $f_2(1)=2, f_2(2)=1, f_2(3)=3$ 等。

表 10.1　函数 $f_1 \sim f_6$ 的定义及它们的复合运算表

| $x$ | 1 | 2 | 3 |
|---|---|---|---|
| $f_1(x)$ | 1 | 2 | 3 |
| $f_2(x)$ | 2 | 1 | 3 |
| $f_3(x)$ | 3 | 2 | 1 |
| $f_4(x)$ | 1 | 3 | 2 |
| $f_5(x)$ | 2 | 3 | 1 |
| $f_6(x)$ | 3 | 1 | 2 |

| $\circ$ | $f_1$ | $f_2$ | $f_3$ | $f_4$ | $f_5$ | $f_6$ |
|---|---|---|---|---|---|---|
| $f_1$ | $f_1$ | $f_2$ | $f_3$ | $f_4$ | $f_5$ | $f_6$ |
| $f_2$ | $f_2$ | $f_1$ | $f_6$ | $f_5$ | $f_4$ | $f_3$ |
| $f_3$ | $f_3$ | $f_5$ | $f_1$ | $f_6$ | $f_2$ | $f_4$ |
| $f_4$ | $f_4$ | $f_6$ | $f_5$ | $f_1$ | $f_3$ | $f_2$ |
| $f_5$ | $f_5$ | $f_3$ | $f_4$ | $f_2$ | $f_6$ | $f_1$ |
| $f_6$ | $f_6$ | $f_4$ | $f_2$ | $f_3$ | $f_1$ | $f_5$ |

令 $G=\{f_1, f_2, \cdots, f_6\}$，$G$ 关于函数复合构成群，其中 $f_1$ 是单位元，各函数的逆分别是：

$$f_2^{-1}=f_2 \qquad f_3^{-1}=f_3 \qquad f_4^{-1}=f_4 \qquad f_5^{-1}=f_6 \qquad f_6^{-1}=f_5$$

表 10.1 的右边给出了 $G$ 的函数复合运算的运算表。通过该运算表不难看到 $H=\{f_1, f_2\}$ 是 $G$ 的子群，计算 $H$ 的所有左陪集和所有右陪集。

**【解答】**很容易根据子群左陪集和右陪集的定义计算 $H$ 的左右陪集如下：

$$f_1H=H \qquad Hf_1=H$$

$$f_2H=H \qquad Hf_2=H$$

$$f_3H=\{f_3\circ f_1,\ f_3\circ f_2\}=\{f_3, f_5\} \qquad Hf_3=\{f_1\circ f_3,\ f_2\circ f_3\}=\{f_3, f_6\}$$

$$f_4H=\{f_4\circ f_1,\ f_4\circ f_2\}=\{f_4, f_6\} \qquad Hf_4=\{f_1\circ f_4,\ f_2\circ f_4\}=\{f_4, f_5\}$$

$$f_5H=\{f_5\circ f_1,\ f_5\circ f_2\}=\{f_5, f_3\} \qquad Hf_5=\{f_1\circ f_5,\ f_2\circ f_5\}=\{f_5, f_4\}$$

$$f_6H=\{f_6\circ f_1,\ f_6\circ f_2\}=\{f_6, f_4\} \qquad Hf_6=\{f_1\circ f_6,\ f_2\circ f_6\}=\{f_6, f_3\}$$

**【讨论】**（1）根据双函数 $f_1 \sim f_6$ 的定义可看到，它们给出了 $S$ 的元素 $\{1,2,3\}$ 的六种排列或说置换，因此像 $G$ 这种由集合 $S$ 上的双函数及函数复合构成的群称为**置换群** (permutation group)。置换群是伽罗瓦 (Galois, 1811—1832) 研究高次方程是否有代数解时引入的群，是群论研究的发源之一。

（2）一般地，对任意集合 $S=\{1,2,\cdots,n\}$，$S$ 上的所有双函数及函数复合都构成群。由于每一个双函数就是 $S$ 的一个全排列，因此可编写计算机程序，利用第 8 章介绍的生成所有全排列的算法生成一个集合上的所有双函数，并计算它们的复合，给出这个群的运算表，从而辅助我们研究这类群的性质，例如找出它的所有子群、计算子群的所有陪集，等等。

（3）由于函数复合不满足交换律，因此 $G$ 不是交换群。我们看到，这时 $H$ 的一个左陪集 $aH$ 一般不等于相应的右陪集 $Ha$，例如上面 $f_3H \neq Hf_3$。同时通过上面这些计算陪集的例子，细心的读者可能还注意到：① 子群 $H$ 的一个陪集一般不是 $G$ 的子群，例如上面 $f_3H, f_4H, f_5H, f_6H$ 等都不是子群；② $G$ 的两个不同元素可能生成 $H$ 的同一个陪集，例如上面 $f_3H = f_5H$。

这使得人们不禁要问：

（1） $H$ 的一个右陪集 $Ha$（或左陪集 $aH$）何时是 $G$ 的子群？

（2） $G$ 的两个不同元素 $a$ 和 $b$ 何时生成同一个右陪集（或左陪集）?

（3） $H$ 的一个左陪集 $aH$ 何时等于右陪集 $Ha$? 回答这些问题就给出了陪集的基本性质，特别地，对第 2 和第 3 个问题的回答就引出了正规子群和商群的概念。

下面的讨论针对右陪集，但左陪集有类似的性质。后面汇总了左陪集的性质但不加以证明，因为证明可参照下面对右陪集性质的讨论。下面定理表明只有当 $a \in H$ 时，$Ha$ 才是 $G$ 的子群。

**定理 10.10** 设 $H$ 是群 $G$ 的子群，对任意 $a{\in}G$：

（1）$a{\in}Ha$

（2）$Ha = H$ 的充分必要条件是 $a{\in}H$

（3）$Ha$ 是 $G$ 的子群的充分必要条件是 $a{\in}H$。

**证明** （1） 因为 $e{\in}H$，所以 $a = ea{\in}Ha$。

（2） 若 $Ha = H$，则因为 $a{\in}Ha$，从而 $a{\in}H$。反之，设 $a{\in}H$。对任意 $x \in Ha$，即存在 $b \in H$ 使得 $x = ba$，由 $H$ 对 $G$ 的运算封闭就有 $x \in H$，从而 $Ha \subseteq H$。另一方面，对任意 $b \in H$，由于 $H$ 是子群，由群的判定定理二有 $ba^{-1} \in H$，而 $b = ba^{-1}a$，因此 $b \in Ha$，这表明 $H \subseteq Ha$，综上有 $Ha = H$。

（3） 若 $Ha$ 为子群，则 $e{\in}Ha$，从而存在 $h{\in}H$ 使得 $e = ha$，从而 $a = h^{-1}{\in}H$。另一方面，若 $a{\in}H$，则 $Ha = H$ 是子群。 □

**定理 10.11** 设 $H$ 是群 $G$ 的子群，则对 $G$ 的任意两个元素 $a,b$，$a \in Hb$ 当且仅当 $ab^{-1} \in H$，当且仅当 $Ha = Hb$。

**证明** （1） 若 $a{\in}Hb$，即存在 $h{\in}H$ 使得 $a = hb$，从而 $ab^{-1} = h{\in}H$，这表明 $a \in Hb$ 蕴涵 $ab^{-1} \in H$。

（2） 若 $ab^{-1} \in H$，则对任意 $ha{\in}Ha$，这里 $h{\in}H$。由 $ab^{-1}{\in}H$，有 $hab^{-1}{\in}H$，从而 $ha = hab^{-1}b \in Hb$，这表明 $Ha \subseteq Hb$。类似地，对任意 $hb{\in}Hb$，这里 $h{\in}H$。由于 $ab^{-1}{\in}H$，则也有：

$$ba^{-1} = (b^{-1})^{-1}a^{-1} = (ab^{-1})^{-1}{\in}H$$

因此，$hb = hba^{-1}a{\in}Ha$，这表明 $Hb \subseteq Ha$。综上就有 $Ha = Hb$，这表明 $ab^{-1} \in H$ 蕴涵 $Ha = Hb$。

（3）若 $Ha = Hb$，则由 $a{\in}Ha$ 可得 $a{\in}Hb$，这表明 $Ha = Hb$ 蕴涵 $a \in Hb$。

这样，就证明了 $a \in Hb, ab^{-1} \in H$ 和 $Ha = Hb$ 这三者两两等价。 □

定理 10.11表明，对 $G$ 的任意两个元素 $a,b$，只有当 $ab^{-1} \in H$ 时才有 $Ha = Hb$。这也导出了 $G$ 上的一个等价关系。

**定理 10.12** 设 $H$ 是群 $G$ 的子群，在 $G$ 上定义二元关系 $R \subseteq G \times G$：

$$\forall a, b \in G, \quad a\ R\ b \text{ 当且仅当 } ab^{-1} \in H$$

则 $R$ 是 $G$ 上的等价关系，且 $[a]_R = Ha$。进一步，对任意 $a, b \in G$，$Ha = Hb$ 或 $Ha \cap Hb = \varnothing$，且 $\bigcup_{a \in G} Ha = G$。

**证明** 因为 $ab^{-1} \in H$ 当且仅当 $Ha = Hb$，因此很容易得到 $R$ 是自反、对称和传递的，即 $R$ 是等价关系。对任意 $b \in G$，有 $b \in Ha$ 当且仅当 $Hb = Ha$，当且仅当 $b\ R\ a$，当且仅当 $b \in [a]_R$，因此 $Ha = [a]_R$。由于等价类是划分块，从而对 $G$ 的任意两个元素 $a, b$，$Ha$ 等于 $Hb$，或 $Ha$ 和 $Hb$ 不相交，以及所有的 $Ha$ 做广义并等于 $G$。 □

**例子 10.37** 对于问题 10.36 给出的群 $G = \{f_1, f_2, \cdots, f_6\}$ 及其子群 $H = \{f_1, f_2\}$，可看到：

$$Hf_1 = Hf_2 = \{f_1, f_2\} \qquad Hf_3 = Hf_6 = \{f_3, f_6\} \qquad Hf_4 = Hf_5 = \{f_4, f_5\}$$

只有 $Hf_1 = Hf_2 = H$，而 $Hf_3 = Hf_6$ 当且仅当 $f_3 \circ f_6^{-1} = f_3 \circ f_5 = f_2$，$Hf_4 = Hf_5$ 当且仅当 $f_4 \circ f_5^{-1} = f_4 \circ f_6 = f_2$。$\{Hf_1, Hf_3, Hf_4\}$ 构成了 $G$ 的一个划分。

对于左陪集，类似地有下面的定理。

**定理 10.13** 设 $H$ 是群 $G$ 的子群，则：① 对任意 $a \in G$，$aH$ 是 $G$ 的子群当且仅当 $a \in H$；② 对任意 $a, b \in G$，$aH = bH$ 当且仅当 $b^{-1}a \in H$ 当且仅当 $a \in bH$；③ 定义关系 $R \subseteq G \times G$，对任意 $a, b \in G$，$a\ R\ b$ 当且仅当 $aH = bH$，则 $R$ 是等价关系，且等价类 $[a]_R = aH$。

上面的讨论表明，给定群 $G$ 的子群 $H$，则 $H$ 的所有右陪集构成了 $G$ 的一个划分，所有左陪集也构成了 $G$ 的一个划分。而且不难证明，对任意 $a \in G$，$Ha$ 和 $aH$ 都与 $H$ 等势，即 $|Ha| = |H| = |aH|$。进一步，$H$ 的不同左陪集个数与它的不同右陪集个数相等，即若用 $G/H$ 和 $H\backslash G$ 分别表示 $H$ 的全体左陪集和全体右陪集，则有 $|G/H| = |H\backslash G|$。

这些可从问题 10.36 的陪集计算得到验证，对于子群 $H = \{f_1, f_2\}$，它不同的左右陪集个数都是 3 个，而对于 $f_3$，可看到 $f_3H = \{f_3, f_5\}$，$Hf_3 = \{f_3, f_6\}$，这两个陪集的元素个数相同。

对于有限群，上述事实导出了群论的一个重要定理：拉格朗日定理。

**定理 10.14 拉格朗日定理：** 设 $G$ 是有限群，$H$ 是 $G$ 的子群，将 $H$ 的不同左陪集的个数（或不同右陪集的个数）称为 $H$ 在群 $G$ 的指标，记为 $[G : H]$，则有：$|G| = |H|[G : H]$，即有限群 $G$ 的阶 $|G|$ 等于子群 $H$ 的阶 $|H|$ 乘以群 $H$ 在 $G$ 的指标 $[G : H]$。

**证明** 设 $[G : H] = r$，则子群 $H$ 有 $r$ 个不同的右陪集，设为 $Ha_1, Ha_2, \cdots, Ha_r$。由于 $G = \bigcup\{Ha \mid a \in G\}$，且对任意的 $a, b \in G$，$Ha = Hb$ 或者 $Ha \cap Hb = \varnothing$，因此：

$$G = Ha_1 \cup Ha_2 \cup \cdots \cup Ha_r \qquad |G| = |Ha_1| + |Ha_2| + \cdots + |Ha_r|$$

而对任意的 $a \in G$，$|Ha| = |H|$，因此 $|G| = r|H| = |H|[G : H]$。 □

**问题 10.38** 设群 $G$ 的阶是 $n$，单位元是 $e$。证明：对任意 $a \in G$，$a$ 的阶 $|a|$ 是 $n$ 的因子，且 $a^n = e$。

**【证明】** 若 $|a| = r$，则 $\langle a \rangle = \{a^0 = e, a^1, \cdots, a^{r-1}\}$ 是 $a$ 生成的子群，即有 $|\langle a \rangle| = |a| = r$，而由拉格朗日定理，$|\langle a \rangle|$ 是 $|G| = n$ 的因子，因此 $|a|$ 是群 $G$ 的阶 $n$ 的因子，进而由问题 10.29 的证明有 $a^n = e$，因为对任意的 $m \in \mathbb{Z}$，$a^m = e$ 当且仅当 $r \mid m$。 □

**【讨论】**（1）这里可看到，群的元素的阶实际上是这个元素生成的子群的阶。

（2）对群 $\mathbb{Z}_p^*$ 而言，这意味着对任意 $a \in \mathbb{Z}_p^*$，即对任意 $1 \leqslant a < p$，有 $a^{p-1} \bmod p = 1$，因为 $\mathbb{Z}_p^*$ 是 $p-1$ 阶群，这里 $p$ 是一个素数，而且它的运算是模 $p$ 乘，因此它的一个元素 $a$ 的 $p-1$ 次幂等于单位元，实际上是 $a^{p-1} \bmod p = 1$。这很容易扩展到任意正整数 $a$，当 $p \nmid a$ 时有 $a^{p-1} \equiv 1 (\bmod\ p)$，这就是数论中非常著名的**费马小定理** (Fermat's Little Theorem)，因为当 $p \nmid a$ 时，可设 $a = kp + r$，$0 < r < p$，因此 $r \in \mathbb{Z}_p^*$，且不难证明 $a^{p-1} \equiv r^{p-1} (\bmod\ p)$，从而由 $r^{p-1} \bmod p = 1$ 可得 $a^{p-1} \equiv 1 (\bmod\ p)$。

### 10.3.4 正规子群与商群

我们知道，商代数由同余关系导出，定理 10.12 给出了群 $G$ 上的一个等价关系，那么何时该等价关系是同余关系？下面会看到这个问题与子群 $H$ 的左陪集 $aH$ 和右陪集 $Ha$ 何时相等是同一个问题。

**定义 10.25** *设 $H$ 是群 $G$ 的子群，如果对任意 $a \in G$ 都有 $Ha = aH$，则称 $H$ 是 $G$ 的***正规子群** *(normal subgroup) 或* **不变子群** *(invariant subgroup)。*

注意，在上述定义中，条件 $Ha = aH$ 仅表示两个集合 $Ha$ 与 $aH$ 相等。读者不要错误地认为，由 $Ha = aH$ 可推出对 $H$ 的任意元素 $h$ 有 $ha = ah$，正确的理解应该是，对任意 $h \in H$，存在 $h' \in H$ 使得 $ha = ah'$。

**例子 10.39** 由正规子群的定义容易知道，群 $G$ 的单位元子群 $\{e\}$ 和群 $G$ 本身都是 $G$ 的正规子群。这两个正规子群称为 $G$ 的**平凡正规子群**。如果 $G$ 只有平凡正规子群，且 $G \neq \{e\}$，则称 $G$ 为**单群** (simple group)。另外，由于交换群每个元素的左陪集都等于右陪集，因此交换群的每个子群都是正规子群。

**例子 10.40** 对于问题 10.36 给出的 $G = \{f_1, f_2, \cdots, f_6\}$，可验证 $N = \{f_1, f_5, f_6\}$ 也是 $G$ 的子群，且它的所有左陪集和右陪集如下：

$$f_1N = f_5N = f_6N = N \qquad Nf_1 = Nf_5 = Nf_6 = N$$

$$f_2N = f_3N = f_4N = \{f_2, f_4, f_3\} \qquad Nf_2 = Nf_3 = Nf_4 = \{f_2, f_3, f_4\}$$

不难看到，对任意 $f_i, i = 1, 2, \cdots, 6$，有 $f_iN = Nf_i$，因此 $N$ 是 $G$ 的正规子群。

由于正规子群的每一个左陪集与相应的右陪集完全一致，因此对群 $G$ 的正规子群 $N$ 和群 $G$ 的元素 $a$，不必区分左陪集 $aN$ 和右陪集 $Na$，直接称 $aN$ 或 $Na$ 为 $N$ 的一个陪集，用 $G/N$ 表示全体陪集构成的集合。注意，每个陪集都是定理 10.12 给出的关系 $R$ 的一个等价类，这里对任意 $a, b \in G$，$a\ R\ b$ 当且仅当 $Na = Nb$。

当 $N$ 是群 $G$ 的正规子群时，上述等价关系 $R$ 成为群 $G$ 的同余关系，且可将群的运算扩展至陪集的运算，从而使得 $G/N$ 构成群，也即 $G$ 关于同余关系 $R$ 的商代数。

**定理 10.15** 设 $N$ 是群 $G$ 的正规子群。在 $N$ 的全体陪集构成的集合 $G/N$ 上定义运算 $\circ$ 为：对任意 $a,b\in G$，$Na\circ Nb=Nab$，则 $G/N$ 关于运算 $\circ$ 构成群，称为 $G$ 关于正规子群 $N$ 的**商群**。

**证明** 首先，由于陪集 $Na$ 是等价类，运算 $\circ$ 基于其代表 $a$ 定义，而对于 $a\neq a'$ 有可能 $Na=Na'$，因此要证明运算 $\circ$ 的定义是合适的。对任意 $a,a',b,b'\in G$，假定 $Na=Na'$ 且 $Nb=Nb'$。要证明运算 $\circ$ 的定义是合适的，就是要证明这时有 $Nab=Na'b'$。

注意到对任意 $x\in Nab$，存在 $n_1\in N$，使得 $x=n_1ab$。而 $n_1a\in Na$，由于 $Na=Na'=a'N$，因此又存在 $n_2\in N$ 使得 $n_1a=a'n_2$。进一步，对于 $n_2b$，它属于 $Nb$，因此由 $Nb=Nb'$ 存在 $n_3$ 使得 $n_2b=n_3b'$，从而有：

$$x=n_1ab=a'n_2b=a'n_3b'=n_4a'b'\in Na'b'$$

上面最后一步 $a'n_3b'=n_4a'b'$ 是因为 $a'N=Na'$，从而存在 $n_4$ 使得 $a'n_3=n_4a'$。这就证明了 $Nab\subseteq Na'b'$，同理可证 $Na'b'\subseteq Nab$，从而 $Nab=Na'b'$，因此运算 $\circ$ 的定义是合适的。

从而根据运算 $\circ$ 的定义，对任意 $a,b,c\in G$，$(Na\circ Nb)\circ Nc=Nabc=Na\circ(Nb\circ Nc)$，即运算 $\circ$ 满足结合律。显然 $Ne=N$ 是 $\circ$ 的单位元，且对任意 $a\in G$，$Na$ 的逆元是 $Na^{-1}$，因此 $G/N$ 关于运算 $\circ$ 构成群。 □

从同余关系的角度看，定理 10.15 的证明表明上述等价关系 $R$ 对于群 $G$ 的二元运算是可置换的，即对任意 $a,a',b,b'$，若 $a\ R\ a'$ 且 $b\ R\ b'$，也即 $Na=Na'$ 且 $Nb=Nb'$，则有 $ab\ R\ a'b'$，即 $Nab=Na'b'$。$Ne$ 是商群运算 $\circ$ 的单位元，对应 $R$ 对于零元运算 $e$ 的可置换性；而对任意 $a\in G$，$Na^{-1}$ 是 $Na$ 的逆元，即 $(Na)^{-1}=Na^{-1}$，对应 $R$ 对于一元运算 $(-)^{-1}$ 的可置换性。因此，$R$ 是群 $G$ 的同余关系，也即商群 $G/N$ 实际上就是商代数 $G/R$。

**例子 10.41** 对于例子 10.40 给出的群 $G=\{f_1,f_2,\cdots,f_6\}$，及其正规子群 $N=\{f_1,f_5,f_6\}$，我们有：

$$G/N=\{Nf_1,Nf_2\}=\{\{f_1,f_5,f_6\},\ \{f_2,f_3,f_4\}\}$$

其中，$Nf_1=N$ 是单位元，而 $Nf_2\circ Nf_2=N(f_2\circ f_2)=Nf_1=N$。因此，$Nf_2$ 的逆元是 $Nf_2$ 自己。

对于群而言，利用正规子群定义商群比利用同余关系定义商群更为自然。实际上，抽象代数的核心内容之一就是群的研究。因此，一般的商代数概念正是从商群等概念抽象而得到。一般代数系统不容易发展出类似陪集和正规子代数的概念，因此，人们引入同余关系，并用它定义一般的商代数。

### 10.3.5 群同态

由于群的二元运算的主导地位，群同态的定义也无须考虑群之间的函数是否保持单位元和逆元，只需要与群的二元运算可交换即可。

**定义 10.26** 设 $G$ 与 $G'$ 是两个群，函数 $f: G \to G'$ 如果满足：$\forall a, b \in G$，$f(ab) = f(a)f(b)$，则 $f$ 是群 $G$ 到 $G'$ 的一个**同态** (homomorphism)。如果 $G = G'$，则称 $f$ 为**自同态** (automorphism)。

进一步，若 $f$ 是满函数、单函数或双函数，则分别称为满同态、单同态或同构。两个群 $G$ 和 $G'$ 同构，则记为 $G \cong G'$。

可证明上述定义的群同态保持单位元，且与求逆元运算可交换，也即上述定义的群同态是一般代数同态的实例。

**定理 10.16** 给定群同态 $f: G \to G'$，则：

（1）群同态保持单位元，即若 $e$ 是 $G$ 的单位元，则 $f(e)$ 是 $G'$ 的单位元。

（2）群同态与求逆元运算可交换，即对任意 $a \in G$，$(f(a))^{-1} = f(a^{-1})$。

**证明** （1）设 $G'$ 的单位元 $e'$，则：

$$f(e)f(e) = f(ee) = f(e) = f(e)e'$$

从而由群的运算满足消去律得 $f(e) = e'$。

（2）对任意的 $a \in G$，有：

$$f(a^{-1})f(a) = f(a^{-1}a) = f(e) = e' \qquad f(a)f(a^{-1}) = f(aa^{-1}) = f(e) = e'$$

这就表明在群 $G'$ 中，$f(a)$ 的逆元是 $f(a^{-1})$，即 $(f(a))^{-1} = f(a^{-1})$。 □

**例子 10.42** 对整数加群 $(\mathbb{Z}, +)$ 和模 6 加群 $(\mathbb{Z}_6, \oplus_6)$，定义函数 $f: \mathbb{Z} \to \mathbb{Z}_6$，对任意整数 $z$，$f(z) = z \bmod 6$。注意到：

$$\begin{aligned} f(z_1 + z_2) &= (z_1 + z_2) \bmod 6 \\ f(z_1) \oplus_6 f(z_2) &= (z_1 \bmod 6) \oplus_6 (z_2 \bmod 6) = ((z_1 \bmod 6) + (z_2 \bmod 6)) \bmod 6 \end{aligned}$$

我们知道，对任意整数 $a, b, c, d$，及整数 $m > 1$，若 $a \equiv b \pmod m$ 且 $c \equiv d \pmod m$，则 $(a + c) \equiv (b + d) \pmod m$（参见问题 4.3），显然 $z_1 \equiv (z_1 \bmod 6) \pmod 6$ 且 $z_2 \equiv (z_2 \bmod 6) \pmod 6$，因此有：

$$(z_1 + z_2) \equiv ((z_1 \bmod 6) + (z_2 \bmod 6)) \pmod 6$$

即有 $f(z_1 + z_2) = f(z_1) \oplus_6 f(z_2)$，因此 $f: (\mathbb{Z}, +) \to (\mathbb{Z}_6, \oplus_6)$ 是群同态。

至此介绍了群论的基础知识：首先给出群作为代数系统应该满足的三条基本性质，即二元运算满足结合律、有单位元、每个元素有逆元。在此基础上，介绍了子群、正规子群、商群和群同态，说明了这些概念是子代数、同余关系、商代数和代数同态在群论中的实例。

当然在代数发展的历史上，一般代数的子代数等概念是从群等具体代数系统中的子群等概念抽象而得到。读者可从这些对应概念的相同点和不同点体会抽象与建模思维的运用，特别地，群论中子群的陪集起着重要的作用，但一般代数不是用陪集，而是用更广泛的同余关系发展出商代数的概念，这体现了从具体到抽象的某种意义上的发展，使得人们对原来具体的概念有了更深的认识。

# 10.4　格与布尔代数

简单地说，格是一种特殊的偏序，即任意两个元素都有上下确界的偏序，而布尔代数是一种特殊的格，即有补分配格。本节的主题是从偏序和代数两种角度定义格和布尔代数，并说明这两种定义的等价性。从代数角度定义实质上就是从运算应该满足的性质角度进行定义。

## 10.4.1　格的偏序定义与代数定义

首先从偏序的角度定义格。我们知道，偏序是自反、反对称和传递的关系，通常使用 $\preceq$ 表示，偏序集 $(S, \preceq)$ 是集合 $S$ 及其上的偏序关系 $\preceq$。对任意 $x, y \in S$，$x$ 和 $y$ 的**上确界**是 $S$ 的元素 $z$，且满足 $x \preceq z$ 和 $y \preceq z$，以及对任意 $w \in S$，$x \preceq w$ 且 $y \preceq w$ 蕴涵 $z \preceq w$；对任意 $x, y \in S$，$x$ 和 $y$ 的**下确界**是 $S$ 的元素 $z$，且满足 $z \preceq x$ 和 $z \preceq y$，以及对任意 $w \in S$，$w \preceq x$ 且 $w \preceq y$ 蕴涵 $w \preceq z$。

通俗地说，偏序集 $(S, \preceq)$ 的两个元素 $x$ 和 $y$ 的上确界是比 $x$ 和 $y$ 都大的最小元素，而它们的下确界是比它们都小的最大元素，上下确界若存在则是唯一的。偏序集的两个元素可能没有上确界或下确界。但如果一个偏序集的任意两个元素都存在上下确界则称为格。

Algebra-Lattice(1)

Algebra-Lattice(2)

**定义 10.27**　如果偏序集 $(S, \preceq)$ 的任意两个元素都存在上确界和下确界，则称 $S$ 关于偏序 $\preceq$ 构成**格** (lattice)，简称 $(S, \preceq)$ 是格。这是从偏序角度定义的格，因此也称为**偏序格**。这时对 $S$ 的任意两个元素 $x, y$，它们的上确界记为 $x \vee y$，下确界记为 $x \wedge y$。后面通常用 $(L, \preceq)$ 表示格。

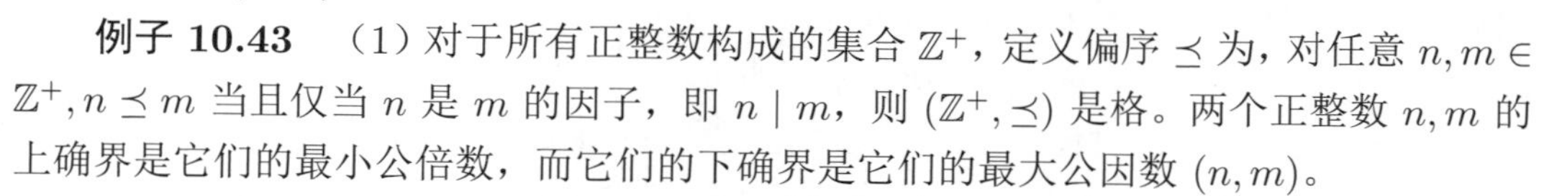

**例子 10.43**　(1) 对于所有正整数构成的集合 $\mathbb{Z}^+$，定义偏序 $\preceq$ 为，对任意 $n, m \in \mathbb{Z}^+, n \preceq m$ 当且仅当 $n$ 是 $m$ 的因子，即 $n \mid m$，则 $(\mathbb{Z}^+, \preceq)$ 是格。两个正整数 $n, m$ 的上确界是它们的最小公倍数，而它们的下确界是它们的最大公因数 $(n, m)$。

(2) 对于所有整数构成的集合 $\mathbb{Z}$，以通常数的大小关系 $\leqslant$ 作为偏序，则 $(\mathbb{Z}, \leqslant)$ 是格，两个整数 $x, y$ 的上确界是 $\max(x, y)$，两个整数的下确界是 $\min(x, y)$。更一般地，任意全序集 $(L, \preceq)$ 都是格，因为这时对任意 $x, y \in L$，总有 $x \preceq y$ 或 $y \preceq x$。不妨设 $x \preceq y$，则 $x \vee y = y$，而 $x \wedge y = x$。

(3) 给定集合 $X$，$X$ 的幂集 $\wp(X)$，以通常的子集关系 $\subseteq$ 为偏序构成格 $(\wp(X), \subseteq)$。对 $X$ 的任意两个子集 $A, B$，它们的上确界是 $A \cup B$，而下确界是 $A \cap B$。

**例子 10.44**　偏序集可使用哈斯图表示。图 10.1 的三个哈斯图表示的偏序集都是格。

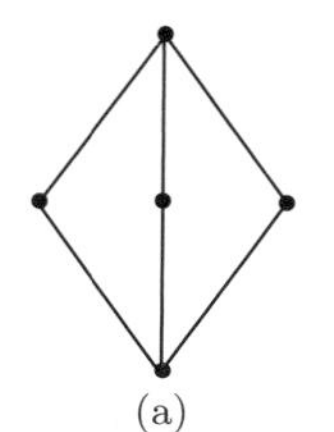

(a)

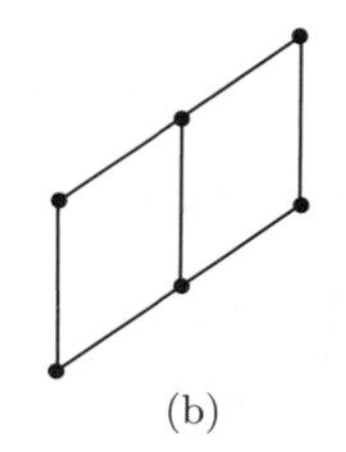

(b)

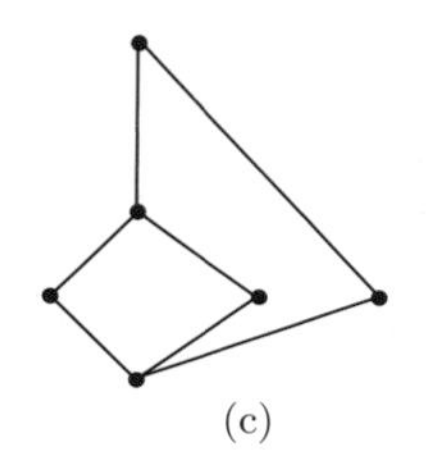

(c)

图 10.1　用哈斯图表示的三个格的偏序集例子

**问题 10.45** 图 10.2 用哈斯图表示的四个偏序集是格吗？为什么？

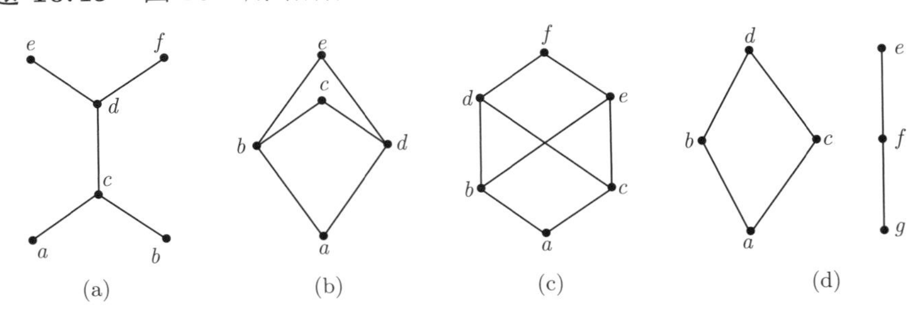


图 10.2 用哈斯图表示的四个偏序集

**【解答】**它们都不是格，因为：图 10.2(a) 中 $a, b$ 没有下确界；图 10.2(b) 中 $b, d$ 有两个上界 $c$ 和 $e$，但没有上确界；图 10.2(c) 中 $b, c$ 有三个上界 $d, e$ 和 $f$，但是没有上确界；图 10.2(d) 中 $a, g$ 没有上确界也没有下确界。

**【讨论】**（1）从图论角度看，一个格的哈斯图必须是连通图，因此图 10.2(d) 给出的偏序集一定不是格。

（2）在判断哈斯图表示的偏序集是否为格时，只要确认哈斯图中不能比较的两个元素是否有上下确界即可。能比较的两个元素总是大的元素是它们的上确界，小的元素是它们的下确界。

由于上下确界若存在则是唯一的，因此对于格 $(L, \preceq)$，给出 $L$ 任意两个元素 $x, y$ 的上下确界 $x \vee y$ 和 $x \wedge y$ 是 $L$ 上的运算。下面的问题给出了这两个运算的重要性质。

**问题 10.46** 设 $(L, \preceq)$ 是格，$\vee$ 和 $\wedge$ 分别是 $L$ 上计算上下确界的运算。证明 $\vee$ 和 $\wedge$ 都满足交换律、结合律、幂等律，且它们有吸收律。

**【证明】**（1）$\vee$ 和 $\wedge$ 满足交换律和幂等律可由上下确界的定得到，因为上下确界是针对子集而定义，因此对任意 $a, b \in L$，$a \vee b$ 和 $b \vee a$ 都是 $\{a, b\}$ 的上确界，$a \wedge b$ 和 $b \wedge a$ 都是 $\{a, b\}$ 的下确界。而 $a \vee a$ 是 $\{a\}$ 的上确界，$a \wedge a$ 是 $\{a\}$ 的下确界。

（2）对结合律，我们只证 $\vee$ 满足结合律，可类似证明 $\wedge$ 满足结合律（留给读者作为练习）。对任意 $a, b, c$，为证明 $\vee$ 满足结合律，需要证明 $a \vee (b \vee c) = (a \vee b) \vee c$。由反对称性，这只要证下面两个式子即可：

$$a \vee (b \vee c) \preceq (a \vee b) \vee c \qquad\qquad (a \vee b) \vee c \preceq a \vee (b \vee c)$$

而要证明 $a \vee (b \vee c) \preceq (a \vee b) \vee c$，则只要证明 $(a \vee b) \vee c$ 是 $a$ 和 $b \vee c$ 的上界即可，这可验证如下：

$$a \preceq a \vee b \preceq (a \vee b) \vee c \quad \text{蕴涵} \quad a \preceq (a \vee b) \vee c$$
$$b \preceq (a \vee b) \text{ 且 } c \preceq c \quad \text{蕴涵} \quad b \vee c \preceq (a \vee b) \vee c$$

类似要证明 $(a \vee b) \vee c \preceq a \vee (b \vee c)$，只要证明 $a \vee (b \vee c)$ 是 $a \vee b$ 和 $c$ 的上界即可，这可验证如下：

$$a \preceq a \text{ 且 } b \preceq (b \vee c) \quad \text{蕴涵} \quad a \vee b \preceq a \vee (b \vee c)$$

$$c \preceq b \vee c \preceq a \vee (b \vee c) \quad 蕴涵 \quad c \preceq a \vee (b \vee c)$$

这就证明了 $a \vee (b \vee c) = (a \vee b) \vee c$。

（3）为证明 $\vee$ 和 $\wedge$ 有吸收律，我们证明对任意 $a, b$ 有 $a \vee (a \wedge b) = a$，而这只要证明下面两式：

$$a \preceq a \vee (a \wedge b) \qquad\qquad a \vee (a \wedge b) \preceq a$$

显然有 $a \preceq a \vee (a \wedge b)$，对于 $a \vee (a \wedge b) \preceq a$，只要证明 $a$ 是 $a$ 和 $a \wedge b$ 的上界即可，这显然成立，因为 $a \wedge b \preceq a$。类似可证明 $a \wedge (a \vee b) = a$。 □

**【讨论】**上面命题的证明看似复杂，但实际上主要是运用反向推理的分析思维模式，即从要证明的目标出发，根据运算性质的定义，不断思考需要证明怎样的公式即可，其中还主要用到了有关偏序、上下确界的下面一些基本性质。

（1）偏序 $\preceq$ 的反对称性，即对任意 $a, b$，$a = b$ 当且仅当 $a \preceq b$ 且 $b \preceq a$。

（2）上下确界的基本性质：对任意 $a, b$，$a \preceq a \vee b$，$b \preceq a \vee b$，$a \wedge b \preceq a$ 且 $a \wedge b \preceq b$，以及对任意 $a, b, c$，$a \vee b \preceq c$ 当且仅当 $a \preceq c$ 且 $b \preceq c$，而 $c \preceq a \wedge b$ 当且仅当 $c \preceq a$ 且 $c \preceq b$。这些性质由上下确界的定义立即可证。

（3）上下确界保持偏序：对任意 $a, b, c, d$，若 $a \preceq c$ 且 $b \preceq d$，则 $a \vee b \preceq c \vee d$ 且 $a \wedge b \preceq c \wedge d$，这由（2）给出的上下确界基本性质容易证明。

上述基本性质的证明留给读者自行练习。不难看到，对于格 $(\wp(X), \subseteq)$，这些性质就是在第 5 章给出的子集关系与集合并和集合交之间联系的一般化。

问题 10.46 的证明表明格 $(L, \preceq)$ 的两个二元运算 $\vee$ 和 $\wedge$ 满足交换律、结合律、幂等律和吸收律。下面的定理则利用这些运算性质从代数的角度定义格。

**定理 10.17**　设 $(S, *, \circ)$ 是有两个二元运算的代数系统且运算 $*$ 和 $\circ$ 满足交换律、结合律和吸收律，则可在 $S$ 上定义偏序 $\preceq$ 使得 $(S, \preceq)$ 成为格，且对任意 $a, b \in S$，$a \wedge b = a * b$，$a \vee b = a \circ b$。

**证明**　（1）先证明 $S$ 上的运算 $*$ 和 $\circ$ 这时也满足幂等律。对任意 $a \in S$，由吸收律有：

$$a = a \circ (a * a) \quad 蕴涵 \quad a * a = a * (a \circ (a * a)) = a$$

同理有 $a \circ a = a$。

（2）在 $S$ 上定义二元关系 $R$：对任意 $a, b \in S$，$a \mathrel{R} b$ 当且仅当 $a \circ b = b$。我们证明 $R$ 是偏序关系。

① 对任意 $a \in S$，由 $\circ$ 的幂等性 $a \circ a = a$，从而 $a \mathrel{R} a$，即 $R$ 是自反的。

② 对任意 $a, b \in S$，由 $\circ$ 满足交换律有 $a \mathrel{R} b$ 且 $b \mathrel{R} a$ 蕴涵 $b = a \circ b = b \circ a = a$，即 $R$ 是反对称的。

③ 对任意 $a, b, c \in S$，由 $\circ$ 满足结合律有：

$$\begin{aligned} a \mathrel{R} b \text{ 且 } b \mathrel{R} c \quad & 蕴涵 \quad a \circ b = b \text{ 且 } b \circ c = c \\ & 蕴涵 \quad a \circ c = a \circ (b \circ c) = (a \circ b) \circ c = b \circ c = c \end{aligned}$$

$$\text{蕴涵} \quad a\,R\,c$$

即 $R$ 是传递的。综上证明了 $R$ 是偏序关系，下面将 $R$ 记为 $\preceq$。

（3）证明 $(S,\preceq)$ 是格，即证明 $S$ 的任意两个元素 $a$ 和 $b$ 都有上下确界。

① 我们证明 $a\circ b$ 是 $a$ 和 $b$ 的上确界，首先由结合律、幂等律和交换律有：

$$a\circ(a\circ b)=(a\circ a)\circ b=a\circ b \qquad b\circ(a\circ b)=b\circ(b\circ a)=(b\circ b)\circ a=b\circ a=a\circ b$$

即 $a\preceq a\circ b$ 及 $b\preceq a\circ b$，即 $a\circ b$ 是 $\{a,b\}$ 的上界。对任意 $c\in S$，若 $c$ 也是 $\{a,b\}$ 的上界，即有 $a\preceq c$ 和 $b\preceq c$，即 $a\circ c=c$ 及 $b\circ c=c$，从而：

$$(a\circ b)\circ c=a\circ(b\circ c)=a\circ c=c$$

这表明 $a\circ b\preceq c$，从而 $a\circ b$ 是 $a$ 和 $b$ 的上确界。

② 我们证明 $a*b$ 是 $a$ 和 $b$ 的下确界，首先注意到由吸收律和交换律有，$a\circ b=b$ 蕴涵 $a*b=a*(a\circ b)=a$，且 $a*b=a$ 蕴涵 $a\circ b=(a*b)\circ b=b\circ(b*a)=b$，也即有 $a\circ b=b$ 当且仅当 $a*b=a$，从而 $a\preceq b$ 当且仅当 $a*b=a$，这样类似①对 $a\circ b$ 是 $a$ 和 $b$ 上确界的证明，可证明 $a*b$ 是 $a$ 和 $b$ 的下确界。 □

定理 10.17 给出了从代数角度定义格的方法，也即我们有下面的定义。

**定义 10.28** 设 $(S,*,\circ)$ 是有两个二元运算的代数系统，若 $*$ 和 $\circ$ 满足交换律、结合律和吸收律，则称 $(S,*,\circ)$ 是**格**，这是从代数（即运算性质）的角度定义格，因此也称为**代数格**。

注意幂等律可由吸收律推出。问题 10.46 和定理 10.17 表明从偏序角度和从代数角度定义格是等价的。下面不再区分由偏序定义的格和从代数角度定义的格，统一使用 $L$ 表示，并使用 $\vee$ 和 $\wedge$ 表示其上下确界运算。读者应注意偏序和这两个二元运算之间的关系：

$$a\preceq b \quad \text{当且仅当} \quad a\vee b=b \quad \text{当且仅当} \quad a\wedge b=a$$

### 10.4.2 分配格与有界格

一般来说，格的运算 $\vee$ 对 $\wedge$ 满足分配不等式，即对任意 $a,b,c\in L$，有：

$$a\vee(b\wedge c)\preceq(a\vee b)\wedge(a\vee c) \qquad (a\wedge b)\vee(a\wedge c)\preceq a\wedge(b\vee c)$$

但不一定满足分配律，满足分配律的格称为分配格。

**定义 10.29** 格 $(L,\wedge,\vee)$ 称为**分配格** (distributive lattice)，如果它满足对任意 $a,b,c\in L$ 有：

$$a\wedge(b\vee c)=(a\wedge b)\vee(a\wedge c) \qquad a\vee(b\wedge c)=(a\vee b)\wedge(a\vee c)$$

**例子 10.47** 对图 10.3 四个用哈斯图表示的格，$L_1$ 和 $L_2$ 是分配格，而 $L_3$ 和 $L_4$ 不是分配格。特别地，$L_3$ 称为**钻石格** (diamond)，而 $L_4$ 称为**五角格** (pentagon)，是两

个典型的非分配格。对 $L_3$，$b \wedge (c \vee d) = b \wedge e = b$，而 $(b \wedge c) \vee (b \wedge d) = a \vee a = a$。对 $L_4$，$c \vee (b \wedge d) = c \vee a = c$，而 $(c \vee b) \wedge (c \vee d) = e \wedge d = d$。

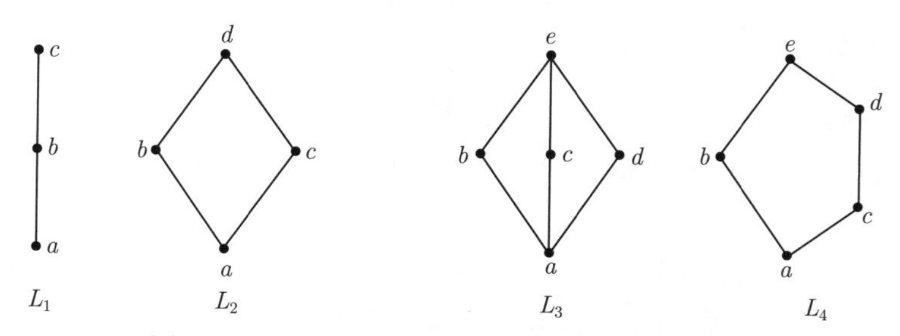

图 10.3　四个用于展示是否分配格的偏序集例子

**定义 10.30**　如果格 $(L, \preceq)$ 作为偏序存在最大元和最小元，则称 $(L, \preceq)$ 是**有界格** (bounded lattice)。通常将最小元记为 $\mathbf{0}$，最大元记为 $\mathbf{1}$。

设 $(L, \preceq)$ 是有界格，$\vee$ 和 $\wedge$ 分别是求上下确界的运算，$\mathbf{0}$ 和 $\mathbf{1}$ 分别是最小元和最大元。对于 $S$ 的元素 $a$，若存在 $b \in L$ 使得 $a \wedge b = \mathbf{0}$ 且 $a \vee b = \mathbf{1}$，则称 $b$ 是 $a$ 的**补元** (complement element)。若一个有界格的每个元素都有补元，则称为**有补格** (complemented lattice)。

**例子 10.48**　对于图 10.3 给出的四个格。

（1）在 $L_1$ 中，$a$ 是最小元，而 $c$ 是最大元，$a$ 和 $c$ 互为补元，但 $b$ 没有补元。

（2）在 $L_2$ 中，$a$ 是最小元，而 $d$ 是最大元，$a$ 和 $d$ 互为补元，而 $b$ 和 $c$ 也互为补元。

（3）在 $L_3$ 中，$a$ 是最小元，而 $d$ 是最大元，$a$ 和 $e$ 互为补元，$b$ 的补元有 $c$ 和 $d$，$c$ 的补元有 $b$ 和 $d$，而 $d$ 的补元有 $b$ 和 $c$，因此 $b, c, d$ 这三个元素都有两个补元。

（4）在 $L_4$ 中，$a$ 是最小元，而 $d$ 是最大元，$a$ 和 $e$ 互为补元，$b$ 的补元有 $c$ 和 $d$，$c$ 的补元是 $b$，$d$ 的补元也是 $b$，因此 $b$ 有两个补元。

显然，有界格的最小元 $\mathbf{0}$ 和最大元 $\mathbf{1}$ 总是互为补元，因为总有 $\mathbf{0} \preceq \mathbf{1}$，从而 $\mathbf{0} \wedge \mathbf{1} = \mathbf{0}$ 且 $\mathbf{0} \vee \mathbf{1} = \mathbf{1}$。对其他的元素，上面例子表明可能不存在补元，也可能存在补元，而且可能存在多个补元。不过，如果一个有界格也是分配格，那么它的一个元素存在补元就意味着有唯一的补元。

**引理 10.18**　设 $(L, \wedge, \vee, \mathbf{0}, \mathbf{1})$ 是有界分配格。若 $a \in L$ 存在补元 $b \in L$，则 $b$ 是 $a$ 的唯一补元。

**证明**　我们首先证明，当 $(L, \wedge, \vee)$ 是分配格时，对任意 $a, b, c \in L$，若 $a \wedge b = a \wedge c$ 且 $a \vee b = a \vee c$，则 $b = c$。这是因为由吸收律有 $b = b \wedge (a \vee b)$ 且 $c = (a \vee c) \wedge c$，而这时又有：

$$
\begin{aligned}
b \wedge (a \vee b) &= b \wedge (a \vee c) = (b \wedge a) \vee (b \wedge c) = (a \wedge c) \vee (b \wedge c) \\
&= (a \vee b) \wedge c = (a \vee c) \wedge c
\end{aligned}
$$

因此有 $b = c$。注意，这里用到了分配律及 $a \vee b = a \vee c$ 以及 $b \wedge a = a \wedge b = a \wedge c$。

从而，若 $b'$ 也是 $a$ 的补元，则 $a \wedge b = \mathbf{0} = a \wedge b'$ 且 $a \vee b = \mathbf{1} = a \vee b'$，这就有 $b = b'$。 □

### 10.4.3 布尔代数

现在可以从偏序角度定义什么是布尔代数。

**定义 10.31** 如果一个格既是有补格又是分配格，则称为**布尔格**或**布尔代数** (Boolean algebra)。

**例子 10.49** 全集 $X$ 的幂集 $\wp(X)$ 以子集关系 $\subseteq$ 构成布尔代数，下确界是集合交，上确界是集合并，最小元是空集 $\varnothing$，最大元是全集 $X$，$X$ 的任意子集 $Y \subseteq X$ 的补元是 $Y$ 的补集 $\overline{Y}$。

**问题 10.50** 设 $F_{110} = \{1,2,5,10,11,22,55,110\}$ 是 110 的所有正因子的集合。证明：以整除关系为偏序，$F_{110}$ 是布尔代数。

**【证明】** 首先，对任意两个整数 $x,y \in F_{110}$，下确界是它们的最大公因数 $(x,y)$，上确界是它们的最小公倍数 $[x,y]$。显然 1 是最小元，而 110 是最大元，因此 $F_{110}$ 是有界格，且有：

$$(1,110) = 1 \qquad [1,110] = 110 \qquad (2,55) = 1 \qquad [2,55] = 110$$
$$(5,22) = 1 \qquad [5,22] = 110 \qquad (10,11) = 1 \qquad [10,11] = 110$$

即 1 和 110 互为补元，2 和 55 互为补元，5 和 22 互为补元，而 10 和 11 互为补元，因此 $F_{110}$ 是布尔代数。 □

**【讨论】** 并不是对任意正整数 $n$ 的所有正因子构成的集合 $F_n$，以整除关系为偏序构成的格都是布尔代数。例如 $F_6 = \{1,2,3,6\}$ 也是布尔代数，但 $F_{12} = \{1,2,3,4,6,12\}$ 和 $F_{24} = \{1,2,3,4,6,8,12,24\}$ 等都不是布尔代数。实际上，$F_n$ 是布尔代数当且仅当 $n$ 是 $k$ 个不同素数的乘积，这时 $F_n$ 同构于这 $k$ 个素数构成的集合的幂集布尔代数。

有界分配格的元素有补元则有唯一的补元，因此在布尔代数中，求一个元素的补元可看作一个一元运算，后面使用 $\neg$ 表示布尔代数的补元运算。于是，从代数的角度看，布尔代数有五个运算：两个二元运算，即上下确界运算；一个一元运算，即求补元运算；而最大元和最小元是两个零元运算。因此，通常将布尔代数记为 $(B, \wedge, \vee, \neg, \mathbf{0}, \mathbf{1})$。

那么从代数角度怎样定义布尔代数呢？或者说布尔代数的运算所满足的基本性质有哪些呢？下面定理可回答这个问题。

**定理 10.19** 设 $(B, *, \circ)$ 是有两个二元运算的代数系统，若 $*$ 和 $\circ$ 满足：① 交换律；② 分配律，即对任意 $a,b,c \in B$ 有 $a*(b\circ c) = (a*b)\circ(a*c)$ 和 $a\circ(b*c) = (a\circ b)*(a\circ c)$；③ 同一律，即 $*$ 存在单位元 $\mathbf{1}$，且 $\circ$ 存在单位元 $\mathbf{0}$；④ 补元律，即对任意 $a \in B$，存在 $\neg a \in B$ 使得 $a*(\neg a) = \mathbf{0}$ 且 $a \circ (\neg a) = \mathbf{1}$，则 $(B, *, \circ, \neg, \mathbf{0}, \mathbf{1})$ 是布尔代数。

**证明** 为证明 $(B, *, \circ, \neg, \mathbf{0}, \mathbf{1})$ 是布尔代数，我们首先证明 $(B, *, \circ)$ 是格。根据格的代数性质（参见定理 10.17），只要证明 $*$ 和 $\circ$ 满足吸收律和结合律即可。

（1）为此先证明上述同一律也意味着 $\mathbf{0}$ 是 $*$ 的零元且 $\mathbf{1}$ 是 $\circ$ 的零元：对任意 $a \in B$，由 $\mathbf{0}$ 是 $\circ$ 的单位元且 $a*(\neg a)=\mathbf{0}$，及分配律有：

$$a*\mathbf{0} = (a*\mathbf{0})\circ\mathbf{0} = (a*\mathbf{0})\circ(a*(\neg a)) = a*(\mathbf{0}\circ(\neg a)) = a*(\neg a) = \mathbf{0}$$

类似地，由 $\mathbf{1}$ 是 $*$ 的单位元且 $a\circ(\neg a)=\mathbf{1}$，以及分配律可证 $a\circ\mathbf{1}=\mathbf{1}$。

（2）其次证明 $*$ 和 $\circ$ 有吸收律：对任意 $a,b\in B$，由 $\mathbf{0}$ 是 $\circ$ 的单位元且是 $*$ 的零元，以及分配律有：

$$a*(a\circ b) = (a\circ\mathbf{0})*(a\circ b) = a\circ(\mathbf{0}*b) = a\circ\mathbf{0} = a$$

类似地，由 $\mathbf{1}$ 是 $*$ 的单位元且是 $\circ$ 的零元，以及分配律可证 $a\circ(a*b)=a$。

（3）然后证明 $*$ 和 $\circ$ 满足结合律，这里只证明 $\circ$ 满足结合律，$*$ 的结合律可类似证明。为此先证明：对任意 $a,b\in B$，$a*b=a*c$ 且 $(\neg a)*b=(\neg a)*c$ 蕴涵 $b=c$。事实上，若 $a*b=a*c$ 且 $(\neg a)*b=(\neg a)*c$，则由分配律，$a\circ(\neg a)=\mathbf{1}$ 以及 $\mathbf{1}$ 是 $*$ 的单位元有：

$$\begin{aligned} b &= \mathbf{1}*b = (a\circ(\neg a))*b = (a*b)\circ((\neg a)*b) \\ &= (a*c)\circ((\neg a)*c) = (a\circ(\neg a))*c = \mathbf{1}*c = c \end{aligned}$$

于是要证明 $\circ$ 满足结合律，即要证明对任意 $a,b,c\in B$，$(a\circ b)\circ c = a\circ(b\circ c)$，只要证明：

$$a*((a\circ b)\circ c) = a*(a\circ(b\circ c)) \tag{10.1}$$

$$(\neg a)*((a\circ b)\circ c) = (\neg a)*(a\circ(b\circ c)) \tag{10.2}$$

对于式 (10.1)，注意到由吸收律有 $a*(a\circ(b\circ c))=a$，且由分配律和吸收律有：

$$a*((a\circ b)\circ c) = (a*(a\circ b))\circ(a*c) = a\circ(a*c) = a$$

这就证明了式 (10.1)。对于式 (10.2)，由分配律，$\mathbf{0}$ 是 $\circ$ 的单位元，以及 $a*\neg a = \neg a*a = \mathbf{0}$ 有：

$$(\neg a)*(a\circ(b\circ c)) = (\neg a*a)\circ(\neg a*(b\circ c)) = \mathbf{0}\circ(\neg a*(b\circ c)) = \neg a*(b\circ c)$$

另一方面，同样由分配律，$\mathbf{0}$ 是 $\circ$ 的单位元，以及 $\neg a*a=\mathbf{0}$ 有：

$$\begin{aligned} (\neg a)*((a\circ b)\circ c) &= (\neg a*(a\circ b))\circ(\neg a*c) = ((\neg a*a)\circ(\neg a*b))\circ(\neg a*c) \\ &= (\mathbf{0}\circ(\neg a*b))\circ(\neg a*c) = (\neg a*b)\circ(\neg a*c) = \neg a*(b\circ c) \end{aligned}$$

因此，式 (10.2) 的等号两边都等于 $\neg a*(b\circ c)$，这就证明了式 (10.2)。

综上，证明了 $(B,*,\circ)$ 是格。注意这时它的偏序 $\preceq$ 是，对任意 $a,b\in B$，$a\preceq b$ 当且仅当 $a*b=a$ 当且仅当 $a\circ b=b$，从而由 $\mathbf{1}$ 是 $*$ 的单位元及 $\mathbf{0}$ 是 $*$ 的零元有：对任

意 $a \in B$，$a * \mathbf{1} = a$ 且 $\mathbf{0} * a = \mathbf{0}$，即 $a \preceq \mathbf{1}$ 及 $\mathbf{0} \preceq a$，因此 $\mathbf{1}$ 是最大元，而 $\mathbf{0}$ 是最小元，从而 $(B, *, \circ, \mathbf{0}, \mathbf{1})$ 是有界格，再由补元律和分配律，最后得到 $(B, *, \circ, \neg, \mathbf{0}, \mathbf{1})$ 是有补分配格，即是布尔代数。 □

定理 10.19 表明，布尔代数的基本性质是给出上下确界的两个二元运算满足交换律，有分配律，都有单位元，由每个元素有补元。抽象代数的研究运用公理化的思维方法使得人们从布尔代数的诸多性质中可找到这些基本性质。

由于给定全集 $X$ 的幂集 $\wp(X)$ 以子集关系构成布尔代数，因此由定理 10.19 我们知道，在所有的集合恒等式中，集合并和集合交满足交换律、集合并对集合交以及集合交对集合并有分配律，集合并有单位元 $\varnothing$，集合交有单位元 $X$，每个集合 $Y \subseteq X$ 有补 $\overline{Y}$ 是最基本的恒等式，集合代数的其他许多性质都可从这些基本恒等式导出。

## 10.5 本章小结

本章介绍代数系统的基础知识，使得读者对代数语言有更深的了解。首先定义了集合的运算，介绍集合运算的性质，包括交换律、结合律、幂等律、分配律、吸收律和消去律，以及运算可能具有的特殊元素，包括单位元、零元，以及每个元素关于某运算的逆元。

本章简单介绍了一般代数的基础知识。代数是集合及其运算构成的二元组，同类型的两个代数之间的同态是代数基集之间的函数，且与代数的所有运算都可交换，即先运算再映射等于先映射再运算。从已有代数可得到它的子代数，代数基集上的等价关系如果对代数的运算都可置换，则它是代数的同余关系，以关于该同余关系的商集为基集得到该代数关于该同余关系的商代数。

在介绍一般代数知识的基础上，讨论了群以及格与布尔代数的基础知识。我们将代数系统理解为其运算满足一定性质的代数。本章重点以群的基础知识展示了子代数、同余关系、商代数和同态在群论中的实例，即子群、正规子群、商群和群同态。由于群的二元运算的主导地位，子群只需验证子集对二元运算和求逆元运算封闭，群同态只需要保持二元运算，正规子群和商群是从陪集而非等价关系的角度定义。本章介绍格与布尔代数时重点展示了从偏序和从代数两种角度如何定义格和布尔代数，从而让读者对不同运算性质之间的联系有更深的理解，也对公理化思想有所体会。

本章的重要概念包括运算的封闭性、代数、代数同态、子代数、同余关系、商代数、群、子群、子群的陪集、正规子群、商群、格和布尔代数。重要的结论包括单位元、零元、逆元的唯一性、子群判定定理一和二、拉格朗日定理、格的代数性质、布尔代数的代数性质。实际上，本章定理的证明主要是运用公理化思想从基本性质进行逻辑演绎，证明的思路都比较清晰，基本上都属于运用反向推理的方法，从要证明的目标开始，根据定义不断展开直到已知的前提。因此，读者重点要学习的不是本章的定理本身，而是要从定理证明中学习如何强化自己的逻辑思维，提高证明定理的能力。

通过本章的学习，读者应该能判断运算是否具有某些性质或特殊元素，能判断一个集合及其上的函数是否对集合封闭而构成代数，能判断两个代数基集之间的函数是否同态，两个代数是否同构，能判断一个代数的基集是否构成子代数，能判断一个代数基集上的等价关系是否同余关系，如果是，能给出该同余关系所导出的商代数。读者应能判断一个具体的代数是否半群、群、格或布尔代数，能判断两个群之间的函数是否群同态，能判断群的子集是否子群，能计算子群的陪集，能判断一个子群是否正规子群，如果是正规子群要能给出它导出的商群。能基于群、格和布尔代数的基本性质证明有关群、格和布尔代数的一些简单性质。

## 10.6　习题

**练习 10.1**　设集合 $A = \{1, 2, \cdots, 10\}$，下面定义的二元运算 $*$ 对于集合 $A$ 是否封闭？其中 gcd 是求两个数的最大公约数，而 lcm 是求两个数的最小公倍数。

(1) $x * y = \max(x, y)$　　(2) $x * y = \min(x, y)$

(3) $x * y = \gcd(x, y)$　　(4) $x * y = \mathrm{lcm}(x, y)$

**练习 * 10.2**　给定集合 $A = \{a, b, c\}$，在 $A$ 上定义运算 $*$ 和 $\circ$，它们的运算表如下。试判断运算 $*$ 和 $\circ$ 是否满足交换律、结合律、幂等律、消去律，以及是否有单位元和零元，如果有单位元，进一步判断每个元素是否有逆元。最后确定 $*$ 对 $\circ$ 是否满足分配律，$\circ$ 对 $*$ 是否满足分配律。如果 $*$ 和 $\circ$ 都满足交换律。判断 $*$ 和 $\circ$ 是否有吸收律。

| $*$ | $a$ | $b$ | $c$ |
|---|---|---|---|
| $a$ | $a$ | $b$ | $c$ |
| $b$ | $b$ | $c$ | $a$ |
| $c$ | $c$ | $a$ | $b$ |

| $\circ$ | $a$ | $b$ | $c$ |
|---|---|---|---|
| $a$ | $a$ | $b$ | $c$ |
| $b$ | $b$ | $a$ | $c$ |
| $c$ | $c$ | $c$ | $c$ |

**练习 * 10.3**　设 $X = \mathbb{R} - \{0, 1\}$，在 $X$ 上定义如下函数 $f_i, 1 \leqslant i \leqslant 6$，对任意的 $x \in X$，有：

$f_1(x) = x$　　$f_2(x) = x^{-1}$　　$f_3(x) = 1 - x$

$f_4(x) = (1 - x)^{-1}$　　$f_5(x) = (x - 1)x^{-1}$　　$f_6(x) = x(x - 1)^{-1}$

判断集合 $F = \{f_1, f_2, f_3, f_4, f_5, f_6\}$ 对函数复合运算是否封闭，如封闭请给出 $(F, \circ)$ 的运算表。

**练习 10.4**　对于集合 $X$ 上所有关系构成的集合 $\wp(X \times X)$，关系复合的单位元是恒等关系 $\Delta_X$，那么 $X$ 上的哪些关系关于复合运算有逆元？逆元是什么？

**练习 * 10.5**　设 $\circ$ 是集合 $S$ 上的二元运算，满足结合律，$e$ 是它的单位元，且对任意 $x \in S$，$x$ 都可逆。这时任意元素的逆元都唯一，因此可定义一元运算 $(-)^{-1} : S \to S$：对任意 $x \in S$，$x^{-1}$ 是 $x$ 关于运算 $\circ$ 的唯一逆元。证明：① 对任意 $x, y \in S$，有 $(x \circ y)^{-1} = y^{-1} \circ x^{-1}$；② 对任意 $x \in S$，及任意自然数 $n \in \mathbb{N}$，$(x^n)^{-1} = (x^{-1})^n$。

**练习 10.6** 对于代数 $(\mathbb{Z},+,\times)$ 和 $(\mathbb{Z}_6,\oplus_6,\otimes_6)$，分别给出它们的一个子代数例子。注意，不要与例子 10.12 给出的子代数相同。

**练习 * 10.7** 给定集合 $\mathbb{Z}_{12}=\{0,1,2,3,4,5,6,7,8,9,10,11\}$，定义运算 $\oplus_{12}$：$\forall x,y\in\mathbb{Z}_{12}, x\oplus_{12} y=(x+y) \bmod 12$，判断下面的集合 $S_i, 1\leqslant i\leqslant 4$ 是否 $(\mathbb{Z}_{12},\oplus_{12})$ 的子代数。

（1） $S_1=\{0,2,4,6,8,10\}$　　（2） $S_2=\{1,3,5,7,9,11\}$

（3） $S_3=\{0,3,6,9\}$　　（4） $S_4=\{0,5,10\}$

**练习 10.8** 判断下面定义的 $\mathbb{Z}$ 上的二元关系 $R_i, 1\leqslant i\leqslant 4$ 是否代数系统 $(\mathbb{Z},+)$（$+$ 是普通实数加法）上的同余关系。如果是同余关系，写出代数系统 $(\mathbb{Z},+)$ 关于该同余关系的商代数（即给出商代数的基集和运算的定义）。

（1）$\langle x,y\rangle\in R_1$ 当且仅当 $(x\leqslant 0\wedge y\leqslant 0)\vee(x\geqslant 0\wedge y\geqslant 0)$。

（2）$\langle x,y\rangle\in R_2$ 当且仅当 $|x-y|<10$。

（3）$\langle x,y\rangle\in R_3$ 当且仅当 $(x=y=0)\vee(x\neq 0\wedge y\neq 0)$。

（4）$\langle x,y\rangle\in R_4$ 当且仅当 $x\geqslant y$。

**练习 * 10.9** 判断下面定义的 $\mathbb{R}$ 上的二元关系 $R_i, 1\leqslant i\leqslant 4$ 是否代数系统 $(\mathbb{R},*)$（$*$ 是普通实数乘法）上的同余关系。如果是同余关系，写出代数系统 $(\mathbb{R},*)$ 关于该同余关系的商代数（即给出商代数的基集和运算的定义）。

（1）$R_1=\{\langle x,y\rangle \mid x=y\vee x=-y\}$　（2）$R_2=\{\langle x,y\rangle \mid x\text{和}y\text{同为零或同为正数或同为负数}\}$

（3）$R_3=\{\langle x,y\rangle \mid x^2+y^2\geqslant 0\}$　（4）$R_4=\Delta_{\mathbb{R}}\cup\{\langle 0,1\rangle,\langle 1,0\rangle\}$

这里 $\Delta_{\mathbb{R}}$ 是 $\mathbb{R}$ 上的恒等关系。

**练习 10.10** 给定代数 $(A,\Sigma_A)$ 上的同余关系 $R$，证明商代数保持除消去律以外的运算性质，即设 $+$ 和 $\times$ 是 $(A,\Sigma_A)$ 的两个二元运算，它们在商代数 $(A/R,\Sigma_{A/R})$ 对应的运算分别是 $\oplus$ 和 $\otimes$。

（1）若 $\times$ 满足交换律、结合律和幂等律，则 $\otimes$ 也满足交换律、结合律和幂等律。

（2）若 $\times$ 对 $+$ 满足分配律，则 $\otimes$ 对 $\oplus$ 也满足分配律。

（3）若 $\times$ 和 $+$ 有吸收律，则 $\otimes$ 和 $\oplus$ 也有吸收律。

（4）若 $e_A\in A$ 是 $A$ 中关于 $\times$ 的单位元，则 $[e_A]_R$ 是 $A/R$ 中关于 $\otimes$ 的单位元。

（5）若 $\theta_A\in A$ 是 $A$ 中关于 $\times$ 的零元，则 $[\theta_A]_R$ 是 $A/R$ 中关于 $\otimes$ 的零元。

（6）设 $\times$ 有单位元 $e_A$，若 $a\in A$ 关于 $\times$ 的逆元是 $a^{-1}$，则 $[a]_R\in A/R$ 关于 $\otimes$ 的逆元是 $[a^{-1}]_R$。

**练习 10.11** 给定集合 $X$，$X$ 上所有关系构成的集合是 $\wp(X\times X)$，该集合与关系并和关系交构成代数 $(\wp(X\times X),\cup,\cap)$。定义函数 $f:\wp(X\times X)\to\wp(X\times X)$，对任意 $R\subseteq X\times X$，$f(R)=R^{-1}$，证明 $f:(\wp(X\times X),\cup,\cap)\longrightarrow(\wp(X\times X),\cup,\cap)$ 是同态。

**练习 * 10.12** 给定实数集 $\mathbb{R}$ 及其上的普通乘法 $*$ 构成的代数 $(\mathbb{R},*)$，试判断下面定义的函数 $f_i:\mathbb{R}\to\mathbb{R}, 1\leqslant i\leqslant 4$ 是否代数 $(\mathbb{R},*)$ 的自同态（即该代数到它自己的同

态）。如果是同态，是否满同态、单同态或同构？

（1）$f_1(x) = |x|$ （2）$f_2(x) = x^2$ （3）$f_3(x) = 2x$ （4）$f_4(x) = -x$

**练习 10.13** 代数系统 $(\mathbb{R} - \{0\}, *)$ 与 $(\mathbb{R}, +)$ 是否同构？为什么？这里 $\mathbb{R}$ 是实数集，$*$ 是普通实数乘法，$+$ 是普通实数加法。

**练习 10.14** 对于代数 $(\mathbb{Z}_6, \oplus_6, \otimes_6)$，利用代数同态证明 $\oplus_6$ 和 $\otimes_6$ 都满足交换律、结合律，以及 $\otimes_6$ 对 $\oplus_6$ 有分配律。

**练习 10.15** 举例说明一个同态不是满同态时它不保持运算的交换性，即给出两个同类型的代数 $(A, \times)$ 和 $(B, \circ)$，$\times$ 满足交换律，但 $\circ$ 不满足交换律，且有同态 $f: (A, \times) \to (B, \circ)$。

**练习 10.16** 在集合 $\mathbb{Q} \times \mathbb{Q}$ 上定义二元运算 $*$ 为：$\forall \langle a, b\rangle, \langle x, y\rangle \in \mathbb{Q} \times \mathbb{Q}$，$\langle a, b\rangle * \langle x, y\rangle = \langle a + x, ay + b\rangle$，这里 $\mathbb{Q}$ 是有理数集，请判断 $(\mathbb{Q} \times \mathbb{Q},\ *)$ 是否半群，并说明理由。

**练习 * 10.17** 设 $(S, *)$ 是半群，$a \in S$ 是 $S$ 的一个固定的元素，在 $S$ 上定义二元运算 $\circ$：$\forall x, y \in S, x \circ y = x * a * y$，证明 $(S, \circ)$ 是半群。

**练习 10.18** 设 $S = \{a, b\}$，$(S, *)$ 是半群，且 $a * a = b$，证明 $*$ 满足交换律，且 $b$ 是 $*$ 的幂等元。

**练习 10.19** 设 $(G, e, *)$ 是独异点，且对 $G$ 的任意元素 $x \in G$ 都有 $x * x = e$，证明 $(G, *)$ 是交换群。

**练习 10.20** 设 $G$ 是群，$e$ 是其单位元，$a$ 和 $b$ 是 $G$ 的任意元素，证明：① $a^{-1}$ 的逆元是 $a$；② $(ab)^{-1} = b^{-1}a^{-1}$；③ 对任意整数 $n, m$ 有 $a^{m+n} = a^m a^n$，以及 $(a^m)^n = a^{mn}$。

**练习 10.21** 证明：群中以下每组中的元素有相同的阶，其中 $a, b, c$ 都是任意元素

（1）$a, a^{-1}, cac^{-1}$ （2）$ab, ba$ （3）$abc, bca, cab$

**练习 * 10.22** 求模 14 加群 $Z_{14}$ 和群 $U(14)$ 中每个元素的阶。

**练习 10.23** 给出群 $U(18)$ 的阶，以及它的每个元素的阶。

**练习 * 10.24** 设 $G = \{\varphi : \mathbb{R} \to \mathbb{R} \mid \varphi : x \mapsto ax + b, a, b \in \mathbb{R}, a \neq 0\}$，即 $G$ 是所有形如 $\varphi(x) = ax + b$ 的函数 $\varphi$ 构成的集合。

（1）证明 $G$ 以函数复合运算构成群。

（2）设 $S = \{\varphi : \mathbb{R} \to \mathbb{R} \mid \varphi : x \mapsto x + b, b \in \mathbb{R}\}$，证明 $S$ 是 $G$ 的子群。

（3）设 $T = \{\varphi : \mathbb{R} \to \mathbb{R} \mid \varphi : x \mapsto ax, a \in \mathbb{R}, a \neq 0\}$，证明 $T$ 是 $G$ 的子群。

**练习 10.25** 求循环群 $Z_{14}$ 和 $U(14)$ 的所有子群。

**练习 * 10.26** 考虑群 $U(30)$，给出子群 $\langle 7\rangle$ 的所有左陪集，这里 $\langle 7\rangle$ 表示 7 生成的 $U(30)$ 的子群。

**练习 10.27** 设 $H$ 是群 $G$ 的子群，证明：① 对任意 $a \in G$，$|H| = |Ha| = |aH|$；② 证明 $H$ 的所有左陪集构成的集合 $G/H$ 和所有右陪集构成的集合 $G\backslash H$ 等势，即 $|G/H| = |G\backslash H|$。

**练习 * 10.28** 设 $H$ 是群 $G$ 的子群，证明 $H$ 是 $G$ 的正规子群当且仅当对任意

$a \in G$，有 $aHa^{-1} = H$。注意，这里 $aHa^{-1} = \{aha^{-1} \mid h \in H\}$。

**练习 10.29** 设 $G = \{(a,b) \mid a,b \in \mathbb{R}, a \neq 0\}$，在 $G$ 上定义运算，对任意的 $(a,b),(c,d) \in G$，有：

$$(a,b)(c,d) = (ac,\ ad+b)$$

证明 $G$ 关于该运算构成群。又令 $K = \{(1,b) \mid b \in \mathbb{R}\} \subseteq G$，证明 $K$ 是 $G$ 的正规子群，并给出商群 $G/K$ 的元素和运算。

**练习 10.30** 给定集合 $A = \{1,2,3,4\}$，定义运算 $\otimes_5$ 为：$\forall x,y \in A$，$x \otimes_5 y = (x*y) \bmod 5$，这里 $*$ 是普通乘法，为验证 $\otimes_5$ 确实是集合 $A$ 上的运算请给出该运算的运算表，然后证明代数 $(A,\otimes_5)$ 与模 4 加群 $(\mathbb{Z}_4 = \{0,1,2,3\},\oplus_4)$ 同构。

**练习 * 10.31** 设 $G$ 是正有理数乘群，$\mathbb{Z}$ 是整数加群，证明每个正有理数 $q \in \mathbb{G}$，都存在唯一的 $n \in \mathbb{Z}$，使得 $q = 2^n \cdot b/a$，其中 $a,b$ 是互素的正奇数，从而可定义函数 $\varphi: G \to \mathbb{Z}$，为 $\varphi(2^n \cdot b/a) = n$，证明 $\varphi$ 是满同态。

**练习 10.32** 补充问题 10.46 的证明，即对于从偏序角度定义的格 $(L,\wedge,\vee)$，证明 $\wedge$ 满足结合律。

**练习 10.33** 设 $a$ 和 $b$ 是格 $(A,\preceq)$ 中的两个元素，证明 $a \wedge b \prec b$ 和 $a \vee b \prec a$ 当且仅当 $a$ 与 $b$ 是不可比较的，这里对任意的 $x,y \in A$，$x \prec y$ 当且仅当 $x \preceq y$ 且 $x \neq y$。

**练习 * 10.34** 设 $a,b,c$ 是格 $(L,\preceq)$ 的任意元素，证明 $a \preceq b \implies a \vee (b \wedge c) \preceq b \wedge (a \vee c)$。

**练习 * 10.35** 设 $(L,\preceq)$ 是格，证明对任意的 $a,b,c \in L$，若 $a \preceq b$，则：

$$(a \vee (b \wedge c)) \vee c = (b \wedge (a \vee c)) \vee c \qquad (b \wedge (a \vee c)) \wedge c = (a \vee (b \wedge c)) \wedge c$$

**练习 10.36** 设 $(L,\preceq)$ 是格，对任意的 $a,b,c \in L$，证明 $((a \wedge b) \vee (a \wedge c)) \wedge ((a \wedge b) \vee (b \wedge c)) = a \wedge b$。

**练习 10.37** 设 $(L,\vee,\wedge)$ 是格，证明对任意的 $a,b \in L$ 有 $a \wedge b = a \vee b$ 蕴涵 $a = b$。

**练习 10.38** 设 $(S,\preceq)$ 是格，$\vee$ 和 $\wedge$ 是求上下确界运算，证明对任意 $a,b,c \in S$，有分配律不等式：

$$a \vee (b \wedge c) \preceq (a \vee b) \wedge (a \vee c) \qquad (a \wedge b) \vee (a \wedge c) \preceq a \wedge (b \vee c)$$

**练习 10.39** 补充定理 10.19 的证明，即证明其中二元运算 $*$ 满足结合律。注意，这时需要先证明对任意 $a,b \in B$，若 $a \circ b = a \circ c$ 且 $(\neg a) \circ b = (\neg a) \circ c$，则 $b = c$。

**练习 * 10.40** 设 $(S,\vee,\wedge)$ 是布尔代数，$x,y \in S$，证明 $x \preceq y$ 当且仅当 $\neg y \preceq \neg x$。

**练习 * 10.41** 证明在布尔代数中，$b \wedge \neg c = 0$ 当且仅当 $b \preceq c$。

**练习 10.42** 试证明在任意的布尔代数中有：① $a = b$ 当且仅当 $(a \wedge \neg b) \vee (\neg a \wedge b) = 0$；② $a \preceq b$ 蕴涵 $a \vee (b \wedge c) = b \wedge (a \vee c)$。

**练习 10.43** 试编写计算机程序判断一个集合上的某个运算是否满足交换律、结合律、幂等律，是否有单位元、零元，每个元素是否有逆元，并判断两个运算之间是否有分配律、吸收律。可假定集合是数字的集合或字母的集合，运算使用运算表定义。

**练习 10.44** 试编写计算机程序生成群 $U(n)$ 的运算表，这里 $U(n)$ 是所有小于 $n$ 且与 $n$ 互质的正整数构成的集合，以模 $n$ 乘为运算。进一步实现下面一些功能。

（1）判断 $U(n)$ 是否循环群，即是否存在元素 $a$，使得 $U(n)$ 的每个元素都能表示成 $a^i$ 的形式。

（2）计算 $U(n)$ 的每个元素的阶。

（3）给出 $U(n)$ 的所有子群，并计算每个子群的所有陪集（这个群是交换群，因此每个元素的左右陪集相同）。

**练习 10.45** 试编写计算机程序，给定集合 $S=\{1,2,\cdots,n\}$，生成以 $S$ 上的所有双函数为基集，以函数复合为运算的群的运算表，我们记这个群为 $(\mathbf{S}_n,\circ)$，并进一步实现下面一些功能。

（1）判断 $(\mathbf{S}_n,\circ)$ 是否循环群。

（2）计算 $(\mathbf{S}_n,\circ)$ 中每个元素（即每个双函数）的阶。

（3）给出 $(\mathbf{S}_n,\circ)$ 的所有子群，并计算每个子群的所有陪集，并判断是否正规子群，如果是则给出它所导出的商群。

**练习 10.46** 试编写计算机程序，判断对给定的正整数 $n$，$F_n$ 以整除关系为偏序集是否布尔代数，这里 $F_n$ 是 $n$ 的所有正因子构成的集合。

**练习 10.47** 试编写计算机程序，判断给定集合上的关系是否偏序，进一步判断它是否格、有界格、有补格、分配格或布尔代数。可假定集合是数字或字母的集合，集合上的关系可使用有序对列表、关系矩阵或关系图的邻接表表示。

# 第11章

# 结 束 语

通过“离散数学基础”课程的学习，计算机专业的学生应增强使用离散数学语言描述和分析离散数学模型的能力，从而提高自己利用计算机解决问题的能力。本书作为“离散数学基础”课程的教材，从描述离散数学模型的需要出发，给出有关逻辑语言、集合语言、算法语言、图论语言和代数语言的基础知识，培养学生运用这些离散数学语言和包括关系思维、逻辑思维、计算思维、量化思维、递归思维等在内的思维方式建立离散数学模型的初步能力，并逐步树立离散化、模块化、层次化、公理化和系统化的计算机专业意识。

这本教材的核心内容是关于逻辑、集合、算法、图论和代数五种离散数学语言的基本知识，引导读者运用这些离散数学语言表达要利用计算机进行求解的问题。我们在编写教材时不仅注意这些离散数学语言在各章节的使用，而且注重五种离散建模思维方式和五个专业意识的运用。基于关系思维和逻辑思维，我们强化各章节内容之间的交叉应用，并清楚明确地展示各章节内容间的逻辑联系。基于计算思维，我们希望更多地引导学生思考如何利用计算机辅助“离散数学”课程的学习。基于量化思维，在介绍基本计数技术的基础上，注重它们在算法效率分析中的应用。基于递归思维，在介绍归纳证明、递推关系的基础上，注重在求解问题时如何发现原问题与子问题的相似性，从而运用递归更自然地表达与求解问题。基于离散化、模块化和层次化意识，我们力求每个章节的内容要点分明，并组织成不同层次的知识模块。基于公理化和系统化意识，我们力求展示出每个章节主题中最基本的内容，以及基本内容与其他内容之间的联系，并形成相对完整的知识体系。

具体来说，本书的第 1 章对逻辑语言、集合语言、图论语言、代数语言和算法语言做了初步的介绍；第 2 ~ 4 章是对逻辑语言的深入讨论，介绍了命题逻辑和一阶逻辑的基本概念、语法、语义、等值演算、推理理论和应用，以及基本的证明策略和归纳定义与归纳证明；第 5 ~ 7 章是集合语言的深入讨论，介绍了集合、关系和函数的基本概念、基本运算与性质，以及函数的增长与算法效率分析；第 8 章介绍计数与组合基本原理、排列与组合、组合恒等式证明以及递推关系式求解与应用；第 9 章是图论语言的深入讨论，介绍了图与树的基本概念、图与树的遍历、带权图及应用，以及一些特殊的图；第 10 章是代数语言的深入讨论，介绍了运算及其性质、代数同态与代数的构造，以及群、格与布尔代数作为代数系统的实例。

本书的第 2 ~ 4 章，特别第 4 章的证明体现了逻辑思维的运用，即逻辑语言的运用与命题之间真值关系的表达和分析；第 5 ~ 7 和第 9 章，特别是第 6 章的“关系”、第 7 章的“函数”，以及第 9 章的“图与树”体现了关系思维，即离散事物之间的对应和联系的表达与性质的分析；第 8 章展示了量化思维的运用，即探讨离散事物满足某种条件的安排的存在性与计数的方法，从而强化对离散结构性质的分析以及对离散模型（例如算法）的效率分析；递归思维和计算思维在全书很多地方都有体现，我们很早引入了集合的归纳定义，在第 4 章的“归纳定义与归纳证明”一节讨论了递归算法的基本概念，在第 8 章的递推式建模和求解都有递归思维的运用，全书几乎每一章都有算法的描述，几乎每一章都给出了一些程序设计的习题以利用计算机程序辅助离散数学的学习。

本书强调离散化、模块化、层次化、公理化和系统化等计算机专业意识的培养。例如，我们在集合、关系、函数、图与树的定义和表示都强调离散化、枚举方法的运用；命题逻辑公式真值表的构造、验证推理有效性的论证的构造、递推式的建模，以及许多定理的证明都强调自顶向下分解和模块化、层次化思想的运用；命题逻辑和一阶逻辑自然推理系统的定义，代数系统，特别是群的知识体系的介绍，命题的分情况证明，递推式的分情况建模等都强调公理化和系统化思想的运用，找出最基本的性质或最基本的情况，并尽量做到不遗漏、不重复。

我们希望计算机专业学生学习这本教材后，在面对需要计算机求解的问题时，能使用集合语言或图论语言建立问题的离散模型，并运用关系思维给出模型元素之间的关系，确定模型的结构；能使用逻辑语言和代数语言表达模型的基本性质，并运用逻辑思维去分析和推演模型的更多性质；能在分析模型结构和性质的基础上，运用递归思维等设计求解问题的算法，使用算法语言进行描述，并运用量化思维分析模型的结构和算法的效率。

我们在编写这本教材时参考了国内外许多优秀的教材。国内北京大学的屈婉玲老师、耿素云老师、张立昂老师、王捍贫老师等编写了一批难度不同、内容不断扩展的离散数学教材，比较早期的有分为《数理逻辑》《集合论与图论》以及《组合数学与代数结构》三个分册的教材[2, 11, 17]，后来有内容合在一起的教材[3]，对内容进行了进一步梳理和简化的教材[20, 21]。这些教材内容丰富，体系严密，偏重逻辑思维和数学能力的训练，并且有丰富的习题解答、教案、录像视频等教学资源。除参考这些教材外，我们还主要参考了 [22, 16, 23, 24, 25, 26, 27, 28] 等国内离散数学课程教材。这本教材的中英文术语对照主要参考了王能琴、谢建勋主编的《实用英汉-汉英计算机词典》[29]，以及张鸿林、葛显良编订的《英汉数学词汇》[30]。

对于国外教材，Rosen 编著的教材是中山大学计算机类专业近几年“离散数学基础”课程采用的教材[6]。Rosen 编著的教材内容丰富，给出了离散数学在计算机学科的许多应用，但不少内容，特别是逻辑部分内容有些繁杂而体系不够严密，与国内中学数学内容与水平的衔接也不够好。除参考 Rosen 的教材及其中文翻译版[31]、本科教学版[32] 外，国外教材我们还主要参考了文献 [33, 34, 35, 36, 37, 38, 39, 40] 等英文教材、讲义或其中文翻译版。

我们在借鉴国内外教材的同时，从学习逻辑语言、集合语言、图论语言、代数语言和算法语言的角度组织“离散数学基础”课程的内容，力求本教材的体系更加严密，强化章节内容之间的联系，强化离散数学语言在教材本身中的使用，也强化离散数学与计算机程序设计之间的联系，特别是计算机程序在学习离散数学方面的辅助作用，以培养计算机专业学生的离散建模能力。

在学习离散数学基础知识之后，读者还可进一步学习有关数理逻辑、集合论、图论、组合数学、抽象代数以及形式语言与自动机等与离散数学相关的高级课程。

对于数理逻辑，读者还可学习有关命题逻辑和一阶逻辑的更形式化的推理系统，以及有关推理系统的元理论，包括系统的可靠性和完备性，以及非经典逻辑的内容，例如模态逻辑、时序逻辑等，有兴趣的读者可参考文献 [41, 42, 43, 44] 等。对于集合论，读者可进一步学习有关公理集合论的内容，包括集合的基数与序数、自然数与实数的集合论定义等，可参考文献 [11, 45]。对于图论，读者还可学习有关图和树的更多算法，特别是二部图及其匹配、网络流、支配集、覆盖集、独立集、平面图及着色等，可参考文献 [11, 46, 15] 等。对于组合数学，读者可进一步学习生成函数、特殊计数序列、组合设计等内容，可参考文献 [17, 47, 14, 48] 等。对于抽象代数，读者可进一步学习有关群、环、域，以及格和布尔代数的内容，可参考文献 [17, 49, 50, 18, 19] 等。

# REFERENCES
# 参考文献


[1] 陈波. 逻辑哲学引论 [M]. 北京：中国人民大学出版社, 2000.
[2] 王捍贫. 数理逻辑——离散数学第一分册 [M]. 北京：北京大学出版社, 1997.
[3] 耿素云, 屈婉玲, 王捍贫. 离散数学教程 [M]. 北京：北京大学出版社, 2002.
[4] 陈慕泽. 数理逻辑教程 [M]. 上海：上海人民出版社, 2001.
[5] 《普通逻辑》编写组. 普通逻辑 [M]. 5 版. 上海人民出版社, 2011.
[6] Kenneth H R. Discrete mathematics and its applications. 7th edition. 离散数学及其应用 [M]. 7 版. 北京：机械工业出版社，2012.
[7] Averbach B, Chein O. 趣味学数学 [M]. 吴元泽, 译. 北京：人民邮电出版社, 2016.
[8] 刘献军, 孟静. 超越数理论的发展史 [J]. 高等数学研究, 2010, (1): 100–106.
[9] 朱尧辰, 徐广善. 超越数引论 [M]. 北京：科学出版社, 2003.
[10] 谭东北. 自然数系的公理化定义和数学归纳法 [J]. 六盘水师范高等专科学校学报, 1989, (1): 90–94.
[11] 耿素云. 集合论与图论——离散数学第二分册 [M]. 北京：北京大学出版社, 1998.
[12] Lance F. 可能与不可能的边界——P/NP 问题趣史 [M]. 杨帆, 译. 北京：人民邮电出版社, 2014.
[13] 柯召, 魏万迪. 现代数学基础丛书 • 典藏版 4：组合论（上册）[M]. 北京：科学出版社, 2010.
[14] 许胤龙, 孙淑玲. 组合数学引论 [M]. 合肥：中国科学技术大学出版社, 2010.
[15] 王桂平, 王衍, 任嘉辰. 图论算法理论、实现及应用 [M]. 北京：北京大学出版社, 2011.
[16] 戴一奇，胡冠章，陈卫. 图论与代数结构 [M]. 北京：清华大学出版社, 1995.
[17] 屈婉玲. 代数结构与组合数学（离散数学第三分册）[M]. 北京：北京大学出版社, 1998.
[18] 韩士安, 林磊. 近世代数 [M]. 北京：科学出版社, 2004.
[19] 邢伟. 近世代数 [M]. 北京：科学出版社, 2010.
[20] 耿素云, 屈婉玲. 离散数学（修订版）[M]. 北京：高等教育出版社, 2004.
[21] 屈婉玲, 耿素云, 张立昂. 离散数学 [M]. 2 版. 北京：清华大学出版社, 2008.
[22] 左孝凌, 李为鑑, 刘永才. 离散数学 [M]. 上海：上海科学技术文献出版社, 1982.
[23] 石纯一, 王家廞. 数理逻辑与集合论 [M]. 2 版. 北京：清华大学出版社, 2000.
[24] 程显毅, 李医民. 离散数学与算法化思维 [M]. 北京：清华大学出版社, 2013.
[25] 李盘林, 李丽双, 赵铭伟, 等. 离散数学 [M]. 3 版. 北京：高等教育出版社, 2016.
[26] 徐洁磐. 离散数学导论 [M]. 5 版. 北京：高等教育出版社, 2016.
[27] 刘铎. 离散数学及应用 [M]. 2 版. 北京：清华大学出版社, 2018.

[28] 傅彦, 顾小丰, 王庆先, 等. 离散数学及其应用 [M]. 3 版. 北京：高等教育出版社, 2019.
[29] 王能琴, 谢建勋. 实用英汉–汉英计算机词典 [M]. 北京：北京航空航天大学出版社, 2009.
[30] 张鸿林, 葛显良. 英汉数学词汇 [M]. 北京：清华大学出版社, 2005.
[31] Kenneth H R. 离散数学及其应用 [M]. 徐六通, 杨娟, 吴斌, 译. 7 版. 北京：机械工业出版社, 2015.
[32] Kenneth H R. 离散数学及其应用（本科教学版）[M]. 徐六通，杨娟，吴斌，译. 7 版. 译，陈琼改编. 北京：机械工业出版社, 2017.
[33] Ronald L G, Donald E K, Oren P. Concrete Mathematics[M]. Second Edition. Addison-Wesley Publishing Company, 1994.
[34] Stephen B M, Anthony R. Discrete Algorithmic Mathematics（Third Edition）[M]. CRC Press, Taylor & Francis Group, 2005.
[35] Andrew S. 离散数学导学 [M]. 冯速, 译. 北京：机械工业出版社, 2005.
[36] Bernard K, Robert C B, Sharon C R. 离散数学结构 [M]. 罗平, 译. 5 版. 北京：高等教育出版社, 2005.
[37] Daniel J V. 怎样证明数学题 （影印版）[M]. 2 版. 北京：人民邮电出版社. 2009.
[38] Richard J. 离散数学 [M]. 黄林鹏, 陈俊清, 王德俊, 等译. 7 版. 北京：电子工业出版社, 2015.
[39] Clifford S, Robert L D, Kenneth B. Discrete Mathematics for Computer Scientists[M]. 北京：机械工业出版社, 2017.
[40] Eric L, Thomson F L, Albert R M. 计算机科学中的数学 [M]. 唐李洋、刘杰、谭昶, 等译. 北京：电子工业出版社, 2019.
[41] 陆钟万. 面向计算机科学的数理逻辑 [M]. 北京：科学出版社, 1998.
[42] Herbert B E. A Mathematical Introduction to Logic[M]. Second Edition. 北京：人民邮电出版社, 2006.
[43] Huth M, Ryan M. Logic in Computer Science: Modelling and Reasoning about System[M]. 2nd edition, Cambridge: Cambridge University Press, 2004.
[44] 冯琦. 数理逻辑导引 [M]. 北京：科学出版社, 2017.
[45] Herbert B E. Elements of Set Theory[M]. 北京：人民邮电出版社, 2006.
[46] Chartrand G, Zhang P. Introduction to Graph Theory[M]. 4 版. 北京：人民邮电出版社，2006.
[47] Richard A B. 组合数学 [M]. 冯舜玺, 罗平, 裘伟东, 译. 北京：机械工业出版社, 2005.
[48] 卢开澄, 卢华明. 组合数学 [M]. 5 版. 北京：清华大学出版社, 2016.
[49] 聂灵沼, 丁石孙. 代数学引论 [M]. 2 版. 北京：高等教育出版社, 2000.
[50] Davey B, Priestley H. Introduction to Lattices and Order[M]. 2nd edition. Cambridge: Cambridge University Press, 2002.